Springer Collected Works in Mathematics

More information about this series at http://www.springer.com/series/11104

phot. E. Reidemeister

C. L. Siegel

Carl Ludwig Siegel

Gesammelte Abhandlungen I

Editors
Komaravolu Chandrasekharan
Hans Maaß

Reprint of the 1966 Edition

Springer

Author
Carl Ludwig Siegel (1896 – 1981)
Universität Göttingen
Göttingen
Germany

Editors
Komaravolu Chandrasekharan
ETH Zürich
Zürich
Switzerland

Hans Maaß (1911 – 1992)
Universität Heidelberg
Heidelberg
Germany

ISSN 2194-9875
Springer Collected Works in Mathematics
ISBN 978-3-662-48889-8 (Softcover)
978-3-662-27214-5 (Hardcover)

Library of Congress Control Number: 2012954381

Springer Heidelberg New York Dordrecht London

Printed on acid-free paper

Springer-Verlag GmbH Berlin Heidelberg is part of Springer Science+Business Media
(www.springer.com)

CARL LUDWIG SIEGEL
GESAMMELTE ABHANDLUNGEN

BAND I

Herausgegeben von

K. Chandrasekharan und H. Maaß

SPRINGER-VERLAG BERLIN HEIDELBERG GMBH 1966

ISBN 978-3-662-27214-5 ISBN 978-3-662-28697-5 (eBook)
DOI 10.1007/978-3-662-28697-5

Ursprünglich erschienen bei Springer-Verlag Berlin · Heidelberg 1966
Softcover reprint of the hardcover 1st edition 1966

Library of Congress Catalog Card Number 65-28289

Titel-Nr. 1311

Preface

The publication of this collection of papers is intended as a service to the mathematical community, as well as a tribute to the genius of Carl Ludwig Siegel, who is rising seventy.

In the wide range of his interests, in his capacity to uncover, to attack, and to subdue problems of great significance and difficulty, in his invention of new concepts and ideas, in his technical prowess, and in the consummate artistry of his presentation, Siegel resembles the classical figures of mathematics. In his combination of arithmetical, analytical, algebraical, and geometrical methods of investigation, and in his unerring instinct for the conceptual and structural, as distinct from the merely technical, aspects of any concrete problem, he represents the best type of modern mathematical thought. At once classical and modern, his work has profoundly influenced the mathematical culture of our time.

Thanks are due to Springer-Verlag for undertaking this publication, which will no doubt stimulate generations of scholars to come.

K. Chandrasekharan

Zur Bibliographie

Die vorliegende dreibändige Sammlung umfaßt alle bisher im Druck erschienenen Arbeiten und Aufsätze SIEGELs. Sie enthält ferner unter Nr. 72 eine Monographie von grundlegender Bedeutung in der Theorie der quadratischen Formen. Unberücksichtigt bleiben Bücher und hektographierte Vorlesungsausarbeitungen, die ebenso wie die zahlreichen Briefe aus SIEGELs Feder wichtige Entdeckungen und Anregungen enthalten. Ein an W. GRÖBNER gerichteter Brief, der dem vorliegenden Werk mit freundlicher Zustimmung von Absender und Empfänger als Faksimile unter Nr. 82 beigefügt ist, gibt hiervon Zeugnis. Korrekturen sind, soweit dies bei dem photomechanischen Reproduktionsverfahren möglich ist, bereits im Text berücksichtigt worden. In einigen wenigen Fällen, in denen eine längere Bemerkung angezeigt war, wurden Fußnoten eingefügt. Im großen Ganzen sind die Korrekturen geringfügig und vom Autor meist selbst angegeben worden. Die Anordnung der Arbeiten entspricht einer von SIEGEL festgelegten Reihenfolge. Eine vollständige Liste aller Titel ist mit Literaturangaben in Band III aufgenommen worden.

Im Oktober 1965 H. MAASS

Inhaltsverzeichnis Band I

1.

Approximation algebraischer Zahlen

Jahrbuch der Philosophischen Fakultät Göttingen Teil II

Auszüge aus den Dissertationen
der Mathematisch-Naturwissenschaftlichen Abteilung 1921, 291—296

1) Die Frage nach der Ordnung des Restgliedes bei der Approximation algebraischer Zahlen durch rationale Brüche ist erst in den letzten zwölf Jahren wesentlich gefördert worden. Im Jahre 1908 machte nämlich Thue[1]) die wichtige Entdeckung, daß bei jeder reellen algebraischen Zahl ξ vom Grade $n \geqq 2$ und jedem $\varepsilon > 0$ die Ungleichung

$$(1) \qquad \left|\xi - \frac{x}{y}\right| \leqq \frac{1}{y^{\frac{n}{2}+1+\varepsilon}} \qquad (y > 0)$$

nur endlich viele Lösungen in ganzen rationalen x, y besitzt. Vor Thue war nur durch Liouville[2]) die Existenz einer positiven Zahl $c = c(\xi)$ bekannt, für welche die Ungleichung

$$\left|\xi - \frac{x}{y}\right| \leqq \frac{c}{y^n} \qquad (y > 0)$$

unlösbar ist. Ich habe nun gefunden, daß auf der rechten Seite von (1) der Exponent von y unter die Größenordnung n herabgedrückt werden kann; es ist nämlich nur für endlich viele ganze rationale x, y

$$\left|\xi - \frac{x}{y}\right| \leqq \frac{1}{y^{2\sqrt{n}}}.$$

---

1) Bemerkungen über gewisse Näherungsbrüche algebraischer Zahlen. Über rationale Annäherungswerte der reellen Wurzel der ganzen Funktion dritten Grades $x^3 - ax - b$. Om en generel i store hele tal uløsbar ligning. Skrifter udgivne af Videnskabs-Selskabet i Christiania, Jahrgang 1908.

Über Annäherungswerte algebraischer Zahlen. Journal für die reine und angewandte Mathematik, Bd. 135 (1909), S. 284—305.

2) Sur des classes très-étendues de quantités, dont la valeur n'est ni algébrique, ni même réductible à des irrationnelles algébriques. Journal de Mathematiques pures et appliquées, Ser. 1, Bd. 16 (1851), S. 133—142.

Dies gilt auch noch, wenn der Exponent $2\sqrt{n}$ durch die Zahl $\min\limits_{\lambda=1,\ldots n}\left(\frac{n}{\lambda+1}+\lambda\right)+\varepsilon$ mit festem $\varepsilon>0$ ersetzt wird. Dieser Satz ist mit dem Thue'schen nur für $n<7$ identisch; für alle $n\geqq 7$ ist er schärfer als dieser.

2) Die Beweismethode ist einer Verallgemeinerung fähig, welche gestattet, einen Satz über die Approximation einer algebraischen Zahl durch andere algebraische Zahlen (also nicht nur durch rationale Brüche) herzuleiten; es ergibt sich

I. Ist ξ vom Grade $d\geqq 2$ in Bezug auf einen algebraischen Zahlkörper K und wird für jede Zahl α aus K die Funktion $H(\alpha)$ („Höhe von α") als das Maximum unter den absoluten Beträgen der teilerfremden ganzen Koeffizienten in der im Körper der rationalen Zahlen irreduzibeln Gleichung für α erklärt, so hat die Ungleichung

$$|\xi-\zeta|\leqq\frac{1}{H(\zeta)^{2\sqrt{d}}}$$

nur endlich viele Lösungen in primitiven Zahlen ζ aus K. Dies gilt auch noch, wenn der Exponent $2\sqrt{d}$ durch

$$\min_{\lambda=1,\ldots d}\left(\frac{d}{\lambda+1}+\lambda\right)+\varepsilon$$

mit festem $\varepsilon>0$ ersetzt wird.

II. Man beschränke sich bei der Approximation von ξ nicht auf primitive Zahlen eines festen Körpers, sondern lasse für ζ beliebige algebraische Zahlen eines festen Grades $h<n$ zu. Dann hat die Ungleichung

$$|\xi-\zeta|\leqq\frac{1}{H(\zeta)^{2h\sqrt{n}}}$$

nur endlich viele Lösungen; und hierin kann $2h\sqrt{n}$ noch durch den besseren Wert $\min\limits_{\lambda=1,\ldots n}\left(\frac{n}{\lambda+1}+\lambda\right)h+\varepsilon$ ersetzt werden.

3) Die bedeutendste Anwendung, welche Thue[1]) von seiner Abschätzung machte, ist der Beweis seines bekannten Satzes: Ist $U(x,y)$ ein rationalzahliges homogenes irreduzibles Polynom vom Grade $\geqq 3$, so hat die Diophantische Gleichung

$$U(x,y)=k$$

1) Vergl. die oben genannten Arbeiten.

für jedes rationale k nur endlich viele Lösungen in ganzen rationalen x, y [1]). Dieser Satz, sowie eine naheliegende Verallgemeinerung desselben von Maillet [2]), lassen sich bei Benutzung meiner unter 2) zitierten Resultate folgendermaßen verallgemeinern:

Es sei $U(x, y)$ eine homogene binäre Form $d$ten Grades mit einfachen Linearfaktoren. Ihre Koeffizienten mögen einem Körper K_0 vom Grade h_0 angehören. I) x und y seien ganzzahlige Variable eines festen Oberkörpers K von K_0, dessen Grad in Bezug auf den Körper der rationalen Zahlen mit h bezeichnet werde. Es sei $d > 2h(2h-1)$ und $V(x, y)$ ein zu $U(x, y)$ teilerfremdes Polynom mit Koeffizienten aus K_0, dessen Dimension

$$< d - h \min_{\lambda = 1, \ldots d} \left(\frac{d}{\lambda + 1} + \lambda \right)$$

ist. Dann hat die Diophantische Gleichung $U(x, y) = V(x, y)$ nur endlich viele Lösungen. II) x und y seien irgend welche ganze algebraische Zahlen vom Grade $\leqq h$. Es sei $d > 2h^4(2h^4 h_0 - 1)$ und $V(x, y)$ ein zu $U(x, y)$ teilerfremdes Polynom mit Koeffizienten aus K_0, dessen Dimension

$$< d - h^4 \min_{\lambda = 1, \ldots dh_0} \left(\frac{dh_0}{\lambda + 1} + \lambda \right)$$

ist. Dann hat die Diophantische Gleichung $U(x, y) = V(x, y)$ nur endlich viele Lösungen.

Ist also z. B. $U(x, y)$ eine Form vom Grade $\geqq 13$ mit Koeffizienten aus einem quadratischen Zahlkörper und durchlaufen x, y die ganzen Zahlen dieses Körpers, so stellt $U(x, y)$ nur endlich oft ein und dieselbe Zahl dar.

Für $h = 1$ besagt der Satz im wesentlichen: Haben U und V rationale Koeffizienten und ist die Dimension von V nicht größer als $d - 2\sqrt{d}$ $(d \geqq 4)$, so hat die Gleichung $U = V$ nur endlich viele Lösungen in ganzen rationalen x, y.

---

1) Einen speziellen Fall des Thue'schen Satzes verschärft B. Delaunay in seiner Arbeit: La solution générale de l'équation $X^3\varrho + Y^3 = 1$. Comptes rendus hebdomadaires des séances de l'Académie des Sciences, Paris, Bd. 162 (1916), S. 150—151.

2) Sur un théorème de M. Axel Thue. Nouvelles Annales de Mathématiques, Ser. 4, Bd. 16 (1916), S. 338—345.

Détermination des points entiers des courbes algébriques unicursales à coefficients entiers. Comptes rendus hebdomadaires des séances de l'Académie des Sciences, Paris, Bd. 168 (1919), S. 217—220.

4) Aus seinem unter 3) genannten Satze schloß Thue weiter: Sind zwei Linearformen $ax+b$, $cx+d$ ($a \neq 0$, $c \neq 0$) mit ganzen rationalen Koeffizienten voneinander verschieden (d. h. $ad-bc \neq 0$), so gehören nur für endlich viele ganze rationale x ihre sämtlichen Primteiler einem gegebenen endlichen Wertevorrat an; anders ausgedrückt, der größte Primteiler von $(ax+b)(cx+d)$ wird mit x unendlich. Diesen Satz über die spezielle Form $acx^2+(ad+bc)x+bd$ übertrug Pólya[1]) auf alle ganzzahligen quadratischen Polynome px^2+qx+r, deren Diskriminante $q^2-4pr \neq 0$ ist. Der Fall $p=1$, $q=0$, $r=1$ war schon früher von Størmer[2]) erledigt worden. Daß Gauß den Pólyaschen Satz zum mindesten für den Fall $p=1$, $q=0$, $r=$ Quadratzahl vermutet haben wird, geht aus seinen Tafeln zur Zyklotechnie[3]) hervor.

Mit Benutzung meiner schärferen Abschätzungen kann ich nun die analoge Fragestellung für beliebige Polynome einer Variabeln in beliebigen algebraischen Zahlkörpern beantworten: Ist $f(x) = \alpha_0 x^m + \cdots + \alpha_m$ ein Polynom mit ganzen Koeffizienten $\alpha_0 (\neq 0), \ldots \alpha_m$ eines Körpers K, das mindestens zwei verschiedene Nullstellen hat[4]), so gehören nur für endlich viele ganzzahlige x aus K die Primidealteiler von $f(x)$ sämtlich einem festen endlichen Vorrat von Idealen an. Also ist z. B. für alle hinreichend große ganze rationale x mindestens ein Primfaktor von x^3+2 größer als 10^{10}. Insbesondere stellt ein Polynom (mit zwei verschiedenen Nullstellen) nur endlich viele Einheiten dar, wenn die Variable die ganzen Zahlen eines Körpers durchläuft.

Das zu Beginn dieses Abschnitts zitierte Resultat von Thue besagt in anderer Form: Für jedes ganze rationale $k \neq 0$ strebt der größte Primteiler von $x+k$ gegen ∞, wenn x eine Menge $p_1^{a_1} p_2^{a_2} \ldots p_r^{a_r}$ ($a_1 = 0, 1, 2, \ldots$, $a_2 = 0, 1, 2, \ldots$; $p_1, p_2, \ldots p_r$ feste Primzahlen) durchläuft. Es läßt sich zeigen, daß sogar der größte Primteiler, welcher in $x+k$ zu ungerader Potenz aufgeht, mit x über alle Grenzen wächst.

5) Mit Hilfe meines unter 4) genannten Satzes läßt sich folgendes beweisen:

---

1) Zur arithmetischen Untersuchung der Polynome. Mathematische Zeitschrift, Bd. 1 (1918), S. 143—148.

2) Quelques théorèmes sur l'équation de Pell $x^2 - Dy^2 = \pm 1$ et leurs applications. Skrifter udgivne af Videnskabs-Selskabet i Christiania, Jahrgang 1897.
Sur une équation indéterminée. Comptes rendus hebdomadaires des séances de l'Académie des Sciences, Paris, Bd. 127 (1898), S. 752—754.

3) Werke, zweiter Band, herausgegeben von der Königlichen Gesellschaft der Wissenschaften in Göttingen, S. 477—496, 1876.

4) Diese Bedingung ist zugleich notwendig.

Es sei $f(x)$ ein rationalzahliges Polynom, a und b rationale Zahlen, $a \neq b$, $f(a) \neq 0$. Die Entwicklung von $\frac{f(x)}{(x-a)^n}$ $(n \geqq 3)$ nach Potenzen von $x-b$ laute

$$\frac{f(x)}{(x-a)^n} = \sum_{\nu=0}^{\infty} \frac{p_\nu}{q_\nu}(x-b)^\nu,$$

wo p_ν, q_ν ganz rational und teilerfremd sind. Dann wächst der größte Primfaktor von p_ν mit ν über alle Grenzen. Eine Ausnahme bildet nur das Polynom

$$f(x) = r \sum_{\varrho=0}^{n-1} \left\{ \sum_{\varkappa=0}^{\varrho} (-1)^{n-\varkappa} \binom{n}{\varkappa} (s+\varrho-\varkappa)^{n-1} \right\} \left(\frac{x-b}{a-b}\right)^\varrho + (x-a)^n g(x),$$

wo r und s rationale Zahlen und $g(x)$ ein rationalzahliges Polynom bedeuten. Derselbe Satz gilt mutatis mutandis auch für Zahlkörper.

Ferner folgt aus 4) leicht:

Es sei $f(x) = \frac{P(x)}{Q(x)}$ eine rationale rationalzahlige Funktion $P(x)$ und $Q(x)$ relativ prim und nicht konstant oder Potenzen linearer Funktionen. Es durchlaufe x die natürlichen Zahlen $1, 2, \ldots n, \ldots$, und man setze[1])

$$\frac{P(n)}{Q(n)} = \frac{p_n}{q_n} \quad \text{mit} \quad (p_n, q_n) = 1.$$

Dann wachsen der größte Primteiler von p_n und der größte Primteiler von q_n mit n über alle Grenzen.

Auch dieser Satz läßt sich auf Zahlkörper ausdehnen.

6) Der Satz aus 4) läßt sich auch nach einer anderen Richtung hin verallgemeinern:

Es sei $W(x, y)$ ein Polynom $n$ten Grades[2]) $(n \geqq 1)$ mit ganzen algebraischen Koeffizienten, das keinen homogenen Faktor (vom Grade > 0) enthält. Die Koeffizienten von x^n und y^n seien $\neq 0$. Dann hat die Diophantische Gleichung $W(x, y) = 0$ nur endlich viele Lösungen in solchen ganzen Zahlen eines festen Körpers, deren Primteiler sämtlich einer gegebenen endlichen Menge von Idealen angehören.

Der Spezialfall $W(x, y) = x - y + \varkappa$ $(\varkappa \neq 0)$ hiervon liefert den verallgemeinerten Thue-Pólya'schen Satz.

---

1) Die endlich vielen Fälle $Q(n) = 0$ sind auszuschließen.

2) Grad bedeutet höchste in $W(x, y)$ vorkommende Dimension.

2.

Approximation algebraischer Zahlen

Mathematische Zeitschrift 10 (1921), 173—213

Einleitung.

1. Im Jahre 1851 zeigte Liouville (Liouville 1): Zu jeder algebraischen Zahl ξ vom Grade $n \geqq 2$ gibt es ein positives $a_1 = a_1(\xi)$ derart, daß für alle Paare x, y ganzer rationaler Zahlen mit $y > 0$ die Ungleichung

$$\left|\xi - \frac{x}{y}\right| > \frac{a_1}{y^n} \tag{A}$$

gilt.

2. Diese fast triviale Abschätzung verbesserte Thue (Thue 3) 1908 zu folgender: Zu jedem $\varepsilon > 0$ gibt es ein positives $a_2 = a_2(\xi, \varepsilon)$, so daß (A) durch die schärfere Ungleichung

$$\left|\xi - \frac{x}{y}\right| > \frac{a_2}{y^{\frac{n}{2}+1+\varepsilon}} \tag{B}$$

ersetzt werden kann. Mit Hilfe hiervon bewies dann Thue seinen bekannten Satz: Bedeutet $U(x,y)$ eine homogene binäre Form mit rationalen Koeffizienten, die nicht Potenz einer linearen oder indefiniten quadratischen Form ist, so hat die Diophantische Gleichung $U(x,y) = k$ für jedes rationale $k \neq 0$ nur endlich viele Lösungen in ganzen rationalen x, y.

Bereits Thue wies auf eine naheliegende Erweiterung dieses Satzes hin, die dann von Maillet (Maillet 2) 1916 ausgeführt wurde. Ist nämlich n der Grad von $U(x,y)$ und $V(x,y)$ irgendein zu $U(x,y)$ teilerfremdes Polynom, dessen Dimension $< \frac{n}{2} - 1$ ist, so bleibt der Satz von Thue richtig, wenn k durch $V(x,y)$ ersetzt wird.

Thue zeigte ferner mit Hilfe seines Satzes, daß der größte Primteiler des Polynoms $f(x) = (ax + b)(cx + d)$, wo a, b, c, d ganze rationale Zahlen mit $ad - bc \neq 0$, $a \neq 0$, $c \neq 0$ bedeuten, über alle Grenzen wächst, wenn x die Reihe der natürlichen Zahlen wachsend durchläuft. Für spezielle

Werte der Koeffizienten (sowie für $f(x) = x^2 + 1$) war dies bereits durch Størmer bekannt (Størmer 1, 2). Pólya hat 1918 gezeigt (Pólya 2), daß diese Aussage bestehen bleibt, wenn $f(x)$ irgendeine quadratische Funktion von nichtverschwindender Diskriminante mit ganzen rationalen Koeffizienten bedeutet.

3. Durch Thues Untersuchungen ist nahegelegt worden, den Exponenten $\frac{n}{2} + 1 + \varepsilon$ weiter zu verkleinern zu suchen. Welches diejenige Funktion von n ist, die den kleinstmöglichen Wert des Exponenten angibt, ist unbekannt. Ich beweise aber in dieser Arbeit, welche ein Abdruck meiner Inaugural-Dissertation (Göttingen 1920) ist: Es gibt ein positives $a_3 = a_3(\xi)$, so daß die Ungleichung

$$\left|\xi - \frac{x}{y}\right| > \frac{a_3}{y^{2\sqrt{n}}}$$

besteht; dies gilt sogar (mit $a_3 = a_3(\xi, \varepsilon)$), wenn $2\sqrt{n}$ durch den besseren Wert $\min\limits_{\lambda=1,\ldots n}\left(\frac{n}{\lambda+1} + \lambda\right) + \varepsilon$ ersetzt wird.

Im folgenden erscheint dies als spezieller Fall eines Satzes über die Stärke der Approximation einer algebraischen Zahl durch eine andere Ist nämlich ein algebraischer Zahlkörper K gegeben, in bezug auf welchen ξ vom Grade $d \geqq 2$ ist, bedeutet ζ eine primitive Zahl von K und l das Maximum der absolut genommenen teilerfremden ganzen rationalen Koeffizienten der irreduziblen Gleichung für ζ, so gilt für ein gewisses $a_4 = a_4(\xi, K) > 0$

$$\text{(C)} \qquad |\xi - \zeta| > \frac{a_4}{l^{2\sqrt{d}}};$$

dies bleibt sogar richtig (mit $a_4 = a_4(\xi, K, \varepsilon)$), wenn $2\sqrt{d}$ durch $\min\limits_{\lambda=1,\ldots d}\left(\frac{d}{\lambda+1} + \lambda\right) + \varepsilon$ ersetzt wird.

Beschränkt man sich bei der Approximation von ξ nicht auf Zahlen eines festen Körpers K, sondern läßt für ζ beliebige algebraische Zahlen eines festen Grades $h < n$ zu, so gilt Ungleichung (C), wenn darin $2\sqrt{d}$ durch $2h\sqrt{n}$ $\left(\text{resp. durch } \min\limits_{\lambda=1,\ldots n}\left(\frac{n}{\lambda+1} + \lambda\right)h + \varepsilon\right)$ ersetzt wird.

§ 1 enthält den Beweis dieser beiden Sätze.

§ 2 gibt einige Anwendungen derselben. Insbesondere (Satz 5) verallgemeinere ich den Thueschen Satz über Diophantische Gleichungen auf beliebige algebraische Zahlkörper. Satz 7 dehnt den Thue-Pólyaschen Satz über die Primteiler quadratischer Funktionen auf beliebige Polynome in beliebigen Zahlkörpern aus. Satz 9 ist die entsprechende

Aussage über gebrochene rationale Funktionen. Satz 8 liefert eine arithmetische Eigenschaft der Koeffizienten in der Potenzreihenentwicklung gewisser gebrochener rationaler Funktionen.

§ 1.

Hilfssatz I. Es seien $\lambda_1, \dots \lambda_h$ irgend welche Zahlen. Es bedeute A den größten der absolut genommenen Koeffizienten des Polynoms $\prod_{\nu=1}^{h} (z - \lambda_\nu)$. Dann ist

$$\prod_{\nu=1}^{h} (1 + |\lambda_\nu|) \leqq 6^h A.$$

Beweis[1]). Ohne Beschränkung der Allgemeinheit seien $\lambda_1, \dots \lambda_\tau$ diejenigen von den h Zahlen, deren absoluter Betrag $\leqq 2$ ist (wenn es solche gibt). Das Polynom $f(z) = \prod_{\nu=1}^{\tau} (z - \lambda_\nu)$ ist in einem Punkte z_0 des Einheitskreises absolut $\geqq 1$; bedeuten nämlich $\varepsilon_0, \varepsilon_1, \dots, \varepsilon_\tau$ die sämtlichen $\tau + 1$-ten Einheitswurzeln, so ist

$$\sum_{\nu=0}^{\tau} \varepsilon_\nu f(\varepsilon_\nu) = \tau + 1,$$

so daß z_0 sogar als $\tau + 1$-te Einheitswurzel gewählt werden kann. Dann ist

$$(1) \qquad \prod_{\nu=1}^{\tau} (1 + |\lambda_\nu|) \leqq (1 + 2)^\tau = 3^\tau \leqq 3^\tau \left| \prod_{\nu=1}^{\tau} (z_0 - \lambda_\nu) \right|.$$

Ist $\tau < h$, so ist für $\nu = \tau + 1, \dots h$[2]) wegen $|\lambda_\nu| > 2$

$$\frac{1 + |\lambda_\nu|}{|z_0 - \lambda_\nu|} \leqq \frac{1 + |\lambda_\nu|}{|\lambda_\nu| - |z_0|} = \frac{|\lambda_\nu| + 1}{|\lambda_\nu| - 1} = 1 + \frac{2}{|\lambda_\nu| - 1} < 1 + \frac{2}{2 - 1} = 3,$$

$$\prod_{\nu=\tau+1}^{h} (1 + |\lambda_\nu|) < 3^{h-\tau} \left| \prod_{\nu=\tau+1}^{h} (z_0 - \lambda_\nu) \right|.$$

Wegen (1) ergibt sich

$$\prod_{\nu=1}^{h} (1 + |\lambda_\nu|) \leqq 3^h \left| \prod_{\nu=1}^{h} (z_0 - \lambda_\nu) \right| \leqq 3^h A (|z_0|^h + \dots + 1) = 3^h (h+1) A \leqq 6^h A \text{[3])}.$$

---

[1]) Herrn Ostrowski verdanke ich Vereinfachungen beim Beweis der Hilfssätze I und II.

[2]) bzw., wenn $\lambda_1, \dots \lambda_h$ sämtlich absolut > 2 sind, für $\nu = 1, \dots h$.

[3]) Für $h \geqq 1$ ist $1 + h \leqq 1 + \binom{h}{1} + \dots + \binom{h}{h} = (1+1)^h = 2^h$.

Hilfssatz II. Es sei

$$f(x) = a_0 x^h + \dots + a_h$$

ein Polynom mit beliebigen Koeffizienten $a_0, \dots a_h$, deren absolute Beträge das Maximum $a > 0$ haben. Ich setze für irgendein λ

$$g(x) = (x - \lambda) f(x) = c_0 x^{h+1} + \dots + c_{h+1}, \qquad \max(|c_0|, \dots |c_{h+1}|) = c.$$

Dann ist

$$\frac{a}{c} \leqq h + 1.$$

Beweis[1]. 1. Es sei $|\lambda| \leqq 1$. Dann sind die Koeffizienten $a_0, a_1, \dots, a_h$ von $f(x) = \frac{g(x)}{x - \lambda}$ gleich

$$c_0, c_0 \lambda + c_1, \dots, c_0 \lambda^h + \dots + c_h,$$

also absolut $\leqq (h+1)c$.

2. Es sei $|\lambda| > 1$. Aus

$$(1 - \lambda y)(a_0 + \dots + a_h y^h) = c_0 + \dots + c_{h+1} y^{h+1},$$

$$\left(y - \frac{1}{\lambda}\right)(a_h y^h + \dots + a_0) = -\frac{c_{h+1}}{\lambda} y^{h+1} - \dots - \frac{c_0}{\lambda}$$

folgt dann wegen $\left|\frac{1}{\lambda}\right| < 1$ nach 1.

$$a \leqq (h+1)\frac{c}{|\lambda|} < (h+1)c.$$

Hilfssatz III. Es sei

$$p(x) = k_0 x^h + \dots + k_h \qquad (k_0 > 0)$$

ein Polynom mit ganzen rationalen Koeffizienten, das im Körper der rationalen Zahlen reduzibel ist:

$$p(x) = (k_0' x^{h'} + \dots + k_{h'}') q(x) \qquad (0 < h' < h, \ (k_0', \dots k_{h'}') = 1).$$

Setzt man

$$\max(|k_0|, \dots |k_h|) = k, \qquad \max(|k_0'|, \dots |k_{h'}'|) = k',$$

so gilt

$$\frac{k'}{k} \leqq \tau_1,$$

wo τ_1 nur von h abhängt.

Beweis. Ich setze

$$h'' = h - h', \quad q(x) = d(x - \lambda_1) \dots (x - \lambda_{h''}), \quad f(x) = k_0' x^{h'} + \dots + k_{h'}',$$

dann ist d ganz rational und $\neq 0$, also absolut $\geqq 1$. Ich füge zu $f(x)$ nacheinander die Faktoren $(x - \lambda_{h''}), \dots (x - \lambda_1)$ hinzu und benutze Hilfssatz II. Es wird

$$\frac{k'}{k} \leqq \frac{|d|\,k'}{k} \leqq (h'+1)(h'+2)\ldots h \leqq h!,$$

so daß $\tau_1 = h!$ das Verlangte leistet.

Hilfssatz IV. Es seien $p_0(x), \ldots p_\nu(x)$ Polynome mit Koeffizienten aus einem algebraischen Zahlkörper K, die in bezug auf diesen linear unabhängig sind. Dann verschwindet die Determinante

$$W(x) = |p_\lambda^{(\varkappa)}(x)| \qquad (\varkappa = 0, \ldots \nu;\ \lambda = 0, \ldots \nu)$$

nicht identisch[4]).

Beweis. Für $\nu = 0$ ist der Satz offenbar richtig. Es sei $\nu > 0$ und der Satz für $\nu - 1$ schon bewiesen. Dann ist die Determinante

(2) $$d_{\nu\nu}(x) = |p_\lambda^{(\varkappa)}(x)| \qquad (\varkappa = 0, \ldots \nu-1;\ \lambda = 0, \ldots \nu-1)$$

nicht identisch 0. Daher gibt es ein Intervall $x_1 < x < x_2$, in welchem $d_{\nu\nu}(x) \neq 0$ ist. Bei dem folgenden Beweis darf x auf dieses Intervall beschränkt werden.

Die ν linearen Gleichungen

(3) $$\sum_{\lambda=0}^{\nu-1} p_\lambda^{(\varkappa)}(x)\, q_\lambda(x) = -p_\nu^{(\varkappa)}(x) \qquad (\varkappa = 0, \ldots \nu-1)$$

werden wegen $d_{\nu\nu}(x) \neq 0$ durch ein System rationaler Funktionen $q_\lambda(x)$ mit Koeffizienten aus K erfüllt. Ich verstehe unter $d_{\varkappa\lambda}(x)$ für $\varkappa = 0, \ldots \nu$; $\lambda = 0, \ldots \nu$ die Unterdeterminante von $p_\lambda^{(\varkappa)}(x)$ in $W(x)$; dies ist für $\varkappa = \nu$, $\lambda = \nu$ in Einklang mit der Bezeichnung (2). Ich multipliziere nun die Gleichungen (3) mit $d_{\varkappa\nu}(x)$ für $\varkappa = 0, \ldots \nu - 1$ und addiere sie; dann ergibt sich

$$\sum_{\lambda=0}^{\nu-1} q_\lambda(x) \sum_{\varkappa=0}^{\nu-1} d_{\varkappa\nu}(x)\, p_\lambda^{(\varkappa)}(x) = -\sum_{\varkappa=0}^{\nu-1} d_{\varkappa\nu}(x)\, p_\nu^{(\varkappa)}(x).$$

Nun ist $\sum_{\varkappa=0}^{\nu} d_{\varkappa\nu}(x)\, p_\lambda^{(\varkappa)}(x) = 0$ für $\lambda = 0, \ldots \nu - 1$, $= W(x)$ für $\lambda = \nu$; und daher

$$-d_{\nu\nu}(x) \sum_{\lambda=0}^{\nu-1} p_\lambda^{(\nu)}(x)\, q_\lambda(x) = d_{\nu\nu}(x)\, p_\nu^{(\nu)}(x) - W(x).$$

Wäre nun $W(x)$ identisch 0, so folgte hieraus wegen des Nichtverschwindens von $d_{\nu\nu}(x)$

(4) $$\sum_{\lambda=0}^{\nu-1} p_\lambda^{(\nu)}(x)\, q_\lambda(x) = -p_\nu^{(\nu)}(x);$$

---

[4]) Die Eigenschaften der Wronskischen Determinante sind in der Literatur vielfach entwickelt worden; da aber im folgenden die schärfere arithmetische Voraussetzung benutzt wird, führe ich der Vollständigkeit halber den Beweis an.

(3) würde also auch für $\varkappa = \nu$ gelten. Differentiiere ich die Gleichungen (3) für $\varkappa = 0, \dots \nu - 1$, so erhalte ich

$$\sum_{\lambda=0}^{\nu-1} p_\lambda^{(\varkappa)}(x) q_\lambda'(x) + \sum_{\lambda=0}^{\nu-1} p_\lambda^{(\varkappa+1)}(x) q_\lambda(x) = -p_\nu^{(\varkappa+1)}(x) \quad (\varkappa = 0, \dots \nu - 1),$$

oder mit Rücksicht auf (3) und (4)

$$\sum_{\lambda=0}^{\nu-1} p_\lambda^{(\varkappa)}(x) q_\lambda'(x) = 0 \qquad (\varkappa = 0, \dots \nu - 1).$$

Die Determinante dieses Gleichungssystems ist $d_{\nu\nu}(x) \neq 0$. Daher ist

$$q_\lambda'(x) = 0 \qquad (\lambda = 0, \dots \nu - 1),$$

also $q_\lambda(x)$ konstant, also als rationale Funktion mit Koeffizienten aus K eine Zahl aus K. Die Gleichung (3) würde also für $\varkappa = 0$ eine homogene lineare Relation zwischen $p_0(x), \dots p_\nu(x)$ mit konstanten Koeffizienten aus K darstellen, die nicht alle 0 sind. Dies ist ein Widerspruch zur Voraussetzung.

Ist α eine algebraische Zahl $\neq 0$, so nenne ich den größten der absolut genommenen teilerfremden ganzen rationalen Koeffizienten in der irreduziblen Gleichung für α ihre *Höhe* $H(\alpha)$; dies ist also eine natürliche Zahl, welche durch α eindeutig bestimmt ist. Mit Hilfe dieser Bezeichnung spreche ich folgende Behauptung aus:

Hauptsatz (Satz 1). Es sei ξ eine ganze algebraische Zahl n-ten Grades ($n \geqq 2$).

1. Es sei K_0 ein fester algebraischer Zahlkörper. ξ genüge einer in K_0 irreduziblen Gleichung vom Grade $d \geqq 2$ mit Koeffizienten aus K_0. Es sei s eine natürliche Zahl $< d$.

Behauptung. Für jedes $\Theta > 0$ hat die Ungleichung

$$(5) \qquad |\xi - \eta| \leqq \frac{1}{H(\eta)^{\frac{d}{s+1} + s + \Theta}}$$

nur endlich viele Lösungen in primitiven Zahlen η aus K_0.

2. Es seien h und s zwei natürliche Zahlen, von denen $s < n$ ist.

Behauptung. Für jedes $\Theta > 0$ hat die Ungleichung

$$(6) \qquad |\xi - \eta| \leqq \frac{1}{H(\eta)^{h\left(\frac{n}{s+1} + s\right) + \Theta}}$$

nur endlich viele Lösungen in algebraischen Zahlen η vom Grade h.

Dem Beweise schicke ich noch einige Hilfssätze voraus, von denen der erste auch an und für sich von Interesse ist.

Im folgenden bedeutet Ω den Körper der rationalen Zahlen. Ist P irgendein Polynom mit algebraischen Koeffizienten, so bedeute $\overline{|P|}$ das Maximum der absoluten Beträge dieser Koeffizienten und ihrer in bezug auf Ω Konjugierten[5]).

Hilfssatz V. Es sei P ein algebraischer Zahlkörper vom Grade n_0. Es sei ξ eine ganze algebraische Zahl n-ten Grades, die in bezug auf P vom Grade d $(n \geqq d \geqq 2)$ ist, d. h. die einer in P irreduziblen Gleichung d-ten Grades mit Koeffizienten aus P genügt. Der Körper $\mathsf{P}(\xi)$ werde mit K bezeichnet; sein Grad ist $d n_0 \geqq n$.

Es seien r und s zwei natürliche Zahlen, von denen $s \leqq d-1$ ist. Es sei $0 < \vartheta < 1$. Ich setze

$$m = \left[\left(\frac{d+\vartheta}{s+1} - 1\right) r\right]; \tag{7}$$

m ist also eine ganze rationale Zahl $\geqq 0$.

Behauptung. Es gibt

1. zwei von P, ξ, r, s, ϑ abhängige Polynome $F(x,y)$ und $G(x,y)$ von den Graden[6]) m in x, s in y, und $m+r$ in x, $s-1$ in y, mit ganzen Koeffizienten aus K,

2. ein ebenfalls von P, ξ, r, s, ϑ abhängiges nicht identisch verschwindendes Polynom $R(x,y)$ vom Grade $m+r$ in x, s in y, mit ganzen Koeffizienten aus P,

3. zwei nur von ξ, P, ϑ und nicht von r, s abhängige positive Zahlen c_1, c_2 mit folgenden Eigenschaften:

I. Es gilt die Identität

$$(x-\xi)^r F(x,y) + (y-\xi) G(x,y) = R(x,y); \tag{8}$$

II. es ist

$$\overline{|F|} < c_1^r, \qquad \overline{|G|} < c_1^r, \qquad \overline{|R|} < c_1^r; \tag{9}$$

III. wird für jedes ganze ϱ des Intervalls $0 \leqq \varrho \leqq r$

$$R_\varrho(x,y) = \frac{\partial^\varrho R(x,y)}{\varrho!\,\partial x^\varrho}\,{}^{7)}, \tag{10}$$

$$F_\varrho(x,y) = \sum_{\lambda=0}^{\varrho} \binom{r}{\varrho-\lambda} (x-\xi)^\lambda \frac{\partial^\lambda F(x,y)}{\lambda!\,\partial x^\lambda}, \tag{11}$$

$$G_\varrho(x,y) = \frac{\partial^\varrho G(x,y)}{\varrho!\,\partial x^\varrho} \tag{12}$$

gesetzt, so ist

---

[5]) Ich benutze diese Bezeichnung auch, wenn P eine Konstante ist.
[6]) Unter Grad ist bei Polynomen nie der genaue Grad gemeint.
[7]) 0-te Ableitung einer Funktion bedeutet natürlich diese Funktion selbst.

$$(13) \qquad (x-\xi)^{r-\varrho} F_\varrho(x,y) + (y-\xi) G_\varrho(x,y) = R_\varrho(x,y),$$

$$(14) \quad \begin{cases} |F_\varrho(x,y)| < c_2^r (1+|x|)^m (1+|y|)^s, \\ |G_\varrho(x,y)| < c_2^r (1+|x|)^{m+r-\varrho} (1+|y|)^s, \quad (x, y \text{ beliebig komplex}) \\ |R_\varrho(x,y)| < c_2^r (1+|x|)^{m+r-\varrho} (1+|y|)^s; \end{cases}$$

und dieselben Abschätzungen gelten für die konjugierten Polynome[8]).

Beweis. Es sei a eine natürliche Zahl. Ich betrachte diejenigen Polynome $P(x,y)$ vom Grade $m+r$ in x, s in y, mit ganzen Koeffizienten aus P, welche der Bedingung $\overline{|P|} \leqq a$ genügen. Ihre offenbar endliche Anzahl sei N.

Es gibt eine Basis $\omega_1, \dots \omega_{n_0}$ von P, so daß

$$\max\left(\overline{|\omega_1|}, \dots \overline{|\omega_{n_0}|}\right) \leqq c_3$$

ist, wo c_3 (wie auch im folgenden $c_4, \dots$) eine natürliche Zahl bedeutet, die nur von ξ, P, ϑ abhängt.

n_0 ganze rationale Zahlen $a_1, \dots a_{n_0}$ mögen den Bedingungen

$$|a_\nu| \leqq \frac{a}{c_3 n_0} \qquad (\nu = 1, \dots n_0)$$

genügen; dann gilt für $\alpha = \sum_{\nu=1}^{n_0} a_\nu \omega_\nu$ die Ungleichung $\overline{|\alpha|} \leqq a$.

Die Anzahl der Koeffizienten von $P(x,y)$ ist $(m+r+1)(s+1)$. Da für jedes ganze rationale a_ν $(\nu = 1, \dots n_0)$ zwischen $-\left[\frac{a}{c_3 n_0}\right]$ und $+\left[\frac{a}{c_3 n_0}\right]$ die Zahl α einen Koeffizienten eines zulässigen P bildet, so ist

$$(15) \qquad N \geqq \left(2\left[\frac{a}{c_3 n_0}\right] + 1\right)^{n_0 (m+r+1)(s+1)} > \left(\frac{a}{c_4}\right)^{n_0 (m+r+1)(s+1)}.$$

Ich setze nun

$$\frac{\partial^\lambda P(x,y)}{\lambda!\, \partial x^\lambda} = P_\lambda(x,y)\ ^{7)}, \qquad (\lambda = 0, \dots r-1).$$

Dann ist

$$\overline{|P_\lambda|} \leqq \binom{m+r}{\lambda} \overline{|P|},$$

oder, wegen

$$\binom{m+r}{\lambda} < \binom{m+r}{0} + \dots + \binom{m+r}{\lambda} + \dots + \binom{m+r}{m+r} = (1+1)^{m+r} = 2^{m+r},$$

$$\overline{|P_\lambda|} \leqq 2^{m+r} \overline{|P|} \leqq 2^{m+r} a;$$

also, wenn $\overline{|\xi|} = b$ gesetzt wird,

$$\overline{|P_\lambda(\xi,\xi)|} \leqq 2^{m+r} a (1 + b + \dots + b^{m+r-\lambda})(1 + b + \dots + b^s) \leqq 2^{m+r} (1+b)^{m+r+s} a.$$

---

[8]) d. h. die Polynome, deren Koeffizienten zu denen von F_ϱ, G_ϱ, R_ϱ konjugiert sind.

Nach (7) ist

$$m+r<m+r+s\leqq\frac{d+\vartheta}{s+1}r+s<\frac{n+1}{2}r+n<c_5 r,$$

(16) $$\overline{|P_\lambda(\xi,\xi)|}<c_6^r a=t.$$

Es sei α eine der r Zahlen $P_\lambda(\xi,\xi)$ $(\lambda=0,\ldots r-1)$. Von den zu K konjugierten Körpern seien $K^{(1)},\ldots K^{(r_1)}$ reell und die Paare $K^{(r_1+\nu)}$, $K^{(r_1+r_2+\nu)}$ $(\nu=1,\ldots r_2;\ dn_0=r_1+2r_2$, wobei r_1 oder r_2 auch 0 sein kann) konjugiert komplex; dann ist zu jedem α durch die Gleichungen

$$\alpha_\nu=\alpha^{(\nu)} \text{ für } \nu=1,\ldots r_1;\quad \alpha_\nu+i\alpha_{r_2+\nu}=\alpha^{(\nu)} \text{ für } \nu=r_1+1,\ldots r_1+r_2$$

ein System von dn_0 reellen Zahlen $\alpha_1,\ldots\alpha_{dn_0}$ eindeutig bestimmt. Für jedes der N Polynome $P(x,y)$ mit $\overline{|P|}\leqq a$ wird also durch die r Zahlen $P_\lambda(\xi,\xi)$ ein Punkt eines dn_0r-dimensionalen Raumes erzeugt, und jeder solche Punkt liegt wegen (16) in einem festen Würfel von der Kantenlänge $2t$. Zerlegt man bei jeder Koordinate die Strecke $-t$ bis $+t$ in $3t$ gleiche Teile, so zerfällt dieser Würfel in $(3t)^{dn_0r}$ Teilwürfel von der Kantenlänge $\frac{2}{3}$.

Ist nun die Anzahl der Polynome $P(x,y)$

(17) $$N>(3t)^{dn_0r},$$

also größer als die Anzahl der Teilwürfel, so liegt für mindestens zwei Polynome P^* und P^{**} der ihnen zugeordnete Punkt in oder auf demselben Teilwürfel. Es gelten daher die Ungleichungen

$$\overline{|P_\lambda^*(\xi,\xi)-P_\lambda^{**}(\xi,\xi)|}\leqq\sqrt{2}\,\frac{2}{3}<1\quad(\lambda=0,\ldots r-1).$$

Links steht eine ganze algebraische Zahl $P_\lambda^*-P_\lambda^{**}$; da ihre Norm <1 ist, so ist sie 0. Die Entwicklung von $R=P^*-P^{**}$ nach Potenzen von $x-\xi$ und $y-\xi$ hat also die Form

(18) $$R(x,y)=(x-\xi)^r F(x,y)+(y-\xi)G(x,y),$$

wo die Koeffizienten von F und G ganze Zahlen aus K sind, während die Koeffizienten von R in P liegen und nebst ihren Konjugierten absolut $\leqq 2a$ sind.

Nach (15) und (16) ist für das Bestehen von (17) hinreichend

$$\left(\frac{a}{c_4}\right)^{n_0(m+r+1)(s+1)}>(3c_6^r a)^{n_0dr},$$

$$\left(\frac{a}{c_4}\right)^{(m+r+1)(s+1)}>(3c_6^r a)^{dr}.$$

Wegen (7) ist nun

$$(m+r+1)(s+1)=\left(\left[\frac{d+\vartheta}{s+1}r\right]+1\right)(s+1)>(d+\vartheta)r,$$

so daß es genügt,

$$\left(\frac{a}{c_4}\right)^{d+\vartheta} > (3\,c_6^r a)^d,$$

$$a = c_7^r$$

zu setzen.

(18) wird durch

$$F(x,y) = \sum_{\varkappa=0}^{m}\sum_{\lambda=0}^{s}(x-\xi)^\varkappa (y-\xi)^\lambda \left(\frac{\partial^{\varkappa+\lambda+r} R(x,y)}{(\varkappa+r)!\,\lambda!\,\partial x^{\varkappa+r}\partial y^\lambda}\right)_{x=\xi,\,y=\xi},$$

$$G(x,y) = \sum_{\varkappa=0}^{r-1}\sum_{\lambda=0}^{s-1}(x-\xi)^\varkappa (y-\xi)^\lambda \left(\frac{\partial^{\varkappa+\lambda+1} R(x,y)}{\varkappa!\,(\lambda+1)!\,\partial x^{\varkappa}\partial y^{\lambda+1}}\right)_{x=\xi,\,y=\xi}$$

erfüllt. Wegen

$$\overline{\left|\frac{\partial^{\alpha+\beta} R(x,y)}{\alpha!\,\beta!\,\partial x^\alpha \partial y^\beta}\right|} \leqq \binom{m+r}{\alpha}\binom{s}{\beta}\overline{|R|} < 2^{m+r+s}\,2a < c_5^r,$$

$$\overline{\left|\left(\frac{\partial^{\alpha+\beta} R(x,y)}{\alpha!\,\beta!\,\partial x^\alpha \partial y^\beta}\right)_{x=\xi,\,y=\xi}\right|} < c_8^r(1+b+\dots+b^{m+r-\alpha})(1+b+\dots+b^{s-\beta})$$

$$\leqq c_5^r(1+b)^{m+r+s} < c_9^r$$

(für $\alpha \leqq m+r$, $\beta \leqq s$) ist[9])

$$\overline{|F(x,y)|} < (1+2b)^m(1+2b)^s c_9^r < c_{10}^r,$$

$$\overline{|G(x,y)|} < (1+2b)^{r-1}(1+2b)^{s-1} c_9^r < c_{11}^r.$$

Setzt man $\max(3c_7, c_{10}, c_{11}) = c_1$, so sind die Teile I und II der Behauptung bewiesen.

Ich differentiiere (8) ϱ-mal nach x:

$$\sum_{\lambda=0}^{\varrho}\binom{\varrho}{\lambda}\binom{r}{\varrho-\lambda}(\varrho-\lambda)!\,(x-\xi)^{r-\varrho+\lambda}\lambda!\,\frac{\partial^\lambda F(x,y)}{\lambda!\,\partial x^\lambda} + (y-\xi)\,\varrho!\,G_\varrho(x,y) = \varrho!\,R_\varrho(x,y),$$

$$(x-\xi)^{r-\varrho}\sum_{\lambda=0}^{\varrho}\binom{r}{\varrho-\lambda}\binom{\varrho}{\lambda}\frac{\lambda!\,(\varrho-\lambda)!}{\varrho!}(x-\xi)^\lambda \frac{\partial^\lambda F(x,y)}{\lambda!\,\partial x^\lambda} + (y-\xi)\,G_\varrho(x,y) = R_\varrho(x,y).$$

Wird die Relation

$$\binom{\varrho}{\lambda} = \frac{\varrho!}{\lambda!\,(\varrho-\lambda)!}$$

berücksichtigt, so entsteht (13).

Wegen (9) folgt aus (12) und (10)

$$\overline{|G_\varrho|} \leqq \binom{m+r}{\varrho}\overline{|G|} < 2^{m+r} c_1^r < c_{12}^r, \quad \overline{|R_\varrho|} < c_{12}^r,$$

[9]) Mit Rücksicht auf $b \geqq 1$.

und aus (11)

$$|F_\varrho| \leqq \sum_{\lambda=0}^{\varrho} \binom{r}{\varrho-\lambda}\left(1+\binom{\lambda}{1}b+\dots+b^\lambda\right)\binom{m}{\lambda}c_1^r < 2^r c_1^r \sum_{\lambda=0}^{m}\binom{m}{\lambda}(1+b)^\lambda$$
$$= (2c_1)^r(2+b)^m < c_{13}^r.$$

Ich setze $c_2 = \max(c_{12}, c_{13})$; dann ist

$$|F_\varrho(x,y)| < c_2^r \sum_{\varkappa=0}^{m}\sum_{\lambda=0}^{s}|x^\varkappa y^\lambda| \leqq c_2^r(1+|x|)^m(1+|y|)^s,$$

$$|G_\varrho(x,y)| < c_2^r \sum_{\varkappa=0}^{m+r-\varrho}\sum_{\lambda=0}^{s-1}|x^\varkappa y^\lambda| \leqq c_2^r(1+|x|)^{m+r-\varrho}(1+|y|)^s,$$

$$|R_\varrho(x,y)| < c_2^r \sum_{\varkappa=0}^{m+r-\varrho}\sum_{\lambda=0}^{s}|x^\varkappa y^\lambda| \leqq c_2^r(1+|x|)^{m+r-\varrho}(1+|y|)^s,$$

womit auch Teil III der Behauptung bewiesen ist.

Hilfssatz VI. P, ξ, ϑ, d, m, n, r, s haben die Bedeutung des vorigen Hilfssatzes V; außerdem mögen für r und ϑ die Ungleichungen

$$(19) \qquad r \geqq 2n^2,$$

$$(20) \qquad \vartheta \leqq \frac{1}{2}$$

gelten. Für das in demselben Hilfssatz bestimmte Polynom $R(x,y)$ werde

$$(21) \qquad R(x,y) = \sum_{\mu=0}^{s} f_\mu(x)\,y^\mu$$

gesetzt. Es bezeichne $s'+1$ die Anzahl in bezug auf P linear unabhängiger unter den $s+1$ Polynomen $f_0(x), \dots f_s(x)$. s' ist $\geqq 0$, da die Polynome nicht sämtlich identisch 0 sind; und es ist $s' \leqq s$. Es seien $\lambda_0, \dots \lambda_{s'}$ so gewählt, daß $f_{\lambda_0}(x), \dots f_{\lambda_{s'}}(x)$ in P linear unabhängig sind. Dann sind also $\lambda_0, \dots \lambda_{s'}$ verschiedene Zahlen der Reihe 0 bis s. Gegeben sei eine feste von den zu ξ in bezug auf P Konjugierten verschiedene Zahl η. Es werde die Determinante

$$|f_{\lambda_\beta}^{(\alpha)}(x)| = \Delta(x) \qquad (\alpha = 0, \dots s';\ \beta = 0, \dots s')$$

gesetzt.

Behauptung. Es gibt eine nicht negative ganze Zahl $\gamma \leqq \vartheta r + n(n-1)$, also nach (19) und (20) $\leqq \frac{1}{2}r + \frac{r}{2} - n = r - n$, derart, daß die Zahl

$$\Delta^{(\gamma)}(\eta) = \left(\frac{d^\gamma \Delta(x)}{d x^\gamma}\right)_{x=\eta}$$

nicht 0 ist.

Beweis. Drücke ich alle $f_\mu(x)$ $(\mu = 0, \ldots s)$ durch $f_{\lambda_0}(x), \ldots f_{\lambda_{s'}}(x)$ aus, so gehe (21) über in

(22) $$R(x,y) = \sum_{\beta=0}^{s'} f_{\lambda_\beta}(x)\, U_\beta(y),$$

wo $U_\beta(y)$ ein Polynom s-ten Grades in y mit Koeffizienten aus P bedeutet, das nicht identisch 0 ist. Nach Hilfssatz IV ist wegen der linearen Unabhängigkeit der $f_{\lambda_\beta}(x)$ das Polynom $\Delta(x)$ nicht identisch 0.

Aus (22) und (8) folgt für jedes α der Reihe $0, \ldots s'$

$$\sum_{\beta=0}^{s'} f_{\lambda_\beta}^{(\alpha)}(x)\, U_\beta(\xi) = \frac{d^\alpha}{dx^\alpha}\{(x-\xi)^r F(x,\xi)\}.$$

Diese Gleichung multipliziere ich mit der Unterdeterminante $\Delta_\alpha(x)$ von $f_{\lambda_0}^{(\alpha)}(x)$ in $\Delta(x)$[10] und summiere über α von 0 bis s'. Dann ergibt sich

(23) $$\Delta(x)\, U_0(\xi) = \sum_{\alpha=0}^{s'} \Delta_\alpha(x) \frac{d^\alpha}{dx^\alpha}\{(x-\xi)^r F(x,\xi)\}.$$

Wegen (19) ist $\alpha \leqq s' \leqq s < n < r$; also $r - \alpha > 0$.

$U_0(y)$ ist vom Grade $s < d$, verschwindet also für $y = \xi$ nicht. Die Gleichung (23) lehrt nun, daß $\Delta(x)$ durch $(x-\xi)^{r-s'}$ teilbar ist. Es bedeute

$$\varphi(x) = x^d + \ldots = 0$$

die in P irreduzible Gleichung für ξ. $\Delta(x)$ ist in P rational; daher geht $\varphi(x)^{r-s'}$ in $\Delta(x)$ auf:

(24) $$\Delta(x)\, U_0(\xi) = \varphi(x)^{r-s'} D(x),$$

wo $D(x)$ nicht identisch 0 ist.

In der Zeile α von $\Delta(x)$ hat jedes Element den Grad $m + r - \alpha$. $\Delta(x)$ hat also den Grad

$$\sum_{\alpha=0}^{s'} (m + r - \alpha) = (s'+1)\left(m + r - \frac{s'}{2}\right) \leqq (s'+1)(m+r).$$

Den wahren Grad von $D(x)$ nenne ich δ; dann ist nach (24)

$$\delta \leqq (s'+1)(m+r) - d(r-s').$$

Nach Voraussetzung ist $\varphi(\eta) \neq 0$. $\Delta(x)$ verschwindet also für $x = \eta$ höchstens von δ-ter Ordnung. Ich kann daher ein γ so wählen, daß $0 \leqq \gamma \leqq \delta$ und $\Delta^{(\gamma)}(\eta) \neq 0$ ist. Für dieses γ gilt nach (7)

$$\gamma \leqq \delta \leqq (s'+1)(m+r) - d(r-s') \leqq (s+1)\frac{d+\vartheta}{s+1} r - dr + ds' \leqq \vartheta r + ds \leqq \vartheta r + n(n-1).$$

---

[10]) Ist $s' = 0$, so bedeute $\Delta_0(x)$ die Zahl 1.

Hilfssatz VII. $\mathsf{P}, \xi, \vartheta, m, n_0, r, s, c_1, R(x, y)$ haben die Bedeutung des Hilfssatzes V. Es sei ζ eine algebraische Zahl vom Grade $t \geqq 1$. Die in Ω irreduzible Gleichung mit teilerfremden ganzen rationalen Koeffizienten, welcher sie genügt, sei

$$\chi(z) = l_0 z^t + \ldots + l_t = 0 \qquad (l_0 > 0).$$

Ich setze

$$H(\zeta) = \max(|l_0|, \ldots |l_t|) = l.$$

Dann gibt es ein positives $c_{14} = c_{14}(\xi, \mathsf{P}, \vartheta)$ derart, daß für $l > c_{14}^r$ das Polynom $R(x, \zeta)$ nicht identisch 0 ist.

Beweis. 1. Es sei $t > n_0 s$.

$R(x, y)$ ist in y vom Grade s. $R(x, \zeta)$ ist nicht identisch 0; denn sonst würde ζ in P einer Gleichung vom Grade $s < \frac{t}{n_0}$, also in Ω einer Gleichung vom Grade $n_0 s < t$ genügen. Dies gilt für jedes $l > 0$.

2. Es sei $t \leqq n_0 s$.

Sind $\zeta^{(1)}, \ldots \zeta^{(t)}$ zu ζ in bezug auf Ω konjugiert, so ist

$$l_0 \prod_{\nu=1}^{t} (y - \zeta^{(\nu)}) = l_0 y^t + \ldots + l_t.$$

Ich setze $\overline{|\zeta|} = \mathsf{Z}$. Der Koeffizient von $y^{t-\lambda}$ in $l_0(y + \mathsf{Z})^t$ ist nicht kleiner als $|l_\lambda|$:

$$l_0 \binom{t}{\lambda} \mathsf{Z}^\lambda \geqq |l_\lambda|.$$

Nun sei λ insbesondere derjenige Index der Reihe 0 bis t, für welchen $|l_\lambda|$ seinen größten Wert l annimmt; dann ist wegen $\binom{t}{\lambda} < 2^t$

$$l_0 2^t \mathsf{Z}^\lambda > l,$$

also, wenn $\max(1, \mathsf{Z}) = \mathsf{Z}'$ gesetzt wird,

$$(2\mathsf{Z}')^t > \frac{l}{l_0}. \tag{25}$$

Ich nehme an: $R(x, \zeta)$ verschwindet identisch. Das Produkt der n_0 zu $R(x, y)$ konjugierten Polynome, die Norm $N(R(x, y))$, hat ganze rationale Koeffizienten und verschwindet für $y = \zeta$, ist daher durch $\chi(y)$ teilbar. Setzt man

$$N(R) = \sum_{\varkappa=0}^{n_0(m+r)} b_\varkappa(y) x^\varkappa,$$

so ist auch für jedes $\varkappa$ das Polynom $\chi(y)$ ein Teiler von $b_\varkappa(y)$. Es sei

$$b(y) = g_0 y^\sigma + \ldots + g_\sigma \qquad (g_0 \neq 0,\ 0 \leqq \sigma \leqq n_0 s)$$

ein nicht identisch verschwindendes von den Polynomen $b_\varkappa(y)$. Nach einem Satze von Gauß hat das Polynom $\frac{b(y)}{\chi(y)}$ ganze Koeffizienten; insbesondere ist $\frac{g_0}{l_0}$ ganz rational; also

(26) $$l_0 \leqq |g_0|.$$

Die n_0 Konjugierten zu $R(x, y)$ haben je $(m+r+1)(s+1)$ Koeffizienten, deren jeder nach (9) absolut $< c_1^r$ ist. Jeder Koeffizient in ihrem Produkt ist daher absolut $< (m+r+1)^{n_0-1}(s+1)^{n_0-1} c_1^{n_0 r} < c_{15}^r$; also ist auch

(27) $$\max(|g_0|, \ldots |g_\sigma|) = g < c_{15}^r.$$

Wegen $t \leqq \sigma$ ist $\sigma \geqq 1$. Ist $|y| > \sigma \frac{g}{|g_0|}$, also > 1, so gilt

$$|b(y)| \geqq |g_0 y^\sigma| - g(|y|^{\sigma-1} + \ldots + 1) \geqq |g_0 y^{\sigma-1}| \left(|y| - \sigma \frac{g}{|g_0|}\right) > 0.$$

Daher folgt aus $b(\zeta) = 0$ wegen (26)

$$Z' \leqq \sigma \frac{g}{|g_0|} \leqq \sigma \frac{g}{l_0},$$

und wegen (25) und (27)

$$\frac{l}{l_0} < \left(2\sigma \frac{c_{15}^r}{l_0}\right)^t,$$

$$l_0^{t-1} l < (2\sigma c_{15}^r)^t \leqq (2 n_0 s c_{15}^r)^{n_0 s} < c_{14}^r.$$

Nun ist $l_0 \geqq 1$, also a fortiori

$$l < c_{14}^r.$$

Für $l > c_{14}^r$ kann daher $R(x, \zeta)$ nicht identisch verschwinden.

Hilfssatz VIII. $\mathsf{P}, \xi, \vartheta, m, n, r, s, c_2, R(x, y)$ haben die Bedeutung des Hilfssatzes V. c_{14} sei die Konstante des vorigen Hilfssatzes VII. Für r und ϑ seien die Ungleichungen (19) und (20) des Hilfssatzes VI erfüllt.

Es sei η eine algebraische Zahl t-ten Grades ($t \geqq 1$), die von den zu ξ in bezug auf Ω Konjugierten verschieden ist. Sie genüge der in Ω irreduziblen Gleichung mit teilerfremden ganzen rationalen Koeffizienten

$$\psi(y) = k_0 y^t + \ldots + k_t = 0 \qquad (k_0 > 0);$$

und es werde gesetzt

$$H(\eta) = \max(|k_0|, \ldots |k_t|) = k.$$

Es sei ζ eine algebraische Zahl t-ten Grades. Sie genüge der in Ω irreduziblen Gleichung mit teilerfremden ganzen rationalen Koeffizienten

$$\chi(z) = l_0 z^t + \ldots + l_t = 0 \qquad (l_0 > 0).$$

Ihre Höhe erfülle die Bedingung

$$H(\zeta)=\max(|l_0|,\ldots|l_t|)=l>c_{14}^r.$$

Der Körper $\mathsf{P}(\eta,\zeta)$ sei vom Grade t'.

Behauptung. Es gibt ein ϱ des Intervalls $0\leqq\varrho<\vartheta r+n^2$, also nach (19) und (20) $<r$, und ein positives $c_{16}=c_{16}(\xi,\mathsf{P},\vartheta)$ derart, daß eine der Zahlen

$$E_1=c_{16}^{t'r}\left(k^{m+r-\varrho}l^s\right)^{\frac{t'}{t}}|\xi-\eta|^{r-\varrho},\quad E_2=c_{16}^{t'r}\left(k^{m+r-\varrho}l^s\right)^{\frac{t'}{t}}|\xi-\zeta|$$

größer als 1 ist.

Beweis. Wegen $l>c_{14}^r$ ist nach Hilfssatz VII $R(x,\zeta)$ nicht identisch 0. Nun war

$$R(x,\zeta)=\sum_{\beta=0}^{s'}f_{\lambda_\beta}(x)\,U_\beta(\zeta);$$

mindestens ein $U_\beta(\zeta)$ ist also $\neq 0$. Die Bezeichnung sei so gewählt, daß dies für $\beta=0$ zutrifft. Aus den $s'+1$ Gleichungen

$$\alpha!\,R_\alpha(x,\zeta)=\sum_{\beta=0}^{s'}f_{\lambda_\beta}^{(\alpha)}(x)\,U_\beta(\zeta)\qquad(\alpha=0,\ldots s')$$

folgt

(28) $$\Delta(x)\,U_0(\zeta)=\sum_{\alpha=0}^{s'}\Delta_\alpha(x)\,\alpha!\,R_\alpha(x,\zeta).$$

Die Voraussetzung des Hilfssatzes VI ist für η erfüllt. Für das dort bestimmte $\gamma\leqq\vartheta r+n(n-1)$ ist $\Delta^{(\gamma)}(\eta)\neq 0$. Nach (28) setzt sich $\Delta^{(\gamma)}(\eta)$ homogen und linear aus $R_\varkappa(\eta,\zeta)$ $(\varkappa=0,\ldots\gamma+s')$ zusammen. Eine dieser Zahlen ist daher $\neq 0$; und für den zugehörigen Index $\varkappa=\varrho$ gilt

(29) $$\varrho\leqq\gamma+s'<\vartheta r+n(n-1)+n=\vartheta r+n^2\leqq r.$$

Die Konjugierten zu η und ζ in bezug auf Ω seien $\eta^{(\varkappa)}$ und $\zeta^{(\lambda)}$ $(\varkappa=1,\ldots t;\ \lambda=1,\ldots t)$. $R_\varrho(x,y)$ ist ein Polynom vom Grade $m+r-\varrho$ in x, s in y, mit ganzen Koeffizienten aus P. Die Norm der Zahl $R_\varrho(\eta,\zeta)$ in bezug auf Ω, die ich kurz $N(\eta,\zeta)$ nenne, ist eine Summe von Potenzprodukten der $\eta^{(\varkappa)}$ und $\zeta^{(\lambda)}$ mit ganzen Koeffizienten aus P, und zwar tritt in einem solchen Produkt ein Faktor $\eta^{(\varkappa)}$ oder $\zeta^{(\lambda)}$ höchstens in der Potenz $\frac{t'}{t}(m+r-\varrho)$ oder $\frac{t'}{t}s$ auf.

Bedeuten $\eta_1,\eta_2,\ldots$ einige verschiedene der Zahlen $\eta^{(\varkappa)}$, so ist nach einem zahlentheoretischen Satze $k_0\eta_1\eta_2\ldots$ eine ganze algebraische Zahl, dasselbe gilt von $l_0\zeta_1\zeta_2\ldots$, wo $\zeta_1,\zeta_2,\ldots$ verschiedene Zahlen $\zeta^{(\lambda)}$ bedeuten. Folglich ist $k_0^{\frac{t'}{t}(m+r-\varrho)}\,l_0^{\frac{t'}{t}s}\,|N(\eta,\zeta)|$ eine ganze algebraische Zahl.

Andererseits ist $|N(\eta,\zeta)|$ eine positive rationale Zahl. Daraus folgt

(30) $$(k_0^{m+r-\varrho}\, l_0^s)^{\frac{t'}{t}}\, |N(\eta,\zeta)| \geqq 1.$$

Die Konjugierten in bezug auf Ω von $R_\varrho(\eta,\zeta)$ seien $\{R_\varrho(\eta,\zeta)\}^{(\nu)}$ $(\nu = 1,\ldots t')$; insbesondere sei $\{R_\varrho(\eta,\zeta)\}^{(1)} = R_\varrho(\eta,\zeta)$, sowie ferner $\eta^{(1)} = \eta$, $\zeta^{(1)} = \zeta$. Dann ist nach (30), wenn Gleichung (13) benutzt wird,

(31) $$(k_0^{m+r-\varrho}\, l_0^s)^{\frac{t'}{t}}\, |(\eta-\xi)^{r-\varrho} F_\varrho(\eta,\zeta) + (\zeta-\xi) G_\varrho(\eta,\zeta)| \left|\prod_{\nu=2}^{t'} \{R_\varrho(\eta,\zeta)\}^{(\nu)}\right| \geqq 1.$$

Mit Rücksicht auf die Abschätzungen (14) ist nun wegen $\varrho < r$

$$|(\eta-\xi)^{r-\varrho} F_\varrho(\eta,\zeta) + (\zeta-\xi) G_\varrho(\eta,\zeta)|$$
$$< c_2^r (|\eta-\xi|^{r-\varrho} + |\zeta-\xi|)(1+|\eta|)^{m+r-\varrho}(1+|\zeta|)^s;$$
$$\left|\prod_{\nu=2}^{t'} \{R_\varrho(\eta,\zeta)\}^{(\nu)}\right|$$
$$< c_2^{(t'-1)r} \{(1+|\eta|)^{m+r-\varrho}(1+|\zeta|)^s\}^{\frac{t'}{t}-1} \prod_{\nu=2}^{t} \{(1+|\eta^{(\nu)}|)^{m+r-\varrho}(1+|\zeta^{(\nu)}|)^s\}^{\frac{t'}{t}},$$

so daß (31) übergeht in

$$c_2^{t'r}(|\eta-\xi|^{r-\varrho} + |\zeta-\xi|)\left\{k_0 \prod_{\nu=1}^{t} (1+|\eta^{(\nu)}|)\right\}^{\frac{t'}{t}(m+r-\varrho)} \left\{l_0 \prod_{\nu=1}^{t} (1+|\zeta^{(\nu)}|)\right\}^{\frac{t'}{t}s} > 1.$$

Hieraus folgt nach Hilfssatz I

$$c_2^{t'r}(|\eta-\xi|^{r-\varrho} + |\zeta-\xi|)(6^t k)^{\frac{t'}{t}(m+r-\varrho)} (6^t l)^{\frac{t'}{t}s} > 1;$$

folglich ist für ein gewisses positives $c_{16} = c_{16}(\xi, \mathrm{P}, \vartheta)$

$$c_{16}^{t'r}(k^{m+r-\varrho}\, l^s)^{\frac{t'}{t}} (|\eta-\xi|^{r-\varrho} + |\zeta-\xi|) > 2,$$

woraus die Behauptung sich ergibt.

Nach diesen Vorbereitungen wende ich mich zum

Beweis des Hauptsatzes. 1. Es liege Teil 1 des Hauptsatzes vor. Dann bedeute der Körper P vom Grade n_0 des Hilfssatzes V den Körper K_0, dessen Grad h sei; so daß $n_0 = h$ ist. Unter h' verstehe ich die Zahl 1.

2. Es liege Teil 2 des Hauptsatzes vor. Dann bedeute der Körper P des Hilfssatzes V den Körper der rationalen Zahlen Ω, so daß $n_0 = 1$, $d = n$ ist. Unter h' verstehe ich die Zahl h.

Führe ich die Abkürzung

(32) $$\beta = h'\left(\frac{d}{s+1} + s\right) + \Theta$$

ein, so lassen sich die Ungleichungen (5) und (6) zu

(33) $$|\xi - \eta| \leqq \frac{1}{H(\eta)^{\beta}}$$

vereinigen. Im folgenden wird der Beweis für beide Teile des Hauptsatzes zugleich geführt; um zum ersten Teil zu gelangen, hat man also $h' = 1$ zu setzen, während man zum zweiten Teil durch die Annahme $h' = h$, $d = n$ kommt. Es genügt offenbar, $\Theta \leqq 1$ anzunehmen.

Ich setze

(34) $$\vartheta = \frac{\Theta}{4hn}.$$

c_{16} habe die zu diesem ϑ gehörige Bedeutung im Sinne des letzten Hilfssatzes VIII. Es sei

$$c_{16}^{hh'} = j.$$

Ich nehme an: Die Ungleichung (33) hat unendlich viele Lösungen. Dann wähle ich eine Lösung η folgendermaßen: Es ist η von den zu ξ in bezug auf Ω Konjugierten verschieden und es gilt

(35) $$H(\eta) = k > \max\left(j^{\frac{4}{\Theta}}, c_{14}\right),$$

wo c_{14} die Konstante des Hilfssatzes VII bedeutet. Eine zweite Lösung ζ von (33) bestimme ich hierauf derart, daß

(36) $$H(\zeta) = l > k^{\frac{8hn^3}{\Theta} + 1}$$

ist. Ich setze

(37) $$r = \left[\frac{\log l}{\log k}\right];$$

dann sind, so behaupte ich, für η und ζ alle Voraussetzungen des Hilfssatzes VIII erfüllt. Es ist nämlich wegen (34) $\vartheta < \frac{1}{2}$, also (20) erfüllt; wegen (36) und (37)

(38) $$r \geqq \left[\frac{8hn^3}{\Theta} + 1\right] > \frac{8hn^3}{\Theta} > 2n^2,$$

also (19) erfüllt; η von den zu ξ in bezug auf Ω Konjugierten verschieden; für ζ wegen (35) und (37) die Ungleichung $l > c_{14}^{r}$ erfüllt. Der Grad t' des Körpers $\mathsf{P}(\eta, \zeta)$ von Hilfssatz VIII ist im vorliegenden Falle $\leqq hh'$; nach dem Hilfssatz ist also mindestens eine der Zahlen

(39) $$\overline{E}_1 = j^r (k^{m+r-\varrho} l^s)^{h'} |\xi - \eta|^{r-\varrho}, \quad \overline{E}_2 = j^r (k^{m+r-\varrho} l^s)^{h'} |\xi - \zeta|$$

größer als 1.

Zur Abkürzung werde gesetzt

$$\Theta - h' \frac{\vartheta}{s+1} - (\beta - h')\frac{\varrho}{r} - \frac{\log j}{\log k} = \varepsilon.$$

Dann ist nach (29), (34) und (38)

$$\frac{\varrho}{r} < \vartheta + \frac{n^2}{r} < \frac{\Theta}{4hn} + \frac{n^2}{\frac{8hn^3}{\Theta}} = \frac{3\Theta}{8hn};$$

ferner nach (32)

$$\beta - h' = h'\left(\frac{d}{s+1} + s - 1\right) + \Theta \leqq h\left(\frac{n}{s+1} + s - 1\right) + 1 \leqq h\left(\frac{n}{s+1} + s\right) \leqq hn^{11)}.$$

Wegen (34) und (35) ist

$$(40)\qquad \varepsilon > \Theta - h\frac{\frac{\Theta}{4hn}}{2} - \frac{3\Theta}{8hn}hn - \frac{\Theta}{4} = \Theta - \frac{\Theta}{8n} - \frac{3\Theta}{8} - \frac{\Theta}{4} > \frac{\Theta}{4} > 0.$$

Wegen $\log j \geqq 0$, $\varrho < r$ ist

$$(41)\qquad 0 < h'\left(\frac{d+\vartheta}{s+1} - \frac{\varrho}{r}\right) + \frac{\log j}{\log k} = \beta + h'\left(\frac{\vartheta}{s+1} - s\right) - \Theta - h'\frac{\varrho}{r}$$
$$+ \frac{\log j}{\log k} = \beta\left(1 - \frac{\varrho}{r}\right) - h's - \varepsilon,$$

also nach (40)

$$(42)\qquad r \leqq \frac{\log l}{\log k} < \frac{\log l}{\log k}\,\frac{\beta - h's}{\beta\left(1 - \frac{\varrho}{r}\right) - h's - \varepsilon} = \frac{(\beta - h's)\log l}{\left(\frac{d+\vartheta}{s+1} - \frac{\varrho}{r}\right)h'\log k + \log j}.$$

Die Beziehung (41) liefert

$$\beta\left(1 - \frac{\varrho}{r}\right) - h'\left(\frac{d+\vartheta}{s+1} - \frac{\varrho}{r}\right) - \frac{\log j}{\log k} = h's + \varepsilon > 0,$$

also, nach (37), (38) und (40),

$$(43)\qquad r > \frac{\log l}{\log k} - 1 = \frac{\log l}{\log k}\,\frac{h's}{h's + \frac{\Theta}{4}} + \frac{\log l}{\log k}\,\frac{\frac{\Theta}{4}}{h's + \frac{\Theta}{4}} - 1$$
$$> \frac{\log l}{\log k}\,\frac{h's}{h's + \frac{\Theta}{4}} + \frac{8hn^3}{\Theta}\,\frac{\Theta}{4hn} - 1 = \frac{\log l}{\log k}\,\frac{h's}{h's + \frac{\Theta}{4}} + 2n^2 - 1 > \frac{\log l}{\log k}\,\frac{h's}{h's + \varepsilon}.$$

Aus (42) und (43) folgt

$$\frac{h's\log l}{\left\{\beta\left(1 - \frac{\varrho}{r}\right) - h'\left(\frac{d+\vartheta}{s+1} - \frac{\varrho}{r}\right)\right\}\log k - \log j} < r < \frac{(\beta - h's)\log l}{h'\left(\frac{d+\vartheta}{s+1} - \frac{\varrho}{r}\right)\log k + \log j},$$

wo beide Nenner als positiv nachgewiesen waren. Wegen (7) ist daher

$$h's\log l < \{\beta(r - \varrho) - h'(m + r - \varrho)\}\log k - r\log j,$$

---

[11]) Die Funktion $f(u) = \frac{n}{u+1} + u\ (u > 0)$ ist außerhalb ihres Minimums bei $u = \sqrt{n} - 1$ monoton; dieses liegt im Intervall $0 \leqq u \leqq n - 1$. Für alle Punkte dieses Intervalls ist daher $f(u) \leqq f(0) = f(n-1) = n$.

$$h'(m+r-\varrho)\log k + r\log j < (\beta - h's)\log l;$$

$$j^r (k^{m+r-\varrho} l^s)^{h'} \frac{1}{k^{\beta(r-\varrho)}} < 1, \qquad j^r (k^{m+r-\varrho} l^s)^{h'} \frac{1}{l^\beta} < 1;$$

oder wegen (33) und (39)

$$\overline{E}_1 < 1, \qquad \overline{E}_2 < 1,$$

was ein Widerspruch ist.

Zusätze. 1. Wegen des Θ im Exponenten läßt der Hauptsatz auch folgende (völlig gleichbedeutende) Fassung zu: Für jedes $A > 0$ hat die Ungleichung

(5a) $$0 < |\xi - \eta| \leqq \frac{A}{H(\eta)^{\frac{d}{s+1}+s+\Theta}},$$

resp.

(6a) $$0 < |\xi - \eta| \leqq \frac{A}{H(\eta)^{h\left(\frac{n}{s+1}+s\right)+\Theta}}$$

nur endlich viele Lösungen.

2. Es gibt ein positives $A_0 = A_0(\xi, K_0, \Theta)$, resp. $A_0 = A_0(\xi, h, \Theta)$, so daß (5a), resp. (6a) für $A = A_0$ keine Lösung hat.

3. Der Hauptsatz gilt auch für gebrochene ξ. Es gibt nämlich dann eine nur von ξ abhängige natürliche Zahl c_{17}, so daß $c_{17}\,\xi$ ganz ist. Andererseits ist offenbar $H(c_{17}\,\eta) \leqq c_{17}^h\, H(\eta)$. Zusatz 1, auf $|c_{17}\,\xi - c_{17}\,\eta|$ angewendet, liefert die Behauptung.

4. Der zweite Teil des Hauptsatzes läßt folgende Erweiterung zu: Es seien h und s zwei natürliche Zahlen, von denen $s < n$ ist. $\eta \neq 0$ sei Wurzel einer Gleichung h-ten Grades mit ganzen rationalen Koeffizienten. k (> 0) sei der größte dieser Koeffizienten, absolut genommen. η ist also eine algebraische Zahl $\neq 0$ vom Grade $\leqq h$.

Behauptung. Für jedes $\Theta > 0$ hat die Ungleichung

(44) $$0 < |\xi - \eta| \leqq \frac{1}{k^{h\left(\frac{n}{s+1}+s\right)+\Theta}}$$

nur endlich viele Lösungen η.

Beweis. Bei festem η kann (44) offenbar nur für endlich viele k gelten. Nach Hilfssatz III ist ferner $H(\eta) < \tau_1 k$, wo τ_1 nur von h abhängt. Hätte also (44) unendlich viele Lösungen, so gälte dasselbe von einer Ungleichung der Form (6a), was nicht sein kann.

Hilfssatz X. Durchläuft x die natürlichen Zahlen, so hat die Funktion $y = \frac{d}{x+1} + x$ für $x = \left[\frac{\sqrt{4d+1}-1}{2}\right]$ ihren kleinsten Wert. Er liegt in dem Intervall $2\sqrt{d} - 1 \leqq y \leqq \sqrt{4d+1} - 1$.

Beweis. Lasse ich beliebige positive x zu, so folgt aus

$$y' = -\frac{d}{(x+1)^2} + 1, \qquad y'' = \frac{2d}{(x+1)^3} > 0,$$

daß y für $0 < x < \sqrt{d} - 1$ monoton fällt, für $\sqrt{d} - 1 < x$ monoton wächst und in $x = \sqrt{d} - 1$ das Minimum $2\sqrt{d} - 1$ annimmt.

Es sei

$$(48) \qquad x_1 > \sqrt{d} - 1, \qquad x_2 = \frac{d}{x_1 + 1} - 1.$$

In x_1 und x_2 hat y denselben Wert. In keinem Punkte des Intervalls $x_2 < x \leqq x_1$ ist daher y größer als in irgendeinem außerhalb desselben gelegenen $x > 0$. Ist nun

$$(49) \qquad x_1 - x_2 = 1,$$

so gibt es in diesem Intervall genau eine natürliche Zahl $s = [x_1]$. Für jedes natürliche $x \neq s$ gilt dann $y \geqq \frac{d}{s+1} + s$.

Aus (48) und (49) folgt

$$\frac{d}{x_1 + 1} = x_1, \qquad x_1 = \frac{1}{2}(\sqrt{4d+1} - 1), \qquad s = \left[\frac{1}{2}(\sqrt{4d+1} - 1)\right].$$

Ferner ist

$$\frac{d}{s+1} + s \leqq \frac{d}{x_1+1} + x_1 = 2x_1 = \sqrt{4d+1} - 1,$$

so daß die Ungleichung

$$2\sqrt{d} - 1 \leqq \frac{d}{s+1} + s \leqq \sqrt{4d+1} - 1$$

gilt.

§ 2.

Satz 2. Es bedeute ξ eine algebraische Zahl vom Grade $d \geqq 2$ in bezug auf den Körper K_0. Es sei $\omega_1, \ldots \omega_h$ eine feste Basis von K_0. Unter $x_1, \ldots x_h, x_1', \ldots x_h'$ verstehe ich $2h$ ganze rationale Unbestimmte, die nicht sämtlich 0 sind. Das Maximum ihrer absoluten Beträge sei x (> 0).

Dann hat die Ungleichung

$$(50) \qquad \left| \xi - \frac{x_1 \omega_1 + \ldots + x_h \omega_h}{x_1' \omega_1 + \ldots + x_h' \omega_h} \right| \leqq \frac{1}{x^{h\left(\frac{d}{s+1} + s\right) + \Theta}}$$

nur endlich viele Lösungen.

Beweis. $\eta = \dfrac{x_1 \omega_1 + \ldots + x_h \omega_h}{x_1' \omega_1 + \ldots + x_h' \omega_h}$ ist Wurzel der Gleichung

$$(51) \quad P(t) = \prod_{\nu=1}^{h} \{(x_1' \omega_1^{(\nu)} + \ldots + x_h' \omega_h^{(\nu)})\, t - (x_1 \omega_1^{(\nu)} + \ldots + x_h \omega_h^{(\nu)})\} = 0,$$

wo das Produkt über alle Konjugierten erstreckt wird. $P(t)$ hat die Form

(52) $$P(t) = a(Q(t))^f \qquad (a \neq 0),$$

wo Q ein irreduzibles ganzrationalzahliges Polynom, a eine ganze rationale Zahl, f eine natürliche Zahl $\leqq h$ bedeuten. Es sei ω die größte der h^2 Zahlen $|\omega_1^{(1)}|, \dots |\omega_h^{(h)}|$ und k_λ der Koeffizient von $t^{\frac{h}{f}-\lambda}$ in $Q(t)$; dann ist nach (51) und (52) für $\lambda = 0, \dots \frac{h}{f}$

$$|k_\lambda| \leqq \binom{\frac{h}{f}}{\lambda} (h\omega)^{\frac{h}{f}} x^{\frac{h}{f}} \leqq \binom{h}{\lambda} (h\omega)^h x^{\frac{h}{f}},$$

also

$$k = \max(|k_0|, \dots |k_{\frac{h}{f}}|) < \tau_3 x^{\frac{h}{f}},$$

wo $\tau_3 > 0$ nur von der gegebenen Basis abhängt. η liegt in einem der endlich vielen verschiedenen Unterkörper von K_0 vom Grade $\frac{h}{f}$ und ist darin primitiv; in jedem derselben hat nach dem Hauptsatz die Ungleichung

$$|\xi - \eta| < \frac{1}{k^{\frac{d'}{s'+1} + s' + \frac{\Theta f}{2h}}}$$

nur endlich viele Lösungen, wenn d' den Grad von ξ in bezug auf den Unterkörper und s' die Zahl $[\frac{1}{2}(\sqrt{4d'+1} - 1)]$ bedeuten; hierin ist $d' \leqq fd$. Dasselbe gilt a fortiori von

(53) $$|\xi - \eta| < \frac{1}{\left(\tau_3 x^{\frac{h}{f}}\right)^{\frac{d'}{s'+1} + s' + \frac{\Theta f}{2h}}} = \frac{1}{x^{\frac{h}{f}\left(\frac{d'}{s'+1} + s'\right) + \Theta}} \frac{x^{\frac{\Theta}{2}}}{\tau_3^{\frac{d'}{s'+1} + s' + \frac{\Theta f}{2h}}}.$$

Nun ist für $f \geqq 2$ nach Hilfssatz X

$$h\left(\frac{d}{s+1} + s\right) \geqq \frac{h}{f} f(2\sqrt{d} - 1) > \frac{h}{f}\left(2\sqrt{df} - \frac{1}{2}\right) > \frac{h}{f}(\sqrt{4df+1} - 1)$$
$$\geqq \frac{h}{f}(\sqrt{4d'+1} - 1) \geqq \frac{h}{f}\left(\frac{d'}{s'+1} + s'\right);$$

und die Ungleichung

$$h\left(\frac{d}{s+1} + s\right) \geqq \frac{h}{f}\left(\frac{d'}{s'+1} + s'\right)$$

ist auch für $f = 1$ richtig. Daher gilt

(54) $$\frac{1}{x^{h\left(\frac{d}{s+1} + s\right)}} \leqq \frac{1}{x^{\frac{h}{f}\left(\frac{d'}{s'+1} + s'\right)}}.$$

Hätte nun (50) unendlich viele Lösungen, so wäre für diese mit endlich vielen Ausnahmen

$$x > \tau_3^{\frac{2}{\Theta}\left(\frac{d'}{s'+1}+s'+\frac{\Theta f}{2h}\right)};$$

dann lieferten aber (53) und (54) einen Widerspruch.

Satz 3. Es sei ξ eine algebraische Zahl n-ten Grades.

Die Ungleichung

$$(55) \qquad 0 < |k_0\xi^h + k_1\xi^{h-1} + \ldots + k_h| \leqq \frac{1}{k^{h^2\left(\frac{n}{s+1}+s\right)-1+\Theta}}$$

$$(\max(|k_0|, \ldots |k_h|) = k > 0)$$

hat nur endlich viele Lösungen in ganzen rationalen Zahlen $k_0, k_1, \ldots, k_h$.

Beweis. Es genügt, $k_0 > 0$ anzunehmen.

Ich setze

$$x^h + \frac{k_1}{k_0}x^{h-1} + \ldots + \frac{k_h}{k_0} = \prod_{\nu=1}^{h}(x - \eta^{(\nu)}).$$

Nach Zusatz 2 zum Hauptsatz gibt es ein positives $A_0 = A_0(\xi, h, \Theta)$, so daß für jedes algebraische $\eta \neq \xi$ vom Grade $\leqq h$

$$(56) \qquad |\xi - \eta| > \frac{A_0}{k^{h\left(\frac{n}{s+1}+s\right)+\frac{\Theta}{2h}}}$$

gilt.

Von den h Zahlen $|\eta^{(1)}|, \ldots |\eta^{(h)}|$ sei $|\eta^{(1)}|$ die größte.

1. Es sei

$$\frac{k}{k_0} > (|\xi| + 2)^h.$$

Dann ist wegen

$$\frac{k}{k_0} = \max_{\nu=0,\ldots h}\left|\sum_{i_1<i_2<\ldots<i_\nu}\eta^{(i_1)}\eta^{(i_2)}\ldots\eta^{(i_\nu)}\right| \leqq (1 + |\eta^{(1)}|)^h,$$

$$|\xi| + 2 < 1 + |\eta^{(1)}|,$$

$$|\xi - \eta^{(1)}| \geqq |\eta^{(1)}| - |\xi| > 1.$$

Nach (56) ist

$$\prod_{\nu=2}^{h}|\xi - \eta^{(\nu)}| > \frac{A_0^{h-1}}{k^{h(h-1)\left(\frac{n}{s+1}+s\right)+\frac{(h-1)\Theta}{2h}}},$$

$$|k_0\xi^h + \ldots + k_h| = k_0\prod_{\nu=1}^{h}|\xi - \eta^{(\nu)}| > \frac{k_0 A_0^{h-1}}{k^{h(h-1)\left(\frac{n}{s+1}+s\right)+\frac{\Theta}{2}}},$$

oder, wegen $k_0 \geqq 1$ und $h\left(\frac{n}{s+1}+s\right)>1$

(57) $$|k_0\xi^h+\ldots+k_h| > \frac{A_0^{h-1}}{k^{h^2\left(\frac{n}{s+1}+s\right)-1+\frac{\Theta}{2}}}.$$

2. Es sei

$$\frac{k}{k_0} \leqq (|\xi|+2)^h.$$

Dann ist, wenn (56) für alle $\eta^{(\nu)}$ $(\nu=1,\ldots h)$ benutzt wird,

(58) $$|k_0\xi^h+\ldots+k_h| > \frac{k_0 A_0^h}{k^{h^2\left(\frac{n}{s+1}+s\right)+\frac{\Theta}{2}}} \geqq \frac{\left(\frac{A_0}{|\xi|+2}\right)^h}{k^{h^2\left(\frac{n}{s+1}+s\right)-1+\frac{\Theta}{2}}}.$$

Aus (57) und (58) folgt, daß für hinreichend großes k (55) nicht mehr gelten kann.

Anmerkung. Satz 3 ist trivial, wenn $h^2\left(\frac{n}{s+1}+s\right) \geqq n$ ist. Ist nämlich $k_0\xi^h+\ldots+k_h \neq 0$, so folgt aus $|N(k_0\xi^h+\ldots+k_h)| \geqq 1$ die Existenz eines positiven $c=c(\xi,h)$, so daß

$$|k_0\xi^h+\ldots+k_h| > \frac{c}{k^{n-1}}.$$

Wegen $\frac{n}{s+1}+s<2\sqrt{n}$ ist die Ungleichung $h^2\left(\frac{n}{s+1}+s\right)<n$ für $h \leqq \sqrt{\frac{\sqrt{n}}{2}}$ sicher erfüllt.

Satz 3 besagt, etwas weniger scharf ausgedrückt: Für alle $k_0,\ldots k_h$, mit endlich vielen Ausnahmen, gilt

$$|k_0\xi^h+\ldots+k_h| > \frac{1}{(k_0^2+\ldots+k_h^2)^{h^2\sqrt{n}}},$$

wenn die linke Seite $\neq 0$ ist.

Jetzt sei speziell $k_0=g$ eine natürliche Zahl und $h=2$, $n>2$. Ich betrachte die lineare Funktion der beiden ganzen rationalen Veränderlichen x, y

$$L(x,y)=g\xi^2+x\xi+y.$$

Es sei $g\,|\xi|^2+|\xi|+1=B$. Ist $x=0$, so ist für höchstens zwei Werte von y die Funktion $|L(x,y)|<1$; ist $x \neq 0$, so ist

$$|L(x,y)| \geqq |y|-(g|\xi|^2+|x\xi|+1)+1 \geqq |y|-B|x|+1;$$

aus $|L(x,y)| \leqq 1$ folgt dann $|y| \leqq B|x|$, also (wegen $B>1$)

$$\max(|x|,|y|) \leqq B|x|.$$

Für alle Paare x, y mit Ausnahme endlich vieler gilt nun

$$k=\max(g,|x|,|y|)>(|\xi|+2)^2 g;$$

also nach dem ersten Teil des Beweises von Satz 3

$$|L(x, y)| > \frac{A_0 g}{\max(g, |x|, |y|)^{2\left(\frac{n}{s+1}+s\right)+\frac{\Theta}{2}}} > \frac{A_0 g}{(B|x|)^{2\left(\frac{n}{s+1}+s\right)+\frac{\Theta}{2}}}$$

für hinreichend großes $|x|$; also auch für großes $|x|$

$$|g\xi^2 + x\xi + y| > \frac{1}{|x|^{2\left(\frac{n}{s+1}+s\right)+\Theta}}.$$

Als weitere Anwendung von Satz 3 suche ich eine Abschätzung für $x\cos\frac{2\pi a}{b} + y\sin\frac{2\pi a}{b} + z$, wo $\frac{a}{b}$ ein fester reduzierter Bruch und x, y, z drei ganze rationale Zahlen sind.

Man hat

$$\left(x\cos\frac{2\pi a}{b} + y\sin\frac{2\pi a}{b} + z\right)\left(x\cos\frac{2\pi a}{b} - y\sin\frac{2\pi a}{b} + z\right)$$
$$= (x^2+y^2)\cos^2\frac{2\pi a}{b} + 2xz\cos\frac{2\pi a}{b} + z^2 - y^2.$$

Nun ist $\cos\frac{2\pi a}{b}$ eine algebraische Zahl vom Grade $\frac{1}{2}\varphi(b)$ [15]) für $b > 2$; ferner ist

$$\max(|x^2+y^2|, |2xz|, |z^2-y^2|) \leqq x^2+y^2+x^2+z^2+z^2+y^2$$
$$= 2(x^2+y^2+z^2).$$

Wird $\varphi(b) > 4$ vorausgesetzt, was für alle $b > 12$ der Fall ist, so ist nach Satz 3 für großes $x^2+y^2+z^2$

$$\left|(x^2+y^2)\cos^2\frac{2\pi a}{b} + 2xz\cos\frac{2\pi a}{b} + z^2 - y^2\right| > \frac{1}{(x^2+y^2+z^2)^{2^2\left(\frac{\varphi(b)}{2(s+1)}+s\right)-1+\Theta}},$$

also, wegen

$$\left|x\cos\frac{2\pi a}{b} - y\sin\frac{2\pi a}{b} + z\right| \leqq x^2+y^2+z^2 \text{ und } \frac{\varphi(b)}{2(s+1)} + s < \sqrt{2\varphi(b)},$$

$$\left|x\cos\frac{2\pi a}{b} + y\sin\frac{2\pi a}{b} + z\right| > \frac{1}{(x^2+y^2+z^2)^{4\sqrt{2\varphi(b)}}}.$$

Hilfssatz XI. Es seien $\xi_1, \xi_2, \ldots, \xi_n$ die Konjugierten der algebraischen Zahl ξ. Ich setze

$$y_\varkappa = x_0\xi_\varkappa^h + \ldots + x_{h-1}\xi_\varkappa + x_h \qquad (\varkappa = 1, \ldots n),$$
$$\max(|x_0|, \ldots |x_h|) = x.$$

Es gibt ein positives $c_{18} = c_{18}(\xi)$, so daß von den n Linearformen $y_\varkappa$ höchstens h absolut $< \frac{x}{c_{18}}$ sind.

---

[15]) φ bedeutet hier die Eulersche φ-Funktion.

Beweis. Der Hilfssatz ist trivial für $h \geqq n$; es sei also $h \leqq n-1$. Ich betrachte irgend $h+1$ von den Linearformen, etwa

$$y_\varkappa = \sum_{\lambda=0}^{h} \xi_\varkappa^{h-\lambda} x_\lambda \qquad (\varkappa = 1, \dots h+1).$$

Wegen $|\xi_\varkappa^\lambda| \neq 0$ $(\varkappa = 1, \dots h+1;\ \lambda = 0, \dots h)$ lassen sich $x_0, \dots x_h$ als lineare Funktionen von $y_1, \dots y_{h+1}$ darstellen. Deren Koeffizienten hängen nur von $\xi_1, \dots \xi_{h+1}$ ab und sind daher absolut $< c_{19} = c_{19}(\xi)$. Ich setze $\max(|y_1|, \dots |y_{h+1}|) = y$; dann ist

$$x \leqq (h+1)\, c_{19}\, y, \qquad y \geqq \frac{x}{(h+1)\, c_{19}} \geqq \frac{x}{n\, c_{19}}.$$

Zu jeder Kombination von $h+1$ verschiedenen $y_\varkappa$ bestimme ich ein c_{19}; dann wähle ich c_{18} derart, daß $c_{18} \geqq n\, c_{19}$ für jeden der endlich vielen Werte von c_{19} gilt. Dieses c_{18} leistet das Verlangte.

Satz 4. Es sei ξ eine algebraische Zahl n-ten Grades. Es bedeute $\varphi(x_0, \dots x_h)$ die zerlegbare Form

$$\prod_{\nu=1}^{n} y_\nu = \prod_{\nu=1}^{n} (x_0 \xi_\nu^h + x_1 \xi_\nu^{h-1} + \dots + x_h);$$

es sei $n > h^2\left(\frac{n}{s+1} + s\right)$ und $\psi(x_0, \dots x_h)$ irgendein Polynom in $x_0, \dots x_h$ von der Dimension $\delta < n - h^2\left(\frac{n}{s+1} + s\right)$.

Dann hat die Gleichung

$$(59) \qquad \varphi(x_0, \dots x_h) = \psi(x_0, \dots x_h)$$

nur endlich viele Lösungen in ganzen rationalen $x_0, \dots x_h$.

Beweis. Es genügt, $x_0 \neq 0$ anzunehmen. Es sei

$$0 < \max(|x_0|, \dots |x_h|) = x,$$

und für unbestimmtes u

$$x_0 u^h + x_1 u^{h-1} + \dots + x_h = x_0 \prod_{\nu=1}^{h} (u - \eta^{(\nu)}).$$

Es gibt eine Zahl $\tau_4 > 0$, die nur von den Koeffizienten von ψ abhängt, so daß

$$(60) \qquad |\psi(x_0, \dots x_h)| < \tau_4 x^\delta.$$

Nach Hilfssatz XI sind von den n linearen Formen y_ν mindestens $n-h$ absolut $\geqq \frac{x}{c_{18}}$. Seien $y_1, \dots y_\lambda$ sämtliche Linearformen, deren absolute Beträge $< \frac{x}{c_{18}}$ sind (falls es solche gibt), dann ist $\lambda \leqq h$ und

$$y_1 \dots y_\lambda = x_0^\lambda \prod_{\mu=1}^{\lambda} \prod_{\nu=1}^{h} (\xi_\mu - \eta^{(\nu)}).$$

Es gibt ein $c_{20} > 0$ derart, daß das Minimum unter den absoluten Beträgen der Differenzen der Zahlen $\xi_1, \ldots \xi_n$ größer als $\frac{1}{c_{20}}$ ist. Dann sind von den λh Faktoren des Doppelproduktes höchstens h absolut $< \frac{1}{2 c_{20}}$ (denn sonst würden für ein gewisses ν zwei Ungleichungen $|\xi_\mu - \eta^{(\nu)}| < \frac{1}{2 c_{20}}$, $|\xi_{\mu'} - \eta^{(\nu)}| < \frac{1}{2 c_{20}}$ mit $\mu \neq \mu'$ bestehen, was $|\xi_\mu - \xi_{\mu'}| < \frac{1}{c_{20}}$ zur Folge hätte).

Ist die Anzahl jener Faktoren $\leqq h - 1$, so folgt nach dem Hauptsatze

$$|y_1 \ldots y_\lambda| > \frac{\left(\frac{1}{2 c_{20}}\right)^{\lambda h}}{x^{h(h-1)\left(\frac{n}{s+1} + s\right) + \Theta}}$$

für großes x; ist aber diese Anzahl $= h$, so gilt

$$\max(|\eta_1|, \ldots |\eta_h|) < \max(|\xi_1|, \ldots |\xi_n|) + \frac{1}{2 c_{20}},$$

also

$$\frac{x}{|x_0|} < c_{21},$$

$$|y_1 \ldots y_\lambda| > \left(\frac{x}{c_{21}}\right)^\lambda \frac{\left(\frac{1}{2 c_{20}}\right)^{\lambda h}}{x^{h^2\left(\frac{n}{s+1} + s\right) + \Theta}}.$$

Auf jeden Fall ist daher für hinreichend großes x

$$|y_1 \ldots y_\lambda| > \frac{1}{c_{22}\, x^{h^2\left(\frac{n}{s+1} + s\right) - \lambda + \Theta}};$$

$$(61) \quad |\varphi(x_0, \ldots x_h)| \geqq \frac{1}{c_{22}\, x^{h^2\left(\frac{n}{s+1} + s\right) - \lambda + \Theta}} \left(\frac{x}{c_{18}}\right)^{n-\lambda} \geqq \frac{x^{n - h^2\left(\frac{n}{s+1} + s\right) - \Theta}}{c_{23}}.$$

Für Θ wähle ich irgendeine positive Zahl $< n - h^2\left(\frac{n}{s+1} + s\right) - \delta$; dann ist nach (60) und (61) für hinreichend großes x

$$|\varphi(x_0, \ldots x_h)| > |\psi(x_0, \ldots x_h)|.$$

(59) hat also nur endlich viele Lösungen.

Anmerkung. Schon für kleine Werte von h sind diejenigen n, auf welche Satz 4 angewendet werden kann, sehr hoch. Genauer will ich beweisen: Der kleinste Wert von n, für den $n > h^2\left(\frac{n}{s+1} + s\right)$ wird, ist

$$n = 4h^4 - 2h^2 + 1.$$

Setzt man nämlich $n = 4h^4 - 2h^2 + n^*$, so ist für $n^* \geqq 0$ wegen $\frac{n}{s+1} + s \leqq \sqrt{4n+1} - 1$ (nach Hilfssatz X)

$$n - h^2\left(\frac{n}{s+1} + s\right) \geqq 4h^4 - 2h^2 + n^* - h^2\left(\sqrt{16h^4 - 8h^2 + 1 + 4n^*} - 1\right)$$
$$\geqq 4h^4 - 2h^2 + n^* - h^2\left(4h^2 - 1 + \frac{2n^*}{4h^2 - 1} - 1\right)$$
$$= n^* - \frac{2h^2 n^*}{4h^2 - 1} = n^* \frac{2h^2 - 1}{4h^2 - 1} \geqq 0,$$

und hierin steht das Gleichheitszeichen nur für $n^* = 0$.

Als kleinste Gradzahl, für die Satz 4 gilt, gehört also zu $h = 1$ $n = 3$, $h = 2$ $n = 57$, $h = 3$ $n = 307$ usw.

Satz 5. Es sei $U(x,y)$ eine homogene binäre Form d-ten Grades ohne mehrfache Linearfaktoren, deren Koeffizienten einem Körper K_0 vom Grade h_0 angehören.

1. x und y seien ganzzahlige Variable eines festen Oberkörpers K^* von K_0, dessen Grad in bezug auf Ω mit h bezeichnet werde. Es sei

$$d > h\left(\frac{d}{s+1} + s\right) \qquad (s = [\tfrac{1}{2}(\sqrt{4d+1} - 1)]).$$

Unter $V(x, y)$ verstehe ich irgendein Polynom der Dimension $\delta < d - h\left(\frac{d}{s+1} + s\right)$ mit Koeffizienten aus K_0, welches zu $U(x, y)$ teilerfremd ist.

Behauptung. Die Diophantische Gleichung

$$U(x,y) = V(x,y) \tag{62}$$

hat nur endlich viele Lösungen.

2. x und y seien irgendwelche ganze algebraische Zahlen vom Grade $\leqq h$. Es sei

$$d > h^4\left(\frac{d h_0}{s'+1} + s'\right) \qquad (s' = [\tfrac{1}{2}(\sqrt{4 d h_0 + 1} - 1)]).$$

Unter $V(x, y)$ verstehe ich irgendein Polynom der Dimension $\delta < d - h^4\left(\frac{d h_0}{s'+1} + s'\right)$ mit Koeffizienten aus K_0, welches zu $U(x, y)$ teilerfremd ist.

Behauptung. (62) hat nur endlich viele Lösungen. Es gibt also auch nur endlich viele Zahlkörper des Grades $\leqq h$, in denen diese Gleichung Lösungen in primitiven Zahlen besitzt.

Beweis. Durch eine homogene lineare Transformation der Determinante 1 mit ganzen rationalen Koeffizienten läßt sich stets erreichen, daß in $U(x,y)$ die Koeffizienten von x^d und y^d nicht 0 sind. Ohne Beschränkung der Allgemeinheit kann daher

$$U(x,y) = \alpha y^d \prod_{\nu=1}^{d}\left(\frac{x}{y} - \xi_\nu\right) \qquad (\alpha \neq 0,\ \xi_\nu \neq 0)$$

gesetzt werden. Nach Voraussetzung sind die d Zahlen $\xi_1, \ldots \xi_d$ voneinander verschieden; das Minimum ihrer Abstände sei $\frac{1}{\tau_5} > 0$. Von den d Faktoren des Produktes sind dann mindestens $d-1$ absolut $\geqq \frac{1}{2\tau_5}$.

1. Seien $x = \eta$, $y = \zeta \neq 0$ ganze Zahlen aus K^*. Sind $\eta^{(1)}, \ldots \eta^{(h)}$, $\zeta^{(1)}, \ldots \zeta^{(h)}$ ihre Konjugierten, so ist $\frac{\eta}{\zeta}$ Wurzel der Gleichung

$$\prod_{\nu=1}^{h} (\zeta^{(\nu)} t - \eta^{(\nu)}) = 0.$$

Deren Koeffizienten sind absolut $< (2\mathsf{Z})^h$, wo Z das Maximum der $2h$ Zahlen $|\eta^{(1)}|, \ldots |\zeta^{(h)}|$ bedeutet. Wie beim Beweise von Satz 2 folgt

$$\left|\frac{\eta^{(\lambda)}}{\zeta^{(\lambda)}} - \xi_\nu\right| > \frac{1}{(2\mathsf{Z})^{h\left(\frac{d}{s+1}+s\right)+\Theta}} \qquad (\lambda = 1, \ldots h;\ \nu = 1, \ldots d)$$

für hinreichend großes Z (wenn die linke Seite $\neq 0$ ist; da aber U und V keinen gemeinsamen Faktor haben, so ist dies für Lösungen von (62) mit genügend großem Z sicher der Fall). Ohne Beschränkung der Allgemeinheit sei

$$\mathsf{Z} = |\zeta_1| = |\zeta|;$$

denn (62) bleibt richtig, wenn alle Größen durch ihre Konjugierten ersetzt werden, und nötigenfalls vertausche man x mit y. Für großes Z ist also

$$|U(\eta, \zeta)| > |\alpha| \mathsf{Z}^d \left(\frac{1}{2\tau_5}\right)^{d-1} \frac{1}{(2\mathsf{Z})^{h\left(\frac{d}{s+1}+s\right)+\Theta}}; \tag{63}$$

andererseits gilt für ein gewisses $\tau_6 > 0$, das nur von den Koeffizienten von $V(x, y)$ abhängt,

$$|V(\eta, \xi)| < \tau_6 \mathsf{Z}^\delta. \tag{64}$$

Wählt man ein positives $\Theta < d - h\left(\frac{d}{s+1} + s\right) - \delta$, so ist nach (63) und (64) für hinreichend großes Z

$$|U(\eta, \zeta)| > |V(\eta, \zeta)|.$$

2. Seien $x = \eta$, $y = \zeta \neq 0$ ganze algebraische Zahlen vom Grade $\leqq h$ und $\eta^{(1)}, \ldots \eta^{(h_1)}$, $\zeta^{(1)}, \ldots \zeta^{(h_2)}$ ihre Konjugierten ($h_1 \leqq h$, $h_2 \leqq h$). $\frac{\eta}{\zeta}$ ist Wurzel der Gleichung $h_1 h_2$-ten Grades mit ganzen rationalen Koeffizienten

$$\prod_{\mu=1}^{h_1} \prod_{\nu=1}^{h_2} (\zeta^{(\nu)} t - \eta^{(\mu)}) = 0;$$

setzt man $\mathsf{Z} = \max(|\eta^{(1)}|, \ldots |\zeta^{(h_2)}|)$, so sind ihre Koeffizienten absolut $< (2\mathsf{Z})^{h_1 h_2}$. Wie beim Beweis von Satz 2 liefert der Hauptsatz

$$\left|\frac{\eta^{(\mu)}}{\zeta^{(\nu)}} - \xi_\varkappa\right| > \frac{1}{(2Z)^{h_1 h_2 h_1 h_2\left(\frac{d h_0}{s'+1}+s'\right)+\Theta}} \quad (\mu = 1, \ldots h_1;\ \nu = 1, \ldots h_2;\ \varkappa = 1, \ldots d)$$

für hinreichend großes Z. Ohne Beschränkung der Allgemeinheit kann wieder $Z = |\zeta|$ angenommen werden. Dann ist für großes Z

$$(65) \qquad |U(\eta,\zeta)| > |\alpha| Z^d \left(\frac{1}{2\tau_5}\right)^{d-1} \frac{1}{(2Z)^{h^4\left(\frac{d h_0}{s'+1}+s'\right)+\Theta}}.$$

Für positives $\Theta < d - h^4\left(\frac{d h_0}{s'+1} + s'\right) - \delta$ folgt aus (64) und (65) für hinreichend großes Z

$$|U(\eta,\zeta)| > |V(\eta,\zeta)|.$$

Anmerkung. Der kleinste Wert von d, für welchen $d > h\left(\frac{d}{s+1} + s\right)$ wird, ist

$$d = 4h^2 - 2h + 1,$$

also für $h = 1$ $d = 3$, $h = 2$ $d = 13$, $h = 3$ $d = 31$ usw.

Der kleinste Wert von d, für welchen $d > h^4\left(\frac{d h_0}{s'+1} + s'\right)$ wird, ist

$$d = 4h^8 h_0 - 2h^4 + 1.$$

Zusätze. 1. Bei dem Beweise war nur benutzt worden, daß

$$V(\eta,\zeta) = o\left(Z^{d-h\left(\frac{d}{s+1}+s\right)-\Theta}\right),$$

resp. $= o\left(Z^{d-h^4\left(\frac{d h_0}{s'+1}+s'\right)-\Theta}\right)$ ist. Es gilt also auch allgemeiner:

Die Relation

$$U(\eta,\zeta) = O(Z^\delta),$$

wo sich die Abschätzung auf eine Folge wachsender $Z \to \infty$ bezieht, kann nicht für alle Konjugierten der linken Seite richtig sein.

2. Es sei $\varphi(x)$ ein irreduzibles Polynom vom Grade $n \geqq 3$ mit rationalen Koeffizienten. Sind p und q zwei ganze rationale Zahlen und bedeutet $P(x)$ ein Polynom mit ganzen rationalen Koeffizienten, so wird ein Polynom $R(x)$ vom Grade $n-1$ durch

$$(66) \qquad (p - qx)\, P(x) \equiv R(x) \pmod{\varphi(x)}$$

eindeutig bestimmt.

Dann wächst für die Menge aller nicht durch $\varphi(x)$ teilbaren $P(x)$ von einem festen Grade ν gleichmäßig der absolut größte Koeffizient von $R(x)$ mit $|pq|$ über alle Grenzen.

Ist nämlich $\varphi(\xi) = 0$, so wird wegen (66)

$$N(p - q\xi)\, N(P(\xi)) = N(R(\xi));$$

also, da für ein nur von $\varphi(x)$ und von ν abhängiges $\tau_7 > 0$ $|N(P(\xi))| > \frac{1}{\tau_7}$ ist,

$$\left|q^n \varphi\left(\frac{p}{q}\right)\right| < \tau_7 \, |N(R(\xi))|.$$

Nach Satz 5 wächst der Wert der linken Seite mit $|pq|$ über alle Grenzen; dasselbe gilt daher von $|N(R(\xi))|$, also auch von dem absolut größten Koeffizienten von $R(x)$.

Ist $h_0 = h = 1$, so läßt Satz 5 folgende Erweiterung zu:

Satz 6. Es seien $\frac{P(x,y)}{Q(x,y)}$ und $\frac{M(x,y)}{N(x,y)}$ zwei rationale Funktionen in gekürzter Form mit rationalen Koeffizienten, von denen die erstere homogen ist. $P(x,y)$ habe lauter einfache Linearfaktoren und sei zu $M(x,y)$ teilerfremd. Zwischen den Dimensionen n, n', δ von P, Q, M mögen die Ungleichungen

$$(67)\qquad n > 0, \quad 0 \leqq \delta < \frac{(n-n')\left(n - \frac{n}{s+1} - s\right)}{n} \qquad \left(s = \left[\frac{\sqrt{4n+1}-1}{2}\right]\right)$$

bestehen. Dann besitzt die Diophantische Gleichung

$$(68)\qquad \frac{P(x,y)}{Q(x,y)} = \frac{M(x,y)}{N(x,y)}$$

nur endlich viele Lösungen in ganzen rationalen x, y.

Beweis. Der Fall $n' = 0$ wird durch Satz 5 Zusatz 1 erledigt; sei also $n' > 0$. Ohne Beschränkung der Allgemeinheit seien P, Q, M, N ganzzahlig.

Es gibt zwei homogene Polynome $A(x,y)$ und $B(x,y)$ von den Graden $n'-1$ und $n-1$ mit ganzen rationalen Koeffizienten und eine natürliche Zahl τ_8, so daß identisch in x und y

$$(69)\qquad A(x,y)\,P(x,y) + B(x,y)\,Q(x,y) = \tau_8\, y^{n+n'-1}.$$

Aus (68) und (69) folgt für die Lösungen x, y von (68)

$$(70)\qquad P(AM + BN) = \tau_8\, y^{n+n'-1} M.$$

Es sei $t = (x,y)$; dann läßt sich setzen

$$x = tx', \quad y = ty', \quad (x', y') = 1.$$

Jedes der beiden Gleichungspaare $P = 0$, $M = 0$ und $M = 0$, $N = 0$ hat nach Voraussetzung nur endlich viele ganze rationale Lösungen x, y; es gibt also ein τ_9, so daß für alle Lösungen von (68) mit $|x| > \tau_9$ die Ungleichungen

$$(71)\qquad P(x,y) \neq 0, \quad |N(x,y)| \geqq 1$$

gelten. Ich setze

$$\max(|x'|, |y'|) = \mu, \qquad \frac{n}{s+1} + s = \gamma,$$

dann ist

$$(72)\qquad |M(x,y)| < \tau_{10}(\mu t)^{\delta}, \qquad |Q(x,y)| < \tau_{11}(\mu t)^{n'};$$

und nach Satz 5 Zusatz 1 für $|x| > \tau_9$

$$(73)\qquad |P(x,y)| = t^n\,|P(x',y')| > \frac{1}{\tau_{12}}\,t^n\,\mu^{n-\gamma-\Theta},$$

wo $\tau_{12} > 0$ nur von Θ und den Koeffizienten von P abhängt.

Nach (68), (71), (72), (73) ist also

$$\frac{1}{\tau_{12}}\,t^n\,\mu^{n-\gamma-\Theta} < \tau_{10}\,\tau_{11}\,(t\mu)^{n'+\delta},$$

oder, da wegen (67)

$$(n-n')(n-\gamma) - n\delta > 0, \qquad n - n' - \delta > 0$$

ist,

$$(74)\qquad t\mu < \tau_{13}\,\mu^{\frac{\gamma+\Theta}{n-n'-\delta}}.$$

Aus (70) folgt

$$P(x',y')\{A(x',y')\,M(x,y) + t^{n-n'}B(x',y')\,N(x,y)\} = \tau_8\,y'^{\,n+n'-1}\,M(x,y).$$

Wegen $P \neq 0$ ist $M \neq 0$; der absolute Betrag der geschweiften Klammer ist $\geqq 1$. Setzt man

$$(P(x',y'),\,y') = t',$$

so ist

$$0 \equiv P(x',y') \equiv a_0\,x'^{\,n} + y'(\ldots) \equiv a_0\,x'^{\,n} \pmod{t'},$$

also wegen $(x',y') = 1$

$$t' \mid a_0.$$

Daher ist

$$P(x',y') \mid \tau_8\,a_0^{n+n'-1}\,M(x,y),$$

und nach (74) und (72)

$$|P(x',y')| < \tau_8\,|a_0|^{n+n'-1}\,\tau_{10}\,(\mu t)^{\delta} < \tau_{14}\,\mu^{\frac{\delta(\gamma+\Theta)}{n-n'-\delta}}.$$

Also ist nach (73)

$$\mu^{n-\gamma-\Theta} < \tau_{12}\,\tau_{14}\,\mu^{\frac{\delta(\gamma+\Theta)}{n-n'-\delta}}$$

$$(75)\qquad \mu < (\tau_{12}\,\tau_{14})^{\frac{n-n'-\delta}{(n-\gamma-\Theta)(n-n')-\delta n}},$$

wenn Θ so klein gewählt wird, daß der Nenner des Exponenten > 0 ist, was nach (67) möglich ist. Aus (74) und (75) folgt die Beschränktheit von $|x|$ und $|y|$; die vorgelegte Gleichung hat also nur endlich viele Lösungen.

Anmerkung. Der Spezialfall $M = 1$, $N = 1$ findet sich in einer Arbeit von Thue[16]).

Satz 7. Es sei $f(x)$ ein Polynom mit ganzen Koeffizienten aus einem algebraischen Zahlkörper K. x durchlaufe die ganzen Zahlen dieses Körpers. Von den Normen der Primideale aus K, die für ein bestimmtes $x = \vartheta$ in $f(\vartheta)$ aufgehen, sei N_ϑ die größte[17]).

Behauptung. Besitzt $f(x)$ mindestens zwei verschiedene Nullstellen[18]), so liegt nur für endlich viele ϑ die positive Zahl N_ϑ unter einer beliebigen festen Schranke. Anders ausgedrückt: Von den Normen der Primidealteiler von $f(\vartheta)$ wächst die größte mit $\overline{|\vartheta|}$ über alle Grenzen.

Beweis. Sei $m\,(\geqq 2)$ der genaue Grad von $f(x)$ und

$$f(x) = cx^m + \ldots \qquad (c \neq 0 \text{ ganz}),$$

dann ist für die ganzzahlige Variable $y = cx$

$$c^{m-1} f(x) = y^m + \ldots = f^*(y);$$

es kann also ohne Einschränkung $c = 1$ angenommen werden. Nach Voraussetzung gilt eine Zerlegung

$$(76) \qquad f(x) = (x - \lambda_1)(x - \lambda_2)\, g(x)$$

mit $\lambda_1 \neq \lambda_2$. Zu K adjungiere ich λ_1 und λ_2; den so entstehenden Oberkörper von K nenne ich $\overline{K}$; sein Relativgrad ist $\leqq m^2$. Bedeutet das Zeichen N resp. $\overline{N}$ die in K resp. $\overline{K}$ genommene Form, so ist für ein Ideal $\mathfrak{a}$ aus K

$$\overline{N}\mathfrak{a} \leqq N\mathfrak{a}^{m^2}, \qquad N\mathfrak{a} \geqq \sqrt[m^2]{\overline{N}\mathfrak{a}}.$$

Der Satz braucht also nur für x in $\overline{K}$ (nebst $\overline{N}$ statt N) bewiesen zu werden; d. h. ich kann $K = \overline{K}$ voraussetzen. Ferner genügt es, die Behauptung für den Teiler $(x - \lambda_1)(x - \lambda_2)$ von $f(x)$ nachzuweisen. Ersetzt man endlich noch $x - \lambda_1$ durch x, $\lambda_2 - \lambda_1$ durch α, so kann man $f(x)$ in der Form

$$(77) \qquad f(x) = x(x - \alpha) \qquad (\alpha \neq 0 \text{ ganz})$$

annehmen.

Es sei eine natürliche Zahl M gegeben. Ich betrachte die Menge aller ϑ mit $N_\vartheta \leqq M$. Ist $M > 1$, so seien $\mathfrak{p}_1, \ldots \mathfrak{p}_l$ die verschiedenen Primidealteiler von $M!$. Dann geht nach der Definition von N_ϑ kein

---

16) Thue 7.

17) Ist $f(\vartheta)$ eine Einheit, so werde $N_\vartheta = 1$ gesetzt. Die endlich vielen Lösungen von $f(x) = 0$ können im folgenden ausgeschlossen werden.

18) Der Fall $f(x) = c(ax + b)^m$ bildet in der Tat eine Ausnahme (vgl. Pólya 2).

von $\mathfrak{p}_1, \dots \mathfrak{p}_l$ verschiedenes Primideal in $f(\vartheta)$ auf; es gilt also, da wegen (77) $\vartheta \mid f(\vartheta)$,

$$(\vartheta) = \mathfrak{p}_1^{a_1} \dots \mathfrak{p}_l^{a_l}\ ^{19)},$$

wo $a_1, \dots a_l$ ganze rationale Zahlen $\geqq 0$ sind.

Es sei h der Grad, H die Klassenzahl von K (im weitesten Sinn). Ich setze

$$4h^2 = n.$$

Für $\nu = 1, \dots l$ sei r_ν der kleinste Rest $\geqq 0$ von a_ν modulo (Hn), dann ist

$$(\vartheta) = \mathfrak{p}_1^{r_1} \dots \mathfrak{p}_l^{r_l} \mathfrak{a}^{Hn},$$

wo $\mathfrak{a}$ ein gewisses Ideal bedeutet. $\mathfrak{a}^H$ ist ein Hauptideal (μ), also ist auch $\mathfrak{p}_1^{r_1} \dots \mathfrak{p}_l^{r_l} = (\beta)$ ein Hauptideal. Es gibt also eine Einheit ε, so daß

$$\vartheta = \varepsilon \beta \mu^n.$$

Es sei $\varepsilon_1, \dots \varepsilon_r$ ein System von Grundeinheiten; dann gibt es eine Einheitswurzel ϱ, eine Einheit η und r Zahlen s_ν $(\nu = 1, \dots r)$ der Reihe 0 bis $n-1$, so daß

$$\varepsilon = \varrho \varepsilon_1^{s_1} \dots \varepsilon_r^{s_r} \eta^n\ ^{20)}.$$

Setzt man noch

$$\varrho \varepsilon_1^{s_1} \dots \varepsilon_r^{s_r} \beta = \gamma_1, \qquad \eta \mu = \zeta_1,$$

so ist

$$\vartheta = \gamma_1 \zeta_1^n;$$

und γ_1 gehört einem endlichen Wertevorrat an; enthält nämlich K genau w Einheitswurzeln, so kommen für γ_1 höchstens $A = w n^r (Hn)^l$ Werte in Betracht; A hängt nur von K und M ab.

Wegen $\vartheta - \alpha \mid f(\vartheta)$ ergibt sich ebenso für $\vartheta - \alpha$ ein Ausdruck der Form

$$\vartheta - \alpha = \gamma_2 \zeta_2^n$$

mit A Möglichkeiten für γ_2. Daher ist

$$\gamma_1 \zeta_1^n - \gamma_2 \zeta_2^n = \alpha. \tag{78}$$

Hierin betrachte ich ζ_1 und ζ_2 als Unbekannte. Die Anzahl der verschiedenen Diophantischen Gleichungen (78) ist $\leqq A^2$; jede derselben hat wegen $n > 4h^2 - 2h$ nach Satz 5 und Anmerkung nur endlich viele Lösungen ζ_1, ζ_2.

Es gibt also nur endlich viele ϑ mit $N_\vartheta \leqq M$.

Zusätze. 1. $f(x)$ stellt nur endlich viele Einheiten dar.

---

19) Ist ϑ eine Einheit, so steht rechts natürlich $\mathfrak{o}$.

20) Im Falle $r = 0$ treten $\varepsilon_1, \dots \varepsilon_r, \eta$ nicht auf; es ist dann $\varepsilon = \varrho$.

2. Es seien $\mathfrak{p}_1, \ldots \mathfrak{p}_l$ gegebene Primideale und ν eine ganze Zahl aus K, deren sämtliche Primidealteiler unter diesen enthalten sind. Seien $K_1, \ldots K_r$ irgendwelche algebraische Zahlkörper. Ist dann $\overline{|\nu|} > M = M(K_1, \ldots K_r)$, so gehört keine Wurzel von $f(x) = \nu$ einem dieser Zahlkörper an.

3. Es seien $p_1, \ldots p_l$ rationale Primzahlen. Thue hat bewiesen[21]), daß für jedes natürliche a nur endlich viele der Zahlen $p_1^{x_1} \ldots p_l^{x_l} \pm a$ ($x_\mu = 0, 1, 2, \ldots$ für $\mu = 1, \ldots l$) Primteiler haben, die sämtlich beschränkt sind. Ich werde zeigen, daß es unter diesen Zahlen auch nur endlich viele gibt, bei denen die in ungerader Potenz auftretenden Primteiler beschränkt sind.

Zum Beweise setze ich $f(x) = x^2 \mp a$; dann ist $\xi = \sqrt{\nu \pm a}$ eine Wurzel von $f(x) = \nu$. Durchläuft ν die Zahlen $p_1^{x_1} \ldots p_l^{x_l}$ und bedeutet d den größten quadratfreien Faktor von $\nu \pm a$, so wächst nach Zusatz 2 die positive Zahl d mit ν über alle Grenzen, desgleichen also auch der größte Primteiler von d. Dieser tritt aber in $\nu \pm a$ in ungerader Potenz auf.

4. Für $K = \Omega$ besagt Satz 7: Zu jedem $m > 0$ gibt es ein $g = g(m)$ derart, daß für alle natürlichen $n > g$ die Zahl $N_n > m$ ist. Dieses g kann aber nicht gleichmäßig für alle Polynome $f(x)$ von einem festen Grade gewählt werden, wie das Beispiel $f_\lambda(x) = x(x + 2^\lambda)$ ($\lambda = 0, 1, 2, \ldots$) lehrt; denn hier ist für $n = 2^\lambda$ $f_\lambda(n) = 2^{2\lambda+1}$, also $N_n = 2$, während n mit λ über alle Grenzen wächst.

5. Satz 7 läßt folgende Erweiterung zu:

Es sei K der Körper, welcher durch die Koeffizienten und Nullstellen von $f(x)$ erzeugt wird, und H seine Klassenzahl, h sein Grad. Es sei eine natürliche Zahl $t \geqq 4h^2 - 2h + 1$ gegeben. Dann ist nur für endlich viele ganze x des Körpers $f(x)$ von der Form σy^{tH}, wo σ und y ebenfalls ganze Zahlen des Körpers bedeuten und die Primidealteiler von σ beschränkte Normen haben.

Beweis. Ist $f(x) = c \prod_{\nu=1}^{m} (x - \xi_\nu)$, worin ohne Beschränkung der Allgemeinheit c und ξ_ν ($\nu = 1, \ldots m$) ganz sind, so können 2 verschiedene Linearfaktoren $x - \xi_\varkappa$ und $x - \xi_\lambda$ nur einen solchen gemeinsamen Idealteiler besitzen, der auch in der Diskriminante von $f(x)$ aufgeht. Kommt daher ein Primidealteiler von y^{tH} in einem $x - \xi_\nu$ zu einer Potenz vor, deren Exponent nicht durch tH teilbar ist, so ist seine Norm beschränkt. Wie beim Beweis von Satz 7 läßt sich setzen:

$$x - \xi_\varkappa = \gamma_1 \zeta_1^t, \qquad x - \xi_\lambda = \gamma_2 \zeta_2^t,$$

$$\gamma_1 \zeta_1^t - \gamma_2 \zeta_2^t = \xi_\lambda - \xi_\varkappa,$$

[21]) Thue 3.

wo γ_1 und γ_2 einem endlichen Wertevorrat angehören. Satz 5 zeigt dann die Richtigkeit der Behauptung.

Insbesondere ist hierdurch bewiesen: Sind a, $m \geqq 2$, $n \geqq 3$ natürliche Zahlen, so hat die Diophantische Gleichung

$$\binom{x}{m} = a y^n$$

nur endlich viele Lösungen in natürlichen Zahlen x, y[22]).

6. Es sei K ein algebraischer Zahlkörper des Grades $h = r_1 + 2r_2$. Von seinen Konjugierten seien $K^{(1)}, \ldots K^{(r_1)}$ reell und die Paare $K^{(r_1+\nu)}$, $K^{(r_1+r_2+\nu)}$ $(\nu = 1, \ldots r_2)$ konjugiert komplex. Jeder Zahl ϑ aus K ordne ich folgendermaßen eindeutig einen Punkt $(\vartheta_1, \ldots \vartheta_h)$ eines h-dimensionalen Raumes zu. Ich setze

$$\vartheta_\lambda = \vartheta^{(\lambda)} \quad (\lambda = 1, \ldots r_1), \qquad \vartheta_{r_1+\mu} + i\vartheta_{r_1+r_2+\mu} = \vartheta^{(r_1+\mu)} \quad (\mu = 1, \ldots r_2).$$

Durchläuft nun ϑ alle Einheiten des Körpers, so haben nur endlich viele der ihnen zugeordneten Punkte beschränkten Abstand.

Beweis. Sei $M > 0$ gegeben. Gelten für zwei Einheiten ε und η aus K die h simultanen Ungleichungen

$$|\varepsilon_\nu - \eta_\nu| < M \qquad (\nu = 1, \ldots h),$$

so ist

$$|\varepsilon^{(\nu)} - \eta^{(\nu)}| < 2M \qquad (\nu = 1, \ldots h).$$

Die Zahlen $\varepsilon - \eta$ gehören also einem endlichen Wertevorrat an; ist $\alpha \neq 0$ eine Zahl desselben, so folgt aus $\varepsilon - \eta = \alpha$

$$\varepsilon(\varepsilon - \alpha) = \varepsilon\eta = \text{Einheit},$$

was nach Satz 7 nur für endlich viele ε möglich ist.

Satz 8. Es sei $f(x)$ ein Polynom mit Koeffizienten aus einem algebraischen Zahlkörper K. Es seien α und ξ zwei verschiedene Zahlen aus K, und $f(\alpha) \neq 0$. Ich entwickle die rationale Funktion $\frac{f(x)}{(x-\alpha)^n}$ $(n \geqq 3)$ nach Potenzen von $x - \xi$:

$$\frac{f(x)}{(x-\alpha)^n} = \sum_{\nu=0}^{\infty} \gamma_\nu (x - \xi)^\nu \tag{79}$$

und schreibe die Koeffizienten γ_ν als gekürzte Idealbrüche $\frac{\mathfrak{m}_\nu}{\mathfrak{n}_\nu}$.

Behauptung. Von den Normen der Primidealteiler von $\mathfrak{m}_\nu$ wächst die größte mit ν über alle Grenzen. Eine Ausnahme bildet nur das Polynom

$$f(x) = \lambda \sum_{\varrho=0}^{n-1} \left\{ \sum_{\varkappa=0}^{\varrho} (-1)^{n-\varkappa} \binom{n}{\varkappa} (\mu + \varrho - \varkappa)^{n-1} \right\} \left(\frac{x-\xi}{\alpha-\xi}\right)^\varrho + (x-\alpha)^n g(x), \tag{80}$$

---

[22]) Für $n = 2$ gilt dies noch nicht; z. B. hat die Gleichung $\binom{x}{2} = y^2$ unendlich viele Lösungen in ganzen Zahlen.

wo λ und μ Zahlen aus K und $g(x)$ ein Polynom mit Koeffizienten aus K bedeuten. (Für $n = 1, 2$ gilt dies auch; es läßt sich dann jedes $f(x)$ in die Form (80) setzen.)

Beweis. Ohne Beschränkung der Allgemeinheit sei $\xi = 0$ und $f(x)$ vom genauen Grade $r < n$. Ich setze

$$f(x) = \beta_0 x^r + \ldots + \beta_r.$$

Dann ist nach (79)

$$(\beta_0 x^r + \ldots + \beta_r)\left(-\frac{1}{\alpha}\right)^n \sum_{\nu=0}^{\infty} \binom{\nu+n-1}{n-1} \left(\frac{x}{\alpha}\right)^\nu = \sum_{\nu=0}^{\infty} \gamma_\nu x^\nu,$$

$$\gamma_\nu = \left(-\frac{1}{\alpha}\right)^n \sum_{i=0}^{r} \beta_{r-i} \binom{\nu+n-1-i}{n-1} \frac{1}{\alpha^{\nu-i}} \quad (\nu = 0, 1, \ldots).$$

Für alle ganzen rationalen $y \geqq 0$ ist daher

$$(81) \qquad (-1)^n \alpha^{n+y} \gamma_y = \sum_{i=0}^{r} \binom{y+n-1-i}{n-1} \beta_{r-i} \alpha^i.$$

Es gibt eine nur von α und den β abhängige Zahl $\delta \neq 0$ aus K, so daß $\beta_{r-i} \alpha^i \delta$ $(i = 0, \ldots r)$ ganz ist. Dann ist

$$(82) \qquad \delta (n-1)! \sum_{i=0}^{r} \beta_{r-i} \alpha^i \binom{y+n-1-i}{n-1}$$

ein Polynom $n-1$-ten Grades in y mit ganzen Koeffizienten aus K, und zwar genau $n-1$-ten Grades, denn der Koeffizient von y^{n-1} ist

$$\delta \sum_{i=0}^{r} \beta_{r-i} \alpha^i = \delta f(\alpha) \neq 0.$$

Ist dieses Polynom keine Potenz einer linearen Funktion, so wächst nach Satz 7 die Norm eines seiner Primidealteiler mit y über alle Grenzen; dieses Primideal geht nach (81) in $\delta (n-1)! \alpha^{n+y} \gamma_y$, also für hinreichend großes y im Zähler $\mathfrak{m}_y$ von (γ_y) auf.

Ist aber (82) die $n-1$-te Potenz einer linearen Funktion, so gilt nach (81) für zwei gewisse Zahlen λ, μ aus K

$$\gamma_y = \frac{\lambda (y+\mu)^{n-1}}{\alpha^{n+y}} \qquad (y = 0, 1, \ldots),$$

also nach (79)

$$f(x) = (x-\alpha)^n \lambda \sum_{\nu=0}^{\infty} \frac{1}{\alpha^n} (\nu+\mu)^{n-1} \left(\frac{x}{\alpha}\right)^\nu$$

$$= \lambda \sum_{\varrho=0}^{\infty} \left(\frac{x}{\alpha}\right)^\varrho \sum_{\varkappa=0}^{\varrho} (-1)^{n-\varkappa} \binom{n}{\varkappa} (\mu + \varrho - \varkappa)^{n-1}.$$

Für $\varrho \geqq n$ ist aber

$$\sum_{\varkappa=0}^{\varrho} (-1)^{n-\varkappa} \binom{n}{\varkappa} (\mu + \varrho - \varkappa)^{n-1}$$

$$= \sum_{\varkappa=0}^{n} (-1)^{\varkappa} \binom{n}{\varkappa} (\mu + \varrho - n + \varkappa)^{n-1} = \Delta^n (\mu + \varrho - n)^{n-1} = 0;$$

also wird

$$f(x) = \lambda \sum_{\varrho=0}^{n-1} \left\{ \sum_{\varkappa=0}^{\varrho} (-1)^{n-\varkappa} \binom{n}{\varkappa} (\mu + \varrho - \varkappa)^{n-1} \right\} \left(\frac{x}{\alpha}\right)^{\varrho}.$$

Ersetzt man x durch $x - \xi$ und α durch $\alpha - \xi$ und fügt zu $f(x)$ ein beliebiges durch $(x - \alpha)^n$ teilbares Polynom hinzu, so erhält man das allgemeinste Polynom, das eine Ausnahme bildet, in der Form (80).

Satz 9. Es sei $f(x) = \frac{P(x)}{Q(x)}$ eine rationale Funktion mit Koeffizienten aus einem algebraischen Zahlkörper K, deren Zähler und Nenner zueinander relativ prim und weder konstant noch Potenzen linearer Funktionen sind. ξ durchlaufe die ganzen Zahlen von K. Man schreibe $f(\xi)$[23]) als gekürzten Idealbruch

$$(f(\xi)) = \frac{\mathfrak{m}_\xi}{\mathfrak{n}_\xi};$$

dann sind nur für endlich viele ξ die Normen der in $\mathfrak{m}_\xi$ aufgehenden Primideale sämtlich beschränkt. Dasselbe gilt für $\mathfrak{n}_\xi$.

Beweis. Es genügt, $P(x)$ und $Q(x)$ als ganzzahlig anzunehmen. Es gibt zwei Polynome $A(x)$ und $B(x)$ mit ganzen Koeffizienten aus K und eine natürliche Zahl τ_{15}, so daß

(83) $$A(x)P(x) + B(x)Q(x) = \tau_{15}$$

ist. Es gibt ein Ideal $\mathfrak{k}_\xi$, so daß

$$(P(\xi)) = \mathfrak{k}_\xi \mathfrak{m}_\xi, \qquad (Q(\xi)) = \mathfrak{k}_\xi \mathfrak{n}_\xi$$

ist. Aus (83) folgt dann $\mathfrak{k}_\xi \mid (\tau_{15})$; $\mathfrak{k}_\xi$ gehört also einem endlichen Vorrat von Idealen an. Satz 7, auf $P(x)$ und $Q(x)$ einzeln angewendet, liefert die Behauptung.

Zusätze. 1. Es seien $P(x, y)$ und $Q(x, y)$ zwei teilerfremde homogene Polynome der Grade 3 und 2 mit einfachen Linearfaktoren und rationalen Koeffizienten. Dann ist

$$P(x, y) = Q(x, y)$$

---

[23]) Für $f(\xi) \neq 0$.

die Gleichung einer Kurve dritter Ordnung mit einem Doppelpunkt im Anfangspunkt der Koordinaten. Auf dieser Kurve liegen nach Satz 6 nur endlich viele Punkte mit ganzen rationalen Koordinaten. Andererseits zeigt die Parameterdarstellung

$$x = \frac{Q(1,\lambda)}{P(1,\lambda)}, \qquad y = \frac{\lambda Q(1,\lambda)}{P(1,\lambda)} \qquad (y = \lambda x),$$

daß die Kurve unendlich viele Punkte mit gebrochenen rationalen Koordinaten enthält. Aus Satz 9 ergibt sich nun: Durchläuft $\frac{y}{x}$ die natürlichen Zahlen, so wachsen die größten Primteiler der Zähler von x und y über alle Grenzen; das gleiche gilt für die Nenner.

2. Es seien $A, B, C, \ldots$ mehrere paarweis vertauschbare Matrizen n-ten Grades mit linearen Elementarteilern. Ihre Elemente seien Zahlen eines algebraischen Zahlkörpers $K(\omega)$. Die Gesamtheit aller rationalen Funktionen $\varphi(A, B, C, \ldots)$ mit Koeffizienten aus $K(\omega)$ bildet ein System von Matrizen, das ich mit $K(A, B, C, \ldots; \omega)$ bezeichne; hierbei ist vorauszusetzen, daß die im Nenner von φ stehende Matrix von der Determinante $\neq 0$ ist. Eine Matrix nenne ich ganz, wenn ihre (charakteristischen) Wurzeln ganz sind. Es sei $f(x)$ eine feste rationale Funktion mit Koeffizienten aus $K(\omega)$, die nicht Potenz einer linearen Funktion ist. X sei eine ganze Matrix aus $K(A, B, C, \ldots; \omega)$, und die Determinante der Matrix des Nenners von $f(X)$ sei $\neq 0$.

Behauptung. Nur für endlich viele X ist $f(X)$ von der Form $P^p Q^q R^r \ldots$, wo $P, Q, R, \ldots$ mehrere feste paarweis vertauschbare Matrizen mit Koeffizienten aus $K(\omega)$ von den Determinanten $\neq 0$ und $p, q, r, \ldots$ irgendwelche ganze rationale Zahlen bedeuten.

Beweis. Es seien $\alpha_1, \ldots \alpha_n$ die Wurzeln von A; $\beta_1, \ldots \beta_n$ die von B, usw. Nach einem Satze von Frobenius lassen sich dann diese Wurzeln einander so zuordnen, daß $\varphi(A, B, \ldots)$ die Wurzeln $\varphi(\alpha_i, \beta_i, \ldots)$ $(i = 1, \ldots n)$ besitzt. $\alpha_1, \ldots \alpha_n$ genügen einer Gleichung n-ten Grades mit Koeffizienten aus $K(\omega)$; dasselbe gilt von $\beta_1, \ldots \beta_n$, usw. Die Wurzeln von X, die ich φ_i $(i = 1, \ldots n)$ nenne, liegen also in einem festen Oberkörper von $K(\omega)$. Aus $f(X) = P^p Q^q R^r \ldots$ folgt dann

$$f(\varphi_i) = \pi^p \varkappa^q \varrho^r \ldots,$$

wo $\pi, \varkappa, \varrho, \ldots$ gewisse Wurzeln von $P, Q, R, \ldots$ bedeuten. Ich wende Satz 9 auf den durch $\alpha_i, \beta_i, \ldots, \pi, \varkappa, \ldots$ erzeugten Körper an; φ_i gehört also einem endlichen Wertevorrat an. Dies gilt für $i = 1, \ldots n$.

Hat nun X die Wurzeln φ_i, X^* die Wurzeln φ_i^*, so folgt aus der Annahme $\varphi_i = \varphi_i^*$ $(i = 1, \ldots n)$, daß die Wurzeln der Matrix $X - X^*$ sämtlich 0 sind; wegen der linearen Elementarteiler ist also $X = X^*$.

Folglich gibt es nur endlich viele Lösungen von $f(X) = P^p Q^q R^r \ldots$.

Satz 10. Es sei $W(x, y)$ ein Polynom n-ten Grades mit ganzen algebraischen Koeffizienten, von dem sich kein homogener Faktor abspalten läßt. Die Koeffizienten von x^n und y^n seien hierin $\neq 0$.

Dann hat die Gleichung

$$W(x, y) = 0 \tag{84}$$

nur endlich viele Lösungen in ganzen Zahlen eines festen Körpers K, in welchen nur Primideale von beschränkter Norm aufgehen.

Beweis. Ohne Beschränkung der Allgemeinheit seien die Koeffizienten von $W(x, y)$ in K enthalten. Die endlich vielen Lösungen jeder der beiden Gleichungen $W(x, 0) = 0$, $W(0, y) = 0$ können beim Beweis ausgeschlossen werden.

Sei $x = \vartheta_1 \neq 0$, $y = \vartheta_2 \neq 0$ eine ganzzahlige Lösung von (84) aus K. Ist $\vartheta_1 \vartheta_2$ eine Einheit, so setze ich $N_{\vartheta_1 \vartheta_2} = 1$; sonst bedeute $N_{\vartheta_1 \vartheta_2}$ die größte unter den Normen der in $\vartheta_1 \vartheta_2$ aufgehenden Primideale.

Es sei M eine feste natürliche Zahl; dann betrachte ich die Gesamtheit aller Lösungen ϑ_1, ϑ_2 mit $N_{\vartheta_1 \vartheta_2} \leqq M$. Ist h der Grad von K, so setze ich

$$n^* = 4 n^3 h^2. \tag{85}$$

Wie beim Beweise von Satz 7 ist

$$\vartheta_1 = \gamma_1 \zeta_1^{n^*}, \qquad \vartheta_2 = \gamma_2 \zeta_2^{n^*}, \tag{86}$$

wo γ_1 und γ_2 einem endlichen Wertevorrat angehören.

Nun sei

$$W(x, y) = W_0(x, y) + W_1(x, y),$$

wo W_0 homogen vom n-ten Grade und W_1 ein Polynom höchstens $n-1$-ter Dimension ist. W_0 und W_1 sind nach Voraussetzung teilerfremd. Abgesehen von endlich vielen Ausnahmen ist also für die Lösungen von (84) $W_0(\vartheta_1, \vartheta_2) \neq 0$. Nach (86) gilt

$$W_0(\gamma_1 \zeta_1^{n^*}, \gamma_2 \zeta_2^{n^*}) = -W_1(\gamma_1 \zeta_1^{n^*}, \gamma_2 \zeta_2^{n^*}). \tag{87}$$

Ich setze noch

$$W_0 = W_0^*(\zeta_1, \zeta_2), \qquad W_1 = W_1^*(\zeta_1, \zeta_2).$$

Ist $\vartheta_1 - \xi \vartheta_2$ ein Linearfaktor von $W_0(\vartheta_1, \vartheta_2)$, so ist $\sqrt[n^*]{\gamma_1}\, \zeta_1 - \varepsilon^\lambda \sqrt[n^*]{\gamma_2 \xi}\, \zeta_2$ für $\varepsilon = e^{\frac{2\pi i}{n^*}}$ und $\lambda = 0, \ldots n^* - 1$ ein Linearfaktor von $W_0^*(\zeta_1, \zeta_2)$. Wegen $\xi \neq 0$ sind die n^* für $\lambda = 0, \ldots n^* - 1$ entstehenden Linearfaktoren voneinander verschieden; in W_0^* sind also höchstens je n Linearfaktoren einander gleich. W_1^* hat höchstens die Dimension $(n-1) n^*$. Aus der Beweismethode von Satz 5 geht hervor, daß für

$$(88)\quad nn^* > nh\left(\frac{nn^*}{s+1}+s\right)+(n-1)n^* \qquad (s=[\tfrac{1}{2}(\sqrt{4nn^*+1}-1)])$$

die Diophantische Gleichung (87) nur endlich viele Lösungen besitzt. Aus (85) folgt aber (88):

$$nn^* = \sqrt{n^*}\sqrt{n^*}+(n-1)n^*$$
$$= nh\,2\sqrt{nn^*}+(n-1)n^* > nh\left(\frac{nn^*}{s+1}+s\right)+(n-1)n^*.$$

Daher hat auch (84) nur endlich viele Lösungen mit $N_{\vartheta_1\vartheta_2} \leqq M$.

Zusätze. 1. Satz 7 ist ein spezieller Fall von Satz 10. Er ergibt sich nämlich, wenn man in (76) $x-\lambda_1 = u$, $x-\lambda_2 = v$ setzt und Satz 10 auf $W(u,v) = u - v + (\lambda_1 - \lambda_2)$ anwendet.

2. Es seien eine positive Zahl M und eine quadratfreie natürliche Zahl $D > 1$ gegeben. Es sei x, y eine Lösung der Pellschen Gleichung $x^2 - Dy^2 = 4$. Dann gibt es eine positive Zahl $N = N(M, D)$ derart, daß für $xy > N$ ein Primteiler von xy größer als M ist.

Literaturverzeichnis.

Bachmann, P., Vorlesungen über die Natur der Irrationalzahlen. Leipzig (Teubner); 1892.

Borel, É., Leçons sur la théorie de la croissance. Paris (Gauthier-Villars); 1910.

Cahen, E., Éléments de la théorie des nombres. Paris (Gauthier-Villars); 1900.

Delaunay, B., La solution générale de l'équation $X^3\varrho + Y^3 = 1$. Comptes rendus hebdomadaires des séances de l'Académie des Sciences, Paris, **162** (1916), S. 150/151.

Hayashi, T., Le produit de cinq nombres entiers consécutifs n'est pas le carré d'un nombre entier. Nouvelles Annales de Mathématiques, Ser. 4, **18** (1918).

Hill, G. W., Solution of a Problem in the Theory of Numbers. a) The Analyst, **1** (1874), S. 27/28. b) The collected Mathematical Works, **1**, Washington; 1905.

Liouville, J., Sur des classes très-étendues de quantités dont la valeur n'est ni algébrique, ni même réductible à des irrationnelles algébriques. Journal de Mathématiques pures et appliquées, Ser. 1, **16** (1851), S. 133–142.

Maillet, E., Introduction à la théorie des nombres transcendants et des propriétés arithmétiques des fonctions. Paris (Gauthier-Villars); 1906.

— Sur un théorème de M. Axel Thue. Nouvelles Annales de Mathématiques, Ser. 4, **16** (1916), S. 338–345.

— Détermination des points entiers des courbes algébriques unicursales à coefficients entiers. Comptes rendus hebdomadaires des séances de l'Académie des Sciences, Paris, **168** (1919), S. 217–220.

Perron, O., Die Lehre von den Kettenbrüchen. Leipzig und Berlin (Teubner); 1913.

Pólya, G., Sur les propriétés arithmétiques des séries entières, qui représentent des fonctions rationnelles. L'enseignement mathématique, **19** (1917), S. 323.

— Zur arithmetischen Untersuchung der Polynome. Mathematische Zeitschrift, **1** (1918), S. 143–148.

Størmer, C., Quelques théorèmes sur l'équation de Pell $x^2 - Dy^2 = \pm 1$ et leurs applications. Skrifter udgivne af Videnskabs-Selskabet i Christiania; 1897.

— Sur une équation indéterminée. Comptes rendus hebdomadaires des séances de l'Académie des Sciences, Paris, **127** (1898), S. 752–754.

Thue, A., Bemerkungen über gewisse Näherungsbrüche algebraischer Zahlen. Skrifter udgivne af Videnskabs-Selskabet i Christiania; 1908.

— Über rationale Annäherungswerte der reellen Wurzel der ganzen Funktion dritten Grades $x^3 - ax - b$. Skrifter udgivne af Videnskabs-Selskabet i Christiania; 1908.

— Om en generel i store hele tal uløsbar ligning. Skrifter udgivne af Videnskabs-Selskabet i Christiania; 1908.

— Über Annäherungswerte algebraischer Zahlen. Journal für die reine und angewandte Mathematik, **135** (1909), S. 284–305.

— Eine Lösung der Gleichung $\varrho P(x) - Q(x) = (x - \varrho)^n R(x)$ in ganzen Funktionen P, Q und R für jede beliebige ganze Zahl n, wenn ϱ eine Wurzel einer beliebigen ganzen Funktion bedeutet. Skrifter udgivne af Videnskabs-Selskabet i Christiania; 1909.

— Ein Fundamentaltheorem zur Bestimmung von Annäherungswerten aller Wurzeln gewisser ganzer Funktionen. Journal für die reine und angewandte Mathematik, **138** (1910), S. 96–108.

— Über einige in ganzen Zahlen x und y unmögliche Gleichungen $F(x, y) = 0$. Skrifter udgit av Videnskabsselskapet i Kristiania; 1911.

— Berechnung aller Lösungen gewisser Gleichungen von der Form $ax^r - by^r = f$. Skrifter udgit av Videnskabsselskapet i Kristiania; 1918.

(Eingegangen am 10. Juni 1920.)

3.

Darstellung total positiver Zahlen durch Quadrate

Mathematische Zeitschrift 11 (1921), 246—275

Für den Hilbertschen Satz: „Jede total positive Zahl eines algebraischen Zahlkörpers läßt sich als Summe von vier Quadratzahlen desselben Körpers darstellen" ist bisher kein Beweis publiziert worden. Es sind nur spezielle Fälle des Satzes erledigt; und andererseits weiß man einiges über die Darstellbarkeit total positiver Zahlen durch Quadrate von Körperzahlen überhaupt. Mir sind bekannt geworden die beiden unten zitierten Notizen von O. Meißner, in denen quadratische und kubische Zahlkörper betrachtet werden, und eine von Landau veröffentlichte Bemerkung von I. Schur, der den Hilbertschen Satz für die total positive Zahl -1 in einem Kreiskörper beweist. Außerdem hat Landau den Hilbertschen Satz für quadratische Körper, sowie die Darstellbarkeit der total positiven Zahlen durch endlich viele Quadrate bewiesen.

Ich betrachte den Satz als spezielles Ergebnis einer allgemeinen Theorie der quadratischen Formen, deren Koeffizienten und Variable in einem algebraischen Zahlkörper liegen. Dementsprechend werden in § 1 die wichtigsten Begriffe der Arithmetik quadratischer Formen aus dem Gebiete der rationalen Zahlen auf Zahlkörper übertragen; §§ 2, 3 enthalten den eigentlichen Beweis der Hilbertschen Behauptung. Eine unmittelbare Folgerung ist die Lösung einer Verallgemeinerung des Waringschen Problems auf Zahlkörper; § 4 gibt einige weitere Anwendungen. In § 5 entwickle ich die notwendigen und hinreichenden Bedingungen für Darstellbarkeit durch 2 oder 3 Quadrate.

Die Frage, ob bei der Darstellung einer *ganzen* total positiven Zahl als Summe von 4 Quadraten die Nenner in den Basen stets aus einem nur vom Körper abhängigen endlichen Wertevorrat gewählt werden können, bzw. in welchen Körpern dies zutrifft, kann ich nicht entscheiden. Ich kann nur zeigen (in § 6), und zwar mit ganz elementarer Methode, daß beschränkte Nenner im Fall eines *total reellen* Körpers bei der Zerlegung in endlich viele (anstatt in 4) Quadrate gefordert werden können.

Zur Erleichterung stelle ich hier für den Leser die wichtigen Sätze der höheren Arithmetik zusammen, die im folgenden gebraucht werden:

I. Hilbert-Furtwänglersches quadratisches Reziprozitätsgesetz:

Sind μ und ν zwei ganze Zahlen eines algebraischen Zahlkörpers K, so ist

$$\prod_{\mathfrak{w}} \left(\frac{\nu, \mu}{\mathfrak{w}}\right) = 1,$$

wo das Produkt über alle Primideale $\mathfrak{w}$ aus K und die Symbole $1^{(i)}$ zu erstrecken ist.

II. Sind μ und ν zwei ganze Zahlen aus K und ist $\left(\frac{\nu, \mu}{\mathfrak{w}}\right) = +1$, wo $\mathfrak{w}$ alle Primideale in K und die Symbole $1^{(i)}$ durchläuft, so ist ν Relativnorm einer Zahl des Körpers $K(\sqrt{\mu})$. Dann hat also auch die Diophantische Gleichung

$$\mu x^2 + \nu y^2 = z^2$$

eine Lösung in ganzen Zahlen x, y, z aus K, die nicht alle 0 sind.

III. Wenn $\mathfrak{q}$ ein Primideal des Körpers K ist, das nicht in der Relativdiskriminante des relativquadratischen Körpers $K(\sqrt{\mu})$ aufgeht, so ist jede zu $\mathfrak{q}$ prime Zahl in K Normenrest des Körpers $K(\sqrt{\mu})$ nach $\mathfrak{q}$.

Geht dagegen $\mathfrak{q}$ in der Relativdiskriminante von $K(\sqrt{\mu})$ auf, so bedeute e im Falle $\mathfrak{q} + 2$ einen beliebigen positiven Exponenten, im Falle $\mathfrak{q} \mid 2$, wenn $\mathfrak{q}$ in 2 zu genau k-ter Potenz aufgeht, einen beliebigen Exponenten $> 2k$; dann sind von allen vorhandenen zu $\mathfrak{q}$ primen und nach $\mathfrak{q}^e$ inkongruenten Zahlen in K genau die Hälfte Normenreste des Körpers $K(\sqrt{\mu})$ nach $\mathfrak{q}$.

IV. Es sei $\mathfrak{p}$ ein zu 2 primes Primideal des Körpers K. Geht $\mathfrak{p}$ in der Zahl μ genau zur a-ten Potenz auf, so ist die Relativdiskriminante von $K(\sqrt{\mu})$ durch $\mathfrak{p}$ teilbar oder nicht, je nachdem a ungerade oder gerade ist.

Es sei $\mathfrak{l}$ ein Primideal von K, das in 2 aufgeht und zwar zu genau k-ter Potenz; ferner gehe $\mathfrak{l}$ in μ genau zur a-ten Potenz auf. Die Relativdiskriminante des Körpers $K(\sqrt{\mu})$ ist durch $\mathfrak{l}$ teilbar oder nicht, je nachdem die Kongruenz $x^2 \equiv \mu \pmod{\mathfrak{l}^{2k+a}}$ in K unlösbar oder lösbar ist.

V. Dirichlet-Heckescher Satz:

Es seien $\mathfrak{f}$ und $\mathfrak{a}$ zwei teilerfremde Ideale aus K. Es gibt unendlich viele Primideale $\mathfrak{p}$ und ganze total positive zu $\mathfrak{f}$ teilerfremde Zahlen α, β des Körpers K, so daß

$$(\alpha)\mathfrak{a} = (\beta)\mathfrak{p}, \qquad \alpha \equiv \beta \pmod{\mathfrak{f}}$$

ist.

Für die Sätze I bis IV vergleiche man die Arbeiten: D. Hilbert, Über die Theorie des relativquadratischen Zahlkörpers; Mathematische Annalen **51** (1898), S. 1—127. Ph. Furtwängler, Die Reziprozitätsgesetze für Potenzreste mit Primzahlexponenten in algebraischen Zahlkörpern; Mathematische Annalen, Erster Teil, **67** (1909), S. 1—31; Zweiter Teil, **72** (1912), S. 346—386; Dritter Teil, **74** (1914), S. 413—429.

Satz V steht bei E. Hecke, Über die L-Funktionen und den Dirichletschen Primzahlsatz für einen beliebigen Zahlkörper; Nachrichten von der Königlichen Gesellschaft der Wissenschaften zu Göttingen, mathematisch-physikalische Klasse, Jahrgang 1917, S. 299—318. E. Landau, Über Ideale und Primideale in Idealklassen; Mathematische Zeitschrift **2** (1918), S. 52—154.

In einer späteren Arbeit hoffe ich die Theorie der quadratischen Formen in algebraischen Zahlkörpern weiter entwickeln zu können. Herrn D. Hilbert danke ich für seine freundliche Erlaubnis, meinen Beweis vor dem seinigen veröffentlichen zu dürfen.

§ 1.

Es bedeute $f(x) = f(x_1, x_2, x_3) = \sum_{i,k=1}^{3} \alpha_{ik} x_i x_k$ eine ternäre quadratische Form mit ganzen algebraischen Koeffizienten $\alpha_{ik} = \alpha_{ki}$ aus einem Körper K. Die Determinante $|\alpha_{ik}| = d$ sei im folgenden stets $\neq 0$. Ich setze $d(\alpha_{ik})^{-1} = (A_{ik})$ und nenne die ternäre quadratische Form $F(X) = F(X_1, X_2, X_3) = \sum_{i,k=1}^{3} A_{ik} X_i X_k$ die zu $f(x)$ *adjungierte* Form. Ihre Koeffizienten $A_{ik} = A_{ki}$ sind ganze algebraische Zahlen aus K; ihre Determinante ist $|A_{ik}| = d^2 \neq 0$ Die größten gemeinsamen Teiler der Koeffizienten von $f(x)$ und $F(X)$ seien $(\alpha_{11}, \alpha_{12}, \ldots, \alpha_{33}) = \mathfrak{a}$, $(A_{11}, A_{12}, \ldots, A_{33}) = \mathfrak{A}$; dann ist $\mathfrak{a}^2 \mid \mathfrak{A} = \mathfrak{a}^2 \mathfrak{D}$. Ferner ist nach der Fundamentaleigenschaft der Elementarteiler $\frac{\mathfrak{A}}{\mathfrak{a}} \Big| \frac{(d)}{\mathfrak{A}}$, $\frac{\mathfrak{a}(d)}{\mathfrak{A}^2} = \frac{(d)}{\mathfrak{a}^3 \mathfrak{D}^2}$ ganz, also $(d) = \mathfrak{a}^3 \mathfrak{D}^2 \mathfrak{d}$ und $(|A_{ik}|) = (d^2) = (\mathfrak{a}^2 \mathfrak{D})^3 \mathfrak{D} \mathfrak{d}^2 = \mathfrak{A}^3 \mathfrak{d}^2 \mathfrak{D}$.

Es gelten folgende zwei Identitäten, deren Richtigkeit man z. B. durch Vergleichung der Koeffizienten sofort erkennt:

$$(1) \quad f(x_1, x_2, x_3) f(y_1, y_2, y_3) = \Big(\sum_{i,k=1}^{3} \alpha_{ik} x_i y_k\Big)^2 + F\left(\begin{vmatrix} x_2 & x_3 \\ y_2 & y_3 \end{vmatrix}, \begin{vmatrix} x_3 & x_1 \\ y_3 & y_1 \end{vmatrix}, \begin{vmatrix} x_1 & x_2 \\ y_1 & y_2 \end{vmatrix}\right),$$

$$(2) \quad F(X_1, X_2, X_3) F(Z_1, Z_2, Z_3)$$
$$= \Big(\sum_{i,k=1}^{3} A_{ik} X_i Z_k\Big)^2 + d f\left(\begin{vmatrix} Z_2 & Z_3 \\ X_2 & X_3 \end{vmatrix}, \begin{vmatrix} Z_3 & Z_1 \\ X_3 & X_1 \end{vmatrix}, \begin{vmatrix} Z_1 & Z_2 \\ X_1 & X_2 \end{vmatrix}\right).$$

Hierin mögen X_ν und Z_ν $(\nu = 1, 2, 3)$ die Unterdeterminanten von x_ν und z_ν in der Matrix $\begin{pmatrix} x_1\, x_2\, x_3 \\ y_1\, y_2\, y_3 \\ z_1\, z_2\, z_3 \end{pmatrix}$ bedeuten. Dann sind die in (2) auftretenden Größen $\begin{vmatrix} Z_2\, Z_3 \\ X_2\, X_3 \end{vmatrix}, \ldots$ die Unterdeterminanten von Y_ν $(\nu = 1, 2, 3)$ in der Matrix $\begin{pmatrix} X_1\, X_2\, X_3 \\ Y_1\, Y_2\, Y_3 \\ Z_1\, Z_2\, Z_3 \end{pmatrix}$, haben also die Werte $(x_1 X_1 + x_2 X_2 + x_3 X_3)\, y_\nu$; und da f homogen ist, so folgt aus (1) und (2)

$$F(X) f(x) f(y)$$
$$= F(X) \Big(\sum_{i,k=1}^{3} \alpha_{ik} x_i y_k \Big)^2 + \Big(\sum_{i,k=1}^{3} A_{ik} X_i Z_k \Big)^2 + d f(y) \Big(\sum_{\nu=1}^{3} x_\nu X_\nu \Big)^2.$$

Es sei $\beta_1, \beta_2, \beta_3$ ein ganzzahliges Wertsystem der y, für welches $f(\beta_1, \beta_2, \beta_3) = m \neq 0$ ist. Ferner seien die ganzzahligen Werte $z_\nu = \gamma_\nu$ so beschaffen, daß für die zugehörigen $X_\nu = A_\nu$ auch die Zahl $F(A_1, A_2, A_3) = M \neq 0$ ist. Dann gilt

$$M m f(x) = M U^2 + V^2 + d m W^2, \tag{3}$$

wo

$$U = \sum_{i,k=1}^{3} \alpha_{ik} \beta_i x_k, \qquad V = \sum_{i,k=1}^{3} A_{ik} A_i Z_k, \qquad W = \sum_{\nu=1}^{3} A_\nu x_\nu$$

gesetzt ist. U, V, W sind homogene lineare Funktionen von x_1, x_2, x_3; die Determinante dieser Substitution sei S. Bildet man von der quadratischen Form (3) beiderseits die Determinante, so folgt

$$(Mm)^3 d = M \cdot 1 \cdot dm \cdot S^2, \quad \text{also} \quad S = \pm Mm \neq 0.$$

Ist der Körper K reell, so kann $f(x)$ definit oder indefinit sein. Nach dem Trägheitsgesetz der quadratischen Formen ist $f(x)$ dann und nur dann definit, wenn in (3) die Koeffizienten von U^2, V^2, W^2 gleiche Vorzeichen haben. Der Koeffizient von V^2 ist $1 > 0$, also ist für definite $f(x)$ gleichzeitig $M > 0$, $dm > 0$; für indefinite $f(x)$ ist mindestens eine der beiden Zahlen $M, dm < 0$. Es seien $K^{(1)}, \ldots, K^{(s)}$ sämtliche zu K konjugierten reellen Körper, wenn solche vorhanden sind. Es gehe $f^{(i)}$ aus f dadurch hervor, daß die Koeffizienten α_{ik} durch ihre Konjugierten aus $K^{(i)}$ ersetzt werden. Dann ist, wie soeben gezeigt wurde, die Form $f^{(i)}$ definit oder indefinit, je nachdem $\left(\frac{-M, -dm}{\mathfrak{l}^{(i)}}\right) = -1$ oder $= +1$ ist[1]).

[1]) Das Hilbertsche Symbol $\left(\frac{\nu, \mu}{\mathfrak{l}^{(i)}}\right)$ hat folgende Definition: Es seien μ, ν zwei von 0 verschiedene Zahlen aus K und i eine Zahl der Reihe 1 bis s. Ist dann zugleich $\mu^{(i)} < 0$, $\nu^{(i)} < 0$, so bedeutet $\left(\frac{\nu, \mu}{\mathfrak{l}^{(i)}}\right)$ die Zahl -1; in jedem andern Fall bedeutet $\left(\frac{\nu, \mu}{\mathfrak{l}^{(i)}}\right)$ die Zahl $+1$.

Zwei Zahlen, die wie m und M in der Form $m = f(\beta_1, \beta_2, \beta_3)$, $M = F(\beta_2\gamma_3 - \beta_3\gamma_2, \beta_3\gamma_1 - \beta_1\gamma_3, \beta_1\gamma_2 - \beta_2\gamma_1)$ darstellbar sind, sollen *simultan* durch f und F darstellbar genannt werden. Das Symbol $\left(\frac{-M, -dm}{1^{(i)}}\right)$ hat also für zwei beliebige durch f und F simultan darstellbare Zahlen $m \neq 0$ und $M \neq 0$ denselben Wert; dieser hängt also nur von f, nicht von der besonderen Wahl von m und M ab. Es verdient hervorgehoben zu werden, daß durch das Vorzeichen von $d^{(i)}$ und den Wert von $\left(\frac{-M, -dm}{1^{(i)}}\right)$ der Trägheitsindex von $f^{(i)}$ eindeutig festgelegt ist.

Es sei $\mathfrak{w}$ ein Primideal aus K und r eine natürliche Zahl. Ich betrachte bei festen $m \neq 0$ und $M \neq 0$ die Kongruenz

$$MU_0^2 + V_0^2 + dmW_0^2 \equiv 0 \pmod{\mathfrak{w}^{2r}} \tag{4}$$

in den Unbekannten U_0, V_0, W_0. Ist sie für jedes r in ganzen U_0, V_0, W_0 aus K lösbar, welche nicht sämtlich durch $\mathfrak{w}$ teilbar sind, so hat das Normenrestsymbol $\left(\frac{-M, -dm}{\mathfrak{w}}\right)$ den Wert $+1$. Gibt es dagegen ein r, für das sie nicht in solchen U_0, V_0, W_0 lösbar ist, so ist $\left(\frac{-M, -dm}{\mathfrak{w}}\right) = -1$. Die höchste Potenz von $\mathfrak{w}$, die in Mm aufgeht, sei $\mathfrak{w}^{r_0}$ $(r_0 \geqq 0)$. Es sei $\left(\frac{-M, -dm}{\mathfrak{w}}\right) = +1$ und $r > r_0$. Die Kongruenz (4) hat dann eine Lösung U_0, V_0, W_0 mit $(U_0, V_0, W_0, \mathfrak{w}^r) = \mathfrak{w}^{r_0}$. Die Determinante $S = \pm Mm$ der in bezug auf x_1, x_2, x_3 linearen Kongruenzen

$$U \equiv U_0, \quad V \equiv V_0, \quad W \equiv W_0 \pmod{\mathfrak{w}^r} \tag{5}$$

ist genau durch $\mathfrak{w}^{r_0}$ teilbar; und da $\mathfrak{w}^{r_0}$ auch in den rechten Seiten aufgeht, so werden sie durch drei ganze Zahlen x_1, x_2, x_3 befriedigt, die nicht alle $\equiv 0 \pmod{\mathfrak{w}}$ sind. Dann ist nach (3), (4), (5)

$$Mmf(x) \equiv 0 \pmod{\mathfrak{w}^{2r}},$$

$$f(x) \equiv 0 \pmod{\mathfrak{w}^{2r-r_0}}, \qquad f(x) \equiv 0 \pmod{\mathfrak{w}^r}.$$

Ist also $\left(\frac{-M, -dm}{\mathfrak{w}}\right) = +1$, so ist $f(x) \equiv 0 \pmod{\mathfrak{w}^r}$ für jedes r lösbar, und zwar in solchen x_1, x_2, x_3, die nicht alle durch $\mathfrak{w}$ teilbar sind.

Umgekehrt sei $f(x) \equiv 0 \pmod{\mathfrak{w}^r}$ für jedes r in derartigen x_1, x_2, x_3 lösbar. Dann ist auch $f(x) \equiv 0 \pmod{\mathfrak{w}^{2r-r_0}}$, also $Mmf(x) \equiv 0 \pmod{\mathfrak{w}^{2r}}$ lösbar. Wegen $\mathfrak{w}^{r_0+1} \nmid Mm = \pm S$ ist für ein solches Wertsystem x eine der Zahlen U, V, W nicht durch $\mathfrak{w}^{r_0+1}$ teilbar; da nun

$$MU^2 + V^2 + dmW^2 \equiv 0 \pmod{\mathfrak{w}^{2r}}$$

gilt, so ist auch

$$M U_0^2 + V_0^2 + dm W_0^2 \equiv 0 \pmod{\mathfrak{w}^{2r-2r_0}},$$

also auch (4) für jedes r mit der Bedingung $(U_0, V_0, W_0, \mathfrak{w}) = \mathfrak{o}$ lösbar.

Daraus folgt: Ist $f(x) \equiv 0 \pmod{\mathfrak{w}^r}$ für jedes r lösbar (mit $(x_1, x_2, x_3, \mathfrak{w}) = \mathfrak{o}$), so ist $\left(\frac{-M, -dm}{\mathfrak{w}}\right) = +1$; ist dagegen $f(x) \equiv 0 \pmod{\mathfrak{w}^r}$ nicht für jedes r lösbar, so ist $\left(\frac{-M, -dm}{\mathfrak{w}}\right) = -1$. Der Wert des Symboles $\left(\frac{-M, -dm}{\mathfrak{w}}\right)$ hängt also nur von f, nicht von der besonderen Wahl des simultan dargestellten Zahlen m und M ab.

Ich setze noch $(\alpha_{11}, \alpha_{22}, \alpha_{33}, 2\alpha_{23}, 2\alpha_{31}, 2\alpha_{12}) = \mathfrak{a}\mathfrak{s}$, $(A_{11}, A_{22}, A_{33}, 2A_{23}, 2A_{31}, 2A_{12}) = \mathfrak{A}\mathfrak{S}$; dann ist $\mathfrak{s} \mid 2$, $\mathfrak{S} \mid 2$. Zwei ternäre quadratische Formen mit ganzen Koeffizienten aus K heißen von gleicher *Ordnung*, wenn sie in den Idealen $\mathfrak{d}, \mathfrak{s}, \mathfrak{D}, \mathfrak{S}$ und der Zahl d übereinstimmen. Alle Formen derselben Ordnung, die in den Werten von $\left(\frac{-M, -dm}{\mathfrak{w}}\right)$ für alle $\mathfrak{w}$ (d. h. für $\mathfrak{w}$ = Primideal und $\mathfrak{w} = 1^{(i)}$) übereinstimmen[2]), bilden ein *Geschlecht*.

§ 2.

In diesem Paragraphen mache ich folgende drei Voraussetzungen:

1. ξ sei eine ganze *total positive*[3]) Zahl aus K.

2. -1 und $-\xi$ seien nicht gleich dem Quadrat einer Zahl des Körpers K.

3. Jeder Primidealteiler von 2 gehe in der Relativdiskriminante des relativquadratischen Körpers $K(\sqrt{-\xi})$ auf.

Ich betrachte fortan nur die spezielle ternäre Form

$$f(x_1, x_2, x_3) = \xi x_1^2 - x_2^2 - x_3^2.$$

In den Bezeichnungen von § 1 ist dann

$$F(X_1, X_2, X_3) = X_1^2 - \xi X_2^2 - \xi X_3^2, \qquad d = \xi \neq 0,$$

$$\mathfrak{a} = \mathfrak{A} = \mathfrak{D} = \mathfrak{s} = \mathfrak{S} = \mathfrak{o}, \qquad \mathfrak{d} = (\xi).$$

Setzt man für β und γ die Zahlentripel $0, 1, 0$ und $0, 0, 1$, so wird $A_1 = 1$, $A_2 = A_3 = 0$; und es sind $m = -1 \neq 0$ und $M = +1 \neq 0$ simultan darstellbar, so daß sich das Geschlecht von $f(x)$ durch die Werte der Symbole $\left(\frac{-1, \xi}{\mathfrak{w}}\right) = \varepsilon_{\mathfrak{w}}$ bestimmt.

[2]) Dies sind in Wirklichkeit nur endlich viele Bedingungen, da für ein Primideal $\mathfrak{w} \neq 2\alpha\beta$ stets $\left(\frac{\alpha, \beta}{\mathfrak{w}}\right) = +1$ ist.

[3]) d. h. $\xi^{(i)} > 0$ für $i = 1, \ldots, s$. Bezeichnung (nach Landau): $\xi \succ 0$.

Hilfssatz 1. Das Geschlecht von $f(x)$ enthält eine Form der Gestalt $\begin{pmatrix} 1 & 0 & 0 \\ 0 & -M_1 & N_1 \\ 0 & N_1 & -M_1' \end{pmatrix}$, wo M_1 eine nicht in 2ξ aufgehende total positive Primzahl aus K bedeutet.

Beweis. 1. Es sei t_1 irgendeine total positive Zahl aus K. Dann ist

$$\left(\frac{t_1, -\xi}{1^{(i)}}\right) = \left(\frac{-1, \xi}{1^{(i)}}\right) = +1.$$

2. Es sei $\mathfrak{p}$ ein Primfaktor der Relativdiskriminante von $K(\sqrt{-\xi})$, der nicht in 2 aufgeht. Nach Satz IV der Einleitung teilt dann $\mathfrak{p}$ auch die Relativdiskriminante von $K(\sqrt{+\xi})$, und umgekehrt. Nach Satz III der Einleitung gibt es dann in K eine ganze nicht durch $\mathfrak{p}$ teilbare Zahl t_2, so daß $\left(\frac{t_2, -\xi}{\mathfrak{p}}\right)$ den vorgeschriebenen Wert $\varepsilon_{\mathfrak{p}}$ hat.

3. Es sei $\mathfrak{l}$ ein Primteiler von 2. Dann geht nach der Voraussetzung 3. dieses Paragraphen das Primideal $\mathfrak{l}$ auch in der Relativdiskriminante des relativquadratischen Körpers $K(\sqrt{-\xi})$ auf. Nach Satz III der Einleitung gibt es also ein ganzes t_3 mit $\mathfrak{l} \nmid t_3$ derart, daß $\left(\frac{t_3, -\xi}{\mathfrak{l}}\right) = \varepsilon_{\mathfrak{l}}$ ist.

Damit eine Zahl t aus K die Eigenschaften der in den drei vorhergehenden Abschnitten betrachteten Zahlen t_1, t_2, t_3 besitzt, reicht es hin, daß $t \succ 0$ ist und die Kongruenzen

(6) $\quad t \equiv t_2 \pmod{\mathfrak{p}}$ für alle bei 2. in Betracht kommenden $\mathfrak{p}$,

(7) $\quad t \equiv t_3 \pmod{\mathfrak{l}^{2k+1}}$ für alle $\mathfrak{l} \mid 2$, wenn genau $\mathfrak{l}^k$ in 2 aufgeht,

erfüllt sind. (6) und (7) sind kompatibel und lassen sich durch *eine* Kongruenz

$$t \equiv t_0 \pmod{\mathfrak{n}}$$

ersetzen, wo das Ideal $\mathfrak{n}$ sich aus den verschiedenen Primidealen $\mathfrak{p}$ und $\mathfrak{l}$ zusammensetzt und zu t_0 teilerfremd ist. Nach Satz V der Einleitung gibt es unendlich viele nicht assoziierte total positive Primzahlen t, welche $\equiv t_0 \pmod{\mathfrak{n}}$ sind. Unter diesen wähle ich eine, die in 2ξ nicht aufgeht, und nenne sie M_1.

Nach Satz I der Einleitung ist nun

$$\prod_{\mathfrak{w}} \varepsilon_{\mathfrak{w}} = \prod_{\mathfrak{w}} \left(\frac{-1, \xi}{\mathfrak{w}}\right) = +1,$$

wo über alle $\mathfrak{w} \mid 2\xi$ und $\mathfrak{w} = 1^{(i)}$ zu multiplizieren ist; ebenso ist

$$\left(\frac{M_1, -\xi}{(M_1)}\right) \prod_{\mathfrak{w}} \left(\frac{M_1, -\xi}{\mathfrak{w}}\right) = +1,$$

wo dieselben $\mathfrak{w}$ zu nehmen sind. Andererseits ist nach Konstruktion

$$\left(\frac{M_1, -\xi}{\mathfrak{w}}\right) = \varepsilon_{\mathfrak{w}},$$

so daß aus den drei letzten Gleichungen folgt

$$\left(\frac{M_1, -\xi}{(M_1)}\right) = +1;$$

d. h. die Kongruenz

$$-\xi \equiv x^2 \pmod{M_1}$$

ist lösbar. Es gibt daher in K zwei ganze Zahlen M_1' und N_1, so daß

$$(8) \qquad -\xi = N_1^2 - M_1 M_1'$$

gilt. Nun setze ich

$$f_1 = \begin{pmatrix} 1 & 0 & 0 \\ 0 & -M_1 & N_1 \\ 0 & N_1 & -M_1' \end{pmatrix},$$

dann ist wegen (8) die adjungierte Form

$$F_1 = \begin{pmatrix} \xi & 0 & 0 \\ 0 & -M_1' & -N_1 \\ 0 & -N_1 & -M_1 \end{pmatrix}.$$

Ferner ist $f_1(1,0,0) = 1$, $f_1(0,1,0) = -M_1$, $F_1(0,0,1) = -M_1$, so daß die Zahlen 1 und $-M_1$ durch f_1 und F_1 simultan dargestellt werden. Daher besitzt f_1 die Geschlechtscharaktere $\left(\frac{M_1, -\xi}{\mathfrak{w}}\right) = \varepsilon_{\mathfrak{w}}$; gehört also dem Geschlecht von f an, da offenbar f_1 und F_1 *eigentlich primitive* Formen sind, d. h. die Invarianten $\mathfrak{a} = \mathfrak{A} = \mathfrak{s} = \mathfrak{S} = \mathfrak{o}$ besitzen. Damit ist Hilfssatz 1 bewiesen.

Hilfssatz 2. Es gibt eine Substitution von der Determinante ± 1 mit (ganzen oder gebrochenen) Koeffizienten aus K, welche die Form

$$f = \begin{pmatrix} \xi & 0 & 0 \\ 0 & -1 & 0 \\ 0 & 0 & -1 \end{pmatrix}$$

in die Form

$$f_1 = \begin{pmatrix} 1 & 0 & 0 \\ 0 & -M_1 & N_1 \\ 0 & N_1 & -M_1' \end{pmatrix}$$

des Hilfssatzes 1 transformiert.

Beweis. Das nach Hilfssatz 1 gemeinsame Geschlecht von f und f_1 wird durch die Werte der Symbole $\left(\frac{-1, \xi}{\mathfrak{w}}\right) = \left(\frac{M_1, -\xi}{\mathfrak{w}}\right)$ bestimmt. Hierbei kommen für $\mathfrak{w}$ alle in $2 M_1 \xi$ aufgehenden Primideale sowie die Zeichen $1^{(i)}$

in Betracht. Ich werde jetzt zeigen, daß es in K eine ganze Zahl ζ_0 gibt, welche für alle diese $\mathfrak{w}$ die Gleichungen

(9) $$\left(\frac{-1,\zeta_0}{\mathfrak{w}}\right)=+1,\qquad \left(\frac{M_1,-\zeta_0}{\mathfrak{w}}\right)=+1$$

erfüllt.

1. Es sei $\mathfrak{w}=1^{(i)}$. Dann wird (9) wegen $M_1 \succ 0$ für jedes $\zeta_0 \succ 0$ erfüllt.

2. Es sei $\mathfrak{w}=(M_1)+2$. Dann ist für jedes nicht durch M_1 teilbare ζ_1 das Symbol $\left(\frac{-1,\zeta_1}{(M_1)}\right)=+1$; und unter allen diesen ζ_1 gibt es sicher auch solche, für welche $\left(\frac{M_1,-\zeta_1}{(M_1)}\right)=+1$ gilt; z. B. hat $\zeta_1=-1$ diese Eigenschaft.

3. Es sei $\mathfrak{w}\,|\,\xi$, $\mathfrak{w}+2$ [4]). Wegen $(M_1,\xi)=\mathfrak{o}$ gilt dann (9) für jedes ζ_0, das nicht durch $\mathfrak{w}$ teilbar ist.

4. Es sei $\mathfrak{w}=\mathfrak{l}\,|\,2$. Es gehe $\mathfrak{l}$ zu genau k-ter Potenz in 2 auf, und man betrachte ein System von $\varphi(\mathfrak{l}^{2k+1})$ inkongruenten nicht durch $\mathfrak{l}$ teilbaren Zahlen ζ_2 modulo $\mathfrak{l}^{2k+1}$. Nach Satz III der Einleitung genügen von diesen mindestens die Hälfte der Gleichung $\left(\frac{-1,\zeta_2}{\mathfrak{l}}\right)=+1$, und gleichfalls mindestens die Hälfte der Gleichung $\left(\frac{M_1,-\zeta_2}{\mathfrak{l}}\right)=+1$. Diese beiden Gleichungen lassen sich also dann und nur dann nicht durch dasselbe ζ_2 erfüllen, wenn für jedes ζ_2 mit $\left(\frac{-1,\zeta_2}{\mathfrak{l}}\right)=+1$ die Relation $\left(\frac{M_1,-\zeta_2}{\mathfrak{l}}\right)=-1$, mit $\left(\frac{-1,\zeta_2}{\mathfrak{l}}\right)=-1$ die Relation $\left(\frac{M_1,-\zeta_2}{\mathfrak{l}}\right)=+1$ erfüllt ist; d. h. für alle ζ_2 müßte

$$\left(\frac{-1,\zeta_2}{\mathfrak{l}}\right)\left(\frac{M_1,-\zeta_2}{\mathfrak{l}}\right)=-1$$

gelten. Hieraus folgte durch Zerlegung der Normenrestsymbole

$$\left(\frac{-1,-1}{\mathfrak{l}}\right)\left(\frac{-1,-\zeta_2}{\mathfrak{l}}\right)\left(\frac{M_1,-\zeta_2}{\mathfrak{l}}\right)=-1,$$

$$\left(\frac{-M_1,-\zeta_2}{\mathfrak{l}}\right)=-\left(\frac{-1,-1}{\mathfrak{l}}\right),\quad \text{also konstant} =+1,$$

denn die linke Seite ist jedenfalls $+1$ für $\zeta_2=-1$. Daher wäre auch

(10) $$\left(\frac{-1,-1}{\mathfrak{l}}\right)=-1.$$

Ich setze jetzt $\zeta_3=\xi\zeta_2$; dann wird

(11) $$\left(\frac{-1,\zeta_3}{\mathfrak{l}}\right)=\left(\frac{-1,\xi}{\mathfrak{l}}\right)\left(\frac{-1,\zeta_2}{\mathfrak{l}}\right),\qquad \left(\frac{M_1,-\zeta_3}{\mathfrak{l}}\right)=\left(\frac{M_1,-\xi}{\mathfrak{l}}\right)\left(\frac{M_1,\zeta_2}{\mathfrak{l}}\right).$$

---

[4]) Falls es solche $\mathfrak{w}$ gibt.

Hierin haben die beiden rechten Seiten den gleichen Wert; denn es ist $\left(\frac{-1,\,\xi}{\mathfrak{l}}\right)=\left(\frac{M_1,\,-\xi}{\mathfrak{l}}\right)$ und $\left(\frac{-1,\,\zeta_2}{\mathfrak{l}}\right)\left(\frac{M_1,\,\zeta_2}{\mathfrak{l}}\right)=\left(\frac{-M_1,\,\zeta_2}{\mathfrak{l}}\right)=+1$, da $\left(\frac{-M_1,\,-\zeta_2}{\mathfrak{l}}\right)$ für alle zu $\mathfrak{l}$ primen ζ_2, also auch für $-\zeta_2$, den Wert $+1$ hat. Damit also die linken Seiten von (11) beide den Wert $+1$ haben, genügt es, daß die Gleichung $\left(\frac{-1,\,\xi}{\mathfrak{l}}\right)=\left(\frac{-1,\,\zeta_2}{\mathfrak{l}}\right)$ erfüllt ist. Diese Gleichung ist aber sicher lösbar, mag nun $\left(\frac{-1,\,\xi}{\mathfrak{l}}\right)=+1$ oder $=-1$ sein, denn $\left(\frac{-1,\,\zeta_2}{\mathfrak{l}}\right)$ ist $=+1$ für $\zeta_2=+1$ und nach (10) $=-1$ für $\zeta_2=-1$. Ist $\mathfrak{l}^{k_0}$ die höchste Potenz von $\mathfrak{l}$, die in ξ aufgeht, so gilt dann

$$\left(\frac{-1,\,\zeta_4}{\mathfrak{l}}\right)=+1 \quad \text{und} \quad \left(\frac{M_1,\,-\zeta_4}{\mathfrak{l}}\right)=+1$$

für alle $\zeta_4\equiv\xi\,\zeta_2 \pmod{\mathfrak{l}^{2k+k_0+1}}$.

Damit ist festgestellt: Zu jedem Primideal $\mathfrak{w}\,|\,2M_1\xi$ gibt es eine ganze Zahl $\zeta_{\mathfrak{w}}$ von folgenden Eigenschaften:

I. Ist $\mathfrak{w}\nmid 2$, so sind für jedes $\zeta_0\equiv\zeta_{\mathfrak{w}} \pmod{\mathfrak{w}}$ die beiden Gleichungen (9) erfüllt; $\zeta_{\mathfrak{w}}$ ist nicht durch $\mathfrak{w}$ teilbar;

II. Ist $\mathfrak{w}=\mathfrak{l}\,|\,2$, so sind für jedes $\zeta_0\equiv\zeta_{\mathfrak{w}} \pmod{\mathfrak{w}^{k'}}$ die beiden Gleichungen (9) erfüllt. Hierin ist entweder $k'=2k+1$ und $\mathfrak{l}\nmid\zeta_{\mathfrak{w}}$; oder $\zeta_{\mathfrak{w}}$ und ξ enthalten genau dieselbe Potenz $\mathfrak{l}^k$ von $\mathfrak{l}$, und es ist $k'=2k+k_0+1$.

Die den verschiedenen $\mathfrak{w}$ entsprechenden Kongruenzen lassen sich nun gleichzeitig durch eine Zahl ζ_0 befriedigen, und zwar darf man dabei fordern, daß ζ_0 total positiv ist und mit $2M_1\xi$ höchstens solche Primteiler gemeinsam hat, die auch in 2 aufgehen, und zwar in keiner höheren Potenz, als sie in ξ auftreten. Dieses ζ_0 genügt sämtlichen Gleichungen (9). Dieselbe Eigenschaft hat jede total positive Zahl $\zeta\equiv\zeta_0 \pmod{8M_1\xi}$. Von dem Ideal (ζ_0) spalte ich den größten zu 2 relativ primen Faktor $\mathfrak{b}$ ab. Dann ist auch $(\mathfrak{b},\,8M_1\xi)=\mathfrak{o}$; $\mathfrak{b}$ ist also Repräsentant einer Idealklasse modulo $8M_1\xi$. Nach Satz V der Einleitung enthält diese Idealklasse ein Primideal $\mathfrak{z}$. Dann ist $\frac{(\zeta_0)}{\mathfrak{b}}\mathfrak{z}$ ein Hauptideal (ζ) mit $\zeta\equiv\zeta_0 \pmod{8M_1\xi}$ und $\frac{\zeta}{\zeta_0}\succ 0$, so daß wegen $\zeta_0\succ 0$ auch $\zeta\succ 0$ ist. Die Zahl ζ erfüllt also die Bedingungen (9) und hat außer etwaigen in 2 aufgehenden Primfaktoren nur den Primteiler $\mathfrak{z}$, der nicht in $8M_1\xi$ enthalten ist. Aus dem Reziprozitätsgesetz (Satz I der Einleitung) folgt nun genau wie beim Beweise von Hilfssatz 1, daß auch

$$\left(\frac{-1,\,\zeta}{\mathfrak{z}}\right)=+1 \quad \text{und} \quad \left(\frac{M_1,\,-\zeta}{\mathfrak{z}}\right)=+1$$

gilt. Mit Rücksicht auf (9) gelten also die Gleichungen

$$(12)\qquad \left(\frac{-1,\zeta}{\mathfrak{w}'}\right)=+1,\qquad \left(\frac{M_1,-\zeta}{\mathfrak{w}'}\right)=+1$$

für *alle* Primideale $\mathfrak{w}'$ und für $\mathfrak{w}'=1^{(i)}$. Nach Satz II der Einleitung sind also die beiden Diophantischen Gleichungen

$$(13)\qquad \zeta u^2-v^2=w^2 \quad\text{und}\quad -\zeta u_1^2+M_1 v_1^2=w_1^2$$

in ganzen Zahlen u, v, w und u_1, v_1, w_1 aus K lösbar, die nicht alle Null sind. Da -1, $\pm\zeta$, M_1, $\frac{M_1}{\zeta}$ keine Quadratzahlen des Körpers K sind (vgl. Voraussetzung 1 dieses Paragraphen), so sind alle sechs Zahlen $u, \ldots, w_1$ von 0 verschieden; insbesondere ist $u \neq 0$, $u_1 \neq 0$. Aus (13) folgt

$$(14)\qquad -\zeta u^2=f(0,w,v),\qquad -\zeta u_1^2=f_1(w_1,v_1,0).$$

Nach Satz V der Einleitung gibt es unendlich viele nicht assoziierte Primzahlen $\mathsf{Z}\equiv 1 \pmod{8\xi\zeta}$. Dann ist aber

$$(15)\qquad \left(\frac{\mathsf{Z},\xi\zeta}{\mathfrak{w}}\right)=+1$$

für alle $\mathfrak{w}\,|\,2\xi\zeta$ und $\mathfrak{w}=1^{(i)}$[5], also gilt (15) nach Satz I der Einleitung auch für $\mathfrak{w}=(\mathsf{Z})$ und folglich für jedes $\mathfrak{w}$. Nach Satz II ist daher die Gleichung

$$(16)\qquad \mathsf{Z}U^2+\xi\zeta V^2=W^2$$

in nicht sämtlich verschwindenden ganzen Zahlen U, V, W aus K lösbar; und da $\xi\zeta$ nicht das Quadrat einer Körperzahl ist, so ist $U\neq 0$.

Ferner folgt aus (12) und (15) für jedes $\mathfrak{w}$

$$\left(\frac{\mathsf{Z},\xi\zeta}{\mathfrak{w}}\right)\left(\frac{-1,\zeta}{\mathfrak{w}}\right)\left(\frac{-1,\xi}{\mathfrak{w}}\right)\left(\frac{M_1,-\xi}{\mathfrak{w}}\right)\left(\frac{M_1,-\zeta}{\mathfrak{w}}\right)=+1\cdot+1\cdot\varepsilon_{\mathfrak{w}}\cdot\varepsilon_{\mathfrak{w}}\cdot+1=+1,$$

andererseits hat die linke Seite dieser Gleichung nach Zusammensetzung den Wert $\left(\frac{-M_1\mathsf{Z},\xi\zeta}{\mathfrak{w}}\right)$, so daß mit Rücksicht auf Satz II die Gleichung

$$(17)\qquad -M_1\mathsf{Z}U_1^2+\xi\zeta V_1^2=W_1^2$$

mit $U_1\neq 0$ lösbar ist.

Aus (13) und (16) folgt

$$(18)\qquad \begin{aligned}\mathsf{Z}(uU)^2&=(uW)^2-\xi\zeta(uV)^2=(uW)^2-\xi(vV)^2-\xi(wV)^2\\ &=F(uW, vV, -wV),\end{aligned}$$

---

[5]) Man braucht an dieser Stelle nicht die Landausche Verschärfung des Heckeschen Satzes, da wegen $\xi\zeta \succ 0$ das Symbol $\left(\frac{\alpha,\xi\zeta}{1^{(i)}}\right)=+1$ für jedes $\alpha\neq 0$ ist.

und aus (8), (13) und (17)

$$(19)\quad \mathsf{Z}(u_1 U_1 M_1)^2 = -M_1 u_1^2 W_1^2 + \xi\zeta M_1 u_1^2 V_1^2 = -M_1 u_1^2 W_1^2 - \xi w_1^2 M_1 V_1^2 + \xi M_1^2 v_1^2 V_1^2 = \xi(v_1 V_1 M_1)^2 - M_1'(w_1 V_1 M_1)^2 - M_1(u_1 W_1)^2 + N_1^2 M_1 (w_1 V_1)^2 = \xi(v_1 V_1 M_1)^2 - M_1'(w_1 V_1 M_1)^2 - M_1(u_1 W_1 + w_1 V_1 N_1)^2 + 2N_1(w_1 V_1 M_1)(u_1 W_1 + w_1 V_1 N_1) = F_1(v_1 V_1 M_1, -w_1 V_1 M_1, u_1 W_1 + w_1 V_1 N_1).$$

Wegen der Homogenität von (16) kann $W = wW'$ durch w teilbar angenommen werden. Setze ich dann $\beta_1 = -V$, $\beta_2 = 0$, $\beta_3 = -uW'$, $\gamma_1 = 0$, $\gamma_2 = w$, $\gamma_3 = v$, so ist $\beta_2\gamma_3 - \beta_3\gamma_2 = uW$, $\beta_3\gamma_1 - \beta_1\gamma_3 = vV$, $\beta_1\gamma_2 - \beta_2\gamma_1 = -wV$. Folglich sind wegen (14) und (18) die Zahlen $-\zeta u^2$ und $\mathsf{Z}(uU)^2$ durch f und F simultan darstellbar. Ferner mache ich die Annahme $w_1 \mid W_1 = w_1 W_1'$ und setze $\beta_1 = 0$, $\beta_2 = -u_1 W_1' - V_1 N_1$, $\beta_3 = -V_1 M_1$, $\gamma_1 = w_1$, $\gamma_2 = v_1$, $\gamma_3 = 0$; dann ist $\beta_2\gamma_3 - \beta_3\gamma_2 = v_1 V_1 M_1$, $\beta_3\gamma_1 - \beta_1\gamma_3 = -w_1 V_1 M_1$, $\beta_1\gamma_2 - \beta_2\gamma_1 = u_1 W_1 + w_1 V_1 N_1$, so daß nach (14) und (19) die Zahlen $-\zeta u_1^2$ und $\mathsf{Z}(u_1 U_1 M_1)^2$ durch f_1 und F_1 simultan darstellbar sind.

Folglich gilt wegen (3) eine Identität

$$f(x) = \frac{P^2}{-\zeta} + \frac{Q^2}{-\zeta\mathsf{Z}} + \xi\frac{R^2}{\mathsf{Z}},$$

wo P, Q, R aus x_1, x_2, x_3 durch eine lineare umkehrbare Substitution S mit Koeffizienten aus dem Körper K hervorgehen. Ebenso gilt

$$f_1(x) = \frac{P_1^2}{-\zeta} + \frac{Q_1^2}{-\zeta\mathsf{Z}} + \xi\frac{R_1^2}{\mathsf{Z}},$$

wo P_1, Q_1, R_1 aus x_1, x_2, x_3 ebenfalls durch eine lineare in K rationale Substitution S_1 hervorgehen. Daher besitzt die Substitution $S^{-1}S_1 = T$ Koeffizienten aus K und führt die Form f in f_1 über; und da f und f_1 dieselbe Determinante ξ haben, so ist offenbar $|T| = \pm 1$. Damit ist Hilfssatz 2 bewiesen.

§ 3.

Hilfssatz 3. ξ sei eine ganze total positive Zahl des Körpers K. $-\xi$ sei nicht das Quadrat einer Körperzahl, so daß $K(\sqrt{-\xi})$ nicht mit K identisch ist. Ist dann die Relativdiskriminante von $K(\sqrt{-\xi})$ durch jeden Primfaktor von 2 teilbar, so läßt sich ξ als Summe von drei Quadraten von Körperzahlen darstellen.

Beweis. 1. Die Zahl -1 sei in K als Summe von zwei Quadraten darstellbar:

$$-1 = a^2 + b^2.$$

Dann ist sogar identisch in ξ

$$\xi = \left(\frac{\xi+1}{2}\right)^2 + \left(a\,\frac{\xi-1}{2}\right)^2 + \left(b\,\frac{\xi-1}{2}\right)^2. \tag{20}$$

2. Die Zahl -1 sei nicht Summe von zwei Quadraten. Die drei Voraussetzungen des vorigen Paragraphen sind erfüllt. Nach Hilfssatz 2 kann f rational in f_1 transformiert werden, und da f_1 die Zahl $f_1(1,0,0)=1$ darstellt, so gibt es insbesondere drei Zahlen t_1, t_2, t_3 aus K, so daß

$$f(t_1, t_2, t_3) = \xi t_1^2 - t_2^2 - t_3^2 = 1$$

ist. Da hierin $t_1 \neq 0$ ist, so folgt die gesuchte Darstellung

$$\xi = \left(\frac{1}{t_1}\right)^2 + \left(\frac{t_2}{t_1}\right)^2 + \left(\frac{t_3}{t_1}\right)^2.$$

Hilfssatz 4. Es sei $\mathfrak{l}$ ein Primfaktor von 2. Es gibt eine ganze Zahl ϱ des Körpers K, die als Summe von vier Quadraten darstellbar ist und von den Teilern der 2 nur das Primideal $\mathfrak{l}$, und zwar genau in erster Potenz enthält.

Beweis. 1. $\mathfrak{l}$ gehe in 2 zu ungerader Potenz auf. Dann läßt sich setzen:

$$2 = \varkappa\alpha^2,$$

wo $\varkappa$ eine ganze Zahl aus K bedeutet, die jeden Primfaktor von 2 enthält, von diesen aber das Primideal $\mathfrak{l}$ nur in erster Potenz. Bedeutet nun μ irgendeine ganze Zahl mit $(\mu, 2) = \mathfrak{l}$, so ist

$$\varrho = \varkappa + \mu^2 = \left(\frac{1}{\alpha}\right)^2 + \left(\frac{1}{\alpha}\right)^2 + \mu^2 + 0^2$$

als Summe von vier Quadraten darstellbar, und es gilt $(\varrho, 4) = \mathfrak{l}$.

2. $\mathfrak{l}$ gehe in 2 in gerader Potenz auf. Dann setze ich

$$2 = \nu\beta^2,$$

wo ν eine ganze nicht durch $\mathfrak{l}$ teilbare Zahl bedeutet. Es sei λ eine ganze Zahl, in der genau die erste Potenz von $\mathfrak{l}$ aufgeht; dann gibt es zwei ganze Zahlen γ_1 und γ_2 mit $\mathfrak{l} \nmid \gamma_1$, so daß

$$\nu \equiv \gamma_1 + \gamma_2\lambda \pmod{\mathfrak{l}^2}$$

gilt. Durchläuft δ ein System zu $\mathfrak{l}$ primer modulo $\mathfrak{l}$ inkongruenter Zahlen, so sind auch die Zahlen δ^2 alle modulo $\mathfrak{l}$ verschieden; denn aus $\delta^2 \equiv \delta'^2 \pmod{\mathfrak{l}}$ folgt $\delta \equiv \pm\delta' \equiv \delta' \pmod{\mathfrak{l}}$. Jedes δ ist also quadratischer Rest nach $\mathfrak{l}$. Man kann daher

$$\gamma_1 \equiv \delta_1^2 \pmod{\mathfrak{l}}, \qquad \nu \equiv \delta_1^2 + \gamma_2'\lambda \pmod{\mathfrak{l}^2}$$

setzen. Ist nun hierin $\mathfrak{l} \mid \gamma_2'$, so folgt $\nu \equiv \delta_1^2 \pmod{\mathfrak{l}^2}$; ist aber $\mathfrak{l} \nmid \gamma_2'$, so gibt es ein δ_2 derart, daß $\gamma_2' \equiv \delta_2^2 \pmod{\mathfrak{l}}$, also $\nu \equiv \delta_1^2 + \delta_2^2\lambda \pmod{\mathfrak{l}^2}$

ist. Es bedeute $\mathfrak{l}^k$ die in 2 aufgehende Potenz von $\mathfrak{l}$; dann ist im ersteren Fall $2 \equiv (\delta_1\beta)^2 \pmod{\mathfrak{l}^{k+2}}$. Setze ich

$$\varrho_1 = 1^2 + (1+\lambda)^2 + (\delta_1\beta)^2 + \lambda^2, \tag{21}$$

so gilt in diesem ersteren Fall wegen $\mathfrak{l}^{k+2} \mid 4$

$$\varrho_1 = 2 + 2\lambda + 2\lambda^2 + (\delta_1\beta)^2 \equiv 4 + 2\lambda + 2\lambda^2 \equiv \lambda\,(\delta_1\beta)^2 \pmod{\mathfrak{l}^{k+2}}.$$

Im letzteren Fall ist $2 \equiv (\delta_1\beta)^2 + \lambda\,(\delta_2\beta)^2 \pmod{\mathfrak{l}^{k+2}}$; dann setze ich

$$\varrho_2 = 1^2 + 1^2 + (\delta_1\beta)^2 + 0^2, \tag{22}$$

und es wird

$$\varrho_2 \equiv 2\,(\delta_1\beta)^2 + \lambda\,(\delta_2\beta)^2 \equiv \lambda\,(\delta_2\beta)^2 \pmod{\mathfrak{l}^{k+2}}.$$

Man setze nun $\varrho_3 = \dfrac{\varrho_n}{(\delta_n\beta)^2}$ mit $n = 1$ im ersten, $n = 2$ im letzten Fall. Dann ist nach (21) und (22) die Zahl ϱ_3 als Summe von vier Quadraten darstellbar und enthält, in gekürzter Form geschrieben, im Nenner das Primideal $\mathfrak{l}$ überhaupt nicht, im Zähler dagegen genau in erster Potenz. Also gibt es auch eine ganze Zahl ϱ_4 von dieser Eigenschaft:

$$\varrho_4 = \sum_{\nu=1}^{4} \eta_\nu^2, \qquad (\varrho_4, \mathfrak{l}^2) = \mathfrak{l}.$$

Nun sei τ eine ganze Zahl, die durch jeden etwaigen von $\mathfrak{l}$ verschiedenen Primteiler $\mathfrak{l}'$ von 2, aber nicht durch $\mathfrak{l}$ selbst teilbar ist; ferner soll im Nenner von $\tau\eta_1$ kein $\mathfrak{l}'$ aufgehen. Endlich werde eine ganze Zahl τ' so bestimmt, daß $\mathfrak{l} \mid \tau'$, $\mathfrak{l}' \nmid \tau'$ und $\tau\tau'\eta_1$ eine ganze Zahl ist. Setze ich dann

$$\varrho = (\eta_1\tau + \tau')^2 + \sum_{\nu=2}^{4} (\eta_\nu\tau)^2,$$

so ist $\varrho = \varrho_4\tau^2 + 2\tau\tau'\eta_1 + \tau'^2$ eine ganze Zahl und

$$\varrho \equiv \varrho_4\tau^2 \pmod{\mathfrak{l}^2}, \qquad \varrho \equiv \tau'^2 \not\equiv 0 \pmod{\mathfrak{l}'}, \qquad \text{also} \qquad (\varrho, 4) = \mathfrak{l};$$

ϱ erfüllt also die Forderungen des Hilfssatzes.

Hauptsatz (Satz 1). Jede total positive Zahl aus K läßt sich als Summe von vier Quadratzahlen aus K darstellen.

Beweis. Es sei ϑ irgendeine total positive Zahl $\neq 0$ aus K. Ich wähle eine ganze Zahl $\vartheta_1 \neq 0$ derart, daß $\vartheta\vartheta_1^2$ ganz ist, und setze $4\vartheta\vartheta_1^2 = \vartheta_2$; dann ist $\vartheta_2 \succ 0$. Die verschiedenen Primfaktoren $\mathfrak{l}, \mathfrak{l}', \ldots$ von 2 mögen in ϑ_2 genau in den Potenzen $\mathfrak{l}^c, \mathfrak{l}'^{c'}, \ldots$ auftreten. Hierbei sind wegen $4 \mid \vartheta_2$ die Exponenten $c, c', \ldots > 0$. Es mögen $\varrho, \varrho', \ldots$ die zu $\mathfrak{l}, \mathfrak{l}', \ldots$ gehörende Bedeutung des ϱ von Hilfssatz 4 haben. Dann läßt sich die

Zahl $\frac{\vartheta_2}{\varrho^{c-1}\varrho'^{c'-1}\ldots}$ in der Form $\frac{\vartheta_3}{\vartheta_4}$ schreiben, wo ϑ_3, ϑ_4 ganz sind, ϑ_4 zu 2 teilerfremd ist und ϑ_3 jedes der Primideale $\mathfrak{l}, \mathfrak{l}', \ldots$ in genau erster Potenz enthält. Nun setze ich

$$\vartheta_3 \vartheta_4 = \xi.$$

Dann ist $\xi \succ 0$, weil $\vartheta_2, \varrho, \varrho', \ldots$ sämtlich $\succ 0$ sind. Ferner ist $(\xi, 4) = \mathfrak{l}\mathfrak{l}'\ldots$; $-\xi$ ist also keine Quadratzahl, und jedes der Primideale $\mathfrak{l}, \mathfrak{l}', \ldots$ teilt nach Satz IV der Einleitung die Relativdiskriminante des relativquadratischen Körpers $K(\sqrt{-\xi})$. Folglich läßt sich nach Hilfssatz 3 die ganze Zahl ξ als Summe von drei Quadraten, also a fortiori als Summe von vier Quadraten darstellen. Nun ist aber

$$\vartheta = \frac{\xi}{(2\vartheta_1\vartheta_4)^2}\varrho^{c-1}\varrho'^{c'-1}\ldots;$$

und hierin sind nach Hilfssatz 4 die Zahlen $\varrho, \varrho', \ldots$ als Summen von vier Quadraten darstellbar. Nach der bekannten Identität von Lagrange läßt sich also auch das Produkt $\xi\varrho^{c-1}\varrho'^{c'-1}\ldots$ in vier Quadrate zerlegen, also auch die gegebene Zahl $\vartheta \neq 0$.

Für $\vartheta = 0$ aber ist der Satz trivial.

Anmerkungen. 1. In der Zerlegung $\vartheta = \sum_{\nu=1}^{4} \eta_\nu^2$ einer total positiven *ganzen* Zahl ϑ in vier Quadrate können die Basen η_ν nicht immer ganzzahlig gewählt werden. Liegt z. B. ein quadratischer Zahlkörper $K(\sqrt{m})$ mit quadratfreiem $m \equiv 3 \pmod 4$ vor, so hat bekanntlich jede ganze Zahl desselben die Form $\eta_\nu = a_\nu + b_\nu\sqrt{m}$ mit ganzen rationalen a_ν, b_ν; dann ist aber in $\sum_{\nu=1}^{4} \eta_\nu^2$ der Koeffizient von $\sqrt{m}$ durch 2 teilbar, was natürlich nicht für jedes ϑ der Fall ist. Es dürfte recht schwierig sein, zu entscheiden, ob in allen Zahlkörpern die bei der Zerlegung der total positiven Zahlen in vier Quadrate auftretenden Nenner oder auch nur deren Primidealteiler aus einem endlichen Wertevorrat gewählt werden können oder nicht (vgl. § 6).

2. Es gibt Körper, in denen jede Zahl in zwei Quadrate zerlegt werden kann; z. B. hat jeder Körper diese Eigenschaft, welcher $\sqrt{-1}$ enthält.

Hilfssatz 5. Es sei $\xi \succ 0$. Es sei m eine natürliche Zahl, a_1 und a_2 zwei rationale Zahlen, $0 \leqq a_1 < a_2$. Dann gibt es eine total positive Zahl α des Körpers K von ξ, so daß $a_1 \prec \alpha^m\xi \prec a_2$ [6]) ist.

---

[6]) Dies bedeutet: $a_2 - \alpha^m\xi \succ 0$, $\alpha^m\xi - a_1 \succ 0$.

Beweis. Es seien $K(\xi^{(1)}), \ldots, K(\xi^{(r)})$ sämtliche reellen konjugierten Körper ($r \geqq 1$, da sonst nichts zu beweisen wäre). Es gibt ein reellzahliges Polynom $P(x)$ vom Grade $\leqq r-1$, das für $x = \xi^{(\nu)}$ $(\nu = 1, \ldots, r)$ den Wert $\sqrt[m]{\frac{a_1 + a_2}{2\xi^{(\nu)}}}$ hat, wo die Wurzel positiv zu nehmen ist. Dann ist

$$P(\xi^{(\nu)})^m \xi^{(\nu)} = \frac{a_1 + a_2}{2},$$

also $< a_2$ und $> a_1$. Ich kann nun die Koeffizienten von $P(x)$ durch benachbarte rationale Zahlen ersetzen, so daß für ein so entstehendes rationalzahliges Polynom $R(x)$ auch noch

$$a_1 < R(\xi^{(\nu)})^m \xi^{(\nu)} < a_2, \qquad R(\xi^{(\nu)}) > 0 \qquad (\nu = 1, \ldots, r)$$

gilt; dann erfüllt $R(\xi) = \alpha$ die Forderung des Hilfssatzes.

Satz 2. Es sei m eine natürliche Zahl. Jede total positive Zahl eines algebraischen Zahlkörpers K läßt sich als Summe einer *festen* nur von m und nicht von K abhängigen Anzahl m-ter Potenzen von *total positiven* Zahlen des Körpers darstellen.

Beweis. Hilbert hat folgende Vermutung von Hurwitz bewiesen: Es seien m und r zwei natürliche Zahlen. Dann gibt es eine natürliche Zahl N, rationale Zahlen $a_{1\lambda}, \ldots, a_{r\lambda}$ $(\lambda = 1, \ldots, N)$ und positive rationale Zahlen $\varrho_1, \ldots, \varrho_N$, die nur von m und r abhängen, so daß identisch in $x_1, \ldots, x_r$ gilt

$$(23) \qquad (x_1^2 + \ldots + x_r^2)^m = \sum_{\lambda=1}^{N} \varrho_\lambda (a_{1\lambda} x_1 + \ldots + a_{r\lambda} x_r)^{2m} \text{ [7]}.$$

Hierin sei speziell $r = 5$. Man ersetze in (23) die Zahl m durch $m+1$ und differentiiere zweimal nach x_1; dann wird

$$(24) \qquad (x_1^2 + \ldots + x_5^2)^m + 2m x_1^2 (x_1^2 + \ldots + x_5^2)^{m-1} = \sum_{\lambda=1}^{N} (2m+1) \varrho_\lambda a_{1\lambda}^2 (a_{1\lambda} x_1 + \ldots + a_{5\lambda} x_5)^{2m}.$$

Nun führe man an Stelle der x neue vier Reihen von Variablen $x^{(\varkappa)}$ $(\varkappa = 1, \ldots, 4)$ ein, die der Bedingung

$$(25) \qquad x_1^{(\varkappa)2} + \ldots + x_5^{(\varkappa)2} = 1$$

genügen sollen. Dann liefert (24) durch Addition der vier entsprechenden Identitäten

$$2 + m \sum_{\varkappa=1}^{4} x_1^{(\varkappa)2} = \sum_{\varkappa=1}^{4} \sum_{\lambda=1}^{N} \frac{2m+1}{2} \varrho_\lambda a_{1\lambda}^2 (a_{1\lambda} x_1^{(\varkappa)} + \ldots + a_{5\lambda} x_5^{(\varkappa)})^{2m}.$$

[7]) Der einfachste elementare Beweis der Existenz einer solchen Identität findet sich in der unten zitierten Arbeit von Stridsberg.

Bedeutet q den Hauptnenner der N rationalen Zahlen $\frac{2m+1}{2}\varrho_\lambda a_{1\lambda}^2$, so ist $\frac{2m+1}{2}\varrho_\lambda a_{1\lambda}^2 q^{2m}$ ganz rational und $\geqq 0$. Folglich gilt

$$(26)\qquad 2+m\sum_{\varkappa=1}^{4} x_1^{(\varkappa)2}=\sum_{\nu=1}^{N'} X_\nu^{2m},$$

wo X_ν eine lineare rationalzahlige Funktion von $x_1^{(\varkappa)},\ldots,x_5^{(\varkappa)}$ $(\varkappa=1,\ldots,4)$ bedeutet und $N'=2(2m+1)Nq^{2m}\max\limits_{\lambda=1,\ldots,N}(\varrho_\lambda a_{1\lambda}^2)$ ist. N' hängt nur von m ab.

Nun sei ξ eine total positive Zahl aus K. Nach Hilfssatz 5 gibt es ein $\alpha \succ 0$, so daß $2 \prec \alpha^m\xi \prec 3$ ist; dann ist also die Zahl $\frac{\alpha^m\xi-2}{m}\succ 0$ und $\prec 1$. Da sie $\succ 0$ ist, so läßt sie nach dem Hauptsatz eine Zerlegung in vier Quadrate zu; es seien $x_1^{(\varkappa)}$ $(\varkappa=1,\ldots,4)$ die Basen dieser Quadrate:

$$(27)\qquad \frac{\alpha^m\xi-2}{m}=\sum_{\varkappa=1}^{4} x_1^{(\varkappa)2}.$$

Da sie $\prec 1$ ist, so ist jede der vier Zahlen $1-x_1^{(\varkappa)2}\succ 0$; es gibt daher nach dem Hauptsatz für jedes $\varkappa$ vier Zahlen $x_2^{(\varkappa)}, x_3^{(\varkappa)}, x_4^{(\varkappa)}, x_5^{(\varkappa)}$ des Körpers, welche (25) Genüge leisten. Aus (26) und (27) folgt aber

$$\xi=\sum_{\nu=1}^{N'}\left(\frac{X_\nu^2}{\alpha}\right)^m \quad\text{mit}\quad \frac{X_\nu^2}{\alpha}\succ 0,$$

q. e. d.

Anmerkungen. 1. Satz 2 ist für $m=2$ nicht im Hauptsatz enthalten, da dort die Basen der Quadrate nicht total positiv zu sein brauchen.

2. Daß die Hilbertsche Methode zur Lösung des Waringschen Problems, wie sie beim Beweise von Satz 2 benutzt wurde, sich abkürzen ließ, liegt natürlich daran, daß Ganzzahligkeit nicht gefordert wird. Aus demselben Grunde erklärt sich die sonderbare Tatsache, daß der Satz für $m=3$ ganz leicht und auf dem elementarsten Wege bewiesen werden kann. Nach Le Besgue gilt nämlich folgende Identität:

$$(28)\qquad p=\left(\frac{p}{6q^2}\right)^3\{(2-a)^3+a^3(b-1)^3+b^3(c-1)^3+c^3\},$$

wo $a=1+\frac{6q^3}{p}$, $b=2-\frac{3}{1+a^3}$, $c=2-\frac{3}{1+b^3}$ gesetzt ist. Hierin sind die Kuben positiv für $c>1$, $b>1$, $a<2$, und diese Bedingungen liefern sukzessive

$$(29)\qquad b>\sqrt[3]{2},\qquad a>\sqrt[3]{\frac{1+\sqrt[3]{2}}{2-\sqrt[3]{2}}},\qquad \sqrt[3]{\frac{1+\sqrt[3]{2}}{2-\sqrt[3]{2}}}<1+\frac{6q^3}{p}<2;$$

und in der letzten Ungleichung ist $\sqrt[3]{\frac{1+\sqrt[3]{2}}{2-\sqrt[3]{2}}} < 2$ [8]). Ist nun $p \neq 0$ eine total positive Zahl des Körpers K, so wähle man nach Hilfssatz 5 eine total positive Zahl q aus K derart, daß $r < q^3 \frac{6}{p} < 1$ ist, wo r einen echten rationalen Bruch $> \sqrt[3]{\frac{1+\sqrt[3]{2}}{2-\sqrt[3]{2}}} - 1$ bedeutet. Für dieses q gelten die Ungleichungen (29); und (28) liefert eine Zerlegung von p in vier total positive Kuben.

3. Landau hat auf elementare Art bewiesen, daß jede total positive Zahl als Summe von Quadratzahlen des Körpers dargestellt werden kann. Dies läßt sich für den Fall eines total reellen Körpers fast unmittelbar in Evidenz setzen. Ist nämlich ξ total reell und total positiv, so sind in der irreduziblen Gleichung für ξ

$$x^n - a_1 x^{n-1} + a_2 x^{n-2} - + \dots + (-1)^n a_n = 0$$

die rationalen Zahlen $a_1, \dots, a_n$ sämtlich > 0. Nun ist

$$\xi(a_{n-1} + a_{n-3}\xi^2 + \dots) = a_n + a_{n-2}\xi^2 + a_{n-4}\xi^4 + \dots;$$

oder, wenn $a_{n-1} + a_{n-3}\xi^2 + \dots = \nu$ gesetzt wird,

$$\xi = \frac{1}{\nu^2}(a_{n-1} + a_{n-3}\xi^2 + \dots)(a_n + a_{n-2}\xi^2 + \dots) = \frac{1}{\nu^2}(b_0 + b_1\xi^2 + b_2\xi^4 + \dots),$$

wo die Zahlen $b_0, b_1, b_2, \dots$ positiv rational sind. Ihre Anzahl ist, da $\xi^{2(n-1)}$ die höchste rechts auftretende Potenz von ξ^2 ist, genau n; jede von ihnen zerfällt nach dem Satz von Lagrange in vier Quadrate; folglich läßt sich ξ in $4n$ Quadrate zerlegen.

§ 4.

Aus dem Hauptsatz hat Hilbert gefolgert, daß jedes rationalzahlige positiv definite Polynom sich als Quotient von Quadratsummen rationalzahliger Polynome darstellen läßt; und Landau hat sogar gezeigt, daß man jedes solche Polynom als Summe von acht Quadraten rationalzahliger Polynome schreiben kann. Es ist leicht, diesen Satz auf trigonometrische Polynome zu übertragen.

---

[8]) Es ist $54 < 125$, $3\sqrt[3]{2} < 5$, $1+\sqrt[3]{2} < 8(2-\sqrt[3]{2})$, $\sqrt[3]{\frac{1+\sqrt[3]{2}}{2-\sqrt[3]{2}}} < 2$.

Satz 3. Es sei

$$f(\varphi)=\sum_{\nu=0}^{n} a_\nu \cos \nu\varphi + b_\nu \sin \nu\varphi$$

ein trigonometrisches Polynom mit rationalen Koeffizienten a_ν, b_ν. $f(\varphi)$ sei nicht-negativ definit, d. h. für alle reellen φ sei $f(\varphi)\geqq 0$. Dann gibt es eine Darstellung von $f(\varphi)$ als Summe von acht Quadraten rationalzahliger trigonometrischer Polynome in $\frac{\varphi}{2}$:

$$(30)\qquad f(\varphi)=\sum_{\lambda=1}^{8} g_\lambda\left(\frac{\varphi}{2}\right)^2, \qquad g_\lambda\left(\frac{\varphi}{2}\right)=\sum_{\nu=0}^{n} c_\nu^{(\lambda)} \cos \nu\frac{\varphi}{2} + d_\nu^{(\lambda)} \sin \nu\frac{\varphi}{2}.$$

Beweis. Ich setze $\operatorname{tg}\frac{\varphi}{2}=x$, dann ist $\cos\varphi=\frac{1-x^2}{1+x^2}$, $\sin\varphi=\frac{2x}{1+x^2}$, und $f(\varphi)(1+x^2)^n$ geht über in ein rationalzahliges Polynom vom Grade $2n$, das für keinen reellen Wert seiner Variablen x negativ ist. Nach dem erwähnten Landauschen Satze ist daher

$$f(\varphi)(1+x^2)^n=\sum_{\lambda=1}^{8} h_\lambda(x)^2,$$

wo $h_\lambda(x)$ ein rationalzahliges Polynom n-ten Grades in x bedeutet. Nun ist aber $\frac{1}{1+x^2}=\cos^2\frac{\varphi}{2}$, also $f(\varphi)=\sum_{\lambda=1}^{8}\left\{\cos^n\frac{\varphi}{2}\, h_\lambda\left(\operatorname{tg}\frac{\varphi}{2}\right)\right\}^2$. Die Funktion $\cos^n\frac{\varphi}{2}\, h_\lambda\left(\operatorname{tg}\frac{\varphi}{2}\right)$ ist ein homogenes Polynom n-ten Grades in $\cos\frac{\varphi}{2}$ und $\sin\frac{\varphi}{2}$, das die Form $g_\lambda\left(\frac{\varphi}{2}\right)$ aus (30) erhält, wenn jedes Produkt $\cos^\varkappa\frac{\varphi}{2}\sin^{n-\varkappa}\frac{\varphi}{2}$ $(\varkappa=0,\ldots,n)$ linear und rationalzahlig durch $\cos\nu\frac{\varphi}{2}$ und $\sin\nu\frac{\varphi}{2}$ $(\nu=0,\ldots,n)$ ausgedrückt wird, was bekanntlich möglich ist.

Nach den oben genannten Sätzen von Hilbert und Landau kann man jedes definite Polynom in eine solche Form setzen, daß seine charakteristische Eigenschaft ausgedrückt wird. Etwas Analoges läßt sich für Polynome bewirken, die für alle positiven Werte der Variablen selbst positiv sind.

Satz 4. Es sei $f(x)$ ein rationalzahliges Polynom n-ten Grades, das für alle positiven x selbst positiv ist. Dann gilt eine Darstellung

$$(31)\qquad f(x)=c\,\frac{\prod_{\nu=1}^{n_1}(x+q_\nu(x))}{\prod_{\nu=1}^{n_2}(x+q_\nu^*(x))},$$

wo c eine rationale Zahl > 0, $q_\nu(x)$ und $q_\nu^*(x)$ Summen von vier Quadraten rationalzahliger Polynome in x bedeuten. Deren Grade, sowie die Zahlen n_1 und n_2 hängen nur von n ab.

Beweis. Jeder irreduzible Faktor von $f(x)$ ist > 0 für $x > 0$; ferner hat das Produkt zweier Ausdrücke von der Form der rechten Seite von (31) wieder diese Form. Ich darf daher $f(x)$ als irreduzibel voraussetzen. Es sei $f(\xi) = 0$; dann ist nach Voraussetzung $-\xi$ total positiv. Nach dem Hauptsatze gibt es also vier rationalzahlige Polynome $g_\nu(x)$ ($\nu = 1, \ldots, 4$) vom Grade $n-1$, so daß $-\xi = \sum_{\nu=1}^{4} g_\nu(\xi)^2$ ist. Daraus folgt

$$x + \sum_{\nu=1}^{4} g_\nu(x)^2 = f(x) f_1(x), \tag{32}$$

wo $f_1(x)$ ein rationalzahliges Polynom ist, und zwar vom Grade $n-2$ für $n \geqq 2$, vom Grade 0 für $n = 1$. $f_1(x)$ hat also kleineren Grad als $f(x)$; ferner ist nach (32) $f_1(x) > 0$ für $x > 0$. Ist nun $f_1(x)$ nicht konstant, also $n > 2$, so wende man auf jeden der endlich vielen irreduziblen Faktoren von $f_1(x)$ dieselben Schlüsse an. So ergibt sich mit Rücksicht auf (32) nach endlich vielen Schritten für $f(x)$ ein Ausdruck der Form (31).

Für eine weitere Anwendung des Hauptsatzes gebrauche ich einen Hilfssatz, der an und für sich Interesse besitzt und mit gewissen Sätzen von Laguerre zusammenhängt. Ein Beweis desselben, der von E. Meißner gegeben worden ist, wird durch geometrische Betrachtungen erschwert; daher möchte ich ihn hier rein algebraisch beweisen[9]). Der Satz lautet:

Hilfssatz 6. Jedes reellzahlige Polynom $f(x)$, das für alle positiven x positiv ist, ist Quotient zweier positivzahliger[10]) Polynome.

Beweis. Es gilt eine Zerlegung

$$f(x) = a \prod_{\nu=1}^{r_1} (x - x_\nu) \prod_{\nu=1}^{r_2} \varphi_\nu(x);$$

hierin bedeutet a eine Zahl > 0, r_1 die Anzahl der reellen Wurzeln von $f(x)$, $x_1, \ldots, x_{r_1}$ diese Wurzeln selbst, $2r_2$ die Anzahl der imaginären Wurzeln von $f(x)$, $\varphi_\nu(x)$ ein reellzahliges definites quadratisches Polynom der Form $x^2 - \alpha_\nu x + \beta_\nu$. r_1 oder r_2 können auch 0 sein; dann fallen die entsprechenden Faktoren eben fort. Nach Voraussetzung ist $f(x) > 0$,

---

9) Der Satz ist in allgemeineren Resultaten von Curtiss oder Fekete und Pólya enthalten, deren Beweise jedoch schwieriger sind.

10) D. h. alle Koeffizienten sind $\geqq 0$.

also $\neq 0$, für $x > 0$; demnach sind die Zahlen $x_1, \ldots, x_{r_1} \leqq 0$. Daher ist $a \prod_{\nu=1}^{r_1} (x - x_\nu)$ ein positivzahliges Polynom. Nun ist das Produkt zweier positivzahliger Polynome wieder positivzahlig; der Satz braucht also nur für das definite Polynom $\varphi_\nu(x)$ bewiesen zu werden. Von den beiden reellen Zahlen $-\alpha_\nu$ und β_ν ist $\beta_\nu > 0$; ist auch $-\alpha_\nu > 0$ oder $= 0$, so ist $\varphi_\nu(x)$ selbst positivzahlig. Daher bleibt nur noch der Fall zu behandeln, daß $\alpha_\nu > 0$ ist. Es sei $\varphi_\nu(x) = \varphi(x)$, $\alpha_\nu = \alpha$, $\beta_\nu = \beta$.

Unter n verstehe ich eine später näher zu fixierende Zahl und setze

$$\psi(x) = (x^2 + \beta)^{2n} - (\alpha x)^{2n}.$$

Die Koeffizienten von $\psi(x)$ sind alle $\geqq 0$ mit etwaiger Ausnahme des Koeffizienten von x^{2n}, welcher den Wert $c_n = \binom{2n}{n}\beta^n - \alpha^{2n}$ besitzt. Da $\varphi(x)$ definit ist, so ist die Diskriminante $\alpha^2 - 4\beta < 0$, also die positive Zahl $q = \frac{\alpha^2}{4\beta} < 1$. Es gilt

$$\frac{\sqrt{n}\, c_n}{(4\beta)^n} = \frac{\sqrt{n}}{2^{2n}}\binom{2n}{n} - \sqrt{n}\, q^n; \tag{33}$$

da nun nach der Stirlingschen Formel

$$\frac{\sqrt{n}}{2^{2n}}\binom{2n}{n} = \frac{\sqrt{n}}{2^{2n}}\frac{(2n)!}{(n!)^2} \sim \frac{n^{\frac{1}{2}}}{2^{2n}}\frac{(2n)^{2n+\frac{1}{2}} e^{-2n}\sqrt{2\pi}}{(n^{n+\frac{1}{2}} e^{-n}\sqrt{2\pi})^2} = \frac{1}{\sqrt{\pi}}$$

ist und $\sqrt{n}\, q^n$ mit wachsendem n gegen 0 strebt, so läßt sich ein $n = n(q)$ derart wählen, daß die linke Seite von (33), also auch c_n, > 0 ist. Bei dieser Wahl von n ist das Polynom $\psi(x)$ positivzahlig. Dann ist

$$\varphi(x) = x^2 - \alpha x + \beta = \frac{(x^2+\beta)^{2n} - (\alpha x)^{2n}}{\sum_{\lambda=0}^{2n-1}(x^2+\beta)^{2n-1-\lambda}(\alpha x)^\lambda} = \frac{\psi(x)}{\chi(x)}$$

Quotient zweier positivzahliger Polynome $\psi(x)$ und $\chi(x)$.

Zusatz. Die Darstellung kann so gewählt werden, daß die Koeffizienten von Zähler und Nenner dem Körper der Koeffizienten von $f(x)$ angehören.

Beweis. Ohne Beschränkung der Allgemeinheit sei $f(x)$ nicht durch x teilbar. Es sei $f(x) = \frac{g_1(x)}{h_1(x)}$ eine Darstellung von $f(x)$ als Quotient positivzahliger Polynome. Ein etwaiger gemeinsamer Faktor x in g_1 und h_1 könnte fortdividiert werden, ohne die Art der Darstellung zu ändern; daher kann

$$g_1(x) = a + \ldots + b x^m$$

(nach steigenden Potenzen von x geordnet) mit $a > 0$, $b > 0$, $m \geqq 1$ angenommen werden. Ich setze nun

$$g_2(x) = (1 + x + \ldots + x^{m-1})\, g_1(x);$$

dann hat für *jedes* ν der Reihe $0, 1, \ldots, 2m-1$ der Koeffizient von x^ν in $g_2(x)$ einen *positiven* Wert. Da aber $g_2(x) = (1 + x + \ldots + x^{m-1})\, f(x)\, h_1(x)$ eine stetige Funktion der Koeffizienten von $h_1(x)$ ist, so kann man diese Koeffizienten durch benachbarte nicht negative *rationale* Zahlen derart ersetzen, daß, wenn auf diese Weise das Polynom $(1 + x + \ldots + x^{m-1})\, h_1(x)$ in $h(x)$ übergeht, die Koeffizienten von $h(x)\, f(x) = g(x)$ auch noch positiv sind. Nun ist $h(x)$ rationalzahlig; die Koeffizienten von $g(x)$ liegen daher im Körper der Koeffizienten von $f(x)$, und $f(x) = \frac{g(x)}{h(x)}$ ist die gesuchte Darstellung.

Satz 5. Eine total positive Zahl α erzeuge den algebraischen Zahlkörper K. Dann gibt es zu jeder total positiven Zahl $\xi \neq 0$ aus K zwei Polynome $g(x)$ und $h(x)$ mit *positiven* rationalen Koeffizienten, so daß

$$\xi = \frac{g(\alpha)}{h(\alpha)} \tag{34}$$

ist[11]).

Beweis. Nach dem Hauptsatze gibt es vier rationalzahlige Polynome $f_\nu(x)$ $(\nu = 1, \ldots, 4)$ derart, daß $\xi = \sum_{\nu=1}^{4} f_\nu(\alpha)^2$ ist; dabei darf angenommen werden, daß die Grade dieser Polynome kleiner als der Grad von K sind. Haben sie also einen gemeinsamen Teiler $x - \lambda$, so ist λ von den Konjugierten zu α verschieden. Die Bezeichnung sei so gewählt, daß $f_1(x)$ nicht identisch 0 ist; ferner sei $f(x) = 0$ die irreduzible Gleichung für α. Dann gibt es eine natürliche Zahl m, so daß $f_1(x)$ und $f_2(x) + m f(x)$ teilerfremd sind. Da nun $f_2(\alpha) + f(\alpha) = f_2(\alpha)$ ist, so darf man annehmen, daß $f_1(x), \ldots, f_4(x)$ teilerfremd sind, wenn man die Beschränkung über ihren Grad aufhebt. Dann ist das Polynom $\sum_{\nu=1}^{4} f_\nu(x)^2 = \varphi(x)$ positiv definit, also a fortiori > 0 für $x > 0$. Nach Hilfssatz 6 und Zusatz gibt es daher zwei Polynome $g(x)$ und $h(x)$ mit positiven rationalen Koeffizienten, so daß $\varphi(x) = \frac{g(x)}{h(x)}$ ist. Dabei darf ich $h(\alpha) \neq 0$ annehmen, da ich sonst nur die Koeffizienten von $g(x)$ und $h(x)$ durch benachbarte zu ersetzen brauche (vgl. die Überlegung beim Beweis des Zusatzes). Daher gilt (34).

---

[11]) Daß umgekehrt jede Zahl ξ der Form (34) > 0 ist, ist trivial.

Anmerkungen. 1. Beim Beweise von Satz 5 ist nirgends davon Gebrauch gemacht worden, daß α total positiv ist; der Satz gilt also für jedes algebraische α.

2. An Stelle des Hauptsatzes kann beim Beweise der oben (Satz 2, Anm. 3) erwähnte (elementar beweisbare) Landausche Satz über die Zerlegung total positiver Zahlen in Quadrate benutzt werden.

3. In (34) kann der Nenner $h(\alpha)$ nicht entbehrt werden. Ist z. B. α reell und eine der Konjugierten α' ebenfalls reell und $> \alpha$, so ist $g(\alpha') > g(\alpha)$ für jedes positivzahlige Polynom $g(x)$. Nun gibt es sicher Körperzahlen ξ mit $\xi' < \xi$, und ein solches ξ kann daher nicht die Form $g(\alpha)$ haben.

§ 5.

Es gibt Körper, in denen nicht *jede* total positive Zahl als Summe von *weniger* als vier Quadraten sich darstellen läßt; z. B. gilt dies für den Körper der rationalen Zahlen. Ich stelle im folgenden die notwendigen und hinreichenden Bedingungen dafür auf, daß eine total positive ganze Zahl ξ als Summe von zwei oder drei Quadraten dargestellt werden kann.

Satz 6. Eine total positive ganze Zahl ξ läßt sich dann und nur dann als Summe von zwei Quadratzahlen schreiben, wenn für alle Primideale $\mathfrak{w} \mid 2\xi$ das Symbol $\left(\frac{\xi, -1}{\mathfrak{w}}\right)$ den Wert $+1$ hat.

Beweis. Damit ξ Summe von zwei Quadraten ist, ist notwendig und hinreichend, daß die Diophantische Gleichung

$$\xi x^2 - y^2 = z^2 \tag{35}$$

im Körper von ξ lösbar ist (ohne daß x, y, z alle drei 0 sind). Ist nämlich dabei $x = 0$, so ist $-1 = i^2$ Quadratzahl des Körpers, und dann gilt $\xi = \left(\frac{\xi+1}{2}\right)^2 + \left(i\,\frac{\xi-1}{2}\right)^2$. (35) läßt sich aber nach Satz II der Einleitung dann und nur dann lösen, wenn für alle Primideale $\mathfrak{w} \mid 2\xi$ das Symbol $\left(\frac{\xi, -1}{\mathfrak{w}}\right) = +1$ ist; die Gleichung $\left(\frac{\xi, -1}{1^{(i)}}\right) = +1$ gilt nämlich für alle $\xi > 0$.

Satz 7. Eine total positive ganze Zahl ξ läßt sich dann und nur dann als Summe von drei Quadratzahlen schreiben, wenn für alle Primideale $\mathfrak{l} \mid 2$ die Gleichung $\left(\frac{x, -\xi}{\mathfrak{l}}\right) = \left(\frac{-1, -1}{\mathfrak{l}}\right)$ eine Lösung x hat.

Beweis. Damit ξ Summe von drei Quadraten ist, ist notwendig und hinreichend, daß die Diophantische Gleichung

$$\xi x_1^2 - y_1^2 - z_1^2 = t_1^2 \tag{36}$$

im Körper von ξ in nicht sämtlich verschwindenden ganzen Zahlen

x_1, y_1, z_1, t_1 lösbar ist. Ist nämlich dabei $x_1 = 0$, so ist -1 Summe von zwei Quadraten, und nach (20) jedes ξ des Körpers in drei Quadrate zerlegbar. Ist (36) lösbar, so kann dabei $t_1 \neq 0$ angenommen werden. Es bedeute f die in (36) links stehende ternäre Form und F ihre Adjungierte. Es sei $x \neq 0$ eine simultan mit t_1^2 durch F dargestellte Zahl. Dann gilt, da auch -1 und $+1$ durch f und F simultan darstellbar sind, nach dem Ergebnis von § 1 für alle $\mathfrak{w}$ (d. h. $\mathfrak{w} =$ Primideal und $\mathfrak{w} = 1^{(i)}$)

$$\left(\frac{-1, \xi}{\mathfrak{w}}\right) = \left(\frac{-x, -\xi t_1^2}{\mathfrak{w}}\right);$$

also

$$\left(\frac{-1, -1}{\mathfrak{w}}\right)\left(\frac{-1, -\xi}{\mathfrak{w}}\right) = \left(\frac{-x, t_1^2}{\mathfrak{w}}\right)\left(\frac{-x, -\xi}{\mathfrak{w}}\right), \qquad \left(\frac{x, -\xi}{\mathfrak{w}}\right) = \left(\frac{-1, -1}{\mathfrak{w}}\right),$$

und letztere Gleichung gilt speziell für $\mathfrak{w} = \mathfrak{l}$. Ist umgekehrt diese Gleichung für x lösbar, wenn $\mathfrak{w} = \mathfrak{l}$ ist, so ist sie für beliebiges $\mathfrak{w}$ lösbar da für alle Primideale $\mathfrak{w} \neq 2$ das Symbol $\left(\frac{-1, -1}{\mathfrak{w}}\right) = +1$ ist. Aus den Überlegungen von § 2 ergibt sich dann die Lösbarkeit von (36).

Anmerkungen. 1. Die Sätze 6 und 7 liefern natürlich für den Körper der rationalen Zahlen die bekannten Resultate:

Ist $\xi = n$ eine natürliche Zahl und geht die Primzahl $p \neq 2$ in n zu gerader Potenz auf, so ist $\left(\frac{n, -1}{p}\right) = +1$, geht sie in ungerader Potenz auf, so ist $\left(\frac{n, -1}{p}\right) = (-1)^{\frac{p-1}{2}}$; es ergibt sich also die Bedingung $p \equiv 1 \pmod 4$ für jede Primzahl p, die in n zu ungerader Potenz aufgeht. Ist diese Bedingung erfüllt, so ist n Summe von zwei Quadraten.

Ich setze $n = 2^r n' (2 \nmid n';\ r \geqq 0)$, $x = 2^s x' (2 \nmid x';\ s \geqq 0)$; dann ist

$$\left(\frac{x, -n}{2}\right) = \left(\frac{2^s x', -2^r n'}{2}\right) = \left(\frac{x', 2}{2}\right)^r \left(\frac{n', 2}{2}\right)^s \left(\frac{x', -n'}{2}\right)$$
$$= (-1)^{\frac{x'^2-1}{8} r + \frac{n'^2-1}{8} s + \frac{n'+1}{2} \frac{x'-1}{2}}.$$

Damit die rechte Seite den Wert $\left(\frac{-1, -1}{2}\right) = -1$ hat, muß der Exponent ungerade sein, also

$$\frac{x'^2-1}{8} r + \frac{n'^2-1}{8} s + \frac{n'+1}{2} \frac{x'-1}{2} \equiv 1 \pmod 2;$$

und diese Kongruenz läßt sich nur dann durch kein Zahlenpaar s, x' befriedigen, wenn r gerade, $\frac{n'^2-1}{8} \equiv \frac{n'+1}{2} \equiv 0 \pmod 2$, $n' \equiv 7 \pmod 8$ ist, also n von der Form $4^k(8m + 7)$ ist. In jedem anderen Fall ist daher n in drei Quadrate zerlegbar.

2. Von Interesse für die Darstellung definiter Polynome durch Quadrate ist der Fall $\xi = -1$ in einem total imaginären Körper. Nach Satz 7 lautet für dieses ξ die Bedingung für Darstellbarkeit durch drei Quadrate $\left(\frac{x, 1}{\mathfrak{l}}\right) = \left(\frac{-1, -1}{\mathfrak{l}}\right)$, also $\left(\frac{-1, -1}{\mathfrak{l}}\right) = +1$ für jedes $\mathfrak{l} \mid 2$. Dies ist aber nach Satz 6 die Bedingung für Darstellbarkeit durch zwei Quadrate. Läßt sich also -1 als Summe von drei Quadraten darstellen, so läßt es sich auch in zwei Quadrate zerlegen; und dies ist dann und nur dann der Fall, wenn die Kongruenz $1 + u^2 + v^2 \equiv 0 \pmod{8}$ im Körper lösbar ist. Dann ist aber nach (20) jede Zahl des Körpers in drei Quadrate zerlegbar. Damit also die Zahlen eines total imaginären Körpers sämtlich Summen von drei Quadraten sind, ist notwendig und hinreichend, daß die Zahl -1 Summe von zwei Quadraten ist, oder, anders ausgedrückt, daß die Gleichung $x^2 + y^2 + z^2 = 0$ eine von der trivialen verschiedene Lösung besitzt.

§ 6.

Wie ich bereits oben (Satz 1, Anm. 1) bemerkt habe, weiß man nichts über die Beschaffenheit der Nenner bei der Zerlegung einer ganzen total positiven Zahl in vier Quadrate. Auch die Landausche Methode zur Zerlegung in Quadrate überhaupt liefert darüber nichts. Ich behandle das Problem in diesem Schlußparagraphen mit vollkommen elementaren Mitteln, muß aber die wesentliche Einschränkung machen, daß der Körper *total reell* ist.

Satz 8. Es sei K ein total reeller Körper. Ich bezeichne seine total positiven Einheiten in irgendeiner Reihenfolge mit $\varepsilon_1, \varepsilon_2, \ldots$. Dann gibt es eine nur von K abhängige natürliche Zahl d derart, daß jede total positive ganze Zahl ξ des Körpers in der Form

$$\xi = \frac{x_1 \varepsilon_1 + x_2 \varepsilon_2 + \ldots}{d} \tag{37}$$

mit ganzen rationalen *nicht negativen* x_ν $(\nu = 1, 2, \ldots)$ darstellbar ist. $d\xi$ läßt sich also als Summe von total positiven Einheiten schreiben.

Beweis. Der Satz ist trivial für den Körper der rationalen Zahlen; der Grad von K sei also $n \geqq 2$. K ist total reell, besitzt also ein System von $n-1$ total positiven Grundeinheiten $\eta_1, \ldots, \eta_{n-1}$. Die $n-1$ linearen Gleichungen

$$\mu_1 \log \eta_1^{(\lambda)} + \ldots + \mu_{n-1} \log \eta_{n-1}^{(\lambda)} = \log \frac{\xi^{(\lambda)}}{\sqrt[n]{N\xi}} \text{ [12]} \qquad (\lambda = 1, \ldots, n-1) \tag{38}$$

---

[12]) Die Zeichen N und S bedeuten Norm und Spur.

sind eindeutig nach $\mu_1, \ldots, \mu_{n-1}$ auflösbar; und (38) gilt auch noch für $\lambda = n$. Ich setze $m_1 = [\mu_1], \ldots, m_{n-1} = [\mu_{n-1}]$, $H = \eta_1^{m_1} \ldots \eta_{n-1}^{m_{n-1}}$, $\frac{\xi}{H} = \xi_1$; dann ist die Einheit $H \succ 0$, also $\xi_1 \succ 0$, und $N\xi_1 = N\xi$. Der Wahl der Zahlen $m_1, \ldots, m_{n-1}$ zufolge gibt es mit Rücksicht auf (38) zwei positive rationale Zahlen a und A $(0 < a < 1 < A)$, die nur vom Körper abhängen, so daß die Ungleichung

(39) $$a\sqrt[n]{N\xi_1} < \xi_1^{(\lambda)} < A\sqrt[n]{N\xi_1}$$

für jedes $\lambda = 1, \ldots, n$ gilt. Ich unterscheide nun zwei Fälle:

1. $SH \geqq n\frac{A}{a}$ [12]. Dann setze ich
$$\xi_2 = \xi_1 - [a\sqrt[n]{N\xi_1}];$$
dies ist wegen (39) eine total positive ganze Zahl. Ferner ist nach (39)
$$a\sqrt[n]{N\xi_1} = \frac{a}{A}\cdot A\sqrt[n]{N\xi_1} > \frac{a}{An}S\xi_1,$$
(40) $$S\xi_2 \leqq S\xi_1 - n\left[\frac{a}{An}S\xi_1\right] < \left(1-\frac{a}{A}\right)S\xi_1 + n.$$
Aus der Ungleichung
$$S\xi = S(H\xi_1) > a\sqrt[n]{N\xi_1}\,SH \geqq nA\sqrt[n]{N\xi_1} \geqq S\xi_1$$
folgt dann mit (40)
$$S\xi_2 < \left(1-\frac{a}{A}\right)S\xi + n.$$

2. $SH < n\frac{A}{a}$. Dann ist a fortiori $H \prec n\frac{A}{a}$, und aus $NH = 1$ folgt $H \succ \frac{1}{\left(n\frac{A}{a}\right)^{n-1}}$. Nach (39) ist

(41) $$\frac{a\sqrt[n]{N\xi}}{\left(n\frac{A}{a}\right)^{n-1}} < \xi^{(\lambda)} < n\frac{A^2}{a}\sqrt[n]{N\xi}.$$

Ich setze in diesem Falle 2.
$$\xi_2 = \xi - \left[\frac{a^n}{(An)^{n-1}}\sqrt[n]{N\xi}\right];$$
dies ist wegen (41) eine total positive ganze Zahl. Ferner ist nach (41)
$$\frac{a^n}{(An)^{n-1}}\sqrt[n]{N\xi} = n\left(\frac{a}{An}\right)^{n+1}\cdot n\frac{A^2}{a}\sqrt[n]{N\xi} > \left(\frac{a}{An}\right)^{n+1}S\xi,$$
(42) $$S\xi_2 \leqq S\xi - n\left[\left(\frac{a}{An}\right)^{n+1}S\xi\right] < \left(1 - n\left(\frac{a}{An}\right)^{n+1}\right)S\xi + n.$$

Nun sei $q = n\left(\frac{a}{An}\right)^{n+1}$; dann ist $0 < q < \frac{a}{A} < 1$, und nach (40) und (42) in jedem der Fälle 1., 2.

(43) $$S\xi_2 < (1-q)S\xi + n, \qquad \xi_2 \succ 0 \text{ und ganz};$$

ferner ist

$$\xi = H\xi_1 = [a\sqrt[n]{N\xi}]\,H + \xi_2 H, \quad \text{resp.} \quad \xi = \left[\frac{a^n}{(An)^{n-1}}\sqrt[n]{N\xi}\right] + \xi_2.$$

Jetzt verfahre ich mit ξ_2 genau so wie vorhin mit ξ; es ergibt sich analog zu (43)

$$S\xi_4 < (1-q)S\xi_2 + n, \qquad \xi_4 \succ 0 \text{ und ganz,}$$

mit

$$\xi_2 = H_2\xi_3 = [a\sqrt[n]{N\xi_2}]\,H_2 + \xi_4 H_2, \quad \text{resp.} \quad \xi_2 = \left[\frac{a^n}{(An)^{n-1}}\sqrt[n]{N\xi_2}\right] + \xi_4;$$

und ebenso erhält man allgemein für $k = 1, 2, 3, \ldots$, wenn $H_0 = H$, $\xi_0 = \xi$ gesetzt wird,

(44) $$S\xi_{2k} < (1-q)\,S\xi_{2k-2} + n, \qquad \xi_{2k} \succ 0 \text{ und ganz,}$$

(45) $$\xi_{2k-2} = H_{2k-2}\xi_{2k-1} = [a\sqrt[n]{N\xi_{2k-2}}]\,H_{2k-2} + \xi_{2k}H_{2k-2},$$

$$\text{resp.} \quad \xi_{2k-2} = \left[\frac{a^n}{(An)^{n-1}}\sqrt[n]{N\xi_{2k-2}}\right] + \xi_{2k},$$

wobei ξ_{2k-2}, ξ_{2k-1}, ξ_{2k}, H_{2k-2} den Zahlen ξ, ξ_1, ξ_2, H entsprechen.

Ist nun bereits $S\xi < \frac{2n}{q}$, so wende man das eben geschilderte Verfahren überhaupt nicht an. Ist aber $S\xi \geqq \frac{2n}{q}$, so ist nach (44)

$$S\xi_2 < (1-q)S\xi + \tfrac{q}{2}S\xi = \left(1-\tfrac{q}{2}\right)S\xi < S\xi.$$

Ist auch noch $S\xi_2 \geqq \frac{2n}{q}$, so ist ebenso

$$S\xi_4 < \left(1-\tfrac{q}{2}\right)S\xi_2 < \left(1-\tfrac{q}{2}\right)^2 S\xi;$$

allgemein folgt also aus $S\xi_{2k-2} \geqq \frac{2n}{q}$ nach (44) die Ungleichung

$$S\xi_{2k} < \left(1-\tfrac{q}{2}\right)^k S\xi.$$

Da nun $\left(1-\frac{q}{2}\right)^k$ mit wachsendem k gegen 0 strebt, so gibt es ein k der Reihe 0, 1, 2, ... derart, daß $S\xi_{2k} < \frac{2n}{q}$ ist. Dann gehört aber die total positive ganze Zahl ξ_{2k} einem *endlichen* Wertevorrat an; und ferner gilt wegen (45) eine Zerlegung

(46) $$\xi = a_1E_1 + \ldots + a_kE_k + \xi_{2k}E,$$

wo $E_1, \ldots, E_k, E$ total positive Einheiten und $a_1, \ldots, a_k$ *nicht negative* ganze rationale Zahlen bedeuten.

Ich brauche also den Satz nur für die endlich vielen total positiven ganzen Zahlen ζ mit $S\zeta < \frac{2n}{q}$ zu beweisen. Nun sei $Q = Q(\zeta)$ die natürliche Zahl

$$Q = \left[n! \left(\frac{A}{a}\right)^{n-1} \frac{S\zeta}{\min(\zeta^{(1)}, \ldots, \zeta^{(n)})} \right] > n! \left(\frac{A}{a}\right)^{n-1}, \tag{47}$$

mit den Zahlen a und A aus (39). Für jedes $\lambda = 1, \ldots, n$ gibt es eine total positive Einheit ε_λ derart, daß $\varepsilon_\lambda^{(\varkappa)} < 1$ für $\varkappa \neq \lambda$, aber $Q < \varepsilon_\lambda^{(\lambda)} < \frac{A}{a} Q$ ist. In der Determinante $|\varepsilon_\lambda^{(\varkappa)}|$ $(\varkappa = 1, \ldots, n;\ \lambda = 1, \ldots, n)$ sind also die Elemente der Hauptdiagonale zwischen Q und $\frac{A}{a} Q$ gelegen, alle andern aber zwischen 0 und 1. Daher ist nach (47)

$$|\varepsilon_\lambda^{(\varkappa)}| > Q^n - (n! - 1)\left(\frac{A}{a} Q\right)^{n-1} > Q^{n-1}\left\{Q - n!\left(\frac{A}{a}\right)^{n-1}\right\} > 0.$$

Bedeutet ferner $E_{\varkappa\lambda}$ die Unterdeterminante von $\varepsilon_\lambda^{(\varkappa)}$, so ist

$$E_{\varkappa\varkappa} > Q^{n-1} - ((n-1)! - 1)\left(\frac{A}{a} Q\right)^{n-2},$$

$$E_{\varkappa\lambda} > -(n-1)!\left(\frac{A}{a} Q\right)^{n-2}.$$

Ich setze nun

$$\zeta^{(\varkappa)} = \sum_{\lambda=1}^{n} z_\lambda \varepsilon_\lambda^{(\varkappa)} \qquad (\varkappa = 1, \ldots, n);$$

dann ist

$$|\varepsilon_\lambda^{(\varkappa)}|\, z_\lambda = \sum_{\varkappa=1}^{n} E_{\varkappa\lambda} \zeta^{(\varkappa)} > Q^{n-1}\zeta^{(\lambda)} - (n-1)!\left(\frac{A}{a} Q\right)^{n-2} S\zeta$$
$$= Q^{n-2}\zeta^{(\lambda)}\left\{Q - (n-1)!\left(\frac{A}{a}\right)^{n-2} \frac{S\zeta}{\zeta^{(\lambda)}}\right\},$$

also nach (47) $z_\lambda > 0$. Außerdem sind die z_λ rational. Folglich gibt es *natürliche* Zahlen $y_1, \ldots, y_n, d$, so daß $\zeta = \frac{y_1 \varepsilon_1 + \cdots + y_n \varepsilon_n}{d}$ ist; und da nur endlich viele ζ in Frage kommen, läßt sich für alle dasselbe d wählen. Dann ist zugleich für jedes total positive ganze ξ die Zahl $d\xi$ nach (46) als Summe von total positiven Einheiten darstellbar.

Anmerkung. Auf der rechten Seite von (37) sind wegen $dS\xi = \Sigma x_\nu S\varepsilon_\nu \geqq n\Sigma x_\nu$ höchstens $\left[\frac{dS\xi}{n}\right]$ von den x_ν von 0 verschieden. Da es (für $n > 1$) beliebig kleine ganze total reelle total positive Zahlen gibt, kann offenbar keine endliche Basis der Form (37) existieren.

Satz 9. Es sei K ein total reeller algebraischer Zahlkörper. Es gibt eine nur von K abhängige natürliche Zahl t derart, daß jede ganze total positive Zahl ξ des Körpers K in der Form

$$\xi = \left(\frac{\vartheta_1}{t}\right)^2 + \left(\frac{\vartheta_2}{t}\right)^2 + \dots \tag{48}$$

mit *ganzen* $\vartheta_1, \vartheta_2, \dots$ aus K dargestellt werden kann.

Beweis. Nach Satz 8 gibt es ein natürliches $d = d(K)$ und gewisse total positive Einheiten $E_1, E_2, \dots$ (unter denen auch gleiche vorkommen können), so daß

$$\xi = \frac{E_1}{d^2} + \frac{E_2}{d^2} + \dots$$

ist. Jede Einheit E kann nun in die Form $E_0 \bar{E}^2$ gesetzt werden, wo E_0 eine Einheitswurzel oder das Produkt aus einer Einheitswurzel mit einer oder mehreren *verschiedenen Grund*einheiten bedeutet und, wie auch $\bar{E}$, in K liegt. E_0 gehört also einem endlichen Wertevorrat an. Ist $E \succ 0$, so ist auch $E_0 \succ 0$. Dann läßt sich, wie in der Anmerkung 3 zu Satz 2 elementar bewiesen wurde, E_0 im Körper K in Quadrate zerlegen. Für jede der endlich vielen Möglichkeiten für E_0 denke ich mir eine solche Zerlegung gebildet; darauf wähle ich eine natürliche Zahl d', die durch jeden Nenner der hierbei auftretenden endlich vielen Quadratbasen teilbar ist. Dann lassen sich also die Zahlen $d'^2 E_0$ als Summen von ganzzahligen Quadraten darstellen, und das gleiche gilt von $d'^2 E = (d' \bar{E})^2 E_0$. Ich nehme jetzt für E speziell die total positiven Einheiten $E_1, E_2, \dots$ und erhalte eine Darstellung von $(dd')^2 \xi$ als Summe von *ganzen* Quadratzahlen aus K, so daß die Konstante t des Satzes $= dd'$ gewählt werden kann.

Anmerkung. Für die Anzahl der Summanden auf der rechten Seite von (48) ergibt sich auf diesem Wege keine von ξ oder gar von K freie Schranke. Aus (48) läßt sich nur entnehmen, daß diese Anzahl $\leqq \left[\frac{t^2 S \xi}{n}\right]$ ist, wo n den Grad von K bedeutet.

Literaturverzeichnis[13]).

Curtiss, D. R., The degree of a Cartesian multiplier. Bulletin of the American Mathematical Society, Ser. 2, **20** (1913), S. 19–26.

— An extension of Descartes' rule of signs. Mathematische Annalen **73** (1913), S. 424–435.

[13]) Während der Korrektur erschien die Arbeit: L. J. Mordell, On the representation of algebraic numbers as a sum of four squares. Proceedings of the Cambridge Philosophical Society, vol. XX (1921), S. 250–256. Hierin wird der Hilbertsche Satz für kubische Zahlkörper bewiesen.

Fekete, M., und Pólya, G., Über ein Problem von Laguerre. Rendiconti del Circolo Matematico di Palermo **34** (1912), S. 89–120.

Fujiwara, M., Über die Darstellung binärer Formen als Potenzsummen. The science reports of the Tôhoku Imperial University **2** (1913), S. 55–62.

Hilbert, D., Grundlagen der Geometrie. 1. Aufl. enthalten in: Festschrift zur Feier der Enthüllung des Gauß-Weber-Denkmals in Göttingen. Leipzig (B. G. Teubner), 1899, S. 80–85; 2. Aufl. 1903, S. 78–79; 3. Aufl. 1909, S. 113–115; 4. Aufl. 1913, S. 104–107.

— The Foundations of Geometry. Authorized Translation by E. J. Townsend. Chicago (The Open Court Publishing Company), 1902, S. 116–121.

— Beweis für die Darstellbarkeit der ganzen Zahlen durch eine feste Anzahl n-ter Potenzen (Waringsches Problem). Mathematische Annalen **67** (1909), S. 281–300.

Landau, E., Über die Darstellung definiter binärer Formen durch Quadrate. Mathematische Annalen **57** (1903), S. 53–64.

— Über die Darstellung definiter Funktionen durch Quadrate. Mathematische Annalen **62** (1906), S. 272–285.

— Über die Zerlegung total positiver Zahlen in Quadrate. Nachrichten von der Königlichen Gesellschaft der Wissenschaften zu Göttingen, mathematisch-physikalische Klasse, Jahrgang 1919, S. 392–396.

Le Besgue, V. A., Exercices d'analyse numérique. Paris (Leiber et Faraguet), 1859, S. 147–151.

Meißner, E., Über positive Darstellungen von Polynomen. Mathematische Annalen **70** (1911), S. 223–235.

Meißner, O., Über die Darstellung der Zahlen einiger algebraischer Zahlkörper als Summen von Quadratzahlen des Körpers. Archiv der Mathematik und Physik, 3. Reihe, **7** (1904), S. 266–268.

— Über die Darstellbarkeit der Zahlen quadratischer und kubischer Zahlkörper als Quadratsummen. Archiv der Mathematik und Physik, 3. Reihe, **9** (1905), S. 202–203.

Stridsberg, E., Några elementära undersökningar rörande fakulteter och deras aritmetiska egenskaper. Arkiv för Matematik, Astronomi och Fysik **11** (1916/1917), Nr. 25, 52 S.

Göttingen, 27. September 1920.

(Eingegangen am 28. September 1920.)

4.

Über Näherungswerte algebraischer Zahlen

Mathematische Annalen 84 (1921), 80—99

In meiner Dissertation[1]) bewies ich als Spezialfall allgemeinerer Sätze: Für jede algebraische Zahl ξ vom Grade $n \geqq 2$ hat die Ungleichung

$$\left|\xi - \frac{p}{q}\right| \leqq \frac{1}{q^{2\sqrt{n}}} \qquad (q > 0)$$

nur endlich viele Lösungen in ganzen rationalen Zahlen p, q.

In der vorliegenden Arbeit verallgemeinere ich meine früheren Überlegungen und gelange u. a. zu folgendem

Satz. Es seien $\frac{p_1}{q_1}, \frac{p_2}{q_2}, \ldots$ die Näherungsbrüche bei der Entwicklung einer reellen algebraischen Zahl ξ vom Grade $n \geqq 2$ in einen regelmäßigen Kettenbruch. Dann gibt es unter diesen Näherungsbrüchen eine unendliche Teilfolge $\frac{p_{m_1}}{q_{m_1}}, \frac{p_{m_2}}{q_{m_2}}, \ldots$, für welche die Ungleichung

$$\left|\xi - \frac{p_{m_\nu}}{q_{m_\nu}}\right| > \frac{1}{q_{m_\nu}^{\alpha}} \qquad (\nu = 1, 2, \ldots)$$

mit $\alpha = e\left(\log n + \frac{1}{2\log n}\right)$ gilt.

Im folgenden bedeutet Ω den Körper der rationalen Zahlen. ξ sei eine ganze algebraische Zahl vom Grade $n \geqq 2$; K_0 sei ein algebraischer Zahlkörper des Grades n_0, in bezug auf welchen die Zahl ξ den Grad $d \geqq 2$ besitzt; der Körper $K_0(\xi) = K$ hat dann den Grad $dn_0 \geqq n$. Ist α irgendeine algebraische Zahl und

$$a_0 x^m + a_1 x^{m-1} + \ldots + a_m = 0 \qquad (a_0 > 0)$$

die in Ω irreduzible Gleichung für α, deren Koeffizienten teilerfremde ganze Zahlen sind, so verstehe ich unter „Höhe von α" die größte der $m+1$ Zahlen $|a_0|, \ldots |a_m|$ und bezeichne sie mit $H(\alpha)$. Ist P ein Polynom

---

[1]) Approximation algebraischer Zahlen (Göttingen 1920); (Mathematische Zeitschrift 10 (1921)). Dort findet sich ausführliche Angabe der Literatur.

mit algebraischen Koeffizienten, so bedeutet das Zeichen $\lceil P \rceil$ das Maximum der absoluten Beträge dieser Koeffizienten und ihrer in bezug auf Ω Konjugierten. Dieses Zeichen benutze ich auch, wenn sich P auf eine Konstante reduziert.

Von den Resultaten und Hilfssätzen meiner früheren Arbeit wird nichts vorausgesetzt, sondern alles, soweit es gebraucht wird, neu entwickelt.

§ 1.

Hilfssatz 1. Es seien $r_1, r_2, \ldots, r_k$ und $m_1, m_2, \ldots, m_k$ $2k$ natürliche Zahlen ($k \geqq 2$); es sei $r_1 \geqq r_2 \geqq \ldots \geqq r_k$ und

$$\prod_{\nu=1}^{k} \left(\frac{m_\nu + 1}{r_\nu} + 1\right) - d = \vartheta > 0. \tag{1}$$

Dann gibt es

1. k Polynome $F^{(\nu)}(x_1, \ldots, x_k)$ $(\nu = 1, \ldots, k)$ vom Grade[2]) m_ν in x_ν, $m_\lambda + r_\lambda$ in x_λ $(\lambda \neq \nu)$, mit ganzen Koeffizienten aus K,

2. ein nicht identisch verschwindendes Polynom $R(x_1, \ldots, x_k)$ mit ganzen Koeffizienten aus K_0,

3. eine natürliche Zahl c_1, die nur von k, ξ, ϑ abhängt[3]),

mit folgenden Eigenschaften:

I. Es gilt identisch in $x_1, \ldots x_k$

$$\sum_{\nu=1}^{k} (x_\nu - \xi)^{r_\nu} F^{(\nu)}(x_1, \ldots, x_k) = R(x_1, \ldots, x_k); \tag{2}$$

II. es ist, wenn $\max(r_1, \ldots, r_k) = r_1 = r$ gesetzt wird,

$$\lceil F^{(\nu)} \rceil < c_1^r \quad \text{für} \quad \nu = 1, \ldots, k, \quad \lceil R \rceil < c_1^r. \tag{3}$$

Beweis. Es sei a eine natürliche Zahl und N die Anzahl[4]) der Polynome $P(x_1, \ldots x_k)$ vom Grade $m_\nu + r_\nu$ in x_ν $(\nu = 1, \ldots k)$ mit ganzen Koeffizienten aus K_0, die der Bedingung $\lceil P \rceil \leqq a$ genügen. In $P(x_1, \ldots, x_k)$ treten $\prod_{\nu=1}^{k} (m_\nu + r_\nu + 1)$ Koeffizienten auf. Ist $\omega_1, \ldots, \omega_{n_0}$ eine Basis von K_0, so ist $\alpha = t_1 \omega_1 + \ldots + t_{n_0} \omega_{n_0}$ als Koeffizient von P sicher zulässig,

---

[2]) Grad bedeutet bei Polynomen nicht den „genauen" Grad.

[3]) Die gleiche Bedeutung haben weiterhin $c_2, c_3, \ldots$.

[4]) Das ist natürlich eine endliche Zahl.

wenn $|t_\nu| \leqq \frac{a}{c_2}$ $(\nu = 1, \ldots, n_0)$ ist. Solcher Zahlen α gibt es genau $\left(2\left[\frac{a}{c_2}\right]+1\right)^{n_0} \geqq \left(\frac{a}{c_3}\right)^{n_0}$; folglich ist

$$(4) \qquad N \geqq \left(\frac{a}{c_3}\right)^{n_0 \prod\limits_{\nu=1}^{k}(m_\nu + r_\nu + 1)}.$$

Für $\lambda_\nu = 0, \ldots, r_\nu - 1$ $(\nu = 1, \ldots, k)$ sei

$$(5) \qquad \frac{\partial^{\lambda_1 + \cdots + \lambda_k} P(x_1, \ldots, x_k)}{\lambda_1! \ldots \lambda_k!\, \partial x_1^{\lambda_1} \ldots \partial x_k^{\lambda_k}} = P_{\lambda_1 \ldots \lambda_k}(x_1, \ldots, x_k);$$

dann ist

$$\overline{\left|P_{\lambda_1 \ldots \lambda_k}(x_1, \ldots, x_k)\right|} \leqq \prod_{\nu=1}^{k} \binom{m_\nu + r_\nu}{\lambda_\nu} a < 2^{\sum\limits_{\nu=1}^{k}(m_\nu + r_\nu)} a,$$

$$\overline{\left|P_{\lambda_1 \ldots \lambda_k}(\xi, \ldots, \xi)\right|} < 2^{\sum\limits_{\nu=1}^{k}(m_\nu + r_\nu)} a \prod_{\nu=1}^{k}(1 + c_4 + \cdots + c_4^{m_\nu + r_\nu});$$

also, da nach (1) für $\nu = 1, \ldots, k$

$$(6) \qquad m_\nu + r_\nu < m_\nu + r_\nu + 1 < r_\nu(d + \vartheta) \leqq r(d + \vartheta)$$

ist,

$$(7) \qquad \overline{\left|P_{\lambda_1 \ldots \lambda_k}(\xi, \ldots, \xi)\right|} < c_5^r a = t.$$

Für $\lambda_1, \ldots \lambda_k$ sind genau $r_1 r_2 \ldots r_k$ Kombinationen möglich. Ist β eine der $r_1 \ldots r_k$ Zahlen $P_{\lambda_1 \ldots \lambda_k}(\xi, \ldots, \xi)$ (bei festem $P(x_1, \ldots, x_k)$), und setzt man

$$\beta_\varkappa = \beta^{(\varkappa)} \text{ für die reellen Konjugierten von } \beta \quad (\varkappa = 1, \ldots, n_1),$$

$$\beta_\varkappa + i\beta_{\varkappa + n_2} = \beta^{(\varkappa)} \text{ für die nicht reellen Konjugierten}$$
$$(\varkappa = n_1 + 1, \ldots, n_1 + n_2),$$

so entsprechen jedem β genau $n_1 + 2n_2 = dn_0$ reelle Zahlen $\beta_1, \ldots, \beta_n$, also jedem $P(x_1, \ldots, x_k)$

$$(8) \qquad w = dn_0 r_1 \ldots r_k$$

reelle Zahlen, d. h. ein Punkt eines w-dimensionalen Raumes. Dieser Punkt liegt wegen (7) in einem festen Würfel von der Kantenlänge $2t$. Jede Kante zerlege ich in $3t$ gleiche Teile. Dadurch zerfällt der Würfel in $(3t)^w$ kongruente Teilwürfel von der Kantenlänge $\frac{2}{3}$. Ist nun

$$(9) \qquad N > (3t)^w,$$

so sind zwei Polynomen P^* und P^{**} zwei Punkte zugewiesen, die in demselben Teilwürfel liegen; und daher ist

$$\overline{\left|\beta^* - \beta^{**}\right|} \leqq \frac{2}{3}|1 + i| = \frac{2\sqrt{2}}{3} < 1$$

für jedes $\beta = P_{\lambda_1 \dots \lambda_k}(\xi, \dots, \xi)$. Sämtliche Konjugierten der ganzen Zahl $\beta^* - \beta^{**}$ sind also absolut < 1, also auch ihre Norm. Folglich ist $\beta^* = \beta^{**}$, d. h.

$$P^*_{\lambda_1 \dots \lambda_k}(\xi, \dots, \xi) = P^{**}_{\lambda_1 \dots \lambda_k}(\xi, \dots, \xi) \quad (\lambda_\nu = 0, \dots, r_\nu - 1 \text{ für } \nu = 1, \dots, k).$$

Die Bezeichnung (5) werde auch für $\lambda_\nu \geqq r_\nu$ beibehalten; dann ist identisch

$$P^*(x_1, \dots, x_k) = \sum_{\lambda_1=0}^{m_1+r_1} \dots \sum_{\lambda_k=0}^{m_k+r_k} P^*_{\lambda_1 \dots \lambda_k}(\xi, \dots, \xi)(x_1 - \xi)^{\lambda_1} \dots (x_k - \xi)^{\lambda_k},$$

und eine analoge Gleichung gilt für P^{**}. Ich setze nun

$$(10) \qquad P^* - P^{**} = R(x_1, \dots, x_k),$$

$$(11) \quad \Sigma^{(\nu)} \{P^*_{\lambda_1 \dots \lambda_k}(\xi, \dots, \xi) - P^{**}_{\lambda_1 \dots \lambda_k}(\xi, \dots, \xi)\}(x_1 - \xi)^{\lambda_1} \dots (x_k - \xi)^{\lambda_k} = (x_\nu - \xi)^{r_\nu} F^{(\nu)}(x_1, \dots, x_k)$$

für $\nu = 1, \dots, k$, wobei in $\Sigma^{(\nu)}$ der Summationsbuchstabe λ_ν die Werte $r_\nu, r_\nu + 1, \dots, m_\nu + r_\nu$, dagegen λ_ϱ $(\varrho \neq \nu)$ für $\varrho < \nu$ die Werte $0, 1, \dots, r_\varrho - 1$, für $\varrho > \nu$ die Werte $0, 1, \dots, m_\varrho + r_\varrho$ durchläuft. Dann ist $F^{(\nu)}$ ein Polynom und (2) erfüllt.

Es ist nun noch zu zeigen, daß auch (9) durch geeignete Wahl von a erfüllt werden kann. Wegen (4), (7), (8) reicht es hin, daß

$$\left(\frac{a}{c_3}\right)^{n_0 \prod_{\nu=1}^{k} (m_\nu + r_\nu + 1)} > (3 c_5^r a)^{d n_0 r_1 \dots r_k}$$

gilt, d. h. mit Rücksicht auf (1) ist

$$a^\vartheta > c_3^{d+\vartheta} 3^d c_5^{dr}$$

hinreichend. Dies leistet aber sicher ein

$$(12) \qquad a = c_6^r.$$

Nach (10) ist nun

$$\overline{|R|} \leqq 2a < (3 c_6)^r;$$

ferner ist für $\lambda = 1, 2, \dots$

$$\overline{|(x - \xi)^\lambda|} < c_7^\lambda,$$

also nach (11) mit Rücksicht auf Ungleichung (7), die offenbar für alle $\lambda_1, \dots, \lambda_k \geqq 0$ gilt,

$$\overline{|F^{(\nu)}(x_1, \dots, x_k)|} < 2 \prod_{\nu=1}^{k} (m_\nu + r_\nu + 1) c_5^r a\, c_7^{\sum_{\nu=1}^{k} (m_\nu + r_\nu)} \qquad (\nu = 1, \dots, k),$$

also nach (6) und (12)

$$\overline{|F^{(\nu)}|} < c_8^r.$$

Wird noch $c_1 = \max(3c_6, c_8)$ gesetzt, so ist alles bewiesen[5]).

Fortan setze ich für $0 \leqq \varrho_\nu \leqq r_\nu$

$$(13)\quad F^{(\nu)}_{\varrho_1\ldots\varrho_k}(x_1,\ldots,x_k) = \sum_{\lambda_\nu=0}^{\varrho_\nu} \binom{r_\nu}{\varrho_\nu - \lambda_\nu}(x_\nu - \xi)^{\lambda_\nu} \frac{\partial^{\varrho_1+\cdots+\lambda_\nu+\cdots+\varrho_k} F^{(\nu)}(x_1,\ldots,x_k)}{\varrho_1!\ldots\lambda_\nu!\ldots\varrho_k!\,\partial x_1^{\varrho_1}\ldots\partial x_\nu^{\lambda_\nu}\ldots\partial x_k^{\varrho_k}},$$

$$(14)\quad R_{\varrho_1\ldots\varrho_k}(x_1,\ldots,x_k) = \frac{\partial^{\varrho_1+\cdots+\varrho_k} R(x_1,\ldots,x_k)}{\varrho_1!\ldots\varrho_k!\,\partial x_1^{\varrho_1}\ldots\partial x_k^{\varrho_k}},$$

wo $F^{(\nu)}$ und R die in Hilfssatz 1 bestimmten Polynome bedeuten.

Hilfssatz 2. Es gilt identisch in $x_1,\ldots,x_k$

$$(15)\quad \sum_{\nu=1}^{k}(x_\nu - \xi)^{r_\nu - \varrho_\nu} F^{(\nu)}_{\varrho_1\ldots\varrho_k}(x_1,\ldots,x_k) = R_{\varrho_1\ldots\varrho_k}(x_1,\ldots,x_k);$$

es ist für $\nu = 1,\ldots,k$

$$(16)\quad |F^{(\nu)}_{\varrho_1\ldots\varrho_k}(x_1,\ldots,x_k)| < c_9^r \prod_{\mu=1}^{k}(1+|x_\mu|)^{m_\mu+r_\mu};$$

es ist

$$(17)\quad |R_{\varrho_1\ldots\varrho_k}(x_1,\ldots,x_k)| < c_{10}^r \prod_{\mu=1}^{k}(1+|x_\mu|)^{m_\mu+r_\mu}.$$

Dieselben Abschätzungen gelten für die Polynome mit konjugierten Koeffizienten.

Beweis. (15) ergibt sich, wenn auf (2) die Operation

$$\frac{\partial^{\varrho_1+\cdots+\varrho_k}}{\varrho_1!\ldots\varrho_k!\,\partial x_1^{\varrho_1}\ldots\partial x_k^{\varrho_k}}$$

---

[5]) Die Bedeutung des Hilfssatzes 1 liegt in der Abschätzung (3). Der erste Teil (Formel (2)) ist fast trivial: Man betrachte irgendein Polynom $R(x_1,\ldots,x_k)$ vom Grade $m_\nu + r_\nu$ in x_ν $(\nu = 1,\ldots,k)$ mit ganzen Koeffizienten aus K_0 und unterwerfe dieselben den Bedingungen

$$(18)\quad \left(\frac{\partial^{\lambda_1+\cdots+\lambda_k} R(x_1,\ldots,x_k)}{\partial x_1^{\lambda_1}\ldots\partial x_k^{\lambda_k}}\right)_{x_1=\xi,\ldots,x_k=\xi} = 0 \quad (\lambda_\nu = 0,\ldots,r_\nu - 1 \text{ für } \nu = 1,\ldots,k).$$

Zugleich mit der links stehenden Zahl verschwinden die d in bezug auf K_0 konjugierten Zahlen; und man erhält für die $\prod_{\nu=1}^{k}(m_\nu + r_\nu + 1)$ unbekannten Koeffizienten $d_{r_1\ldots r_k}$ homogene lineare Gleichungen. Wegen (1) haben diese eine von der trivialen verschiedene Lösung; und wegen (18) läßt sich dann der Taylorschen Entwicklung von R an der Stelle $x_1 = \xi,\ldots,x_k = \xi$ die Form (2) geben.

ausgeübt und (13), (14) beachtet wird. Ferner ist nach (3) und (14)

$$\overline{|R_{\varrho_1\ldots\varrho_k}|} < c_1^r \prod_{\nu=1}^{k} \binom{m_\nu + r_\nu}{\varrho_\nu} < c_1^r\, 2^{\sum\limits_{\nu=1}^{k}(m_\nu + r_\nu)} < c_{10}^r,$$

$$|R_{\varrho_1\ldots\varrho_k}(x_1,\ldots,x_k)| < c_{10}^r \sum_{\lambda_1=0}^{m_1+r_1} \ldots \sum_{\lambda_k=0}^{m_k+r_k} |x_1^{\lambda_1}\ldots x_k^{\lambda_k}| \leqq c_{10}^r \prod_{\mu=1}^{k} (1+|x_\mu|)^{m_\mu + r_\mu}.$$

Endlich ist nach (3) für beliebiges λ_ν

$$\left|\frac{\partial^{\varrho_1+\ldots+\lambda_\nu+\ldots+\varrho_k} F^{(\nu)}(x_1,\ldots,x_k)}{\varrho_1!\ldots\lambda_\nu!\ldots\varrho_k!\,\partial x_1^{\varrho_1}\ldots\partial x_\nu^{\lambda_\nu}\ldots\partial x_k^{\varrho_k}}\right|$$

$$\leqq c_1^r \binom{m_1+r_1}{\varrho_1}\ldots\binom{m_\nu}{\lambda_\nu}\ldots\binom{m_k+r_k}{\varrho_k}(1+|x_\nu|)^{m_\nu-\lambda_\nu}\prod_\alpha{}' (1+|x_\alpha|)^{m_\alpha+r_\alpha},$$

wo in Π' über alle $\alpha \neq \nu$ zu multiplizieren ist; mit (13) folgt dann

$$|F^{(\nu)}_{\varrho_1\ldots\varrho_k}(x_1,\ldots,x_k)|$$

$$< c_{11}^r \prod_\alpha{}' (1+|x_\alpha|)^{m_\alpha+r_\alpha} \sum_{\lambda_\nu=0}^{m_\nu} \binom{r_\nu}{\varrho_\nu-\lambda_\nu}(|x_\nu|+c_{12})^{\lambda_\nu}(1+|x_\nu|)^{m_\nu-\lambda_\nu}$$

$$< c_{11}^r\, 2^{r_\nu}(1+c_{12}+2|x_\nu|)^{m_\nu}\prod_\alpha{}' (1+|x_\alpha|)^{m_\alpha+r_\alpha} < c_9^r \prod_{\mu=1}^{k}(1+|x_\mu|)^{m_\mu+r_\mu},$$

q. e. d.

Hilfssatz 3. Es seien $g_1,\ldots,g_p$ p Polynome in k Variablen $x_1,\ldots,x_k$ mit Koeffizienten aus K_0. Dann ist die Anzahl der in bezug auf K_0 linear unabhängigen[6]) unter ihnen gleich dem Range[7]) der Matrix M, deren Zeilen aus der Zeile

$$\left(\frac{\partial^{\nu_1+\ldots+\nu_k} g_1}{\partial x_1^{\nu_1}\ldots\partial x_k^{\nu_k}} \ldots \frac{\partial^{\nu_1+\ldots+\nu_k} g_p}{\partial x_1^{\nu_1}\ldots\partial x_k^{\nu_k}}\right)$$

entstehen, indem $\nu_1,\ldots\nu_k$ alle Lösungen von $\nu_1+\ldots+\nu_k < p$ in ganzen Zahlen $\geqq 0$ durchlaufen.

Beweis. Es seien $x_{k+1}, x_{k+2},\ldots$ neue Unbestimmte; es bedeute Π die Operation

$$\Pi = x_2\frac{\partial}{\partial x_1} + x_3\frac{\partial}{\partial x_2} + \ldots + x_{k+1}\frac{\partial}{\partial x_k} + \ldots.$$

---

[6]) Lineare Unabhängigkeit in bezug auf den Körper der Koeffizienten und lineare Unabhängigkeit in bezug auf den Körper aller Zahlen besagen dasselbe.

[7]) Hierunter ist der größte Grad (= Reihenanzahl) der nicht identisch verschwindenden Unterdeterminanten von M resp. die Zahl 0 zu verstehen.

Dann ist die Anzahl der linear unabhängigen Polynome gleich dem Range der Ostrowskischen[8]) Determinante

$$\Omega = |\Pi^{\varkappa} g_{\lambda}|\ ^{9)} \quad (\varkappa = 0, \ldots, p-1;\ \lambda = 1, \ldots, p).$$

In der Entwicklung einer nicht verschwindenden Unterdeterminante von Ω (wenn es solche gibt) nach Potenzprodukten von $x_2, x_3, \ldots$ treten aber als Koeffizienten die Unterdeterminanten von M auf. Der Rang von M ist daher mindestens gleich der Anzahl p' der linear unabhängigen Polynome.

Ist nun $p' < p$, so seien $\varkappa_0, \ldots, \varkappa_{p'}$ irgend $p'+1$ verschiedene Zahlen der Reihe $1, \ldots, p$. Dann besteht eine Gleichung $\sum_{\mu=0}^{p'} c_\mu g_{\varkappa_\mu} = 0$ mit konstanten Zahlen $c_0, \ldots, c_{p'}$, die nicht sämtlich 0 sind. Folglich ist auch

$$\sum_{\mu=0}^{p'} c_\mu \frac{\partial^{\nu_1+\cdots+\nu_k} g_{\varkappa_\mu}}{\partial x_1^{\nu_1} \ldots \partial x_k^{\nu_k}} = 0;$$

so daß M vom Range $\leqq p'$, also genau vom Range p' ist.

Hilfssatz 4. Es seien $\zeta_1, \ldots, \zeta_k$ k algebraische Zahlen der Grade $h_1, \ldots, h_k$; es sei $\max(h_1, \ldots, h_k) = h$. Es gibt zwei positive nur von ξ, ϑ, k abhängige Zahlen c_{13}, c_{14} von folgender Eigenschaft: Ist

$$\log H(\zeta_\nu) > c_{13} h r \prod_{\beta=\nu+1}^{k} r_\beta^{2^{\beta-\nu-1}} \qquad (\nu = 1, \ldots, k)\ ^{10)}, \tag{19}$$

so existieren $k-1$ Zahlen

$$\varrho_\nu < c_{14} r_{\nu+1} \prod_{\beta=\nu+2}^{k} r_\beta^{2^{\beta-\nu-2}} \qquad (\nu = 1, \ldots, k-1)\ ^{11)} \tag{20}$$

derart, daß

$$\left(\frac{\partial^{\varrho_1+\cdots+\varrho_{k-1}} R(x_1, \ldots, x_k)}{\partial x_1^{\varrho_1} \ldots \partial x_{k-1}^{\varrho_{k-1}}}\right)_{x_1=\zeta_1, \ldots, x_k=\zeta_k} \neq 0$$

ist. Eo ipso ist dann $\varrho_\nu \leqq m_\nu + r_\nu$.

---

[8]) A. Ostrowski, Über ein Analogon der Wronskischen Determinante bei Funktionen mehrerer Veränderlicher, Math. Zeitschr. **4** (1919), S. 223–230.

[9]) $\Pi^2, \Pi^3, \ldots$ bedeuten die Iterationen von Π; $\Pi^0 g$ ist g selbst.

[10]) Für $\nu = k$ bedeutet $\prod_{\beta=\nu+1}^{k}$ die Zahl 1.

[11]) Für $\nu = k-1$ bedeutet $\prod_{\beta=\nu+2}^{k}$ die Zahl 1

Beweis. Ich setze für das Polynom R des Hilfssatzes 1

$$R(x_1, \ldots, x_k) = \sum_{\nu=0}^{m_k+r_k} S_\nu^{[1]}(x_1, \ldots, x_{k-1}) \cdot x_k^\nu.$$

Von den $m_k + r_k + 1$ Polynomen $S_\nu^{[1]}$ seien $t_k + 1$ linear unabhängig, etwa $S_{\nu_0}^{[1]}, \ldots, S_{\nu_{t_k}}^{[1]}$. R ist nicht identisch 0; also

$$0 \leqq t_k \leqq m_k + r_k. \tag{21}$$

Nun gibt es $t_k + 1$ Polynome $\varphi_\lambda^{[1]}(x_k)$ mit Koeffizienten aus K_0, von denen keines identisch verschwindet, so daß

$$\Delta^{[0]} = R(x_1, \ldots, x_k) = \sum_{\lambda=0}^{t_k} S_{\nu_\lambda}^{[1]}(x_1, \ldots, x_{k-1}) \varphi_\lambda^{[1]}(x_k) \tag{22}$$

ist. Dann ist auch

$$\frac{\partial^{\alpha_1+\cdots+\alpha_{k-1}} R(x_1, \ldots, x_k)}{\alpha_1! \ldots \alpha_{k-1}! \, \partial x_1^{\alpha_1} \ldots \partial x_{k-1}^{\alpha_{k-1}}} = \sum_{\lambda=0}^{t_k} \frac{\partial^{\alpha_1+\cdots+\alpha_{k-1}} S_{\nu_\lambda}^{[1]}(x_1, \ldots, x_{k-1})}{\alpha_1! \ldots \alpha_{k-1}! \, \partial x_1^{\alpha_1} \ldots \partial x_{k-1}^{\alpha_{k-1}}} \varphi_\lambda^{[1]}(x_k).$$

Nach Hilfssatz 3 existieren $t_k + 1$ Lösungen $\alpha_1^{(\mu)}, \ldots, \alpha_{k-1}^{(\mu)}$ $(\mu = 0, \ldots, t_k)$ von $\alpha_1 + \ldots + \alpha_{k-1} \leqq t_k$ in ganzen Zahlen $\geqq 0$ derart, daß die Determinante

$$\Delta^{[1]} = \left| \frac{\partial^{\alpha_1^{(\mu)}+\cdots+\alpha_{k-1}^{(\mu)}} S_{\nu_\lambda}^{[1]}}{\alpha_1^{(\mu)}! \ldots \alpha_{k-1}^{(\mu)}! \, \partial x_1^{\alpha_1^{(\mu)}} \ldots \partial x_{k-1}^{\alpha_{k-1}^{(\mu)}}} \right| \quad (\mu = 0, \ldots, t_k;\ \lambda = 0, \ldots, t_k)$$

nicht identisch 0 ist. Die Unterdeterminanten der Elemente in der ersten Spalte von $\Delta^{[1]}$ nenne ich $\Delta_\mu^{[1]}$ $(\mu = 0, \ldots, t_k)$; dann ist

$$\sum_{\mu=0}^{t_k} \Delta_\mu^{[1]} \frac{\partial^{\alpha_1^{(\mu)}+\cdots+\alpha_{k-1}^{(\mu)}} R}{\alpha_1^{(\mu)}! \ldots \alpha_{k-1}^{(\mu)}! \, \partial x_1^{\alpha_1^{(\mu)}} \ldots \partial x_{k-1}^{\alpha_{k-1}^{(\mu)}}} = \Delta^{[1]}(x_1, \ldots, x_{k-1}) \varphi_0^{[1]}(x_k).$$

Das Polynom $\Delta^{[1]}$ ist vom Grade

$$(t_k+1)(m_\nu + r_\nu) \leqq (m_k + r_k + 1)(m_\nu + r_\nu)$$

in x_ν $(\nu = 1, \ldots, k-1)$; jeder seiner Koeffizienten ist ganz, liegt in K_0, und genügt wegen (3) der Ungleichung

$$\overline{|\Delta^{[1]}|} < (t_k+1)! \, c_1^{r(t_k+1)} 2^{(t_k+1)\sum_{\nu=1}^{k-1}(m_\nu+r_\nu)} \{(m_1 + r_1 + 1) \ldots (m_{k-1} + r_{k-1} + 1)\}^{t_k};$$

wegen (1), (6), (21) folgt daraus

$$\begin{aligned} \overline{|\Delta^{[1]}|} &< c_{15}^{r r_k} \{(m_1 + r_1 + 1) \ldots (m_k + r_k + 1)\}^{t_k} \\ &= c_{15}^{r r_k} \{(d + \vartheta) r_1 \ldots r_k\}^{t_k} < c_{16}^{r r_k}. \end{aligned} \tag{23}$$

Nun setze man

$$\Delta^{[1]}(x_1,\ldots,x_{k-1}) = \sum_{\nu=0}^{(t_k+1)(m_{k-1}+r_{k-1})} S_\nu^{[2]}(x_1,\ldots,x_{k-2})\cdot x_{k-1}^\nu .$$

Von den $(t_k+1)(m_{k-1}+r_{k-1})+1$ Polynomen $S_\nu^{[2]}(x_1,\ldots x_{k-2})$ seien $t_{k-1}+1$ linear unabhängig, etwa $S_{\nu_0}^{[2]},\ldots,S_{\nu_{t_{k-1}}}^{[2]}$.

$\Delta^{[1]}$ ist nicht identisch 0; also gilt wegen (21)

(24) $0 \leqq t_{k-1} \leqq (t_k+1)(m_{k-1}+r_{k-1}) \leqq (m_k+r_k+1)(m_{k-1}+r_{k-1})$.

Es existieren $t_{k-1}+1$ Polynome $\varphi_\lambda^{[2]}(x_{k-1})$ mit Koeffizienten aus K_0, von denen keines identisch 0 ist, so daß

(25) $$\Delta^{[1]}(x_1,\ldots,x_{k-1}) = \sum_{\lambda=0}^{t_{k-1}} S_{\nu_\lambda}^{[2]}(x_1,\ldots,x_{k-2})\,\varphi_\lambda^{[2]}(x_{k-1})$$

gilt. Nach Hilfssatz 3 gibt es $t_{k-1}+1$ Lösungen $\beta_1^{(\mu)},\ldots,\beta_{k-2}^{(\mu)}$ $(\mu=0,\ldots,t_{k-1})$ von $\beta_1+\ldots+\beta_{k-2} \leqq t_{k-1}$ in ganzen Zahlen $\geqq 0$, so daß die Determinante

$$\Delta^{[2]} = \left| \frac{\partial^{\beta_1^{(\mu)}+\ldots+\beta_{k-2}^{(\mu)}} S_{\nu_\lambda}^{[2]}}{\beta_1^{(\mu)}!\ldots\beta_{k-2}^{(\mu)}!\,\partial x_1^{\beta_1^{(\mu)}}\ldots\partial x_{k-2}^{\beta_{k-2}^{(\mu)}}} \right| \quad (\mu=0,\ldots,t_{k-1};\ \lambda=0,\ldots,t_{k-1})$$

nicht identisch verschwindet. Sind $\Delta_\mu^{[2]}$ $(\mu=0,\ldots,t_{k-1})$ die Unterdeterminanten der Elemente in der ersten Spalte von $\Delta^{[2]}$, so ist

$$\sum_{\mu=0}^{t_{k-1}} \Delta_\mu^{[2]} \frac{\partial^{\beta_1^{(\mu)}+\ldots+\beta_{k-2}^{(\mu)}} \Delta^{[1]}}{\beta_1^{(\mu)}!\ldots\beta_{k-2}^{(\mu)}!\,\partial x_1^{\beta_1^{(\mu)}}\ldots\partial x_{k-2}^{\beta_{k-2}^{(\mu)}}} = \Delta^{[2]}(x_1,\ldots,x_{k-2})\,\varphi_0^{[2]}(x_{k-1}).$$

Das Polynom $\Delta^{[2]}$ ist vom Grade

$$(t_{k-1}+1)(t_k+1)(m_\nu+r_\nu) \leqq (m_{k-1}+r_{k-1}+1)(m_k+r_k+1)^2(m_\nu+r_\nu)$$

in x_ν $(\nu=1,\ldots,k-2)$. Seine Koeffizienten sind ganze Zahlen aus K_0, für welche nach (23) und (24) die Ungleichung

$$\overline{\left|\Delta^{[2]}\right|} < (t_{k-1}+1)!\,c_{16}^{rr_k(t_{k-1}+1)}\,2^{(t_{k-1}+1)\sum_{\nu=1}^{k-2}(m_\nu+r_\nu)}$$

$$\times\{(t_k+1)^{k-2}(m_1+r_1+1)\ldots(m_{k-2}+r_{k-2}+1)\}^{t_{k-1}}$$

$$< c_{17}^{rr_k^2 r_{k-1}}\{(t_k+1)^{k-2}(m_1+r_1+1)\ldots(m_k+r_k+1)\}^{t_{k-1}} < c_{18}^{rr_k^2 r_{k-1}}$$

gilt.

Dieses Eliminationsverfahren setze man nun fort, indem man entsprechende Determinanten $\Delta^{[\nu]}(x_1,\ldots,x_{k-\nu})$, Polynome $\varphi_\lambda^{[\nu]}(x_{k-\nu+1})$, Zahlen $t_{k-\nu+1}$ für $\nu=3,\ldots,k-1$ einführt. Zuletzt erhält man eine Gleichung

(26) $$\sum_{\mu=0}^{t_2} \Delta_\mu^{[k-1]} \frac{\partial^{\sigma_1(\mu)} \Delta^{[k-2]}(x_1,x_2)}{\sigma_1^{(\mu)}!\,\partial x_1^{\sigma_1(\mu)}} = \Delta^{[k-1]}(x_1)\,\varphi_0^{[k-1]}(x_2)$$

mit $\sigma_1^{(\mu)} \leqq t_2 \leqq (m_2+r_2)\prod_{\nu=3}^{k}(m_\nu+r_\nu+1)^{2^{\nu-3}}$, wo $\Delta^{[k-1]}(x_1)$ ein Polynom des Grades

$$(t_2+1)(t_3+1)\ldots(t_k+1)(m_1+r_1)$$
$$\leqq (m_2+r_2+1)^{2^0}(m_3+r_3+1)^{2^1}\ldots(m_k+r_k+1)^{2^{k-2}}(m_1+r_1)$$

in x_1 allein bedeutet. Alle Polynome $\Delta^{[k-\nu]}$ $(\nu=1,\ldots k)$ haben ganze Koeffizienten aus K_0 und genügen einer Ungleichung

$$(27)\qquad 0<\overline{|\Delta^{[k-\nu]}|}<c_{19}^{\,r\prod_{\beta=\nu+1}^{k} r_\beta^{2^{\beta-\nu-1}}}\ \text{[12]}$$

Ich drücke jetzt $\Delta^{[k-1]}$ mit Hilfe von (26) und der analogen vorhergehenden Gleichungen sukzessive durch $\Delta^{[k-2]}$, $\Delta^{[k-3]}$, ..., $\Delta^{[1]}$, $\Delta^{[0]}=R$ aus; dann ergibt sich eine Identität der Form

$$(28)\quad \sum_\mu C_\mu(x_1,\ldots,x_k)\frac{\partial^{\varrho_1^{(\mu)}+\cdots+\varrho_{k-1}^{(\mu)}} R(x_1,\ldots,x_k)}{\partial x_1^{\varrho_1^{(\mu)}}\ldots\partial x_{k-1}^{\varrho_{k-1}^{(\mu)}}}$$
$$=\Delta^{[k-1]}(x_1)\varphi_0^{[k-1]}(x_2)\varphi_0^{[k-2]}(x_3)\ldots\varphi_0^{[1]}(x_k),$$

wo die C_μ gewisse Polynome bedeuten und über alle Kombinationen $\varrho_1^{(\mu)},\ldots,\varrho_{k-1}^{(\mu)}$ mit $0\leqq\varrho_\nu^{(\mu)}\leqq t_{\nu+1}+t_{\nu+2}+\ldots+t_k$ $(\nu=1,\ldots,k-1)$ zu summieren ist. Wegen

$$t_\lambda\leqq(m_\lambda+r_\lambda)\prod_{\nu=\lambda+1}^{k}(m_\nu+r_\nu+1)^{2^{\nu-\lambda-1}}$$

ist dabei

$$\varrho_\nu^{(\mu)}\leqq\sum_{\lambda=\nu+1}^{k}\left\{(m_\lambda+r_\lambda)\prod_{\beta=\lambda+1}^{k}(m_\beta+r_\beta+1)^{2^{\beta-\lambda-1}}\right\}<c_{14}\,r_{\nu+1}\prod_{\beta=\nu+2}^{k}r_\beta^{2^{\beta-\nu-2}}.$$

Nun bedeute $\chi_\nu(z)=l_\nu z^{h_\nu}+\ldots=0$ $(l_\nu>0)$ die irreduzible Gleichung h_ν-ten Grades für ζ_ν $(\nu=1,\ldots,k)$, deren Koeffizienten teilerfremde ganze rationale Zahlen sind. Dann ist

$$\max_{\lambda=0,\ldots h_\nu}\left\{l_\nu\binom{h_\nu}{\lambda}\overline{|\zeta_\nu|}^{\lambda}\right\}\geqq H(\zeta_\nu),$$

also, wenn $\max(1,\overline{|\zeta_\nu|})=\mathrm{Z}$ gesetzt wird,

$$(29)\qquad H(\zeta_\nu)\leqq l_\nu(2\,\mathrm{Z})^h.$$

Die Koeffizienten von $\Delta^{[k-\nu]}$ sind ganze Zahlen aus K_0. Das Produkt aller n_0 zu $\Delta^{[k-\nu]}$ konjugierten Polynome sei $N(\Delta^{[k-\nu]})=D_\nu(x_1,\ldots,x_\nu)$; dann ist jeder Koeffizient von D_ν ganz rational und nach (27) absolut

[12]) Für $\nu=k$ ist das wieder cum grano salis zu verstehen.

$$< c_{19}^{n_0 r \prod\limits_{\beta=\nu+1}^{k} r_\beta^{2^{\beta-\nu-1}}} \overline{\left|\{(1+x_1)^{m_1+r_1}(1+x_2)^{m_2+r_2}\ldots(1+x_\nu)^{m_\nu+r_\nu}\}^{(t_{\nu+1}+1)\ldots(t_k+1)\,n_0}\right|}$$

$$< c_{19}^{n_0 r \prod\limits_{\beta=\nu+1}^{k} r_\beta^{2^{\beta-\nu-1}}} \; 2^{\sum\limits_{\alpha=1}^{\nu}(m_\alpha+r_\alpha)(t_{\nu+1}+1)\ldots(t_k+1)\,n_0} < c_{20}^{r \prod\limits_{\beta=\nu+1}^{k} r_\beta^{2^{\beta-\nu-1}}} = M.$$

Wäre nun $\Delta^{[k-\nu]}(x_1, \ldots, x_\nu)$ identisch 0 für $x_\nu = \zeta_\nu$, so wäre das ganzrationalzahlige Polynom $D_\nu(x_1, \ldots, x_\nu)$ teilbar durch das primitive irreduzible Polynom $\chi_\nu(x_\nu)$ und der Quotient hätte nach dem Gaußschen Satze wieder ganze rationale Koeffizienten. Jeder Koeffizient $g \neq 0$ in dem Faktor der höchsten Potenz von x_ν in D_ν wäre also insbesondere durch l_ν teilbar, also wäre

$$l_\nu \leqq |g|.$$

D_ν hat den Grad $\delta_\nu = n_0(t_{\nu+1}+1)\ldots(t_k+1)(m_\nu+r_\nu)$ in x_ν. Aus $D_\nu(x_1, \ldots, x_{\nu-1}, \zeta_\nu) = 0$ folgte dann

$$\mathsf{Z} \leqq \delta_\nu \frac{M}{|g|} \leqq \delta_\nu \frac{M}{l_\nu},$$

also wegen (29)

$$H(\zeta_\nu) \leqq l_\nu \left(2\delta_\nu \frac{M}{l_\nu}\right)^h \leqq (2\delta_\nu M)^h < c_{21}^{hr \prod\limits_{\beta=\nu+1}^{k} r_\beta^{2^{\beta-\nu-1}}},$$

gegen (19) für hinreichend großes $c_{13} = c_{13}(\xi, \vartheta, k)$. Demnach ist $\Delta^{[k-\nu]}(x_1, \ldots, x_\nu)$ $(\nu = 1, \ldots, k)$ unter der Annahme (19) für $x_\nu = \zeta_\nu$ nicht identisch 0. Wegen (22), (25) und der analogen Gleichungen für beliebiges ν ist also bei jedem $\nu > 1$ eine der Zahlen $\varphi_\lambda^{[k-\nu+1]}(\zeta_\nu)$ $(\lambda = 0, \ldots, t_\nu)$ von 0 verschieden. Die Bezeichnung sei so gewählt, daß $\varphi_0^{[k-\nu+1]}(\zeta_\nu)$ diese Eigenschaft hat. Dann ist also die rechte Seite von (28) an der Stelle $x_1 = \zeta_1, \ldots, x_k = \zeta_k$ nicht 0. Mindestens ein Summand der linken Seite von (28) ist also dort ebenfalls $\neq 0$; und folglich gibt es $k-1$ ganze Zahlen $\varrho_\nu^{(\mu)} = \varrho_\nu \geqq 0$ $(\nu = 1, \ldots, k-1)$, die den Ungleichungen (20) genügen, so daß

$$\left(\frac{\partial^{\varrho_1+\cdots+\varrho_{k-1}} R(x_1, \ldots, x_k)}{\partial x_1^{\varrho_1} \ldots \partial x_{k-1}^{\varrho_{k-1}}}\right)_{x_1=\zeta_1, \ldots, x_k=\zeta_k} \neq 0$$

ist.

Fortan haben $\zeta_1, \ldots, \zeta_k, \varrho_1, \ldots, \varrho_{k-1}$ die Bedeutung des Hilfssatzes 4. Der Symmetrie halber setze ich noch $\varrho_k = 0$. Ferner sei wie früher

$$\chi_\nu(z) = l_\nu z^{h_\nu} + \ldots = 0 \qquad (l_\nu > 0)$$

die Gleichung für ζ_ν.

Hilfssatz 5. Der Körper $K_0(\zeta_1, \ldots, \zeta_k)$ sei vom Grade h', so daß also $1 \leqq h' \leqq n_0 h_1 \ldots h_k$ ist. Bedeuten $R_{\varrho_1 \ldots \varrho_k}^{(\lambda)}(\zeta_1, \ldots, \zeta_k)$ die h' zu $R_{\varrho_1 \ldots \varrho_k}(\zeta_1, \ldots, \zeta_k)$ konjugierten Zahlen $(\lambda = 1, \ldots, h')$, so ist

$$\prod_{\nu=1}^{k} l_\nu^{\frac{h'}{h_\nu}(m_\nu+r_\nu)} \left| \prod_{\lambda=1}^{h'} R_{\varrho_1 \ldots \varrho_k}^{(\lambda)}(\zeta_1, \ldots, \zeta_k) \right| \geqq 1. \tag{30}$$

Beweis. Nach Hilfssatz 4 ist die algebraische Zahl $R_{\varrho_1 \ldots \varrho_k}(\zeta_1, \ldots, \zeta_k) \neq 0$. Das Polynom $R_{\varrho_1 \ldots \varrho_k}(x_1, \ldots, x_k)$ hat ganze Koeffizienten aus K_0 und ist in x_ν vom Grade $m_\nu + r_\nu - \varrho_\nu \geqq 0$. Entwickelt man $\prod_{\lambda=1}^{h'} R^{(\lambda)}_{\varrho_1 \ldots \varrho_k}(\zeta_1, \ldots, \zeta_k)$, ohne die Gleichungen für $\zeta_1, \ldots, \zeta_k$ zu benutzen, so tritt eine feste Konjugierte von ζ_ν höchstens in der $\frac{h'}{h_\nu}(m_\nu + r_\nu - \varrho_\nu)$-ten Potenz auf. Nach dem Satze von Kronecker ist daher die Zahl

$$\prod_{\nu=1}^{k} l_\nu^{\frac{h'}{h_\nu}(m_\nu + r_\nu - \varrho_\nu)} \prod_{\lambda=1}^{h'} R^{(\lambda)}_{\varrho_1 \ldots \varrho_k}(\zeta_1, \ldots, \zeta_k)$$

ganz, also a fortiori die linke Seite von (30); da diese aber andererseits rational und > 0 ist, so ist sie $\geqq 1$.

Fortan mache ich die Voraussetzung

$$(31) \qquad r_\nu \geqq c_{14}\, r_{\nu+1} \prod_{\beta=\nu+2}^{k} r_\beta^{2^{\beta-\nu-2}} \qquad (\nu = 1, \ldots, k-1),$$

wo c_{14} die Konstante aus Hilfssatz 4 bedeutet, so daß also nach (20) $r_\nu > \varrho_\nu$ ist. Ferner setze ich noch zur Abkürzung

$$H(\zeta_\nu) = H_\nu \qquad (\nu = 1, \ldots, k).$$

Hilfssatz 6. Es seien die Ungleichungen (19) und (31) erfüllt. Dann gibt es ein positives $c_{22} = c_{22}(\xi, \vartheta, k)$ derart, daß eine der k Zahlen

$$E_\lambda = c_{22}^{h' r} \, |\xi - \zeta_\lambda|^{r_\lambda - \varrho_\lambda} \prod_{\nu=1}^{k} H_\nu^{\frac{h'}{h_\nu}(m_\nu + r_\nu)} \qquad (\lambda = 1, \ldots, k)$$

größer als 1 ist.

Beweis. Nach (15) und Hilfssatz 5 ist, wenn $R^{(1)}_{\varrho_1 \ldots \varrho_k}(\zeta_1, \ldots, \zeta_k) = R_{\varrho_1 \ldots \varrho_k}(\zeta_1, \ldots, \zeta_k)$ gesetzt wird,

$$\prod_{\nu=1}^{k} l_\nu^{\frac{h'}{h_\nu}(m_\nu + r_\nu)} \left| \sum_{\nu=1}^{k} (\zeta_\nu - \xi)^{r_\nu - \varrho_\nu} F^{(\nu)}_{\varrho_1 \ldots \varrho_k}(\zeta_1, \ldots, \zeta_k) \right| \left| \prod_{\lambda=2}^{h'} R^{(\lambda)}_{\varrho_1 \ldots \varrho_k}(\zeta_1, \ldots, \zeta_k) \right| \geqq 1.$$

Wegen $\varrho_\nu < r_\nu$ darf ich auf die linke Seite die Ungleichungen (16) und (17) anwenden; dann ist, wenn die Konjugierten zu ζ_ν mit $\zeta_\nu^{(\mu)}$ $(\mu = 1, \ldots, h_\nu)$ bezeichnet werden,

$$\prod_{\nu=1}^{k} l_\nu^{\frac{h'}{h_\nu}(m_\nu + r_\nu)} c_9^r c_{10}^{(h'-1) r} \left\{ \prod_{\nu=1}^{k} \prod_{\mu=2}^{h_\nu} (1 + |\zeta_\nu^{(\mu)}|)^{\frac{h'}{h_\nu}(m_\nu + r_\nu)} \right\} \left\{ \prod_{\nu=1}^{k} (1 + |\zeta_\nu|)^{\left(\frac{h'}{h_\nu} - 1\right)(m_\nu + r_\nu)} \right\}$$

$$\times \left\{ \sum_{\nu=1}^{k} |\zeta_\nu - \xi|^{r_\nu - \varrho_\nu} \prod_{\beta=1}^{k} (1 + |\zeta_\beta|)^{m_\beta + r_\beta} \right\} > 1,$$

$$c_{23}^{h' r} \prod_{\nu=1}^{k} \left\{ l_\nu^{\frac{h'}{h_\nu}(m_\nu + r_\nu)} \prod_{\mu=1}^{h_\nu} (1 + |\zeta_\nu^{(\mu)}|)^{\frac{h'}{h_\nu}(m_\nu + r_\nu)} \right\} \sum_{\nu=1}^{k} |\zeta_\nu - \xi|^{r_\nu - \varrho_\nu} > 1.$$

Folglich [13]) ist

$$c_{23}^{h'r}\prod_{\nu=1}^{k}(6^{h_\nu}H_\nu)^{\frac{h'}{h_\nu}(m_\nu+r_\nu)}\sum_{\nu=1}^{k}|\zeta_\nu-\xi|^{r_\nu-\varrho_\nu}>1,$$

$$\sum_{\lambda=1}^{k}E_\lambda=c_{22}^{h'r}\prod_{\nu=1}^{k}H_\nu^{\frac{h'}{h_\nu}(m_\nu+r_\nu)}\sum_{\lambda=1}^{k}|\xi-\zeta_\lambda|^{r_\lambda-\varrho_\lambda}>k,$$

q. e. d.

§ 2.

Satz 1. Es sei ξ eine algebraische Zahl des Grades $n\geqq 2$; es sei P ein algebraischer Zahlkörper, in bezug auf welchen ξ vom Grade $d\geqq 2$ ist; es sei $\alpha>\min\limits_{k=1,\ldots d}k\sqrt[k]{d}$. Man ordne die Lösungen $\zeta^{(1)},\zeta^{(2)},\ldots$ der Ungleichung

(33) $$|\xi-\zeta|\leqq\frac{1}{H(\zeta)^\alpha}\qquad(\zeta \text{ primitive Zahl aus P})$$

nach wachsenden Höhen $H(\zeta)$:

$$H(\zeta^{(1)})=H^{(1)}\leqq H(\zeta^{(2)})=H^{(2)}\leqq\ldots$$

Dann hat diese Ungleichung entweder nur endlich viele Lösungen oder es ist

(34) $$\overline{\lim_{\nu\to\infty}}\frac{\log H^{(\nu+1)}}{\log H^{(\nu)}}=\infty.$$

Satz 2. Es sei ξ eine algebraische Zahl des Grades $n\geqq 2$; es sei h eine natürliche Zahl und $\alpha>\min\limits_{k=1,\ldots,n}k h^{k-1}\sqrt[k]{n}$. Sind dann $\zeta^{(1)},\zeta^{(2)},\ldots$ die nach wachsenden Höhen $H^{(1)},H^{(2)},\ldots$ geordneten Lösungen von

---

[13]) Von den h_ν Zahlen $\zeta_\nu^{(1)},\ldots\zeta_\nu^{(h_\nu)}$ seien a absolut >2, b absolut $\leqq 2$ $(a+b=h_\nu)$; ich nenne sie $\alpha_1,\ldots,\alpha_a$, $\beta_1,\ldots,\beta_b$ (a oder b können auch 0 sein). Bedeutet α eine der Zahlen $\alpha_1,\ldots,\alpha_a$, so ist für $|z|=1$

$$\frac{1+|\alpha|}{|z-\alpha|}\leqq\frac{|\alpha|+1}{|\alpha|-|z|}=1+\frac{2}{|\alpha|-1}<3;$$

ferner ist bei Integration über den Einheitskreis

$$\frac{1}{2\pi i}\int\frac{(z-\beta_1)\ldots(z-\beta_b)}{z^{b+1}}dz=1,$$

also für einen Punkt z_0 dieses Kreises $|(z_0-\beta_1)\ldots(z_0-\beta_b)|\geqq 1$; wegen $1+|\beta|\leqq 3$ folgt daher

32) $$\prod_{\mu=1}^{h_\nu}(1+|\zeta_\nu^{(\mu)}|)=\prod_{\varkappa=1}^{a}(1+|\alpha_\varkappa|)\prod_{\lambda=1}^{b}(1+|\beta_\lambda|)\leqq 3^a\prod_{\varkappa=1}^{a}|z_0-\alpha_\varkappa|\cdot 3^b$$

$$\leqq 3^{h_\nu}\prod_{\mu=1}^{h_\nu}|z_0-\zeta_\nu^{(\mu)}|\leqq 3^{h_\nu}(h_\nu+1)\frac{H(\zeta_\nu)}{l_\nu}\leqq 6^{h_\nu}\frac{H_\nu}{l_\nu}.$$

(35) $$|\xi - \zeta| \leqq \frac{1}{H(\zeta)^{\alpha}} \qquad (\zeta \text{ vom Grade } \leqq h),$$

so ist deren Anzahl entweder endlich oder es gilt (34).

Beweis zu Satz 1 und 2. Es bedeute h zugleich den Grad von P. Es existiert eine natürliche Zahl $c_{24} = c_{24}(\xi)$, so daß $c_{24}\xi$ ganz ist. Wegen $\frac{H(\zeta)}{c_{24}^h} \leqq H(c_{24}\zeta) \leqq c_{24}^h H(\zeta)$ genügt es offenbar, die Behauptung für die ganze Zahl $c_{24}\xi$ zu beweisen. Ich darf mich beim Beweise also auf ganze ξ beschränken.

Es sei $\alpha = k\sqrt[k]{d} + \theta$ bei Satz 1, resp. $\alpha = kh^{k-1}\sqrt[k]{n} + \theta$ bei Satz 2, wo k eine Zahl der Reihe $1, \ldots, d$ resp. $1, \ldots, n$ bedeutet und $\theta > 0$ ist. Es genügt, $\theta < 1$ anzunehmen. Es sei N eine ganze rationale Zahl $> \frac{4h^{k-1}k}{\theta}$; dann ist

(36) $$\alpha > k\sqrt[k]{d} + \frac{2k}{N} + \frac{\theta}{2} \quad \text{resp.} \quad \alpha > h^{k-1}\left(k\sqrt[k]{d} + \frac{2k}{N}\right) + \frac{\theta}{2}.$$

Es sei $r_k = N$ und $r_1, r_2, \ldots, r_{k-1}$ monoton fallend $\geqq N$, sonst für den Augenblick noch beliebig. Es sei m_ν die kleinste natürliche Zahl, für welche die Ungleichung

(37) $$\sqrt[k]{d} + \frac{1}{N} \leqq \frac{m_\nu + r_\nu + 1}{r_\nu} < \sqrt[k]{d} + \frac{2}{N} \qquad (\nu = 1, \ldots, k)$$

gilt; hierbei bedeute d im Falle des Satzes 2 die Zahl n. Dann ist nach (37)

$$\left(\sqrt[k]{d} + \frac{2}{N}\right)^k - d > \prod_{\nu=1}^{k} \frac{m_\nu + r_\nu + 1}{r_\nu} - d = \vartheta \geqq \left(\sqrt[k]{d} + \frac{1}{N}\right)^k - d > 0,$$

$$\sum_{\nu=1}^{k} \frac{m_\nu + r_\nu + 1}{r_\nu} < k\sqrt[k]{d} + \frac{2k}{N},$$

also nach (36)

(38) $$\sum_{\nu=1}^{k} \frac{m_\nu + r_\nu + 1}{r_\nu} + \frac{\theta}{4} < \alpha - \frac{\theta}{4} < \alpha(1-\delta)^2$$

resp.

(39) $$h^{k-1}\sum_{\nu=1}^{k} \frac{m_\nu + r_\nu + 1}{r_\nu} + \frac{\theta}{4} < \alpha - \frac{\theta}{4} < \alpha(1-\delta)^2,$$

wo $\frac{\theta}{8\alpha} = \delta$ gesetzt ist.

Das $c_{22} = c_{22}(\xi, \vartheta, k)$ des Hilfssatzes 6 kann, wie ein Blick auf die Beweise zeigt, offenbar beibehalten werden, wenn ϑ durch eine größere Zahl < 1 ersetzt wird. Wegen $\vartheta \geqq \left(\sqrt[k]{d} + \frac{1}{N}\right)^k - d$ kann daher c_{22} von

r_ν $(\nu = 1, \ldots k-1)$ unabhängig und nur von ξ, θ, h, k abhängig gewählt werden.

(33) resp. (35) möge nun unendlich viele Lösungen besitzen. Es seien $\zeta_1, \ldots, \zeta_k$ von den Graden $h_1, \ldots, h_k$ k Lösungen derart, daß

$$c_{22}^{\frac{4h^k}{\Theta}} < H_1 < H_2 < \ldots < H_k \tag{40}$$

ist, wo zur Abkürzung $H(\zeta_\nu) = H_\nu$ $(\nu = 1, \ldots, k)$ gesetzt ist. Ich setze nun

$$r_\nu = \left[r_k \frac{\log H_k}{\log H_\nu}\right] \qquad (\nu = 1, \ldots, k-1); \tag{41}$$

dann sind also r_ν und m_ν und folglich auch ϑ festgelegt, also auch die Konstanten c_{13}, c_{14} des Hilfssatzes 4; und ferner ist

$$\frac{\log H_\nu}{\log H_k} \leqq \frac{r_k}{r_\nu}.$$

Jetzt nehme ich per absurdum an, die linke Seite von (34) $\overline{\lim\limits_{\nu \to \infty}} \frac{\log H^{(\nu+1)}}{\log H^{(\nu)}}$ sei eine endliche Zahl. Dann existiert ein M derart, daß für alle $\nu > \nu_0$ die Ungleichung

$$\frac{\log H^{(\nu+1)}}{\log H^{(\nu)}} \leqq M \tag{42}$$

gilt. Bedeutet τ die größere der beiden Zahlen $c_{13} h r_k^{2^{k-1}}$ und $\frac{1+c_{14}}{\delta^2} r_k^{2^{k-2}-1}$, so seien die Höhen $H_1, \ldots, H_k$ so gewählt, daß sie außer (40) noch den k Ungleichungen

$$\log H_1 > (\tau M)^{4^k}, \tag{43}$$

$$\frac{1}{M}(\tau M)^{4^{k-\nu-2}} < \frac{\log H_{\nu+1}}{\log H_\nu} \leqq (\tau M)^{4^{k-\nu-2}} \qquad (\nu = 1, \ldots, k-2), \tag{44}$$

$$\tau < \frac{\log H_k}{\log H_{k-1}} \leqq \tau M \tag{45}$$

genügen; das ist wegen (42) möglich. Aus (44) und (45) folgt dann für $\lambda = 1, \ldots, k-2$

$$\frac{\log H_k}{\log H_\lambda} \leqq (\tau M)^{1+4^0+\ldots+4^{k-\lambda-2}} = (\tau M)^{1+\frac{4^{k-\lambda-1}-1}{3}} \leqq (\tau M)^{4^{k-\lambda-1}},$$

und dies ist auch richtig für $\lambda = k-1$. Daher ist für $\nu = 0, \ldots, k-3$

$$\prod_{\lambda=\nu+2}^{k} \left(\frac{\log H_k}{\log H_\lambda}\right)^{2^{\lambda-\nu-2}} \leqq \prod_{\lambda=\nu+2}^{k-1} (\tau M)^{2^{2k-\lambda-\nu-4}} \tag{46}$$

$$= (\tau M)^{2^{k-\nu-3}(2^{k-\nu-2}-1)} < (\tau M)^{4^{k-\nu-2}-1};$$

also wegen (44) für $\nu = 1, \ldots, k-3$

$$(47) \qquad \frac{\log H_{\nu+1}}{\log H_\nu} > \tau \prod_{\lambda=\nu+2}^{k} \left(\frac{\log H_k}{\log H_\lambda}\right)^{2^{\lambda-\nu-2}} \geqq \frac{1+c_{14}}{\delta^2} \prod_{\lambda=\nu+2}^{k} \left(r_k \frac{\log H_k}{\log H_\lambda}\right)^{2^{\lambda-\nu-2}};$$

und nach (44) und (45) gilt diese Formel auch für $\nu = k-2, k-1$, wenn im letzteren Fall Π durch 1 ersetzt wird. Mit Hilfe von (41) ergibt sich demnach

$$r_\nu + 1 > \frac{1+c_{14}}{\delta^2} r_{\nu+1} \prod_{\lambda=\nu+2}^{k} r_\lambda^{2^{\lambda-\nu-2}},$$

also auch

$$(48) \qquad c_{14} r_{\nu+1} \prod_{\beta=\nu+2}^{k} r_\beta^{2^{\beta-\nu-2}} < \delta^2 r_\nu < r_\nu \qquad (\nu = 1, \ldots, k-1).$$

Ferner liefert (46) für $\nu = 0$

$$\tau \frac{\log H_k}{\log H_1} \prod_{\beta=2}^{k} \left(\frac{\log H_k}{\log H_\beta}\right)^{2^{\beta-2}} < \tau (\tau M)^{4^{k-2}} (\tau M)^{4^{k-2}-1} < (\tau M)^{4^k},$$

so daß nach (43)

$$\log H_1 > c_{13} h r_k \frac{\log H_k}{\log H_1} \prod_{\beta=2}^{k} \left(r_k \frac{\log H_k}{\log H_\beta}\right)^{2^{\beta-2}},$$

also a fortiori

$$(19) \qquad \log H_\nu > c_{13} h r \prod_{\beta=\nu+1}^{k} r_\beta^{2^{\beta-\nu-1}} \qquad (\nu = 1, \ldots, k)$$

gilt.

Es bedeute nun K_0 den Körper P, oder (bei Satz 2) den Körper der rationalen Zahlen Ω. Die Voraussetzungen (19) und (31) des Hilfssatzes 6 sind erfüllt, folglich ist in der Bezeichnung dieses Hilfssatzes für ein gewisses λ der Reihe $1, \ldots, k$

$$(49) \qquad \log E_\lambda > 0;$$

und hieraus wird ein Widerspruch folgen.

Aus (20) und (48) erhalte ich für $\nu = 1, \ldots, k-1$

$$(50) \qquad r_\nu - \varrho_\nu > (1-\delta^2) r_\nu,$$

und dies gilt wegen $\varrho_k = 0$ auch für $\nu = k$. Ferner ist nach (47)

$$\frac{\log H_\nu}{\log H_k} < \delta^2 \qquad (\nu = 1, \ldots, k-1),$$

also nach (41)

$$(51) \qquad r_\nu > r_k \frac{\log H_k}{\log H_\nu} - 1 > \frac{r_k}{\delta^2} - 1 > \frac{1}{\delta^2} - 1.$$

Ich setze $g = h$ oder $= h_1 \ldots h_k \leqq h^k$, je nachdem Satz 1 oder 2 vorliegt; dann ist nach (38) resp. (39), (40) für $\lambda = 1, \ldots, k$

$$g \frac{\log c_{22}}{\log H_1} + g \sum_{\nu=1}^{k} \frac{m_\nu + r_\nu}{h_\nu r_\nu} < \alpha(1-\delta) r_\lambda (1-\delta) \frac{1}{r_\lambda},$$

also nach (50)

$$(52) \qquad g r \log c_{22} + g \sum_{\nu=1}^{k} \frac{m_\nu + r_\nu}{h_\nu} \frac{r \log H_1}{r_\nu} < \alpha (r_\lambda - \varrho_\lambda) \frac{1-\delta}{1+\delta} \frac{r \log H_1}{r_\lambda}.$$

Da nun nach (41) und (51) für $\nu = 1, \ldots, k-1$

$$(1-\delta^2) \log H_\nu \leqq (1-\delta^2) \frac{r_k \log H_k}{r_\nu} < (1-\delta^2)\left(1+\frac{1}{r}\right) \frac{r \log H_1}{r_\nu} < \frac{r \log H_1}{r_\nu}$$

$$< \frac{1}{(1-\delta^2)\left(1+\frac{1}{r_\nu}\right)} \frac{r \log H_1}{r_\nu} \leqq \frac{r_k \log H_k}{(1-\delta^2)(r_\nu+1)} < \frac{\log H_\nu}{1-\delta^2}$$

und für $\nu = k$ ebenfalls

$$(1-\delta^2) \log H_k < (1-\delta^2)\left(1+\frac{1}{r}\right) \frac{r \log H_1}{r_k} < \frac{r \log H_1}{r_k} \leqq \log H_k < \frac{\log H_k}{1-\delta^2}$$

ist, so folgt aus (52)

$$(53) \qquad g r \log c_{22} + g \sum_{\nu=1}^{k} \frac{m_\nu + r_\nu}{h_\nu} (1-\delta^2) \log H_\nu < \alpha (r_\lambda - \varrho_\lambda) \frac{\log H_\lambda}{(1+\delta)^2}.$$

Der Körper $\mathrm{P}(\zeta_1, \ldots, \zeta_k)$ resp. $\Omega(\zeta_1, \ldots, \zeta_k)$ ist nun vom Grade $h' \leqq g$; wegen $0 < \delta < \frac{1}{2}$ ist

$$(1-\delta^2)(1+\delta)^2 > (1-\delta^2)(1+\delta) = 1 + \delta(1-\delta-\delta^2) > 1;$$

ferner gilt (33) resp. (35). Daher liefert (53) für $\lambda = 1, \ldots, k$

$$h' r \log c_{22} + \sum_{\nu=1}^{k} \frac{h'}{h_\nu} (m_\nu + r_\nu) \log H_\nu < (r_\lambda - \varrho_\lambda) \log \frac{1}{|\xi - \zeta_\lambda|},$$

$$\log E_\lambda < 0,$$

gegen (49).

Zusatz. Es ist leicht zu zeigen, daß

$$\varlimsup_{\nu \to \infty} \frac{\log H^{(\nu+1)}}{\log H^{(\nu)}} \geqq \frac{1}{h^*} \alpha - 1$$

ist, wo $h^* = 1$ bei Satz 1, $= h$ bei Satz 2 zu setzen ist. Gilt nämlich (33) resp. (35) für zwei Zahlen ζ_1, ζ_2 mit $H_1 \leqq H_2$, so folgt

$$(54) \qquad |\zeta_1 - \zeta_2| \leqq \frac{1}{H_1^\alpha} + \frac{1}{H_2^\alpha};$$

andererseits ist, wenn l_1, l_2 die frühere Bedeutung haben,

$$(55) \qquad (l_1 l_2)^{h^*} |N(\zeta_1 - \zeta_2)| \geqq 1,$$

wo die Norm in dem aus ζ_1, ζ_2 zusammengesetzten Körper genommen ist. Wegen (32) und (54) wird

$$|N(\zeta_1-\zeta_2)| \leqq \left(\frac{1}{H_1^\alpha}+\frac{1}{H_2^\alpha}\right)\prod_{\nu=1}^{h}(1+|\zeta_1^{(\nu)}|)^{h^*}\prod_{\nu=1}^{h}(1+|\zeta_2^{(\nu)}|)^{h^*}$$

$$< \frac{2}{H_1^\alpha}\, 6^{2hh^*}\left(\frac{H_1 H_2}{l_1 l_2}\right)^{h^*},$$

also nach (55)

$$\frac{H_1 H_2}{H_1^{\frac{\alpha}{h^*}}} > \frac{1}{2\cdot 6^{2h}} = c > 0,$$

$$\frac{\log H_2}{\log H_1} > \frac{\alpha}{h^*} - 1 + \frac{\log c}{\log H_1},$$

woraus die Behauptung folgt.

§ 3.

Hilfssatz 7. Es ist

$$\min_{k=1,\ldots,d} k\sqrt[k]{d} < e\left(\log d + \frac{1}{2\log d}\right).$$

Beweis. Die Funktion $x d^{\frac{1}{x}}$ $(x>0)$ hat das Minimum $e\log d$ für $x=\log d$ und wächst monoton für $x>\log d$. Ich wähle für k die natürliche Zahl des Intervalls $\log d < x < \log d + 1$,

$$k = [\log d] + 1;$$

dann ist

$$k\sqrt[k]{d} < (1+\log d)\, e^{\frac{\log d}{1+\log d}} < e(1+\log d)\left(1-\frac{1}{1+\log d}+\frac{1}{2(1+\log d)^2}\right)$$

$$= e\left(\log d + \frac{1}{2(1+\log d)}\right) < e\left(\log d + \frac{1}{2\log d}\right).$$

Aus Satz 1 und Hilfssatz 7 folgt unmittelbar

Satz 3. Es sei ξ eine reelle algebraische Zahl vom Grade $n \geqq 2$; es sei $\alpha = e\left(\log n + \frac{1}{2\log n}\right)$ [14]). Die Lösungen der Ungleichung

$$\left|\xi - \frac{x}{y}\right| \leqq \frac{1}{y^\alpha} \tag{56}$$

---

[14]) Daraus folgt $\alpha > 2$. Für $\alpha = 2$ gilt Satz 3 nicht; setzt man z. B. für quadratfreies $D>3$ $\xi=\sqrt{D}$ und bedeutet $\varepsilon > 1$ die Grundeinheit von $K(\sqrt{D})$, so sind die ganzen rationalen Zahlen $x_\nu = \varepsilon^{2\nu}+\varepsilon^{-2\nu}$, $y_\nu = \frac{\varepsilon^{2\nu}-\varepsilon^{-2\nu}}{\sqrt{D}}$ $(\nu=1,2,\ldots)$ Lösungen von $0<\frac{x}{y}-\sqrt{D}=\frac{4}{y(x+y\sqrt{D})}<\frac{1}{y^2}$ und es ist $\lim\limits_{\nu\to\infty}\frac{\log y_{\nu+1}}{\log y_\nu}=1$.

in ganzen rationalen Zahlen x, y $(y > 0)$ seien x_ν, y_ν $(\nu = 1, 2, \ldots;$ $y_1 \leqq y_2 \leqq \ldots)$. Dann ist die Anzahl dieser Lösungen entweder endlich oder es ist

$$\overline{\lim_{\nu \to \infty}} \frac{\log y_{\nu+1}}{\log y_\nu} = \infty.$$

Ferner ergibt sich

Satz 4. Es sei $U(x, y)$ ein homogenes in Ω irreduzibles Polynom n-ten Grades $(n > 2)$ mit rationalen Koeffizienten. Es bedeute $V(x, y)$ irgendein Polynom von der Dimension $\delta < n - \min_{k=1,\ldots,n} k\sqrt[k]{n}$. Die Lösungen der Diophantischen Gleichung

$$U(x, y) = V(x, y)$$

in ganzen rationalen Zahlen $x = x_\nu$, $y = y_\nu$ $(\nu = 1, 2, \ldots)$ seien nach wachsenden absoluten Beträgen der y geordnet:

$$|y_1| \leqq |y_2| \leqq \ldots$$

Dann ist deren Anzahl entweder endlich oder es ist

$$\overline{\lim_{\nu \to \infty}} \frac{\log |y_{\nu+1}|}{\log |y_\nu|} = \infty.$$

Es ist leicht einzusehen, daß die Lösungen $\frac{x}{y}$ von (56) für $y \geqq 2$ in der Entwicklung von ξ in einen Kettenbruch als Näherungswerte auftreten[15]).

---

[15]) Es seien $\frac{P}{Q}$, $\frac{P'}{Q'}$ zwei aufeinander folgende Näherungswerte, es sei $0 < Q \leqq y < Q'$ und etwa $\frac{P}{Q} < \frac{P'}{Q'}$. Dann folgt

I. aus $\frac{x}{y} < \frac{P}{Q}$ die Ungleichung $\left|\xi - \frac{x}{y}\right| > \left|\frac{P}{Q} - \frac{x}{y}\right| \geqq \frac{1}{Q y} \geqq \frac{1}{y^2}$,

II. aus $\frac{P}{Q} < \frac{x}{y} < \frac{P'}{Q'}$ die Ungleichung $\frac{1}{Q y} \leqq \frac{x}{y} - \frac{P}{Q} < \frac{P'}{Q'} - \frac{P}{Q} = \frac{1}{Q Q'}$, also $Q' < y$,

III. aus $\frac{P'}{Q'} < \frac{x}{y}$ und $y^{\alpha-1} < Q'$ die Ungleichung $\left|\xi - \frac{x}{y}\right| > \frac{x}{y} - \frac{P'}{Q'} = \left(\frac{x}{y} - \frac{P}{Q}\right)$ $- \left(\frac{P'}{Q'} - \frac{P}{Q}\right) \geqq \frac{1}{Q y} - \frac{1}{Q Q'} \geqq \frac{1}{y^2}\left(1 - \frac{1}{y^{\alpha-2}}\right) > \frac{1}{y^\alpha}$ wegen $y \geqq 2$, $\alpha > 3$,

IV. aus $\frac{P'}{Q'} < \frac{x}{y}$ und $y^{\alpha-1} \geqq Q'$ die Ungleichung $\left|\xi - \frac{x}{y}\right| > \frac{x}{y} - \frac{P'}{Q'} \geqq \frac{1}{Q' y} \geqq \frac{1}{y^\alpha}$;

folglich ist $\frac{x}{y} = \frac{P}{Q}$. Dasselbe ergibt sich aus der Annahme $\frac{P'}{Q'} < \frac{P}{Q}$.

Es gibt aber unendlich viele Näherungswerte in der Kettenbruchentwicklung, die keine Lösung von (56) liefern; es gilt nämlich folgender

Satz 5. Es seien $\frac{P_1}{Q_1}, \frac{P_2}{Q_2}, \ldots$ die Näherungswerte der Kettenbruchentwicklung einer reellen algebraischen Zahl ξ vom Grade $n \geqq 2$. Dann gibt es zu jeder natürlichen Zahl m ein $\nu = \nu(m)$, so daß jede der Zahlen $\frac{P_\lambda}{Q_\lambda}$ für $\lambda = \nu + 1, \ldots, \nu + m$ der Ungleichung

$$\left|\xi - \frac{P_\lambda}{Q_\lambda}\right| > \frac{1}{Q_\lambda^\alpha} \qquad \left(\alpha = e\left(\log n + \frac{1}{2\log n}\right)\right) \tag{57}$$

genügt. Es gibt also auch unendlich viele solcher ν; insbesondere gilt also (57) für unendlich viele λ.

Beweis. Bekanntlich ist für hinreichend großes λ

$$\left|\xi - \frac{P_\lambda}{Q_\lambda}\right| > \frac{1}{Q_\lambda^{n+1}},$$

also wegen

$$\left|\xi - \frac{P_\lambda}{Q_\lambda}\right| < \frac{1}{Q_\lambda Q_{\lambda+1}}$$

$$Q_{\lambda+1} < Q_\lambda^n. \tag{58}$$

Wäre nun Satz 5 falsch, so gäbe es ein m derart, daß unter irgend $2m$ konsekutiven Näherungsbrüchen $\frac{P_\lambda}{Q_\lambda}$ zwei Lösungen $\frac{P_\varrho}{Q_\varrho}, \frac{P_\sigma}{Q_\sigma}$ $(\varrho < \sigma)$ von

$$\left|\xi - \frac{P_\lambda}{Q_\lambda}\right| \leqq \frac{1}{Q_\lambda^\alpha}$$

vorhanden sind. Aus $0 < \sigma - \varrho < 2m$ folgte dann wegen (58)

$$1 < \frac{\log Q_\sigma}{\log Q_\varrho} < n^{2m}$$

im Widerspruch zu Satz 4.

Berlin, 31. Dezember 1920.

(Eingegangen am 2. 1. 1921.)

5.

Ueber die Coefficienten in der Taylorschen Entwicklung rationaler Funktionen

The Tôhoku Mathematical Journal 20 (1921), 26—31

Ein schwieriges und interessantes Problem der Functionentheorie ist die Untersuchung der arithmetischen Eigenschaften, welche charakteristisch sind für die Coefficienten in der Taylorschen Entwicklung algebraischer oder rationaler Functionen. Ueber diesen Gegenstand ist sehr wenig bekannt; neben dem wichtigen Satz von Eisenstein sind nur noch einige hübsche Resultate von Jentzsch und Pólya zu nennen. Die folgenden Ueberlegungen tragen sehr speciellen Charakter, sind aber, wie ich hoffe, nicht ohne Interesse.

Ich beginne mit folgendem leicht zu beweisenden Satz: Es sei $g(x)$ ein quadratisches Polynom, $\neq 0$ für $x=0$ und teilerfremd zu einem andern Polynom $f(x)$. Besitzt dann die Potenzreihe

$$\frac{f(x)}{g(x)}=\sum_{n=0}^{\infty} c_n x^n$$

unendlich viele Coefficienten $c_n=0$, so ist $q(x)=\dfrac{f(x)}{g(x)}$ von einer der beiden Formen

$$(1)\qquad q(x)=a\frac{b-\frac{1-\epsilon^{n+1}}{1-\epsilon^n}x}{(b-x)(b-\epsilon x)}+h(x),\qquad q(x)=\frac{ax}{(b-x)(b-\epsilon x)}+h(x),$$

wo a und b Constanten, ϵ eine Einheitswurzel $\neq 1$, n eine natürliche Zahl, $h(x)$ ein Polynom bedeuten.

Beim Beweise darf ich annehmen: $f(x)=\gamma x+1$, $g(0)=1$, $g(1)=0$(¹). Besitzt dann die Gleichung $g(x)=0$ noch eine zweite Wurzel $\dfrac{1}{\eta}\neq 1$, so setze man

(¹) Bedeutet $r(x)$ den Rest von $f(x)$ bei der Division durch $g(x)$, so ersetze ich $f(x)$ im Falle $r(0)\neq 0$ durch $\dfrac{r(x)}{r(0)}$, im Falle $r(0)=0$ durch $\dfrac{r(x)}{x}$; ferner ersetze ich $g(x)=\alpha(1-\xi_1 x)(1-\xi_2 x)$ durch $\dfrac{g(x)}{\alpha}$ und x durch $\xi_1 x$.

$$(2)\qquad \alpha_1 = -\frac{f(1)}{g'(1)}, \quad \alpha_2 = -\frac{\eta f\left(\frac{1}{\eta}\right)}{g'\left(\frac{1}{\eta}\right)};$$

dann ist

$$\frac{f(x)}{g(x)} = -\frac{f(1)}{g'(1)(1-x)} - \frac{\eta f\left(\frac{1}{\eta}\right)}{g'\left(\frac{1}{\eta}\right)(1-\eta x)} = \alpha_1 \sum_{n=0}^{\infty} x^n + \alpha_2 \sum_{n=0}^{\infty} \eta^n x^n,$$

$$c_n = \alpha_1 + \alpha_2 \eta^n.$$

Aus der Annahme $c_n = 0$ folgt dann $\eta^n = -\frac{\alpha_1}{\alpha_2}$. Gilt die Gleichung für zwei verschiedene Werte von n, so ist also η eine Einheitswurzel, und dann gilt sie für unendlich viele n. Aus (2) folgt

$$\eta^n = -\frac{f(1)\, g'\left(\frac{1}{\eta}\right)}{g'(1) \eta f\left(\frac{1}{\eta}\right)} = \frac{\gamma + 1}{\gamma + \eta}, \quad \gamma = \frac{1 - \eta^{n+1}}{\eta^n - 1},$$

$$q(x) = \frac{1 - \frac{1-\eta^{n+1}}{1-\eta^n} x}{(1-x)(1-\eta x)};$$

woraus sich die Behauptung ergibt. Besitze aber $g(x) = 0$ die Doppelwurzel 1, so ist

$$\frac{f(x)}{g(x)} = (\gamma x + 1) \sum_{n=1}^{\infty} n x^{n-1}, \qquad c_n = n\gamma + n + 1;$$

und c_n verschwindet höchstens für einen Wert von n.

Wann hat nun $q(x)$ rationale Coefficienten? Für rationalzahliges $g(x)$ sind in (1) die Zahlen b und $\frac{b}{\varepsilon}$ rational oder conjugierte eines quadratischen Körpers. Folglich ist $b = \pm\sqrt{k}$, $\epsilon = -1$ oder $b = k\rho^\nu$, $\epsilon = \rho^{2\nu}$, wo $k \neq 0$ rational, ρ eine primitive sechste Einheitswurzel, ν eine der Zahlen 1, 2, 4, 5 bedeutet. Im ersteren Fall ist in (1) die Zahl n ungerade, also $1 - \epsilon^{n+1} = 0$,

$$q(x) = \frac{a'}{k^2 - x^2} + h(x)$$

mit rationalem a'; im letzteren Falle muss nach (1) die Zahl $\frac{1-\epsilon^{n+1}}{b(1-\epsilon^n)}$

rational sein. Dann ist also auch $\dfrac{1-\rho^{2\nu(n+1)}}{\rho^{\nu}-\rho^{\nu(2n+1)}}$ rational. Für $n\equiv 2$ (mod 3) wird $1-\epsilon^{n+1}=0$,

$$q(x)=\frac{a'}{k^2+kx+x^2}+h(x),$$

und für $n\equiv 1$ (mod 3) $\dfrac{1-\rho^{2\nu(n+1)}}{\rho^{\nu}-\rho^{\nu(2n+1)}}=\dfrac{1-\rho^{4\nu}}{\rho^{\nu}-\rho^{3\nu}}=-\rho^{3\nu}$

rational für jedes ν,

$$q(x)=a'\frac{k+x}{k^2+kx+x^2}+h(x).$$

Endlich ergeben sich aus der zweiten Gleichung (1) noch die Möglichkeiten

$$q(x)=\frac{a'x}{k^2-x^2}+h(x), \qquad q(x)=\frac{a'x}{k^2+kx+x^2}+h(x).$$

Man sieht leicht ein, dass die Taylorsche Entwicklung dieser $q(x)$ in der Tat unendlich viele verschwindende Coefficienten besitzt.

Schwieriger scheint die Beantwortung der allgemeineren Frage zu sein, wann in der Reihe für $q(x)$ unendlich viele Coefficienten denselben Wert haben können. Es seien speciell die Coefficienten von $f(x)$ und $g(x)$ ganze algebraische Zahlen und $g(x)$ von der Form $1+\alpha x+\beta x^2=(1-\eta_1 x)(1-\eta_2 x)$ mit $\eta_1 \neq \eta_2$. Dann ist

$$\frac{f(x)}{g(x)}=\lambda_1\sum_{n=0}^{\infty}(\eta_1 x)^n+\lambda_2\sum_{n=0}^{\infty}(\eta_2 x)^n$$

mit

$$\lambda_\nu=-\frac{\eta_\nu f\left(\dfrac{1}{\eta_\nu}\right)}{g'\left(\dfrac{1}{\eta_\nu}\right)} \qquad (\nu=1,\ 2).$$

η_1, η_2 und die Coefficienten von $f(x)$ mögen einen Körper h ten Grades erzeugen. Ich setze $d=4h^2$ und nehme an, der Coefficient $\lambda_1\eta_1{}^n+\lambda_2\eta_2{}^n$ habe für unendlich viele n denselben Wert $\mu\neq 0$. Unter den kleinsten positiven Resten dieser n modulo d kommt eine Zahl, etwa r, unendlich oft vor. Dann hat also die Gleichung

$$\lambda_1\eta_1{}^r x^d+\lambda_2\eta_2{}^r y^d=\mu \tag{3}$$

unendlich viele Lösungen in ganzen Zahlen x, y aus dem Körper ihrer

Coefficienten, falls die Potenzen von η_1 und η_2 von einander verschieden sind, d. h. falls η_1 und η_2 nicht beide Einheitswurzeln sind. λ_1 und λ_2 sind $\neq 0$, also steht in (3) links ein homogenes Polynom mit einfachen Linearfactoren. Ich habe aber an anderer Stelle (1) bewiesen, dass eine solche homogene Diophantische Gleichung nur endlich viele Lösungen hat, wenn ihr Grad $>2h(2h-1)$ ist.

Sind also die Coefficienten von $f(x)$ und $g(x)=1+\alpha x+\beta x^2$ $(\beta\neq 0)$ ganze algebraische Zahlen, und enthält die Potenzreihe für $\frac{f(x)}{g(x)}$ einen von 0 verschiedenen Coefficienten unendlich oft, so verschwindet $g(x)$ nur für Einheitswurzeln.

Ich will jetzt annehmen, dass der Nenner $g(x)$ ein cubisches Polynom ist, und folgenden Satz beweisen:

Es sei

$$g(x)=1+px+qx^2\pm x^3 \qquad (p,\ q \text{ ganz rational})$$

teilerfremd zu einem rationalzahligen Polynom $f(x)$. Ist dann $g(x)$ nicht von der Form $(1\pm x)(1+x^2)$ oder $(1\pm x)(1\pm x+x^2)$, so sind in der Potenzreihe für $\frac{f(x)}{g(x)}$ nur endlich viele Coefficienten 0.

Beim Beweise darf ich ohne Beschränkung der Allgemeinheit annehmen, dass der Grad von $f(x)$ höchstens 2 ist.

1) Es sei $g(x)$ irreducibel im Körper der rationalen Zahlen; es seien η_1, η_2, η_3 die Wurzeln von $g(x)=0$. Ich setze

$$\alpha_\nu=-\frac{f(\eta_\nu)}{\eta_\nu g'(\eta_\nu)} \qquad (\nu=1,\ 2,\ 3);$$

dann wird

$$\frac{f(x)}{g(x)}=\sum_{\nu=1}^{3}\frac{\alpha_\nu}{1-\frac{x}{\eta_\nu}}=\sum_{n=0}^{\infty}c_n x^n,$$

wo

$$(4) \qquad c_n=\sum_{\nu=1}^{3}\frac{\alpha_\nu}{\eta_\nu^n}$$

ist. Nun sei

$$\lambda_\nu=-\frac{\eta_\nu}{f(\eta_\nu)}, \quad \mu_\nu=-\frac{\eta_\nu^2}{f(\eta_\nu)} \qquad (\nu=1,\ 2,\ 3),$$

also

(1) Approximation algebraischer Zahlen; Mathematische Zeitschrift.

$$\frac{\mu_\nu}{\lambda_\nu}=\eta_\nu, \qquad \alpha_\nu=\frac{1}{\frac{\mu_\nu}{\eta_\nu}g'(\eta_\nu)},$$

und folglich

$$\alpha_1=\frac{1}{\frac{\mu_1}{\eta_1}\left\{-\frac{1}{\eta_1}\left(1-\frac{\eta_1}{\eta_2}\right)\left(1-\frac{\eta_1}{\eta_3}\right)\right\}}$$

$$=\frac{\mu_2\mu_3\left(\frac{1}{\eta_2}-\frac{1}{\eta_3}\right)}{\mu_1\mu_2\mu_3\left(\frac{1}{\eta_1}-\frac{1}{\eta_2}\right)\left(\frac{1}{\eta_2}-\frac{1}{\eta_3}\right)\left(\frac{1}{\eta_3}-\frac{1}{\eta_1}\right)}=\frac{\lambda_2\mu_3-\lambda_3\mu_2}{\Delta},$$

$$\alpha_2=\frac{\lambda_3\mu_1-\lambda_1\mu_3}{\Delta}, \qquad \alpha_3=\frac{\lambda_1\mu_1-\lambda_2\mu_1}{\Delta}$$

mit $\Delta=\mu_1\mu_2\mu_3\left(\frac{1}{\eta_1}-\frac{1}{\eta_2}\right)\left(\frac{1}{\eta_2}-\frac{1}{\eta_3}\right)\left(\frac{1}{\eta_3}-\frac{1}{\eta_1}\right)$.

Ist nun in (4) $c_n=0$, so folgt

$$(5) \qquad \begin{vmatrix} \lambda_1 & \mu_1 & \eta_1^{-n} \\ \lambda_2 & \mu_2 & \eta_2^{-n} \\ \lambda_3 & \mu_3 & \eta_3^{-n} \end{vmatrix}=0.$$

Die Zahlen λ_1, μ_1, η_1^{-n} gehören dem cubischen Körper an, den die Zahl η_1 erzeugt; ihre Conjugierten sind λ_2, μ_2, η_2^{-n} und λ_3, μ_3, η_3^{-n}. Die Determinante in (5) ist 0: daher sind λ_1, μ_1, η_1^{-n} linear abhängig, d. h. es gibt 3 ganze rationale Zahlen u_n, v_n, w_n, die nicht sämtlich 0 sind, sodass

$$(6) \qquad \mu_v u_n-\lambda_v v_n=\eta_v^{-n} w_n \qquad (v=1,\ 2,\ 3)$$

ist. Verschwinden unendlich viele Coefficienten c_n, so gilt Gleichung (6) für unendlich viele Wertsysteme n, u_n, v_n, w_n. Wegen $\frac{\mu_1}{\lambda_1}=\eta_1$ sind μ_1 und λ_1 voneinander linear unabhängig; daher stellt die lineare Form $\mu_1 x+\lambda_1 y$ für rationale x, y nur dann ganze algebraische Zahlen dar, wenn die Nenner von x und y einem endlichen Wertevorrat angehören[1].

---

(1) Es sei eine ganze rationale Zahl k so gewählt, dass $k\mu_1$ und $k\lambda_1$ ganz sind; es sei ρ_1 eine ganze Zahl aus dem Körper von η_1, die von μ_1 und λ_1 linear unabhängig ist, und ρ_2, ρ_3 ihre Conjugierten. Ist dann $k\mu_1 x+k\lambda_1 y+0\rho_1$ ganz, so sind auch Dx und Dy ganz, wo

$$D=k^2\begin{vmatrix} \mu_1 & \lambda_1 & \rho_1 \\ \mu_2 & \lambda_2 & \rho_2 \\ \mu_3 & \lambda_3 & \rho_3 \end{vmatrix}$$

gesetzt ist.

Setzt man also voraus, dass u_n, v_n, w_n ohne gemeinsamen Teiler sind, so gehört w_n einer endlichen Menge von Zahlen an.

Nach (6) sind u_n, v_n, w_n Lösungen der Diophantischen Gleichung

$$u^3+pu^2v+quv^2\pm v^3=\pm N(f(\eta))w^3, \tag{7}$$

wo N die Norm bedeutet. Auf der linken Seite steht ein irreducibles homogenes cubisches Polynom in u, v. Nach dem Satz von Thue([1]) hat dieses Polynom nur für endlich viele ganze rationale Wertepaare x, y denselben Wert. Die rechte Seite von (7) ist aber nur endlich vieler Wert fähig. Folglich befinden sich unter den unendlich vielen Wertetripeln u_n, v_n, w_n, die (6) befriedigen, nur endlich viele verschiedene; η_1 ist also eine Einheitswurzel.

Nun ist aber η_1 eine algebraische Zahl vom Grade 3. Andererseits hat eine primitive k^{te} Einheitswurzel den Grad $\varphi(k)\leqq k$, und die Werte der Eulerschen Function $\varphi(k)$ sind gerade für jedes $k\geqq 3$. Daraus folgt ein Widerspruch.

2) $g(x)$ sei reducibel:

$$g(x)=(1\pm x)(1+r\pm x^2) \qquad \text{(r ganz rational)}.$$

Hat $g(x)$ einfache Nullstellen, so kann man annehmen

$$\frac{f(x)}{g(x)}=\frac{a}{1\pm x}+\frac{bx+c}{1+rx\pm x^2},$$

wo die Wurzeln von $1+rx\pm x^2=0$ nicht $+1$ oder -1 sind. Sind diese Wurzeln reell, so wachsen die Coefficienten der Taylorschen Reihe für $\frac{bx+c}{1+rx\pm x^2}$ über alle Grenzen, haben also nur endlich oft den festen Wert $\pm a$; für hinreichend grosses n ist dann also $c_n\neq 0$. Sind sie conjugiert complex, also Einheitswurzeln, so folgen aus $\frac{r^2}{4}\mp 1<0$ die drei möglichen Fälle $r=0$, $r=1$, $r=-1$. Man sieht leicht ein, dass für $g(x)=(1\pm x)(1+x^2)$, $g(x)=(1\pm x)(1\pm x+x^2)$ in der Tat unendlich viele $c_n=0$ sein können.

Hat $g(x)$ mehrfache Nullstellen, so ist

$$g(x)=(1\pm x)(1\pm x)^2.$$

Die Coefficienten in den Reihen für $(1\pm x)^{-2}$ und $(1\pm x)^{-3}$ wachsen über alle Grenzen; folglich ist nur endlich oft $c_n=0$.

1921 Januar 12.

([1]) A. Thue, Om en general i store hele tal uløsbar ligning; Skrifter udgivne af Videnskabs-Selskabet i Christiania, Jahrgang 1908. Ueber Annäherungswerte algebraischer Zahlen; Journal für die reine und angewandte Mathematik, Bd. 135 (1909), S. 284–305.

6.

Ueber den Thueschen Satz

Skrifter utgit av Videnskapsselskapet i Kristiania 1921,
I Matematisk-Naturvidenskabelig Klasse, 2. Bind, Nr. 16

In meiner Inaugural-Dissertation (Göttingen 1920) habe ich den Satz von Thue über die Annäherung an algebraische Zahlen durch rationale verschärft und andererseits die Untersuchung auf Approximation durch beliebige algebraische (anstatt rationale) Zahlen ausgedehnt. Diese Verallgemeinerung auf beliebige Zahlkörper erfordert jedoch längere Hilfsbetrachtungen, welche beim Körper der rationalen Zahlen wegfallen; daher möchte ich hier den kürzeren Beweis für letzteren Fall ausführen.

Meine Verschärfung des Thueschen Satzes lautet:

Für jede reelle ganze algebraische Zahl ξ vom Grade $n \geqq 2$ hat die Ungleichung[1]

$$\left|\xi - \frac{x}{y}\right| \leqq \frac{1}{y^{2\sqrt{n}}}$$

nur endlich viele Lösungen in ganzen rationalen Zahlen x, y $(y > 0)$.

Dem Beweis gehen drei Hilfssätze voraus:

Hilfssatz 1.

Es sei ξ eine reelle ganze algebraische Zahl des Grades $n \geqq 2$; es seien r und s zwei natürliche Zahlen, und zwar $s \leqq n-1$; es sei $0 < \vartheta < 1$. Dann gibt es

1) zwei von ξ, r, s, ϑ abhängige Polynome $F(x, y)$ und $G(x, y)$ von den Graden[2]

$$(1) \qquad m = \left[\left(\frac{n+\vartheta}{s+1} - 1\right) r\right]$$

---

[1] Ich werde den Satz sogar für den Exponenten $\min\limits_{\lambda=1,\ldots n} \left(\frac{n}{\lambda+1} + \lambda\right) + \theta$ (anstatt $2\sqrt{n}$) mit beliebigem festen $\theta > 0$ beweisen; — diese Zahl ist $\leqq \sqrt{4n+1} - 1 + \theta$, also $< 2\sqrt{n}$ für hinreichend kleines θ, und kleiner als der Thuesche Exponent $\frac{n}{2} + 1 + \theta$ für $n \geqq 7$.

[2] Grad bedeutet bei Polynomen nicht den »genauen« Grad. Für reelles x bedeutet $[x]$ die größte ganze rationale Zahl $\leqq x$. Die durch (1) erklärte ganze rationale Zahl m ist $\geqq 0$.

in x, s in y, und $m+r$ in x, $s-1$ in y, mit ganzen Coefficienten aus dem durch ξ erzeugten Körper K,

2) ein ebenfalls von ξ, r, s, ϑ abhängiges nicht identisch verschwindendes Polynom $R(x, y)$ vom Grade $m+r$ in x, s in y mit ganzen rationalen Coefficienten,

3) zwei nur von ξ, ϑ und nicht von r, s abhängige positive Zahlen c_1, c_2

mit folgenden Eigenschaften:

I) Es gilt identisch in x, y

(2) $$(x-\xi)^r F(x, y) + (y-\xi) G(x, y) = R(x, y),$$

II) jeder Coefficient von $R(x, y)$ ist absolut $< c_1^r$,

III) wird für jede Zahl ϱ der Reihe $0, 1, \ldots r-1$

(3) $$F_\varrho(x,y) = \sum_{\lambda=0}^{\varrho} \binom{r}{\varrho-\lambda} (x-\xi)^\lambda \frac{\partial^\lambda F(x, y)}{\lambda!\, \partial x^\lambda},$$

(4) $$G_\varrho(x, y) = \frac{\partial^\varrho G(x, y)}{\varrho!\, \partial x^\varrho},$$

(5) $$R_\varrho(x, y) = \frac{\partial^\varrho R(x, y)}{\varrho!\, \partial x^\varrho}.$$

gesetzt, so ist

(6) $$(x-\xi)^{r-\varrho} F_\varrho(x, y) + (y-\xi) G_\varrho(x, y) = R_\varrho(x, y),$$

(7) $$\begin{cases} |F_\varrho(x, y)| < c_2^r (1+|x|)^m (1+|y|)^s \leqq c_2^r (1+|x|)^{m+r} (1+|y|)^s, \\ |G_\varrho(x, y)| < c_2^r (1+|x|)^{r-\varrho-1} (1+|y|)^{s-1} \leqq c_2^r (1+|x|)^{m+r} (1+|y|)^s. \end{cases}$$

Beweis:

Es sei a eine natürliche Zahl. Es gibt genau

(8) $$N = (2a+1)^{(m+r+1)(s+1)}$$

verschiedene Polynome $P(x, y)$ vom Grade $m+r$ in x, s in y, mit ganzen rationalen Coefficienten vom absoluten Betrage $\leqq a$. Ich setze

$$\frac{\partial^\lambda P(x, y)}{\lambda!\, \partial x^\lambda} = P_\lambda(x, y) \qquad (\lambda = 0, \ldots r-1);$$

dann ist jeder Coefficient von $P_\lambda(x, y)$ absolut

$$\leqq \binom{m+r}{\lambda} a < \sum_{\nu=0}^{m+r} \binom{m+r}{\nu} a = 2^{m+r} a.$$

Im Folgenden bedeuten $c_3, c_4, \ldots$ natürliche, nur von ξ, ϑ abhängige Zahlen; mit dieser Bezeichnung gilt für die Zahl $P_\lambda(\xi, \xi)$ und alle Conjugierten

$$|P_\lambda(\xi, \xi)| < 2^{m+r} a (1 + c_3 + \ldots + c_3^{m+r-\lambda})(1 + c_3 + \ldots + c_3^{s}) < c_4^{m+r+s} a,$$

oder, da nach (1)

$$m + r + s \leqq \frac{n+\vartheta}{s+1} r + s < \frac{n+1}{2} r + n < c_5^{r},$$

$$(9) \qquad |P_\gamma(\xi, \xi)| < c_6^{r} a = t.$$

Nun sei speciell $a = \left[\left(\frac{3}{2} c_6^{r}\right)^{\frac{n}{\vartheta}}\right]$. Dann ist wegen (1) und (8)

$$(10) \quad N = (2a+1)^{\left(\left[\frac{n+\vartheta}{s+1} r\right]+1\right)(s+1)} > (2a)^{(n+\vartheta)r} > (2a)^{nr} \left(\frac{3}{2} c_6^{r}\right)^{\frac{n}{\vartheta} \vartheta r} =$$
$$= (3 c_6^{r} a)^{nr} = (3t)^{nr}.$$

Von den zu K conjugierten Körpern seien $K^{(1)}, \ldots K^{(r_1)}$ reell und die Paare $K^{(r_1+\nu)}, K^{(r_1+r_2+\nu)}$ $(\nu = 1, \ldots r_2;\ r_1 + 2r_2 = n)$ conjugiert complex[1]. Bedeutet α eine der r ganzen algebraischen Zahlen $P_\lambda(\xi, \xi)$ $(\lambda = 0, \ldots r-1)$, so wird durch die Gleichungen

$$(11) \quad \alpha_\nu = \alpha^{(\nu)} \text{ für } \nu = 1, \ldots r_1;\ \alpha_\nu + i\,\alpha_{r_2+\nu} = \alpha^{(\nu)} \text{ für } \nu = r_1+1, \ldots r_1 + r_2$$

diesem α ein System von n reellen Zahlen $\alpha_1, \ldots \alpha_n$ zugeordnet. Für jedes Polynom $P(x, y)$ entsprechen daher den r Zahlen $P_\lambda(\xi, \xi)$ insgesamt nr reelle Zahlen, also ein Punkt eines nr-dimensionalen Raumes; und zwar liegt nach (9) jeder der N Punkte, die den N Polynomen zugeordnet sind, in einem festen Würfel der Kantenlänge $2t$. Diesen Würfel zertrenne ich in $(3t)^{nr}$ congruente Teilwürfel von der Kantenlänge $\frac{2}{3}$; dann ist wegen (10) für mindestens zwei Polynome P^* und P^{**} der zugehörige Punkt in oder auf demselben Teilwürfel gelegen. Mit Rücksicht auf die Definition (11) der Coordinaten gilt also

$$|P_\lambda^*(\xi, \xi) - P_\lambda^{**}(\xi, \xi)| \leqq \tfrac{2}{3}\sqrt{2} < 1 \qquad (\lambda = 0, \ldots r-1)$$

---

[1] r_1 oder r_2 kann auch 0 sein.

für sämtliche Conjugierten von $P_\lambda^*(\xi,\xi)-P_\lambda^{**}(\xi,\xi)$. Die Norm dieser ganzen algebraischen Zahl ist demnach absolut <1, und daher ist sie 0. Folglich fehlen in der Taylorschen Entwicklung von $P^*-P^{**}=R$ nach Potenzen von $x-\xi$ und $y-\xi$ die Glieder mit $(x-\xi)^\lambda(y-\xi)^0$ für $\lambda=0,\dots r-1$. — Setzt man also

$$F(x,y)=\sum_{\varkappa=0}^{m}\sum_{\lambda=0}^{s}(x-\xi)^\varkappa(y-\xi)^\lambda\left(\frac{\partial^{\varkappa+r+\lambda}R(x,y)}{(\varkappa+r)!\,\lambda!\,\partial x^{\varkappa+r}\,\partial y^\lambda}\right)_{x=\xi,y=\xi}$$

$$G(x,y)=\sum_{\varkappa=0}^{r-1}\sum_{\lambda=0}^{s-1}(x-\xi)^\varkappa(y-\xi)^\lambda\left(\frac{\partial^{\varkappa+\lambda+1}R(x,y)}{\varkappa!\,(\lambda+1)!\,\partial x^\varkappa\,\partial y^{\lambda+1}}\right)_{x=\xi,\,y=\xi},$$

so gilt die Identität (2). Ferner ist für ein gewisses positives $c_1=c_1(\xi,\vartheta)$ jeder Coefficient von $R(x,y)$ absolut $\leqq 2a=2\left[\left(\frac{3}{2}c_6^r\right)^{\frac{n}{\vartheta}}\right]<c_1^r$. Damit sind die Behauptungen I) und II) bewiesen.

Ich differentiiere (2) ϱ-mal nach x und erhalte wegen (3), (4), (5)

$$\sum_{\lambda=0}^{\varrho}\binom{\varrho}{\lambda}\binom{r}{\varrho-\lambda}(\varrho-\lambda)!\,(x-\xi)^{r-\varrho+\lambda}\,\lambda!\,\frac{\partial^\lambda F(x,y)}{\lambda!\,\partial x^\lambda}+$$
$$+(y-\xi)\,\varrho!\,G_\varrho(x,y)=\varrho!\,R_\varrho(x,y),$$

$$(x-\xi)^{r-\varrho}\sum_{\lambda=0}^{\varrho}\binom{r}{\varrho-\lambda}\binom{\varrho}{\lambda}\frac{\lambda!\,(\varrho-\lambda)!}{\varrho!}(x-\xi)^\lambda\frac{\partial^\lambda F(x,y)}{\lambda!\,\partial x^\lambda}+$$
$$+(y-\xi)\,G_\varrho(x,y)=R_\varrho(x,y),$$

also (6), wegen $\binom{\varrho}{\lambda}=\frac{\varrho!}{\lambda!\,(\varrho-\lambda)!}$.

Nun ist jeder Coefficient von $\frac{\partial^{\alpha+\beta}R(x,y)}{\alpha!\,\beta!\,\partial x^\alpha\,\partial y^\beta}$ $(\alpha\leqq m+r,\ \beta\leqq s)$ absolut $\leqq\binom{m+r}{\alpha}\binom{s}{\beta}2a<2^{m+r+s}c_1^r<c_7^r$ und folglich

$$\left|\left(\frac{\partial^{\alpha+\beta}R(x,y)}{\alpha!\,\beta!\,\partial x^\alpha\,\partial y^\beta}\right)_{x=\xi,\,y=\xi}\right|<c_7^r(1+c_8+\dots+c_8^{m+r})\cdot$$
$$\cdot(1+c_8+\dots+c_8^s)<c_9^r,$$

(12) $$\left|G_\varrho(x,y)\right|<\binom{r-1}{\varrho}rs\,c_9^r(|x|+c_8)^{r-\varrho-1}(|y|+c_8)^{s-1}<$$
$$<c_{10}^r(1+|x|)^{r-\varrho-1}(1+|y|)^{s-1};$$

$$\left|\frac{\partial^\lambda F(x,y)}{\lambda!\,\partial x^\lambda}\right| < c_{11}{}^r (1+|x|)^{m-\lambda} (1+|y|)^s \qquad (\lambda = 0,\ldots\varrho),$$

also nach (3)

$$(13)\qquad |F_\varrho(x,y)| < (\varrho+1)\, 2^r c_{11}{}^r (|x|+c_8)^m (1+|y|)^s < \\ < c_{12}{}^r (1+|x|)^m (1+|y|)^s.$$

Setze ich noch $c_2 = \max(c_{10}, c_{12})$, so folgt (7) aus (12) und (13), und auch III) ist vollständig bewiesen.

Hilfssatz 2.

Es mögen $\xi, n, r, s, \vartheta, R(x,y)$ die Bedeutung des Hilfssatzes 1 haben; außerdem sei

$$(14)\qquad r \geqq 2n^2,$$

$$(15)\qquad \vartheta \leqq \tfrac{1}{2}.$$

In

$$(16)\qquad R(x,y) = \sum_{\mu=0}^{s} f_\mu(x) y^\mu$$

seien von den $s+1$ Polynomen $f_\mu(x)$ genau $s'+1$ linear unabhängig in Bezug auf den Körper der rationalen Zahlen. s' ist $\geqq 0$, da nicht alle $s+1$ Polynome identisch 0 sind. Ich wähle die Zahlen $\lambda_0, \ldots \lambda_{s'}$ aus der Reihe $0, 1, \ldots s$ derart, daß $f\lambda_0(x), \ldots f\lambda_{s'}(x)$ im Körper der rationalen Zahlen linear unabhängig sind, und setze die Determinante

$$|f\lambda_\beta{}^{(\alpha)}(x)| = \Delta(x) \qquad (\alpha = 0,\ldots s';\ \beta = 0,\ldots s').$$

Dann gibt es zu jeder Zahl η, die von den zu ξ Conjugierten verschieden ist, eine nicht negative ganze Zahl $\gamma \leqq \vartheta r + n(n-1)$, so daß

$$\Delta^\gamma(\eta) = \left(\frac{d^\gamma \Delta(x)}{d\,x^\gamma}\right)_{x=\eta}$$

nicht 0 ist.

Beweis:

Wenn ich alle $f_\mu(x)$ $(\mu = 0,\ldots s)$ durch $f\lambda_0(x), \ldots f\lambda_{s'}(x)$ ausdrücke, so gehe (16) über in

$$(17)\qquad R(x,y) = \sum_{\beta=0}^{s'} f\lambda_\beta(x)\, U_\beta(y),$$

wo $U_\beta(y)$ ein rationalzahliges Polynom s^{ten} Grades in y bedeutet, das nicht identisch verschwindet. Wegen der linearen Unabhängigkeit[1] der $f_{\lambda_\beta}(x)$ ist ferner $\Delta(x)$ nicht identisch 0. Nach (2) und (17) gilt

$$\sum_{\beta=0}^{s'} f_{\lambda_\beta}^{(\alpha)}(x)\, U_\beta(\xi) = \frac{d^\alpha}{dx^\alpha} \{(x-\xi)^r F(x,\xi)\} \qquad (\alpha = 0, \ldots s').$$

Die Unterdeterminante von $f_{\lambda_0}^{(\alpha)}(x)$ in $\Delta(x)$ nenne ich $\Delta_\alpha(x)$; dann folgt

$$(18) \qquad \Delta(x)\, U_0(\xi) = \sum_{\alpha=0}^{s'} \Delta_\alpha(x) \frac{d^\alpha}{dx^\alpha} \{(x-\xi)^r F(x,\xi)\}.$$

$U_0(y)$ ist vom Grade $s < n$, und daher ist $U_0(\xi) \neq 0$. Nach (18) ist $\Delta(x)$ teilbar durch $(x-\xi)^{r-s'}$; hierbei ist der Exponent $r-s' > 0$ nach (14). Bedeutet $\varphi(x) = 0$ die irreducible Gleichung n^{ten} Grades für ξ, so ist das rationalzahlige Polynom $\Delta(x)$ teilbar durch $\varphi(x)^{r-s'}$:

$$(19) \qquad \Delta(x)\, U_0(\xi) = \varphi(x)^{r-s'} D(x),$$

wo $D(x)$ nicht identisch 0 ist. Die Elemente der $s'+1$-reihigen Determinante $\Delta(x)$ sind vom Grade $\leqq m + r$; der Grad von $\Delta(x)$ ist also $\leqq (s'+1)(m+r)$. Bedeutet δ den wahren Grad von $D(x)$, so ist nach (19)

$$\delta \leqq (s'+1)(m+r) - n(r-s') \leqq (s+1)(m+r) - n(r-s).$$

Nach Voraussetzung ist $\varphi(\eta) \neq 0$; das Polynom $\Delta(x)$ verschwindet also für $x = \eta$ höchstens von der Ordnung δ. Daher gibt es in der Reihe $0, 1, \ldots \delta$ eine Zahl γ, so daß $\Delta^{(\gamma)}(\eta) \neq 0$ ist, und für dieses γ gilt nach (1)

$$\gamma \leqq \delta \leqq (s+1)\frac{n+\vartheta}{s+1} r - nr + ns \leqq \vartheta r + n(n-1).$$

---

[1] Besteht zwischen mehreren rationalzahligen Polynomen $p_1(x), \ldots p_\nu(x)$ eine homogene lineare Gleichung mit constanten Coefficienten, so ist die aus den Coefficienten von $p_1(x), \ldots p_\nu(x)$ gebildete Matrix vom Range $< \nu$; da aber ein auflösbares System linearer rationalzahliger Gleichungen stets durch rationale Werte der Unbekannten befriedigt werden kann, so sind dann auch die ν Polynome im Körper der rationalen Zahlen linear abhängig. Sind also andererseits $p_1(x), \ldots p_\nu(x)$ im Körper der rationalen Zahlen linear unabhängig, so gilt dies auch für den Körper aller Zahlen. Folglich ist dann die Wronkische Determinante der ν Polynome nicht identisch 0.

Hilfssatz 3.

Es mögen $\xi, m, n, r, s, c_1, \vartheta$ die Bedeutung des Hilfssatzes 1 haben; für r und ϑ seien (14) und (15) erfüllt. Es seien $\frac{p_1}{q_1}$ und $\frac{p_2}{q_2}$ zwei reducierte rationale Brüche mit positiven Nennern, von denen $q_2 \geqq c_1{}^r$ ist. Dann gibt es eine nicht negative ganze Zahl $\varrho < \vartheta r + n^2$, also nach (14) und (15) $\leqq r-1$, und ein natürliches $c_{13} = c_{13}(\xi, \vartheta)$, so daß mindestens eine der Zahlen

$$(20) \quad E_1 = c_{13}{}^r q_1{}^{m+r} q_2{}^s \left| \xi - \frac{p_1}{q_1} \right|^{r-\varrho}, \qquad E_2 = c_{13}{}^r q_1{}^{m+r} q_2{}^s \left| \xi - \frac{p_2}{q_2} \right|$$

größer als 1 ist.

Beweis:

Das Polynom $R(x, y)$ des Hilfssatzes 1 verschwindet für $y = \frac{p_2}{q_2}$ nicht identisch. Denn sonst würde in der Entwicklung von $R(x, y)$ nach Potenzen von x,

$$R(x, y) = \sum_{\nu=0}^{m+r} g_\nu(y)\, x^\nu,$$

jedes $g_\nu(y)$ durch das primitive Polynom $q_2 y - p_2$ teilbar sein. Die Coefficienten von $g_\nu(y)$ sind nun ganze rationale Zahlen und absolut $< c_1{}^r$; nach einem bekannten Gaußschen Satze hätten dann auch die Polynome $\frac{g_\nu(y)}{q_2 y - p_2}$ ganze rationale Coefficienten, insbesondere ginge q_2 in dem Coefficienten des höchsten Gliedes jedes $g_\nu(y)$ auf. Da aber mindestens ein $g_\nu(y)$ nicht identisch 0 ist, so wäre dies ein Widerspruch zur Voraussetzung $q_2 \geqq c_1{}^r$.

Nach (17) ist also eine der Zahlen $U_\beta\left(\frac{p_2}{q_2}\right) \neq 0$. Die Bezeichnung sei so gewählt, daß dies für $\beta = 0$ zutrifft. Die Auflösung der $s'+1$ Gleichungen

$$\alpha!\, R_\alpha\left(x, \frac{p_2}{q_2}\right) = \sum_{\beta=0}^{s'} f_{\lambda_\beta}^{(\alpha)}(x)\, U_\beta\left(\frac{p_2}{q_2}\right) \qquad (\alpha = 0, \ldots s')$$

nach $U_0\left(\frac{p_2}{q_2}\right)$ lautet

$$(21) \qquad \Delta(x)\, U_0\left(\frac{p_2}{q_2}\right) = \sum_{\alpha=0}^{s'} \Delta_\alpha(x)\, \alpha!\, R_\alpha\left(x, \frac{p_2}{q_2}\right).$$

Die rationale Zahl $\frac{p_1}{q_1}$ ist sicherlich von den zu ξ Conjugierten verschieden. Folglich existiert nach Hilfssatz 2 ein nichts negatives $\gamma \leqq \vartheta r + n(n-1)$, so daß $\varDelta^{(\gamma)}\left(\frac{p_1}{q_1}\right) \neq 0$ ist. Nun ist aber nach (21) die von 0 verschiedene Zahl $\varDelta^{(\gamma)}\left(\frac{p_1}{q_1}\right) U_0 \left(\frac{p_2}{q_2}\right)$ eine homogene lineare Verbindung der Zahlen $R_\varkappa\left(\frac{p_1}{q_1}, \frac{p_2}{q_2}\right) (\varkappa = 0, \ldots \gamma + s')$. Unter diesen $\gamma + s' + 1$ Zahlen ist also mindestens eine $\neq 0$; und für den zugehörigen Index $\varkappa = \varrho$ gilt

$$(22) \qquad \varrho \leqq \gamma + s' < \vartheta r + n(n-1) + n = \vartheta r + n^2.$$

Das Polynom $R_\varrho(x, y)$ vom Grade $m + r - \varrho$ in x, s in y, hat ganze rationale Coefficienten. Daher ist die Zahl $q_1^{m+r-\varrho} q_2^s R_\varrho\left(\frac{p_1}{q_1}, \frac{p_2}{q_2}\right)$ ganz rational und $\neq 0$, also absolut genommen $\geqq 1$. Folglich ist nach (6)

$$q_1^{m+r-\varrho} q_2^s \left| \left(\frac{p_1}{q_1} - \xi\right)^{r-\varrho} F_\varrho\left(\frac{p_1}{q_1}, \frac{p_2}{q_2}\right) + \left(\frac{p_2}{q_2} - \xi\right) G_\varrho\left(\frac{p_1}{q_1}, \frac{p_2}{q_2}\right) \right| \geqq 1,$$

also wegen (7) a fortiori

$$(23) \qquad c_2^r \left(1 + \frac{|p_1|}{q_1}\right)^{m+r} \left(1 + \frac{|p_2|}{q_2}\right)^s q_1^{m+r-\varrho} q_2^s \left(\left|\xi - \frac{p_1}{q_1}\right|^{r-\varrho} + \left|\xi - \frac{p_2}{q_2}\right| \right) > 1.$$

Offenbar braucht Hilfssatz 3 nur für den Fall bewiesen zu werden, daß die Zahlen $\left|\xi - \frac{p_1}{q_1}\right|$ und $\left|\xi - \frac{p_2}{q_2}\right|$ beide < 1 sind. Dann ist aber

$$1 + \frac{|p_1|}{q_1} < 2 + |\xi| < c_{14}, \quad 1 + \frac{|p_2|}{q_2} < c_{14};$$

und es gibt nach (23) ein positives nur von ξ und ϑ abhängiges c_{13}, so daß

$$c_{13}^r q_1^{m+r-\varrho} q_2^s \left(\left|\xi - \frac{p_1}{q_1}\right|^{r-\varrho} + \left|\xi - \frac{p_2}{q_2}\right| \right) > 2$$

ist. Hieraus folgt die Behauptung.

Ich komme jetzt zum Beweis des Satzes.

Es sei $0 < \theta < 1$ und s eine natürliche Zahl $\leqq n-1$. Ich setze

$$(24) \qquad \frac{n}{s+1} + s + \theta = \beta$$

und nehme per absurdum an, die Ungleichung

(25) $$\left|\xi - \frac{x}{y}\right| \leqq \frac{1}{y^{\beta}} \qquad (y > 0)$$

habe unendlich viele Lösungen in ganzen rationalen x, y. Die Constante ϑ des Hilfssatzes 1 werde durch

(26) $$\vartheta = \frac{\theta}{8n}$$

definiert; die Zahlen c_1 und c_{13} der Hilfssätze 1 und 3 mögen die zu diesem ϑ gehörige Bedeutung haben. Dann wähle ich aus den unendlich vielen Lösungen von (25) eine solche Lösung $x = p_1, y = q_1$ in teilerfremden Zahlen, welche der Bedingung

(27) $$q_1 > \max\left(c_1, c_{13}^{\frac{4}{\theta}}\right)$$

genügen. Hierauf nehme ich eine zweite Lösung $x = p_2, y = q_2$ in teilerfremden Zahlen, so daß

(28) $$q_2 > q_1^{\frac{8n^3}{\theta} + 1}$$

ist, und setze

(29) $$r = \left[\frac{\log q_2}{\log q_1}\right].$$

Für dieses r ist nach (28) und (29)

(30) $$r \geqq \left[\frac{8n^3}{\theta} + 1\right] > \frac{8n^3}{\theta} > 2n^2,$$

nach (27) und (29) $q_2 > c_1^r$; ferner ist nach (26) $\vartheta < \frac{1}{2}$. Die Voraussetzungen des Hilfssatzes 3 sind also sämtlich erfüllt; folglich ist eine der beiden Zahlen E_1, E_2 aus (20) größer als 1. Für das zugehörige ϱ gilt $\varrho < \vartheta r + n^2$, also nach (26) und (30)

$$\frac{\varrho}{r} < \vartheta + \frac{n^2}{r} < \frac{\theta}{8n} + \frac{n^2\theta}{8n^3} = \frac{\theta}{4n};$$

ferner ist nach (24)

$$\beta = \frac{n}{s+1} + s + \theta < \frac{n}{s+1} + s + 1 \leqq \max_{\lambda = 2, \ldots n}\left(\frac{n}{\lambda} + \lambda\right) \leqq \frac{3}{2}n;$$

setzt man also noch zur Abkürzung

$$\theta - \frac{\vartheta}{s+1} - \beta\frac{\varrho}{r} - \frac{\log c_{13}}{\log q_1} = \varepsilon,$$

so ist mit Rücksicht auf (26) und (27)

$$(31) \qquad \varepsilon > \theta - \frac{\theta}{8n} - \frac{3}{2} n \frac{\theta}{4n} - \frac{\theta}{4} > \frac{\theta}{4} > 0.$$

Wegen $\log c_{13} \geqq 0$ ist

$$(32) \quad 0 < \frac{n+\vartheta}{s+1} + \frac{\log c_{13}}{\log q_1} = \beta + \frac{\vartheta}{s+1} - s - \theta + \frac{\log c_{13}}{\log q_1} = \beta\left(1 - \frac{\varrho}{r}\right) - s - \varepsilon,$$

und folglich nach (29) und (31)

$$(33) \quad r \leqq \frac{\log q_2}{\log q_1} < \frac{\log q_2}{\log q_1} \cdot \frac{\beta - s}{\beta\left(1 - \frac{\varrho}{r}\right) - s - \varepsilon} = \frac{(\beta - s)\log q_2}{\frac{n+\vartheta}{s+1}\log q_1 + \log c_{13}}.$$

Ferner ist nach (31) und (32)

$$\beta\left(1 - \frac{\varrho}{r}\right) - \frac{n+\vartheta}{s+1} - \frac{\log c_{13}}{\log q_1} = s + \varepsilon > 0,$$

also nach (29), (30), (31)

$$r > \frac{\log q_2}{\log q_1} - 1 = \frac{\log q_2}{\log q_1} \cdot \frac{s}{s + \frac{\theta}{4}} + \frac{\log q_2}{\log q_1} \cdot \frac{\frac{\theta}{4}}{s + \frac{\theta}{4}} - 1 >$$

$$> \frac{\log q_2}{\log q_1} \frac{s}{s+\varepsilon} + \frac{8n^3}{\theta} \cdot \frac{\theta}{4n} - 1,$$

$$(34) \qquad r > \frac{\log q_2}{\log q_1} \cdot \frac{s}{s+\varepsilon} = \frac{s \log q_2}{\left(\beta\left(1 - \frac{\varrho}{r}\right) - \frac{n+\vartheta}{s+1}\right)\log q_1 - \log c_{13}}.$$

Aus (33) und (34) folgt mit Rücksicht auf (1)

$$s \log q_2 < \{\beta(r - \varrho) - (m + r)\} \log q_1 - r \log c_{13}$$

und

$$(m + r) \log q_1 + r \log c_{13} < (\beta - s) \log q_2,$$

oder, da p_1, q_1 und p_2, q_2 Lösungen von (25) sind, a fortiori nach (20)

$$E_1 < 1 \text{ und } E_2 < 1,$$

was ein Widerspruch ist. Folglich hat (25) nur endlich viele Lösungen.

Göttingen, 1920 August 7.

7.

Neuer Beweis für die Funktionalgleichung der Dedekindschen Zetafunktion

Mathematische Annalen 85 (1922), 123—128

Für die Fortsetzbarkeit und die Funktionalgleichung seiner Zetafunktion hat Riemann zwei Beweise gegeben. Der eine benutzt den Integralsatz von Cauchy, der andere eine Formel aus der Theorie der Thetafunktionen. In seiner Arbeit „Über die Zetafunktion beliebiger algebraischer Zahlkörper" (Nachrichten von der Königlichen Gesellschaft der Wissenschaften zu Göttingen, mathematisch-physikalische Klasse, Jahrgang 1917, S. 77—89) ist es Hecke gelungen, den zweiten Riemannschen Ansatz auf den Beweis der Fortsetzbarkeit und der Funktionalgleichung der Dedekindschen Zetafunktion zu übertragen. Ich werde im folgenden zeigen, daß auch die Idee des ersten Beweises von Riemann sich sinngemäß bei der Untersuchung der ζ-Funktion eines Zahlkörpers verwenden läßt. Dies gilt für die allgemeinsten Heckeschen ζ-Funktionen mit Charakteren; ich beschränke mich aber der Einfachheit halber auf die gewöhnliche Dedekindsche ζ-Funktion eines *total reellen* algebraischen Zahlkörpers K.

In § 1 stelle ich eine Funktion von $2n+1$ Veränderlichen[1]) auf, welche für die Theorie des Körpers K noch größere Bedeutung zu haben scheint als die gewöhnlichen Zetafunktionen; insbesondere spielt sie bei Problemen der additiven Theorie der Zahlkörper eine fundamentale Rolle[2]). Zur Untersuchung dieser Funktion wurde ich angeregt durch eine Mitteilung von Herrn F. Bernstein aus dem Sommer 1920; Herr Bernstein zeigte mir damals eine Formel, aus der sich ihre wichtigste Eigenschaft für spezielle Werte der Variablen ableiten läßt.

§ 2 enthält den Beweis der Fortsetzbarkeit und Funktionalgleichung der Dedekindschen ζ-Funktion.

§ 1.

Es sei $d > 0$ die Grundzahl von K; $\mathfrak{a}$ sei ein Ideal aus K; $\alpha_1, \ldots, \alpha_n$ dessen Basis; $w^{(1)}, \ldots, w^{(n)}$ seien n positive Variable; $x_1, \ldots, x_n$ seien n

---

[1]) n bedeutet wie üblich den Grad des Körpers.

[2]) Vgl. meine demnächst in den Mathematischen Annalen erscheinende Arbeit „Additive Theorie der Zahlkörper I". Dort wird nur der Fall $n=2$ behandelt.

reelle Variable; s sei eine reelle Zahl >1. Ich setze

$$x_1\alpha_1+\ldots+x_n\alpha_n=\xi.$$

Ist β irgendeine Zahl aus K, so heißt $\beta+\xi$ total positiv (in Zeichen $\succ 0$), wenn die n Zahlen $\beta^{(m)}+\xi^{(m)}=\beta^{(m)}+x_1\alpha_1^{(m)}+\ldots+x_n\alpha_n^{(m)}$ $(m=1,\ldots,n)$ positiv sind. Ich untersuche die Funktion

$$(1)\qquad F(x_1,\ldots,x_n)=\sum_{\mathfrak{a}|\mu\succ-\xi}N(\mu+\xi)^{s-1}e^{-2\pi S\{(\mu+\xi)w\}};$$

hierin bedeutet das Zeichen $\mathfrak{a}|\mu\succ-\xi$, daß μ alle diejenigen Zahlen des Ideals $\mathfrak{a}$ durchläuft, für welche (bei festen $x_1,\ldots,x_n$) die Zahl $\mu+\xi\succ 0$ ist; $N(\mu+\xi)$ ist eine Abkürzung für $\prod_{m=1}^{n}(\mu^{(m)}+\xi^{(m)})$; $S\{(\mu+\xi)w\}$ bedeutet die Summe $\sum_{m=1}^{n}(\mu^{(m)}+\xi^{(m)})w^{(m)}$. Die Funktion F hat in $x_1,\ldots,x_n$ je die Periode 1. Das allgemeine Glied der Summe besitzt für $s>n+1$ stetige partielle Ableitungen nach $x_1,\ldots,x_n$ bis zur n-ten Ordnung; ferner ist diese Summe sowie die Summe der Ableitungen gleichmäßig konvergent[3]. Die Funktion F ist also für $s>n+1$ in eine Fouriersche Reihe

$$(2)\qquad F(x_1,\ldots,x_n)=\sum_{l_1,\ldots,l_n=-\infty}^{+\infty}B_{l_1\ldots l_n}e^{2\pi i(l_1x_1+\ldots+l_nx_n)}$$

entwickelbar, und es ist

$$B_{l_1\ldots l_n}=\sum_{\mathfrak{a}|\mu\succ-\xi}\int_0^1\!\!\ldots\!\int_0^1 N(\mu+\xi)^{s-1}e^{-2\pi\left(S\{(\mu+\xi)w\}+i\sum\limits_{m=1}^{n}l_mx_m\right)}dx_1\ldots dx_n.$$

Es sei $(\mathsf{A}_k^{(l)})$ die zu $(\alpha_l^{(k)})$ $(k=1,\ldots,n;\ l=1,\ldots,n)$ reziproke Matrix; dann ist

$$x_m=\sum_{k=1}^{n}\xi^{(k)}\mathsf{A}_m^{(k)}=S(\xi\mathsf{A}_m).$$

Bedeutet $\mathfrak{d}$ das Grundideal von K, so ist nach Dedekind $(\mathsf{A}_1,\ldots,\mathsf{A}_m)$ eine Basis des Ideals $\frac{1}{\mathfrak{a}\mathfrak{d}}$. Jede Zahl des Ideals $\frac{1}{\mathfrak{d}}$ hat eine ganze rationale Spur, also ist

$$e^{-2\pi i\sum\limits_{m=1}^{n}l_mx_m}=e^{-2\pi iS\left(\xi\sum\limits_{m=1}^{n}l_m\mathsf{A}_m\right)}=e^{-2\pi iS\left\{(\mu+\xi)\sum\limits_{m=1}^{n}l_m\mathsf{A}_m\right\}}.$$

---

[3]) Vgl. den Beweis in § 2 meiner unter [2]) zitierten Arbeit.

Setzt man noch

$$\sum_{m=1}^{n} l_m \mathsf{A}_m = \lambda, \qquad B_{l_1 \dots l_n} = B_\lambda,$$

$$\varepsilon_\xi = 1 \quad \text{für} \quad \xi \succ 0, \ = 0 \ \text{sonst},$$

so ist

$$B_\lambda = \int_{-\infty}^{+\infty} \dots \int_{-\infty}^{+\infty} \varepsilon_\xi N \xi^{s-1} e^{-2\pi S\{\xi(w+i\lambda)\}} dx_1 \dots dx_n.$$

Als neue Integrationsveränderliche führe ich die Größen $\xi^{(1)}, \dots, \xi^{(n)}$ ein. Es ist

$$\frac{d(\xi^{(1)}, \dots, \xi^{(n)})}{d(x_1, \dots, x_n)} = |\alpha_l^{(k)}| = \pm N\mathfrak{a}\sqrt{d},$$

und daher

$$B_\lambda = \frac{1}{N\mathfrak{a}\sqrt{d}} \prod_{m=1}^{n} \int_0^\infty \xi^{(m)\,s-1} e^{-2\pi(w^{(m)}+i\lambda^{(m)})\,\xi^{(m)}} d\xi^{(m)}$$

(3) $$= \frac{\Gamma^n(s)}{N\mathfrak{a}\sqrt{d}\,(2\pi)^{ns} \prod_{m=1}^{n} (w^{(m)} + i\lambda^{(m)})^s}.$$

Aus (1), (2), (3) folgt die Gleichung

(4) $$\sum_{\mathfrak{a}|\mu \succ -\xi} N(\mu+\xi)^{s-1} e^{-2\pi S\{(\mu+\xi)w\}} = \frac{\Gamma^n(s)}{N\mathfrak{a}\sqrt{d}\,(2\pi)^{ns}} \sum_{\frac{1}{\mathfrak{a}\mathfrak{d}}|\lambda} \frac{e^{2\pi i S(\xi\lambda)}}{N(w+i\lambda)^s};$$

wo λ alle Zahlen des Ideals $\frac{1}{\mathfrak{a}\mathfrak{d}}$ durchläuft. Unter $(w+i\lambda)^s$ ist der Hauptwert zu verstehen.

Bei der Ableitung dieser Formel wurde $s > n+1$ vorausgesetzt. Ihre beiden Seiten sind aber bei festen $x_1, \dots, x_n, w^{(1)}, \dots, w^{(n)}$ gleichmäßig konvergent für alle s aus irgendeinem abgeschlossenen endlichen Gebiet der Halbebene $\Re s > 1$, also dort analytische Funktionen von s. Die Formel (4) gilt also für jedes $s > 1$. Sie wird im folgenden benutzt für $s = 2$, $x_1 = \dots = x_n = 0$:

(5) $$\sum_{\mathfrak{a}|\mu \succ 0} N\mu\, e^{-2\pi S(\mu w)} = \frac{1}{N\mathfrak{a}\sqrt{d}\,(2\pi)^{2n}} \sum_{\frac{1}{\mathfrak{a}\mathfrak{d}}|\lambda} \frac{1}{N(w+i\lambda)^2}.$$

§ 2.

Der bequemeren Darstellung halber nehme ich an, daß der engere und weitere Äquivalenzbegriff sich in K decken, daß es also zu jeder Kombination $v_1, \dots, v_n$ von n Zahlen ± 1 eine Einheit ε mit sign $\varepsilon^{(m)} = v_m$ $(m = 1, \dots, n)$ gibt. Es sei $\mathfrak{K}$ eine Idealklasse, $\mathfrak{a}$ ein festes Ideal aus der zu $\mathfrak{K}$ inversen Klasse.

Dann ist für $s>1$

$$N\mathfrak{a}^{-s}\zeta(s;\mathfrak{K})=\sum_{\mathfrak{a}\mid(\alpha)}\frac{1}{N\alpha^s},$$

wo α ein vollständiges System nicht assoziierter total positiver Zahlen des Ideals $\mathfrak{a}$ durchläuft. Benutze ich die Formel

$$\frac{\Gamma(t)}{a^t}=\int_0^\infty x^{t-1}e^{-ax}dx \qquad (t>0,\ a>0)$$

für $t=s+1$, $a=2\pi\alpha^{(l)}$ $(l=1,\ldots,n)$, so wird

$$\Phi(s)=\frac{N\mathfrak{a}^{-s}\Gamma^n(s+1)}{(2\pi)^{n(s+1)}}\zeta(s;\mathfrak{K})$$

$$(6) \qquad =\sum_{\mathfrak{a}\mid(\alpha)}\int_0^\infty\cdots\int_0^\infty x_1^s\ldots x_n^s N\alpha\, e^{-2\pi\sum\limits_{l=1}^{n}\alpha^{(l)}x}dx_1\ldots dx_n.$$

Es sei $\varepsilon_1,\ldots,\varepsilon_{n-1}$ ein System total positiver Grundeinheiten und R deren Regulator. Ich mache die Substitution

$$7) \qquad x_l=\varepsilon_1^{(l)\,y_1}\ldots\varepsilon_{n-1}^{(l)\,y_{n-1}}z \qquad (l=1,\ldots,n)$$

mit der Jacobischen Determinante $\pm nR\frac{x_1\ldots x_n}{z}$; das ergibt

$$\Phi(s)=\sum_{\mathfrak{a}\mid\alpha>0}nR\int_{-\frac12}^{+\frac12}\cdots\int_{-\frac12}^{+\frac12}\int_0^\infty z^{n(s+1)-1}N\alpha\, e^{-2\pi z S\left(\alpha\prod\limits_{k=1}^{n-1}\varepsilon_k^{y_k}\right)}dy_1\ldots dy_{n-1}dz,$$

wo α *alle* total positiven Zahlen des Ideals $\mathfrak{a}$ durchläuft.

Ich setze nun

$$\Phi(s)=\Phi_1(s)+\Phi_2(s);$$

hierbei sollen Φ_1 und Φ_2 aus Φ hervorgehen, indem das Intervall 0 bis ∞ der Integrationsvariablen z in die Teile 0 bis 1 und 1 bis ∞ zerlegt wird. Bei Φ_1 darf Summation über α mit Integration vertauscht werden, da der Integrand $\geqq 0$ ist. Auf die unter dem Integralzeichen stehende unendliche Reihe wende ich dann die Formel (5) an mit $w^{(l)}=z\prod\limits_{k=1}^{n-1}\varepsilon_k^{(l)\,y_k}$ $(l=1,\ldots,n)$; es folgt

$$\Phi_1(s)=nR\int_{-\frac12}^{+\frac12}\cdots\int_{-\frac12}^{+\frac12}\int_0^1 z^{n(s+1)-1}\frac{1}{N\mathfrak{a}\sqrt{d}\,(2\pi)^{2n}}\sum_{\frac{1}{\mathfrak{a}\mathfrak{d}}\mid}\frac{dy_1\ldots dy_{n-1}dz}{N\left(z\prod\limits_{k=1}^{n-1}\varepsilon_k^{y_k}+i\lambda\right)^2},$$

wo λ alle Zahlen des Ideals $\frac{1}{\mathfrak{a}\mathfrak{d}}$ durchläuft; oder

$$(8) \qquad \Phi_1(s)=\frac{R}{N\mathfrak{a}\sqrt{d}\,(2\pi)^{2n}}\left\{\frac{1}{s-1}+n\int_{-\frac12}^{+\frac12}\cdots\int_{-\frac12}^{+\frac12}\int_0^1 z^{n(s+1)-1}\sum_{\frac{1}{\mathfrak{a}\mathfrak{d}}\mid\lambda\neq0}\frac{dy_1\ldots dy_{n-1}dz}{N\left(z\prod\limits_{k=1}^{n-1}\varepsilon_k^{y_k}+i\lambda\right)^2}\right\}.$$

Hierin ist das Integral über die Reihe mit absolut genommenen Gliedern konvergent, wie leicht zu sehen ist; man darf also Integration mit Summation vertauschen. Ferner ist die Reihe der Integrale gleichmäßig in s konvergent für $\Re s > -1 + \delta$ ($\delta > 0$) und jedes Integral stellt eine in dieser Halbebene reguläre Funktion von s dar. Also wird durch (8) die Funktion $\Phi_1(s)$ in die Halbebene $\Re s > -1$ analytisch fortgesetzt; und nach (8) ist $\Phi_1(s)$ dort regulär bis auf einen Pol erster Ordnung bei $s = 1$ mit dem Residuum $\frac{R}{N\mathfrak{a}\sqrt{d}(2\pi)^{2n}}$. Die Funktion $\Phi_2(s)$ ist aber, wie ein Blick auf ihre Definition lehrt, ganz transzendent. Nach (6) ist daher $\zeta(s; \mathfrak{K})$ in die Halbebene $\Re s > -1$ fortsetzbar und hat dort nur einen Pol erster Ordnung mit dem Residuum $\frac{R}{\sqrt{d}}$ [4]).

Fortan sei $\Re s < 0$. Dann darf auf $\Phi_2(s)$ dieselbe Umformung angewendet werden wie oben auf $\Phi_1(s)$; und ich bekomme durch Ausführung der zu (7) inversen Substitution für $-1 < \Re s < 0$

$$(9) \qquad \Phi(s) = \frac{1}{N\mathfrak{a}\sqrt{d}(2\pi)^{2n}} \sum_{\frac{1}{\mathfrak{a}\mathfrak{b}} \mid \lambda}' \int_0^\infty \cdots \int_0^\infty x_1^s \ldots x_n^s \frac{1}{\prod_{l=1}^n (x_l + i\lambda^{(l)})^2} dx_1 \ldots dx_n,$$

wobei λ in Σ' ein vollständiges System solcher von 0 verschiedener Zahlen des Ideals $\frac{1}{\mathfrak{a}\mathfrak{b}}$ durchläuft, deren Quotienten keine total positiven Einheiten sind („ein vollständiges System im engeren Sinne nicht assoziierter Zahlen").

Die Ebenen der n komplexen Variablen $x_1, \ldots, x_n$ schneide ich längs der Halbachsen des positiv Reellen auf und verstehe unter x_l^s ($l = 1, \ldots, n$) den in der aufgeschnittenen x_l-Ebene eindeutigen Zweig $e^{s(\log|x_l| + i \operatorname{arc} x_l)}$ mit $0 \leqq \operatorname{arc} x_l \leqq 2\pi$. Dann folgt aus (9)

$$(10) \quad \Phi(s)(1 - e^{2\pi i s})^n = \frac{1}{N\mathfrak{a}\sqrt{d}(2\pi)^{2n}} \sum_{\frac{1}{\mathfrak{a}\mathfrak{b}} \mid \lambda}' \int \cdots \int \prod_{l=1}^n \frac{x_l^s}{(x_l + i\lambda^{(l)})^2} dx_1 \ldots dx_n,$$

wo jede Integrationsvariable auf dem unteren Ufer des Schnitts von $+\infty$ nach 0 und auf dem oberen Ufer nach $+\infty$ zurückläuft. Wegen $\Re s < 0$ darf ich dann das Schleifenintegral über $\frac{x_l^s}{(x_l + i\lambda^{(l)})^2}$ ($l = 1, \ldots, n$) nach dem Integralsatz von Cauchy ersetzen durch das $2\pi i$-fache des Residuums dieser Funktion im Punkte $-i\lambda^{(l)}$. Das Residuum ist nun

$$s(-i\lambda^{(l)})^{s-1} = \begin{cases} i s e^{\frac{3\pi i}{2} s} |\lambda^{(l)}|^{s-1} & \text{für } \lambda^{(l)} > 0, \\ -i s e^{\frac{\pi i}{2} s} |\lambda^{(l)}|^{s-1} & \text{für } \lambda^{(l)} < 0. \end{cases}$$

---

[4]) R bedeutet den Regulator der *total positiven* Einheiten.

Sind also von den n zu λ konjugierten Zahlen n_1 positiv, n_2 negativ $(n_1+n_2=n)$, so hat das n-fache Schleifenintegral in (10) den Wert

$$(-2\pi)^n s^n e^{n\pi i s} |N\lambda|^{s-1} e^{\frac{\pi i}{2} s (n_1-n_2)} (-1)^{n_2}.$$

In der Summe auf der rechten Seite von (10) treten genau 2^n zu λ „im weiteren Sinne" assoziierte Zahlen auf, die sich voneinander durch die Vorzeichenanordnung bei ihren Konjugierten unterscheiden. Diese 2^n Zahlen liefern daher zu dem n-fachen Integral den Beitrag

$$(-2\pi)^n s^n e^{n\pi i s} |N\lambda|^{s-1} (e^{\frac{\pi i}{2} s} - e^{\frac{-\pi i}{2} s})^n.$$

Folglich ist

$$\Phi(s)\left(2\cos\frac{\pi s}{2}\right)^n s^{-n} \sqrt{d}\,(2\pi)^n = \frac{1}{N\mathfrak{a}} \sum_{\frac{1}{\mathfrak{a}\mathfrak{d}}\,|\,(\lambda)} \frac{1}{|N\lambda|^{1-s}} \qquad (\Re s < 0),$$

wo λ ein vollständiges System nicht assoziierter Zahlen des Ideals $\frac{1}{\mathfrak{a}\mathfrak{d}}$ durchläuft. Mit (6) ergibt sich, daß $\zeta(s;\mathfrak{K})$ in die ganze Halbebene $\Re s < 0$ fortsetzbar ist und der Funktionalgleichung genügt

$$\left(\frac{2}{(2\pi)^s}\right)^n \cos^n\frac{\pi s}{2}\, \Gamma^n(s)\,\zeta(s;\mathfrak{K}) = \frac{1}{\sqrt{d}} \sum_{\frac{1}{\mathfrak{a}\mathfrak{d}}\,|\,(\lambda)} \frac{1}{\{N\mathfrak{a}(\lambda)\}^{1-s}} = d^{\frac{1}{2}-s}\zeta(1-s;\hat{\mathfrak{K}});$$

dabei ist die Klasse $\hat{\mathfrak{K}}$ so bestimmt, daß ihr Produkt mit der Klasse $\mathfrak{K}$ die Klasse des Grundideals ergibt.

Göttingen, 5. August 1921.

(Eingegangen am 10. 8. 1921.)

8.

Additive Theorie der Zahlkörper I[1])

Mathematische Annalen 87 (1922), 1—35

Die analytische Methode, welche Hardy, Littlewood und Ramanujan[2]) für die Untersuchung vieler Fragestellungen der „partitio numerorum" gefunden haben, läßt sich sinngemäß erweitern, so daß auch Probleme in der *additiven Theorie* der *algebraischen Zahlkörper* zugänglich werden. Allerdings scheinen die Sätze über die Zerlegungen natürlicher Zahlen nur

---

[1]) Diese Arbeit ist ein Abdruck meiner Göttinger Habilitationsschrift.

[2]) Vgl. die Arbeiten:

G. H. Hardy, Asymptotic formulae in combinatory analysis; Comptes rendus du quatrième congrès des mathématiciens scandinaves à Stockholm (1916), S. 45–53.

— On the expression of a number as the sum of any number of squares, and in particular of five or seven; Proceedings of the National Academy of Sciences **4** (1918), S. 189–193.

— On the representation of a number as the sum of any number of squares and in particular of five; Transactions of the American Mathematical Society **21** (1920), S. 255–284.

G. H. Hardy und S. Ramanujan, Une formule asymptotique pour le nombre des partitions de n; Comptes rendus hebdomadaires des séances de l'Académie des Sciences, Paris, **164** (1917), S. 35–38.

— Asymptotic formulae in combinatory analysis; Proceedings of the London Mathematical Society (2) **17** (1918), S. 75–115.

— On the coefficients in the expansions of certain modular functions; Proceedings of the Royal Society, London, A **95** (1918), S. 144–155.

S. Ramanujan, On certain trigonometrical sums and their application in the theory of numbers; Transactions of the Cambridge Philosophical Society **22** (1918), S. 259–276.

G. H. Hardy und J. E. Littlewood, A new solution of Waring's problem; Quarterly Journal of Mathematics **48** (1919), S. 272–293.

— Note on Messrs. Shah and Wilson's paper entitled On an empirical formula connected with Goldbach's theorem; Proceedings of the Cambridge Philosophical Society **19** (1919), S. 245–254.

— Some problems of „Partitio Numerorum", I, A new solution of Waring's problem; Nachrichten von der K. Gesellschaft der Wissenschaften zu Göttingen, mathematisch-physikalische Klasse, Jahrgang 1920, S. 33–54.

— Some problems of „Partitio Numerorum", II, Proof that every large number is the sum of at most 21 biquadrates; Math. Ztschr. **9** (1921), S. 14–27.

in *total reellen*[3]) Zahlkörpern Analoga zu besitzen. Um die Methode klarzustellen, beschränke ich mich in dieser Arbeit auf einen in rechnerischer Durchführung besonders einfachen Fall; ich beweise nämlich asymptotische Formeln für die Anzahl der Darstellungen der ganzen Zahlen eines reellen *quadratischen* Zahlkörpers als Summen von *Quadraten* ganzer Zahlen desselben Körpers. Anwendungen der Methode auf allgemeinere Fragen, z. B. auf das Waringsche Problem in algebraischen Zahlkörpern, möchte ich in weiteren Arbeiten publizieren.

Das Hauptresultat dieser Abhandlung ist: Es sei s eine natürliche Zahl $\geqq 5$, m eine quadratfreie natürliche Zahl $\geqq 2$, K der durch $\sqrt{m}$ erzeugte reelle quadratische Körper, d seine Grundzahl. Es bedeute ν eine total positive ganze Zahl aus K, welche im Falle $m \equiv 2 \pmod 4$ oder $m \equiv 3 \pmod 4$ die Form $a + b\sqrt{m}$ (a, b ganz rational) mit *geradem* b besitzt. Dann ist die Anzahl der Darstellungen von ν als Summe von s Quadraten ganzer Zahlen aus K

$$(1) \qquad A_s(\nu) \sim \mathfrak{S} \frac{\pi^s N\nu^{\frac{s}{2}-1}}{\Gamma^2\left(\frac{s}{2}\right) d^{\frac{s-1}{2}}},$$

wo sich die asymptotische Abschätzung auf $N\nu \to \infty$ bezieht und $\mathfrak{S}$ zwar von ν abhängt, aber doch für jedes ν zwischen zwei *positiven*, nur vom Körper K abhängigen Schranken gelegen ist.

Daraus folgt speziell für $s = 5$: Es gibt eine nur von K abhängige natürliche Zahl n, so daß für *jedes* ganze total positive ν die Gleichung

$$\nu = \left(\frac{\xi_1}{n}\right)^2 + \cdots + \left(\frac{\xi_5}{n}\right)^2$$

eine Lösung in *ganzen* Zahlen $\xi_1, \ldots, \xi_5$ aus K besitzt[4]).

[3]) Ein Zahlkörper heißt reell, wenn alle seine Zahlen reell sind; ein algebraischer Zahlkörper heißt *total reell*, wenn auch die Konjugierten aller seiner Zahlen reell sind. In nicht reellen Zahlkörpern kann z. B. die Gleichung $x^2 + y^2 = 1$ *unendlich viele* Lösungen in ganzen Zahlen haben, z. B. in $K(\sqrt{-3})$, weil $x^2 - 3y^2 = 1$ unendlich viele Lösungen hat.

[4]) Der Satz „Jede total positive Zahl eines quadratischen Zahlkörpers ist Summe von vier Quadratzahlen desselben Körpers" ist von E. Landau bewiesen worden in seiner Arbeit: Über die Zerlegung total positiver Zahlen in Quadrate; Nachrichten von der K. Gesellschaft der Wissenschaften zu Göttingen, mathematisch-physikalische Klasse, Jahrgang 1919, S. 392–396. Ich habe mit elementaren Mitteln gezeigt, daß sich jede total positive ganze Zahl eines total reellen Körpers darstellen läßt als Summe solcher Quadratzahlen des Körpers, deren Nenner einem endlichen, nur vom Körper abhängigen Wertevorrat angehören; vgl. meine Abhandlung: Darstellung total positiver Zahlen durch Quadrate; Math. Ztschr. **11** (1921), S. 246–275.

§ 1 bringt den Anschluß der Untersuchung an Heckes Thetareihen. In § 2 wird eine Formel abgeleitet, welche im Körper K der Funktionalgleichung der Lipschitzschen verallgemeinerten ζ-Funktion entspricht. § 3 liefert auf Grund des Minkowskischen Satzes über lineare Formen eine für die ganze Untersuchung fundamentale Zerlegung eines zweidimensionalen Bereiches, als Verallgemeinerung der bei den englischen Forschern auftretenden Fareyschen Zerlegung. In § 4 wird der Gang des Beweises skizziert, dieser selbst, soweit er die asymptotische Formel (1) betrifft, in §§ 5 bis 7 geführt. § 8 trägt rein arithmetischen Charakter; dort wird die in (1) mit $\mathfrak{S}$ bezeichnete Größe, die in Gestalt einer unendlichen Reihe (als Verallgemeinerung der „*singular series*" von Hardy und Littlewood) auftritt, in geschlossener Form summiert. Für den einfachsten Fall

$$m \equiv 1 \pmod 8), \qquad s = 4\sigma \equiv 0 \pmod 4), \qquad (\nu, 2) = 1$$

ergibt sich dabei

$$A_{4\sigma}(\nu) \sim C \sum_{\mathfrak{t} \mid \nu} N\,\mathfrak{t}^{2\sigma-1} \qquad (\sigma = 2, 3, \ldots).$$

Hierbei durchläuft $\mathfrak{t}$ alle Idealteiler von ν, die asymptotische Abschätzung bezieht sich wieder auf $N\nu \to \infty$, und C ist die *rationale* Konstante

$$C = \frac{4}{(2^{2\sigma}-1)^2\, d^{2\sigma-1} \frac{h^{2\sigma}}{2\sigma} \sum\limits_{n=1}^{d} \left(\frac{d}{n}\right) S_{2\sigma-1}\left(\frac{n}{d}\right)},$$

wo $h^{2\sigma}$ die 2σ-te Bernoullische Zahl, $\left(\frac{d}{n}\right)$ das Kroneckersche Restsymbol, $S_{2\sigma-1}(x)$ das $(2\sigma-1)$-te Bernoullische Polynom bedeuten.

§ 1.

Heckes Thetaformel[5]).

Es sei K ein reell-quadratischer Zahlkörper mit der Grundzahl d; $\mathfrak{a}$ sei ein ganzes Ideal, ϱ eine ganze Zahl dieses Körpers; es seien t und t' zwei Veränderliche, die den Bedingungen $\Im t > 0$, $\Im t' < 0$ genügen. Sind u, u' zwei Unbestimmte, α, α' konjugierte Zahlen aus K, so soll unter $S(u\alpha)$ („*Spur* von $u\alpha$") stets die Summe $u\alpha + u'\alpha'$ verstanden werden; entsprechend sei $S\frac{\alpha}{u} = \frac{\alpha}{u} + \frac{\alpha'}{u'}$. Diese Abkürzung wird nur so verwendet

[5]) Vgl. E. Hecke, Über die L-Funktionen und den Dirichletschen Primzahlsatz für einen beliebigen Zahlkörper; Nachrichten von der K. Gesellschaft der Wissenschaften zu Göttingen, mathematisch-physikalische Klasse, Jahrgang 1917, S. 299–318.

werden, daß kein Widerspruch gegen die übliche Bezeichnung $S\alpha = \alpha + \alpha'$ entsteht.

Hecke hat für die Funktion

$$\vartheta(t, t'; \varrho, \mathfrak{a}) = \sum_{\mathfrak{a}|\mu} e^{\pi i \left\{\frac{(\mu+\varrho)^2 t}{\sqrt{d}} - \frac{(\mu'+\varrho')^2 t'}{\sqrt{d}}\right\}} = \sum_{\mathfrak{a}|\mu} e^{\pi i S \frac{(\mu+\varrho)^2 t}{\sqrt{d}}}$$

die folgende Formel bewiesen[6]):

$$(2) \qquad \vartheta(t, t'; \varrho, \mathfrak{a}) = \frac{1}{N\mathfrak{a}\sqrt{t}\sqrt{t'}} \sum_{\frac{1}{\mathfrak{a}}|\lambda} e^{-\pi i S \frac{\lambda^2}{t\sqrt{d}} + 2\pi i S \frac{\lambda\varrho}{\sqrt{d}}};$$

darin bedeutet $\sum\limits_{\mathfrak{a}|\mu}$ (wie fortan stets in analogen Fällen), daß μ alle Zahlen des Ideals $\mathfrak{a}$ durchläuft, und unter $\sqrt{t}$, $\sqrt{t'}$ sind die Hauptwerte zu verstehen.

Ist γ eine Zahl aus K und $\mathfrak{n}$ das ganze Ideal von kleinster Norm, für welches das Ideal $(\gamma)\mathfrak{n}$ ganz ist, so heißt $\mathfrak{n}$ der *Nenner* von γ. Die ganzen Zahlen aus K haben also den Nenner 1. Es habe nun γ speziell den Nenner $\mathfrak{a}$. Setzt man dann in der Funktion $\vartheta(t, t'; 0, \mathfrak{o}) = \vartheta(t, t')$

$$t = w + 2\gamma, \quad t' = w' + 2\gamma' \quad (\mathfrak{J}w > 0, \ \mathfrak{J}w' < 0),$$

so gilt wegen (2)

$$(3) \quad \vartheta(w + 2\gamma, w' + 2\gamma') = \sum_{\mathfrak{o}|\mu} e^{2\pi i S \frac{\mu^2\gamma}{\sqrt{d}} + \pi i S \frac{\mu^2 w}{\sqrt{d}}} = \sum_{\varrho \bmod \mathfrak{a}} e^{2\pi i S \frac{\varrho^2\gamma}{\sqrt{d}}} \sum_{\mathfrak{a}|\lambda} e^{\pi i S \frac{(\lambda+\varrho)^2 w}{\sqrt{d}}}$$

$$= \frac{1}{N\mathfrak{a}\sqrt{w}\sqrt{w'}} \sum_{\frac{1}{\mathfrak{a}}|\lambda} e^{-\pi i S \frac{\lambda^2}{w\sqrt{d}}} \sum_{\varrho \bmod \mathfrak{a}} e^{2\pi i S \frac{\varrho^2\gamma + \varrho\lambda}{\sqrt{d}}};$$

darin bedeutet $\sum\limits_{\varrho \bmod \mathfrak{a}}$ (wie fortan stets in analogen Fällen), daß ϱ ein vollständiges Restsystem modulo $\mathfrak{a}$ durchläuft, und es ist berücksichtigt worden, daß für $\mathfrak{a}|\lambda$ die Zahl $\lambda^2\gamma + 2\lambda\varrho\gamma$ ganz, also $S\frac{\lambda^2\gamma + 2\lambda\varrho\gamma}{\sqrt{d}}$ ganz rational ist.

---

[6]) Die Bezeichnung ist der bequemeren Schreibweise halber etwas anders als in loc. cit.[5]) und bei E. Hecke, Reziprozitätsgesetz und Gaußsche Summen in quadratischen Zahlkörpern; Nachrichten von der K. Gesellschaft der Wissenschaften zu Göttingen, mathematisch-physikalische Klasse, Jahrgang 1919, S. 265–278. Diese Arbeit wird im folgenden kurz mit »Hecke, R.« zitiert.

§ 2.

Aufstellung der Vergleichsfunktion.

Es seien s, w, w' drei Parameter, die den Bedingungen

$$s > 1, \quad \mathfrak{J} w > 0, \quad \mathfrak{J} w' < 0$$

genügen. Es sei ω_1, ω_2 eine Basis von K. Bedeuten dann x und y zwei reelle Variable, so setze ich

$$\xi = x\,\omega_1 + y\,\omega_2, \qquad \xi' = x\,\omega_1' + y\,\omega_2',$$

$$F(x, y) = \sum_{\mu+\xi \succ 0} N(\mu + \xi)^{s-1} e^{2\pi i S \frac{w(\mu+\xi)}{\sqrt{d}}}; \tag{4}$$

in $\sum\limits_{\mu+\xi\succ 0}$ durchläuft μ alle ganzen Zahlen aus K, für welche $\mu + \xi$ *total positiv*, d. h. $\mu + \xi > 0$, $\mu' + \xi' > 0$ ist, und $N(\mu + \xi)$ ist die *Norm* $(\mu + \xi)(\mu' + \xi')$. Daß die rechte Seite von (4) konvergiert, wird sogleich bewiesen werden. Sie hat in x und y je die Periode 1. Zugleich mit der Konvergenz will ich die Entwickelbarkeit von $F(x, y)$ in eine absolut konvergente Fouriersche Reihe

$$\sum_{m=-\infty}^{+\infty} \sum_{n=-\infty}^{+\infty} A_{mn} e^{2\pi i (mx + ny)} \tag{5}$$

beweisen.

Wegen

$$\left| e^{2\pi i S \frac{w(\mu+\xi)}{\sqrt{d}}} \right| = e^{-\frac{2\pi}{\sqrt{d}} \{\mathfrak{J} w (\mu+\xi) + |\mathfrak{J} w'| (\mu'+\xi')\}}$$

gibt es zwei nur von s, w, w', K abhängige positive Zahlen L_1 und L_2 (dieselbe Bedeutung haben in diesem Paragraphen $L_3, \ldots, L_7$), so daß das allgemeine Glied in (4) absolut

$$< L_1 e^{-L_2 S(\mu+\xi)} \tag{6}$$

ist[7]). Differentiiert man für $s > 4$ das allgemeine Glied von (4) ein-, zwei- oder dreimal nach seinen Variablen x und y, so erhält man eine Summe von 2, 4 oder 8 Gliedern, deren jedes eine Abschätzung der Form (6) gestattet. Ich darf also annehmen, daß, falls $s > 4$ ist, die Abschätzung (6) auch für die absoluten Beträge der ersten, zweiten und dritten partiellen Ableitungen des allgemeinen Gliedes in (4) gilt.

Ohne Beschränkung der Allgemeinheit sei $\omega_1 \succ 0$, $\omega_2 \succ 0$ [8]), ferner

---

[7]) Das allgemeine Glied ist $\neq 0$ nur für $\mu + \xi \succ 0$.

[8]) Es genügt, $\omega_1 = 1$, $\omega_2 = \frac{d - \sqrt{d}}{2}$ zu setzen.

$\omega_1 \omega_2' - \omega_2 \omega_1' = +\sqrt{d} > 0$. Setzt man $\mu = a\omega_1 + b\omega_2$, so folgen aus $\mu + \xi \succ 0$ die Relationen

$$(7) \qquad (a+x)\omega_1 + (b+y)\omega_2 > 0, \qquad a + x > -\frac{\omega_2}{\omega_1}(b+y),$$

$$(8) \qquad \begin{aligned} \omega_1\{(a+x)\omega_1' + (b+y)\omega_2'\} &= (b+y)(\omega_1\omega_2' - \omega_2\omega_1') \\ &+ \omega_1'\{(a+x)\omega_1 + (b+y)\omega_2\} > (b+y)\sqrt{d} \end{aligned}$$

und

$$(9) \qquad (a+x)\omega_1' + (b+y)\omega_2' > 0, \qquad b + y > -\frac{\omega_1'}{\omega_2'}(a+x),$$

$$(10) \qquad \begin{aligned} \omega_2'\{(a+x)\omega_1 + (b+y)\omega_2\} &= (a+x)(\omega_1\omega_2' - \omega_2\omega_1') \\ &+ \omega_2\{(a+x)\omega_1' + (b+y)\omega_2'\} > (a+x)\sqrt{d}. \end{aligned}$$

Von den beiden Zahlen $a + x$ und $b + y$ ist mindestens eine positiv. Bei festem $b + y > 0$ kommen nach (7) für $a + x$ höchstens $\left[\frac{\omega_2}{\omega_1}(b+y)\right] + 1$ Werte < 0 in Betracht; nach (8) ist dann $S(\mu + \xi) > \frac{\sqrt{d}}{\omega_1}(b+y)$. Bei festem $a + x > 0$ kommen nach (9) für $b + y$ höchstens $\left[\frac{\omega_1'}{\omega_2'}(a+x)\right] + 1$ Werte < 0 in Betracht; nach (10) ist dann $S(\mu + \xi) > \frac{\sqrt{d}}{\omega_2'}(a+x)$. Folglich ist der Beitrag, den zur Summe (4) bei festem $b + y > 0$ die negativen $a + x$ liefern, absolut

$$< L_3(b + y + 1)\, e^{-L_4(b+y)};$$

ebenso liefern bei festem $a + x > 0$ die negativen $b + y$ zu (4) einen Beitrag vom absoluten Werte

$$< L_5(a + x + 1)\, e^{-L_6(a+x)}.$$

Daher hat die Reihe (4) eine Majorante der Form

$$\sum_{a+x>0} L_5(a+x+1)\, e^{-L_6(a+x)} + \sum_{b+y>0} L_3(b+y+1)\, e^{-L_4(b+y)}$$
$$+ \sum_{a+x\geqq 0}\ \sum_{b+y\geqq 0} L_1\, e^{-L_2\{(a+x)S\omega_1 + (b+y)S\omega_2\}}.$$

Diese Reihe aber ist gleichmäßig konvergent für alle x, y, also auch die rechte Seite in (4). Nach der oben gemachten Bemerkung gilt dies im Falle $s > 4$ auch für die Reihen, welche aus $F(x, y)$ durch gliedweise ein-, zwei- oder dreimalige partielle Differentiation hervorgehen. Das allgemeine Glied von $F(x, y)$[9]) und (im Falle $s > 4$) seine ersten, zweiten und dritten Ableitungen sind aber stetige Funktionen von x und y; folg-

[9]) Vgl. [7]).

lich ist $F(x,y)$ stetig und hat (im Falle $s>4$) stetige partielle Ableitungen erster bis dritter Ordnung.

Ist $s>4$, so läßt sich demnach $F(x,y)$ in eine absolut konvergente Fouriersche Reihe (5) entwickeln. Setzt man $\varepsilon_a = 0$ für $a<0$, $=1$ für $a \geqq 0$, so ergeben sich deren Koeffizienten aus

$$A_{mn} = \int_0^1\int_0^1 \sum_\mu \varepsilon_{\mu+\xi}\,\varepsilon_{\mu'+\xi'}\, N(\mu+\xi)^{s-1}\, e^{2\pi i S \frac{w(\mu+\xi)}{\sqrt{d}} - 2\pi i(mx+ny)}\, dx\, dy,$$

wo über *alle* ganzen μ summiert wird. Wegen der vorhin bewiesenen gleichmäßigen Konvergenz der Reihe darf man gliedweise integrieren. Führt man als neue Veränderliche

$$\xi = x\omega_1 + y\omega_2, \qquad \xi' = x\omega_1' + y\omega_2'$$

ein, so wird

$$x\sqrt{d} = \xi\omega_2' - \xi'\omega_2, \qquad y\sqrt{d} = -\xi\omega_1' + \xi'\omega_1,$$

$$\frac{d(x,y)}{d(\xi,\xi')} = \frac{1}{\sqrt{d}},$$

$$(11) \qquad e^{-2\pi i(mx+ny)} = e^{-2\pi i S \frac{\xi(m\omega_2'-n\omega_1')}{\sqrt{d}}} = e^{-2\pi i S \frac{(\mu+\xi)(m\omega_2'-n\omega_1')}{\sqrt{d}}},$$

$$A_{mn} = \sum_\mu \iint \varepsilon_{\mu+\xi}\,\varepsilon_{\mu'+\xi'}\, N(\mu+\xi)^{s-1}\, e^{2\pi i S \frac{(\mu+\xi)\{w-(m\omega_2'-n\omega_1')\}}{\sqrt{d}}}\, \frac{1}{\sqrt{d}}\, d\xi\, d\xi',$$

wo über das Bild des Einheitsquadrates der xy-Ebene in der $\xi\xi'$-Ebene integriert wird. Es folgt

$$A_{mn} = \frac{1}{\sqrt{d}} \int_{-\infty}^{+\infty}\int_{-\infty}^{+\infty} \varepsilon_u\,\varepsilon_{u'}\,(u u')^{s-1}\, e^{2\pi i S\left\{u \frac{w-(m\omega_2'-n\omega_1')}{\sqrt{d}}\right\}}\, du\, du'$$

$$= \frac{1}{\sqrt{d}} \int_0^\infty u^{s-1}\, e^{\frac{2\pi i}{\sqrt{d}}\{w-(m\omega_2'-n\omega_1')\}u}\, du \int_0^\infty u'^{s-1}\, e^{-\frac{2\pi i}{\sqrt{d}}\{w'-(m\omega_2-n\omega_1)\}u'}\, du',$$

wo beide Integrale wegen $\mathfrak{J}w>0$, $\mathfrak{J}w'<0$ absolut konvergieren. Also ist schließlich

$$A_{mn} = \frac{1}{\sqrt{d}}\, \Gamma(s)\left(-\frac{2\pi i}{\sqrt{d}}\{w-(m\omega_2'-n\omega_1')\}\right)^{-s} \Gamma(s)\left(\frac{2\pi i}{\sqrt{d}}\{w'-(m\omega_2-n\omega_1)\}\right)^{-s}$$

$$= \frac{\Gamma^2(s)}{\sqrt{d}}\left(\frac{\sqrt{d}}{2\pi}\right)^{2s} \frac{1}{N\{w-(m\omega_2'-n\omega_1')\}^s}.\ ^{10)}$$

---

10) Die s-ten Potenzen haben die Bedeutung

$$\left(-\frac{2\pi i}{\sqrt{d}}\{w-(m\omega_2'-n\omega_1')\}\right)^s = e^{s\log\left(-\frac{2\pi i}{\sqrt{d}}\{w-(m\omega_2'-n\omega_1')\}\right)},$$

(Fortsetzung der Fußnote 10 auf der nächsten Seite.)

Dies trage ich in (5) ein; dann folgt wegen (11)

$$F(x,y)=\sum_{m=-\infty}^{+\infty}\sum_{n=-\infty}^{+\infty}\frac{\Gamma^2(s)\,d^{s-\frac{1}{2}}}{(2\pi)^{2s}}\,\frac{e^{2\pi i S\frac{\xi(m\omega_2'-n\omega_1')}{\sqrt{d}}}}{N\{w-(m\omega_2'-n\omega_1')\}^s},$$

oder, da ω_2', $-\omega_1'$ eine Basis von K ist,

$$(12)\qquad \sum_{\mu+\xi\succ 0} N(\mu+\xi)^{s-1}\,e^{2\pi i S\frac{w(\mu+\xi)}{\sqrt{d}}}=\frac{\Gamma^2(s)\,d^{s-\frac{1}{2}}}{(2\pi)^{2s}}\sum_{\lambda}\frac{e^{2\pi i S\frac{\xi\lambda}{\sqrt{d}}}}{N(w-\lambda)^s},$$

wo λ alle ganzen Zahlen aus K durchläuft.

Die Formel (12) ist unter der Annahme $s>4$ bewiesen worden. Daß sie für jedes $s>1$ gilt, erkennt man folgendermaßen: Es sei G ein ganz im Endlichen gelegenes abgeschlossenes Gebiet der Halbebene $\Re s>1$. Dann gilt offenbar die Abschätzung (6) des allgemeinen Gliedes von (4) bei geeigneter Wahl der Konstanten L_1 und L_2 gleichmäßig für alle s aus G. Die linke Seite von (12) konvergiert also gleichmäßig für alle s des Gebietes G, stellt also eine dort reguläre analytische Funktion von s dar. Die Gleichung (12) gilt demnach sicher dann für $s>1$, wenn die rechte Seite gleichmäßig in G konvergiert. Wegen $0<\operatorname{arc}(w-\lambda)<\pi$, $-\pi<\operatorname{arc}(w'-\lambda')<0$ genügt es, gleichmäßige Konvergenz von

$$(13)\qquad \sum_{m=-\infty}^{+\infty}\sum_{n=-\infty}^{+\infty}\{(m\omega_1+n\omega_2-\Re w)^2+(\Im w)^2\}^{\frac{-\Re s}{2}}\{(m\omega_1'+n\omega_2'-\Re w')^2+(\Im w')^2\}^{\frac{-\Re s}{2}}$$

zu beweisen. Nun ist, wie geometrisch sofort einleuchtet, für jedes Paar ganzer Zahlen k, l die Anzahl der Lösungen der Ungleichungen

$$k\leqq|m\omega_1+n\omega_2-\Re w|<k+1,$$
$$l\leqq|m\omega_1'+n\omega_2'-\Re w'|<l+1$$

in ganzen rationalen m, n kleiner als L_7, so daß (13) die gleichmäßig konvergente Majorante

$$L_7\Big\{|\Im w\,\Im w'|^{-\Re s}+\sum_{k=1}^{\infty}k^{-\Re s}|\Im w'|^{-\Re s}+\sum_{l=1}^{\infty}l^{-\Re s}|\Im w|^{-\Re s}+\sum_{k=1}^{\infty}\sum_{l=1}^{\infty}(kl)^{-\Re s}\Big\}$$

besitzt.

$$\Big(\frac{2\pi i}{\sqrt{d}}\{w'-(m\omega_2-n\omega_1)\}\Big)^s=e^{s\log\left(\frac{2\pi i}{\sqrt{d}}\{w'-(m\omega_2-n\omega_1)\}\right)},$$

$$N\{w-(m\omega_2'-n\omega_1')\}^s=e^{s\log\{w-(m\omega_2'-n\omega_1')\}+s\log\{w'-(m\omega_2-n\omega_1)\}}$$

mit dem Hauptwert des Logarithmus.

(12) bildet die Verallgemeinerung einer wichtigen Formel von Lipschitz[11]) auf reell-quadratische Zahlkörper. Für den speziellen Fall $s = 2, 3, \ldots,$ $x = 0$, $y = 0$ ergibt sie sich auch aus einer noch nicht publizierten Formel, die mir Herr F. Bernstein im Sommer 1920 mitteilte. Diese Bernsteinsche Formel hat mich zuerst zu den Untersuchungen dieses Paragraphen veranlaßt[12]).

Setzt man in (12) $x = 0$, $y = 0$ und schreibt noch $\frac{s}{2}, \frac{w}{2}, \frac{w'}{2}$ an Stelle von s, w, w', so wird für $s > 2$, $\mathfrak{J} w > 0$, $\mathfrak{J} w' < 0$

$$(14) \qquad \sum_{\mu \succ 0} N \mu^{\frac{s}{2}-1} e^{\pi i s \frac{\mu w}{\sqrt{d}}} = \frac{\Gamma^2\left(\frac{s}{2}\right) d^{\frac{s-1}{2}}}{\pi^s} \sum_{\lambda} \frac{1}{N(w - 2\lambda)^{\frac{s}{2}}}.$$

§ 3.

Zerlegung des Fundamental-Parallelogramms.

In diesem Paragraphen schicke ich zwei Hilfssätze voran.

Hilfssatz 1. Es sei ω_1, ω_2 eine Basis des reellen quadratischen Zahlkörpers von der Grundzahl d. Es seien u und u' zwei reelle Zahlen. Zu jeder Zahl $L > \sqrt{d}$ gibt es vier ganze rationale Zahlen x_1, x_2, y_1, y_2, so daß die folgenden Ungleichungen gelten:

$$|(y_1\omega_1 + y_2\omega_2)u - (x_1\omega_1 + x_2\omega_2)| \leqq \frac{\sqrt{d}}{L},$$

$$|(y_1\omega_1' + y_2\omega_2')u' - (x_1\omega_1' + x_2\omega_2')| \leqq \frac{\sqrt{d}}{L},$$

$$|y_1\omega_1 + y_2\omega_2| \leqq L, \qquad |y_1\omega_1' + y_2\omega_2'| \leqq L, \qquad y_1\omega_1 + y_2\omega_2 \neq 0.$$

Beweis. Die Determinante der vier linearen Formen in y_1, y_2, x_1, x_2, die in den Zeichen des absoluten Betrages auf den linken Seiten der ersten vier Ungleichungen der Behauptung stehen, ist

$$\begin{vmatrix} \omega_1 u & \omega_2 u & -\omega_1 & -\omega_2 \\ \omega_1' u' & \omega_2' u' & -\omega_1' & -\omega_2' \\ \omega_1 & \omega_2 & 0 & 0 \\ \omega_1' & \omega_2' & 0 & 0 \end{vmatrix} = (\omega_1\omega_2' - \omega_2\omega_1')^2 = d;$$

das Produkt der rechten Seiten ist gleichfalls d. Nach Minkowskis Satz[13])

---

[11]) Vgl. R. Lipschitz, Untersuchungen der Eigenschaften einer Gattung von unendlichen Reihen; Journal für die reine und angewandte Mathematik **105** (1889), S. 127–156.

[12]) Wie mir Herr Hecke mitteilt, hat er bei den Untersuchungen über seine Zetafunktionen die Formel (12) ebenfalls gefunden.

[13]) Vgl. H. Minkowski, Geometrie der Zahlen; Leipzig und Berlin (B. G. Teubner) 1910; § 37.

über lineare Formen gibt es vier ganze rationale Zahlen y_1, y_2, x_1, x_2, welche den ersten vier Ungleichungen genügen und nicht sämtlich 0 sind. Wäre nun $y_1\omega_1 + y_2\omega_2 = 0$, d. h. $y_1 = 0$, $y_2 = 0$, so wäre

$$|(x_1\omega_1 + x_2\omega_2)(x_1\omega_1' + x_2\omega_2')| \leqq \frac{d}{L^2} < 1,$$

also auch $x_1\omega_1 + x_2\omega_2 = 0$, $x_1 = 0$, $x_2 = 0$, was nicht zutrifft. Also gilt auch die 5. Ungleichung der Behauptung.

Hilfssatz 2. Es seien γ_1 und γ_2 zwei verschiedene Zahlen aus K mit den Nennern $\mathfrak{a}_1$ und $\mathfrak{a}_2$. Man deute (γ_1, γ_1') und (γ_2, γ_2') als Koordinaten zweier Punkte in einem rechtwinkeligen Achsenkreuz. Dann ist der Abstand dieser Punkte größer als $\dfrac{1}{\sqrt{N\mathfrak{a}_1 N\mathfrak{a}_2}}$.

Beweis. Es sei $\gamma_1 = \dfrac{\beta_1}{\alpha_1}$, $\gamma_2 = \dfrac{\beta_2}{\alpha_2}$, $\alpha_1 = \mathfrak{a}_1\mathfrak{c}_1$, $\alpha_2 = \mathfrak{a}_2\mathfrak{c}_2$, und $\alpha_1, \alpha_2, \beta_1, \beta_2$ ganz. Dann ist das Quadrat des Abstandes

$$r^2 = (\gamma_1 - \gamma_2)^2 + (\gamma_1' - \gamma_2')^2 = \frac{(\beta_1\alpha_2 - \beta_2\alpha_1)^2}{\alpha_1^2\alpha_2^2} + \frac{(\beta_1'\alpha_2' - \beta_2'\alpha_1')^2}{\alpha_1'^2\alpha_2'^2}. \tag{15}$$

Nun ist

$$\mathfrak{c}_1 | \beta_1, \quad \mathfrak{c}_2 | \beta_2, \quad \mathfrak{c}_1\mathfrak{c}_2 | \beta_1\alpha_2 - \beta_2\alpha_1 \neq 0, \quad \mathfrak{c}_1'\mathfrak{c}_2' | \beta_1'\alpha_2' - \beta_2'\alpha_1',$$

also

$$\frac{(\beta_1\alpha_2 - \beta_2\alpha_1)^2}{\alpha_1^2\alpha_2^2}\,\frac{(\beta_1'\alpha_2' - \beta_2'\alpha_1')^2}{\alpha_1'^2\alpha_2'^2} = N\left(\frac{\beta_1\alpha_2 - \beta_2\alpha_1}{\mathfrak{c}_1\mathfrak{c}_2}\right)^2 \frac{1}{N\mathfrak{a}_1^2 N\mathfrak{a}_2^2} \geqq \frac{1}{N\mathfrak{a}_1^2 N\mathfrak{a}_2^2}. \tag{16}$$

Aus (15) und (16) folgt

$$r^2 \geqq \frac{2}{N\mathfrak{a}_1 N\mathfrak{a}_2} > \frac{1}{N\mathfrak{a}_1 N\mathfrak{a}_2},$$

also die Behauptung.

Unter dem *Fundamental-Parallelogramm* E verstehe ich dasjenige Parallelogramm in der uu'-Ebene, welches durch die Substitution $u = x\omega_1 + y\omega_2$, $u' = x\omega_1' + y\omega_2'$ aus dem Quadrat

$$-\frac{1}{2} \leqq x < +\frac{1}{2}, \qquad -\frac{1}{2} \leqq y < +\frac{1}{2}$$

der xy-Ebene entsteht. Von den Ecken des Parallelogramms wird nur das Bild des Punktes $(-\frac{1}{2}, -\frac{1}{2})$ der xy-Ebene mitgerechnet, von den Rändern nur die an jenen Punkt anstoßenden. Ich nenne zwei Punkte der uu'-Ebene kongruent (mod 1), wenn sich ihre Koordinaten um konjugierte ganze Zahlen aus K unterscheiden. Jedem Punkt der uu'-Ebene ist dann (mod 1) ein und nur ein Punkt von E kongruent.

Ich zerlege nun die uu'-Ebene folgendermaßen in Bereiche: Eine feste Zahl $M > d$ sei gegeben. Mit $\mathfrak{M}$ bezeichne ich die Menge aller Punkte (γ, γ'), deren Koordinaten γ, γ' konjugierte Zahlen aus K mit Nennern $\mathfrak{a}, \mathfrak{a}'$ von einer Norm $N\mathfrak{a} \leqq M$ sind.

I. Ist (γ, γ') irgendein Punkt der Menge $\mathfrak{M}$, so lege ich um ihn als Zentrum einen Kreis $\mathfrak{K}_\gamma$ vom Radius $\frac{1}{2\sqrt{MNa}}$. Zu verschiedenen Nennern a gehören also verschiedene Radien. Nach Hilfssatz 2 schneiden sich diese Kreise nicht; sie lassen also einen Teil der uu'-Ebene frei.

II. Ich betrachte die Menge $\overline{\mathfrak{M}}$ derjenigen Punkte, deren Koordinaten γ, γ' in der Form

$$(17)\qquad \gamma = \frac{x_1\omega_1 + x_2\omega_2}{y_1\omega_1 + y_2\omega_2}, \quad \gamma' = \frac{x_1\omega_1' + x_2\omega_2'}{y_1\omega_1' + y_2\omega_2'}$$

$$(x_1, x_2, y_1, y_2 \text{ ganz rational}, \; y_1\omega_1 + y_2\omega_2 \neq 0),$$

$$(18)\qquad |y_1\omega_1 + y_2\omega_2| \leqq \sqrt{M}, \quad |y_1\omega_1' + y_2\omega_2'| \leqq \sqrt{M}$$

dargestellt werden können; dies ist eine Teilmenge von $\mathfrak{M}$. Da die beiden Ungleichungen (18) nur endlich viele Lösungen in ganzen rationalen y_1, y_2 besitzen, so gibt es für jeden Punkt von $\overline{\mathfrak{M}}$ nur endlich viele solcher Darstellungen. Jeden Punkt (γ, γ') von $\overline{\mathfrak{M}}$ umgebe ich nun für jede der endlich vielen Arten der Darstellung in der Form (17), (18) mit dem Rechteck

$$|u - \gamma| \leqq \frac{\sqrt{d}}{|y_1\omega_1 + y_2\omega_2|\sqrt{M}}, \quad |u' - \gamma'| \leqq \frac{\sqrt{d}}{|y_1\omega_1' + y_2\omega_2'|\sqrt{M}}.$$

Zu jedem (γ, γ') von $\overline{\mathfrak{M}}$ gehören also endlich viele Rechtecke $\mathfrak{R}_\gamma$. Jeder zu (γ, γ') kongruente Punkt $(\bar{\gamma}, \bar{\gamma}')$ gehört ebenfalls zu $\overline{\mathfrak{M}}$, und da $\bar{\gamma} - \gamma$ eine ganze Zahl aus K ist, so sind die Rechtecke $\mathfrak{R}_{\bar{\gamma}}$ den Rechtecken $\mathfrak{R}_\gamma$ paarweise (mod 1) kongruent.

Zu jedem Punkte (u, u') sind nun nach Hilfssatz 1 vier ganze rationale Zahlen x_1, x_2, y_1, y_2 derart angebbar, daß

$$\left| u - \frac{x_1\omega_1 + x_2\omega_2}{y_1\omega_1 + y_2\omega_2} \right| \leqq \frac{\sqrt{d}}{|y_1\omega_1 + y_2\omega_2|\sqrt{M}}, \quad \left| u' - \frac{x_1\omega_1' + x_2\omega_2'}{y_1\omega_1' + y_2\omega_2'} \right| \leqq \frac{\sqrt{d}}{|y_1\omega_1' + y_2\omega_2'|\sqrt{M}},$$

$$0 < |y_1\omega_1 + y_2\omega_2| \leqq \sqrt{M}, \quad 0 < |y_1\omega_1' + y_2\omega_2'| \leqq \sqrt{M}$$

ist. Setzt man dann $\gamma = \frac{x_1\omega_1 + x_2\omega_2}{y_1\omega_1 + y_2\omega_2}$, so gehört (γ, γ') zu $\overline{\mathfrak{M}}$, und (u, u') liegt in einem Rechtecke $\mathfrak{R}_\gamma$. Die Rechtecke überdecken daher *alle* Punkte der Ebene, eventuell zum Teil mehrfach.

Die ganze Figur von Kreisen und Rechtecken geht in sich über, wenn E in ein (mod 1) kongruentes Parallelogramm verschoben wird. Von den Rechtecken (oder Rechtecksteilen) $\mathfrak{R}_\gamma$, die in E liegen, lasse ich zunächst diejenigen Stücke fort, welche in die Kreise $\mathfrak{K}_\gamma$ fallen. Schneiden sich zwei der übrigbleibenden Teile der $\mathfrak{R}_\gamma$ in E, so lasse ich ferner bei einem von beiden das gemeinsame Stück fort. Da nur endlich viele $\mathfrak{R}_\gamma$ in E hineinfallen, so erhält man nach endlich vielen Schritten eine *einfache* Überdeckung des Fundamental-Parallelogramms.

Es sei $\mathfrak{F}$ eines der endlich vielen Stücke, in welche E bei dieser Überdeckung zerfällt. Dann ist also $\mathfrak{F}$ Teil eines Kreises oder Rechtecks, das um einen ganz bestimmten Punkt (γ, γ') der Menge $\mathfrak{M}$ oder $\overline{\mathfrak{M}}$ gelegt ist. Diesem Punkte (γ, γ') ist (mod 1) ein Punkt $(\bar{\gamma}, \bar{\gamma}')$ von E kongruent; eventuell koinzidieren beide Punkte. Ich verschiebe nun das Gebiet $\mathfrak{F}$, indem ich die Koordinaten aller seiner Punkte um $\bar{\gamma} - \gamma$ und $\bar{\gamma}' - \gamma'$ vermehre; das durch diese Verschiebung entstandene, zu $\mathfrak{F}$ (mod 1) kongruente Gebiet ordne ich dem Punkte $(\bar{\gamma}, \bar{\gamma}')$ von E zu. Dies führe ich für alle die endlich vielen Teile $\mathfrak{F}$ von E aus. Das *Ergebnis* ist folgendes:

$M > d$ sei gegeben. Die (endliche) Menge derjenigen Punkte von E, deren Koordinaten γ, γ' konjugierte Zahlen aus K mit Nennern $\mathfrak{a}, \mathfrak{a}'$ von einer Norm $N\mathfrak{a} \leqq M$ sind, werde mit $\mathfrak{E}$ bezeichnet. Jedem Punkte (γ, γ') von $\mathfrak{E}$ ist ein Gebiet $\mathfrak{F}_\gamma$ zugeordnet („umbeschrieben"), welches sich aus endlich vielen Polygonen zusammensetzt, deren Seiten Strecken oder Kreisbögen sind. Zeichnet man zu allen $\mathfrak{F}_\gamma$ die ihnen (mod 1) kongruenten Teile von E, so überdecken diese Teile das Gebiet E lückenlos und einfach. $\mathfrak{F}_\gamma$ enthält den Kreis $\mathfrak{K}_\gamma$; der übrige Teil von $\mathfrak{F}_\gamma$ (wenn es einen solchen gibt) werde mit $\mathfrak{K}_\gamma^*$ bezeichnet. Irgendein Punkt (u, u') der Ebene liegt

1. entweder außerhalb von $\mathfrak{F}_\gamma$; dann hat er nach I. von (γ, γ') mindestens den Abstand $\frac{1}{2\sqrt{MN\mathfrak{a}}}$;

2. oder in $\mathfrak{K}_\gamma$; dann ist nach I.

$$(19)\qquad |u-\gamma| \leqq \frac{1}{2\sqrt{MN\mathfrak{a}}}, \qquad |u'-\gamma'| \leqq \frac{1}{2\sqrt{MN\mathfrak{a}}};$$

3. oder in $\mathfrak{K}_\gamma^*$; dann ist nach II. für vier gewisse ganze rationale Zahlen a_1, a_2, b_1, b_2

$$\gamma = \frac{a_1\omega_1 + a_2\omega_2}{b_1\omega_1 + b_2\omega_2}, \qquad \gamma' = \frac{a_1\omega_1' + a_2\omega_2'}{b_1\omega_1' + b_2\omega_2'},$$

$$(20)\qquad \begin{cases} |b_1\omega_1 + b_2\omega_2| \leqq \sqrt{M}, & |b_1\omega_1' + b_2\omega_2'| \leqq \sqrt{M}, \\ \quad 1 \leqq |N(b_1\omega_1 + b_2\omega_2)| \leqq M, & \end{cases}$$

$$(21)\qquad |u-\gamma| \leqq \frac{\sqrt{d}}{|b_1\omega_1 + b_2\omega_2|\sqrt{M}}, \qquad |u'-\gamma'| \leqq \frac{\sqrt{d}}{|b_1\omega_1' + b_2\omega_2'|\sqrt{M}}.$$

Diese Zerlegung in Bereiche $\mathfrak{F}_\gamma$ nenne ich kurz die *F-Zerlegung.*

§ 4.

Gang des Beweises.

Es seien t und t' zwei Unbestimmte, die den Bedingungen $\mathfrak{J}t > 0$, $\mathfrak{J}t' < 0$ genügen. Dann ist für jedes natürliche s

$$(22)\qquad \vartheta^s(t, t') = \Big(\sum_{\mathfrak{o}|\mu} e^{\pi i S \frac{\mu^2 t}{\sqrt{d}}}\Big)^s = \sum_{\mathfrak{o}|\lambda} A_s(\lambda)\, e^{\pi i S \frac{\lambda t}{\sqrt{d}}},$$

wo $A_s(\lambda)$ die Anzahl der Darstellungen der ganzen Zahl λ als Summe von s Quadraten ganzer Zahlen aus K bedeutet. Ist μ irgendeine ganze Zahl aus K, so sind $S\frac{\mu\omega_1}{\sqrt{d}}$ und $S\frac{\mu\omega_2}{\sqrt{d}}$ stets ganz rational, und zwar beide $=0$ nur für $\mu=0$. Nach (22) ist also

$$A_s(\nu)=e^{-\pi i S\frac{\nu t}{\sqrt{d}}}\int_{-\frac12}^{+\frac12}\int_{-\frac12}^{+\frac12}\vartheta^s(t+2(x\omega_1+y\omega_2),\,t'+2(x\omega_1'+y\omega_2'))\,e^{-2\pi i S\frac{\nu(x\omega_1+y\omega_2)}{\sqrt{d}}}\,dx\,dy$$

$$=\frac{1}{\sqrt{d}}\,e^{-\pi i S\frac{\nu t}{\sqrt{d}}}\iint_E\vartheta^s(t+2u,\,t'+2u')\,e^{-2\pi i S\frac{\nu u}{\sqrt{d}}}\,du\,du';$$

und folglich bei Benutzung der F-Zerlegung

$$(23)\qquad A_s(\nu)=\frac{1}{\sqrt{d}}\,e^{-\pi i S\frac{\nu t}{\sqrt{d}}}\sum_\gamma{}'\iint_{\mathfrak{F}_\gamma}\vartheta^s(t+2u,\,t'+2u')\,e^{-2\pi i S\frac{\nu u}{\sqrt{d}}}\,du\,du',$$

wo γ alle Zahlen von $\mathfrak{E}$ durchläuft[14]).

Es sei $\mathfrak{a}$ der Nenner von γ. Setzt man

$$G(\gamma)=\sum_{\varrho \bmod \mathfrak{a}} e^{2\pi i S\frac{\varrho^2\gamma}{\sqrt{d}}},$$

so ist nach (3) für $0<\mathfrak{J}w\to 0,\ 0>\mathfrak{J}w'\to 0$

$$\vartheta^s(w+2\gamma,\,w'+2\gamma')\sim\left(\frac{G(\gamma)}{N\mathfrak{a}\sqrt{w}\sqrt{w'}}\right)^s.\ ^{15)}$$

In § 5 wird dies angewendet für $w=t+2(u-\gamma)$, $w'=t'+2(u'-\gamma')$, wo (u,u') einen Punkt in $\mathfrak{F}_\gamma$ bedeutet; dort wird nämlich die Funktion $\vartheta^s(t+2u,\,t'+2u')$ aus dem Integranden bei (23) ersetzt durch $\left(\frac{G(\gamma)}{N\mathfrak{a}\sqrt{t+2(u-\gamma)}\sqrt{t'+2(u'-\gamma')}}\right)^s$. In § 6 wird diese Funktion unter Benutzung von (14) ersetzt durch die Reihe

$$\left(\frac{G(\gamma)}{N\mathfrak{a}}\right)^s\frac{\pi^s}{\Gamma^2\left(\frac{s}{2}\right)d^{\frac{s-1}{2}}}\sum_{\mu\succ 0}N\mu^{\frac{s}{2}-1}\,e^{\pi i S\frac{\mu\{t+2(u-\gamma)\}}{\sqrt{d}}}.$$

In § 7 wird schließlich jedes $\mathfrak{F}_\gamma$ wieder durch das ganze Fundamental-Parallelogramm ersetzt und in (23) die Summe über ein vollständiges System (mod 1) inkongruenter Zahlen γ[16]), nicht nur über die Zahlen γ

---

14) Der Integrand hat in x, y die Perioden 1, 1; also darf das Integrationsgebiet E durch die Gebiete $\mathfrak{F}_\gamma$ ersetzt werden.

15) $\sqrt{w}$ und $\sqrt{w'}$ haben ihre Hauptwerte.

16) Zwei Zahlen aus K heißen inkongruent (mod 1), wenn ihre Differenz nicht ganz ist.

der Menge $\mathfrak{E}$, erstreckt. Dann tritt an Stelle von $A_s(\nu)$ bei formaler Rechnung der Ausdruck

$$B_s(\nu) = \frac{1}{\sqrt{d}} e^{-\pi i S \frac{\nu t}{\sqrt{d}}} \sum_{\gamma} \iint_{E} \frac{\pi^s}{\Gamma^2\left(\frac{s}{2}\right) d^{\frac{s-1}{2}}} \left(\frac{G(\gamma)}{N\mathfrak{a}}\right)^s \sum_{\mu \succ 0} N\mu^{\frac{s}{2}-1} e^{\pi i S \frac{\mu\{t+2(u-\gamma)\}}{\sqrt{d}}} e^{-2\pi i S \frac{\nu u}{\sqrt{d}}} du$$

$$= \frac{\pi^s N\nu^{\frac{s}{2}-1}}{\Gamma^2\left(\frac{s}{2}\right) d^{\frac{s-1}{2}}} \sum_{\gamma} \left(\frac{G(\gamma)}{N\mathfrak{a}}\right)^s e^{-2\pi i S \frac{\gamma\nu}{\sqrt{d}}}.$$

Die auf der rechten Seite auftretende Summe ist gerade die in Formel (1) mit $\mathfrak{S}$ bezeichnete Größe. (1) behauptet also

$$A_s(\nu) \sim B_s(\nu),$$

für jedes $s \geqq 5$, $\nu \succ 0$, $N\nu \to \infty$, wobei im Falle eines geraden (also durch 4 teilbaren) d die Zahl ν von der Form $a + b\sqrt{d}$ mit ganzen rationalen a, b ist.

§ 5.

Abschätzung von $\vartheta\,(t + 2u,\ t' + 2u')$ in $\mathfrak{F}_\gamma$.

Zunächst untersuche ich die in (3) auftretende Summe

$$G(\gamma, \lambda) = \sum_{\varrho \bmod \mathfrak{a}} e^{2\pi i S \frac{\varrho^2\gamma + \varrho\lambda}{\sqrt{d}}};$$

hierin ist γ vom Nenner $\mathfrak{a}$, λ irgendeine Zahl des Ideals $\frac{1}{\mathfrak{a}}$, und ϱ durchläuft ein vollständiges Restsystem $(\bmod\, \mathfrak{a})$. Es wird

$$(24) \quad |G(\gamma,\lambda)|^2 = \sum_{\varrho \bmod \mathfrak{a}} \sum_{\sigma \bmod \mathfrak{a}} e^{2\pi i S \frac{(\varrho-\sigma)\{(\varrho+\sigma)\gamma+\lambda\}}{\sqrt{d}}} = \sum_{\tau \bmod \mathfrak{a}} \sum_{\sigma \bmod \mathfrak{a}} e^{2\pi i S \frac{\tau\{(\tau+2\sigma)\gamma+\lambda\}}{\sqrt{d}}}$$

$$= \sum_{\tau \bmod \mathfrak{a}} e^{2\pi i S \frac{\tau^2\gamma+\tau\lambda}{\sqrt{d}}} \sum_{\sigma \bmod \mathfrak{a}} e^{2\pi i S \frac{2\sigma\tau\gamma}{\sqrt{d}}}.$$

In der inneren Summe hat $2\tau\gamma = \beta$ als Nenner das Ideal $\mathfrak{a}$ oder einen Teiler von $\mathfrak{a}$. Ich unterscheide drei Fälle:

1. $\mathfrak{a}$ enthalte verschiedene Primidealteiler. Dann gibt es eine Zerlegung $\mathfrak{a} = \mathfrak{a}_1\mathfrak{a}_2$, $(\mathfrak{a}_1, \mathfrak{a}_2) = 1$. Es existieren zwei Hauptideale $(\alpha_1) = \mathfrak{a}_1\mathfrak{f}_1$, $(\alpha_2) = \mathfrak{a}_2\mathfrak{f}_2$, so daß $(\mathfrak{f}_1\mathfrak{f}_2, \mathfrak{a}) = 1$ ist. Durchlaufen σ_1, σ_2 vollständige Restsysteme $\bmod\, \mathfrak{a}_1$, $\bmod\, \mathfrak{a}_2$, so durchläuft $\sigma = \sigma_1\alpha_2 + \sigma_2\alpha_1$ alle verschiedene Reste $\bmod\, \mathfrak{a}$. Es wird

$$(25) \quad \sum_{\sigma} e^{2\pi i S \frac{\sigma\beta}{\sqrt{d}}} = \sum_{\sigma_1}\sum_{\sigma_2} e^{2\pi i S \frac{(\sigma_1\alpha_2+\sigma_2\alpha_1)\beta}{\sqrt{d}}} = \sum_{\sigma_1} e^{2\pi i S \frac{\sigma_1\beta\alpha_2}{\sqrt{d}}} \sum_{\sigma_2} e^{2\pi i S \frac{\sigma_2\beta\alpha_1}{\sqrt{d}}};$$

und die Nenner von $\beta\alpha_2$ und $\beta\alpha_1$ sind $\mathfrak{a}_1$ und $\mathfrak{a}_2$ oder Teiler dieser Ideale.

2. $\mathfrak{a}$ sei Potenz eines Primideals: $\mathfrak{a} = \mathfrak{p}^k$, $k \geqq 2$. Es gibt ein Hauptideal $(\alpha) = \mathfrak{p}\mathfrak{q}$ mit $(\mathfrak{p}, \mathfrak{q}) = 1$. Durchlaufen die Zahlen σ_1, σ_2 vollständige Restsysteme $\bmod \mathfrak{p}$, $\bmod \mathfrak{p}^{k-1}$, so durchläuft $\sigma = \sigma_1 \alpha^{k-1} + \sigma_2$ ein vollständiges Restsystem $\bmod \mathfrak{a}$; und es wird

$$(26) \quad \sum_{\sigma} e^{2\pi i S \frac{\sigma\beta}{\sqrt{d}}} = \sum_{\sigma_1}\sum_{\sigma_2} e^{2\pi i S \frac{(\sigma_1\alpha^{k-1}+\sigma_2)\beta}{\sqrt{d}}} = \sum_{\sigma_2} e^{2\pi i S \frac{\sigma_2\beta}{\sqrt{d}}} \sum_{\sigma_1} e^{2\pi i S \frac{\sigma_1\alpha^{k-1}\beta}{\sqrt{d}}},$$

wo $\alpha^{k-1}\beta$ den Nenner $\mathfrak{p}$ oder 1 hat.

3. $\mathfrak{a}$ sei ein Primideal $\mathfrak{p}$. Dann ist $\sum_{\sigma} e^{2\pi i S \frac{\sigma\beta}{\sqrt{d}}} = 0$, wenn β den Nenner $\mathfrak{p}$ hat, $= N\mathfrak{p}$, wenn β ganz ist[17]).

Aus diesem letzten Fall 3 ergibt sich mit Rücksicht auf (25) und (26) für beliebiges $\mathfrak{a}$

$$(27) \quad \sum_{\sigma \bmod \mathfrak{a}} e^{2\pi i S \frac{\sigma\beta}{\sqrt{d}}} = 0 \text{ für nicht ganzes } \beta, \qquad = N\mathfrak{a} \text{ für ganzes } \beta.$$

Offenbar gilt dies auch für $\mathfrak{a} = 1$.

In (24) hat nun γ den Nenner $\mathfrak{a}$; die Zahl $\beta = 2\tau\gamma$ ist also ganz nur für $\mathfrak{a} \mid 2\tau$. Da τ alle Reste $\bmod \mathfrak{a}$ durchläuft, so ist $\mathfrak{a} \mid 2\tau$ höchstens für $N2 = 4$ Werte von τ. Die innere Summe bei (24) ist also für höchstens vier Werte von τ von 0 verschieden und dann $= N\mathfrak{a}$; also ist

$$(28) \qquad |G(\gamma, \lambda)|^2 \leqq 4N\mathfrak{a}, \qquad |G(\gamma, \lambda)| \leqq 2\sqrt{N\mathfrak{a}}.$$

In (3) trenne ich von der rechten Seite das Glied $\lambda = 0$ ab und schreibe

$$(29) \qquad S_1 = \sum_{\frac{1}{\mathfrak{a}} \mid \lambda \neq 0} e^{-\pi i S \frac{\lambda^2}{w\sqrt{d}}} \sum_{\varrho \bmod \mathfrak{a}} e^{2\pi i S \frac{\varrho^2\gamma + \varrho\lambda}{\sqrt{d}}};$$

dann ist nach (28)

$$(30) \qquad |S_1| \leqq 2\sqrt{N\mathfrak{a}} \sum_{\frac{1}{\mathfrak{a}} \mid \lambda \neq 0} e^{-\Re\left(\pi i S \frac{\lambda^2}{w\sqrt{d}}\right)} = 2\sqrt{N\mathfrak{a}} \sum_{\frac{1}{\mathfrak{a}} \mid \lambda \neq 0} e^{-S(\lambda^2 v)},$$

wo

$$(31) \qquad -\frac{\pi}{\sqrt{d}} \Im \frac{1}{w} = v, \qquad \frac{\pi}{\sqrt{d}} \Im \frac{1}{w'} = v'$$

gesetzt ist. v und v' sind positiv wegen $\Im w > 0$, $\Im w' < 0$.

---

[17]) Vgl. Hecke, R.

Es sei $\varepsilon > 1$ die Fundamentaleinheit von K. Sind p und q irgend zwei positive Zahlen, so gibt es eine ganze rationale Zahl m derart, daß

$$L_{10} < \frac{p}{\sqrt{pq}}\varepsilon^{2m}, \qquad L_{10} < \frac{q}{\sqrt{pq}}\varepsilon'^{2m} \tag{32}$$

ist, wo L_{10} (wie auch weiterhin $L_{11}, \ldots, L_{41}$) eine positive nur von K (und weiterhin evtl. von s) abhängige Zahl bedeutet.

Bekanntlich liegt in jedem Ideal $\mathfrak{a}$ eine. Zahl $\alpha \neq 0$ mit

$$|N\alpha| < L_{11} N\mathfrak{a}. \tag{33}$$

Aus (30) folgt für dieses α

$$|S_1| \leqq 2\sqrt{N\mathfrak{a}} \sum_{\mathfrak{d} | \lambda \neq 0} e^{-S\frac{\lambda^2 v}{\alpha^2}},$$

wo λ alle ganzen Zahlen $\neq 0$ durchläuft; also, wenn in (32) $p = \frac{v}{\alpha^2}$, $q = \frac{v'}{\alpha'^2}$ gesetzt wird, wegen (32) und (33)

$$|S_1| \leqq 2\sqrt{N\mathfrak{a}} \sum_{\mathfrak{d} | \lambda \neq 0} e^{-L_{12}\frac{\sqrt{vv'}}{N\mathfrak{a}} S\lambda^2}. \tag{34}$$

Es sei nun ν eine ganze total positive Zahl, für welche die Funktion $A_s(\nu)$ abgeschätzt werden soll. Offenbar ist $A_s(\varepsilon^2\nu) = A_s(\nu)$, ich darf also ohne Beschränkung der Allgemeinheit wegen (32)

$$L_{10} < \frac{\nu}{\sqrt{N\nu}}, \qquad L_{10} < \frac{\nu'}{\sqrt{N\nu}} \tag{35}$$

voraussetzen. Ferner sei $N\nu > d^2$. Ich bilde die in § 3 beschriebene F-Zerlegung mit $M = \sqrt{N\nu} > d$. Es sei (γ, γ') ein Punkt der zu dieser F-Zerlegung gehörigen Menge $\mathfrak{G}$ und $\mathfrak{a}$ der Nenner von γ. Liegt dann (u, u') in $\mathfrak{F}_\gamma$, so ist, wenn

$$u - \gamma = \Theta, \qquad u' - \gamma' = \Theta', \qquad \gamma = \frac{a_1\omega_1 + a_2\omega_2}{b_1\omega_1 + b_2\omega_2}$$

gesetzt wird, nach (19) und (21)

$$|\Theta| \leqq \frac{\sqrt{d}}{|b_1\omega_1 + b_2\omega_2|\sqrt[4]{N\nu}}, \quad |\Theta'| \leqq \frac{\sqrt{d}}{|b_1\omega_1' + b_2\omega_2'|\sqrt[4]{N\nu}} \qquad ((u, u') \text{ in } \mathfrak{K}_\gamma^*), \tag{36}$$

$$|\Theta| \leqq \frac{1}{2\sqrt{N\mathfrak{a}}\sqrt[4]{N\nu}}, \qquad |\Theta'| \leqq \frac{1}{2\sqrt{N\mathfrak{a}}\sqrt[4]{N\nu}} \qquad ((u, u') \text{ in } \mathfrak{K}_\gamma). \tag{37}$$

Es sei

$$\begin{cases} t = \dfrac{i}{\sqrt{N\nu}}, & t' = -\dfrac{i}{\sqrt{N\nu}}, \\ w = t + 2\Theta, & w' = t' + 2\Theta', \end{cases} \tag{38}$$

dann ist $\mathfrak{J} w > 0$, $\mathfrak{J} w' < 0$, und nach (31)

$$v = \frac{\pi}{\sqrt{d}} \frac{\frac{1}{\sqrt{N\nu}}}{\frac{1}{N\nu} + 4\Theta^2}, \qquad v' = \frac{\pi}{\sqrt{d}} \frac{\frac{1}{\sqrt{N\nu}}}{\frac{1}{N\nu} + 4\Theta'^2}.$$

Aus (36) und (37) folgt

$$\frac{N\mathfrak{a}}{\sqrt{vv'}} \leqq L_{13}\, N\mathfrak{a} \sqrt{N\nu} \sqrt{\frac{1}{N\nu} + 4\Theta^2} \sqrt{\frac{1}{N\nu} + 4\Theta'^2}$$

$$\leqq \begin{cases} L_{13} \dfrac{N\mathfrak{a}}{|N(b_1\omega_1 + b_2\omega_2)|} \cdot \sqrt{\dfrac{(b_1\omega_1 + b_2\omega_2)^2}{\sqrt{N\nu}} + 4d} \sqrt{\dfrac{(b_1\omega_1' + b_2\omega_2')^2}{\sqrt{N\nu}} + 4d} \\ \qquad \text{für } (u, u') \text{ in } \mathfrak{K}_\gamma^*, \\ L_{13} \sqrt{\dfrac{N\mathfrak{a}}{\sqrt{N\nu}} + 1} \sqrt{\dfrac{N\mathfrak{a}}{\sqrt{N\nu}} + 1} \quad \text{für } (u, u') \text{ in } \mathfrak{K}_\gamma. \end{cases}$$

Nun ist aber $N\mathfrak{a} \leqq M = \sqrt{N\nu}$ und ebenfalls

$$(b_1\omega_1 + b_2\omega_2)^2 \leqq \sqrt{N\nu}, \qquad (b_1\omega_1' + b_2\omega_2')^2 \leqq \sqrt{N\nu},$$

sowie

$$N\mathfrak{a} \,|\, N(b_1\omega_1 + b_2\omega_2).$$

Bei jeder der beiden Möglichkeiten für die Lage von (u, u') folgt also

(39) $$\frac{N\mathfrak{a}}{\sqrt{vv'}} \leqq L_{14}.$$

Setzt man in (34) $\lambda = m\omega_1 + n\omega_2$, so steht rechts im Exponenten eine negativ definite quadratische Form in m und n; und mit Rücksicht auf die Abschätzung (39) folgt daher aus (34)

$$|S_1| \leqq L_{15} \sqrt{N\mathfrak{a}}\, e^{-L_{16}\frac{\sqrt{vv'}}{N\mathfrak{a}}}.$$

Aus (29) und (3) ergibt sich also: Liegt der Punkt (u, u') in $\mathfrak{F}_\gamma$, so ist

(40) $$\vartheta(t + 2u, t' + 2u') = \frac{G(\gamma, 0)}{N\mathfrak{a}\sqrt{w}\sqrt{w'}} + H_1 \frac{e^{-L_{16}\frac{\sqrt{vv'}}{N\mathfrak{a}}}}{\sqrt{N\mathfrak{a}}\sqrt{|ww'|}}, \qquad |H_1| \leqq L_{15};$$

darin ist gesetzt $t = -t' = \frac{i}{\sqrt{N\nu}}$, $w = t + 2(u - \gamma)$, $w' = t' + 2(u' - \gamma')$, $v = -\frac{\pi}{\sqrt{d}} \mathfrak{J} \frac{1}{w}$, $v' = \frac{\pi}{\sqrt{d}} \mathfrak{J} \frac{1}{w'}$.

Schreibe ich $G(\gamma, 0) = G(\gamma)$, so ist nach (28)

(41) $$\left|\frac{G(\gamma)}{N\mathfrak{a}}\right| \leqq \frac{2}{\sqrt{N\mathfrak{a}}};$$

aus (40) folgt demnach für natürliches s

$$(42)\quad \vartheta^s(t+2u, t'+2u') = \left(\frac{G(\gamma)}{N\mathfrak{a}\sqrt{w}\sqrt{w'}}\right)^s + H_2 \frac{e^{-L_{16}\frac{\sqrt{vv'}}{N\mathfrak{a}}}}{(N\mathfrak{a}\,|ww'|)^{\frac{s}{2}}}, \qquad |H_2| \leqq L_{17},$$

wo (u, u') irgendeinen Punkt aus $\mathfrak{F}_\gamma$ bedeutet.

Nun ist

$$\frac{\sqrt{vv'}}{N\mathfrak{a}} = \frac{\pi}{\sqrt{d}\sqrt{N\nu}\,N\mathfrak{a}\,|ww'|};$$

daher gilt, weil die Funktion $z^a e^{-z}$ für festes $a > 0$ im Gebiet $z \geqq 0$ beschränkt ist, für $s > 4$

$$\frac{e^{-L_{16}\frac{\sqrt{vv'}}{N\mathfrak{a}}}}{(N\mathfrak{a}\,|ww'|)^{\frac{s}{2}}} \leqq L_{18}\frac{N\nu^{\frac{s}{4}-1}}{(N\mathfrak{a}\,|ww'|)^2};$$

also

$$(43)\quad \iint\limits_{\mathfrak{F}_\gamma} \frac{e^{-L_{16}\frac{\sqrt{vv'}}{N\mathfrak{a}}}}{(N\mathfrak{a}\,|ww'|)^{\frac{s}{2}}}\,du\,du' \leqq L_{18}\frac{N\nu^{\frac{s}{4}-1}}{N\mathfrak{a}^2}\int\limits_{-\infty}^{+\infty}\int\limits_{-\infty}^{+\infty}\frac{du\,du'}{\left(\frac{1}{N\nu}+4(u-\gamma)^2\right)\left(\frac{1}{N\nu}+4(u'-\gamma')^2\right)}$$

$$= L_{19}\frac{N\nu^{\frac{s}{4}}}{N\mathfrak{a}^2}.$$

Aus (23), (42), (43) folgt nun

$$A_s(\nu) = \frac{1}{\sqrt{d}}\,e^{-\pi i S\frac{\nu t}{\sqrt{d}}}\sum_\gamma{}'\left\{\iint\limits_{\mathfrak{F}_\gamma}\left(\frac{G(\gamma)}{N\mathfrak{a}}\right)^s\frac{e^{-2\pi i S\frac{\nu u}{\sqrt{d}}}}{w^{\frac{s}{2}}\,w'^{\frac{s}{2}}}\,du\,du' + H_3\frac{N\nu^{\frac{s}{4}}}{N\mathfrak{a}^2}\right\},$$

$$|H_3| \leqq L_{20},$$

wo über alle γ der F-Zerlegung summiert wird. Die Anzahl derjenigen Zahlen γ, die ein festes Ideal $\mathfrak{a}$ zum Nenner haben, ist $\varphi(\mathfrak{a}) \leqq N\mathfrak{a}$; ferner ist $N\mathfrak{a} \leqq M = \sqrt{N\nu}$, und daher

$$\sum_\gamma{}'\frac{1}{N\mathfrak{a}^2} \leqq \sum_{N\mathfrak{a}\leqq\sqrt{N\nu}}\frac{1}{N\mathfrak{a}} < L_{21}\log N\nu.\ ^{18})$$

Folglich gilt für $s \geqq 5$

$$(44)\quad A_s(\nu) = \frac{1}{\sqrt{d}}\,e^{-\pi i S\frac{\nu t}{\sqrt{d}}}\left\{\sum_\gamma{}'\iint\limits_{\mathfrak{F}_\gamma}\left(\frac{G(\gamma)}{N\mathfrak{a}}\right)^s\frac{e^{-2\pi i S\frac{\nu u}{\sqrt{d}}}}{w^{\frac{s}{2}}\,w'^{\frac{s}{2}}}\,du\,du' + H_4\,N\nu^{\frac{s}{4}}\log N\nu\right\},$$

$$|H_4| \leqq L_{22}.$$

---

18) Dies folgt aus der bekannten Relation $\sum\limits_{N\mathfrak{a}\leqq x} 1 = O(x)$ durch partielle Summation. Es war $N\nu > d^2$.

§ 6.

Abschätzung der Vergleichsfunktion.

Es sei (γ, γ') ein Punkt der F-Zerlegung. Ich umgebe ihn mit dem Parallelogramm

$$u = \gamma + x\omega_1 + y\omega_2, \quad u' = \gamma' + x\omega_1' + y\omega_2',$$
$$-\frac{1}{2} \leqq x < +\frac{1}{2}, \quad -\frac{1}{2} \leqq y < +\frac{1}{2}.$$

Von diesem lasse ich denjenigen Teil fort, dessen Punkte denen von $\mathfrak{F}_\gamma$ kongruent (mod 1) sind. Das übrigbleibende Gebiet werde $\mathfrak{R}_\gamma$ genannt; $\mathfrak{R}_\gamma$ und $\mathfrak{F}_\gamma$ zusammen heiße E_γ. In diesem Paragraphen soll die Reihe

(45) $$S_2 = \sum_{\lambda \neq 0} \frac{1}{|N(w-2\lambda)|^{\frac{s}{2}}} \qquad (s > 4),$$

in der λ alle ganzen Zahlen von K exkl. 0 durchläuft und

(46) $$w = t + 2(u-\gamma) = \frac{i}{\sqrt{N\nu}} + 2\Theta, \quad w' = t' + 2(u'-\gamma') = -\frac{i}{\sqrt{N\nu}} + 2\Theta'$$

gesetzt ist, für alle Wertepaare (u, u') aus E_γ abgeschätzt werden.

Nach (46) ist

(47) $$|N(w-2\lambda)|^2 = \left(\frac{1}{N\nu} + 4(\Theta-\lambda)^2\right)\left(\frac{1}{N\nu} + 4(\Theta'-\lambda')^2\right).$$

Ich werde zunächst beweisen: Für jeden Punkt (u, u') aus E_γ und jedes ganze $\lambda \neq 0$ ist

(48) $$\max(|\Theta-\lambda|, |\Theta'-\lambda'|) > L_{23}.$$

1. (u, u') liege in $\mathfrak{R}_\gamma$. Für jedes ganze $\lambda = l_1\omega_1 + l_2\omega_2 \neq 0$ ist mindestens eine der beiden Zahlen $|l_1|, |l_2| \geqq 1$, also mindestens eine der beiden Differenzen $|x - l_1|, |y - l_2| \geqq \frac{1}{2}$; wegen

$$\Theta - \lambda = (x-l_1)\omega_1 + (y-l_2)\omega_2, \quad \Theta' - \lambda' = (x-l_1)\omega_1' + (y-l_2)\omega_2'$$

ist demnach $\max(|\Theta-\lambda|, |\Theta'-\lambda'|) > L_{24}$.

2. (u, u') liege in dem Teil $\mathfrak{K}_\gamma$ von $\mathfrak{F}_\gamma$. Dann ist nach (19)

(49) $$|\Theta-\lambda| \geqq |\lambda| - \frac{1}{2\sqrt{N\mathfrak{a}}\sqrt{M}} > |\lambda| - \frac{1}{2}, \quad |\Theta'-\lambda'| > |\lambda'| - \frac{1}{2}.$$

Nun ist λ ganz und $\neq 0$, also $|\lambda\lambda'| \geqq 1$, $\max(|\lambda|, |\lambda'|) \geqq 1$ und nach (49) $\max(|\Theta-\lambda|, |\Theta'-\lambda'|) > \frac{1}{2}$.

3. (u, u') liege in dem Teil $\mathfrak{K}_\gamma^*$ von $\mathfrak{F}_\gamma$. Dann ist nach (21)

$$|\Theta-\lambda| \geqq |\lambda| - \frac{\sqrt{d}}{|b_1\omega_1 + b_2\omega_2|\sqrt{M}}, \quad |\Theta'-\lambda'| \geqq |\lambda'| - \frac{\sqrt{d}}{|b_1\omega_1' + b_2\omega_2'|\sqrt{M}},$$

also nach (20)

$$|\Theta-\lambda|+|\Theta'-\lambda'|\geqq|\lambda|+|\lambda'|-\frac{\sqrt{d}\,2\sqrt{M}}{N\alpha\sqrt{M}}\geqq|\lambda|+|\lambda'|-2\sqrt{d}.$$

Für $|\lambda|+|\lambda'|\geqq 2\sqrt{d}+1$ folgt hieraus $\max(|\Theta-\lambda|, |\Theta'-\lambda'|)\geqq\frac{1}{2}$; ferner sind wegen $|\Theta\Theta'|\leqq\frac{d}{M}<1$ die Differenzen $\Theta-\lambda$ und $\Theta'-\lambda'$ nicht zugleich 0, so daß für die endlich vielen λ mit $|\lambda|+|\lambda'|<2\sqrt{d}+1$ eine Ungleichung $\max(|\Theta-\lambda|, |\Theta'-\lambda'|)>L_{25}$ gilt.

In jedem der drei betrachteten Fälle galt eine Ungleichung der Form (48); also gilt (48) allgemein.

Die Anzahl der Lösungen der Ungleichungen

$$k\leqq|\Theta-\lambda|<k+1, \qquad l\leqq|\Theta'-\lambda'|<l+1$$

in konjugierten ganzen Zahlen λ, λ' ist nun kleiner als L_{26} (vgl. den Schluß von § 2). Mit Rücksicht auf (47) und (48) folgt

$$(50)\quad S_2\leqq L_{26}\left\{\frac{1}{\left(\frac{1}{\sqrt{N\nu}}2L_{23}\right)^{\frac{s}{2}}}+\sum_{k=1}^{\infty}\frac{1}{\left(\frac{1}{\sqrt{N\nu}}2k\right)^{\frac{s}{2}}}+\sum_{l=1}^{\infty}\frac{1}{\left(\frac{1}{\sqrt{N\nu}}2l\right)^{\frac{s}{2}}}+\sum_{k=1}^{\infty}\sum_{l=1}^{\infty}\frac{1}{(4kl)^{\frac{s}{2}}}\right\}$$

$$<L_{27}N\nu^{\frac{s}{4}}.$$

Aus (14), (45), (50) folgt

$$(51)\quad \frac{1}{w^{\frac{s}{2}}w'^{\frac{s}{2}}}=\frac{\pi^s}{\Gamma^2\left(\frac{s}{2}\right)d^{\frac{s-1}{2}}}\sum_{\mu>0}N\mu^{\frac{s}{2}-1}e^{\pi i S\frac{\mu w}{\sqrt{d}}}+H_5N\nu^{\frac{s}{4}}, \qquad |H_5|<L_{27},$$

für (u, u') in E_γ.

§ 7.

Schluß des Beweises.

Durch die Substitution $u=\gamma+\Theta$, $u'=\gamma'+\Theta'$ führe ich in (44) Θ und Θ' als Integrationsveränderliche ein. Dadurch gehen die Gebiete $\mathfrak{F}_\gamma$, $\mathfrak{R}_\gamma$, E_γ der uu'-Ebene in Gebiete $\mathfrak{F}'_\gamma$, $\mathfrak{R}'_\gamma$, E'_γ der $\Theta\Theta'$-Ebene über. Dann sind die Punkte von E'_γ denen des Fundamental-Parallelogramms E kongruent (mod 1). Jeder äußere oder Rand-Punkt von $\mathfrak{F}'_\gamma$ hat von dem Nullpunkt $\Theta=0$, $\Theta'=0$ nach den Eigenschaften der F-Zerlegung mindestens den Abstand $\frac{1}{2\sqrt{MN\alpha}}=\frac{1}{2\sqrt[4]{N\nu}\sqrt{N\alpha}}$. Folglich ist nach (41) und (46)

$$(52)\qquad \left|\iint\limits_{\mathfrak{R}'_\gamma}\left(\frac{G(\gamma)}{N\mathfrak{a}}\right)^s \frac{e^{-2\pi i S\frac{\nu u}{\sqrt{d}}}}{w^{\frac{s}{2}}\,w'^{\frac{s}{2}}}\,d\Theta\,d\Theta'\right| \leqq L_{28}\,N\mathfrak{a}^{-\frac{s}{2}}\int\limits_{-\infty}^{+\infty}\int\limits_{\frac{1}{4\sqrt[4]{N\nu}\sqrt{N\mathfrak{a}}}}^{+\infty}\frac{d\Theta\,d\Theta'}{\left\{\left(\frac{1}{N\nu}+4\,\Theta^2\right)\left(\frac{1}{N\nu}+4\,\Theta'^2\right)\right\}^{\frac{s}{4}}}$$

$$\leqq L_{29}\,N\mathfrak{a}^{-\frac{s}{2}}\,N\nu^{\frac{s}{2}-1}\int\limits_{\frac{\sqrt[4]{N\nu}}{2\sqrt{N\mathfrak{a}}}}^{\infty}\frac{dz}{(1+z^2)^{\frac{s}{4}}}.$$

Für $s > 2$ ist aber mit Rücksicht auf $N\mathfrak{a} \leqq M = \sqrt{N\nu}$

$$(53)\qquad \int\limits_{\frac{\sqrt[4]{N\nu}}{2\sqrt{N\mathfrak{a}}}}^{\infty}\frac{dz}{(1+z^2)^{\frac{s}{4}}} \leqq L_{30}\left(\frac{\sqrt[4]{N\nu}}{\sqrt{N\mathfrak{a}}}\right)^{1-\frac{s}{2}}.$$

(52) und (53) liefern

$$(54)\qquad \left|\sum_\gamma{}'\iint\limits_{\mathfrak{R}'_\gamma}\left(\frac{G(\gamma)}{N\mathfrak{a}}\right)^s\frac{e^{-2\pi i S\frac{\nu u}{\sqrt{d}}}}{w^{\frac{s}{2}}\,w'^{\frac{s}{2}}}\,d\Theta\,d\Theta'\right| < L_{31}\,N\nu^{\frac{3}{4}\left(\frac{s}{2}-1\right)}\sum_\gamma{}'\frac{1}{N\mathfrak{a}^{\frac{1}{2}+\frac{s}{4}}}.$$

Nun ist aber für $s \geqq 5$

$$(55)\qquad \sum_\gamma{}'\frac{1}{N\mathfrak{a}^{\frac{1}{2}+\frac{s}{4}}} \leqq \sum_{N\mathfrak{a}\leqq\sqrt{N\nu}}\frac{1}{N\mathfrak{a}^{\frac{3}{4}}} < L_{32}\,N\nu^{\frac{1}{8}};\ ^{19)}$$

es folgt also aus (44) wegen (54), (55) die Gleichung

$$(56)\qquad A_s(\nu) = \frac{1}{\sqrt{d}}\,e^{-\pi i S\frac{\nu t}{\sqrt{d}}}\left\{\sum_\gamma{}'\iint\limits_{E'_\gamma}\left(\frac{G(\gamma)}{N\mathfrak{a}}\right)^s\frac{e^{-2\pi i S\frac{\nu(\gamma+\Theta)}{\sqrt{d}}}}{w^{\frac{s}{2}}\,w'^{\frac{s}{2}}}\,d\Theta\,d\Theta'\right.$$
$$\left.+\,H_4\,N\nu^{\frac{s}{4}}\log N\nu + H_6\,N\nu^{\frac{3}{4}\left(\frac{s}{2}-1\right)+\frac{1}{8}}\right\},$$

$$|H_4| \leqq L_{22}, \qquad |H_6| \leqq L_{33}.$$

Ich trage nun im Integranden die rechte Seite von (51) ein und erhalte

$$(57)\qquad \iint\limits_{E'_\gamma}\left(\frac{G(\gamma)}{N\mathfrak{a}}\right)^s\frac{e^{-2\pi i S\frac{\nu(\gamma+\Theta)}{\sqrt{d}}}}{w^{\frac{s}{2}}\,w'^{\frac{s}{2}}}\,d\Theta\,d\Theta'$$

$$= \frac{\pi^s}{\Gamma^2\left(\frac{s}{2}\right)d^{\frac{s-1}{2}}}\left(\frac{G(\gamma)}{N\mathfrak{a}}\right)^s\iint\limits_{E'_\gamma}\sum_{\mu\succ 0}N\mu^{\frac{s}{2}-1}\,e^{\pi i S\frac{\mu(t+2\Theta)}{\sqrt{d}}}\,e^{-2\pi i S\frac{\nu(\gamma+\Theta)}{\sqrt{d}}}\,d\Theta\,d\Theta'$$
$$+\,H_7\left|\frac{G(\gamma)}{N\mathfrak{a}}\right|^s N\nu^{\frac{s}{4}}.$$

---

[19]) Vgl. [18]).

Der Integrand auf der rechten Seite dieser Gleichung konvergiert gleichmäßig für alle Θ, Θ'; ich darf also gliedweise integrieren. Er ändert sich ferner nicht, wenn (Θ, Θ') durch einen (mod 1) kongruenten Punkt ersetzt wird; ich darf also über E an Stelle von E'_γ integrieren. Es ist aber

$$(58)\qquad \sum_{\mu \succ 0} N\mu^{\frac{s}{2}-1} e^{\pi i S \frac{\mu t}{\sqrt{d}}} e^{-2\pi i S \frac{\nu\gamma}{\sqrt{d}}} \iint_E e^{2\pi i S \frac{(\mu-\nu)\Theta}{\sqrt{d}}} d\Theta\, d\Theta'$$

$$= \sqrt{d}\, e^{\pi i S \frac{\nu t}{\sqrt{d}}} N\nu^{\frac{s}{2}-1} e^{-2\pi i S \frac{\nu\gamma}{\sqrt{d}}}$$

und nach (41) für $s \geqq 5$

$$(59)\qquad \sum_{\gamma}{}' \left|\frac{G(\gamma)}{N\mathfrak{a}}\right|^s < L_{34} \sum_{\gamma}{}' \frac{1}{N\mathfrak{a}^{\frac{s}{2}}} < L_{34} \sum_{\mathfrak{a}} \frac{1}{N\mathfrak{a}^{\frac{3}{2}}} = L_{35}.$$

Aus (56), (57), (58), (59) folgt für $s \geqq 5$

$$(60)\qquad A_s(\nu) = \frac{\pi^s}{\Gamma^2\left(\frac{s}{2}\right) d^{\frac{s-1}{2}}} N\nu^{\frac{s}{2}-1} \sum_{\gamma}{}' \left(\frac{G(\gamma)}{N\mathfrak{a}}\right)^s e^{-2\pi i S \frac{\nu\gamma}{\sqrt{d}}}$$

$$+ H_8\, e^{-\pi i S \frac{\nu t}{\sqrt{d}}} N\nu^{\frac{3}{4}\left(\frac{s}{2}-1\right)+\frac{1}{8}} \log N\nu,$$

$$|H_8| < L_{36}.$$

In der Summe $\sum\limits_{\gamma}{}'$ durchläuft γ ein System solcher (mod 1) inkongruenten Zahlen aus K, deren Nenner $\mathfrak{a}$ eine Norm $N\mathfrak{a} \leqq \sqrt{N\nu}$ haben. Hebt man letztere Beschränkung auf, so ändert sich die rechte Seite von (60) um eine Größe vom absoluten Betrage

$$(61)\qquad < L_{37} N\nu^{\frac{s}{2}-1} \sum_{N\mathfrak{a} > \sqrt{N\nu}} \frac{1}{N\mathfrak{a}^{\frac{s}{2}-1}} < L_{38} N\nu^{\frac{s}{4}}.$$

Ferner ist nach (35)

$$\frac{\nu}{\sqrt{N\nu}} < \frac{1}{L_{10}}, \qquad \frac{\nu'}{\sqrt{N\nu}} < \frac{1}{L_{10}},$$

also nach (38)

$$(62)\qquad \left|e^{-\pi i S \frac{\nu t}{\sqrt{d}}}\right| = \left|e^{-\pi i \left(\frac{\nu i}{\sqrt{d}\sqrt{N\nu}} + \frac{\nu' i}{\sqrt{d}\sqrt{N\nu}}\right)}\right| < L_{39}.$$

Da nun für $s \geqq 5$

$$\frac{s}{4} < \frac{s}{2} - 1, \qquad \frac{3}{4}\left(\frac{s}{2} - 1\right) + \frac{1}{8} < \frac{s}{2} - 1$$

gilt, so folgt aus (60), (61), (62)

$$(63)\qquad A_s(\nu)=\frac{\pi^s N\nu^{\frac{s}{2}-1}}{\Gamma^2\left(\frac{s}{2}\right)d^{\frac{s-1}{2}}}\sum_{\gamma}\left(\frac{G(\gamma)}{N\mathfrak{a}}\right)^s e^{-2\pi i S\frac{\nu\gamma}{\sqrt{d}}}+o\left(N\nu^{\frac{s}{2}-1}\right);$$

in der Summe durchläuft γ ein vollständiges System (mod 1) inkongruenter Zahlen aus K, d. h. ein vollständiges System von solchen Zahlen des Körpers, deren Differenzen nicht ganz sind. Diese unendliche Summe nenne ich die $\mathfrak{S}$-*Reihe;* sie soll im folgenden Paragraphen näher untersucht werden.

§ 8.
Summation der $\mathfrak{S}$-Reihe.

Zunächst wird die $\mathfrak{S}$-Reihe als unendliches Produkt geschrieben. Setzt man für festes ganzes ν und natürliches s

$$H(\mathfrak{a})=\sum_{\delta}\left(\frac{G(\delta)}{N\mathfrak{a}}\right)^s e^{-2\pi i S\frac{\nu\delta}{\sqrt{d}}},$$

wo $\mathfrak{a}$ ein ganzes Ideal bedeutet und δ ein vollständiges System von $\varphi(\mathfrak{a})$ mod 1 inkongruenten Brüchen mit dem Nenner $\mathfrak{a}$ durchläuft, so ist für $s\geqq 5$

$$\mathfrak{S}=\sum_{\mathfrak{a}} H(\mathfrak{a});$$

hierin durchläuft $\mathfrak{a}$ alle (ganzen) Ideale.

Es seien $\mathfrak{a}$ und $\mathfrak{b}$ zwei teilerfremde Ideale. Durchläuft $\varkappa$ ein vollständiges System mod 1 verschiedener Brüche vom Nenner $\mathfrak{a}$, λ ein vollständiges System mit dem Nenner $\mathfrak{b}$, so durchläuft $\mu=\varkappa+\lambda$ ein vollständiges System mit dem Nenner $\mathfrak{a}\mathfrak{b}$. Folglich ist

$$(64)\qquad H(\mathfrak{a}\mathfrak{b})=\sum_{\mu}\left(\frac{G(\mu)}{N\mathfrak{a}\mathfrak{b}}\right)^s e^{-2\pi i S\frac{\nu\mu}{\sqrt{d}}}=\sum_{\varkappa,\lambda}\left(\frac{G(\varkappa+\lambda)}{N\mathfrak{a}\mathfrak{b}}\right)^s e^{-2\pi i S\frac{\nu(\varkappa+\lambda)}{\sqrt{d}}}.$$

In

$$G(\varkappa+\lambda)=\sum_{\varrho \bmod \mathfrak{a}\mathfrak{b}} e^{2\pi i S\frac{\varrho^2(\varkappa+\lambda)}{\sqrt{d}}}$$

setze ich $\varrho=\sigma+\tau$, wo σ ein vollständiges System mod $\mathfrak{a}$ inkongruenter durch $\mathfrak{b}$ teilbarer Zahlen und τ ein vollständiges System mod $\mathfrak{b}$ inkongruenter durch $\mathfrak{a}$ teilbarer Zahlen durchläuft; dann wird

$$(65)\qquad G(\varkappa+\lambda)=\sum_{\sigma \bmod \mathfrak{a}}\sum_{\tau \bmod \mathfrak{b}} e^{2\pi i S\frac{\sigma^2\varkappa+\tau^2\lambda}{\sqrt{d}}}=G(\varkappa)\,G(\lambda).$$

Aus (64), (65) folgt

$$H(\mathfrak{a}\mathfrak{b})=\sum_{\varkappa}\left(\frac{G(\varkappa)}{N\mathfrak{a}}\right)^{s} e^{-2\pi i S\frac{\nu\varkappa}{\sqrt{d}}}\sum_{\lambda}\left(\frac{G(\lambda)}{N\mathfrak{b}}\right)^{s} e^{-2\pi i S\frac{\nu\lambda}{\sqrt{d}}}=H(\mathfrak{a})\,H(\mathfrak{b}).$$

Demnach gestattet (für $s \geqq 5$) die $\mathfrak{S}$-Reihe die Produktzerlegung

$$\mathfrak{S}=\prod_{\mathfrak{p}} J(\mathfrak{p}), \qquad J(\mathfrak{p})=1+H(\mathfrak{p})+H(\mathfrak{p}^2)+\ldots,$$ [20])

wo $\mathfrak{p}$ alle Primideale aus K durchläuft.

Bei der Berechnung von $J(\mathfrak{p})$ behandele ich zunächst den Fall $\mathfrak{p} \nmid 2$. Es sei a eine natürliche Zahl und δ eine Zahl aus K vom Nenner $\mathfrak{p}^a$. Ist dann $\varkappa$ ganz und nicht durch $\mathfrak{p}$ teilbar, so ist [21])

$$G(\varkappa\delta)=\left(\frac{\varkappa}{\mathfrak{p}}\right)^{a} G(\delta),$$

wo $\left(\frac{\varkappa}{\mathfrak{p}}\right)$ das quadratische Restsymbol bedeutet, und daher

$$H(\mathfrak{p}^a)=\left(\frac{G(\delta)}{N\mathfrak{p}^a}\right)^{s}\sum_{\varkappa}\left(\frac{\varkappa}{\mathfrak{p}}\right)^{as} e^{-2\pi i S\frac{\nu\varkappa\delta}{\sqrt{d}}}; \tag{66}$$

hierin durchläuft $\varkappa$ ein System von $\varphi(\mathfrak{p}^a)$ mod $\mathfrak{p}^a$ inkongruenten zu $\mathfrak{p}$ primen Zahlen. Ist $a \geqq 2$, so durchlaufe ϱ ein vollständiges System von $N\mathfrak{p}^{a-1}$ mod $\mathfrak{p}^{a-1}$ inkongruenten Zahlen, $\varkappa_1$ ein reduziertes Restsystem mod $\mathfrak{p}$; ferner sei π eine genau durch $\mathfrak{p}^1$ teilbare Zahl und $\varkappa=\varkappa_1+\pi\varrho$, dann ist

$$\sum_{\varkappa}\left(\frac{\varkappa}{\mathfrak{p}}\right)^{as} e^{-2\pi i S\frac{\nu\varkappa\delta}{\sqrt{d}}}=\sum_{\varkappa_1}\left(\frac{\varkappa_1}{\mathfrak{p}}\right)^{as} e^{-2\pi i S\frac{\nu\varkappa_1\delta}{\sqrt{d}}}\sum_{\varrho} e^{-2\pi i S\frac{\nu\pi\varrho\delta}{\sqrt{d}}}.$$

Nach (27) ist nun $\sum_{\varrho}=0$ für $\mathfrak{p}^{a-1}\nmid\nu$, [22]) $=N\mathfrak{p}^{a-1}$ für $\mathfrak{p}^{a-1}\mid\nu$; also

$$\sum_{\varkappa}\left(\frac{\varkappa}{\mathfrak{p}}\right)^{as} e^{-2\pi i S\frac{\nu\varkappa\delta}{\sqrt{d}}}=0 \quad \text{für } \mathfrak{p}^{a-1}\nmid\nu, \quad =N\mathfrak{p}^{a-1}\sum_{\varkappa_1}\left(\frac{\varkappa_1}{\mathfrak{p}}\right)^{as} e^{-2\pi i S\frac{\nu\varkappa_1\delta}{\sqrt{d}}} \tag{67}$$

für $\mathfrak{p}^{a-1}\mid\nu$. Dies gilt auch für $a=1$.

---

[20]) Nach (41) ist

$$|H(\mathfrak{a})| \leqq \left(\frac{2}{\sqrt{N\mathfrak{a}}}\right)^{s} N\mathfrak{a},$$

also

$$|J(\mathfrak{p})-1| \leqq \frac{2^s}{N\mathfrak{p}^{\frac{s}{2}-1}-1},$$

so daß $\prod_{\mathfrak{p}} J(\mathfrak{p})$ für $s \geqq 5$ absolut konvergiert.

[21]) Vgl. Hecke, R.

[22]) Sind $\mathfrak{a}$ und $\mathfrak{b}$ zwei Ideale aus K, so bedeutet das Symbol $\mathfrak{a}\nmid\mathfrak{b}$, daß $\mathfrak{b}$ nicht durch $\mathfrak{a}$ teilbar ist, also das Gegenteil von $\mathfrak{a}\mid\mathfrak{b}$. Geht ein Primideal $\mathfrak{p}$ in $\mathfrak{b}$ genau zur k-ten Potenz auf, so wird dies (nach Hardy und Littlewood) durch $\mathfrak{p}^k \| \mathfrak{b}$ bezeichnet.

Im Falle $\mathfrak{p}^{a-1} | \nu$ (der für $a = 1$ stets vorliegt) ist noch $\sum_{\varkappa_1}$ zu berechnen. Ist auch noch $\mathfrak{p}^a | \nu$, so ist $\nu \varkappa_1 \delta$ ganz und daher

$$(68) \qquad \sum_{\varkappa_1} \left(\frac{\varkappa_1}{\mathfrak{p}}\right)^{as} e^{-2\pi i S \frac{\nu \varkappa_1 \delta}{\sqrt{d}}} = \sum_{\varkappa_1} \left(\frac{\varkappa_1}{\mathfrak{p}}\right)^{as},$$

also $= 0$ für ungerades as, $= N\mathfrak{p} - 1$ für gerades as [23]); ist dagegen $\mathfrak{p}^a \nmid \nu$, so hat $\nu \varkappa_1 \delta$ den Nenner $\mathfrak{p}$ und es ist

$$(69) \qquad \sum_{\varkappa_1} \left(\frac{\varkappa_1}{\mathfrak{p}}\right)^{as} e^{-2\pi i S \frac{\nu \varkappa_1 \delta}{\sqrt{d}}} = G(-\nu\delta) \text{ für ungerades } as,$$
$$= -1 \text{ [24]) für gerades } as.$$

Aus (66), (67), (68), (69) folgt

$$(70) \qquad H(\mathfrak{p}^a) = 0 \quad \text{für} \quad \mathfrak{p}^{a-1} \nmid \nu,$$
$$= N\mathfrak{p}^{a-1} \left(\frac{G(\delta)}{N\mathfrak{p}^a}\right)^s G(-\nu\delta) \quad \text{für} \quad \mathfrak{p}^{a-1} | \nu, \; as \text{ ungerade},$$
$$= -N\mathfrak{p}^{a-1} \left(\frac{G(\delta)}{N\mathfrak{p}^a}\right)^s \quad \text{für} \quad \mathfrak{p}^{a-1} | \nu, \; as \text{ gerade},$$
$$= 0 \quad \text{für} \quad \mathfrak{p}^a | \nu, \; as \text{ ungerade},$$
$$= N\mathfrak{p}^{a-1} (N\mathfrak{p} - 1) \left(\frac{G(\delta)}{N\mathfrak{p}^a}\right)^s \quad \text{für} \quad \mathfrak{p}^a | \nu, \; as \text{ gerade}.$$

Nun ist für gerades a die Gaußsche Summe $G(\delta) = N\mathfrak{p}^{\frac{a}{2}}$. Ferner ist für ungerades a, wenn λ_1 eine genau durch $\mathfrak{p}^{\frac{a-1}{2}}$ teilbare ganze Zahl bedeutet und λ_2 ein Bruch mit dem Nenner $\mathfrak{p}^{\frac{a-1}{2}}$ ist,

$$G(\delta) = N\mathfrak{p}^{\frac{a-1}{2}} G(\lambda_1^2 \delta) \text{ [25])}$$

und

$$G(-\nu\delta) = G(-\nu \lambda_1^2 \lambda_2^2 \delta) = \left(\frac{\lambda_2^2 \nu}{\mathfrak{p}}\right) G(-\lambda_1^2 \delta) \qquad (\mathfrak{p}^{a-1} | \nu),$$

also für ungerades as und $\mathfrak{p}^{a-1} | \nu$

$$(71) \qquad \left(\frac{G(\delta)}{N\mathfrak{p}^a}\right)^s G(-\nu\delta) = \left(\frac{\lambda_2^2 \nu}{\mathfrak{p}}\right) \left(\frac{N\mathfrak{p}^{\frac{a-1}{2}} G(\lambda_1^2 \delta)}{N\mathfrak{p}^a}\right)^{s-1} \frac{N\mathfrak{p}^{\frac{a-1}{2}} N\mathfrak{p}}{N\mathfrak{p}^a}. \text{ [26])}$$

---

[23]) Es gibt $\frac{N\mathfrak{p} - 1}{2}$ quadratische Reste und $\frac{N\mathfrak{p} - 1}{2}$ Nichtreste mod $\mathfrak{p}$.

[24]) Wegen $\mathfrak{p} \nmid \varkappa_1$ und (27).

[25]) Vgl. Hecke, R.

[26]) Nach (24), (27) ist

$$G(-\lambda_1^2 \delta)\, G(\lambda_1^2 \delta) = |G(\lambda_1^2 \delta)|^2 = N\mathfrak{p}.$$

Mit Rücksicht auf (71) geht (70) über in

$$(72)\quad \begin{aligned} H(\mathfrak{p}^a) &= 0 \quad \text{für } \mathfrak{p}^{a-1} \nmid \nu \text{ und für } \mathfrak{p}^a \mid \nu,\ as \text{ ungerade},\\ &= \left(\frac{\lambda_2^2 \nu}{\mathfrak{p}}\right)\left(\frac{G(\lambda_1^2\delta)}{\sqrt{N\mathfrak{p}}}\right)^{s-1} N\mathfrak{p}^{-\frac{a(s-2)+1}{2}} \quad \text{für } \mathfrak{p}^{a-1} \mid \nu,\ as \text{ ungerade},\\ &= -\left(\frac{G(\lambda_1^2\delta)}{\sqrt{N\mathfrak{p}}}\right)^{s} N\mathfrak{p}^{-\frac{a(s-2)}{2}-1} \quad \text{für } \mathfrak{p}^{a-1} \mid \nu,\ a \text{ ungerade, } s \text{ gerade},\\ &= -N\mathfrak{p}^{-\frac{a(s-2)}{2}-1} \quad \text{für } \mathfrak{p}^{a-1} \mid \nu,\ a \text{ gerade},\\ &= \left(\frac{G(\lambda_1^2\delta)}{\sqrt{N\mathfrak{p}}}\right)^{s} N\mathfrak{p}^{-\frac{a(s-2)}{2}-1}(N\mathfrak{p}-1) \quad \text{für } \mathfrak{p}^{a} \mid \nu,\ a \text{ ungerade, } s \text{ gerade},\\ &= N\mathfrak{p}^{-\frac{a(s-2)}{2}-1}(N\mathfrak{p}-1) \quad \text{für } \mathfrak{p}^{a} \mid \nu,\ a \text{ gerade}. \end{aligned}$$

Nun ist, wenn kurz $\lambda_1^2\delta = \delta_1$ gesetzt wird, δ_1 vom Nenner $\mathfrak{p}$ und

$$G(\delta_1) = \sum_{\varrho \bmod \mathfrak{p}} e^{2\pi i S \frac{\varrho^2 \delta_1}{\sqrt{d}}}, \qquad \left(\frac{-1}{\mathfrak{p}}\right) G(\delta_1) = \sum_{\varrho \bmod \mathfrak{p}} e^{-2\pi i S \frac{\varrho^2 \delta_1}{\sqrt{d}}},$$

also

$$(73)\qquad \left(\frac{G(\delta_1)}{\sqrt{N\mathfrak{p}}}\right)^2 = \left(\frac{-1}{\mathfrak{p}}\right) \frac{|G(\delta_1)|^2}{N\mathfrak{p}} = \left(\frac{-1}{\mathfrak{p}}\right).$$

Für *gerades* s folgt aus (72), (73): Geht das Primideal $\mathfrak{p} \nmid 2$ in ν genau zur n-ten Potenz auf, so ist

$$(74)\quad \begin{aligned} J(\mathfrak{p}) &= 1 + \sum_{a=1}^{\infty} H(\mathfrak{p}^a)\\ &= 1 + \frac{N\mathfrak{p}-1}{N\mathfrak{p}} \sum_{a=1}^{n} \left(\frac{-1}{\mathfrak{p}}\right)^{a\frac{s}{2}} N\mathfrak{p}^{-\frac{a(s-2)}{2}} - \left(\frac{-1}{\mathfrak{p}}\right)^{(n+1)\frac{s}{2}} N\mathfrak{p}^{-\frac{(n+1)(s-2)}{2}-1}\\ &= \left(1 - \frac{\left(\frac{-1}{\mathfrak{p}}\right)^{\frac{s}{2}}}{N\mathfrak{p}^{\frac{s}{2}}}\right) \sum_{a=0}^{n} \left(\frac{\left(\frac{-1}{\mathfrak{p}}\right)^{\frac{s}{2}}}{N\mathfrak{p}^{\frac{s}{2}-1}}\right)^{a}. \end{aligned}$$

Für *ungerades* s folgt aus (72), (73): Geht $\mathfrak{p}$ in ν genau zu einer *ungeraden* Potenz $n = 2k+1$ auf, so ist

$$(75)\quad \begin{aligned} J(\mathfrak{p}) &= 1 + \sum_{b=1}^{k} N\mathfrak{p}^{-b(s-2)-1}(N\mathfrak{p}-1) - N\mathfrak{p}^{-(k+1)(s-2)-1}\\ &= \left(1 - \frac{1}{N\mathfrak{p}^{s-1}}\right) \sum_{b=0}^{k} \frac{1}{N\mathfrak{p}^{b(s-2)}}; \end{aligned}$$

geht aber $\mathfrak{p}$ in ν genau zu einer *geraden* Potenz $n = 2k$ auf, so ist

$$(76)\quad J(\mathfrak{p}) = 1 + \sum_{b=1}^{k} N\mathfrak{p}^{-b(s-2)-1}(N\mathfrak{p}-1) + \left(\frac{\lambda_2^2\nu}{\mathfrak{p}}\right)\left(\frac{-1}{\mathfrak{p}}\right)^{\frac{s-1}{2}} N\mathfrak{p}^{-\frac{(2k+1)(s-2)+1}{2}}$$

$$= \left(1 - \frac{1}{N\mathfrak{p}^{s-1}}\right)\sum_{b=0}^{k-1}\frac{1}{N\mathfrak{p}^{b(s-2)}} + \left\{1 + \left(\frac{\lambda_2^2\nu}{\mathfrak{p}}\right)\left(\frac{\left(\frac{-1}{\mathfrak{p}}\right)}{N\mathfrak{p}}\right)^{\frac{s-1}{2}}\right\}\frac{1}{N\mathfrak{p}^{k(s-2)}},$$ [27]

wo λ_2 einen Bruch mit dem Nenner $\mathfrak{p}^k$ bedeutet.

Für gerades $s \geqq 6$ ist nach (74)

$$J(\mathfrak{p}) > \left(1 - \frac{1}{N\mathfrak{p}^{\frac{s}{2}-1}}\right)^2,$$

also, wenn ζ_K die Dedekindsche Zetafunktion des Körpers K bedeutet,

$$(77)\quad \prod_{\mathfrak{p}+2} J(\mathfrak{p}) > \prod_{\mathfrak{p}+2}\left(1 - \frac{1}{N\mathfrak{p}^{\frac{s}{2}-1}}\right)^2 > \zeta_K^{-2}\left(\frac{s}{2}-1\right) \geqq \zeta_K^{-2}(2);$$

und für ungerades $s \geqq 5$ ist nach (75), (76)

$$J(\mathfrak{p}) \geqq 1 - \frac{1}{N\mathfrak{p}^{\frac{s-1}{2}}},$$

$$(78)\quad \prod_{\mathfrak{p}+2} J(\mathfrak{p}) \geqq \prod_{\mathfrak{p}+2}\left(1 - \frac{1}{N\mathfrak{p}^{\frac{s-1}{2}}}\right) > \zeta_K^{-1}\left(\frac{s-1}{2}\right) \geqq \zeta_K^{-1}(2).$$

Wegen (77), (78) liegt die $\mathfrak{S}$-Reihe dann und nur dann zwischen zwei positiven von ν unabhängigen Schranken, wenn dies für $J(\mathfrak{l})$ gilt, wo $\mathfrak{l}$ einen Primidealteiler von 2 bedeutet. Ferner ist nach (74), (75), (76) $J(\mathfrak{p})$ stets *rational* und für $\mathfrak{p} + \nu$

$$(79)\quad J(\mathfrak{p}) = 1 - \frac{\left(\frac{-1}{\mathfrak{p}}\right)^{\frac{s}{2}}}{N\mathfrak{p}^{\frac{s}{2}}} \quad \text{für gerades } s,$$

$$= 1 + \frac{\left(\frac{(-1)^{\frac{s-1}{2}}\nu}{\mathfrak{p}}\right)}{N\mathfrak{p}^{\frac{s-1}{2}}} \quad \text{für ungerades } s.$$

Führt man zur Abkürzung die folgenden Zetafunktionen mit Charakteren ein:

$$\zeta_1(s) = \sum_{\mathfrak{a}}\frac{\left(\frac{-1}{\mathfrak{a}}\right)}{N\mathfrak{a}^s}, \qquad \zeta_2(s) = \sum_{\mathfrak{a}}\frac{\left(\frac{\nu}{\mathfrak{a}}\right)}{N\mathfrak{a}^s}, \qquad \zeta_3(s) = \sum_{\mathfrak{a}}\frac{\left(\frac{-\nu}{\mathfrak{a}}\right)}{N\mathfrak{a}^s},$$

---

[27]) Für $k = 0$ ist $\lambda_2 = 1$ und $J(\mathfrak{p})$ gleich dem Ausdruck in der geschweiften Klammer rechts.

so ist nach (79), wenn c_1, c_2, c_3, c_4 *rationale* Zahlen bezeichnen, die zwischen zwei positiven von ν unabhängigen Schranken liegen,

$$(80)\qquad \prod_{\mathfrak{p}+2} J(\mathfrak{p}) = \frac{c_1}{\zeta_K\left(\frac{s}{2}\right)} \quad \text{für } s \equiv 0 \pmod 4,$$

$$= \frac{c_2}{\zeta_1\left(\frac{s}{2}\right)} \quad \text{für } s \equiv 2 \pmod 4,$$

$$= \frac{c_3 \zeta_2\left(\frac{s-1}{2}\right)}{\zeta_K(s-1)} \quad \text{für } s \equiv 1 \pmod 4,$$

$$= \frac{c_4 \zeta_3\left(\frac{s-1}{2}\right)}{\zeta_K(s-1)} \quad \text{für } s \equiv 3 \pmod 4.$$

Die Summation der $\mathfrak{S}$-Reihe ist damit zurückgeführt auf die Ermittlung der Werte der Zetafunktionen und die Summation von $J(\mathfrak{p})$ für $\mathfrak{p} = \mathfrak{l} \mid 2$.

Das Primideal $\mathfrak{l}$ gehe in 2 genau zur c-ten Potenz auf, in ν genau zur k-ten. Es sei a eine natürliche Zahl, und zwar $> k + 2c + 1$ für gerades k, $> k + 2c$ für ungerades k; ferner sei λ_1 eine genau durch $\mathfrak{l}^{\left[\frac{a}{2}\right]-c}$ teilbare ganze Zahl und δ eine Zahl mit dem Nenner $\mathfrak{l}^a$. Dann ist

$$(81)\qquad G(\delta) = N\mathfrak{l}^{\left[\frac{a}{2}\right]-c}\, G(\lambda_1^2 \delta).\ ^{28)}$$

Es sei λ_2 ganz und genau durch $\mathfrak{l}^{a-k-1}$ teilbar; ϱ durchlaufe ein vollständiges Restsystem mod $\mathfrak{l}^{k+1}$, $\varkappa_1$ ein reduziertes Restsystem mod $\mathfrak{l}^{a-k-1}$; dann durchläuft $\varkappa = \lambda_2 \varrho + \varkappa_1$ ein reduziertes Restsystem mod $\mathfrak{l}^a$, und es gilt nach (81)

$$H(\mathfrak{l}^a) = \sum_{\varkappa} \left(\frac{G(\varkappa\delta)}{N\mathfrak{l}^a}\right)^s e^{-2\pi i S \frac{\nu\varkappa\delta}{\sqrt{d}}} = \sum_{\varkappa_1} \sum_{\varrho} \left(\frac{G(\lambda_1^2(\lambda_2\varrho + \varkappa_1)\delta)}{N\mathfrak{l}^{a-\left[\frac{a}{2}\right]+c}}\right)^s e^{-2\pi i S \frac{\nu(\lambda_2\varrho+\varkappa_1)\delta}{\sqrt{d}}}$$

$$= \sum_{\varkappa_1} \left(\frac{G(\lambda_1^2\varkappa_1\delta)}{N\mathfrak{l}^{a-\left[\frac{a}{2}\right]+c}}\right)^s e^{-2\pi i S \frac{\nu\varkappa_1\delta}{\sqrt{d}}} \sum_{\varrho} e^{-2\pi i S \frac{\nu\lambda_2\varrho\delta}{\sqrt{d}}}\ ^{29)}$$

Die Zahl $\nu\lambda_2\delta$ hat den Nenner $\mathfrak{l}$; folglich ist $\sum\limits_{\varrho} = 0$ und

$$(82)\qquad H(\mathfrak{l}^a) = 0 \quad \text{für } a > \begin{cases} k + 2c + 1, & k \text{ gerade}, \\ k + 2c, & k \text{ ungerade}. \end{cases}$$

---

28) Vgl. Hecke, R.

29) Es ist $2\left[\frac{a}{2}\right] - 2c + a - k - 1 - a \geq 0$, also $\lambda_1^2 \lambda_2 \delta$ ganz und

$$G(\lambda_1^2(\lambda_2\varrho + \varkappa_1)\delta) = G(\lambda_1^2\varkappa_1\delta).$$

Daher ist $J(\mathfrak{l})$ eine *endliche* Summe; und da ferner $H(\mathfrak{l}^a)$ für jedes a rational ist, so ist $J(\mathfrak{l})$ selbst *rational*.

Nach (41) ist

$$(83)\qquad |H(\mathfrak{l}^a)| \leqq \varphi(\mathfrak{l}^a)\left(\frac{2}{N\mathfrak{l}^{\frac{a}{2}}}\right)^s = 2^s\left(1-\frac{1}{N\mathfrak{l}}\right)N\mathfrak{l}^{-a\left(\frac{s}{2}-1\right)}.$$

Nun ist $N\mathfrak{l} = 2$ oder $= 4$, und nach (83) für $s \geqq 5$, $N\mathfrak{l} = 2$

$$(84)\qquad \left|\sum_{a=3}^{\infty} H(\mathfrak{l}^a)\right| \leqq 2^{s-1}\sum_{a=3}^{\infty}\frac{1}{2^{a\left(\frac{s}{2}-1\right)}} = \frac{2^{s-1}}{2^{s-2}\left(2^{\frac{s}{2}-1}-1\right)} \leqq \frac{2}{2^{\frac{3}{2}}-1} < \sqrt{2},$$

und für $N\mathfrak{l} = 4$

$$(85)\qquad \left|\sum_{a=2}^{\infty} H(\mathfrak{l}^a)\right| \leqq 2^s\frac{3}{4}\sum_{a=2}^{\infty}\frac{1}{2^{a(s-2)}} = \frac{3\cdot 2^{s-2}}{2^{s-2}(2^{s-2}-1)} \leqq \frac{3}{7}.$$

Durchläuft ϱ ein vollständiges Restsystem mod $\mathfrak{l}$, so gilt das gleiche von ϱ^2, denn aus $\varrho_1^2 \equiv \varrho_2^2 \pmod{\mathfrak{l}}$ folgt $\varrho_1 \equiv \pm\varrho_2 \equiv \varrho_2 \pmod{\mathfrak{l}}$. Hat δ den Nenner $\mathfrak{l}$, so ist also nach (27)

$$G(\delta) = \sum_{\varrho} e^{2\pi i S\frac{\varrho^2\delta}{\sqrt{d}}} = \sum_{\varrho} e^{2\pi i S\frac{\varrho\delta}{\sqrt{d}}} = 0$$

und daher auch

$$(86)\qquad H(\mathfrak{l}) = 0.$$

Zur Bestimmung von $H(\mathfrak{l}^2)$, $H(\mathfrak{l}^3)$, ... erscheint es notwendig, auf arithmetische Eigenschaften der *Basis* von K einzugehen. Der Körper K werde erzeugt durch die Quadratwurzel aus einer quadratfreien natürlichen Zahl $m > 1$. Ist dann $m \equiv 1 \pmod 4$, so ist $\left(1, \frac{1+\sqrt{m}}{2}\right)$ eine Basis des Körpers $K(\sqrt{m})$ mit der Grundzahl $d = m$; ist aber $m \equiv 2$ oder $\equiv 3 \pmod 4$, so hat der Körper $K(\sqrt{m})$ die Basis $(1, \sqrt{m})$ und die Grundzahl $d = 4m$.

Ich unterscheide drei Fälle:

1. $m \equiv 5 \pmod 8$. Dann ist $\mathfrak{l} = 2$ Primideal in $K(\sqrt{m})$ und nach (85), (86)

$$(87)\qquad J(\mathfrak{l}) \geqq 1 - \frac{3}{7} = \frac{4}{7}.$$

2. $m \equiv 2$ oder $\equiv 3 \pmod 4$. Dann ist $2 = \mathfrak{l}^2$ Quadrat des Primideals $\mathfrak{l}$ in $K(\sqrt{m})$. Die Zahlen $\varrho = 0, 1, \sqrt{m}, 1+\sqrt{m}$ bilden ein vollständiges Restsystem mod $\mathfrak{l}^2$, und es ist $\varrho^2 \equiv 0, 1, 0, 1$ oder $\equiv 0, 1, 1, 0 \pmod 2$. Ferner bilden die Zahlen $\delta = \frac{1}{2}, \frac{1+\sqrt{m}}{2}$ oder $\delta = \frac{1}{2}, \frac{\sqrt{m}}{2}$ ein vollständiges System von $\varphi(\mathfrak{l}^2)$ mod 1 inkongruenten Brüchen vom Nenner $\mathfrak{l}^2$, und es ist

$$\varrho^2\delta \equiv 0, \frac{1}{2}, 0, \frac{1}{2} \quad \text{und} \quad \equiv 0, \frac{1+\sqrt{m}}{2}, 0, \frac{1+\sqrt{m}}{2} \pmod 1$$

oder

$$\varrho^2\delta \equiv 0, \frac{1}{2}, \frac{1}{2}, 0 \quad \text{und} \quad \equiv 0, \frac{\sqrt{m}}{2}, \frac{\sqrt{m}}{2}, 0 \pmod 1.$$

Folglich ist

$$G\left(\frac{1}{2}\right) = 4, \quad G\left(\frac{1+\sqrt{m}}{2}\right) = 0, \quad G\left(\frac{\sqrt{m}}{2}\right) = 0,$$

also

$$H(\mathfrak{l}^2) = e^{-2\pi i S \frac{\nu \cdot \frac{1}{2}}{\sqrt{d}}} = e^{-\frac{\pi i}{2} S \frac{\nu}{\sqrt{m}}}.$$

Die Zahl $H(\mathfrak{l}^2)$ ist also $= +1$ oder $= -1$, je nachdem in

$$\nu = n_1 + n_2\sqrt{m}$$

der Koeffizient $n_2 \equiv 0$ oder $\equiv 1 \pmod 2$ ist. Für *gerades* n_2 ist daher nach (84), (86)

$$(88) \qquad J(\mathfrak{l}) \geqq 1 + 1 - \sqrt{2} = 2 - \sqrt{2}.$$

Für *ungerades* n_2 läßt sich aber ν garnicht als Summe von Quadraten ganzer Zahlen darstellen[30]). Dann geht ferner $\mathfrak{l}$ in ν überhaupt nicht oder nur in der ersten Potenz auf. Wegen (82) liefern daher alle zu $\nu \pmod{\mathfrak{l}^5}$ kongruenten Zahlen $\bar{\nu}$ denselben Wert von $J(\mathfrak{l})$. Durchläuft $\bar{\nu}$ eine Folge total positiver Zahlen mit $N\bar{\nu} \to \infty$, so folgt aus (63) wegen $A_s(\bar{\nu}) = 0$

$$\mathfrak{S} = J(\mathfrak{l}) \prod_{\mathfrak{p} \neq 2} J(\mathfrak{p}) \to 0,$$

also nach (77), (78)

$$J(\mathfrak{l}) = 0 \quad (\text{für ungerades } n_2).$$

Dasselbe folgt natürlich bei direkter Berechnung von $J(\mathfrak{l})$.

3. $m \equiv 1 \pmod 8$. Dann ist $2 = \mathfrak{l}\mathfrak{l}'$ Produkt von zwei verschiedenen Primidealen $\mathfrak{l}, \mathfrak{l}'$. In diesem Fall 3 ist die Berechnung von $H(\mathfrak{l}^a)$ $(a = 2, 3, \ldots)$ einfacher als in den beiden vorhergehenden Fällen; ich will sie daher wirklich ausführen.

Zunächst sei $a > 2$ und gerade, λ_1 genau durch $\mathfrak{l}^{\frac{a}{2}-1}$ teilbar, λ_2 genau durch $\mathfrak{l}^2$. ϱ durchlaufe ein vollständiges Restsystem $\bmod\, \mathfrak{l}^{a-2}$, $\varkappa_1$ ein reduziertes Restsystem $\bmod\, \mathfrak{l}^2$, also $\varkappa = \lambda_2\varrho + \varkappa_1$ ein reduziertes Restsystem $\bmod\, \mathfrak{l}^a$. Dann ist, wenn δ den Nenner $\mathfrak{l}^a$ hat, nach (81)

$$G(\delta) = N\mathfrak{l}^{\frac{a}{2}-1} G(\lambda_1^2\delta),$$

[30]) In $(a + b\sqrt{m})^2 = a^2 + b^2 m + 2ab\sqrt{m}$ hat nämlich $\sqrt{m}$ einen *geraden* Koeffizienten; das gleiche gilt also von jeder Summe ganzer Quadratzahlen.

also[31])

$$H(\mathfrak{l}^a)=\sum_{\varkappa}\left(\frac{G(\varkappa\delta)}{N\mathfrak{l}^a}\right)^s e^{-2\pi i S\frac{\nu\varkappa\delta}{\sqrt{d}}}=\sum_{\varkappa_1}\left(\frac{G(\lambda_1^2\varkappa_1\delta)}{N\mathfrak{l}^{\frac{a}{2}+1}}\right)^s e^{-2\pi i S\frac{\nu\varkappa_1\delta}{\sqrt{d}}}\sum_{\varrho} e^{-2\pi i S\frac{\nu\lambda_2\varrho\delta}{\sqrt{d}}}.$$

Hierin ist $\sum\limits_{\varrho}=0$ außer für $\mathfrak{l}^{a-2}\mid\nu$, und dann $=N\mathfrak{l}^{a-2}$; im letzteren Fall wird

$$H(\mathfrak{l}^a)=2^{-(a-2)\left(\frac{s}{2}-1\right)}\sum_{\varkappa_1}\left(\frac{G(\lambda_1^2\varkappa_1\delta)}{N\mathfrak{l}^2}\right)^s e^{-2\pi i S\frac{\nu\varkappa_1\delta}{\sqrt{d}}}\qquad(\mathfrak{l}^{a-2}\mid\nu). \tag{89}$$

Nun sei $a=2$ und δ vom Nenner $\mathfrak{l}^2$. Dann ist

$$G(\delta)=\sum_{k=0}^{3} e^{2\pi i S\frac{k^2\delta}{\sqrt{d}}}=2\left(1+e^{2\pi i S\frac{\delta}{\sqrt{d}}}\right),\quad G(3\delta)=2\left(1+e^{-2\pi i S\frac{\delta}{\sqrt{d}}}\right),$$

$$H(\mathfrak{l}^2)=\left(\frac{1+e^{2\pi i S\frac{\delta}{\sqrt{d}}}}{2}\right)^s e^{-2\pi i S\frac{\nu\delta}{\sqrt{d}}}+\left(\frac{1+e^{-2\pi i S\frac{\delta}{\sqrt{d}}}}{2}\right)^s e^{2\pi i S\frac{\nu\delta}{\sqrt{d}}} \tag{90}$$

$$=2\cos^s\left(\pi S\frac{\delta}{\sqrt{d}}\right)\cos\left\{2\pi S\frac{\left(\nu-\frac{s}{2}\right)\delta}{\sqrt{d}}\right\}.$$

Aus (89), (90) folgt für gerades $a\geqq 2$, wenn δ und δ_1 die Nenner $\mathfrak{l}^2$ und $\mathfrak{l}^{\frac{a}{2}-1}$ besitzen,

$$H(\mathfrak{l}^a)=0\quad\text{für}\quad\mathfrak{l}^{a-2}\nmid\nu, \tag{91}$$

$$=2^{-(a-1)\left(\frac{s}{2}-1\right)}\left\{\sqrt{2}\cos\left(\pi S\frac{\delta}{\sqrt{d}}\right)\right\}^s\cos\left\{2\pi S\frac{\left(\nu\delta_1^2-\frac{s}{2}\right)\delta}{\sqrt{d}}\right\}$$

$$\text{für}\quad\mathfrak{l}^{a-2}\mid\nu.$$

Jetzt sei $a>3$ und ungerade, λ_1 genau durch $\mathfrak{l}^{\frac{a-3}{2}}$ teilbar, λ_2 genau durch $\mathfrak{l}^3$. ϱ durchlaufe ein vollständiges Restsystem mod $\mathfrak{l}^{a-3}$, $\varkappa_1$ ein reduziertes Restsystem mod $\mathfrak{l}^3$, also $\varkappa=\lambda_2\varrho+\varkappa_1$ ein reduziertes Restsystem mod $\mathfrak{l}^a$. Dann ist, wenn δ den Nenner $\mathfrak{l}^a$ hat, nach (81)

$$G(\delta)=N\mathfrak{l}^{\frac{a-3}{2}}G(\lambda_1^2\delta);$$

folglich

$$H(\mathfrak{l}^a)=\sum_{\varkappa_1}\left(\frac{G(\lambda_1^2\varkappa_1\delta)}{N\mathfrak{l}^{\frac{a+3}{2}}}\right)^s e^{-2\pi i S\frac{\nu\varkappa_1\delta}{\sqrt{d}}}\sum_{\varrho} e^{-2\pi i S\frac{\nu\lambda_2\varrho\delta}{\sqrt{d}}}, \tag{92}$$

also $=0$ für $\mathfrak{l}^{a-3}\nmid\nu$, $=2^{-(a-3)\left(\frac{s}{2}-1\right)}\sum\limits_{\varkappa_1}\left(\frac{G(\lambda_1^2\varkappa_1\delta)}{N\mathfrak{l}^3}\right)^s e^{-2\pi i S\frac{\nu\varkappa_1\delta}{\sqrt{d}}}$ für $\mathfrak{l}^{a-3}\mid\nu$.

---

[31]) Vgl. die Ableitung von (82).

Endlich sei $a = 3$ und δ vom Nenner $\mathfrak{l}^3$. Dann ist

$$G(\delta) = \sum_{k=0}^{7} e^{2\pi i S \frac{k^2 \delta}{\sqrt{d}}} = 4\, e^{2\pi i S \frac{\delta}{\sqrt{d}}},$$

$$(93)\quad H(\mathfrak{l}^3) = \sum_{n=1,3,5,7} \left(\frac{e^{2\pi i n S \frac{\delta}{\sqrt{d}}}}{2} \right)^s e^{-2\pi i n S \frac{\nu\delta}{\sqrt{d}}} = 2^{-s} e^{2\pi i S \frac{(s-\nu)\delta}{\sqrt{d}}} \sum_{m=0}^{3} e^{4\pi i m S \frac{(s-\nu)\delta}{\sqrt{d}}}$$

$$= 0 \quad \text{für} \quad \mathfrak{l}^2 \nmid (s-\nu), \qquad = 2^{2-s} e^{2\pi i S \frac{(s-\nu)\delta}{\sqrt{d}}} \quad \text{für} \quad \mathfrak{l}^2 \mid (s-\nu).$$

Aus (92), (93) folgt für ungerades $a \geqq 3$, wenn δ und δ_1 die Nenner $\mathfrak{l}^3$ und $\mathfrak{l}^{\frac{a-3}{2}}$ besitzen,

$$(94)\quad H(\mathfrak{l}^a) = 0 \quad \text{für} \quad \mathfrak{l}^{a-3} \nmid \nu,$$

$$= 0 \quad \text{für} \quad \mathfrak{l}^{a-3} \mid \nu, \quad \mathfrak{l}^2 \nmid (s - \nu\delta_1^2),$$

$$= 2^{-(a-1)\left(\frac{s}{2}-1\right)} e^{2\pi i S \frac{(s-\nu\delta_1^2)\delta}{\sqrt{d}}} \quad \text{für} \quad \mathfrak{l}^{a-3} \mid \nu, \quad \mathfrak{l}^2 \mid (s - \nu\delta_1^2).$$

In (91) kann $\delta = \left(\frac{1+\sqrt{m}}{4}\right)^2 = \frac{1+m+2\sqrt{m}}{16}$ gesetzt werden; dann ist $\sqrt{2}\cos\left(\pi S \frac{\delta}{\sqrt{d}}\right) = 1$. Nach (91), (94) gilt daher für jedes natürliche $a \geqq 2$

$$H(\mathfrak{l}^a) \geqq -2^{-(a-1)\left(\frac{s}{2}-1\right)};$$

also mit Rücksicht auf (86) für $s \geqq 5$

$$(95)\quad J(\mathfrak{l}) > 1 - \sum_{a=2}^{\infty} 2^{-(a-1)\left(\frac{s}{2}-1\right)} = 1 - \frac{1}{2^{\frac{s}{2}-1} - 1} > 1 - \frac{1}{\sqrt{2}}.$$

Aus (87), (88), (95) folgt für jede der drei in Betracht gezogenen Möglichkeiten für m die Ungleichung $J(\mathfrak{l}) > 1 - \frac{1}{\sqrt{2}}$; dabei ist in den Fällen $m \equiv 2$ oder $\equiv 3 \pmod 4$ die Zahl ν in der Form $a + b\sqrt{m}$ mit geradem b anzunehmen. Wegen (80) existiert also ein nur von K abhängiges positives L_{40}, so daß für alle total positiven ganzen ν[32]) die $\mathfrak{S}$-Reihe $\geqq L_{40}$ ist. Aus (63) folgt nun Formel (1).

Zu jedem $s \geqq 5$ gibt es daher ein nur von K und s abhängiges natürliches L_{41} derart, daß sich alle total positiven ganzen durch 2 teilbaren Zahlen, deren Norm $> L_{41}$ ist, als Summen von s Quadraten ganzer Zahlen darstellen lassen. Folglich ist für *jedes* ganze $\nu \succ 0$ die Zahl

---

[32]) $\nu = a + b\sqrt{m}$ mit geradem b im Falle $m \equiv 2, 3 \pmod 4$.

$4L_{41}^2\nu$ Summe von s Quadraten ganzer Zahlen, also ν Summe von s Quadraten *ganzer* oder *solcher gebrochener* Zahlen, deren Nenner in $2L_{41}$ aufgehen. Für $s=5$ ist dies der in der Einleitung genannte zweite Satz.

Die Berechnung der $\mathfrak{S}$-Reihe ist im Vorhergehenden auf die Bestimmung der Werte einer ζ-Funktion[33]) für gewisse natürliche Argumente zurückgeführt worden. Diese Bestimmung werde ich für den besonders einfachen Fall $s\equiv 0 \pmod 4$ ausführen; dabei mache ich noch die Einschränkung $m=d\equiv 1 \pmod 8$, da nur für diesen Fall die Größe $J(\mathfrak{l})$ ausgerechnet worden ist. Es sei $s=4\sigma$.

Nach (74) ist für $\mathfrak{p}\nmid 2$, $\mathfrak{p}^n \| \nu$

$$J(\mathfrak{p})=\left(1-\frac{1}{N\mathfrak{p}^{2\sigma}}\right)\left(1+\frac{1}{N\mathfrak{p}^{2\sigma-1}}+\frac{1}{N\mathfrak{p}^{2(2\sigma-1)}}+\dots+\frac{1}{N\mathfrak{p}^{n(2\sigma-1)}}\right);$$

ferner ist nach (91), (94) für $\mathfrak{p}=\mathfrak{l}\,|\,2$, $\mathfrak{l}^n \| \nu$ [34])

$$J(\mathfrak{l})=1+(-1)^{\sigma}\left(\sum_{a=2}^{n}2^{-(a-1)(2\sigma-1)}-2^{-n(2\sigma-1)}\right)\quad \text{für}\quad n>0,\text{[35])}$$

$$=1\quad\text{für}\quad n=0.$$

Daher ist

$$\mathfrak{S}=\prod_{\mathfrak{p}\nmid 2}\left(1-\frac{1}{N\mathfrak{p}^{2\sigma}}\right)\prod_{\mathfrak{p}^n\|\nu}\left(1+\frac{1}{N\mathfrak{p}^{2\sigma-1}}+\dots\right.$$

$$\left.+\frac{1}{N\mathfrak{p}^{n(2\sigma-1)}}\right)\prod_{\mathfrak{l}^n\|\nu}\left(1+\frac{(-1)^{\sigma}}{N\mathfrak{l}^{2\sigma-1}}+\dots+\frac{(-1)^{\sigma}}{N\mathfrak{l}^{(n-1)(2\sigma-1)}}-\frac{(-1)^{\sigma}}{N\mathfrak{l}^{n(2\sigma-1)}}\right).$$

Wegen

$$\prod_{\mathfrak{p}\nmid 2}\left(1-\frac{1}{N\mathfrak{p}^{2\sigma}}\right)=\frac{1}{\left(1-\frac{1}{2^{2\sigma}}\right)^2\zeta_K(2\sigma)}$$

folgt also

$$N\nu^{2\sigma-1}\,\mathfrak{S}=\frac{1}{\left(1-\frac{1}{2^{2\sigma}}\right)^2\zeta_K(2\sigma)}\sum_{\mathfrak{t}|\nu}\pm N\mathfrak{t}^{2\sigma-1}, \tag{96}$$

wo $\mathfrak{t}$ alle Idealteiler von ν durchläuft und sich das Vorzeichen von $N\mathfrak{t}$ aus der folgenden Tabelle bestimmt: Es sei $\mathfrak{l}^a=\mathfrak{L}_1\|\nu$, $\mathfrak{l}'^{a'}=\mathfrak{L}_2\|\nu$, $(\nu)=\mathfrak{L}_1\mathfrak{L}_2\mathfrak{n}$;[36]) dann ist für[37])

---

[33]) In den Fällen $s\not\equiv 0 \pmod 4$ tritt eine Zetafunktion mit Charakteren auf.

[34]) Vgl. die analoge Rechnung in der bei [2]) an dritter Stelle zitierten Arbeit von Hardy.

[35]) Für $n=1$ ist $\sum_{a=2}^{n}=0$.

[36]) In den Fällen $\mathfrak{l}\nmid\nu$ oder $\mathfrak{l}'\nmid\nu$ sind $\mathfrak{L}_1$ oder $\mathfrak{L}_2$ durch 1 zu ersetzen.

[37]) Ist $\mathfrak{l}\nmid\nu$ oder $\mathfrak{l}'\nmid\nu$, so sind die Fälle 6. oder 7. auszuschließen.

1. $\mathfrak{L}_1\mathfrak{L}_2 \mid \mathfrak{t}$, Vorzeichen $+$;
2. $\mathfrak{L}_1 + \mathfrak{t}$, $\mathfrak{L}_2 + \mathfrak{t}$, $\mathfrak{l}\mathfrak{l}' \mid \mathfrak{t}$, Vorzeichen $+$;
3. $\mathfrak{l} + \mathfrak{t}$, $\mathfrak{l}' + \mathfrak{t}$, Vorzeichen $+$;
4. $\mathfrak{L}_1 \mid \mathfrak{t}$, $\mathfrak{L}_2 + \mathfrak{t}$, $\mathfrak{l}' \mid \mathfrak{t}$, Vorzeichen $(-)^\sigma$;
5. $\mathfrak{L}_2 \mid \mathfrak{t}$, $\mathfrak{L}_1 + \mathfrak{t}$, $\mathfrak{l} \mid \mathfrak{t}$, Vorzeichen $(-)^\sigma$;
6. $\mathfrak{L}_1 \mid \mathfrak{t}$, $\mathfrak{l}' + \mathfrak{t}$, Vorzeichen $(-)^{\sigma+1}$;
7. $\mathfrak{L}_2 \mid \mathfrak{t}$, $\mathfrak{l} + \mathfrak{t}$, Vorzeichen $(-)^{\sigma+1}$;
8. $\mathfrak{L}_1 + \mathfrak{t}$, $\mathfrak{l} \mid \mathfrak{t}$, $\mathfrak{l}' + \mathfrak{t}$, Vorzeichen $-$;
9. $\mathfrak{L}_2 + \mathfrak{t}$, $\mathfrak{l}' \mid \mathfrak{t}$, $\mathfrak{l} + \mathfrak{t}$, Vorzeichen $-$.

Ist insbesondere $\mathfrak{L}_1 = \mathfrak{L}_2 = 1$, also ν zu 2 teilerfremd, so ist das Vorzeichen stets positiv; in (96) steht dann rechts die Summe der $2\sigma - 1$-ten Potenzen der Normen aller Idealteiler von ν.

Es bleibt noch $\zeta_K(2\sigma)$ zu bestimmen[38]. Nun ist

$$\zeta_K(2\sigma) = \zeta(2\sigma) \sum_{n=1}^{\infty} \left(\frac{d}{n}\right) \frac{1}{n^{2\sigma}}, \tag{97}$$

$$\zeta(2\sigma) = (-1)^{\sigma-1} \frac{h^{2\sigma}(2\pi)^{2\sigma}}{2(2\sigma)!}, \tag{98}$$

wo $h^{2\sigma}$ die 2σ-te Bernoullische Zahl[39] bedeutet. Ferner gilt für das Bernoullische Polynom $S_{2\sigma-1}(x)$ [40] die Fouriersche Reihenentwicklung

$$\frac{(-1)^{\sigma-1}(2\pi)^{2\sigma}}{2(2\sigma-1)!}\left\{S_{2\sigma-1}(x) + \frac{h^{2\sigma}}{2\sigma}\right\} = \sum_{n=1}^{\infty} \frac{\cos 2\pi n x}{n^{2\sigma}} \qquad (0 \leqq x \leqq 1); \tag{99}$$ [41]

und es ist

$$\left(\frac{d}{n}\right) = \frac{1}{\sqrt{d}} \sum_{n'=1}^{d} \left(\frac{d}{n'}\right) \cos \frac{2nn'\pi}{d}. \tag{100}$$ [42]

---

[38] Vgl. H. Minkowski, Gesammelte Abhandlungen **1**, S. 134.

[39] Die Bernoullischen Zahlen werden durch die symbolische Formel

$$h^0 = 1, \quad (h+1)^n = h^n \qquad (n = 2, 3, \ldots)$$

bestimmt.

[40] Für natürliches x ist

$$S_k(x) = 0^k + 1^k + \ldots + (x-1)^k = \frac{(x+h)^{k+1} - h^{k+1}}{k+1} \qquad (k = 0, 1, \ldots).$$

[41] Vgl. z. B. De la Vallée Poussin, Cours d'analyse infinitésimale **2**, 2. Aufl., Louvain-Paris (1912), S. 371.

[42] Vgl. z. B. D. Hilbert, Die Theorie der algebraischen Zahlkörper; Jahresbericht der Deutschen Mathematiker-Vereinigung **4** (1897), S. 320.

Ich benutze (99) für $x=\frac{n'}{d}$ $(n'=1,\ldots,d)$; dann folgt wegen (100)

$$(101)\quad \sum_{n=1}^{\infty}\left(\frac{d}{n}\right)\frac{1}{n^{2\sigma}}=\sum_{n=1}^{d}\left(\frac{d}{n}\right)\sum_{k=0}^{\infty}\frac{1}{(n+kd)^{2\sigma}}$$

$$=\sum_{n'=1}^{d}\frac{1}{\sqrt{d}}\left(\frac{d}{n'}\right)\sum_{n=1}^{d}\cos\frac{2nn'\pi}{d}\sum_{k=0}^{\infty}\frac{1}{(n+kd)^{2\sigma}}$$

$$=\frac{1}{\sqrt{d}}\sum_{n'=1}^{d}\left(\frac{d}{n'}\right)\frac{(-1)^{\sigma-1}(2\pi)^{2\sigma}}{2(2\sigma-1)!}\left\{S_{2\sigma-1}\left(\frac{n'}{d}\right)+\frac{h^{2\sigma}}{2\sigma}\right\}.$$

Es ergibt sich also schließlich aus (1), (96), (97), (98), (101) (für $d\equiv 1 \pmod 8$))

$$(102)\quad A_{4\sigma}(\nu)\sim\frac{\pi^{4\sigma}\,2\,(2\sigma)!\,2\,(2\sigma-1)!\,\sqrt{d}\sum\limits_{\mathfrak{t}|\nu}\pm N\mathfrak{t}^{2\sigma-1}}{\{(2\sigma-1)!\}^2 d^{2\sigma-\frac{1}{2}}\left(1-\frac{1}{2^{2\sigma}}\right)^2 h^{2\sigma}(2\pi)^{2\sigma}(2\pi)^{2\sigma}\sum\limits_{n'=1}^{d}\left(\frac{d}{n'}\right)S_{2\sigma-1}\left(\frac{n'}{d}\right)}$$

$$=\frac{4\sum\limits_{\mathfrak{t}|\nu}\pm N\mathfrak{t}^{2\sigma-1}}{(2^{2\sigma}-1)^2\,d^{2\sigma-1}\,\frac{h^{2\sigma}}{2\sigma}\sum\limits_{n=1}^{d}\left(\frac{d}{n}\right)S_{2\sigma-1}\left(\frac{n}{d}\right)},$$

wo in $\sum\limits_{\mathfrak{t}|\nu}$ das Zeichen $\pm$ die oben erklärte Bedeutung hat. In (102) steht rechts eine *rationale* Zahl.

Göttingen, 15. September 1921.

(Eingegangen am 15. 9. 1921.)

9.

Bemerkungen zu einem Satz von Hamburger über die Funktionalgleichung der Riemannschen Zetafunktion

Mathematische Annalen 86 (1922), 276—279

Sie haben in Ihrer Arbeit: Über die Riemannsche Funktionalgleichung der ζ-Funktion (Erste Mitteilung) [Math. Zeitschr. **10** (1921), S. 240 bis 254] folgenden Satz bewiesen:

Es sei $G(s)$ eine ganze transzendente Funktion endlichen Geschlechts von $s=\sigma+ti$, $P(s)$ ein Polynom und $f(s)=\frac{G(s)}{P(s)}$ für $\sigma>1$ durch eine absolut konvergente Dirichletsche Reihe

$$f(s)=\sum_{n=1}^{\infty}\frac{a_n}{n^s} \tag{1}$$

darstellbar. Ist dann

$$f(s)\,\Gamma\left(\frac{s}{2}\right)\pi^{-\frac{s}{2}}=g(1-s)\,\Gamma\left(\frac{1-s}{2}\right)\pi^{-\frac{1-s}{2}}, \tag{2}$$

wo $g(1-s)$ in eine für $\sigma<-\alpha<0$ absolut konvergente Dirichletsche Reihe

$$g(1-s)=\sum_{n=1}^{\infty}\frac{b_n}{n^{1-s}} \tag{3}$$

entwickelt werden kann, so ist $f(s)=a_1\zeta(s)$.

Ich gebe hier einen Beweis, der wohl kürzer und einfacher als der Ihrige ist. Er benutzt nur die beiden bekannten Formeln

$$e^{-y}=\frac{1}{2\pi i}\int\limits_{1-\infty i}^{1+\infty i}y^{-s}\,\Gamma(s)\,ds \qquad (y>0), \tag{4}$$

$$\int\limits_0^{\infty}e^{-a^2x-\frac{b^2}{x}}\frac{dx}{\sqrt{x}}=\frac{\sqrt{\pi}}{a}e^{-2ab} \qquad (a>0,\ b\geqq 0). \tag{5}$$

Die absolute Konvergenz von (1) braucht dabei nicht für $\sigma>1$, sondern nur für $\sigma>2-\theta$ $(\theta>0)$ vorausgesetzt zu werden.

Für jedes $x > 0$ ist nach (1) und (2)

$$S_1 = \frac{1}{2\pi i}\int_{2-\infty i}^{2+\infty i} \sum_{n=1}^{\infty} \frac{a_n}{n^s} \Gamma\left(\frac{s}{2}\right) \pi^{-\frac{s}{2}} x^{-\frac{s}{2}} ds$$

$$= \frac{1}{2\pi i}\int_{2-\infty i}^{2+\infty i} g(1-s)\,\Gamma\left(\frac{1-s}{2}\right) \pi^{-\frac{1-s}{2}} x^{-\frac{s}{2}} ds = S_2.$$

Hier ist links wegen der Beschränktheit von $\sum_{n=1}^{\infty}\left|\frac{a_n}{n^s}\right|$ für $\sigma = 2$ Vertauschung von Integration und Summation gestattet; nach (4) ist daher

$$(6) \qquad S_1 = \sum_{n=1}^{\infty} a_n \frac{2}{2\pi i}\int_{1-\infty i}^{1+\infty i} (\pi n^2 x)^{-s}\,\Gamma(s)\,ds = 2\sum_{n=1}^{\infty} a_n e^{-\pi n^2 x}.$$

Aus den Voraussetzungen über $f(s)$ und (2) folgt die Existenz zweier Zahlen $T > 0$, $\gamma > 0$, so daß im Gebiet $-\alpha - 1 \leqq \sigma \leqq 2$, $|t| \geqq T$ die Funktion $g(1-s)$ regulär und $O(e^{|t|^\gamma})$ ist. Ferner ist sie wegen (3) auf der Geraden $\sigma = -\alpha - 1$ beschränkt; für $\sigma = 2$ ist sie $O(|t|^{\frac{3}{2}})$, wegen (1), (2) und der dort gültigen Relation

$$\frac{\Gamma\left(\frac{s}{2}\right)}{\Gamma\left(\frac{1-s}{2}\right)} = O(|t|^{\frac{3}{2}}).$$

Folglich gilt $g(1-s) = O(|t|^{\frac{3}{2}})$ für $|t| \geqq T$, $-\alpha - 1 \leqq \sigma \leqq 2$; und es ist

$$(7) \qquad S_2 = \frac{1}{2\pi i}\int_{-\alpha-1-\infty i}^{-\alpha-1+\infty i} g(1-s)\,\Gamma\left(\frac{1-s}{2}\right) \pi^{-\frac{1-s}{2}} x^{-\frac{s}{2}} ds + \sum_{\nu=1}^{m} R_\nu,$$

wo $R_1, \ldots, R_m$ die Residua des Integranden bei seinen im Gebiet $-\alpha - 1 < \sigma < 2$ gelegenen Polen $s_1, \ldots, s_m$ bedeutet. Aus (2) folgt

$$\sum_{\nu=1}^{m} R_\nu = \sum_{\nu=1}^{m} x^{-\frac{s_\nu}{2}} Q_\nu(\log x) = Q(x),$$

wo Q_ν ein Polynom in $\log x$ bedeutet, und

$$(8) \qquad \Re s_\nu \leqq 2 - \theta \qquad (\nu = 1, \ldots, m).$$

Wegen (3) liefert (7)

$$(9) \qquad S_2 = \frac{1}{2\pi i}\int_{\alpha+2-\infty i}^{\alpha+2+\infty i} \sum_{n=1}^{\infty} \frac{b_n}{n^s} \Gamma\left(\frac{s}{2}\right) \pi^{-\frac{s}{2}} x^{-\frac{1-s}{2}} ds + Q(x)$$

$$= \frac{2}{\sqrt{x}} \sum_{n=1}^{\infty} b_n e^{-\frac{\pi n^2}{x}} + Q(x).$$

Aus (6) und (9) folgt

$$2\sum_{n=1}^{\infty} a_n e^{-\pi n^2 x} = \frac{2}{\sqrt{x}} \sum_{n=1}^{\infty} b_n e^{-\frac{\pi n^2}{x}} + Q(x) \qquad (x>0).$$

Diese Gleichung multipliziere ich für festes $t>0$ mit $e^{-\pi t^2 x}$ und integriere nach x von 0 bis ∞; da die Reihe der Integrale über die absoluten Beträge der Glieder konvergiert, gliedweise Integration also erlaubt ist, so folgt nach (5)

$$(10) \qquad 2\sum_{n=1}^{\infty} \frac{a_n}{\pi(t^2+n^2)} = 2\sum_{n=1}^{\infty} \frac{b_n}{t} e^{-2\pi n t} + \int_0^{\infty} Q(x) e^{-\pi t^2 x} dx.$$

Hierin darf das Integral auf der rechten Seite gliedweise ausgeführt werden, denn nach (8) ist in $Q(x)$ jeder Term $O(x^{-1+\frac{\theta}{4}})$ für $x \to 0$; es ist also

$$(11) \quad \int_0^{\infty} Q(x) e^{-\pi t^2 x} dx = \frac{1}{t^2}\int_0^{\infty} Q\left(\frac{x}{t^2}\right) e^{-\pi x} dx = \sum_{\nu=1}^{m} t^{s_\nu - 2} H_\nu(\log t) = H(t),$$

wo H_ν ein Polynom in $\log t$ bedeutet.

(10) und (11) ergeben

$$(12) \qquad \sum_{n=1}^{\infty} a_n \left(\frac{1}{t+ni} + \frac{1}{t-ni}\right) - \pi t H(t) = 2\pi \sum_{n=1}^{\infty} b_n e^{-2\pi n t}.$$

In (12) ist

1. die Reihe auf der linken Seite in jedem endlichen Gebiet der t-Ebene exkl. $t = \pm ki$ $(k=1, 2, \ldots)$ gleichmäßig konvergent; sie ist also die Partialbruchzerlegung einer meromorphen Funktion mit *Polen erster Ordnung in* $t = \pm ki$ *vom Residuum* a_k,

2. $H(t)$ eine in der von 0 nach $-\infty$ aufgeschnittenen t-Ebene eindeutige *für* $t \neq 0$ *reguläre Funktion von* t,

3. die rechte Seite für $\Re t > 0$ eine *periodische Funktion von t mit der Periode* i.

Folglich sind die Residua in den Punkten ki und $(k+1)i$ gleich, d. h. $a_k = a_{k+1}$ $(k=1, 2, \ldots)$, $a_k = a_1$,

$$f(s) = a_1 \zeta(s),$$

q. e. d.

Göttingen, 30. September 1921.

(Eingegangen am 2. 10. 1921.)

10.

Über die Diskriminanten total reeller Körper

Nachrichten von der K. Gesellschaft der Wissenschaften zu Göttingen. Mathematisch-physikalische Klasse aus dem Jahre 1922, 17—24

Vorgelegt von E. Landau in der Sitzung vom 25. November 1921.

Eine der wichtigsten Anwendungen des Satzes von Minkowski über homogene lineare Formen ist der Beweis der Tatsache, daß die Diskriminante d jedes algebraischen Zahlkörpers vom Grade $n \geqq 2$ durch mindestens eine Primzahl teilbar ist. Bei dem Versuche, den algebraischen Zahlkörpern Ausdrücke nach Art der Polynome von Bernoulli zuzuordnen, fand ich eine für jeden total reellen Körper gültige merkwürdige Identität, aus welcher für seine Diskriminante unmittelbar die Ungleichung $d > 1$ folgt.

Es sei K ein total reeller algebraischer Zahlkörper vom Grade $n \geqq 1$, $d \geqq 1$ seine Diskriminante und $\omega_1, \ldots, \omega_n$ eine Basis von K. Die n Konjugierten irgend einer Zahl α aus K mögen mit $\alpha^{(1)}, \ldots, \alpha^{(n)}$ bezeichnet werden. Bedeutet nun $(\Omega_k^{(l)})$ die zu $(\omega_l^{(k)})$ $(k = 1, \ldots, n;\ l = 1, \ldots, n)$ reziproke Matrix, so ist bekanntlich $\Omega_1, \ldots, \Omega_n$ Basis eines (gebrochenen) Ideals $\frac{1}{\mathfrak{d}}$ aus K; das (ganze) Ideal $\mathfrak{d}$ heißt Grundideal und hat die Norm d. Der kürzeren Schreibweise wegen benutze ich die Zeichen N (Norm) und S (Spur) in Verallgemeinerung ihrer üblichen Bedeutung; es treten nämlich in der Rechnung drei Reihen von je n Variabeln $s^{(k)}$, $w^{(k)}$, $x^{(k)}$ $(k = 1, \ldots, n)$ auf; ist dann F eine (stets explizit angegebene) Funktion von s, w, x, so bedeutet das Zeichen NF, daß in dem expliziten Ausdruck von F die Variabeln s, w, x und alle vorkommenden Zahlen von K simultan die oberen Indizes $(1), \ldots, (n)$ erhalten und die n so entstehenden Größen miteinander multipliziert werden. In analogem Sinne wird das Zeichen SF benutzt.

Die oben erwähnte merkwürdige Identität lautet

$$\sqrt{d} = 1 + \sum_{\frac{1}{\mathfrak{d}} \mid \lambda}' N\left(\frac{\sin \pi\lambda}{\pi\lambda}\right)^2, \tag{1}$$

wo λ alle von 0 verschiedenen Zahlen des Ideals $\frac{1}{\mathfrak{d}}$ durchläuft. Die Formel (1) wird sich als Spezialfall einer andern ergeben. Ist nämlich $\mathfrak{a}$ ein (ganzes oder gebrochenes) Ideal, so gilt identisch in n reellen Unbestimmten $x^{(1)}, \ldots, x^{(n)}$, deren Produkt zwischen 0 und $N\mathfrak{a}$ liegt,

$$(2) \qquad \frac{N\mathfrak{a}}{Nx}\sqrt{d} = 1 + \sum_{\frac{1}{\mathfrak{a}\mathfrak{d}}\,|\,\lambda}' N\left(\frac{\sin \pi\lambda x}{\pi\lambda x}\right)^2 \quad (0 < Nx \leqq N\mathfrak{a}),$$

wo λ alle von 0 verschiedenen Zahlen von $\frac{1}{\mathfrak{a}\mathfrak{d}}$ durchläuft. Für den Körper der rationalen Zahlen besagt diese Formel, wenn noch $\mathfrak{a} = 1$ gesetzt wird,

$$\frac{x^2 - x}{2} = -\sum_{l=1}^{\infty}\left(\frac{\sin \pi l x}{\pi l}\right)^2 = \sum_{l=1}^{\infty} \frac{\cos 2\pi l x - 1}{2(\pi l)^2} \quad (0 < x \leqq 1);$$

das ist aber die bekannte Fouriersche Entwicklung des ersten Bernoullischen Polynoms $\frac{x^2 - x}{2}$.

Für einen reellen quadratischen Zahlkörper mit einer durch 4 teilbaren Diskriminante $d = 4\varDelta$ liefert (1) die Identität

$$(3) \qquad 1 + \frac{4\varDelta^2}{\pi^4}\sum_{a,\,b}'\left(\frac{\cos\frac{\pi a}{\sqrt{\varDelta}} - (-1)^b}{a^2 - \varDelta b^2}\right)^2 = 2\sqrt{\varDelta};$$

hierin durchlaufen a, b alle Paare ganzer rationaler Zahlen exkl. 0,0.

Daß die in (1), (2), (3) auftretenden unendlichen Reihen konvergieren, wird sich im Verlaufe der Rechnung ergeben. Dort wird auch noch eine Verallgemeinerung von (2) mitgeteilt (die Formel (16)).

Hilfssatz. Es seien $s^{(1)}, \ldots, s^{(n)}$ n Zahlen mit positiv-reellen Teilen, $w^{(1)}, \ldots, w^{(n)}$ n reelle Zahlen; ferner sei $\mathfrak{a}$ ein Ideal des total reellen Körpers K. Dann ist

$$(4) \qquad \sum_{\mathfrak{a}\,|\,\mu} e^{-S(|\mu|s - 2\pi i \mu w)} =$$

$$= \frac{1}{N\mathfrak{a}\sqrt{d}} \sum_{\frac{1}{\mathfrak{a}\mathfrak{d}}\,|\,\lambda} N\left\{\frac{1}{s - 2\pi i(w - \lambda)} + \frac{1}{s + 2\pi i(w - \lambda)}\right\}^{1)}.$$

1) μ durchläuft alle Zahlen von $\mathfrak{a}$, λ alle Zahlen von $\frac{1}{\mathfrak{a}\mathfrak{d}}$. Die Formel (4) tritt auch in Untersuchungen von F. Bernstein und E. Hecke auf; Herr Bernstein hat sie mir im Juli 1920 mitgeteilt.

Beweis. Es sei $\alpha_1, \ldots, \alpha_n$ eine Basis von $\mathfrak{a}$. Ich führe n neue reelle Unbestimmte $t_1, \ldots, t_n$ ein und setze

$$\xi^{(l)} = t_1 \alpha_1^{(l)} + \cdots + t_n \alpha_n^{(l)} \qquad (l = 1, \ldots, n), \tag{5}$$

$$f(t) = f(t_1, \ldots, t_n) = \sum_{\mathfrak{a} \mid \mu} e^{-S\{|\mu+\xi|s - 2\pi i(\mu+\xi)w\}}. \tag{6}$$

Diese Reihe ist offenbar nebst allen gliedweise genommenen Ableitungen nach $t_1, \ldots, t_n$ in Bezug auf diese Variabeln gleichmäßig konvergent. Die Funktion $f(t)$ hat also Ableitungen jeder Ordnung in allen Punkten des $t_1 \ldots t_n$-Raumes, welche von den Gitterpunkten verschieden sind, in diesen selbst aber als Funktion jeder einzelnen Variabeln rechte und linke Differentialquotienten; denn das gleiche gilt von jedem Glied der Reihe. Da ferner $f(t)$ in $t_1, \ldots, t_n$ je die Periode 1 hat, so gilt die absolut konvergente Fouriersche Entwicklung

$$f(t) = \sum_{m_1=-\infty}^{+\infty} \cdots \sum_{m_n=-\infty}^{+\infty} A_{m_1 \ldots m_n} e^{2\pi i(m_1 t_1 + \cdots + m_n t_n)}.$$

Die zu $(\alpha_l^{(k)})$ reziproke Matrix $(\mathsf{A}_k^{(l)})$ $(k = 1, \ldots, n;\ l = 1, \ldots, n)$ liefert eine Basis $\mathsf{A}_1, \ldots, \mathsf{A}_n$ des Ideals $\frac{1}{\mathfrak{a}\mathfrak{d}}$. Der Ausdruck

$$\lambda = m_1 \mathsf{A}_1 + \cdots + m_n \mathsf{A}_n$$

durchläuft alle Zahlen dieses Ideals, wenn $m_1, \ldots, m_n$ alle ganzen rationalen Zahlen durchlaufen. Beachtet man also die aus (5) folgende Gleichung

$$m_1 t_1 + \cdots + m_n t_n = \sum_{k=1}^{n} m_k \sum_{l=1}^{n} \xi^{(l)} \mathsf{A}_k^{(l)} = \sum_{l=1}^{n} \xi^{(l)} \lambda^{(l)} = S(\xi\lambda)$$

und schreibt zur Abkürzung A_λ statt $A_{m_1 \ldots m_n}$, so ist

$$f(t) = \sum_{\frac{1}{\mathfrak{a}\mathfrak{d}} \mid \lambda} A_\lambda e^{2\pi i S(\xi\lambda)}. \tag{7}$$

Der Koeffizient A_λ bestimmt sich aus

$$A_\lambda = \int_{-\frac{1}{2}}^{+\frac{1}{2}} \cdots \int_{-\frac{1}{2}}^{+\frac{1}{2}} f(t) e^{-2\pi i S(\xi\lambda)} dt_1 \cdots dt_n =$$

$$= \int_{-\infty}^{+\infty} \cdots \int_{-\infty}^{+\infty} e^{-S\{|\mu+\xi|s - 2\pi i(\mu+\xi)w\}} e^{-2\pi i S(\xi\lambda)} dt_1 \cdots dt_n.$$

Nun ist $\frac{1}{\mathfrak{d}} \mid \mu\lambda$, also $S(\mu\lambda)$ ganz rational, so daß im zweiten Faktor des Integranden ξ durch $\mu+\xi$ ersetzt werden kann. Ferner ist nach (5)

$$\frac{d(\xi^{(1)},\ldots,\xi^{(n)})}{d(t_1,\ldots,t_n)} = |\alpha_l^{(k)}| = \pm N\mathfrak{a}\sqrt{d}.$$

Führt man $\xi^{(1)},\ldots,\xi^{(n)}$ als neue Integrationsvariable ein, so wird daher

$$A_\lambda = \frac{1}{N\mathfrak{a}\sqrt{d}}\int_{-\infty}^{+\infty}\cdots\int_{-\infty}^{+\infty} e^{-S\{|\xi|s-2\pi i\xi(w-\lambda)\}}d\xi^{(1)}\cdots d\xi^{(n)} =$$

$$(8)\qquad = \frac{1}{N\mathfrak{a}\sqrt{d}}N\left(\int_{-\infty}^{+\infty} e^{-\{|\xi|s-2\pi i\xi(w-\lambda)\}}d\xi\right) =$$

$$= \frac{1}{N\mathfrak{a}\sqrt{d}}N\left(\int_0^{\infty} e^{-\xi\{s-2\pi i(w-\lambda)\}}d\xi + \int_0^{\infty} e^{-\xi\{s+2\pi i(w-\lambda)\}}d\xi\right) =$$

$$= \frac{1}{N\mathfrak{a}\sqrt{d}}N\left(\frac{1}{s-2\pi i(w-\lambda)}+\frac{1}{s+2\pi i(w-\lambda)}\right).$$

Aus (6), (7), (8) folgt für $\xi^{(1)}=0,\ldots,\xi^{(n)}=0$ die Behauptung.

Beweis der Formeln (1), (2), (3).

Es seien $x^{(1)},\ldots,x^{(n)}$ n positive Zahlen. Ich multipliziere die Gleichung (4) mit $N\left(\frac{e^{xs}}{2\pi i s^2}\right)$ und integriere über jedes s von $1-\infty i$ bis $1+\infty i$ auf geradem Wege; dann ist also

$$(9)\quad \frac{1}{2\pi i}\int_{1-\infty i}^{1+\infty i}\cdots\frac{1}{2\pi i}\int_{1-\infty i}^{1+\infty i}\left\{\sum_{\mathfrak{a}\mid\mu} N\left(\frac{e^{xs}}{s^2}e^{-|\mu|s+2\pi i\mu w}\right)\right\}ds^{(1)}\cdots ds^{(n)} =$$

$$= \frac{1}{N\mathfrak{a}\sqrt{d}}\frac{1}{2\pi i}\int_{1-\infty i}^{1+\infty i}\cdots\frac{1}{2\pi i}\int_{1-\infty i}^{1+\infty i}\left(\sum_{\frac{1}{\mathfrak{a}\mathfrak{d}}\mid\lambda} N\left\{\frac{e^{xs}}{s^2}\left(\frac{1}{s-2\pi i(w-\lambda)}+\right.\right.\right.$$

$$\left.\left.\left.+\frac{1}{s+2\pi i(w-\lambda)}\right)\right\}\right)ds^{(1)}\cdots ds^{(n)}.$$

Nun ist aber der Ausdruck

$$I_1 = \int_{1-\infty i}^{1+\infty i}\left|\frac{e^{xs}}{s^2}e^{-|\mu|s+2\pi i\mu w}\right||ds| =$$

$$= e^{-|\mu|}\int_{1-\infty i}^{1+\infty i}\frac{e^x}{|s|^2}|ds| < c_1 e^{-|\mu|},$$

wo c_1 nicht von μ abhängt, und die Reihe $\sum e^{-S|\mu|}$ konvergent; so daß auf der linken Seite von (9) Summation und Integration vertauscht werden können. Ferner ist

$$I_2 = \int_{1-\infty i}^{1+\infty i} \left| \frac{e^{xs}}{s^2} \left(\frac{1}{s - 2\pi i (w-\lambda)} + \frac{1}{s + 2\pi i (w - \lambda)} \right) \right| |ds| <$$

$$< c_2 \int_0^{+\infty} \left| \frac{1}{1 + i\{t - 2\pi (w-\lambda)\}} + \frac{1}{1 + i\{t + 2\pi (w-\lambda)\}} \right| \frac{dt}{1+t^2},$$

wo c_2 (ebenso weiterhin $c_3, \ldots, c_7$) nicht von λ abhängt. Für $2\pi |w - \lambda| = \tau < 1$ ist dann

(10) $$I_2 < c_3,$$

für $2\pi |w - \lambda| = \tau \geqq 1$ aber ist

$$I_2 < 2c_2 \left\{ \int_0^{\tau - 1} \frac{1+t}{(\tau^2 - t^2)(1+t^2)} dt + \int_{\tau-1}^{\tau+1} \frac{dt}{1+t^2} + \int_{\tau+1}^{\infty} \frac{dt}{(t-\tau)(1+t^2)} \right\},$$

also mit Rücksicht auf die drei Abschätzungen

$$\int_0^{\tau-1} \frac{1+t}{(\tau^2 - t^2)(1+t^2)} dt < c_4 (1 + \log \tau) \frac{1}{\tau^2},$$

$$\int_{\tau-1}^{\tau+1} \frac{dt}{1+t^2} < \frac{c_5}{\tau^2},$$

$$\int_{\tau+1}^{\infty} \frac{dt}{(t-\tau)(1+t^2)} < c_6 (1 + \log \tau) \frac{1}{\tau^2},$$

(11) $$I_2 < c_7 \frac{1 + \log \tau}{\tau^2}.$$

Sind nun $q^{(1)}, \ldots, q^{(n)}$ irgend n natürliche Zahlen, so haben die n simultanen Ungleichungen

$$q^{(k)} \leqq 2\pi |w^{(k)} - \lambda^{(k)}| < q^{(k)} + 1 \qquad (k = 1, \ldots, n)$$

höchstens c_8 Lösungen in Zahlen λ des Ideals $\frac{1}{\mathfrak{a}\mathfrak{d}}$, wo c_8 nur von $\mathfrak{a}$ abhängt. Man benutze (10) für $\tau < 1$, (11) für $\tau \geqq 1$, dann wird

$$\sum_{\frac{1}{\mathfrak{a}\mathfrak{d}} \mid \lambda} N(I_2) < c_8 \prod_{k=1}^{n} \left(c_3 + c_7 \sum_{q^{(k)}=1}^{\infty} \frac{1 + \log (q^{(k)} + 1)}{q^{(k)2}} \right).$$

Folglich darf auch auf der rechten Seite von (9) Summation und Integration vertauscht werden. Daher gilt

$$(12)\qquad \sum_{\mathfrak{a}\mid\mu} N\left\{\frac{e^{2\pi i\mu w}}{2\pi i}\int_{1-\infty i}^{1+\infty i}\frac{e^{(x-|\mu|)s}}{s^2}\,ds\right\} =$$

$$= \frac{1}{N\mathfrak{a}\sqrt{d}}\sum_{\frac{1}{\mathfrak{a}\mathfrak{d}}\mid\lambda} N\left\{\frac{1}{2\pi i}\int_{1-\infty i}^{1+\infty i}\frac{e^{xs}}{s^2}\left(\frac{1}{s-2\pi i(w-\lambda)}+\frac{1}{s+2\pi i(w-\lambda)}\right)ds\right\}.$$

Bekanntlich ist für reelles a (wie aus dem Integralsatz von Cauchy sofort folgt)

$$(13)\qquad \frac{1}{2\pi i}\int_{1-\infty i}^{1+\infty i}\frac{e^{as}}{s^2}\,ds = \begin{cases} a & \text{für } a > 0 \\ 0 & \text{für } a \leqq 0; \end{cases}$$

ferner ist für $b \neq 0$ die Funktion

$$(14)\qquad \frac{e^{xs}}{s^2}\left(\frac{1}{s-b}+\frac{1}{s+b}\right) = \frac{2e^{xs}}{s(s^2-b^2)}$$

in der ganzen s-Ebene regulär bis auf Pole erster Ordnung bei $s = 0$, $s = +b$, $s = -b$ mit den Residuen $-\frac{2}{b^2}$, $\frac{e^{bx}}{b^2}$, $\frac{e^{-bx}}{b^2}$; also für positives x und rein imaginäres $b \neq 0$

$$(15)\qquad \frac{1}{2\pi i}\int_{1-\infty i}^{1+\infty i}\frac{e^{xs}}{s^2}\left(\frac{1}{s-b}+\frac{1}{s+b}\right)ds = \left(\frac{e^{\frac{bx}{2}}-e^{-\frac{bx}{2}}}{b}\right)^2.$$

Nunmehr seien die n reellen Zahlen $w^{(1)}, \ldots, w^{(n)}$ zunächst so beschaffen, daß für keine Zahl λ des Ideals $\frac{1}{\mathfrak{a}\mathfrak{d}}$ eine der n Differenzen $w^{(1)}-\lambda^{(1)}, \ldots, w^{(n)}-\lambda^{(n)}$ verschwindet. Benutze ich dann (13) mit $a = x-|\mu|$ für die linke Seite von (12), und (14) mit $b = 2\pi i(w-\lambda) \neq 0$ für die rechte Seite von (12), so folgt

$$(16)\qquad \sum_{\substack{\mathfrak{a}\mid\mu \\ |\mu|<x}} N\{e^{2\pi i\mu w}(x-|\mu|)\} = \frac{1}{N\mathfrak{a}\sqrt{d}}\sum_{\frac{1}{\mathfrak{a}\mathfrak{d}}\mid\lambda} N\left(\frac{\sin\{\pi(w-\lambda)x\}}{\pi(w-\lambda)}\right)^2,$$

hierin bedeutet das Zeichen $|\mu| < x$, daß μ nur diejenigen Zahlen des Ideals $\mathfrak{a}$ durchlaufen soll, für welche die n Differenzen $x^{(1)}-|\mu^{(1)}|, \ldots, x^{(n)}-|\mu^{(n)}|$ positiv ausfallen. Auf der linken Seite von (16) steht also eine endliche Summe. Verschwinden einige der Differenzen $w^{(k)}-\lambda^{(k)}$ $(k = 1, \ldots, n)$, so hat man vor Benutzung der Formel (15) in dieser den Grenzübergang $b \to 0$ zu machen; (16) gilt also allgemein für beliebige reelle w, falls man einem

Gliede $\frac{\sin\{\pi(w-\lambda)x\}}{\pi(w-\lambda)}$ mit verschwindendem Nenner $w-\lambda$ den Wert x zuschreibt.

Aus (16) ergeben sich nun leicht die oben genannten Formeln (1), (2), (3). Ich setze $w^{(1)}=0,\ldots,w^{(n)}=0$; dann geht nach dem soeben Bemerkten (15) über in

$$\sum_{\substack{\mathfrak{a}\mid\mu \\ |\mu|\prec x}} N(x-|\mu|) = \frac{1}{N\mathfrak{a}\sqrt{d}}\left\{Nx^2+\sum_{\frac{1}{\mathfrak{a}\mathfrak{d}}\mid\lambda}' N\left(\frac{\sin\pi\lambda x}{\pi\lambda}\right)^2\right\}, \tag{17}$$

wo λ alle Zahlen des Ideals $\frac{1}{\mathfrak{a}\mathfrak{d}}$ exkl. 0 durchläuft. Ist $x^{(1)},\ldots,x^{(n)}$ ein System solcher positiver Zahlen, deren Produkt $Nx \leqq N\mathfrak{a}$ ist, so folgt aus $|\mu|\prec x$ die Beziehung

$$0\leqq|N\mu|<Nx\leqq N\mathfrak{a},$$

also, da wegen $\mathfrak{a}|\mu$ die Zahl $\frac{N\mu}{N\mathfrak{a}}$ ganz rational ist, $\mu=0$. Die linke Seite von (17) reduziert sich also auf das Glied Nx, und es wird

$$\frac{N\mathfrak{a}\sqrt{d}}{Nx} = 1+\sum_{\frac{1}{\mathfrak{a}\mathfrak{d}}\mid\lambda}' N\left(\frac{\sin\pi\lambda x}{\pi\lambda x}\right)^2 \quad (0<Nx\leqq N\mathfrak{a}). \tag{2}$$

Ist speziell $\mathfrak{a}$ das Einheitsideal und $x^{(1)}=1,\ldots,x^{(n)}=1$, so geht (2) über in

$$\sqrt{d} = 1+\sum_{\frac{1}{\mathfrak{d}}\mid\lambda}' N\left(\frac{\sin\pi\lambda}{\pi\lambda}\right)^2. \tag{1}$$

Für den Körper der rationalen Zahlen ist $d=1$ und jedes λ ganz rational, so daß (1) nur $1=1$ besagt. Ist aber K nicht der Körper der rationalen Zahlen, so enthält er gewiß eine ganze nicht rationale Zahl λ; dann ist $\frac{1}{\mathfrak{d}}|\lambda$, $\sin\pi\lambda\neq 0$, und nach (1)

$$\sqrt{d}>1;$$

womit für total reelle Körper Minkowskis Satz über die Grundzahl bewiesen ist.

Trägt man in (2) für $x^{(1)},\ldots,x^{(n)}$ konjugierte ganze oder gebrochene Körperzahlen ein, deren Norm positiv ist und $N\mathfrak{a}$ nicht übersteigt, so stellt die unendliche Reihe stets eine Zahl aus dem durch $\sqrt{d}$ erzeugten Körper dar. Bei Fortlassung der Beschränkung $Nx\leqq N\mathfrak{a}$ ist ihr Wert nach (17) eine Zahl desjenigen Galoisschen Körpers, welcher alle zu K konjugierten Körper enthält.

Ist K speziell ein reell-quadratischer Körper, dessen Diskriminante $d = 4\varDelta$ durch 4 teilbar ist, so ist $\mathfrak{d} = (2\sqrt{\varDelta})$, und alle ganzen Zahlen von K haben die Form $a + b\sqrt{\varDelta}$ mit ganzen rationalen a, b. Trägt man dies in (1) ein, so wird

$$2\sqrt{\varDelta} = 1 + \sum_{a,b}{}' \left\{ \frac{\sin\frac{\pi}{2}\left(\frac{a}{\sqrt{\varDelta}} + b\right) \sin\frac{\pi}{2}\left(-\frac{a}{\sqrt{\varDelta}} + b\right)}{\left(\frac{\pi}{2}\right)^2 \left(\frac{a^2}{\varDelta} - b^2\right)} \right\}^2 =$$

$$= 1 + \frac{4\varDelta^2}{\pi^4} \sum_{a,b}{}' \left(\frac{\cos\frac{\pi a}{\sqrt{\varDelta}} - (-1)^b}{a^2 - \varDelta b^2} \right)^2,$$

wo a, b alle Paare ganzer rationaler Zahlen exkl. 0, 0 durchlaufen. Das ist aber Formel (3).

Es sei zum Schluß noch bemerkt, daß auch für nicht total reelle Körper ähnliche Entwicklungen gelten, die aber nicht ganz die elegante Form der Gleichungen (1) und (2) besitzen.

11.

Neuer Beweis des Satzes von Minkowski über lineare Formen

Mathematische Annalen 87 (1922), 36—38

Der Satz von Minkowski lautet:

Es seien

$$\begin{aligned}\xi_1 &= a_{11}x_1 + \dots + a_{1n}x_n\\ &\dots\dots\dots\\ \xi_n &= a_{n1}x_1 + \dots + a_{nn}x_n\end{aligned}$$

n lineare Formen mit reellen Koeffizienten und der Determinante $D > 0$. Sind dann $\tau_1, \dots, \tau_n$ irgend n positive Zahlen vom Produkte D, so haben die n simultanen Ungleichungen

$$|\xi_1| \leqq \tau_1, \dots, |\xi_n| \leqq \tau_n$$

eine Lösung in ganzen rationalen Zahlen $x_1, \dots, x_n$, die nicht sämtlich 0 *sind.*

Für diesen Satz sind verschiedene einfache Beweise bekannt, trotzdem ist der folgende, da er mit den Mitteln der analytischen Zahlentheorie operiert, vielleicht nicht ohne Interesse[1]).

Die zu (a_{kl}) $(k = 1, \dots, n;\ l = 1, \dots, n)$ reziproke Matrix sei (A_{lk}). Sind $s_1, \dots, s_n$ n komplexe Veränderliche mit positiv reellen Teilen und durchlaufen $l_1, \dots, l_n$ unabhängig voneinander alle ganzen rationalen Zahlen, so gilt die Identität

$$(1)\qquad D \sum_{l_1,\dots,l_n=-\infty}^{+\infty} e^{-\sum\limits_{k=1}^{n} |a_{k1}l_1 + \dots + a_{kn}l_n|\, s_k}$$

$$= \sum_{l_1,\dots,l_n=-\infty}^{+\infty} \prod_{k=1}^{n} \left\{ \frac{1}{s_k - 2\pi i\,(A_{k1}l_1 + \dots + A_{kn}l_n)} + \frac{1}{s_k + 2\pi i\,(A_{k1}l_1 + \dots + A_{kn}l_n)} \right\}.$$

Zum Beweise ersetze man im Exponenten der linken Seite von (1) die Zahlen $l_1, \dots, l_n$ durch $l_1 + x_1, \dots, l_n + x_n$, wo $x_1, \dots, x_n$ reelle Unbestimmte bedeuten, und beachte, daß die so entstehende n-fach perio-

---

[1]) Für den Gedankengang des Beweises vgl. auch meine Arbeit: *Über die Diskriminanten total reeller Körper*, Nachrichten von der K. Gesellschaft der Wissenschaften zu Göttingen, mathematisch-physikalische Klasse, Jahrgang 1922, S. 17–24.

dische Funktion von $x_1, \ldots, x_n$ in eine absolut konvergente Fouriersche Reihe

$$\sum_{l_1,\ldots,l_n=-\infty}^{+\infty} c_{l_1\ldots l_n}\, e^{2\pi i(l_1 x_1 + \ldots + l_n x_n)}$$

entwickelt werden kann. Das n-fache bestimmte Integral, welches den Koeffizienten $c_{l_1\ldots l_n}$ liefert, wird dann, wie eine ganz leichte Rechnung ergibt[2]), genau gleich dem allgemeinen Glied der auf der rechten Seite von (1) stehenden Reihe. Setzt man dann $x_1 = 0, \ldots, x_n = 0$, so folgt (1).

Nunmehr seien $t_1, \ldots, t_n$ n positive Zahlen. Ich multipliziere (1) mit

$$\prod_{k=1}^{n}\left(\frac{1}{2\pi i}\frac{e^{s_k t_k}}{s_k^2}\right)$$

und integriere über jedes s_k auf geradem Wege von $1-\infty i$ bis $1+\infty i$. Man darf, wie aus elementaren Regeln leicht ersichtlich wird, die Integration beiderseits gliedweise ausführen und erhält somit

$$(2)\qquad D\sum_{l_1,\ldots,l_n=-\infty}^{+\infty}\prod_{k=1}^{n}\left(\frac{1}{2\pi i}\int\limits_{1-\infty i}^{1+\infty i}\frac{e^{s_k(t_k-|a_{k1}l_1+\ldots+a_{kn}l_n|)}}{s_k^2}\,ds_k\right)$$

$$=\sum_{l_1,\ldots,l_n=-\infty}^{+\infty}\prod_{k=1}^{n}\left\{\frac{1}{2\pi i}\int\limits_{1-\infty i}^{1+\infty i}\frac{e^{s_k t_k}}{s_k^2}\left(\frac{1}{s_k-2\pi i(A_{k1}l_1+\ldots+A_{kn}l_n)}\right.\right.$$

$$\left.\left.+\frac{1}{s_k+2\pi i(A_{k1}l_1+\ldots+A_{kn}l_n)}\right)ds_k\right\}.$$

Nach dem Integralsatz von Cauchy ist nun

$$(3)\qquad \frac{1}{2\pi i}\int\limits_{1-\infty i}^{1+\infty i}\frac{e^{as}}{s^2}\,ds=\begin{cases} a \text{ für } a>0\\ 0 \text{ für } a\leqq 0,\end{cases}$$

und für reelles b

$$(4)\qquad \frac{1}{2\pi i}\int\limits_{1-\infty i}^{1+\infty i}\frac{e^{s}}{s^2}\left(\frac{1}{s-2\pi i b}+\frac{1}{s+2\pi i b}\right)ds=\left(\frac{\sin \pi b}{\pi b}\right)^2,$$

wo im Falle $b=0$ unter $\frac{\sin \pi b}{\pi b}$ die Zahl 1 zu verstehen ist. Wegen (3) und (4) geht (2) über in

---

[2]) Die Einzelheiten der Rechnung sind aus meiner unter [1]) zitierten Arbeit ersichtlich.

$$(5)\qquad D\sum{}' \prod_{k=1}^{n} (t_k - |a_{k1} l_1 + \ldots + a_{kn} l_n|)$$

$$= \sum_{l_1,\ldots,l_n=-\infty}^{+\infty} \prod_{k=1}^{n} \left(\frac{\sin\{\pi(A_{k1} l_1 + \ldots + A_{kn} l_n) t_k\}}{\pi(A_{k1} l_1 + \ldots + A_{kn} l_n)} \right)^2; \quad ^{3)}$$

hierin durchlaufen auf der linken Seite $l_1, \ldots, l_n$ alle diejenigen ganzen rationalen Zahlen, für welche die n linearen Formen $a_{k1} l_1 + \ldots + a_{kn} l_n$ $(k = 1, \ldots, n)$ absolut $< t_k$ sind. Ich denke mir $t_1, \ldots, t_n$ so klein gewählt, daß die letztere Bedingung nur für $l_1 = 0, \ldots, l_n = 0$ erfüllt ist; dann hat in (5) die linke Seite den Wert $D \prod_{k=1}^{n} t_k$. Die rechte Seite ist als Summe von Quadraten nicht kleiner als das Glied $\prod_{k=1}^{n} t_k^2$, welches durch $l_1 = 0, \ldots, l_n = 0$ geliefert wird. Folglich ist

$$D \prod_{k=1}^{n} t_k \geqq \prod_{k=1}^{n} t_k^2, \qquad \prod_{k=1}^{n} t_k \leqq D.$$

Ist also $\prod_{k=1}^{n} t_k > D$, so gibt es n ganze rationale Zahlen $l_1, \ldots, l_n$, die nicht sämtlich 0 sind, so daß $|a_{k1} l_1 + \ldots + a_{kn} l_n| < t_k$ $(k = 1, \ldots, n)$ ist. Setzt man nun $t_1 = \tau_1, \ldots, t_{k-1} = \tau_{k-1}$, $t_k = \tau_k + \varepsilon$ $(\varepsilon > 0)$, so folgt durch den Grenzübergang $\varepsilon \to 0$ der Satz von Minkowski[4]).

Göttingen, 30. November 1921.

---

[3]) $\dfrac{\sin\{\pi(A_{k1} l_1 + \ldots + A_{kn} l_n) t_k\}}{\pi(A_{k1} l_1 + \ldots + A_{kn} l_n)} = 1$ für verschwindenden Nenner.

[4]) Es ist damit sogar die Lösbarkeit von

$$|\xi_1| < \tau_1, \ldots, |\xi_{n-1}| < \tau_{n-1}, \; |\xi_n| \leqq \tau_n \qquad (n \geqq 2)$$

bewiesen. Auch die tieferliegende Behauptung von Minkowski über die Lösbarkeit von

$$|\xi_1| < \tau_1, \ldots, |\xi_n| < \tau_n,$$

die zuerst von B. Levi [Un teorema del Minkowski sui sistemi di forme lineari a variabili intere, Rendiconti del circolo matematico di Palermo **31** (1911), S. 318–340] bewiesen wurde, läßt sich aus (5) ohne Mühe ableiten.

(Eingegangen am 30. 11. 1921.)

12.

Additive Zahlentheorie in Zahlkörpern

Jahresbericht der Deutschen Mathematiker-Vereinigung 31 (1922), 22—26

Während die gewöhnliche additive Zahlentheorie im Körper der *rationalen* Zahlen seit den Zeiten von Euler und Lagrange so intensiv bearbeitet worden war, daß z. B. Bachmanns Lehrbuch über einen Teil dieser Disziplin, die arithmetische Theorie der quadratischen Formen, zwei starke Bände umfaßt, so war im Gegensatz dazu über die additive Zerlegung beliebiger *algebraischer* Zahlen sehr wenig bekannt. Abgesehen von solchen Sätzen, die sich unmittelbar aus Dedekinds klassischer Idealtheorie ergeben, war im wesentlichen nur Hilberts Satz über die Zerlegung total positiver Zahlen in vier Quadrate aufgestellt.[1]) Es erscheint fast aussichtslos, auf rein arithmetischem Wege, ohne Benutzung transzendenter Hilfsmittel, neue tieferliegende Sätze der additiven Zahlkörpertheorie zu finden; dagegen ist für diesen Zweck eine Methode recht brauchbar, welche die Übertragung des berühmten von Hardy, Littlewood und Ramanujan für die Untersuchung additiver Zerlegungen natürlicher Zahlen benutzten Verfahrens bildet.

Bei den algebraischen Zahlkörpern hängen die in Betracht kommenden *erzeugenden Funktionen* von ebensovielen Variabeln ab, wie der Körpergrad beträgt. Durch die Untersuchung dieser Funktionen von mehreren komplexen Veränderlichen in der Nähe *wesentlich singulärer Gebilde* wird es ermöglicht, Sätze der additiven Zahlkörpertheorie zu erhalten. Die hierbei notwendigen Überlegungen möchte ich an einem besonders einfachen Beispiel auseinandersetzen.

Es sei K ein reeller quadratischer Zahlkörper, welcher durch die Quadratwurzel aus einer quadratfreien natürlichen Zahl $d > 1$ von der Form $4n + 1$ erzeugt wird. Dann haben also alle ganzen Zahlen aus K die Gestalt $\nu = a + b\frac{1+\sqrt{d}}{2}$ mit ganzen rationalen a, b. Bedeutet nun s eine feste natürliche Zahl und ν eine feste ganze Zahl aus K, so fragen wir nach der Anzahl der Lösungen der Diophantischen Gleichung

1) Der erste Beweis dieses Satzes ist publiziert in meiner Arbeit *Darstellung total positiver Zahlen durch Quadrate;* Mathematische Zeitschrift Bd. 11 (1921), S. 246—275. Hilbert hat seinen Beweis bisher nicht veröffentlicht.

$$(1)\qquad \xi_1^2 + \cdots + \xi_s^2 = \nu$$

in ganzen Zahlen $\xi_1, \ldots, \xi_s$ aus dem Körper K. Wenn wir von dem trivialen Fall $\nu = 0$ absehen, so ist für die Lösbarkeit dieser Gleichung offenbar notwendig, daß $\nu = a + b\,\frac{1+\sqrt{d}}{2}$ und die konjugierte Zahl $\nu' = a + b\,\frac{1-\sqrt{d}}{2}$ *positiv* sind, daß also, wie man sagt, ν *total positiv* ist. Setzt man

$$\xi_k = x_k + y_k\,\frac{1+\sqrt{d}}{2}, \qquad (k=1,\ldots,s)$$

so ist die Auflösung von (1) in ganzen Zahlen $\xi_1, \ldots, \xi_s$ aus K völlig gleichbedeutend mit der Auflösung der beiden simultanen Diophantischen Gleichungen

$$\sum_{k=1}^{s}\left(x_k^2 + \frac{d-1}{4}\,y_k^2\right) = a, \qquad \sum_{k=1}^{s}(2x_k + y_k)\,y_k = b$$

in ganzen rationalen Zahlen $x_1, \ldots, x_k, y_1, \ldots, y_k$. Aus der ersten dieser beiden Gleichungen ist dann ersichtlich, daß (1) nur *endlich* viele Lösungen hat; ihre Anzahl möge mit $A_s(\nu)$ bezeichnet werden.

Es seien t und t' zwei Unbestimmte mit positiv imaginären Teilen. Wir lassen μ, μ' alle Paare konjugierter ganzer Zahlen aus K durchlaufen und setzen

$$\vartheta = \vartheta(t, t') = \sum_{\mu} e^{\frac{2\pi i}{\sqrt{d}}(\mu^2 t + \mu'^2 t')};$$

dann ist

$$(2)\qquad \vartheta^s = \sum_{\lambda} A_s(\lambda)\, e^{\frac{2\pi i}{\sqrt{d}}(\lambda t + \lambda' t')},$$

wo wieder über alle konjugierten ganzen Zahlen λ, λ' summiert wird, die erzeugende Funktion der gesuchten Anzahlen $A_s(\nu)$. Schreibt man nun zur Abkürzung $\frac{1+\sqrt{d}}{2} = \omega$, $\frac{1-\sqrt{d}}{2} = \omega'$ und ersetzt für reelle Werte von x und y die Unbestimmten t und t' durch $t + (x + y\omega)$ und $t' - (x + y\omega')$, so geht die Größe $e^{\frac{2\pi i}{\sqrt{d}}(\lambda t + \lambda' t')}$ über in

$$e^{\frac{2\pi i}{\sqrt{d}}(\lambda t + \lambda' t')} \cdot e^{2\pi i \frac{\lambda - \lambda'}{\sqrt{d}} x} \cdot e^{2\pi i \frac{\lambda\omega - \lambda'\omega'}{\sqrt{d}} y}.$$

Man rechnet nun leicht nach, daß $\frac{\lambda - \lambda'}{\sqrt{d}}$ und $\frac{\lambda\omega - \lambda'\omega'}{\sqrt{d}}$ alle verschiedenen Paare *ganzer rationaler* Zahlen durchlaufen, falls λ und λ' alle Paare konjugierter ganzer Zahlen aus K durchlaufen. Die rechte Seite der

Gleichung (2) ist daher nunmehr eine Fouriersche Reihe in x und y mit den Koeffizienten $A_s(\lambda) e^{\frac{2\pi i}{\sqrt{d}}(\lambda t + \lambda' t')}$. Folglich ist

$$(3)\quad A_s(\nu) = e^{-\frac{2\pi i}{\sqrt{d}}(\nu t + \nu' t')}$$

$$\int_{-\frac{1}{2}}^{+\frac{1}{2}}\int_{-\frac{1}{2}}^{+\frac{1}{2}} \vartheta^s(t + (x + y\omega), t' - (x + y\omega')) e^{-\frac{2\pi i}{\sqrt{d}}\{\nu(x+y\omega) - \nu'(x+y\omega')\}}\, dx\, dy;$$

das hierbei auftretende Integrationsgebiet nennen wir der Kürze halber das *Einheitsquadrat.*

Die mit ϑ bezeichnete Funktion genügt einer gewissen Transformationsformel, welche zuerst von Hecke[1]) aufgestellt wurde. Diese Formel liefert uns das Verhalten von ϑ bei festen *rationalen* Werten von x und y und Annäherung von t und t' an 0; dann wird nämlich ϑ unendlich wie die Funktion $c(tt')^{-\frac{1}{2}}$, wo c eine von 0 verschiedene Zahl bedeutet, die von x und y, aber nicht von t und t' abhängt. Vermöge der Heckeschen Formel kennen wir also das Verhalten des Integranden bei (3) für alle Punkte des Einheitsquadrates mit rationalen Koordinaten x, y, wenn t und t' (durch Werte mit positiv imaginärem Teil) gegen 0 rücken; und zwar wird er ∞ wie eine gewisse elementare Funktion von t und t'. Dabei fällt ein Punkt x, y um so weniger ins Gewicht, je größer die Nenner der Zahlen x und y sind.

Wir beherrschen den Integranden für eine im Einheitsquadrat *überall dicht* liegende Punktmenge und sollen einen Näherungswert des Integrales berechnen. Zu diesem Zwecke werden alle diejenigen Punkte des Einheitsquadrates mit rationalen Koordinaten x und y, deren Nenner unterhalb einer als Funktion von ν geeignet zu fixierenden positiven Schranke liegen, in gewisser Weise mit kleinen Flächenstücken umgeben, so daß diese das Einheitsquadrat lückenlos und einfach bedecken und je nur einen der eben genannten Punkte x, y im Innern enthalten. Bei dieser Zerteilung wird der bekannte Satz von Minkowski über lineare Formen benutzt. In jedem Teilgebiet wird der Integrand von (3) approximiert durch die elementare Funktion von t und t', welche in dem im Innern gelegenen rationalen Punkte x, y genau wie der Integrand selbst ∞ wird; diese approximierenden Funktionen wechseln aber wegen des Faktors c von Teilgebiet zu Teilgebiet.

1) E. Hecke, *Über die L-Funktionen und den Dirichletschen Primzahlsatz für einen beliebigen Zahlkörper;* Nachrichten von der Königlichen Gesellschaft der Wissenschaften zu Göttingen, mathematisch-physikalische Klasse, Jahrgang 1917, S. 299—318.

Man hat nun jede dieser elementaren Funktionen über das zugehörige Teilgebiet zu integrieren. Hierbei erweist es sich als nötig, jede Funktion durch eine solche zu ersetzen, welche in eine Fouriersche Reihe der Form (2) mit bekannten Koeffizienten entwickelbar ist; dann lassen sich nämlich alle Doppelintegrale näherungsweise berechnen. Die wichtigste Eigenschaft jener neuen Funktionen, welche auch wesentlich benutzt wird, ist die, daß sie einer gewissen *Funktionalgleichung* genügen. Diese kann als Verallgemeinerung der Funktionalgleichung der Lipschitzschen Zetafunktion auf algebraische Zahlkörper angesehen werden.

Auf dem hier skizzierten Wege, welcher natürlich ziemliche Schwierigkeiten rein rechnerischer Natur macht und daher in diesen kurzen Ausführungen nicht näher verfolgt werden kann, ergibt sich folgendes Resultat:

Es sei s eine feste natürliche Zahl $\geqq 5$ und ν irgendeine total positive ganze Zahl des Körpers K. Unter $N\nu = \nu\nu'$ verstehe man das Produkt von ν mit der konjugierten Zahl ν'. Durchläuft dann ν eine Folge von Zahlen mit $N\nu \rightarrow \infty$, so ist die Anzahl der Darstellungen von ν als Summe von s Quadraten

$$(4) \qquad A_s(\nu) \sim \frac{\pi^s N\nu^{\frac{s}{2}-1}}{\Gamma^2\left(\frac{s}{2}\right) d^{\frac{s-1}{2}}} \mathfrak{S};$$

hierin bedeutet $\mathfrak{S}$ eine gewisse unendliche Reihe, die zwar noch von ν abhängt, aber doch für alle ν zwischen festen positiven Schranken liegt.

Hieraus folgt durch eine einfache Überlegung:

Es gibt eine nur von K abhängige natürliche Zahl m derart, daß für *jedes* total positive ganze ν aus K die Diophantische Gleichung

$$\left(\frac{\xi_1}{m}\right)^2 + \cdots + \left(\frac{\xi_5}{m}\right)^2 = \nu$$

in *ganzen* Zahlen $\xi_1, \ldots, \xi_5$ aus K lösbar ist.

Die in (4) mit $\mathfrak{S}$ bezeichnete Reihe läßt sich in geschlossener Form summieren; das Resultat ist besonders einfach, wenn wir voraussetzen, daß ν mit 2 keinen Idealteiler gemeinsam hat und daß ferner s durch 4 teilbar sowie $d \equiv 1 \pmod 8$ ist. Dann folgt nämlich:

Für $N\nu \rightarrow \infty$ ist

$$(5) \qquad A_s(\nu) \sim C \sum_{\mathfrak{t}|\nu} N\mathfrak{t}^{\frac{s}{2}-1};$$

hierin bedeutet $\sum\limits_{\mathfrak{t}|\nu}$, daß über alle Idealteiler $\mathfrak{t}$ von ν zu summieren ist, und $N\mathfrak{t}$ ist die Norm von $\mathfrak{t}$; ferner ist C eine positive rationale Kon-

stante, welche sich durch Kroneckersche Restsymbole und die Werte Bernoullischer Polynome für rationale Argumente ausdrücken läßt.

Für den Fall $s = 8$ erscheint die Formel (5) ihrem Wortlaute nach als genaue Übertragung des bekannten Satzes von Jacobi: Die Anzahl der Zerlegungen einer ungeraden natürlichen Zahl in 8 Quadrate ganzer rationaler Zahlen ist das Sechzehnfache der Summe der Kuben aller Teiler der Zahl.

Betrachtet man an Stelle des reellen quadratischen Zahlkörpers, welcher den bisherigen Ausführungen zugrunde gelegt war, allgemeiner irgendeinen solchen algebraischen Zahlkörper, der mit allen seinen Konjugierten reell ist (einen sog. *total reellen* Körper), so lassen sich auch für diesen die oben angegebenen Sätze mutatis mutandis ohne weitere prinzipielle Schwierigkeit beweisen. Schwieriger gestaltet sich hingegen die Untersuchung, wenn man anstatt der Zerlegung in Quadrate die in k^{te} Potenzen ($k = 3, 4, \ldots$) untersucht, da die den höheren Exponenten zugeordneten erzeugenden Funktionen keiner so einfachen Transformationsformel genügen wie die ϑ-Funktion. Das Analogon zum Waringschen Satz lautet:

Es sei K ein total reeller algebraischer Zahlkörper und k eine natürliche Zahl. Es gibt zwei nur von K und k abhängige natürliche Zahlen s und M, so daß für jede total positive ganze Zahl ν aus K die Gleichung

$$\left(\frac{\xi_1}{M}\right)^k + \cdots + \left(\frac{\xi_s}{M}\right)^k = \nu \tag{6}$$

in total positiven ganzen Zahlen $\xi_1, \ldots, \xi_s$ aus K lösbar ist.

Der vollständige Beweis der Formeln (4) und (5) erscheint demnächst unter dem Titel *Additive Theorie der Zahlkörper I* in den Mathematischen Annalen. In drei weiteren Arbeiten gedenke ich dann auf die Gleichung (6) (das Waringsche Problem in K), die Darstellung total positiver ganzer Zahlen als Summen von total positiven Einheiten und schließlich auf die Zerlegung total positiver ganzer Zahlen in beliebige total positive ganze Summanden einzugehen.

(Eingegangen am 2. 11. 21.)

13.

Neuer Beweis für die Funktionalgleichung der Dedekindschen Zetafunktion II

Nachrichten von der K. Gesellschaft der Wissenschaften zu Göttingen. Mathematisch-physikalische Klasse aus dem Jahre 1922, 25—31

Vorgelegt von C. Runge in der Sitzung vom 10. März 1922.

Die beiden bisher bekannten Beweise [1]) für die Fortsetzbarkeit und die Funktionalgleichung der Dedekindschen und allgemeiner der Heckeschen Zetafunktionen benutzen den Satz von Dirichlet über die Grundeinheiten eines algebraischen Zahlkörpers. Bei der Definition der ζ-Funktionen braucht aber die Existenz von Einheiten garnicht vorausgesetzt zu werden. Es liegt daher die Vermutung nahe, daß Dirichlet's Satz zur Herleitung der Funktionalgleichung entbehrlich ist [2]). Letzteres soll nun im Folgenden gezeigt werden.

Es sei K ein algebraischer Zahlkörper vom Grade n. Unter seinen Konjugierten seien die Körper $K^{(1)}, \ldots, K^{(r_1)}$ reell, die Körper $K^{(r_1+l)}$, $K^{(r_1+r_2+l)}$ $(l = 1, \ldots, r_2;\ r_1+2r_2 = n)$ konjugiert komplex. Zwei Zahlenpaare $\varkappa, \lambda$ und μ, ν aus dem Körper mögen assoziiert heißen, wenn es in K eine Einheit ε gibt, so daß $\varkappa\varepsilon = \mu$, $\lambda\varepsilon = \nu$ ist. Jedem der konjugierten Körper ordne ich eine positive Variable $u^{(h)}$ $(h = 1, \ldots, n)$ zu, und zwar je zwei konjugiert komplexen Körpern dieselbe Variable, so daß also $u^{(r_1+l)} = u^{(r_1+r_2+l)}$ $(l = 1, \ldots, r_2)$ ist. Bedeutet nun $\mathfrak{a}$ ein

---

1) Vgl. E. Hecke, Über die Zetafunktion beliebiger algebraischer Zahlkörper [Nachrichten von der Königlichen Gesellschaft der Wissenschaften zu Göttingen, mathematisch-physikalische Klasse, Jahrgang 1917, S. 77—89]

sowie den ersten Teil der vorliegenden Arbeit [Mathematische Annalen, Bd. 85 (1922), S. 123—128].

2) Herr E. Hecke gedenkt ebenfalls einen Beweis für die Fortsetzbarkeit der Zetafunktionen zu publizieren, der von der Theorie der Einheiten keinen Gebrauch macht, vgl. die Ankündigung auf S. 105 seiner Abhandlung Analytische Funktionen und algebraische Zahlen. I. Teil [Abhandlungen aus dem Mathematischen Seminar der Hamburgischen Universität, Band I (1922), S. 102—126].

Ideal aus K, so wird durch die Gleichung

$$(1) \qquad \Phi(s;\, u;\, \mathfrak{a}) = \sum_{\mathfrak{a}\,|\,(\varkappa,\,\lambda)} \frac{1}{N(u\,|\varkappa|^2 + |\lambda|^2)^s} \qquad (\Re s > 1),$$

wo $\varkappa, \lambda$ ein volles System von nicht assoziierten durch $\mathfrak{a}$ teilbaren Zahlenpaaren exkl. 0, 0 durchlaufen und $N(u|\varkappa|^2 + |\lambda|^2)$ zur Abkürzung für $\prod_{h=1}^{n} (u^{(h)}|\varkappa^{(h)}|^2 + |\lambda^{(h)}|^2)$ geschrieben ist[3]), eine in der Halbebene $\Re s > 1$ reguläre analytische Funktion von s definiert. Es stellt sich heraus, daß diese in die ganze s-Ebene fortsetzbar und dort bis auf einen Pol erster Ordnung bei $s = 1$ überall regulär ist. Setzt man der Kürze halber

$$(2) \qquad \psi(s) = 2^{-2r_2 s}\, \pi^{-ns}\, \Gamma^{r_1}(s)\, \Gamma^{r_2}(2s)$$

und bezeichnet mit $\mathfrak{d}$ das Grundideal, mit $d = N\mathfrak{d}$ den absoluten Betrag der Grundzahl des Körpers K, so genügt $\Phi(s;\, u;\, \mathfrak{a})$ der Funktionalgleichung

$$(3) \quad \psi(s)\,\Phi(s;\, u;\, \mathfrak{a}) = \frac{1}{d\, N\mathfrak{a}^2 \sqrt{Nu}}\, \psi(1-s)\, \Phi\left(1-s;\, \frac{1}{u};\, \frac{1}{\mathfrak{a}\mathfrak{d}}\right).$$

Dies ergibt sich ohne Benutzung der Theorie der Einheiten. Zugleich mit (3) erhält man die Funktionalgleichung der Dedekindschen Zetafunktion.

Die Funktion $\Phi(s;\, u;\, \mathfrak{a})$ entsteht für den Fall des Körpers der rationalen Zahlen durch Spezialisierung der von Lerch und Epstein betrachteten Zetafunktionen[4]). Es lassen sich aber auch

---

3) Bezüglich der Bezeichnung sei folgendes bemerkt:

Bei $\sum\limits_{\mathfrak{a}\,|\,(\varkappa,\,\lambda)}$ durchlaufen die durch $\mathfrak{a}$ teilbaren Zahlen $\varkappa$ und λ alle nicht assoziierten Zahlenpaare exkl. 0, 0;

bei $\sum\limits_{\mathfrak{a}\,|\,(\varkappa)}$ durchläuft $(\varkappa)$ alle durch $\mathfrak{a}$ teilbaren Hauptideale;

bei $\sum\limits_{\mathfrak{a}\,|\,\varkappa}$ durchläuft $\varkappa$ alle Zahlen des Ideals $\mathfrak{a}$;

bei $\sum\limits_{\mathfrak{a}\,|\,\varkappa}'$ durchläuft $\varkappa$ alle Zahlen des Ideals $\mathfrak{a}$ exkl. 0.

Ist $F(u, \varkappa)$ ein explicite aus einer Unbestimmten u und einer Körperzahl $\varkappa$ gebildeter Ausdruck, so sind unter NF bezw. SF die Funktionen $\prod\limits_{l=1}^{n} F(u^{(l)}, \varkappa^{(l)})$ bezw. $\sum\limits_{l=1}^{n} F(u^{(l)}, \varkappa^{(l)})$ zu verstehen. Mutatis mutandis wird diese Bezeichnung auch benutzt, wenn in F noch eine weitere Unbestimmte x und weitere Körperzahlen λ, μ vorkommen.

4) Vgl. z. B. M. Lerch, Studie v oboru Malmsténovských řad a invariantů

alle Lerch-Epstein'schen Reihen auf algebraische Zahlkörper übertragen. Besonders einfach sind die Resultate für total reelle Körper zu formulieren. Sind z. B.

$$\varphi^{(h)}(\varkappa^{(h)}, \lambda^{(h)}) = u^{(h)}\varkappa^{(h)^2} + 2v^{(h)}\varkappa^{(h)}\lambda^{(h)} + w^{(h)}\lambda^{(h)^2} \quad (h = 1, \ldots, n)$$

n positiv definite binäre quadratische Formen mit reellen Koeffizienten u, v, w und der Determinante $-\Delta = v^2 - uw$, so ist die für $\Re s > 1$ durch

$$\Phi(s;\, u, v, w;\, \mathfrak{a}) = \sum_{\mathfrak{a} \mid (\varkappa, \lambda)} N(\varphi(\varkappa, \lambda))^{-s}$$

definierte Funktion wieder in die ganze s-Ebene exkl. $s = 1$ fortsetzbar und genügt der Funktionalgleichung

$$(\pi^{-s}\Gamma(s))^n \Phi(s;\, u, v, w;\, \mathfrak{a}) =$$
$$= \frac{1}{d N\mathfrak{a}^2 \sqrt{N\Delta}} (\pi^{-(1-s)}\Gamma(1-s))^n \Phi\left(1-s;\, \frac{w}{\Delta}, \frac{-v}{\Delta}, \frac{u}{\Delta};\, \frac{1}{\mathfrak{a}\mathfrak{d}}\right).$$

Um den Beweis der Funktionalgleichung der Dedekindschen Zetafunktion nicht zu komplizieren, beschränke ich mich im Folgenden auf die Funktion $\Phi(s;\, u;\, \mathfrak{a})$ selbst.

§ 1.

Sind $x^{(1)}, \ldots, x^{(n)}$ n positive Veränderliche, die der Bedingung $x^{(r_1+h)} = x^{(r_1+r_2+h)}$ $(h = 1, \ldots, r_2)$ genügen, so ist

$$(4) \qquad \sum_{\mathfrak{a} \mid \lambda} e^{-\pi S(|\lambda^2| x)} = \frac{1}{N\mathfrak{a}\sqrt{d}\sqrt{Nx}} \sum_{\frac{1}{\mathfrak{a}\mathfrak{d}} \mid \mu} e^{-\pi S \frac{|\mu|^2}{x}}\ ^{5)};$$

hierin durchläuft λ bzw. μ alle Zahlen des Ideals $\mathfrak{a}$ bezw. $\frac{1}{\mathfrak{a}\mathfrak{d}}$.

Es sei s eine Zahl, deren reeller Teil größer als 1 ist. Setzt man zur Abkürzung

$$\frac{dx^{(1)}}{x^{(1)}} \cdots \frac{dx^{(r_1+r_2)}}{x^{(r_1+r_2)}} = dX,$$

---

forem kvadratických [Rozpravy české akademie císaře Františka Josefa pro vědy, slovesnost a umění, 2. Kl., Bd. 2 (1893), No. 4],

P. Epstein, Zur Theorie allgemeiner Zetafunktionen [Mathematische Annalen, Bd. 56 (1903), S. 615—644, und Bd. 63 (1907), S. 205—216].

5) Zum Beweise dieser Thetaformel vgl. die unter 1) zitierte Arbeit von Hecke.

multipliziert (4) mit $Nx^s e^{-\pi S(ux)} dX$ und integriert über $x^{(1)}, \ldots, x^{(r_1+r_2)}$ je von 0 bis ∞, so folgt

$$(5)\qquad \frac{\Gamma^{r_1}(s)\Gamma^{r_2}(2s)}{\pi^{ns}\, 2^{2r_2 s}} \sum_{\mathfrak{a}|\lambda} N(u+|\lambda|^2)^{-s} =$$

$$= \frac{1}{N\mathfrak{a}\sqrt{d}} \sum_{\frac{1}{\mathfrak{a}\mathfrak{d}}|\mu} \int N x^{s-\frac{1}{2}} e^{-\pi S\left(ux+\frac{|\mu|^2}{x}\right)} dX\ ^{6)}.$$

Ich ersetze nun u durch $u|\varkappa|^2$ und lasse $\varkappa$ ein System nicht assoziierter von 0 verschiedener Zahlen des Ideals $\mathfrak{a}$ durchlaufen; dann folgt aus (5) mit Rücksicht auf die Definition (2) von $\psi(s)$ die Relation

$$(6)\qquad \psi(s) \sum_{\mathfrak{a}|(\varkappa)} \sum_{\mathfrak{a}|\lambda} N(u|\varkappa|^2+|\lambda|^2)^{-s} =$$

$$= \frac{1}{N\mathfrak{a}\sqrt{d}} \sum_{\mathfrak{a}|(\varkappa)} \sum_{\frac{1}{\mathfrak{a}\mathfrak{d}}|\mu} \int N x^{s-\frac{1}{2}} e^{-\pi S\left(u|\varkappa|^2 x+\frac{|\mu|^2}{x}\right)} dX.$$

Bedeutet $\mathfrak{K}$ die Klasse von $\frac{1}{\mathfrak{a}}$, so ist

$$\sum_{\mathfrak{a}|(\varkappa)} N(u|\varkappa|^2)^{-s} = (Nu\, N\mathfrak{a}^2)^{-s} \zeta(2s; \mathfrak{K}),$$

wo $\zeta(s; \mathfrak{K})$ die Dedekindsche Zetafunktion der Idealklasse $\mathfrak{K}$ bedeutet; und setzt man noch

$$(7)\qquad \sum_{\mathfrak{a}|(\varkappa)} \sum_{\mathfrak{a}|\lambda}{}' N(u|\varkappa|^2+|\lambda|^2)^{-s} = \Omega(s;\, u;\, \mathfrak{a}),$$

so ist die linke Seite von (6) gleich

$$(8)\qquad \psi(s)\left\{(Nu\, N\mathfrak{a}^2)^{-s}\zeta(2s; \mathfrak{K}) + \Omega(s;\, u;\, \mathfrak{a})\right\}.$$

Die rechte Seite von (6) ist aber, wenn die Integration bei dem Gliede mit $\mu = 0$ ausgeführt wird, gleich

$$(9)\qquad \frac{1}{N\mathfrak{a}\sqrt{d}} \Bigg\{\psi(s-\tfrac{1}{2})(Nu\, N\mathfrak{a}^2)^{\frac{1}{2}-s}\zeta(2s-1; \mathfrak{K}) +$$

$$+ \sum_{\mathfrak{a}|(\varkappa)} \sum_{\frac{1}{\mathfrak{a}\mathfrak{d}}|\mu}{}' \int N x^{s-\frac{1}{2}} e^{-\pi S\left(u|\varkappa|^2 x+\frac{|\mu|^2}{x}\right)} dX\Bigg\}.$$

6) Rechts steht also ein (r_1+r_2)faches Integral.

In (7) durchlaufen $\varkappa$, λ ein volles System nicht assoziierter Paare solcher Zahlen des Ideals $\mathfrak{a}$, die von 0 verschieden sind. Man darf also $\varkappa$ und λ vertauschen, d. h. es ist

$$\Omega\left(s;\ \frac{1}{u};\ \mathfrak{a}\right) = Nu^s\,\Omega(s;\ u;\ \mathfrak{a}). \tag{10}$$

Nunmehr ersetze ich in (6) die Unbestimmten u durch $\frac{1}{u}$ und subtrahiere die so entstehende Relation von der mit Nu^s multiplizierten Gleichung (6), dann folgt mit Rücksicht auf (8), (9), (10):

$$\begin{aligned} &\psi(s)\,N\mathfrak{a}^{-2s}\,\zeta(2s;\ \mathfrak{K})(1-Nu^s) = \\ &= \frac{1}{\sqrt{d}}\,\psi(s-\tfrac{1}{2})\,N\mathfrak{a}^{-2s}\,\zeta(2s-1;\ \mathfrak{K})\left(Nu^{\frac{1}{2}}-Nu^{s-\frac{1}{2}}\right)+ \\ &+\frac{1}{N\mathfrak{a}\sqrt{d}}\sum_{\mathfrak{a}\,|\,(\varkappa)}\ \sum'_{\frac{1}{\mathfrak{a}\mathfrak{d}}\,|\,\mu}\int Nx^{s-\frac{1}{2}}\,e^{-\pi S\frac{|\mu|^2}{x}}\left(Nu^s e^{-\pi S(u|\varkappa|^2x)}-e^{-\pi S\frac{|\varkappa|^2x}{u}}\right)dX. \end{aligned} \tag{11}$$

In dieser Gleichung ist nun der zweite Summand auf der rechten Seite eine ganze transzendente Funktion von s, wie man durch einfache Majorantenabschätzungen erkennt; es ist also die Funktion $\zeta(2s-1;\ \mathfrak{K})$ durch $\zeta(2s;\ \mathfrak{K})$ und solche Funktionen ausgedrückt, die in der ganzen s-Ebene erklärt sind. Daher kann man vermöge (11) die Funktion $\zeta(s;\ \mathfrak{K})$ successive um einen vertikalen Streifen der Breite 1 nach links fortsetzen und erhält so die analytische Fortsetzung in die volle s-Ebene. Aus den bekannten Eigenschaften von $\psi(s)$ erkennt man unmittelbar, daß $\zeta(s;\ \mathfrak{K})$ überall bis auf den Pol erster Ordnung bei $s = 1$ regulär ist; auch die Lage der trivialen Nullstellen ist evident.

Da auch der zweite Summand in (9) eine ganze transzendente Funktion von s darstellt, so ist die durch (7) für $\Re s > 1$ erklärte Funktion $\Omega(s;\ u;\ \mathfrak{a})$ auf Grund von (6), (7), (8), (9) ebenfalls in die ganze s-Ebene fortsetzbar; sie ist dort überall regulär bis auf Pole erster Ordnung in $s = 1$ und $s = \frac{1}{2}$.

§ 2.

Der zweite Summand in (9) geht in sich über, wenn die Integrationsveränderlichen x durch $|\varepsilon|^2 x$ ersetzt werden, wo ε irgend eine Einheit aus K bedeutet. Folglich kann er in der Form

$$I = \sum'_{\mathfrak{a}\,|\,\varkappa}\ \sum_{\frac{1}{\mathfrak{a}\mathfrak{d}}\,|\,(\mu)}\int Nx^{s-\frac{1}{2}}\,e^{-\pi S\left(u|\varkappa|^2x+\frac{|\mu|^2}{x}\right)}\,dX$$

geschrieben werden. Also ist, wenn zur Summe das Glied $\varkappa = 0$ hinzugefügt, x mit $\frac{1}{ux}$ vertauscht und $\Re s < 0$ angenommen wird,

$$(12)\quad I = \sum_{\mathfrak{a}\,|\,\varkappa}\ \sum_{\frac{1}{\mathfrak{a}\mathfrak{d}}\,|\,(\mu)} N u^{\frac{1}{2}-s} \int N x^{\frac{1}{2}-s} e^{-\pi S\left(\frac{|\varkappa|^2}{x} + u|\mu|^2 x\right)} dX +$$

$$- \psi(\tfrac{1}{2}-s) \sum_{\frac{1}{\mathfrak{a}\mathfrak{d}}\,|\,(\mu)} |N\mu|^{2s-1}.$$

Bedeutet $\hat{\mathfrak{K}}$ die Klasse von $\mathfrak{a}\mathfrak{d}$, so ist

$$\sum_{\frac{1}{\mathfrak{a}\mathfrak{d}}\,|\,(\mu)} |N\mu|^{2s-1} = (d\,N\mathfrak{a})^{1-2s}\,\zeta(1-2s;\ \hat{\mathfrak{K}});$$

(12) geht daher unter Benutzung von (6) über in

$$(13)\quad I = \frac{N u^{\frac{1}{2}-s}}{N\mathfrak{a}\sqrt{d}}\,\psi(1-s)\left\{\left(N u\, N\frac{1}{(\mathfrak{a}\mathfrak{d})^2}\right)^{s-1} \zeta(2-2s;\ \hat{\mathfrak{K}}) + \right.$$

$$\left. + \Omega\left(1-s;\ u;\ \frac{1}{\mathfrak{a}\mathfrak{d}}\right)\right\} - \psi(\tfrac{1}{2}-s)\,(d\,N\mathfrak{a})^{1-2s}\,\zeta(1-2s;\ \hat{\mathfrak{K}}).$$

Aus (8), (9), (13) folgt nun

$$(14)\qquad \psi(s)\left\{N u^{-s}\,\zeta(2s;\ \mathfrak{K}) + N\mathfrak{a}^{2s}\,\Omega(s;\ u;\ \mathfrak{a})\right\} =$$

$$= \frac{\psi(1-s)}{d\,N u^{\frac{1}{2}}}\left\{d^{2-2s}\,\zeta(2-2s;\ \hat{\mathfrak{K}}) + N u^{1-s}\, N\mathfrak{a}^{2s-2}\,\Omega\left(1-s;\ u;\ \frac{1}{\mathfrak{a}\mathfrak{d}}\right)\right\} +$$

$$+ \frac{N u^{\frac{1}{2}-s}}{\sqrt{d}}\,\psi(s-\tfrac{1}{2})\,\zeta(2s-1:\ \mathfrak{K}) - d^{\frac{1}{2}-2s}\,\psi(\tfrac{1}{2}-s)\,\zeta(1-2s;\ \hat{\mathfrak{K}}).$$

In dieser Gleichung (14) ersetze man u durch $\frac{1}{u}$; andererseits multipliziere man (14) mit Nu^s; die beiden so entstehenden Gleichungen subtrahiere man von einander. Das ergibt mit Rücksicht auf (10)

$$\psi(s)\,\zeta(2s;\ \mathfrak{K})(1 - N u^s) = d^{\frac{1}{2}-2s}\,\psi(\tfrac{1}{2}-s)\,\zeta(1-2s;\ \hat{\mathfrak{K}})(1-N u^s) +$$

$$+ \frac{1}{\sqrt{d}}\,\psi(s-\tfrac{1}{2})\,\zeta(2s-1;\ \mathfrak{K})\,(N u^{\frac{1}{2}} - N u^{s-\frac{1}{2}}) +$$

$$- d^{1-2s}\,\psi(1-s)\,\zeta(2-2s;\ \hat{\mathfrak{K}})\,(N u^{\frac{1}{2}} - N u^{s-\frac{1}{2}}).$$

Aus dieser Identität in den u folgt aber

$$(15)\qquad \psi(s)\,\zeta(2s;\ \mathfrak{K}) = d^{\frac{1}{2}-2s}\,\psi(\tfrac{1}{2}-s)\,\zeta(1-2s;\ \hat{\mathfrak{K}}),$$

und dies ist wegen der Bedeutung von $\psi(s)$ gerade die Funktionalgleichung von $\zeta(s;\,\mathfrak{K})$.

Unter Benutzung von (15) läßt sich (14) in die Gestalt

$$\psi(s)\left\{N\mathfrak{a}^{-2s}\,\zeta(2s;\,\mathfrak{K})\left(1+N\mathfrak{u}^{-s}\right)+\Omega(s;\,\mathfrak{u};\,\mathfrak{a})\right\} =$$

$$= \frac{\psi(1-s)}{d\,N\mathfrak{a}^2\,N\mathfrak{u}^{\frac{1}{2}}}\Big\{(N\mathfrak{a}\mathfrak{d})^{2-2s}\,\zeta(2-2s;\,\hat{\mathfrak{K}})\left(1+N\mathfrak{u}^{1-s}\right)+$$

$$+N\mathfrak{u}^{1-s}\,\Omega\Big(1-s;\,\mathfrak{u};\,\frac{1}{\mathfrak{a}\mathfrak{d}}\Big)\Big\}$$

setzen, womit wegen (1) und (7) auch die Funktionalgleichung (3) von $\Phi(s;\,\mathfrak{u};\,\mathfrak{a})$ bewiesen ist.

14.

Additive Theorie der Zahlkörper II

Mathematische Annalen 88 (1923), 184—210

In der ersten Abhandlung dieser Serie [Mathematische Annalen **87** (1922), S. 1–35][1]) habe ich als einfachstes Beispiel der analytischen additiven Körpertheorie die Frage nach der Anzahl der Zerlegungen der ganzen Zahlen eines reell-quadratischen Körpers in $s(\geqq 5)$ Quadrate ganzer Zahlen desselben Körpers untersucht. Mit der dort benutzten Methode läßt sich unmittelbar dasselbe Problem in einem beliebigen *total reellen* Körper behandeln. Bei solchen algebraischen Zahlkörpern jedoch, unter deren Konjugierten auch *nicht reelle* Körper auftreten, müssen Fragestellung und Methode modifiziert werden, denn die Anzahl der Zerlegungen braucht in diesen Körpern nicht endlich zu sein[2]). Bei dieser Modifikation wird dann auch der besonders interessante Fall $s = 4$ zugänglich, den ich in meiner ersten Abhandlung noch ausschließen mußte; ich werde daher in der vorliegenden Arbeit das Problem der *Darstellung ganzer total positiver Zahlen eines beliebigen algebraischen Zahlkörpers als Summen von vier Quadraten ganzer Zahlen desselben Körpers* behandeln[3]).

Das Ergebnis lautet folgendermaßen:

---

[1]) Dort befinden sich ausführliche Angaben der Literatur.

[2]) In dem $\sqrt{-1}$ enthaltenden imaginär-quadratischen Körper hat die Gleichung $x^2 + 2y^2 = 1$ unendlich viele Lösungen, also gilt a fortiori dasselbe für die Gleichung $x_1^2 + \ldots + x_5^2 = 1$.

[3]) Das Problem der Darstellung *beliebiger* total positiver Zahlen eines Körpers als Summen von vier *beliebigen* Quadratzahlen desselben Körpers ist bereits mit einfacheren Mitteln gelöst worden; vgl. meine Abhandlung *Darstellung total positiver Zahlen durch Quadrate* [Mathematische Zeitschrift **11** (1921), S. 246–275]. Das wichtigste Hilfsmittel meiner damaligen Beweisführung, das Hilbert-Furtwänglersche quadratische Reziprozitätsgesetz, wird auch in der vorliegenden Arbeit implizite mitbewiesen und benutzt. Die Forderung der *Ganzzahligkeit* der Quadratzahlen stellt eine *sehr wesentliche Erschwerung* des Problems dar, die man mit rein arithmetischen Mitteln wohl kaum würde bewältigen können. Man vergleiche hierzu z. B. das Problem der Darstellung einer natürlichen Zahl als Summe von vier nicht negativen *rationalen* oder von neun nicht negativen *ganzen rationalen* Kuben; die erste dieser beiden Aufgaben ist fast trivial, die zweite ziemlich schwierig.

Satz I. *In jedem algebraischen Zahlkörper K gibt es ein Ideal* $\mathfrak{n}$, *so daß jede in* $\mathfrak{n}$ *enthaltene total positive*[4]) *Zahl als Summe von vier ganzen Quadratzahlen aus K darstellbar ist. Es gibt also auch eine nur von K abhängige natürliche Zahl* c_1, *so daß für jede ganze total positive Zahl* μ *aus K die Diophantische Gleichung*

$$(1)\qquad \left(\frac{\xi_1}{c_1}\right)^2+\left(\frac{\xi_2}{c_1}\right)^2+\left(\frac{\xi_3}{c_1}\right)^2+\left(\frac{\xi_4}{c_1}\right)^2=\mu$$

in ganzen Zahlen $\xi_1, \xi_2, \xi_3, \xi_4$ *aus K lösbar ist.*

Ist K total reell und vom n-ten Grade, so folgt aus (1) unmittelbar

$$|\xi_k^{(h)}| \leqq c_1 \sqrt{\mu^{(h)}} \qquad (k=1,\ldots,4; \quad h=1,\ldots,n);$$

ist aber K nicht total reell, so folgt aus (1) keine solche Schranke für die Lösungen. Schärfer als Satz I ist also

Satz II. *Es gibt eine nur von K abhängige positive Zahl* c_2 (die gleiche Bedeutung haben weiterhin $c_3, \ldots, c_{51}$), *so daß die Gleichung* (1) *unter den Nebenbedingungen*

$$(2)\qquad |\xi_k^{(h)}| \leqq c_2 \sqrt{|\mu^{(h)}| \log(2N\mu)} \qquad (k=1,\ldots,4;\ h=1,\ldots,n)$$

lösbar ist.

Da die Anzahl der Lösungen der Ungleichungen (2) durch eine ganze Zahl ξ_1 höchstens $c_3 N\mu^{\frac{1}{2}} \log^{\frac{n}{2}}(2N\mu)$ ist und dasselbe für ξ_2 und ξ_3 gilt, so ergeben sich für ξ_1, ξ_2, ξ_3 höchstens $c_3^3 N\mu^{\frac{3}{2}} \log^{\frac{3n}{2}}(2N\mu)$ den Ungleichungen (2) genügende Wertetripel; man findet also eine Lösung von (1) in höchstens $c_4 N\mu^2$ Versuchen.

Die Sätze I und II werden sich unmittelbar ergeben aus

Satz III. *Es gibt zwei nur von K abhängige positive Zahlen* c_5, c_6, *so daß für jede durch* 2 *teilbare ganze total positive Zahl* ν *aus K die Ungleichung*

$$(3)\qquad c_5 \sum_{\substack{\mathfrak{t}\mid\nu \\ (\mathfrak{t},2)=1}} N\mathfrak{t} - c_6 N\nu < \sum_{\eta_1^2+\cdots+\eta_4^2=\nu} e^{-\pi S \frac{|\eta_1|^2+\cdots+|\eta_4|^2}{|\nu|}} \text{ [5])}$$

gilt; hierin durchlaufen $\eta_1, \ldots, \eta_4$ *alle ganzzahligen Lösungen von*

$$(4)\qquad \eta_1^2+\eta_2^2+\eta_3^2+\eta_4^2=\nu.$$

---

[4]) Es ist vorteilhaft, die Zahl 0 (auch im Falle eines total imaginären Körpers) nicht als total positiv anzusehen. Natürlich ist Satz I auch für $\mu=0$ richtig.

[5]) Eine obere Abschätzung der rechten Seite von (3) läßt sich zwar angeben, ist aber für den Beweis von Satz II ohne Interesse.

Das wichtigste Hilfsmittel beim Beweise dieses Satzes bildet die Formel des unten folgenden Hilfssatzes 1, eine Verallgemeinerung der Thetaformel von Hecke. Sie läßt sich auch zu einem Beweise des quadratischen Reziprozitätsgesetzes in beliebigen algebraischen Zahlkörpern verwenden, in derselben Art, wie Hecke aus seiner Formel das quadratische Reziprozitätsgesetz für reell-quadratische Körper abgeleitet hat[6]).

Die allgemeine homogene quadratische Form von mindestens vier Variablen mit algebraischen Koeffizienten läßt sich in derselben Weise untersuchen, wie in der vorliegenden Arbeit die spezielle Form (4); man hat zu diesem Zwecke nur die zu jener allgemeinen Form gehörige Thetaformel aufzustellen, was keine Mühe macht[7]).

Hilfssatz 1. *Es sei K ein algebraischer Zahlkörper n-ten Grades; von seinen Konjugierten seien die Körper $K^{(1)}, \ldots, K^{(r_1)}$ reell, die Körper $K^{(r_1+h)}$ und $K^{(r_1+r_2+h)}$ $(h=1, \ldots, r_2)$ konjugiert komplex. Es seien $t^{(1)}, \ldots, t^{(n)}$, $u^{(1)}, \ldots, u^{(n)}$ $2n$ Unbestimmte, und zwar $t^{(1)}, \ldots, t^{(n)}$ positiv, $t^{(r_1+h)} = t^{(r_1+r_2+h)}$ $(h=1, \ldots, r_2)$, $u^{(1)}, \ldots, u^{(r_1)}$ reell, $\overline{u}^{(r_1+h)} = u^{(r_1+r_2+h)}$ $(h=1, \ldots, r_2)$. Ferner sei $\mathfrak{d}$ das Grundideal von K, $\Delta = N\mathfrak{d}$ der absolute Betrag der Grundzahl von K, ϱ eine Zahl und $\mathfrak{a}$ ein Ideal aus K. Dann ist*

$$(5)\quad \sum_{\mathfrak{a}|\alpha} e^{-\pi S\{t|\alpha+\varrho|^2 - iu(\alpha+\varrho)^2\}}$$
$$= N\mathfrak{a}^{-1}\Delta^{-\frac{1}{2}} \prod_{h=1}^{r_1}(t^{(h)} - iu^{(h)})^{-\frac{1}{2}} \prod_{h=r_1+1}^{r_1+r_2}(t^{(h)^2} + |u^{(h)}|^2)^{-\frac{1}{2}} \sum_{\frac{1}{\mathfrak{a}\mathfrak{d}}|\beta} e^{-\pi S\frac{t|\beta|^2 + i\overline{u}\beta^2}{t^2+|u|^2} + 2\pi i S(\varrho\beta)}.$$

Beweis. Bedeutet $f(x)$ eine quadratische Form, deren reeller Teil positiv definit ist, mit n reellen Variablen $x_1, \ldots, x_n$ und der Diskriminante Q, und ist $F(x)$ die reziproke Form, so gilt, wenn $k_1, \ldots, k_n$, $l_1, \ldots, l_n$ unabhängig voneinander alle ganzen rationalen Zahlen durchlaufen, die Identität

$$(6)\qquad \sum_k e^{-\pi f(x+k)} = Q^{-\frac{1}{2}} \sum_l e^{-\pi F(l) + 2\pi i \sum_{h=1}^{n} l_h x_h}.$$

Es sei nun $(\alpha_1, \ldots, \alpha_n)$ eine Basis des Ideals $\mathfrak{a}$ und

$$\varrho = m_1\alpha_1 + \ldots + m_n\alpha_n$$

---

[6]) Für einen sehr hübschen Beweis des quadratischen Reziprozitätsgesetzes in beliebigen quadratischen Körpern vgl. man die Abhandlung von L. J. Mordell *On the reciprocity formula for the Gauss's sums in the quadratic field* [Proceedings of the London Mathematical Society (2) **20** (1921), S. 289–296].

[7]) Man kann sich zum Studium der quadratischen Formen in total reellen Körpern n-ten Grades auch der Modulfunktionen von n Veränderlichen bedienen, in derselben Weise, wie Mordell es im Falle $n=1$ tut. Bei dem in der vorliegenden Arbeit behandelten Problem gelangt man so zu einer Verallgemeinerung des ersten Beweises des Satzes von Jacobi über die Zerlegung natürlicher Zahlen in 4 Quadrate.

mit rationalen $m_1, \ldots, m_n$. Setzt man dann

$$f(x) = \sum_{h=1}^{n} \{ t^{(h)} \, | \alpha_1^{(h)} x_1 + \ldots + \alpha_n^{(h)} x_n |^2 - i u^{(h)} (\alpha_1^{(h)} x_1 + \ldots + \alpha_n^{(h)} x_n)^2 \}$$

und $x_1 = m_1, \ldots, x_n = m_n$, so verwandelt sich die linke Seite von (6) in die linke Seite der zu beweisenden Gleichung (5).

Setzt man nun

$$\begin{pmatrix} \alpha_1^{(1)} \ldots \alpha_n^{(1)} \\ \cdot\;\cdot\;\cdot\;\cdot\;\cdot\;\cdot\;\cdot \\ \alpha_1^{(n)} \ldots \alpha_n^{(n)} \end{pmatrix} = \alpha, \qquad \begin{pmatrix} t^{(1)} \ldots 0 \\ \cdot\;\cdot\;\cdot\;\cdot\;\cdot \\ 0 \ldots t^{(n)} \end{pmatrix} = T, \qquad \begin{pmatrix} u^{(1)} \ldots 0 \\ \cdot\;\cdot\;\cdot\;\cdot\;\cdot \\ 0 \ldots u^{(n)} \end{pmatrix} = U,$$

so hat die quadratische Form $f(x)$ die Matrix

$$\bar{\alpha}' T \alpha - i \alpha' U \alpha = (\bar{\alpha}' T - i \alpha' U) \alpha.$$

Es ist aber

$$\bar{\alpha}' T - i \alpha' U$$

$$= \begin{pmatrix} \bar{\alpha}_1^{(1)} t^{(1)} - i \alpha_1^{(1)} u^{(1)} \ldots \bar{\alpha}_1^{(r_1+1)} t^{(r_1+1)} - i \alpha_1^{(r_1+1)} u^{(r_1+1)} \ldots \bar{\alpha}_1^{(r_1+r_2+1)} t^{(r_1+r_2+1)} - i \alpha_1^{(r_1+r_2+1)} u^{(r_1+r_2+1)} \ldots \\ \bar{\alpha}_2^{(1)} t^{(1)} - i \alpha_2^{(1)} u^{(1)} \ldots \bar{\alpha}_2^{(r_1+1)} t^{(r_1+1)} - i \alpha_2^{(r_1+1)} u^{(r_1+1)} \ldots \bar{\alpha}_2^{(r_1+r_2+1)} t^{(r_1+r_2+1)} - i \alpha_2^{(r_1+r_2+1)} u^{(r_1+r_2+1)} \ldots \\ \cdot\;\cdot\;\cdot\;\cdot\;\cdot\;\cdot\;\cdot\;\cdot\;\cdot\;\cdot\;\cdot\;\cdot\;\cdot\;\cdot\;\cdot\;\cdot\;\cdot\;\cdot\;\cdot\;\cdot \end{pmatrix}$$

$$= \begin{pmatrix} \alpha_1^{(1)} (t^{(1)} - i u^{(1)}) \ldots \bar{\alpha}_1^{(r_1+1)} t^{(r_1+1)} - i \alpha_1^{(r_1+1)} u^{(r_1+1)} \ldots \alpha_1^{(r_1+1)} t^{(r_1+1)} - i \bar{\alpha}_1^{(r_1+1)} \bar{u}^{(r_1+1)} \ldots \\ \alpha_2^{(1)} (t^{(1)} - i u^{(1)}) \ldots \bar{\alpha}_2^{(r_1+1)} t^{(r_1+1)} - i \alpha_2^{(r_1+1)} u^{(r_1+1)} \ldots \alpha_2^{(r_1+1)} t^{(r_1+1)} - i \bar{\alpha}_2^{(r_1+1)} \bar{u}^{(r_1+1)} \ldots \\ \cdot\;\cdot\;\cdot\;\cdot\;\cdot\;\cdot\;\cdot\;\cdot\;\cdot\;\cdot\;\cdot\;\cdot\;\cdot\;\cdot\;\cdot\;\cdot\;\cdot\;\cdot\;\cdot\;\cdot \end{pmatrix}$$

und folglich

$$|\bar{\alpha}' T - i \alpha' U| = (-1)^{r_2} \prod_{h=1}^{r_1} (t^{(h)} - i u^{(h)}) \prod_{h=r_1+1}^{r_1+r_2} (t^{(h)^2} + |u^{(h)}|^2) \, |\alpha|;$$

da nun $|\alpha|^2 = (-1)^{r_2} N \mathfrak{a}^2 \Delta$ ist, so hat $f(x)$ die Determinante

$$(7) \qquad Q = |\bar{\alpha}' T - i \alpha' U| \, |\alpha| = N \mathfrak{a}^2 \Delta \prod_{h=1}^{r_1} (t^{(h)} - i u^{(h)}) \prod_{h=r_1+1}^{r_1+r_2} (t^{(h)^2} + |u^{(h)}|^2).$$

Bedeutet $\mathsf{A} = \alpha^{-1} = (\mathsf{A}_p^{(q)})$ $(p = 1, \ldots, n;\; q = 1, \ldots, n)$ die zu α reziproke Matrix, so sind die Matrizen $\bar{\alpha}' T (T^2 + U \bar{U})^{-1} T \bar{\mathsf{A}}'$ und $\bar{\alpha}' T (T^2 + U \bar{U})^{-1} \bar{U} \mathsf{A}'$ *reell*; es ist also

$$\bar{\alpha}' T (T^2 + U \bar{U})^{-1} T \bar{\mathsf{A}}' = \alpha' T^2 (T^2 + U \bar{U})^{-1} \mathsf{A}'$$

und

$$\bar{\alpha}' T (T^2 + U \bar{U})^{-1} \bar{U} \mathsf{A}' = \alpha' U (T^2 + U \bar{U})^{-1} T \bar{\mathsf{A}}',$$

d. h.

$$(\bar{\alpha}' T - i \alpha' U)(T^2 + U \bar{U})^{-1} (T \bar{\mathsf{A}}' + i \bar{U} \mathsf{A}') = E.$$

Demnach besitzt die reziproke Form $F(x)$ die Matrix

$$\mathsf{A}(T^2+U\overline{U})^{-1}(T\overline{\mathsf{A}}'+i\overline{U}\mathsf{A}')=\left(\overline{\mathsf{A}}\frac{T}{T^2+U\overline{U}}+i\mathsf{A}\frac{\overline{U}}{T^2+U\overline{U}}\right)\mathsf{A}',$$

und es ist

$$(8)\qquad F(x)=\sum_{h=1}^{n}\left\{\frac{t^{(h)}}{t^{(h)2}+|u^{(h)}|^2}\,|\mathsf{A}_1^{(h)}x_1+\dots+\mathsf{A}_n^{(h)}x_n|^2\right.$$
$$\left.+i\frac{\overline{u}^{(h)}}{t^{(h)2}+|u^{(h)}|^2}(\mathsf{A}_1^{(h)}x_1+\dots+\mathsf{A}_n^{(h)}x_n)^2\right\}.$$

Ferner ist bekanntlich $\mathsf{A}_1,\dots,\mathsf{A}_n$ Basis des Ideals $\frac{1}{\mathfrak{a}\mathfrak{d}}$ und

$$(9)\qquad m_k=\sum_{h=1}^{n}\varrho^{(h)}\mathsf{A}_k^{(h)},\qquad \sum_{k=1}^{n}l_k m_k=S(\varrho\sum_{k=1}^{n}l_k\mathsf{A}_k).$$

Wegen (7), (8), (9) stimmen auch die rechten Seiten von (5) und (6) überein.

Hilfssatz 2. *Es sei ν eine feste ganze Zahl $\neq 0$ aus K. Ich setze, wenn $u^{(1)},\dots,u^{(n)}$ dieselbe Bedeutung wie in Hilfssatz* 1 *haben,*

$$(10)\qquad \vartheta(u)=\sum_{\lambda}e^{-\pi S\left(\frac{|\lambda|^2}{|\nu|}-iu\lambda^2\right)},$$

wo λ alle ganzen Zahlen von K durchläuft. Es sei γ eine Zahl aus K, $\mathfrak{d}$ das Grundideal, $\Delta=N\mathfrak{d}$ und $\mathfrak{a}$ der Nenner von $(\gamma)\,\mathfrak{d}$. Dann ist, wenn $u=w+2\gamma$ gesetzt wird,

$$(11)\ \vartheta(w+2\gamma)=N\mathfrak{a}^{-1}\Delta^{-\frac12}\prod_{h=1}^{r_1}(|\nu^{(h)}|^{-1}-iw^{(h)})^{-\frac12}\prod_{h=r_1+1}^{r_1+r_2}(|\nu^{(h)}|^{-2}+|w^{(h)}|^2)^{-\frac12}$$
$$\times\sum_{\frac{1}{\mathfrak{a}\mathfrak{d}}\mid\mu}e^{-\pi S\frac{|\nu|^{-1}|\mu|^2+i\overline{w}\mu^2}{|\nu|^{-2}+|w|^2}}\sum_{\varrho \bmod \mathfrak{a}}e^{2\pi iS(\varrho^2\gamma+\varrho\mu)}.$$

Beweis. In (10) setze man $\lambda=\alpha+\varrho$ und lasse α alle Zahlen von $\mathfrak{a}$, ϱ ein vollständiges Restsystem mod $\mathfrak{a}$ durchlaufen. Dann wird

$$\vartheta(w+2\gamma)=\sum_{\mathfrak{a}\mid\alpha}\sum_{\varrho \bmod \mathfrak{a}}e^{-\pi S\left\{\frac{1}{|\nu|}|\alpha+\varrho|^2-i(w+2\gamma)(\alpha+\varrho)^2\right\}}$$
$$=\sum_{\varrho \bmod \mathfrak{a}}e^{2\pi iS(\varrho^2\gamma)}\sum_{\mathfrak{a}\mid\alpha}e^{-\pi S\left\{\frac{1}{|\nu|}|\alpha+\varrho|^2-iw(\alpha+\varrho)^2\right\}},$$

also, wenn Hilfssatz 1 mit $\frac{1}{|\nu|}$, w statt t, u angewendet wird,

$$\vartheta(w+2\gamma)=\sum_{\varrho \bmod \mathfrak{a}}e^{2\pi iS(\varrho^2\gamma)}N\mathfrak{a}^{-1}\Delta^{-\frac12}\prod_{h=1}^{r_1}(|\nu^{(h)}|^{-1}-iw^{(h)})^{-\frac12}\prod_{h=r_1+1}^{r_1+r_2}(|\nu^{(h)}|^{-2}+|w^{(h)}|^2)^{-\frac12}$$
$$\times\sum_{\frac{1}{\mathfrak{a}\mathfrak{d}}\mid\mu}e^{-\pi S\frac{|\nu|^{-1}|\mu|^2+i\overline{w}\mu^2}{|\nu|^{-2}+|w|^2}+2\pi iS(\varrho\mu)}.$$

Hieraus folgt die Behauptung (11).

Hilfssatz 3. *Es sei ν eine feste ganze Zahl $\neq 0$ aus K und $\vartheta(u)$ die zu diesem ν gehörige Funktion im Sinne des Hilfssatzes 2. Man setze für jedes ganze μ aus K*

$$B(\mu) = \sum_{\eta_1^2 + \dots + \eta_4^2 = \mu} e^{-\pi S \frac{|\eta_1|^2 + \dots + |\eta_4|^2}{|\nu|}} \text{ [8]}$$

und, wenn $\Omega_1, \dots, \Omega_n$ eine Basis des zum Grundideal reziproken Ideals $\frac{1}{\mathfrak{d}}$ bedeutet,

$$u = 2x_1 \Omega_1 + \dots + 2x_n \Omega_n;$$

dann ist

$$B(\nu) = \int_0^1 \dots \int_0^1 \vartheta^4(u) e^{-\pi i S(u\nu)} dx_1 \dots dx_n. \tag{12}$$

Beweis. Es ist

$$\vartheta^4(u) = \sum_\mu B(\mu) e^{\pi i S(u\mu)},$$

$$S\{u(\mu - \nu)\} = 2 \sum_{k=1}^n x_k S\{\Omega_k(\mu - \nu)\}.$$

Die n Größen $S\{\Omega_k(\mu - \nu)\}$ sind stets ganz rational; wegen $|\Omega_q^{(p)}| \neq 0$ $(p = 1, \dots, n;\ q = 1, \dots, n)$ verschwinden sie aber sämtlich nur für $\mu = \nu$. Bei der offenbar erlaubten gliedweisen Integration der rechten Seite von (12) liefert also nur das Glied $\mu = \nu$ einen eventuell von 0 verschiedenen Beitrag zum Integral und dieser hat gerade den Wert $B(\nu)$.

Hilfssatz 4. *Es seien $u^{(1)}, \dots, u^{(n)}$ n Zahlen, und zwar $u^{(1)}, \dots, u^{(r_1)}$ reell, $u^{(r_1+h)}$ und $u^{(r_1+r_2+h)}$ $(h = 1, \dots, r_2)$ konjugiert komplex. Es gibt eine nur von K abhängige positive Zahl c_7, so daß für jedes positive $M \geqq 1$ die $2n$ Ungleichungen*

$$|\beta^{(h)} u^{(h)} - 2\alpha^{(h)}| \leqq \frac{c_7}{M}, \quad 0 < |\beta^{(h)}| \leqq M \quad (h = 1, \dots, n) \tag{13}$$

durch eine ganze Zahl β von K und eine Zahl α des zum Grundideal reziproken Ideals $\frac{1}{\mathfrak{d}}$ befriedigt werden können.

Beweis. Bedeutet $\Omega_1, \dots, \Omega_n$ eine feste Basis von $\frac{1}{\mathfrak{d}}$, so wird durch die Relationen

$$\frac{1}{2}\lambda^{(h)} u^{(h)} = \varkappa^{(h)} + x_1 \Omega_1^{(h)} + \dots + x_n \Omega_n^{(h)} \quad (h = 1, \dots, n), \tag{14}$$

$$0 \leqq x_1 < 1, \dots, \quad 0 \leqq x_n < 1 \tag{15}$$

---

[8]) $\eta_1, \dots, \eta_4$ durchlaufen alle Lösungen von $\eta_1^2 + \dots + \eta_4^2 = \mu$ in ganzen Zahlen des Körpers K.

jeder ganzen Zahl λ aus K eindeutig eine Zahl $\varkappa$ des Ideals $\frac{1}{\mathfrak{d}}$ und ein System von n reellen Zahlen $x_1, \ldots, x_n$ zugeordnet. Ich setze

$$(16)\quad \begin{aligned} x_1 \Omega_1^{(h)} + \ldots + x_n \Omega_n^{(h)} &= H_h \quad \text{für} \quad h = 1, \ldots, r_1, \\ &= H_h + i H_{h+r_2} \quad \text{für} \quad h = r_1 + 1, \ldots, r_1 + r_2; \end{aligned}$$

dann entspricht jedem λ ein bestimmter Punkt mit den reellen rechtwinkligen Koordinaten $H_1, \ldots, H_n$. Dieser Punkt liegt wegen (15) in einem festen parallel zu den Koordinatenachsen orientierten Würfel mit der Kantenlänge c_8.

Die Anzahl der Lösungen der Ungleichungen

$$(17)\qquad |\lambda^{(1)}| \leqq \frac{M}{2}, \ldots, |\lambda^{(n)}| \leqq \frac{M}{2}$$

in ganzen λ ist nun größer als $(c_9 M)^n$ und diese Zahl ist $\geqq 1$ für $M > c_{10}$. Zerlegt man daher für $M > c_{10}$ den Würfel in $[c_9 M]^n$ Teilwürfel mit der Kantenlänge $\frac{c_8}{[c_9 M]}$, so liegen in einem Teilwürfel zwei verschiedenen Zahlen λ_1 und λ_2 zugeordnete Punkte. Deren Koordinatendifferenzen sind daher nicht größer als $\frac{c_8}{[c_9 M]} \leqq \frac{c_{11}}{4M}$. Mit Rücksicht auf (14) und (16) gibt es also zwei Zahlen $\varkappa_1$ und $\varkappa_2$ des Ideals $\frac{1}{\mathfrak{d}}$, so daß die n Ungleichungen

$$|(\lambda_1^{(h)} - \lambda_2^{(h)}) u^{(h)} - 2(\varkappa_1^{(h)} - \varkappa_2^{(h)})| \leqq 2 \frac{c_{11}}{4M} \sqrt{2} < \frac{c_{11}}{M} \qquad (h = 1, \ldots, n)$$

gelten; und zugleich ist wegen (17)

$$0 < |\lambda_1^{(h)} - \lambda_2^{(h)}| \leqq M \qquad (h = 1, \ldots, n).$$

Die Zahlen $\beta = \lambda_1 - \lambda_2$ und $\alpha = \varkappa_1 - \varkappa_2$ lösen daher die Ungleichungen (13), wenn $c_7 \geqq c_{11}$ gewählt wird. Offenbar kann c_7 so groß gewählt werden, daß sie auch für den bisher ausgeschlossenen Fall $1 \leqq M \leqq c_{10}$ lösbar sind.

Hilfssatz 5. *Es sei $\mathfrak{d}$ das Grundideal, $\Delta = N\mathfrak{d}$, $\Omega_1, \ldots, \Omega_n$ eine Basis von $\frac{1}{\mathfrak{d}}$, $M \geqq \sqrt[n]{\Delta}$, $\mathfrak{a}$ ein ganzes Ideal, das der Ungleichung $N\mathfrak{a} \leqq \frac{M^n}{\Delta}$ genügt, und δ eine Zahl aus K derart, daß $(\delta)\mathfrak{d}$ den Nenner $\mathfrak{a}$ besitzt. Das Gebiet des $x_1 \ldots x_n$-Raumes, welches durch die Ungleichungen*

$$(18)\qquad |x_1 \Omega_1^{(h)} + \ldots + x_n \Omega_n^{(h)} - \delta^{(h)}| < \frac{1}{2M \sqrt[n]{N\mathfrak{a}}} \qquad (h = 1, \ldots, n)$$

definiert wird, heiße $\mathfrak{B}_\delta$. *Es seien* δ^* *und* δ^{**} *zwei* mod $\frac{1}{\mathfrak{d}}$ *inkongruente*[9]) *Zahlen* δ, $\mathfrak{a}^*$ *und* $\mathfrak{a}^{**}$ *die zugehörigen Nenner,* $\mathfrak{B}_{\delta^*}$ *und* $\mathfrak{B}_{\delta^{**}}$ *die entsprechenden Gebiete,* $x_1^*, \ldots, x_n^*$ *und* $x_1^{**}, \ldots, x_n^{**}$ *zwei beliebige Punkte in diesen Gebieten. Dann sind* $\frac{1}{2}u^* = x_1^*\Omega_1 + \ldots + x_n^*\Omega_n$ *und* $\frac{1}{2}u^{**} = x_1^{**}\Omega_1 + \ldots + x_n^{**}\Omega_n$ mod $\frac{1}{\mathfrak{d}}$ *inkongruent*[9]).

Beweis. Wäre $\frac{1}{2}u^* \equiv \frac{1}{2}u^{**}\left(\mathrm{mod}\,\frac{1}{\mathfrak{d}}\right)$, so folgte wegen

$$\delta^* \not\equiv \delta^{**}\left(\mathrm{mod}\,\frac{1}{\mathfrak{d}}\right),$$

daß die Zahl

$$\left(\frac{1}{2}u^* - \delta^*\right) - \left(\frac{1}{2}u^{**} - \delta^{**}\right) = \frac{1}{2}(u^* - u^{**}) - (\delta^* - \delta^{**}) = \alpha$$

eine *von* 0 *verschiedene* Zahl ist, deren Nenner in $\mathfrak{a}^*\mathfrak{a}^{**}\mathfrak{d}$ aufgeht. Andererseits folgt aus (18) die Ungleichung

$$|\alpha^{(h)}| < \frac{1}{2M\sqrt[n]{N\mathfrak{a}^*}} + \frac{1}{2M\sqrt[n]{N\mathfrak{a}^{**}}} \leqq \frac{2M\Delta^{-\frac{1}{n}}}{2M\sqrt[n]{N\mathfrak{a}^*N\mathfrak{a}^{**}}} = N(\mathfrak{a}^*\mathfrak{a}^{**}\mathfrak{d})^{-\frac{1}{n}},$$

also

$$N(\mathfrak{a}^*\mathfrak{a}^{**}\mathfrak{d})\,|N\alpha| < 1.$$

Links steht aber eine ganze rationale von 0 verschiedene Zahl, und das ist ein Widerspruch.

Hilfssatz 6. *Es sei* $\varkappa$ *eine Zahl des Körpers* K. *Es gibt zwei nur von* K *abhängige positive Zahlen* c_{12} *und* c_{13} *und eine (von* $\varkappa$ *abhängige) Einheit* ε *aus* K, *so daß die Ungleichungen*

$$c_{12}\,|N\varkappa|^{\frac{1}{n}} \leqq |\varkappa^{(h)}\varepsilon^{(h)2}| \leqq c_{13}\,|N\varkappa|^{\frac{1}{n}} \qquad (h = 1, \ldots, n) \tag{19}$$

gelten.

Beweis. Für $\varkappa = 0$ ist (19) trivial; und das gleiche gilt, wenn der Körper K rational oder imaginär-quadratisch ist. Es sei also $\varkappa \neq 0$ und $\varepsilon_1, \ldots, \varepsilon_r$ $(r = r_1 + r_2 - 1 \geqq 1)$ ein Fundamentalsystem von Einheiten. Von den $r+1$ Gleichungen

$$y_1 \log|\varepsilon_1^{(h)}| + \ldots + y_r \log|\varepsilon_r^{(h)}| = \log|\varkappa^{(h)} N\varkappa^{-\frac{1}{n}}| \quad (h = 1, \ldots, r+1) \tag{20}$$

ist dann die letzte eine Folge der r vorhergehenden Gleichungen; diese

---

[9]) Zwei Systeme von je n Zahlen $u^{(1)}, \ldots, u^{(n)}$ und $v^{(1)}, \ldots, v^{(n)}$ heißen inkongruent mod $\frac{1}{\mathfrak{d}}$, wenn die n Differenzen $u^{(1)} - v^{(1)}, \ldots, u^{(n)} - v^{(n)}$ nicht die n Konjugierten einer Zahl des Ideals $\frac{1}{\mathfrak{d}}$ sind.

aber sind unabhängig, da der Regulator $\neq 0$ ist. Also ist (20) in reellen Zahlen $y_1, \ldots, y_r$ lösbar; und die Gleichungen gelten auch noch für $h = r+2, \ldots, n$. Setzt man nun $\left[\frac{y_1}{2}\right] = z_1, \ldots, \left[\frac{y_r}{2}\right] = z_r$, so ist

$$\left| 2z_1 \log|\varepsilon_1^{(h)}| + \ldots + 2z_r \log|\varepsilon_r^{(h)}| - \log|\varkappa^{(h)} N\varkappa^{-\frac{1}{n}}| \right| \leqq c_{14},$$

so daß die Zahlen $c_{12} = e^{-c_{14}}$, $c_{13} = e^{c_{14}}$ und die Einheit $\varepsilon = \varepsilon_1^{-z_1} \ldots \varepsilon_r^{-z_r}$ das Verlangte leisten.

Hilfssatz 7. *Es sei* $\mathfrak{a}$ *ein ganzes Ideal,* $\mathfrak{d}$ *das Grundideal und* α *eine Zahl des Ideals* $\frac{1}{\mathfrak{a}\mathfrak{d}}$. *Dann ist*

$$\sum_{\sigma \bmod \mathfrak{a}} e^{2\pi i S(\sigma\alpha)} = \begin{cases} 0 & \textit{für nicht ganzes } (\alpha)\mathfrak{d}, \\ N\mathfrak{a} & \textit{für ganzes } (\alpha)\mathfrak{d}. \end{cases}$$

Beweis. Setzt man

$$\sum_{\sigma \bmod \mathfrak{a}} e^{2\pi i S(\sigma\alpha)} = \Sigma_\alpha,$$

so ist

$$|\Sigma_\alpha|^2 = \sum_{\sigma \bmod \mathfrak{a}} e^{2\pi i S(\sigma\alpha)} \sum_{\tau \bmod \mathfrak{a}} e^{-2\pi i S(\tau\alpha)} = N\mathfrak{a} \sum_{\varrho \bmod \mathfrak{a}} e^{2\pi i S(\varrho\alpha)} = N\mathfrak{a}\, \Sigma_\alpha,$$

also

$$\Sigma_\alpha = 0 \quad \text{oder} \quad N\mathfrak{a}.$$

Eine Summe von $N\mathfrak{a}$ Einheitswurzeln hat aber nur dann den Wert $N\mathfrak{a}$, wenn jede $= 1$ ist. Also ist $\Sigma_\alpha = N\mathfrak{a}$ dann und nur dann, wenn alle $S(\sigma\alpha)$ ganz rational ist; ist aber für jedes ganze ω die Zahl $S(\omega\alpha)$ ganz, so gehört bekanntlich α dem Ideal $\frac{1}{\mathfrak{d}}$ an.

Hilfssatz 8. *Es sei* γ *eine Zahl aus* K, $\mathfrak{d}$ *das Grundideal,* $\mathfrak{a}$ *der Nenner von* $(\gamma)\mathfrak{d}$ *und* μ *eine Zahl des Ideals* $\frac{1}{\mathfrak{a}\mathfrak{d}}$. *Setzt man*

$$G(\gamma, \mu) = \sum_{\varrho \bmod \mathfrak{a}} e^{2\pi i S(\varrho^2\gamma + \varrho\mu)},$$

so ist

$$|G(\gamma, \mu)| \leqq 2^{\frac{n}{2}} \sqrt{N\mathfrak{a}}$$

und, wenn $\mathfrak{a}$ *zu* 2 *teilerfremd ist, sogar*

$$|G(\gamma, \mu)| = \sqrt{N\mathfrak{a}}.$$

Beweis. Es ist

$$|G(\gamma, \mu)|^2 = \sum_{\varrho \bmod \mathfrak{a}} \sum_{\sigma \bmod \mathfrak{a}} e^{2\pi i S\{(\varrho^2 - \sigma^2)\gamma + (\varrho - \sigma)\mu\}},$$

also, wenn $\varrho = \sigma + \tau$ gesetzt wird,

$$(21) \qquad |G(\gamma, \mu)|^2 = \sum_{\tau \bmod \mathfrak{a}} e^{2\pi i S(\tau^2\gamma + \tau\mu)} \sum_{\sigma \bmod \mathfrak{a}} e^{2\pi i S(2\sigma\tau\gamma)}.$$

Nach Hilfssatz 7 ist nun

$$(22)\qquad \sum_{\sigma \bmod \mathfrak{a}} e^{2\pi i S(2\sigma\tau\gamma)} = \begin{cases} 0 & \text{für nicht ganzes } (2\tau\gamma)\mathfrak{d}, \\ N\mathfrak{a} & \text{für ganzes } (2\tau\gamma)\mathfrak{d}; \end{cases}$$

und da $(\gamma)\mathfrak{d}$ den Nenner $\mathfrak{a}$ hat, so ist $(2\tau\gamma)\mathfrak{d}$ ganz oder nicht ganz, je nachdem $\mathfrak{a}$ in 2τ aufgeht oder nicht. Ist nun $\mathfrak{a}$ zu 2 teilerfremd, so ist $\mathfrak{a} \mid 2\tau$ nur für $\tau \equiv 0 \pmod{\mathfrak{a}}$, also genau einen Wert von τ, und dann ist

$$e^{2\pi i S(\tau^2\gamma+\tau\mu)} = 1,$$

und folglich nach (21), (22)

$$(23)\qquad |G(\gamma, \mu)|^2 = N\mathfrak{a} \qquad ((\mathfrak{a}, 2) = 1).$$

Ist aber $\mathfrak{a}$ ganz beliebig, so ist jedenfalls 2τ für höchstens $N2 = 2^n$ mod $\mathfrak{a}$ verschiedene Werte von τ durch $\mathfrak{a}$ teilbar und daher nach (21), (22)

$$(24)\qquad |G(\gamma, \mu)|^2 \leqq 2^n N\mathfrak{a}.$$

Aus (23) und (24) folgt die Behauptung.

Hilfssatz 9. *Es sei ν eine ganze Zahl aus K, $\mathfrak{d}$ das Grundideal und $\mathfrak{a}$ ein ganzes Ideal. Es durchlaufe γ ein System von $\varphi(\mathfrak{a})$*[10] *mod $\frac{1}{\mathfrak{d}}$ inkongruenten Zahlen, für welche $(\gamma)\mathfrak{d}$ den Nenner $\mathfrak{a}$ hat, und man setze*

$$G(\gamma, 0) = G(\gamma) = \sum_{\varrho \bmod \mathfrak{a}} e^{2\pi i S(\varrho^2\gamma)},$$

$$H(\mathfrak{a}) = \sum_{\gamma} \left(\frac{G(\gamma)}{N\mathfrak{a}}\right)^4 e^{-2\pi i S(\nu\gamma)}.$$

Dann hängt $H(\mathfrak{a})$ nicht von der speziellen Wahl der Zahlen γ, sondern nur von dem Ideal $\mathfrak{a}$ (und der Zahl ν) ab, und es ist für jedes zu $\mathfrak{a}$ teilerfremde ganze Ideal $\mathfrak{b}$

$$H(\mathfrak{a}\mathfrak{b}) = H(\mathfrak{a})\, H(\mathfrak{b}).$$

Beweis. Jedes System von $\varphi(\mathfrak{a})$ Zahlen γ, welche einander mod $\frac{1}{\mathfrak{d}}$ inkongruent sind und für welche $(\gamma)\mathfrak{d}$ den Nenner $\mathfrak{a}$ besitzt, ist dem vorgelegten System mod $\frac{1}{\mathfrak{d}}$ kongruent; also hängt $H(\mathfrak{a})$ nicht von dem speziellen System ab. Haben $\varphi(\mathfrak{b})$ Zahlen δ dieselbe Bedeutung für $\mathfrak{b}$, wie die $\varphi(\mathfrak{a})$ Zahlen γ für $\mathfrak{a}$, so sind auch die $\varphi(\mathfrak{a})\varphi(\mathfrak{b}) = \varphi(\mathfrak{a}\mathfrak{b})$ Zahlen $\gamma + \delta$ einander mod $\frac{1}{\mathfrak{d}}$ inkongruent, und $(\gamma + \delta)\mathfrak{d}$ hat den Nenner $\mathfrak{a}\mathfrak{b}$. Durchläuft ferner ϱ ein vollständiges System mod $\mathfrak{a}$ inkongruenter Zahlen des Ideals $\mathfrak{b}$ und σ ein vollständiges System mod $\mathfrak{b}$ inkongruenter Zahlen

[10]) Es ist $\varphi(\mathfrak{a})$ gleich der Anzahl der modulo $\mathfrak{a}$ inkongruenten zu $\mathfrak{a}$ teilerfremden ganzen Zahlen.

des Ideals $\mathfrak{a}$, so bildet $\varrho + \sigma$ ein vollständiges Restsystem mod $(\mathfrak{a}\mathfrak{b})$. Daher ist

$$(25)\qquad G(\gamma+\delta) = \sum_{\varrho \bmod \mathfrak{a}} \sum_{\sigma \bmod \mathfrak{b}} e^{2\pi i S\{(\varrho+\sigma)^2(\gamma+\delta)\}} = \sum_{\varrho \bmod \mathfrak{a}} e^{2\pi i S(\varrho^2\gamma)} \sum_{\sigma \bmod \mathfrak{b}} e^{2\pi i S(\sigma^2\delta)}$$
$$= G(\gamma)G(\delta),$$
$$H(\mathfrak{a}\mathfrak{b}) = \sum_\gamma \sum_\delta \left(\frac{G(\gamma+\delta)}{N(\mathfrak{a}\mathfrak{b})}\right)^4 e^{-2\pi i S\{\nu(\gamma+\delta)\}}$$
$$= \sum_\gamma \left(\frac{G(\gamma)}{N\mathfrak{a}}\right)^4 e^{-2\pi i S(\nu\gamma)} \sum_\delta \left(\frac{G(\delta)}{N\mathfrak{b}}\right)^4 e^{-2\pi i S(\nu\delta)}$$
$$= H(\mathfrak{a})H(\mathfrak{b}).$$

Hilfssatz 10. *Es sei $\mathfrak{a}$ ein zu 2 teilerfremdes ganzes Ideal, $\mathfrak{d}$ das Grundideal und γ eine Zahl aus K, für welche $(\gamma)\mathfrak{d}$ den Nenner $\mathfrak{a}$ hat. Dann ist, wenn $G(\gamma)$ die Bedeutung des Hilfssatzes 9 hat,*

$$(26)\qquad (G(\gamma))^4 = N\mathfrak{a}^2.$$

Beweis. Für $\mathfrak{a} = \mathfrak{o}$ ist der Satz trivial. Wegen (25) braucht die Behauptung (26) nur für den Fall bewiesen zu werden, daß $\mathfrak{a}$ Potenz eines Primideals ist, $\mathfrak{a} = \mathfrak{p}^k$, $\mathfrak{p} \nmid 2$. Ist $k \geqq 2$, so durchlaufe ϱ_1 ein System von $N\mathfrak{p}$ modulo $\mathfrak{p}^k$ inkongruenten durch $\mathfrak{p}^{k-1}$ teilbaren Zahlen und ϱ_2 ein vollständiges Restsystem mod $\mathfrak{p}^{k-1}$, dann ist

$$(27)\qquad G(\gamma) = \sum_{\varrho_1} \sum_{\varrho_2} e^{2\pi i S\{(\varrho_1+\varrho_2)^2\gamma\}} = \sum_{\varrho_2} e^{2\pi i S(\varrho_2^2\gamma)} \sum_{\varrho_1} e^{2\pi i S(2\varrho_1\varrho_2\gamma)}.$$

Nach Hilfssatz 7 ist $\sum\limits_{\varrho_1} = 0$ für $\mathfrak{p} \nmid \varrho_2$, $= N\mathfrak{p}$ für $\mathfrak{p} \mid \varrho_2$, und daher, wenn $\tilde{\omega}$ eine genau durch $\mathfrak{p}^1$ teilbare ganze Zahl bedeutet, nach (27)

$$G(\gamma) = N\mathfrak{p}\, G(\tilde{\omega}^2\gamma);$$

es hat aber $(\tilde{\omega}^2\gamma)\mathfrak{d}$ den Nenner $\mathfrak{p}^{k-2}$. Daher genügt es, (26) für $\mathfrak{a} = \mathfrak{p} \nmid 2$ zu beweisen. Es ist aber nach Hilfssatz 7

$$G(\gamma) = \sum_{\varrho \bmod \mathfrak{p}} e^{2\pi i S(\varrho^2\gamma)} - \sum_{\sigma \bmod \mathfrak{p}} e^{2\pi i S(\sigma\gamma)} = \sum_{\sigma \bmod \mathfrak{p}} \left(\frac{\sigma}{\mathfrak{p}}\right) e^{2\pi i S(\sigma\gamma)} = \left(\frac{-1}{\mathfrak{p}}\right) G(-\gamma)$$

und folglich

$$|G(\gamma)|^2 = G(\gamma)G(-\gamma) = \left(\frac{-1}{\mathfrak{p}}\right) G(\gamma)^2.$$

Hieraus ergibt sich wegen Hilfssatz 8 die Behauptung.

Hilfssatz 11. *Es sei ν eine von 0 verschiedene ganze Zahl aus K, $\mathfrak{p}$ ein zu 2 teilerfremdes Primideal, $\mathfrak{p}^k \mid \nu$. Dann ist, wenn $H(\mathfrak{p}^a)$ die Bedeutung des Hilfssatzes 9 hat,*

$$(28)\qquad H(\mathfrak{p}^a)=\begin{cases}0 & \textit{für}\quad a\geqq k+2,\\ -N\mathfrak{p}^{-k-2} & \textit{für}\quad a=k+1,\\ N\mathfrak{p}^{-a-1}(N\mathfrak{p}-1) & \textit{für}\quad 1\leqq a\leqq k,\end{cases}$$

$$(29)\qquad 1+\sum_{a=1}^{\infty}H(\mathfrak{p}^a)=(1-N\mathfrak{p}^{-2})\sum_{a=0}^{k}N\mathfrak{p}^{-a}.$$

Beweis. Es durchlaufe γ ein System von $\varphi(\mathfrak{p}^a)$ modulo $\frac{1}{\mathfrak{d}}$ inkongruenten Zahlen, für welche $(\gamma)\mathfrak{d}$ den Nenner $\mathfrak{p}^a$ hat; dann ist nach Hilfssatz 10

$$H(\mathfrak{p}^a)=\sum_{\gamma}\left(\frac{G(\gamma)}{N\mathfrak{p}^a}\right)^4 e^{-2\pi i S(\nu\gamma)}=N\mathfrak{p}^{-2a}\sum_{\gamma}e^{-2\pi i S(\nu\gamma)}.$$

Für $1\leqq a\leqq k$ ist $(\nu\gamma)\mathfrak{d}$ ganz und daher $\sum_{\gamma}=\varphi(\mathfrak{p}^a)=N\mathfrak{p}^a\left(1-\frac{1}{N\mathfrak{p}}\right)$,

$$(30)\qquad H(\mathfrak{p}^a)=N\mathfrak{p}^{-a}\left(1-\frac{1}{N\mathfrak{p}}\right).$$

Für $a\geqq k+1$ hat $(\nu\gamma)\mathfrak{d}$ den Nenner $\mathfrak{p}^{a-k}$, dann ist

$$\sum_{\gamma}e^{-2\pi i S(\nu\gamma)}=N\mathfrak{p}^k\mu(\mathfrak{p}^{a-k})=\begin{cases}-N\mathfrak{p}^{a-1} & \text{für}\quad a=k+1,\\ 0 & \text{für}\quad a\geqq k+2;\end{cases}$$

und folglich

$$(31)\qquad H(\mathfrak{p}^a)=-N\mathfrak{p}^{-k-2}\quad\text{für}\quad a=k+1,$$

$$(32)\qquad H(\mathfrak{p}^a)=\quad 0\quad\text{für}\quad a\geqq k+2.$$

Die Gleichungen (30), (31), (32) liefern die Behauptung (28). Ferner ist

$$1+\sum_{a=1}^{\infty}H(\mathfrak{p}^a)=1+\sum_{a=1}^{k}N\mathfrak{p}^{-a}\left(1-\frac{1}{N\mathfrak{p}}\right)-N\mathfrak{p}^{-k-2}$$

$$=\sum_{a=0}^{k}N\mathfrak{p}^{-a}-\sum_{a=0}^{k}N\mathfrak{p}^{-a-2}=(1-N\mathfrak{p}^{-2})\sum_{a=0}^{k}N\mathfrak{p}^{-a},$$

womit auch (29) bewiesen ist.

Hilfssatz 12. *Es sei ν eine von 0 verschiedene ganze Zahl aus K, $\mathfrak{l}$ ein Primidealteiler von 2, und $\mathfrak{l}^{a-1}\nmid 4\nu$. Dann ist, wenn $H(\mathfrak{l}^a)$ wie in Hilfssatz 9 erklärt wird,*

$$H(\mathfrak{l}^a)=0.$$

Beweis. Es sei $\mathfrak{l}^c\,|\,2$, λ eine genau durch $\mathfrak{l}^{\left[\frac{a}{2}\right]-c}$ teilbare ganze Zahl, $\mathfrak{d}$ das Grundideal und γ eine Zahl derart, daß $(\gamma)\mathfrak{d}$ den Nenner $\mathfrak{l}^a$ hat. Durchläuft ϱ_1 bzw. ϱ_2 ein vollständiges Restsystem mod $\mathfrak{l}^{a-\left[\frac{a}{2}\right]+c}$ bzw.

$\mathfrak{l}^{\left[\frac{a}{2}\right]-c}$, so durchläuft $\varrho = \varrho_1 \lambda + \varrho_2$ ein vollständiges Restsystem mod $\mathfrak{l}^a$; es wird also

$$G(\gamma) = \sum_{\varrho} e^{2\pi i S(\varrho^2 \gamma)} = \sum_{\varrho_1} \sum_{\varrho_2} e^{2\pi i S\{(\varrho_1 \lambda + \varrho_2)^2 \gamma\}} = \sum_{\varrho_1} \sum_{\varrho_2} e^{2\pi i S(\varrho_1^2 \lambda^2 \gamma + 2\varrho_1 \lambda \varrho_2 \gamma + \varrho_2^2 \gamma)}.$$

Nun setze ich $\varrho_1 = \varrho_3 \lambda_1 + \varrho_4$, wo die ganze Zahl λ_1 genau durch $\mathfrak{l}^{a-2\left[\frac{a}{2}\right]+c}$ teilbar ist und ϱ_3 bzw. ϱ_4 Restsysteme mod $\mathfrak{l}^{\left[\frac{a}{2}\right]}$ bzw. $\mathfrak{l}^{a-2\left[\frac{a}{2}\right]+c}$ durchlaufen; dann ist

$$(33) \qquad \varrho_1^2 \lambda^2 \equiv \varrho_3^2 \lambda_1^2 \lambda^2 + 2\varrho_3 \varrho_4 \lambda_1 \lambda^2 + \varrho_4^2 \lambda^2 \equiv \varrho_4^2 \lambda^2 \pmod{\mathfrak{l}^a}$$

und daher

$$G(\gamma) = \sum_{\varrho_4} e^{2\pi i S(\varrho_4^2 \lambda^2 \gamma)} \sum_{\varrho_2} e^{2\pi i S(\varrho_2^2 \gamma + 2\varrho_4 \lambda \varrho_2 \gamma)} \sum_{\varrho_3} e^{2\pi i S(2\varrho_3 \lambda_1 \lambda \varrho_2 \gamma)}.$$

Hierin hat $(2\lambda_1 \lambda \gamma)\mathfrak{d}$ den Nenner $\mathfrak{l}^{\left[\frac{a}{2}\right]-c}$; also ist $\sum\limits_{\varrho_3} = 0$ für $\mathfrak{l}^{\left[\frac{a}{2}\right]-c} \nmid \varrho_2$, $= N\mathfrak{l}^{\left[\frac{a}{2}\right]}$ für $\mathfrak{l}^{\left[\frac{a}{2}\right]-c} \mid \varrho_2$, und folglich

$$G(\gamma) = N\mathfrak{l}^{\left[\frac{a}{2}\right]} \sum_{\varrho_4} e^{2\pi i S(\varrho_4^2 \lambda^2 \gamma)},$$

also wegen (33)

$$(34) \qquad G(\gamma) = N\mathfrak{l}^{\left[\frac{a}{2}\right]-c} G(\lambda^2 \gamma).$$

Nun durchlaufe γ_1 ein System von $N\mathfrak{l}^{2\left[\frac{a}{2}\right]-2c}$ modulo $\frac{1}{\mathfrak{d}}$ inkongruenten Zahlen, für welche $(\gamma_1)\mathfrak{d}$ einen in $\mathfrak{l}^{2\left[\frac{a}{2}\right]-2c}$ aufgehenden Nenner hat, und γ_2 ein System von $\varphi(\mathfrak{l}^{a-2\left[\frac{a}{2}\right]+2c})$ modulo $\frac{1}{\mathfrak{d}\mathfrak{l}^{2\left[\frac{a}{2}\right]-2c}}$ inkongruenten Zahlen, für welche $(\gamma_2)\mathfrak{d}$ den Nenner $\mathfrak{l}^a$ hat. Dann ist $(\lambda^2 \gamma_1)\mathfrak{d}$ ganz und nach (34)

$$H(\mathfrak{l}^a) = \sum_{\gamma_1} \sum_{\gamma_2} \left(\frac{G(\gamma_1 + \gamma_2)}{N\mathfrak{l}^a}\right)^4 e^{-2\pi i S\{\nu(\gamma_1 + \gamma_2)\}}$$
$$= \sum_{\gamma_2} \left(\frac{G(\lambda^2 \gamma_2)}{N\mathfrak{l}^{a-\left[\frac{a}{2}\right]+c}}\right)^4 e^{-2\pi i S(\nu \gamma_2)} \sum_{\gamma_1} e^{-2\pi i S(\nu \gamma_1)};$$

wegen $\mathfrak{l}^{a-2c-1} \nmid \nu$ ist a fortiori $\mathfrak{l}^{2\left[\frac{a}{2}\right]-2c} \nmid \nu$ und daher

$$\sum_{\gamma_1} e^{-2\pi i S(\nu \gamma_1)} = 0, \qquad H(\mathfrak{l}^a) = 0.$$

Hilfssatz 13. *Es sei* $a \geqq 1$, $\mathfrak{l}^a \mid 2$, $\mathfrak{d}$ *das Grundideal und* γ *eine Zahl, für welche* $(\gamma)\mathfrak{d}$ *den Nenner* $\mathfrak{l}^a$ *hat. Es habe* $G(\gamma)$ *die Bedeutung von Hilfssatz* 9. *Dann ist für ungerades* a *stets* $G(\gamma) = 0$; *für gerades* a *ist* $G(\gamma) = 0$ *oder* $= N\mathfrak{l}^a$, *und zwar tritt letzteres für genau* $N\mathfrak{l}^{\frac{a}{2}}\left(1 - \frac{1}{N\mathfrak{l}}\right)$ *modulo* $\frac{1}{\mathfrak{d}}$ *verschiedene Werte von* γ *ein*[11]).

Beweis. Nach (21) ist

$$|G(\gamma)|^2 = \sum_{\tau \bmod \mathfrak{l}^a} e^{2\pi i S(\tau^2\gamma)} \sum_{\sigma \bmod \mathfrak{l}^a} e^{2\pi i S(2\sigma\tau\gamma)} = N\mathfrak{l}^a G(\gamma),$$

also

$$G(\gamma) = 0 \quad \text{oder} \quad = N\mathfrak{l}^a. \tag{35}$$

Durchläuft γ ein System von $\varphi(\mathfrak{l}^a)$ modulo $\frac{1}{\mathfrak{d}}$ inkongruenten Zahlen, für welche $(\gamma)\mathfrak{d}$ den Nenner $\mathfrak{l}^a$ hat, so ist

$$\sum_\gamma G(\gamma) = \sum_{\tau \bmod \mathfrak{l}^a} \sum_\gamma e^{2\pi i S(\tau^2\gamma)} = \sum_{b=0}^{a} \sum_{\mathfrak{l}^b \,\|\, \tau \bmod \mathfrak{l}^a} \sum_\gamma e^{2\pi i S(\tau^2\gamma)}. \tag{36}$$

Nun ist aber

$$\sum_\gamma e^{2\pi i S(\tau^2\gamma)} = \begin{cases} 0 & \text{für } a - 2b \geqq 2, \\ -N\mathfrak{l}^{a-1} & \text{für } a - 2b = 1, \\ \varphi(\mathfrak{l}^a) & \text{für } a - 2b \leqq 0 \end{cases} \qquad (\mathfrak{l}^b \,\|\, \tau),$$

ferner gibt es $\varphi(\mathfrak{l}^{a-b})$ modulo $\mathfrak{l}^a$ verschiedene genau durch $\mathfrak{l}^b$ teilbare τ. Für ungerades a geht daher (36) über in

$$\sum_\gamma G(\gamma) = -N\mathfrak{l}^{a-1}\varphi\left(\mathfrak{l}^{\frac{a+1}{2}}\right) + \sum_{b=\frac{a+1}{2}}^{a} \varphi(\mathfrak{l}^a)\varphi(\mathfrak{l}^{a-b})$$

$$= \left(1 - \frac{1}{N\mathfrak{l}}\right)\left\{-N\mathfrak{l}^{a-1}N\mathfrak{l}^{\frac{a+1}{2}} + N\mathfrak{l}^a \sum_{b=\frac{a+1}{2}}^{a-1} N\mathfrak{l}^{a-b}\left(1 - \frac{1}{N\mathfrak{l}}\right) + N\mathfrak{l}^a\right\} = 0;\,^{12)}$$

also ist nach (35) stets $G(\gamma) = 0$.

Für gerades a folgt aus (36)

$$\sum_\gamma G(\gamma) = \sum_{b=\frac{a}{2}}^{a} \varphi(\mathfrak{l}^a)\varphi(\mathfrak{l}^{a-b}) = N\mathfrak{l}^a\left(1 - \frac{1}{N\mathfrak{l}}\right)\sum_{b=0}^{\frac{a}{2}} \varphi(\mathfrak{l}^b) = N\mathfrak{l}^a\left(1 - \frac{1}{N\mathfrak{l}}\right)N\mathfrak{l}^{\frac{a}{2}},$$

so daß $G(\gamma)$ nach (35) genau $N\mathfrak{l}^{\frac{a}{2}}\left(1 - \frac{1}{N\mathfrak{l}}\right)$-mal den Wert $N\mathfrak{l}^a$ besitzt.

---

11) Ist $\mathfrak{l}^1 \mid 2$, so tritt natürlich der Fall eines geraden a nicht auf.

12) Für $a = 1$ ist $\sum_{b=\frac{a+1}{2}}^{a-1}$ durch 0 zu ersetzen.

Hilfssatz 14. *Es sei* $\mathfrak{l} \mid 2$, $\mathfrak{l}^c \mid 2$, $a \geqq c$, $\mathfrak{d}$ *das Grundideal und* γ *eine Zahl derart, daß* $(\gamma)\mathfrak{d}$ *den Nenner* $\mathfrak{l}^a$ *besitzt. Es habe* $G(\gamma)$ *die Bedeutung von Hilfssatz* 9. *Dann ist* $|G(\gamma)|^2 = N\mathfrak{l}^{a+c}$ *für* $a \geqq 2c$, $= 0$ *für* $c \leqq a < 2c$ *und ungerades* a, $= 0$ *oder* $= N\mathfrak{l}^{a+c}$ *für* $c \leqq a < 2c$ *und gerades* a, *und zwar tritt letzteres für genau* $N\mathfrak{l}^{\frac{3a}{2}-c}\left(1-\frac{1}{N\mathfrak{l}}\right) \bmod \frac{1}{\mathfrak{d}}$ *verschiedene Werte von* γ *ein*[13]).

Beweis. Nach (21) und (22) ist

$$|G(\gamma)|^2 = N\mathfrak{l}^a \sum_{\mathfrak{l}^{a-c} \mid \tau \bmod \mathfrak{l}^a} e^{2\pi i S(\tau^2\gamma)},$$

wo τ nur die $\bmod \mathfrak{l}^a$ verschiedenen Zahlen des Ideals $\mathfrak{l}^{a-c}$ durchläuft, und daher, wenn λ eine genau durch $\mathfrak{l}^{a-c}$ teilbare ganze Zahl bedeutet,

$$|G(\gamma)|^2 = N\mathfrak{l}^a \sum_{\sigma \bmod \mathfrak{l}^c} e^{2\pi i S(\sigma^2\lambda^2\gamma)}. \tag{37}$$

Ist nun $a \geqq 2c$, so ist $(\lambda^2\gamma)\mathfrak{d}$ ganz und folglich

$$|G(\gamma)|^2 = N\mathfrak{l}^{a+c}.$$

Ist aber $c \leqq a < 2c$, so hat $(\lambda^2\gamma)\mathfrak{d}$ den Nenner $\mathfrak{l}^{2c-a}$, der in $\mathfrak{l}^c$ aufgeht; dann ist also wegen (37)

$$|G(\gamma)|^2 = N\mathfrak{l}^{2a-c} G(\lambda^2\gamma).$$

Nach Hilfssatz 13 ist für ungerades a die Größe $G(\lambda^2\gamma) = 0$, also auch $|G(\gamma)|^2 = 0$, und für gerades a ist $G(\lambda^2\gamma) = 0$ oder $= N\mathfrak{l}^{2c-a}$, also $|G(\gamma)|^2 = 0$ oder $= N\mathfrak{l}^{a+c}$. Es gibt nun $\varphi(\mathfrak{l}^a)$ modulo $\frac{1}{\mathfrak{d}}$ inkongruente Zahlen γ, für welche $(\gamma)\mathfrak{d}$ den Nenner $\mathfrak{l}^a$ hat; diese liefern ebenso viele Zahlen $\lambda^2\gamma$, welche aber zu je $N\mathfrak{l}^{2a-2c}$ einander $\bmod \frac{1}{\mathfrak{d}}$ kongruent sind. Nach Hilfssatz 13 ist also im Falle eines geraden a des Intervalls $c \leqq a < 2c$ die Zahl $|G(\gamma)|^2 = N\mathfrak{l}^{a+c}$ für genau $N\mathfrak{l}^{2a-2c} N\mathfrak{l}^{\frac{2c-a}{2}}\left(1-\frac{1}{N\mathfrak{l}}\right)$ $= N\mathfrak{l}^{\frac{3a}{2}-c}\left(1-\frac{1}{N\mathfrak{l}}\right)$ modulo $\frac{1}{\mathfrak{d}}$ inkongruente Zahlen γ.

Hilfssatz 15. *Es sei* ν *eine ganze von* 0 *verschiedene Zahl aus* K, $\mathfrak{l}$ *ein Primidealteiler von* 2, $\mathfrak{l}^c \mid 2$, $\mathfrak{l}^k \mid \nu$, $k \geqq c$. *Dann ist, wenn* $H(\mathfrak{l}^a)$ *wie in Hilfssatz* 9 *definiert wird,*

$$1 + \sum_{a=1}^{\infty} H(\mathfrak{l}^a) \geqq N\mathfrak{l}^{-k-2}.$$

---

[13]) Vgl. Fußnote [11]).

Beweis. Ist der Nenner von $(\gamma)\mathfrak{d}$ ein Teiler von $\mathfrak{l}^c$, so ist wegen $\mathfrak{l}^c \mid \nu$ die Zahl $e^{-2\pi i S(\nu\gamma)} = 1$ und daher für $1 \leqq a \leqq c$

$$H(\mathfrak{l}^a) = \sum_\gamma \left(\frac{G(\gamma)}{N\mathfrak{l}^a}\right)^4;$$

also nach Hilfssatz 13

$$(38) \qquad H(\mathfrak{l}^a) = \begin{cases} 0 & \text{für ungerades } a, \\ N\mathfrak{l}^{\frac{a}{2}}\left(1 - \frac{1}{N\mathfrak{l}}\right) & \text{für gerades } a \end{cases} \qquad (1 \leqq a \leqq c).$$

Aus (38) folgt

$$(39) \qquad 1 + \sum_{a=1}^{c} H(\mathfrak{l}^a) = 1 + \sum_{b=1}^{\left[\frac{c}{2}\right]} N\mathfrak{l}^b\left(1 - \frac{1}{N\mathfrak{l}}\right) = N\mathfrak{l}^{\left[\frac{c}{2}\right]}.$$

Nach Hilfssatz 14 ist für $a \geqq 2c$

$$(40) \qquad |H(\mathfrak{l}^a)| \leqq \sum_\gamma \left(\frac{N\mathfrak{l}^{\frac{a+c}{2}}}{N\mathfrak{l}^a}\right)^4 = N\mathfrak{l}^{2c-2a}\,\varphi(\mathfrak{l}^a) = N\mathfrak{l}^{2c-a}\left(1 - \frac{1}{N\mathfrak{l}}\right);$$

nach Hilfssatz 12 ist für $a \geqq k + 2c + 2$

$$(41) \qquad H(\mathfrak{l}^a) = 0.$$

Aus (40) und (41) folgt

$$(42) \qquad \left|\sum_{a=2c}^{\infty} H(\mathfrak{l}^a)\right| \leqq \sum_{a=2c}^{k+2c+1} N\mathfrak{l}^{2c-a}\left(1 - \frac{1}{N\mathfrak{l}}\right) = 1 - N\mathfrak{l}^{-k-2}.$$

Ferner ist nach Hilfssatz 14 für $c < a < 2c$

$$(43) \qquad |H(\mathfrak{l}^a)| \leqq \begin{cases} 0 & \text{für ungerades } a, \\ N\mathfrak{l}^{\frac{3a}{2}-c}\left(1 - \frac{1}{N\mathfrak{l}}\right)\left(\frac{N\mathfrak{l}^{\frac{a+c}{2}}}{N\mathfrak{l}^a}\right)^4 = N\mathfrak{l}^{c-\frac{a}{2}}\left(1 - \frac{1}{N\mathfrak{l}}\right) & \text{für gerades } a. \end{cases}$$

(43) liefert

$$(44) \qquad \left|\sum_{a=c+1}^{2c-1} H(\mathfrak{l}^a)\right| \leqq \sum_{b=\left[\frac{c}{2}\right]+1}^{c-1} N\mathfrak{l}^{c-b}\left(1 - \frac{1}{N\mathfrak{l}}\right) = N\mathfrak{l}^{c-\left[\frac{c}{2}\right]-1} - 1;$$

und dies ist auch noch für $c = 1$ und $c = 2$ richtig[14]).

---

[14]) Für $c = 1$ und $c = 2$ ist $\sum_{b=\left[\frac{c}{2}\right]+1}^{c-1}$ durch 0 zu ersetzen.

Aus (39), (42), (44) folgt nun, da $H(\mathfrak{l}^a)$ reell ist,

$$1+\sum_{a=1}^{\infty} H(\mathfrak{l}^a) \geqq N\mathfrak{l}^{\left[\frac{c}{2}\right]} - (N\mathfrak{l}^{c-\left[\frac{c}{2}\right]-1} - 1) - (1 - N\mathfrak{l}^{-k-2})$$

$$= N\mathfrak{l}^{\left[\frac{c}{2}\right]} - N\mathfrak{l}^{c-\left[\frac{c}{2}\right]-1} + N\mathfrak{l}^{-k-2} \geqq N\mathfrak{l}^{-k-2}.$$

Hilfssatz 16. *Es sei h die Klassenzahl von K, ν eine durch 2 teilbare ganze Zahl, aber nicht durch $\mathfrak{l}^{c+2h}$ teilbar, wo $\mathfrak{l}$ jeden beliebigen Primidealteiler von 2 bedeutet und $\mathfrak{l}^c \mid 2$ ist. Es durchlaufe $\mathfrak{a}$ alle ganzen Ideale. Dann ist, wenn $H(\mathfrak{a})$ die Bedeutung von Hilfssatz 9 besitzt,*

$$|N\nu| \sum_{\mathfrak{a}} H(\mathfrak{a}) > c_{15} \sum_{\mathfrak{t}\mid\nu} N\mathfrak{t},$$

wo $\mathfrak{t}$ alle Idealteiler von ν durchläuft.

Beweis. Nach den Hilfssätzen 9, 11, 12 ist $\sum_{\mathfrak{a}} H(\mathfrak{a})$ absolut konvergent. Setzt man zur Abkürzung

$$J(\mathfrak{p}) = 1 + \sum_{a=1}^{\infty} H(\mathfrak{p}^a),$$

so ist also nach Hilfssatz 9

$$\sum_{\mathfrak{a}} H(\mathfrak{a}) = \prod_{\mathfrak{p}} J(\mathfrak{p}), \tag{45}$$

wo $\mathfrak{p}$ alle Primideale durchläuft. Nach Hilfssatz 11 ist für $\mathfrak{p} \nmid 2$

$$J(\mathfrak{p}) = (1 - N\mathfrak{p}^{-2}) \sum_{\mathfrak{p}^a \mid \nu} N\mathfrak{p}^{-a}. \tag{46}$$

Wegen der Voraussetzung $\mathfrak{l}^c \mid \nu$, $\mathfrak{l}^{c+2h} \nmid \nu$ ist nach Hilfssatz 15

$$J(\mathfrak{l}) \geqq N\mathfrak{l}^{-c-2h-1} > c_{16}(1 - N\mathfrak{l}^{-2}) \sum_{\mathfrak{l}^a \mid \nu} N\mathfrak{l}^{-a}. \tag{47}$$

Ferner ist, wenn $\mathfrak{p}$ alle Primideale durchläuft und ζ_K die Zetafunktion von K bedeutet,

$$\prod_{\mathfrak{p}} (1 - N\mathfrak{p}^{-2}) = \zeta_K^{-1}(2) = c_{17}. \tag{48}$$

Aus (45), (46), (47), (48) folgt

$$|N\nu| \sum_{\mathfrak{a}} H(\mathfrak{a}) > c_{15} |N\nu| \prod_{\mathfrak{p}} \Big(\sum_{\mathfrak{p}^a \mid \nu} N\mathfrak{p}^{-a}\Big) = c_{15} \sum_{\mathfrak{t}\mid\nu} N\mathfrak{t}.$$

Hilfssatz 17. *Es sei ν eine beliebige von 0 verschiedene ganze Zahl. Es habe $H(\mathfrak{a})$ dieselbe Bedeutung wie in Hilfssatz 9. Dann ist*

$$\sum_{N\mathfrak{a} > \sqrt{|N\nu|}} |H(\mathfrak{a})| < c_{18} |N\nu|^{-\frac{1}{4}}.$$

Beweis. Diejenigen Primidealteiler des Ideals $\mathfrak{a}$, die in $\mathfrak{a}$ zu höherer Potenz aufgehen als in ν und zu 2 teilerfremd sind, mögen mit $\mathfrak{p}, \ldots$ und ihr Produkt mit $\mathfrak{P}$ bezeichnet werden, diejenigen zu 2 teilerfremden Primideale, welche in $\mathfrak{a}$ nicht zu höherer Potenz aufgehen als in ν, mit $\mathfrak{q}, \ldots$; endlich seien $\mathfrak{l}, \ldots$ die Primteiler von 2 und $\mathfrak{L}$ ihr Produkt. Besitzt $\mathfrak{a}$ keinen Teiler $\mathfrak{p}$, so sei $\mathfrak{P} = \mathfrak{o}$. Setzt man dann

$$\begin{aligned} \mathfrak{a} &= \mathfrak{p}^r \ldots \mathfrak{q}^s \ldots \mathfrak{l}^t \ldots, \\ \mathfrak{b} &= \mathfrak{q}^s \ldots \mathfrak{l}^t \ldots \end{aligned} \qquad (r \geqq 1,\ s \geqq 0,\ t \geqq 0),$$

so ist nach Hilfssatz 9

$$(49) \qquad H(\mathfrak{a}) = H(\mathfrak{p}^r) \ldots H(\mathfrak{q}^s) \ldots H(\mathfrak{l}^t) \ldots = H(\mathfrak{p}^r) \ldots H(\mathfrak{b}),$$

nach Hilfssatz 11

$$(50) \qquad H(\mathfrak{p}^r) = \begin{cases} 0 & \text{für } \mathfrak{p}^{r-1} \nmid \nu, \\ -N\mathfrak{p}^{-r-1} & \text{für } \mathfrak{p}^{r-1} \mid \nu, \end{cases}$$

nach Hilfssatz 12

$$(51) \qquad H(\mathfrak{l}^t) = 0 \quad \text{für} \quad \mathfrak{l}^{t-1} \nmid 4\nu,$$

nach Hilfssatz 8

$$(52) \qquad |H(\mathfrak{b})| \leqq \varphi(\mathfrak{b}) \left(\frac{2^{\frac{n}{2}} \sqrt{N\mathfrak{b}}}{N\mathfrak{b}} \right)^4 \leqq c_{19} N\mathfrak{b}^{-1}.$$

Wegen (49), (50), (51), (52) ist

$$(53) \qquad |H(\mathfrak{a})| \leqq \begin{cases} 0 & \text{für } \dfrac{\mathfrak{a}}{\mathfrak{P}\mathfrak{L}} \nmid 4\nu,\ ^{15)} \\ c_{19} N\mathfrak{a}^{-1} N\mathfrak{P}^{-1} & \text{für } \dfrac{\mathfrak{a}}{\mathfrak{P}\mathfrak{L}} \Big| 4\nu. \end{cases}$$

Nun ist $\frac{\mathfrak{a}}{\mathfrak{P}} = \mathfrak{r}$ ein ganzes Ideal, also $N\mathfrak{r} \geqq 1$; und andererseits folgt aus $N\mathfrak{a} > \sqrt{|N\nu|}$ die Ungleichung $N\mathfrak{r} > \frac{\sqrt{|N\nu|}}{N\mathfrak{P}}$. Die Anzahl der Idealteiler $\mathfrak{r}$ von $(4\nu)\mathfrak{L}$ ist nun sicherlich $< c_{20} |N\nu|^{\frac{1}{8}}$. Mit Rücksicht auf (53) gilt demnach

$$\sum_{N\mathfrak{a} > \sqrt{|N\nu|}} |H(\mathfrak{a})| < c_{20} |N\nu|^{\frac{1}{8}} c_{19} \sum_{\mathfrak{P}} N\mathfrak{P}^{-2} \min\left(1, \frac{N\mathfrak{P}}{\sqrt{|N\nu|}}\right),$$

wo $\mathfrak{P}$ alle Produkte von verschiedenen Primidealen und das Einheitsideal $\mathfrak{o}$ durchläuft. Also ist a fortiori

$$\begin{aligned} \sum_{N\mathfrak{a} > \sqrt{|N\nu|}} |H(\mathfrak{a})| &< c_{19} c_{20} |N\nu|^{\frac{1}{8}} \Big(\sum_{N\mathfrak{a} \leqq \sqrt{|N\nu|}} N\mathfrak{a}^{-1} |N\nu|^{-\frac{1}{2}} + \sum_{N\mathfrak{a} > \sqrt{|N\nu|}} N\mathfrak{a}^{-2} \Big) \\ &< c_{21} |N\nu|^{\frac{1}{8}} \big(|N\nu|^{-\frac{1}{2}} |N\nu|^{\frac{1}{8}} + |N\nu|^{-\frac{1}{2}} \big) < c_{18} |N\nu|^{-\frac{1}{4}}. \end{aligned}$$

---

[15] $\frac{\mathfrak{a}}{\mathfrak{P}\mathfrak{L}} \nmid 4\nu$ bedeutet: Das Ideal $\frac{(4\nu)\mathfrak{P}\mathfrak{L}}{\mathfrak{a}}$ ist nicht ganz.

Hilfssatz 18. *Es sei ν eine feste ganze von 0 verschiedene Zahl aus K, die den Bedingungen*

$$(54)\qquad c_{12}\,|N\nu|^{\frac{1}{n}} \leqq |\nu^{(h)}| \leqq c_{13}\,|N\nu|^{\frac{1}{n}} \qquad (h=1,\ldots,n)$$

mit den Konstanten c_{12}, c_{13} aus Hilfssatz 6 genügt, und $\vartheta(u)$ die zu diesem ν gehörige Funktion im Sinne des Hilfssatzes 2. Ferner sei $\mathfrak{d}$ das Grundideal, $\Delta = N\mathfrak{d}$, $\Omega_1,\ldots,\Omega_n$ eine feste Basis von $\frac{1}{\mathfrak{d}}$ und $u = 2(x_1\Omega_1+\ldots+x_n\Omega_n)$. Zu jedem System von n reellen Zahlen $x_1,\ldots,x_n$ gehört eine Zahl γ von K mit folgenden Eigenschaften:

1. *Der Nenner $\mathfrak{a}$ von $(\gamma)\mathfrak{d}$ genügt der Ungleichung $N\mathfrak{a} \leqq \sqrt{|N\nu|}$,*

2. *wird $w = u - 2\gamma$ gesetzt, so ist, wenn $G(\gamma)$ dieselbe Bedeutung wie in Hilfssatz 9 hat,*

$$(55)\quad \Big|\vartheta(u) - N\mathfrak{a}^{-1}\Delta^{-\frac{1}{2}}\prod_{h=1}^{r_1}\left(|\nu^{(h)}|^{-1} - iw^{(h)}\right)^{-\frac{1}{2}}\prod_{h=r_1+1}^{r_1+r_2}\left(|\nu^{(h)}|^{-2}+|w^{(h)}|^2\right)^{-\frac{1}{2}}G(\gamma)\Big|$$
$$< c_{22}N\{\mathfrak{a}^2(|\nu|^{-2}+|w|^2)\}^{-\frac{1}{4}}\,e^{-c_{23}N\{|\nu|\mathfrak{a}^2(|\nu|^{-2}+|w|^2)\}^{-\frac{1}{n}}}.$$

Liegt der Punkt $x_1,\ldots,x_n$ in einem der mit $M = \sqrt[2n]{\Delta^2|N\nu|}$ konstruierten Gebiete $\mathfrak{B}_\delta$ des Hilfssatzes 5, so kann insbesondere $\gamma = \delta$ gewählt werden.

Beweis. Nach Hilfssatz 4 gibt es eine ganze Zahl β und eine Zahl α des Ideals $\frac{1}{\mathfrak{d}}$, so daß die Ungleichungen

$$(56)\quad \left|u^{(h)} - 2\frac{\alpha^{(h)}}{\beta^{(h)}}\right| \leqq \frac{c_7}{|\beta^{(h)}|\sqrt[2n]{|N\nu|}},\qquad 0 < |\beta^{(h)}| \leqq \sqrt[2n]{|N\nu|}\qquad (h=1,\ldots,n)$$

gelten. Setzt man $\frac{\alpha}{\beta} = \gamma$, so hat also der Nenner $\mathfrak{a}$ von $(\gamma)\mathfrak{d}$ die Eigenschaft 1. in der Behauptung. Nach Hilfssatz 2 ist nun, wenn $G(\gamma,\mu)$ dieselbe Bedeutung wie in Hilfssatz 8 hat,

$$(57)\quad \vartheta(u) = \vartheta(w+2\gamma) = N\mathfrak{a}^{-1}\Delta^{-\frac{1}{2}}\prod_{h=1}^{r_1}\left(|\nu^{(h)}|^{-1} - iw^{(h)}\right)^{-\frac{1}{2}}\prod_{h=r_1+1}^{r_1+r_2}\left(|\nu^{(h)}|^{-2}+|w^{(h)}|^2\right)^{-\frac{1}{2}}$$
$$\times \sum_{\frac{1}{\mathfrak{a}\mathfrak{d}}|\mu} G(\gamma,\mu)\,e^{-\pi S\frac{|\nu|^{-1}|\mu|^2+i\bar{w}\mu^2}{|\nu|^{-2}+|w|^2}}.$$

Für die Reihe

$$S_1 = \sum_{\frac{1}{\mathfrak{a}\mathfrak{d}}|\mu\neq 0} G(\gamma,\mu)\,e^{-\pi S\frac{|\nu|^{-1}|\mu|^2+i\bar{w}\mu^2}{|\nu|^{-2}+|w|^2}}$$

gilt nach Hilfssatz 8 die Abschätzung

$$|S_1| < c_{24} N\mathfrak{a}^{\frac{1}{2}} \sum_{\frac{1}{\mathfrak{a}\mathfrak{d}} \mid \mu \neq 0} e^{-\pi S \frac{|\nu|^{-1}|\mu|^2}{|\nu|^{-2}+|w|^2}}.$$

Jeder Zahl μ des Ideals $\frac{1}{\mathfrak{a}\mathfrak{d}}$ entspricht vermöge der Ungleichungen

$$(58)\quad m_h \frac{(|\nu^{(h)}|^{-2}+|w^{(h)}|^2)^{\frac{1}{2}}}{c_{25}|\nu^{(h)}|^{-\frac{1}{2}}} N\{|\nu|\mathfrak{a}^2(|\nu|^{-2}+|w|^2)\}^{-\frac{1}{2n}} \leqq \begin{Bmatrix} \mu^{(h)} \\ \Re\mu^{(h)} \\ \Im\mu^{(h)} \end{Bmatrix}$$

$$< (m_h+1)\frac{(|\nu^{(h)}|^{-2}+|w^{(h)}|^2)^{\frac{1}{2}}}{c_{25}|\nu^{(h)}|^{-\frac{1}{2}}} N\{|\nu|\mathfrak{a}^2(|\nu|^{-2}+|w|^2)\}^{-\frac{1}{2n}}$$

$$\text{für}\quad h = \begin{cases} 1,\ldots, r_1, \\ r_1+1,\ldots, r_1+r_2, \\ r_1+r_2+1,\ldots, n \end{cases}$$

ein System von ganzen rationalen Zahlen $m_1, \ldots, m_n$. Sind μ^* und μ^{**} zwei Zahlen des Ideals, denen *dasselbe* System $m_1, \ldots, m_n$ zugehört, so folgt aus (58) die Ungleichung

$$|N(\mu^*-\mu^{**})| < 2^{r_2} N\{|\nu|(|\nu|^{-2}+|w|^2)\}^{\frac{1}{2}} c_{25}^{-n} N\{|\nu|\mathfrak{a}^2(|\nu|^{-2}+|w|^2)\}^{-\frac{1}{2}}$$

$$= 2^{r_2} c_{25}^{-n} N\mathfrak{a}^{-1} \leqq N\frac{1}{\mathfrak{a}\mathfrak{d}} \quad \text{für} \quad c_{25} > c_{26}$$

und daher $\mu^* = \mu^{**}$. Zu einem festen System $m_1, \ldots, m_n$ gehört also ***höchstens eine*** Zahl μ des Ideals $\frac{1}{\mathfrak{a}\mathfrak{d}}$. Es ist folglich

$$|S_1| < c_{24} N\mathfrak{a}^{\frac{1}{2}} 2^n \sum_{q_1,\ldots,q_n=0}^{\infty}{}' e^{-\pi c_{25}^{-2} N\{|\nu|\mathfrak{a}^2(|\nu|^{-2}+|w|^2)\}^{-\frac{1}{n}} \sum_{h=1}^{n} q_h^2},$$

wo bei der Summation das Wertsystem $q_1 = 0, \ldots, q_n = 0$ auszulassen ist. Ferner ist nach (54), (56)

$$N\{|\nu|\mathfrak{a}^2(|\nu|^{-2}+|w|^2)\}^{-\frac{1}{n}}$$

$$\geqq N\{\mathfrak{a}^2(c_{12}^{-1}|N\nu|^{-\frac{1}{n}} + c_{13}|N\nu|^{\frac{1}{n}} c_7^2|\beta|^{-2}|N\nu|^{-\frac{1}{n}})\}^{-\frac{1}{n}}$$

$$\geqq \left\{N\left|\frac{\mathfrak{a}}{\beta}\right|^2\left(\frac{1}{c_{12}}+c_7^2 c_{13}\right)^n\right\}^{-\frac{1}{n}} > c_{27}$$

und daher

$$(59)\quad |S_1| < c_{28} N\mathfrak{a}^{\frac{1}{2}} e^{-c_{23} N\{|\nu|\mathfrak{a}^2(|\nu|^{-2}+|w|^2)\}^{-\frac{1}{n}}}.$$

Aus (57), (59) folgt (55) in Behauptung 2.

Liegt $x_1, \ldots, x_n$ in dem mit $M = \sqrt[2n]{\Delta^2 |N\nu|}$ konstruierten Gebiete $\mathfrak{B}_\gamma$, so ist nach Hilfssatz 5

$$|w^{(h)}| = |u^{(h)} - 2\gamma^{(h)}| < \Delta^{-\frac{1}{n}} |N\nu|^{-\frac{1}{2n}} N\mathfrak{a}^{-\frac{1}{n}} \qquad (h = 1, \ldots, n),$$

$$N\mathfrak{a} \leqq |N\nu|^{\frac{1}{2}}$$

und demnach wegen (54)

$$N\{|\nu|\mathfrak{a}^2(|\nu|^{-2} + |w|^2)\}^{-\frac{1}{n}} \geqq \left(\frac{1}{c_{12}} + \Delta^{-\frac{2}{n}} c_{13}\right)^{-1} > c_{29},$$

so daß also (59) für geeignet gewähltes c_{28} auch in diesem Falle gilt. Damit ist auch der letzte Teil der Behauptung 2. bewiesen.

Hilfssatz 19. *Es mögen ν, u, $\vartheta(u)$, γ, $\mathfrak{a}$, w, $G(\gamma)$ und Δ die Bedeutung aus Hilfssatz* 18 *haben. Dann ist*

$$\left|\vartheta^4(u) - \left(\frac{G(\gamma)}{N\mathfrak{a}}\right)^4 \Delta^{-2} \prod_{h=1}^{r_1} (|\nu^{(h)}|^{-1} - i w^{(h)})^{-2} \prod_{h=r_1+1}^{r_1+r_2} (|\nu^{(h)}|^{-2} + |w^{(h)}|^2)^{-2}\right|$$
$$< c_{30} |N\nu|^{\frac{1}{4}} N\mathfrak{a}^{-\frac{3}{2}} N(|\nu|^{-2} + |w|^2)^{-\frac{3}{4}}.$$

Beweis. Es ist nach Hilfssatz 8

$$\left|N\mathfrak{a}^{-1}\Delta^{-\frac{1}{2}} \prod_{h=1}^{r_1} (|\nu^{(h)}|^{-1} - i w^{(h)})^{-\frac{1}{2}} \prod_{h=r_1+1}^{r_1+r_2} (|\nu^{(h)}|^{-2} + |w^{(h)}|^2)^{-\frac{1}{2}} G(\gamma)\right|$$
$$< c_{31} N\{\mathfrak{a}^2(|\nu|^{-2} + |w|^2)\}^{-\frac{1}{4}};$$

also nach (55)

$$(60)\quad \left|\vartheta^4(u) - \left(\frac{G(\gamma)}{N\mathfrak{a}}\right)^4 \Delta^{-2} \prod_{h=1}^{r_1} (|\nu^{(h)}|^{-1} - i w^{(h)})^{-2} \prod_{h=r_1+1}^{r_1+r_2} (|\nu^{(h)}|^{-2} + |w^{(h)}|^2)^{-2}\right|$$
$$< c_{32} |N\nu| N\{|\nu|\mathfrak{a}^2(|\nu|^{-2} + |w|^2)\}^{-1} e^{-c_{33} N\{|\nu|\mathfrak{a}^2(|\nu|^{-2}+|w|^2)\}^{-\frac{1}{n}}}.$$

Da nun die Funktion $z^{\frac{n}{4}} e^{-c_{33} z}$ für $z > 0$ beschränkt ist, so ist die rechte Seite von (60)

$$< c_{30} |N\nu|^{\frac{1}{4}} N\mathfrak{a}^{-\frac{3}{2}} N(|\nu|^{-2} + |w|^2)^{-\frac{3}{4}}.$$

Hilfssatz 20. *Es sei ν eine ganze von* 0 *verschiedene Zahl aus K, die den Bedingungen*

$$(61)\qquad c_{12} |N\nu|^{\frac{1}{n}} \leqq |\nu^{(h)}| \leqq c_{13} |N\nu|^{\frac{1}{n}} \qquad (h = 1, \ldots, n)$$

mit den Konstanten c_{12}, c_{13} von Hilfssatz 6 *genügt, und $\vartheta(u)$ die zu diesem ν gehörige Funktion von Hilfssatz* 2. *Es sei $\mathfrak{d}$ das Grundideal, $\Delta = N\mathfrak{d}$, $\Omega_1, \ldots, \Omega_n$ eine feste Basis von $\frac{1}{\mathfrak{d}}$ und $u = 2(x_1\Omega_1 + \ldots + x_n\Omega_n)$.*

Dann ist

$$\Big|\int_0^1\cdots\int_0^1 \vartheta^4(u)\, e^{-\pi i S(u\nu)}\, dx_1 \ldots dx_n$$

$$-\sum_\gamma{}'\int_{-\infty}^{+\infty}\cdots\int_{-\infty}^{+\infty}\left(\frac{G(\gamma)}{N\mathfrak{a}}\right)^4 \Delta^{-2}\prod_{h=1}^{r_1}\left(|\nu^{(h)}|^{-1} - i\,(u^{(h)} - 2\gamma^{(h)})\right)^{-2}$$

$$\times\prod_{h=r_1+1}^{r_1+r_2}\left(|\nu^{(h)}|^{-2} + |u^{(h)} - 2\gamma^{(h)}|^2\right)^{-2} e^{-\pi i S(u\nu)}\, dx_1 \ldots dx_n\Big| < c_{33}\,|N\nu|$$

dabei durchläuft γ *in* $\sum'$ *ein vollständiges System* mod $\frac{1}{\mathfrak{d}}$ *inkongruenter Zahlen, für welche der Nenner* $\mathfrak{a}$ *von* $\gamma\,(\mathfrak{d})$ *der Ungleichung* $N\mathfrak{a} \leqq \sqrt{|N\nu|}$ *genügt.*

Beweis. Bedeutet $\mathfrak{B}$ irgendeinen Bereich von Punkten des $x_1 \ldots x_n$-Raumes, der ein umkehrbar eindeutiges Bild des Gebietes $0 \leqq x_1 < 1, \ldots, 0 \leqq x_n < 1$ ist, wobei sich die Koordinaten einander zugeordneter Punkte nur durch ganze rationale Zahlen unterscheiden, so ist wegen der Periodizität des Integranden

$$\int_0^1\cdots\int_0^1 \vartheta^4(u)\, e^{-\pi i S(u\nu)}\, dx_1 \ldots dx_n = \int\cdots\int_{\mathfrak{B}}.$$

Die Bereiche $\mathfrak{B}_\gamma$, die einem vollständigen System von mod $\frac{1}{\mathfrak{d}}$ inkongruenten Zahlen γ entsprechen, für welche der Nenner $\mathfrak{a}$ von $(\gamma)\,\mathfrak{d}$ die Ungleichung $N\mathfrak{a} \leqq \frac{M^n}{\Delta} = \sqrt{|N\nu|}$ erfüllt, bilden nun, da sie sich nach Hilfssatz 5 nicht überdecken, zusammen einen *Teil* eines solchen Bereiches $\mathfrak{B}$. Es möge ihre Summe $\sum_\gamma{}'\mathfrak{B}_\gamma$ durch den Bereich $\mathfrak{R}$ zu einem vollständigen Bereich $\mathfrak{B}$ ergänzt werden. Dann ist also

$$\int\cdots\int_{\mathfrak{B}} = \sum_\gamma{}'\int\cdots\int_{\mathfrak{B}_\gamma} + \int\cdots\int_{\mathfrak{R}},$$

und folglich, wenn man zur Abkürzung

$$\left(\frac{G(\gamma)}{N\mathfrak{a}}\right)^4 \Delta^{-2}\prod_{h=1}^{r_1}\left(|\nu^{(h)}|^{-1} - i\,(u^{(h)} - 2\gamma^{(h)})\right)^{-2}\prod_{h=r_1+1}^{r_1+r_2}\left(|\nu^{(h)}|^{-2} + |u^{(h)} - 2\gamma^{(h)}|^2\right)^{-2} = \varphi_\gamma(u)$$

setzt und die Komplementärmenge von $\mathfrak{B}_\gamma$ in bezug auf den ganzen $x_1 \ldots x_n$-Raum mit $\mathfrak{C}_\gamma$ bezeichnet,

$$(62)\quad \Big|\int_0^1\cdots\int_0^1 \vartheta^4(u)\, e^{-\pi i S(u\nu)}\, dx_1 \ldots dx_n - \sum_\gamma{}'\int_{-\infty}^{+\infty}\cdots\int_{-\infty}^{+\infty}\varphi_\gamma(u)\, e^{-\pi i S(u\nu)}\, dx_1 \ldots dx_n\Big|$$

$$\leqq \sum_\gamma{}'\int\cdots\int_{\mathfrak{B}_\gamma}|\vartheta^4(u) - \varphi_\gamma(u)|\, dx_1 \ldots dx_n$$

$$+\int\cdots\int_{\mathfrak{R}}|\vartheta^4(u)|\, dx_1 \ldots dx_n + \sum_\gamma{}'\int\cdots\int_{\mathfrak{C}_\gamma}|\varphi_\gamma(u)|\, dx_1 \ldots dx_n.$$

Die drei Summanden auf der rechten Seite von (62) werden nun einzeln abgeschätzt.

Wegen Hilfssatz 8 ist, wenn $w = u - 2\gamma$ gesetzt wird,

$$(63)\qquad \int_{\mathfrak{C}_\gamma}\!\!\cdots\!\int |\varphi_\gamma(u)|\,dx_1\ldots dx_n \leqq c_{34}\,N\mathfrak{a}^{-2}\int_{\mathfrak{C}_\gamma}\!\!\cdots\!\int \frac{dx_1\ldots dx_n}{N(|\nu|^{-2}+|w|^2)};$$

da nun mit Rücksicht auf die Definition von $\mathfrak{C}_\gamma$ in diesem Gebiet mindestens eine der n Zahlen $|w^{(1)}|,\ldots,|w^{(n)}|$ nicht kleiner als $(\Delta\,|N\nu|^{\frac{1}{2}}\,N\mathfrak{a})^{-\frac{1}{n}} = A$ ist, so ist nach (61)

$$(64)\qquad \int_{\mathfrak{C}_\gamma}\!\!\cdots\!\int \frac{dx_1\ldots dx_n}{N(|\nu|^{-2}+|w|^2)} \leqq c_{35}\int_0^\infty\!\!\cdots\int_0^\infty\int_A^\infty \frac{dz_1\ldots dz_{n-1}\,dz_n}{\prod\limits_{h=1}^{n}(|N\nu|^{-\frac{2}{n}}+z_h^2)} = c_{36}\,|N\nu|\int\limits_{A|N\nu|^{\frac{1}{n}}}^{\infty}\frac{dz}{1+z^2};$$

ferner ist $A\,|N\nu|^{\frac{1}{n}} = \left(\frac{|N\nu|^{\frac{1}{2}}}{\Delta\,N\mathfrak{a}}\right)^{\frac{1}{n}}$, also

$$(65)\qquad \int\limits_{A|N\nu|^{\frac{1}{n}}}^{\infty}\frac{dz}{1+z^2} \leqq c_{37}\,N\mathfrak{a}^{\frac{1}{n}}\,|N\nu|^{-\frac{1}{2n}},$$

so daß aus (63), (64), (65) die Ungleichung

$$(66)\qquad \sum_\gamma{}'\int_{\mathfrak{C}_\gamma}\!\!\cdots\!\int |\varphi_\gamma(u)|\,dx_1\ldots dx_n$$

$$\leqq c_{38}\,|N\nu|^{1-\frac{1}{2n}}\sum_\gamma{}' N\mathfrak{a}^{-2+\frac{1}{n}} \leqq c_{38}\,|N\nu|^{1-\frac{1}{2n}}\sum_{N\mathfrak{a}\leqq|N\nu|^{\frac{1}{2}}} N\mathfrak{a}^{-1+\frac{1}{n}}$$

$$< c_{39}\,|N\nu|^{1-\frac{1}{2n}}\,|N\nu|^{\frac{1}{2n}} = c_{39}\,|N\nu|$$

folgt.

Nach Hilfssatz 18, 2. ist

$$\int_{\mathfrak{R}}\!\!\cdots\!\int |\vartheta^4(u)|\,dx_1\ldots dx_n < c_{40}\sum_\gamma{}'\int_{\mathfrak{C}_\gamma}\!\!\cdots\!\int N\mathfrak{a}^{-2}\frac{dx_1\ldots dx_n}{N(|\nu|^{-2}+|w|^2)},$$

also nach (64), (65), (66)

$$(67)\qquad \int_{\mathfrak{R}}\!\!\cdots\!\int |\vartheta^4(u)|\,dx_1\ldots dx_n < c_{41}\,|N\nu|.$$

Endlich ergibt sich aus Hilfssatz 19 und (61) die Relation

$$\int_{\mathfrak{B}_\gamma}\!\!\cdots\!\int |\vartheta^4(u)-\varphi_\gamma(u)|\,dx_1\ldots dx_n < c_{30}\,|N\nu|^{\frac{1}{4}}\,N\mathfrak{a}^{-\frac{3}{2}}\int_{-\infty}^{+\infty}\!\!\cdots\int_{-\infty}^{+\infty}\frac{dx_1\ldots dx_n}{N(|\nu|^{-2}+|w|^2)^{\frac{3}{4}}}$$

$$< c_{42}\,|N\nu|^{\frac{1}{4}}\,N\mathfrak{a}^{-\frac{3}{2}}\,|N\nu|^{\frac{1}{2}}\int_0^{+\infty}\!\!\cdots\int_0^{+\infty}\frac{dz_1\ldots dz_n}{\prod\limits_{h=1}^{n}(1+z_h^2)^{\frac{3}{4}}} = c_{43}\,|N\nu|^{\frac{3}{4}}\,N\mathfrak{a}^{-\frac{3}{2}},$$

also

$$(68) \qquad \sum_{\gamma}' \int \underset{\mathfrak{B}_\gamma}{\cdots} \int |\vartheta^4(u) - \varphi_\gamma(u)|\, dx_1 \ldots dx_n < c_{43} |N\nu|^{\frac{3}{4}} \sum_{\gamma}' N\mathfrak{a}^{-\frac{3}{2}}$$

$$\leqq c_{43} |N\nu|^{\frac{3}{4}} \sum_{N\mathfrak{a} \leqq |N\nu|^{\frac{1}{2}}} N\mathfrak{a}^{-\frac{1}{2}} < c_{44} |N\nu|^{\frac{3}{4}} |N\nu|^{\frac{1}{4}} = c_{44} |N\nu|.$$

Aus (62), (66), (67), (68) folgt die Behauptung.

Hilfssatz 21. *Es sei ν eine total positive ganze Zahl aus K, $\mathfrak{d}$ das Grundideal, $\Delta = N\mathfrak{d}$, $\Omega_1, \ldots, \Omega_n$ eine Basis von $\frac{1}{\mathfrak{d}}$, γ eine Zahl aus K, $w = 2(x_1 \Omega_1 + \ldots + x_n \Omega_n) - 2\gamma$. Dann ist*

$$(69) \qquad \int_{-\infty}^{+\infty} \cdots \int_{-\infty}^{+\infty} \frac{e^{-\pi i S(\nu w)}\, dx_1 \ldots dx_n}{\prod_{h=1}^{r_1} (|\nu^{(h)}|^{-1} - i w^{(h)})^2 \prod_{h=r_1+1}^{r_1+r_2} (|\nu^{(h)}|^{-2} + |w^{(h)}|^2)^2}$$

$$= \sqrt{\Delta}\, 2^{-r_2} \pi^{2(r_1+r_2)} N\nu \left(\int_0^\infty e^{-\pi\left(y + \frac{1}{y}\right)} dy \right)^{r_2} e^{-\pi r_1} = c_{45} N\nu.$$

Beweis. Ich mache die Substitutionen

$$w^{(h)} = 2(x_1 \Omega_1^{(h)} + \ldots + x_n \Omega_n^{(h)}) - 2\gamma^{(h)} \qquad (h = 1, \ldots, n),$$

$$w^{(r_1+h)} = p_h + i q_h \qquad (h = 1, \ldots, r_2),$$

dann ist

$$\left| \frac{d(w^{(1)}, \ldots, w^{(n)})}{d(x_1, \ldots, x_n)} \right| = 2^n \Delta^{-\frac{1}{2}}, \qquad \left| \frac{d(w^{(r_1+h)}, w^{(r_1+r_2+h)})}{d(p_h, q_h)} \right| = 2 \qquad (h = 1, \ldots, r_2)$$

und folglich, wenn die linke Seite von (69) mit J bezeichnet wird,

$$(70) \qquad J = \Delta^{\frac{1}{2}} 2^{-r_1-r_2} \int_{-\infty}^{+\infty} \cdots \int_{-\infty}^{+\infty} \frac{e^{-\pi i \left\{ \sum_{h=1}^{r_1} \nu^{(h)} w^{(h)} + \sum_{h=1}^{r_2} (\nu^{(r_1+h)} (p_h + i q_h) + \bar{\nu}^{(r_1+h)} (p_h - i q_h)) \right\}}}{\prod_{h=1}^{r_1} (|\nu^{(h)}|^{-1} - i w^{(h)})^2 \prod_{h=1}^{r_2} (|\nu^{(r_1+h)}|^{-2} + p_h^2 + q_h^2)^2}$$

$$\times\, dw_1 \ldots dw_{r_1}\, dp_1\, dq_1 \ldots dp_{r_2}\, dq_{r_2}.$$

Nach dem Satz von Cauchy ist nun für $\nu > 0$

$$(71) \qquad \int_{-\infty}^{+\infty} \frac{e^{-\pi i \nu w}}{(\nu^{-1} - i w)^2}\, dw = 2\pi^2 \nu e^{-\pi}.$$

Ferner ist für komplexes ν

$$(72)\qquad \int\limits_{-\infty}^{+\infty}\int\limits_{-\infty}^{+\infty}\frac{e^{-\pi i\{\nu(p+iq)+\bar{\nu}(p-iq)\}}}{(|\nu|^{-2}+p^2+q^2)^2}\,dp\,dq=\int\limits_{-\infty}^{+\infty}\int\limits_{-\infty}^{+\infty}\int\limits_{0}^{\infty} y\,e^{-(|\nu|^{-2}+p^2+q^2)y-\pi i\{\dots\}}\,dp\,dq\,d$$

$$=\int\limits_0^\infty y\,e^{-|\nu|^{-2}y}\left\{\int\limits_{-\infty}^{+\infty} e^{-p^2y-\pi i(\nu+\bar{\nu})p}\,dp\int\limits_{-\infty}^{+\infty} e^{-q^2y-\pi i(\nu-\bar{\nu})iq}\,dq\right\}dy$$

$$=\int\limits_0^\infty y\,e^{-|\nu|^{-2}y}\sqrt{\frac{\pi}{y}}\,e^{-\frac{\pi^2(\nu+\bar{\nu})^2}{4y}}\sqrt{\frac{\pi}{y}}\,e^{\frac{\pi^2(\nu-\bar{\nu})^2}{4y}}\,dy=\pi\int\limits_0^\infty e^{-|\nu|^{-2}y-\frac{\pi^2|\nu|^2}{y}}\,dy$$

$$=\pi^2|\nu|^2\int\limits_0^\infty e^{-\pi\left(y+\frac{1}{y}\right)}\,dy.$$

Aus (70), (71), (72) folgt die Behauptung.

Beweis von Satz III. Ich setze wie in Hilfssatz 3

$$\sum_{\eta_1^2+\dots+\eta_4^2=\nu} e^{-\pi S\frac{|\eta_1|^2+\dots+|\eta_4|^2}{|\nu|}}=B(\nu).$$

Für jede Einheit ε ist offenbar $B(\nu\varepsilon^2)=B(\nu)$; man darf also zum Beweise von Satz III nach Hilfssatz 6 ohne Beschränkung der Allgemeinheit annehmen, daß die ganze total positive Zahl ν den Bedingungen

$$(73)\qquad c_{12}N\nu^{\frac{1}{n}}\leqq|\nu^{(h)}|\leqq c_{13}N\nu^{\frac{1}{n}}\qquad (h=1,\dots,n)$$

genügt.

Nach Hilfssatz 3 ist mit der dort erklärten Bedeutung von u und $\vartheta(u)$

$$B(\nu)=\int\limits_0^1\dots\int\limits_0^1\vartheta^4(u)\,e^{-\pi i S(u\nu)}\,dx_1\dots dx_n,$$

also nach Hilfssatz 20 und 21

$$(74)\qquad \left|B(\nu)-\sum_{\gamma}{}'\left(\frac{G(\gamma)}{N\mathfrak{a}}\right)^4 e^{-2\pi i S(\nu\gamma)}\Delta^{-2}c_{45}N\nu\right|<c_{33}N\nu;$$

dabei durchläuft γ ein vollständiges System von modulo $\frac{1}{\mathfrak{d}}$ inkongruenten Zahlen, für welche der Nenner $\mathfrak{a}$ von $(\gamma)\mathfrak{d}$ die Ungleichung $N\mathfrak{a}\leqq N\nu^{\frac{1}{2}}$ erfüllt.

Zunächst sei nun $2\,|\,\nu$, aber für jeden Primteiler $\mathfrak{l}$ von 2 sei $\mathfrak{l}^{c+2h}\nmid\nu$, wo h die Klassenzahl von K bedeutet. Dann ist wegen

$$N\nu\sum_{\gamma}{}'\left(\frac{G(\gamma)}{N\mathfrak{a}}\right)^4 e^{-2\pi i S(\nu\gamma)}=N\nu\sum_{\mathfrak{a}}H(\mathfrak{a})-N\nu\sum_{N\mathfrak{a}>N\nu^{\frac{1}{2}}}H(\mathfrak{a})$$

nach Hilfssatz 16 und 17

(75) $$N\nu \sum_{\gamma}{}' \left(\frac{G(\gamma)}{N\mathfrak{a}}\right)^4 e^{-2\pi i S(\nu\gamma)} > c_{15} \sum_{\mathfrak{t}\mid\nu} N\mathfrak{t} - c_{18} N\nu^{\frac{3}{4}},$$

also nach (74), (75)

(76) $$B(\nu) > c_5 \sum_{\mathfrak{t}\mid\nu} N\mathfrak{t} - c_6 N\nu,$$

und dies ist nach dem zu Beginn des Beweises Gesagten auch richtig, wenn die Bedingung (73) für ν aufgehoben wird.

Nunmehr sei $2\mid\nu$, $\mathfrak{l}^k\mid\nu$, $\mathfrak{l}^c\mid 2$ und $k \geqq c$ beliebig. Durch die Relationen

$$k = 2qh + s, \qquad c \leqq s < c + 2h$$

sind dann zwei ganze rationale Zahlen q und s eindeutig festgelegt. Es seien $\mathfrak{l}_1, \mathfrak{l}_2, \ldots$ die verschiedenen Primidealteiler von 2 und $q_1, s_1, q_2, s_2, \ldots$ die zugehörigen Zahlen q, s, dann ist $(\mathfrak{l}_1^{q_1}\mathfrak{l}_2^{q_2}\ldots)^h = (\lambda)$ ein Hauptideal. Ich setze $\nu = \lambda^2\nu^*$, dann ist $2\mid\nu^*$, $\mathfrak{l}^{c+2h} \nmid \nu^*$ und folglich nach (76)

(77) $$B(\nu^*) > c_5 \sum_{\mathfrak{t}\mid\nu^*} N\mathfrak{t} - c_6 N\nu^* > c_5 \sum_{\substack{\mathfrak{t}\mid\nu\\(\mathfrak{t},2)=1}} N\mathfrak{t} - c_6 N\nu;$$

andererseits ist offenbar $B(\nu) \geqq B(\nu^*)$ und somit (3) bewiesen.

Beweis von Satz II und Satz I. Wegen der Divergenz von $\prod_{\mathfrak{p}}(1 + N\mathfrak{p}^{-1})$ gibt es ein festes zu 2 teilerfremdes Ideal $\mathfrak{a}$, so daß

$$\prod_{\mathfrak{p}\mid\mathfrak{a}} (1 + N\mathfrak{p}^{-1}) > 2\frac{c_6}{c_5}$$

ist. Ist dann $2\mathfrak{a}\mid\nu$ und wird ν^* wie beim Beweise von Satz III bestimmt, so folgt aus (77)

(78) $$B(\nu^*) > c_5 N\nu^* 2\frac{c_6}{c_5} - c_6 N\nu^* = c_6 N\nu^*.$$

Sind $k^{(1)}, \ldots, k^{(n)}$ nicht negative ganze rationale Zahlen, so ist die Anzahl der Lösungen von

(79) $$|\nu^{*(1)}|^{\frac{1}{2}} k^{(1)} \leqq |\eta^{(1)}| < |\nu^{*(1)}|^{\frac{1}{2}}(k^{(1)} + 1), \ldots,$$
$$|\nu^{*(r_1+1)}|^{\frac{1}{2}} k^{(r_1+1)} \leqq |\Re\,\eta^{(r_1+1)}| < |\nu^{*(r_1+1)}|^{\frac{1}{2}}(k^{(r_1+1)} + 1), \ldots,$$
$$|\nu^{*(r_1+r_2+1)}|^{\frac{1}{2}} k^{(r_1+r_2+1)} \leqq |\Im\,\eta^{(r_1+1)}| < |\nu^{*(r_1+r_2+1)}|^{\frac{1}{2}}(k^{(r_1+r_2+1)} + 1), \ldots$$

durch eine ganze Zahl η aus K höchstens $c_{46} N\nu^{*\frac{1}{2}}$. Daher ist

$$B(\nu^*) = \sum_{\eta_1^2+\cdots+\eta_4^2=\nu^*} e^{-\pi S\frac{|\eta_1|^2+\cdots+|\eta_4|^2}{|\nu^*|}} \leqq 2c_{46}^3 N\nu^{*\frac{3}{2}} \sum{}' e^{-\pi\sum\limits_{h=1}^{n}(k_1^{(h)^2}+\cdots+k_4^{(h)^2})},$$

wo in der Summe nur diejenigen Systeme ganzer rationaler Zahlen

$k_1^{(1)}, \ldots, k_4^{(n)}$ auftreten, für welche die entsprechenden Intervalle (79) eine Lösung $\eta_1, \ldots, \eta_4$ von $\eta_1^2 + \ldots + \eta_4^2 = \nu^*$ enthalten. Es sei L die kleinste dabei vorkommende Summe $\sum_{h=1}^{n} (k_1^{(h)^2} + \ldots + k_4^{(h)^2})$. Da jede natürliche Zahl m auf höchstens $c_{47}\, m^{2n}$ Arten als Summe von $4n$ Quadraten ganzer rationaler Zahlen darstellbar ist, so wird

$$(80) \qquad B(\nu^*) \leqq 2 c_{46}^3 N \nu^{*\frac{1}{2}} c_{47} \sum_{m=L}^{\infty} m^{2n} e^{-\pi m} < c_{48} N \nu^{*\frac{3}{2}} e^{-3L}.$$

Aus (78), (80) folgt aber

$$e^{3L} < \frac{c_{48}}{c_6} N \nu^{*\frac{1}{2}}, \qquad L < \frac{1}{6} \log N \nu^* + c_{49},$$

so daß wegen (79) eine Lösung $\eta_1, \ldots, \eta_4$ von $\eta_1^2 + \ldots + \eta_4^2 = \nu^*$ mit

$$|\eta_k^{(h)}| < |\nu^{*(h)}|^{\frac{1}{2}} (\log^{\frac{1}{2}} N \nu^* + c_{50}) \qquad (h = 1, \ldots, n; \; k = 1, \ldots, 4)$$

existiert. Setzt man nun $\lambda \eta_k = \xi_k$, wo λ dieselbe Bedeutung wie beim Beweise von Satz III hat, so ist a fortiori

$$|\xi_k^{(h)}| < c_{51} |\nu^{(h)}|^{\frac{1}{2}} \log^{\frac{1}{2}} N \nu,$$

und die Zahlen $\xi_1, \ldots, \xi_4$ lösen die Gleichung $\xi_1^2 + \ldots + \xi_4^2 = \nu$. Die ganze total positive Zahl ν unterliegt dabei nur der Beschränkung $2\mathfrak{a} \mid \nu$.

Setzt man in diesem Ergebnis $\nu = (2N\mathfrak{a})^2 \mu$, so ist also für jede ganze total positive Zahl μ die Diophantische Gleichung

$$\left(\frac{\xi_1}{2N\mathfrak{a}}\right)^2 + \ldots + \left(\frac{\xi_4}{2N\mathfrak{a}}\right)^2 = \mu$$

unter den Nebenbedingungen

$$|\xi_k^{(h)}| < c_{51} 2N\mathfrak{a} \, |\mu^{(h)}|^{\frac{1}{2}} \log^{\frac{1}{2}} (4^n N\mathfrak{a}^{2n} N\mu)$$

lösbar; und folglich ist Satz II mit $c_1 = 2N\mathfrak{a}$, $c_2 = 4nN\mathfrak{a}^2 c_{51}$ bewiesen. Satz I ist in Satz II enthalten.

Polle a. d. Weser, 4. Juni 1922.

(Eingegangen am 6. 6. 1922.)

15.

The integer solutions of the equation $y^2 = ax^n + bx^{n-1} + \dots + k$

(Extract from a letter to Prof. L. J. MORDELL)*

unter dem Pseudonym X in

The Journal of the London Mathematical Society 1 (1926) 66—68

... Sie haben auf verschiedene Arten[1] mit Hilfe des Satzes von THUE bewiesen, daß die Diophantische Gleichung

$$y^2 = a_0x^3 + a_1x^2 + a_2x + a_3 \qquad (a_0 \neq 0)$$

nur endlich viele Lösungen in ganzen rationalen Zahlen x, y besitzt, falls das Polynom $a_0x^3 + \cdots + a_3$ nur einfache Nullstellen hat; und Sie erwähnen in einer Ihrer Abhandlungen[2], daß Sie z. B. für die Gleichung

$$y^2 = a_0x^n + \cdots + a_n \qquad (n \geqq 4)$$

ein analoges Resultat vermuten, aber nicht beweisen können.

Vielleicht interessiert es Sie, einen einfachen Beweis für Ihre Vermutung zu erfahren:

Es sei

$$y^2 = a_0(x - \xi_1) \dots (x - \xi_n), \tag{1}$$

wo die algebraischen Zahlen ξ_1, ξ_2, ξ_3 voneinander verschieden sind. Aus (1) erhält man in der von Ihnen häufig benutzten Schlußweise

$$\begin{cases} x - \xi_1 = \alpha_1\eta_1^2 \\ x - \xi_2 = \alpha_2\eta_2^2 \qquad (\alpha_1\alpha_2\alpha_3 \neq 0) \\ x - \xi_3 = \alpha_3\eta_3^2 \end{cases} \tag{2}$$

mit ganzen algebraischen Zahlen η_1, η_2, η_3 und nur *endlich* vielen algebraischen Wertsystemen α_1, α_2, α_3; also auch nach (2)

$$\alpha_1\eta_1^2 - \alpha_2\eta_2^2 = \xi_2 - \xi_1 \neq 0,$$
$$\alpha_2\eta_2^2 - \alpha_3\eta_3^2 = \xi_3 - \xi_2 \neq 0,$$
$$\alpha_3\eta_3^2 - \alpha_1\eta_1^2 = \xi_1 - \xi_3 \neq 0.$$

Hieraus folgt unter Benutzung derselben Schlußweise

$$\begin{cases} \eta_1\sqrt{\alpha_1} - \eta_2\sqrt{\alpha_2} = \beta_3\varepsilon_3^l \\ \eta_2\sqrt{\alpha_2} - \eta_3\sqrt{\alpha_3} = \beta_1\varepsilon_1^l \qquad (\beta_1\beta_2\beta_3 \neq 0); \\ \eta_3\sqrt{\alpha_3} - \eta_1\sqrt{\alpha_1} = \beta_2\varepsilon_2^l \end{cases} \tag{3}$$

* Received and read 10 December, 1925.

[1] L. J. MORDELL, "On the integer solutions of the equation $ey^2 = ax^3 + bx^2 + cx + d$", Proc. London Math. Soc. (2), 21 (1923), 415—419; Messenger of Math., 51 (1922), 169—171.

[2] L. J. MORDELL, "On the rational solutions of the indeterminate equations of the third and fourth degrees", Proc. Camb. Phil. Soc., 21 (1923), 179—192.

dabei bedeutet l eine beliebige feste natürliche Zahl, ε_1, ε_2, ε_3 Einheiten aus einem festen von l unabhängigen algebraischen Zahlkörper $\mathfrak{K}$ und β_1, β_2, β_3 algebraische Zahlen aus $\mathfrak{K}$, für welche nur endlich viele Möglichkeiten in Betracht kommen. Aus (3) folgt

$$\frac{\beta_1}{\beta_3}\left(\frac{\varepsilon_1}{\varepsilon_3}\right)^l + \frac{\beta_2}{\beta_3}\left(\frac{\varepsilon_2}{\varepsilon_3}\right)^l = -1 .$$

Es läßt sich nun ohne Mühe zeigen, daß aus unendlich vielen Paaren ganzer rationaler Zahlen x, y, die (1) befriedigen, *unendlich* viele verschiedene Paare von Einheiten $\zeta_1 = \varepsilon_1/\varepsilon_3$, $\zeta_2 = \varepsilon_2/\varepsilon_3$ sich ergeben. SIEGEL hat aber in seiner Dissertation bewiesen[1], daß die Gleichung

$$\frac{\beta_1}{\beta_3}\zeta_1^l + \frac{\beta_2}{\beta_3}\zeta_2^l = -1$$

für hinreichend großes l nur *endlich* viele Lösungen in ganzen Zahlen ζ_1, ζ_2 aus einem festen algebraischen Zahlkörper besitzt.

Auf dieselbe Art beweist man:

Hat eine der beiden Gleichungen

$$y^m = a_0 x^n + \cdots + a_n,$$

$$a_0 x^n + a_1 x^{n-1} y + \cdots + a_n y^n = 1$$

unendlich viele Lösungen in ganzen algebraischen Zahlen aus einem festen algebraischen Zahlkörper, so ist die zugehörige Curve vom Geschlecht 0.

---

[1] C. L. SIEGEL, „Approximation algebraischer Zahlen", Math. Zeitschrift, 10 (1921), 173—213 (205).

16.

Über einige Anwendungen diophantischer Approximationen

Abhandlungen der Preußischen Akademie der Wissenschaften.
Physikalisch-mathematische Klasse 1929, Nr. 1

Die bekannte einfache Schlußweise, daß bei einer Verteilung von mehr als n Dingen auf n Fächer in mindestens einem Fach mindestens zwei Dinge gelegen sind, enthält eine Verallgemeinerung des euklidischen Algorithmus, welche sich durch die Untersuchungen von Dirichlet, Hermite und Minkowski als die Quelle wichtiger arithmetischer Gesetze erwiesen hat. Sie liefert speziell eine Aussage darüber, wie genau sich *mindestens* die Zahl 0 durch eine lineare Verbindung

$$L = h_0\omega_0 + \cdots + h_r\omega_r$$

aus geeigneten ganzen rationalen Zahlen $h_0, \cdots, h_r$, die, absolut genommen, höchstens gleich einer gegebenen natürlichen Zahl H und nicht sämtlich gleich 0 sein sollen, und gegebenen Zahlen $\omega_0, \cdots, \omega_r$ approximieren läßt; und zwar gilt für die beste Annäherung sicherlich

$$|L| \leq (|\omega_0| + \cdots + |\omega_r|)\, H^{-r},$$

also eine Aussage, die von dem feineren arithmetischen Verhalten der Zahlen $\omega_0, \cdots, \omega_r$ nicht abhängt.

Der Ausdruck L werde als Näherungsform bezeichnet. Fragt man nun danach, wie genau sich *höchstens* die Zahl 0 durch die Näherungsform $h_0\omega_0 + \cdots + h_r\omega_r$ approximieren lasse, so hängt offenbar jede nichttriviale Antwort durchaus von den arithmetischen Eigenschaften der gegebenen Zahlen $\omega_0, \cdots, \omega_r$ ab.

In dieser Frage ist insbesondere das Problem enthalten, zu untersuchen, ob eine gegebene Zahl ω transzendent ist; man hat ja nur $\omega_0 = 1$, $\omega_1 = \omega, \cdots, \omega_r = \omega^r$, $H = 1, 2, 3, \cdots$, $r = 1, 2, 3, \cdots$ zu wählen. Durch die Forderung, sogar eine von 0 verschiedene untere Schranke für $|L|$ als Funktion von H und r anzugeben, bekommt das Transzendenzproblem eine positive Wendung.

Auch die obere Abschätzung der Anzahl der auf einer algebraischen Kurve gelegenen Gitterpunkte, also speziell die Untersuchung der Endlichkeit dieser Anzahl, führt, wie sich später zeigen wird, auf die Bestimmung einer positiven unteren Schranke für den absoluten Wert einer gewissen Näherungsform.

Analog zu den arithmetischen Problemen der oberen und unteren Abschätzung von $|L|$ ist eine algebraische Fragestellung. Es mögen nunmehr $\omega_0(x), \cdots, \omega_r(x)$ Reihen nach Potenzen einer Variabeln x bedeuten, und es seien die Polynome $h_0(x), \cdots, h_r(x)$ höchstens vom Grade H, nicht sämtlich identisch gleich 0 und außerdem so beschaffen, daß die Potenzreihe für die Näherungsform

$$L(x) = h_0(x)\,\omega_0(x) + \cdots + h_r(x)\,\omega_r(x)$$

mit einer möglichst hohen Potenz von x beginnt; gesucht wird eine untere und eine obere Abschätzung des Exponenten dieser Potenz von x. Das algebraische Problem ist von einfacherer Art als das arithmetische; es führt auf die Bestimmung des Ranges eines Systems linearer Gleichungen.

Zwischen beiden Problemen, dem algebraischen und dem arithmetischen, kommt ein Zusammenhang dadurch zustande, daß man für x einen speziellen rationalen Zahlwert ξ aus dem gemeinsamen Konvergenzbereich der Potenzreihen wählt und die Koeffizienten dieser Potenzreihen als rationale Zahlen voraussetzt. Dann können nämlich auch die

Koeffizienten der Polynome $h_0(x), \cdots, h_r(x)$ rationalzahlig gewählt werden; und durch Multiplikation mit dem Hauptnenner der rationalen Zahlen $h_0(\xi), \cdots, h_r(\xi)$ geht nunmehr die algebraische Näherungsform $L(x)$ in eine arithmetische über, falls nicht sämtliche Zahlen $h_0(\xi), \cdots, h_r(\xi)$ gleich 0 sind. Doch entsteht naturgemäß im allgemeinen aus der besten algebraischen Approximation nicht die beste arithmetische Approximation.

Für die untere Abschätzung des Ausdrucks $|h_0\omega_0 + \cdots + h_r\omega_r|$ unter den Bedingungen $|h_0| \leq H, \cdots, |h_r| \leq H$ bietet sich folgende Möglichkeit:

Die Zahlen $\omega_0, \cdots, \omega_r$ seien nicht sämtlich gleich 0. Es sollen $r+1$ Näherungsformen

$$L_k = h_{k0}\omega_0 + \cdots + h_{kr}\omega_r \qquad (k = 0, \cdots, r)$$

betrachtet werden, deren Koeffizienten ganz rational und absolut genommen $\leq H$ sind. Der Wert der Determinante $|h_{kl}|$ sei von 0 verschieden, und das Maximum der $r+1$ Zahlen $|L_k|$ werde mit M bezeichnet. Es sei L eine weitere Näherungsform und h der größte unter den absoluten Beträgen ihrer Koeffizienten. Da die $r+1$ Formen $L_0, \cdots, L_r$ linear unabhängig sind, so können unter ihnen r gewisse, etwa $L_1, \cdots, L_r$, ausgewählt werden, welche von L linear unabhängig sind. Es sei (λ_{kl}) reziprok zur Matrix der Koeffizienten von $L, L_1, \cdots, L_r$; dann gilt die Abschätzung

$$|\lambda_{k0}| \leq r!\, H^r \qquad (k = 0, \cdots, r)$$

$$|\lambda_{kl}| \leq r!\, h H^{r-1} \qquad (k = 0, \cdots, r;\ l = 1, \cdots, r)$$

für die absoluten Beträge der Elemente λ_{kl}. Aus den Gleichungen

$$(1) \qquad \omega_k = \lambda_{k0}L + \lambda_{k1}L_1 + \cdots + \lambda_{kr}L_r \qquad (k = 0, \cdots, r)$$

folgt daher

$$(2) \qquad |L| \geq \frac{|\omega_k|}{r!\, H^r} - \frac{rMh}{H}.$$

Wenn nun mit wachsendem H die von H abhängige Zahl M stärker 0 wird als H^{1-r}, so liefert (2) *eine positive untere Schranke für* $|L|$. Diese Bedingung ist also hinreichend für lineare Unabhängigkeit der Größen $\omega_0, \cdots, \omega_r$ im Körper der rationalen Zahlen.

Ein entsprechendes Kriterium gilt für lineare Unabhängigkeit von Potenzreihen im Körper der rationalen Funktionen. Es seien nämlich $\omega_0(x), \cdots, \omega_r(x)$ Potenzreihen, die nicht sämtlich identisch verschwinden; es seien

$$L_k(x) = h_{k0}(x)\omega_0(x) + \cdots + h_{kr}(x)\omega_r(x), \qquad (k = 0, \cdots, r)$$

$r+1$ Näherungsformen, deren Koeffizienten $h_{kl}(x)$ Polynome vom Grade H sind, und M der kleinste Exponent, der in den Potenzreihen für $L_0, \cdots, L_r$ wirklich auftritt. Die Determinante $|h_{kl}(x)|$ sei nicht identisch gleich 0. Es sei $L(x)$ eine weitere Näherungsform mit Koeffizienten vom Grade h. Die kleinsten Exponenten in den Potenzreihen $L(x)$ und $\omega_k(x)$ $(k = 0, \cdots, r)$ seien μ und μ_k. Beachtet man nun, daß die Determinante $|h_{kl}(x)|$ den Grad $rH + h$ besitzt, so folgt aus einer zu (1) analogen Gleichung die Abschätzung

$$(3) \qquad rH + h + \mu_k \geq \min(\mu, M). \qquad (k = 0, \cdots, r)$$

Wenn nun die Differenz $M - rH$ mit wachsendem H unendlich wird, so folgt aus (3) eine obere Schranke für μ. Dies ist insbesondere hinreichend für lineare Unabhängigkeit der Potenzreihen $\omega_0(x), \cdots, \omega_r(x)$ im Körper der rationalen Funktionen.

Bei der Anwendung dieses Kriteriums liegt die Schwierigkeit in der Forderung des Nichtverschwindens der Determinante $|h_{kl}(x)|$. Um zu Fällen zu gelangen, bei denen diese Schwierigkeit überwunden werden kann, sei fortan vorausgesetzt, daß jede der Funktionen $\frac{d\omega_0(x)}{dx}, \cdots, \frac{d\omega_r(x)}{dx}$ sich homogen linear durch die Funktionen $\omega_0(x), \cdots, \omega_r(x)$ selber ausdrücken lasse, und zwar mit Koeffizienten, die rationale Funktionen von x sind. Es gilt dann also ein System von homogenen linearen Differentialgleichungen erster Ordnung

$$(4) \qquad \frac{d\omega_k}{dx} = a_{k0}\omega_0 + \cdots + a_{kr}\omega_r; \qquad (k = 0, \cdots, r)$$

und es entsteht durch Differentiation einer Näherungsform $L(x)$ wieder eine solche, wenn noch mit dem Polynom multipliziert wird, welches als Hauptnenner der Koeffizienten von $\omega_0, \cdots, \omega_r$ auftritt. Wird dies r-mal ausgeführt, so hat man insgesamt $r+1$ Näherungsformen. Es kann nun aber eintreten, daß die Determinante dieses Systems von $r+1$ Näherungsformen identisch gleich 0 ist; dann verschwindet auch die Determinante $\Delta(x)$ des Systems der $r+1$ linearen Formen $L, \frac{dL}{dx}, \cdots, \frac{d^rL}{dx^r}$, und umgekehrt. Die Bedeutung des identischen Verschwindens von Δ ergibt sich aus folgendem *Hilfssatz*:

Es sei

$$\omega_k = c_0\omega_{k0} + \cdots + c_r\omega_{kr}, \qquad (k = 0, \cdots, r)$$

wo $c_0, \cdots, c_r$ *beliebige Konstanten bedeuten, die allgemeine Lösung des Systems* (4). *Die Determinante des Systems der* $r+1$ *linearen Formen* $L(x) = h_0(x)\omega_0(x) + \cdots + h_r(x)\omega_r(x)$, $\frac{dL}{dx}, \cdots, \frac{d^rL}{dx^r}$ *von* $\omega_0, \cdots, \omega_r$ *verschwindet dann und nur dann identisch, wenn zwischen den* $r+1$ *Funktionen*

$$f_l = h_0\omega_{0l} + \cdots + h_r\omega_{rl} \qquad (l = 0, \cdots, r)$$

eine homogene lineare Gleichung mit konstanten Koeffizienten besteht.

Ist nämlich

$$\frac{d^kL}{dx^k} = b_{k0}\omega_0 + \cdots + b_{kr}\omega_r \qquad (k = 0, \cdots, r)$$

mit $b_{0l} = h_l$, $b_{k+1,l} = \frac{db_{kl}}{dx} + b_{k0}a_{0l} + \cdots + b_{kr}a_{rl}$ für $k = 0, \cdots, r-1$ und $l = 0, \cdots, r$, so folgt unter der Annahme des identischen Verschwindens der Determinante $|b_{kl}| = \Delta$ eine Gleichung

$$g_0\frac{d^sL}{dx^s} + g_1\frac{d^{s-1}L}{dx^{s-1}} + \cdots + g_sL = 0,$$

wo $s \leq r$ ist und $g_0, \ldots, g_s$ gewisse Unterdeterminanten von $\Delta(x)$ bedeuten, von denen g_0 nicht identisch verschwindet. Dieser linearen Differentialgleichung s-ter Ordnung genügt die Funktion

$$L = \sum_{k=0}^{r} h_k\omega_k = \sum_{k=0}^{r} h_k \sum_{l=0}^{r} c_l\omega_{kl} = \sum_{l=0}^{r} c_l f_l,$$

also jede der $r+1$ Funktionen $f_0, \cdots, f_r$; und da ihre Anzahl größer als s ist, so besteht zwischen ihnen eine homogene lineare Gleichung mit konstanten Koeffizienten. Umgekehrt folgt aus einer solchen Gleichung durch r-malige Differentiation, daß die Determinante $\left|\frac{d^kf_l}{dx^k}\right|$ identisch gleich 0 ist, und aus der Matrizenrelation

$$\left(\frac{d^kf_l}{dx^k}\right) = (b_{kl})(\omega_{kl})$$

erhält man die Gleichung $|b_{kl}| = \Delta = 0$, wenn man beachtet, daß die Werte der Lösungen $\omega_{0l}, \cdots, \omega_{rl}$ $(l = 0, \cdots, r)$ in einem regulären Punkt so vorgeschrieben werden können, daß die Determinante $|\omega_{kl}|$ in diesem Punkte nicht 0 ist und daher erst recht nicht identisch verschwindet.

Ein Beispiel liefert die Annahme $\omega_k = e^{kx}$, also $\omega_{kl} = e^{kx}e_{kl}$, wo (e_{kl}) die Einheitsmatrix bedeutet. Es wird $f_l = h_l(x)e^{lx}$, und es besteht zwischen $f_0, \cdots, f_r$ keine homogene lineare Gleichung mit konstanten Koeffizienten, weil e^x keine algebraische Funktion ist. Also verschwindet in diesem Falle Δ nicht identisch.

Es werde nun wieder vorausgesetzt, daß die Potenzreihen $\omega_0(x), \cdots, \omega_r(x)$ lauter rationale Koeffizienten besitzen und daß ξ eine rationale Zahl sei. Dann gewinnt man aus dem System der algebraischen Näherungsformen für die Funktionen $\omega_0(x), \ldots, \omega_r(x)$ ein System von arithmetischen Näherungsformen für die Zahlen $\omega_0(\xi), \ldots, \omega_r(\xi)$. Der wichtigste Punkt der ganzen Untersuchung ist nun die Konstruktion von Näherungsformen, für welche die Zahl $\Delta(\xi) \neq 0$ ist. Hierzu dient folgende Überlegung, die in einem speziellen Fall zuerst von Thue verwendet worden ist.

Die Potenzreihe für die Näherungsform L enthalte als kleinsten Exponenten die Zahl γ. Durch Multiplikation mit dem Hauptnenner $N(x)$ der rationalen Funktionen a_{kl} aus (4) erhält man aus $\frac{dL}{dx}$ eine Näherungsform L_1, deren Potenzreihe keine kleinere als die $(\gamma-1)$-te Potenz von x enthält. Man bilde nun die Determinante $D(x)$ der $r+1$ Näherungsformen L, $N\frac{dL}{dx}=L_1$, $N\frac{dL_1}{dx}=L_2$, $\cdots$, $N\frac{dL_{r-1}}{dx}=L_r$. Ist ν eine obere Schranke für den Grad der $(r+1)^2+1$ Polynome N, Na_{kl}, und sind die Koeffizienten der Form L vom Grade H, so ist $D(x)$ vom Grade $H+(H+\nu)+\cdots+(H+r\nu)=(r+1)H+\frac{r(r+1)}{2}\nu$. Andererseits läßt sich $D(x)\,\omega_k(x)$ linear homogen durch L, L_1, $\cdots$, L_r ausdrücken, etwa

$$D\omega_k = \Lambda_{k0}L+\Lambda_{k1}L_1+\cdots+\Lambda_{kr}L_r, \qquad (k=0,\cdots,r) \tag{5}$$

und zwar mit Koeffizienten Λ_{kl}, die Polynome in x sind. Die Funktion $D(x)\,\omega_k(x)$ verschwindet daher für $x=0$ mindestens von der Ordnung $\gamma-r$. Setzt man voraus, daß nicht alle Potenzreihen ω_0, $\cdots$, ω_r den Faktor x haben, den man ja sonst durch Division beseitigen könnte, so folgt, daß $D(x)$ für einen von 0 verschiedenen Wert $x=\xi$ höchstens von der Ordnung $(r+1)H+\frac{r(r+1)}{2}\nu+r-\gamma$ verschwindet, falls $D(x)$ nicht identisch gleich 0 ist. Nun kann man aber durch geeignete Wahl von L erreichen, daß $\gamma\geq(r+1)H+r$ ist; die $r+1$ Polynome $h_0(x)$, $\cdots$, $h_r(x)$ vom Grade H enthalten nämlich $(r+1)(H+1)$ Zahlenkoeffizienten, welche γ homogenen linearen Gleichungen genügen müssen. Dann verschwindet aber $D(x)$ für $x=\xi$ von einer Ordnung s, die unterhalb der von H freien Schranke $\frac{r(r+1)}{2}\nu$ gelegen ist, und die s-te Ableitung von $D(x)$ ist für $x=\xi$ von 0 verschieden. Ferner gilt die Gleichung (5) *identisch* in ω_0, $\cdots$, ω_r; differentiiert man sie s-mal und benutzt dabei (4) zur Elimination der Ableitungen von ω_0, $\cdots$, ω_r, so gilt auch die so entstehende Gleichung identisch in ω_0, $\cdots$, ω_r. Setzt man noch $N\frac{dL_r}{dx}=L_{r+1}$, $\cdots$, $N\frac{dL_{r+s-1}}{dx}=L_{r+s}$, so ist nach (5) der Ausdruck $N^s(\xi)\,D^{(s)}(\xi)\,\omega_k$ identisch in ω_0, $\cdots$, ω_r eine homogene lineare Verbindung von $L(\xi)$, $L_1(\xi)$, $\cdots$, $L_{r+s}(\xi)$. Nimmt man nun noch an, daß $N(\xi)\neq 0$ ist, daß also ξ von den singulären Stellen des Systems (4) verschieden ist, so erhält man ω_0, $\cdots$, ω_r als lineare Verbindung von $L(\xi)$, $L_1(\xi)$, $\cdots$, $L_{r+s}(\xi)$; unter den $r+s+1$ Formen $L(\xi)$, $\cdots$, $L_{r+s}(\xi)$ gibt es demnach $r+1$ linear unabhängige. Damit hat man $r+1$ arithmetische Näherungsformen für die Zahlen $\omega_0(\xi)$, $\cdots$, $\omega_r(\xi)$ gefunden, deren Determinante $\neq 0$ ist.

Für die zahlentheoretische Anwendung ist es nun aber noch erforderlich, daß die soeben konstruierten Näherungsformen eine in dem früher präzisierten Sinne günstige arithmetische Approximation liefern, daß also die Koeffizienten von $L(x)$, $\cdots$, $L_{r+s}(x)$ nicht »allzu große« ganze rationale Zahlen enthalten. Da die Zahl s unterhalb einer von H freien Schranke gelegen ist, so handelt es sich im wesentlichen noch um eine günstige Abschätzung der Koeffizienten der Polynome $h_0(x)$, $\cdots$, $h_r(x)$ in $L=h_0\omega_0+\cdots+h_r\omega_r$.

Dies läßt sich bei dem erwähnten Beispiele $\omega_k(x)=e^{kx}$ leicht ausführen, da sich die Koeffizienten explizit durch r und H ausdrücken lassen; so erhält man den Transzendenzbeweis für e in der ersten von Hermite gegebenen Fassung und zugleich eine positive untere Schranke für den Abstand einer beliebigen algebraischen Zahl von e. Es sei noch darauf hingewiesen, daß sich aus Hermites Formeln ohne weiteres die Transzendenz von π und sogar eine positive untere Schranke für den Abstand einer beliebigen algebraischen Zahl von π ergibt, wenn noch beachtet wird, daß die Norm einer von 0 verschiedenen ganzen algebraischen Zahl absolut genommen ≥ 1 ist.

Ein anderes Beispiel wird, aber nur für den Fall $r=1$, durch die bekannten Kettenbrüche für die Quotienten von hypergeometrischen Reihen geliefert. Insbesondere ist der Kettenbruch der Funktion $(1-x)^{\alpha}$ von Thue benutzt worden, um die Approximation der

Wurzeln natürlicher Zahlen durch rationale Zahlen zu untersuchen, und dies war der Ausgangspunkt für die Entdeckung des THUEschen Satzes über diophantische Gleichungen.

In andern Fällen aber gelingt es nicht, für die Zahlenkoeffizienten in der algebraisch günstigen Näherungsform, deren Potenzreihe ja durch $x^{(r+1)(H+1)-1}$ teilbar ist, eine über das Triviale hinausgehende Abschätzung zu finden, und die triviale Schranke reicht, wie man leicht sieht, für die Anwendung des arithmetischen Kriteriums nicht aus. Da muß nun der Gedankengang, welcher zu einem System von arithmetischen Näherungsformen für $\omega_0(\xi), \cdots, \omega_r(\xi)$ mit nicht verschwindender Determinante geführt hat, etwas modifiziert werden. Man hat zwischen den beiden Forderungen der guten algebraischen und arithmetischen Annäherung an 0 ein Kompromiß zu schließen, indem man für die Zahl γ einen kleineren als den früher angegebenen Wert zuläßt, für die Zahl s also einen größeren, als Gewinn aber bessere Schranken für die Koeffizienten von $h_0(x), \cdots, h_r(x)$ erhält. Diese Idee ist ebenfalls zuerst von THUE angewendet worden. Die Abschätzung der Koeffizienten ergibt sich durch Benutzung der eingangs erwähnten DIRICHLETschen Schlußweise und soll in Form eines *Hilfssatzes* ausgesprochen werden:

Es seien

$$y_1 = a_{11}x_1 + \cdots + a_{1n}x_n$$
$$\cdots\cdots$$
$$y_m = a_{m1}x_1 + \cdots + a_{mn}x_n$$

m lineare Formen in n Variabeln mit ganzen rationalen Koeffizienten. Es sei $n > m$. *Die absoluten Beträge der* mn *Koeffizienten* a_{kl} *seien sämtlich nicht größer als eine natürliche Zahl* A. *Dann sind die homogenen linearen Gleichungen* $y_1 = 0, \cdots, y_m = 0$ *lösbar in ganzen rationalen Zahlen* $x_1, \cdots, x_n$, *welche nicht sämtlich* 0, *aber, absolut genommen, kleiner als* $1 + (nA)^{\frac{m}{n-m}}$ *sind.*

Zum Beweise lasse man jede der Variabeln $x_1, \cdots, x_n$ unabhängig voneinander die Werte $0, \pm 1, \pm 2, \cdots, \pm H$ durchlaufen; man erhält insgesamt $(2H+1)^n$ Gitterpunkte im Raum mit den rechtwinkligen kartesischen Koordinaten $y_1, \cdots, y_m$, welche aber nicht alle verschieden zu sein brauchen. Jede Koordinate jedes dieser Gitterpunkte liegt zwischen den Werten $-nAH$ und $+nAH$. Es gibt genau $(2nAH+1)^m$ verschiedene Gitterpunkte im m-dimensionalen Raum, deren Koordinaten zwischen $-nAH$ und $+nAH$ gelegen sind. Ist nun

$$(6) \qquad (2nAH+1)^m < (2H+1)^n,$$

so koinzidieren zwei zu verschiedenen Systemen $x_1, \cdots, x_n$ gehörende Gitterpunkte $y_1, \cdots, y_m$; und durch Subtraktion dieser beiden Systeme erhält man eine Lösung von $y_1 = 0, \cdots, y_m = 0$ in ganzen rationalen Zahlen $x_1, \cdots, x_n$, die nicht sämtlich 0 und absolut $\leq 2H$ sind. Die Bedingung (6) ist aber erfüllt, wenn für $2H$ die gerade ganze Zahl des Intervalls

$$(nA)^{\frac{m}{n-m}} - 1 \leq 2H < (nA)^{\frac{m}{n-m}} + 1$$

gewählt wird.

Die im vorhergehenden skizzierte Methode zur Auffindung einer positiven unteren Schranke für den Ausdruck $|h_0\omega_0 + \cdots + h_r\omega_r|$ wird in dieser Abhandlung auf zwei verschiedene Probleme angewendet werden. Der erste Teil behandelt vorwiegend den Nachweis der Transzendenz des Wertes der Zylinderfunktion $J_0(x)$ für jedes algebraische von 0 verschiedene Argument. Der zweite Teil beschäftigt sich mit der Aufgabe, alle algebraischen Kurven zu finden, die durch unendlich viele Gitterpunkte der Ebene oder allgemeiner des n-dimensionalen Raumes hindurchgehen; es wird gezeigt, daß dies nur bei Geraden und Hyperbeln eintreten kann sowie bei gewissen andern Kurven, die sich hieraus durch eine einfache Transformation ergeben und ebenfalls das Geschlecht 0 besitzen.

Den Anlaß zur Beschäftigung mit den im ersten Teil zu besprechenden Problemen gaben die schönen Irrationalitätsuntersuchungen von W. MAIER. Der zweite Teil verdankt seinen Ursprung den wichtigen Resultaten über die arithmetischen Eigenschaften der algebraischen Kurven, welche A. WEIL entdeckt und unlängst in seiner These veröffentlicht hat.

Erster Teil: Über transzendente Zahlen.

MAX DEHN gewidmet.

Durch die Sätze von HERMITE und LINDEMANN ist die Frage nach den arithmetischen Eigenschaften der Werte der Exponentialfunktion für algebraisches Argument beantwortet worden. Während durch das Additionstheorem der Exponentialfunktion jede algebraische Gleichung zwischen Werten dieser Funktion auf eine lineare Gleichung reduziert wird, so gilt etwas Entsprechendes bei andern Funktionen nicht mehr; und darin liegt die Schwierigkeit einer Verallgemeinerung der Überlegungen von HERMITE. Für keine weitere der Funktionen, welche für die Analysis Bedeutung haben, ist bisher ein Satz von analogem Umfang bewiesen worden, wie er für die Exponentialfunktion gilt.

Für die Zylinderfunktion

$$J_0(x) = \sum_{n=0}^{\infty} \frac{(-1)^n}{n!\, n!} \left(\frac{x}{2}\right)^{2n}$$

sind von verschiedenen Autoren Irrationalitätsuntersuchungen ausgeführt worden. HURWITZ und STRIDSBERG haben nachgewiesen, daß $J_0(x)$ für jeden von 0 verschiedenen rationalen Wert von x^2 irrational ist, und MAIER hat, darüber hinausgehend, in höchst scharfsinniger Weise gezeigt, daß für diese x der Wert $J_0(x)$ noch nicht einmal eine quadratische Irrationalität ist.

Im folgenden soll bewiesen werden, daß $J_0(x)$ für jedes von 0 verschiedene algebraische x einen transzendenten Wert hat. Es wird sich zugleich das weitergehende Resultat ergeben, daß zwischen den Zahlen $J_0(x)$ und $J_0'(x)$ keine algebraische Gleichung mit rationalen Koeffizienten besteht, und zwar wird für den absoluten Betrag eines beliebigen Polynoms in $J_0(x)$ und $J_0'(x)$, dessen Koeffizienten rationale Zahlen sind, eine positive untere Schranke als Funktion dieser Koeffizienten angegeben werden. Allgemeiner wird das Analogon des LINDEMANNschen Satzes bewiesen, daß zwischen den Zahlen $J_0(\xi_1)$, $J_0'(\xi_1), \cdots, J_0(\xi_k), J_0'(\xi_k)$ keine algebraische Gleichung mit rationalen Koeffizienten besteht, falls $\xi_1^2, \cdots, \xi_k^2$ voneinander und von 0 verschiedene algebraische Zahlen bedeuten.

Der Beweis erfolgt mit der in der Einleitung auseinandergesetzten Methode. Für die Anwendung des ersten Hilfssatzes wird insbesondere der Satz benötigt, daß die Funktion $J_0(x)$ keiner algebraischen Differentialgleichung erster Ordnung genügt, deren Koeffizienten Polynome in x sind. Es erscheint also der oben ausgesprochene Satz, daß für numerisches algebraisches $x \neq 0$ zwischen den Zahlen $J_0(x)$, $J_0'(x)$ und x keine algebraische Gleichung mit algebraischen Koeffizienten besteht, als Konsequenz des Satzes, daß zwischen den Funktionen $J_0(x)$, $J_0'(x)$ und x keine algebraische Gleichung identisch in x besteht. Dies dürfte vielleicht darauf hindeuten, daß auch in allgemeineren Fällen numerische Relationen durch Spezialisierung von Funktionalgleichungen entstehen, so daß die Analysis in diesem Sinne die Arithmetik umfaßt.

§ 1. Funktionentheoretische Hilfsmittel.

In diesem Paragraphen soll untersucht werden, welche algebraischen Funktionalgleichungen zwischen den Lösungen einer BESSELschen Differentialgleichung

$$\frac{d^2y}{dx^2} + \frac{1}{x}\frac{dy}{dx} + \left(1 - \frac{\lambda^2}{x^2}\right) y = 0, \tag{7}$$

ihren Ableitungen und der unabhängigen Variabeln x bestehen. Es stellt sich heraus, daß außer den wohlbekannten Relationen keine weiteren existieren, oder daß vielmehr jede weitere aus diesen durch rationale Umformung hervorgeht.

Satz 1:

Jede der BESSELschen Differentialgleichung (7) *genügende algebraische Funktion* y *ist identisch gleich* 0.

Beweis: In der Umgebung von $x=\infty$ gilt eine Entwicklung

(8) $$y = a_0 x^r + a_1 x^s + \cdots$$

nach fallenden Potenzen von x mit ganzen oder gebrochenen Exponenten. Trägt man (8) in (7) ein, so folgt $a_0 = 0$, also das identische Verschwinden von y.

Satz 2:

Es sei y eine Lösung der Bessel*schen Differentialgleichung* (7). *Zwischen den Funktionen* y, $\frac{dy}{dx}$ *und* x *besteht dann und nur dann eine algebraische Gleichung mit konstanten Koeffizienten, wenn* λ *die Hälfte einer ungeraden Zahl ist.*

Beweis: Es bestehe die Gleichung

(9) $$P(y', y, x) = 0,$$

wo P ein irreduzibles Polynom der drei Argumente y', y, x bedeutet. Nach (7) genügt dann y auch der Differentialgleichung

(10) $$\frac{\partial P}{\partial y'}\left\{-\frac{1}{x}y' - \left(1-\frac{\lambda^2}{x^2}\right)y\right\} + \frac{\partial P}{\partial y}y' + \frac{\partial P}{\partial x} = 0.$$

Dies ist wieder eine algebraische Gleichung zwischen y', y, x. Nach Satz 1 ist es unmöglich, die Variable y' aus den Gleichungen (9) und (10) zu eliminieren. Die mit x^2 multiplizierte linke Seite von (10) ist ein Polynom in y', y, x und muß daher durch das irreduzible Polynom P teilbar sein. Der Quotient ist, wie die Betrachtung des Grades sofort zeigt, ein quadratisches Polynom ax^2+bx+c in x allein. Die linke Seite von (10) ist gleich $\frac{dP}{dx}$, falls (7) erfüllt ist, also für *jede* Lösung der Besselschen Differentialgleichung. Da (7) homogen in y, y', y'' ist, so bleibt die Gleichung

$$\frac{dP}{dx} = \left(a + \frac{b}{x} + \frac{c}{x^2}\right)P$$

für jede Lösung von (7) richtig, wenn darin das Polynom P durch das Aggregat Q der Glieder höchster Dimension in y', y von P ersetzt wird. Durch Integration folgt

(11) $$Q(y', y, x) = k x^b e^{ax - \frac{c}{x}}$$

mit konstantem k. Nun seien y_1 und y_2 irgend zwei linear unabhängige Lösungen der Besselschen Differentialgleichung; dann genügt $y = \lambda_1 y_1 + \lambda_2 y_2$ für beliebige konstante Werte von λ_1 und λ_2 der Gleichung (11). Da Q ein homogenes, nicht konstantes Polynom in y', y ist, so ist die Integrationskonstante k in (11) ein homogenes Polynom in λ_1 und λ_2. Man wähle nun das Verhältnis $\lambda_1 : \lambda_2$ derart, daß $k=0$ wird. Für die zugehörige Funktion y gilt dann die Gleichung

$$Q(y', y, x) = 0,$$

und folglich ist der Quotient $y' : y$ eine algebraische Funktion von x.

Gibt es also eine Lösung der Besselschen Differentialgleichung, die einer algebraischen Differentialgleichung erster Ordnung genügt, so gibt es auch eine solche Lösung, deren logarithmische Ableitung eine algebraische Funktion ist. Dieser Satz wird übrigens auf genau dieselbe Weise für Lösungen von beliebigen homogenen linearen Differentialgleichungen zweiter Ordnung mit algebraischen Koeffizienten bewiesen.

Die logarithmische Ableitung $z = y' : y$ jeder Lösung der Besselschen Differentialgleichung genügt der Riccatischen Gleichung

(12) $$\frac{dz}{dx} + z^2 + \frac{1}{x}z + 1 - \frac{\lambda^2}{x^2} = 0.$$

Ist nun z algebraisch, so gilt bei $x=\infty$ eine Entwicklung

$$z = a_0 x^{r_0} + a_1 x^{r_1} + \cdots \qquad (r_0 > r_1 > \cdots)$$

nach fallenden Potenzen von x mit ganzen oder gebrochenen Exponenten und von o verschiedenen Koeffizienten $a_0, a_1, \cdots$.

Folglich ist

$$\sum_{k=0}^{\infty} a_k (r_k + 1) x^{r_k - 1} + \sum_{k=0}^{\infty} \sum_{l=0}^{\infty} a_k a_l x^{r_k + r_l} + 1 - \frac{\lambda^2}{x^2} = 0.$$

Der Koeffizientenvergleich liefert zunächst $r_0 = 0$, $a_0^2 + 1 = 0$, $a_0 = \pm i$; ferner muß für $n = 1, 2, \cdots$ der Exponent r_n des Gliedes $a_0 a_n x^{r_0 + r_n}$ gleich einem der Exponenten -2, $r_k - 1$, $r_k + r_l$ ($k = 0, \cdots, n-1$; $l = 0, \cdots, n-1$) sein; und daraus folgt die Ganzzahligkeit aller Exponenten $r_0, r_1, \cdots$. Speziell wird noch $r_1 = -1$, $2a_0 a_1 + a_0 = 0$, $a_1 = -\frac{1}{2}$.

Die Besselsche Differentialgleichung hat nun nur die singulären Punkte o und ∞; folglich kann auch die algebraische Funktion z nur in o und ∞ verzweigt sein. Soeben wurde bewiesen, daß jeder Zweig von z im Unendlichen regulär ist. Daher ist z eine rationale Funktion von x. Es sei

$$z = b x^s + \cdots$$

die Entwicklung bei $x = 0$; dann liefert (12) die Gleichung

$$b(s+1) x^{s-1} + b^2 x^{2s} - \frac{\lambda^2}{x^2} + \cdots = 0,$$

also $s = -1$ und $b = \pm \lambda$. Da jede von o und ∞ verschiedene Nullstelle von y nach (7) von erster Ordnung ist, so hat z in diesen Nullstellen von y Pole erster Ordnung mit dem Residuum 1. Folglich ist

$$z = \pm i \pm \frac{\lambda}{x} + \frac{1}{x - x_1} + \cdots + \frac{1}{x - x_k}$$

mit gewissen, von o verschiedenen Konstanten $x_1, \cdots, x_k$. Die Entwicklung bei $x = \infty$ liefert $a_1 = \pm \lambda + k$, also

$$\lambda = \pm (k + \tfrac{1}{2})$$

mit nicht negativem ganzen rationalen k.

Damit zwischen y', y, x eine algebraische Gleichung identisch in x bestehen kann, ist also notwendig, daß λ die Hälfte einer ungeraden Zahl ist. Dies ist aber auch hinreichend, denn bekanntlich genügen die beiden linear unabhängigen Funktionen

$$H_1 = (-1)^k \frac{(2x)^{k+\frac{1}{2}}}{\sqrt{\pi}} \frac{d^k}{d(x^2)^k} \frac{e^{ix}}{ix}$$

und

$$H_2 = (-1)^k \frac{(2x)^{k+\frac{1}{2}}}{\sqrt{\pi}} \frac{d^k}{d(x^2)^k} \frac{e^{-ix}}{-ix}$$

der Besselschen Differentialgleichung mit $\lambda = \pm (k + \frac{1}{2})$, und es hat jede homogene lineare Kombination von H_1 und H_2 offenbar die Form

$$y = \sqrt{x} (R(x) \cos x + S(x) \sin x),$$

wo $R(x)$ und $S(x)$ rationale Funktionen von x sind, so daß y einer Differentialgleichung erster Ordnung

$$P_1(x) y'^2 + P_2(x) y' y + P_3(x) y^2 = P_4(x)$$

genügt, deren Koeffizienten $P_1(x), \cdots, P_4(x)$ Polynome in x bedeuten.

Satz 3:

Es sei λ nicht die Hälfte einer ungeraden Zahl und es seien y_1, y_2 zwei linear unabhängige Lösungen der Besselschen Differentialgleichung (7). *Dann besteht zwischen den Funktionen y_1, $\frac{dy_1}{dx}$, y_2, x keine algebraische Gleichung mit konstanten Koeffizienten.*

Beweis: Es bestehe die Gleichung

(13) $$P(y_1, y_1', y_2, x) = 0,$$

wo P ein Polynom der vier Argumente y_1, y'_1, y_2, x bedeutet. Nach Satz 2 enthält P wirklich das Argument y_2. Es sei P irreduzibel und in y_2 vom genauen Grade $n \geq 1$. Der Koeffizient von y_2^n heiße $f(y_1, y'_1, x)$.

Aus (13) folgt durch Differentiation nach x

$$\frac{dP}{dx} = \frac{df}{dx} y_2^n + n f y_2^{n-1} y'_2 + \cdots = 0.$$

Nun gilt aber mit konstantem $\alpha \neq 0$

$$y_1 y'_2 - y_2 y'_1 = \frac{\alpha}{x} \tag{14}$$

und daher

$$\frac{dP}{dx} = \left(\frac{df}{dx} + n f \frac{y'_1}{y_1}\right) y_2^n + \cdots = 0. \tag{15}$$

Entfernt man hieraus noch y''_1 vermöge (7), so erhält man eine algebraische Gleichung zwischen y_1, y'_1, y_2, x, welche in y_2 wieder vom Grade n ist. Nach Satz 2 ist aber die Elimination von y_2 aus dieser Gleichung und (13) unmöglich. Folglich unterscheidet sich das irreduzible Polynom P von der Funktion $\frac{dP}{dx}$, aus welcher y'_2 und y''_1 mit Hilfe von (7) und (14) eliminiert sind, nur durch einen von y_2 freien Faktor, und zwar nach (15) offenbar durch den Faktor $f : \left(\frac{df}{dx} + n f \frac{y'_1}{y_1}\right)$. Demnach gilt

$$\frac{P'}{P} = \frac{f'}{f} + n \frac{y'_1}{y_1}$$

identisch in y_1, y'_1, y_2, x, wenn nur (7) und (14) erfüllt sind. Man kann also in dieser Gleichung y_2 durch $y_2 + \lambda y_1$ mit beliebigem konstanten λ ersetzen, ohne daß sie ihre Gültigkeit verliert. Die Integration liefert

$$P(y_1, y'_1, y_2 + \lambda y_1, x) = c(\lambda) f(y_1, y'_1, x) y_1^n,$$

wo $c(\lambda)$ ein Polynom in λ mit konstanten Koeffizienten bedeutet. Wird nach λ differentiiert und $\lambda = 0$ gesetzt, so folgt

$$y_1 (n f y_2^{n-1} + \cdots) = c_1 f y_1^n$$

mit konstantem c_1. Dies ist eine Gleichung vom genauen Grade $n - 1$ für y_2. Da nun jede y_2 wirklich enthaltende Gleichung zwischen y_1, y'_1, y_2, x in y_2 mindestens vom Grade n ist, so folgt $n = 1$.

Es gilt also

$$y_2 = g(y_1, y'_1, x) : f(y_1, y'_1, x), \tag{16}$$

wo g und f Polynome in y_1, y'_1, x sind. Trägt man dies in (14) ein und ersetzt y''_1 mit Hilfe der Besselschen Differentialgleichung durch y'_1 und y_1, so muß nach Satz 2 eine identische Gleichung in y'_1, y_1, x entstehen. Insbesondere müssen sich die Glieder höchster Dimension in y_1 und y'_1 bei (14) aufheben. Die rationale Funktion $g:f$ habe in y_1, y'_1 die Dimension d. Wegen der Homogenität von (7) hat dann auch die Ableitung von $g:f$ dieselbe Dimension. Man behalte nun in $g:f$ nur die Glieder höchster Dimension im Zähler und im Nenner bei; dadurch geht y_2 über in eine homogene rationale Funktion z von y_1, y'_1, deren Dimension gleich d ist, und die Dimension von $y_2 - z$ ist dann kleiner als d. Die rechte Seite von (14) hat die Dimension 0, folglich ist $d + 1 \geq 0$. Ist $d + 1 > 0$, so gilt nach (14)

$$y_1 z' - y'_1 z = 0;$$

ist dagegen $d + 1 = 0$, so gilt

$$y_1 z' - y'_1 z = \frac{\alpha}{x}.$$

Im ersten Falle ist $z = b y_1$ mit konstantem b, also $d = 1$; dann ersetze man in (16) die Funktion y_2 durch die Funktion $y_2 - b y_1$ und kommt so auf den zweiten Fall. In diesem ist z eine von y_1 linear unabhängige Lösung der BESSELschen Differentialgleichung. Es gibt also eine rationale Funktion von y_1, y_1', x, die in y_1, y_1' homogen von der Dimension -1 sind und der Gleichung (7) genügt. Sie werde mit $R(y_1, y_1', x)$ bezeichnet. Nach Satz 2 genügt dann auch $R(\lambda_1 y_1 + \lambda_2 y_2, \lambda_1 y_1' + \lambda_2 y_2', x)$ der BESSELschen Differentialgleichung, es gilt also

$$R(\lambda_1 y_1 + \lambda_2 y_2, \lambda_1 y_1' + \lambda_2 y_2', x) = \Lambda_1 y_1 + \Lambda_2 y_2, \tag{17}$$

wo Λ_1 und Λ_2 nur von λ_1 und λ_2 abhängen. Aus den Formeln

$$Ry_2' - \frac{dR}{dx} y_2 = \frac{\alpha}{x} \Lambda_1,$$

$$Ry_1' - \frac{dR}{dx} y_1 = -\frac{\alpha}{x} \Lambda_2$$

erkennt man, daß Λ_1 und Λ_2 homogene rationale Funktionen von λ_1, λ_2 mit der Dimension -1 sind. Demnach kann man das Verhältnis $\lambda_1 : \lambda_2$ so wählen, daß mindestens eine der Funktionen Λ_1, Λ_2 unendlich wird. Da y_1 und y_2 nicht proportional sind, so wird auch die rechte Seite von (17) unendlich. Mit den gefundenen Werten von λ_1 und λ_2 gilt nun für $y = \lambda_1 y_1 + \lambda_2 y_2$ die Gleichung

$$1 : R(y, y', x) = 0, \tag{18}$$

und das verstößt gegen Satz 2. Damit ist Satz 3 bewiesen.

Das zum Beweise der Sätze 1, 2, 3 benutzte Verfahren ist aus Ideen von LIOUVILLE und RIEMANN zusammengesetzt. Analog kann man bei beliebigen homogenen linearen Differentialgleichungen zweiter Ordnung mit algebraischen Koeffizienten verfahren, um alle algebraischen Relationen zwischen den Lösungen, ihren Ableitungen und der unabhängigen Variabeln aufzufinden.

Der elementare algebraische Gedankengang, welcher zum Beweise des Satzes 3 führte, ist vielleicht nicht ganz durchsichtig. Man kann nun den Satz noch auf eine wesentlich verschiedene Art ableiten, die zwar tiefe arithmetische Hilfsmittel benötigt, aber prinzipiell recht einfach ist. Es stellt sich nämlich heraus, daß zwischen y_1, y_1', y_2, x deswegen keine algebraische Relation bestehen kann, weil die Koeffizienten in der Potenzreihe für y_2 »zu verschieden« von denen in der Potenzreihe für y_1 sind. Der Beweis ist mit Untersuchungen verwandt, die EISENSTEIN und TSCHEBYSCHEFF angestellt haben; seine Idee stammt von MAIER. Zunächst soll als naheliegende Verallgemeinerung eines EISENSTEINschen Satzes eine hinreichende Bedingung für algebraische Unabhängigkeit von Potenzreihen angegeben werden:

Es seien

$$f(x) = \sum_{n=0}^{\infty} \gamma_n x^n$$

$$f_\nu(x) = \sum_{n=0}^{\infty} \gamma_n^{(\nu)} x^n \qquad (\nu = 1, \cdots, h)$$

Potenzreihen, deren Koeffizienten sämtlich einem festen algebraischen Zahlkörper $\mathfrak{K}$ angehören. Gibt es nun zu jedem natürlichen r ein $n > r$ von der Art, daß der genaue Nenner von γ_n ein Primideal aus $\mathfrak{K}$ enthält, welches nicht in den Nennern der Zahlen $\gamma_0, \cdots, \gamma_{n-1}$ und $\gamma_0^{(\nu)}, \cdots, \gamma_{n+r}^{(\nu)} (\nu = 1, \cdots, h)$ aufgeht, so besteht zwischen $f, f_1, \cdots, f_h$ keine algebraische Gleichung, die f wirklich enthält.

Zum Beweise werde angenommen, daß zwischen $f, f_1, \cdots, f_h$ eine f enthaltende algebraische Gleichung $P = 0$ bestehe. Ihr Grad l in bezug auf f sei möglichst klein, so daß also $\frac{\partial P}{\partial f}$ nicht identisch in x verschwindet. Setzt man

$$P = p_0 f^l + \cdots + p_l,$$

so bestimmen sich die Koeffizienten der von $f_1, \cdots, f_h$ abhängigen Polynome $p_0, \cdots, p_l$ aus homogenen linearen Gleichungen, welche man erhält, indem man in der Relation $P = 0$

für $f, f_1, \cdots, f_h$ die Potenzreihen einträgt und Koeffizientenvergleichung ausführt. Daher können die Koeffizienten von $p_0, \cdots, p_l$ als ganze Zahlen von $\mathfrak{K}$ gewählt werden. Es sei nun

$$\frac{\partial P}{\partial f} = c_r x^r + \cdots$$

mit $c_r \neq 0$ die Potenzreihe für $\frac{\partial P}{\partial f}$. Setzt man noch

$$\sum_{n=0}^{r} \gamma_n x^n = g,$$

so ist nach dem Taylorschen Satze

$$P(f, \cdots) = P(g, \cdots) + (f-g)\frac{\partial P(g, \cdots)}{\partial g} + \frac{(f-g)^2}{2}\frac{\partial^2 P(g, \cdots)}{\partial g^2} + \cdots = 0,$$

$$(19) \qquad (f-g)\frac{\partial P(g)}{\partial g} = -P(g) - \frac{(f-g)^2}{2}\frac{\partial^2 P(g)}{\partial g^2} + \cdots.$$

Da die Reihen f und g in den ersten $r+1$ Gliedern übereinstimmen, so ist auch

$$\frac{\partial P}{\partial g} = c_r x^r + \cdots.$$

In (19) vergleiche man nun die Koeffizienten von x^{n+r}, wo n eine natürliche Zahl $> r$ ist. Offenbar wird $c_r \gamma_n$ ein Polynom in $\gamma_0, \cdots, \gamma_{n-1}$ und $\gamma_0^{(\nu)}, \cdots, \gamma_{n+r}^{(\nu)}$ $(\nu = 1, \cdots, h)$ mit ganzen Koeffizienten aus $\mathfrak{K}$. Nach Voraussetzung läßt sich nun n so wählen, daß im genauen Nenner von γ_n ein Primideal $\mathfrak{p}_n$ aufgeht, welches nicht in den Nennern der Zahlen $\gamma_0, \cdots, \gamma_{n-1}$ und $\gamma_0^{(\nu)}, \cdots, \gamma_{n+r}^{(\nu)}$ enthalten ist. Dann enthält auch der Nenner von $c_r \gamma_n$ das Primideal $\mathfrak{p}_n$ nicht, und daher ist der Zähler von c_r durch $\mathfrak{p}_n$ teilbar. Da dies für unendliche viele n gilt und die zu verschiedenen n gehörigen Primideale $\mathfrak{p}_n$ ebenfalls verschieden sind, so entsteht ein Widerspruch.

Der zweite Beweis von Satz 3 verläuft nun folgendermaßen: Es sei $P(y_1, y_1', y_2, x) = 0$ eine algebraische Gleichung zwischen y_1, y_1', y_2, x, die y_2 wirklich enthält. Sind y_3, y_4 irgend zwei linear unabhängige Lösungen der Besselschen Differentialgleichung, so ist mit konstanten p, q, r, s

$$y_1 = py_3 + qy_4, \quad y_2 = ry_3 + sy_4$$

und nach (14)

$$y_1' = py_3' + q\frac{y_4 y_3'}{y_3} + \frac{\alpha q}{ps - qr}\frac{1}{xy_3};$$

dadurch geht $P = 0$ in eine algebraische Gleichung zwischen y_3, y_3', y_4, x über, und umgekehrt läßt sich jede Gleichung zwischen y_3, y_3', y_4, x als Gleichung zwischen y_1, y_1', y_2, x schreiben. Nach Satz 2 genügt es also, unter y_1 und y_2 zwei spezielle nicht proportionale Lösungen von (7) zu verstehen.

Ist λ ganz rational, so gibt es eine bei $x = 0$ reguläre Lösung y_1 und eine bei $x = 0$ *logarithmisch* verzweigte Lösung y_2. Dem widerspricht, daß jede Lösung y der Gleichung $P(y_1, y_1', y, x) = 0$ bei $x = 0$ den Charakter einer *algebraischen* Funktion besitzt.

Man kann sich also auf den Fall beschränken, daß 2λ keine ganze Zahl ist. Setzt man

$$(20) \qquad K_\lambda(x) = \sum_{n=0}^{\infty} \frac{(-1)^n}{n!(\lambda+1)(\lambda+2)\cdots(\lambda+n)}\left(\frac{x}{2}\right)^{2n},$$

so ist

$$\frac{1}{\Gamma(\lambda+1)}\left(\frac{x}{2}\right)^{\lambda} K_\lambda(x) = J_\lambda(x)$$

die Besselsche Funktion, und es sind J_λ und $J_{-\lambda}$ zwei linear unabhängige Lösungen von (7). Aus einer $J_{-\lambda}$ enthaltenden algebraischen Gleichung zwischen $J_\lambda, J_\lambda', J_{-\lambda}, x$ folgt eine algebraische Gleichung zwischen K_λ, K'_λ, $K_{-\lambda}$, x, x^λ, also, da K_λ und $K_{-\lambda}$ bei $x = 0$ regulär sind, auch eine algebraische Gleichung

$$R(K_\lambda, K'_\lambda, K_{-\lambda}, x) = 0,$$

die wieder $K_{-\lambda}$ enthält. Die Koeffizienten $\xi_1, \cdots, \xi_q$ des Polynoms R bestimmen sich durch Koeffizientenvergleichung, also aus unendlich vielen homogenen linearen Gleichungen

$$(21) \qquad \alpha_{k1}\xi_1 + \cdots + \alpha_{kq}\xi_q = 0, \qquad (k = 0, 1, \cdots)$$

in denen die Größen $\alpha_{kl}(k = 0, 1, \cdots; l = 1, \cdots, q)$ ganz rational mit ganzen rationalen Zahlenkoeffizienten aus den Koeffizienten von K_λ und $K_{-\lambda}$ gebildet und daher rationale Funktionen von λ mit rationalen Koeffizienten sind. Wären alle q-reihigen Determinanten der Matrix (α_{kl}) identisch in λ gleich 0, so wären $\xi_1, \cdots, \xi_q$ als Polynome in λ wählbar, und dann gälte die Gleichung $R = 0$ ebenfalls identisch in λ. Gibt es eine nicht identisch verschwindende q-reihige Determinante, so ist diese eine rationale Funktion von λ mit rationalen Koeffizienten; sie muß 0 sein, da das System (21) lösbar ist, und demnach genügt λ einer algebraischen Gleichung mit rationalen Koeffizienten. In beiden Fällen kann man also annehmen, daß λ einem algebraischen Zahlkörper $\mathfrak{K}$ angehört, und dann sind auch die Koeffizienten von K_λ und $K_{-\lambda}$ Zahlen von $\mathfrak{K}$.

Zunächst sei λ rational, also $\lambda = \frac{a}{b}$, $(a, b) = 1$, $b \geq 3$. Nach dem Satz von Dirichlet gibt es unendlich viele Primzahlen p von der Form $bn - a$. Es sei $(b-1)n - a - 1 > 0$. Für $m = 1, 2, \cdots, (b-1)n - a - 1$ ist dann $0 < m + n < p$; also geht p nicht in $b(m+n) = p + bm + a$ auf, also auch nicht in $bm + a$, also nach (20) für $p > 2$ auch nicht in den Nennern der Koeffizienten von $x^0, x^1, \cdots, x^{2(b-1)n-2a-2}$ bei K_λ und K'_λ. Ferner ist p ein Faktor im Nenner des Koeffizienten von x^{2n} bei $K_{-\lambda}$, während die Nenner der vorhergehenden Koeffizienten zu p teilerfremd sind. Nach dem oben bewiesenen Hilfssatz ist dann aber $K_{-\lambda}$ nicht von K_λ, K'_λ, x algebraisch abhängig.

Nun sei λ algebraisch irrational, und es sei

$$f(x) = a_0(x - \lambda_1) \cdots (x - \lambda_s) = a_0 x^s + \cdots = 0$$

eine irreduzible Gleichung für λ mit ganzen rationalen Koeffizienten. Nach einem von Nagell bewiesenen Satze wird der größte Primteiler des Produktes $f(1)f(2)\cdots f(n)$ stärker unendlich als n selber. Insbesondere kann man also beliebig große natürliche Zahlen n finden, so daß $f(n)$ eine Primzahl p enthält, die größer als $3n$ ist und nicht in $f(1), \cdots, f(n-1)$ aufgeht. Außerdem sei noch $p > |a_0|$. Es sei $\mathfrak{p}$ ein Primideal aus $\mathfrak{K}$, welches in p und in $a_0(n - \lambda)$ aufgeht. Für $m = 1, 2, \cdots, 2n$ ist $0 < m + n \leq 3n$, also p kein Faktor von $m + n$, also auch nicht von $a_0(m+n) = a_0(m+\lambda) + a_0(n-\lambda)$. Das Primideal $\mathfrak{p}$ geht daher nicht in $a_0(m + \lambda)$ auf. Es ist also $\mathfrak{p}$ ein Faktor des Nenners des Koeffizienten von x^{2n} bei $K_{-\lambda}$, dagegen ist $\mathfrak{p}$ nicht in den Nennern der Koeffizienten von $x^0, \cdots, x^{2n-1}$ bei $K_{-\lambda}$ und von $x^0, \cdots, x^{4n}$ bei K_λ und K'_λ enthalten. Nach dem Hilfssatz ist folglich $K_{-\lambda}$ auch in diesem Falle von K_λ, K'_λ, x algebraisch unabhängig.

Damit ist Satz 3 ein zweites Mal bewiesen. Der Spezialfall der algebraischen Unabhängigkeit von J_λ, $J_{-\lambda}$, x hat sich dabei sogar ohne Benutzung von Satz 2 ergeben.

Satz 3 ermöglicht nun die Anwendung des ersten Hilfssatzes der Einleitung. Es seien ν verschiedene ganze nicht negative Zahlen $l_1, \cdots, l_\nu$ gegeben und ferner $(l_1 + 1) + \cdots + (l_\nu + 1) = q$ Polynome $f_{kl}(x)$, wo die Indizes die Werte $k = 0, \cdots, l$ und $l = l_1, \cdots, l_\nu$ besitzen. Für kein l der Reihe $l_1, \cdots, l_\nu$ seien die $l + 1$ Polynome $f_{0l}, \cdots, f_{ll}$ sämtlich identisch 0. Mit einer Lösung y der Besselschen Differentialgleichung bilde man nun für $l = l_\rho$ und $\rho = 1, \cdots, \nu$ den Ausdruck

$$(22) \qquad \phi_\rho = f_{0l}y'^l + f_{1l}y'^{l-1}y + \cdots + f_{ll}y^l$$

und die Summe

$$(23) \qquad \phi = \phi_1 + \phi_2 + \cdots + \phi_\nu = P(y, y').$$

Dies ist ein Polynom in y und y', das nur die Dimensionen $l_1, \cdots, l_\nu$ wirklich enthält; seine Koeffizienten sind die q Polynome f_{kl}. Die q Funktionen $w_{kl} = y^k y'^{l-k}$ $(k = 0,$

$\cdots, l;\ l = l_1, \cdots, l_\nu$) genügen einem System von q homogenen linearen Differentialgleichungen erster Ordnung; es ist nämlich auf Grund von (7)

$$\frac{dw_{kl}}{dx} = k w_{k-1,l} - \frac{l-k}{x} w_{kl} - (l-k)\left(1 - \frac{\lambda^2}{x^2}\right) w_{k+1,l}. \tag{24}$$

Da in jeder Differentialgleichung immer nur Funktionen mit demselben Index l auftreten, so zerfällt das System in ν einzelne voneinander ganz unabhängige Systeme, und in einem solchen Teilsystem treten nur die Funktionen $w_{0l}, \cdots, w_{ll}$ auf. Die Gleichungen (24) sind nun aber erfüllt, wenn in $w_{kl} = y^k y'^{\,l-k}$ für y irgendeine Lösung der Besselschen Differentialgleichung gesetzt wird, also $y = \lambda_1 y_1 + \lambda_2 y_2$, wo y_1 und y_2 zwei linear unabhängige Lösungen und λ_1, λ_2 beliebige Konstanten bedeuten. Setzt man zur Abkürzung noch

$$\sum_{\rho=0}^{l} \binom{k}{\rho}\binom{l-k}{r-\rho} y_1^\rho y_2^{k-\rho} y_1'^{\,r-\rho} y_2'^{\,l-k-r+\rho} = \psi_{krl}, \qquad (r = 0, \cdots, l) \tag{25}$$

so ist

$$w_{kl} = (\lambda_1 y_1 + \lambda_2 y_2)^k (\lambda_1 y_1' + \lambda_2 y_2')^{l-k} = \sum_{r=0}^{l} \lambda_1^r \lambda_2^{l-r} \psi_{krl}, \qquad (k = 0, \cdots, l) \tag{26}$$

und da diese Funktionen identisch in λ_1, λ_2 den Gleichungen (24) genügen, so ist auch für jedes feste l

$$w_{kl} = \sum_{r=0}^{l} c_r \psi_{krl} \qquad (k = 0, \cdots, l)$$

eine Lösung von (24), wo $c_0, \cdots c_l$ irgendwelche Konstanten bedeuten. Dies ist aber die allgemeine Lösung, denn aus

$$\sum_{r=0}^{l} c_r \psi_{krl} = 0 \qquad (k = 0, \cdots, l)$$

folgt speziell für $k = l$ die Gleichung

$$\sum_{r=0}^{l} c_r \binom{k}{r} y_1^r y_2^{k-r} = 0,$$

also wegen der linearen Unabhängigkeit von y_1, y_2

$$c_0 = 0, \cdots, c_l = 0.$$

Damit ist auch die allgemeine Lösung des vollen Systems (24) gefunden.

Nach (22), (23) und (24) sind die Funktionen $\frac{d^s \phi}{dx^s} = \phi^{(s)}$ für $s = 1, 2, \cdots$ wieder Polynome in y, y', die nur Glieder der Dimensionen $l_1, \cdots, l_\nu$ wirklich enthalten, also homogene lineare Formen der w_{kl}. Und nun soll bewiesen werden, daß die Determinante der q für $s = 0, 1, \cdots, q-1$ entstehenden Formen $\phi, \phi', \cdots, \phi^{(q-1)}$ nicht identisch verschwindet. Nach dem ersten Hilfssatz der Einleitung hat man nur zu zeigen, daß die q Funktionen, welche aus

$$\phi = \sum_{k,l} f_{kl} w_{kl}$$

dadurch entstehen, daß man für $l = l_\rho$ die Funktionen $w_{0l}, \cdots, w_{ll}$ durch $\psi_{0rl}, \cdots, \psi_{lrl}$, für $l \neq l_\rho$ durch 0 ersetzt und $\rho = 1, \cdots, \nu$ sowie $r = 0, \cdots, l$ wählt, linear unabhängig sind.

Gilt eine Gleichung

$$\sum_{l} \sum_{r=0}^{l} \sum_{k=0}^{l} c_{rl} f_{kl} \psi_{krl} = 0 \tag{27}$$

mit konstanten c_{rl}, so erhält man hieraus eine algebraische Gleichung zwischen y_1, y_1', y_2, x, indem man vermöge (14) die Funktion y_2' eliminiert. Nach Satz 3 bekommt man dann eine Identität in den 4 Variabeln y_1, y_1', y_2, x. In dieser sollen nur die Glieder höchster

Dimension in y_1, y_1', y_2 betrachtet werden. Nach (14) erhält man diese, indem man in (27) nur das größte l beibehält, für welches die Konstanten $c_{0l}, \cdots, c_{ll}$ nicht sämtlich 0 sind, und in dem durch (25) gegebenen Ausdruck von ψ_{krl} die Funktion y_2' durch $\frac{y_2}{y_1} y'$ ersetzt. Beachtet man (26), so folgt

$$\sum_{r=0}^{l} \sum_{k=0}^{l} c_{rl} f_{kl} \binom{l}{r} y_1^r y_2^{l-r} \left(\frac{y_1'}{y_1}\right)^{l-k} = 0,$$

identisch in y_1, y_2, $\frac{y_1'}{y_1}$. Daher ist

$$c_{rl} f_{kl} = 0, \qquad (r = 0, \cdots, l;\ k = 0, \cdots, l)$$

und dies ist ein Widerspruch, da weder die Konstanten $c_{0l}, \cdots, c_{ll}$ noch die Polynome $f_{0l}, \cdots, f_{ll}$ sämtlich identisch 0 sind. Folglich gilt

Satz 4:

Es sei λ nicht die Hälfte einer ungeraden Zahl und y eine Lösung der Besselschen *Differentialgleichung* (7). *Man bilde den Ausdruck*

$$\phi = \sum_{l} \sum_{k=0}^{l} f_{kl} y^k y'^{l-k},$$

dessen Koeffizienten f_{kl} Polynome in x seien und in dem nur die Dimensionen $l = l_1, \cdots, l_\nu$ in y, y' wirklich auftreten mögen, so daß also ϕ eine homogene lineare Form der $(l_1+1) + \cdots + (l_\nu + 1) = q$ Potenzprodukte $y^k y'^{l-k}$ $(k = 0, \cdots, l;\ l = l_1, \cdots, l_\nu)$ ist. Dann ist auch jede Ableitung von ϕ eine solche homogene lineare Form, und die Determinante der q Formen $\phi, \phi', \cdots, \phi^{(q-1)}$ verschwindet nicht identisch.

Offenbar läßt sich dieser Satz auch auf die Lösungen anderer homogener linearer Differentialgleichungen zweiter Ordnung mit algebraischen Koeffizienten übertragen.

§ 2. Arithmetische Hilfsmittel.

Um die Anwendung des zweiten Hilfssatzes der Einleitung zu ermöglichen, sind jetzt die Koeffizienten der Funktionen $y^k y'^{l-k}$ arithmetisch zu untersuchen. Das Mittel hierzu wird geliefert durch den von Maier stammenden

Satz 5:

Es seien α und γ rationale Zahlen; γ sei verschieden von $0, -1, -2, \cdots$. Es sei h_n der Hauptnenner der n Brüche

$$\frac{\alpha}{\gamma}, \frac{\alpha(\alpha+1)}{\gamma(\gamma+1)}, \cdots, \frac{\alpha(\alpha+1)\cdots(\alpha+n-1)}{\gamma(\gamma+1)\cdots(\gamma+n-1)}. \qquad (n = 1, 2, \cdots)$$

Dann wächst h_n schwächer an als die n-te Potenz einer geeigneten Konstanten.

Beweis: Es sei $\alpha = a:b$, $\gamma = c:d$, $(c, d) = 1$, $d > 0$. Wegen der Gleichung

$$(28) \qquad \frac{\alpha(\alpha+1)\cdots(\alpha+l-1)}{\gamma(\gamma+1)\cdots(\gamma+l-1)} \cdot \frac{b^{2l}}{d^l} = \frac{a(a+b)\cdots(a+(l-1)b)b^l}{c(c+d)\cdots(c+(l-1)d)} \qquad (l = 1, 2, \cdots, n)$$

genügt es, den Satz für den Hauptnenner der rechten Seite von (28) zu beweisen.

Der Nenner $c(c+d)\cdots(c+(l-1)d) = N_l$ ist zu d teilerfremd. Es sei p ein Primfaktor von N_l. Durchläuft ν irgend p^k konsekutive ganze rationale Zahlen, so ist von den p^k Zahlen $c + \nu d$ genau eine durch p^k teilbar. Von den l Faktoren des Nenners N_l sind daher mindestens $[lp^{-k}]$ und höchstens $[lp^{-k}] + 1$ durch p^k teilbar; für $p^k > |c| + (l-1)d$ ist aber keiner durch p^k teilbar. Für den Exponenten s der in N_l aufgehenden Potenz von p gilt daher die Ungleichung

$$\sum_k [lp^{-k}] \leq s \leq \sum_k ([lp^{-k}] + 1),$$

und hierin durchläuft k alle natürlichen Zahlen, welche der Bedingung $p^k \leq |c| + (l-1)d$ genügen. Daher ist mit konstanten c_1 und c_2

$$\left[\frac{l}{p}\right] \leq s < \left[\frac{l}{p}\right] + c_1 \frac{l}{p^2} + c_2 \frac{\log l}{\log p}.$$

Im Zähler $a(a+b) \cdots (a+(l-1)b)b^l = Z_l$ geht p mindestens zur $\left[\frac{l}{p}\right]$-ten Potenz auf. Folglich ist im Nenner des reduzierten Bruches $Z_l : N_l$ der Exponent von p kleiner als $c_1 \frac{l}{p^2} + c_2 \frac{\log l}{\log p}$. Man erhält für den Logarithmus des Hauptnenners H_n der n Brüche $Z_1 : N_1, \cdots, Z_n : N_n$ die Abschätzung

$$\log H_n < \sum_p \left(c_1 \frac{n}{p^2} + c_2 \frac{\log n}{\log p}\right) \log p = c_1 n \sum_p \frac{\log p}{p^2} + c_2 \log n \sum_p 1,$$

wo p alle Primzahlen unterhalb $|c| + (n-1)d$ durchläuft. Nach einem elementar beweisbaren Satz der Primzahllehre ist nun

$$\sum_p 1 < c_3 \frac{n}{\log n};$$

ferner konvergiert die über alle Primzahlen erstreckte Summe $\sum \frac{\log p}{p^2} = c_4$. Daher ist

$$\log H_n < c_1 c_4 n + c_2 c_3 n = (c_1 c_4 + c_2 c_3) n,$$

was den Satz beweist.

Nunmehr betrachte man Potenzreihen

$$y = \sum_{n=0}^{\infty} \frac{a_n}{b_n} \frac{x^n}{n!}$$

mit folgenden Eigenschaften:

1. Die Zähler $a_0, a_1, \cdots$ sind ganze Zahlen eines festen algebraischen Zahlkörpers, und die absoluten Beträge sämtlicher Konjugierten von a_n wachsen mit n schwächer an als jede feste positive Potenz von $n!$;

2. Die Nenner $b_0, b_1, \cdots$ sind natürliche Zahlen, und das kleinste gemeinschaftliche Vielfache von $b_0, \cdots, b_n$ wächst mit n ebenfalls schwächer an als jede feste positive Potenz von $n!$;

3. Die Funktion y genügt einer linearen Differentialgleichung, deren Koeffizienten Polynome mit algebraischen Zahlenkoeffizienten sind.

Eine Funktion y, deren Potenzreihe diese drei Eigenschaften hat, möge kurz eine E-Funktion genannt werden. Offenbar ist die Exponentialfunktion eine E-Funktion. Jede E-Funktion ist ganz. Die E-Funktionen haben einige wichtige, zum Teil evidente Eigenschaften, welche nun angeführt werden sollen; dabei bedeute $E(x)$ eine beliebige E-Funktion.

I. Jede algebraische Konstante ist eine E-Funktion.
II. Für algebraisches konstantes α ist $E(\alpha x)$ eine E-Funktion.
III. Die Ableitung $E'(x)$ ist eine E-Funktion.
IV. Das Integral $\int_0^x E(t)\,dt$ ist eine E-Funktion.
V. Mit $E_1(x)$ und $E_2(x)$ ist auch $E_1(x) + E_2(x)$ eine E-Funktion.
VI. Mit $E_1(x)$ und $E_2(x)$ ist auch $E_1(x)\,E_2(x)$ eine E-Funktion.

Von diesen Behauptungen bedürfen nur die unter V. und VI. eines Beweises. Es sei

(29) $$E_1(x) = \sum_{n=0}^{\infty} \frac{a_n'}{b_n'} \frac{x^n}{n!}, \quad E_2(x) = \sum_{n=0}^{\infty} \frac{a_n''}{b_n''} \frac{x^n}{n!},$$

also, wenn

$$a'_n b''_n + a''_n b'_n = a_n\,,\quad b'_n b''_n = b_n\,,\quad E_1(x) + E_2(x) = y \tag{30}$$

gesetzt wird,

$$y = \sum_{n=0}^{\infty} \frac{a_n}{b_n} \frac{x^n}{n!}.$$

Da a'_n, a''_n, b'_n, b''_n die Bedingungen 1. und 2. erfüllen, so erfüllt auch a_n die Bedingung 1. Bedeutet $\{p, \cdots, q\}$ für natürliche Zahlen $p, \cdots, q$ ihr kleinstes gemeinschaftliches Vielfache, so ist

$$\{b'_0 b''_0, \cdots, b'_n b''_n\} \leq \{b'_0, \cdots, b'_n\}\{b''_0, \cdots, b''_n\},$$

also erfüllt b_n die Bedingung 2. Sind ferner die linearen Differentialgleichungen für E_1 und E_2 von den Ordnungen h_1 und h_2, so ist jede Ableitung von y eine lineare Kombination von $E_1, E'_1, \cdots, E_1^{(h_1-1)}, E_2, E'_2, \cdots, E_2^{(h_2-1)}$, und zwar treten als Koeffizienten rationale Funktionen von x auf, die mit algebraischen Zahlenkoeffizienten versehen sind. Folglich genügt y einer linearen Differentialgleichung von der Ordnung $h_1 + h_2$, deren Koeffizienten Polynome mit algebraischen Zahlenkoeffizienten sind. Damit ist V. bewiesen.

Zum Beweise von VI. setze man abweichend von (30)

$$\{b'_0, \cdots, b'_n\}\{b''_0, \cdots, b''_n\} = b_n \tag{31}$$

$$b_n \sum_{k=0}^{n} \binom{n}{k} \frac{a'_k a''_{n-k}}{b'_k b''_{n-k}} = a_n\,, \tag{32}$$

dann ist mit (29)

$$y = E_1 E_2 = \sum_{m=0}^{\infty} \sum_{n=0}^{\infty} \binom{m+n}{n} \frac{a'_m a''_n}{b'_m b''_n} \frac{x^{m+n}}{(m+n)!} = \sum_{n=0}^{\infty} \frac{a_n}{b_n} \frac{x^n}{n!}.$$

Es ist $\{b_0, \cdots, b_n\} = b_n$ und nach (31) die Bedingung 2. erfüllt. Mit Rücksicht auf $\sum_{k=0}^{n} \binom{n}{k} = 2^n$ und (32) ist auch Bedingung 1. erfüllt. Endlich ist Bedingung 3. erfüllt, weil sich jede Ableitung von y linear durch die $h_1 h_2 + h_1 + h_2$ Funktionen $E_1, E'_1, \cdots, E_1^{(h_1-1)}, E_2, E'_2, \cdots, E_2^{(h_2-1)}, E_1 E_2, \cdots, E_1^{(h_1-1)} E_2^{(h_2-1)}$ ausdrücken läßt.

Aus I., $\cdots$, VI. folgt nun

Satz 6:

Es seien $E_1(x), \cdots, E_m(x)$ irgendwelche E-Funktionen und $\alpha_1, \cdots, \alpha_m$ algebraische Zahlen. Dann ist jedes mit algebraischen Koeffizienten gebildete Polynom in $E_1(\alpha_1 x), \cdots, E_m(\alpha_m x)$ und den Ableitungen dieser Funktionen eine E-Funktion.

Jedes Polynom in x mit algebraischen Koeffizienten ist insbesondere eine E-Funktion. Ein nichttriviales Beispiel von E-Funktionen erhält man durch Verwendung von Satz 5. Man nehme l rationale Zahlen $\gamma_1, \cdots, \gamma_l$, die sämtlich von $0, -1, -2, \cdots$ verschieden sind, und k rationale Zahlen $\alpha_1, \cdots, \alpha_k$. Es sei $l - k = t > 0$. Man setze $c_n = 0$, falls n kein Multiplum von t ist, aber

$$c_n = \prod_{p=1}^{k} \left(\alpha_p(\alpha_p + 1) \cdots (\alpha_p + m - 1)\right) : \prod_{q=1}^{l} \left(\gamma_q(\gamma_q + 1) \cdots (\gamma_q + m - 1)\right),$$

falls $n = mt$ durch t teilbar ist. Um einzusehen, daß

$$y = \sum_{n=0}^{\infty} c_n x^n \tag{33}$$

eine E-Funktion ist, schreibe man c_n für $n = mt$ in der Gestalt

$$c_n = \frac{\alpha_1 \cdots (\alpha_1 + m - 1)}{\gamma_1 \cdots (\gamma_1 + m - 1)} \cdots \frac{\alpha_k \cdots (\alpha_k + m - 1)}{\gamma_k \cdots (\gamma_k + m - 1)} \cdot \frac{1 \cdots m}{\gamma_{k+1} \cdots (\gamma_{k+1} + m - 1)} \cdots \frac{1 \cdots m}{\gamma_l \cdots (\gamma_l + m - 1)} \cdot \frac{(mt)!}{(m!)^t} \cdot \frac{1}{n!} \tag{34}$$

Bedeutet nun $\frac{a_n}{b_n}$ den reduzierten Bruch $n!\,c_n$, so erfüllen a_n und b_n nach Satz 5 die Bedingungen 1. und 2. Daß auch die Bedingung 3. erfüllt ist, ergibt sich aus der Form der c_n, welche leicht die lineare Differentialgleichung für y abzuleiten gestattet.

Also ist die BESSELsche Funktion

$$J_0(x) = \sum_{n=0}^{\infty} \frac{(-1)^n}{n!\,n!} \left(\frac{x}{2}\right)^{2n}$$

eine E-Funktion und allgemeiner ist auch die Funktion

$$K_\lambda(x) = \Gamma(\lambda+1) \left(\frac{x}{2}\right)^{-\lambda} J_\lambda(x) = \sum_{n=0}^{\infty} \frac{(-1)^n}{n!(\lambda+1)\cdots(\lambda+n)} \left(\frac{x}{2}\right)^{2n}$$

für jedes von $-1, -2, \cdots$ verschiedene rationale λ eine E-Funktion.

Es wäre nicht ohne Interesse, E-Funktionen anzugeben, welche nicht aus den speziellen, durch (33) und (34) definierten E-Funktionen durch die in I., $\cdots$, VI. angegebenen Operationen gewonnen werden können.

Man kann nun nach algebraischen Relationen zwischen gegebenen E-Funktionen $E_1(x), \cdots, E_m(x)$ fragen, also nach Polynomen in den Variabeln $x_1, \cdots, x_m$, die identisch in x verschwinden, wenn für $x_1, \cdots, x_m$ die Funktionen $E_1(x), \cdots, E_m(x)$ eingesetzt werden. Eine solche Relation ist z. B.

$$x^2 K^2_{\frac{1}{2}} + K^2_{-\frac{1}{2}} = 1 .$$

Durch Satz 3 ist ein ganz spezieller Fall dieser allgemeinen Problemstellung erledigt worden, indem dort gezeigt wurde, daß zwischen $K_\lambda(x), K'_\lambda(x), K_{-\lambda}(x), x$ für $\lambda \neq 0, \pm 1, \pm 2, \cdots$ dann und nur dann eine algebraische Gleichung gilt, wenn 2λ ungerade ist. Ein etwas weitergehender Satz über die BESSELschen Funktionen wird sich später ergeben.

Viel tiefer scheint das folgende Problem gelegen zu sein: Es seien $\alpha_1, \cdots, \alpha_m$ algebraische Zahlen; es soll festgestellt werden, ob zwischen den *Zahlen* $E_1(\alpha_1), \cdots, E_m(\alpha_m)$ eine algebraische Gleichung mit rationalen Koeffizienten besteht. Dieses Problem enthält das obengenannte, denn die identisch in x erfüllten Gleichungen zwischen $E_1(x), \cdots, E_m(x)$ lassen sich mit algebraischen Koeffizienten schreiben und sind insbesondere für algebraisches x erfüllt. Man kann es noch etwas anders formulieren. Jedes Potenzprodukt von $E_1(\alpha_1 x), \cdots, E_m(\alpha_m x)$ ist nämlich wieder eine E-Funktion; das Problem geht also über in die Aufgabe, zu entscheiden, ob die Werte $E_1(1), \cdots, E_m(1)$ im Körper der rationalen Zahlen linear abhängig sind. Die Behandlung dieser Aufgabe erfolgt nach der in der Einleitung skizzierten Methode, deren Durchführbarkeit nur das Bestehen einer Aussage vom Typus des Satzes 4 erfordert. Damit geht dann das arithmetische Problem der Zahlengleichung über in das algebraische Problem der identisch in x bestehenden Funktionalgleichung. Als Beispiel für diese Bemerkung diene die Exponentialfunktion; nach dem LINDEMANNschen Satz sind alle algebraischen Gleichungen $P(e^{\alpha_1}, \cdots, e^{\alpha_m}) = 0$ algebraische Folgen der Funktionalgleichung $\exp(x+y) = \exp x \exp y$.

Es sollen nun Näherungsformen für E-Funktionen angegeben werden, die sowohl algebraisch als auch arithmetisch eine gute Approximation von 0 liefern.

Satz 7:

Es seien k E-Funktionen $E_1(x), \cdots, E_k(x)$ mit rationalen Koeffizienten gegeben. Es sei n eine natürliche Zahl. Es gibt k Polynome $P_1(x), \cdots, P_k(x)$ vom Grade $2n-1$ mit folgenden Eigenschaften:

1. Die Koeffizienten von $P_1(x), \cdots, P_k(x)$ sind ganz rational, nicht sämtlich 0 und als Funktion von n höchstens von der Größenordnung $(n!)^{2+\varepsilon}$, wo ε eine beliebig kleine feste positive Zahl bedeutet;

2. es ist

$$P_1 E_1 + \cdots + P_k E_k = \sum_{\nu=(2k-1)n}^{\infty} q_\nu \frac{x^\nu}{\nu!}, \tag{35}$$

so daß also die links stehende E-Funktion $P_1E_1 + \cdots + P_kE_k$ *bei* $x = 0$ *mindestens von der Ordnung* $(2k-1)n$ *verschwindet;*

3. *die Koeffizienten* q_ν *sind als Funktion von* n *und* ν *höchstens von der Größenordnung* $(n!)^2(\nu!)^\varepsilon$.

Beweis: Es sei

$$E(x) = \sum_{n=0}^{\infty} \gamma_n \frac{x^n}{n!}$$

eine der k Funktionen $E_1, \cdots, E_k$. Man setze mit ganzen rationalen $g_0, \cdots, g_{2n-1}$

$$P(x) = (2n-1)! \sum_{\nu=0}^{2n-1} g_\nu \frac{x^\nu}{\nu!}, \tag{36}$$

$$d_l = \sum_{\varrho=0}^{2n-1} \binom{l}{\varrho} g_\varrho \gamma_{l-\varrho}; \tag{37}$$

dann ist

$$P(x)E(x) = (2n-1)! \sum_{l=0}^{\infty} d_l \frac{x^l}{l!}. \tag{38}$$

Sollen nun in der Potenzreihe für $P_1E_1 + \cdots + P_kE_k$ die Koeffizienten von $x^0, x^1, \cdots, x^{(2k-1)n-1}$ sämtlich 0 sein, so müssen $(2k-1)n$ homogene lineare Gleichungen für die $2kn$ unbekannten Koeffizienten der k Polynome $P_1, \cdots, P_k$ vom Grade $2n-1$ erfüllt sein. Der Hauptnenner der rationalen Zahlen $\gamma_0, \cdots, \gamma_{(2k-1)n-1}$ ist $O((n!)^\varepsilon)$; dieselbe Abschätzung gilt für die Binomialkoeffizienten $\binom{l}{\varrho}$ mit $\varrho = 0, \cdots, l$ und $l = 0, \cdots, (2k-1)n-1$ und daher auch für die ganzen rationalen Koeffizienten der $(2k-1)n$ homogenen linearen Gleichungen. Nach dem zweiten Hilfssatz der Einleitung sind diese Gleichungen lösbar in solchen ganzen rationalen Werten der unbekannten g_ν, welche nicht sämtlich 0 und von der Größenordnung

$$(2kn(n!)^\varepsilon)^{\frac{(2k-1)n}{2kn-(2k-1)n}} \tag{39}$$

sind.

Die so bestimmten Polynome $P_1, \cdots, P_k$ haben die behaupteten drei Eigenschaften. Nach (36) und (39) ist nämlich 1. erfüllt; ferner ist 2. erfüllt; und da $\gamma_\nu = O((\nu!)^\varepsilon)$ ist, so folgt aus (37) und (38) für den Koeffizienten q_ν von $\frac{x^\nu}{\nu!}$ auf der rechten Seite von (35) die in 3. ausgesprochene Abschätzung.

Die Bedeutung von Satz 7 liegt darin, daß einerseits die Entwicklung (35) mit einer *hohen* Potenz von x beginnt und daß andererseits die ganzen rationalen Koeffizienten der Polynome $P_1, \cdots, P_k$ *klein* sind. Man könnte zwar noch erreichen, daß die Entwicklung (35) erst mit der Potenz x^{2kn-1} beginnt, dann würden aber vielleicht die Koeffizienten von $P_1, \cdots, P_k$ nicht mehr so klein sein, wie bei Satz 7 unter 1. ausgesagt wird; und gerade dies ist für das Folgende wesentlich.

Es sei l eine natürliche Zahl und $k = \frac{(l+1)(l+2)}{2}$. Unter $E_1(x), \cdots, E_k(x)$ verstehe man nunmehr die k Funktionen

$$J_0^\varkappa J_0'^{\lambda-\varkappa} \qquad (\varkappa = 0, \cdots, \lambda;\ \lambda = 0, \cdots, l)$$

und wende auf sie den Satz 7 an. Für jedes n gibt es also k nicht sämtlich identisch verschwindende Polynome $f_{\varkappa\lambda}$ ($\varkappa = 0, \cdots, \lambda$; $\lambda = 0, \cdots, l$) vom Grade $2n-1$ mit ganzen rationalen Koeffizienten von der Größenordnung $(n!)^{2+\varepsilon}$, so daß die Potenzreihe für die Funktion

$$\phi(x) = \sum_{\varkappa, \lambda} f_{\varkappa\lambda}(x) J_0^\varkappa J_0'^{\lambda-\varkappa} \tag{40}$$

mit der Potenz $x^{(2k-1)n}$ beginnt und als Majorante

$$(41)\qquad O\left((n!)^2 \sum_{\nu=(2k-1)n} \frac{|x|^\nu}{(\nu!)^{1-\varepsilon}}\right)$$

besitzt.

Wegen der Differentialgleichung $xJ_0'' = -J_0' - xJ_0$ sind die Funktionen $x^a\phi^{(a)}(x)$ für $a = 1, 2, \cdots$ Polynome in x, J_0, J_0', und zwar in x vom Grade $2n+a-1$, in J_0, J_0' von der Dimension l. Die Koeffizienten dieser Polynome sind wieder ganz rational und für $a < n+k^2$ von der Größenordnung $(n!)^{1+\varepsilon}\cdot(n!)^{2+\varepsilon}$. Die Potenzreihe für $x^a\phi^{(a)}(x)$ beginnt ebenfalls mit $x^{(2k-1)n}$, und als Majorante erhält man die mit $n!$ multiplizierte Majorante (41). Die k Potenzprodukte $J_0^\varkappa J_0'^{\lambda-\varkappa}$ mögen in irgendeiner Reihenfolge mit $t_1, \cdots, t_k$ bezeichnet werden; dann ist $x^a\phi^{(a)}(x)$ eine homogene lineare Funktion von $t_1, \cdots, t_k$, etwa

$$x^a\phi^{(a)}(x) = \sigma_{a1}(x)t_1 + \cdots + \sigma_{ak}(x)t_k.$$

Fortan sei noch

$$(42)\qquad 2n \geq k^2.$$

Satz 8:

Es sei ξ eine von 0 verschiedene Zahl. Unter den $n+k^2$ linearen Formen

$$\sigma_{a1}(\xi)t_1 + \cdots + \sigma_{ak}(\xi)t_k \qquad (a = 0, 1, \cdots, n+k^2-1)$$

der k Variabeln $t_1, \cdots, t_k$ gibt es k voneinander linear unabhängige Formen.

Beweis: Man hat Satz 4 anzuwenden und die Überlegungen vom Schlusse der Einleitung zu wiederholen. In der durch (40) definierten Funktion $\phi(x)$ mögen die Variabeln J_0 und J_0' nur in den Dimensionen $l_1, l_2, \cdots, l_\nu$ auftreten. Es kommen dann also nur die $(l_1+1)+\cdots+(l_\nu+1) = q$ Potenzprodukte $J_0^\varkappa J_0'^{\lambda-\varkappa}$ $(\varkappa = 0, \cdots, \lambda;\ \lambda = l_1, l_2, \cdots, l_\nu)$ vor, welche mit $\omega_1, \cdots, \omega_q$ bezeichnet seien. Es wird

$$(43)\qquad x^a\phi^{(a)}(x) = \tau_{a1}(x)\omega_1 + \cdots + \tau_{aq}(x)\omega_q,$$

wo $\tau_{a1}, \cdots, \tau_{aq}$ Polynome in x vom Grade $2n+a-1$ sind. Die Determinante

$$D(x) = |\tau_{ab}(x)|,$$

wo der Zeilenindex die Werte $a = 0, \cdots, q-1$, der Spaltenindex die Werte $b = 1, \cdots, q$ durchläuft, hat in x den Grad

$$q(2n-1) + 1 + 2 + \cdots + (q-1).$$

Bedeutet $T_{ba}(x)$ die Unterdeterminante von $\tau_{ab}(x)$, so ist nach (43) für $b = 1, \cdots, q$

$$(44)\qquad D(x)\omega_b = T_{b0}(x)\phi(x) + T_{b1}(x)x\phi'(x) + \cdots + T_{bq-1}(x)x^{q-1}\phi^{(q-1)}(x).$$

Nach Satz 4 ist die Determinante $D(x)$ nicht identisch gleich 0. Ferner verschwindet $x^a\phi^{(a)}(x)$ für $x = 0$ mindestens von der Ordnung $(2k-1)n$; dies tut also auch die rechte Seite von (44). Ist b so gewählt, daß ω_b eine der Potenzen $J_0^{l_1}, \cdots, J_0^{l_\nu}$ ist, so verschwindet ω_b nicht für $x = 0$. Daher ist $D(x)$ durch $x^{(2k-1)n}$ teilbar, und es gilt

$$(45)\qquad q(2n-1) + 1 + 2 + \cdots + (q-1) - (2k-1)n = \delta \geq 0.$$

Für $x = \xi \neq 0$ verschwinde $D(x)$ von der Ordnung s; dann ist $s \leq \delta$ und $D(\xi) = 0, \cdots, D^{(s-1)}(\xi) = 0$, $D^{(s)}(\xi) \neq 0$.

Nun ist ferner

$$(46)\qquad q = (l_1+1) + \cdots + (l_\nu+1) \leq 1 + \cdots + (l+1) = k,$$

und hier steht das Gleichheitszeichen nur dann, wenn die Zahlen $l_1, \cdots, l_\nu$ mit den Zahlen $0, \cdots, l$ übereinstimmen, wenn also $\phi(x)$ alle Dimensionen in J_0, J_0' von der 0-ten bis zur l-ten wirklich enthält. Nach (45) ist

$$q \geq k - \tfrac{1}{2} + \frac{k - \frac{1}{2} - (1 + \cdots + q - 1)}{2n-1},$$

also nach (42) und (46)

$$q \geq k - \tfrac{1}{2} - \frac{k^2 - 3k + 1}{2(2n-1)} > k - 1,$$

also nach (46)

$$(47)\qquad q = k.$$

Daher treten in $\phi(x)$ wirklich alle Dimensionen $0, \cdots, l$ in J_0, J_0' auf; man kann die Funktionen $\omega_1, \cdots, \omega_q$ mit $t_1, \cdots, t_k$ und die Polynome $\tau_{a1}, \cdots, \tau_{aq}$ mit den Polynomen $\sigma_{a1}, \cdots, \sigma_{ak}$ identifizieren.

Wie in der Einleitung schließt man nun aus der s-ten Ableitung der Gleichung (44), daß von den $k+s$ linearen Formen

$$\sigma_{a1}(\xi)t_1 + \cdots + \sigma_{ak}(\xi)t_k \qquad (a=0,\cdots,k+s-1)$$

der k Variabeln $t_1, \cdots, t_k$ sicherlich k voneinander unabhängig sind. Aus (45) und (47) ergibt sich noch

$$k+s \leq k+\delta = k(2n-1)+1+2+\cdots+k-(2k-1)n < n+k^2,$$

womit alles bewiesen ist.

§ 3. Die Transzendenz von $J_0(\xi)$.

Es sei ξ eine von 0 verschiedene Zahl. Man wähle, was nach Satz 8 möglich ist, k Zahlen $h_1, \cdots, h_k$ aus der Reihe $0, 1, \cdots, n+k^2-1$ so aus, daß die k linearen Formen

$$\phi_\nu = \sigma_{h_\nu 1}(\xi)t_1 + \cdots + \sigma_{h_\nu k}(\xi)t_k \qquad (\nu=1,\cdots,k)$$

linear unabhängig sind.

Es sei $g(y,z)$ ein Polynom der Variabeln y, z von der Dimension $p \leq l$, dessen Koeffizienten ganz rational und nicht sämtlich 0 sind. Es sei G eine obere Schranke für den absoluten Betrag aller Koeffizienten von $g(y,z)$. Man setze $l-p=r$ und bilde die $\frac{(r+1)(r+2)}{2} = v$ Polynome $y^\rho z^{\sigma-\rho} g(y,z)$ mit $\rho = 0, \cdots, \sigma$ und $\sigma = 0, \cdots, r$, deren Dimensionen $p+\sigma$ sämtlich $\leq l$ sind. Für die speziellen Werte $y = J_0(x)$, $z = J_0'(x)$ sind diese Polynome homogen linear in den Potenzprodukten $J_0^\varkappa J_0'^{\lambda-\varkappa}$ ($\varkappa = 0, \cdots, \lambda$; $\lambda = 0, \cdots, l$), also in $t_1, \cdots, t_k$; es entstehen so v neue lineare Formen von $t_1, \cdots, t_k$, etwa $\psi_1, \cdots, \psi_v$, deren Koeffizienten ganz rational und absolut $\leq G$ sind. Die v Polynome $y^\rho z^{\sigma-\rho} g(y,z)$ sind linear unabhängig voneinander, also sind dies auch $\psi_1, \cdots, \psi_v$. Aus den k linear unabhängigen Formen ϕ_ν ($\nu = 1, \cdots, k$) wähle man nun $k-v=w$ geeignete Formen, etwa ϕ_ν für $\nu = 1, \cdots, w$, so aus, daß die k Formen

$$(48) \qquad \psi_1, \cdots, \psi_v \quad \text{und} \quad \phi_1, \cdots, \phi_w$$

linear unabhängig sind.

Man hat nun die Überlegung der Einleitung, die zu (2) führte, in etwas verallgemeinerter Form zu wiederholen. Dem Potenzprodukt $J_0^0 J_0'^0 = 1$ sei t_1 zugeordnet. Die Determinante des Systems der k Formen (48) sei Δ, die Unterdeterminanten der Elemente der ersten Spalte von Δ seien $\Gamma_1, \cdots, \Gamma_v, B_1, \cdots, B_w$. Dann ist

$$(49) \qquad \Delta = \Gamma_1\psi_1 + \cdots + \Gamma_v\psi_v + B_1\phi_1 + \cdots + B_w\phi_w.$$

Aus Satz 7 hatte sich ergeben, daß die ganzen rationalen Koeffizienten des Polynoms $\sigma_{ab}(x)$ für $a = 0, \cdots, n+k^2-1$ und $b = 1, \cdots, k$ die Größenordnung $(n!)^{3+\varepsilon}$ haben. Das Polynom σ_{ab} ist vom Grade $2n+a-1 \leq 3n+k^2-2$. Die Determinante Δ ist ein Polynom in ξ vom Grade $w(3n+k^2-2)$, dessen Koeffizienten ganz rational sind und in n und G die Größenordnung $(n!)^{3w+\varepsilon} G^v$ besitzen. Bei festem ξ sind ferner die Unterdeterminanten $\Gamma_1, \cdots, \Gamma_v$ von der Größenordnung $(n!)^{3w+\varepsilon} G^{v-1}$ und die Unterdeterminanten $B_1, \cdots, B_w$ von der Größenordnung $(n!)^{3(w-1)+\varepsilon} G^v$. Da $\phi_1, \cdots, \phi_w$ die mit $n!$ multiplizierte Majorante (41) haben, so sind für festes ξ die Zahlen $\phi_1, \cdots, \phi_w$ von der Größenordnung $(n!)^{3+\varepsilon-(2k-1)}$.

Die rechte Seite von (49) ist daher

$$(50) \qquad O\left((n!)^{3w+\varepsilon} G^v \left\{ \frac{|g(J_0(\xi), J_0'(\xi))|}{G} + (n!)^{1-2k} \right\}\right).$$

Nun sei speziell ξ eine algebraische Zahl vom Grade m. Man wähle eine natürliche Zahl c derart, daß $c\xi$ ganz ist. Dann ist $c^{w(3n+k^2-2)}\Delta$ eine ganze Zahl aus dem

Körper von ξ; da sie von 0 verschieden ist, so ist ihre Norm absolut genommen ≥ 1. Mit Rücksicht auf die Abschätzung der Koeffizienten von Δ folgt daher aus (49) und (50)

$$(51)\qquad 1 < K G^{vm} (n!)^{3wm+\varepsilon} \left\{ \frac{|g(J_0(\xi), J_0'(\xi))|}{G} + (n!)^{1-2k} \right\},$$

wo K nicht von n abhängt und ≥ 1 ist. Man wähle jetzt $\varepsilon = 1$ und $r = 4pm$, dann ist wegen $l = p + r$

$$2k - 2 = (p+r+1)(p+r+2) - 2 > p^2(4m+1)^2 > 8p^2m(2m+1),$$

$$v = \tfrac{1}{2}(r+1)(r+2) < 2p^2(2m+1)^2,$$

$$w = \tfrac{1}{2}(p+r+1)(p+r+2) - \tfrac{1}{2}(r+1)(r+2) = \tfrac{1}{2}p(p+2r+3) \leq 2p^2(2m+1).$$

Man wähle ferner für n die *kleinste* natürliche Zahl, die (42) und der Bedingung

$$n! > 2KG^{2m+1}$$

genügt. Dann ist

$$(n!)^{2k-1} > (n!)^{1+8p^2m(2m+1)} > (n!)^{1+6p^2m(2m+1)}\, 2KG^{2p^2m(2m+1)^2} \geq 2KG^{vm}(n!)^{3wm+\varepsilon},$$

also nach (51)

$$|g(J_0(\xi), J_0'(\xi))| > G(n!)^{1-2k}.$$

Beachtet man, daß $n!$ die Größenordnung $G^{2m+1}\log G$ besitzt und

$$(2k-1)(2m+1) \leq 3m\{(4pm+p+1)(4pm+p+2)-1\} \leq 123\,p^2m^3$$

ist, so folgt der

Hauptsatz:

Es sei ξ eine von 0 verschiedene algebraische Zahl m-ten Grades. Es sei $g(y, z)$ ein Polynom von der Dimension p in y und z, dessen Koeffizienten ganz rational, nicht sämtlich 0 und absolut $\leq G$ sind. Dann gilt für eine gewisse nur von ξ und p abhängige positive Zahl c die Ungleichung

$$(52)\qquad |g(J_0(\xi), J_0'(\xi))| > cG^{-123p^2m^3}.$$

Insbesondere besteht also zwischen $J_0(\xi)$ und $J_0'(\xi)$ keine algebraische Gleichung mit rationalen Koeffizienten, und, spezieller, die Zahl $J_0(\xi)$ ist transzendent.

Durch die im Hauptsatz gewählte Formulierung hat die negative Aussage, daß die Zahlen $J_0(\xi)$ und $J_0'(\xi)$ für algebraisches $\xi \neq 0$ algebraisch unabhängig sind, eine positive Wendung bekommen; es wird nämlich eine positive Schranke für den Abstand des Wertes eines beliebigen mit rationalen Koeffizienten aus $J_0'(\xi)$ und $J_0(\xi)$ gebildeten Polynoms von 0 angegeben. Vermöge dieser Abschätzung läßt sich mit den transzendenten Zahlen $J_0(\xi)$, $J_0'(\xi)$ in derselben Weise wirklich *rechnen* wie mit den algebraischen Zahlen; denn man kann ja *entscheiden*, wie ein gegebener algebraischer Ausdruck in J_0, J_0' mit algebraischen Koeffizienten zu einer gegebenen rationalen Zahl gelegen ist.

Für die Konstante c in (52) ließe sich leicht ein expliziter Ausdruck als Funktion von ξ und p angeben, und der Exponent $123\,p^2\,m^3$ läßt sich auch noch verkleinern, indem man die Abschätzungen schärfer ausführt. Im Falle $p = 1$ läßt sich der »genaue« Exponent ermitteln. Der so entstehende arithmetische Satz hat dann wieder ein algebraisches Analogon, worüber noch kurz berichtet werden möge.

Es gibt drei Polynome n-ten Grades, etwa $f(x)$, $g(x)$, $h(x)$, so daß die Potenzreihe für

$$f(x)J_0(x) + g(x)J_0'(x) + h(x) = R(x)$$

mit der Potenz x^{3n+2} oder einer noch höheren Potenz beginnt und f, g, h nicht identisch gleich 0 sind. Dann ist

$$(f' - g)J_0 + \left(g' + f - \frac{g}{x}\right)J_0' + h' = R'$$

$$\left(f'' - f - 2g' + \frac{g}{x}\right)J_0 + \left(2f' - \frac{f}{x} - g + g'' - \frac{2g'}{x} + \frac{2g}{x^2}\right)J_0' + h'' = R'',$$

wofür kurz

$$f_1 J_0 + g_1 J_0' + h_1 = R'$$
$$f_2 J_0 + g_2 J_0' + h_2 = R''$$

geschrieben werden möge. Da J_0 gerade, J_0' ungerade ist, so können die Polynome f, h entweder beide gerade oder beide ungerade gewählt werden, in letzterem Falle ist g gerade. In beiden Fällen ist fg durch x teilbar. Daher sind die Ausdrücke

$$fg_1 - gf_1, \quad x(f_2 g - g_2 f), \quad x^2(f_1 g_2 - g_1 f_2)$$

Polynome. Die Determinante

$$(53) \qquad \begin{vmatrix} f & g & h \\ f_1 & g_1 & h_1 \\ f_2 & g_2 & h_2 \end{vmatrix} = (f_1 g_2 - g_1 f_2) R + (f_2 g - g_2 f) R' + (fg_1 - gf_1) R''$$

ist also einerseits eine durch x^{3n} teilbare ganze Funktion, andererseits eine rationale Funktion vom Grade $3n$. Sie hat daher den Wert γx^{3n}, und die Konstante γ ist nach Satz 4 von 0 verschieden. Aus (53) folgt, daß R wirklich mit der $(3n+2)$-ten Potenz von x beginnt und nicht mit einer höheren. Demnach sind die Polynome f, g, h bis auf einen gemeinsamen konstanten Faktor eindeutig bestimmt. Es ist ferner

$$J_0 : J_0' : 1 = (gh_1 - hg_1 + Rg_1 - R'g) : (hf_1 - fh_1 - Rf_1 + R'f) : (fg_1 - gf_1),$$

und dies liefert eine Approximation von J_0 und J_0' durch rationale Funktionen mit demselben Nenner. Vielleicht dürften die hier auftauchenden verallgemeinerten Kettenbruchentwicklungen auch bei andern linearen Differentialgleichungen von Bedeutung sein.

Der Satz, daß der Ausdruck $fJ_0 + gJ_0' + h$ zwar durch x^{3n+2}, aber nicht x^{3n+3} teilbar sein kann, wenn f, g, h Polynome n-ten Grades bedeuten, hat folgendes arithmetische Analogon:

Es sei r eine von 0 verschiedene rationale Zahl. Es seien a, b, c drei ganze rationale Zahlen, deren absolute Beträge das positive Maximum M haben. Dann ist

$$(54) \qquad |aJ_0(r) + bJ_0'(r) + c| > c_1 M^{-2-\varepsilon},$$

wo ε eine beliebige positive Zahl bedeutet und $c_1 > 0$ nur von r und ε abhängt.

Hier ist der Exponent $-2-\varepsilon$ bis auf das beliebig kleine ε der günstigste; denn für irgendwelche reellen Zahlen ρ, ς, τ hat stets die Ungleichung $|a\rho + b\varsigma + c\tau| \leq (|\rho| + |\varsigma| + |\tau|) M^{-2}$ unendlich viele Lösungen in ganzen rationalen Zahlen a, b, c.

Der Beweis von (54) ergibt sich auf genau demselben Wege, der zu (52) geführt hat, wenn man die Abschätzungen etwas verfeinert. Ebenso folgt allgemeiner:

Es sei $r \neq 0$ rational. Man bilde ein Polynom P in $J_0(r)$, $J_0'(r)$ von der Dimension p. Seine $\frac{1}{2}(p+1)(p+2) = q$ Koeffizienten seien ganz rational und absolut $\leq M$. Dann ist

$$(55) \qquad |P(J_0(r), J_0'(r))| > c_2 M^{1-q-\varepsilon}$$

für beliebiges $\varepsilon > 0$ und nur von r, p, ε abhängiges $c_2 > 0$.

Und andererseits kann man die Koeffizienten von P auf unendlich viele Weisen so bestimmen, daß

$$|P(J_0(r), J_0'(r))| < c_3 M^{1-q}$$

ist, für ein gewisses nur von r und p abhängiges c_3. Die Ungleichung (55) bringt also zum Ausdruck, wie sehr sich die Werte $J_0(r)$ und $J_0'(r)$ dagegen sträuben, durch eine algebraische Gleichung verbunden zu werden.

Genau wie im früher behandelten Fall $p = 1$ gibt es ein algebraisches Analogon zu (55), welches zeigt, wie sehr sich die Funktionen $J_0(x)$ und $J_0'(x)$ dagegen sträuben, durch eine algebraische Gleichung, deren Koeffizienten Polynome in x sind, miteinander verknüpft zu werden; dies bildet dann eine Verfeinerung des Satzes 2, daß $J_0(x)$ keiner algebraischen Differentialgleichung erster Ordnung genügt.

§ 4. Weitere Anwendungen der Methode.

I.

Die E-Funktion

$$K_\lambda(x) = \Gamma(\lambda+1)\left(\frac{x}{2}\right)^{-\lambda} J_\lambda(x) = \sum_{n=0}^{\infty} \frac{(-1)^n}{n!\,(\lambda+1)\cdots(\lambda+n)}\left(\frac{x}{2}\right)^{2n}$$

mit rationalem $\lambda \neq -1, -2, \cdots$ läßt sich genau so untersuchen, wie es mit $K_0 = J_0$ geschehen ist. Man erhält auch hier das Resultat, daß für kein algebraisches $\xi \neq 0$ zwischen den Zahlen $K_\lambda(\xi)$ und $K'_\lambda(\xi)$ eine algebraische Gleichung mit rationalen Koeffizienten besteht; auszunehmen ist nur der Fall, daß λ die Hälfte einer ungeraden Zahl ist. Insbesondere sind also die von 0 verschiedenen Nullstellen der Besselschen Funktionen $J_\lambda(x)$ für rationales λ stets transzendent, und dies gilt auf Grund des Lindemannschen Satzes auch noch für ungerades 2λ.

Aus den bekannten Relationen

$$J'_\lambda = \frac{\lambda}{x} J_\lambda - J_{\lambda+1}, \tag{56}$$

$$\frac{J_{\lambda-1}}{J_\lambda} = \frac{2\lambda}{x} - \cfrac{1}{\cfrac{2\lambda+2}{x} - \cdots}$$

folgt, daß der Kettenbruch

$$i\frac{J_{\lambda-1}(2ix)}{J_\lambda(2ix)} = \frac{\lambda}{x} + \cfrac{1}{\cfrac{\lambda+1}{x} + \cfrac{1}{\cfrac{\lambda+2}{x} + \cdots}}$$

für rationales λ und algebraisches $x \neq 0$ eine transzendente Zahl darstellt. Für ungerades 2λ ist dies im Satz von Lindemann enthalten.

Daraus ergibt sich die Transzendenz des Kettenbruchs

$$r_1 + \cfrac{1}{r_2 + \cfrac{1}{r_3 + \cdots}},$$

falls $r_1, r_2, r_3, \cdots$ rationale Zahlen sind, die eine arithmetische Reihe erster Ordnung bilden.

Speziell ist der Kettenbruch

$$1 + \cfrac{1}{2 + \cfrac{1}{3 + \cdots}}$$

transzendent.

II.

Bekanntlich haben $J_\lambda(x)$ und $J_{\lambda+1}(x)$ keine gemeinsame von 0 verschiedene Nullstelle, wie sich aus (56) ergibt. Es soll nun gezeigt werden, daß auch J_λ und $J_{\lambda+n}$ für $n = 2, 3, \cdots$ keine gemeinsame Nullstelle $\neq 0$ haben, falls λ rational ist und für negatives ganzes rationales λ der Wert $n = -2\lambda$ ausgelassen wird. Nach (56) ist nämlich

$$J_{\lambda+n} = P J_\lambda + Q J'_\lambda,$$

wo P und Q rationale Funktionen von x mit rationalen Koeffizienten bedeuten. Wäre Q identisch gleich 0, so folgte mit $\lambda + n = \mu$

$$\frac{d^2(PJ_\lambda)}{dx^2} + \frac{1}{x}\frac{d(PJ_\lambda)}{dx} + \left(1 - \frac{\mu^2}{x^2}\right) P J_\lambda = 0,$$

also

$$\left(P'' + \frac{P'}{x} + \frac{\lambda^2 - \mu^2}{x^2} P\right) J_\lambda + 2P' J'_\lambda = 0. \tag{57}$$

Ist nun zunächst 2λ keine ungerade Zahl, so folgte nach Satz 2

$$P' = 0, \quad \lambda^2 = \mu^2, \quad n = -2\lambda, \quad \lambda \text{ ganz,}$$

und dies ist der triviale Ausnahmefall $(-1)^\lambda J_\lambda = J_{-\lambda}$. Ist aber 2λ ungerade, so gilt bekanntlich

(58) $$J_\lambda = a e^{ix} + b e^{-ix}$$

mit rationalen Funktionen a und b, von denen keine identisch 0 ist, also

(59) $$J'_\lambda = (a' + ia) e^{ix} + (b' - ib) e^{-ix},$$

und es ist die Funktion $(a' + ia)b - a(b' - ib) = 2iab + ba' - ab'$ nicht identisch 0, weil sie denselben Grad hat wie ab; aus (57), (58) und (59) folgt wieder $P' = 0$, $\lambda^2 = \mu^2$; es wären also $J_{-\lambda}$ und J_λ proportional, was ein Widerspruch ist.

Daher ist Q nicht identisch gleich 0. Ist nun $\alpha \neq 0$ eine Nullstelle von J_λ, so ist dies eine einfache Nullstelle, also $J'_\lambda(\alpha) \neq 0$. Da α transzendent ist, so ist $P(\alpha)$ endlich und $Q(\alpha) \neq 0$, also

$$J_{\lambda+n}(\alpha) = Q(\alpha) J'_\lambda(\alpha) \neq 0.$$

III.

Einfacher als $J_0(x)$ läßt sich die Lösung von

(60) $$y' + \left(\frac{\lambda}{x} - 1\right) y = \frac{\lambda}{x} \qquad (\lambda \neq -1, -2, \cdots)$$

behandeln, nämlich

(61) $$y = x^{-\lambda} e^x \left(\int_0^x \lambda t^{\lambda-1} e^{-t} dt + c \right).$$

Für den Wert 0 der Integrationskonstanten c hat man

$$y_0 = 1 + \frac{x}{\lambda+1} + \frac{x^2}{(\lambda+1)(\lambda+2)} + \cdots.$$

Es ergibt sich die Transzendenz von y_0 für jedes rationale λ und jedes algebraische $x \neq 0$. Folglich sind die Nullstellen der Funktion

(62) $$\int_0^1 t^{\lambda-1} e^{-tx} dt$$

transzendent. Dies enthält für $\lambda = 1$ die Transzendenz von π, für $x = 1$ die Irrationalität der Nullstellen der »unvollständigen« Gammafunktion

$$\int_0^1 t^{x-1} e^{-t} dt.$$

Für algebraisches c und rationales λ ist die rechte Seite von (61) ebenfalls eine E-Funktion. Also ist der Ausdruck (62) für rationales λ und algebraisches $x \neq 0$ eine transzendente Zahl, also auch

$$\int_0^x e^{-t^\lambda} dt.$$

IV.

Die Lösung von (60) ist enthalten in der Lösung von

$$xy'' + (\lambda - x) y' - \varkappa y = 0;$$

hiervon ist ein Integral

$$y = 1 + \frac{\varkappa}{\lambda} \frac{x}{1!} + \frac{\varkappa(\varkappa+1)}{\lambda(\lambda+1)} \frac{x^2}{2!} + \cdots = \int_0^1 t^{\varkappa-1} (1-t)^{\lambda-\varkappa-1} e^{tx} dt : \int_0^1 t^{\varkappa-1} (1-t)^{\lambda-\varkappa-1} dt.$$

Wenn $\varkappa$ und λ rational sind, läßt sich diese Funktion in derselben Weise wie $J_0(x)$ untersuchen.

V.

Durch leichte Verallgemeinerung der früheren Überlegungen ist es möglich, den folgenden Satz zu beweisen, welcher sowohl den Hauptsatz über $J_0(x)$ als auch den allgemeinen LINDEMANNschen Satz enthält:

Es seien $\xi, \alpha_1, \cdots, \alpha_n$ algebraische Zahlen, und zwar seien $\alpha_1, \cdots, \alpha_n$ voneinander und ξ von 0 verschieden. Es seien $P_1(x, y), \cdots, P_n(x, y)$ Polynome mit algebraischen Koeffizienten, die nicht sämtlich 0 sind. Dann ist die Zahl

$$P_1(J_0(\xi),\ J_0'(\xi))e^{\alpha_1} + \cdots + P_n(J_0(\xi),\ J_0'(\xi))e^{\alpha_n} \neq 0. \tag{63}$$

Anders ausgedrückt: Zwischen $J_0(\xi)$, $J_0'(\xi)$ und Werten der Exponentialfunktion für algebraisches Argument besteht keine nichttriviale algebraische Relation. Speziell ist also $J_0(\xi)$ transzendent in bezug auf den Körper von e.

Zum Beweise bedarf man einer Verallgemeinerung des Satzes 2; es ist zu zeigen, daß die Funktion

$$P_1(J_0(\xi x),\ J_0'(\xi x))e^{\alpha_1 x} + \cdots + P_n(J_0(\xi x),\ J_0'(\xi x))e^{\alpha_n x}$$

nicht identisch in x verschwindet. Dies geschieht nach der Methode des Beweises von Satz 2; vgl. VI.

Es ergibt sich auch eine explizite positive untere Schranke für den absoluten Betrag der linken Seite von (63). Insbesondere gilt für den Spezialfall des HERMITEschen Satzes:

Es seien $m_0, \cdots, m_n$ ganze rationale Zahlen, deren absolute Beträge das Maximum $M > 0$ haben. Dann ist

$$|m_0 e^n + m_1 e^{n-1} + \cdots + m_{n-1} e + m_n| > c_4 M^{-n-\varepsilon},$$

wo $c_4 > 0$ ist und nur von ε und n abhängt. Andererseits ist wieder

$$|m_0 e^n + \cdots + m_n| < c_5 M^{-n}$$

für ein geeignetes c_5 in unendlich vielen ganzen rationalen Zahlen $m_0, \cdots, m_n$ lösbar.

Analog gilt der algebraische Satz:

Sind $f_0(x), \cdots, f_n(x)$ Polynome h-ten Grades, die nicht sämtlich identisch gleich 0 sind, so verschwindet die Funktion

$$f_0(x)e^{nx} + f_1(x)e^{(n-1)x} + \cdots + f_{n-1}(x)e^x + f_n(x)$$

bei $x = 0$ höchstens von der Ordnung $(n+1)(h+1) - 1$, und diese Ordnung wird, was ja trivial ist, durch geeignete Polynome $f_0, \cdots, f_n$ auch wirklich erreicht.

Für $n = 1$ folgen beide Sätze aus dem Kettenbruch für e^x. Die Sätze bringen zum Ausdruck, wie sehr sich die Zahl e und die Funktion e^x dagegen sträuben, algebraisch zu sein.

Für π gewinnt man die Ungleichung

$$|m_0 \pi^n + m_1 \pi^{n-1} + \cdots + m_n| > c_6 M^{-M^\varepsilon}$$

für beliebig kleines positives ε und nur von ε und n abhängiges positives c_6.

VI.

Die allgemeinere Frage nach der algebraischen Unabhängigkeit der Werte von $J_0(\xi)$ für verschiedene algebraische Werte von $\xi^2 \neq 0$ läßt sich ebenfalls beantworten, so daß man über $J_0(x)$ ebensogut informiert ist wie auf Grund des LINDEMANNschen Satzes über $\exp(x)$. Es läßt sich nämlich zeigen:

Es seien $\xi_1^2, \cdots, \xi_n^2$ voneinander und von 0 verschiedene algebraische Zahlen. Dann sind die $2n$ Zahlen $J_0(\xi_1), J_0'(\xi_1), \cdots, J_0(\xi_n); J_0'(\xi_n)$ voneinander algebraisch unabhängig im Körper der rationalen Zahlen.

Allgemeiner gilt dieser Satz auch für K_λ an Stelle von J_0, wenn λ eine rationale Zahl bedeutet, die nicht die Hälfte einer ungeraden Zahl ist. Und auch das läßt sich weiter verallgemeinern, indem man verschiedene Werte von λ simultan betrachtet. Man erhält so folgende Aussage:

Es seien $\lambda_1, \cdots, \lambda_m$ rationale Zahlen; keine der Zahlen $2\lambda_1, \cdots, 2\lambda_m$ sei ungerade, keine der Summen $\lambda_k + \lambda_l$ und der Differenzen $\lambda_k - \lambda_l$ $(k = 1, \cdots, m;\ l = 1, \cdots, m;\ k \neq l)$ sei ganz. Es seien $\xi_1^2, \cdots, \xi_n^2$ voneinander und von 0 verschiedene algebraische Zahlen. Dann besteht zwischen den $2mn$ Größen $K_\lambda(\xi)$, $K'_\lambda(\xi)$ $(\lambda = \lambda_1, \lambda_2, \cdots, \lambda_m;\ \xi = \xi_1, \xi_2, \cdots, \xi_n)$ keine algebraische Gleichung mit rationalen Koeffizienten.

Der Beweis verläuft entsprechend wie in dem ausführlich behandelten Fall $m = 1$, $\lambda_1 = 0$, $n = 1$. Es genügt, den algebraischen Teil des Beweises zu behandeln, der zur Verallgemeinerung des Satzes 3 führt, nämlich zu

Satz 9:

Es seien $\lambda_1, \cdots, \lambda_m$ irgendwelche Zahlen, von denen keine die Hälfte einer ungeraden Zahl ist und kein Paar eine ganze rationale Summe oder Differenz besitzt. Ferner seien die Zahlen $\xi_1^2, \cdots, \xi_n^2$ voneinander und von 0 verschieden. Es seien J_λ und Y_λ voneinander linear unabhängige Lösungen der Bessel*schen Differentialgleichung. Dann sind die $3mn$ Funktionen $J_\lambda(\xi x)$, $J'_\lambda(\xi x)$, $Y_\lambda(\xi x)$ $(\lambda = \lambda_1, \cdots, \lambda_m;\ \xi = \xi_1, \cdots, \xi_n)$ algebraisch unabhängig im Körper der rationalen Funktionen von x.*

Beweis: Die Besselschen Funktionen mit dem Argument ξx genügen der Differentialgleichung

$$(64) \qquad y'' + \frac{1}{x}y' + \left(\xi^2 - \frac{\lambda^2}{x^2}\right)y = 0.$$

Es seien u und v zwei linear unabhängige Lösungen. Die zu den mn Paaren ξ, λ gehörigen Lösungen seien in irgendeiner Reihenfolge mit $u_1, v_1;\ u_2, v_2; \cdots$ bezeichnet. Man hat zu beweisen, daß zwischen den $3mn+1$ Funktionen $x, u_1, u'_1, v_1, u_2, u'_2, v_2, \cdots$ keine algebraische Gleichung mit konstanten Koeffizienten besteht. Für $m = 1$, $n = 1$ ist dies durch Satz 3 erledigt. Es sei $mn > 1$ und die Anzahl r der in der Gleichung wirklich vorkommenden Tripel u, u', v möglichst klein; ferner sei bei diesem r die Anzahl s der wirklich auftretenden Funktionen v möglichst klein. Man hat also etwa eine Gleichung zwischen $u_1, u'_1, u_2, u'_2, \cdots, u_r, u'_r$ und $v_1, \cdots, v_s$ mit $s \leq r$, deren Koeffizienten Polynome in x sind; und in jeder solchen Gleichung muß eine der Funktionen u_r, u'_r, v_r und im Falle $s > 0$ die Funktion v_s wirklich auftreten.

Zunächst wird gezeigt, daß s den Wert 0 hat. Man hat nur die Überlegungen vom Beweise des Satzes 3 zu wiederholen; an die Stelle der Gleichung (18) tritt dann eine Gleichung zwischen $x, u_2, u'_2, \cdots, u_r, u'_r$ und $v_2, \cdots, v_s$ und $\lambda u_1 + \mu v_1$, $\lambda u'_1 + \mu v'_1$, wo λ und μ geeignete Konstanten bedeuten. Ersetzt man dann $\lambda u_1 + \mu v_1$ durch u_1, so kommt man zu einer Gleichung mit demselben r und kleinerem s. Daher ist $s = 0$.

Nun soll nachgewiesen werden, daß auch eine Gleichung existiert, in der u'_1 nicht auftritt. Man schließt wie beim Beweise von Satz 2. Ist $\Phi = 0$ eine u'_1 enthaltende irreduzible algebraische Gleichung zwischen $x, u_1, u'_1, \cdots, u_r, u'_r$, so kann man aus $\Phi = 0$ und $\frac{d\Phi}{dx} = 0$ unter Benutzung von (64) entweder u'_1 eliminieren, oder man erhält analog zu (11) eine Gleichung

$$(65) \qquad Q(\lambda_1 u_1 + \mu_1 v_1, \lambda_1 u'_1 + \mu_1 v'_1, \lambda_2 u_2 + \mu_2 v_2, \cdots) = k(\lambda_1, \mu_1, \lambda_2, \mu_2, \cdots) x^b e^{ax - \frac{c}{x}};$$

hierin bedeutet k ein Polynom mit konstanten Koeffizienten, das in jedem der r Paare $\lambda_a, \mu_a (a = 1, \cdots, r)$ homogen ist, und $Q(u_1, u'_1, \cdots)$ ein Polynom in $x, u_1, u'_1, \cdots$, das in jedem der Paare $u_a, u'_a (a = 1, \cdots, r)$ homogen ist. Man setze noch $\lambda_a : \mu_a = \rho_a$ und unterwerfe diese Parameter der Bedingung $k = 0$, dann ist $\rho_1 = \rho$ eine algebraische Funktion von $\rho_2, \cdots, \rho_r$. Wäre ρ identisch konstant, so würde für diesen Wert von $\rho = \lambda_1 : \mu_1$ die linke Seite von (65) identisch in $\lambda_2, \mu_2, \cdots, \lambda_r, \mu_r$ verschwinden; dann wäre aber der Koeffizient jedes Potenzproduktes von $u_2, u'_2, \cdots, u_r, u'_r$ in $Q(\lambda_1 u_1 + \mu_1 v_1, \lambda_1 u'_1 + \mu_1 v'_1, u_2, u'_2, \cdots, u_r, u'_r)$ gleich 0, und dies lieferte eine Gleichung zwischen $\lambda_1 u_1 + \mu_1 v_1$, $\lambda_1 u'_1 + \mu v'_1$, x, gegen Satz 3. Also ist ρ nicht konstant bei variabeln $\rho_2, \cdots, \rho_r$.

Die Funktion $\frac{\rho u_1' + v_1'}{\rho u_1 + v_1}$ ist eine algebraische Funktion von x und den $r-1$ Funktionen $\frac{\rho_2 u_2' + v_2'}{\rho_2 u_2 + v_2}, \ldots, \frac{\rho_r u_r' + v_r'}{\rho_r u_r + v_r}$, die mit A bezeichnet werden möge. Man wähle für $\rho_2, \cdots, \rho_r$ vier beliebige Wertsysteme, die durch die oberen Indizes I, $\cdots$, IV bezeichnet werden mögen; die entsprechenden Indizes werden an die zugehörigen Werte von ρ und A angeheftet. Aus der Gleichung

$$\frac{\rho u_1' + v_1'}{\rho u_1 + v_1} = A \tag{66}$$

folgt dann die Gleichheit der Doppelverhältnisse

$$\frac{\rho^{\mathrm{I}} - \rho^{\mathrm{III}}}{\rho^{\mathrm{I}} - \rho^{\mathrm{IV}}} : \frac{\rho^{\mathrm{II}} - \rho^{\mathrm{III}}}{\rho^{\mathrm{II}} - \rho^{\mathrm{IV}}} = \frac{A^{\mathrm{I}} - A^{\mathrm{III}}}{A^{\mathrm{I}} - A^{\mathrm{IV}}} : \frac{A^{\mathrm{II}} - A^{\mathrm{III}}}{A^{\mathrm{II}} - A^{\mathrm{IV}}}, \tag{67}$$

und zwar gilt dies identisch in den $4(r-1)$ Variabeln $\rho_2^{\mathrm{I}}, \cdots, \rho_r^{\mathrm{I}}, \cdots, \rho_2^{\mathrm{IV}}, \cdots, \rho_r^{\mathrm{IV}}$, wenn unter ρ die k zu 0 machende algebraische Funktion von $\rho_2, \cdots, \rho_r$ verstanden wird. Nach (14) ist für ein konstantes $a \neq 0$

$$u'v - v'u = \frac{a}{x}; \tag{68}$$

setzt man die hieraus für $v_2', \cdots, v_r'$ folgenden Werte in (67) ein, so entsteht eine algebraische Gleichung zwischen x und nur $r-1$ Tripeln $u_2, u_2', v_2, \cdots, u_r, u_r', v_r$, also eine Gleichung, die identisch in $u_2, u_2', v_2, \cdots, u_r, u_r', v_r$ gilt. Nun hängt aber A nur von den Verhältnissen $\frac{\rho_2 u_2' + v_2'}{\rho_2 u_2 + v_2}, \cdots$ ab, also auch nur von den Verhältnissen $u_2' : v_2' : u_2 : v_2, \cdots$; bei willkürlichen $u' : v' : u : v$ bedeutet (68) die Normierung eines Proportionalitätsfaktors von u', v', u, v, und folglich gilt (67) sogar identisch in den $4(r-1)$ Variabeln $u_2, u_2', v_2, v_2', \cdots$. Man kann daher die in ρ_2 lineare Funktion $\frac{\rho_2 u_2' + v_2'}{\rho_2 u_2 + v_2}$ durch

$$\frac{\rho_2 - \rho_2^{\mathrm{III}}}{\rho_2 - \rho_2^{\mathrm{IV}}} : \frac{\rho_2^{\mathrm{II}} - \rho_2^{\mathrm{III}}}{\rho_2^{\mathrm{II}} - \rho_2^{\mathrm{IV}}}$$

ersetzen und analog für die andern Indizes $3, \cdots, r$. Dann werden die Argumente von A^{II} sämtlich gleich 1, die von A^{III} gleich 0, die von A^{IV} gleich ∞, und die Argumente von A^{I} sind die Doppelverhältnisse von $\rho_a^{\mathrm{I}}, \rho_a^{\mathrm{II}}, \rho_a^{\mathrm{III}}, \rho_a^{\mathrm{IV}}$ für $a = 2, \cdots, r$. Nach (67) ist dann das Doppelverhältnis von $\rho^{\mathrm{I}}, \rho^{\mathrm{II}}, \rho^{\mathrm{III}}, \rho^{\mathrm{IV}}$ eine algebraische Funktion dieser $r-1$ Doppelverhältnisse, und andererseits ist ρ^{I} eine algebraische Funktion von $\rho_2^{\mathrm{I}}, \cdots, \rho_r^{\mathrm{I}}$ allein, $\cdots$, ρ^{IV} dieselbe algebraische Funktion von $\rho_2^{\mathrm{IV}}, \cdots, \rho_r^{\mathrm{IV}}$ allein.

Ist nun für eine in einem Intervall differentiierbare und nicht identisch konstante Funktion $f(x)$ das Doppelverhältnis $\Delta = \frac{f(x_1) - f(x_3)}{f(x_1) - f(x_4)} : \frac{f(x_2) - f(x_3)}{f(x_2) - f(x_4)}$ eine Funktion von $\frac{x_1 - x_3}{x_1 - x_4} : \frac{x_2 - x_3}{x_2 - x_4} = D$, so folgt, indem man x_1 und x_2 bei festgehaltenem Wert von D nach x_3 konvergieren läßt, die Relation

$$\Delta : D = \lim \frac{f(x_1) - f(x_3)}{x_1 - x_3} : \frac{f(x_2) - f(x_3)}{x_2 - x_3} = 1;$$

also $\Delta = D$.

In (67) ist also die rechte Seite gleich dem ersten Argument von A^{I}, ferner sind $A^{\mathrm{II}}, A^{\mathrm{III}}, A^{\mathrm{IV}}$ algebraische Funktionen von x. Folglich ist A eine lineare Funktion von $\frac{\rho_2 u_2' + v_2'}{\rho_2 u_2 + v_2}$, deren Koeffizienten algebraische Funktionen von x sind. Nach (66) ist dann ρ eine lineare Funktion von ρ_2. Werden u_1 und v_1 durch geeignete homogene lineare Verbindungen von u_1 und v_1 mit konstanten Koeffizienten ersetzt, so ist $\rho_2 = \rho$. Aus

$$\frac{\rho u_1' + v_1'}{\rho u_1 + v_1} = \frac{\alpha \dfrac{\rho u_2' + v_2'}{\rho u_2 + v_2} + \beta}{\gamma \dfrac{\rho u_2' + v_2'}{\rho u_2 + v_2} + \delta}$$

mit algebraischen α, β, γ, δ folgt nun aber, wenn nach ρ differentiiert und $\rho = \infty$ gesetzt wird,

$$\frac{u_1' v_1 - v_1' u_1}{u_1^2} = (\alpha\delta - \beta\gamma)\frac{u_2' v_2 - v_2' u_2}{(\gamma u_2' + \delta u_2)^2},$$

also nach (68)

$$u_1 = p u_2 + q u_2'$$

mit algebraischen Funktionen p und q von x allein. Diese Gleichung ist von u_1' frei.

Es gibt also auch eine Gleichung zwischen x, u_2, u_2', $\cdots$, u_r, u_r' und u_1. Sie heiße $\psi = 0$ und sei irreduzibel. Aus $\frac{d\psi}{dx} = 0$ ergibt sich dann u_1' als rationale Funktion von x, u_2, u_2', $\cdots$, u_r, u_r' und u_1 und durch Differentiation u_1'' als ebensolche Funktion. Trägt man u_1 an Stelle von y in die linke Seite von (64) ein, so muß der entstehende Ausdruck verschwinden; dies ist ebenfalls eine Gleichung $\chi = 0$ zwischen x, u_2, u_2', $\cdots$, u_r, u_r' und u_1. Die Elimination von u_1 aus $\chi = 0$ und $\psi = 0$ ist unmöglich. Folglich ist die Gleichung $\chi = 0$ erfüllt, falls u_2, $\cdots$, u_r durch beliebige Lösungen der für diese Funktionen geltenden Differentialgleichungen ersetzt werden und u_1 auf Grund von $\psi = 0$ bestimmt wird. Schreibt man also $\lambda_2 u_2 + \mu_2 v_2$, $\lambda_2 u_2' + \mu_2 v_2'$, $\lambda_3 u_3 + \mu_3 v_3$, $\lambda_3 u_3' + \mu_3 v_3'$, $\cdots$ an Stelle von u_2, u_2', u_3, u_3', $\cdots$, so genügt $\lambda_1 u_1 + \mu_1 v_1$ der für u_1 geltenden Gleichung $\psi = 0$; dabei sind λ_1 und μ_1 Funktionen von λ_2, μ_2, λ_3, μ_3, $\cdots$. Es sei

$$u_1 = A(u_2, u_2', \cdots),$$

wo A eine algebraische Funktion seiner Argumente bedeutet; dann ist

$$\lambda_1 u_1 + \mu_1 v_1 = A(\lambda_2 u_2 + \mu_2 v_2, \lambda_2 u_2' + \mu_2 v_2', \cdots). \tag{69}$$

Man ersetze speziell μ_2 durch 1 und wähle für λ_2 drei beliebige Werte λ_2^{I}, λ_2^{II}, λ_2^{III}; dadurch gehe A in A^{I}, A^{II}, A^{III} und λ_1, μ_1 in λ_1^{I}, μ_1^{I}, $\cdots$ über. Aus den drei so entstehenden Gleichungen (69) eliminiere man u_1, v_1; dies liefert

$$\rho_1 A^{I} + \rho_2 A^{II} + \rho_3 A^{III} = 0, \tag{70}$$

wo ρ_1, ρ_2, ρ_3 Funktionen von λ_2^{I}, λ_2^{II}, λ_2^{III} sind, aber nicht von x abhängen. Eliminiert man v_2', v_3', $\cdots$ mit Hilfe von (68), so geht (70) in eine Gleichung zwischen u_2, u_2', v_2, $\cdots$. u_r, u_r', v_r, x über, und diese Gleichung muß dann wieder identisch in den $3(r-1)+1$ genannten Variabeln bestehen. Die beiden ersten Argumente von A lauten, wenn der untere Index 2 der Kürze halber fortgelassen wird, $\lambda u + v = \xi$ und $\frac{u'}{u}(\lambda u + v) - \frac{a}{xu} = \eta$. Man entwickle $A(\xi, \eta)$ nach Potenzen von $\xi - v = \lambda u$

$$A(\xi, \eta) = A(v, \eta) + A_v(v, \eta)\lambda u + \tfrac{1}{2} A_{vv}(v, \eta)(\lambda u)^2 + \cdots. \tag{71}$$

Ferner entwickle man $A\left(v, -\frac{a}{xu}\right)$ nach Potenzen von u; dies sei

$$A\left(v, -\frac{a}{xu}\right) = c_0 u^{r_0} + c_1 u^{r_1} + \cdots, \qquad (r_0 < r_1 < \cdots) \tag{72}$$

und c_0, c_1, $\cdots$ bedeuten Funktionen von v, von denen keine identisch 0 ist. Da (70) identisch in u, u', v, $\cdots$ gilt, so kann speziell $u' = 0$ gesetzt werden; dadurch geht η in $-\frac{a}{xu}$ über. Man trage die aus (71) und (72) folgende Entwicklung

$$A\left(\lambda u+v,-\frac{a}{xu}\right)=(c_0u^{r_0}+c_1u^{r_1}+\cdots)+\left(\frac{\partial c_0}{\partial v}u^{r_0}+\frac{\partial c_1}{\partial v}u^{r_1}+\cdots\right)\lambda u+\cdots$$

in (70) ein und lasse u gegen o konvergieren. Es wird

$$c_0(\rho_1+\rho_2+\rho_3)=0,$$

also $\rho_1+\rho_2+\rho_3=0$ und $c_1(\rho_1+\rho_2+\rho_3)=0,\ldots$. Bedeutet $\frac{\partial c_k}{\partial v}$ die erste nicht identisch verschwindende Funktion der Reihe $\frac{\partial c_0}{\partial v}, \frac{\partial c_1}{\partial v}, \ldots$, so ist ferner

$$\frac{\partial c_k}{\partial v}(\rho_1\lambda^{\mathrm{I}}+\rho_2\lambda^{\mathrm{II}}+\rho_3\lambda^{\mathrm{III}})=0,$$

also $\rho_1\lambda^{\mathrm{I}}+\rho_2\lambda^{\mathrm{II}}+\rho_3\lambda^{\mathrm{III}}=0$ und $\frac{\partial c_{k+1}}{\partial v}(\rho_1\lambda^{\mathrm{I}}+\rho_2\lambda^{\mathrm{II}}+\rho_3\lambda^{\mathrm{III}})=0,\ldots$. Bedeutete $\frac{\partial^2 c_l}{\partial v^2}$ die erste nicht identisch verschwindende Funktion der Reihe $\frac{\partial^2 c_k}{\partial v^2}, \frac{\partial^2 c_{k+1}}{\partial v^2}, \ldots$, so folgte ebenso $\rho_1(\lambda^{\mathrm{I}})^2+\rho_2(\lambda^{\mathrm{II}})^2+\rho_3(\lambda^{\mathrm{III}})^2=0$, was ein Widerspruch ist, wenn $\lambda^{\mathrm{I}}, \lambda^{\mathrm{II}}, \lambda^{\mathrm{III}}$ voneinander verschieden gewählt werden. Daher sind $c_0, c_1, c_2, \cdots$ in v konstant oder linear. Mit Rücksicht auf (72) folgt

$$A(\xi,\eta)=B(\eta)+\xi\,C(\eta),$$

wo B und C algebraische Funktionen von η bedeuten. Nun sei wieder u' beliebig, und man entwickle $B(\eta)$ und $C(\eta)$ nach Potenzen von $\frac{u'}{u}(\lambda u+v)=\eta+\frac{a}{xu}$. Dadurch geht (70) über in

$$\rho_1\left\{B\left(-\frac{a}{xu}\right)+B'\left(-\frac{a}{xu}\right)\frac{u'}{u}(\lambda^{\mathrm{I}}u+v)+\tfrac{1}{2}B''\left(-\frac{a}{xu}\right)\left(\frac{u'}{u}\right)^2(\lambda^{\mathrm{I}}u+v)^2+\cdots\right.$$
$$\left.+(\lambda^{\mathrm{I}}u+v)\left(C\left(-\frac{a}{xu}\right)+C'\left(-\frac{a}{xu}\right)\frac{u'}{u}(\lambda^{\mathrm{I}}u+v)+\cdots\right)\right\}+\rho_2\{\cdots\}+\rho_3\{\cdots\}=0.$$

Dies gilt identisch in u', also ist der Koeffizient von $u':u$

$$\rho_1\left\{B'\left(-\frac{a}{xu}\right)(\lambda^{\mathrm{I}}u+v)+C'\left(-\frac{a}{xu}\right)(\lambda^{\mathrm{I}}u+v)^2\right\}+\rho_2\{\cdots\}+\rho_3\{\cdots\}=0,$$

und zwar identisch in v; folglich $C'\left(-\frac{a}{xu}\right)=0$, $C(\eta)$ konstant. Ferner ist auch der Koeffizient von $(u':u)^2$

$$\rho_1B''\left(-\frac{a}{xu}\right)(\lambda^{\mathrm{I}}u+v)^2+\rho_2B''\left(-\frac{a}{xu}\right)(\lambda^{\mathrm{II}}u+v)^2+\rho_3B''\left(-\frac{a}{xu}\right)(\lambda^{\mathrm{III}}u+v)^2=0$$

identisch in v; also $B''\left(-\frac{a}{xu}\right)=0$, $B(\eta)$ linear.

Es hat sich ergeben, daß A eine lineare Funktion seiner beiden ersten Argumente ist; nach (69) sind dann auch λ_1 und μ_1 lineare Funktionen von λ_2 und μ_2. Setzt man $\lambda_2=0$, $\mu_2=0$, so ist (69) eine Gleichung, die das Variabelnpaar u_2, u_2' nicht mehr enthält, es müssen dann also λ_1 und μ_1 verschwinden, und es darf ferner $A(u_2, u_2', \cdots)$ kein von u_2, u_2' freies Glied enthalten. Also ist A homogen linear in u_2, u_2', und λ_1, μ_1 sind homogen linear in λ_2, μ_2. Enthielte A nun noch ein weiteres Variabelnpaar u_3, u_3', so wären λ_1, μ_1 auch homogen linear in λ_3, μ_3, etwa $\lambda_1=a\lambda_3+b\mu_3$, $\mu_1=c\lambda_3+d\mu_3$. Da $ad-bc$ eine homogene quadratische Funktion von λ_2, μ_2 ist, so könnte man für $\lambda_2, \mu_2, \lambda_3, \mu_3$ Werte finden, die λ_1 und μ_1 zu o machen, aber selber nicht sämtlich o sind. Dann wäre aber (69) eine Gleichung, die das Variabelnpaar u_1, u_1' nicht mehr enthält.

Man ist somit auf eine Gleichung

$$u_1=\alpha u_2+\beta u_2'$$

geführt worden, wo α und β algebraische Funktionen von x sind. Trägt man diesen Wert von u_1 in die Differentialgleichung ein und benutzt die Differentialgleichung für u_2 zur Elimination von u_2'' und u_2''', so erhält man

$$Ru_2' + Su_2 = 0$$

mit

$$R = \beta'' - \frac{1}{x}\beta' + \left(\xi_1^2 - \xi_2^2 + \frac{\lambda_2^2 - \lambda_1^2 + 1}{x^2}\right)\beta + 2\alpha'$$

$$S = \alpha'' + \frac{1}{x}\alpha' + \left(\xi_1^2 - \xi_2^2 + \frac{\lambda_2^2 - \lambda_1^2}{x^2}\right)\alpha - 2\left(\xi_2^2 - \frac{\lambda_2^2}{x^2}\right)\beta' - 2\frac{\lambda_2^2}{x^3}\beta,$$

also $R = 0$, $S = 0$. Hierin bedeuten, abweichend vom Wortlaut des Satzes 9, ξ_1, λ_1 und ξ_2, λ_2 die zu den Funktionen u_1 und u_2 gehörigen Werte von ξ, λ in der Differentialgleichung (64).

Man entwickle α und β nach fallenden Potenzen von x

$$\alpha = ax^r + \cdots, \quad \beta = bx^s + \cdots, \quad ab \neq 0;$$

dann gehen R und S über in

$$b(\xi_1^2 - \xi_2^2)x^s + 2arx^{r-1} + \cdots$$

und

$$a(\xi_1^2 - \xi_2^2)x^r - 2b\xi_2^2 s x^{s-1} + \cdots;$$

also ist $\xi_1^2 = \xi_2^2$. Ohne Beschränkung der Allgemeinheit sei dann $\xi_1^2 = 1$. Aus $R = 0$ und $S = 0$ ergibt sich durch Elimination von α die homogene lineare Differentialgleichung vierter Ordnung für β

$$x^4\beta'''' + 2x^3\beta''' + x^2(4x^2 - 2\lambda_1^2 - 2\lambda_2^2 + 1)\beta'' + x(8x^2 + 2\lambda_1^2 + 2\lambda_2^2 - 1)\beta'$$
$$+ (\lambda_1 + \lambda_2 + 1)(\lambda_1 + \lambda_2 - 1)(\lambda_1 - \lambda_2 + 1)(\lambda_1 - \lambda_2 - 1)\beta = 0.$$

Die algebraische Funktion β ist also höchstens bei 0 und ∞ singulär. Setzt man

$$\beta = x^r(a_0 + a_1 x + \cdots + a_l x^l),$$

wo $a_0 a_l \neq 0$ ist, so folgt durch Koeffizientenvergleich

$$4(r + l)(r + l + 1) = 0,$$

also die Ganzzahligkeit von r, und ferner

$$(r - \lambda_1 - \lambda_2 - 1)(r + \lambda_1 + \lambda_2 - 1)(r - \lambda_1 + \lambda_2 - 1)(r + \lambda_1 - \lambda_2 - 1) = 0.$$

Daher ist $\lambda_1 + \lambda_2$ oder $\lambda_1 - \lambda_2$ ganz rational, im Widerspruch zur Voraussetzung. Damit ist Satz 9 bewiesen.

Die Voraussetzungen des Satzes 9 sind, wie man leicht sieht, auch notwendig für seine Gültigkeit; z. B. gilt für ganz rationales $\lambda_1 - \lambda_2$ zwischen J_{λ_1}, J'_{λ_1}, J_{λ_2} und x eine algebraische Gleichung, wie aus (56) folgt.

Will man für 2λ auch ungerade Werte zulassen, so bedarf Satz 9 einer Ergänzung, über die noch folgendes bemerkt sei. In diesem Falle lassen sich J_λ, J'_λ, Y_λ algebraisch durch x und e^{ix} ausdrücken, und man hat zu untersuchen, ob ein Ausdruck

$$\Phi = \phi_0 + \phi_1 e^{\alpha_1 x} + \phi_2 e^{\alpha_2 x} + \cdots + \phi_n e^{\alpha_n x}$$

identisch in x verschwinden kann, falls $\alpha_1, \cdots, \alpha_n$ voneinander verschiedene Zahlen bedeuten und $\phi_0, \cdots, \phi_n$ Polynome in den Besselschen Funktionen des Satzes 9 und x sind. Es sei n möglichst klein. Ist $\Phi = 0$, so folgt

$$\frac{d\Phi}{dx} = \frac{d\phi_0}{dx} + \frac{d\phi_1}{dx}e^{\alpha_1 x} + \cdots + \frac{d\phi_n}{dx}e^{\alpha_n x} + \alpha_1\phi_1 e^{\alpha_1 x} + \cdots + \alpha_n\phi_n e^{\alpha_n x} = 0,$$

also müssen die beiden in $e^{\alpha_1 x}, \cdots, e^{\alpha_n x}$ linearen Funktionen Φ und $\frac{d\Phi}{dx}$ proportional sein,

$$\frac{d\log\phi_0}{dx} = \frac{d\log\phi_1}{dx} + \alpha_1 = \cdots = \frac{d\log\phi_n}{dx} + \alpha_n$$

(73) $$\phi_0 = c\phi_1 e^{\alpha_1 x}$$

also $n = 1$. Ersetzt man hierin x durch $2x$ und eliminiert $e^{\alpha_1 x}$ aus der so entstandenen Gleichung und (73), so erhält man einen Widerspruch zu Satz 9. Also ist Φ nicht identisch in x gleich 0.

VII.

Für Potenzreihen mit *endlichem* Konvergenzradius gelingt es nicht mehr, durch die früher entwickelte Methode Transzendenzsätze abzuleiten; doch kommt man in vielen Fällen zu Aussagen über Irrationalität.

Anstatt der E-Funktionen $\sum_{n=0}^{\infty} \frac{a_n}{b_n} \frac{x^n}{n!}$ sind Potenzreihen

$$y = \sum_{n=0}^{\infty} \frac{a_n}{b_n} x^n,$$

bei denen also der Faktor $n!$ im Nenner des allgemeinen Gliedes fehlt, zu betrachten, welche denselben Bedingungen 1., 2., 3. genügen, wie sie bei der Definition der E-Funktionen angegeben waren; nur soll die Bedingung über das Anwachsen der Konjugierten von a_n und des kleinsten gemeinschaftlichen Vielfachen von $b_1, \cdots, b_n$ durch die schärfere ersetzt werden, daß dieses Anwachsen nicht stärker geschieht als bei einer Potenz c^n mit geeigneter konstanter Basis c. Solche Funktionen mögen G-Funktionen genannt werden; zu ihnen gehört trivialerweise die geometrische Reihe. Ähnlich wie bei den E-Funktionen folgt, daß die G-Funktionen einen Ring bilden. Es ist trivial, daß die Ableitung einer G-Funktion wieder eine solche ist. Aus Satz 5 folgt ferner, daß auch das Integral $\int_0^x G(t)\,dt$ eine G-Funktion ist.

Nach einem Satze von EISENSTEIN ist jede bei $x = 0$ reguläre algebraische Funktion, die einer algebraischen Gleichung mit algebraischen Zahlenkoeffizienten genügt, eine G-Funktion. Das von 0 bis x erstreckte Integral einer solchen algebraischen Funktion ist daher ebenfalls eine G-Eunktion. Ein anderes Beispiel einer G-Funktion liefert die hypergeometrische Reihe

$$1 + \frac{\alpha\beta}{\gamma\cdot 1} x + \frac{\alpha(\alpha+1)\beta(\beta+1)}{\gamma(\gamma+1)\cdot 1\cdot 2} x^2 + \cdots,$$

wenn α, β, γ rational sind.

Man kann diese Funktionen denselben Betrachtungen unterwerfen, die im vorhergehenden auf J_0 angewendet worden sind. Bei der Differentiation der Näherungsformen, wie sie im § 2 ausgeführt wurde, hat man im vorliegenden Fall zu beachten, daß die durch oftmalige Differentiation einer Näherungsform entstehenden Näherungsformen noch einen großen gemeinsamen Teiler in ihren Zahlenkoeffizienten haben; erst nach Division durch diesen Teiler wird eine erfolgreiche Restabschätzung möglich.

Bei der Untersuchung des ABELschen Integrals $\int_0^x y\,dt$ ist es notwendig, allgemeinere Näherungsformen einzuführen. Man hat nämlich als Koeffizienten der Näherungsformen nicht Polynome in den unabhängigen Variabeln x allein, sondern Polynome in x und y, oder ganze Funktionen aus dem durch y und x erzeugten algebraischen Funktionenkörper zuzulassen. Diese Verallgemeinerung bietet jedoch keine wesentliche Schwierigkeit.

Die Durchführung der Rechnung ergibt folgendes Resultat: Es sei y eine algebraische Funktion von x, in deren Gleichung die Koeffizienten algebraische Zahlen sind. Es sei $x = 0$ ein regulärer Punkt der Funktion. Das ABELsche Integral $\int_0^x y\,dt$ sei keine algebraische Funktion. Es genüge $\xi \neq 0$ einer algebraischen Gleichung l-ten Grades, deren Koeffizienten ganz rational und absolut $\leq M$ sind. Es sei ε irgendeine positive Zahl und

$$(74) \qquad |\xi| < c_7 e^{-(\log n)^{\frac{1}{2}+\varepsilon}},$$

wo c_7 eine gewisse positive Funktion von l und ε bedeutet. Dann genügt die Zahl $\int_0^\xi y\,dt$ keiner algebraischen Gleichung l-ten Grades mit rationalen Koeffizienten.

Die Bedingung (74) ist zum Beispiel für $\xi = \frac{1}{n}$ und hinreichend großes natürliches n erfüllt, ebenfalls für $\xi = (\sqrt{2}-1)^n$ und hinreichend großes n, allgemeiner für jede hinreichend hohe Potenz jeder im Innern des Einheitskreises gelegenen algebraischen Zahl.

Für hinreichend großes natürliches n ist also etwa $\int_0^{\frac{1}{n}} \frac{dx}{\sqrt{1-x^4}}$ keine algebraische Irrationalität von kleinerem als 1000sten Grade; und allgemeiner kann man nach (74) unendlich viele algebraische ξ von vorgeschriebenem Grade angeben. so daß das elliptische Integral

$$\int_0^\xi \frac{dx}{\sqrt{4x^3-g_2x-g_3}}$$

mit algebraischen Werten von g_2 und g_3 keiner algebraischen Gleichung vorgeschriebenen Grades genügt.

Es sei $x = \eta$ eine algebraische Zahl und regulärer Punkt der algebraischen Funktion y. Falls $\int_0^\eta y\,dt = \gamma$ einer algebraischen Gleichung vom Grade $\leq l$ genügt, so bilde man

$$\int_0^x y(t)\,dt = \gamma + \int_0^{x-\eta} y(t+\eta)\,dt$$

und kann dann $x = \zeta$ in der Nähe von $x = \eta$ so wählen, daß $\zeta - \eta = \xi$ dem Körper von η angehört und der Ungleichung (74) genügt, daß ferner die Zahl $\int_0^\xi y(t+\eta)\,dt$ keiner Gleichung vom Grade $\leq l^2$ genügt. Dann genügt aber die Zahl $\int_0^\zeta y\,dt$ keiner Gleichung l-ten Grades. Damit ist bewiesen, daß für jeden imaginären Zahlkörper diejenigen Zahlen η des Körpers, für welche der Wert $\int_0^\eta y\,dt$ keine algebraische Irrationalität vom Grade $\leq l$ ist, überall dicht in der aufgeschnittenen x-Ebene liegen.

Die Abelschen Integrale, welche selbst algebraische Funktionen von x sind, haben offenbar nicht die soeben genannte Eigenschaft. Damit ist eine arithmetische Eigenschaft gefunden, welche die transzendenten Abelschen Integrale vor den algebraischen auszeichnet.

Wendet man diese Betrachtungen speziell auf die Funktion $\int_0^x \frac{dt}{1+t} = \log(1+x)$ an, so gelangt man infolge der Einschränkung (74) nicht bis zum Lindemannschen Satz. Es gelingt auf diesem Wege nicht, zu beweisen, daß die Zahlen $\log 2$, $\log 3$, $\cdots$ transzendent sind, es folgt nur, daß unter ihnen beliebig hohe Irrationalitäten auftreten, genauer, daß die Anzahl der Zahlen $\log 2, \cdots, \log n$, welche algebraische Irrationalitäten beschränkten Grades sind, für jedes $\varepsilon > 0$ sicherlich $o(n^\varepsilon)$ ist.

Auch auf die arithmetische Untersuchung von π und überhaupt der Perioden Abelscher Integrale lassen sich diese Überlegungen nicht anwenden; man kann der Bedingung (74) noch nicht einmal genügen, wenn man die Teilungstheorie zu Hilfe nimmt.

Man kann den Satz über Abelsche Integrale auch als eine Aussage über ihre Umkehrungsfunktion formulieren. So gilt z. B., daß die mit algebraischen g_2, g_3 gebildete Weierstrasssche $\wp$-Funktion für kein Argument, das algebraisch irrational vom l-ten Grade und hinreichend dicht am Nullpunkte gelegen ist, einen ganzen rationalen Wert annimmt.

Analoge Untersuchungen lassen sich für die hypergeometrische Reihe ausführen, wenn α, β, γ rationale Werte haben. Man hat dann zunächst die Sätze 1, 2, 3 zu übertragen und insbesondere alle hypergeometrischen Funktionen zu ermitteln, die algebraischen Differentialgleichungen erster Ordnung genügen. Dies geschieht nach der Methode des Beweises von Satz 2. Es stellt sich heraus, daß einzig und allein die SCHWARZschen Ausnahmefälle in Betracht kommen.

Für die nichtalgebraischen hypergeometrischen Funktionen $F(\alpha, \beta, \gamma, x)$ mit rationalen α, β, γ kann man dann einen ganz entsprechenden Irrationalitätssatz aufstellen, wie er oben für die ABELschen Integrale ausgesprochen wurde; und durch die in diesem Satze formulierte arithmetische Eigenschaft werden dann auch wieder die nichtalgebraischen hypergeometrischen Reihen von den algebraischen getrennt.

Ein Beispiel liefert die spezielle Funktion

$$F\left(\frac{1}{2}, \frac{1}{2}, 1, x\right) = \sum_{n=0}^{\infty} \binom{2n}{n}^2 \left(\frac{x}{16}\right)^n = \frac{2}{\pi} \int_0^1 \frac{dt}{\sqrt{(1-t^2)(1-xt^2)}}$$

$$= \int_0^1 \frac{dt}{\sqrt{(1-t^2)(1-xt^2)}} : \int_0^1 \frac{dt}{\sqrt{1-t^2}}.$$

Man erhält das Resultat, daß ihr Wert für rationales $x = \frac{p}{q}$ irrational ist, falls

$$0 < \left|\frac{p}{q}\right| < c_8\, 10^{-\sqrt{\log|q|}}$$

gewählt wird, wo c_8 eine positive Konstante bedeutet; und ähnliche Sätze gelten für höhere Irrationalität. Für diese Werte des Moduls ist also die reelle Periode des elliptischen Integrals $\int \frac{dt}{\sqrt{(1-t^2)(1-xt^2)}}$ mit π inkommensurabel. Für die andere Periode bekommt man keine Aussage, da die zugehörige hypergeometrische Funktion im Nullpunkt logarithmisch verzweigt ist.

Es sei noch bemerkt, daß sich Zahlen wie $2^{\sqrt{2}}$ der Untersuchung entziehen, weil die Nenner der Koeffizienten in der binomischen Reihe $(1+x)^\lambda = 1 + \binom{\lambda}{1}x + \cdots$ zu stark anwachsen, wenn λ eine irrationale algebraische Zahl bedeutet.

VIII.

Auch die in VI. angestellten Untersuchungen lassen sich auf G-Funktionen übertragen. Man kommt dann zu Sätzen von der Art: Wenn algebraische Zahlen $\xi_1, \xi_2, \cdots$ der Bedingung (74) genügen, so besteht zwischen den Funktionswerten $G_1(\xi_1), G_2(\xi_2), \cdots$ keine algebraische Gleichung, deren Grad nicht allzu hoch ist. Auf diese Weise erhält man Aussagen über die Logarithmusfunktion, welche nicht im LINDEMANNschen Satz enthalten sind. Es ergibt sich so, daß in der Zahlenfolge

$$\frac{\log 2}{\log 3}, \frac{\log 3}{\log 4}, \frac{\log 4}{\log 5}, \ldots$$

beliebig hohe Irrationalitäten auftreten. Bisher war nur das triviale Resultat bekannt, daß diese Zahlen sämtlich irrational sind. Es gibt also unter den BRIGGischen Logarithmen der natürlichen Zahlen beliebig hohe Irrationalitäten, und dies gilt auch für jede Basis des Logarithmensystems. Allgemeiner lassen sich positive rationale Zahlen $r_1, \cdots, r_n$ auf unendlich viele Weisen so angeben, daß zwischen den Zahlen $\log r_1, \cdots, \log r_n$ keine algebraische Gleichung mit ganzen rationalen Koeffizienten besteht, deren Grad unterhalb einer vorgegebenen Zahl liegt, insbesondere also auch so, daß die n Logarithmen in einem vorgeschriebenen Körper linear unabhängig sind.

Endlich gewinnt man einen Zugang zu arithmetischen Sätzen über die SCHWARZschen automorphen Funktionen, indem man die Gleichungen untersucht, welche zwischen den Werten verschiedener hypergeometrischer Funktionen mit algebraischem Argument bestehen können.

Zweiter Teil: Über diophantische Gleichungen.

ARTHUR SCHOENFLIES zum Gedächtnis.

Die mathematische Wissenschaft verdankt ANDRÉ WEIL den Beweis einer wichtigen arithmetischen Eigenschaft der algebraischen Kurven. Der Formulierung des WEILschen Satzes sei folgendes vorausgeschickt:

Es sei $f(x, y) = 0$ die Gleichung einer algebraischen Kurve vom Geschlecht $p > 0$. Die Koeffizienten des Polynoms f mögen einem algebraischen Zahlkörper $\mathfrak{K}$ angehören. Ein System von p Kurvenpunkten mit den Koordinaten $x_l, y_l (l = 1, \cdots, p)$ heiße *rational*, wenn alle in den p Paaren x_l, y_l symmetrischen rationalen Verbindungen mit Koeffizienten aus $\mathfrak{K}$ wieder in $\mathfrak{K}$ gelegen sind. Jedem System $\mathfrak{P}$ von p Curvenpunkten ordne man ein System $s_1, \cdots, s_p$ von p complexen Zahlen zu, indem man jedes der p zur Kurve gehörigen ABELschen Normalintegrale erster Gattung $w_k (k = 1, \cdots, p)$ von dem Punkte $x_l^{(0)}, y_l^{(0)}$ eines festen Punktsystems $\mathfrak{P}_0$ bis zu dem Punkte x_l, y_l von $\mathfrak{P}$ erstreckt und für jedes k der Reihe $1, \cdots, p$ die für $l = 1, \cdots, p$ entstehenden Werte addiert; die so entstehenden p Integralsummen seien $s_1, \cdots, s_p$. Es werde nun vorausgesetzt, daß das Punktsystem $\mathfrak{P}_0$ rational sei. Ist auch $\mathfrak{P}$ rational, so möge der Kürze wegen auch das System der p Zahlen $s_1, \cdots, s_p$ rational genannt werden. Nach dem ABELschen Theorem sind mit $s_1, \cdots, s_p$ und $t_1, \cdots, t_p$ auch die Systeme $s_1 + t_1, \cdots, s_p + t_p$ und $s_1 - t_1, \cdots, s_p - t_p$ rational. Die rationalen Systeme $s_1, \cdots, s_p$ bilden also einen Modul.

Der Satz von WEIL besagt, daß dieser Modul eine endliche Basis besitzt. Der Spezialfall $p = 1$ dieses Satzes wurde für den Körper der rationalen Zahlen bereits vor einigen Jahren von MORDELL entdeckt.

Durch den Satz von WEIL wird nahegelegt, das Theorem von FERMAT und allgemeiner die Theorie der algebraischen diophantischen Gleichungen mit zwei Unbekannten von einer neuen Seite anzugreifen. Doch dürfte wohl der Beweis der Vermutung, daß jede solche Gleichung, wenn ihr Geschlecht größer als 1 ist, nur endlich viele Lösungen in rationalen Zahlen besitzt, noch die Überwindung erheblicher Schwierigkeiten erfordern. Dagegen läßt sich, indem man WEILS Ideen mit den Überlegungen kombiniert, welche zum Beweis des Satzes von THUE und weiterhin im ersten Teile dieser Abhandlung zum Transzendenzbeweis der BESSELschen Funktion $J_0(\xi)$ für algebraisches $\xi \neq 0$ geführt haben, ein Resultat ableiten, das die Sonderstellung der linearen und der indefiniten quadratischen Gleichungen in der Theorie der algebraischen diophantischen Gleichungen mit zwei *ganzen* rationalen Unbekannten zum Ausdruck bringt.

Es sei $L(x, y) = ax + by$ eine homogene lineare Form mit ganzen rationalen Koeffizienten a und b. Ist c eine ganze rationale Zahl, in welcher der größte gemeinsame Teiler von a und b aufgeht, so hat nach BACHET die Gleichung $L(x, y) = c$ unendlich viele Lösungen in ganzen rationalen x, y.

Es sei $Q(x, y) = ax^2 + bxy + cy^2$ eine indefinite quadratische Form mit ganzen rationalen Koeffizienten a, b, c, deren Diskriminante $b^2 - 4ac$ keine Quadratzahl ist. Für alle durch Q darstellbaren ganzen rationalen Zahlen $d \neq 0$ hat nach LAGRANGE die Gleichung $Q(x, y) = d$ unendlich viele Lösungen in ganzen rationalen x, y.

Aus diesen beiden Typen von binären diophantischen Gleichungen mit unendlich vielen ganzzahligen Lösungen erhält man leicht allgemeinere. Es seien nämlich $A(u, v)$ und $B(u, v)$ irgend zwei homogene Polynome n-ten Grades, die ganze rationale Koeffizienten haben und nicht beide zu L^n proportional sind. Durch Elimination von $u:v$ aus den Gleichungen

$$x = \frac{A(u, v)}{L^n(u, v)}, \quad y = \frac{B(u, v)}{L^n(u, v)}$$

erhält man dann eine algebraische Gleichung zwischen x und y. Diese Gleichung hat sicherlich unendlich viele Lösungen in ganzen rationalen x, y, wenn noch vorausgesetzt wird, daß der größte gemeinsame Teiler der Koeffizienten a und b von L zur n-ten Potenz in den Koeffizienten von A und B aufgeht. Sind ferner $C(u, v)$ und $D(u, v)$ zwei ganzzahlige homogene Polynome vom Grade $2n$, die nicht beide zu Q^n proportional sind, so wird durch

$$x = \frac{C(u, v)}{Q^n(u, v)}, \quad y = \frac{D(u, v)}{Q^n(u, v)}$$

ebenfalls eine algebraische Gleichung zwischen x und y definiert, welche unendlich viele ganzzahlige Lösungen besitzt, wenn noch vorausgesetzt wird, daß es eine durch Q darstellbare Zahl gibt, deren n-te Potenz in allen Koeffizienten von C und D enthalten ist.

Die beiden genannten Typen von diophantischen Gleichungen mit unendlich vielen ganzzahligen Lösungen sind auf einfache Weise aus den klassischen Gleichungen $L = c$ und $Q = d$ abgeleitet. In dieser Abhandlung soll nun bewiesen werden, daß hierdurch bereits *alle* binären diophantischen Gleichungen mit unendlich vielen Lösungen in ganzen rationalen Zahlen umfaßt werden. Es wird also behauptet:

I. *Die algebraische Gleichung* $f(x, y) = 0$ *sei nicht dadurch identisch in einem Parameter* t *lösbar, daß man entweder* $x = A : L^n$, $y = B : L^n$ *oder* $x = C : Q^n$, $y = D : Q^n$ *setzt, wo* A, B, C, D *ganzzahlige Polynome in* t, L *ein lineares,* Q *ein indefinites quadratisches Polynom in* t *bedeuten. Dann hat sie nur endlich viele Lösungen in ganzen rationalen Zahlen.*

Der Ausnahmefall erfordert offenbar, daß das Geschlecht der Gleichung den Wert $p = 0$ habe. Es wird zunächst nach Maillet durch eine einfache Betrachtung gezeigt werden, daß die Behauptung für $p = 0$ richtig ist. Die eigentliche Schwierigkeit bietet der Fall $p > 0$, also der Beweis des Satzes:

Eine algebraische Gleichung, deren Geschlecht positiv ist, hat nur endlich viele Lösungen in ganzen rationalen Zahlen.

Es macht die gleiche Mühe, den analogen Satz für algebraische Zahlkörper zu beweisen. Dabei ist es für die Formulierung des Satzes zweckmäßig, die Voraussetzungen noch etwas zu erweitern. Bei der Lösung der Gleichung $f(x, y) = 0$ sollen nunmehr für x und y auch gebrochene Zahlen des algebraischen Zahlkörpers $\mathfrak{K}$ zugelassen werden, aber nur solche gebrochenen Zahlen, von denen ein Multiplum cx, cy, wo c eine *feste* natürliche Zahl bedeutet, wieder ganz ist. Solche Zahlen mögen kurz *ganzartig* genannt werden. Und nun gilt folgende Verallgemeinerung des oben ausgesprochenen Satzes:

II. *Damit die irreduzible Gleichung* $f(x, y) = 0$ *in irgendeinem algebraischen Zahlkörper unendlich viele Lösungen in ganzartigen Zahlen besitzt, ist notwendig und hinreichend, daß der Gleichung* $f = 0$ *durch zwei rationale Funktionen* $x = P(t)$, $y = Q(t)$ *identisch in* t *genügt werden kann; dabei sollen* P *und* Q *die Gestalt*

$$P(t) = a_n t^n + a_{n-1} t^{n-1} + \cdots + a_{-n} t^{-n} \tag{75}$$

$$Q(t) = b_n t^n + b_{n-1} t^{n-1} + \cdots + b_{-n} t^{-n} \tag{76}$$

besitzen und nicht beide konstant sein.

Dies läßt sich auch noch anders ausdrücken. Man kann offenbar voraussetzen, daß t eine rationale Funktion von x und y mit algebraischen Koeffizienten ist. Zunächst folgt nämlich aus der Darstellung $x = P$, $y = Q$, daß f vom Geschlecht 0 ist. Nun drücke man x und y aus als rationale Funktionen eines Parameters τ, der seinerseits wieder rationale Funktion von x und y ist; dann ist τ eine rationale Funktion von t. Da τ nur bis auf eine lineare Transformation bestimmt ist, so darf man annehmen, daß für $t = 0$ auch $\tau = 0$ und für $t = \infty$ entweder $\tau = \infty$ oder $\tau = 0$ ist. Es haben aber P und Q als Funktionen von t keine anderen Pole als höchstens die Stellen 0, ∞, also gilt dasselbe für die Abhängigkeit von τ. Es gelten also auch Gleichungen der Form (75) und (76) mit τ statt t, und man kann annehmen, daß t bereits der uniformisierende Parameter ist. Die Koeffizienten $a_n, \cdots, b_{-n}$ in (75) und (76) bestimmen sich durch Einsetzen von $x = P(t)$, $y = Q(t)$ in $f = 0$; sie können daher als algebraische Zahlen gewählt werden. Dasselbe gilt für die Koeffizienten der rationalen Funktion $R(x, y)$, welche t durch x und y ausdrückt. Ist nun Q nicht konstant, so geht durch die Substitution

$$x = P(t) + u, \quad y = Q(t)$$

die Gleichung $f(x, y) = 0$ in $u = 0$ über. Ist aber Q konstant, also P nicht konstant, so erhält man das gleiche Resultat durch die Substitution

$$x = P(t) + u, \quad y = Q(t) - u.$$

Enthalten nun P und Q keine negativen Potenzen von t, so werden durch die auf der Kurve birationale Substitution

$$x = P(t) + u, \quad y = Q(t); \qquad u = 0, \quad t = R(x, y)$$

bzw. $\quad x = P(t) + u, \quad y = Q(t) - u; \quad u = 0, \quad t = R(x, y)$

alle Punkte der Kurve $f=0$, deren Koordinaten x, y ganzartige Zahlen eines algebraischen Zahlkörpers sind, übergeführt in Punkte der Kurve $u=0$, deren Koordinaten u, t ebenfalls ganzartige Zahlen eines algebraischen Zahlkörpers sind; und umgekehrt. Enthalten P und Q keine positiven Potenzen von t, so ersetze man t durch $\frac{1}{t}$ und kommt auf den soeben behandelten Fall zurück. Kommen endlich in einer der Funktionen P, Q positive und negative Potenzen von t vor, so ersetze man in den negativen Potenzen $\frac{1}{t}$ durch u. Dann sind durch die birationale Substitution

$$x=a_n t^n+\cdots+a_1 t+a_0+a_{-1}u+\cdots+a_{-n}u^n,\quad y=b_n t^n+\cdots+b_1 t+b_0+b_{-1}u+\cdots+b_{-n}u^n$$
$$u=1:R(x,y),\quad t=R(x,y)$$

wieder die Punkte von $f=0$, deren Koordinaten x, y ganzartige Zahlen eines algebraischen Zahlkörpers sind, übergeführt in ebensolche Punkte u, t der Kurve $ut=1$; und umgekehrt. Daher läßt sich der Satz folgendermaßen fassen:

Damit $f(x,y)=0$ in einem algebraischen Zahlkörper unendlich viele ganzartige Lösungen besitzt, ist notwendig und hinreichend, daß sich die Gleichung $f=0$ entweder in $u=0$ oder in $ut=1$ überführen läßt, und zwar durch eine birationale Transformation, welche alle ganzartigen Paare x, y und u, t miteinander verknüpft.

Sieht man von solchen birationalen Transformationen ab, so haben also nur die trivialen Gleichungen $u=0$ und $ut=1$ unendlich viele Lösungen in ganzartigen Zahlen eines algebraischen Zahlkörpers.

Beachtet man, daß t auf der Riemannschen Fläche des durch $f=0$ definierten algebraischen Gebildes jeden Wert genau einmal annimmt, so erkennt man, daß sich die beiden Fälle $u=0$ und $ut=1$ folgendermaßen trennen lassen: Im ersten Falle wird $|x|+|y|$ auf der Riemannschen Fläche in genau einem Punkte ∞, im zweiten Falle in genau zwei Punkten; und dies ist auch wiederum hinreichend für das Bestehen von (75) und (76). Also hat man den sehr einfachen Satz:

Damit die Gleichung $f(x,y)=0$ unendlich viele ganzartige Lösungen in einem algebraischen Zahlkörper besitzt, ist notwendig und hinreichend, daß die zugehörige Riemannsche Fläche vom Geschlecht 0 ist und höchstens zwei Unendlichkeitsstellen der Funktion $|x|+|y|$ enthält.

Die beiden Typen $u=0$ und $ut=1$ sind wesentlich voneinander verschieden. Das äußert sich auch in der Anzahl der Lösungen, die unterhalb einer festen Schranke liegen. Betrachtet man nämlich nur diejenigen ganzartigen Lösungen x, y aus einem algebraischen Zahlkörper, für welche die absoluten Beträge aller Konjugierten von x und y unterhalb der Schranke M liegen, so ist, wie sich aus dem Vorhergehenden unschwer ergibt, im ersten Fall die genaue Größenordnung der Lösungsanzahl gleich $M^\varkappa$, im zweiten Fall gleich $(\log M)^\lambda$, wo $\varkappa$ und λ gewisse positive Zahlen bedeuten, die nur von f und dem Körper abhängen.

Beim Beweise ergibt sich implizite auch eine endliche obere Schranke für die Anzahl der Lösungen jeder Gleichung $f=0$, die nicht einem der beiden Ausnahmetypen angehört. Eine Schranke für die Lösungen selbst ergibt sich aber dabei nicht; das Problem der Aufsuchung der endlich vielen Lösungen bleibt also unerledigt.

Die Methode des Beweises liefert auch ohne weiteres ein analoges Resultat für Raumkurven: Ein System von $n-1$ unabhängigen algebraischen Gleichungen in n Unbekannten $x_1, \cdots, x_n$ mit algebraischen Koeffizienten besitzt dann und nur dann unendlich viele ganzartige Lösungen in einem algebraischen Zahlkörper, wenn für $x_1, \cdots, x_n$ eine Parameterdarstellung durch Polynome in t und t^{-1} besteht.

Eine andere Verallgemeinerung bezieht sich auf den Fall $p>0$. Es wird nämlich die Endlichkeit der Lösungsanzahl von $f(x,y)=0$ bereits unter der geringeren Voraussetzung bewiesen werden, daß nur eine der Unbekannten ganzartig ist. Hat also $f=0$ unendlich viele Lösungen x, y in einem algebraischen Zahlkörper, so ist für diese weder die Norm des Nenners von x noch die Norm des Nenners von y beschränkt.

Endlich sei noch eine Anwendung auf den Hilbertschen Irreduzibilitätssatz erwähnt. Es bedeute $P(w, x, y, \cdots)$ ein Polynom der Variabeln $w, x, y, \cdots$, das ganze Koeffizienten aus einem algebraischen Zahlkörper $\mathfrak{K}$ besitzt. Faßt man P als Funktion von $x, y, \cdots$, allein auf, so sind die Koeffizienten Polynome in w; sie seien in irgendeiner Reihenfolge mit $a_1(w), a_2(w), \cdots$ bezeichnet. Für einen bestimmten Zahlenwert von w sei nun P in $\mathfrak{K}$ reduzibel. Dann ist $P = QR$, wo Q und R Polynome in $x, y, \cdots$ bedeuten, deren Koeffizienten $b_1, b_2, \cdots$ und $c_1, c_2, \cdots$ in $\mathfrak{K}$ liegen. Wird von einem konstanten Faktor abgesehen, so bestehen bei festem w für Q und R nur endlich viele Möglichkeiten, die Produkte $b_k c_l = d_{kl}$ ($k = 1, 2, \cdots$; $l = 1, 2, \cdots$) sind also durch w endlich vieldeutig bestimmt. Nach einem Satze von Gauss und Kronecker sind diese Produkte ganz, wenn w es ist. Die Matrix (d_{kl}) hat den Rang 1. Durch Koeffizientenvergleich ergeben sich ferner die Zahlen $a_1(w), a_2(w), \cdots$ als Summen gewisser der d_{kl}. Dies liefert ein System von algebraischen Gleichungen in w und den d_{kl}. Hierdurch wird für beliebiges w im Raume der w und d_{kl} entweder ein System von endlich vielen Punkten oder aber eine Raumkurve bestimmt. Die notwendige und hinreichende Bedingung dafür, daß auf dieser Kurve unendlich viele Punkte liegen, deren Koordinaten w und d_{kl} ($k = 1, 2, \cdots$; $l = 1, 2, \cdots$) ganzartige Zahlen eines algebraischen Zahlkörpers sind, ist nun oben angegeben worden. Es folgt:

Für die Existenz eines algebraischen Zahlkörpers $\mathfrak{K}$, in welchem das Polynom P für unendlich viele ganzartige Werte aus $\mathfrak{K}$ reduzibel ist, ist notwendig und hinreichend, daß P nach einer geeigneten Substitution der Form

$$w = \alpha_n t^n + \alpha_{n-1} t^{n-1} + \cdots + \alpha_{-n} t^{-n}$$

identisch in t reduzibel ist.

Nach Früherem gewinnt man in diesem Ausnahmefall auch eine genaue Abschätzung der Dichtigkeit derjenigen unendlich vielen ganzartigen w, die P reduzibel machen.

§ 1. Gleichungen vom Geschlecht 0.

Ist die Gleichung $f(x, y) = 0$ vom Geschlecht 0, so gilt die Uniformisierung

$$(77)\qquad x = \frac{\phi(u, v)}{\chi(u, v)}, \quad y = \frac{\psi(u, v)}{\chi(u, v)}, \quad \frac{u}{v} = \frac{A(x, y)}{B(x, y)};$$

dabei bedeuten ϕ, ψ, χ homogene Polynome gleichen Grades und A, B Polynome. Die Koeffizienten von f mögen dem algebraischen Zahlkörper $\mathfrak{K}$ angehören. Es werde angenommen, daß es einen regulären Punkt der Kurve $f = 0$ gibt, dessen Koordinaten $x = \xi$, $y = \eta$ in $\mathfrak{K}$ liegen. Ist in diesem Punkte $\frac{dy}{dx} = \infty$, so vertausche man die Bedeutung von y und x.

Durch (77) ist die Funktion $\frac{u}{v} = t$ auf der Kurve bis auf eine lineare Transformation bestimmt. Da t auf der Kurve jeden Wert genau einmal annimmt, so ist insbesondere in dem regulären Punkte ξ, η der Wert $\frac{dt}{dx}$ von 0 verschieden. Man kann also voraussetzen, daß in diesem Punkte t den Wert 0 hat und $\frac{dt}{dx}$ den Wert 1. Endlich darf man noch annehmen, daß im Punkt ξ, η der Wert $\frac{d^2t}{dx^2} = 0$ ist, denn $\frac{t}{1 + ct}$ hat dort die zweite Ableitung $\frac{d^2t}{dx^2} - 2c$. Durch die genannten drei Eigenschaften ist dann t vollständig bestimmt. Es soll nun gezeigt werden, daß die Koeffizienten der Polynome ϕ, ψ, χ, A, B als ganze Zahlen aus $\mathfrak{K}$ gewählt werden können. Jedenfalls können diese Koeffizienten als algebraische Zahlen gewählt werden; diese mögen einem Körper $\mathfrak{L}$ angehören, der $\mathfrak{K}$ enthält. Man ersetze nun in (77) alle Koeffizienten durch die Werte, die ihnen in irgendeinem zu $\mathfrak{L}$ in bezug auf $\mathfrak{K}$ konjugierten Körper $\mathfrak{L}'$ entsprechen. Da man wieder eine Uniformisierung erhält, so geht die neue Funktion t aus der alten durch lineare Substitution hervor, und da die Werte $0, 1, 0$ beim Übergang von $\mathfrak{L}$ zu $\mathfrak{L}'$ invariant bleiben, so gilt das gleiche von der Funktion t. Bildet man nun in den drei

Gleichungen (77) das arithmetische Mittel aus allen in bezug auf $\mathfrak{K}$ konjugierten Gleichungen, so werden alle Koeffizienten der rechten Seiten Zahlen aus $\mathfrak{K}$.

Man darf annehmen, daß die drei Polynome ϕ, ψ, χ teilerfremd sind. Auf Grund des euklidischen Algorithmus gilt dann

$$P_1\phi + Q_1\psi + R_1\chi = \lambda_1 u^h \tag{78}$$

$$P_2\phi + Q_2\psi + R_2\chi = \lambda_2 v^h; \tag{79}$$

dabei bedeuten P_1, Q_1, R_1, P_2, Q_2, R_2 homogene Polynome in u, v mit ganzen Koeffizienten aus $\mathfrak{K}$, h eine natürliche Zahl und λ_1, λ_2 ganze von 0 verschiedene Zahlen aus $\mathfrak{K}$. Sind x und y Zahlen aus $\mathfrak{K}$, so sind nach (77) die Werte u und v als ganze Zahlen aus $\mathfrak{K}$ wählbar. Es sei $(u, v) = \delta$ ein größter gemeinsamer Teiler von u und v. Sind nun x und y ganze Zahlen aus $\mathfrak{K}$, so geht nach (77) die Zahl $\chi\left(\frac{u}{\delta}, \frac{v}{\delta}\right)$ in den Zahlen $\phi\left(\frac{u}{\delta}, \frac{v}{\delta}\right)$ und $\psi\left(\frac{u}{\delta}, \frac{v}{\delta}\right)$ auf, also nach (78) und (79) auch in den Zahlen $\lambda_1\left(\frac{u}{\delta}\right)^h$ und $\lambda_2\left(\frac{v}{\delta}\right)^h$, also auch in $\lambda_1\lambda_2$. Man hat daher eine Gleichung

$$\chi\left(\frac{u}{\delta}, \frac{v}{\delta}\right) = \gamma, \tag{80}$$

wo γ ein Teiler der festen Zahl $\lambda_1\lambda_2$ ist.

Zunächst sei nun $\mathfrak{K}$ der Körper der rationalen Zahlen. Dann ist γ eine von endlich vielen ganzen rationalen Zahlen; χ ist ein homogenes Polynom mit ganzen rationalen Koeffizienten; $\frac{u}{\delta}$ und $\frac{v}{\delta}$ sind ganze rationale Zahlen. Nach dem Thueschen Satze kann die Gleichung (80) nur dann unendlich viele Lösungen $\frac{u}{\delta}$, $\frac{v}{\delta}$ haben, wenn $\chi(u, v)$ Potenz eines linearen oder eines indefiniten quadratischen Polynoms ist. Andererseits gehören zu verschiedenen Paaren x, y auch verschiedene Werte $\frac{u}{v}$. Damit ist die Behauptung I. im Falle $p = 0$ bewiesen.

Nunmehr sei $\mathfrak{K}$ ein beliebiger algebraischer Zahlkörper. Sind von den linearen Faktoren von $\chi(u, v)$ nur höchstens zwei voneinander verschieden, werden also x und y nur für höchstens zwei Werte von $u:v$ unendlich groß, so schaffe man durch eine lineare Transformation von $u:v$ diese Werte nach 0 und ∞ und erhält dann für x und y Ausdrücke der Form (75) und (76). Enthält $\chi(u, v)$ mehr als zwei verschiedene Linearfaktoren $u - \alpha_1 v$, $u - \alpha_2 v$, $u - \alpha_3 v$, $\cdots$, so kann man ohne Beschränkung der Allgemeinheit α_1, α_2, α_3, $\cdots$ als ganze Zahlen aus $\mathfrak{K}$ voraussetzen, da man ja sonst nur v gleich einem geeigneten Vielfachen einer neuen Variabeln zu wählen und zu einem Oberkörper von $\mathfrak{K}$ überzugehen hätte. Dann sind aber die Zahlen

$$\frac{u}{\delta} - \alpha_1\frac{v}{\delta}, \quad \frac{u}{\delta} - \alpha_2\frac{v}{\delta}, \quad \frac{u}{\delta} - \alpha_3\frac{v}{\delta}$$

sämtlich Divisoren der festen Zahl $\lambda_1\lambda_2$. In der Gleichung

$$\frac{\alpha_3 - \alpha_2}{\alpha_1 - \alpha_2}\,\frac{u - \alpha_1 v}{u - \alpha_3 v} + \frac{\alpha_3 - \alpha_1}{\alpha_2 - \alpha_1}\,\frac{u - \alpha_2 v}{u - \alpha_3 v} = 1 \tag{81}$$

kommen also für $\frac{u - \alpha_1 v}{u - \alpha_3 v}$ und $\frac{u - \alpha_2 v}{u - \alpha_3 v}$ nur endlich viele nicht assoziierte Zahlen in Betracht. Es sei n eine natürliche Zahl. Nach Dirichlet ist die Gruppe der n-ten Potenzen der Einheiten von $\mathfrak{K}$ in bezug auf die Gruppe aller Einheiten von $\mathfrak{K}$ von endlichem Index. Daher gilt

$$(82) \qquad \frac{u-\alpha_1 v}{u-\alpha_3 v} = \gamma_1 \varepsilon_1^n, \quad \frac{u-\alpha_2 v}{u-\alpha_3 v} = \gamma_2 \varepsilon_2^n,$$

wo für die Zahlen γ_1 und γ_2 nur endlich viele Werte in Betracht kommen und ε_1, ε_2 Einheiten, also ganze Zahlen aus $\mathfrak{K}$ sind. Für jedes der endlich vielen Wertepaare γ_1, γ_2 hat man nach (81)

$$(83) \qquad \frac{\alpha_3-\alpha_2}{\alpha_1-\alpha_2}\gamma_1 \varepsilon_1^n + \frac{\alpha_3-\alpha_1}{\alpha_2-\alpha_1}\gamma_2 \varepsilon_2^n = 1 .$$

Nach einer Verallgemeinerung des Thueschen Satzes, die weiter unten in noch all gemeinerem Rahmen bewiesen werden wird, aber bereits früher bekannt war, hat die Gleichung (83) nur endlich viele Lösungen in ganzen Zahlen ε_1, ε_2 aus $\mathfrak{K}$, sobald der Grad n eine nur vom Körper abhängige Schranke übersteigt. Man hat also nach (82) auch nur endlich viele Werte $\frac{u}{v}$ und nach (77) nur endlich viele ganzzahlige in $\mathfrak{K}$ gelegene Lösungen x, y der Gleichung $f(x, y) = 0$.

Damit ist die Notwendigkeit der in der Behauptung II. ausgesprochenen Bedingung für die Existenz unendlich vieler ganzzahliger Lösungen aus $\mathfrak{K}$ im Falle $p = 0$ bewiesen. Den Fall der Ganzartigkeit führt man natürlich sofort auf den Fall der Ganzzahligkeit zurück, indem man x, y durch $\frac{x}{c}$, $\frac{y}{c}$ ersetzt, mit geeignetem festen natürlichen c. Daß die Bedingung der Behauptung II. hinreichend ist für die Lösbarkeit von $f = 0$ in unendlich vielen ganzartigen Zahlen eines geeigneten algebraischen Zahlkörpers, ist trivial; man braucht ja z. B. in (75) und (76) nur t durch alle Potenzen von $1 + \sqrt{2}$ zu ersetzen und erhält unendlich viele ganzartige Zahlen x, y, die sämtlich einem algebraischen Zahlkörper angehören. Die Behauptung II. ist daher für den Fall $p = 0$ bewiesen.

Der Beweis gelang infolge der Zurückführung der gegebenen Gleichung auf die den Thueschen Methoden zugängliche Gleichung (83). Auch im Falle $p > 0$ soll nun die in ganzen Zahlen zu lösende Gleichung $f = 0$ transformiert werden in eine andere diophantische Gleichung, deren ganzzahlige Lösungen eine starke Annäherung an eine feste algebraische Zahl liefern; und die in der Einleitung dieser Abhandlung angedeuteten Überlegungen werden dann zeigen, daß eine solche starke Annäherung nur eine endliche Anzahl von Malen möglich ist. Die Analogie zwischen algebraischer und arithmetischer Teilbarkeit, die in (78) und (79) zum Ausdruck kommt und in obigem Beweise verwendet wurde, überträgt sich auf algebraische Funktionen, wie von Weil bemerkt wurde; der von ihm entdeckte Parallelismus zwischen Funktionenidealen und Zahlenidealen wird in § 2 mit geringfügigen Änderungen dargestellt.

§ 2. Funktionenideale und Zahlenideale.

Die Variabeln x und y seien durch eine Gleichung $f(x, y) = 0$ vom Geschlecht p verbunden. Man ersetze x, y durch $\frac{x}{z}$, $\frac{y}{z}$ und betrachte den Ring $\mathfrak{R}$ derjenigen homogenen rationalen Funktionen von x, y, z, welche für kein endliches Wertsystem x, y, z unendlich werden und als Koeffizienten algebraische Zahlen haben. Man setze noch fest, daß die Variabeln x, y, z nur teilerfremde ganzzahlige algebraische Werte annehmen sollen; dann sind auch die Werte der Funktionen von $\mathfrak{R}$ algebraische Zahlen.

Nun seien ϕ, ψ, χ irgend drei Formen von $\mathfrak{R}$, die denselben Grad n haben, und es sei der Quotient $\psi : \chi$ nicht konstant. Dann ist $\phi : \chi$ eine algebraische Funktion von $\psi : \chi$, und es gilt eine irreduzible Gleichung

$$(84) \qquad \phi^m + R_1(\psi, \chi)\phi^{m-1} + \cdots + R_m(\psi, \chi) = 0,$$

deren Koeffizienten $R_1(\psi, \chi), \cdots, R_m(\psi, \chi)$ homogene rationale Funktionen von ψ, χ mit den Graden $1, \cdots, m$ und algebraischen Zahlenkoeffizienten bedeuten. Es soll nun gezeigt werden, daß $R_1, \cdots, R_m$ Polynome sind, falls in keinem Kurvenpunkte die beiden

Formen ψ und χ zugleich von höherer Ordnung verschwinden als die Form ϕ. Hätte nämlich eine der Funktionen $R_1, \cdots, R_m$ einen linearen Faktor $a\psi + b\chi$ im Nenner, so würde bei *beliebigen* konstanten α, β die Funktion $\phi : (\alpha\psi + \beta\chi)$ unendlich für $a\psi + b\chi = 0$; also wäre dann zugleich $\psi = 0$, $\chi = 0$; setzt man nun $\alpha = 0$ oder $\beta = 0$, so folgt ein Widerspruch gegen die Voraussetzung betreffs des Verschwindens von ϕ. Nun sei c eine solche ganze Zahl $\neq 0$, daß die Koeffizienten der Polynome $cR_1, \cdots, cR_m$ ganz sind. Aus (84) folgt jetzt:

Wenn die beiden Formen ψ und χ in keinem Punkte zugleich von höherer Ordnung 0 werden als die Form ϕ, so existiert eine Konstante $c \neq 0$ derart, daß jeder gemeinsame Zahlenteiler von ψ und χ in $c\phi$ aufgeht.

Wählt man speziell $\psi = (a_1 x + b_1 y + c_1 z)^n$, $\chi = (a_2 x + b_2 y + c_2 z)^n$, wo die Koeffizienten $a_1, \cdots, c_2$ derartige ganze Zahlen sind, daß ψ und χ nicht simultan verschwinden, so folgt für jede Form ϕ von $\mathfrak{R}$ die Existenz einer Konstanten $c \neq 0$, so daß $c\phi$ eine ganze Zahl ist.

Allgemeiner seien $\phi_1, \cdots, \phi_k$ irgendwelche Formen von $\mathfrak{R}$, die nicht denselben Grad zu besitzen brauchen, und Φ sei eine solche Form, daß in keinem Punkte die Funktionen $\phi_1, \cdots, \phi_k$ simultan von höherer Ordnung verschwinden als Φ selber. Sind $\phi_1, \cdots, \phi_k$ sämtlich proportional, so sind $\Phi : \phi_1, \cdots, \Phi : \phi_k$ wieder Funktionen von $\mathfrak{R}$; also existiert eine Konstante $c \neq 0$, so daß $c\Phi : \phi_1, \cdots, c\Phi : \phi_k$ ganze Zahlen sind, und jeder gemeinsame Zahlenteiler von $\phi_1, \cdots, \phi_k$ geht auch in $c\Phi$ auf. Sind aber $\phi_1, \cdots, \phi_k$ nicht sämtlich proportional, so bestimme man die Formen $a_1, \cdots, a_k$ und $b_1, \cdots, b_k$ derart, daß

$$a_1\phi_1 + \cdots + a_k\phi_k = \psi, \quad b_1\phi_1 + \cdots + b_k\phi_k = \chi$$

beide homogen sind, und zwar von einem Grade, der um eine nicht negative Zahl r größer ist als der Grad von Φ; ferner sollen ψ und χ ebenfalls an keiner Stelle simultan von höherer Ordnung 0 werden als Φ. Versteht man nun unter ϕ nacheinander die 3 Funktionen $x^r\Phi$, $y^r\Phi$, $z^r\Phi$, so folgt aus dem oben Bewiesenen die Existenz einer Konstanten $c \neq 0$, für welche jeder gemeinsame Zahlenteiler von $\phi_1, \cdots, \phi_k$ in $c\Phi$ aufgeht. Haben nun die Formen $\phi_1, \cdots, \phi_k$ genau dieselben Nullstellen gemeinsam wie die Formen $\psi_1, \cdots, \psi_l$, und zwar auch mit der gleichen Vielfachheit, so unterscheiden sich also die größten gemeinsamen Teiler der Zahlen $\phi_1, \cdots, \phi_k$ von den größten gemeinsamen Teilern der Zahlen $\psi_1, \cdots, \psi_l$ nur um einen Faktor, dessen ganzzahliger Zähler und Nenner in einer festen vom Kurvenpunkte unabhängigen Zahl aufgeht. Ein solcher Faktor möge kurz *unitär* genannt werden. Der größte gemeinsame Teiler der Zahlen $\phi_1, \cdots, \phi_k$ ist daher bis auf einen unitären Faktor bereits durch die gemeinsamen Nullstellen der Funktionen $\phi_1, \cdots, \phi_k$ bestimmt.

Der Kurvenpunkt mit den homogenen Koordinaten x, y, z möge $\mathfrak{p}$ genannt werden. Ist $\mathfrak{p} = \mathfrak{p}_0$ ein fester Punkt, so konstruiere man zwei Funktionen ϕ_1 und ϕ_2, die nur die Nullstelle $\mathfrak{p}_0$ gemeinsam haben. Der größte gemeinsame Teiler der Zahlen ϕ_1 und ϕ_2 ist dann eine Funktion von $\mathfrak{p}$, die mit $\omega(\mathfrak{p}, \mathfrak{p}_0)$ bezeichnet werde; sie hängt allerdings noch von der Wahl der Formen ϕ_1, ϕ_2 ab, aber bei festem $\mathfrak{p}_0$ nur bis auf einen unitären Faktor. Man beachte nun, daß man aus den kl Produkten $\phi_1\psi_1, \cdots, \phi_k\psi_l$ durch lineare Kombination zwei Formen bilden kann, deren gemeinsame Nullstellen genau von den gemeinsamen Nullstellen von $\phi_1, \cdots, \phi_k$ und den gemeinsamen Nullstellen von $\psi_1, \cdots, \psi_l$ gebildet werden. Daher ist der größte gemeinsame Teiler der Zahlen $\phi, \psi, \cdots$, falls die Formen $\phi, \psi, \cdots$ die Nullstellen $\mathfrak{p}_1, \cdots, \mathfrak{p}_r$ gemeinsam haben, bis auf einen unitären Faktor gleich $\omega(\mathfrak{p}, \mathfrak{p}_1) \cdots \omega(\mathfrak{p}, \mathfrak{p}_r)$.

Für das Folgende benötigt man eine Abschätzung der arithmetischen Norm von $\omega(\mathfrak{p}, \mathfrak{p}_0)$ als Funktion von $\mathfrak{p}$. Die Ordnung der Kurve $f = 0$ sei h. Die Form

$$L = ax + by + cz$$

verschwindet in h Punkten. Nach dem Abelschen Theorem gibt es eine Funktion des durch $\frac{x}{z}$ und $\frac{y}{z}$ erzeugten algebraischen Funktionenkörpers, welche keine andern Pole hat als höchstens die hm Nullstellen von L^m und außerdem in $hm - p$ vorgeschriebenen Punkten verschwindet; diese Funktion heiße ϕ. Dann ist $\phi L^m = \psi$ eine Form aus $\mathfrak{R}$, deren Grad gleich m ist und die in $hm - p$ vorgeschriebenen Punkten verschwindet. Als diese Punkte wähle man den $(hm-p)$-mal gezählten Punkt $\mathfrak{p}_0$. Die weiteren p Nullstellen von ψ seien $\mathfrak{q}_1, \cdots, \mathfrak{q}_p$; sie hängen von $\mathfrak{p}_0$ und den Koeffizienten von L ab. Die Koeffizienten von ψ sind algebraische Zahlen, und bis auf einen unitären Faktor ist ψ gleich $(\omega(\mathfrak{p}, \mathfrak{p}_0))^{hm-p}\omega(\mathfrak{p}, \mathfrak{q}_1)\cdots\omega(\mathfrak{p}, \mathfrak{q}_p)$. Andererseits ist ψ für alle x, y, z endlich, also für $|x|+|y|+|z|=1$ beschränkt; und aus der Homogenität folgt nunmehr die Abschätzung

$$|\psi| < c(|x|+|y|+|z|)^m, \tag{85}$$

wo c von $\mathfrak{p}_0$ und m, aber nicht von x, y, z abhängt.

Es mögen nun die Koordinaten x, y, z von $\mathfrak{p}$ in dem Körper $\mathfrak{K}$ der Koeffizienten von f gelegen sein. Der durch Adjunktion der Koordinaten von $\mathfrak{p}_0$ zu $\mathfrak{K}$ entstehende Körper werde mit $\mathfrak{K}(\mathfrak{p}_0)$ bezeichnet. Liegen die Koeffizienten a, b, c von L in $\mathfrak{K}$, so können die Koeffizienten von ψ in $\mathfrak{K}(\mathfrak{p}_0)$ gewählt werden. Die Ungleichung (85) gilt dann auch in den zu $\mathfrak{K}(\mathfrak{p}_0)$ in bezug auf $\mathfrak{K}$ konjugierten Körpern. Bedeutet r den Relativgrad von $\mathfrak{K}(\mathfrak{p}_0)$ und $\mathfrak{p}_0, \mathfrak{p}_0', \cdots, \mathfrak{p}_0^{(r-1)}$ die Konjugierten von $\mathfrak{p}_0$ in bezug auf $\mathfrak{K}$, ebenso $\mathfrak{q}_1, \mathfrak{q}_1', \cdots, \mathfrak{q}_1^{(r-1)}, \cdots$ die Konjugierten von $\mathfrak{q}_1, \cdots$, so ist das Produkt

$$(\omega(\mathfrak{p}, \mathfrak{p}_0)\,\omega(\mathfrak{p}, \mathfrak{p}_0')\cdots)^{hm-p}\,(\omega(\mathfrak{p}, \mathfrak{q}_1)\,\omega(\mathfrak{p}, \mathfrak{q}_1')\cdots)\,(\omega(\mathfrak{p}, \mathfrak{q}_2)\,\omega(\mathfrak{p}, \mathfrak{q}_2')\cdots)\cdots \tag{86}$$

in $\mathfrak{K}$ gelegen. Endlich gehe man in (85) zu den zu $\mathfrak{K}$ in bezug auf den Körper der rationalen Zahlen konjugierten Körpern über; dann ist die Norm des Ausdrucks (86) kleiner als

$$c_1 N(|x|+|y|+|z|)^{mr},$$

wo c_1 von $\mathfrak{p}_0$ und m abhängt. Erst recht ist also

$$N|\omega(\mathfrak{p}, \mathfrak{p}_0)\cdots\omega(\mathfrak{p}, \mathfrak{p}_0^{(r-1)})| < c_2 N(|x|+|y|+|z|)^{\frac{mr}{hm-p}}, \tag{87}$$

mit analoger Bedeutung von c_2; dabei verlangt das Zeichen N, daß das Produkt über die zu $\mathfrak{K}$ konjugierten Körper erstreckt wird. In (87) kann m beliebig groß sein; es gilt demnach auch

$$N|\omega(\mathfrak{p}, \mathfrak{p}_0)\cdots\omega(\mathfrak{p}, \mathfrak{p}_0^{(r-1)})| < c_3 N(|x|+|y|+|z|)^{\frac{r}{h}+\varepsilon} \tag{88}$$

für jedes $\varepsilon > 0$, wo c_3 von ε und $\mathfrak{p}_0$ abhängt.

Man betrachte zwei Formen χ_1, χ_2 gleichen Grades mit Koeffizienten aus $\mathfrak{K}$, deren gemeinschaftliche Nullstellen $\mathfrak{p}_1, \mathfrak{p}_2, \cdots$ seien. Eine beliebige Form der Schar $\lambda_1\chi_1+\lambda_2\chi_2$ hat dann außer $\mathfrak{p}_1, \cdots$ noch gewisse weitere Nullstellen $\mathfrak{r}, \cdots$. Es seien λ_1, λ_2 rationale Zahlen. Ersetzt man die Koeffizienten von χ_1 und χ_2 simultan durch ihre Konjugierten, so mögen die Nullstellen $\mathfrak{r}', \cdots; \mathfrak{r}'', \cdots; \cdots$ an die Stelle von $\mathfrak{r}, \cdots$ treten; man bezeichne die Gesamtheit der so entstehenden Nullstellen $\mathfrak{r}, \cdots; \mathfrak{r}', \cdots; \cdots$ mit $\mathfrak{S}$. Für jedes l kann man $l+1$ Formen der Schar angeben, etwa $\psi_0, \cdots, \psi_l$, so daß keine zwei der zugehörigen Nullstellensysteme $\mathfrak{S}_0, \cdots, \mathfrak{S}_l$ eine gemeinsame Nullstelle enthalten; man hat ja zur Konstruktion solcher Formen nur zu beachten, daß man λ_1, λ_2 sicherlich derart wählen kann, daß $\lambda_1\chi_1+\lambda_2\chi_2$ in gewissen endlich vielen Punkten nicht 0 ist, in denen χ_1, χ_2 nicht beide verschwinden. Sind nun $\mathfrak{q}_1, \cdots, \mathfrak{q}_l$ irgend l Punkte, so kommt $\mathfrak{q}_1$ in höchstens einem der Systeme $\mathfrak{S}_0, \cdots, \mathfrak{S}_l$ vor, etwa in $\mathfrak{S}_0$ und dann nicht in $\mathfrak{S}_1, \cdots, \mathfrak{S}_l$; ebenso kommt $\mathfrak{q}_2$ in höchstens einem der Systeme $\mathfrak{S}_1, \cdots, \mathfrak{S}_l$ vor, etwa in $\mathfrak{S}_1$ und dann nicht in $\mathfrak{S}_2, \cdots, \mathfrak{S}_l$; $\cdots$; also gibt es ein System, in welchem keiner der Punkte $\mathfrak{q}_1, \cdots, \mathfrak{q}_l$ auftritt.

Nun sei Φ eine Funktion des durch $\frac{x}{z}$ und $\frac{y}{z}$ erzeugten algebraischen Funktionenkörpers, mit Koeffizienten aus $\mathfrak{K}$. Ihre Nullstellen seien $\mathfrak{p}_1, \cdots, \mathfrak{p}_g$; ihre Pole seien $\mathfrak{q}_1, \cdots, \mathfrak{q}_g$. Es sei l der Grad des Körpers $\mathfrak{K}$ und $\mathfrak{p}$ wie oben in $\mathfrak{K}$ gelegen. Nach dem soeben Bewiesenen kann man aus $l+1$ gewissen Formen $\psi_0, \cdots, \psi_l$, die durch $\mathfrak{p}_1, \cdots, \mathfrak{p}_g$ bestimmt sind, eine Funktion ψ auswählen, welche in $\mathfrak{p}_1, \cdots, \mathfrak{p}_g$ verschwindet, deren sonstige Nullstellen $\mathfrak{r}, \cdots$ und Konjugierte dieser Nullstellen aber nicht in der Nähe von $\mathfrak{p}$ und den Konjugierten von $\mathfrak{p}$ gelegen sind; ferner sind die Koeffizienten dieser Form ψ Zahlen aus $\mathfrak{K}$. Dann ist $\psi : \Phi = \chi$ eine Form, die in den Punkten $\mathfrak{q}_1, \cdots, \mathfrak{q}_g, \mathfrak{r}, \cdots$ verschwindet, nirgendwo unendlich wird und denselben Grad γ besitzt wie ψ. Liegt nun $\mathfrak{p}$ nicht in der Umgebung der Nullstellen $\mathfrak{q}_1, \cdots, \mathfrak{q}_g, \mathfrak{r}, \cdots$ von χ, so gilt analog zu (85) die Abschätzung

$$|\chi| > c(|x|+|y|+|z|)^{\gamma},$$

also

$$c|\Phi|(|x|+|y|+|z|)^{\gamma} < |\psi|,$$

wo $c > 0$ noch von der Größe der für $\mathfrak{p}$ verbotenen Umgebungen abhängt. Diese Ungleichung gilt auch in den konjugierten Körpern, wenn für $\mathfrak{p}$ auch noch die Nähe der Nullstellen der zu χ konjugierten Funktionen ausgeschlossen wird. Also ist auch

$$N|\Phi|N(|x|+|y|+|z|)^{\gamma} < c_4 N|\omega(\mathfrak{p}, \mathfrak{p}_1) \cdots \omega(\mathfrak{p}, \mathfrak{p}_g)| N|\omega(\mathfrak{p}, \mathfrak{r}) \cdots|.$$

Für den Faktor $N|\omega(\mathfrak{p}, \mathfrak{r}) \cdots|$ benutze man die Abschätzung (88), wobei zu beachten ist, daß die Form ψ genau $h\gamma$ Nullstellen hat, die Anzahl der Nullstellen $\mathfrak{r}, \cdots$ also gleich $h\gamma - g$ ist; es wird

$$N|\omega(\mathfrak{p}, \mathfrak{r}) \cdots| < c_5 N(|x|+|y|+|z|)^{\frac{h\gamma-g}{h}+\varepsilon}$$

$$(89) \qquad N|\Phi| < c_6 N|\omega(\mathfrak{p}, \mathfrak{p}_1) \cdots \omega(\mathfrak{p}, \mathfrak{p}_g)| N(|x|+|y|+|z|)^{-\frac{g}{h}+\varepsilon}.$$

Dies gilt unter der Voraussetzung, daß die Konjugierten von $\mathfrak{p}$ nicht in der Nähe der Konjugierten der Pole $\mathfrak{q}_1, \cdots, \mathfrak{q}_g$ von Φ liegen.

Die Ungleichung (89) bietet nun die Möglichkeit, aus der Annahme, eine Funktion des durch $\frac{x}{z}$ und $\frac{y}{z}$ erzeugten algebraischen Funktionenkörpers sei ganzzahlig für unendlich viele in $\mathfrak{K}$ gelegene Werte von $\frac{x}{z}$ und $\frac{y}{z}$, zu einer Aussage über Approximation einer gewissen algebraischen Zahl zu gelangen. Es sei nämlich F eine solche Funktion mit Koeffizienten aus $\mathfrak{K}$, ihre Ordnung sei g, ihre Pole seien $\mathfrak{p}_1, \cdots, \mathfrak{p}_g$, ihre Nullstellen seien $\mathfrak{q}_1, \cdots, \mathfrak{q}_g$. Es möge $\mathfrak{p}$ die Punkte durchlaufen, in denen F ganzzahlig ist. Da es zwei Formen gibt, die keine Nullstelle gemeinsam haben, von denen aber die eine in $\mathfrak{p}_1, \cdots, \mathfrak{p}_g$, die andere in $\mathfrak{q}_1, \cdots, \mathfrak{q}_g$ verschwindet, so haben $\omega(\mathfrak{p}, \mathfrak{p}_1) \cdots \omega(\mathfrak{p}, \mathfrak{p}_g)$ und $\omega(\mathfrak{p}, \mathfrak{q}_1) \cdots \omega(\mathfrak{p}, \mathfrak{q}_g)$ nur einen unitären Teiler gemeinsam. Andererseits ist der Quotient dieser beiden Zahlen bis auf einen unitären Faktor gleich der ganzen Zahl F. Folglich ist der Ausdruck $\omega(\mathfrak{p}, \mathfrak{p}_1) \cdots \omega(\mathfrak{p}, \mathfrak{p}_g)$ selbst unitär. Indem man nötigenfalls F durch eine der Funktionen $F, F+1, \cdots, F+l$ ersetzt, kann man erreichen, daß $\mathfrak{p}$ nicht in der Nähe einer Nullstelle von F gelegen ist und gleiches für alle l Konjugierten von $\mathfrak{p}$ und F gilt. Nun wende man (89) mit $\Phi = 1 : F$ an; es wird

$$(90) \qquad N|\Phi| < c_7 N(|x|+|y|+|z|)^{-\frac{g}{h}+\varepsilon}.$$

Für die unendlich vielen $\mathfrak{p}$, die F ganzzahlig machen, ist eine bestimmte der l Konjugierten von Φ unendlich oft absolut genommen am kleinsten; dies sei etwa Φ selber. Die linke Seite von (90) ist dann nicht kleiner als $|\Phi|^l$. Ferner ist leicht zu sehen, daß die rechte Seite gegen 0 konvergiert. Sind nämlich $\frac{x}{z}, \frac{x'}{z'}, \cdots$ die l Konjugierten von $\frac{x}{z}$, so ist

$$(zt - x)(z't - x') \cdots = 0$$

eine Gleichung l-ten Grades mit ganzen rationalen Koeffizienten für $t = \frac{x}{z}$; und offenbar sind diese Koeffizienten absolut genommen kleiner als $c_8 N(|x|+|z|)$. Daher ist $c_8 N(|x|+|y|+|z|)$ eine obere Schranke für die absoluten Beträge der ganzen rationalen Koeffizienten in den Gleichungen, denen $\frac{x}{z}$ und $\frac{y}{z}$ genügen. Wegen der Existenz unendlich vieler $\mathfrak{p}$ wird also $N(|x|+|y|+|z|)$ unendlich. Aus (90) ergibt sich nun die Konvergenz einer Teilfolge der $\mathfrak{p}$ gegen eine feste Nullstelle von Φ, etwa $\mathfrak{p}_1$. Dies sei eine Nullstelle der Ordnung r. Es bedeute ϕ irgendeine in $\mathfrak{p}_1$ verschwindende rationale

Funktion von $\frac{x}{z}$ und $\frac{y}{z}$. Dann ist $\phi^r : \Phi$ für $\mathfrak{p} \to \mathfrak{p}_r$ beschränkt. Damit ist das für alles weitere wichtige Resultat gewonnen:

Es sei $f\left(\frac{x}{z}, \frac{y}{z}\right) = 0$ die Gleichung einer algebraischen Kurve h-ter Ordnung mit Koeffizienten aus einem algebraischen Zahlkörper $\mathfrak{K}$ vom Grade l. Es gebe eine Funktion g-ter Ordnung aus dem durch $\frac{x}{z}$ und $\frac{y}{z}$ erzeugten algebraischen Funktionenkörper mit Koeffizienten aus $\mathfrak{K}$, deren Wert für unendlich viele in $\mathfrak{K}$ gelegene Kurvenpunkte $\frac{x}{z}$, $\frac{y}{z}$ ganzzahlig ist. Dann konvergiert eine Teilfolge dieser Kurvenpunkte gegen einen Pol der Funktion. Es sei r die Ordnung dieses Poles. Dann gilt für jede in dem Pole verschwindende Funktion ϕ des Funktionenkörpers die Ungleichung

$$(91) \qquad |\phi| < c_9 N(|x| + |y| + |z|)^{-\frac{g}{hlr} + \varepsilon},$$

falls $\frac{x}{z}$, $\frac{y}{z}$ die Teilfolge durchläuft, die Zahlen x, y, z teilerfremd gewählt werden und ε eine beliebig kleine positive Zahl bedeutet; die Zahl c_9 hängt noch von ε ab, jedoch nicht von x, y, z.

Dies ist ein Approximationssatz für eine Nullstelle von ϕ. Für seine Anwendung ist es wichtig, die Zahl g hinreichend groß wählen zu können. Dies wird ermöglicht durch die Teilungstheorie der Abelschen Funktionen in Verbindung mit dem zu Anfang genannten Weilschen Satz. Zunächst sollen noch die Kurven vom Geschlecht 1 behandelt werden, bei denen gewisse Schwierigkeiten des allgemeinen Falles nicht auftreten.

§ 3. Gleichungen vom Geschlecht 1.

Ist die Gleichung $f(x, y) = 0$ vom Geschlecht 1, so geht sie durch eine birationale Transformation

$$(92) \qquad x = \phi(u, t), \qquad y = \psi(u, t)$$

über in die Gleichung

$$t^2 = 4u^3 - g_2 u - g_3.$$

Die Koeffizienten der rationalen Funktionen ϕ und ψ sowie die Größen g_2, g_3 sind algebraische Zahlen; ohne Beschränkung der Allgemeinheit kann angenommen werden, daß sie in dem Körper $\mathfrak{K}$ enthalten sind, da man diesen sonst nur zu erweitern brauchte. Bedeutet $\wp(s)$ die mit den Invarianten g_2, g_3 gebildete Weierstrasssche $\wp$-Funktion, so wird die Kurve $f = 0$ durch den Ansatz

$$(93) \qquad t = \wp(s), \qquad u = \wp'(s)$$

uniformisiert. Der Körper der zu den Invarianten g_2, g_3 gehörigen elliptischen Funktionen stimmt überein mit dem durch x und y erzeugten algebraischen Funktionenkörper. Es sei $w(s)$ irgendeine nicht konstante Funktion dieses Körpers und r ihre Ordnung, also die Anzahl der Male, die sie im Periodenparallelogramm jeden beliebigen Wert a annimmt. Es seien $v_1, \cdots, v_r$ sämtliche im Periodenparallelogramm gelegenen Lösungen von $w(s) = a$, und zwar jede mit ihrer Vielfachheit hingeschrieben. Bedeutet n eine natürliche Zahl und c eine beliebige Zahl, so liegen die a-Stellen der elliptischen Funktion $w(ns + c)$ genau in den Punkten $s = \frac{1}{n}(v_k - c + \omega)$, wo $k = 1, \cdots, r$ und ω eine beliebige Periode ist. Innerhalb des Periodenparallelogramms entstehen daher aus jeder l-fachen a-Stelle von $w(s)$ genau n^2 voneinander verschiedene l-fache a-Stellen von $w(ns + c)$; dabei führen verschiedene a-Stellen von $w(s)$ auch zu verschiedenen a-Stellen von $w(ns + c)$. Folglich ist die Funktion $w(ns + c)$ von der Ordnung $n^2 r = g$ und nimmt keinen Wert mehr als r-fach an.

Man betrachte nun sämtliche in $\mathfrak{K}$ gelegenen Lösungen von $f(x, y) = 0$ in ganzen oder gebrochenen x, y. Nach dem Satze von Mordell und Weil bilden die zu diesen

x, y gehörigen Werte des Integrals erster Gattung s einen Modul $\mathfrak{M}$ von endlicher Basis. Es seien $s_1, \cdots, s_q$ die Basiselemente. Dann erhält man alle in $\mathfrak{K}$ gelegenen Lösungen von $f = 0$ aus (92) und (93), wenn darin

(94) $$s = n_1 s_1 + \cdots + n_q s_q$$

gesetzt wird und $n_1, \cdots, n_q$ alle ganzen rationalen Zahlen durchlaufen. Es sei n eine natürliche Zahl. Nach (94) hat dann jedes Element von $\mathfrak{M}$ die Gestalt

(95) $$s = n\sigma + c,$$

wo σ ein Element von $\mathfrak{M}$ und c eins von endlich vielen Elementen von $\mathfrak{M}$ ist; es genügt nämlich, c auf die Werte $n_1 s_1 + \cdots + n_q s_q$ mit $n_k = 0, \cdots, n-1$ $(k = 1, \cdots, q)$ zu beschränken.

Jetzt werde angenommen, $f = 0$ habe sogar unendlich viele Lösungen aus $\mathfrak{K}$ mit ganzzahligem x. Aus diesen greife man unendlich viele heraus, für welche die Zahl c in (95) einen und denselben festen Wert hat. Nun identifiziere man x mit der elliptischen Funktion $w(s) = w(n\sigma + c)$. Gehört zu σ die Lösung ξ, η von $f = 0$, so ist nach dem Additionstheorem x eine rationale Funktion von ξ, η mit Koeffizienten aus $\mathfrak{K}$, deren Ordnung den Wert $n^2 r = g$ besitzt und deren g Pole höchstens r-fach sind. Die Pole bestimmen sich durch Lösung einer algebraischen Gleichung g-ten Grades mit Koeffizienten aus $\mathfrak{K}$. Nach dem Ergebnis des vorigen Paragraphen wird einer der Pole durch die in $\mathfrak{K}$ gelegenen unendlich vielen Zahlenpaare ξ, η approximiert. Man ersetze ξ, η durch $\frac{\xi}{\zeta}, \frac{\eta}{\zeta}$ mit teilerfremden ξ, η, ζ.

Konvergiert $\frac{\xi}{\zeta}$ gegen eine endliche Zahl ρ, so ist ρ höchstens vom Grade g in bezug auf $\mathfrak{K}$ und es gilt nach (91)

(96) $$\left|\frac{\xi}{\zeta} - \rho\right| < c_9 N(|\xi| + |\zeta|)^{-\varkappa g + 1};$$

dabei ist $\varkappa = 1 : hlr$, wo h die Ordnung der Kurve $f = 0$, l den Grad des Körpers $\mathfrak{K}$ und r den Grad von f in y bedeuten; ferner ist $g = n^2 r$ mit beliebigem natürlichen n. Wie bereits früher bemerkt wurde, wächst $N(|\xi| + |\zeta|)$ mindestens ebenso stark an wie der größte der absoluten Beträge der ganzen rationalen Koeffizienten in der Gleichung l-ten Grades für $\frac{\xi}{\zeta}$, der mit $H\left(\frac{\xi}{\zeta}\right)$ bezeichnet werde. Nach der erwähnten Verallgemeinerung des Thueschen Satzes ist nun andererseits

(97) $$\left|\frac{\xi}{\zeta} - \rho\right| > c_{10}\left\{H\left(\frac{\xi}{\zeta}\right)\right\}^{-\lambda\sqrt{g}},$$

wo λ nur vom Grade des Körpers $\mathfrak{K}$ abhängt, dem die approximierende Zahl $\xi : \zeta$ angehört. Für hinreichend großes n, nämlich für $n > \lambda hl\sqrt{r}$, können aber (96) und (97) sicherlich nur durch endlich viele $\xi : \zeta$ erfüllt werden.

Konvergiert aber $\xi : \zeta$ gegen ∞, so hat man in der soeben ausgeführten Überlegung nur $\zeta : \xi$ und 0 an Stelle von $\xi : \zeta$ und ρ zu nehmen und kommt zum gleichen Resultat.

Die Übertragung des Beweises auf den allgemeinen Fall $p \geq 1$ erfordert zunächst einige Hilfssätze über die Teilung der Abelschen Funktionen.

§ 4. Hilfsmittel aus der Theorie der Abelschen Funktionen.

Es sei $\mathfrak{R}$ eine Riemannsche Fläche vom Geschlecht $p \geq 1$. Sie werde kanonisch zerschnitten durch ein System von p Rückkehrschnittpaaren $\mathfrak{A}_l, \mathfrak{B}_l$ $(l = 1, \cdots, p)$. Es sei $\mathfrak{p}$ ein variabler Punkt der Fläche. Wie in der Einleitung bedeute $w_1(\mathfrak{p}), \cdots, w_p(\mathfrak{p})$ ein System von Normalintegralen erster Gattung. Die zu $\mathfrak{A}_l$ gehörige Periode von w_k ist dann e_{kl}, d. h. $= 0$ oder $= 1$, je nachdem $k \neq l$ oder $k = l$ ist; die zu $\mathfrak{B}_l$ gehörige

Periode von w_k sei τ_{kl}. Auf der unzerschnittenen Fläche sind $w_1, \cdots, w_p$ nur bis auf die Perioden $\Omega_1, \cdots, \Omega_p$ bestimmt, wo

(98) $$\Omega_k = \sum_{l=1}^{p} (g_l e_{kl} + h_l \tau_{kl}) \qquad (k = 1, \cdots, p)$$

gesetzt ist und $g_1, \cdots, g_p, h_1, \cdots, h_p$ ganze rationale Zahlen bedeuten. Zwei Systeme von p Zahlen $a_1, \cdots, a_p$ und $b_1, \cdots, b_p$, für welche die Differenzen $a_1 - b_1, \cdots, a_p - b_p$ gleich einem System simultaner Perioden $\Omega_1, \cdots, \Omega_p$ sind, mögen als kongruent bezeichnet werden.

Es sei

$$\vartheta(s) = \vartheta(s_1, \cdots, s_p) = \sum_{n_1=-\infty}^{+\infty} \cdots \sum_{n_p=-\infty}^{+\infty} e^{\pi i \sum_{k,l} \tau_{kl} n_k n_l + 2\pi i \sum_k n_k s_k}$$

die Riemannsche Thetafunktion mit den unabhängigen Variabeln $s_1, \cdots, s_p$. Es gibt $p+1$ feste Punkte $\mathfrak{a}, \mathfrak{a}_1, \cdots, \mathfrak{a}_p$ von der Art, daß das Umkehrproblem

(99) $$\sum_{l=1}^{p} \{ w_k(\mathfrak{p}_l) - w_k(\mathfrak{a}_l) \} \equiv s_k \qquad (k = 1, \cdots, p)$$

dann und nur dann durch genau eine Punktgruppe $\mathfrak{p}_1, \cdots, \mathfrak{p}_p$ gelöst werden kann, wenn die Thetafunktion mit den Argumenten $s_k - w_k(\mathfrak{p}) + w_k(\mathfrak{a})$, also $\vartheta(s - w(\mathfrak{p}) + w(\mathfrak{a}))$, nicht identisch in $\mathfrak{p}$ verschwindet. Die Punktgruppe $\mathfrak{p}_1, \cdots, \mathfrak{p}_p$ werde kurz mit $\mathfrak{P}$ bezeichnet. Es sei $\pi_1, \cdots, \pi_p$ irgendeine andere Punktgruppe Π; man setze analog zu (99)

(100) $$\sum_{l=1}^{p} \{ w_k(\pi_l) - w_k(\mathfrak{a}_l) \} \equiv \sigma_k. \qquad (k = 1, \cdots, p)$$

Es seien ferner n eine natürliche Zahl und $c_1, \cdots, c_p$ irgendwelche Konstanten; dann wird durch die Forderung

(101) $$s_k \equiv n\sigma_k + c_k \qquad (k = 1, \cdots, p)$$

eine Beziehung zwischen $\mathfrak{P}$ und Π festgelegt. Aus (101) folgt

(102) $$\sigma_k \equiv \frac{1}{n}(s_k - c_k) + \frac{1}{n}\Omega_k,$$

wo in dem Ausdruck (98), welcher Ω_k definiert, für $g_1, \cdots, g_p, h_1, \cdots, h_p$ unabhängig voneinander die Zahlen $0, \cdots, n-1$ zu setzen sind; diese führen nämlich zu allen n^{2p} inkongruenten Systemen $\frac{1}{n}\Omega_1, \cdots, \frac{1}{n}\Omega_p$. Durch (102) erhält man also aus dem einen System $s_1, \cdots, s_p$ insgesamt n^{2p} inkongruente Systeme $\sigma_1, \cdots, \sigma_p$.

Man betrachte nun speziell die Punktgruppe $\mathfrak{P}_0$, die aus dem p-mal gezählten Punkt $\mathfrak{p}$ besteht. Das zugehörige s_k ist dann

$$s_k \equiv p\, w_k(\mathfrak{p}) - \sum_{l=1}^{p} w_k(\mathfrak{a}_l); \qquad (k = 1, \cdots, p)$$

und nach (102) wird

(103) $$\sigma_k \equiv \frac{p}{n} w_k(\mathfrak{p}) + b_k$$

mit

$$b_k = \frac{1}{n}\left(-\sum_{l=1}^{p} w_k(\mathfrak{a}_l) - c_k + \Omega_k \right).$$

Es soll jetzt gezeigt werden, daß für alle hinreichend großen n den Kongruenzen (100) und (103) durch genau eine Punktgruppe Π genügt wird, falls von endlich vielen Ausnahmepunkten $\mathfrak{p}$ abgesehen wird. Zu diesem Zwecke hat man zu zeigen, daß nur für endlich viele $\mathfrak{p}$ die Funktion

(104) $$\vartheta\left(\frac{p}{n} w(\mathfrak{p}) + b - w(\mathfrak{q}) + w(\mathfrak{a}) \right)$$

identisch in $\mathfrak{q}$ verschwindet. Würde dies für unendlich viele $\mathfrak{p}$ gelten, so gälte es auch identisch in $\mathfrak{p}$, denn die Funktion (104) ist eine auf $\mathfrak{R}$ ausnahmslos reguläre Funktion des Punktes $\mathfrak{p}$. Bei Umläufen von $\mathfrak{p}$ auf $\mathfrak{R}$ vermehrt sich $w(\mathfrak{p})$ um eine Periode Ω; das Argument in (104) vermehrt sich dabei um $\frac{p}{n}\Omega$. Läßt man $\Omega_1, \cdots, \Omega_p$ alle Periodensysteme durchlaufen und n über alle Grenzen wachsen, so konvergieren die Werte $\frac{p}{n}\Omega_1, \cdots, \frac{p}{n}\Omega_p$ gegen jedes System von komplexen Zahlen. Nun verschwindet aber doch $\vartheta(s)$ nicht identisch als Funktion der unabhängigen Variabeln $s_1, \cdots, s_p$; folglich kann (104) für hinreichend großes n nicht identisch in $\mathfrak{p}$ verschwinden. Dies gilt offenbar unabhängig von der Wahl der Konstanten $b_1, \cdots, b_p$. Fortan sei n hinreichend groß.

Wird von endlich vielen $\mathfrak{p}$ abgesehen, so sind für jede Punktgruppe $\mathfrak{P}_0$ vermöge (101) genau n^{2p} verschiedene Punktgruppen Π bestimmt; es sei $\pi_1, \cdots, \pi_p$ eine von ihnen. Es bedeute $\chi(\mathfrak{p})$ eine nicht konstante rationale Funktion auf der Fläche $\mathfrak{R}$; ihre Ordnung sei ρ, ihre Nullstellen seien $\nu^{(1)}, \cdots, \nu^{(\rho)}$, ihre Pole seien $\pi^{(1)}, \cdots, \pi^{(\rho)}$. Dann ist

$$(105) \qquad \chi(\pi_1)\cdots\chi(\pi_p) = c\prod_{m=1}^{\rho}\frac{\vartheta(\sigma - w(\nu^{(m)}) + w(\mathfrak{a}))}{\vartheta(\sigma - w(\pi^{(m)}) + w(\mathfrak{a}))}$$

mit konstantem c. Läßt man $\mathfrak{p}$ auf $\mathfrak{R}$ eine geschlossene Kurve n-mal durchlaufen, so vermehrt sich nach (103) der Wert σ_k um eine volle Periode. Die Abelschen Funktionen von $\sigma_1, \cdots, \sigma_p$ sind daher als Funktionen der Variabeln $\mathfrak{p}$ eindeutig rational auf derjenigen Überlagerungsfläche $\mathfrak{U}$ der Riemannschen Fläche $\mathfrak{R}$, auf welcher alle n-mal durchlaufenen, auf $\mathfrak{R}$ geschlossenen Kurven wieder geschlossen sind. Um $\mathfrak{U}$ aus $\mathfrak{R}$ zu erhalten, hat man die n^{2p} Decktransformationen auf $\mathfrak{R}$ auszuführen, welche aus g_l-maligem Durchlaufen der Rückkehrschnitte $\mathfrak{A}_l$ und h_l-maligem Durchlaufen der Rückkehrschnitte $\mathfrak{B}_l$ ($l = 1, \cdots, p$; $g_l = 0, \cdots, n-1$; $h_l = 0, \cdots, n-1$) entstehen. Nun soll die Ordnung der speziellen Funktion $\chi(\pi_1)\cdots\chi(\pi_p) = \Phi(\mathfrak{p})$ auf $\mathfrak{U}$ bestimmt werden. Zu diesem Zwecke hat man die Anzahl der auf $\mathfrak{U}$ gelegenen Nullstellen der Funktion (104) zu ermitteln. Man bilde gleich etwas allgemeiner $\vartheta\left(\frac{q}{n}w(\mathfrak{p}) + a\right)$, wo q eine natürliche Zahl, $a_1, \cdots, a_p$ irgendwelche Konstanten bedeuten. Die Anzahl der Nullstellen dieser Funktion ϑ ist gleich der Änderung von $\frac{1}{2\pi i}\log\vartheta$ bei positivem Umlaufen des Randes der kanonisch zerschnittenen Fläche $\mathfrak{U}$. Da sich $\mathfrak{U}$ aus n^{2p} Exemplaren von $\mathfrak{R}$ zusammensetzt, die durch die obengenannten Decktransformationen auseinander hervorgehen, so hat man nur die Summe der Änderungen von $\frac{1}{2\pi i}\log\vartheta$ beim Umlaufen des Randes der n^{2p} Exemplare der kanonisch zerschnittenen Fläche $\mathfrak{R}$ zu berechnen. Beachtet man die Gleichungen

$$\vartheta(s + e_k) = \vartheta(s), \qquad \vartheta(s + \tau_k) = e^{-\pi i \tau_{kk} - 2\pi i s_k}\vartheta(s),$$

also

$$\vartheta\left(\frac{q}{n}s + qe_k\right) = \vartheta\left(\frac{q}{n}s\right), \qquad \vartheta\left(\frac{q}{n}s + q\tau_k\right) = e^{-\pi i q^2\tau_{kk} - 2\pi i \frac{q^2}{n}s_k}\vartheta\left(\frac{q}{n}s\right),$$

so folgt in üblicher Weise, daß die Schnitte $\mathfrak{B}_l$ keinen Beitrag liefern, während n^{2p-2}-mal von den Schnitten $\mathfrak{A}_l$ der Beitrag $\frac{q^2}{n}\cdot n$ geliefert wird, und zwar für $l = 1, \cdots, p$. Die Anzahl der Nullstellen ist somit genau $p\cdot q^2 n^{2p-2}$. Da die rechte Seite des Ausdrucks (105) für $\Phi(\mathfrak{p})$ einen Faktor ϑ genau ρ-mal im Nenner enthält, *so ist die Ordnung von* $\Phi(\mathfrak{p})$ *auf* $\mathfrak{U}$ *höchstens gleich* $\rho p^3 n^{2p-2}$. Für den Zweck der Abhandlung ist wesentlich, daß der Exponent von n um nicht weniger als zwei kleiner ist als $2p$.

Man setze speziell

$$(106) \qquad \chi(\mathfrak{p}) = t - \frac{\alpha_1 x + \beta_1 y + \gamma_1}{\alpha_2 x + \beta_2 y + \gamma_2}$$

mit irgendwelchen Konstanten $t, \alpha_1, \beta_1, \gamma_1, \alpha_2, \beta_2, \gamma_2$, von denen $\alpha_1, \beta_1, \gamma_1$ nicht zu $\alpha_2, \beta_2, \gamma_2$ proportional sind; dabei sollen x und y zwei Funktionen bedeuten, die den zu $\mathfrak{R}$ gehörigen algebraischen Funktionenkörper erzeugen, also Koordinaten des Punktes $\mathfrak{p}$. Bedeutet h den Grad der zwischen x und y bestehenden algebraischen Gleichung, so ist die Ordnung ρ von $\chi(\mathfrak{p})$ auf $\mathfrak{R}$ gleich h. Die Ordnung von $\chi(\pi_1)\cdots\chi(\pi_p)=\Phi(\mathfrak{p})$ auf $\mathfrak{U}$ ist also höchstens gleich hp^3n^{2p-2}. In (106) wähle man p verschiedene Werte $t_1, \cdots, t_p$ für t; dadurch gehe $\Phi(\mathfrak{p})$ über in

$$\Phi_k(\mathfrak{p}) = t_k^p + C_1 t_k^{p-1} + \cdots + C_p. \qquad (k=1,\cdots,p) \tag{107}$$

Eine zweite für das Folgende wichtige Tatsache ist nun:

Zwischen $\Phi_1(\mathfrak{p}), \cdots, \Phi_p(\mathfrak{p})$ besteht identisch in $\mathfrak{p}$ keine algebraische Gleichung, deren Grad kleiner ist als $\dfrac{n^2}{hp^{2p+1}}$.

Sind $v_k^{(1)}, \cdots, v_k^{(h)}$ die t_k-Stellen von $\dfrac{\alpha_1 x+\beta_1 y+\gamma_1}{\alpha_2 x+\beta_2 y+\gamma_2}$, so ist nach (105)

$$\Phi_k(\mathfrak{p}) = c\prod_{m=1}^{h}\frac{\vartheta(\sigma - w(v_k^{(m)})+w(\mathfrak{a}))}{\vartheta(\sigma - w(\pi^{(m)})+w(\mathfrak{a}))}. \qquad (k=1,\cdots,p) \tag{108}$$

Es bestehe nun zwischen den rechten Seiten von (108) eine algebraische Gleichung vom Grade δ identisch in $\mathfrak{p}$; dabei sind $\sigma_1, \cdots, \sigma_p$ die durch (103) bestimmten Funktionen der einen Variabeln $\mathfrak{p}$. Die Gleichung werde kurz mit $G(\sigma)=0$ bezeichnet. Sie ist nicht erfüllt, wenn $\sigma_1, \cdots, \sigma_p$ unabhängige Variable bedeuten; denn dann wären auch $\pi_1, \cdots, \pi_p$ unabhängige Variable, also auch $C_1, \cdots, C_p$ in (107), also auch $\Phi_1, \cdots, \Phi_p$ selber. Setzt man

$$\sigma_k \equiv \frac{1}{n}(w_k(\mathfrak{p}_1)+\cdots+w_k(\mathfrak{p}_p))+b_k, \qquad (k=1,\cdots,p)$$

so ist $G(\sigma)$ identisch gleich 0, wenn die Punkte $\mathfrak{p}_1, \cdots, \mathfrak{p}_p$ alle zusammenfallen, aber nicht identisch gleich 0, wenn sie unabhängig voneinander sind. Nun sei q die kleinste natürliche Zahl von der Art, daß $G(\sigma)$ identisch verschwindet, wenn $\mathfrak{p}_1, \cdots, \mathfrak{p}_q$ unter der Bedingung $\mathfrak{p}_1 = \cdots = \mathfrak{p}_q$ und $\mathfrak{p}_{q+1}, \cdots, \mathfrak{p}_p$ beliebig veränderlich sind. Es ist $1 < q \leq p$. Man wähle dann

$$\sigma_k \equiv \frac{1}{n}((q-1)w_k(\mathfrak{p})+w_k(\mathfrak{p}_q)+\cdots+w_k(\mathfrak{p}_p))+b_k. \tag{109}$$

Für dieses Argument verschwindet $G(\sigma)$ nicht identisch in $\mathfrak{p}, \mathfrak{p}_q, \cdots, \mathfrak{p}_p$. Man betrachte $G(\sigma)$ als Funktion von $\mathfrak{p}_q$; sie ist auf $\mathfrak{U}$ eindeutig rational. Der Hauptnenner der in $G(\sigma)$ eingehenden Thetaquotienten ist

$$\left\{\prod_{m=1}^{h}\vartheta(\sigma - w(\pi^{(m)})+w(\mathfrak{a}))\right\}^{\delta}.$$

Nach Früherem verschwindet dieser Ausdruck auf $\mathfrak{U}$ an genau δhpn^{2p-2} Stellen $\mathfrak{p}_q$. Andererseits ist $\vartheta(\sigma)$ identisch gleich 0, wenn in (109) die Variable $\mathfrak{p}_q$ gleich $\mathfrak{p}$ gesetzt wird. Bei Umläufen auf $\mathfrak{R}$ geht $(q-1)w_k(\mathfrak{p})+w_k(\mathfrak{p})$ in $(q-1)w_k(\mathfrak{p})+w_k(\mathfrak{p})+q\Omega_k$ über. Daher verschwindet $G(\sigma)$ als Funktion von $\mathfrak{p}_q$ sicherlich in $\mathfrak{p}$ und den Punkten, die durch eine q-mal wiederholte Decktransformation aus $\mathfrak{p}$ hervorgehen. Ist d der größte gemeinsame Teiler von q und n, so hat also $G(\sigma)$ als Funktion von $\mathfrak{p}_q$ auf $\mathfrak{U}$ mindestens $(n:d)^{2p}$ Nullstellen. Folglich ist

$$\left(\frac{n}{d}\right)^{2p} \leq \delta hpn^{2p-2}$$

$$\delta \geq \frac{n^2}{d^{2p}hp}. \tag{110}$$

Wegen $d \leq q \leq p$ folgt die Behauptung. Für das Weitere ist wiederum wesentlich, daß der Exponent von n in (110) nicht kleiner als 2 ist.

§ 5. Gleichungen von beliebigem positiven Geschlecht.

Es sei $f(x, y) = 0$ vom Geschlecht $p \geq 1$. Man betrachte alle Systeme von p Punkten $x_1, y_1; x_2, y_2; \cdots; x_p, y_p$, deren sämtliche rationalen symmetrischen Verbindungen mit Koeffizienten aus $\mathfrak{K}$ wieder in $\mathfrak{K}$ liegen. Die diesen Punktgruppen nach (99) zugeordneten Systeme $s_1, \cdots, s_p$ bilden auf Grund des Weilschen Satzes einen endlichen Modul $\mathfrak{M}$. Es seien die Systeme $s_1^{(1)}, \cdots, s_p^{(1)}; \cdots; s_1^{(q)}, \cdots, s_p^{(q)}$ eine Basis des Moduls, dann ist analog zu (95)

$$s_k \equiv n\sigma_k + c_k, \qquad (k = 1, \cdots, p) \tag{111}$$

wo $\sigma_1, \cdots, \sigma_p$ ein Element des Moduls und $c_1, \cdots, c_p$ eines von endlich vielen Elementen von $\mathfrak{M}$ ist; es genügt, c_k auf die Werte $n_1 s_k^{(1)} + \cdots + n_q s_k^{(q)}$ zu beschränken, wo $n_1, \cdots, n_q$ Zahlen der Reihe $0, \cdots, n-1$ sind.

Nun möge $f(x, y) = 0$ unendlich viele Lösungen in Zahlen x, y aus $\mathfrak{K}$ besitzen, von denen x ganz ist. Der Punkt x, y werde mit $\mathfrak{p}$ bezeichnet. Die zur Punktgruppe $\mathfrak{p}, \cdots, \mathfrak{p}$ gehörigen Werte von $s_1, \cdots, s_p$ liegen in $\mathfrak{M}$. Aus der Menge der $\mathfrak{p}$ werde eine unendliche Teilmenge herausgegriffen, für welche in (111) ein festes System $c_1, \cdots, c_p$ auftritt. Auf diese $\mathfrak{p}$ bezieht sich alles Weitere. Schließt man noch endlich viele $\mathfrak{p}$ aus, so sind die n^{2p} Punktgruppen $\pi_1, \cdots, \pi_p$ eindeutig bestimmt. Es seien ξ_l, η_l die Koordinanten des Punktes π_l $(l = 1, \cdots, p)$. Nach (111) gibt es unter den n^{2p} Punktgruppen $\pi_1, \cdots, \pi_p$ eine, für welche alle rationalen symmetrischen Funktionen der p Paare ξ_l, η_l mit Koeffizienten aus $\mathfrak{K}$ einen wieder in $\mathfrak{K}$ gelegenen Wert besitzen. Wählt man für die Konstanten $\alpha_1, \cdots, \gamma_2$, $t_1, \cdots, t_p$ des vorigen Paragraphen Werte aus $\mathfrak{K}$, so liegen insbesondere die Größen $\Phi_1(\mathfrak{p}), \cdots, \Phi_p(\mathfrak{p})$ sämtlich in $\mathfrak{K}$.

Der Körper aller rationalen symmetrischen Funktionen der p Paare ξ_l, η_l ist enthalten in dem zu $\mathfrak{U}$ gehörigen algebraischen Funktionenkörper; seine Riemannsche Fläche ist also entweder $\mathfrak{U}$ selber oder eine Fläche $\mathfrak{U}'$, zu welcher $\mathfrak{U}$ Überlagerungsfläche ist. Es bestehe $\mathfrak{U}'$ aus ν Exemplaren von $\mathfrak{R}$; dann ist ν ein Teiler von n^{2p}. Es soll gezeigt werden, daß bei geeigneter Wahl der Konstanten $\alpha_1, \cdots, \gamma_2, t_1, \cdots, t_p$ die beiden Funktionen $\Phi_1(\mathfrak{p})$ und $\Phi_k(\mathfrak{p})$ für $k = 2, \cdots, p$ den zu $\mathfrak{U}'$ gehörigen Körper erzeugen. Zu jedem Punkte $\mathfrak{p}$ von $\mathfrak{U}'$ gehört genau eine Punktgruppe $\pi_1, \cdots, \pi_p$; zu verschiedenen $\mathfrak{p}$ auch verschiedene Systeme $\pi_1, \cdots, \pi_p$. Es ist

$$\Phi_k(\mathfrak{p}) = \prod_{l=1}^{p} \left(t_k - \frac{\alpha_1\xi_l + \beta_1\eta_l + \gamma_1}{\alpha_2\xi_l + \beta_2\eta_l + \gamma_2} \right) = t_k^p + C_1 t_k^{p-1} + \cdots + C_p. \qquad (k = 1, \cdots, p) \tag{112}$$

Es bedeute a einen Wert, den Φ_1 nicht mehrfach annimmt. Ist λ die Ordnung von Φ_1 auf $\mathfrak{U}'$, so genügen λ verschiedene Punkte $\mathfrak{p}$ der Gleichung $\Phi_1(\mathfrak{p}) = a$. Für diese λ Punkte betrachte man das System der Koeffizienten $C_1, \cdots, C_p$ auf der rechten Seite von (112); es kann vorkommen, daß in zwei verschiedenen der λ Punkte $\mathfrak{p}$ die Systeme $C_1, \cdots, C_p$ übereinstimmen. Dann müßte in diesen beiden $\mathfrak{p}$ auch das System der p Ausdrücke $(\alpha_1\xi_l + \beta_1\eta_l + \gamma_1):(\alpha_2\xi_l + \beta_2\eta_l + \gamma_2)$ $(l = 1, \cdots, p)$ übereinstimmen, abgesehen von der Reihenfolge. Dies kann aber nicht identisch in $\alpha_1, \cdots, \gamma_2$ gelten, denn sonst würden die beiden zugehörigen Punktsysteme ξ_l, η_l $(l = 1, \cdots, p)$ ebenfalls übereinstimmen. Man kann also $\alpha_1, \cdots, \gamma_2$ so wählen, daß für die λ Lösungen von $\Phi_1 = a$ die λ Systeme $C_1, \cdots, C_p$ verschieden sind; und nun wähle man t_k für $k = 2, \cdots, p$ derart, daß die Werte von $t_k^p + C_1 t_k^{p-1} + \cdots + C_p$ für diese λ Systeme $C_1, \cdots, C_p$ sämtlich verschieden ausfallen. Dann erzeugen Φ_1 und Φ_k den zu $\mathfrak{U}'$ gehörigen Körper. Nach § 4 ist die Ordnung von Φ_k und allgemeiner jeder mit konstanten Koeffizienten gebildeten linearen Kombination von $\Phi_1, \cdots, \Phi_p$ auf $\mathfrak{U}$ höchstens gleich hp^3n^{2p-2}; auf $\mathfrak{U}'$ ist diese Ordnung also höchstens gleich $(hp^3n^{2p-2}):\left(\frac{n^{2p}}{\nu}\right) = \frac{hp^3\nu}{n^2}$. Der Grad der zwischen Φ_1 und Φ_k bestehenden algebraischen Gleichung ist also höchstens gleich $hp^3\nu : n^2$. Die Koeffizienten dieser Gleichung liegen in $\mathfrak{K}$.

Es sei ζ_0 der Hauptnenner der p Zahlen $\Phi_1, \cdots, \Phi_p$, also $\Phi_1 = \zeta_1 : \zeta_0, \cdots, \Phi_p = \zeta_p : \zeta_0$ mit teilerfremden $\zeta_0, \zeta_1, \cdots, \zeta_p$. Ferner sei μ_k der Hauptnenner von Φ_1 und Φ_k für $k = 2, \cdots, p$. Man bilde den Ausdruck

$$A = \prod_{k=2}^{p} N(|\mu_k \Phi_1| + |\mu_k \Phi_k| + |\mu_k|), \tag{113}$$

wo die Norm N über die l zu $\mathfrak{K}$ konjugierten Körper erstreckt wird. Offenbar ist das Produkt $\mu_2 \cdots \mu_p$ ein Vielfaches von ζ_0 und folglich

$$\begin{aligned} A &\geq N(|\zeta_0| \prod_{k=2}^{p} (|\Phi_1| + |\Phi_k| + 1)) \\ &\geq N(|\zeta_0 \Phi_1| + |\zeta_0 \Phi_2| + \cdots + |\zeta_0 \Phi_p| + |\zeta_0|) = N(|\zeta_0| + \cdots + |\zeta_p|). \end{aligned} \tag{114}$$

Das Ergebnis von § 2 werde nun angewendet auf die Funktion x, die auf $\mathfrak{R}$, also auch auf $\mathfrak{U}'$ rational ist und daher dem durch Φ_1 und Φ_k erzeugten Funktionenkörper angehört. Nach Voraussetzung ist x ganzzahlig. Die Ordnung von x auf $\mathfrak{R}$ sei $\rho \leq h$; da $\mathfrak{U}'$ aus ν Exemplaren $\mathfrak{R}$ besteht, so ist die Ordnung von x auf $\mathfrak{U}'$ genau gleich $\rho\nu$. Ferner nimmt x auf $\mathfrak{U}'$ keinen Wert mehr als ρ-fach an. Die Zahl g von § 2 hat im vorliegenden Falle den Wert $\rho\nu$, ferner hat man für die Zahlen h und r diesmal die oberen Abschätzungen $hp^3\nu : n^2$ und ρ. Nach § 2 konvergiert dann eine Teilfolge der $\mathfrak{p}$ gegen einen auf $\mathfrak{U}'$ gelegenen Pol $\mathfrak{p}_0$ von x, und in diesen $\mathfrak{p}$ gilt für jede in $\mathfrak{p}_0$ verschwindende und auf $\mathfrak{U}'$ rationale Funktion $\phi(\mathfrak{p})$ die Abschätzung (91), nämlich

$$|\phi(\mathfrak{p})| < c_9 N(|\mu_k \Phi_1| + |\mu_k \Phi_k| + |\mu_k|)^{-\frac{n^2}{hlp^3} + \varepsilon}$$

für $k = 2, \cdots, p$. Durch Multiplikation dieser Ungleichungen folgt für $p > 1$ mit Rücksicht auf (113) und (114)

$$|\phi(\mathfrak{p})| < c_{11} N(|\zeta_0| + \cdots + |\zeta_p|)^{-\varkappa n^2 + \varepsilon}, \tag{115}$$

wo $\varkappa$ die von n unabhängige Zahl $1 : hlp^3(p-1)$ bedeutet, ε irgendeine positive Zahl ist und c_{11} nicht von $\mathfrak{p}$ abhängt.

Man kann noch voraussetzen, daß die Werte $\Phi_1(\mathfrak{p}_0), \cdots, \Phi_p(\mathfrak{p}_0)$ sämtlich endlich sind, da man sonst nur die Parameter $\alpha_1, \cdots, \gamma_2$ in (112) abzuändern brauchte. Setzt man $\Phi_k(\mathfrak{p}_0) = \omega_k$, so ist nach (115) speziell

$$|\Phi_k(\mathfrak{p}) - \Phi_k(\mathfrak{p}_0)| = \left| \frac{\zeta_k}{\zeta_0} - \omega_k \right| < c_{11} N(|\zeta_0| + \cdots + |\zeta_p|)^{-\varkappa n^2 + \varepsilon} \tag{116}$$

für $k = 1, \cdots, p$. Hierauf kann man nun aber nicht ohne weiteres denselben Schluß anwenden wie in § 3; denn der Grad der algebraischen Zahl ω_k könnte die Größenordnung n^{2p} besitzen, da ja ω_k durch die n-Teilung der Perioden der Abelschen Funktionen bestimmt wird; und n^{2p} wächst für $p \geq 2$ nicht schwächer an als das Quadrat des Exponenten auf der rechten Seite von (116). In (116) sind jedoch p Approximationsaussagen enthalten, und die approximierten Zahlen ω_k sind, wie sogleich nach § 4 gezeigt werden soll, »hinreichend« unabhängig voneinander. Dieser Umstand ermöglicht es, die Methode der Einleitung erfolgreich durchzuführen und einen Widerspruch zu (116) abzuleiten.

Im folgenden braucht man nämlich den Hilfssatz:

Es sei δ kleiner als jede der beiden Zahlen $\varkappa n^2$ und $\frac{n^2}{hp^{2p+1}}$. Dann besteht zwischen den Zahlen $\omega_1, \cdots, \omega_p$ keine algebraische Gleichung δ-ten Grades mit Koeffizienten aus $\mathfrak{K}$. Anders ausgedrückt: Kein Polynom δ-ten Grades in $\Phi_1(\mathfrak{p}), \cdots, \Phi_p(\mathfrak{p})$ mit Koeffizienten aus $\mathfrak{K}$ hat die Nullstelle $\mathfrak{p} = \mathfrak{p}_0$.

Es sei $G(\mathfrak{p})$ ein Polynom vom Grade δ in $\Phi_1(\mathfrak{p}), \cdots, \Phi_p(\mathfrak{p})$ mit ganzen Koeffizienten aus $\mathfrak{K}$, das für $\mathfrak{p} = \mathfrak{p}_0$ verschwindet. Nach § 4 verschwindet es nicht identisch in $\mathfrak{p}$, denn δ ist ja kleiner als $\frac{n^2}{hp^{2p+1}}$. Nach (115) ist ferner für unendlich viele $\mathfrak{p} \to \mathfrak{p}_0$

$$|G(\mathfrak{p})| < c_{11} N(|\zeta_0| + \cdots + |\zeta_p|)^{-\varkappa n^2 + \varepsilon}. \tag{117}$$

Nun hat $\zeta_0^\delta G(\mathfrak{p})$ eine Majorante der Form $c_{12}(|\zeta_0|+\cdots+|\zeta_p|)^\delta$; andererseits ist $\zeta_0^\delta G(\mathfrak{p})$ ganz und $\neq 0$, falls $\mathfrak{p}$ hinreichend dicht bei $\mathfrak{p}_0$ liegt; die Norm dieser Zahl ist also absolut genommen mindestens gleich 1. Dies liefert wegen (117) die Ungleichung

$$1 < c_{11} N(|\zeta_0|+\cdots+|\zeta_p|)^{-\varkappa n^2+\iota}|\zeta_0|^\delta c_{13} \frac{N(|\zeta_0|+\cdots+|\zeta_p|)^\delta}{(|\zeta_0|+\cdots+|\zeta_p|)^\delta},$$

also erst recht

$$N(|\zeta_0|+\cdots+|\zeta_p|)^{\varkappa n^2-\iota-\delta} < c_{14},$$

und dies ist wegen $\delta < \varkappa n^2$ ein Widerspruch. Damit ist der Hilfssatz bewiesen.

§ 6. Anwendung der Approximationsmethode.

Der durch Adjunktion der Zahlen $\omega_1, \cdots, \omega_p$ zu $\mathfrak{K}$ entstehende Körper $\mathfrak{K}'$ sei vom Grade d. Zur Bestimmung der Zahlen $\omega_1, \cdots, \omega_p$ hat man nur eine algebraische Gleichung n^{2p}-ten Grades mit Koeffizienten aus $\mathfrak{K}$ zu lösen, nämlich die Gleichung, von welcher die n-Teilung der Perioden der Abelschen Funktionen abhängt. Daher ist $d \leq l n^{2p}$. Ohne Beschränkung der Allgemeinheit kann man voraussetzen, daß ω_1 den Körper $\mathfrak{K}'$ erzeugt. Wäre dies nämlich nicht der Fall, so hätte man nur an die Stelle von $\Phi_1(\mathfrak{p})$ eine geeignete feste lineare Verbindung von $\Phi_1(\mathfrak{p}), \cdots, \Phi_p(\mathfrak{p})$ mit Koeffizienten aus $\mathfrak{K}$ zu setzen, und dabei blieben die Ungleichungen (116) ungeändert, abgesehen von dem Wert der Konstanten c_{11}. Ferner kann man annehmen, daß $\omega_1, \cdots, \omega_p$ ganze Zahlen sind, da man sonst nur $\Phi_1, \cdots, \Phi_p$ mit dem Hauptnenner dieser Zahlen multiplizieren müßte. Die Zahl ω_1 werde kurz mit ω bezeichnet.

Es sei λ die kleinere der beiden Zahlen $\varkappa = 1 : hlp^3(p-1)$ und $1 : hp^{2p+1}$. Es sei

$$n > \lambda^{-\frac{1}{2}}$$

und

$$\text{(118)} \qquad 1 \leq \delta < \lambda n^2.$$

Die Anzahl aller Potenzprodukte von $\omega_1, \cdots, \omega_p$, deren Dimension $\leq \delta$ ist, beträgt genau

$$\text{(119)} \qquad \binom{\delta+p}{p} = m+1;$$

sie seien in irgendeiner Reihenfolge mit $\alpha_0, \cdots, \alpha_m$ bezeichnet. Unter ihnen kommt speziell die Zahl 1 vor. Wegen (118) folgt aus dem Hilfssatz des vorigen Paragraphen, daß die Zahlen $\alpha_0, \cdots, \alpha_m$ im Körper $\mathfrak{K}$ linear unabhängig sind. Nun seien $P_0(x), \cdots, P_m(x)$ Polynome in x vom Grade q mit ganzen rationalen Koeffizienten. Damit das Polynom

$$P(x) = \alpha_0 P_0(x) + \cdots + \alpha_m P_m(x)$$

an der Stelle $x = \omega$ mindestens von der Ordnung b verschwindet, müssen die Gleichungen

$$\text{(120)} \qquad \alpha_0 P_0^{(k)}(\omega) + \cdots + \alpha_m P_m^{(k)}(\omega) = 0,$$

deren linke Seiten aus $P(x)$ durch k-malige Differentiation entstanden sind, für $k = 0, 1, \cdots, b-1$ erfüllt sein. Dies sind b homogene lineare Gleichungen für die $(m+1)(q+1)$ Koeffizienten von $P_0(x), \cdots, P_m(x)$. Drückt man alle in diese Gleichungen eingehenden Zahlen aus $\mathfrak{K}'$ durch eine Basis in bezug auf den Körper der rationalen Zahlen aus, so zerfällt jede einzelne Gleichung in d neue Gleichungen mit ganzen rationalen Koeffizienten; man hat also insgesamt bd Gleichungen mit $(m+1)(q+1)$ Unbekannten.

Für jedes natürliche a ist die Zahl $\binom{a}{k}$ ganz. Daher haben die ganzen rationalen Koeffizienten der d aus (120) entstandenen Gleichungen den gemeinsamen Teiler $k!$; durch diesen werde dividiert. Beachtet man, daß $\binom{a}{k} < 2^a$ ist, so ist ersichtlich, daß nunmehr alle ganzen rationalen Koeffizienten der bd Gleichungen absolut genommen kleiner als c_{15}^q sind. Dabei bedeutet c_{15} eine Zahl, die nicht von b und q abhängt; dieselbe Bedeutung sollen weiterhin $c_{16}, \cdots, c_{26}$ besitzen.

Nun sei

(121) $$b > 2(m+1)^2(2m+1)d.$$

Man lege q fest durch

(122) $$q = \left[\frac{b}{m+1}\left(d + \frac{1}{2m+1}\right)\right] - 1.$$

Setzt man noch

$$\vartheta = \frac{(m+1)(q+1)}{bd} - 1,$$

so ist nach (121) und (122)

(123) $$\frac{1}{(2m+2)d} < \vartheta \leq \frac{1}{(2m+1)d}.$$

Jetzt wende man den zweiten Hilfssatz der Einleitung an; die dort mit n und m bezeichneten Zahlen haben hier die Werte $(m+1)(q+1)$ und bd, ferner wird A durch c_{15}^q majorisiert. Es lassen sich also die Koeffizienten von $P_0(x), \cdots, P_m(x)$ als ganze rationale Zahlen bestimmen, die nicht sämtlich 0 sind, absolut genommen kleiner als $1 + \{(m+1)(q+1)c_{15}^q\}^{\frac{1}{\vartheta}}$ sind und den Gleichungen (120) für $k = 0, \cdots, b-1$ genügen. Mit Rücksicht auf (122) und (123) ist die gefundene Schranke

(124) $$1 + \{(m+1)(q+1)c_{15}^q\}^{\frac{1}{\vartheta}} < c_{16}^b.$$

Von den Polynomen $P_0(x), \cdots. P_m(x)$ können einige linear abhängig voneinander sein, also auch linear abhängig in bezug auf den Körper der rationalen Zahlen. Es sei $\mu+1$ die Anzahl der linear unabhängigen unter ihnen; die Bezeichnung sei so gewählt, daß $P_0(x), \cdots. P_\mu(x)$ linear unabhängig sind. Dann ist

$$P(x) = \beta_0 P_0(x) + \cdots + \beta_\mu P_\mu(x),$$

wo $\beta_0, \cdots, \beta_\mu$ homogene lineare Verbindungen von $\alpha_0, \cdots, \alpha_m$ mit rationalen Koeffizienten bedeuten. Da $\alpha_0, \cdots, \alpha_m$ linear unabhängig in $\mathfrak{K}$ sind, so sind $\beta_0, \cdots, \beta_\mu$ sämtlich ungleich 0. Es sei

$$W(x) = |P_l^{(k)}(x)|,$$

wo der Zeilenindex k und der Spaltenindex l die Werte $0, \cdots, \mu$ durchlaufen, die Wronskische Determinante der Polynome $P_0, \cdots, P_\mu$; sie verschwindet nicht identisch in x und ist ein Polynom vom Grade $(\mu+1)q$ mit rationalen Koeffizienten. Es sei $W_{kl}(x)$ die Unterdeterminante von $P_k^{(l)}$ in W. Aus den $\mu+1$ Gleichungen

$$P^{(k)}(x) = \beta_0 P_0^{(k)}(x) + \cdots + \beta_\mu P_\mu^{(k)}(x) \qquad (k = 0, \cdots, \mu)$$

folgt dann

(125) $$\beta_k W(x) = \sum_{l=0}^{\mu} W_{kl}(x) P^{(l)}(x), \qquad (k = 0, \cdots, \mu)$$

und zwar gilt dies identisch in $\beta_0, \cdots, \beta_\mu$. Nun verschwindet $P(x)$ für $x = \omega$ mindestens von der Ordnung b, also $P^{(l)}(x)$ mindestens von der Ordnung $b-l$. Da $\beta_k \neq 0$ ist, so verschwindet nach (125) das Polynom $W(x)$ für $x = \omega$ mindestens von der Ordnung $b-\mu$. Dies gilt für alle d Konjugierten von ω. Daher ist

(126) $$(\mu+1)q - d(b-\mu) = g \geq 0,$$

und $W(x)$ verschwindet für jeden beliebigen von den Konjugierten von ω verschiedenen Wert ξ höchstens von der Ordnung g. Aus (121), (122) und (126) folgt aber

$$0 \leq g < \frac{\mu+1}{m+1} bd + \frac{b}{2m+1} + md - bd < b\left(\frac{\mu-m}{m+1} d + \frac{1}{2m+1} + \frac{m}{2(m+1)^2(2m+1)}\right)$$
$$< \frac{b}{m+1}\{(\mu-m)d + 1\},$$

also $\mu = m$ und

$$(127) \qquad g < \frac{b}{m+1}.$$

Wegen $\mu = m$ sind alle Polynome $P_0(x), \cdots, P_m(x)$ voneinander linear unabhängig, man kann also die α_k durch die β_k ersetzen $(k = 0, \cdots, m)$.

Es sei ξ verschieden von den d zu ω konjugierten Zahlen. Die Wronskische Determinante $W(x)$ verschwinde für $x = \xi$ von der Ordnung $\gamma \leq g$. Dann ist $W^{(\gamma)}(\xi) \neq 0$. Andererseits ist nach (125) für $k = 0, \cdots, m$ die Zahl $\alpha_k W^{(\gamma)}(\xi)$ eine homogene lineare Kombination von $P(\xi), P'(\xi), \cdots, P^{(m+\gamma)}(\xi)$, und zwar gilt dies identisch in $\alpha_0, \cdots, \alpha_m$. Daher sind unter den $m+\gamma+1$ Ausdrücken $P(\xi), P'(\xi), \cdots, P^{(m+\gamma)}(\xi)$, wenn sie als homogene lineare Funktionen von $\alpha_0, \cdots, \alpha_m$ angesehen werden, $m+1$ voneinander linear unabhängige. Dies seien die Ausdrücke $P^{(k)}(\xi)$ für $k = k_0, \cdots, k_m$. Bei Division durch $k!$ mögen hieraus die Werte

$$(128) \qquad \begin{aligned} Q_0(\xi) &= P_{00}(\xi)\alpha_0 + \cdots + P_{0m}(\xi)\alpha_m \\ &\cdots\cdots\cdots\cdots\cdots \\ Q_m(\xi) &= P_{m0}(\xi)\alpha_0 + \cdots + P_{mm}(\xi)\alpha_m \end{aligned}$$

hervorgehen. Die Determinante $|P_{kl}(\xi)|$ ist von 0 verschieden. Die $P_{kl}(\xi)$ sind Polynome q-ten Grades in ξ; ihre Koeffizienten sind ganz rational und nach (124) absolut kleiner als c_{17}^b. Ferner verschwinden $Q_0(x), \cdots, Q_m(x)$ für $x = \omega$ mindestens von der Ordnung $b' = b - m - \gamma$. Nach (121) und (127) ist

$$(129) \qquad b' \geq b - m - g > b\left(1 - \frac{m}{2(m+1)^2(2m+1)} - \frac{1}{m+1}\right) > \frac{b}{4}.$$

Aus der Formel

$$Q_k(\xi) = \frac{1}{2\pi i}(\xi - \omega)^{b'} \int \frac{Q_k(t)}{(t-\omega)^{b'}} \frac{dt}{t-\xi},$$

wo das Integral etwa über den Kreis $|t - \xi| = 1$ erstreckt wird, entnimmt man die Abschätzung

$$(130) \qquad |Q_k(\xi)| < c_{18}^b |\xi - \omega|^{b'} (1 + |\xi|)^{q-b'}. \qquad (k = 0, \cdots, m)$$

Aus den unendlich vielen Punkten $\mathfrak{p}$ mit dem Grenzwert $\mathfrak{p}_0$, für welche (116) gilt, mögen jetzt zwei herausgegriffen werden, etwa $\mathfrak{p}$ und $\mathfrak{p}'$. Die Werte $\Phi_k(\mathfrak{p}')$ seien mit $\zeta_k' : \zeta_0'$ bezeichnet, für $k = 1, \cdots, p$, so daß auch $\zeta_0', \cdots, \zeta_p'$ teilerfremd sind; und es möge noch

$$(131) \qquad \log N(|\zeta_0| + \cdots + |\zeta_p|) = \Lambda, \qquad \log N(|\zeta_0'| + \cdots + |\zeta_p'|) = \Lambda'$$

gesetzt werden. Liegt $\mathfrak{p}'$ hinreichend nahe bei $\mathfrak{p}_0$, so ist $\zeta_1' : \zeta_0'$ von ω und seinen Konjugierten verschieden; wäre nämlich $\zeta_1' : \zeta_0' = \omega$, so wäre ω eine Zahl aus $\mathfrak{K}$, was nach (118) zu § 5 in Widerspruch steht; und für hinreichend nahe bei $\mathfrak{p}_0$ gelegenes $\mathfrak{p}'$ kann $\Phi_1(\mathfrak{p}')$ auch nicht gleich einer von $\omega = \Phi_1(\mathfrak{p}_0)$ verschiedenen Konjugierten von ω sein. Also kann $\xi = \zeta_1' : \zeta_0'$ gewählt werden. Nach (116), (130) und (131) ist

$$\left| Q_k\left(\frac{\zeta_1'}{\zeta_0'}\right) \right| < c_{19}^b e^{-\Lambda'(\varkappa n^2 - 1) b'}, \qquad (k = 0, \cdots, m)$$

also nach (129)

$$(132) \qquad \left| Q_k\left(\frac{\zeta_1'}{\zeta_0'}\right) \right| < c_{19}^b e^{-\varkappa_1 b \Lambda' n^2},$$

wo $\varkappa_1$ eine positive Konstante bedeutet, die nicht von b und n abhängt.

In den rechten Seiten von (128) ersetze man die Potenzprodukte $\alpha_0, \cdots, \alpha_m$ von $\omega_1, \cdots, \omega_p$ durch die analog gebildeten Potenzprodukte $A_0, \cdots, A_m$ von $\zeta_1 : \zeta_0, \cdots, \zeta_p : \zeta_0$. Dadurch treten an die Stelle von $Q_0(\xi), \cdots, Q_m(\xi)$ die Zahlen

$$Z_0 = P_{00}(\xi) A_0 + \cdots + P_{0m}(\xi) A_m$$

$$\cdots\cdots\cdots\cdots\cdots\cdots$$

$$Z_m = P_{m0}(\xi) A_0 + \cdots + P_{mm}(\xi) A_m$$

mit $\xi = \zeta_1' : \zeta_0'$. Diese Zahlen liegen sämtlich in $\mathfrak{K}$. Die Determinante $|P_{kl}(\xi)|$ ist $\neq 0$ und unter den Zahlen $A_0, \cdots, A_m$ kommt der Wert 1 vor. Daher ist mindestens eine der Zahlen $Z_0, \cdots, Z_m$ von 0 verschieden, etwa die Zahl $Z_0 = Z$. Nun ist jedes $P_{kl}(\xi)$ ein Polynom q-ten Grades in ξ, ferner sind die Potenzprodukte $A_0, \cdots, A_m$ höchstens vom Grade δ. Folglich ist die Zahl

$$(\zeta_0')^q \zeta_0^\delta Z = \Gamma$$

ganz. Die Konjugierten von Γ werden durch die Konjugierten von

$$c_{20}^b(|\zeta_0'| + \cdots + |\zeta_p'|)^q (|\zeta_0| + \cdots + |\zeta_p|)^\delta$$

majorisiert und Γ selbst durch

$$|Z|(|\zeta_0'| + \cdots + |\zeta_p'|)^q (|\zeta_0| + \cdots + |\zeta_p|)^\delta.$$

Daher ist mit (131)

$$1 \leq |N\Gamma| < c_{21}^b e^{\Lambda' q + \Lambda\delta} |Z|. \tag{133}$$

Man benutze nun die Abschätzung

$$\left|\left(\frac{\zeta_1}{\zeta_0}\right)^{l_1} \cdots \left(\frac{\zeta_p}{\zeta_0}\right)^{l_p} - \omega_1^{l_1} \cdots \omega_p^{l_p}\right| < c_{22}\left(\left|\frac{\zeta_1}{\zeta_0} - \omega_1\right| + \cdots + \left|\frac{\zeta_p}{\zeta_0} - \omega_p\right|\right)$$

und nochmals (116); es folgt

$$\left|Z_k - Q_k\left(\frac{\zeta_1'}{\zeta_0'}\right)\right| < c_{23}^b e^{-\Lambda(\kappa n^2 - 1)} \qquad (k = 0, \cdots, m)$$

und in Verbindung mit (132)

$$|Z| < c_{24}^b (e^{-\kappa_1 n^2 \Lambda} + e^{-\kappa_1 n^2 b \Lambda'}). \tag{134}$$

Die bisher noch willkürliche Zahl b werde durch

$$b = \left[\frac{\Lambda}{\Lambda'}\right]$$

festgelegt; da b der Ungleichung (121) genügen soll, so bedeutet dies eine Einschränkung für die Wahl von $\mathfrak{p}$, der man aber genügen kann, da Λ für $\mathfrak{p} \to \mathfrak{p}_0$ über alle Grenzen wächst. Dann ist $b\Lambda' \leq \Lambda < (b+1)\Lambda'$, und aus (133) und (134) ergibt sich

$$\Lambda'(q + (b+1)\delta - \kappa_1 n^2 b) + c_{25} b > 0. \tag{135}$$

Für δ wähle man den Wert

$$\delta = \left[n^{\frac{2p}{p+1}}\right]; \tag{136}$$

damit (118) erfüllt ist, muß n so groß sein, daß

$$\left[n^{\frac{2p}{p+1}}\right] < \lambda n^2 \tag{137}$$

ist. Wegen $d \leq l n^{2p}$ ist nach (119), (122) und (136)

$$q < \kappa_2 b n^{2p} : \left(n^{\frac{2p}{p+1}}\right)^p = \kappa_2 n^{\frac{2p}{p+1}} b,$$

wo κ_2 nicht von n und b abhängt, ferner

$$(b+1)\delta < \kappa_3 n^{\frac{2p}{p+1}} b.$$

mit analoger Bedeutung von $\varkappa_3$. Der Faktor von Λ' in (135) ist also kleiner als $b\{(\varkappa_2+\varkappa_3)n^{\frac{2p}{p+1}}-\varkappa_1 n^2\}=-c_{26}b$.

Nun wähle man n so groß, daß (137) erfüllt ist und daß die Zahl

$$c_{26}=n^2\left\{\varkappa_1-(\varkappa_2+\varkappa_3)n^{-\frac{2}{p+1}}\right\}$$

positiv ist, und darauf $\mathfrak{p}'$ derart, daß $\Lambda'>c_{25}:c_{26}$ ist. Dann entsteht ein Widerspruch zu (135).

Damit ist der Satz auch im Falle $p>1$ bewiesen.

§ 7. Kubische Formen mit positiver Diskriminante.

Die Untersuchungen der vorangehenden Paragraphen geben die Möglichkeit, eine Schranke für die Anzahl der Lösungen der diophantischen Gleichung $f(x, y)=0$ als Funktion der Koeffizienten von f explicit aufzustellen, falls diese Gleichung nur endlich viele Lösungen besitzt. Man kann nun vermuten, daß sich sogar eine Schranke finden läßt, die nur von der Anzahl der Koeffizienten abhängt; doch dürfte dies recht schwer zu beweisen sein. Eine Stütze für diese Vermutung bilden die im folgenden entwickelten, allerdings sehr speziellen Resultate.

Durch die Untersuchungen von B. Delaunay und Nagell ist festgestellt, daß eine kubische Form mit ganzen rationalen Koeffizienten und negativer Diskriminante für ganze rationale Werte der Variabeln x, y den Wert 1 höchstens fünfmal annimmt. Die Beweise der beiden Autoren bedienen sich der Einheitentheorie und lassen sich, wie es scheint, nicht auf kubische Formen mit positiver Diskriminante und andere Werte als 1 oder 3 anwenden. Dies wird aber ermöglicht durch den Ansatz, den Thue zu Beginn seiner Untersuchungen über diophantische Gleichungen machte, nämlich die Verwendung des Kettenbruchs für $(1-x)^\alpha$; man hat nur Thues Abschätzungen ein wenig zu verfeinern.

Es seien m und n nicht negative ganze rationale Zahlen und F die hypergeometrische Funktion. Dann ist

$$(1-z)^\alpha F(-n+\alpha, -m, -m-n, z)-F(-m-\alpha, -n, -m-n, z)$$
$$=\lambda z^{m+n+1} F(n-\alpha+1, m+1, m+n+2, z)$$

mit

$$\lambda=(-1)^{n-1}\binom{m+\alpha}{m+n+1}:\binom{m+n}{n}.$$

Dies benutze man speziell für $m=n-g$ und $g=0, 1$. Man setze

$$A_g(z)=F(-n+\alpha, -n+g, -2n+g, z)$$
$$B_g(z)=F(-n-\alpha+g, -n, -2n+g, z)$$
$$R_g(z)=\lambda_g z^{2n-g+1} F(n-\alpha+1, n-g+1, 2n-g+2, z)$$
$$\lambda_g=(-1)^{n-g}\binom{n+\alpha-g}{2n-g+1}:\binom{2n-g}{n},$$

dann ist

$$(1-z)^\alpha A_g(z)-B_g(z)=R_g(z); \qquad (g=0, 1)$$

und da $A_g(z)$ ein Polynom vom Grade $n-g$, $B_g(z)$ ein Polynom vom Grade n ist, so ist der Ausdruck

$$A_0 B_1-A_1 B_0=-A_0 R_1+A_1 R_0=-\lambda_1 z^{2n}+\cdots=-\lambda_1 z^{2n}, \tag{138}$$

also $\neq 0$ für $z\neq 0$ und $\alpha\neq -n+1, -n+2, \cdots, n$.

Nach Riemann ist für $n\to\infty$

$$B_g\sim(1-z)^{\frac{\alpha}{2}-\frac{1}{4}}\left(\frac{\sqrt{1-z}+1}{2}\right)^{2n+1-g}$$

$$R_g \sim -2 \sin \pi\alpha\,(1-z)^{\frac{\alpha}{2}-\frac{1}{4}}\left(\frac{\sqrt{1-z}-1}{2}\right)^{2n+1-g},$$

und zwar gleichmäßig in jedem abgeschlossenen Gebiet der z-Ebene, das die Punkte 1 und ∞ nicht enthält. Also ist auch für beliebiges z'

$$(139)\quad (1-z)^n A_g-(1-z')^n B_g = R_g+(1-(1-z')^n)B_g$$
$$\sim (1-z)^{\frac{\alpha}{2}-\frac{1}{4}}\left\{-2\sin\pi\alpha\left(\frac{\sqrt{1-z}-1}{2}\right)^{2n+1-g}+(1-(1-z')^n)\left(\frac{\sqrt{1-z}+1}{2}\right)^{2n+1-g}\right\}.$$

Hierin ist die linke Seite nach (138) entweder für $g=0$ oder für $g=1$ von 0 verschieden, wenn noch vorausgesetzt wird, daß z von 0 und 1 verschieden und α keine ganze rationale Zahl ist. Es sei fortan $\alpha=\frac{1}{3}$.

Nach dem Satze 5 des ersten Teiles dieser Abhandlung ist der Hauptnenner h der Koeffizienten von A_0, A_1, B_0, B_1 höchstens gleich γ_1^n, wo γ_1 eine positive Konstante bedeutet.

Es sei

$$\phi(x,y)=a_0x^3+a_1x^2y+a_2xy^2+a_3y^3$$

eine kubische Form mit ganzen rationalen Koeffizienten a_0, a_1, a_2, a_3 und positiver Diskriminante

$$d=a_1^2a_2^2-4a_0a_2^3-4a_1^3a_3-27a_0^2a_3^2+18a_0a_1a_2a_3.$$

Zwischen den Kovarianten

$$\psi(x,y)=-\tfrac{1}{4}\left(\frac{\partial^2\phi}{\partial x^2}\frac{\partial^2\phi}{\partial y^2}-\frac{\partial^2\phi}{\partial x\,\partial y}\frac{\partial^2\phi}{\partial x\,\partial y}\right)$$

$$\chi(x,y)=\frac{\partial\phi}{\partial x}\frac{\partial\psi}{\partial y}-\frac{\partial\phi}{\partial y}\frac{\partial\psi}{\partial x}$$

und ϕ besteht die Identität

$$(140)\qquad 4\psi^3=\chi^2+27d\phi^2.$$

Die Form $\psi(x,y)$ ist quadratisch und hat die negative Diskriminante $-3d$. Aus (140) folgt in bekannter Weise

$$(141)\qquad \psi=\xi\eta,\quad \chi=\xi^3+\eta^3,\quad \phi=\frac{\xi^3-\eta^3}{3\sqrt{-3d}},$$

$$(142)\qquad \xi^3=\tfrac{1}{2}(\chi+3\phi\sqrt{-3d}),\quad \eta^3=\tfrac{1}{2}(\chi-3\phi\sqrt{-3d}),$$

wo ξ und η lineare Funktionen von x und y bedeuten. Es gibt zwei Konstanten λ und μ, so daß $\xi:\lambda$ und $\eta:\mu$ lineare Funktionen von x und y mit Koeffizienten aus dem durch $\sqrt{-3d}$ erzeugten imaginär quadratischen Körper $\mathfrak{K}$ sind. Sind x und y ganz rational, so sind es auch ϕ, ψ, χ; nach (141) sind dann ξ^3 und η^3 konjugierte ganze Zahlen aus $\mathfrak{K}$; und die Zahlen $\xi:\lambda$ und $\eta:\lambda$ liegen ebenfalls in $\mathfrak{K}$.

Nun sei vorgelegt die diophantische Gleichung

$$(143)\qquad \phi(x,y)=k,$$

wo k eine feste natürliche Zahl bedeutet. Für jede Lösung x, y dieser Gleichung bilde man die durch (142) definierten Zahlen ξ^3 und η^3 und setze noch

$$\frac{3k\sqrt{-3d}}{\xi^3}=z.$$

Dann ist nach (141) und (143)

$$\left(\frac{\eta}{\xi}\right)^3=1-z,$$

also

$$\frac{\eta}{\xi} = \varepsilon(1-z)^{\frac{1}{3}}, \tag{144}$$

wo $(1-z)^{\frac{1}{3}}$ den Hauptwert hat und ε eine dritte Einheitswurzel bedeutet. Nun sei x', y' eine zweite Lösung von (143), für welche die Einheitswurzel ε in (144) denselben Wert hat, und es seien ξ', η', z' die zu x', y' gehörigen Werte von ξ, η, z. Bezeichnet man die Zahl

$$(1-z)^{\frac{1}{3}} A_g(z) - (1-z')^{\frac{1}{3}} B_g(z) = \varepsilon^{-1}\left(\frac{\eta}{\xi} A_g(z) - \frac{\eta'}{\xi'} B_g(z)\right)$$

mit δ, so ist δ^3 eine Zahl von $\mathfrak{K}$, weil $\left(\frac{\eta}{\xi}\right)^3$ und die Quotienten $\xi : \xi'$, $\eta : \eta'$ es sind. Ferner ist die Zahl $h\xi'\xi^{3n+1-g}\delta$ ganz; ist sie $\neq 0$, so ist ihr absoluter Betrag also mindestens gleich 1. Man wähle nun $g = 0$ oder $= 1$ derart, daß $\delta \neq 0$ ist; dann ist

$$|\delta| \geq \frac{1}{h|\xi'\xi^{3n+1-g}|} = \frac{|z'|^{\frac{1}{3}}|z|^{n+\frac{1-g}{3}}}{h|3k\sqrt{-3d}|^{n+\frac{2-g}{3}}}. \tag{145}$$

Da $|1-z| = 1$ ist, also z weder in der Nähe von 1 noch in der Nähe von ∞ liegt, so läßt sich (139) anwenden. Mit Rücksicht auf die Ungleichung $h \leq \gamma_1^n$ und (145) folgt

$$|z|^{\frac{1}{3}}|z|^{n+\frac{1-g}{3}} < \gamma_2^n (k\sqrt{d})^{n+\frac{2-g}{3}} (|z|^{2n+1-g} + |z'|) \tag{146}$$

mit konstantem γ_2.

Sind ε_1, ε_2, ε_3 die drei dritten Einheitswurzeln, so gilt

$$(\varepsilon_1\xi - \eta)(\varepsilon_2\xi - \eta)(\varepsilon_3\xi - \eta) = 3k\sqrt{-3d}.$$

Von den drei Faktoren der linken Seite sei etwa $\varepsilon_1\xi - \eta$ absolut genommen am kleinsten. Da $\eta : \xi$ vom absoluten Betrage 1 ist, so wird $|\varepsilon_2\xi - \eta| \geq |\xi|$, $|\varepsilon_3\xi - \eta| \geq |\xi|$, und daher

$$|\varepsilon_1\xi - \eta| \leq \frac{|3k\sqrt{-3d}|}{|\xi|^2}.$$

Ist nun $|z| < 1$, so ist erst recht $\left|1-(1-z)^{\frac{1}{3}}\right| < 1$, also nach (144) auch $|\varepsilon\xi - \eta| < |\xi|$, und folglich $\varepsilon_1 = \varepsilon$. Ist aber $|z| \geq 1$, so gilt jedenfalls wegen $|\eta| = |\xi|$ die Ungleichung

$$|\varepsilon\xi - \eta| \leq 2|\xi| \leq 2|\xi z| = \frac{|6k\sqrt{-3d}|}{|\xi|^2}.$$

Daher ist stets

$$|\varepsilon\xi - \eta| \leq \frac{|6k\sqrt{-3d}|}{|\xi|^2}$$

und auch

$$|\varepsilon\xi' - \eta'| \leq \frac{|6k\sqrt{-3d}|}{|\xi'|^2},$$

also

$$|\xi\eta' - \eta\xi'| \leq 6k|\sqrt{-3d}|\left(\frac{|\xi'|}{|\xi|^2} + \frac{|\xi|}{|\xi'|^2}\right). \tag{147}$$

Die quadratische Form $\xi\eta$ hat die Diskriminante $-3d$; dies liefert

$$\xi\eta' - \eta\xi' = (xy' - yx')\sqrt{-3d}.$$

Sind nun die beiden Lösungen x, y und x', y' von (143) nicht identisch, so ist $xy'-yx' \neq 0$, und daher $|\xi\eta'-\eta\xi'| \geq |\sqrt{-3d}|$. Ist $|\xi'| \geq |\xi|$, so folgt aus (147)

$$|\xi|^2 \leq 12k|\xi'|$$

$$|z|^2 = \frac{|3k\sqrt{-3d}|^2}{|\xi|^6} \geq \frac{|3k\sqrt{-3d}|^2}{(12k)^3|\xi'|^3} = \frac{|3k\sqrt{-3d}|}{(12k)^3}|z'|$$

(148)
$$\left|\frac{\gamma_3 k^2}{\sqrt{d}} z\right|^2 \geq \left|\frac{\gamma_3 k^2}{\sqrt{d}} z'\right|.$$

Man ordne nun die sämtlichen Lösungen von (143), für welche die Einheitswurzel ε in (144) einen und denselben Wert hat, nach steigenden Werten von $|\xi|$, etwa $|\xi_0| \leq |\xi_1| \leq |\xi_2| \leq \ldots$. Für die zugehörigen Werte $z_0, z_1, z_2, \cdots$ von z gilt dann nach (148)

$$\left|\frac{\gamma_3 k^2}{\sqrt{d}} z_{r+s}\right| \leq \left|\frac{\gamma_3 k^2}{\sqrt{d}} z_r\right|^{2^s}. \qquad (r=0, 1, \cdots; s=1, 2, \cdots)$$

Existieren mindestens sieben zu ε gehörige Lösungen, so wähle man speziell $z = z_3$, $z' = z_6$. Wegen $|z_0| \leq 2$ ist dann

(149)
$$|z| < \gamma_4 \left(\frac{k^2}{\sqrt{d}}\right)^7.$$

Setzt man noch

(150)
$$d \geq \gamma_3^2 k^4$$

voraus, so ist ferner in der Gleichung

$$|z'| = |z|^\nu$$

der Exponent $\nu \geq 8$. Nach (146) wird

$$\gamma_2^n (k\sqrt{d})^{n+\frac{2-g}{3}} \left(|z|^{n+\frac{2}{3}(1-g)-\frac{\nu}{3}} + |z|^{\frac{2}{3}\nu-n-\frac{1}{3}(1-g)}\right) > 1.$$

Hierin setze man $n = \left[\frac{\nu+g}{2}\right]$, dann ist

$$n + \frac{2}{3}(1-g) - \frac{1}{3}\nu \geq \frac{1}{6}\nu - \frac{1}{2} > 0$$

$$\frac{2}{3}\nu - n - \frac{1}{3}(1-g) \geq \frac{1}{6}\nu - \frac{1}{2} > 0$$

$$n + \frac{1}{3}(2-g) \leq \frac{1}{2}\nu + \frac{5}{6}.$$

Dies liefert mit Rücksicht auf (149) die Abschätzung

$$\gamma_5^\nu (k\sqrt{d})^{\frac{1}{2}\nu+\frac{5}{6}} \left(\frac{k^2}{\sqrt{d}}\right)^{\frac{7}{6}\nu-\frac{7}{2}} > 1,$$

also erst recht

$$\gamma_6 (k\sqrt{d})^{\frac{1}{2}\cdot 8+\frac{5}{6}} \left(\frac{k^2}{\sqrt{d}}\right)^{\frac{7}{6}\cdot 8-\frac{7}{2}} > 1.$$

Diese Ungleichung enthält einen Widerspruch, falls

(151)
$$d > \gamma_7 k^{33}$$

ist. Ist d so groß, daß (150) und (151) erfüllt sind, so existieren also höchstens sechs zu ε gehörige Lösungen und insgesamt höchstens 18 Lösungen von $\phi(x, y) = k$. Diese

Schranke 18 läßt sich übrigens durch einige Kunstgriffe noch weiter herabdrücken, doch soll darauf nicht mehr eingegangen werden.

Für die endlich vielen positiven Diskriminanten, die nicht (150) und (151) genügen, existieren nur endlich viele Klassen nicht äquivalenter kubischer Formen. Damit ist bewiesen, daß die Anzahl der Lösungen von $\phi(x, y) = k$ für beliebiges d unterhalb einer nur von k abhängigen Schranke liegt.

Dieselbe Überlegung läßt sich auch auf kubische Formen mit negativer Diskriminante d anwenden, doch erhält man für kleine Werte von $|d|$ nicht die scharfen Resultate von Delaunay und Nagell.

Noch einfacher ist die Untersuchung der diophantischen Gleichung

$$ax^n - by^n = k$$

für beliebiges festes $n \geq 3$. Es ergibt sich, daß sie höchstens eine Lösung in natürlichen Zahlen x, y besitzt, falls $|ab|$ eine nur von k und n abhängige Schranke übersteigt. Für $n = 3$ und $k = 1$ oder 3 ist diese Aussage in einem präziseren Satze von Nagell enthalten.

17.

Über die Perioden elliptischer Funktionen

Journal für die reine und angewandte Mathematik 167 (1932), 62—69

Seit den bekannten Untersuchungen von Hermite über die algebraischen und arithmetischen Eigenschaften der Exponentialfunktion und die daran anschließende Entdeckung von Lindemann war man bis vor wenigen Jahren in den Transzendenzproblemen nicht wesentlich weiter gekommen. Unlängst aber lieferte Gelfonds geistvolle Anwendung der Newtonschen Interpolationsformel die Möglichkeit, zu beweisen, daß die Funktion $e^{\alpha x}$ bei festem $\alpha \neq 0$ nicht für alle Zahlen x eines vom Körper der rationalen Zahlen verschiedenen algebraischen Zahlkörpers einen algebraischen Wert haben kann. Gelfond gab den Beweis nur für imaginäre quadratische Zahlkörper an; der Fall des reellen quadratischen Zahlkörpers wurde dann von Kusmin behandelt; und die Verallgemeinerung auf beliebige algebraische Zahlkörper macht nur unerhebliche Schwierigkeiten. Durch Gelfond ist speziell die Transzendenz von e^{π} bewiesen, durch Kusmin die von $2^{\sqrt{2}}$.

Zunächst soll nun Gelfonds Ansatz kurz wiedergegeben werden. Es sei $\mathfrak{G}$ ein einfach zusammenhängendes Gebiet in der Ebene der komplexen Zahlen, das von einer rektifizierbaren Kurve C begrenzt wird, und es seien $x_1, \ldots, x_n$ innere Punkte dieses Gebiets. Für jede in $\mathfrak{G}$ reguläre analytische Funktion $f(x)$ gilt dann eine Entwicklung

$$f(x) = a_0 + a_1(x - x_1) + a_2(x - x_1)(x - x_2) + \cdots + a_{n-1}(x - x_1)\cdots(x - x_{n-1}) \\ + (x - x_1)\cdots(x - x_n)\,R_n(x)$$

mit konstanten $a_0, \ldots, a_{n-1}$ und einer in $\mathfrak{G}$ regulären Funktion $R_n(x)$. Setzt man nämlich

$$(1) \qquad \frac{1}{2\pi i}\int_C \frac{f(t)}{(t - x_1)\cdots(t - x_{k+1})}\,dt = a_k \qquad (k = 0, \ldots, n-1)$$

und

$$(2) \qquad \frac{1}{2\pi i}\int_C \frac{f(t)}{(t - x)(t - x_1)\cdots(t - x_n)}\,dt = R_n(x)\,,$$

so ist tatsächlich

$$f(x) - \{a_0 + a_1(x - x_1) + \cdots + a_{n-1}(x - x_1)\cdots(x - x_{n-1})\}$$
$$= \frac{1}{2\pi i}\int_C \left\{\frac{1}{t - x} - \frac{1}{t - x_1} - \frac{x - x_1}{(t - x_1)(t - x_2)} - \cdots - \frac{(x - x_1)\cdots(x - x_{n-1})}{(t - x_1)\cdots(t - x_n)}\right\} f(t)\,dt$$
$$= \frac{1}{2\pi i}\int_C \frac{(x - x_1)\cdots(x - x_n)}{(t - x)(t - x_1)\cdots(t - x_n)}\,f(t)\,dt = (x - x_1)\cdots(x - x_n)\,R_n(x)\,,$$

und nach (2) ist die Funktion $R_n(x)$ in $\mathfrak{G}$ regulär. Diese Bemerkung findet sich auch bei Hermite, wird aber von ihm nicht zur arithmetischen Untersuchung von $f(x)$ benutzt.

Es seien $\xi_1, \ldots, \xi_m$ die verschiedenen unter den Werten $x_1, \ldots, x_n$, und es möge ξ_k genau l_k-mal vorkommen, so daß also

$$(t - x_1) \cdots (t - x_n) = (t - \xi_1)^{l_1} \cdots (t - \xi_m)^{l_m}$$

und $l_1 + \cdots + l_m = n$ ist. Setzt man noch

$$(t - x_1) \cdots (t - x_n) = (t - \xi_k)^{l_k} P_k(t) \qquad (k = 1, \ldots, m),$$

so ist $P_k(\xi_k) \neq 0$ und nach (1)

$$(3) \qquad a_{n-1} = \sum_{k=1}^{m} \frac{1}{(l_k - 1)!} \left(\frac{d^{l_k-1}}{dt^{l_k-1}} \frac{f(t)}{P_k(t)} \right)_{t=\xi_k}.$$

Das Maximum der m Zahlen $l_1, \ldots, l_m$ werde mit L bezeichnet. Dann ist offenbar der Ausdruck

$$\{(\xi_k - \xi_1) \cdots (\xi_k - \xi_{k-1})(\xi_k - \xi_{k+1}) \cdots (\xi_k - \xi_m)\}^{2L-1} \left(\frac{d^{l_k-1}}{dt^{l_k-1}} \frac{f(t)}{P_k(t)} \right)_{t=\xi_k}$$

eine homogene lineare Form in $f(\xi_k), \ldots, f^{(L-1)}(\xi_k)$, deren Koeffizienten Polynome in $\xi_1, \ldots, \xi_m$ mit ganzen rationalen Zahlenkoeffizienten sind. Es werde nun vorausgesetzt, daß die Argumente $\xi_1, \ldots, \xi_m$ und die Funktionswerte $f(\xi_k), \ldots, f^{(L-1)}(\xi_k)$ $(k = 1, \ldots, m)$ sämtlich algebraische Zahlen sind. Der durch sie erzeugte Körper sei $\mathfrak{K}$, und es bedeute λ eine von 0 verschiedene Zahl aus $\mathfrak{K}$, in welcher die Nenner aller jener Zahlen aufgehen; endlich sei μ ein von 0 verschiedenes gemeinsames Vielfaches der m Zahlen

$$\lambda^{m-1}(\xi \ - \xi_1) \cdots (\xi_k - \xi_{k-1})(\xi_k - \xi_{k+1}) \cdots (\xi_k - \xi_m) \qquad (k = 1, \ldots, m).$$

Wegen (3) ist dann

$$(4) \qquad \lambda (L-1)! \, \mu^{2L-1} a_{n-1}$$

eine ganze Zahl aus $\mathfrak{K}$. Der absolute Betrag der Norm dieser Zahl ist daher, wenn nur $a_{n-1} \neq 0$ ist, mindestens gleich 1. Man kann nun aber einerseits auf Grund von (3) die absoluten Beträge der Konjugierten der algebraischen Zahl a_{n-1} abschätzen, wobei man die algebraischen Gleichungen für $\xi_k, f(\xi_k), \ldots, f^{(L-1)}(\xi_k)$ $(k = 1, \ldots, m)$ benutzt, und andererseits $|a_{n-1}|$ selber mit Hilfe von (1) unter Benutzung der Größenordnung von $f(t)$ auf der Integrationslinie. So ergibt sich ein Zusammenhang zwischen dem Wachstum von $f(x)$ und dem Maximum des absoluten Betrages der ganzen rationalen Koeffizienten in den algebraischen Gleichungen, denen die Zahlen $\xi_k, f(\xi_k), \ldots, f^{(L-1)}(\xi_k)$ nach Annahme genügen; und hieraus folgt eben in gewissen Fällen ein Widerspruch gegen diese Annahme.

Gelfond wählt nun speziell $f(x) = e^{\alpha x}$, wo α irgendeine von 0 verschiedene Zahl bedeutet, $L = 1$ und $\xi_1, \xi_2, \ldots$ als die ganzen Zahlen des Körpers von $\sqrt{-1}$, geordnet nach wachsenden absoluten Beträgen. Er zeigt, daß unendlich viele von 0 verschiedene Zahlen in der Folge $a_0, a_1, \ldots$ vorkommen und daß nach Tschebyscheffschen Sätzen aus der Primzahltheorie das oben mit μ bezeichnete gemeinsame Vielfache von hinreichend kleinem absoluten Betrag gewählt werden kann, damit für $n \to \infty$ ein Widerspruch zur Annahme entsteht, e^{α} und $e^{\alpha i}$ seien beide algebraisch.

Erheblich einfacher, nämlich ohne Hilfssätze aus der Primzahltheorie, folgt aus einem ganz analogen Ansatz die Transzendenz von e^{α} für jedes algebraische $\alpha \neq 0$. Man wähle wieder $f(x) = e^{\alpha x}$, lasse aber diesmal L unendlich werden. Setzt man $\xi_k = k$ $(k = 1, \ldots, m)$, $x_k = x_{k+m} = x_{k+2m} = \cdots = \xi_k$, so ist

$$a_{k+Lm-m-1} = \frac{1}{2\pi i} \int_C \frac{e^{\alpha x}}{(x-1)^L \cdots (x-k)^L (x-k-1)^{L-1} \cdots (x-m)^{L-1}} \, dx \, ,$$

und auf dem oben angedeuteten Wege folgt dann, daß e^{α} keiner algebraischen Gleichung mit rationalen Koeffizienten genügt. Dies ist wohl der natürlichste Beweis des Hermite-Lindemannschen Satzes, und Hermite ist, wie aus mehreren Stellen seiner Abhandlungen hervorgeht, diesem Beweise sehr nahe gekommen, aber ihm fehlte offenbar noch die einfache Idee, von der Zahl (4) die Norm zu bilden.

Die von Gelfond ausgesprochene Vermutung, für algebraisches $e^{\alpha} \neq 1$ und algebraisch irrationales ξ sei stets $e^{\alpha\xi}$ transzendent, läßt sich anscheinend mit seiner Methode nur für quadratisch irrationales ξ beweisen, und für diesen Fall liegen ja die Beweise von Gelfond und Kusmin vor. Ferner läßt sich noch zeigen, daß von den n Werten $e^{\alpha\xi_1}, \ldots, e^{\alpha\xi_n}$, wo $\xi_1, \ldots, \xi_n$ irgendwelche linear unabhängigen Zahlen eines algebraischen Zahlkörpers vom Grade $n > 1$ bedeuten, mindestens einer transzendent ist, daß also z. B. von den beiden Zahlen $2^{\sqrt[3]{2}}$ und $2^{\sqrt[3]{4}}$ mindestens eine transzendent ist; aber das ist nach den schönen Sätzen von Gelfond und Kusmin ein ziemlich unbefriedigendes Resultat.

Im folgenden soll nun die Gelfondsche Idee auf die arithmetische Untersuchung der Perioden elliptischer Funktionen angewendet werden. Es ergibt sich, daß die beiden Invarianten g_2, g_3 und die beiden primitiven Perioden ω_1, ω_2 nicht sämtlich algebraische Zahlen sein können, oder, anders ausgedrückt, daß für algebraische Werte von g_2 und g_3 mindestens eine transzendente Periode existiert. Im Falle der komplexen Multiplikation, also für imaginär quadratisches Periodenverhältnis $\omega_1 : \omega_2$, sind daher bei algebraischer Normierung von g_2 und g_3 sämtliche von 0 verschiedenen Perioden transzendent. Insbesondere ist das Verhältnis des Umfangs der Lemniskate zu ihrem Durchmesser, nämlich

$$\int_{-1}^{+1} \frac{dx}{\sqrt{1-x^4}}$$

transzendent. Auch die Zahl

$$\int_{-1}^{+1} \frac{dx}{\sqrt{1-x^6}},$$

die ja ebenfalls eine einfache geometrische Bedeutung hat, ist transzendent. Lindemanns Satz über die Transzendenz von

$$\int_{-1}^{+1} \frac{dx}{\sqrt{1-x^2}}$$

erscheint als ein Grenzfall des oben genannten Satzes über die Perioden elliptischer Funktionen.

Für den Beweis hat man zunächst die Koeffizienten in der Potenzreihenentwicklung der $\wp$-Funktion zu untersuchen. Sind g_2 und g_3 die Invarianten der elliptischen $\wp$-Funktion $y = \wp(x)$, so gilt

$$(5) \qquad \left(\frac{dy}{dx}\right)^2 = 4y^3 - g_2 y - g_3$$

$$\frac{d^2y}{dx^2} = 6y^2 - \frac{1}{2} g_2,$$

und daher bestimmen sich die Koeffizienten $c_2, c_3, \ldots$ der in der Umgebung von $x = 0$ konvergierenden Potenzreihe

$$y = x^{-2} + c_2 x^2 + c_3 x^4 + c_4 x^6 + \cdots$$

aus den bekannten Rekursionsformeln

$$c_2 = \frac{1}{20} g_2, \qquad c_3 = \frac{1}{28} g_3,$$

$$\frac{1}{3}(n-3)(2n+1)\, c_n = c_2 c_{n-2} + c_3 c_{n-3} + \cdots + c_{n-2} c_2 \qquad (n = 4, 5, \ldots). \tag{6}$$

Folglich ist c_n für $n = 2, 3, \ldots$ ein Polynom in g_2 und g_3, und zwar treten in diesem nur solche Glieder $g_2^a g_3^b$ auf, für welche $2a + 3b = n$ ist, behaftet mit einem positiven rationalen Zahlenkoeffizienten. Es soll nun der Hauptnenner h_n der sämtlichen in den $n-1$ Polynomen $c_2, \ldots, c_n$ auftretenden Zahlenkoeffizienten nach oben abgeschätzt werden. Man setze

$$\nu_2 = 20, \quad \nu_3 = 7$$

$$\nu_n = (n-3)(2n+1) \qquad (n = 4, 5, \ldots). \tag{7}$$

Es wird behauptet, daß h_n ein Teiler der natürlichen Zahl

$$k_n = \nu_2^{\left[\frac{n}{2}\right]} \nu_3^{\left[\frac{n}{3}\right]} \cdots \nu_n^{\left[\frac{n}{n}\right]} \qquad (n = 2, 3, \ldots) \tag{8}$$

ist. Dies ist für $n = 2$ und für $n = 3$ offenbar richtig. Es sei $m > 3$ und die Behauptung für $n = 2, \ldots, m-1$ bereits bewiesen. Nun ist für beliebige reelle α und β stets

$$[\alpha] + [\beta] \leqq [\alpha + \beta],$$

also für $p \geqq 2$, $q \geqq 2$, $p + q = m$ nach (8) die Zahl $k_p k_q$ ein Teiler von

$$\nu_2^{\left[\frac{m}{2}\right]} \nu_3^{\left[\frac{m}{3}\right]} \cdots \nu_{m-1}^{\left[\frac{m}{m-1}\right]},$$

also die Zahl $\nu_m k_p k_q$ ein Teiler von k_m, also nach (6) und (7) die Behauptung auch für $n = m$ bewiesen. Mit Rücksicht auf die Bedeutung von $\nu_2, \nu_3, \ldots$ erhält man für h_n die Abschätzung

$$h_n < 20^{\frac{n}{2}}\, 7^{\frac{n}{3}} \prod_{l=4}^{n} (2n^2)^{\frac{n}{l}} < \gamma_1^{n \log^2 n}, \tag{9}$$

wo γ_1 eine positive Konstante bedeutet.

Nunmehr ist der Ansatz (1) zu verwerten. Es sei N eine natürliche Zahl $\geqq 32$, die später über alle Grenzen wachsen soll. Man setze

$$(2N+1)^2 = r \tag{10}$$

und bezeichne die r Zahlen

$$k\omega_1 + l\omega_2 \qquad (k = 0, \pm 1, \ldots, \pm N;\ l = 0, \pm 1, \ldots, \pm N),$$

wo ω_1, ω_2 primitive Perioden der Funktion $\wp(x)$ bedeuten, mit $\xi_1, \ldots, \xi_r$. Ferner sei n eine natürliche Zahl, die der Ungleichung

$$16 \leqq n \leqq \frac{N}{2} \tag{11}$$

genügt und später in geeigneter Weise als Funktion von N gewählt wird; und es mögen $\xi_1, \ldots, \xi_{n+1}$ speziell die Zahlen $0, \omega_1, 2\omega_1, \ldots, n\omega_1$ bedeuten. Es sei C eine Kurve, welche sämtliche Punkte $\xi_1, \ldots, \xi_r$ in positivem Sinne umschlingt, aber sonst keine weiteren Punkte des Periodengitters enthält, also z. B. das Parallelogramm mit den 4 Seiten

$$\Im\left(\frac{x - (N + \frac{1}{2})\omega_1}{\omega_2}\right) = 0, \qquad \Im\left(\frac{x + (N + \frac{1}{2})\omega_1}{\omega_2}\right) = 0,$$

$$\Im\left(\frac{x - (N + \frac{1}{2})\omega_2}{\omega_1}\right) = 0, \qquad \Im\left(\frac{x + (N + \frac{1}{2})\omega_2}{\omega_1}\right) = 0.$$

Man bilde die $r(n+1)$ Zahlen

$$(12)\quad a_{ql} = \frac{1}{2\pi i}\int\limits_C \frac{\wp(x)(x-\xi_1)^2\cdots(x-\xi_r)^2}{(x-\xi_1)^r\cdots(x-\xi_q)^r(x-\xi_{q+1})^l}\,dx \qquad (q=0,\ldots,n;\ l=1,\ldots,r).$$

Setzt man noch zur Abkürzung

$$(x-\xi_1)^2\cdots(x-\xi_r)^2 = Q(x),$$

so ist die Funktion $\wp(x)Q(x)$ in dem von C umschlossenen Gebiet regulär, und nach den Überlegungen der Einleitung gilt

$$\begin{aligned}(13)\qquad \wp(x)\,Q(x) &= a_{01} + a_{02}(x-\xi_1) + \cdots + a_{0r}(x-\xi_1)^{r-1}\\ &+ (x-\xi_1)^r\{a_{11} + a_{12}(x-\xi_2) + \cdots + a_{1r}(x-\xi_2)^{r-1}\} + \cdots\\ &+ (x-\xi_1)^r\cdots(x-\xi_n)^r\{a_{n1} + a_{n2}(x-\xi_{n+1}) + \cdots + a_{nr}(x-\xi_{n+1})^{r-1}\}\\ &+ (x-\xi_1)^r\cdots(x-\xi_{n+1})^r R(x),\end{aligned}$$

wo $R(x)$ innerhalb C regulär ist. Diese Entwicklung zeigt nun, daß nicht allzu viele konsekutive a_{ql} gleich 0 sein können. Wären nämlich alle a_{ql} der letzten $s+1$ Zeilen gleich 0, also

$$a_{ql} = 0 \qquad (q = n-s,\ldots,n;\ l = 1,\ldots,r),$$

so wäre nach (13)

$$(14)\qquad \wp(x)\,Q(x) = S(x) + (x-\xi_1)^r\cdots(x-\xi_{n+1})^r R(x),$$

wo $S(x)$ ein Polynom bedeutet, dessen Grad kleiner als $r(n-s)$ ist. Setzt man noch

$$\frac{S(x)}{Q(x)} = T(x),$$

so wäre die Funktion

$$(15)\qquad Q^4\left\{\left(\frac{dT}{dx}\right)^2 - 4T^3 + g_2T + g_3\right\}$$

nach (5) und (14) ein Polynom, das in jedem der Punkte $\xi_1,\ldots,\xi_{n+1}$ von mindestens r-ter Ordnung verschwindet. Wäre nun dieses Polynom identisch 0, so wäre die rationale Funktion T als Lösung der Differentialgleichung (5) eine Konstante, andererseits ist doch aber

$$S(\xi_1) = a_{01} = (\xi_1-\xi_2)^2\cdots(\xi_1-\xi_r)^2 \neq 0,$$

also ξ_1 ein Pol von $T(x)$. Daher ist das Polynom (15) nicht identisch 0. Da es mindestens $(n+1)r$ Nullstellen hätte, so wäre es mindestens vom Grade $(n+1)r$; da aber sein Grad kleiner als $8r + 3r(n-s)$ ist, so folgte

$$nr < 8r + 3r(n-s)$$

$$s < \frac{8}{3} + \frac{2n}{3},$$

also nach (11)

$$s < \frac{5n}{6}.$$

Damit ist bewiesen: Es gibt zwei Indizes q und l aus den Intervallen $\left[\frac{n}{6}\right] \leqq q \leqq n$ und $1 \leqq l \leqq r$, für welche die Zahl a_{ql} von 0 verschieden ist. Fortan mögen q und l in dieser Weise gewählt sein.

Es bedeute nun $f_k(x)$ $(k = 1,\ldots,q+1)$ den mit $(x-\xi_k)^r$ $(k=1,\ldots,q)$ bzw. mit $(x-\xi_{q+1})^l$ multiplizierten Integranden in (12). Dann gilt analog zu (3)

(16) $$a_{ql} = \frac{1}{(l-1)!} f_{q+1}^{(l-1)}(\xi_{q+1}) + \frac{1}{(r-1)!} \sum_{k=1}^{q} f_k^{(r-1)}(\xi_k).$$

Hier ist die rechte Seite eine rationale Funktion von ω_1, ω_2, g_2, g_3 mit rationalen Zahlenkoeffizienten, die jetzt näher untersucht werden soll. Die Entwicklung von $\wp(x)(x-\xi_k)^2$ nach Potenzen von $(x-\xi_k)$ lautet

$$1 + c_2(x-\xi_k)^4 + c_3(x-\xi_k)^6 + c_4(x-\xi_k)^8 + \cdots,$$

die von $(x-\xi_g)^a$ für $g \neq k$ lautet

$$(\xi_k-\xi_g)^a \left\{1 + \binom{a}{1}\frac{x-\xi_k}{\xi_k-\xi_g} + \binom{a}{2}\left(\frac{x-\xi_k}{\xi_k-\xi_g}\right)^2 + \cdots\right\}.$$

Da $\xi_1, \ldots, \xi_{q+1}$ die Werte $0, \omega_1, 2\omega_1, \ldots, q\omega_1$ haben, so sind die Ausdrücke

$$\omega_1^{(2r-1)q} f_k^{(r-1)}(\xi_k) \quad (k = 1, \ldots, q) \quad \text{und} \quad \omega_1^{(2r-1)q} f_{q+1}^{(l-1)}(\xi_{q+1})$$

sogar Polynome in ω_1, ω_2, g_2, g_3, und der Hauptnenner der rationalen Zahlenkoeffizienten dieser $q+1$ Polynome ist ein Teiler von $h_r(q!)^{2r-1}$; ferner ist der Grad in bezug auf g_2, g_3 höchstens gleich r und in bezug auf ω_1, ω_2 höchstens gleich $2r + (2r-1)q$. Setzt man noch

$$(r-1)!\,(q!)^{2r-1}\,h_r = h\,,$$

so ist also nach (16) der Ausdruck

$$h\,\omega_1^{(2r-1)q}\,a_{ql}$$

ein Polynom in ω_1, ω_2, g_2, g_3 mit ganzen rationalen Koeffizienten, dessen Dimension höchstens gleich $r(2q+3)$ ist; und nach (9) ist

(17) $$h < \gamma_2^{rq\log q + r\log^2 r}\,,$$

mit konstantem γ_2.

Durch triviale Majorisierung des Integranden von (12) läßt sich leicht eine obere Abschätzung von $|a_{ql}|$ gewinnen. Auf C ist nämlich

$$|\wp(x)\,(x-\xi_1)^2 \cdots (x-\xi_r)^2| < (\gamma_3 N)^{2r}\,,$$

wo γ_3, wie auch weiterhin $\gamma_4, \ldots, \gamma_{14}$, eine nur von ω_1 und ω_2 abhängige positive Zahl bedeutet, und ferner nach (11)

$$|(x-\xi_1)^r \cdots (x-\xi_q)^r (x-\xi_{q+1})^l| > (\gamma_4 N)^{qr+l} > \gamma_5^{qr} N^{qr+1}\,,$$

also der Integrand absolut

$$< \gamma_6^{qr} N^{2r-qr-1};$$

und da die Länge von C höchstens gleich $\gamma_7 N$ ist, so folgt mit Rücksicht auf (10) die Abschätzung

(18) $$|a_{ql}| < \gamma_8^{qr} r^{r-\frac{1}{2}qr}\,.$$

Es werde nun angenommen, daß g_2, g_3, ω_1, ω_2 sämtlich algebraische Zahlen seien. Der durch sie erzeugte Körper $\mathfrak{K}$ sei vom Grade d. Man wähle eine natürliche Zahl γ_9, so daß $\gamma_9 g_2$, $\gamma_9 g_3$, $\gamma_9 \omega_1$, $\gamma_9 \omega_2$ ganz sind. Beim Übergang in einen der d konjugierten Körper mögen g_2^*, g_3^*, ω_1^*, ω_2^* aus g_2, g_3, ω_1, ω_2 entstehen und dadurch $\xi_1, \ldots, \xi_r$ in $\xi_1^*, \ldots, \xi_r^*$ sowie a_{ql} in a_{ql}^* übergehen. Endlich sei $\wp^*(x)$ die mit den Invarianten g_2^*, g_3^* gebildete $\wp$-Funktion; diese existiert, da mit $g_2^3 - 27g_3^2$ auch $g_2^{*3} - 27g_3^{*2}$ von 0 verschieden ist, braucht aber nicht etwa ω_1^* und ω_2^* als Perioden zu haben. Dann ist mit Rücksicht auf (12)

$$a_{ql}^* = \sum_{k=1}^{q+1} \frac{1}{2\pi i} \int_{C_k} \frac{\wp^*(x - \xi_k^*)\ (x - \xi_1^*)^2 \cdots (x - \xi_r^*)^2}{(x - \xi_1^*)^r \cdots (x - \xi_q^*)^r (x - \xi_{q+1}^*)^l}\, dx\,,$$

wo C_k eine Kurve bedeutet, die nur den Gitterpunkt ξ_k^* umschlingt; und da der Zähler des Integranden wieder absolut $< (\gamma_{10} N)^{2r}$, der Nenner aber absolut $> \gamma_{11}^{qr}$ ist, so gilt

$$(19) \qquad |a_{ql}^*| < \gamma_{12}^{qr} r^r .$$

Die Zahl

$$\gamma_9^{r(2q+3)} h\, \omega_1^{(2r-1)q} a_{ql}$$

ist ganz und von 0 verschieden, also ist ihre Norm absolut $\geqq 1$. Benutzt man die Abschätzung (17) für h, die Abschätzung (18) für a_{ql} und die Abschätzung (19) für die übrigen $d - 1$ Konjugierten von a_{ql}, so folgt

$$(20) \qquad \gamma_{13}^{rq \log q + r \log^2 r}\, r^{dr - \frac{1}{2} qr} > 1 .$$

Um zu einem Widerspruch zu kommen, wähle man

$$n = [\log r]^2;$$

wegen (10) sind dann n und r mit N unendlich werdende Funktionen von N, und die Voraussetzung (11) ist für hinreichend großes N erfüllt. Dann ist aber

$$\frac{n}{6} - 1 < q \leqq n$$

und

$$\gamma_{13}^{rq \log q + r \log^2 r}\, r^{dr - \frac{1}{2} qr} < \gamma_{14}^{rn \log n}\, r^{dr - \frac{1}{2}\left(\frac{n}{6} - 1\right) r} \to 0$$

für $r \to \infty$, in Gegensatz zu (20). Damit ist der Satz über die Existenz mindestens einer transzendenten Periode im Falle algebraischer g_2, g_3 bewiesen.

Zum Schluß sei noch eine Verallgemeinerung auf beliebige Abelsche Integrale erster Gattung erwähnt. Es sei gegeben eine algebraische Gleichung zwischen x und y, deren Geschlecht $p \geqq 1$ ist und deren Koeffizienten algebraische Zahlen sind. Ferner seien

$$\int R_1(x, y) dx, \ldots, \int R_p(x, y)\, dx$$

p linear unabhängige Integrale erster Gattung, wobei die Koeffizienten der rationalen Funktionen $R_1(x, y), \ldots, R_p(x, y)$ algebraische Zahlen seien. Dann hat mindestens eins dieser Integrale mindestens eine transzendente Periode. Zum Beweise hat man Riemanns Lösung des Umkehrproblems der Abelschen Integrale zu benutzen und unsere früheren Überlegungen sinngemäß zu verallgemeinern.

In diesem Satz über die Perioden Abelscher Integrale sind auch einige allerdings sehr lückenhafte Resultate über den arithmetischen Charakter der Gammafunktion enthalten. Ist nämlich n eine natürliche Zahl $\geqq 3$, so bilden die $\left[\frac{n-1}{2}\right]$ Integrale

$$(21) \qquad \int \frac{x^{m-1}}{\sqrt{1 - x^n}}\, dx \qquad \left(m = 1, \ldots, \left[\frac{n-1}{2}\right]\right)$$

ein volles System von linear unabhängigen Integralen erster Gattung für das algebraische Gebilde $y^2 = 1 - x^n$; und man sieht leicht, daß alle Perioden des Integrals (21) aus der Zahl

$$(22) \qquad \int_0^1 \frac{x^{m-1}}{\sqrt{1 - x^n}}\, dx$$

durch Multiplikation mit gewissen Zahlen des Körpers der n-ten Einheitswurzeln hervorgehen. Daher ist von den $\left[\frac{n-1}{2}\right]$ Zahlen (22) mindestens eine transzendent. Dies bedeutet aber: Für jedes $n \geqq 3$ ist von den $\left[\frac{n-1}{2}\right]$ Zahlen

$$B\left(\frac{m}{n}, \frac{1}{2}\right) \qquad \left(m = 1, 2, \ldots, \left[\frac{n-1}{2}\right]\right)$$

mindestens eine transzendent; oder, durch die Γ-Funktion ausgedrückt: Von den $\left[\frac{n-1}{2}\right]$ Zahlen

$$\frac{\Gamma^2\left(\frac{m}{n}\right)}{\Gamma\left(\frac{2m}{n}\right)}$$

ist mindestens eine transzendent; oder auch: Von den $\left[\frac{n-1}{2}\right]$ Zahlen

$$\pi^{-\frac{m}{n}}\,\Gamma\left(\frac{m}{n}\right)$$

ist mindestens eine transzendent.

Leider scheinen sich auf diesem Wege keine weitertragenden Sätze über die Gammafunktion ableiten zu lassen.

Eingegangen 10. Juni 1931.

18.

Über Riemanns Nachlaß zur analytischen Zahlentheorie

Quellen und Studien zur Geschichte der Mathematik, Astronomie und Physik 2 (1932), 45—80

In einem Briefe an Weierstraß aus dem Jahre 1859 erwähnte Riemann eine neue Entwicklung der Zetafunktion, welche er aber noch nicht genügend vereinfacht hätte, um sie in seiner Arbeit zur Primzahltheorie mitteilen zu können. Nachdem nun H. Weber im Jahre 1876 diese Stelle aus Riemanns Brief in seiner Ausgabe von Riemanns Werken veröffentlicht hatte, konnte man vermuten, daß genaue Durchsicht des auf der Göttinger Universitätsbibliothek befindlichen Riemannschen Nachlasses noch wichtige verborgene Formeln der analytischen Zahlentheorie ans Licht bringen würde.

In der Tat hat dann der Bibliothekar Distel bereits vor einigen Jahrzehnten die in Rede stehende Darstellung der Zetafunktion in Riemanns Papieren aufgefunden. Es handelt sich um eine semikonvergente Entwicklung, die das Verhalten der Funktion $\zeta(s)$ auf der kritischen Geraden $\sigma = \frac{1}{2}$ und allgemeiner in jedem Streifen $\sigma_1 \leq \sigma \leq \sigma_2$ für unendlich groß werdendes s zum Ausdruck bringt. Das Hauptglied dieser Entwicklung haben inzwischen 1920 Hardy und Littlewood unabhängig von Riemann wiederentdeckt, als Spezialfall ihrer „approximate functional equation"; zum Beweise benutzen sie dasselbe Hilfsmittel wie Riemann, nämlich angenäherte Berechnung eines Integrales nach der Sattelpunktmethode. Bei Riemann findet sich aber auch ein Verfahren zur Gewinnung der weiteren Glieder der semikonvergenten Reihe, und zwar beruht dieses auf den schönen Eigenschaften des Integrals

$$\Phi(\tau, u) = \int \frac{e^{\pi i \tau x^2 + 2\pi i u x}}{e^{2\pi i x} - 1}\, dx,$$

die übrigens auch Kronecker und neuerdings Mordell zur elegantesten Herleitung der Reziprozitätsformel der Gaußschen Summen geführt haben.

Im Jahre 1926 bemerkte Bessel-Hagen bei einer erneuten Durchsicht der Riemannschen Notizen eine weitere bisher unbekannte Darstellung der Zetafunktion mit Hilfe bestimmter Integrale; auf diese ist Riemann ebenfalls durch die Eigenschaften von $\Phi(\tau, u)$ geführt worden.

Die beiden Entwicklungen für $\zeta(s)$ dürften das wichtigste aus Riemanns zahlentheoretischem Nachlaß umfassen, soweit es sich nicht auch in seiner gedruckten Abhandlung vorfindet. Ansätze zu einem Beweise der sogenannten „Riemannschen Vermutung" oder auch nur zu einem Beweise für die Existenz unendlich vieler Nullstellen der Zetafunktion auf der kritischen Geraden sind nicht in Riemanns Papieren enthalten. Auf die Behauptung, daß im Intervall $0 < t < T$ asymptotisch $\frac{T}{2\pi}\log\frac{T}{2\pi}-\frac{T}{2\pi}$ reelle Nullstellen von $\zeta\left(\frac{1}{2}+ti\right)$ liegen, ist Riemann wohl durch eine heuristische Überlegung von der semikonvergenten Reihe her geführt worden; doch auch heute ist noch nicht ersichtlich, wie man diese Behauptung beweisen oder widerlegen könnte. Mit Hilfe der semikonvergenten Reihe hat Riemann auch einige reelle Nullstellen von $\zeta\left(\frac{1}{2}+ti\right)$ angenähert berechnet.

In Riemanns Aufzeichnungen zur Theorie der Zetafunktion finden sich nirgendwo druckfertige Stellen; mitunter stehen zusammenhangslose Formeln auf demselben Blatt; häufig ist von Gleichungen nur eine Seite hingeschrieben; stets fehlen Restabschätzungen und Konvergenzuntersuchungen, auch an wesentlichen Punkten. Diese Gründe machten eine freie Bearbeitung des Riemannschen Fragmentes notwendig, wie sie im folgenden ausgeführt werden soll.

Die Legende, Riemann habe die Resultate seiner mathematischen Arbeit durch „große allgemeine" Ideen gefunden, ohne die formalen Hilfsmittel der Analysis zu benötigen, ist wohl jetzt nicht mehr so verbreitet wie zu Kleins Lebzeiten. Wie stark Riemanns analytische Technik war, geht besonders deutlich aus seiner Ableitung und Umformung der semikonvergenten Reihe für $\zeta(s)$ hervor.

§ 1.

Berechnung eines bestimmten Integrales.

Es sei u eine komplexe Variable. Man bilde das Integral

$$(1)\qquad \Phi(u)=\int\limits_{0\nwarrow 1}\frac{e^{-\pi i x^2+2\pi i u x}}{e^{\pi i x}-e^{-\pi i x}}\,dx,$$

erstreckt von ∞ nach ∞ von rechts unten nach links oben längs einer Parallelen zur Winkelhalbierenden des vierten und zweiten Quadranten, welche die reelle Achse zwischen den Punkten 0 und 1 trifft. In Formel (1) ist der Integrationsweg durch das unter dem Integralzeichen stehende Symbol $0\nwarrow 1$ angedeutet.

Die Funktion $\Phi(u)$ ist ganz. Nach Riemann läßt sie sich in elementarer Weise durch die Exponentialfunktion ausdrücken. Um dies zu beweisen, leitet man unter Benutzung des Cauchyschen Satzes zwei Differenzengleichungen für $\Phi(u)$ ab:

Einerseits ist

$$\Phi(u+1)-\Phi(u)=\int\limits_{0\nwarrow 1} e^{-\pi i x^2}\frac{e^{2\pi i(u+1)x}-e^{2\pi i u x}}{e^{\pi i x}-e^{-\pi i x}}\,dx=\int\limits_{0\nwarrow 1} e^{-\pi i x^2+2\pi i(u+\frac{1}{2})x}\,dx$$

$$=e^{\pi i(u+\frac{1}{2})^2}\int\limits_{0\nwarrow 1} e^{-\pi i(x-u-\frac{1}{2})^2}\,dx=e^{\pi i(u+\frac{1}{2})^2}\int\limits_{0\nwarrow 1} e^{-\pi i x^2}\,dx,$$

also

(2) $$\Phi(u)=\Phi(u+1)-e^{\pi i(u+\frac{1}{2})^2}\int\limits_{0\nwarrow 1} e^{-\pi i x^2}\,dx.$$

Andererseits ist, wenn durch das Symbol $-1\nwarrow 0$ derjenige Integrationsweg angedeutet wird, welcher aus dem bisher benutzten durch Parallelverschiebung um den Vector -1 entsteht,

(3) $$1=\int\limits_{0\nwarrow 1}\frac{e^{-\pi i x^2+2\pi i u x}}{e^{\pi i x}-e^{-\pi i x}}\,dx-\int\limits_{-1\nwarrow 0}\frac{e^{-\pi i x^2+2\pi i u x}}{e^{\pi i x}-e^{-\pi i x}}\,dx,$$

denn der Integrand hat im Pole $x=0$ das Residuum $\frac{1}{2\pi i}$; wegen

$$\int\limits_{-1\nwarrow 0}\frac{e^{-\pi i x^2+2\pi i u x}}{e^{\pi i x}-e^{-\pi i x}}\,dx=\int\limits_{0\nwarrow 1}\frac{e^{-\pi i(x-1)^2+2\pi i u(x-1)}}{e^{\pi i(x-1)}-e^{-\pi i(x-1)}}\,dx$$

$$=e^{-2\pi i u}\int\limits_{0\nwarrow 1}\frac{e^{-\pi i x^2+2\pi i(u+1)x}}{e^{\pi i x}-e^{-\pi i x}}\,dx$$

liefert also (3) die Formel

(4) $$\Phi(u)=e^{-2\pi i u}\,\Phi(u+1)+1.$$

Aus (2) und (4) erhält man zunächst für $u=0$ die bekannte Gleichung

$$\int\limits_{0\nwarrow 1} e^{-\pi i x^2}\,dx=e^{\frac{3\pi i}{4}}$$

und dann durch Elimination von $\Phi(u+1)$ das gesuchte Resultat

(5) $$\int\limits_{0\nwarrow 1}\frac{e^{-\pi i x^2+2\pi i u x}}{e^{\pi i x}-e^{-\pi i x}}\,dx=\frac{1}{1-e^{-2\pi i u}}-\frac{e^{\pi i u^2}}{e^{\pi i u}-e^{-\pi i u}}.$$

Differentiiert man n-mal nach u, so bekommt man die allgemeinere Formel

$$(6)\qquad \int_{0\nwarrow 1} \frac{e^{-\pi i x^2 + 2\pi i u x}}{e^{\pi i x} - e^{-\pi i x}} x^n \, dx = (2\pi i)^{-n} D^n \frac{e^{\pi i u} - e^{\pi i u^2}}{e^{\pi i u} - e^{-\pi i u}} \qquad (n = 0, 1, 2, \ldots).$$

Für das folgende ist es zweckmäßig, (5) in eine andere Gestalt zu setzen. Man schreibe $2u + \frac{1}{2}$ statt u und multipliziere (5) mit $e^{-2\pi i\left(u+\frac{1}{2}\right)^2 + \frac{\pi i}{8}}$; dies liefert die von Riemann gefundene Gleichung

$$\int_{0\nwarrow 1} \frac{e^{\pi i\left\{x^2 - 2\left(u+\frac{1}{2}-x\right)^2 + \frac{1}{8}\right\}}}{e^{2\pi i x} - 1} \, dx = \frac{\cos\left(2\pi u^2 + \frac{3\pi}{8}\right)}{\cos 2\pi u},$$

die weiterhin eine wichtige Rolle spielen wird.

Das Integral $\Phi(u)$ ist ein Spezialfall des Integrales

$$(7)\qquad \Phi(\tau, u) = \int_{0\nwarrow 1} \frac{e^{\pi i \tau x^2 + 2\pi i u x}}{e^{\pi i x} - e^{-\pi i x}} \, dx,$$

das auch zwei Differenzengleichungen genügt. Es ist von Mordell näher untersucht worden. Für jeden negativen rationalen Wert von τ gilt eine zu (5) analoge Formel; und hieraus gelangt man durch Spezialisierung von u zum Reziprozitätsgesetz der Gaußschen Summen. Die Transformationstheorie der Thetafunktionen hat bereits Riemann in seinen Vorlesungen auf die Eigenschaften von $\Phi(\tau, u)$ gegründet.

§ 2.

Die semikonvergente Entwicklung der Zetafunktion.

Ist der reelle Teil σ der komplexen Variablen $s = \sigma + ti$ größer als 1 und bedeutet m irgendeine natürliche Zahl, so gilt

$$\zeta(s) = \sum_{n=1}^{m} n^{-s} + \frac{1}{\Gamma(s)} \int_0^\infty \frac{x^{s-1} e^{-mx}}{e^x - 1} \, dx,$$

oder, wenn C_1 eine in positivem Sinn zu durchlaufende Schleife um die negative imaginäre Achse ist,

$$(8)\qquad \zeta(s) = \sum_{n=1}^{m} n^{-s} + \frac{(2\pi)^s e^{\frac{\pi i s}{2}}}{\Gamma(s)\left(e^{2\pi i s} - 1\right)} \int_{C_1} \frac{x^{s-1} e^{-2\pi i m x}}{e^{2\pi i x} - 1} \, dx.$$

Diese Formel besteht sogar für beliebige Werte von σ. Fortan sei σ auf ein festes Intervall $\sigma_1 \leq \sigma \leq \sigma_2$ beschränkt, und es sei $t > 0$. Um das in (8) auftretende Integral nach der Sattelpunktmethode für $t \to \infty$ asymptotisch zu berechnen, hat man den Integrationsweg über die Nullstelle von $D \log (x^{s-1} e^{-2\pi i m x})$ zu führen. Für diese Nullstelle erhält man aus der Gleichung

$$\frac{s-1}{x} - 2\pi i m = 0$$

den Wert

(9) $$\xi = \frac{s-1}{2\pi i m} = \frac{t}{2\pi m} + \frac{1-\sigma}{2\pi m} i.$$

Innerhalb des um ξ mit dem Radius $|\xi|$ geschlagenen Kreises gilt nun eine Entwicklung

$$x^{s-1} e^{-2\pi i m x} = \xi^{s-1} e^{-2\pi i m \xi} e^{(s-1)\left\{-\frac{1}{2}\left(\frac{x-\xi}{\xi}\right)^2 + \frac{1}{3}\left(\frac{x-\xi}{\xi}\right)^3 - \cdots\right\}}$$

$$= \xi^{s-1} e^{-2\pi i m \xi} e^{-\frac{s-1}{2\xi^2}(x-\xi)^2} \{c_0 + c_1 (x-\xi) + c_2 (x-\xi)^2 + \cdots\};$$

und man wird in der Reihe

$$\xi^{s-1} e^{-2\pi i m \xi} \sum_{n=0}^{\infty} c_n \int \frac{e^{-\frac{s-1}{2\xi^2}(x-\xi)^2}}{e^{2\pi i x} - 1} (x-\xi)^n \, dx$$

eine semikonvergente Entwicklung des Integrales aus (8) vermuten. Die in der Reihe auftretenden Integrale lassen sich nun sämtlich nach Formel (6) von § 1 auswerten, falls $\frac{s-1}{2\xi^2}$ den speziellen Wert πi besitzt. Dies ist bei festem s eine Bedingung für m, die sich im allgemeinen nur angenähert erfüllen läßt, da m eine ganze Zahl ist. Deswegen ersetzt Riemann den Sattelpunkt ξ durch den benachbarten Wert η, der sich aus der Gleichung

$$\frac{t i}{2\eta^2} = \pi i$$

zu

(10) $$\eta = +\sqrt{\frac{t}{2\pi}}$$

ergibt, und bestimmt m nach dem Vorbilde von (9) als größte ganze Zahl unterhalb $\frac{t}{2\pi\eta}$, also

(11) $$m = [\eta].$$

Man führe noch die Abkürzungen

(12) $$\tau = +\sqrt{t} = \eta\sqrt{2\pi}$$

$$\varepsilon = e^{-\frac{\pi i}{4}} = \frac{1-i}{\sqrt{2}}$$

$$g(x) = x^{s-1} \frac{e^{-2\pi i m x}}{e^{2\pi i x} - 1}$$

ein.

Zunächst sei η keine ganze Zahl. Der Integrationsweg C_1 werde durch den Linienzug C_2 ersetzt, bestehend aus den beiden Halbgeraden, die vom Punkte $\eta-\frac{\varepsilon}{2}\eta$ ausgehen und die Punkte η bzw. $-\left(m+\frac{1}{2}\right)$ enthalten. Mit Rücksicht auf die Pole bei $\pm 1, \pm 2, \ldots, \pm m$ liefert der Residuensatz

$$\int_{C_1} g(x)\,dx = (e^{\pi i s}-1)\sum_{n=1}^{m} n^{s-1} + \int_{C_2} g(x)\,dx$$

$$\text{(13)}\qquad \zeta(s) = \sum_{n=1}^{m} n^{-s} + \frac{(2\pi)^s}{2\,\Gamma(s)\cos\frac{\pi s}{2}}\sum_{n=1}^{m} n^{s-1} + \frac{(2\pi)^s e^{\frac{\pi i s}{2}}}{\Gamma(s)\,(e^{2\pi i s}-1)}\int_{C_2} g(x)\,dx.$$

Auf dem links gelegenen der beiden geradlinigen Bestandteile von C_2, der C_3 heißen möge, ist nun

$$\operatorname{arc} x \geq \operatorname{arc\,tg}\frac{1}{2\sqrt{2}-1} > (2\sqrt{2}-1)^{-1} - \tfrac{1}{3}(2\sqrt{2}-1)^{-3} > \frac{1}{2\sqrt{2}} + \frac{1}{8}$$

$$\mathfrak{J}(x) \leq \frac{\eta}{2\sqrt{2}}$$

und folglich nach (10) und (11)

$$|x^{s-1}e^{-2\pi i m x}| \leq |x|^{\sigma-1} e^{-t\left(\frac{1}{2\sqrt{2}}+\frac{1}{8}\right)+\pi m\frac{\eta}{\sqrt{2}}} \leq |x|^{\sigma-1} e^{-\frac{t}{8}}$$

$$\text{(14)}\qquad \int_{C_3} g(x)\,dx = O\left(e^{-\frac{t}{9}}\right),$$

gleichmäßig in σ für $\sigma_1 \leq \sigma \leq \sigma_2$.

Auf der rechts gelegenen Halbgeraden von C_2 setze man

$$x = \eta + \varepsilon y \qquad \left(y \geq -\frac{\eta}{2}\right);$$

dann gilt

$$|x^{s-1}e^{-2\pi i m x}| = |x|^{\sigma-1} e^{t\operatorname{arc\,tg}\frac{y}{y+\eta\sqrt{2}} - \pi\sqrt{2}my}.$$

Ist nun sogar $y \geq +\frac{\eta}{2}$, so hat man für hinreichend großes t

$$t\operatorname{arc\,tg}\frac{y}{y+\eta\sqrt{2}} - \pi\sqrt{2}my \leq \frac{ty}{y+\eta\sqrt{2}} - \pi\sqrt{2}\,my < ty\left(\frac{1}{y+\eta\sqrt{2}} - \frac{\eta-1}{\sqrt{2}\,\eta^2}\right)$$

$$= \frac{ty}{\eta\sqrt{2}}\left(\frac{1}{\eta} - \frac{y}{y+\eta\sqrt{2}}\right) \leq \frac{t}{2\sqrt{2}}\left(\frac{1}{\eta} - \frac{1}{1+2\sqrt{2}}\right) < -\frac{t}{11};$$

also besteht die Abschätzung

$$\text{(15)}\qquad -\int_{\frac{\eta}{2}}^{\infty} g(x)\,\varepsilon\,dy = O\left(e^{-\frac{t}{11}}\right),$$

und zwar wieder gleichmäßig in σ für $\sigma_1 \leq \sigma \leq \sigma_2$. Aus (14) und (15) entnimmt man

$$(16) \qquad \int\limits_{C_2} g(x)\, dx = \int\limits_{\eta + \varepsilon \frac{\eta}{2}}^{\eta - \varepsilon \frac{\eta}{2}} g(x)\, dx + O\left(e^{-\frac{t}{11}}\right).$$

Für die asymptotische Entwicklung des Integrals auf der rechten Seite von (16) geht man von der Identität

$$(17) \quad g(x) = \eta^{s-1} e^{-2\pi i m \eta} \frac{e^{-\pi i (x-\eta)^2 + 2\pi i (\eta - m)(x-\eta)}}{e^{2\pi i x} - 1} e^{(s-1)\log\left(1 + \frac{x-\eta}{\eta}\right) - 2\pi i \eta (x-\eta) + \pi i (x-\eta)^2}$$

aus. Der letzte der rechtsstehenden Faktoren läßt sich für $|x-\eta| < \eta$ in eine Reihe nach Potenzen von $x - \eta$ entwickeln, deren Koeffizienten näher untersucht werden sollen. Mit der in (12) erklärten Bedeutung von τ setze man

$$(18) \qquad e^{(s-1)\log\left(1+\frac{z}{\tau}\right) - i\tau z + \frac{i}{2} z^2} = \sum_{n=0}^{\infty} a_n z^n = w(z) \qquad (|z| < \tau).$$

Aus der Differentialgleichung

$$(z + \tau)\frac{dw}{dz} + (1 - \sigma - i z^2)\, w = 0$$

ergibt sich die Rekursionsformel

$$(19) \qquad (n+1)\, \tau\, a_{n+1} = -(n+1-\sigma)\, a_n + i\, a_{n-2} \qquad (n = 2, 3, \ldots),$$

die auch für $n = 0, 1$ richtig ist, falls $a_{-2} = 0$, $a_{-1} = 0$ gesetzt wird. Nimmt man noch die Gleichung $a_0 = 1$ hinzu, so sind $a_1, a_2, \ldots$ vermöge (19) bestimmt; und zwar ist a_n ein Polynom n^{ten} Grades in τ^{-1}, das die Potenzen τ^{-k} für $k = 0, 1, \ldots, n - 2\left[\frac{n}{3}\right] - 1$ nicht enthält. Folglich ist

$$a_n = O\left(t^{-\frac{n}{2} + \left[\frac{n}{3}\right]}\right)$$

gleichmäßig für $\sigma_1 \leq \sigma \leq \sigma_2$, aber nicht etwa gleichmäßig in n.

Um den Rest der Potenzreihe $w(z)$ abzuschätzen, benutze man die Darstellung

$$(20) \qquad r_n(z) = \sum_{k=n}^{\infty} a_k z^k = \frac{1}{2\pi i} \int\limits_C \frac{w(u)\, z^n}{u^n (u - z)}\, du;$$

dabei bedeutet C eine im Konvergenzkreise gelegene Kurve, welche die Punkte 0 und z je einmal positiv umschlingt. Nach (18) ist

$$\log w(u) = (\sigma - 1 + i\tau^2) \log\left(1 + \frac{u}{\tau}\right) - i\tau u + \frac{i}{2} u^2$$
$$= (\sigma - 1)\log\left(1 + \frac{u}{\tau}\right) + i u^2 \sum_{k=1}^{\infty} \frac{(-1)^{k-1}}{k+2} \left(\frac{u}{\tau}\right)^k;$$

also gilt im Kreise $|u| \leq \frac{3}{5}\tau$ die Abschätzung

(21) $$\Re \log w(u) \leq |\sigma - 1| \log \frac{5}{2} + \frac{5}{6} \frac{|u|}{\tau} |u|^2.$$

In (20) sei $|z| \leq \frac{4}{7}\tau$ und C ein Kreis um $u = 0$ mit einem Radius ϱ_n, der zunächst nur der Bedingung

(22) $$\frac{21}{20}|z| \leq \varrho_n \leq \frac{3}{5}\tau$$

unterworfen werde. Aus (20), (21), (22) folgt dann gleichmäßig in σ und n die Abschätzung

(23) $$r_n(z) = O\left(|z|^n \varrho_n^{-n} e^{\frac{5}{6\tau}\varrho_n^3}\right).$$

Die Funktion $\varrho^{-n} e^{\frac{5}{6\tau}\varrho^3}$ von ϱ hat ihr Minimum $\left(\frac{5e}{2n\tau}\right)^{\frac{n}{3}}$ für $\varrho = \left(\frac{2n\tau}{5}\right)^{\frac{1}{3}}$.

Nach (22) ist die Wahl $\varrho_n = \varrho$ zulässig, falls

$$\frac{21}{20}|z| \leq \left(\frac{2n\tau}{5}\right)^{\frac{1}{3}} \leq \frac{3}{5}\tau$$

ist. Folglich gilt

(24) $$r_n(z) = O\left(|z|^n \left(\frac{5e}{2n\tau}\right)^{\frac{n}{3}}\right) \qquad \left(n \leq \frac{27}{50}t,\ |z| \leq \frac{20}{21}\left(\frac{2n\tau}{5}\right)^{\frac{1}{3}}\right).$$

Für $|z| \leq \frac{4}{7}\tau$ ist nach (22) auch die Wahl $\varrho_n = \frac{21}{20}|z|$ zulässig; dann liefert (23) die Relation

(25) $$r_n(z) = O\left(\left(\frac{20}{21}\right)^n e^{\frac{5}{6\tau}\left(\frac{21}{20}|z|\right)^3}\right) = O\left(e^{\frac{14}{29}|z|^2}\right) \qquad \left(|z| \leq \frac{\tau}{2}\right).$$

Nach (17) und (18) ist

(26) $$\int_{\eta+\varepsilon\frac{\eta}{2}}^{\eta-\varepsilon\frac{\eta}{2}} g(x)\,dx = \eta^{s-1} e^{-2\pi i m \eta} \int_{\eta+\varepsilon\frac{\eta}{2}}^{\eta-\varepsilon\frac{\eta}{2}} \frac{e^{-\pi i (x-\eta)^2 + 2\pi i (\eta - m)(x-\eta)}}{e^{2\pi i x} - 1} w\left(\sqrt{2\pi}(x-\eta)\right) dx.$$

Um den Fehler zu ermitteln, den man begeht, wenn man in dieser Gleichung $w\left(\sqrt{2\pi}(x-\eta)\right)$ durch die Partialsumme $\sum_{k=0}^{n-1} a_k (2\pi)^{\frac{k}{2}} (x-\eta)^k$ ersetzt, hat man das Integral

(27) $$J_n = \int_{\eta+\varepsilon\frac{\eta}{2}}^{\eta-\varepsilon\frac{\eta}{2}} \frac{e^{-\pi i (x-\eta)^2 + 2\pi i (\eta - m)(x-\eta)}}{e^{2\pi i x} - 1} r_n\left(\sqrt{2\pi}(x-\eta)\right) dx$$

zu untersuchen. Fortan sei $n \leq \frac{5}{16} t$. Die Nähe der Pole $x = m$, $m+1$ des Integranden werde dadurch vermieden, daß man den innerhalb des Kreises $|x - m| \leq \frac{1}{2\sqrt{\pi}}$ bzw. $|x - m - 1| \leq \frac{1}{2\sqrt{\pi}}$ gelegenen Teil des Integrationsweges durch den zugehörigen Kreisbogen ersetzt. Nach (24) liefert die Integration über den Kreisbogen zu J_n nur den Beitrag $O\left(\left(\frac{5e}{2n\tau}\right)^{\frac{n}{3}}\right)$. Auf dem übrigen Teil des Integrationsweges ist $-\pi i (x-\eta)^2 = -\pi |x - \eta|^2$. Man setze

$$\frac{20}{21}\left(\frac{2n\tau}{5}\right)^{\frac{1}{3}} = \lambda$$

und berücksichtige (24) für $|x-\eta| \leq \frac{\lambda}{\sqrt{2\pi}}$, dagegen (25) für $\frac{\lambda}{\sqrt{2\pi}} \leq |x - \eta| \leq \frac{\eta}{2}$; dann folgt

$$J_n = O\left\{\left(\frac{5e}{2n\tau}\right)^{\frac{n}{3}} \int_0^{\lambda} e^{-\frac{1}{2}v^2 + \sqrt{2\pi}\, v} v^n \, dv + \int_{\lambda}^{\frac{\tau}{2}} e^{-\frac{1}{58}v^2 + \sqrt{2\pi}\, v} \, dv\right\}$$

$$= O\left\{\left(\frac{5e}{2n\tau}\right)^{\frac{n}{3}} e^{\sqrt{2\pi n}}\, 2^{\frac{n}{2}}\, \Gamma\left(\frac{n+1}{2}\right) + e^{-\frac{1}{59}\lambda^2}\right\} = O\left\{\left(\frac{25n}{4et}\right)^{\frac{n}{6}} e^{\sqrt{2\pi n}} + e^{-\frac{1}{59}\lambda^2}\right\}.$$

Eine einfache Rechnung zeigt, daß für $n \leq 2 \cdot 10^{-8} t$ das zweite O-Glied vom ersten majorisiert wird. So ergibt sich die Abschätzung

$$J_n = O\left(\left(\frac{3n}{t}\right)^{\frac{n}{6}}\right) \qquad (n \leq 2 \cdot 10^{-8}\, t) \tag{28}$$

gleichmäßig in σ und n.

Aus (16), (18), (26), (27), (28) folgt jetzt

$$\int_{C_2} g(x)\, dx$$

$$= \eta^{s-1} e^{-2\pi i m \eta} \left\{\sum_{k=0}^{n-1} a_k (2\pi)^{\frac{k}{2}} \int_{\eta + \varepsilon\frac{\eta}{2}}^{\eta - \varepsilon\frac{\eta}{2}} \frac{e^{-\pi i (x-\eta)^2 + 2\pi i (\eta - m)(x-\eta)}}{e^{2\pi i x} - 1} (x-\eta)^k \, dx + O\left(\left(\frac{3n}{t}\right)^{\frac{n}{6}}\right)\right\}.$$

Integriert man auf der rechten Seite statt von $\eta + \varepsilon \frac{\eta}{2}$ nach $\eta - \varepsilon\frac{\eta}{2}$ über die volle Gerade von $\eta + \varepsilon\infty$ bis $\eta - \varepsilon\infty$, so ändert sich wegen $n \leq 2 \cdot 10^{-8} t$ der Wert des Integrales nur um $O\left(e^{-\frac{t}{8} + \pi\eta}\left(\frac{\eta}{2}\right)^k\right)$; andererseits ist nach (24)

$$a_k = (r_k - r_{k+1})\, z^{-k} = O\left(\left(\frac{5e}{2k\tau}\right)^{\frac{k}{3}}\right) \qquad (k = 1, 2, \ldots, n-1),$$

also

$$\sum_{k=0}^{n-1} |a_k|\, e^{-\frac{t}{8}+\pi\eta} \left(\frac{\tau}{2}\right)^k = O\left(e^{-\frac{t}{8}+\pi\eta} \left(\frac{5et}{16n}\right)^{\frac{n}{3}}\right) = O\left(\left(\frac{3n}{t}\right)^{\frac{n}{6}}\right).$$

Ersetzt man endlich noch die Integrationsvariable x durch $x+m$, so wird

(29) $$\int_{C_2} g(x)\, dx$$

$$= (-1)^m e^{-\frac{\pi i}{8}} \eta^{s-1} e^{-\pi i \eta^2} \left\{ \sum_{k=0}^{n-1} a_k (2\pi)^{\frac{k}{2}} \int_{0 \nwarrow 1} \frac{e^{\pi i (x^2 - 2(x+m-\eta)^2 + \frac{1}{8})}}{e^{2\pi i x} - 1} (x+m-\eta)^k\, dx + O\left(\left(\frac{3n}{t}\right)^{\frac{n}{6}}\right)\right.$$

Nach dem Ergebnis von § 1 hat das Integral

(30) $$\int_{0 \nwarrow 1} \frac{e^{\pi i \left\{x^2 - 2\left(x - \frac{u}{\sqrt{2\pi}} - \frac{1}{2}\right)^2 + \frac{1}{8}\right\}}}{e^{2\pi i x} - 1}\, dx = F(u)$$

den Wert

$$F(u) = \frac{\cos\left(u^2 + \frac{3\pi}{8}\right)}{\cos(\sqrt{2\pi}\, u)}.$$

Um auch für $k > 0$ das in (29) rechts auftretende Integral elementar auszudrücken, bildet Riemann aus (30) die Gleichung

$$F(\delta + u)\, e^{iu^2} = \int_{0 \nwarrow 1} \frac{e^{\pi i \left\{x^2 - 2\left(x - \frac{\delta}{\sqrt{2\pi}} - \frac{1}{2}\right)^2 + \frac{1}{8}\right\}}}{e^{2\pi i x} - 1}\, e^{2\sqrt{2\pi}\, i \left(x - \frac{\delta}{\sqrt{2\pi}} - \frac{1}{2}\right) u}\, dx,$$

aus der durch Entwicklung nach Potenzen von u die Formel

(31) $$\int_{0 \nwarrow 1} \frac{e^{\pi i \left\{x^2 - 2\left(x - \frac{\delta}{\sqrt{2\pi}} - \frac{1}{2}\right)^2 + \frac{1}{8}\right\}}}{e^{2\pi i x} - 1} \left(x - \frac{\delta}{\sqrt{2\pi}} - \frac{1}{2}\right)^k dx$$

$$= 2^{-k} (2\pi)^{-\frac{k}{2}} k! \sum_{r=0}^{\left[\frac{k}{2}\right]} \frac{i^{r-k}}{r!\,(k-2r)!} F^{(k-2r)}(\delta) \qquad (k = 0, 1, 2, \ldots)$$

hervorgeht.

Aus (13), (29), (31) folgt jetzt die Entwicklung

(32) $$\zeta(s) = \sum_{l=1}^{m} l^{-s} + \frac{(2\pi)^s}{2\,\Gamma(s) \cos\frac{\pi s}{2}} \sum_{l=1}^{m} l^{s-1}$$

$$+ (-1)^{m-1} \frac{(2\pi)^{\frac{s+1}{2}}}{\Gamma(s)}\, t^{\frac{s-1}{2}}\, e^{\frac{\pi i s}{2} - \frac{ti}{2} - \frac{\pi i}{8}}\, S$$

mit

$$(33) \qquad S=\sum_{0\leq 2r\leq k\leq n-1} \frac{2^{-k}i^{r-k}k!}{r!(k-2r)!}a_k F^{(k-2r)}(\delta)+O\left(\left(\frac{3n}{t}\right)^{\frac{n}{6}}\right)$$

$$n\leq 2\cdot 10^{-8}t,\quad m=\left[\sqrt{\frac{t}{2\pi}}\right],\quad \delta=\sqrt{t}-\left(m+\frac{1}{2}\right)\sqrt{2\pi},\quad F(u)=\frac{\cos\left(u^2+\frac{3\pi}{8}\right)}{\cos\left(\sqrt{2\pi}u\right)};$$

und die Koeffizienten a_k sind durch die Rekursionsformel (19) bestimmt. Diese Entwicklung ist semikonvergent, und zwar gleichmäßig für $\sigma_1\leq\sigma\leq\sigma_2$, denn das Restglied in (33) ist ja für jedes feste n gleichmäßig in σ von der Größenordnung $t^{-\frac{n}{6}}$. Von den bekannten semikonvergenten Reihen der Analysis unterscheidet sich (32) durch das Auftreten der ganzen Zahl m, welche bewirkt, daß die einzelnen Glieder der Entwicklung nicht durchweg stetig von t abhängen. Die beim Beweis gemachte Annahme, daß $\sqrt{\frac{t}{2\pi}}$ keine ganze Zahl sei, kann leicht nachträglich eliminiert werden, denn man kann ja in (32) den rechtsseitigen Grenzübergang zu jedem ganzzahligen Werte von $\sqrt{\frac{t}{2\pi}}$ machen.

Wählt man in (33) speziell $n=2\cdot 10^{-8}t$, so ist das Fehlerglied $O(10^{-10^{-8}t})$, strebt also mit wachsendem t exponentiell gegen 0. Für praktische Zwecke ist diese Abschätzung des Fehlergliedes wegen des kleinen Faktors 10^{-8} im Exponenten nicht zu gebrauchen; feinere Abschätzungen zeigen, daß sich 10^{-8} durch eine erheblich größere Zahl ersetzen läßt. Es wäre von Interesse, die genaue Größenordnung des Fehlers als Funktion von n aufzufinden; es ist noch nicht einmal trivial, daß er nicht mit wachsendem n für festes t gegen 0 konvergiert.

Wegen der besonderen Wichtigkeit des Falles $\sigma=\frac{1}{2}$ ist es zweckmäßig, (32) mit der durch

$$(34) \qquad e^{\vartheta i}=\pi^{\frac{1}{4}-\frac{s}{2}}\sqrt{\frac{\Gamma\left(\frac{s}{2}\right)}{\Gamma\left(\frac{1-s}{2}\right)}}$$

definierten Funktion $e^{\vartheta i}$ zu multiplizieren; dabei verstehe man unter ϑ denjenigen in der von 0 nach $-\infty$ und von 1 nach $+\infty$ aufgeschnittenen Ebene eindeutigen Zweig, welcher für $s=\frac{1}{2}$ verschwindet. Auf der kritischen Geraden $\sigma=\frac{1}{2}$ ist dann $\vartheta=\operatorname{arc}\left(\pi^{-\frac{s}{2}}\Gamma\left(\frac{s}{2}\right)\right)$ und $e^{\vartheta i}\zeta(s)$ reell. Nach (32) ist für $\sigma_1\leq\sigma\leq\sigma_2$

$$(35)\qquad e^{\vartheta i}\zeta(s)=2\sum_{l=1}^{m}\frac{\cos\left(\vartheta+i\left(s-\frac{1}{2}\right)\log l\right)}{\sqrt{l}}$$

$$+(-1)^{m-1}\left(\frac{t}{2\pi}\right)^{\frac{\sigma-1}{2}}e^{\left(\frac{t}{2}\log\frac{t}{2\pi}-\frac{t}{2}-\frac{\pi}{8}-\vartheta\right)i}S,$$

wo S durch (33) erklärt ist. Jedes a_k, also auch die endliche Summe bei S, ist ein Polynom in τ^{-1}. Durch Ordnen nach Potenzen von τ^{-1} folgt daher aus (33) für jedes feste n und $t\to\infty$ die Beziehung

$$S=\sum_{k=0}^{n-1}A_k\,\tau^{-k}+O(\tau^{-n}),$$

wo sich die Koeffizienten $A_0, A_1, \ldots, A_{n-1}$ homogen linear aus endlich vielen der Ableitungen $F(\delta)$, $F'(\delta)$, ... zusammensetzen. Die explizite Berechnung der A_k mit Hilfe von (33) und der Rekursionsformel für die a_k ist ziemlich mühsam; Riemann vereinfacht sie durch folgenden Kunstgriff. Setzt man

$$F(\delta+x)\,e^{ix^2}=\sum_{k=0}^{\infty}b_k\,x^k,$$

so ist ja

$$(36)\qquad S\sim\sum_{k=0}^{\infty}(2i)^{-k}\,k!\,a_k\,b_k$$

die volle semikonvergente Reihe, und die gesuchte Größe A_k ist der Koeffizient von τ^{-k}, der durch Ordnen der Reihe nach Potenzen von τ^{-1} entsteht. Der Ausdruck auf der rechten Seite von (36) ist aber das konstante Glied in der Reihe nach positiven und negativen Potenzen von x, die durch formale Multiplikation der konvergenten Potenzreihe

$$F\left(\delta+\frac{1}{x}\right)e^{ix^{-2}}=\sum_{k=0}^{\infty}b_k\,x^{-k}$$

mit der divergenten Potenzreihe

$$(37)\qquad y=\sum_{k=0}^{\infty}(2i)^{-k}\,k!\,a_k\,x^k$$

herauskommt. Da die feste Potenz τ^{-k} nur in endlich vielen der Koeffizienten $a_0, a_1, a_2, \ldots$ auftritt, so ist auch folgendes Verfahren zur Berechnung von A_k legitim: Man bilde durch formale Multiplikation von $e^{ix^{-2}}$ und y den Ausdruck

$$(38)\qquad z=e^{ix^{-2}}\,y=\sum_{n=-\infty}^{+\infty}d_n\,x^n$$

und hieraus durch Ordnen nach Potenzen von τ^{-1} die Reihe $\sum_{k=0}^{\infty} B_k \tau^{-k}$; dann ist A_k das konstante Glied in $F\left(\delta+\frac{1}{x}\right) B_k$. Und da für die Berechnung dieses konstanten Gliedes die in B_k auftretenden negativen Potenzen von x gleichgültig sind, so hat man nur den ganz rationalen Bestandteil von B_k zu bestimmen.

Setzt man zur Abkürzung

$$(2\,i)^{-k}\,k!\;a_k = c_k \qquad (k=0,1,2,\ldots),$$

so ist nach (19)

$$\tau\, c_{n+1} = i\,\frac{n+1-\sigma}{2}\,c_n - \frac{n\,(n-1)}{8}\,c_{n-2} \qquad (n=0,1,2,\ldots)$$

mit $c_{-2}=0$, $c_{-1}=0$, $c_0=1$, und folglich genügt die Potenzreihe (37) formal der Differentialgleichung

$$\tau\,(y-1) = \frac{i}{2}\,x^{\sigma+1}\,D\,(x^{1-\sigma}\,y) - \frac{1}{8}\,x^3\,D^2\,(x^2\,y).$$

Daraus folgt als Differentialgleichung für die Reihe (38)

$$\left\{\tau+\frac{1}{2x}+i\left(\frac{\sigma}{2}-\frac{1}{4}\right)x\right\}z+\frac{1}{8}\,x^3\,D^2\,(x^2\,z) = \tau\,e^{i x^{-2}}. \tag{39}$$

Ist nun, nach Potenzen von τ^{-1} geordnet,

$$z = \sum_{n=0}^{\infty} B_n\,\tau^{-n},$$

so folgt aus (39)

$$B_0 = e^{i x^{-2}}$$

und die Rekursionsformel

$$B_{n+1} = \left(i\,\frac{1-2\sigma}{4}\,x - \frac{1}{2x}\right)B_n - \frac{1}{8}\,x^3\,D^2\,(x^2\,B_n) \qquad (n=0,1,2,\ldots).$$

Setzt man noch

$$B_n = \sum_{k=-\infty}^{3n} a_k^{(n)}\,x^k \qquad (n=0,1,2,\ldots),$$

so ist also

$$a_k^{(0)} = 0 \qquad (k \neq 0,-2,-4,-6,\ldots)$$

$$a_{-2k}^{(0)} = \frac{i^k}{k!} \qquad (k=0,1,2,3,\ldots)$$

$$a_k^{(n+1)} = i\,\frac{1-2\sigma}{4}\,a_{k-1}^{(n)} - \frac{1}{2}\,a_{k+1}^{(n)} - \frac{(k-1)\,(k-2)}{8}\,a_{k-3}^{(n)} \tag{40}$$

$$(n=0,1,2,\ldots;\; k=0,\pm 1,\pm 2,\ldots).$$

Mit Hilfe der aus diesen Rekursionsformeln zu berechnenden $a_k^{(n)}$ läßt sich dann A_n explizit angeben, nämlich

$$A_n = \sum_{k=0}^{3n} \frac{a_k^{(n)}}{k!}\,F^{(k)}(\delta)\,; \tag{41}$$

und es wird

$$S \sim \sum \frac{a_k^{(n)}}{k!} F^{(k)}(\delta)\tau^{-n},$$

wo n die Werte 0, 1, 2, ... und k die Werte 0, 1, ..., $3n$ durchläuft.

Die Rekursionsformel (40) ist am einfachsten für $\sigma = \frac{1}{2}$. Für diesen Spezialfall berechnet man mühelos

$$B_0 = 1 + \cdots$$

$$B_1 = -\frac{1}{2^2} x^3 + \cdots$$

$$B_2 = \frac{5}{2^3} x^6 + \frac{1}{2^3} x^2 + \frac{i}{2^4 \cdot 3} + \cdots$$

$$B_3 = -\frac{5 \cdot 7}{2^3} x^9 - \frac{1}{2} x^5 - \frac{i}{2^6 \cdot 3} x^3 - \frac{1}{2^4} x + \cdots$$

$$B_4 = \frac{5^2 \cdot 7 \cdot 11}{2^5} x^{12} + \frac{7 \cdot 11}{2^4} x^8 + \frac{5i}{2^7 \cdot 3} x^6 + \frac{19}{2^6} x^4 + \frac{i}{3 \cdot 2^7} x^2 + \frac{11 \cdot 13}{2^9 \cdot 3^2} + \cdots;$$

dabei enthalten die nicht hingeschriebenen Summanden nur negative Potenzen von x. Folglich ist für $\sigma = \frac{1}{2}$

$$(42) \quad \begin{cases} A_0 = F(\delta) \\ A_1 = -\frac{1}{2^3 \cdot 3} F^{(3)}(\delta) \\ A_2 = \frac{1}{2^7 \cdot 3^2} F^{(6)}(\delta) + \frac{1}{2^4} F^{(2)}(\delta) + \frac{i}{2^4 \cdot 3} F(\delta) \\ A_3 = -\frac{1}{2^{10} \cdot 3^4} F^{(9)}(\delta) - \frac{1}{2^4 \cdot 3 \cdot 5} F^{(5)}(\delta) - \frac{i}{2^7 \cdot 3^2} F^{(3)}(\delta) - \frac{1}{2^4} F^{(1)}(\delta) \\ A_4 = \frac{1}{2^{15} \cdot 3^5} F^{(12)}(\delta) + \frac{11}{2^{11} \cdot 3^2 \cdot 5} F^{(8)}(\delta) + \frac{i}{2^{11} \cdot 3^3} F^{(6)}(\delta) \\ \qquad + \frac{19}{2^9 \cdot 3} F^{(4)}(\delta) + \frac{i}{2^8 \cdot 3} F^{(2)}(\delta) + \frac{11 \cdot 13}{2^9 \cdot 3^2} F(\delta); \end{cases}$$

und damit ist S im Falle $\sigma = \frac{1}{2}$ bis auf einen Fehler der Größenordnung τ^{-5} bestimmt.

Die semikonvergente Entwicklung (35) läßt sich noch etwas vereinfachen, indem man im zweiten Gliede auf der rechten Seite die Größe ϑ mit Hilfe der Stirlingschen Reihe asymptotisch entwickelt. Zu diesem Zwecke betrachtet Riemann die Formel

$$\log \Gamma\left(\frac{1}{4} + \frac{ti}{2}\right)$$

$$= \left(\frac{ti}{2} - \frac{1}{4}\right) \log \frac{ti}{2} - \frac{ti}{2} + \log \sqrt{2\pi} + \frac{1}{4} \int_0^\infty \left(\frac{4e^{3x}}{e^{4x} - 1} - \frac{1}{x} - 1\right) \frac{e^{-2tix}}{x} dx \quad (t > 0),$$

die aus der bekannten Binetschen Integraldarstellung von $\log \Gamma(s)$ durch eine einfache Umformung hervorgeht. Wegen der Identität

$$\frac{4e^{3x}}{e^{4x}-1}=\frac{1}{\operatorname{ch} x}+\frac{1}{\operatorname{sh} x}$$

folgt hieraus durch Zerspalten in reellen und imaginären Teil

$$\log\left|\Gamma\left(\frac{1}{4}+\frac{ti}{2}\right)\right|=-\frac{\pi}{4}t-\frac{1}{4}\log\frac{t}{2}+\log\sqrt{2\pi}+\frac{1}{4}\int\limits_0^\infty\left(\frac{1}{\cos x}-1\right)\frac{e^{-2tx}}{x}\,dx$$
$$-\frac{1}{4}\log(1+e^{-2\pi t})$$

$$\operatorname{arc}\Gamma\left(\frac{1}{4}+\frac{ti}{2}\right)=\frac{t}{2}\log\frac{t}{2}-\frac{t}{2}-\frac{\pi}{8}+\frac{1}{4}\int\limits_0^\infty\left(\frac{1}{\sin x}-\frac{1}{x}\right)\frac{e^{-2tx}}{x}\,dx$$
$$+\frac{1}{2}\operatorname{arc\,tg} e^{-\pi t},$$

wo die Integrale wegen der Pole bei $k\frac{\pi}{2}$ $(k=1,2,\ldots)$ als Cauchysche Hauptwerte zu verstehen sind. Setzt man

$$\frac{1}{\cos x}=\sum_{n=0}^\infty\frac{E_n}{(2n)!}x^{2n}\qquad\left(|x|<\frac{\pi}{2}\right)$$

$$\frac{x}{\sin x}=\sum_{n=0}^\infty\frac{F_n}{(2n)!}x^{2n}\qquad(|x|<\pi),$$

so ist $E_0=1$, $E_1=1$, $E_2=5$, $E_3=61$, $F_0=1$, $F_1=\frac{1}{3}$, $F_2=\frac{7}{15}$, $F_3=\frac{31}{21}$ und allgemein

$$E_n-\binom{2n}{2}E_{n-1}+\binom{2n}{4}E_{n-2}-\cdots+(-1)^nE_0=0\qquad(n=1,2,3,\ldots)$$

$$\binom{2n+1}{1}F_n-\binom{2n+1}{3}F_{n-1}+\binom{2n+1}{5}F_{n-2}-\cdots+(-1)^nF_0=0$$
$$(n=1,2,3,\ldots).$$

Dies liefert in bekannter Weise die semikonvergenten Reihen

$$(43)\quad \log\left|\Gamma\left(\frac{1}{4}+\frac{ti}{2}\right)\right|\sim-\frac{\pi}{4}t-\frac{1}{4}\log\frac{t}{2}+\log\sqrt{2\pi}+\frac{1}{8}\sum_{n=1}^\infty\frac{E_n}{n}(2t)^{-2n}$$

$$\operatorname{arc}\Gamma\left(\frac{1}{4}+\frac{ti}{2}\right)\sim\frac{t}{2}\log\frac{t}{2}-\frac{t}{2}-\frac{\pi}{8}+\frac{1}{8}\sum_{n=1}^\infty\frac{F_n}{n(2n-1)}(2t)^{1-2n}.$$

Auf $\sigma=\frac{1}{2}$ ist nun $\vartheta=-\frac{t}{2}\log\pi+\operatorname{arc}\Gamma\left(\frac{1}{4}+\frac{ti}{2}\right)$ und folglich

$$\frac{t}{2}\log\frac{t}{2\pi}-\frac{t}{2}-\frac{\pi}{8}-\vartheta\sim-\frac{1}{8}\sum_{n=1}^\infty\frac{F_n}{n(2n-1)}(2t)^{1-2n}$$

$$e^{\left(\frac{t}{2}\log\frac{t}{2\pi}-\frac{t}{2}-\frac{\pi}{8}-\vartheta\right)i}=1-\frac{i}{2^4\cdot 3}t^{-1}-\frac{1}{2^9\cdot 3^2}t^{-2}+O(t^{-3}).$$

Mit Rücksicht auf (42) ergibt sich als definitive Form der semikonvergenten Reihe für $\zeta(s)$ auf $\sigma = \frac{1}{2}$ die Gleichung

$$(44) \qquad e^{\vartheta i}\zeta\left(\frac{1}{2}+ti\right) = 2\sum_{n=1}^{m}\frac{\cos(\vartheta - t\log n)}{\sqrt{n}} + (-1)^{m-1}\left(\frac{t}{2\pi}\right)^{-\frac{1}{4}} R$$

mit

$$\vartheta = -\frac{t}{2}\log\pi + \operatorname{arc}\Gamma\left(\frac{1}{4}+\frac{ti}{2}\right)$$

$$m = \left[\sqrt{\frac{t}{2\pi}}\right]$$

$$R \sim C_0 + C_1 t^{-\frac{1}{2}} + C_2 t^{-1} + C_3 t^{-\frac{3}{2}} + C_4 t^{-2} + \cdots$$

$$(45) \qquad \begin{cases} C_0 = F(\delta) \\ C_1 = -\frac{1}{2^3 \cdot 3} F^{(3)}(\delta) \\ C_2 = \frac{1}{2^4} F^{(2)}(\delta) + \frac{1}{2^7 \cdot 3^2} F^{(6)}(\delta) \\ C_3 = -\frac{1}{2^4} F^{(1)}(\delta) - \frac{1}{2^4 \cdot 3 \cdot 5} F^{(5)}(\delta) - \frac{1}{2^{10} \cdot 3^4} F^{(9)}(\delta) \\ C_4 = \frac{1}{2^5} F(\delta) + \frac{19}{2^9 \cdot 3} F^{(4)}(\delta) + \frac{11}{2^{11} \cdot 3^2 \cdot 5} F^{(8)}(\delta) + \frac{1}{2^{15} \cdot 3^5} F^{(12)}(\delta) \end{cases}$$

$$F(x) = \frac{\cos\left(x^2 + \frac{3\pi}{8}\right)}{\cos\left(\sqrt{2\pi}\, x\right)}$$

$$\delta = \sqrt{t} - \left(m + \frac{1}{2}\right)\sqrt{2\pi},$$

und so findet sie sich im wesentlichen bei Riemann. Neu hinzugekommen ist im Vorstehenden nur die Restabschätzung.

Läßt man nunmehr die Voraussetzung $\sigma = \frac{1}{2}$ fallen und beschränkt σ nur auf ein Intervall $\sigma_1 \leq \sigma \leq \sigma_2$, so läßt sich trotzdem die semikonvergente Entwicklung (44) verwenden; man hat dann bloß unter t die komplexe Zahl $-i\left(s - \frac{1}{2}\right)$ und unter m die ganze Zahl $\left[\sqrt{\frac{|t|}{2\pi}}\right]$ zu verstehen, während die Bedeutung von ϑ wieder durch (34) festgelegt wird. Die zum Beweise dieser Behauptung notwendigen Ergänzungen lassen sich ohne Schwierigkeit an der vorangehenden Ableitung von (44) anbringen.

Die semikonvergente Reihe R ist eine homogene lineare Verbindung der Größen $F(\delta)$, $F'(\delta)$, $F''(\delta)$, ...; durch Umordnung entsteht aus ihr ein Ausdruck der Gestalt

$$D_0^* F(\delta) + D_1^* F'(\delta) + D_2^* F''(\delta) + \cdots,$$

wo jedes D_n^* eine Potenzreihe in τ^{-1} ist. Diese Potenzreihen sind divergent; es erhebt sich die Frage, ob sie semikonvergente Entwicklungen gewisser analytischer Funktionen $D_0, D_1, D_2, \ldots$ sind und ob die Reihe

$$D_0 F(\delta) + D_1 F'(\delta) + D_2 F''(\delta) + \ldots \tag{46}$$

ebenfalls eine semikonvergente Entwicklung von R ist. Auch diese Frage ist von Riemann behandelt worden; und zwar wieder ohne die notwendigen Restabschätzungen. Da aber der Reihe (46) wegen ihres größeren Restgliedes keine solche theoretische und praktische Bedeutung zukommt wie der ursprünglichen semikonvergenten Entwicklung, so ist auch in der nun folgenden Darstellung die ziemlich mühsame Untersuchung des Fehlers fortgelassen; vielleicht tritt so die formale Stärke Riemanns noch deutlicher hervor.

Die Formel (30), die auch in der Gestalt

$$\int\limits_{m \nwarrow m+1} \frac{e^{-\pi i(x-\eta)^2 + 2\pi i(x-\eta)(\eta-m)}}{e^{2\pi i x}-1}\, dx = F(\delta)\, e^{-\frac{\pi i}{8} - \pi i(\eta-m)^2}$$

geschrieben werden kann, gestattet die Umkehrung

$$\frac{2}{\sqrt{2\pi}} e^{-\frac{\pi i}{8} - \pi i(\eta-m)^2} \int\limits_{0 \swarrow 1} F(u+\delta)\, e^{iu^2 - 2\sqrt{2\pi}\, i(x-\eta)u}\, du = \frac{e^{-\pi i(x-\eta)^2 + 2\pi i(x-\eta)(\eta-m)}}{e^{2\pi i x}-1}, \tag{47}$$

falls $m < \Re(x) < m+1$. Dies ergibt sich entweder durch Anwendung des Fourierschen Satzes oder durch Übergang zu den konjugiert komplexen Größen in (5). Aus (47) folgt

$$\frac{e^{-2\pi i m x}}{e^{2\pi i x}-1} = (-1)^m \frac{2}{\sqrt{2\pi}} e^{-\pi i x^2 - \frac{\pi i}{8}} \int\limits_{0 \swarrow 1} F(u+\delta)\, e^{i(u+\tau-\sqrt{2\pi}\,x)^2}\, du, \tag{48}$$

ebenfalls gültig für $m < \Re(x) < m+1$. Es liegt nahe, hierin für $F(u+\delta)$ die Reihe

$$F(\delta) + \frac{F'(\delta)}{1!} u + \frac{F''(\delta)}{2!} u^2 + \cdots$$

einzutragen und den Beitrag zu berechnen, den ein einzelnes Glied dieser Reihe zu dem in (16) auftretenden Integral

$$\int\limits_{\eta+\varepsilon\frac{\eta}{2}}^{\eta-\varepsilon\frac{\eta}{2}} g(x)\, dx = \int\limits_{\eta+\varepsilon\frac{\eta}{2}}^{\eta-\varepsilon\frac{\eta}{2}} x^{s-1} \frac{e^{-2\pi i m x}}{e^{2\pi i x}-1}\, dx$$

liefert. Auf diese Weise findet man die semikonvergente Entwicklung

(49)
$$\int\limits_{C_2} g(x)\,dx$$
$$\sim(-1)^m \frac{2}{\sqrt{2\pi}} e^{\frac{-\pi i}{8}} \sum_{n=0}^{\infty} \frac{F^{(n)}(\delta)}{n!} \int\limits_{m \nwarrow m+1} x^{s-1} e^{-\pi i x^2} \Big\{ \int\limits_{0 \swarrow 1} u^n e^{i(u+\tau-\sqrt{2\pi}x)^2} du \Big\} dx.$$

Andererseits ist nach (13) und (44)

(50)
$$\int\limits_{C_2} g(x)\,dx = (-1)^m \left(\frac{t}{2\pi}\right)^{-\frac{1}{4}} e^{\vartheta i} R(1-e^{\pi i s}).$$

Da nun, wie man leicht erkennt, die in (41) gegebene Darstellung von A_n als homogene lineare Funktion der $F^{(k)}(\delta)$ mit konstanten Koeffizienten nur auf eine Art möglich ist, so folgt aus (49) und (50) die Gleichung

(51)
$$n!\, D_n (1-e^{\pi i s})$$
$$= \frac{2}{\sqrt{2\pi}} \left(\frac{t}{2\pi}\right)^{\frac{1}{4}} e^{-\vartheta i - \frac{\pi i}{8}} \int\limits_{0 \nwarrow 1} x^{s-1} e^{-\pi i x^2} \Big\{ \int\limits_{0 \swarrow 1} u^n e^{i(u+\tau-\sqrt{2\pi}x)^2} du \Big\} dx \quad (n=0,1,2,\ldots),$$

also speziell, wenn noch

$$\frac{1}{\sqrt{2\pi}} \left(\frac{t}{2}\right)^{\frac{1}{4}} e^{\frac{\pi}{4}t} \sqrt{\Gamma\left(\frac{1}{4}+\frac{ti}{2}\right)\Gamma\left(\frac{1}{4}-\frac{ti}{2}\right)} = e^{\omega}$$

gesetzt wird,

(52)
$$\begin{cases} D_0 = e^{\omega} \\ D_1 = -\tau(e^{\omega}-e^{-\omega}) + \dfrac{\tau e^{\pi i s-\omega}}{1-e^{\pi i s}} \sim -\tau(e^{\omega}-e^{-\omega}). \end{cases}$$

Für die übrigen D_n läßt sich aus (51) durch partielle Integration eine Rekursionsformel ableiten; diese gewinnt man aber auch auf folgendem Wege ohne neue Rechnung. Nach (36), (37), (38) ist

$$S \sim d_0 F(\delta) + \frac{d_1}{1!} F'(\delta) + \frac{d_2}{2!} F''(\delta) + \cdots,$$

wo die d_n nach (38) und (39) der Rekursionsformel

$$\tau d_n + \frac{1}{2} d_{n+1} + \frac{(n-1)(n-2)}{8} d_{n-3} = 0 \qquad (n=1,2,3,\ldots)$$

genügen. Wegen

$$e^{\left(\frac{t}{2}\log\frac{t}{2\pi} - \frac{t}{2} - \frac{\pi}{8} - \vartheta\right)i} S = R$$

besteht also für die D_n die Rekursionsformel

(53)
$$D_{n+1} = -\frac{2}{n+1}\tau D_n - \frac{1}{4n(n+1)} D_{n-3} \qquad (n=1,2,3,\ldots)$$

mit $D_{-2}=0$, $D_{-1}=0$. Hieraus entnimmt man mit Hilfe von (52) die Werte

$$D_2 = -\tau D_1 \sim \tau^2 (e^{\omega} - e^{-\omega})$$

$$D_3 = -\frac{2}{3}\tau D_2 \sim -\frac{2}{3}\tau^3 (e^{\omega} - e^{-\omega})$$

$$D_4 = -\frac{1}{2}\tau D_3 - \frac{1}{2^4 \cdot 3} D_0 \sim \frac{1}{3}\tau^4 (e^{\omega} - e^{-\omega}) - \frac{1}{2^4 \cdot 3} e^{\omega}.$$

Die semikonvergenten Entwicklungen von D_0, D_1, ... selber gewinnt man aus (43); nach dieser Formel ist nämlich

$$\omega \sim \frac{1}{8}\sum_{n=1}^{\infty} \frac{E_n}{n} (2t)^{-2n} = \frac{1}{2^5} t^{-2} + \frac{5}{2^8} t^{-4} + \frac{61}{2^9 \cdot 3} t^{-6} + \cdots.$$

Setzt man dies in die gefundenen Werte von $D_0, \ldots, D_4$ ein, so folgt

$$(54)\quad \begin{cases} D_0 \sim 1 + \frac{1}{2^5}\tau^{-4} + \frac{41}{2^{11}}\tau^{-8} + \cdots \\ D_1 \sim -\frac{1}{2^4}\tau^{-3} - \frac{5}{2^7}\tau^{-7} + \cdots \\ D_2 \sim \frac{1}{2^4}\tau^{-2} + \frac{5}{2^7}\tau^{-6} + \cdots \\ D_3 \sim -\frac{1}{2^3 \cdot 3}\tau^{-1} - \frac{5}{2^6 \cdot 3}\tau^{-5} + \cdots \\ D_4 \sim \frac{19}{2^9 \cdot 3}\tau^{-4} + \cdots. \end{cases}$$

Aus der Rekursionsformel (53) folgt, daß sämtliche in der semikonvergenten Reihe für D_n auftretenden Potenzexponenten $\equiv n \pmod 4$ sind. Dementsprechend sind die Ordnungen aller in C_n vorkommenden Ableitungen von $F(\delta)$ von der Form $3n - 4k$, wie sich an den gefundenen Ausdrücken für C_0, C_1, C_2, C_3, C_4 leicht bestätigen läßt. Schreibt man

$$R \sim \sum b_{kl} F^{(3l-4k)}(\delta)\,\tau^{-l},$$

wo der Summationsbuchstabe k die Werte $0, \ldots, \left[\frac{3l}{4}\right]$ und der Summationsbuchstabe l die Werte $0, 1, \ldots$ durchläuft, so sind durch (45) alle b_{kl} mit $l \leq 4$ bestimmt, während zufolge (54) die Werte b_{00}, b_{34}, b_{68}, b_{23}, b_{57}, b_{12}, b_{46}, b_{01}, b_{35}, b_{24} bekannt sind; man sieht sofort, daß die in (45) und (54) zugleich auftretenden Werte für b_{00}, b_{34}, b_{23}, b_{12}, b_{01}, b_{24} übereinstimmen.

Für die numerische Berechnung der b_{kl} und für praktische Anwendung der semikonvergenten Reihe ist die ursprüngliche nach Potenzen von τ^{-1} geordnete Form vorzuziehen. Die Bestimmung der D_n nach (53) ist nämlich mühsamer als die früher behandelte Bestimmung der C_n; außerdem haben die aufeinanderfolgenden D_n nicht etwa monoton fallende Größenordnung, sondern D_{3n-2}, D_{3n-1}, D_{3n} haben die genauen Größenordnungen $\tau^{-(n+2)}$, $\tau^{-(n+1)}$, τ^{-n}, so daß man also z. B. noch D_5 bis D_{12} berechnen müßte, um nur den früheren Fehler $O(\tau^{-5})$ zu erhalten.

Der Übergang zu den D_n erfolgte mit Hilfe der Formel (48). Versucht man, aus (48) einen exakten Ausdruck für $\zeta(s)$ herzustellen und nicht bloß eine semikonvergente Reihe, so kommt man zu dem Ansatz, der im nächsten Paragraphen besprochen werden soll.

§ 3.

Die Integraldarstellung der Zetafunktion.

Die explizite Bestimmung der Koeffizienten in der semikonvergenten Reihe für $\zeta(s)$ beruhte auf der Formel (5) von § 1. Mit Hilfe dieser Formel hat Riemann einen weiteren recht interessanten Ausdruck für $\zeta(s)$ abgeleitet, welcher anscheinend der Aufmerksamkeit der übrigen Mathematiker bis zum Jahre 1926 entgangen ist.

Es sei zunächst $\sigma < 0$, und es habe u^{-s} in der von 0 nach $-\infty$ aufgeschnittenen u-Ebene den Hauptwert. Man multipliziere (5) mit u^{-s} und integriere über u von 0 nach $e^{\frac{\pi i}{4}}\infty$ längs der Winkelhalbierenden des ersten Quadranten. Nun ist, wenn zur Abkürzung $e^{\frac{\pi i}{4}} = \bar{\varepsilon}$ gesetzt wird,

$$\int_0^{\bar{\varepsilon}\infty} \frac{u^{-s}}{1-e^{-2\pi i u}}\,du = -\int_0^{\bar{\varepsilon}\infty} u^{-s}\sum_{n=1}^{\infty} e^{2\pi i n u}\,du = -\sum_{n=1}^{\infty}\int_0^{\bar{\varepsilon}\infty} u^{-s} e^{2\pi i n u}\,du$$
$$= -\Gamma(1-s)\sum_{n=1}^{\infty}\left(2\pi n e^{\frac{-\pi i}{2}}\right)^{s-1}$$
$$= -(2\pi)^{s-1} e^{\frac{\pi i}{2}(1-s)}\,\Gamma(1-s)\,\zeta(1-s)$$

und

$$\int_0^{\bar{\varepsilon}\infty} u^{-s}\left(\int_{0\nwarrow 1} \frac{e^{-\pi i x^2+2\pi i u x}}{e^{\pi i x}-e^{-\pi i x}}\,dx\right)du = \int_{0\nwarrow 1}\frac{e^{-\pi i x^2}}{e^{\pi i x}-e^{-\pi i x}}\left(\int_0^{\bar{\varepsilon}\infty} u^{-s} e^{2\pi i u x}\,du\right)dx$$
$$= (2\pi)^{s-1} e^{\frac{\pi i}{2}(1-s)}\,\Gamma(1-s)\int_{0\nwarrow 1}\frac{e^{-\pi i x^2} x^{s-1}}{e^{\pi i x}-e^{-\pi i x}}\,dx,$$

also nach (5)

$$(55)\qquad (2\pi)^{s-1} e^{\frac{\pi i}{2}(1-s)}\,\Gamma(1-s)\left\{\zeta(1-s)+\int_{0\nwarrow 1}\frac{x^{s-1}\,e^{-\pi i x^2}}{e^{\pi i x}-e^{-\pi i x}}\,dx\right\}$$
$$+\int_0^{\bar{\varepsilon}\infty}\frac{u^{-s}\,e^{\pi i u^2}}{e^{\pi i u}-e^{-\pi i u}}\,du = 0.$$

Hier läßt sich das zweite Integral in die Form

$$\frac{1}{e^{\pi i s}-1}\int\limits_{0\swarrow 1}\frac{u^{-s}e^{\pi i u^2}}{e^{\pi i u}-e^{-\pi i u}}\,du$$

setzen, wo der durch das Zeichen $0\swarrow 1$ angedeutete Integrationsweg aus dem des ersten Integrales durch Spiegelung an der reellen Achse entsteht. Multipliziert man (55) mit dem Faktor

$$2^{1-s}\pi^{\frac{1-s}{2}}e^{\frac{\pi i}{2}(s-1)}\frac{\Gamma\left(\frac{1-s}{2}\right)}{\Gamma(1-s)}$$

und berücksichtigt die Relation

$$\frac{2^{-s}\pi^{\frac{1-s}{2}}\Gamma\left(\frac{1-s}{2}\right)}{\sin\frac{\pi s}{2}\,\Gamma(1-s)}=\pi^{-\frac{s}{2}}\Gamma\left(\frac{s}{2}\right),$$

so erhält man die in der ganzen s-Ebene gültige Formel

$$\pi^{-\frac{1-s}{2}}\Gamma\left(\frac{1-s}{2}\right)\zeta(1-s)=\pi^{-\frac{s}{2}}\Gamma\left(\frac{s}{2}\right)\int\limits_{0\swarrow 1}\frac{x^{-s}e^{\pi i x^2}}{e^{\pi i x}-e^{-\pi i x}}\,dx \tag{56}$$

$$+\pi^{-\frac{1-s}{2}}\Gamma\left(\frac{1-s}{2}\right)\int\limits_{0\searrow 1}\frac{x^{s-1}e^{-\pi i x^2}}{e^{\pi i x}-e^{-\pi i x}}\,dx.$$

Riemann schreibt sie nicht ganz in dieser symmetrischen Gestalt; doch scheint die hier gewählte Fassung für die Anwendungen zweckmäßig zu sein. Sie setzt zunächst die Funktionalgleichung für $\zeta(s)$ in Evidenz; denn für $\sigma=\frac{1}{2}$ sind die beiden Summanden auf der rechten Seite konjugiert komplex, also ist $\pi^{-\frac{s}{2}}\Gamma\left(\frac{s}{2}\right)\zeta(s)$ dort reell, und da diese Funktion für $\sigma>1$ reell ist, so gilt nach dem Spiegelungsprinzip die Funktionalgleichung

$$\pi^{-\frac{s}{2}}\Gamma\left(\frac{s}{2}\right)\zeta(s)=\pi^{-\frac{1-s}{2}}\Gamma\left(\frac{1-s}{2}\right)\zeta(1-s) \tag{57}$$

auf $\sigma=\frac{1}{2}$ und folglich allgemein für beliebiges s.

Setzt man noch

$$f(s)=\int\limits_{0\swarrow 1}\frac{x^{-s}e^{\pi i x^2}}{e^{\pi i x}-e^{-\pi i x}}\,dx \tag{58}$$

$$\varphi(s)=2\pi^{-\frac{s}{2}}\Gamma\left(\frac{s}{2}\right)f(s), \tag{59}$$

so gilt nach (56) und (57)

$$\pi^{-\frac{s}{2}}\Gamma\left(\frac{s}{2}\right)\zeta(s)=\Re(\varphi(s)) \qquad \left(\sigma=\tfrac{1}{2}\right); \tag{60}$$

damit ist die Untersuchung von $\zeta(s)$ auf der kritischen Geraden zurückgeführt auf die Untersuchung des reellen Teils von $\varphi(s)$.

§ 4.

Bedeutung der beiden Riemannschen Formeln für die Theorie der Zetafunktion.

Von der semikonvergenten Reihe für $\zeta(s)$ ist das Hauptglied, also bei Zugrundelegung der Gleichung (32) der Ausdruck

$$\sum_{l=1}^{m} l^{-s} + \frac{(2\pi)^s}{\pi} \sin\frac{\pi s}{2}\,\Gamma(1-s) \sum_{l=1}^{m} l^{s-1} \qquad \left(m = \left[\sqrt{\frac{t}{2\pi}}\right]\right).$$

auch von Hardy und Littlewood aufgefunden worden, während sie an Stelle der Riemannschen Entwicklung für S nur eine obere Abschätzung des absoluten Betrages angegeben haben. Sie haben auch noch eine allgemeinere Form des Hauptgliedes entdeckt, nämlich

$$(61) \qquad \sum_{l \leq x} l^{-s} + \frac{(2\pi)^s}{\pi} \sin\frac{\pi s}{2}\,\Gamma(1-s) \sum_{l \leq y} l^{s-1}$$

mit $xy = \frac{t}{2\pi}$. Diese kommt nicht bei Riemann vor; man kann sich aber ohne größere Schwierigkeit überlegen, daß man den Ausdruck (61) ebenfalls auf dem Riemannschen Wege zu einer vollen semikonvergenten Entwicklung ergänzen kann, und zwar spielt für diese die durch (7) definierte Funktion $\Phi(\tau, u)$ dieselbe Rolle wie die spezielle Funktion $\Phi(-1, u)$ bei Riemann.

Für die Anwendungen, welche Hardy und Littlewood von ihrer Formel gemacht haben, insbesondere für die Abschätzung der Anzahl $N_0(T)$ der im Intervall $0 < t < T$ gelegenen Nullstellen von $\zeta\left(\frac{1}{2} + ti\right)$, liefert die genauere Riemannsche Formel, wie es scheint, kein besseres Resultat. An der eingangs erwähnten Stelle hat allerdings Riemann behauptet, $N_0(T)$ sei asymptotisch gleich $\frac{T}{2\pi} \log \frac{T}{2\pi} - \frac{T}{2\pi}$, also asymptotisch gleich der Anzahl $N(T)$ aller im Streifen $0 < t < T$ gelegenen Nullstellen von $\zeta(s)$, und dies könne man mit Hilfe seiner neuen Entwicklung beweisen; doch aus seinem Nachlaß geht nicht hervor, wie er sich diesen Beweis gedacht hat. In der auf $\sigma = \frac{1}{2}$ gültigen Darstellung

$$(62) \qquad e^{\vartheta i} \zeta\left(\frac{1}{2} + ti\right) = 2 \sum_{n=1}^{m} \frac{\cos(\vartheta - t \log n)}{\sqrt{n}} + O\left(t^{-\frac{1}{4}}\right)$$

$$\vartheta = \frac{t}{2} \log \frac{t}{2\pi} - \frac{t}{2} + O(1)$$

hat das erste Glied der rechtsstehenden trigonometrischen Summe, nämlich $\cos\vartheta$, im Intervall $0<t<T$ tatsächlich asymptotisch $\frac{T}{2\pi}\log\frac{T}{2\pi}-\frac{T}{2\pi}$ Nullstellen; und die Koeffizienten $\frac{1}{\sqrt{1}}, \frac{1}{\sqrt{2}}, \frac{1}{\sqrt{3}}, \ldots$ nehmen monoton ab. Vielleicht glaubte Riemann, diese Bemerkung beim Beweise seiner Behauptung benutzen zu können.

Es ist naheliegend, die genaue Riemannsche Formel für die Abschätzung der Mittelwerte

$$\frac{1}{T}\int_0^T \left|\zeta\left(\frac{1}{2}+ti\right)\right|^{2n} dt \qquad (n=3,4,\ldots)$$

zu benutzen; diese Mittelwerte stehen ja bekanntlich in enger Beziehung zur sog. Lindelöfschen Vermutung. Aber hier stößt man auf erhebliche Schwierigkeiten arithmetischer Natur, die von den Teileranzahlen der natürlichen Zahlen herrühren.

Für die Aufstellung einer numerischen Tabelle der Zetafunktion, insbesondere für die weitere Berechnung der Nullstellen, ist die semikonvergente Entwicklung von großem Vorteil. Allerdings müßte man für die Zwecke der praktischen Anwendung eine sorgfältigere Abschätzung des Restgliedes heranziehen, als sie in § 2 hergeleitet worden ist. Riemann hat unter Benutzung seiner Formel ziemlich umfangreiche Rechnungen für die Ermittlung positiver Nullstellen von $\zeta\left(\frac{1}{2}+ti\right)$ angestellt. Für die kleinste positive Nullstelle findet er den Wert $\alpha_1 = 14{,}1386$; Gram hat später den um weniger als 3 Promille verschiedenen Wert 14,1347 berechnet. Eine untere Schranke für α_1 liefert auch die unter Benutzung der Produktdarstellung von $\zeta(s)$ unschwer beweisbare Gleichung

$$\sum_{n=1}^{\infty}\left(\alpha_n^2+\frac{1}{4}\right)^{-1} = 1+\frac{1}{2}C-\frac{1}{2}\log\pi-\log 2,$$

wo C die Eulersche Konstante bedeutet und α_n alle in der rechten Halbebene gelegenen Lösungen α von $\zeta\left(\frac{1}{2}+\alpha i\right)=0$ durchläuft. Hieraus erhält Riemann

$$\sum_{n=1}^{\infty}\left(\alpha_n^2+\frac{1}{4}\right)^{-1} = 0{,}02309\ 57089\ 66121\ 03381.$$

Für α_3 findet er den Wert 25,31; während Gram hierfür 25,01 angibt.

Die zweite Riemannsche Formel, nämlich die Integraldarstellung von $\zeta(s)$, dürfte vielleicht für die Theorie von größerem Interesse sein. Man wird versuchen, aus (60) einen Aufschluß über die Verteilung der Nullstellen von $\zeta(s)$ auf der kritischen Geraden zu bekommen. Es durchlaufe t wachsend ein Intervall $t_1 \leq t \leq t_2$. Ändert sich auf diesem Wege $\operatorname{arc}\varphi\left(\frac{1}{2}+ti\right)$ um A, wobei die Änderung beim Passieren einer etwaigen auf $\sigma=\frac{1}{2}$ gelegenen Nullstelle von $\varphi(s)$ gleich der mit π multiplizierten Vielfachheit der Nullstelle festgesetzt sei, so ist nach (60) die Anzahl der Nullstellen von $\zeta\left(\frac{1}{2}+ti\right)$ im Intervall $t_1 \leq t \leq t_2$ größer als $\frac{|A|}{\pi}-1$. Nun ist aber doch

$$\operatorname{arc}\left\{\pi^{-\frac{s}{2}}\Gamma\left(\frac{s}{2}\right)\right\}=\vartheta=\frac{t}{2}\log\frac{t}{2\pi}-\frac{t}{2}+O(1), \tag{63}$$

und folglich wäre nach (59) die Anzahl der im Intervall $0<t<T$ gelegenen Nullstellen von $\zeta\left(\frac{1}{2}+ti\right)$ asymptotisch mindestens gleich $\frac{T}{2\pi}\log T$, d. h. asymptotisch gleich der Anzahl der im Streifen $0<t<T$ gelegenen Nullstellen von $\zeta(s)$ überhaupt, falls der Arcus der durch (58) definierten Funktion $f\left(\frac{1}{2}+ti\right)$ für $t\to\infty$ schwächer als $-t\log t$ abnimmt. Für jeden Halbstreifen $\sigma_1\leq\sigma\leq\sigma_2$, $t>0$ kann man $f(s)$ nach der Methode von § 2 in eine semikonvergente Reihe entwickeln; doch man erhält als Hauptglied wieder eine Summe von $\left[\sqrt{\frac{t}{2\pi}}\right]$ Summanden, nämlich $\sum\limits_{n=1}^{m} n^{-s}$; und die Untersuchung des Arcus dieser Summe ist ein Problem von genau derselben Schwierigkeit wie die Untersuchung der Nullstellen der in (62) auftretenden Summe, so daß also durch die Einführung von $f(s)$ anscheinend gar nichts gewonnen ist.

Betrachtet man nun das Rechteck mit den Seiten $\sigma=\frac{1}{2}$, $\sigma=2$, $t=0$, $t=T$, wobei die obere Seite keine Nullstelle von $f(s)$ enthalte, so ist die Änderung von $\frac{1}{2\pi}\operatorname{arc} f(s)$ beim positiven Umlaufen dieses Rechtecks gleich der Anzahl der Nullstellen von $f(s)$ innerhalb des Rechtecks. Auf der unteren Seite ändert sich $\operatorname{arc} f(s)$ um $O(1)$ und auf der rechten Seite, wie aus der semikonvergenten Reihe folgt, auch nur um $O(1)$. Ferner läßt sich nach den in der Theorie der Zetafunktion üblichen Methoden zeigen, daß die Änderung auf der oberen Seite höchstens $O(\log T)$ ist. Folglich ist bis auf einen Fehler der Größenordnung $\log T$ die Änderung von $\operatorname{arc} f\left(\frac{1}{2}+ti\right)$ im Intervall $0<t<T$ gleich der mit -2π multiplizierten Anzahl der Nullstellen von $f(s)$ innerhalb des Rechtecks. Damit ist das Problem auf die Untersuchung der Nullstellen der ganzen Transzendenten $f(s)$ reduziert.

Riemann versucht zu einer Aussage über die Nullstellen von $f(s)$ zu kommen, indem er nach (58) den Ausdruck

$$|f(\sigma+ti)|^2=\int\limits_{0\swarrow 1}\int\limits_{0\searrow 1}\frac{x^{-\sigma-ti}\,y^{-\sigma+ti}\,e^{\pi i(x^2-y^2)}}{(e^{\pi i x}-e^{-\pi i x})(e^{\pi i y}-e^{-\pi i y})}\,dx\,dy$$

bildet und das komplexe Doppelintegral durch Einführung neuer Variabeln, Deformation des Integrationsgebietes und Anwendung des Residuensatzes in eine andere Gestalt bringt; das führt jedoch zu keinem brauchbaren Resultat.

Über die Lage der Nullstellen von $f(s)$ ist bisher nur sehr wenig bekannt. Bei Riemann finden sich keine weiteren Andeutungen über diesen Gegenstand; im Rahmen dieser historisch-mathematischen Abhandlung sollen daher die noch folgenden Bemerkungen zur Theorie von $f(s)$ knapp gehalten werden. Sie liefern einen Beweis der Ungleichung

$$N_0(T)>\frac{3}{8\pi}e^{-\frac{3}{2}}T+o(T).$$

Für $f(s)$ läßt sich nach dem Verfahren von § 2 eine semikonvergente Reihe finden; für den vorliegenden Zweck genügt die Kenntnis des Hauptgliedes dieser Reihe. Zunächst soll gezeigt werden, daß im Gebiete $t>0,\ -\sigma\geq t^{\frac{3}{7}}$ die Formel

$$(64)\qquad f(s)\sim e^{\frac{\pi i}{4}\left(s-\frac{7}{2}\right)}\pi^{\frac{s-1}{2}}\sin\frac{\pi s}{2}\,\Gamma\left(\frac{1-s}{2}\right)\frac{\sin\pi\eta}{\cos 2\pi\eta}\qquad (|s|\to\infty)$$

gilt, wo zur Abkürzung

$$\eta=\sqrt{\frac{s-1}{2\pi i}}\qquad \left(0<\operatorname{arc}\eta<\frac{\pi}{4}\right)$$

gesetzt ist.

Nach (56) ist

$$(65)\qquad f(s)=\pi^{s-\frac{1}{2}}\frac{\Gamma\left(\frac{1-s}{2}\right)}{\Gamma\left(\frac{s}{2}\right)}\left\{\zeta(1-s)-\int\limits_{0\searrow 1}\frac{x^{s-1}e^{-\pi i x^2}}{e^{\pi i x}-e^{-\pi i x}}\,dx\right\}.$$

Der Sattelpunkt der Funktion $x^{s-1}e^{-\pi i x^2}$ liegt bei $x=\eta$. Man setze

$$\begin{aligned}&\Re(\eta)=\eta_1,\quad \Im(\eta)=\eta_2\\&m=[\eta_1+\eta_2]\\&z=x-\eta\\&w(z)=e^{2\pi i\eta^2\left\{\log\left(1+\frac{z}{\eta}\right)-\frac{z}{\eta}+\frac{1}{2}\left(\frac{z}{\eta}\right)^2\right\}}-1.\end{aligned}$$

Für jedes natürliche k gilt nach dem Cauchyschen Satze

$$(66)\qquad \int\limits_{0\searrow 1} \frac{x^{s-1} e^{-\pi i x^2}}{e^{\pi i x} - e^{-\pi i x}}\, dx$$

$$= \sum_{n=1}^{k} n^{s-1} + \eta^{s-1} e^{-\pi i \eta^2} \left\{ \int\limits_{k\searrow k+1} \frac{e^{-2\pi i (x-\eta)^2}}{e^{\pi i x} - e^{-\pi i x}}\, dx + \int\limits_{k\searrow k+1} \frac{e^{-2\pi i (x-\eta)^2}}{e^{\pi i x} - e^{-\pi i x}}\, w(z)\, dx \right\}.$$

Verführe man jetzt genau nach der Methode von § 2, so hätte man $k=m$ zu wählen; dann erhielte man aber (64) unmittelbar nur in dem kleineren Gebiete $t>0$, $-\sigma \geq t^{\frac{1}{2}}$, und die Ausdehnung auf das Restgebiet $t^{\frac{1}{2}} > -\sigma \geq t^{\frac{3}{7}}$ erforderte die Beseitigung gewisser Zusatzglieder. Deswegen lasse man k zunächst willkürlich.

Das erste Integral auf der rechten Seite von (66) läßt sich nach dem Riemannschen Verfahren von § 1 berechnen; man erhält

$$(67)\qquad \int\limits_{k\searrow k+1} \frac{e^{-2\pi i (x-\eta)^2}}{e^{\pi i x} - e^{-\pi i x}}\, dx = \frac{\sqrt{2}\, e^{\frac{3\pi i}{8}} \sin \pi\eta + (-1)^{k-1} e^{2\pi i \eta - 2\pi i (\eta - k)^2}}{2 \cos 2\pi\eta}.$$

Im zweiten Integral lege man den Integrationsweg durch den Sattelpunkt $x=\eta$ und führe ihn parallel zur Winkelhalbierenden des zweiten und vierten Quadranten. Er trifft also die reelle Achse im Punkte $\eta_1+\eta_2$. Um aber die Nähe der Pole $x=m$ und $x=m+1$ zu vermeiden, ersetze man noch die innerhalb der Kreise $|x-m| = \frac{1}{2}$ und $|x-m-1| = \frac{1}{2}$ gelegenen Teile des Integrationsweges durch Bögen dieser Kreise. Macht man die Annahme

$$k = m + r \geq m,$$

so ist

$$(68)\qquad \int\limits_{k\searrow k+1} \frac{e^{-2\pi i (x-\eta)^2}}{e^{\pi i x} - e^{-\pi i x}}\, w(z)\, dx = \sum_{l=1}^{r} (-1)^{m+l-1} e^{-2\pi i (m+l-\eta)^2} w(m+l-\eta)$$

$$+ \int\limits_{m\searrow m+1} \frac{e^{-2\pi i (x-\eta)^2}}{e^{\pi i x} - e^{-\pi i x}}\, w(z)\, dx.$$

Für $w(z)$ benötigt man zweierlei Abschätzungen. Die erste bezieht sich auf den Kreis $|z| \leq \frac{1}{2}|\eta|$; in diesem ist nämlich

$$\left| \log\left(1 + \frac{z}{\eta}\right) - \frac{z}{\eta} + \frac{1}{2}\left(\frac{z}{\eta}\right)^2 \right|$$

$$= \left| \sum_{n=3}^{\infty} \frac{(-1)^{n-1}}{n} \left(\frac{z}{\eta}\right)^n \right| \leq \frac{1}{3} \left|\frac{z}{\eta}\right|^3 \frac{1}{1 - \left|\frac{z}{\eta}\right|} \leq \frac{2}{3} \left|\frac{z}{\eta}\right|^3$$

und folglich

$$(69) \qquad |w(z)| \leq e^{\frac{4\pi}{3}\left|\frac{z^3}{\eta}\right|} - 1 \qquad (|z| \leq \tfrac{1}{2}|\eta|).$$

Die zweite bezieht sich auf die außerhalb dieses Kreises gelegenen Teile der Integrationslinie. Setzt man noch $\Re\left(ze^{\frac{\pi i}{4}}\right) = u$, $\Im\left(ze^{\frac{\pi i}{4}}\right) = v$, so ist auf der Integrationslinie $-\frac{1}{2} \leq v \leq +\frac{1}{2}$, und im Falle $|\eta| > 1$ gilt außerhalb des Kreises $|z| = \frac{1}{2}|\eta|$ die Ungleichung

$$\left|\frac{v}{u}\right| < (|\eta|^2 - 1)^{-\frac{1}{2}},$$

also

$$\operatorname{arc}\left(1 + \frac{iv}{u}\right) \to 0 \qquad (|s| \to \infty)$$

und

$$\frac{\pi}{4} - \varepsilon < \left|\operatorname{arc}\frac{z}{\eta}\right| < \frac{3\pi}{4} + \varepsilon,$$

mit $\varepsilon \to 0$ für $|s| \to \infty$. Dann ist aber

$$\left|2\pi i\eta^2\left\{\log\left(1 + \frac{z}{\eta}\right) - \frac{z}{\eta} + \frac{1}{2}\left(\frac{z}{\eta}\right)^2\right\}\right| = 2\pi|\eta|^2 \cdot \left|\int_0^{\frac{z}{\eta}} \frac{x^2}{1+x}\,dx\right|$$

$$\leq 2\pi|\eta|^2 \int_0^{\left|\frac{z}{\eta}\right|} \frac{x}{\sin\left(\frac{\pi}{4} - \varepsilon\right)}\,dx = \frac{\pi|z|^2}{\sin\left(\frac{\pi}{4} - \varepsilon\right)} \leq \frac{3}{2}\pi|z|^2$$

und

$$|w(z)| < e^{\frac{3}{2}\pi|z|^2}.$$

Ferner ist auf der Integrationslinie

$$|e^{-2\pi i z^2}| = e^{-2\pi(u^2 - v^2)} \leq e^{\pi - 2\pi|z|^2};$$

und daher

$$|e^{-2\pi i z^2} w(z)| \leq \begin{cases} e^{\pi - \frac{\pi}{2}|z|^2} & (|z| > \frac{1}{2}|\eta|) \\ e^{\pi - 2\pi|z|^2}\left(e^{\frac{4\pi}{3}\left|\frac{z^3}{\eta}\right|} - 1\right) & (|z| \leq \frac{1}{2}|\eta|). \end{cases}$$

Dies liefert

$$\int_{m \searrow m+1} \frac{e^{-2\pi i(x-\eta)^2}}{e^{\pi i x} - e^{-\pi i x}}\, w(z)\,dx = O\left(e^{-\pi \eta_2}\,\eta^{-1}\right)$$

und in Verbindung mit (65), (66), (67), (68)

$$(70)\qquad f(s)=\pi^{s-\frac{1}{2}}\frac{\Gamma\left(\frac{1-s}{2}\right)}{\Gamma\left(\frac{s}{2}\right)}\eta^{s-1}e^{-\pi i\eta^2}\Bigg\{e^{\pi i\eta^2}\sum_{n=m+r+1}^{\infty}\left(\frac{n}{\eta}\right)^{s-1}$$

$$-\frac{\sqrt{2}\,e^{\frac{3\pi i}{8}}\sin\pi\eta+(-1)^{m+r-1}e^{2\pi i\eta-2\pi i(\eta-m-r)^2}}{2\cos 2\pi\eta}$$

$$+\sum_{l=1}^{r}(-1)^{m+l}e^{-2\pi i(m+l-\eta)^2}w(m+l-\eta)+O(e^{-\pi\eta_2}\eta^{-1})\Bigg\}.$$

Man hat nun zu zeigen, daß bei geeigneter Wahl von r und für $|s|\to\infty$ im Gebiete $t>0$, $-\sigma\geq t^{\frac{3}{7}}$ der Ausdruck

$$-\frac{\sqrt{2}\,e^{\frac{3\pi i}{8}}\sin\pi\eta}{2\cos 2\pi\eta}$$

von höherer Größenordnung als die übrigen Glieder der geschweiften Klammer ist. Zunächst ist

$$(71)\qquad \left|e^{\pi i\eta^2}\sum_{n=m+r+1}^{\infty}\left(\frac{n}{\eta}\right)^{s-1}\right|<e^{-2\pi\eta_1\eta_2}|\eta^{1-s}|\left\{\frac{(m+r+1)^{\sigma}}{-\sigma}+(m+r+1)^{\sigma-1}\right\}$$

$$<e^{-2\pi\eta_1\eta_2+t\operatorname{arc}\eta}\left(\frac{m+r+1}{|\eta|}\right)^{\sigma-1}\left(\frac{m+r+1}{-\sigma}+1\right);$$

wegen

$$(72)\qquad -2\pi\eta_1\eta_2+t\operatorname{arc}\eta<-2\pi\eta_1\eta_2+t\frac{\eta_2}{\eta_1}=-2\pi\frac{\eta_2^3}{\eta_1}<0$$

und

$$\left(\frac{m+1}{|\eta|}\right)^{\sigma-1}<\left(\frac{\eta_1^2+\eta_2^2+2\eta_1\eta_2}{\eta_1^2+\eta_2^2}\right)^{\frac{\sigma-1}{2}}<e^{\frac{\eta_1\eta_2}{\eta_1^2+\eta_2^2}\frac{\sigma-1}{2}}<e^{\frac{\eta_2}{2\eta_1}\cdot\frac{\sigma-1}{2}}=e^{-\pi\eta_2^2}$$

ist also

$$(73)\qquad \left|e^{\pi i\eta^2}\sum_{n=m+1}^{\infty}\left(\frac{n}{\eta}\right)^{s-1}\right|=O\left(e^{-\pi\eta_2^2}\left(1+\frac{\eta_1}{-\sigma}\right)\right);$$

außerdem gilt

$$(74)\qquad |(-1)^{m-1}e^{2\pi i\eta-2\pi i(\eta-m)^2}|=e^{-2\pi\eta_2-4\pi(m-\eta_1)\eta_2}<e^{-4\pi\left(\eta_2-\frac{1}{2}\right)\eta_2}.$$

Da nun für das Teilgebiet $t>0$, $-\sigma\geq t^{\frac{5}{8}}$ die Ungleichung

$$\eta_2=\frac{1-\sigma}{4\pi\eta_1}>\frac{1-\sigma}{2}\{2\pi(t+1-\sigma)\}^{-\frac{1}{2}}>\frac{1}{2}t^{\frac{5}{8}}\left\{2\pi\left(t+t^{\frac{5}{8}}\right)\right\}^{-\frac{1}{2}}$$

erfüllt ist und die rechte Seite mit t unendlich wird, so folgt mit Rücksicht auf (73) und (74), daß der Ausdruck in der geschweiften Klammer von (70) in dem eben genannten Teilgebiet für $r=0$ den Wert

$$(75)\qquad -\frac{\sqrt{2}\,e^{\frac{3\pi i}{8}}\sin\pi\eta}{2\cos 2\pi\eta}(1+o(1))\qquad (|s|\to\infty)$$

besitzt. In dem noch zu behandelnden Teilgebiet $t>0$, $t^{\frac{5}{8}}>-\sigma\geq t^{\frac{3}{7}}$ wähle man

$$r=\left[|\sigma|^{\frac{1}{5}}\right].$$

Dann ist für hinreichend großes t

$$\left(\frac{m+r+1}{|\eta|}\right)^{\sigma-1}<\left(\frac{|\eta|+r}{|\eta|}\right)^{\sigma-1}<e^{\frac{\sigma-1}{2}\cdot\frac{r}{2\eta_1}}=e^{-\pi r\eta_2},$$

also nach (71) und (72)

$$(76)\qquad e^{\pi i\eta^2}\sum_{n=m+r+1}^{\infty}\left(\frac{n}{\eta}\right)^{s-1}=O\left(e^{-\pi r\eta_2}\left(1+\frac{|\eta|}{|\sigma|}\right)\right)=O\left(e^{-\frac{1}{2}t^{\frac{1}{70}}}\right).$$

Für $l=1,\ldots,r$ ist ferner

$$(77)\qquad |m+l-\eta|^2\leq(r+\eta_2)^2+\eta_2^2=O\left(|\sigma|^{\frac{2}{5}}\right)=O\left(t^{\frac{1}{4}}\right),$$

also $m+l-\eta$ für hinreichend großes t im Kreise $|z|\leq\frac{1}{2}|\eta|$ gelegen und (69) für $z=m+l-\eta$ anwendbar; wegen (77) folgt

$$(78)\qquad w(m+l-\eta)=O\left(|\sigma|^{\frac{3}{5}}|\eta|^{-1}\right).$$

Endlich ist noch für $l=1,\ldots,r$

$$(79)\qquad \left|e^{-2\pi i(m+l-\eta)^2}\right|<e^{-4\pi(\eta_2+l-1)\eta_2}\leq e^{-4\pi\eta_2^2}$$

und für hinreichend großes t

$$(80)\qquad \left|e^{2\pi i\eta-2\pi i(m+r-\eta)^2}\right|<e^{-3\pi r\eta_2}=O\left(e^{-t^{\frac{1}{70}}}\right),$$

also nach (78) und (79)

$$(81)\qquad \sum_{l=1}^{r}(-1)^{m+l}e^{-2\pi i(m+l-\eta)^2}w(m+l-\eta)$$
$$=r\,O\left(e^{-4\pi\eta_2^2}|\sigma|^{\frac{3}{5}}|\eta|^{-1}\right)=O\left(e^{-4\pi\eta_2^2}|\sigma|^{\frac{4}{5}}|\eta|^{-1}\right).$$

Berücksichtigt man nun die Ungleichungen

$$|\sin\pi\eta|\geq\operatorname{sh}\pi\eta_2>\pi\eta_2>\frac{|\sigma|}{4|\eta|}$$
$$|\cos 2\pi\eta|\leq\operatorname{ch}2\pi\eta_2<2e^{2\pi\eta_2},$$

so zeigen die Abschätzungen (76), (80), (81), daß auch im Gebiete $t>0$, $t^{\frac{5}{8}}>-\sigma\geq t^{\frac{3}{7}}$ der Wert in der geschweiften Klammer von (70) durch den Ausdruck (75) dargestellt wird.

Die Behauptung in (64) folgt jetzt durch Anwendung der Stirlingschen Formel.

Man kann übrigens (64) sogar für das größere Gebiet $t>0$, $-\sigma\geq t^{\varepsilon}$ beweisen, wo ε irgendeine feste positive Zahl bedeutet; doch für das Folgende genügt jeder Wert von ε, der kleiner als $\frac{1}{2}$ ist, also z. B. $\varepsilon=\frac{3}{7}$.

Neben der Formel (64) wird noch eine rohe Abschätzung der Größenordnung von $f(s)$ für festes σ und $t\to\infty$ benötigt. Diese ergibt sich aus der semikonvergenten Entwicklung von $f(s)$ im Gebiete $t>0$, $-\sigma\leq t^{\frac{3}{7}}$. Ein Blick auf den Beweis von (64) zeigt, daß man bis zur Gleichung (70) die Voraussetzung $-\sigma\geq t^{\frac{3}{7}}$ nur in der schwächeren Form $\sigma<\sigma_0$ benutzt hat, wo σ_0 irgendeine reelle Zahl bedeutet. Es gilt daher, analog zu (70) mit $r=0$,

$$(82)\qquad f(s)=\pi^{s-\frac{1}{2}}\frac{\Gamma\left(\frac{1-s}{2}\right)}{\Gamma\left(\frac{s}{2}\right)}\left(\zeta(1-s)-\sum_{n=1}^{m}n^{s-1}\right.$$
$$\left.-\eta^{s-1}e^{-\pi i\eta^2}\left\{\frac{\sqrt{2}\,e^{\frac{3\pi i}{8}}\sin\pi\eta+(-1)^{m-1}e^{2\pi i\eta-2\pi i(\eta-m)^2}}{2\cos 2\pi\eta}+O(\eta^{-1})\right\}\right)$$

mit $\eta=\sqrt{\frac{s-1}{2\pi i}}$, $|\operatorname{arc}\eta|<\frac{\pi}{4}$, $m=[\Re\eta+\Im\eta]$ in der Viertelebene $\sigma<\sigma_0$, $t>0$. Weitere Glieder der semikonvergenten Reihe lassen sich nach dem Verfahren von § 2 gewinnen, werden aber für den vorliegenden Zweck nicht benötigt.

Eine zweite semikonvergente Entwicklung von $f(s)$, welche für die Viertelebene $\sigma>\sigma_0$, $t>0$ günstig ist, enthält man, indem man die Sattelpunktmethode nicht auf die durch (65) gelieferte Darstellung von $f(s)$, sondern auf (58) anwendet. Die Rechnung braucht man nicht noch einmal durchzuführen, denn das Integral in (58) entsteht aus dem in (65), wenn zu den konjugiert komplexen Größen übergegangen und σ durch $1-\sigma$ ersetzt wird. Folglich ist

$$(83)\qquad f(s)=\sum_{n=1}^{m_1}n^{-s}$$
$$+\eta_1^{-s}e^{\pi i\eta_1^2}\left\{\frac{\sqrt{2}\,e^{-\frac{3\pi i}{8}}\sin\pi\eta_1+(-1)^{m_1-1}e^{-2\pi i\eta_1+2\pi i(\eta_1-m_1)^2}}{2\cos 2\pi\eta_1}+O(\eta_1^{-1})\right\}$$

mit $\eta_1=\sqrt{\frac{s}{2\pi i}}$, $|\operatorname{arc}\eta_1|<\frac{\pi}{4}$, $m_1=[\Re\eta_1-\Im\eta_1]$ in der Viertelebene $\sigma>\sigma_0$, $t>0$. Durch Vergleich von (82) und (83) ergibt sich übrigens die semikonvergente Reihe für $\zeta(s)$ in jedem Halbstreifen $\sigma_1<\sigma<\sigma_2$, $t>0$; diese Ableitung ist vielleicht in bezug auf die notwendigen Abschätzungen etwas einfacher als die von § 2, aber die einzelnen Glieder der Reihe erscheinen hier zunächst in komplizierterer Gestalt.

Aus (83) folgt

$$(84)\quad \begin{cases} f(s)=\sum_{n=1}^{m_1} n^{-s}+O\left(\left(\frac{|s|}{2\pi e}\right)^{-\frac{\sigma}{2}}\right) & (\sigma\geq 0,\, t>0)\\ f(s)=O\left(t^{\frac{1}{4}}\right) & (\sigma\geq\frac{1}{2})\\ |f(s)-1|<\frac{3}{4} & (\sigma\geq 2,\, t>t_0), \end{cases}$$

und aus (82) folgt

$$(85)\quad \begin{cases} f(s)=\pi^{s-\frac{1}{2}}\dfrac{\Gamma\left(\frac{1-s}{2}\right)}{\Gamma\left(\frac{s}{2}\right)}\left(\zeta(1-s)-\sum_{n=1}^{m} n^{s-1}+O(1)\right) & (\sigma\leq 1,\, t>0)\\ f(s)=\pi^{s-\frac{1}{2}}\dfrac{\Gamma\left(\frac{1-s}{2}\right)}{\Gamma\left(\frac{s}{2}\right)}O\left(\left(\frac{t}{2\pi}\right)^{\frac{\sigma}{2}}|\sigma|^{-1}\right) & \left(0<-\sigma\leq t^{\frac{3}{7}},\, t>0\right)\\ f(s)=\pi^{s-\frac{1}{2}}\dfrac{\Gamma\left(\frac{1-s}{2}\right)}{\Gamma\left(\frac{s}{2}\right)}O(\log t) & \left(0\leq-\sigma\leq t^{\frac{3}{7}},\, t>0\right). \end{cases}$$

Für das Folgende ist es zweckmäßig, statt $f(s)$ die Funktion

$$g(s)=\pi^{-\frac{s+1}{2}}e^{-\frac{\pi i s}{4}}\Gamma\left(\frac{s+1}{2}\right)f(s)$$

einzuführen. Nach (64) ist dann für $t>0$, $-\sigma\geq t^{\frac{3}{7}}$ mit $\eta=\sqrt{\frac{s-1}{2\pi i}}$

$$(86)\qquad g(s)\sim e^{-\frac{7\pi i}{8}}\operatorname{tg}\frac{\pi s}{2}\,\frac{\sin\pi\eta}{\cos 2\pi\eta}\qquad (|s|\to\infty).$$

Es soll jetzt der Mittelwert von $|g(s)|^2$ auf jeder Halbgeraden $\sigma=\sigma_0<\frac{1}{2}$, $t\geq 0$ abgeschätzt werden, also der Ausdruck

$$T^{-1}\int_0^T |g(\sigma+ti)|^2\,dt\qquad (\sigma<\tfrac{1}{2}).$$

Man könnte dies mit Hilfe der asymptotischen Entwicklung (82) erreichen; am elegantesten wird die Ableitung aber unter Benutzung von (58); danach ist nämlich für $\varepsilon > 0$

$$\int_0^\infty |f(\sigma+ti)|^2 e^{-\varepsilon t}\,dt$$

$$=\int_0^\infty e^{-\varepsilon t}\left\{\int_{0\swarrow 1}\int_{0\searrow 1}\frac{x^{-\sigma-ti}\,y^{-\sigma+ti}\,e^{\pi i(x^2-y^2)}}{(e^{\pi i x}-e^{-\pi i x})(e^{\pi i y}-e^{-\pi i y})}\,dx\,dy\right\}dt,$$

und hier kann man die rechte Seite durch Deformation der Integrationswege, Vertauschung der Integrationsfolge und Anwendung des Residuensatzes umformen. Die Rechnung liefert die Aussage

$$\int_0^\infty |f(\sigma+ti)|^2 e^{-\varepsilon t}\,dt \sim \frac{1}{2\varepsilon}(2\pi\varepsilon)^{\sigma-\frac{1}{2}}\,\Gamma\left(\frac{1}{2}-\sigma\right),$$

gültig für $\sigma<\frac{1}{2}$ und $\varepsilon\to 0$, und hieraus folgt weiter

$$\int_1^\infty |f(\sigma+ti)|^2\left(\frac{t}{2\pi}\right)^{\sigma} e^{-\varepsilon t}\,dt \sim \frac{(2\varepsilon)^{-\frac{3}{2}}}{1-2\sigma}.$$

Also ist für jedes feste $\sigma<\frac{1}{2}$

$$\int_1^T |f(\sigma+ti)|^2\left(\frac{t}{2\pi}\right)^{\sigma} dt \sim \frac{1}{3\sqrt{2\pi}}\cdot\frac{T^{\frac{3}{2}}}{\frac{1}{2}-\sigma}.$$

Nach der Stirlingschen Formel ist aber andererseits

$$(87)\qquad |g(s)| \sim \sqrt{2}\,\pi^{-\frac{\sigma}{2}}\left(\frac{t}{2}\right)^{\frac{\sigma}{2}} |f(s)|,$$

und damit ist die gewünschte Formel

$$T^{-1}\int_1^T |g(\sigma+ti)|^2\,dt \sim \frac{1}{3}\sqrt{\frac{2}{\pi}}\,\frac{T^{\frac{1}{2}}}{\frac{1}{2}-\sigma}$$

für festes $\sigma<\frac{1}{2}$ gewonnen. Aus ihr folgt weiter

$$(88)\qquad \int_0^T \log|g(\sigma+ti)|\,dt < \frac{T}{2}\log\frac{\sqrt{2}\,T^{\frac{1}{2}}}{3\sqrt{\pi}\left(\frac{1}{2}-\sigma\right)}+o(T)\qquad \left(\sigma<\tfrac{1}{2},\ T\to\infty\right).$$

Für $\sigma=\frac{1}{2}$ läßt sich eine untere Schranke für $\int_0^T \log|g(\sigma+ti)|\,dt$ angeben. Nach (60) ist nämlich auf der kritischen Geraden

$$|\pi^{-\frac{s}{2}}\Gamma\left(\frac{s}{2}\right)\zeta(s)| \leq |2\pi^{-\frac{s}{2}}\Gamma\left(\frac{s}{2}\right)f(s)|,$$

also nach (87)

$$|g(s)| \geq (8\pi)^{-\frac{1}{4}} t^{\frac{1}{4}} |\zeta(s)| (1+o(1)) \qquad (\sigma = \tfrac{1}{2})$$

(89)
$$\int_0^T \log\left|g\left(\frac{1}{2}+ti\right)\right| dt > \frac{T}{4}\log T - (\log 8\pi + 1)\frac{T}{4} + \int_0^T \log\left|\zeta\left(\frac{1}{2}+ti\right)\right| dt + o(T).$$

Für $\sigma \geq 2$ ist endlich nach (87) und (84)

(90)
$$\int_0^T \log|g(\sigma+ti)|\,dt = \sigma\left(\frac{T}{2}\log\frac{T}{2\pi} - \frac{T}{2}\right) + \frac{T}{2}\log 2 + o(T).$$

Nun sei $t_0 > 0$, $T > t_0$, und die Geraden $t = t_0$, $t = T$ seien frei von Nullstellen der Funktion $g(s)$. Ferner sei $\sigma_0 > -T^{\frac{3}{7}} = \sigma_1$. Man betrachte das Rechteck mit den Seiten $\sigma = \sigma_0$, $t = T$, $\sigma = \sigma_1$, $t = t_0$. Auf der linken Seite $\sigma = \sigma_1$, $t_0 \leq t \leq T$ liegt für hinreichend großes T nach (64) keine Nullstelle von $g(s)$. Die innerhalb des Rechtecks gelegenen Nullstellen von $g(s)$ verbinde man durch Schnitte, die parallel zur reellen Achse geführt werden, mit der rechten Seite $\sigma = \sigma_0$. In dem zerschnittenen Rechteck ist dann $\log g(s)$ eindeutig; es werde ein Zweig dieser Funktion durch die Forderung $0 \leq \operatorname{arc} g(\sigma_1 + Ti) < 2\pi$ festgelegt. Bekanntlich gilt dann

(91)
$$2\pi \sum_{a<\sigma_0} (\sigma_0 - a) = \int_{t_0}^T \log|g(\sigma_0+ti)|\,dt - \int_{\sigma_1}^{\sigma_0} \operatorname{arc} g(\sigma+Ti)\,d\sigma - \int_{t_0}^T \log|g(\sigma_1+ti)|\,dt + \int_{\sigma_1}^{\sigma_0} \operatorname{arc} g(\sigma+t_0 i)\,d\sigma,$$

wo a die reellen Teile sämtlicher im Rechteck gelegenen Nullstellen von $g(s)$ durchläuft. Das erste Integral läßt sich für $\sigma_0 < \frac{1}{2}$ nach oben, für $\sigma_0 = \frac{1}{2}$ nach unten und für $\sigma_0 \geq 2$ genau abschätzen. Das dritte und das vierte Integral liefern, wie man ohne erhebliche Schwierigkeit nach (86) erkennt, nur einen Betrag von der Größenordnung $T^{\frac{13}{14}}$. Das zweite Integral schließlich läßt sich in der üblichen Weise unter Benutzung von (84) und (85) als $O\left(T^{\frac{6}{7}}\log T\right)$ abschätzen. Folglich ist nach (88)

$$(92)\qquad \sum_{\alpha<\sigma}(\sigma-\alpha)<\frac{T}{8\pi}\log T-\frac{T}{4\pi}\log\left\{3\sqrt{\frac{\pi}{2}}\left(\frac{1}{2}-\sigma\right)\right\}+o(T)\qquad (\sigma<\tfrac{1}{2}),$$

nach (89)

$$(93)\qquad \sum_{\alpha<\frac{1}{2}}\left(\frac{1}{2}-\alpha\right)>\frac{T}{8\pi}\log T-(1+\log 8\pi)\frac{T}{8\pi}+\frac{1}{2\pi}\int_0^T\log\left|\zeta\left(\frac{1}{2}+ti\right)\right|dt+o(T)$$

und nach (90)

$$(94)\qquad \sum_{\alpha}(\sigma-\alpha)=\sigma\left(\frac{T}{4\pi}\log\frac{T}{2\pi}-\frac{T}{4\pi}\right)+\frac{T}{4\pi}\log 2+o(T)\qquad (\sigma\geq 2);$$

in der letzten Gleichung durchläuft α die reellen Teile sämtlicher im Streifen $0<t<T$ gelegenen Nullstellen von $g(s)$. Wird ihre Anzahl mit $N_1(T)$ bezeichnet, so ist folglich auf Grund von (94)

$$(95)\qquad N_1(T)=\frac{T}{4\pi}\log\frac{T}{2\pi}-\frac{T}{4\pi}+o(T).$$

In der oberen Halbebene stimmen die Nullstellen von $g(s)$ mit denen von $f(s)$ überein. Lägen die $N_1(T)$ Nullstellen bis auf $o(T)$ von ihnen sämtlich rechts von $\sigma=\frac{1}{2}$, so wäre die Änderung von $\operatorname{arc} f\left(\frac{1}{2}+ti\right)$ im Intervall $0<t<T$ gleich $-\left(\frac{T}{2}\log\frac{T}{2\pi}-\frac{T}{2}\right)+o(T)$, und man erhielte keine Aussage über die Nullstellen von $\zeta\left(\frac{1}{2}+ti\right)$. Zunächst folgt aber aus (94) weiter

$$\sum_{\alpha}\alpha=-\frac{T}{4\pi}\log 2+o(T);$$

es gibt also sicherlich unendlich viele Nullstellen von $f(s)$, die sogar links von $\sigma=0$ liegen; und aus (92) und (93) erhält man, übrigens unabhängig von (94), durch Subtraktion eine untere Abschätzung für die Anzahl der im Gebiet $\sigma<\frac{1}{2}$, $0<t<T$ gelegenen Nullstellen von $f(s)$. Bezeichnet man diese Anzahl mit $N_2(T)$, so folgt nämlich für jedes $\sigma<\frac{1}{2}$

$$\left(\frac{1}{2}-\sigma\right)N_2(T)>\frac{T}{4\pi}\log\left\{\frac{3}{4}e^{-\frac{1}{2}}\left(\frac{1}{2}-\sigma\right)\right\}+\frac{1}{2\pi}\int_0^T\log\left|\zeta\left(\frac{1}{2}+ti\right)\right|dt+o(T).$$

Diese Abschätzung ist am günstigsten für

$$\sigma=\frac{1}{2}-\frac{4}{3}e^{\frac{3}{2}}$$

und ergibt

$$N_2(T)>\frac{3}{16\pi}e^{-\frac{3}{2}}T+\frac{3}{8\pi}e^{-\frac{3}{2}}\int_0^T\log\left|\zeta\left(\frac{1}{2}+ti\right)\right|dt+o(T).$$

Bekanntlich ist nun, wie ja gerade aus einem Ansatz der Form (91) mit $\zeta(s)$ statt $g(s)$ folgt,

$$\frac{1}{2\pi}\int_0^T \log\left|\zeta\left(\frac{1}{2}+ti\right)\right| dt = \sum_{\alpha_\zeta > \frac{1}{2}}\left(\alpha_\zeta - \frac{1}{2}\right) + O(\log T),$$

wo α_ζ die reellen Teile der im Streifen $0 < t < T$ rechts von der kritischen Geraden gelegenen Nullstellen der Zetafunktion durchläuft. Daraus folgt

$$N_2(T) > \frac{3}{16\pi} e^{-\frac{3}{2}}\, T + \frac{3}{4} e^{-\frac{3}{2}} \sum_{\alpha_\zeta > \frac{1}{2}}\left(\alpha_\zeta - \frac{1}{2}\right) + o(T). \tag{96}$$

Rechts von $\sigma = \frac{1}{2}$ liegen höchstens $N_1(T) - N_2(T)$ Nullstellen von $f(s)$ innerhalb des Streifens $0 < t < T$, also vermindert sich $\operatorname{arc} f\left(\frac{1}{2}+ti\right)$ im Intervall $0 < t < T$ höchstens um $2\pi\,(N_1(T) - N_2(T)) + O(\log T)$. Folglich wächst $\operatorname{arc}\varphi\,(\frac{1}{2}+ti)$ in diesem Intervall mindestens um

$$\vartheta(T) - 2\pi N_1(T) + 2\pi N_2(T) + O(\log T),$$

und diese Zahl ist nach (63), (95), (96) mindestens gleich $2\pi N_2(T) + o(T)$. Daher gilt für $N_0(T)$, die Anzahl der Nullstellen von $\zeta(\frac{1}{2}+ti)$ im Intervall $0 < t < T$, die Ungleichung

$$N_0(T) > \frac{3}{8\pi} e^{-\frac{3}{2}}\, T + \frac{3}{2} e^{-\frac{3}{2}} \sum_{\alpha_\zeta > \frac{1}{2}}\left(\alpha_\zeta - \frac{1}{2}\right) + o(T). \tag{97}$$

Die Dichtigkeit der auf der kritischen Geraden gelegenen Nullstellen von $\zeta(s)$, d. h. die untere Grenze des Verhältnisses $N_0(T) : T$ für $T \to \infty$, ist demnach positiv, und zwar mindestens gleich $\frac{3}{8\pi} e^{-\frac{3}{2}}$, also größer als $\frac{1}{38}$. Sieht man von diesem numerischen Wert ab, so ist der Satz keineswegs neu, sondern bereits 1920 von Hardy und Littlewood auf bedeutend einfachere Weise bewiesen worden. Trotz dieses geringfügigen Ergebnisses kommt vielleicht dem vorliegenden Beweise wegen der dabei zutage getretenen Eigenschaften von $f(s)$ ein gewisser selbständiger Wert zu.

An die Formel (97) läßt sich noch eine Bemerkung knüpfen. Durch die Summe $\sum\left(\alpha_\zeta - \frac{1}{2}\right)$ wird ja gewissermaßen die Falschheit der Riemannschen Vermutung gemessen. Man weiß zwar durch Littlewood, daß diese Summe höchstens $O(T \log\log T)$ ist, kennt aber keine bessere Abschätzung. Ist die Riemannsche Vermutung falsch, so wächst möglicherweise diese Summe stärker an als T; dann würde aber nach (97) auch die Anzahl $N_0(T)$ stärker als T anwachsen, und die Riemannsche

Vermutung könnte nicht „allzu falsch“ sein. Bedeutet $\psi(t)$ irgendeine positive Funktion von t, welche schwächer unendlich wird als $\log t$, so folgt noch aus (97), daß in dem schmalen Gebiet $0 \leq \sigma - \frac{1}{2} \leq \frac{\psi(t)}{\log t}$, $2 \leq t \leq T$ mindestens $\frac{3}{4\pi} e^{-\frac{3}{2}} T \psi(T) \bigl(1 + o(1)\bigr)$ Nullstellen von $\zeta(s)$ liegen. Dies ist ein neues Resultat für den Fall, daß $\psi(t)$ auch noch schwächer als $\log \log t$ anwächst. So liegen z. B. in dem Gebiet $0 \leq \sigma - \frac{1}{2} \leq \frac{19}{\log t}$, $2 \leq t \leq T$ mehr als $T + o(T)$ Nullstellen.

Es bleibt die Frage offen, ob man die in (96) gegebene untere Abschätzung von $N_2(T)$ verbessern kann. Für den Beweis der Riemannschen Behauptung, daß $N_0(T)$ asymptotisch gleich $\frac{T}{2\pi} \log \frac{T}{2\pi} - \frac{T}{2\pi}$ ist, genügte es, das Entsprechende für $N_2(T)$ zu zeigen. Dies läßt sich wohl kaum mit den bisher in der Theorie der Zetafunktion benutzten Methoden der Analysis ohne eine wesentlich neue Idee erreichen; und das gilt erst recht von jedem Versuche, die Riemannsche Vermutung zu beweisen.

19.

Über Gitterpunkte in convexen Körpern und ein damit zusammenhängendes Extremalproblem

Acta Mathematica 65 (1935), 307—323

Bekanntlich ist im n-dimensionalen Raum für jeden zum Nullpunkt symmetrischen convexen Körper $\mathfrak{K}$, der keinen vom Nullpunkt verschiedenen Gitterpunkt enthält, das Volumen V höchstens gleich 2^n. Wie das Beispiel eines zu den Achsen parallel orientierten Würfels zeigt, lässt dieser Minkowskische Satz in bezug auf die obere Schranke für V bei beliebigen Körpern keine Verschärfung zu. Betrachtet man aber aus der Menge der Körper $\mathfrak{K}$ nur einen Teil, wie etwa die n-dimensionalen Ellipsoide, so ergibt sich die Aufgabe, in dieser Teilmenge eine möglichst günstige obere Schranke für V zu finden.

Das naturgemässe analytische Werkzeug für die Untersuchung des Zahlengitters sind die n-fachen Fourierschen Reihen; mit ihrer Vollständigkeitsrelation beweist man für convexe Körper, die keinen Gitterpunkt ausser dem Nullpunkt enthalten, die Beziehung

$$(1) \qquad 2^n = V + V^{-1} \sum_{\mathfrak{l} \neq 0} \left| \int_{\mathfrak{K}} e^{\pi i \mathfrak{l}\mathfrak{x}} d\mathfrak{x} \right|^2,$$

wo $\mathfrak{l} = (l_1, \ldots, l_n)$ alle vom Nullpunkt verschiedenen Gitterpunkte durchläuft und zur Abkürzung $dx_1 \ldots dx_n = d\mathfrak{x}$, $l_1 x_1 + \cdots + l_n x_n = \mathfrak{l}\mathfrak{x}$ gesetzt ist. Dies setzt den Minkowskischen Satz in Evidenz.

Der zu (1) führende Ansatz lässt sich bei speciellen Typen von Körpern zur Verbesserung der oberen Schranke für V verwenden. Insbesondere erhält man für Ellipsoide die obere Schranke $\left(\frac{4\sqrt{2}}{3}\right)^n$ bei hinreichend grossem n. Allerdings wurde bereits auf anderem Wege durch Blichfeldt die günstigere Schranke $2^{\frac{n}{2}}\left(\frac{n}{2} + 1\right)$ gefunden.

Eine Verallgemeinerung des eben erwähnten Ansatzes führt auf folgendes Variationsproblem: Man bestimme die grösste Zahl τ, so dass für jede in der Form

$$(2) \qquad f(\mathfrak{y}) = \int_{\mathfrak{K}} \varphi(\mathfrak{x}) e^{2\pi i \mathfrak{x}\mathfrak{y}} d\mathfrak{x}$$

darstellbare ganze Function $f(\mathfrak{y})$, die für reelles $\mathfrak{y} = (y_1, \ldots, y_n)$ reell und im Nullpunkte $= 1$ ist, das Erfülltsein der Ungleichung

$$\int_{-\infty}^{+\infty} \ldots \int_{-\infty}^{+\infty} f(\mathfrak{y})\, d\mathfrak{y} < \tau$$

die Existenz einer reellen Nullstelle von $f(\mathfrak{y})$ bedingt. In anderer Formulierung: Für die Menge aller durch (2) darstellbaren Functionen $f(\mathfrak{y})$, die für reelle $\mathfrak{y}$ positiv und im Nullpunkte $= 1$ sind, ermittle man die untere Schranke τ des Integrales $\int_{-\infty}^{+\infty} \ldots \int_{-\infty}^{+\infty} f(\mathfrak{y})\, d\mathfrak{y}$. Es zeigt sich, dass für Ellipsoide τ den Wert $2^n : V$ besitzt. Dieses Resultat enthält folgenden functionentheoretischen Satz:

Es sei $f(z)$ eine ganze Function der complexen Variabeln z, reell für reelles z, $f(0) = 1$ und für jedes $\varrho > 1$ bei $z \to \infty$

$$f(z) = O(e^{\varrho |z|}).$$

Ist dann für irgend ein natürliches n

$$\int_{-\infty}^{+\infty} f(x)\, |x|^{n-1}\, dx \leq 2^{2n}\, \Gamma\left(\frac{n}{2}\right) \Gamma\left(\frac{n}{2} + 1\right), \tag{3}$$

so hat $f(z)$ eine reelle Nullstelle. In dieser Aussage kann die rechte Seite von (3) durch keine grössere Zahl ersetzt werden.

§ 1. Der Satz von Minkowski.

Es sei $\varphi(\mathfrak{x})$ eine quadratisch integrierbare Function des Punktes $\mathfrak{x}$, die überall ausserhalb des Körpers $\mathfrak{K}$ verschwindet. Durchläuft $\mathfrak{k}$ alle Gitterpunkte, so hat die durch die Gleichung

$$f(\mathfrak{x}) = \sum_{\mathfrak{k}} \varphi(2\mathfrak{x} - 2\mathfrak{k}) \tag{4}$$

definierte quadratisch integrierbare Function $f(\mathfrak{x})$ in jeder Coordinate x_h ($h = 1, \ldots, n$) die Periode 1. Bedeutet $\mathfrak{F}$ den Einheitswürfel und $\mathfrak{R}$ den gesamten Raum, so gilt für die Fourierschen Constanten von $f(\mathfrak{x})$ nach (4) die Beziehung

$$a_{\mathfrak{l}} = \int_{\mathfrak{F}} f(\mathfrak{x}) e^{-2\pi i \mathfrak{l}\mathfrak{x}} d\mathfrak{x} = \int_{\mathfrak{R}} \varphi(2\mathfrak{x}) e^{-2\pi i \mathfrak{l}\mathfrak{x}} d\mathfrak{x} = 2^{-n} \int_{\mathfrak{K}} \varphi(\mathfrak{x}) e^{-\pi i \mathfrak{l}\mathfrak{x}} d\mathfrak{x}. \tag{5}$$

Nach dem Vollständigkeitssatz ist

$$\int_{\mathfrak{F}} |f(\mathfrak{x})|^2 d\mathfrak{x} = \sum_{\mathfrak{l}} |a_{\mathfrak{l}}|^2,$$

wo $\mathfrak{l}$ alle Gitterpunkte durchläuft. Für die linke Seite gilt vermöge (4)

$$(6)\qquad \int\limits_{\mathfrak{F}} |f(\mathfrak{x})|^2 d\mathfrak{x} = \sum_{\mathfrak{k}} \int\limits_{\mathfrak{R}} \overline{\varphi(2\mathfrak{x})}\,\varphi(2\mathfrak{x}-2\mathfrak{k})\,d\mathfrak{x} = 2^{-n} \sum_{\mathfrak{k}} \int\limits_{\mathfrak{R}} \overline{\varphi(\mathfrak{x})}\,\varphi(\mathfrak{x}-2\mathfrak{k})\,d\mathfrak{x};$$

und die rechte Seite lässt sich nach (5) umformen. Dies liefert

$$(7)\qquad \sum_{\mathfrak{k}} \int\limits_{\mathfrak{R}} \overline{\varphi(\mathfrak{x})}\,\varphi(\mathfrak{x}-2\mathfrak{k})\,d\mathfrak{x} = 2^{-n} \sum_{\mathfrak{l}} \left| \int\limits_{\mathfrak{R}} \varphi(\mathfrak{x}) e^{-\pi i \mathfrak{l}\mathfrak{x}} d\mathfrak{x} \right|^2.$$

Ist nun $\overline{\varphi(\mathfrak{x})}\,\varphi(\mathfrak{x}-2\mathfrak{k}) \neq 0$, so liegen $\mathfrak{x}$ und $\mathfrak{x}-2\mathfrak{k}$ in $\mathfrak{R}$, wegen der Symmetrie und der Convexität also auch der Gitterpunkt $\mathfrak{k}$. Enthält $\mathfrak{R}$ ausser dem Nullpunkt keinen Gitterpunkt, so reduciert sich die linke Seite von (7) auf das eine einzige Glied $\mathfrak{k}=0$, und (7) geht über in

$$(8)\qquad \int\limits_{\mathfrak{R}} |\varphi(\mathfrak{x})|^2 d\mathfrak{x} = 2^{-n} \sum_{\mathfrak{l}} \left| \int\limits_{\mathfrak{R}} \varphi(\mathfrak{x}) e^{-\pi i \mathfrak{l}\mathfrak{x}} d\mathfrak{x} \right|^2.$$

Hieraus entsteht (1), indem $\varphi(\mathfrak{x})$ innerhalb $\mathfrak{R}$ identisch gleich 1 gewählt wird. Es ist also $2^n : V$ gleich der Quadratsumme der Mittelwerte aller Grössen $e^{\pi i \mathfrak{l}\mathfrak{x}}$ in $\mathfrak{R}$. Dies ist eine Verfeinerung des Minkowskischen Satzes; für die Ableitung dieses Satzes selbst genügte es, an Stelle der Vollständigkeitsrelation die Schwarzsche Ungleichung

$$\int\limits_{\mathfrak{F}} |f(\mathfrak{x})|^2\, d\mathfrak{x} \geq |a_0|^2$$

zu verwenden.

§ 2. Ellipsoide.

Es sei $\mathfrak{R}$ speciell ein Ellipsoid mit der Gleichung $P(\mathfrak{x}) = 1$, wo $P(\mathfrak{x})$ eine positiv definite quadratische Form bedeutet. Eine einfache Rechnung zeigt dann, dass der Mittelwert von $e^{\pi i \mathfrak{l}\mathfrak{x}}$ in $\mathfrak{R}$ durch $B_{\frac{n}{2}}(\pi\sqrt{Q(\mathfrak{l})})$ gegeben wird, wo $B_\lambda(x)$ mit der Besselschen Function $I_\lambda(x)$ durch die Gleichung

$$(9)\qquad B_\lambda(x) = \Gamma(\lambda+1)\left(\frac{x}{2}\right)^{-\lambda} I_\lambda(x) = \sum_{n=0}^{\infty} \frac{(-1)^n}{n!(\lambda+1)(\lambda+2)\ldots(\lambda+n)}\left(\frac{x}{2}\right)^{2n}$$

zusammenhängt und $Q(\mathfrak{x})$ die zu $P(\mathfrak{x})$ reciproke quadratische Form bedeutet. Also ist

$$(10)\qquad 2^n : V = 1 + \sum_{\mathfrak{l} \neq 0} B^2_{\frac{n}{2}}(\pi\sqrt{Q(\mathfrak{l})}).$$

Mit der in dieser Formel steckenden Verschärfung des Minkowskischen Satzes für den Fall des Ellipsoids lässt sich nicht viel anfangen, da die Aufsuchung einer positiven unteren Schranke für die Summe auf der rechten Seite Schwierigkeiten macht. Zu einer brauchbaren Abschätzung kommt man aber, indem man von (7) ausgeht und $\varphi(\mathfrak{x})$ genau wie oben specialisiert, unter der Voraussetzung, dass $\mathfrak{K}$ ausser dem Mittelpunkt noch einen weiteren Gitterpunkt enthält. Das auf der linken Seite von (7) auftretende Integral ist dann gleich dem Volumen $V_\mathfrak{k}$ des Durchschnitts von $\mathfrak{K}$ und dem durch die Translation um den Vector $2\mathfrak{k}$ entstehenden Körper. Man erhält also die Ungleichung

$$(11) \qquad \sum_{\mathfrak{k}} V_\mathfrak{k} \geq 2^{-n} V^2.$$

Für den Fall des Ellipsoids gilt speciell

$$(12) \qquad V_\mathfrak{k} = V \int_{\sqrt{P(\mathfrak{k})}}^{1} (1-x^2)^{\frac{n-1}{2}} dx : \int_0^1 (1-x^2)^{\frac{n-1}{2}} dx \qquad (P(\mathfrak{k}) \leq 1).$$

Enthielte das Ellipsoid $\mathfrak{K}$ mit der Gleichung $P(\mathfrak{x}) = 1$ und dem Volumen V mehr als 3^n Gitterpunkte, so gäbe es zwei Gitterpunkte $\mathfrak{k}$ und $\mathfrak{l}$ mit $\mathfrak{k} \equiv \mathfrak{l} \pmod 3$ und das Ellipsoid $P(\mathfrak{x}) = \left(\frac{2}{3}\right)^2$ vom Volumen $\left(\frac{2}{3}\right)^n V$ enthielte den vom Nullpunkt verschiedenen Gitterpunkt $\frac{\mathfrak{k}-\mathfrak{l}}{3}$. Enthält nun aber das letztere Ellipsoid keinen Gitterpunkt ausser dem Nullpunkt, so ist die Anzahl der Gitterpunkte in $\mathfrak{K}$ höchstens 3^n. Es bedeute λ das Minimum der Werte $\sqrt{P(\mathfrak{k})}$ in den vom Nullpunkt verschiedenen Gitterpunkten. Dann gilt nach (11) und (12) für das Volumen des Ellipsoids $P(\mathfrak{x}) = \lambda^2$, das ausser dem Mittelpunkt keinen Gitterpunkt im Innern besitzt, die Ungleichung

$$(13) \qquad V\lambda^n \leq (2\lambda)^n \left(1 + (3^n - 1) \int_\lambda^1 (1-x^2)^{\frac{n-1}{2}} dx \frac{2\Gamma\left(\frac{n}{2}+1\right)}{\pi^{\frac{1}{2}}\Gamma\left(\frac{n+1}{2}\right)} \right).$$

Ist nun $P(\mathfrak{x})$ derart normiert, dass $\lambda = \frac{2}{3}\sqrt{2}\, n^{-\frac{1}{16n}}$, also sicherlich $\frac{2}{3} < \lambda < 1$ ist, so hat die rechte Seite von (13) für unendlich werdendes n den asymptotischen Wert $(2\lambda)^n$. Bei hinreichend grossem n enthält daher ein Ellipsoid vom Volumen $\left(\frac{4\sqrt{2}}{3}\right)^n$ ausser dem Mittelpunkt noch einen weiteren Gitterpunkt. Es wurde bereits in der Einleitung bemerkt, dass Blichfeldt eine noch bessere Schranke für das Volumen abgeleitet hat. Andererseits hat Minkowski mit Hilfe seiner Reductionstheorie der quadratischen Formen bewiesen, dass es n-dimensionale Ellipsoide vom Volumen 2 gibt, die ausser dem Mittelpunkt keinen Gitterpunkt enthalten.

§ 3. Das Extremalproblem.

Es sei $\mathfrak{K}$ zunächst wieder ein beliebiger convexer Körper, der zum Nullpunkt symmetrisch liegt und sonst keinen Gitterpunkt enthält. Bedeutet $\psi(\mathfrak{x})$ eine stetige Function, die überall ausserhalb $\mathfrak{K}$ verschwindet, so haben die Fourierschen Constanten der periodischen Function

$$g(\mathfrak{x}) = \sum_{\mathfrak{k}} \psi(\mathfrak{x} + \mathfrak{k})$$

die Werte

$$b_{\mathfrak{l}} = \int_{\mathfrak{K}} \psi(\mathfrak{x}) e^{-2\pi i \mathfrak{l}\mathfrak{x}} d\mathfrak{x}.$$

Setzt man nun voraus, dass diese Werte $b_{\mathfrak{l}}$ sämtlich ≥ 0 sind, so wird nach dem Fejérschen Satze $g(\mathfrak{x})$ durch die Fouriersche Reihe dargestellt, und es ist speciell

$$(14) \qquad \psi(0) = g(0) = \sum_{\mathfrak{l}} b_{\mathfrak{l}} = \sum_{\mathfrak{l}} \int_{\mathfrak{K}} \psi(\mathfrak{x}) e^{-2\pi i \mathfrak{l}\mathfrak{x}} d\mathfrak{x}.$$

Da man hieraus (8) erhält, indem man für $\psi(\mathfrak{x})$ die Function $\int_{\mathfrak{K}} \overline{\varphi(\mathfrak{y})}\varphi(\mathfrak{y} + 2\mathfrak{x}) d\mathfrak{y}$ einsetzt, so könnte man hoffen, durch geeignete anderweitige Wahl von $\psi(\mathfrak{x})$ für den Fall des Ellipsoids eine brauchbarere Verschärfung des Minkowskischen Satzes zu finden, als sie durch (10) gegeben wird. Um eine günstige obere Abschätzung von V zu bekommen, muss man bei festem Werte von $\psi(0)$ eine günstige untere Abschätzung für die Summe der Mittelwerte der Grössen $\psi(\mathfrak{x})e^{-2\pi i \mathfrak{l}\mathfrak{x}}$ angeben. Da diese aber wieder von den Gitterpunkten $\mathfrak{l}$ abhängen, so wird man sich mit dem Mittelwert von $\psi(\mathfrak{x})$ allein als Minorante begnügen. Da ferner in der Bedingung $b_{\mathfrak{l}} \geq 0$ auch die Gitterpunkte auftreten, so wird man sie durch die schärfere, aber bequemer zu benutzende ersetzen, dass die Function

$$(15) \qquad h(\mathfrak{y}) = \int_{\mathfrak{K}} \psi(\mathfrak{x}) e^{-2\pi i \mathfrak{x}\mathfrak{y}} d\mathfrak{x}$$

im ganzen $\mathfrak{y}$-Raum $\mathfrak{R}$ (und nicht nur in seinen Gitterpunkten $\mathfrak{l}$) nicht-negativ ist. Bedeutet σ die obere Schranke der Werte $\int_{\mathfrak{K}} \psi(\mathfrak{x}) d\mathfrak{x} : \int_{\mathfrak{K}} \psi(0) d\mathfrak{x}$ für die Menge aller derjenigen im Ellipsoid $\mathfrak{K}$ stetigen Functionen $\psi(\mathfrak{x})$, für welche die durch (15) definierte Function $h(\mathfrak{y})$ im ganzen $\mathfrak{y}$-Raum nicht-negativ ist, so ist nach (14)

$$V \leq \sigma^{-1}.$$

Es zeigt sich nun, dass $\sigma = 2^{-n}$ ist; man erhält also auf diesem Wege keine Verschärfung des Minkowskischen Satzes. Da aber die zur Lösung des Extremalproblems führenden Überlegungen an sich ein gewisses Interesse besitzen und das Resultat Anwendungen auf die Theorie der ganzen Functionen gestattet, so möge der Beweis der Gleichung $\sigma = 2^{-n}$ hier mitgeteilt werden.

1) Da jedes Ellipsoid durch eine affine Transformation in die Einheitskugel $|\mathfrak{x}| = 1$ verwandelt werden kann, so darf man ohne Beschränkung der Allgemeinheit voraussetzen, dass $\mathfrak{K}$ diese Kugel ist. Ferner bleibt (15) richtig, wenn darin $h(\mathfrak{y})$ und $\psi(\mathfrak{x})$ durch ihre Mittelwerte auf den zum Nullpunkt concentrischen Kugeln ersetzt werden, und dabei behält auch der Ausdruck $\int_{\mathfrak{K}} \psi(\mathfrak{x})d\mathfrak{x} : \int_{\mathfrak{K}} \psi(0)d\mathfrak{x}$ seinen Wert. Folglich darf man für die Lösung des Extremalproblems voraussetzen, dass $\psi(\mathfrak{x})$ Rotationssymmetrie in bezug auf den Nullpunkt besitzt, also im wesentlichen nur von einer Variabeln abhängt. Nach (15) ist dann auch $h(\mathfrak{y})$ rotationssymmetrisch. Wegen der Voraussetzung $h(\mathfrak{y}) \geq 0$ wird umgekehrt auch die stetige Function $\psi(\mathfrak{x})$ durch das Fouriersche Integral

$$\psi(\mathfrak{x}) = \int_{\mathfrak{R}} h(\mathfrak{y}) e^{2\pi i \mathfrak{x}\mathfrak{y}} d\mathfrak{y} \tag{16}$$

dargestellt. Normiert man noch

$$h(0) = 1,$$

so ist

$$\int_{\mathfrak{K}} \psi(\mathfrak{x})d\mathfrak{x} : \int_{\mathfrak{K}} \psi(0)d\mathfrak{x} = V^{-1} : \int_{\mathfrak{R}} h(\mathfrak{y})d\mathfrak{y},$$

und man hat zu beweisen, dass für die Menge aller in der Form (15) darstellbaren rotationssymmetrischen nicht-negativen Functionen $h(\mathfrak{y})$ das Integral $\int_{\mathfrak{R}} h(\mathfrak{y})d\mathfrak{y}$ unter der Nebenbedingung $h(0) = 1$ die untere Schranke $\tau = V^{-1}\sigma^{-1} = 2^n : V$ besitzt.

2) Es soll jetzt gezeigt werden, dass für eine geeignete zulässige Function $h(\mathfrak{y})$ die untere Schranke τ wirklich angenommen wird. Es sei $\psi_k(\mathfrak{x})$ eine Minimalfolge, also ψ_k rotationssymmetrisch und stetig, $= 0$ überall ausserhalb von $\mathfrak{K}$,

$$\int_{|\mathfrak{x}| \leq 1} \psi_k(\mathfrak{x}) e^{-2\pi i \mathfrak{x}\mathfrak{y}} d\mathfrak{x} = h_k(\mathfrak{y}) \tag{17}$$

nicht-negativ in $\mathfrak{N}$, $h_k(0) = 1$ und

$$\int\limits_{\mathfrak{N}} h_k(\mathfrak{y})\,d\mathfrak{y} \to \tau. \tag{18}$$

Ist M die obere Schranke der linken Seite von (18), so ist nach (16)

$$|\psi_k(\mathfrak{x})| \leq M. \tag{19}$$

Vermöge (17) ist $h_k(\mathfrak{y})$ eine ganze Function der complexen Variabeln $\mathfrak{y} = (y_1, \ldots, y_n)$, für die wegen (19) die Ungleichung

$$|h_k(\mathfrak{y})| \leq M \int\limits_{|\mathfrak{x}| \leq 1} e^{2\pi \mathfrak{x} I(\mathfrak{y})}\,d\mathfrak{x}$$

gilt. Die Folge der $h_k(\mathfrak{y})$ ist daher gleichmässig beschränkt in jedem endlichen Teile des complexen $\mathfrak{y}$-Raumes. Nach dem Häufungstellenprincip darf man dann voraussetzen, dass die Folge $h_k(\mathfrak{y})$ in jedem endlichen Teile des complexen $\mathfrak{y}$-Raumes gleichmässig gegen eine Grenzfunction $h(\mathfrak{y})$ convergiert. Es ist auch $h(\mathfrak{y})$ nicht-negativ für reelle $\mathfrak{y}$, rotationssymmetrisch in bezug auf $\mathfrak{y} = 0$ und $h(0) = 1$. Bedeutet ferner $\mathfrak{N}'$ irgend einen endlichen Teil des reellen $\mathfrak{y}$-Raumes, so ist nach (18)

$$\int\limits_{\mathfrak{N}'} h_k(\mathfrak{y})\,d\mathfrak{y} \leq \int\limits_{\mathfrak{N}} h_k(\mathfrak{y})\,d\mathfrak{y} \to \tau$$

und andererseits

$$\int\limits_{\mathfrak{N}'} h_k(\mathfrak{y})\,d\mathfrak{y} \to \int\limits_{\mathfrak{N}'} h(\mathfrak{y})\,d\mathfrak{y},$$

also

$$\int\limits_{\mathfrak{N}} h(\mathfrak{y})\,d\mathfrak{y} \leq \tau. \tag{20}$$

Um von der Function $h(\mathfrak{y})$ nachzuweisen, dass sie in der Form (15) dargestellt werden kann, bilde man die durch (16) definierte Function $\psi(\mathfrak{x})$ der reellen Variabeln $\mathfrak{x}$. Es soll gezeigt werden, dass sie überall ausserhalb der Einheitskugel verschwindet.

Es sei $\mathfrak{x}$ ein Punkt ausserhalb von $\mathfrak{K}$. Man wähle n positive Zahlen $\xi_1, \ldots, \xi_n$ so klein, dass auch noch jeder Punkt $\mathfrak{t}$ des Rechtflachs $x_k \leq t_k \leq x_k + \xi_k$ $(k = 1, \ldots, n)$ ausserhalb von $\mathfrak{K}$ liegt. Da alle $\psi_k(\mathfrak{x})$ im ganzen Äussern von $\mathfrak{K}$ verschwinden, so ist nach (16)

$$\int\limits_{\mathfrak{N}} h_k(\mathfrak{y})\,e^{2\pi i \mathfrak{t}\mathfrak{y}}\,d\mathfrak{y} = 0,$$

und hieraus folgt durch Integration über das Rechtflach

$$(21) \qquad \int_{\mathfrak{R}} h_k(\mathfrak{y})\, e^{2\pi i \mathfrak{x}\mathfrak{y}} \prod_{r=1}^{n} \frac{e^{2\pi i \xi_r y_r} - 1}{2\pi i y_r}\, d\mathfrak{y} = 0.$$

Da nun in jedem endlichen Teil von $\mathfrak{R}$ die Folge $h_k(\mathfrak{y})$ gleichmässig gegen $h(\mathfrak{y})$ strebt, so liefert (21) in Verbindung mit (18), dass auch

$$\int_{\mathfrak{R}} h(\mathfrak{y})\, e^{2\pi i \mathfrak{x}\mathfrak{y}} \prod_{r=1}^{n} \frac{e^{2\pi i \xi_r y_r} - 1}{2\pi i y_r}\, d\mathfrak{y} = 0$$

ist, und hieraus erhält man durch Differentiation nach $\xi_1, \ldots, \xi_n$ die Gleichung

$$\int_{\mathfrak{R}} h(\mathfrak{y})\, e^{2\pi i \mathfrak{x}\mathfrak{y}}\, d\mathfrak{y} = 0 \qquad (|\mathfrak{x}| > 1),$$

also das behauptete Verschwinden der durch (16) definierten Function $\psi(\mathfrak{x})$ ausserhalb von $\mathfrak{K}$.

Als analytische Function hat nun $h(\mathfrak{y})$ Ableitungen aller Ordnung; nach dem Fourierschen Satz gilt also auch die Darstellung (15) für $h(\mathfrak{y})$. Daher ist $h(\mathfrak{y})$ eine zulässige Function, und man hat nach (20) in der Tat die Gleichung

$$(22) \qquad \int_{\mathfrak{R}} h(\mathfrak{y})\, d\mathfrak{y} = \tau.$$

3) Die gefundene Extremalfunction $h(\mathfrak{y})$ ist ganz und rotationssymmetrisch, also eine gerade ganze Function von $\sqrt{y_1^2 + \cdots + y_n^2} = z$ allein. Setzt man

$$h(\mathfrak{y}) = f(z),$$

so ist $f(0) = 1$ und $f(z) \geq 0$ für reelle z. Alle etwaigen reellen Nullstellen von $f(z)$ haben demnach gerade Ordnung. Es wird bewiesen werden, dass $f(z)$ keine nicht-reelle Nullstelle besitzt. Daraus folgt dann, dass $h(\mathfrak{y})$ das Quadrat einer ganzen Function ist.

Wäre $i\zeta$, also auch $-i\zeta$, eine rein imaginäre Nullstelle von $f(z)$, so betrachte man die ganze Function

$$f_1(z) = f(z) : \left(1 + \frac{z^2}{\zeta^2}\right).$$

Für diese wäre $f_1(0) = 1$, $f_1(z) \geq 0$ auf der reellen Achse,

$$\int_{\mathfrak{R}} f_1(|\mathfrak{y}|)\, d\mathfrak{y} < \int_{\mathfrak{R}} f(|\mathfrak{y}|)\, d\mathfrak{y} = \tau,$$

und dies wäre ein Widerspruch, wenn man noch zeigen kann, dass auch $f_1(z)$ in der Form (15) darstellbar wäre. Zu diesem Zwecke hat man wieder nur nachzuweisen, dass die Function

$$\int\limits_{\mathfrak{R}} \frac{h(\mathfrak{y})}{\zeta^2 + |\mathfrak{y}|^2} e^{2\pi i \mathfrak{x}\mathfrak{y}} d\mathfrak{y} = \varphi_1(\mathfrak{x}) \tag{23}$$

überall ausserhalb $\mathfrak{K}$ verschwindet. Integriert man (23) zweimal über jede Coordinate, so entsteht die Gleichung

$$\int\limits_{\mathfrak{R}} \frac{h(\mathfrak{y})}{\zeta^2 + |\mathfrak{y}|^2} e^{2\pi i \mathfrak{x}\mathfrak{y}} \prod_{r=1}^{n} \left(\frac{\sin \pi \xi_r y_r}{\pi y_r}\right)^2 d\mathfrak{y} = \tag{24}$$
$$= \int\limits_{-\xi_1}^{+\xi_1} \cdots \int\limits_{-\xi_n}^{+\xi_n} \varphi_1(\mathfrak{x} + \mathfrak{t}) \prod_{r=1}^{n} (\xi_r - |t_r|) dt_1 \ldots dt_n.$$

An Stelle des Integrals K auf der linken Seite werde das Integral $K(Y)$ mit den Grenzen $y_1 = \pm nY$, $y_2 = \pm Y$, $y_3 = \pm Y, \ldots, y_n = \pm Y$ betrachtet, das für $Y \to \infty$ gegen K convergiert. Nach dem Satz von Cauchy darf man die Integrationsstrecke $-nY \leq y_1 \leq +nY$ durch den Halbkreis $y_1 = nYe^{i\vartheta}$ $(\pi \geq \vartheta \geq 0)$ ersetzen. In dem so abgeänderten Integrationsgebiet ist nach (15), (16) und (22)

$$|h(\mathfrak{y})| \leq \tau \int\limits_{|\mathfrak{x}| \leq 1} e^{2\pi \mathfrak{x} I(\mathfrak{y})} d\mathfrak{x} \leq \tau V e^{2\pi I(y_1)}. \tag{25}$$

Wegen der Rotationssymmetrie genügt es, das Verschwinden von $\varphi_1(\mathfrak{x})$ für $x_1 > 1$, $x_2 = 0, x_3 = 0, \ldots, x_n = 0$ zu beweisen. Es ist aber nach (25) für $Y \to \infty$

$$K(Y) = O\left(Y^{-2} \int\limits_0^{\pi} e^{-2\pi(x_1 - \xi_1 - 1) I(y_1)} d\vartheta\right),$$

und die rechte Seite strebt gegen 0, wenn die positive Zahl $\xi_1 \leq x_1 - 1$ gewählt wird. Unter dieser Bedingung verschwindet also die rechte Seite von (24). Differentiiert man sie zweimal nach jeder der Variabeln $\xi_1, \ldots, \xi_n$ und lässt dann diese gegen 0 convergieren, so folgt die Behauptung.

Eine rein imaginäre Nullstelle von $f(z)$ existiert daher nicht. Besässe andererseits $f(z)$ eine Nullstelle $\zeta = \xi + i\eta$ mit $\xi\eta \neq 0$, so wäre, da $f(z)$ gerade und auf der reellen Achse reell ist, auch $\pm \xi \pm i\eta$ eine Nullstelle. Die ganze Function

$$f_2(z) = \frac{\left(1 - \frac{z^2}{|\zeta|^2}\right)^2 f(z)}{\left(1 - \frac{z^2}{\zeta^2}\right)\left(1 - \frac{z^2}{\bar{\zeta}^2}\right)},$$

wo $\bar{\zeta}$ die zu ζ conjugiert complexe Zahl $\xi - i\eta$ bedeutet, ist dann 1 für $z = 0$ und nicht-negativ für reelle z. Die Darstellbarkeit von $f_2(z)$ in der Form (15) folgt auf dieselbe Weise wie oben die von $f_1(z)$. Da nun aber für reelles $z \neq 0$ die Ungleichung

$$\left(1 - \frac{z^2}{|\zeta|^2}\right)^2 = 1 - z^2\left(\frac{1}{|\zeta|^2} + \frac{1}{|\zeta|^2}\right) + \frac{z^4}{|\zeta|^4} < 1 - z^2\left(\frac{1}{\zeta^2} + \frac{1}{\bar{\zeta}^2}\right) + $$
$$+ \frac{z^4}{\zeta^2\bar{\zeta}^2} = \left(1 - \frac{z^2}{\zeta^2}\right)\left(1 - \frac{z^2}{\bar{\zeta}^2}\right)$$

gilt, so folgte

$$\int_{\mathfrak{R}} f_2(|\mathfrak{y}|)d\mathfrak{y} < \int_{\mathfrak{R}} f(|\mathfrak{y}|)d\mathfrak{y} = \tau,$$

also ein Widerspruch gegen die Extremaleigenschaft von $h(\mathfrak{y})$.

Daher ist wirklich, wie behauptet wurde, $h(\mathfrak{y})$ das Quadrat einer ganzen Function $p(\mathfrak{y})$. Wegen $h(0) = 1$ ist $p(0) = \pm 1$ und die Normierung $p(0) = 1$ zulässig.

4) Aus der Convergenz von

$$\int_{\mathfrak{R}} p^2(\mathfrak{y})d\mathfrak{y} = \tau \tag{26}$$

ergibt sich nach dem von Plancherel in allgemeinster Form bewiesenen Fourierschen Satz, dass das Integral

$$\int_{\mathfrak{R}} p(\mathfrak{y})e^{2\pi i \mathfrak{x}\mathfrak{y}}d\mathfrak{y}$$

für fast alle $\mathfrak{x}$ convergiert und eine quadratisch integrierbare Function $\chi(\mathfrak{x})$ darstellt, die der Gleichung

$$\int_{\mathfrak{R}} |\chi(\mathfrak{x})|^2 d\mathfrak{x} = \int_{\mathfrak{R}} |p(\mathfrak{y})|^2 d\mathfrak{y} \tag{27}$$

und für fast alle $\mathfrak{y}$ der Gleichung

$$\int_{\mathfrak{R}} \chi(\mathfrak{x})e^{-2\pi i \mathfrak{x}\mathfrak{y}}d\mathfrak{x} = p(\mathfrak{y}) \tag{28}$$

genügt. Es soll gezeigt werden, dass $\chi(\mathfrak{x})$ fast überall im Äussern der Kugel $|\mathfrak{x}| \leq \frac{1}{2}$ verschwindet. Zu diesem Zwecke sind einige der zum Plancherelschen Satz führenden Überlegungen im vorliegenden Fall anzuwenden.

Es sei $0 < r < R$ und

$$\int\limits_{r \leq |\mathfrak{y}| \leq R} p(\mathfrak{y}) e^{2\pi i \mathfrak{x}\mathfrak{y}} d\mathfrak{y} = \varphi(\mathfrak{x}, r, R).$$

Da $p(\mathfrak{y})$ analytisch ist, so gilt für reelle $\mathfrak{y}$ umgekehrt

$$\int\limits_{\mathfrak{R}} \varphi(\mathfrak{x}, r, R) e^{-2\pi i \mathfrak{x}\mathfrak{y}} d\mathfrak{x} = \begin{cases} p(\mathfrak{y}) & (r < |\mathfrak{y}| < R) \\ 0 & (|\mathfrak{y}| < r \text{ oder } |\mathfrak{y}| > R) \end{cases}$$

und ferner

$$\int\limits_{\mathfrak{R}} |\varphi(\mathfrak{x}, r, R)|^2 d\mathfrak{x} = \int\limits_{r \leq |\mathfrak{y}| \leq R} |p(\mathfrak{y})|^2 d\mathfrak{y}$$

Da das letzte Integral für $r \to \infty$ den Grenzwert 0 hat, so folgt in üblicher Weise die Existenz einer monoton gegen ∞ wachsenden Zahlfolge r_k von der Art, dass die Functionenfolge

$$(29) \qquad \int\limits_{|\mathfrak{y}| \leq r_k} p(\mathfrak{y}) e^{2\pi i \mathfrak{x}\mathfrak{y}} d\mathfrak{y} = \chi_k(\mathfrak{x}) \qquad (k = 1, 2, \ldots)$$

fast überall im $\mathfrak{x}$-Raum gegen eine Function $\chi(\mathfrak{x})$ convergiert, und zwar ist dies gerade die oben im Wortlaut des Plancherelschen Satzes auftretende Function. Aus (29) bilde man die zu (24) analoge Gleichung

$$(30) \qquad \int\limits_{|\mathfrak{y}| \leq r_k} p(\mathfrak{y}) e^{2\pi i \mathfrak{x}\mathfrak{y}} \prod_{s=1}^{n} \left(\frac{\sin \pi \xi_s y_s}{\pi y_s}\right)^2 d\mathfrak{y} =$$

$$= \int\limits_{-\xi_1}^{+\xi_1} \cdots \int\limits_{-\xi_n}^{+\xi_n} \chi_k(\mathfrak{x} + \mathfrak{t}) \prod_{s=1}^{n} (\xi_s - |t_s|)\, dt_1 \ldots dt_n.$$

Setzt man zur Abkürzung $r_k^2 - (y_2^2 + \cdots + y_n^2) = Y^2$, so hat man bei festen $y_2, \ldots, y_n$ über y_1 von $-Y$ bis $+Y$ zu integrieren. Nach dem Satze von Cauchy kann man statt dessen über den Halbkreis $y_1 = Ye^{i\vartheta}$ $(\pi \geq \vartheta \geq 0)$ integrieren. Da nun nach (25) im Integrationsgebiet die Ungleichung

$$|p(\mathfrak{y})| \leq \sqrt{\tau V}\, e^{\pi I(y_1)}$$

gilt, so kann man für wachsendes k das Integral auf der linken Seite von (30) durch

$$(31) \qquad O\left(\int\limits_{y_2^2 + \cdots + y_n^2 \leq r_k^2} \cdots \int \prod_{s=2}^{n} (1 + y_s^2)^{-1} \frac{Y}{1 + Y^2} \left(\int\limits_0^{\pi} e^{-2\pi\left(x_1 - \xi_1 - \frac{1}{2}\right) I(y_1)} d\vartheta\right) dy_2 \ldots dy_n\right)$$

majorisieren. Wegen der Rotationssymmetrie von $p(\mathfrak{y})$, $\chi(\mathfrak{x})$, $\chi_k(\mathfrak{x})$ genügt es, das behauptete Verschwinden von $\chi(\mathfrak{x})$ für $|\mathfrak{x}| > \frac{1}{2}$ unter der speciellen Annahme $x_1 > \frac{1}{2}$, $x_2 = 0$, $x_3 = 0, \ldots, x_n = 0$ nachzuweisen. Wählt man nun die positive Zahl $\xi_1 \leq x_1 - \frac{1}{2}$, so strebt der Ausdruck in (31) mit wachsendem k gegen 0, und dasselbe gilt also für die rechte Seite von (30). Da nun andererseits $\chi_k(\mathfrak{x})$ im Mittel gegen $\chi(\mathfrak{x})$ convergiert, so folgt mit Hilfe der Schwarzschen Ungleichung die Beziehung

$$\int_{-\xi_1}^{+\xi_1} \cdots \int_{-\xi_n}^{+\xi_n} \chi(\mathfrak{x} + \mathfrak{t}) \prod_{s=1}^{n} (\xi_s - |t_s|) dt_1 \ldots dt_n = 0$$

und hieraus durch zweimalige Differentiation nach jeder Variabeln $\xi_1, \ldots, \xi_n$, dass $\chi(\mathfrak{x})$ fast überall ausserhalb der Kugel $|\mathfrak{x}| \leq \frac{1}{2}$ verschwindet.

Setzt man noch $\chi\left(\frac{\mathfrak{x}}{2}\right) = \varphi(\mathfrak{x})$, so ist also nach (26) und (27)

(32) $$\int_{\mathfrak{K}} |\varphi(\mathfrak{x})|^2 d\mathfrak{x} = 2^n \tau$$

und nach (28) fast überall

(33) $$p(\mathfrak{y}) = 2^{-n} \int_{\mathfrak{K}} \varphi(\mathfrak{x}) e^{-\pi i \mathfrak{x}\mathfrak{y}} d\mathfrak{x}.$$

Da $p(\mathfrak{y})$ analytisch ist, so gilt die letzte Gleichung sogar überall, und es gilt speciell wegen $p(0) = 1$ die Formel

(34) $$\int_{\mathfrak{K}} \varphi(\mathfrak{x}) d\mathfrak{x} = 2^n.$$

5) Nach der Schwarzschen Ungleichung ist

$$\left| \int_{\mathfrak{K}} \varphi(\mathfrak{x}) d\mathfrak{x} \right|^2 \leq V \int_{\mathfrak{K}} |\varphi(\mathfrak{x})|^2 d\mathfrak{x},$$

wo das Gleichheitszeichen nur dann steht, wenn $\varphi(\mathfrak{x})$ fast überall in $\mathfrak{K}$ constant ist. Aus (32) und (34) folgt also wegen der Bedeutung von τ das Resultat $\tau = 2^n : V$, wie früher behauptet worden war. Ferner ist $\varphi(\mathfrak{x})$ fast überall in $\mathfrak{K}$ constant, und zwar ist dieser constante Wert wegen (34) gleich $2^n : V$. Nach (33) ist daher

$$p(\mathfrak{y}) = V^{-1} \int_{\mathfrak{R}} e^{-\pi i \mathfrak{x}\mathfrak{y}} d\mathfrak{x},$$

oder, wie eine einfache Umformung zeigt, nach (9)

$$p(\mathfrak{y}) = B_{\frac{n}{2}}(\pi z) \qquad (z^2 = y_1^2 + \cdots + y_n^2),$$

$$h(\mathfrak{y}) = B_{\frac{n}{2}}^2(\pi z).$$

Damit ist das Variationsproblem gelöst. Es hat sich genau eine rotationssymmetrische Extremalfunction ergeben. Wegen der unter 3) abgeleiteten Eigenschaften ist zugleich ohne Benutzung der Differentialgleichung oder expliciter Darstellungen die Realität sämtlicher Nullstellen der Besselschen Functionen $I_{\frac{n}{2}}(x)$ bewiesen. Dieser Realitätsbeweis scheint aber nicht auf allgemeinere Classen von Functionen übertragbar zu sein.

§ 4. Anwendungen auf die Theorie der ganzen Functionen.

Die im vorigen Paragraphen betrachteten Functionen $h(\mathfrak{y})$ waren rotationssymmetrisch, in der Form

(35) $$h(\mathfrak{y}) = \int_{|\mathfrak{x}| \leq 1} \psi(\mathfrak{x}) e^{-2\pi i \mathfrak{x}\mathfrak{y}} d\mathfrak{x}$$

darstellbar, für reelle $\mathfrak{y}$ nicht-negativ und lieferten ein convergentes Integral $\int_{\mathfrak{R}} h(\mathfrak{y}) d\mathfrak{y}$. Setzt man wieder $y_1^2 + \cdots + y_n^2 = z^2$ und $h(\mathfrak{y}) = f(z)$, so ist $f(z)$ eine gerade ganze Function, auf der reellen Achse $f(z) \geq 0$ und das Integral $\int_0^\infty f(x) x^{n-1} dx = \frac{1}{n V} \int_{\mathfrak{R}} h(\mathfrak{y}) d\mathfrak{y}$ convergent. Aus (35) folgt

(36) $$f(z) = O(e^{2\pi |z|}) \qquad (z \to \infty).$$

Es soll nun gezeigt werden, dass (36) auch hinreichend ist, damit eine gerade ganze Function $f(z)$, für welche das reell erstreckte Integral $\int_0^\infty |f(x)| x^{n-1} dx$ convergiert, in der Form (35) dargestellt werden kann.

Auf grund des Fourierschen Satzes genügt es zu beweisen, dass die durch die Gleichung

$$\int\limits_{\mathfrak{R}} f(z) e^{2\pi i \mathfrak{x}\mathfrak{y}} d\mathfrak{y} = \psi(\mathfrak{x}) \qquad (z^2 = y_1^2 + \cdots + y_n^2)$$

definierte Function $\psi(\mathfrak{x})$ für $|\mathfrak{x}| > 1$ verschwindet. Dies folgt wie das Entsprechende für $\varphi_1(\mathfrak{x})$ in § 3 unter 3), falls nur die Abschätzung

$$f(z) = O\left(e^{2\pi\sqrt{(Iy_1)^2 + \cdots + (Iy_n)^2}}\right) \qquad (z \to \infty) \tag{37}$$

bewiesen werden kann. Wegen der für jedes complexe α gültigen Gleichung $|\alpha|^2 = R(\alpha^2) + 2(I\alpha)^2$ und der Ungleichung $|z|^2 \leq |y_1|^2 + \cdots + |y_n|^2$ ist (37) bewiesen, sowie man die Gültigkeit der schärferen Abschätzung

$$f(z) = O(e^{2\pi |I(z)|}) \qquad (z \to \infty) \tag{38}$$

gezeigt hat. Es sei nun

$$\int\limits_0^z f(\zeta)\zeta^{n-1} d\zeta = z^{n-1} g(z).$$

Dann ist nach (36) auch die ganze Function $g(z) = O(e^{2\pi|z|})$; ferner ist $g(z)$ wegen der Convergenz von $\int\limits_0^\infty |f(x)| x^{n-1} dx$ auf der ganzen reellen Achse beschränkt. Nach einer bekannten zuerst von Lindelöf und Phragmén benutzten Schlussweise folgt daraus $g(z) = O(e^{2\pi |I(z)|})$. Da aber $f(z) z^{n-1} = D(z^{n-1} g(z))$ ist, so liefert der Cauchysche Satz die Behauptung (38).

Die Voraussetzung (36) kann noch durch die schwächere ersetzt werden, dass für jedes $\varrho > 2\pi$ die Beziehung

$$f(z) = O(e^{\varrho |z|}) \qquad (z \to \infty)$$

gilt. Nach dem oben Bewiesenen verschwindet dann nämlich die Function

$$\int\limits_{\mathfrak{R}} f\left(\frac{2\pi}{\varrho} z\right) e^{2\pi i \mathfrak{x}\mathfrak{y}} d\mathfrak{y} = \left(\frac{\varrho}{2\pi}\right)^n \psi\left(\frac{\varrho}{2\pi}\mathfrak{x}\right)$$

für $|\mathfrak{x}| > 1$, also auch $\psi(\mathfrak{x})$ selbst.

Beachtet man jetzt noch, dass die Function $f(z) + f(-z)$ auch für nichtgerades $f(z)$ gerade ist, so lässt sich das Resultat von § 3 folgendermassen formulieren:

Es sei $f(z)$ ganz, reell für reelles z, $f(0) = 1$ und für jedes $\varrho > 1$

$$f(z) = O(e^{\varrho |z|}) \qquad (z \to \infty).$$

Ist dann

$$(39) \qquad \int_{-\infty}^{+\infty} f(x)\,|\,x\,|^{n-1}\,dx \leq 2^{2n}\,\Gamma\left(\frac{n}{2}\right)\Gamma\left(\frac{n}{2}+1\right),$$

so hat $f(z)$ eine reelle Nullstelle, und zwar von ungerader Ordnung, wenn nicht $f(z)$ die specielle Function $B^2_{\frac{n}{2}}\left(\frac{z}{2}\right)$ ist. In dieser Aussage kann die rechte Seite von (39) durch keine grössere Zahl ersetzt werden.

Für die Fälle $n = 1, 2, 3$ erhält man speciell: Es sei $f(z)$ ganz, nicht-negativ für reelles z, $f(0) = 1$ und $f(z) = O(e^{\varrho|z|})$ für jedes $\varrho > 1$. Dann ist

$$\int_{-\infty}^{+\infty} f(x)\,dx \geq 2\pi, \qquad \int_{-\infty}^{+\infty} f(x)\,|\,x\,|\,dx \geq 16, \qquad \int_{-\infty}^{+\infty} f(x)\,x^2\,dx \geq 24\pi,$$

und hierin steht das Gleichheitszeichen nur für die speciellen Functionen

$$f(z) = \left(\sin\frac{z}{2}\right)^2 : \left(\frac{z}{2}\right)^2, \qquad f(z) = \left(2\,I_1\left(\frac{z}{2}\right)\right)^2 : \left(\frac{z}{2}\right)^2,$$

$$f(z) = \left(3\sin\frac{z}{2} - 3\frac{z}{2}\cos\frac{z}{2}\right)^2 : \left(\frac{z}{2}\right)^6.$$

Endlich ist in den Überlegungen dieses Paragraphen noch folgender Satz enthalten: Ist $f(z)$ ganz, $= O(e^{\varepsilon|z|})$ für jedes positive ε und das Integral $\int_{-\infty}^{+\infty} |\,f(x)\,|\,dx$ convergent, so verschwindet $f(z)$ identisch.

20.

Über die analytische Theorie der quadratischen Formen

Annals of Mathematics 36 (1935), 527—606

Zu den bekanntesten Sätzen der Arithmetik gehört die zuerst von Fermat bemerkte Tatsache, dass jede Primzahl der Form $4n + 1$ und keine Primzahl der Form $4n + 3$ Summe von zwei Quadratzahlen ist. Hieraus erhält man leicht die Aussage: Die Gleichung $x^2 + y^2 = p$, in der p eine Primzahl bedeutet, ist dann und nur dann ganzzahlig lösbar, wenn die Congruenz $x^2 + y^2 \equiv p \pmod{q}$ für jeden natürlichen Modul q eine Lösung hat. Dadurch wird also die Frage nach der Lösbarkeit einer Gleichung in ganzen rationalen Zahlen übergeführt in die Frage nach der Lösbarkeit in ganzen q-adischen Zahlen.

Stellt man sich nun allgemein das Problem, über die Lösbarkeit von

$$ax^2 + bxy + cy^2 = d \tag{1}$$

durch Untersuchung der entsprechenden Congruenzen

$$ax^2 + bxy + cy^2 \equiv d \pmod{q} \tag{2}$$

zu entscheiden, so lehrt das Beispiel $5x^2 + 11y^2 = 1$, dass aus der Lösbarkeit von (2) für jedes q noch nicht die ganzzahlige Lösbarkeit von (1) zu folgen braucht. Verzichtet man aber auf Lösungen in ganzen Zahlen und lässt auch gebrochene rationale Lösungen zu, so besagt ein wichtiger Satz von Legendre, dass aus der Lösbarkeit von (2) für jedes q die Lösbarkeit von (1) folgt. Dieser Legendresche Satz wurde von Hasse zu einer entsprechenden Aussage für das Problem der linearen Transformation einer quadratischen Form Q von m Variabeln in eine quadratische Form R von n Variabeln verallgemeinert: Damit Q in R durch eine lineare Substitution mit rationalen Coefficienten transformiert werden kann, ist notwendig und hinreichend, dass dies für jedes q mit q-adischen Coefficienten und ausserdem mit reellen Coefficienten möglich ist. Für $m = 2$, $n = 1$ entsteht hieraus der Satz von Legendre, wenn man beachtet, dass in diesem Falle die reelle Lösbarkeit auf grund des quadratischen Reciprocitätsgesetzes eine Folge der q-adischen Lösbarkeit ist. Ein anderer Specialfall des Hasseschen Satzes, nämlich $m = n$, wurde bereits von Minkowski ohne ausführlichen Beweis behandelt.

Um einen Ansatz für eine quantitative Verschärfung der qualitativen Aussage des Legendre-Hasseschen Satzes zu gewinnen, also eine Aussage über Lösungsanzahl statt Lösungsexistenz, stelle man folgende Betrachtung an. Es seien Q und Q_1 zwei quadratische Formen, deren Determinanten $\neq 0$ sind. Wenn sie miteinander äquivalent, d.h. ineinander ganzzahlig transformierbar sind, so besteht offenbar eine umkehrbar eindeutige Zuordnung zwischen den ganzzahligen Transformationen von Q in R und von Q_1 in R. Dasselbe gilt, wenn an stelle des Ringes der ganzen rationalen Zahlen der Ring der ganzen q-adischen Zahlen gewählt wird. Es kann nun aber vorkommen, dass zwei Formen Q und Q_1 für jedes q stets q-adisch äquivalent und ausserdem reell äquivalent (d.h. reell ineinander transformierbar) sind, ohne dass sie im Ring der ganzen rationalen Zahlen äquivalent sind; ein Beispiel hierfür liefern $5x^2 + 11y^2$ und $x^2 + 55y^2$. Will man einen Zusammenhang zwischen den Lösungsanzahlen von Gleichungen und Congruenzen finden, so erscheint es ratsam, nicht Q vor Q_1 auszuzeichnen, sondern gleichzeitig die ganzzahligen Transformationen von Q in R und von Q_1 in R zu untersuchen. Man betrachte also die Gesamtheit der quadratischen Formen, die mit Q reell und ausserdem q-adisch für jedes q äquivalent sind; diese bilden das Geschlecht von Q. Aus jeder der endlich vielen Classen äquivalenter Formen des Geschlechts wähle man einen Repräsentanten. Es seien dies $Q, Q_1, \cdots$ mit den Matrizen $\mathfrak{S}, \mathfrak{S}_1, \cdots$, und es sei $\mathfrak{T}$ die Matrix von R.

Es folgt nun zunächst aus dem Legendre-Hasseschen Satz ohne erhebliche Schwierigkeit: Ist Q für jedes q ganzzahlig q-adisch und ausserdem reell in R transformierbar, so ist mindestens eine der Formen $Q, Q_1, \cdots$ ganzzahlig in R transformierbar. Dass darüber hinaus eine quantitative Beziehung zwischen den Anzahlen der ganzen q-adischen und der ganzen rationalen Transformationen besteht, ist das Hauptresultat der vorliegenden Abhandlung. Dieses soll jetzt für den Fall eines positiven definiten Q formuliert werden. Es seien $A(\mathfrak{S}, \mathfrak{T})$, $A(\mathfrak{S}_1, \mathfrak{T}), \cdots$ die Anzahlen der ganzzahligen Transformationen von $Q, Q_1, \cdots$ in R, also die Lösungsanzahlen der Matrizengleichungen $\mathfrak{X}'\mathfrak{S}\mathfrak{X} = \mathfrak{T}$, $\mathfrak{X}_1'\mathfrak{S}_1\mathfrak{X}_1 = \mathfrak{T}, \cdots$. Ferner seien $A(\mathfrak{S}, \mathfrak{S}) = E(\mathfrak{S})$, $A(\mathfrak{S}_1, \mathfrak{S}_1) = E(\mathfrak{S}_1), \cdots$ die Anzahlen der ganzzahligen Transformationen von $Q, Q_1, \cdots$ in sich selbst. Es stellt sich dann heraus, dass die Zahl

$$(3) \qquad \left(\frac{A(\mathfrak{S}, \mathfrak{T})}{E(\mathfrak{S})} + \frac{A(\mathfrak{S}_1, \mathfrak{T})}{E(\mathfrak{S}_1)} + \cdots\right) : \left(\frac{1}{E(\mathfrak{S})} + \frac{1}{E(\mathfrak{S}_1)} + \cdots\right)$$

in überraschend einfachem Zusammenhang steht mit der Anzahl der ganzzahligen Transformationen von Q in R modulo q, also mit der Lösungsanzahl $A_q(\mathfrak{S}, \mathfrak{T})$ der Matrizencongruenz $\mathfrak{X}'\mathfrak{S}\mathfrak{X} \equiv \mathfrak{T} \pmod{q}$. Lässt man nämlich q eine solche Folge von natürlichen Zahlen durchlaufen, dass jede natürliche Zahl in fast allen Gliedern der Folge aufgeht, also z.B. die Folge der Facultäten, so existiert

$$(4) \qquad \lim_{q \to \infty} A_q(\mathfrak{S}, \mathfrak{T})\, q^{\frac{n(n+1)}{2} - mn}$$

im Falle $n < m$ und unterscheidet sich von (3) nur um einen Factor κ, der allein von m, n und den Determinanten $|\mathfrak{S}|$, $|\mathfrak{T}|$ abhängt. Dieser Factor κ lässt sich folgendermassen independent definieren: Man betrachte die $\frac{n(n+1)}{2}$ unabhängigen Elemente der Matrix $\mathfrak{T}$ als cartesische Coordinaten eines Punktes im $\frac{n(n+1)}{2}$-dimensionalen Raum. Jedem Gebiete G dieses Raumes entspricht dann vermöge der Gleichung $\mathfrak{X}'\mathfrak{S}\mathfrak{X} = \mathfrak{T}$ bei festem $\mathfrak{S}$ ein Gebiet G' des mn-dimensionalen $\mathfrak{X}$-Raumes. Sind dann $v(G)$ und $v(G')$ die Volumina dieser beiden Gebiete, so lasse man G auf den Punkt zusammenschrumpfen, welcher zur Matrix $\mathfrak{T}$ von R gehört, und bilde dabei

$$\lambda = \lim \frac{v(G')}{v(G)}.$$

Dann ist $\kappa = \frac{1}{2}\lambda$ für $m = n+1$, $\kappa = \lambda$ für $m > n+1$.

Die Grösse λ ist gewissermassen als Lösungszahl von $\mathfrak{X}'\mathfrak{S}\mathfrak{X} = \mathfrak{T}$ in reellen Zahlen anzusehen und kann daher als wahrscheinlicher Wert der Anzahlen $A(\mathfrak{S}, \mathfrak{T}), A(\mathfrak{S}_1, \mathfrak{T}), \cdots$ bezeichnet werden. Analog kann man $q^{mn - \frac{n(n+1)}{2}}$ als wahrscheinlichen Wert von $A_q(\mathfrak{S}, \mathfrak{T})$ ansehen, denn es gibt $q^{\frac{n(n+1)}{2}}$ modulo q verschiedene $\mathfrak{T}$ und q^{mn} modulo q verschiedene $\mathfrak{X}$. Der im vorigen Absatz ausgesprochene Satz gestattet also folgende kurze Formulierung: Das Verhältnis der Zahl $\frac{A(\mathfrak{S}, \mathfrak{T})}{E(\mathfrak{S})} + \frac{A(\mathfrak{S}_1, \mathfrak{T})}{E(\mathfrak{S}_1)} + \cdots$ zu ihrem wahrscheinlichen Wert ist gleich dem Grenzwert des Verhältnisses der Zahl $A_q(\mathfrak{S}, \mathfrak{T})$ zu ihrem wahrscheinlichen Wert im Falle $m > n+1$, und halb so gross im Falle $m = n+1$.

Der Ausdruck (4) lässt sich auch als ein über alle Primzahlen zu erstreckendes unendliches Produkt schreiben. Bedeutet q speciell eine Potenz p^a einer Primzahl p, so ist die Grösse $A_q(\mathfrak{S}, \mathfrak{T})q^{\frac{n(n+1)}{2} - mn}$ bei festen $\mathfrak{S}$ und $\mathfrak{T}$ für alle hinreichend grossen a constant, also eine rationale Zahl $\alpha_p(\mathfrak{S}, \mathfrak{T})$, die als Lösungsdichte von $\mathfrak{X}'\mathfrak{S}\mathfrak{X} = \mathfrak{T}$ im Körper der p-adischen Zahlen bezeichnet werden kann. Es wird dann (4) gleich dem über alle Primzahlen in natürlicher Reihenfolge zu erstreckenden Produkt $\prod_p \alpha_p(\mathfrak{S}, \mathfrak{T})$ und folglich die "Lösungsdichte im Körper der rationalen Zahlen"

$$\frac{\dfrac{A(\mathfrak{S}, \mathfrak{T})}{E(\mathfrak{S})} + \dfrac{A(\mathfrak{S}_1, \mathfrak{T})}{E(\mathfrak{S}_1)} + \cdots}{\dfrac{\lambda}{E(\mathfrak{S})} + \dfrac{\lambda}{E(\mathfrak{S}_1)} + \cdots} = \prod_p \alpha_p(\mathfrak{S}, \mathfrak{T}), \tag{5}$$

also gleich dem Produkt aller p-adischen Lösungsdichten; dabei ist im Falle $m = n+1$ rechts noch der Factor $\frac{1}{2}$ hinzuzufügen.

Die p-adischen Lösungsdichten $\alpha_p(\mathfrak{S}, \mathfrak{T})$ haben für alle p, die nicht in $2\,|\mathfrak{S}|\,|\mathfrak{T}|$ aufgehen, einen einfachen expliciten Ausdruck, und auch das Product dieser α_p lässt sich in einfacher Form schreiben. Da jedoch die Bestimmung der übrigen endlich vielen α_p mühsame elementare Rechnungen erfordert und zu unübersichtlichen Werten führt, so erscheint die Gleichung (5) trotz ihrer transcendenten Form als die zweckmässigste Fassung des Zusammenhangs zwischen der

Theorie der quadratischen Formen im rationalen Zahlkörper und der Theorie in den p-adischen Körpern.

Die Formel (5) gilt auch in dem bisher auszuschliessenden Falle $m = n$, wenn dann bei der Definition von $\alpha_p(\mathfrak{S}, \mathfrak{T})$ und ausserdem auf der rechten Seite von (5) noch der Factor $\frac{1}{2}$ hinzugefügt wird. Wählt man speciell $\mathfrak{S} = \mathfrak{T}$, so geht die Grösse (3) offenbar über in den reciproken Wert des Masses des Geschlechtes von $\mathfrak{S}$, also des Ausdrucks $\frac{1}{E(\mathfrak{S})} + \frac{1}{E(\mathfrak{S}_1)} + \cdots$, und man erhält aus (5) eine Beziehung, welche in etwas complicierterer und nicht ganz correcter Form schon von Minkowski angegeben wurde. Hierin ist dann speciell die Dirichletsche Classenzahlformel für definite binäre quadratische Formen und die Eisensteinsche Formel für das Mass eines Geschlechts definiter ternärer quadratischer Formen in transcendenter Gestalt enthalten.

Enthält des Geschlecht von $\mathfrak{S}$ nur eine einzige Classe, so bestehen Zähler und Nenner der linken Seite von (5) nur aus je einem Summanden und man erhält für die Anzahl $A(\mathfrak{S}, \mathfrak{T})$ selbst ein unendliches Product, nämlich das λ-fache des Productes aller p-adischen Lösungsdichten. Jene Voraussetzung über die Classenzahl ist insbesondere erfüllt, wenn $\mathfrak{S}$ die Einheitsmatrix $\mathfrak{E}$ und $m \leqq 8$ ist. Man erhält dann für die Anzahlen der Zerlegungen einer natürlichen Zahl in $2, 3, \cdots, 8$ Quadrate Aussagen, aus denen sich die diesbezüglichen Sätze von Lagrange, Gauss, Jacobi, Eisenstein, Smith, Minkowski ableiten lassen. Diese Sätze hat für $5 \leqq m \leqq 8$ auch Hardy bewiesen, indem er zunächst die von ihm und Littlewood mit so grossem Erfolg in die additive Zahlentheorie eingeführte analytische Methode auf das Problem der Zerlegung einer Zahl t in m Quadrate anwandte und auf diese Weise für die Anzahl der Zerlegungen als Function von t für $t \to \infty$ einen asymptotischen Ausdruck fand, von dem er dann mit Hilfe der Theorie der Modulfunctionen zeigte, dass er die Zerlegungsanzahl sogar für jedes natürliche t genau darstellt. Hardys "singular series" ist nun aber in etwas veränderter Schreibweise nichts anderes als der Grenzwert (4) für den Specialfall $\mathfrak{S} = \mathfrak{E}$, $n = 1$, $5 \leqq m \leqq 8$, und die Formel (5) besagt, dass diesem Grenzwert ganz allgemein für beliebige $\mathfrak{S}$ und $\mathfrak{T}$ eine exacte arithmetische Bedeutung zukommt. Da für $m = 9$ im Geschlecht von $\mathfrak{E}$ mehr als eine Classe liegt, so ist erklärlich, dass die Hardysche Formel für die Anzahl der Zerlegungen einer Zahl in 9 Quadrate nur einen asymptotischen Wert liefert.

Indem man den umgekehrten Weg geht wie Hardy, kann man die Formel (5) im Falle $n = 1$, $m \geqq 4$ für beliebiges $\mathfrak{S}$ in eine Identität aus der Theorie der Modulfunctionen übersetzen. Diese zeigt dann, dass der bekannten Relation, aus der Jacobi seinen Satz über die Zerlegungen einer Zahl in 4 Quadrate entnahm, ein auf beliebige quadratische Formen bezüglicher analytischer Zusammenhang zugrundeliegt. Es ist nun bemerkenswert, dass man auch im Falle $n > 1$ eine functionentheoretische Deutung von (5) finden kann. Man kommt dann zwangsläufig zur Untersuchung der Eigenschaften jener wichtigen Functionen, denen für ein algebraisches Gebilde vom Geschlecht n dieselbe Bedeutung zukommt wie den Modulfunctionen für das elliptische Gebilde. Dies ist wieder ein Beispiel dafür, dass die Functionentheorie, der die Arithmetik so mächtige Hilfsmittel verdankt, auch ihrerseits durch zahlentheoretische Probleme gefördert werden kann.

Was die Methode des Beweises von (5) betrifft, so wird zunächst durch vollständige Induction gezeigt, dass das Verhältnis der beiden Seiten von (5) nur von $\mathfrak{S}$ und nicht von $\mathfrak{T}$ abhängt, bei festem $\mathfrak{S}$ also constant ist. Der Wert der Constanten ergibt sich dann durch die Gauss-Dirichletsche Methode der Mittelbildung. Für die praktische Durchführung des Beweises ist es wesentlich, dass an stelle der Definition eines Geschlechtes durch Charaktere, wie sie von Gauss, Dirichlet, Eisenstein, Smith benutzt wurde, die oben angegebene Definition durch Congruenzeigenschaften verwendet wird, welche auf Poincaré und Minkowski zurückgeht. Eines der Haupthilfsmittel bildet der Legendre-Hassesche Satz.

Der vorliegende erste Teil der Abhandlung beschäftigt sich vorwiegend mit der Theorie der definiten quadratischen Formen. Da eine indefinite quadratische Form unendlich viele ganzzahlige Transformationen in sich selbst gestattet, so hat ja die linke Seite von (5) auch nur für definite Formen einen Sinn. Dass nach einer geringfügigen Modification der linken Seite die Formel (5) auch für indefinite Formen gilt, soll im zweiten Teile ausgeführt werden. In einem dritten Teile wird dann die Übertragung der Theorie auf beliebige algebraische Zahlkörper mit den dazu gehörigen Anwendungen behandelt werden.

Erstes Capitel: Hilfssätze aus der Theorie der quadratischen Formen mit rationalen oder q-adischen Coefficienten

§1. Matrizen

Zur Vereinfachung der Ausdrucksweise ist es zweckmässig, einige abkürzende Bezeichnungen einzuführen. Es bedeute P entweder den Ring R der rationalen Zahlen oder den Ring R_∞ der reellen Zahlen oder für irgend ein natürliches $q > 1$ den Ring R_q der q-adischen Zahlen. Von diesen Ringen sind R und R_∞ zugleich Körper, und R_q ist dann und nur dann Körper, nämlich Körper der p-adischen Zahlen, wenn q Potenz einer Primzahl p ist. In jedem P gibt es den Unterring Γ der ganzen Zahlen, nämlich in R den Ring G der ganzen rationalen Zahlen, in R_q den Ring G_q der ganzen q-adischen Zahlen und in R_∞, wenn darin alle Zahlen als ganz bezeichnet werden, den mit ihm zusammenfallenden Ring G_∞.

Matrizen werden stets mit deutschen Buchstaben bezeichnet, und zwar mit kleinen deutschen Buchstaben nur einspaltige Matrizen, die auch kurz Spalten genannt werden. Um anzudeuten, dass eine Matrix $\mathfrak{A}$ aus m Zeilen und n Spalten besteht, schreibt man $\mathfrak{A} = \mathfrak{A}^{(m,n)}$. Wird nur ein oberer Index geschrieben, also $\mathfrak{A} = \mathfrak{A}^{(m)}$, so bedeutet dies, dass $\mathfrak{A}$ eine m-reihige quadratische Matrix ist. Eine Matrix mit den Elementen a_{kl}, welche für $k \neq l$ sämtlich 0 sind, heisst Diagonalmatrix und wird mit $\mathfrak{D}$ bezeichnet; für $m = n$ und

$$a_{kk} = 1(k = 1, \cdots, m)$$

ist speciell $\mathfrak{D}$ eine Einheitsmatrix $\mathfrak{E}$. Bei einer Nullmatrix $\mathfrak{N}$ sind alle Elemente 0, ebenso bei einer Nullspalte $\mathfrak{n}$. In üblicher Weise bedeutet $\mathfrak{A}\mathfrak{B}$ das Product von $\mathfrak{A} = \mathfrak{A}^{(m,n)}$ und $\mathfrak{B} = \mathfrak{B}^{(p,q)}$, wobei die zur Productbildung nötige Voraussetzung $n = p$ nicht immer ausdrücklich erwähnt wird. Ferner sei $(\mathfrak{A}\mathfrak{B})$ die $(n+q)$-spaltige Matrix, deren Spalten durch Hinzufügen der Spalten von $\mathfrak{B}$ auf der rechten Seite der Spalten von $\mathfrak{A}$ entstehen, was natürlich nur für $m = p$ einen Sinn hat. Entsprechend seien die Matrizen $\begin{pmatrix}\mathfrak{A}\\ \mathfrak{B}\end{pmatrix}$ und $\begin{pmatrix}\mathfrak{A}\mathfrak{B}\\ \mathfrak{C}\mathfrak{D}\end{pmatrix}$ definiert. Bedeutet $\mathfrak{A}'$ die Transponierte von $\mathfrak{A}$, so ist $\mathfrak{A} = \mathfrak{A}'$ für symmetrische Matrizen und $\mathfrak{A} = -\mathfrak{A}'$ für alternierende Matrizen. Der Buchstabe $\mathfrak{S}$ werde weiterhin für symmetrische Matrizen reserviert.

Eine Matrix $\mathfrak{A}$ heisst in P gelegen, wenn dies für alle ihre Elemente gilt; sind diese Elemente sogar ganz, so heisst auch $\mathfrak{A}$ ganz oder in Γ gelegen. Liegt ausserdem auch noch $\mathfrak{A}^{-1}$ in Γ, so heisst $\mathfrak{A}$ in Γ unimodular. Mit $\mathfrak{U}$ möge stets eine unimodulare Matrix bezeichnet werden; ist speciell $|\mathfrak{U}| = 1$, so spricht man von einer eigentlich unimodularen Matrix, wofür der Buchstabe $\mathfrak{V}$ reserviert werde.

Der Elementarteilertheorie entnimmt man

Hilfssatz 1: *Zu jeder Matrix $\mathfrak{A}$ aus P gibt es zwei eigentlich unimodulare Matrizen $\mathfrak{V}_1$ und $\mathfrak{V}_2$ aus Γ, so dass $\mathfrak{V}_1\mathfrak{A}\mathfrak{V}_2$ eine Diagonalmatrix ist.*

Zwei Matrizen $\mathfrak{A}$ und $\mathfrak{B}$ aus R_q heissen modulo q congruent, in Zeichen

$$\mathfrak{A} \equiv \mathfrak{B} \pmod{q},$$

wenn alle Elemente von $\mathfrak{A} - \mathfrak{B}$ durch q teilbar sind. Aus Hilfssatz 1 folgt leicht

Hilfssatz 2: *Es sei $\mathfrak{A}$ eine m-reihige Matrix aus G und der absolute Betrag ihrer Determinante sei $d > 0$. Ist dann q ein Multiplum von d und durchläuft $\mathfrak{X} = \mathfrak{X}^{(m,n)}$ ein volles System* mod q *incongruenter Matrizen aus G, so stellt $\mathfrak{A}\mathfrak{X}$* (mod q) *genau $q^{mn}d^{-n}$ incongruente Matrizen dar und zwar jede d^n-mal.*

Häufig gebraucht wird weiterhin

Hilfssatz 3: *Es sei $\mathfrak{A} = \mathfrak{A}^{(m,n)}$ aus Γ, $n \leqq m$ und $\mathfrak{A}$ vom Range n. Es gibt eine bis auf einen linksseitigen unimodularen Factor eindeutig bestimmte Matrix $\mathfrak{B}$ aus Γ, so dass $\mathfrak{A}\mathfrak{B}^{-1}$ ganz ist und für jedes $\mathfrak{C}$ aus P mit ganzem $\mathfrak{A}\mathfrak{C}$ zugleich $\mathfrak{B}\mathfrak{C}$ ganz.*

Beweis: Nach Hilfssatz 1 gilt $\mathfrak{V}_1\mathfrak{A}\mathfrak{V}_2 = \mathfrak{D}$, also nach der Voraussetzung

$$\mathfrak{V}_1\mathfrak{A} = \mathfrak{D}\mathfrak{V}_2^{-1} = \begin{pmatrix}\mathfrak{B}\\ \mathfrak{N}\end{pmatrix}, \tag{6}$$

wo $\mathfrak{B}$ eine umkehrbare Matrix aus Γ bedeutet. Es ist dann

$$\mathfrak{A}\mathfrak{B}^{-1} = \mathfrak{V}_1^{-1}\begin{pmatrix}\mathfrak{E}\\ \mathfrak{N}\end{pmatrix}$$

ganz und ferner

$$\mathfrak{V}_1\mathfrak{A}\mathfrak{C} = \begin{pmatrix}\mathfrak{B}\cdot\mathfrak{C}\\ \mathfrak{N}\end{pmatrix},$$

also mit $\mathfrak{AC}$ auch $\mathfrak{BC}$ ganz. Hat $\mathfrak{B}_1$ dieselben beiden Eigenschaften, so sind folglich $\mathfrak{B}\mathfrak{B}_1^{-1}$ und $\mathfrak{B}_1\mathfrak{B}^{-1}$ ganz, woraus $\mathfrak{B}_1 = \mathfrak{U}\mathfrak{B}$ folgt.

Die bis auf einen linkseitigen unimodularen Factor bestimmte Matrix $\mathfrak{B}$ des Hilfssatzes 3 soll grösster (rechtsseitiger) Teiler von $\mathfrak{A}$ heissen. Ist $\mathfrak{B}$ selbst unimodular, so heisst $\mathfrak{A}$ primitiv.

Hilfssatz 4: *Es sei* $\mathfrak{A} = \mathfrak{A}^{(m,n)}$ *aus* Γ, $n < m$, $\mathfrak{A}$ *vom Range n und* $\mathfrak{B}$ *grösster Teiler von* $\mathfrak{A}$. *Es gibt ein* $\mathfrak{C} = \mathfrak{C}^{(m,m-n)}$ *aus* Γ, *so dass die Determinante der m-reihigen Matrix* $(\mathfrak{AC})$ *gleich* $|\mathfrak{B}|$ *ist. Hat auch* $\mathfrak{C}_1$ *diese Eigenschaft, so ist* $\mathfrak{C}_1 = \mathfrak{A}\mathfrak{F} + \mathfrak{C}\mathfrak{B}$ *mit ganzem* $\mathfrak{B}\mathfrak{F}$ *und* $(\mathfrak{A}\mathfrak{C}_1) = (\mathfrak{AC})\begin{pmatrix}\mathfrak{E}\mathfrak{F}\\ \mathfrak{N}\mathfrak{B}\end{pmatrix}$.

Beweis: Es sei wieder (6) erfüllt. Setzt man dann

$$\mathfrak{C} = \mathfrak{B}_1^{-1}\begin{pmatrix}\mathfrak{R}_1\\ \mathfrak{E}\end{pmatrix}$$

mit $\mathfrak{R}_1 = \mathfrak{R}^{(n,m-n)}$ und $\mathfrak{E} = \mathfrak{E}^{(m-n)}$, so wird

$$\mathfrak{B}_1(\mathfrak{AC}) = \begin{pmatrix}\mathfrak{B} & \mathfrak{R}_1\\ \mathfrak{N} & \mathfrak{E}\end{pmatrix},$$

$$|(\mathfrak{AC})| = |\mathfrak{B}|.$$

Gilt letztere Gleichung auch für ein ganzes $\mathfrak{C}_1$ statt $\mathfrak{C}$, so sei

$$\mathfrak{B}_1\mathfrak{C}_1 = \begin{pmatrix}\mathfrak{G}\\ \mathfrak{H}\end{pmatrix}$$

mit $\mathfrak{G} = \mathfrak{G}^{(n,m-n)}$ und $\mathfrak{H} = \mathfrak{H}^{(m-n)}$. Wegen

$$\mathfrak{B}_1(\mathfrak{A}\mathfrak{C}_1) = \begin{pmatrix}\mathfrak{B} & \mathfrak{G}\\ \mathfrak{N} & \mathfrak{H}\end{pmatrix}$$

ist dann $\mathfrak{H}$ eine eigentlich unimodulare Matrix $\mathfrak{B}$, und nach (6) wird

$$\mathfrak{C}_1 = \mathfrak{A}\mathfrak{B}^{-1}\mathfrak{G} + \mathfrak{C}\mathfrak{B}.$$

Damit ist Hilfssatz 4 bewiesen.

Jede Matrix $\mathfrak{C}$ mit den Eigenschaften aus Hilfssatz 4 heisst Complement von $\mathfrak{A}$. Jede primitive Matrix wird insbesondere durch ihr Complement zu einer unimodularen Matrix ergänzt.

Hilfssatz 5: *Es sei* $\mathfrak{A} = \mathfrak{A}^{(m,n)}$ *aus* G_q, $n < m$, $\mathfrak{A}$ *vom Range n und der grösste gemeinsame Teiler der n-reihigen Unterdeterminanten von* $\mathfrak{A}$ *in* G_q *eine in q aufgehende natürliche Zahl d. Es gibt eine Matrix* $\mathfrak{B} = \mathfrak{B}^{(m,n)}$ *aus G, die congruent* $\mathfrak{A}$ (mod q) *ist und ebenfalls d als grössten gemeinsamen Teiler ihrer n-reihigen Unterdeterminanten besitzt.*

Beweis: Die Matrix $\mathfrak{A}$ ist modulo q^2 einer Matrix $\mathfrak{A}_1 = \mathfrak{A}_1^{(m,n)}$ aus G congruent. Der grösste gemeinsame Teiler der n-reihigen Unterdeterminanten von $\mathfrak{A}_1$ hat die Form dt mit $(t, q) = 1$. Nach Hilfssatz 1 ist $\mathfrak{B}_1\mathfrak{A}_1\mathfrak{B}_2 = \mathfrak{D}$ eine Diagonalmatrix aus G, deren Diagonalelemente die Zahlen $d_k t_k (k = 1, \cdots, n)$

mit $d = \prod_{k=1}^{n} d_k$ und $t = \prod_{k=1}^{n} t_k$ seien. Da die t_k sämtlich zu q teilerfremd sind, so gibt es auch n paarweise teilerfremde Zahlen $u_k (k = 1, \cdots, n)$, so dass $u_k \equiv t_k \pmod q$ gilt. Ersetzt man nun in $\mathfrak{D}$ die Diagonalelemente $d_k t_k$ durch $d_k u_k$ und die Elemente der $(n+1)$-ten Zeile sämtlich durch q, so hat die so entstehende Matrix $\mathfrak{A}_2$ gerade d als grössten gemeinsamen Teiler ihrer n-reihigen Unterdeterminanten, und $\mathfrak{B} = \mathfrak{B}_1^{-1} \mathfrak{A}_2 \mathfrak{B}_2^{-1}$ leistet das Verlangte.

Hilfssatz 6: *Ist $\mathfrak{B}$ eigentlich unimodular in G_q, so gibt es in G eine eigentlich unimodulare Matrix $\mathfrak{B}_1 \equiv \mathfrak{B} \pmod q$.*

Beweis: Die Behauptung ist trivial für $\mathfrak{B} = \mathfrak{B}^{(r)}$ und $r = 1$. Ist sie richtig für $r = n - 1 \geqq 1$, so betrachte man für $\mathfrak{B} = \mathfrak{B}^{(n)}$ die Elemente der ersten Spalte von $\mathfrak{B}^{-1}$. Sie sind in G_q teilerfremd und lassen sich daher nach Hilfssatz 5 durch Elemente ersetzen, die ihnen modulo q congruent und teilerfremd in G sind. Die so abgeänderte erste Spalte von $\mathfrak{B}^{-1}$ lässt sich dann nach Hilfssatz 4 zu einer in G eigentlich unimodularen Matrix $\mathfrak{B}_2$ ergänzen. Nun ist aber

$$\mathfrak{B}\mathfrak{B}_2 \equiv \begin{pmatrix} 1 & \mathfrak{a}' \\ \mathfrak{n} & \mathfrak{A} \end{pmatrix} \pmod q,$$

wobei die Spalte $\mathfrak{a}$ und die Matrix $\mathfrak{A} = \mathfrak{A}^{(n-1)}$ in G_q liegen. Da $|\mathfrak{A}| \equiv 1 \pmod q$ ist, so ist $\mathfrak{A} \pmod q$ einer eigentlich unimodularen Matrix $\mathfrak{B}_3 = \mathfrak{B}_3^{(n-1)}$ aus G_q und folglich auch einer eigentlich unimodularen Matrix $\mathfrak{B}_4$ aus G congruent. Ferner gibt es in G ein $\mathfrak{a}_1 \equiv \mathfrak{a} \pmod q$. Setzt man dann

$$\begin{pmatrix} 1 & \mathfrak{a}_1' \\ \mathfrak{n} & \mathfrak{B}_4 \end{pmatrix} = \mathfrak{B}_5,$$

so erfüllt $\mathfrak{B}_5 \mathfrak{B}_2^{-1} = \mathfrak{B}_1$ die Behauptung.

§2. Symmetrische Matrizen

Ist $\mathfrak{S} = \mathfrak{S}^{(m)}$ eine symmetrische Matrix und $\mathfrak{x}$ die aus den m Elementen $x_1, \cdots, x_m$ gebildete Spalte, so ist $\mathfrak{x}'\mathfrak{S}\mathfrak{x}$ die quadratische Form der Variabeln $x_1, \cdots, x_m$ mit der Matrix $\mathfrak{S}$ und der Determinante $|\mathfrak{S}|$. Es sei $\mathfrak{T} = \mathfrak{T}^{(n)}$ eine zweite symmetrische Matrix, und es seien $\mathfrak{S}, \mathfrak{T}$ beide in P gelegen. Man nennt $\mathfrak{T}$ durch $\mathfrak{S}$ in P darstellbar, wenn es eine Matrix $\mathfrak{C} = \mathfrak{C}^{(m,n)}$ in P gibt, so dass durch die Substitution $\mathfrak{x} = \mathfrak{C}\mathfrak{y}$ die quadratische Form $\mathfrak{x}'\mathfrak{S}\mathfrak{x}$ in $\mathfrak{y}'\mathfrak{T}\mathfrak{y}$ übergeht. Es gilt dann also die Beziehung

$$\mathfrak{C}'\mathfrak{S}\mathfrak{C} = \mathfrak{T}. \tag{7}$$

Lässt sich $\mathfrak{C}$ sogar aus Γ wählen, so spricht man von einer ganzzahligen Darstellung in P oder einer Darstellung in Γ. Ist Γ der Ring G_q, so ist dann insbesondere $\mathfrak{C}'\mathfrak{S}\mathfrak{C} \equiv \mathfrak{T} \pmod q$. Man spricht von einer Darstellung modulo q, wenn letztere Congruenz für irgend ein ganzes $\mathfrak{C}$ erfüllt ist; dann braucht natürlich nicht die Gleichung (7) in R_q zu gelten.

Ist sowohl $\mathfrak{T}$ durch $\mathfrak{S}$ in Γ (bezw. modulo q) darstellbar als auch $\mathfrak{S}$ durch $\mathfrak{T}$, so heissen $\mathfrak{S}$ und $\mathfrak{T}$ in Γ (bezw. modulo q) äquivalent. Alle mit $\mathfrak{S}$ äquivalenten $\mathfrak{T}$ bilden die Classe von $\mathfrak{S}$ in Γ (bezw. modulo q), und $\mathfrak{S}$ ist ein Repräsentant seiner Classe. Ist $\mathfrak{S} = \mathfrak{A}'\mathfrak{S}_1\mathfrak{A}$, $\mathfrak{B}'\mathfrak{T}\mathfrak{B} = \mathfrak{T}_1$, so folgt aus (7), dass $\mathfrak{C}_1 = \mathfrak{A}\mathfrak{C}\mathfrak{B}$ eine Lösung von $\mathfrak{C}_1'\mathfrak{S}_1\mathfrak{C}_1 = \mathfrak{T}_1$ ist. Sind nun $\mathfrak{S}$ und $\mathfrak{S}_1$ in Γ äquivalent und ebenfalls $\mathfrak{T}$ und $\mathfrak{T}_1$, so entspringt daher aus jeder Darstellung von $\mathfrak{T}$ durch $\mathfrak{S}$ in P oder Γ eine ebensolche von $\mathfrak{T}_1$ durch $\mathfrak{S}_1$, und umgekehrt. Für die Untersuchung der Möglichkeit einer Darstellung von $\mathfrak{T}$ durch $\mathfrak{S}$ kann man also $\mathfrak{S}$ und $\mathfrak{T}$ durch beliebige Repräsentanten ihrer Classen ersetzen.

Es bedeutet keine wesentliche Einschränkung der Allgemeinheit, wenn im folgenden $\mathfrak{S}$ und $\mathfrak{T}$ als ganz in P vorausgesetzt werden. Weiterhin möge dauernd der Fall ausgeschlossen werden, dass $\mathfrak{S}$ oder $\mathfrak{T}$ eine Nullmatrix ist; denn in diesem Fall ist das Problem der Lösbarkeit von (7) trivial.

Hilfssatz 7: *In jeder Classe gibt es eine Matrix, deren Determinante* $\neq 0$ *ist.*

Beweis: Es sei $\mathfrak{S}_1 = \mathfrak{S}_1^{(n)}$ eine Matrix der Classe. Es gibt in P eine Matrix $\mathfrak{A}$ mit $|\mathfrak{A}| \neq 0$, sodass $\mathfrak{A}'\mathfrak{S}_1\mathfrak{A} = \mathfrak{D}$ eine Diagonalmatrix ist. Die Anzahl der von 0 verschiedenen Diagonalelemente von $\mathfrak{D}$ ist gleich dem Range m von $\mathfrak{S}_1$. Man kann sich $\mathfrak{A}$ so gewählt denken, dass gerade die m ersten Diagonalelemente $\neq 0$ sind. Es sei $\mathfrak{B}$ die von den m ersten Zeilen von $\mathfrak{A}^{-1}$ gebildete Matrix. Nach Hilfssatz 1 ist dann $\mathfrak{B}_1\mathfrak{B}\mathfrak{B}_2$ eine Diagonalmatrix, also $\mathfrak{B}\mathfrak{B}_2 = (\mathfrak{C}^{(m)}\mathfrak{N})$ und

$$\mathfrak{B}_2'\mathfrak{S}_1\mathfrak{B}_2 = \mathfrak{B}_2'\begin{pmatrix}\mathfrak{B}\\ \mathfrak{N}_1\end{pmatrix}'\mathfrak{D}\begin{pmatrix}\mathfrak{B}\\ \mathfrak{N}_1\end{pmatrix}\mathfrak{B}_2 = \begin{pmatrix}\mathfrak{C} & \mathfrak{N}\\ \mathfrak{N}' & \mathfrak{N}_2\end{pmatrix}'\mathfrak{D}\begin{pmatrix}\mathfrak{C} & \mathfrak{N}\\ \mathfrak{N}' & \mathfrak{N}_2\end{pmatrix} = \begin{pmatrix}\mathfrak{S} & \mathfrak{N}\\ \mathfrak{N}' & \mathfrak{N}_2\end{pmatrix},$$

wo $\mathfrak{N}_1$ und $\mathfrak{N}_2$ Nullmatrizen bedeuten. Da $\mathfrak{S} = \mathfrak{S}^{(m)}$ den Rang m hat, so ist $|\mathfrak{S}| \neq 0$.

Hilfssatz 7 zeigt, dass man für die Untersuchung der Möglichkeit der Darstellung von $\mathfrak{T}$ durch $\mathfrak{S}$ die Annahmen $|\mathfrak{S}| = S \neq 0$ und $|\mathfrak{T}| = T \neq 0$ machen kann. An diesen Annahmen soll weiterhin festgehalten werden. Sind dann $\mathfrak{S} = \mathfrak{S}^{(m)}$ und $\mathfrak{T} = \mathfrak{T}^{(n)}$ äquivalent, gilt also $\mathfrak{A}'\mathfrak{S}\mathfrak{A} = \mathfrak{T}$ und $\mathfrak{B}'\mathfrak{T}\mathfrak{B} = \mathfrak{S}$ mit ganzen $\mathfrak{A}$ und $\mathfrak{B}$, so ist $m = n$ und $|\mathfrak{A}|^2|\mathfrak{B}|^2 = 1$, also $\mathfrak{A}$ unimodular. Umgekehrt gehört auch $\mathfrak{U}'\mathfrak{S}\mathfrak{U}$ zur Classe von $\mathfrak{S}$.

Hilfssatz 8: *Es sei p eine von 2 verschiedene Primzahl und $\mathfrak{S}$ in R_p gelegen. Es gibt ein $\mathfrak{B}$ in R_p, so dass $\mathfrak{B}'\mathfrak{S}\mathfrak{B}$ eine Diagonalmatrix ist.*

Beweis: Es sei t in R_p der grösste gemeinsame Teiler der Elemente von $\mathfrak{S} = t\mathfrak{S}_1$. Ist das erste Diagonalelement von $\mathfrak{S}_1$ durch p teilbar, aber nicht das k^{te}, so sei $\mathfrak{x} = \mathfrak{B}_1\mathfrak{y}$ die durch $x_1 = y_k$, $x_k = -y_1$, $x_l = y_l (l \neq 1, k)$ definierte eigentlich unimodulare Substitution, und dann ist das erste Diagonalelement von $\mathfrak{B}_1'\mathfrak{S}_1\mathfrak{B}_1$ nicht durch p teilbar. Sind aber alle Diagonalelemente von $\mathfrak{S}_1$ durch p teilbar, so gibt es jedenfalls oberhalb der Diagonale ein zu p teilerfremdes Element $s_{kl} (k < l)$; definiert man dann $\mathfrak{x} = \mathfrak{B}_2\mathfrak{y}$ durch $x_l = y_k + y_l$, $x_h = y_h (h \neq l)$, so ist das k^{te} Diagonalelement von $\mathfrak{B}_2'\mathfrak{S}_1\mathfrak{B}_2$ mit $2s_{kl} \pmod p$ congruent, und man kommt auf den eben behandelten Fall zurück. Es sei also in $\mathfrak{B}_3'\mathfrak{S}_1\mathfrak{B}_3$ das erste Diagonalelement s_1 zu p teilerfremd. Sind dann $s_2, \cdots, s_m$ die andern Elemente der ersten Zeile, so setze man $\mathfrak{x} = \mathfrak{B}_4\mathfrak{y}$ mit

$$s_1 y_1 = s_1 x_1 + \cdots + s_m x_m, \qquad y_h = x_h (h = 2, \cdots, m)$$

und erhält

$$(\mathfrak{B}_3\mathfrak{B}_4)'\,\mathfrak{S}\,(\mathfrak{B}_3\mathfrak{B}_4) = \begin{pmatrix} ts_1 & \mathfrak{n}' \\ \mathfrak{n} & \mathfrak{S}_2 \end{pmatrix}$$

mit ganzem $\mathfrak{S}_2$ aus R_p. Die Behauptung folgt nun durch vollständige Induction.

Ist $\mathfrak{T} = \mathfrak{T}^{(n)}$ durch $\mathfrak{S} = \mathfrak{S}^{(m)}$ in Γ darstellbar, so gilt nach (7) die Ungleichung $n \leqq m$ und $\mathfrak{C}$ hat den Rang n. Nach Hilfssatz 3 gehört zu $\mathfrak{C}$ der bis auf einen linksseitigen unimodularen Factor eindeutig bestimmte grösste (rechtsseitige) Teiler $\mathfrak{B}$ von $\mathfrak{C}$, der auch Teiler der Darstellung heissen soll. Bei unimodularem $\mathfrak{B}$ heisst die Darstellung primitiv. Analog wird der Teiler einer Darstellung modulo q und eine primitive Darstellung modulo q definiert.

Betrachtet man statt der Darstellung von $\mathfrak{T}$ durch $\mathfrak{S}$ in Γ allgemeiner solche in P, so kann man mit Hilfe einer einzigen Lösung $\mathfrak{C}$ von (7) eine allgemeine Parameterlösung finden, welche die rationale Parameterdarstellung der Flächen zweiter Ordnung und die Cayleyschen Formeln für orthogonale Matrizen enthält. Es gilt nämlich

Hilfssatz 9: *Ist $\mathfrak{C}_0'\mathfrak{S}\mathfrak{C}_0 = \mathfrak{T}$ eine Darstellung in P, so lässt sich jede andere Darstellung $\mathfrak{C}'\mathfrak{S}\mathfrak{C} = \mathfrak{T}$ in P, für welche $(\mathfrak{C}_0'\mathfrak{S}\mathfrak{C} - \mathfrak{T})^{-1}$ existiert, mit Hilfe einer alternierenden Matrix $\mathfrak{A} = \mathfrak{A}^{(n)}$ aus P und einer Matrix $\mathfrak{B} = \mathfrak{B}^{(m,n)}$ aus P in die Form*

$$\mathfrak{C} = \mathfrak{C}_0 + 2\mathfrak{B}(\mathfrak{A} - \mathfrak{B}'\mathfrak{S}\mathfrak{B})^{-1}\mathfrak{B}'\mathfrak{S}\mathfrak{C}_0 \tag{8}$$

setzen. Sind umgekehrt $\mathfrak{A}$ eine alternierende Matrix aus P und $\mathfrak{B}$ eine beliebige Matrix aus P, für welche $(\mathfrak{A} - \mathfrak{B}'\mathfrak{S}\mathfrak{B})^{-1}$ existiert, so liefert (8) *eine Lösung von* (7).

Beweis: Damit $\mathfrak{C} = \mathfrak{C}_0 + \mathfrak{X}$ der Gleichung (7) genügt, muss

$$\mathfrak{X}'\mathfrak{S}\mathfrak{C}_0 + \mathfrak{C}_0'\mathfrak{S}\mathfrak{X} = -\,\mathfrak{X}'\mathfrak{S}\mathfrak{X}$$

gelten. Diese quadratische Gleichung für $\mathfrak{X}$ geht durch die Substitution $\mathfrak{X} = \mathfrak{B}\mathfrak{Y}^{-1}$ in die lineare

$$\mathfrak{B}'\mathfrak{S}\mathfrak{C}_0\mathfrak{Y} + \mathfrak{Y}'\mathfrak{C}_0'\mathfrak{S}\mathfrak{B} = -\,\mathfrak{B}'\mathfrak{S}\mathfrak{B}$$

über. Folglich ist die Matrix

$$2\mathfrak{B}'\mathfrak{S}\mathfrak{C}_0\mathfrak{Y} + \mathfrak{B}'\mathfrak{S}\mathfrak{B} = \mathfrak{A} \tag{9}$$

alternierend. Nach Voraussetzung existiert

$$(\mathfrak{C}_0'\mathfrak{S}\mathfrak{C} - \mathfrak{T})^{-1},$$

also auch

$$(\mathfrak{C}_0'\mathfrak{S}\mathfrak{B}\mathfrak{Y}^{-1})^{-1}$$

und nach (9) die Matrix $(\mathfrak{A} - \mathfrak{B}'\mathfrak{S}\mathfrak{B})^{-1}$. Für $\mathfrak{C} = \mathfrak{C}_0 + \mathfrak{B}\mathfrak{Y}^{-1}$ ergibt sich dann aus (9) der Ausdruck (8). Dass dieser umgekehrt für jedes alternierende $\mathfrak{A}$ der Gleichung $\mathfrak{C}'\mathfrak{S}\mathfrak{C} = \mathfrak{T}$ genügt, lässt sich auch leicht direct verificieren.

Für die später zu machende Anwendung von Hilfssatz 9 ist es wesentlich, festzustellen, von welcher Dimension die dort ausgeschlossene Mannigfaltigkeit, auf der die Matrix $(\mathfrak{C}_0'\mathfrak{S}\mathfrak{C} - \mathfrak{T})^{-1}$ nicht existiert, in der Lösungsmannigfaltigkeit von $\mathfrak{C}'\mathfrak{S}\mathfrak{C} = \mathfrak{T}$ sein kann. Hierzu dient

HILFSSATZ 10: *Es seien $\mathfrak{S}$ und $\mathfrak{T}$ beide in P gelegen, wo P einen der Körper R, R_∞, R_p bedeutet. Für $n < m$ definiert die Gleichung*

$$\mathfrak{X}'\mathfrak{S}\mathfrak{X} = \mathfrak{T} \tag{10}$$

in P ein irreducibles algebraisches Gebilde der Dimension $mn - \frac{n(n+1)}{2} = \nu$. Für $n = m$ definiert jene Gleichung in dem durch Adjunction von $(T/S)^{\frac{1}{2}} = \rho$ zu P entstehenden Körper P_1 genau zwei verschiedene irreducible algebraische Gebilde der Dimension ν; auf dem einen ist $|\mathfrak{X}| = +\rho$, auf dem andern $|\mathfrak{X}| = -\rho$.

BEWEIS: Für $m = n = 1$ ist die Behauptung trivial. Es sei $m > 1$. Hat die Gleichung (10) überhaupt keine Lösung in P bezw. P_1, so kann man offenbar durch Adjunction einiger Quadratwurzeln erreichen, dass (10) in dem erweiterten Körper P_2 eine Lösung $\mathfrak{X}_0$ hat; und es genügt, die Behauptung für P_2 statt P bezw. P_1 zu beweisen. Zunächst sei $n = 1$. Der Ansatz von Hilfssatz 9 liefert aus einer Lösung $\mathfrak{x} = \mathfrak{x}_0$ von $\mathfrak{x}'\mathfrak{S}\mathfrak{x} = T$ jede nicht auf der Polaren $\mathfrak{x}_0'\mathfrak{S}\mathfrak{x} = T$ gelegene Lösung in der Form

$$\mathfrak{x} = \mathfrak{x}_0 - 2\,\frac{\mathfrak{b}'\mathfrak{S}\mathfrak{x}_0}{\mathfrak{b}'\mathfrak{S}\mathfrak{b}}\,\mathfrak{b} \tag{11}$$

mit Hilfe der Parameterspalte $\mathfrak{b}$; und umgekehrt folgt aus (11) die Gleichung $\mathfrak{b} = \lambda(\mathfrak{x} - \mathfrak{x}_0)$ mit einem Zahlenfactor λ. Da es nur auf die Verhältnisse der Elemente von $\mathfrak{b}$ ankommt, so treten in (11) genau $m - 1$ unabhängige Parameter auf. Vermöge (11) kann man stetig von $\mathfrak{x}_0$ zu jeder Lösung $\mathfrak{x}_1$ übergehen, die nicht auf der Polaren von $\mathfrak{x}_0$ liegt. Ist aber $\mathfrak{x}_0'\mathfrak{S}\mathfrak{x}_1 = T$, so wähle man ein $\mathfrak{x} = \mathfrak{x}_2$ der Form (11), das weder auf der Polaren von $\mathfrak{x}_0$ noch auf der von $\mathfrak{x}_1$ liegt, also ein $\mathfrak{b}$ mit $\mathfrak{b}'\mathfrak{S}\mathfrak{b} \neq 0$, $\mathfrak{b}'\mathfrak{S}\mathfrak{x}_0 \neq 0$, $\mathfrak{b}'\mathfrak{S}\mathfrak{x}_1 \neq 0$. Da dann $\mathfrak{x}_0$ und $\mathfrak{x}_1$ mit $\mathfrak{x}_2$ stetig auf der Lösungsmannigfaltigkeit zusammenhängen, so auch $\mathfrak{x}_0$ mit $\mathfrak{x}_1$. Zugleich ist in der Umgebung jeder Lösung die volle Lösung $\mathfrak{x}$ als rationale Function von $m - 1$ Parametern darstellbar, die sich ihrerseits wieder rational aus der Lösung $\mathfrak{x}$ bestimmen.

Nun sei $n > 1$. Man darf für den Beweis voraussetzen, dass $\mathfrak{T}$ die Gestalt

$$\mathfrak{T} = \begin{pmatrix} \mathfrak{T}_1 & \mathfrak{n} \\ \mathfrak{n}' & t \end{pmatrix}$$

besitzt. Setzt man dann $\mathfrak{X} = (\mathfrak{Y}\mathfrak{x})$, so zerfällt (10) in die 3 Gleichungen

$$\mathfrak{Y}'\mathfrak{S}\mathfrak{Y} = \mathfrak{T}_1, \qquad \mathfrak{Y}'\mathfrak{S}\mathfrak{x} = \mathfrak{n}, \qquad \mathfrak{x}'\mathfrak{S}\mathfrak{x} = t.$$

Es sei bereits bewiesen, dass $\mathfrak{Y}'\mathfrak{S}\mathfrak{Y} = \mathfrak{T}_1$ eine irreducible algebraische Mannigfaltigkeit von $m(n-1) - \frac{(n-1)n}{2} = \nu_1$ Dimensionen definiert und dass sich die allgemeine Lösung $\mathfrak{Y}$ in der Umgebung jeder Lösung $\mathfrak{Y}_0$ als rationale Function von ν_1 Parametern darstellen lässt, die sich selbst rational durch $\mathfrak{Y}$ ausdrücken. Wegen $\mathfrak{Y}'\mathfrak{S}\mathfrak{Y} = \mathfrak{T}_1$ ist $\mathfrak{Y}$ vom Range $n - 1$. Die allgemeine Lösung von $\mathfrak{Y}'\mathfrak{S}\mathfrak{x} = \mathfrak{n}$ lautet daher $\mathfrak{x} = \mathfrak{H}\mathfrak{t}$, wo $\mathfrak{H} = \mathfrak{H}^{(m,m-n+1)}$ vom Range $m - n + 1$ und $\mathfrak{t}$ eine willkürliche Spalte von $m - n + 1$ Elementen ist. Bestimmt man ein umkehrbares $\mathfrak{K}$, so dass $\mathfrak{K}\mathfrak{Y} = \begin{pmatrix}\mathfrak{E}\\ \mathfrak{N}\end{pmatrix}$ wird, so ist für $\mathfrak{S} = \mathfrak{K}'\mathfrak{S}_1\mathfrak{K}$ die Gleichung $\mathfrak{S}_1 = \begin{pmatrix}\mathfrak{T}_1 & \mathfrak{T}_2\\ \mathfrak{T}_2' & \mathfrak{T}_3\end{pmatrix}$ erfüllt. Setzt man $\mathfrak{K}\mathfrak{x} = \mathfrak{y}$, so wird $\mathfrak{Y}'\mathfrak{S}\mathfrak{x} = (\mathfrak{T}_1\mathfrak{T}_2)\mathfrak{y}$, und folglich ist $\mathfrak{H} = \mathfrak{K}^{-1}\begin{pmatrix}-\mathfrak{T}_1^{-1}\mathfrak{T}_2\\ \mathfrak{E}\end{pmatrix}$ eine zulässige Wahl von $\mathfrak{H}$. Dann ist aber

$$\mathfrak{K}(\mathfrak{Y}\mathfrak{H}) = \begin{pmatrix}\mathfrak{E}^{(n-1)} & -\mathfrak{T}_1^{-1}\mathfrak{T}_2\\ \mathfrak{N} & \mathfrak{E}^{(m-n+1)}\end{pmatrix},$$

also $(\mathfrak{Y}\mathfrak{H})$ umkehrbar und wegen

$$(\mathfrak{Y}\mathfrak{H})'\,\mathfrak{S}\,(\mathfrak{Y}\mathfrak{H}) = \begin{pmatrix}\mathfrak{T}_1 & \mathfrak{N}\\ \mathfrak{N} & \mathfrak{H}'\mathfrak{S}\mathfrak{H}\end{pmatrix}$$

die Matrix $\mathfrak{H}'\mathfrak{S}\mathfrak{H} = \mathfrak{T}_4$ von nicht verschwindender Determinante. Nach dem im ersten Absatz Bewiesenen lässt sich die Gleichung $\mathfrak{t}'\mathfrak{T}_4\mathfrak{t} = t$, in welche die noch zu lösende Gleichung $\mathfrak{x}'\mathfrak{S}\mathfrak{x} = t$ vermöge $\mathfrak{x} = \mathfrak{H}\mathfrak{t}$ übergeht, rational durch $m - n$ Parameter lösen, die ihrerseits wieder rational von $\mathfrak{t}$ abhängen; und im Fall $n < m$ lassen sich die Lösungen stetig ineinander überführen. Da nun $\mathfrak{H}$ rational von $\mathfrak{Y}$ abhängt und $\mathfrak{x} = \mathfrak{H}\mathfrak{t}$ ist, so ist in der Tat $\mathfrak{X}'\mathfrak{S}\mathfrak{X} = \mathfrak{T}$ im Falle $n < m$ eine irreducible Mannigfaltigkeit von $\nu_1 + m - n = \nu$ Dimensionen, und der Inductionsschluss ist beendet. Im Falle $n = m$ erhält man dagegen beim letzten Schritt zwei verschiedene irreducible Gebilde, entsprechend dem Vorzeichen von ρ.

Endlich werde noch der uralte Satz von der quadratischen Ergänzung in der für das folgende zweckmässigen Form ausgesprochen, nämlich

Hilfssatz 11: *Es sei $n < m$ und $\mathfrak{C}'\mathfrak{S}\mathfrak{C} = \mathfrak{T}$ eine primitive Darstellung von $\mathfrak{T}$ durch $\mathfrak{S}$ in Γ. Man ergänze $\mathfrak{C}$ durch Hinzufügen eines Complementes $\mathfrak{A}$ zu einer in Γ unimodularen Matrix $(\mathfrak{C}\mathfrak{A}) = \mathfrak{U}$. Setzt man dann*

$$\mathfrak{Q} = \mathfrak{C}'\mathfrak{S}\mathfrak{A}, \qquad \mathfrak{G} = \begin{pmatrix}\mathfrak{T} & \mathfrak{Q}\\ \mathfrak{N} & \mathfrak{E}\end{pmatrix}, \qquad \mathfrak{H} = \mathfrak{A}'\mathfrak{S}\mathfrak{A} - \mathfrak{Q}'\mathfrak{T}^{-1}\mathfrak{Q}, \tag{12}$$

so ist

$$|\mathfrak{H}| = |\mathfrak{U}|^2 S T^{-1} \tag{13}$$

und

$$\mathfrak{U}'\mathfrak{S}\mathfrak{U} = \mathfrak{G}'\begin{pmatrix}\mathfrak{T}^{-1} & \mathfrak{N}'\\ \mathfrak{N} & \mathfrak{H}\end{pmatrix}\mathfrak{G} = \begin{pmatrix}\mathfrak{T} & \mathfrak{Q}\\ \mathfrak{Q}' & \mathfrak{H} + \mathfrak{Q}'\mathfrak{T}^{-1}\mathfrak{Q}\end{pmatrix}. \tag{14}$$

Werden für irgend ein anderes Complement $\mathfrak{A}_1$ *von* $\mathfrak{C}$ *die zugehörigen Werte von* $\mathfrak{U}, \mathfrak{Q}, \mathfrak{H}$, *mit* $\mathfrak{U}_1, \mathfrak{Q}_1, \mathfrak{H}_1$ *bezeichnet, so gelten mit ganzem* $\mathfrak{F}$ *und unimodularem* $\mathfrak{W}$ *die Gleichungen*

$$\mathfrak{A}_1 = \mathfrak{C}\mathfrak{F} + \mathfrak{A}\mathfrak{W}, \qquad \mathfrak{U}_1 = \mathfrak{U}\begin{pmatrix}\mathfrak{E} & \mathfrak{F}\\ \mathfrak{N} & \mathfrak{W}\end{pmatrix}, \qquad \mathfrak{Q}_1 = \mathfrak{T}\mathfrak{F} + \mathfrak{Q}\mathfrak{W}, \tag{15}$$
$$\mathfrak{H}_1 = \mathfrak{W}'\mathfrak{H}\mathfrak{W}.$$

Beweis: Es ist

$$\mathfrak{U}'\mathfrak{S}\mathfrak{U} = \begin{pmatrix}\mathfrak{C}'\\ \mathfrak{A}'\end{pmatrix}\mathfrak{S}(\mathfrak{C}\mathfrak{A}) = \begin{pmatrix}\mathfrak{C}'\mathfrak{S}\mathfrak{C} & \mathfrak{C}'\mathfrak{S}\mathfrak{A}\\ \mathfrak{A}'\mathfrak{S}\mathfrak{C} & \mathfrak{A}'\mathfrak{S}\mathfrak{A}\end{pmatrix} = \begin{pmatrix}\mathfrak{T} & \mathfrak{Q}\\ \mathfrak{Q}' & \mathfrak{H} + \mathfrak{Q}'\mathfrak{T}^{-1}\mathfrak{Q}\end{pmatrix}$$

und

$$\mathfrak{G}'\begin{pmatrix}\mathfrak{T}^{-1} & \mathfrak{N}'\\ \mathfrak{N} & \mathfrak{H}\end{pmatrix}\mathfrak{G} = \begin{pmatrix}\mathfrak{T} & \mathfrak{N}'\\ \mathfrak{Q}' & \mathfrak{E}\end{pmatrix}\begin{pmatrix}\mathfrak{E} & \mathfrak{T}^{-1}\mathfrak{Q}\\ \mathfrak{N} & \mathfrak{H}\end{pmatrix} = \begin{pmatrix}\mathfrak{T} & \mathfrak{Q}\\ \mathfrak{Q}' & \mathfrak{H} + \mathfrak{Q}'\mathfrak{T}^{-1}\mathfrak{Q}\end{pmatrix},$$

also (14) bewiesen. Durch Bildung der Determinanten folgt

$$|\,\mathfrak{U}\,|^2 S = |\,\mathfrak{G}\,|^2\, T^{-1}\,|\,\mathfrak{H}\,| = T\,|\,\mathfrak{H}\,|$$

und daraus (13). Die beiden ersten der Formeln (15) erhält man mittels Hilfssatz 4 und sodann

$$\mathfrak{Q}_1 = \mathfrak{C}'\mathfrak{S}\mathfrak{A}_1 = \mathfrak{C}'\mathfrak{S}(\mathfrak{C}\mathfrak{F} + \mathfrak{A}\mathfrak{W}) = \mathfrak{T}\mathfrak{F} + \mathfrak{Q}\mathfrak{W}$$
$$\mathfrak{H}_1 = \mathfrak{A}_1'\mathfrak{S}\mathfrak{A}_1 - \mathfrak{Q}_1'\mathfrak{T}^{-1}\mathfrak{Q}_1 = (\mathfrak{F}'\mathfrak{C}' + \mathfrak{W}'\mathfrak{A}')\,\mathfrak{S}(\mathfrak{C}\mathfrak{F} + \mathfrak{A}\mathfrak{W})$$
$$- (\mathfrak{F}'\mathfrak{T} + \mathfrak{W}'\mathfrak{Q}')\,\mathfrak{T}^{-1}(\mathfrak{T}\mathfrak{F} + \mathfrak{Q}\mathfrak{W}) = \mathfrak{W}'\mathfrak{H}\mathfrak{W},$$

also die beiden letzten der Formeln (15).

§3. Congruenzlösungsanzahlen

Die Anzahl der modulo q incongruenten ganzen Lösungen $\mathfrak{X}$ von $\mathfrak{X}'\mathfrak{S}\mathfrak{X} \equiv \mathfrak{T}$ (mod q) sei $A_q(\mathfrak{S}, \mathfrak{T})$. Unter allen diesen Darstellungen von $\mathfrak{T}$ durch $\mathfrak{S}$ modulo q mögen genau $A_q(\mathfrak{S}, \mathfrak{T}, \mathfrak{B})$ den Teiler $\mathfrak{B}$ haben und speciell sei $A_q(\mathfrak{S}, \mathfrak{T}, \mathfrak{E}) = B_q(\mathfrak{S}, \mathfrak{T})$ die Anzahl der primitiven Darstellungen modulo q. Diese Anzahlen hängen offenbar nur von den Classen von $\mathfrak{S}$ und $\mathfrak{T}$ in G_q ab.

Hilfssatz 12: *Es sei p eine Primzahl, die nicht in 2ST aufgeht. Dann sind alle Darstellungen von* $\mathfrak{T}$ *durch* $\mathfrak{S}$ modulo p *primitiv. Bedeuten ferner* δ *und* ϵ *die Legendreschen Symbole* $\left(\frac{(-1)^{\frac{m}{2}} S}{p}\right)$ *und* $\left(\frac{(-1)^{\frac{m-n}{2}} ST}{p}\right)$ *so ist*

$$p^{\frac{n(n+1)}{2} - mn} A_p(\mathfrak{S}, \mathfrak{T}) = \left(1 - \delta p^{-\frac{m}{2}}\right)\left(1 + \epsilon p^{\frac{n-m}{2}}\right)\prod_{k=1}^{n/2-1}(1 - p^{2k-m})$$

(*m* gerade, *n* gerade),

$$= \left(1 - \delta p^{-\frac{m}{2}}\right)\prod_{k=1}^{(n-1)/2}(1 - p^{2k-m})$$

(16) $\qquad$ (*m* gerade, *n* ungerade),

$$= \left(1 + \epsilon p^{\frac{n-m}{2}}\right) \prod_{k=1}^{(n-1)/2} (1 - p^{2k-m-1})$$

(*m* ungerade, *n* ungerade),

$$= \prod_{k=1}^{n/2} (1 - p^{2k-m-1}) \qquad (m \text{ ungerade}, n \text{ gerade}).$$

Beweis: Hat die Darstellung $\mathfrak{X}'\mathfrak{S}\mathfrak{X} \equiv \mathfrak{T} \pmod p$ den Teiler $\mathfrak{B}$, so ist $\mathfrak{X}\mathfrak{B}^{-1}$ ganz in R_p, also auch $\mathfrak{T}\mathfrak{B}^{-1}$ und $|\mathfrak{T}|\,|\mathfrak{B}|^{-1}$. Da p nicht in T aufgeht, so ist folglich $\mathfrak{B}$ unimodular in G_p und die Darstellung primitiv.

Zur Berechnung von $A_p(\mathfrak{S}, \mathfrak{T})$ kann man nach Hilfssatz 8 voraussetzen, dass $\mathfrak{T}$ eine Diagonalmatrix ist, deren Diagonalelemente $t_1, \cdots, t_n$ das Product T haben. Bedeutet $\mathfrak{x}$ die erste Spalte von $\mathfrak{X}$, so muss die Congruenz

$$\mathfrak{x}'\mathfrak{S}\mathfrak{x} \equiv t_1 \pmod p \tag{17}$$

erfüllt sein. Es sei $\mathfrak{a}$ irgend eine Lösung dieser Congruenz. Da auch $\mathfrak{a}$ primitiv ist, so kann man $\mathfrak{a}$ durch ein Complement $\mathfrak{A}$ zu einer in G_p unimodularen Matrix $(\mathfrak{a}\mathfrak{A}) = \mathfrak{U}_1$ ergänzen. Dann ist das erste Diagonalelement von $\mathfrak{U}_1'\mathfrak{S}\mathfrak{U}_1$ modulo p mit t_1 congruent. Wie aus dem Schluss des Beweises von Hilfssatz 8 hervorgeht, kann man noch dazu $\mathfrak{A}$ so wählen, dass die übrigen Elemente der ersten Zeile von $\mathfrak{U}_1'\mathfrak{S}\mathfrak{U}_1$ sämtlich $\equiv 0 \pmod p$ sind, also

$$\mathfrak{U}_1'\mathfrak{S}\mathfrak{U}_1 \equiv \begin{pmatrix} t_1 & \mathfrak{n}' \\ \mathfrak{n} & \mathfrak{S}_1 \end{pmatrix} \pmod p \tag{18}$$

gilt. Gibt es nun ein $\mathfrak{X} = \mathfrak{C}$ mit $\mathfrak{x} \equiv \mathfrak{a} \pmod p$, so ergänze man $\mathfrak{C}$ durch sein Complement $\mathfrak{A}_1$ zu einer unimodularen Matrix $(\mathfrak{C}\mathfrak{A}_1) = \mathfrak{U}_2$ und erkennt durch Bildung von $\mathfrak{U}_1^{-1}\mathfrak{U}_2$, dass

$$\mathfrak{C} \equiv \mathfrak{U}_1 \begin{pmatrix} 1 & \mathfrak{b}' \\ \mathfrak{n} & \mathfrak{C}_1 \end{pmatrix} \pmod p \tag{19}$$

mit ganzen $\mathfrak{b}$, $\mathfrak{C}_1$ ist. Da nun aber $\mathfrak{C}'\mathfrak{S}\mathfrak{C}$ einer Diagonalmatrix congruent ist, so folgt aus (18) und (19) die Congruenz $t_1\mathfrak{b} \equiv \mathfrak{n}$, also $\mathfrak{b} \equiv \mathfrak{n}$, $\mathfrak{C} \equiv \mathfrak{U}_1 \begin{pmatrix} 1 & \mathfrak{n}' \\ \mathfrak{n} & \mathfrak{C}_1 \end{pmatrix}$, und $\mathfrak{C}_1'\mathfrak{S}_1\mathfrak{C}_1$ ist congruent der mit den Diagonalelementen $t_2, \cdots, t_n$ gebildeten Diagonalmatrix $\mathfrak{T}_1$. Daher erhält man jede der mod p verschiedenen Lösungen $\mathfrak{X}$ genau einmal, indem man zunächst alle mod p verschiedenen Lösungen $\mathfrak{x}$ von (17) bestimmt, zu jedem solchen $\mathfrak{x}$ ein $\mathfrak{U}_1$ aufsucht und für das dazu gehörige $\mathfrak{S}_1$ sämtliche mod p verschiedenen Lösungen von $\mathfrak{X}_1'\mathfrak{S}_1\mathfrak{X}_1 \equiv \mathfrak{T}_1 \pmod p$ ermittelt. Dies liefert die Recursionsformel

$$A_p(\mathfrak{S}, \mathfrak{T}) = \sum_{\mathfrak{a}} A_p(\mathfrak{S}_1, \mathfrak{T}_1), \tag{20}$$

wo $\mathfrak{a}$ die Lösungen von (17) durchläuft und im Fall $n = 1$ das allgemeine Glied der Summe durch 1 zu ersetzen ist.

Es sei nun zunächst $n = 1$, also $A_p(\mathfrak{S}, \mathfrak{T}) = A$ die Lösungsanzahl von (17). Es ist, wenn ω eine primitive p^{te} Einheitswurzel bedeutet,

$$pA = \sum_{h,\, \mathfrak{a} \pmod p} \omega^{h(\mathfrak{a}'\mathfrak{S}\mathfrak{a} - t_1)}; \tag{21}$$

dabei durchlaufen h und die Elemente von $\mathfrak{a}$ alle ganzen Zahlen von 1 bis p. Setzt man die Gausssche Summe

$$\sum_{a=1}^{p} \omega^{a^2} = G$$

so ist

$$\sum_{a=1}^{p} \omega^{ha^2} = \left(\frac{h}{p}\right) G \qquad (h = 1, \cdots, p-1), \tag{22}$$

wo $\left(\frac{h}{p}\right)$ das Legendresche Symbol bedeutet. Nach Hilfssatz 8 kann zur Berechnung von A die Matrix $\mathfrak{S}$ als Diagonalmatrix angenommen werden, deren Diagonalelemente $s_1, \cdots, s_m$ mit dem Product S seien. Nach (22) wird dann

$$\sum_{\mathfrak{a} \pmod p} \omega^{h\mathfrak{a}'\mathfrak{S}\mathfrak{a}} = G^m \left(\frac{hs_1}{p}\right) \cdots \left(\frac{hs_m}{p}\right) = G^m \left(\frac{S}{p}\right)\left(\frac{h}{p}\right)^m \qquad (h = 1, \cdots, p-1),$$

und (21) geht über in

$$A = p^{m-1} + \left(\frac{S}{p}\right) \frac{G^m}{p} \sum_{h=1}^{p-1} \left(\frac{h}{p}\right)^m \omega^{-ht_1}. \tag{23}$$

Die rechts auftretende Summe ist -1 für gerades m und $\left(\frac{-t_1}{p}\right) G$ für ungerades m. Der Specialfall $m = 1$, $S = t_1$ liefert nach (23) aus

$$2 = 1 + \left(\frac{-1}{p}\right) \frac{G^2}{p}$$

die Beziehung

$$G^2 = \left(\frac{-1}{p}\right) p, \tag{24}$$

und folglich ist

$$\begin{aligned} A &= p^{m-1}\left(1 - \delta p^{-\frac{m}{2}}\right) && (m \text{ gerade}) \\ &= p^{m-1}\left(1 + \epsilon_1 p^{\frac{1-m}{2}}\right) && (m \text{ ungerade}), \end{aligned} \tag{25}$$

wo δ und ϵ_1 die Legendreschen Symbole $\left(\frac{(-1)^{\frac{m}{2}} S}{p}\right)$ und $\left(\frac{(-1)^{\frac{m-1}{2}} St_1}{p}\right)$ bedeuten.

Damit ist die Behauptung von Hilfssatz 12 im Falle $n = 1$ bewiesen.

Nun sei $n > 1$ und die Behauptung für $n - 1$ statt n richtig. Nach (18) ist $S \mid \mathfrak{U}_1 \mid^2 \equiv t_1 \mid \mathfrak{S}_1 \mid \pmod p$, also $\left(\frac{\mid \mathfrak{S}_1 \mid}{p}\right) = \left(\frac{St_1}{p}\right)$; ferner ist $T = t_1 \mid \mathfrak{T}_1 \mid$, also $\left(\frac{\mid \mathfrak{T}_1 \mid}{p}\right) = \left(\frac{Tt_1}{p}\right)$. Auf grund von (16) haben alle $A_p(\mathfrak{S}_1, \mathfrak{T}_1)$ in (20) denselben Wert, und da die Anzahl der Summanden in (20) durch (25) gegeben wird, so erhält man durch Multiplication von (16), angewendet auf $\mathfrak{S}_1$, $\mathfrak{T}_1$ statt $\mathfrak{S}$, $\mathfrak{T}$, und (25) die Formel

$$p^{\frac{(n-1)n}{2}-(m-1)(n-1)} A_p(\mathfrak{S}, \mathfrak{T}) = p^{m-1}\left(1 - \delta p^{-\frac{m}{2}}\right)\left(1 + \epsilon p^{\frac{n-m}{2}}\right) \prod_{k=1}^{\frac{n-2}{2}} (1 - p^{2k-m})$$

(*m* gerade, *n* gerade),

$$= p^{m-1}\left(1 - \delta p^{-\frac{m}{2}}\right) \prod_{k=1}^{\frac{n-1}{2}} (1 - p^{2k-m}) \qquad (m \text{ gerade}, n \text{ ungerade}),$$

$$= p^{m-1}\left(1 + \epsilon_1 p^{\frac{1-m}{2}}\right)\left(1 - \epsilon_1 p^{\frac{1-m}{2}}\right)\left(1 + \epsilon p^{\frac{n-m}{2}}\right) \prod_{k=1}^{\frac{n-3}{2}} (1 - p^{2k-m+1})$$

(*m* ungerade, *n* ungerade),

$$= p^{m-1}\left(1 + \epsilon_1 p^{\frac{1-m}{2}}\right)\left(1 - \epsilon_1 p^{\frac{1-m}{2}}\right) \prod_{k=1}^{\frac{n-2}{2}} (1 - p^{2k-m+1})$$

(*m* ungerade, *n* gerade),

die sich leicht in (16) überführen lässt. Hierdurch ist Hilfssatz 12 vollständig bewiesen.

Wie sich aus den folgenden Hilfssätzen ergeben wird, lässt sich die Berechnung von $A_q(\mathfrak{S}, \mathfrak{T})$ für den Fall, dass q zu $2ST$ teilerfremd ist, auf die Formel des Hilfssatzes 12 zurückführen. Ist dagegen q nicht zu $2ST$ teilerfremd, so erhält man für $A_q(\mathfrak{S}, \mathfrak{T})$ recht complicierte explicite Ausdrücke, die zwar von Minkowski in gewissen Specialfällen angegeben worden sind, aber weiterhin nicht gebraucht werden. Von Wichtigkeit ist jedoch ein einfacher Zusammenhang zwischen den Werten von $A_q(\mathfrak{S}, \mathfrak{T})$ für verschiedene genügend hohe Potenzen $q = p^a$ derselben Primzahl p. Dieser Zusammenhang ist in einem allgemeinen Satz über Systeme algebraischer Congruenzen enthalten, doch soll er nur für den hier interessierenden Fall ausgesprochen werden.

HILFSSATZ 13: *Es sei p^b die höchste in $2T$ aufgehende Potenz von p und $a > 2b$, $q = p^a$. Dann sind die Zahlen $q^{\frac{n(n+1)}{2}-mn} A_q(\mathfrak{S}, \mathfrak{T})$ und $q^{\frac{n(n+1)}{2}-mn} B_q(\mathfrak{S}, \mathfrak{T})$ von a unabhängig.*

BEWEIS: Es sei $\mathfrak{C}_1$ eine Lösung der Congruenz $\mathfrak{C}'\mathfrak{S}\mathfrak{C} \equiv \mathfrak{T} \pmod q$. Die Anzahl derjenigen Lösungen, welche $\equiv \mathfrak{C}_1 \pmod{qp^{-b}}$ sind, sei $A(\mathfrak{C}_1)$. Ist $\mathfrak{C}$

eine dieser Lösungen, so ist $\mathfrak{C} = \mathfrak{C}_1 + \frac{q}{2T}\mathfrak{X}$ mit $\mathfrak{X}$ aus G_p. Da q in G_p durch $(2T)^2 p$ teilbar ist, so gilt

$$\mathfrak{C}'\mathfrak{S}\mathfrak{C} \equiv \mathfrak{C}_1'\mathfrak{S}\mathfrak{C}_1 + \frac{q}{2T}\mathfrak{W} \pmod{pq}$$

mit

$$\mathfrak{W} = \mathfrak{C}_1'\mathfrak{S}\mathfrak{X} + \mathfrak{X}'\mathfrak{S}\mathfrak{C}_1, \tag{26}$$

und die Congruenz $\mathfrak{C}'\mathfrak{S}\mathfrak{C} \equiv \mathfrak{T} \pmod{q}$ ist mit $\mathfrak{W} \equiv \mathfrak{N} \pmod{p^b}$ gleichbedeutend. Soll sogar $\mathfrak{C}'\mathfrak{S}\mathfrak{C} \equiv \mathfrak{T} \pmod{pq}$ gelten, so muss die schärfere Bedingung

$$\mathfrak{W} \equiv \frac{2T}{q}(\mathfrak{T} - \mathfrak{C}_1'\mathfrak{S}\mathfrak{C}_1) \pmod{p^{b+1}} \tag{27}$$

erfüllt sein. Es soll nun gezeigt werden, dass es hierfür genau $p^{mn-\frac{n(n+1)}{2}}A(\mathfrak{C}_1)$ Lösungen $\mathfrak{X} \pmod{p^{b+1}}$ und also ebensoviele $\mathfrak{C} \pmod{pq}$ gibt.

Nach Hilfssatz 1 gibt es in G_p zwei unimodulare Matrizen $\mathfrak{V}_1$ und $\mathfrak{V}_2$, so dass

$$\mathfrak{V}_1\mathfrak{C}_1'\mathfrak{S}\mathfrak{V}_2 = (\mathfrak{D}^{(n)}\mathfrak{N}) \tag{28}$$

eine Diagonalmatrix ist. Setzt man dann $\mathfrak{V}_1\mathfrak{W}\mathfrak{V}_1' = \mathfrak{W}_1$, $\mathfrak{V}_2^{-1}\mathfrak{X}\mathfrak{V}_1' = \begin{pmatrix}\mathfrak{Y}^{(n)}\\ \mathfrak{Z}\end{pmatrix}$, so geht (26) über in

$$\mathfrak{W}_1 = \mathfrak{D}\mathfrak{Y} + \mathfrak{Y}'\mathfrak{D}.$$

Sind $d_1, \cdots, d_n$ die Diagonalelemente von $\mathfrak{D}$ und $\mathfrak{Y} = (y_{kl})$, $\mathfrak{W}_1 = (w_{kl})$, so erhält man also die $\frac{n(n+1)}{2}$ Gleichungen

$$d_k y_{kl} + d_l y_{lk} = w_{kl} \qquad (1 \leqq k \leqq l \leqq n)$$

für die n^2 Unbekannten y_{kl}. Nach (28) ist nun $\mathfrak{D}^{-1}\mathfrak{V}_1\mathfrak{C}_1'\mathfrak{S}\mathfrak{C}_1 = (\mathfrak{E}^{(n)}\mathfrak{N})\mathfrak{V}_2^{-1}\mathfrak{C}_1$ in R_p ganz; wegen $\mathfrak{C}_1'\mathfrak{S}\mathfrak{C}_1 \equiv \mathfrak{T} \pmod{p^a}$ und $a > b$ ist daher auch $|\mathfrak{D}|^{-1}|\mathfrak{T}|$ ganz und $d_1 \cdots d_n$ in G_p ein Teiler von T. Nach (27) sollen die w_{kl} vorgeschriebenen durch $2T$ teilbaren Werten c_{kl} modulo p^{b+1} congruent sein. Ist p_k die höchste in $2d_k$ aufgehende Potenz von p, so ist p_k ein Teiler von c_{kk}, und die Congruenz $2d_k y_{kk} \equiv c_{kk}$ hat nach jedem der beiden Moduln p^b und p^{b+1} genau p_k Lösungen. Ist p_{kl} die höchste in (d_k, d_l) aufgehende Potenz von p, so ist p_{kl} ein Teiler von c_{kl}, und die Congruenz $d_k y_{kl} + d_l y_{lk} \equiv c_{kl}$ hat für $k \neq l$ nach dem Modul p^b bezw. p^{b+1} genau $p_{kl}p^b$ bezw. $p_{kl}p^{b+1}$ Lösungen. Die Anzahl der zulässigen $\mathfrak{Y}$ ist also für den Modul p^{b+1} genau $p^{\frac{(n-1)n}{2}}$-mal so gross wie für den Modul p^b. Da noch die ganze Matrix $\mathfrak{Z} = \mathfrak{Z}^{(m-n,\, n)}$ willkürlich ist, also $p^{(m-n)n}$-mal so viel Werte für den Modul p^{b+1} besitzt wie für den Modul p^b, so ist in der Tat die Anzahl der Lösungen $\mathfrak{X} \pmod{p^{b+1}}$ von (27) genau $p^{\frac{(n-1)n}{2}+(m-n)n}$-mal so gross wie die Anzahl $A(\mathfrak{C}_1)$ der Lösungen $\mathfrak{X} \pmod{p^b}$ von $\mathfrak{W} \equiv \mathfrak{N} \pmod{p^b}$.

Betrachtet man nun die einzelnen Restclassen $\mathfrak{C}_1 \pmod{qp^{-b}}$, so enthält also jede Restclasse genau $p^{mn-\frac{n(n+1)}{2}}$-mal so viel modulo pq verschiedene Lösungen von $\mathfrak{C}'\mathfrak{S}\mathfrak{C} \equiv \mathfrak{T} \pmod{pq}$ wie modulo q verschiedene Lösungen von $\mathfrak{C}'\mathfrak{S}\mathfrak{C} \equiv \mathfrak{T}$ $\pmod{q}$. Folglich ist $A_{pq}(\mathfrak{S}, \mathfrak{T}) = p^{mn-\frac{n(n+1)}{2}} A_q(\mathfrak{S}, \mathfrak{T})$ und $q^{\frac{n(n+1)}{2}-mn} A_q(\mathfrak{S}, \mathfrak{T})$ von a unabhängig. Wegen $a > b$ sind ferner alle Lösungen einer Restclasse modulo qp^{-b} primitiv, wenn eine es ist. Daher gilt auch die in Hilfssatz 13 ausgesprochene Behauptung über $B_q(\mathfrak{S}, \mathfrak{T})$.

Hiermit ist zugleich auch bewiesen

Hilfssatz 14: *Es sei p^b die höchste in $2T$ aufgehende Potenz von p und $a > 2b$. Zu jeder ganzzahligen Lösung $\mathfrak{C}_1$ von $\mathfrak{C}_1'\mathfrak{S}\mathfrak{C}_1 \equiv \mathfrak{T} \pmod{p^a}$ gibt es in G_p eine Lösung von $\mathfrak{C}'\mathfrak{S}\mathfrak{C} = \mathfrak{T}$ mit $\mathfrak{C} \equiv \mathfrak{C}_1 \pmod{p^{a-b}}$.*

Die letzten 3 Hilfssätze behandeln den Fall, dass der Modul eine Primzahlpotenz ist. Für einen zusammengesetzten Modul besagt

Hilfssatz 15: *Sind q und r zwei teilerfremde Moduln und $\mathfrak{S}$, $\mathfrak{T}$ in G_{qr} gelegen, so gilt*

$$A_{qr}(\mathfrak{S},\mathfrak{T}) = A_q(\mathfrak{S},\mathfrak{T})A_r(\mathfrak{S},\mathfrak{T}),\ B_{qr}(\mathfrak{S},\mathfrak{T}) = B_q(\mathfrak{S},\mathfrak{T})B_r(\mathfrak{S},\mathfrak{T}).$$

Ist $\mathfrak{C}_1'\mathfrak{S}\mathfrak{C}_1 = \mathfrak{T}$ eine Darstellung in G_q und $\mathfrak{C}_2'\mathfrak{S}\mathfrak{C}_2 = \mathfrak{T}$ eine Darstellung in G_r, so gibt es in G_{qr} ein $\mathfrak{C}$ mit $\mathfrak{C} = \mathfrak{C}_1$ in G_q und $\mathfrak{C} = \mathfrak{C}_2$ in G_r, so dass $\mathfrak{C}'\mathfrak{S}\mathfrak{C} = \mathfrak{T}$ in G_{qr} ist.

Beweis: Sind a und b zwei ganze rationale Zahlen, so gibt es ein modulo qr eindeutig bestimmtes c, das $\equiv a \pmod{q}$ und $\equiv b \pmod{r}$ ist. Hieraus folgt, dass es zu zwei Zahlen a_1 und b_1, von denen die erste in R_q und die zweite in R_r liegt, genau eine Zahl c_1 in R_{qr} gibt, welche in R_q gleich a_1 und in R_r gleich b_1 ist. Die Behauptung ergibt sich jetzt unmittelbar.

Aus den Hilfssätzen 12 und 13 folgt, dass die Zahl $q^{\frac{n(n+1)}{2}-mn} A_q(\mathfrak{S}, \mathfrak{T})$ für jede Potenz $q = p^a$ einer nicht in $2ST$ aufgehenden Primzahl p den auf der rechten Seite von (16) stehenden Wert hat. Die Bestimmung jener Zahl für den Fall, dass p in $2ST$ aufgeht, führt im allgemeinen zu unübersichtlichen Ausdrücken. Der specielle Fall aber, dass $n = 1$, also $\mathfrak{T} = (T)$ ist und p zwar in T aufgeht, aber nicht in $2S$, lässt sich noch einfach erledigen. Dies besagt

Hilfssatz 16: *Es sei p zu $2S$ teilerfremd und p^l die höchste in $T = p^l T_1$ aufgehende Potenz von p. Man setze ϵ gleich dem Legendreschen Symbol $\left(\frac{(-1)^{\frac{m}{2}} S}{p}\right)$ oder gleich $\left(\frac{(-1)^{\frac{m-1}{2}} ST_1}{p}\right)$, je nachdem m gerade oder ungerade ist, und analog $r = p^{1-\frac{m}{2}}$ oder $= p^{2-m}$. Dann gilt mit $q = p^a$ und $a > l$ die Formel*

$$q^{1-m}A_q(\mathfrak{S}, T) = \left(1 - \epsilon p^{-\frac{m}{2}}\right)(1 + \epsilon r + \epsilon^2 r^2 + \cdots + \epsilon^l r^l) \qquad (m \text{ gerade}),$$

$$= (1 - p^{1-m})\left(1 + r + r^2 + \cdots + r^{\frac{l-1}{2}}\right)$$

$$(m \text{ ungerade}, l \text{ ungerade}),$$

(29)
$$= (1 - p^{1-m})\left(1 + r + r^2 + \cdots + r^{\frac{l}{2}-1} + \frac{r^{\frac{l}{2}}}{1 - \epsilon p^{\frac{1-m}{2}}}\right)$$

$$(m \text{ ungerade}, l \text{ gerade}).$$

Beweis: Nach den Hilfssätzen 12 und 14 sind alle $\mathfrak{S} = \mathfrak{S}^{(m)}$ mit derselben Determinante S in G_p äquivalent. Demnach kann man $\mathfrak{S}$ für die Berechnung von $A_q(\mathfrak{S}, T)$ als Diagonalmatrix mit den Diagonalelementen $S, 1, \cdots, 1$ annehmen. Bedeutet ω_a eine primitive p^a-te Einheitswurzel, so hat man für $A_q(\mathfrak{S}, T) = A$ die Beziehung

(30)
$$qA = \sum_{h,\, \mathfrak{a} (\text{mod } q)} \omega_a^{h(\mathfrak{a}'\mathfrak{S}\mathfrak{a} - T)},$$

wo h und die Elemente von $\mathfrak{a}$ volle Restsysteme modulo q durchlaufen. Setzt man zur Abkürzung $\omega_a^{p^{a-k}} = \omega_k$ und

(31)
$$\sum \omega_k^{g(\mathfrak{b}'\mathfrak{S}\mathfrak{b} - T)} = \sigma_k,$$

wobei die Elemente von $\mathfrak{b}$ volle Restsysteme modulo p^k und g ein reduciertes Restsystem modulo p^k durchlaufen, so geht (30) in

(32)
$$q^{1-m} A = \sum_{k=0}^{a} p^{-mk} \sigma_k$$

über. Nach einfach zu beweisenden Eigenschaften der Gaussschen Summen ist nun aber

$$\sum_{b=1}^{p^k} \omega_k^{g b^2} = p^{\frac{k}{2}} \qquad (k \text{ gerade}),$$

$$= \left(\frac{g}{p}\right) p^{\frac{k-1}{2}} G \qquad (k \text{ ungerade})$$

mit $G = \sum_{b=1}^{k} \omega_1^{b^2}$ und folglich, wenn (24) herangezogen wird,

$$\sum_{\mathfrak{b} (\text{mod } p^k)} \omega_k^{g \mathfrak{b}'\mathfrak{S}\mathfrak{b}} = p^{\frac{m}{2}k} \qquad (k \text{ gerade}),$$

$$= \left(\frac{(-1)^{\frac{m}{2}} S}{p}\right) p^{\frac{m}{2}k} \qquad (m \text{ gerade}, k \text{ ungerade})$$

$$= \left(\frac{(-1)^{\frac{m-1}{2}} Sg}{p}\right) p^{\frac{m}{2}k - \frac{1}{2}} G \qquad (m \text{ ungerade}, k \text{ ungerade}).$$

Mit Rücksicht auf (31) ergeben sich daher im Falle eines geraden m die Gleichungen $\sigma_0 = 1$, $\sigma_k = \epsilon^k p^{\frac{m}{2}k+k-1}(p-1)$ für $1 \leqq k \leqq l$, $\sigma_k = -\epsilon^k p^{\frac{m}{2}k+k-1}$ für $k = l+1$, $\sigma_k = 0$ für $k > l+1$; und nach (32) wird dann

$$q^{l-m}A = 1 + \left(1 - \frac{1}{p}\right)\sum_{k=1}^{l} \epsilon^k r^k - \epsilon^{l+1}\frac{r^{l+1}}{p} = \left(1 - \epsilon\frac{r}{p}\right)(1 + \epsilon r + \cdots + \epsilon^l r^l),$$

womit der erste Teil von (29) bewiesen ist. Im Falle eines ungeradem m wird aber $\sigma_0 = 1$, $\sigma_k = 0$ für ungerades $k \leqq l$, $\sigma_k = p^{\frac{m}{2}k+k-1}(p-1)$ für gerades $k \leqq l$, $\sigma_k = -p^{\frac{m}{2}k+k-1}$ für gerades $k = l+1$, $\sigma_k = \epsilon p^{\frac{m}{2}k+k-\frac{1}{2}}$ für ungerades $k = l+1$, $\sigma_k = 0$ für $k > l+1$, also schliesslich

$$\begin{aligned} q^{l-m}A &= 1 + \left(1 - \frac{1}{p}\right)\sum_{h=1}^{(l-1)/2} r^h - \frac{r^{\frac{l+1}{2}}}{p} \\ &= \left(1 - \frac{r}{p}\right)\left(1 + r + r^2 + \cdots + r^{\frac{l-1}{2}}\right) \qquad (l \text{ ungerade}), \\ &= 1 + \left(1 - \frac{1}{p}\right)\sum_{h=1}^{l/2} r^h + \epsilon r^{\frac{l}{2}} p^{\frac{1-m}{2}} \\ &= \left(1 - \frac{r}{p}\right)\left(1 + r + r^2 + \cdots + r^{\frac{l}{2}-1} + \frac{r^{\frac{l}{2}}}{1 - \epsilon p^{\frac{1-m}{2}}}\right) \qquad (l \text{ gerade}). \end{aligned}$$

Die bisherigen Aussagen dieses Paragraphen über Congruenzlösungsanzahlen bezogen sich entweder auf beliebige Darstellungen modulo q oder auf primitive Darstellungen. Es ist von Wichtigkeit, dass man die Frage nach der Anzahl der Darstellungen mit festem Teiler $\mathfrak{B}$ auf den Fall der primitiven Darstellungen zurückführen kann vermöge

Hilfssatz 17: *Es sei $\mathfrak{B} = \mathfrak{B}^{(n)}$ in G_q, die Determinante $|\mathfrak{B}| = b$ eine in q aufgehende natürliche Zahl, $\mathfrak{T} = \mathfrak{B}'\mathfrak{T}_1\mathfrak{B}$ mit ganzem $\mathfrak{T}_1$ und $(2T)^3 \mid q$. Dann ist*

$$A_q(\mathfrak{S}, \mathfrak{T}, \mathfrak{B}) = b^{n-m+1}B_q(\mathfrak{S}, \mathfrak{T}_1).$$

Beweis: Es bedeute $A_q(\mathfrak{S}, \mathfrak{T}, \mathfrak{B})$ die Anzahl der Lösungen von $\mathfrak{C}'\mathfrak{S}\mathfrak{C} \equiv \mathfrak{T} \pmod q$ mit primitivem $\mathfrak{C}\mathfrak{B}^{-1} = \mathfrak{P}$ aus G_q, also die Anzahl aller $\mathfrak{P}\mathfrak{B}$ modulo q mit

(33) $$\mathfrak{P}'\mathfrak{S}\mathfrak{P} = \mathfrak{T}_1 + q\mathfrak{B}'^{-1}\mathfrak{G}\mathfrak{B}^{-1}$$

und ganzem symmetrischen $\mathfrak{G}$. Es seien für variables $\mathfrak{G}$ die sämtlichen modulo q verschiedenen $q\mathfrak{B}'^{-1}\mathfrak{G}\mathfrak{B}^{-1}$ die Matrizen $\mathfrak{H}_1, \cdots, \mathfrak{H}_a$. Die Anzahl der primitiven Darstellungen

(34) $$\mathfrak{P}'\mathfrak{S}\mathfrak{P} \equiv \mathfrak{T}_1 + \mathfrak{H}_k \pmod q$$

von $\mathfrak{T}_1 + \mathfrak{H}_k$ durch $\mathfrak{S}$ (mod q) ist für jedes k der Reihe $1, \cdots, a$ nach den Hilfssätzen 13 und 15 genau $b^{2mn-n(n+1)}$-mal so gross wie die entsprechende Anzahl für den Modul qb^{-2}. Nun ist aber $\mathfrak{H}_k \equiv \mathfrak{N}$ (mod qb^{-2}) und daher die Lösungszahl von (34) gleich der von k unabhängigen Zahl $B_q(\mathfrak{S}, \mathfrak{T}_1)$. Für (33) existieren also $aB_q(\mathfrak{S}, \mathfrak{T}_1)$ nach dem Modul q incongruente primitive Lösungen $\mathfrak{P}$. Mit $\mathfrak{P}$ ist nun auch $\mathfrak{P}_1 = \mathfrak{P} + q\mathfrak{X}\mathfrak{B}^{-1}$ für beliebiges ganzes $\mathfrak{X} = \mathfrak{X}^{(m,n)}$ eine Lösung von (33), denn es ist ja

$$\mathfrak{B}'((\mathfrak{P} + q\mathfrak{X}\mathfrak{B}^{-1})'\mathfrak{S}(\mathfrak{P} + q\mathfrak{X}\mathfrak{B}^{-1}) - \mathfrak{T}_1)\mathfrak{B}$$
$$= q(\mathfrak{G} + \mathfrak{X}'\mathfrak{S}\mathfrak{P}\mathfrak{B} + \mathfrak{B}'\mathfrak{P}'\mathfrak{S}\mathfrak{X} + q\mathfrak{X}'\mathfrak{S}\mathfrak{X}) \equiv \mathfrak{N} \pmod{q},$$

und andererseits hat jedes $\mathfrak{P}_1$ mit $\mathfrak{P}_1\mathfrak{B} \equiv \mathfrak{P}\mathfrak{B}$ (mod q) jene Gestalt. Bedeutet c die Anzahl der modulo q verschiedenen $q\mathfrak{X}\mathfrak{B}^{-1}$, so liefern also je c Lösungen $\mathfrak{P}$ dasselbe $\mathfrak{P}\mathfrak{B}$ (mod q), und folglich ist $A_q(\mathfrak{S}, \mathfrak{T}, \mathfrak{B}) = \frac{a}{c} B_q(\mathfrak{S}, \mathfrak{T}_1)$. Nach Hilfssatz 1 kann man zur Bestimmung von a und c die Matrix $\mathfrak{B}$ in der Diagonalform mit den Diagonalelementen $b_1, \cdots, b_n$ und $b_1 \cdots b_n = b$ annehmen. Ist nun $\mathfrak{G} = (g_{kl}) = (g_{lk})$, so wird $q\mathfrak{B}'^{-1}\mathfrak{G}\mathfrak{B}^{-1} = q\left(\frac{g_{kl}}{b_k b_l}\right)$, also offenbar $a = \prod_{k \leq l} b_k b_l = b^{n+1}$. Ferner wird $q(x_{kl})\mathfrak{B}^{-1} = q\left(\frac{x_{kl}}{b_l}\right)$, also $c = \prod_{l=1}^{n} b_l^m = b^m$. Daher ist $\frac{a}{c} = b^{n-m+1}$, was noch zu zeigen war.

§4. Einheiten

Ist $\mathfrak{C}'\mathfrak{S}\mathfrak{C} = \mathfrak{S}$ eine Darstellung von $\mathfrak{S}$ durch sich selbst in Γ, so heisst $\mathfrak{C}$ eine Einheit von $\mathfrak{S}$ in Γ. Dann ist $|\mathfrak{C}|^2 = 1$, also $\mathfrak{C}$ unimodular in Γ. Die Einheiten von $\mathfrak{S}$ in Γ bilden offenbar eine Gruppe. Sind $\mathfrak{S}$ und $\mathfrak{S}_1 = \mathfrak{U}'\mathfrak{S}\mathfrak{U}$ äquivalent in Γ, so liefert jede Einheit $\mathfrak{C}$ von $\mathfrak{S}$ die Einheit $\mathfrak{U}^{-1}\mathfrak{C}\mathfrak{U}$ von $\mathfrak{S}_1$. Die Einheitengruppen von $\mathfrak{S}$ und $\mathfrak{S}_1$ sind daher einstufig isomorph, und die abstracten Gruppen hängen also nur von der Classe von $\mathfrak{S}$ in Γ ab.

Analog nennt man $\mathfrak{C}$ eine Einheit von $\mathfrak{S}$ modulo q, wennn $\mathfrak{C}$ ganz und $\mathfrak{C}'\mathfrak{S}\mathfrak{C} \equiv \mathfrak{S}$ (mod q) ist. Die Anzahl dieser Einheiten ist $A_q(\mathfrak{S}, \mathfrak{S})$, wofür kürzer $E_q(\mathfrak{S})$ geschrieben werde. Ist S^2 ein Teiler von q in G_q, so folgt aus $|\mathfrak{C}|^2 S \equiv S$ (mod q), dass $\mathfrak{C}$ unimodular in G_q ist; in diesem Falle bilden also die Einheiten von $\mathfrak{S}$ modulo q sicherlich eine Gruppe, und $E_q(\mathfrak{S})$ ist dann die Ordnung der Gruppe.

Aus den Hilfssätzen 12, 13, 15 folgt durch die Specialisierung $\mathfrak{T} = \mathfrak{S}$ der

Hilfssatz 18: *Für $(q, r) = 1$ ist $E_{qr}(\mathfrak{S}) = E_q(\mathfrak{S})E_r(\mathfrak{S})$. Bedeutet p^b die höchste in $2S$ aufgehende Potenz der Primzahl p und ist $a > 2b$, $q = p^a$, so ist die Zahl $\frac{1}{2} q^{-\frac{(m-1)m}{2}} E_q(\mathfrak{S})$ von a unabhängig und zwar hat sie für den Fall $b = 0$ den Wert $\prod_{k=1}^{\frac{m-1}{2}} (1 - p^{-2k})$ oder $\left(1 - \left(\frac{(-1)^{\frac{m}{2}} S}{p}\right) p^{-\frac{m}{2}}\right) \prod_{k=1}^{\frac{m}{2}-1} (1 - p^{-2k})$, je nachdem m ungerade oder gerade ist.*

Für jede Einheit in Γ ist die Determinante $+1$ oder -1. Wie Beispiele zeigen, braucht zu gegebenem $\mathfrak{S}$ in G nicht immer eine Einheit mit der Determinante -1 zu existieren. Hingegen gilt

HILFSSATZ 19: *Zu jeder symmetrischen Matrix $\mathfrak{S}$ in G_p gibt es eine Einheit mit der Determinante* -1.

BEWEIS: Hat $\mathfrak{S}$ die Gestalt $\begin{pmatrix} s & \mathfrak{n}' \\ \mathfrak{n} & \mathfrak{S}_1 \end{pmatrix}$, so ist die Behauptung trivial. Da nun nach Hilfssatz 8 für $p \neq 2$ jedes $\mathfrak{S}$ in G_p einer Diagonalmatrix äquivalent ist, so bleibt nur noch der Fall $p = 2$ zu behandeln. Es sei t in G_2 der grösste gemeinsame Teiler der Elemente von $\mathfrak{S} = t\mathfrak{S}_2$. Sind nicht alle Diagonalelemente von $\mathfrak{S}_2$ gerade, so folgt wie beim Beweise von Hilfssatz 8, dass $\mathfrak{S}_2$ einer Matrix von der zu Anfang angegebenen Gestalt äquivalent ist. Man darf also voraussetzen, dass alle Diagonalelemente gerade sind. Wären diese sogar alle durch 4 teilbar, so folgt, da nicht alle Elemente von $\mathfrak{S}_2$ durch 2 teilbar sind, wie beim Beweise von Hilfssatz 8 leicht, dass $\mathfrak{S}_2$ einer Matrix äquivalent ist, bei der nicht alle Diagonalelemente durch 4 teilbar sind. Daher genügt es, den Beweis für den Fall zu führen, dass in $\mathfrak{S}_2 = (s_{kl})$ das Element s_{11} nur durch die erste Potenz von 2 teilbar ist. Durch die Substitution $\mathfrak{x} = \mathfrak{C}\mathfrak{y}$ mit

$$s_{11}x_1 = -(s_{11}y_1 + 2s_{12}y_2 + \cdots + 2s_{1m}y_m), \qquad x_k = y_k \qquad (h = 2, \cdots, m)$$

geht nun aber, wie sofort zu sehen ist, die quadratische Form $\mathfrak{x}'\mathfrak{S}_2\mathfrak{x}$ in sich über; ferner ist offenbar $\mathfrak{C}$ ganz und $|\mathfrak{C}| = -1$.

§5. Verwandtschaft

Es seien $\mathfrak{S}$ und $\mathfrak{T}$ zwei symmetrische Matrizen in G. Wenn sie in G äquivalent sind, so sind sie erst recht in allen G_p und in G_∞ äquivalent. Das Umgekehrte gilt nicht immer, wie Beispiele zeigen. Es mögen nun $\mathfrak{S}$ und $\mathfrak{T}$ verwandt heissen, in Zeichen $\mathfrak{S}$ v $\mathfrak{T}$, wenn sie in allen G_p und in G_∞ äquivalent sind. Alle mit $\mathfrak{S}$ verwandten $\mathfrak{T}$ bilden das Geschlecht von $\mathfrak{S}$, von dem $\mathfrak{S}$ ein Repräsentant ist. Es ist klar, dass alle mit $\mathfrak{S}$ in G äquivalenten $\mathfrak{T}$ mit $\mathfrak{S}$ verwandt sind; jedes Geschlecht setzt sich also aus vollen Classen zusammen.

Die unendlich vielen Bedingungen für die Verwandtschaft von $\mathfrak{S}$ und $\mathfrak{T}$ lassen sich durch endlich viele ersetzen, wie der folgende Hilfssatz zeigt.

HILFSSATZ 20: *Für die Verwandtschaft von $\mathfrak{S}$ und $\mathfrak{T}$ ist notwendig und hinreichend, dass $S = T$ ist und dass $\mathfrak{S}$ mit $\mathfrak{T}$ modulo $(2S)^3$ sowie in G_∞ äquivalent ist.*

BEWEIS: Es sei $\mathfrak{S}$ v $\mathfrak{T}$. In G_p gilt dann $\mathfrak{U}'\mathfrak{S}\mathfrak{U} = \mathfrak{T}$; also sind S/T und T/S beide in R_p ganz. Da dies für jedes p gilt, so ist $S/T = \pm 1$. Wegen $\mathfrak{U}'\mathfrak{S}\mathfrak{U} = \mathfrak{T}$ ist ferner S/T in jedem R_p ein Quadrat. Nun ist -1 in R_3 kein Quadrat und folglich $S = T$. Nach Hilfssatz 15 sind $\mathfrak{S}$ und $\mathfrak{T}$ in jedem G_q äquivalent, also auch modulo $(2S)^3$. Dies lehrt, dass die Bedingungen von Hilfssatz 20 notwendig für Verwandtschaft sind.

Es seien nun umgekehrt jene Bedingungen sämtlich erfüllt. Wegen $S = T$ ist zufolge Hilfssatz 12 für jede nicht in $2S$ aufgehende Primzahl p die Zahl $A_p(\mathfrak{S}, \mathfrak{T}) > 0$, also $\mathfrak{S}$ mit $\mathfrak{T}$ modulo p äquivalent. Ferner ist auch $\mathfrak{S}$ mit $\mathfrak{T}$

modulo $(2S)^3$ äquivalent. Aus Hilfssatz 14 folgt dann die Äquivalenz von $\mathfrak{S}$ und $\mathfrak{T}$ in allen G_p, also $\mathfrak{S}$ v $\mathfrak{T}$.

Hilfssatz 21: *Es sei* $\mathfrak{S}$ v $\mathfrak{T}$. *Für jeden Modul q gibt es in der Classe von* $\mathfrak{S}$ *in* G *ein* $\mathfrak{S}_1 \equiv \mathfrak{T} \pmod q$.

Beweis: Nach Hilfssatz 20 ist $S = T$. In G_p ist ferner $\mathfrak{C}_p'\mathfrak{S}\mathfrak{C}_p = \mathfrak{T}$ mit $|\mathfrak{C}_p| = \pm 1$. Nach Hilfssatz 15 existiert in G_q ein $\mathfrak{C}_0$, so dass für alle Primteiler p von q in G_p die Gleichung $\mathfrak{C}_0 = \mathfrak{C}_p$ gilt. Ferner gibt es nach den Hilfssätzen 19 und 15 in G_q eine Einheit $\mathfrak{E}$ von $\mathfrak{S}$, so dass für jene p in G_p die Gleichung $|\mathfrak{E}\mathfrak{C}_p| = +1$ erfüllt ist. Folglich ist $(\mathfrak{E}\cdot\mathfrak{C}_0)'\mathfrak{S}(\mathfrak{E}\cdot\mathfrak{C}_0) = \mathfrak{T}$ in G_q, und $|\mathfrak{E}\mathfrak{C}_0| = 1$. Bestimmt man nun nach Hilfssatz 6 in G eine unimodulare Matrix $\mathfrak{U} \equiv \mathfrak{E}\mathfrak{C}_0 \pmod q$ und setzt $\mathfrak{U}'\mathfrak{S}\mathfrak{U} = \mathfrak{S}_1$, so ist $\mathfrak{S}_1$ mit $\mathfrak{S}$ äquivalent und $\mathfrak{S}_1 \equiv \mathfrak{T} \pmod q$.

§6. Existenzsätze

Für die Darstellbarkeit von $\mathfrak{T}$ durch $\mathfrak{S}$ in G ist die Darstellbarkeit in G_∞ und allen G_p notwendig, aber nicht immer hinreichend. Lässt man jedoch die Forderung der Ganzzahligkeit fallen, so gilt der grundlegende

Hilfssatz 22: *Für die Darstellbarkeit von* $\mathfrak{T}$ *durch* $\mathfrak{S}$ *in* R *ist die Darstellbarkeit in* R_∞ *und allen* R_p *notwendig und hinreichend.*

Nachdem wichtige Specialfälle dieses Satzes von Legendre, Smith, Minkowski behandelt waren, wurde er in voller Allgemeinheit von Hasse abgeleitet, auf dessen Veröffentlichungen für den Beweis verwiesen sei.

Zunächst sind einige Folgerungen aus Hilfssatz 22 zu ziehen.

Hilfssatz 23: *Es seien* $\mathfrak{S}$ *und* $\mathfrak{T}$ *aus* G, $n < m$, $(2T)^3 S$ *ein Teiler von* q, $\mathfrak{T}$ *durch* $\mathfrak{S}$ *in* G_∞ *und ausserdem modulo* q *in der Form* $\mathfrak{C}_1'\mathfrak{S}\mathfrak{C}_1 \equiv \mathfrak{T} \pmod q$ *darstellbar. Dann gibt es in* R *eine Darstellung* $\mathfrak{C}'\mathfrak{S}\mathfrak{C} = \mathfrak{T}$ *mit* $\mathfrak{C} \equiv \mathfrak{C}_1 \left(\bmod \frac{q}{2T}\right)$.

Beweis: Für die Primzahlen p, die nicht in $2ST$ aufgehen, ist nach Hilfssatz 12 die Zahl $A_p(\mathfrak{S}, \mathfrak{T})$ positiv und daher nach Hilfssatz 14 die Matrix $\mathfrak{T}$ durch $\mathfrak{S}$ in G_p darstellbar. Nach den Hilfssätzen 14 und 15 existiert ferner in G_q eine Darstellung $\mathfrak{C}_2'\mathfrak{S}\mathfrak{C}_2 = \mathfrak{T}$ mit $\mathfrak{C}_2 \equiv \mathfrak{C}_1 \left(\bmod \frac{q}{2T}\right)$. Da die Primteiler p von $2ST$ auch in q aufgehen, so ist also $\mathfrak{T}$ durch $\mathfrak{S}$ in allen G_p darstellbar. Nach Hilfssatz 22 gibt es folglich in R eine Darstellung $\mathfrak{C}_0'\mathfrak{S}\mathfrak{C}_0 = \mathfrak{T}$.

Zufolge Hilfssatz 9 ist

$$\mathfrak{X} = \mathfrak{C}_0 + 2\mathfrak{B}(\mathfrak{A} - \mathfrak{B}'\mathfrak{S}\mathfrak{B})^{-1}\mathfrak{B}'\mathfrak{S}\mathfrak{C}_0 \tag{35}$$

eine Lösung von $\mathfrak{X}'\mathfrak{S}\mathfrak{X} = \mathfrak{T}$ in P, falls $\mathfrak{A} = \mathfrak{A}^{(n)}$ eine alternierende Matrix aus P und $\mathfrak{B} = \mathfrak{B}^{(m,n)}$ eine beliebige Matrix aus P bedeutet, für welche

$$(\mathfrak{A} - \mathfrak{B}'\mathfrak{S}\mathfrak{B})^{-1}$$

existiert; und zwar lässt sich eine Lösung $\mathfrak{X}$ stets dann in die Form (35) setzen, wenn $(\mathfrak{C}_0'\mathfrak{S}\mathfrak{X} - \mathfrak{T})^{-1}$ vorhanden ist. Es sei nun p ein beliebiger Primfactor von q. Es soll gezeigt werden, dass bei geeigneter Wahl von $\mathfrak{A}$ und $\mathfrak{B}$ aus R

für die durch (35) definierte Matrix $\mathfrak{X}$ die Zahl $|\mathfrak{C}_2'\mathfrak{S}\mathfrak{X} - \mathfrak{T}|$ in allen R_p von 0 verschieden ist, dass also $(\mathfrak{C}_2'\mathfrak{S}\mathfrak{X} - \mathfrak{T})^{-1}$ in R_q existiert.

Da die Gleichung $|\mathfrak{C}_0'\mathfrak{S}\mathfrak{X} - \mathfrak{T}| = 0$ nicht auf dem ganzen algebraischen Gebilde $\mathfrak{X}'\mathfrak{S}\mathfrak{X} = \mathfrak{T}$ gilt, z.B. nicht in der Umgebung von $\mathfrak{X} = -\mathfrak{C}_0'$, und andererseits vermöge Hilfssatz 10 jenes Gebilde in R und allen R_p irreducibel ist, so wird durch (35) die volle Mannigfaltigkeit $\mathfrak{X}'\mathfrak{S}\mathfrak{X} = \mathfrak{T}$ der Dimension $\nu = mn - \dfrac{n(n+1)}{2}$ dargestellt, ausgenommen den durch $|\mathfrak{C}_0'\mathfrak{S}\mathfrak{X} - \mathfrak{T}| = 0$ definierten Teil der Dimension $\nu - 1$. Dies gilt sowohl in R als auch in R_p. Ferner ist durch die Gleichung $|\mathfrak{C}_2'\mathfrak{S}\mathfrak{X} - \mathfrak{T}| = 0$ in R_p auf dem Gebilde $\mathfrak{X}'\mathfrak{S}\mathfrak{X} = \mathfrak{T}$ ebenfalls ein $(\nu - 1)$-dimensionaler Teil definiert. Folglich kann man in (35) die Matrizen $\mathfrak{A}$ und $\mathfrak{B}$ aus R_q so wählen, dass für das zugehörige $\mathfrak{X}$ die Zahl $|\mathfrak{C}_2'\mathfrak{S}\mathfrak{X} - \mathfrak{T}|$ in allen R_p für die Primteiler p von q ungleich 0 ist. Bricht man dann die q-adischen Reihen für $\mathfrak{A}$ und $\mathfrak{B}$ an genügend hoher Stelle ab, so erhält man statt des q-adischen $\mathfrak{X}$ eine Matrix $\mathfrak{C}_3$ aus R mit $\mathfrak{C}_3'\mathfrak{S}\mathfrak{C}_3 = \mathfrak{T}$, für welche $(\mathfrak{C}_2'\mathfrak{S}\mathfrak{C}_3 - \mathfrak{T})^{-1}$ in R_q existiert.

Wendet man nun nochmals Hilfssatz 9 an, so ist

(36) $$\mathfrak{C}_2 = \mathfrak{C}_3 + 2\mathfrak{B}_1(\mathfrak{A}_1 - \mathfrak{B}_1'\mathfrak{S}\mathfrak{B}_1)^{-1}\mathfrak{B}_1'\mathfrak{S}\mathfrak{C}_3$$

mit geeigneten q-adischen $\mathfrak{A}_1$ und $\mathfrak{B}_1$. Bricht man diese wieder an genügend hoher Stelle ab, so liefert (36) anstatt des q-adischen $\mathfrak{C}_2$ ein $\mathfrak{C}$ aus R mit $\mathfrak{C}'\mathfrak{X}\mathfrak{C} = \mathfrak{T}$ und $\mathfrak{C} \equiv \mathfrak{C}_2 \equiv \mathfrak{C}_1 \left(\operatorname{mod} \dfrac{q}{2T}\right)$.

Wie aus den Hilfssätzen 15 und 19 leicht folgt, ist Hilfssatz 23 nicht mehr richtig, wenn die Voraussetzung $n < m$ durch $n = m$ ersetzt wird. Dass auch der Beweis dann versagt, liegt an dem Zerfallen des Gebildes $\mathfrak{X}'\mathfrak{S}\mathfrak{X} = \mathfrak{T}$ für $n = m$.

Hilfssatz 24: *Es seien $\mathfrak{S}$ und $\mathfrak{T}$ aus G, $n < m$, $(2ST)^3$ ein Teiler von q, $\mathfrak{T}$ durch $\mathfrak{S}$ in G_∞ darstellbar und $\mathfrak{C}_1'\mathfrak{S}\mathfrak{C}_1 \equiv \mathfrak{T} \pmod q$ mit ganzem $\mathfrak{C}_1$. Es gibt ein $\mathfrak{S}_1$ v $\mathfrak{S}$ mit $\mathfrak{S}_1 \equiv \mathfrak{S} \pmod q$ und in G ein $\mathfrak{C} \equiv \mathfrak{C}_1 \left(\operatorname{mod} \dfrac{q}{2T}\right)$, so dass $\mathfrak{C}'\mathfrak{S}_1\mathfrak{C} = \mathfrak{T}$ ist.*

Beweis: Nach Hilfssatz 23 gibt es in R eine Darstellung $\mathfrak{C}_2'\mathfrak{S}\mathfrak{C}_2 = \mathfrak{T}$ mit $\mathfrak{C}_2 \equiv \mathfrak{C}_1 \left(\operatorname{mod} \dfrac{q}{2T}\right)$. Mit Rücksicht auf Hilfssatz 1 genügt es für den Beweis, $\mathfrak{C}_2$ als Diagonalmatrix mit den Diagonalelementen $c_1, \cdots, c_n$ anzunehmen. Es werde angenommen, dass für ein $h \geqq 1$ die Zahlen $c_1, \cdots, c_{h-1}$ in Zähler und Nenner nur Primzahlen enthalten, die auch in q aufgehen. Da jeder solche Primfactor dann auch in $\dfrac{q}{2T}$ aufgeht und $\mathfrak{C}_1$ ganz ist, so folgt aus $\mathfrak{C}_2 \equiv \mathfrak{C}_1 \left(\operatorname{mod} \dfrac{q}{2T}\right)$, dass $c_1, \cdots, c_{h-1}$ ganz sind. Man setze nun $c_h = \dfrac{a}{b} q_1$, wo q_1 den grössten Teiler von c_h bedeutet, dessen sämtliche Primfactoren in q aufgehen, und $\frac{a}{b}$ den gekürzten Bruch $\frac{c_h}{q_1}$. Ist $\mathfrak{S} = (s_{kl})$, $\mathfrak{T} = (t_{kl})$, so wird

$$c_k s_{kh} \frac{a}{b} q_1 = t_{kh} \qquad (k = 1, \cdots, h-1),$$

$$s_{hh} \left(\frac{a}{b} q_1\right)^2 = t_{hh},$$

also $b^2 \mid s_{hh}$, $a^2 \mid t_{hh}$, $b \mid s_{kh}$, $a \mid t_{kh} (k = 1, \cdots, h - 1)$. Hätte b mit den $m - h$ Zahlen s_{kh} für $k = h + 1, \cdots, m$ einen Teiler gemein, so müsste dieser in S, also auch in q aufgehen, während ja $(b, q) = 1$ ist. Folglich hat die allgemeine Lösung von

$$\sum_{l=h+1}^{m} s_{hl} x_l \equiv 0 \qquad (\mathrm{mod}\ b)$$

die Form $\mathfrak{x} = \mathfrak{B}\mathfrak{y}$ mit $\mathfrak{x} = (x_{h+1} \cdots x_m)'$, beliebigem ganzen $\mathfrak{y}$ und einer gewissen ganzen Matrix $\mathfrak{B} = \mathfrak{B}^{(m-h)}$ von der Determinante b. Es bedeute $\mathfrak{D}$ die mit den Diagonalelementen $1, \cdots, 1, b^{-1}$ gebildete h-reihige symmetrische Diagonalmatrix. Setzt man dann $\mathfrak{F} = \begin{pmatrix} \mathfrak{D} & \mathfrak{N}' \\ \mathfrak{N} & \mathfrak{B} \end{pmatrix}$, so ist $|\mathfrak{F}| = 1$ und $\mathfrak{F}'\mathfrak{S}\mathfrak{F} = \mathfrak{S}_2$ ganz. Da $\mathfrak{F}$ modulo q ganz und $(2S)^3$ ein Teiler von q ist, so ist $\mathfrak{S}_2$ v $\mathfrak{S}$ auf grund von Hilfssatz 20. Man setze nun $\mathfrak{F}^{-1}\mathfrak{C}_2 = \mathfrak{C}_3 = \begin{pmatrix} \mathfrak{D}_1 & \mathfrak{N}_1 \\ \mathfrak{N} & \mathfrak{A}_1 \end{pmatrix}$, wo die Diagonalmatrix $\mathfrak{D}_1^{(h)}$ die Diagonalelemente $c_1, \cdots, c_{h-1}, aq_1$ hat; dann ist $\mathfrak{C}_3'\mathfrak{S}_2\mathfrak{C}_3 = \mathfrak{T}$.

Auf genau dieselbe Art folgt die Existenz eines modulo q ganzen $\mathfrak{F}_1 = \mathfrak{F}_1^{(n)}$ mit $|\mathfrak{F}_1| = 1$, ganzem $\mathfrak{F}_1'\mathfrak{T}\mathfrak{F}_1 = \mathfrak{T}_1$ v $\mathfrak{T}$ und $\mathfrak{C}_3\mathfrak{F}_1 = \mathfrak{C}_4 = \begin{pmatrix} \mathfrak{D}_2 & \mathfrak{N}_2 \\ \mathfrak{N} & \mathfrak{A}_2 \end{pmatrix}$, so dass $\mathfrak{D}_2^{(h)}$ die Diagonalelemente $c_1, \cdots, c_{h-1}, q_1$ besitzt und $\mathfrak{C}_4'\mathfrak{S}_2\mathfrak{C}_4 = \mathfrak{T}_1$ ist. Indem man noch $\mathfrak{S}_2$ und $\mathfrak{T}_1$ durch geeignete äquivalente Matrizen ersetzt, kann man erreichen, dass $\mathfrak{A}_2$ eine Diagonalmatrix wird. Es gibt also eine Darstellung $\mathfrak{C}_5'\mathfrak{S}_3\mathfrak{C}_5 = \mathfrak{T}_2$ in R mit $\mathfrak{C}_5 = \mathfrak{F}_2^{-1}\mathfrak{C}_2\mathfrak{F}_3$, $\mathfrak{S}_3 = \mathfrak{F}_2'\mathfrak{S}\mathfrak{F}_2$ v $\mathfrak{S}$, $\mathfrak{T}_2 = \mathfrak{F}_3'\mathfrak{T}\mathfrak{F}_3$ v $\mathfrak{T}$, wobei $\mathfrak{F}_2$ und $\mathfrak{F}_3$ die Determinante 1 haben und modulo q ganz sind; ferner ist $\mathfrak{C}_5$ eine Diagonalmatrix, deren h erste Diagonalelemente die ganzen Zahlen $c_1, \cdots, c_{h-1}, q_1$ sind, also nur Primfactoren von q enthalten. Da diese Aussage vermöge vollständiger Induction auch für $h = n$ gilt, so kann $\mathfrak{C}_5$ weiterhin als ganz rational angenommen werden.

Man wähle nun nach Hilfssatz 6 in G zwei unimodulare Matrizen $\mathfrak{U}_1$ und $\mathfrak{U}_2$ mit $\mathfrak{U}_1 \equiv \mathfrak{F}_2 \pmod{q}$ und $\mathfrak{U}_2 \equiv \mathfrak{F}_3 \pmod{qT}$. Setzt man dann $\mathfrak{U}_1\mathfrak{C}_5\mathfrak{U}_2^{-1} = \mathfrak{C}$, $\mathfrak{U}_2'^{-1}\mathfrak{T}_2\mathfrak{U}_2^{-1} = \mathfrak{T}_3$, $\mathfrak{U}_1'^{-1}\mathfrak{S}_3\mathfrak{U}_1^{-1} = \mathfrak{S}_4$, so gilt in G die Darstellung $\mathfrak{C}'\mathfrak{S}_4\mathfrak{C} = \mathfrak{T}_3$, und dabei ist $\mathfrak{S}_4$ v $\mathfrak{S} \equiv \mathfrak{S}_4 \pmod{q}$, $\mathfrak{T}_3$ v $\mathfrak{T} \equiv \mathfrak{T}_3 \pmod{qT}$, $\mathfrak{C} \equiv \mathfrak{C}_2 \equiv \mathfrak{C}_1 \left(\mathrm{mod}\ \frac{q}{2T}\right)$. Es sei $\mathfrak{K}$ grösster Teiler von $\mathfrak{C}$, also $\mathfrak{C}\mathfrak{K}^{-1} = \mathfrak{C}_0$ primitiv und $\mathfrak{C}_0'\mathfrak{S}_4\mathfrak{C}_0 = \mathfrak{K}'^{-1}\mathfrak{T}_3\mathfrak{K}^{-1} = \mathfrak{T}_4$ ganz. Ist dann $\mathfrak{A}$ ein Complement von $\mathfrak{C}_0$ und

$(\mathfrak{C}_0\mathfrak{A}) = \mathfrak{B}$, so gilt nach Hilfssatz 11 mit $\mathfrak{Q} = \mathfrak{C}_0'\mathfrak{S}_4\mathfrak{A}$, $\mathfrak{G} = \begin{pmatrix}\mathfrak{T}_4 & \mathfrak{Q}\\ \mathfrak{N} & \mathfrak{E}\end{pmatrix}$, $\mathfrak{H} = \mathfrak{A}'\mathfrak{S}_4\mathfrak{A} - \mathfrak{Q}'\mathfrak{T}_4^{-1}\mathfrak{Q}$ die Gleichung

$$\mathfrak{B}'\mathfrak{S}_4\mathfrak{B} = \mathfrak{G}'\begin{pmatrix}\mathfrak{T}_4^{-1} & \mathfrak{N}'\\ \mathfrak{N} & \mathfrak{H}\end{pmatrix}\mathfrak{G} = \begin{pmatrix}\mathfrak{T}_4 & \mathfrak{Q}\\ \mathfrak{Q}' & \mathfrak{H} + \mathfrak{Q}'\mathfrak{T}_4^{-1}\mathfrak{Q}\end{pmatrix}.$$

Man setze noch $\mathfrak{K}'^{-1}\mathfrak{T}\mathfrak{K}^{-1} = \mathfrak{T}_0$, $\begin{pmatrix}\mathfrak{T}_0 & \mathfrak{Q}\\ \mathfrak{N} & \mathfrak{E}\end{pmatrix} = \mathfrak{G}_0$ und definiere $\mathfrak{S}_1$ durch

$$\mathfrak{B}'\mathfrak{S}_1\mathfrak{B} = \mathfrak{G}_0'\begin{pmatrix}\mathfrak{T}_0^{-1} & \mathfrak{N}'\\ \mathfrak{N} & \mathfrak{H}\end{pmatrix}\mathfrak{G}_0 = \begin{pmatrix}\mathfrak{T}_0 & \mathfrak{Q}\\ \mathfrak{Q}' & \mathfrak{H} + \mathfrak{Q}'\mathfrak{T}_0^{-1}\mathfrak{Q}\end{pmatrix}.$$

Wegen $\mathfrak{T}_4 \equiv \mathfrak{T}_0 \pmod{q}$ und $\mathfrak{T}_4^{-1} \equiv \mathfrak{T}_0^{-1} \pmod{q}$ ist dann $\mathfrak{S}_1 \equiv \mathfrak{S}_4 \equiv \mathfrak{S} \pmod{q}$, wegen $|\mathfrak{T}_4| = |\mathfrak{T}_0|$ auch $|\mathfrak{S}_1| = |\mathfrak{S}_4| = S$. Da ferner $\mathfrak{T}_4$ und $\mathfrak{T}_0$ in G_∞ äquivalent sind, so auch $\mathfrak{S}_1$ und $\mathfrak{S}_4$. Aus Hilfssatz 20 folgt jetzt $\mathfrak{S}_1 \text{ v } \mathfrak{S}$. Eenlich ist noch $\mathfrak{C}_0'\mathfrak{S}_1\mathfrak{C}_0 = \mathfrak{T}_0$, also $\mathfrak{C}'\mathfrak{S}_1\mathfrak{C} = \mathfrak{T}$ und damit alles bewiesen

Hilfssatz 24 lehrt, dass es zu jeder Darstellung $\mathfrak{C}_1'\mathfrak{S}\mathfrak{C}_1 \equiv \mathfrak{T} \pmod{q}$ eine Darstellung $\mathfrak{C}'\mathfrak{S}_1\mathfrak{C} = \mathfrak{T}$ in G durch eine mit $\mathfrak{S}$ verwandte Matrix $\mathfrak{S}_1$ gibt, wobei sich $\mathfrak{C}$ von $\mathfrak{C}_1$ modulo q "nicht allzu sehr" unterscheidet. Hierdurch ist eine gewisse Zuordnung der Darstellungen von $\mathfrak{T}$ durch $\mathfrak{S}$ (mod q) zu den Darstellungen von $\mathfrak{T}$ in G durch Repräsentanten des Geschlechtes von $\mathfrak{S}$ gewonnen. Dass diese Zuordnung zu einer quantitativen Aussage verschärft werden kann, bildet das wichtigste Ergebnis der weiteren Untersuchungen.

Es sollen jetzt noch die Darstellungsdichten in G_p definiert werden. Ist $q = p^a$ Potenz einer Primzahl p und a grösser als der Exponent der höchsten in $(2T)^2$ aufgehenden Potenz von p, so ist die Zahl

$$q^{\frac{n(n+1)}{2} - mn} A_q(\mathfrak{S}, \mathfrak{T}) \tag{37}$$

nach Hilfssatz 13 von a unabhängig. Für eine ganze Matrix $\mathfrak{X} = \mathfrak{X}^{(m,n)}$ gibt es nun q^{mn} Möglichkeiten modulo q, und andererseits gibt es $q^{\frac{n(n+1)}{2}}$ Möglichkeiten für eine ganze symmetrische Matrix $\mathfrak{T} = \mathfrak{T}^{(n)}$ modulo q. Die Zahl $q^{mn - \frac{n(n+1)}{2}}$ könnte man daher als die wahrscheinliche Anzahl der Darstellungen von $\mathfrak{T}$ durch $\mathfrak{S}$ modulo q bezeichnen und den Wert in (37) als Darstellungsdichte in G_p. Aus einem Grunde, der mit dem Zerfallen des Gebildes $\mathfrak{X}'\mathfrak{S}\mathfrak{X} = \mathfrak{T}$ für $m = n$ in zwei irreducible Teile zusammenhängt, ist es zweckmässig, im Falle $m = n$ die Hälfte des Wertes in (37) als Darstellungsdichte anzusehen. Es werde also die Darstellungsdichte in G_p definiert durch

$$\begin{aligned} \alpha_p(\mathfrak{S}, \mathfrak{T}) &= q^{\frac{n(n+1)}{2} - mn} A_q(\mathfrak{S}, \mathfrak{T}) \qquad (m > n),\\ &= \tfrac{1}{2} q^{-\frac{(n-1)n}{2}} A_q(\mathfrak{S}, \mathfrak{T}) \qquad (m = n) \end{aligned} \tag{38}$$

mit $q = p^a$ und hinreichend grossem a. Offenbar ist jedes $\alpha_p(\mathfrak{S}, \mathfrak{T})$ eine nicht negative rationale Zahl.

HILFSSATZ 25: *Es sei weder $m = 2$ und $-S$ eine Quadratzahl noch $m = n + 2$ und $-ST$ eine Quadratzahl. Das über alle Primzahlen in natürlicher Reihenfolge erstreckte Product der Darstellungsdichten $\alpha_p(\mathfrak{S}, \mathfrak{T})$ convergiert, und sein Wert ist nur dann 0, wenn mindestens ein Factor 0 ist.*

BEWEIS: Es sei zunächst $m > n$. Für alle p, die nicht in $2ST$ aufgehen, wird $\alpha_p(\mathfrak{S}, \mathfrak{T})$ nach den Hilfssätzen 12 und 13 durch die rechte Seite von (16) gegeben. Da die Producte $\prod_p (1 - p^{-2}), \prod_p (1 - p^{-4}), \cdots$ bekanntlich convergieren und $\neq 0$ sind, so hat man nur noch für gerades m das Product $\prod_p \left(1 - \delta_p p^{-\frac{m}{2}}\right)$ mit $\delta_p = \left(\frac{(-1)^{\frac{m}{2}} S}{p}\right)$ und für gerades $m - n$ das Product $\prod_p \left(1 + \epsilon_p p^{\frac{n-m}{2}}\right)$ mit $\epsilon_p = \left(\frac{(-1)^{\frac{m-n}{2}} ST}{p}\right)$ zu untersuchen. Aus der Theorie der Dirichletschen L-Reihen folgt nun auch die Convergenz dieser Producte gegen von 0 verschiedene Werte, falls nicht die in Hilfssatz 25 genannten beiden Ausnahmefälle vorliegen.

Nun sei $m = n$. Für die nicht in $2ST$ aufgehenden p ist die Darstellungsdichte die Hälfte der rechten Seite von (16). Dies führt auf die Untersuchung von $\prod_p \frac{1 + \epsilon_p}{2}$. Ist ST eine Quadratzahl, so sind alle Factoren des Productes 1; ist aber ST keine Quadratzahl, so gibt es Factoren, die 0 sind.

Berücksichtigt man noch, dass den Primfactoren p von $2ST$ nur endlich viele Factoren des Productes entsprechen, so folgt die Behauptung.

Zweites Capitel: Der Hauptsatz für definite quadratische Formen

§7. Formulierung des Hauptsatzes

Eine symmetrische Matrix $\mathfrak{S}$ aus R_∞ heisse nicht-negativ, wenn für alle reellen $\mathfrak{x}$ stets $\mathfrak{x}'\mathfrak{S}\mathfrak{x} \geqq 0$ ist. Die Determinante $|\mathfrak{S}| = S$ ist dann $\geqq 0$. Verschwindet $\mathfrak{x}'\mathfrak{S}\mathfrak{x}$ nur für $\mathfrak{x} = \mathfrak{n}$, so heisst $\mathfrak{S}$ positiv und es ist $S > 0$. Dann hat also $\mathfrak{x}'\mathfrak{S}\mathfrak{x}$ auf der Einheitskugel $\mathfrak{x}'\mathfrak{x} = 1$ ein positives Minimum μ, und aus der Homogenität folgt für beliebige reelle $\mathfrak{x}$ die Ungleichung

$$\mathfrak{x}'\mathfrak{S}\mathfrak{x} \geqq \mu\mathfrak{x}'\mathfrak{x}. \tag{39}$$

Ist $\mathfrak{C}'\mathfrak{S}\mathfrak{C} = \mathfrak{T}$ eine Darstellung in R_∞ und $T \neq 0$, so ist bei positivem $\mathfrak{S}$ für reelles $\mathfrak{y}$ die Ungleichung $\mathfrak{y}'\mathfrak{T}\mathfrak{y} = (\mathfrak{C}\mathfrak{y})'\mathfrak{S}(\mathfrak{C}\mathfrak{y}) \geqq 0$ gültig, also auch $\mathfrak{T}$ positiv. Liegen noch dazu $\mathfrak{C}$, $\mathfrak{S}$ und $\mathfrak{T}$ in G, so ist für jede Spalte $\mathfrak{c}$ von $\mathfrak{C}$ der Wert $\mathfrak{c}'\mathfrak{S}\mathfrak{c}$ ein Diagonalelement von $\mathfrak{T}$. Nach (39) ist dann die Quadratsumme $\mathfrak{c}'\mathfrak{c}$ bei festen $\mathfrak{S}$ und $\mathfrak{T}$ beschränkt. Folglich haben die Darstellungen von $\mathfrak{T}$ durch $\mathfrak{S}$ in G eine endliche Anzahl $A(\mathfrak{S}, \mathfrak{T})$. Ferner sei $A(\mathfrak{S}, \mathfrak{T}, \mathfrak{B})$ die Anzahl der Darstellungen in G mit dem Teiler $\mathfrak{B}$ und speciell $A(\mathfrak{S}, \mathfrak{T}, \mathfrak{E}) = B(\mathfrak{S}, \mathfrak{T})$ die der primitiven Darstellungen. Die Ordnung $A(\mathfrak{S}, \mathfrak{S})$ der Einheitengruppe von $\mathfrak{S}$ werde kürzer mit $E(\mathfrak{S})$ bezeichnet. Diese Anzahlen hängen bei festem $\mathfrak{T}$ nur von der Classe von $\mathfrak{S}$ ab.

Ein fester Repräsentant der Classe von $\mathfrak{S}$ werde mit $(\mathfrak{S})$ bezeichnet. Man wähle aus jeder Classe des Geschlechtes von $\mathfrak{S}$ einen solchen Repräsentanten, und zwar seien dies $(\mathfrak{S}_1), (\mathfrak{S}_2), \cdots$. Dass in jedem Geschlecht nur endlich viele Classen sind, folgt aus dem Hermiteschen Satze von der Endlichkeit der Classenzahl der ganzzahligen quadratischen Formen fester Determinante, nach Hilfssatz 20 haben nämlich verwandte Matrizen dieselbe Determinante. Man bilde nun den Ausdruck

$$M(\mathfrak{S}, \mathfrak{T}) = \sum_{(\mathfrak{S}_k) \vee (\mathfrak{S})} \frac{A(\mathfrak{S}_k, \mathfrak{T})}{E(\mathfrak{S}_k)}, \tag{40}$$

wo $(\mathfrak{S}_k)$ die Classenrepräsentanten $(\mathfrak{S}_1), (\mathfrak{S}_2), \cdots$ des Geschlechts von $\mathfrak{S}$ durchlaufen soll; dies wird durch das Symbol $(\mathfrak{S}_k) \vee (\mathfrak{S})$ unter dem Summenzeichen angedeutet. $M(\mathfrak{S}, \mathfrak{T})$ heisst das Mass der Darstellungen von $\mathfrak{T}$ durch das Geschlecht von $\mathfrak{S}$. Eisenstein hat zuerst erkannt, dass $M(\mathfrak{S}, \mathfrak{T})$ für die Theorie der quadratischen Formen von Wichtigkeit ist. Führt man als Mass des Geschlechtes von $\mathfrak{S}$ noch die Grösse

$$M(\mathfrak{S}) = \sum_{(\mathfrak{S}_k) \vee (\mathfrak{S})} \frac{1}{E(\mathfrak{S}_k)} \tag{41}$$

ein, so wird man den Quotienten

$$A_0(\mathfrak{J}, \mathfrak{T}) = \frac{M(\mathfrak{S}, \mathfrak{T})}{M(\mathfrak{S})} \tag{42}$$

zweckmässig als mittlere Darstellungsanzahl von $\mathfrak{T}$ durch das Geschlecht von $\mathfrak{S}$ bezeichnen.

Nun soll noch die Darstellungsanzahl in G_∞ definiert werden. Jedes symmetrische $\mathfrak{T} = \mathfrak{T}^{(n)}$ aus G_∞ lässt sich als ein Punkt ansehen, dessen cartesische Coordinaten die $\frac{n(n+1)}{2}$ unabhängigen Coefficienten von $\mathfrak{T}$ sind. Man betrachte ein festes positives $\mathfrak{T}_0$ und eine Umgebung B von $\mathfrak{T}_0$, in der überall $\mathfrak{T}$ noch positiv ist. Ist auch $\mathfrak{S}$ positiv, so entspricht vermöge der Gleichung $\mathfrak{X}'\mathfrak{S}\mathfrak{X} = \mathfrak{T}$ dem $\frac{n(n+1)}{2}$-dimensionalen Gebiete B des $\mathfrak{T}$-Raumes ein mn-dimensionales Gebiet B_1 im $\mathfrak{X}$-Raum, indem man nämlich auch die Coefficienten von $\mathfrak{X}$ als cartesische Coordinaten nimmt. Sind nun $v(B)$ und $v(B_1)$ die Volumina von B und B_1, so lasse man B auf den Punkt $\mathfrak{T}_0$ zusammenschrumpfen und definiere als Anzahl der Darstellungen von $\mathfrak{T}_0$ durch $\mathfrak{S}$ in G_∞ den Grenzwert

$$A_\infty(\mathfrak{S}, \mathfrak{T}_0) = \lim_{B \to \mathfrak{T}_0} \frac{v(B_1)}{v(B)}.$$

Hilfssatz 26: *Es ist*

$$A_\infty(\mathfrak{S}, \mathfrak{T}) = S^{-\frac{n}{2}} T^{\frac{m-n-1}{2}} A_\infty(\mathfrak{E}^{(m)}, \mathfrak{E}^{(n)}).$$

Beweis: Man mache mit umkehrbaren reellen $\mathfrak{P}$, $\mathfrak{Q}$ die Substitution

$$\mathfrak{X} = \mathfrak{P}\mathfrak{X}_1\mathfrak{Q}, \qquad \mathfrak{P}'\mathfrak{S}\mathfrak{P} = \mathfrak{S}_1, \qquad \mathfrak{Q}'\mathfrak{T}_1\mathfrak{Q} = \mathfrak{T};$$

dadurch geht die Gleichung $\mathfrak{X}'\mathfrak{S}\mathfrak{X} = \mathfrak{T}$ in $\mathfrak{X}_1'\mathfrak{S}_1\mathfrak{X}_1 = \mathfrak{T}_1$ über. Bedeutet a die Functionaldeterminante der alten Variabeln $\mathfrak{X}$ in bezug auf die neuen $\mathfrak{X}_1$ und b die Functionaldeterminante der alten Variabeln $\mathfrak{T}$ in bezug auf die neuen $\mathfrak{T}_1$, so wird $A_\infty(\mathfrak{S}, \mathfrak{T}) = \frac{a}{b} A_\infty(\mathfrak{S}_1, \mathfrak{T}_1)$. Eine leichte Rechnung liefert die Werte $a = |\mathfrak{P}|^n |\mathfrak{Q}|^m$, $b = |\mathfrak{Q}|^{n+1}$. Wählt man nun speciell $\mathfrak{P}$ und $\mathfrak{Q}$ derart, dass $\mathfrak{S}_1 = \mathfrak{E}^{(m)}$ und $\mathfrak{T}_1 = \mathfrak{E}^{(n)}$ werden, so ist $|\mathfrak{P}|^2 = S^{-1}$, $|\mathfrak{Q}|^2 = T$ und $ab^{-1} = S^{-\frac{n}{2}} T^{\frac{m-n-1}{2}}$.

Man kann die Grösse $A_\infty(\mathfrak{S}, \mathfrak{T})$ als wahrscheinliche Anzahl der Darstellungen von $\mathfrak{T}$ durch $\mathfrak{S}$ in G ansehen. Nach Hilfssatz 26 haben alle $A_\infty(\mathfrak{S}_k, \mathfrak{T})$ für $k = 1, 2, \cdots$ denselben Wert. Nach (40), (41) und (42) ist dann $A_\infty(\mathfrak{S}, \mathfrak{T})$ auch der wahrscheinliche Wert von $A_0(\mathfrak{S}, \mathfrak{T})$. Endlich soll nun der Quotient

$$\alpha(\mathfrak{S}, \mathfrak{T}) = \frac{A_0(\mathfrak{S}, \mathfrak{T})}{A_\infty(\mathfrak{S}, \mathfrak{T})} \tag{43}$$

die Dichte der Darstellungen von $\mathfrak{T}$ in G durch das Geschlecht von $\mathfrak{S}$ genannt werden.

Der Hauptsatz liefert den Zusammenhang, der zwischen den p-adischen Dichten $\alpha_p(\mathfrak{S}, \mathfrak{T})$ und der Dichte $\alpha(\mathfrak{S}, \mathfrak{T})$ besteht, nämlich

Satz 1 (Hauptsatz): *Das über alle Primzahlen in natürlicher Reihenfolge erstreckte Product der* $\alpha_p(\mathfrak{S}, \mathfrak{T})$ *ist im Falle* $m > n + 1$ *oder* $m = n = 1$ *gleich* $\alpha(\mathfrak{S}, \mathfrak{T})$, *im Falle* $m = n + 1$ *oder* $m = n > 1$ *doppelt so gross.*

Dass das Product der $\alpha_p(\mathfrak{S}, \mathfrak{T})$ überhaupt convergiert, folgt aus Hilfssatz 25; die dort angegebenen Ausnahmefälle können jetzt nicht eintreten, da S und T positiv sind. Berücksichtigt man die in (38) gegebene Definition von $\alpha_p(\mathfrak{S}, \mathfrak{T})$ und die Hilfssätze 13 und 15, so geht der Hauptsatz über in

Satz 2: *Es sei* ϵ *gleich* 1, *wenn* $m > n + 1$ *oder* $m = n = 1$ *ist, und* $\epsilon = \frac{1}{2}$, *wenn* $m = n + 1$ *oder* $m = n > 1$ *ist. Es bedeute* $\omega(q)$ *die Anzahl der Primfactoren von* q *und es durchlaufe* q *die Folge der Facultäten* $2!, 3!, \cdots$. *Dann ist*

$$\alpha(\mathfrak{S}, \mathfrak{T}) = \epsilon \lim_{q \to \infty} \frac{A_q(\mathfrak{S}, \mathfrak{T})}{q^{mn - \frac{n(n+1)}{2}}} \qquad (m > n)$$

(44)

$$= \epsilon \lim_{q \to \infty} \frac{A_q(\mathfrak{S}, \mathfrak{T})}{2^{\omega(q)} q^{\frac{m(m-1)}{2}}} \qquad (m = n).$$

Es ist übrigens für die Richtigkeit von Satz 2 nicht nötig, dass q gerade die Folge $2!, 3!, \cdots$ durchläuft; es genügt die Annahme, in der Folge $q_1, q_2, \cdots$ für q möge jedes Glied in allen folgenden aufgehen, ferner soll jede natürliche Zahl Teiler eines Gliedes sein und ausserdem jedes Glied mit einem Primteiler p auch alle Primzahlen unterhalb p zu Teilern besitzen. Die Folge der Facultäten bildet vielleicht das einfachste Beispiel.

Der Beweis des Hauptsatzes besteht aus einem arithmetischen und einem analytischen Teil.

§8. Arithmetischer Teil des Beweises

In diesem Paragraphen werde $m > n$ vorausgesetzt. Es sei $\mathfrak{C}'\mathfrak{S}\mathfrak{C} = \mathfrak{T}$ eine primitive Darstellung in G. Ist $\mathfrak{A}_0$ ein Complement von $\mathfrak{C}$ und

$$(\mathfrak{C}\mathfrak{A}_0) = \mathfrak{U}_0, \qquad \mathfrak{Q}_0 = \mathfrak{C}'\mathfrak{S}\mathfrak{A}_0, \qquad \mathfrak{G}_0 = \begin{pmatrix} \mathfrak{T} & \mathfrak{Q}_0 \\ \mathfrak{N} & \mathfrak{E} \end{pmatrix}, \qquad T^{-1}\mathfrak{H}_0 = \mathfrak{A}_0'\mathfrak{S}\mathfrak{A}_0 - \mathfrak{Q}_0'\mathfrak{T}^{-1}\mathfrak{Q}_0,$$

so ist nach Hilfssatz 11 die Determinante $|\mathfrak{H}_0| = ST^{m-n-1}$ und

$$\mathfrak{U}_0'\mathfrak{S}\mathfrak{U}_0 = \mathfrak{G}_0'\begin{pmatrix} \mathfrak{T}^{-1} & \mathfrak{N}' \\ \mathfrak{N} & T^{-1}\mathfrak{H}_0 \end{pmatrix}\mathfrak{G}_0 = \begin{pmatrix} \mathfrak{T} & \mathfrak{Q}_0 \\ \mathfrak{Q}_0' & T^{-1}\mathfrak{H}_0 + \mathfrak{Q}_0'\mathfrak{T}^{-1}\mathfrak{Q}_0 \end{pmatrix}. \tag{45}$$

Ferner gelten für das allgemeine Complement $\mathfrak{A} = \mathfrak{C}\mathfrak{F} + \mathfrak{A}_0\mathfrak{W}$ mit ganzem $\mathfrak{F}$ und unimodularem $\mathfrak{W}$ die Gleichungen

$$\mathfrak{U} = \mathfrak{U}_0\begin{pmatrix} \mathfrak{E} & \mathfrak{F} \\ \mathfrak{N} & \mathfrak{W} \end{pmatrix}, \qquad \mathfrak{Q} = \mathfrak{T}\mathfrak{F} + \mathfrak{Q}_0\mathfrak{W}, \qquad \mathfrak{H} = \mathfrak{W}'\mathfrak{H}_0\mathfrak{W}.$$

Durch geeignete Wahl von $\mathfrak{W}$ kann $\mathfrak{H}$ zu einem vorgeschriebenen Classenrepräsentanten $(\mathfrak{H})$ gemacht werden; dann heisse $\mathfrak{H}$ reduciert. Damit ist $\mathfrak{H}$ bei gegebenem $\mathfrak{C}$ eindeutig festgelegt und $\mathfrak{W}$ ist genau $E(\mathfrak{H})$-deutig bestimmt. Man betrachte eine dieser $E(\mathfrak{H})$ Möglichkeiten für $\mathfrak{W}$. Um dann $\mathfrak{F}$ zu fixieren, werde der Begriff der (linksseitigen) Restclasse modulo $\mathfrak{T}$ eingeführt. Darunter verstehe man alle Matrizen der Form $\mathfrak{K} + \mathfrak{T}\mathfrak{F}$ mit festem ganzen $\mathfrak{K} = \mathfrak{K}^{(n,m-n)}$ und variabelm ganzen $\mathfrak{F} = \mathfrak{F}^{(n,m-n)}$. Man kann $\mathfrak{F}$ eindeutig so bestimmen, dass $\mathfrak{Q} = \mathfrak{T}\mathfrak{F} + \mathfrak{Q}_0\mathfrak{W}$ ein vorgeschriebener Repräsentant $(\mathfrak{Q})$ seiner Restclasse modulo $\mathfrak{T}$ ist; dann heisse $\mathfrak{Q}$ reduciert. Sind $\mathfrak{H}$ und $\mathfrak{Q}$ beide reduciert, so heisse auch $\mathfrak{U}$ reduciert.

Die Anzahl aller primitiven Darstellungen von $\mathfrak{T}$ durch $\mathfrak{S}$ in G ist $B(\mathfrak{S}, \mathfrak{T})$. Von diesen mögen $B(\mathfrak{H})$ zu demselben $(\mathfrak{H})$ gehören. Dann ist also

$$\frac{B(\mathfrak{S}, \mathfrak{T})}{E(\mathfrak{S})} = \sum_{(\mathfrak{H})} \frac{B(\mathfrak{H})}{E(\mathfrak{S})}, \tag{46}$$

wo rechts über alle Classen positiver ganzer $\mathfrak{H} = \mathfrak{H}^{(m-n)}$ mit der Determinante ST^{m-n-1} summiert wird. Wie oben gezeigt wurde, liefert jedes $\mathfrak{C}$ genau $E(\mathfrak{H})$ reducierte $\mathfrak{U}$, während durch $\mathfrak{U} = (\mathfrak{C}\mathfrak{A})$ natürlich $\mathfrak{C}$ eindeutig fixiert ist. Folglich ist $B(\mathfrak{H})$ gleich dem $E(\mathfrak{H})$-ten Teil aller das gleiche $(\mathfrak{H})$ liefernden reducierten $\mathfrak{U}$. Gehören zwei reducierte $\mathfrak{U}_1, \mathfrak{U}_2$ ausser zu dem gleichen $(\mathfrak{H})$ auch noch zu dem gleichen $(\mathfrak{Q})$, so folgt aus (45) die Gleichung $\mathfrak{U}_1'\mathfrak{S}\mathfrak{U}_1 = \mathfrak{U}_2'\mathfrak{S}\mathfrak{U}_2$, also $\mathfrak{U}_2 = \mathfrak{Z}\mathfrak{U}_1$, wo $\mathfrak{Z}$ eine Einheit von $\mathfrak{S}$ in G ist. Ist umgekehrt $\mathfrak{U}_1$ reduciert und $\mathfrak{Z}$ Einheit, so gehören zu $\mathfrak{U}_1$ und $\mathfrak{Z}\mathfrak{U}_1 = \mathfrak{U}_2$ dieselben $\mathfrak{Q}$, $\mathfrak{H}$, also ist dann auch $\mathfrak{U}_2$ reduciert. Die Anzahl aller das gleiche $(\mathfrak{H})$ liefernden reducierten $\mathfrak{U}$ ist daher $E(\mathfrak{S})$-mal so gross wie die Anzahl der wirklich vorkommenden reducierten $\mathfrak{Q}$ oder, was dasselbe ist, wie die Anzahl $C(\mathfrak{H}, \mathfrak{S})$ der reducierten $\mathfrak{Q}$, für welche die Matrix

$$\mathfrak{G}'\begin{pmatrix}\mathfrak{T}^{-1} & \mathfrak{N}' \\ \mathfrak{N} & T^{-1}\mathfrak{H}\end{pmatrix}\mathfrak{G} = \begin{pmatrix}\mathfrak{T} & \mathfrak{Q} \\ \mathfrak{Q}' & T^{-1}\mathfrak{H} + \mathfrak{Q}'\mathfrak{T}^{-1}\mathfrak{Q}\end{pmatrix} \tag{47}$$

mit $\mathfrak{S}$ äquivalent ist. Folglich gilt

$$\frac{B(\mathfrak{H})}{E(\mathfrak{S})} = \frac{C(\mathfrak{H}, \mathfrak{S})}{E(\mathfrak{H})}. \tag{48}$$

Die einzelnen Classenrepräsentanten $(\mathfrak{H})$ lassen sich auf grund von Hilfssatz 21 so wählen, dass die zu den Classen desselben Geschlechtes gehörigen sämtlich nach dem Modul $(2S)^3T$ congruent sind. Ersetzt man nun in (47) die Matrix $\mathfrak{H}$ durch eine verwandte und modulo $(2S)^3T$ congruente, so entsteht wieder eine ganze Matrix der Determinante S, die mit $\mathfrak{S}$ in G_∞ und modulo $(2S)^3$ äquivalent ist, also nach Hilfssatz 20 mit $\mathfrak{S}$ verwandt ist. Summiert man nun die Gleichungen (46) unter Berücksichtigung von (48) über die Classenrepräsentanten $(\mathfrak{S}_1)$, $(\mathfrak{S}_2)$, $\cdots$ des Geschlechtes von $\mathfrak{S}$, so treten rechts mit $(\mathfrak{H})$ auch alle mit $\mathfrak{H}$ verwandten Classenrepräsentanten $(\mathfrak{H}_1)$, $(\mathfrak{H}_2)$, $\cdots$ auf und für alle diese hat nach dem eben Bewiesenen die Summe $C(\mathfrak{H}, \mathfrak{S}_1) + C(\mathfrak{H}, \mathfrak{S}_2) + \cdots$ denselben Wert. Berücksichtigt man noch die Definition des Masses in (41), so ist

$$\sum_{(\mathfrak{H}_k)\,\mathrm{v}\,(\mathfrak{H})} \frac{1}{E(\mathfrak{H}_k)} = M(\mathfrak{H})\,;$$

und man erhält, wenn man unter $F(\mathfrak{H}, \mathfrak{S})$ die Anzahl der reducierten $\mathfrak{Q}$ mit

$$\begin{pmatrix}\mathfrak{T} & \mathfrak{Q} \\ \mathfrak{Q}' & T^{-1}\mathfrak{H} + \mathfrak{Q}'\mathfrak{T}^{-1}\mathfrak{Q}\end{pmatrix} \mathrm{v}\, \mathfrak{S}$$

versteht, die wichtige Beziehung

$$\sum_{(\mathfrak{S}_k)\,\mathrm{v}\,(\mathfrak{S})} \frac{B(\mathfrak{S}_k, \mathfrak{T})}{E(\mathfrak{S}_k)} = \sum_{\{\mathfrak{H}\}} F(\mathfrak{H}, \mathfrak{S}) M(\mathfrak{H}), \tag{49}$$

wobei $\{\mathfrak{H}\}$ sämtliche Geschlechtsrepräsentanten von ganzen positiven $\mathfrak{H}^{(m-n)}$ der Determinante ST^{m-n-1} durchläuft. Für einen speciellen Fall ist diese Formel von Eisenstein angegeben worden.

Nunmehr soll eine zu (49) analoge Formel für die Anzahl der primitiven Darstellungen von $\mathfrak{T}$ durch $\mathfrak{S}$ modulo q abgeleitet werden. Dabei werde vorausgesetzt, dass die Zahl $(2ST^m)^4$ in q aufgeht. Es sei $\mathfrak{C}'\mathfrak{S}\mathfrak{C} \equiv \mathfrak{T} \pmod{q}$ eine primitive Darstellung. Entsprechend wie zu Anfang des Paragraphen sei $\mathfrak{A}_0$ ein Complement von $\mathfrak{C}$ modulo q, also $(\mathfrak{C}\mathfrak{A}_0) \equiv \mathfrak{U}_0$ unimodular modulo q,

$$\mathfrak{Q}_0 \equiv \mathfrak{C}'\mathfrak{S}\mathfrak{A}_0, \qquad \mathfrak{H}_0 \equiv T\mathfrak{A}_0'\mathfrak{S}\mathfrak{A}_0 - T\mathfrak{Q}_0'\mathfrak{T}^{-1}\mathfrak{Q}_0 \pmod{q},$$

$$\text{ferner } |\mathfrak{H}_0| \equiv ST^{m-n-1}\,|\mathfrak{U}_0|^2 \pmod{q}.$$

Für das allgemeine Complement $\mathfrak{A}$ ist dann $\mathfrak{Q} \equiv \mathfrak{T}\mathfrak{F} + \mathfrak{Q}_0\mathfrak{W}$, $\mathfrak{H} \equiv \mathfrak{W}'\mathfrak{H}_0\mathfrak{W}$ (mod q) mit ganzem $\mathfrak{F}$ und modulo q unimodularem $\mathfrak{W}$. Sind $\mathfrak{H}$ und $\mathfrak{H}_1$ modulo q äquivalent, also $\mathfrak{H}_1 \equiv \mathfrak{B}'\mathfrak{H}\mathfrak{B}$, $\mathfrak{H} \equiv \mathfrak{B}_1'\mathfrak{H}_1\mathfrak{B}_1$ mit ganzen $\mathfrak{B}, \mathfrak{B}_1$, so ist wegen $S^2T^m \mid q$ notwendigerweise $\mathfrak{B}$ in G_q unimodular. Folglich kann man wieder durch geeignete Wahl eines $\mathfrak{W}$ die Matrix $\mathfrak{H}$ in einen vorgeschriebenen Classenrepräsentanten $(\mathfrak{H})$ modulo q überführen, und zwar auf genau $E_q(\mathfrak{H})$ Arten. Damit ist $\mathfrak{H}$ reduciert. Um bei festem $\mathfrak{W}$ auch $\mathfrak{Q}$ zu reducieren, beachte man zunächst, dass wegen $T \mid q$ die Repräsentanten verschiedener Restclassen modulo $\mathfrak{T}$ erst recht modulo q verschieden sind. Jetzt ist aber durch die Forderung

$$\mathfrak{T}\mathfrak{F} + \mathfrak{Q}_0\mathfrak{W} \equiv (\mathfrak{Q}) \pmod{q}$$

die Matrix $\mathfrak{F}$ nicht mehr eindeutig nach dem Modul q festgelegt, sondern es bestehen zufolge Hilfssatz 2 genau T^{m-n} Möglichkeiten für $\mathfrak{F}$. Zu $\mathfrak{C}$ gehören also $T^{m-n}E_q(\mathfrak{H})$ reducierte $(\mathfrak{C}\mathfrak{A}) = \mathfrak{U}$.

Von allen $B_q(\mathfrak{S}, \mathfrak{T})$ primitiven Darstellungen betrachte man wieder nur die $B_q(\mathfrak{H})$ zu demselben $(\mathfrak{H})$ modulo q führenden. Es ist $B_q(\mathfrak{H})$ gleich dem $T^{m-n}E_q(\mathfrak{H})$-ten Teil aller das gleiche $(\mathfrak{H})$ modulo q liefernden reducierten $\mathfrak{U}$. Gehört nun zu zwei solchen $\mathfrak{U}$, etwa $\mathfrak{U}_1$ und $\mathfrak{U}_2$, dasselbe $(\mathfrak{Q})$. so folgt aus der zu (45) analogen Congruenz modulo $\frac{q}{T}$ die Formel

$$\mathfrak{U}_1'\mathfrak{S}\mathfrak{U}_1 \equiv \mathfrak{U}_2'\mathfrak{S}\mathfrak{U}_2 \qquad \left(\mathrm{mod}\ \frac{q}{T}\right),$$

also $\mathfrak{U}_2 \equiv \mathfrak{Z}\mathfrak{U}_1$ (mod q), wo $\mathfrak{Z}$ eine Einheit von $\mathfrak{S}$ modulo $\frac{q}{T}$ bedeutet. Es seien $\mathfrak{S}_1, \cdots, \mathfrak{S}_a$ sämtliche symmetrischen Matrizen modulo q, die $\equiv \mathfrak{S} \left(\mathrm{mod}\ \frac{q}{T}\right)$ und modulo q mit $\mathfrak{S}$ äquivalent sind. Ist dann $\mathfrak{S}_k \equiv \mathfrak{Z}_k'\mathfrak{S}\mathfrak{Z}_k$ (mod q) mit ganzem $\mathfrak{Z}_k$, so ist wegen $S^2 \mid q$ die Matrix $\mathfrak{Z}_k$ modulo q unimodular. Bedeutet $\mathfrak{Z}$ eine Einheit von $\mathfrak{S} \left(\mathrm{mod}\ \frac{q}{T}\right)$, so ist $\mathfrak{Z}$ wegen $S^2T \mid q$ unimodular und $\mathfrak{Z}'\mathfrak{S}\mathfrak{Z}$ modulo q mit einer der Matrizen $\mathfrak{S}_1, \cdots, \mathfrak{S}_a$ congruent, etwa mit $\mathfrak{S}_k$; dann ist aber $\mathfrak{Z}\mathfrak{Z}_k^{-1} = \mathfrak{Y}$ eine Einheit von $\mathfrak{S}$ (mod q). Ist umgekehrt $\mathfrak{Y}$ eine solche Einheit und $\mathfrak{Z} = \mathfrak{Y}\mathfrak{Z}_k$, so ist auch $\mathfrak{Z}'\mathfrak{S}\mathfrak{Z} \equiv \mathfrak{S}_k$ (mod q). Die $aE_q(\mathfrak{S})$ Matrizen $\mathfrak{Y}\mathfrak{Z}_k$, wo $\mathfrak{Y}$ alle $E_q(\mathfrak{S})$ Einheiten von $\mathfrak{S}$ (mod q) durchläuft und k die Werte 1 bis a, sind alle modulo q verschieden und bilden sämtliche modulo q verschiedenen Einheiten von $\mathfrak{S} \left(\mathrm{mod}\ \frac{q}{T}\right)$. Für die oben eingeführten Matrizen $\mathfrak{U}_1$, $\mathfrak{U}_2$ gilt daher $\mathfrak{U}_2 \equiv \mathfrak{Y}\mathfrak{Z}_k\mathfrak{U}_1$ (mod q). Es ist klar, dass alle die $E_q(\mathfrak{S})$ Werte, die man aus $\mathfrak{U}_2$ erhält, wenn man bei festgehaltenem $\mathfrak{Z}_k$ für $\mathfrak{Y}$ alle Einheiten von $\mathfrak{S}$ (mod q) setzt, dieselben $(\mathfrak{H})$, $(\mathfrak{Q})$ liefern. Die Anzahl der dieselben $(\mathfrak{H})$, $(\mathfrak{Q})$ liefernden reducierten $\mathfrak{U}$ ist also $E_q(\mathfrak{S})$-mal so gross wie die Anzahl der für dieses Paar $(\mathfrak{H})$, $(\mathfrak{Q})$ zulässigen $\mathfrak{Z}_k$ oder $\mathfrak{S}_k$. Auf grund der Bedeutung von $\mathfrak{S}_k$ ist die letzte Anzahl ebenso gross wie die Anzahl der Bestimmungen des modulo q genau $T^{\frac{(m-n)(m-n+1)}{2}}$-deutigen Ausdrucks $T^{-1}\mathfrak{H}$, für welche die Matrix

$$(50)\qquad \begin{pmatrix} \mathfrak{T} & \mathfrak{Q} \\ \mathfrak{Q}' & T^{-1}\mathfrak{H} + \mathfrak{Q}'\mathfrak{T}^{-1}\mathfrak{Q} \end{pmatrix} = \mathfrak{S}_0$$

mit $\mathfrak{S}$ modulo q äquivalent ist. Für jede dieser Bestimmungen hat $\mathfrak{S}_0$ modulo $\frac{q}{T}$ einen und denselben Wert, der mit $\mathfrak{S}$ nach diesem Modul äquivalent ist. Wegen $(2S)^3T^2 \mid q$ ergeben dann die Hilfssätze 13 und 15 auch die Äquivalenz modulo q. Es bedeute nun $F_q(\mathfrak{H}, \mathfrak{S})$ die Anzahl der reducierten $\mathfrak{Q}$, für welche $\mathfrak{S}_0$ modulo $\frac{q}{T}$ mit $\mathfrak{S}$ äquivalent ist. Dann ist durch die vorhergehende Überlegung die Formel

$$B_q(\mathfrak{H}) = \frac{E_q(\mathfrak{S})T^{\frac{(m-n)(m-n+1)}{2}}}{E_q(\mathfrak{H})T^{m-n}} F_q(\mathfrak{H}, \mathfrak{S})$$

bewiesen, also auch

$$(51)\qquad \frac{B_q(\mathfrak{S}, \mathfrak{T})}{E_q(\mathfrak{S})} = T^{\frac{(m-n)(m-n-1)}{2}} \sum_{(\mathfrak{H})} \frac{F_q(\mathfrak{H}. \mathfrak{S})}{E_q(\mathfrak{H})},$$

wobei $(\mathfrak{H})$ alle Classenrepräsentanten modulo q durchläuft. Da

$$|\mathfrak{H}_0| \equiv ST^{m-n-1} \mid \mathfrak{U}_0 \mid^2 \qquad (\mathrm{mod}\ q)$$

ist und es natürlich ein unimodulares $\mathfrak{W}^{(m-n)}$ mit $|\mathfrak{W}| \equiv |\mathfrak{U}_0|^{-1} \pmod{q}$ gibt, so kann $|(\mathfrak{H})| \equiv ST^{m-n-1} \pmod{q}$ vorausgesetzt werden.

Jetzt soll bewiesen werden, dass für die $(\mathfrak{H})$ in (51) genau die $\{\mathfrak{H}\}$ in (49) gewählt werden können und dass $F_q(\mathfrak{H}, \mathfrak{S}) = F(\mathfrak{H}, \mathfrak{S})$ ist. Ist die Matrix $\mathfrak{S}_0$ von (50) mit $\mathfrak{S}$ $\left(\mathrm{mod}\ \frac{q}{T}\right)$ äquivalent, also $\mathfrak{U}'\mathfrak{S}\mathfrak{U} \equiv \mathfrak{S}_0 \left(\mathrm{mod}\ \frac{q}{T}\right)$ mit modulo q unimodularem $\mathfrak{U}$, so wird $|\mathfrak{H}|\, T^{n-m+1} \equiv S\, |\mathfrak{U}|^2 \left(\mathrm{mod}\ \frac{q}{T}\right)$, und da andererseits für die in (51) auftretenden $(\mathfrak{H})$ die Congruenz $|\mathfrak{H}| \equiv ST^{m-n-1} \pmod{q}$ gilt, so folgt $|\mathfrak{U}|^2 \equiv 1 \left(\mathrm{mod}\ \frac{q}{ST^m}\right)$. Nach den Hilfssätzen 15 und 19 kann man daher $|\mathfrak{U}| \equiv +1 \left(\mathrm{mod}\ \frac{q}{2ST^m}\right)$ voraussetzen. Setzt man dann $\mathfrak{U} = (\mathfrak{C}\mathfrak{A})$, so ist wieder $\mathfrak{C}'\mathfrak{S}\mathfrak{C} \equiv \mathfrak{T} \left(\mathrm{mod}\ \frac{q}{T}\right)$, $\mathfrak{C}'\mathfrak{S}\mathfrak{A} \equiv \mathfrak{Q} \left(\mathrm{mod}\ \frac{q}{T}\right)$, $\mathfrak{A}'\mathfrak{S}\mathfrak{A} \equiv T^{-1}\mathfrak{H} + \mathfrak{Q}'\mathfrak{T}^{-1}\mathfrak{Q} \left(\mathrm{mod}\ \frac{q}{T}\right)$. Nach Hilfssatz 24 existiert ein $\mathfrak{S}_1$ v $\mathfrak{S}$ mit $\mathfrak{S}_1 \equiv \mathfrak{S} \left(\mathrm{mod}\ \frac{q}{T}\right)$ und ein $\mathfrak{C}_1$ aus G mit $\mathfrak{C}_1 \equiv \mathfrak{C} \left(\mathrm{mod}\ \frac{q}{2T^2}\right)$, so dass $\mathfrak{C}_1'\mathfrak{S}_1\mathfrak{C}_1 = \mathfrak{T}$ ist. Dieses $\mathfrak{C}_1$ ist in G primitiv, da $\mathfrak{C}$

modulo q primitiv ist. Ist $\mathfrak{A}_1$ ein Complement von $\mathfrak{C}_1$ und $(\mathfrak{C}_1\mathfrak{A}_1) = \mathfrak{B}$ in G eigentlich unimodular, so ist $\mathfrak{C}_1\mathfrak{F}_1 + \mathfrak{A}_1\mathfrak{W}_1$ mit unimodularem $\mathfrak{W}_1$ und ganzem $\mathfrak{F}_1$ das allgemeine Complement. Wegen $\mathfrak{C}_1 \equiv \mathfrak{C} \left(\operatorname{mod} \frac{q}{2T^2}\right)$ ist $\mathfrak{A}_1$ auch Complement zu $\mathfrak{C} \left(\operatorname{mod} \frac{q}{2T^2}\right)$; und da ferner jedes solche Complement die Form $\mathfrak{C}\mathfrak{F} + \mathfrak{A}_1\mathfrak{W}$ mit modulo $\frac{q}{2T^2}$ unimodularem $\mathfrak{W}$ und ganzem $\mathfrak{F}$ besitzt, so ist die Congruenz $\mathfrak{C}_1\mathfrak{F}_1 + \mathfrak{A}_1\mathfrak{W} \equiv \mathfrak{A} \left(\operatorname{mod} \frac{q}{2T^2}\right)$ lösbar mit einem modulo $\frac{q}{2T^2}$ unimodularem $\mathfrak{W}$. Dann ist aber

$$|\mathfrak{U}| = |(\mathfrak{C}\mathfrak{A})| \equiv |(\mathfrak{C}_1\mathfrak{A}_1)|\,|\mathfrak{W}| \equiv |\mathfrak{B}|\,|\mathfrak{W}| \qquad \left(\operatorname{mod} \frac{q}{2T^2}\right)$$

und folglich $|\mathfrak{W}| \equiv +1 \left(\operatorname{mod} \frac{q}{2ST^m}\right)$. Aus Hilfssatz 6 ergibt sich nun die Existenz eines eigentlich unimodularen $\mathfrak{W}_1$ in G mit $\mathfrak{W}_1 \equiv \mathfrak{W} \left(\operatorname{mod} \frac{q}{2ST^m}\right)$. Ersetzt man dann $\mathfrak{C}_1\mathfrak{F}_1 + \mathfrak{A}_1\mathfrak{W}_1$ wieder durch $\mathfrak{A}_1$, so gilt $\mathfrak{A}_1 \equiv \mathfrak{A}$, $\mathfrak{C}_1'\mathfrak{S}_1\mathfrak{A}_1 = \mathfrak{Q}_1 \equiv \mathfrak{Q}$, $\mathfrak{H}_1 = T\mathfrak{A}_1'\mathfrak{S}_1\mathfrak{A}_1 - T\mathfrak{Q}_1'\mathfrak{T}^{-1}\mathfrak{Q}_1 \equiv \mathfrak{H} \left(\operatorname{mod} \frac{q}{2ST^m}\right)$. Da $\mathfrak{T}^{-1}(\mathfrak{Q}_1 - \mathfrak{Q})$ modulo q ganz ist, so liegen also $\mathfrak{Q}_1$ und $\mathfrak{Q}$ in derselben Restclasse modulo $\mathfrak{T}$. Wegen $(2ST^{m-n-1})^3 \,\Big|\, \frac{q}{2ST^m}$ ergeben endlich die Hilfssätze 14 und 15 die Äquivalenz von $\mathfrak{H}_1$ und $\mathfrak{H}$ modulo q. Jedem der $F_q(\mathfrak{H}, \mathfrak{S})$ Werte reducierter $\mathfrak{Q}$, für welche bei festem $\mathfrak{H}$ die durch (50) definierte Matrix $\mathfrak{S}_0 \left(\operatorname{mod} \frac{q}{T}\right)$ mit $\mathfrak{S}$ äquivalent ist, ist also ein $\mathfrak{Q}_1$ und ein mit $\mathfrak{H}$ modulo q äquivalentes ganzes positives $\mathfrak{H}_1$ der Determinante ST^{m-n-1} zugeordnet, für welche der zu (50) analog gebildete Ausdruck mit $\mathfrak{S}$ verwandt ist. Zu verschiedenen reducierten $\mathfrak{Q}$ gehören ferner verschiedene Restclassen von $\mathfrak{Q}_1$ modulo $\mathfrak{T}$; dagegen sind die zu verschiedenen $\mathfrak{Q}$ gehörigen $\mathfrak{H}_1$ nach Hilfssatz 20 sämtlich verwandt. Hiermit ist bewiesen, dass jedes $(\mathfrak{H})$ in (51) tatsächlich als ein $\{\mathfrak{H}\}$ in (49) gewählt werden kann und dass $F_q(\mathfrak{H}, \mathfrak{S}) \leqq F(\mathfrak{H}, \mathfrak{S})$ ist. Dabei liefern verschiedene $(\mathfrak{H})$, die ja modulo q nicht äquivalent sind, auch verschiedene Geschlechtsrepräsentanten $\{\mathfrak{H}\}$. Dass umgekehrt jedes $\{\mathfrak{H}\}$ zugleich ein $(\mathfrak{H})$ und $F(\mathfrak{H}, \mathfrak{S}) \leqq F_q(\mathfrak{H}, \mathfrak{S})$ ist, folgt durch eine triviale Überlegung. Da verschiedene Geschlechtsrepräsentanten $\{\mathfrak{H}\}$ auf grund von Hilfssatz 20 nach dem Modul q nicht äquivalent sind, so liefern verschiedene Geschlechtsrepräsentanten zugleich auch verschiedene Classenrepräsentanten modulo q.

Damit ist bewiesen, dass für die $(\mathfrak{H})$ in (51) genau die sämtlichen $\{\mathfrak{H}\}$ in (49) genommen werden können und dass $F_q(\mathfrak{H}, \mathfrak{S}) = F(\mathfrak{H}, \mathfrak{S})$ ist. Die Formel (51) erhält hierdurch die definitive Gestalt

$$(52) \qquad \frac{B_q(\mathfrak{S},\mathfrak{T})}{E_q(\mathfrak{S})} = T^{\frac{(m-n)(m-n-1)}{2}} \sum_{\{\mathfrak{H}\}} \frac{F(\mathfrak{H}, \mathfrak{S})}{E_q(\mathfrak{H})},$$

worin $\{\mathfrak{H}\}$ sämtliche Geschlechtsrepräsentanten von ganzen positiven $\mathfrak{H}^{(m-n)}$ der Determinante ST^{m-n-1} durchläuft und q ein Vielfaches von $(2ST^m)^4$ ist. Weiterhin werden vom Inhalt dieses Paragraphen nur die Formeln (49) und (52) benutzt werden.

§9. Transcendenter Teil des Beweises

Der Beweis erfolgt jetzt in 6 Schritten.

Unter der Voraussetzung $T^2 | q$ ist

$$A_q(\mathfrak{S}, \mathfrak{T}) = \sum_{\mathfrak{B}} A_q(\mathfrak{S}, \mathfrak{T}, \mathfrak{B}), \tag{53}$$

wo $\mathfrak{B}$ ein volles System solcher ganzen Matrizen modulo q durchläuft, welche nicht auseinander durch linksseitige Multiplication mit einer modulo q unimodularen Matrix hervorgehen und $\mathfrak{B}'^{-1}\mathfrak{T}\mathfrak{B}^{-1}$ (mod q) ganz machen. Nach Hilfssatz 1 ist dann $\mathfrak{B} \equiv \mathfrak{B}_1\mathfrak{D}\mathfrak{B}_2$ (mod q) mit modulo q eigentlich unimodularen $\mathfrak{B}_1$ und $\mathfrak{B}_2$. Sind $d_1q_1, \cdots, d_nq_n$ die Diagonalelemente von $\mathfrak{D}$, wobei $q_1, \cdots, q_n$ nur Primfactoren von q enthalten und $d_1, \ldots, d_n$ zu q teilerfremd sind, so bezeichne man mit $\mathfrak{D}_1$ die Diagonalmatrix aus den Diagonalelementen $q_1, \cdots, q_n$ und bilde nach Hilfssatz 6 in G eine unimodulare Matrix $\mathfrak{B} \equiv \mathfrak{B}_2$ (mod q). Es sei nun $T^2 | q$. Setzt man $\mathfrak{D}_1\mathfrak{B} = \mathfrak{B}_1$, so ist $\mathfrak{B}_1'^{-1}\mathfrak{T}\mathfrak{B}_1^{-1}$ auch in G ganz und ausserdem unterscheiden sich $\mathfrak{B}$ und $\mathfrak{B}_1$ nach dem Modul q nur um einen linksseitigen unimodularen Factor. Sind andererseits $\mathfrak{B}_1'^{-1}\mathfrak{T}\mathfrak{B}_1^{-1}$ und $\mathfrak{B}_2'^{-1}\mathfrak{T}\mathfrak{B}_2^{-1}$ beide in G gelegen und ist $\mathfrak{B}_2\mathfrak{B}_1^{-1}$ nicht unimodular in G, so ist $\mathfrak{B}_2\mathfrak{B}_1^{-1}$ oder $\mathfrak{B}_1\mathfrak{B}_2^{-1}$ gebrochen; da aber $| \mathfrak{B}_1 |$ und $| \mathfrak{B}_2 |$ beide in T und folglich in q aufgehen, so wird im Nenner eines Elementes von $\mathfrak{B}_2\mathfrak{B}_1^{-1}$ oder $\mathfrak{B}_1\mathfrak{B}_2^{-1}$ ein Primfactor von q vorkommen und $\mathfrak{B}_2\mathfrak{B}_1^{-1}$ auch nicht in G_q unimodular sein. Daher kann man in (53) dieselben $\mathfrak{B}$ wählen wie in

$$A(\mathfrak{S}, \mathfrak{T}) = \sum_{\mathfrak{B}} A(\mathfrak{S}, \mathfrak{T}, \mathfrak{B}). \tag{54}$$

Indem man nun die evidente Formel $A(\mathfrak{S}, \mathfrak{T}, \mathfrak{B}) = B(\mathfrak{S}, \mathfrak{B}'^{-1}\mathfrak{T}\mathfrak{B}^{-1})$ und Hilfssatz 17 verwendet, erhält man aus (53) und (54) für $(2T)^3 | q$ die Beziehungen

$$\begin{aligned} A(\mathfrak{S}, \mathfrak{T}) &= \sum_{\mathfrak{B}} B(\mathfrak{S}, \mathfrak{B}'^{-1}\mathfrak{T}\mathfrak{B}^{-1}), \\ A_q(\mathfrak{S}, \mathfrak{T}) &= \sum_{\mathfrak{B}} | \mathfrak{B} |^{n-m+1} B_q(\mathfrak{S}, \mathfrak{B}'^{-1}\mathfrak{T}\mathfrak{B}^{-1}); \end{aligned} \tag{55}$$

dabei durchläuft $\mathfrak{B}^{(n)}$ ein volles System solcher ganzen Matrizen mit positiver Determinante, welche nicht auseinander durch linksseitige Multiplication mit einer unimodularen Matrix hervorgehen und für welche ausserdem $\mathfrak{B}'^{-1}\mathfrak{T}\mathfrak{B}^{-1}$ ganz ist. Dies benutze man speciell für $m = n$. In diesem Falle ist offenbar $B(\mathfrak{S}, \mathfrak{T})$ gleich $E(\mathfrak{S})$ oder 0, je nachdem $\mathfrak{S}$ und $\mathfrak{T}$ äquivalent sind oder nicht, und also nach der Definition (40) die Grösse $M(\mathfrak{S}, \mathfrak{T})$ gleich der Anzahl a der $\mathfrak{B}$ mit $\mathfrak{B}'^{-1}\mathfrak{T}\mathfrak{B}^{-1}$ v $\mathfrak{S}$. Mit Rücksicht auf (55) ist dann auch $A_q(\mathfrak{S}, \mathfrak{T}) =$

$T^{\frac{1}{2}}S^{-\frac{1}{2}}aA_q(\mathfrak{S}, \mathfrak{S})$; und nach Hilfssatz 26 gilt $A_\infty(\mathfrak{S}, \mathfrak{T}) = T^{-\frac{1}{2}}S^{\frac{1}{2}}A_\infty(\mathfrak{S}, \mathfrak{S})$, also nach (42) und (43) auch $\alpha(\mathfrak{S}, \mathfrak{T}) = T^{\frac{1}{2}}S^{-\frac{1}{2}}a\alpha(\mathfrak{S}, \mathfrak{S})$. Nimmt man nun an, dass der Hauptsatz im Falle $\mathfrak{S} = \mathfrak{T}$ richtig ist, so ergibt sich jetzt aus (44) seine Gültigkeit für beliebige $\mathfrak{S}, \mathfrak{T}$ mit $m = n$.

Zweitens soll gezeigt werden, dass der Hauptsatz für $m = 1$ richtig ist. Nach dem eben Bewiesenen genügt es, den Fall $\mathfrak{S} = \mathfrak{T} = (s)$ zu behandeln. Es ist $A_0(s, s) = 2$. Ferner gilt mit $sx^2 = t$ die Formel $\int_{-x}^{+x} dx = \int_0^t \frac{dt}{(st)^{1/2}}$, also $A_\infty(s, s) = 1/s$. Da die Congruenz $x^2 \equiv 1 \pmod{p^a}$ für jede Primzahl $p \neq 2$ genau zwei Lösungen hat, für $p = 2$ und $a \geqq 3$ aber vier Lösungen, so wird $\alpha_p(s, s) = p^b$ für $p \neq 2$ und $= 2p^b$ für $p = 2$, wobei p^b die höchste in s aufgehende Potenz von p bedeutet. Also erhält man aus

$$\prod_p \alpha_p(s, s) = 2s = \frac{A_0(s, s)}{A_\infty(s, s)} = \alpha(s, s)$$

die Behauptung.

Es werde nun angenommen, der Hauptsatz sei richtig für $\mathfrak{S} = \mathfrak{T}$ und alle $m < m_1$, wobei $m_1 \geqq 2$ ist. Wenn man zeigen kann, dass er dann auch für $m = m_1, n < m$ und ausserdem für $\mathfrak{S} = \mathfrak{T}, m = m_1$ richtig ist, so ist er allgemein bewiesen. Zunächst sei $m = m_1, n < m$, also $1 \leqq m - n < m_1$. Es werde (44) angewendet auf $\mathfrak{H}, \mathfrak{H}$ statt $\mathfrak{S}, \mathfrak{T}$ für alle in (49) auftretenden $\mathfrak{H} = \mathfrak{H}^{(m-n)}$. Dies liefert

$$(56) \qquad \frac{1}{M(\mathfrak{H})} = A_0(\mathfrak{H}, \mathfrak{H}) = \epsilon_{m-n}A_\infty(\mathfrak{H}, \mathfrak{H}) \lim_{q\to\infty} \frac{E_q(\mathfrak{H})}{2^{\omega(q)}q^{\frac{(m-n)(m-n-1)}{2}}}$$

mit $\epsilon_{m-n} = 1$ für $m - n = 1$ und $\epsilon_{m-n} = 1/2$ für $m - n > 1$. Nach Hilfssatz 26 ist

$$(57) \qquad A_\infty(\mathfrak{H}, \mathfrak{H}) = \gamma_{m-n} \mid \mathfrak{H} \mid^{\frac{n-m-1}{2}},$$

wo γ_{m-n} nur von $m - n$ abhängt. Berücksichtigt man noch $\mid \mathfrak{H} \mid = ST^{m-n-1}$, so geht (49) vermöge (56) und (57) über in

$$(58) \qquad \sum_{(\mathfrak{S}_k) \vee (\mathfrak{S})} \frac{B(\mathfrak{S}_k, \mathfrak{T})}{E(\mathfrak{S}_k)} = \frac{1}{\epsilon_{m-n}\gamma_{m-n}} S^{\frac{m-n+1}{2}} T^{\frac{(m-n+1)(m-n-1)}{2}} \lim_{q\to\infty} 2^{\omega(q)}q^{\frac{(m-n)(m-n-1)}{2}} \sum_{\{\mathfrak{H}\}} \frac{F(\mathfrak{H}, \mathfrak{S})}{E_q(\mathfrak{H})}.$$

Hierbei ist nun aber die rechts auftretende Summe nach (52) nicht anders als $T^{-\frac{(m-n)(m-n-1)}{2}} B_q(\mathfrak{S}, \mathfrak{T})/E_q(\mathfrak{S})$. Man benutze jetzt (55) und wende (58) an für

$\mathfrak{B}'^{-1}\mathfrak{T}\mathfrak{B}^{-1}$ statt $\mathfrak{T}$ mit allen $\mathfrak{B}$ aus (55). Dann folgt durch Addition über alle $\mathfrak{B}$ nach (40) die Relation

$$(59)\qquad M(\mathfrak{S}, \mathfrak{T}) = \frac{1}{\epsilon_{m-n}\gamma_{m-n}} S^{\frac{m-n+1}{2}} T^{\frac{m-n-1}{2}} \lim_{q\to\infty} 2^{\omega(q)} q^{\frac{(m-n)(m-n-1)}{2}} \frac{A_q(\mathfrak{S}, \mathfrak{T})}{E_q(\mathfrak{S})}.$$

Setzt man noch $A_\infty(\mathfrak{E}^{(m)}, \mathfrak{E}^{(n)}) = \gamma_{mn}$, also $\gamma_m = \gamma_{mm}$, so hat wegen Hilfssatz 26 und der Formel

$$\alpha(\mathfrak{S}, \mathfrak{S}) = \frac{1}{M(\mathfrak{S})A_\infty(\mathfrak{S}, \mathfrak{S})} = \frac{S^{\frac{m+1}{2}}}{\gamma_m M(\mathfrak{S})}$$

die linke Seite von (59) den Wert

$$(60)\qquad M(\mathfrak{S}, \mathfrak{T}) = \alpha(\mathfrak{S}, \mathfrak{T}) \frac{\gamma_{mn} S^{\frac{m-n+1}{2}} T^{\frac{m-n-1}{2}}}{\gamma_m \alpha(\mathfrak{S}, \mathfrak{S})}.$$

Nach Hilfssatz 25 ist ferner der Grenzwert $\lim\limits_{q\to\infty} \dfrac{E_q(\mathfrak{S})}{2^{\omega(q)} q^{\frac{m(m-1)}{2}}}$ vorhanden und $\neq 0$. Schreibt man zur Abkürzung

$$(61)\qquad \frac{1}{\epsilon_m} \alpha(\mathfrak{S}, \mathfrak{S}) \lim_{q\to\infty} \frac{2^{\omega(q)} q^{\frac{m(m-1)}{2}}}{E_q(\mathfrak{S})} = \rho(\mathfrak{S}),$$

so geht (59) vermöge (60) über in

$$\alpha(\mathfrak{S}, \mathfrak{T}) = \frac{\epsilon_m \gamma_m \rho(\mathfrak{S})}{\epsilon_{m-n}\gamma_{m-n}\gamma_{mn}} \lim_{q\to\infty} \frac{A_q(\mathfrak{S}, \mathfrak{T})}{q^{mn - \frac{n(n+1)}{2}}}.$$

Da nun $\epsilon_m/\epsilon_{m-n} = \frac{1}{2}$ für $m - n = 1$, $= 1$ für $m - n > 1$ ist, so hat man nach (44) zum definitiven Beweis des Hauptsatzes nur noch die beiden Gleichungen $\gamma_m = \gamma_{m-n}\gamma_{mn}$ und $\rho(\mathfrak{S}) = 1$ abzuleiten.

Es sei $\mathfrak{Z} = \mathfrak{Z}^{(m)}$ und $\mathfrak{Z}'\mathfrak{S}\mathfrak{Z} = \mathfrak{W}$. Man betrachte ein Gebiet B im Raume der positiven $\mathfrak{W}$ und das entsprechende Gebiet B_1 im $\mathfrak{Z}$-Raum. Das Volumen $v(B_1)$ von B_1 ist das über B_1 erstreckte m^2-fache Integral I des Volumenelementes im $\mathfrak{Z}$-Raum. Man setze nun $\mathfrak{Z} = (\mathfrak{X}\mathfrak{Y})$ mit $\mathfrak{X} = \mathfrak{X}^{(m,n)}$ und $n < m$, $\mathfrak{X}'\mathfrak{S}\mathfrak{X} = \mathfrak{T}$, $\mathfrak{X}'\mathfrak{S}\mathfrak{Y} = \mathfrak{Q}$, $\mathfrak{Y}'\mathfrak{S}\mathfrak{Y} = \mathfrak{P}$, also $\mathfrak{W} = \begin{pmatrix}\mathfrak{T} & \mathfrak{Q}\\ \mathfrak{Q}' & \mathfrak{P}\end{pmatrix}$. Macht man dann die Substitution $\mathfrak{Y} = \mathfrak{Y}_1\mathfrak{U} + \mathfrak{X}\mathfrak{F}$, wo $\mathfrak{Y}_1$ einen speciellen Wert von $\mathfrak{Y}$ bedeutet, und setzt noch $\mathfrak{X}'\mathfrak{S}\mathfrak{Y}_1 = \mathfrak{Q}_1$, $\mathfrak{Y}_1'\mathfrak{S}\mathfrak{Y}_1 = \mathfrak{P}_1$, $\mathfrak{P} - \mathfrak{Q}'\mathfrak{T}^{-1}\mathfrak{Q} = \mathfrak{H}$, $\mathfrak{P}_1 - \mathfrak{Q}_1'\mathfrak{T}^{-1}\mathfrak{Q}_1 = \mathfrak{H}_1$, so gelten nach Hilfssatz 11 die Gleichungen $\mathfrak{Q} = \mathfrak{Q}_1\mathfrak{U} + \mathfrak{T}\mathfrak{F}$, $\mathfrak{H} = \mathfrak{U}'\mathfrak{H}_1\mathfrak{U}$. In I führe man zunächst statt $\mathfrak{Z}$ die Integrationsvariabeln $\mathfrak{X}$, $\mathfrak{U}$, $\mathfrak{F}$ ein. Die Functionaldeterminante dieser Transformation ist $|\,(\mathfrak{X}\mathfrak{Y}_1)\,|^{m-n}$. Dann führe man $\mathfrak{Q}$ statt $\mathfrak{F}$ ein, vermöge $\mathfrak{F} = \mathfrak{T}^{-1}(\mathfrak{Q} - \mathfrak{Q}_1\mathfrak{U})$ mit der Functionaldeterminante $|\,\mathfrak{T}\,|^{n-m}$. Da nun nach Hilfssatz 11 die Determinante $|\,(\mathfrak{X}\mathfrak{Y}_1)\,| = \left(\dfrac{|\mathfrak{T}|\,|\mathfrak{H}_1|}{|\mathfrak{S}|}\right)^{\frac{1}{2}}$ ist, so wird also I ein m^2-faches Integral mit dem Integranden $\left(\frac{|\mathfrak{H}_1|}{|\mathfrak{S}||\mathfrak{T}|}\right)^{\frac{m-n}{2}}$ und den Integrationsvariablen $\mathfrak{X}, \mathfrak{U}, \mathfrak{Q}$. Wegen $\mathfrak{X}'\mathfrak{S}\mathfrak{X} = \mathfrak{T}$ und $\mathfrak{U}'\mathfrak{H}_1\mathfrak{U} = \mathfrak{H}$ wird dann I ein $\frac{m(m+1)}{2}$-faches Integral über $\mathfrak{T}, \mathfrak{H}, \mathfrak{Q}$ mit dem Integranden

$$\left(\frac{|\mathfrak{H}_1|}{|\mathfrak{S}||\mathfrak{T}|}\right)^{\frac{m-n}{2}} A_\infty(\mathfrak{S}, \mathfrak{T}) A_\infty(\mathfrak{H}_1, \mathfrak{H}).$$

Macht man endlich noch die Transformation $\mathfrak{H} = \mathfrak{P} - \mathfrak{Q}'\mathfrak{T}^{-1}\mathfrak{Q}$ mit der Functionaldeterminante 1, so sind die Variabeln $\mathfrak{T}, \mathfrak{P}, \mathfrak{Q}$ gerade die Elemente von $\mathfrak{W}$, und die Integration ist also über B auszuführen. Andererseits ist I das über B erstreckte Integral mit dem Integranden $A_\infty(\mathfrak{S}, \mathfrak{W})$. Daher gilt

$$A_\infty(\mathfrak{S}, \mathfrak{W}) = \left(\frac{|\mathfrak{H}_1|}{|\mathfrak{S}||\mathfrak{T}|}\right)^{\frac{m-n}{2}} A_\infty(\mathfrak{S}, \mathfrak{T}) A_\infty(\mathfrak{H}_1, \mathfrak{H}).$$

Nimmt man speciell $\mathfrak{S} = \mathfrak{W} = \mathfrak{E}^{(m)}$, $\mathfrak{T} = \mathfrak{E}^{(n)}$, $\mathfrak{H}_1 = \mathfrak{H} = \mathfrak{E}^{(m-n)}$, so folgt $\gamma_m = \gamma_{mn}\gamma_{m-n}$.

Damit ist bewiesen, dass

$$\alpha(\mathfrak{S}, \mathfrak{T}) = \epsilon\rho(\mathfrak{S}) \lim_{q\to\infty} \frac{A_q(\mathfrak{S}, \mathfrak{T})}{q^{mn-\frac{n(n+1)}{2}}} \qquad (m > n) \tag{62}$$

ist, und es bleibt zum Beweise des Hauptsatzes nur noch zu zeigen, dass hierbei die durch (61) erklärte Zahl $\rho(\mathfrak{S})$ den constanten Wert 1 hat. Da jedenfalls $\rho(\mathfrak{S})$ nicht von $\mathfrak{T}$ abhängt, so kann man sich für die Bestimmung von $\rho(\mathfrak{S})$ der Gauss-Dirichletschen Methode der Mittelwertbildung bedienen, und zwar genügt dafür der Fall $n = 1$, also $\mathfrak{T} = (t)$. Aus der Definition des bestimmten Integrals folgt mit Rücksicht auf die Bedeutung von $\alpha(\mathfrak{S}, t)$ die Beziehung

$$\lim_{T\to\infty} T^{-1} \sum_{t=1}^{T} \alpha(\mathfrak{S}, t) = 1.$$

Zum Nachweis von $\rho(\mathfrak{S}) = 1$ hat man also nur den Mittelwert der Grössen $\lim_{q\to\infty} q^{1-m} A_q(\mathfrak{S}, t)(t = 1, \cdots, T)$ für $T \to \infty$ zu untersuchen und zu zeigen, dass er im Falle $m = 2$ gegen 2 convergiert, im Falle $m > 2$ gegen 1. Nun ist ja $\lim_{q\to\infty} q^{1-m} A_q(\mathfrak{S}, t) = \prod_p \alpha_p(\mathfrak{S}, t)$, wo p alle Primzahlen in natürlicher Reihenfolge durchläuft, und die Zahlen $\alpha_p(\mathfrak{S}, t)$ werden für alle nicht in $2S$ aufgehenden p auf grund von Hilfssatz 16 durch die rechte Seite von (29) gegeben. Da aber $\alpha_p(\mathfrak{S}, t)$ für die endlich vielen Primteiler p von $2S$ im allgemeinen einen recht complicierten Ausdruck hat, der im vorhergehenden deswegen auch gar nicht berechnet worden ist, so ist eine Modification der Mittelwertbildung ratsam, wie sie von Dirichlet und Minkowski benutzt wurde. Es sei nämlich τ eine durch $\mathfrak{S}$ darstellbare natürliche Zahl und Q eine durch $8\tau^3 S$ teilbare natürliche Zahl. Ist dann $t \equiv \tau \pmod{Q}$, so gilt nach Hilfssatz 13 für alle in Q aufgehenden

$\mathfrak{p}$ die Gleichung $\alpha_p(\mathfrak{S}, t) = \alpha_p(\mathfrak{S}, \tau)$. Es seien $\mathfrak{x}_1, \cdots, \mathfrak{x}_a$ mit $a = A_Q(\mathfrak{S}, \tau)$ sämtliche modulo Q verschiedenen Lösungen von $\mathfrak{x}'\mathfrak{S}\mathfrak{x} \equiv \tau \pmod{Q}$. Setzt man dann $\mathfrak{x} = \mathfrak{x}_k + Q\mathfrak{y}$ und lässt $\mathfrak{y}$ alle ganzen Spalten durchlaufen, k alle Zahlen von 1 bis a, so liefert $\mathfrak{x}'\mathfrak{S}\mathfrak{x}$ sämtliche Darstellungen von Zahlen t, die $\equiv \tau$ (mod Q) sind. Aus der Definition des bestimmten Integrals folgt dann aber

$$\lim_{T\to\infty} T^{-1} \sum_{T \geqq t \equiv \tau \pmod{Q}} \alpha(\mathfrak{S}, t) = aQ^{-m} = Q^{-1} \prod_{p|Q} \alpha_p(\mathfrak{S}, \tau). \tag{63}$$

Bezeichnet man mit $\beta(\mathfrak{S}, t)$ das Product $\prod_{(p,Q)=1} \alpha_p(\mathfrak{S}, t)$, wo p alle zu Q teilerfremden Primzahlen in natürlicher Reihenfolge durchläuft, so ist

$$\prod_p \alpha_p(\mathfrak{S}, t) = \beta(\mathfrak{S}, t) \prod_{p|Q} \alpha_p(\mathfrak{S}, \tau) \tag{64}$$

für alle $t \equiv \tau \pmod{Q}$. Da nun τ durch $\mathfrak{S}$ darstellbar ist, so sind die Zahlen $\alpha_p(\mathfrak{S}, \tau)$ für alle p von 0 verschieden. Nach (62), (63) und (64) hat man also nur noch zu zeigen, dass die über alle der Restclasse τ (mod Q) zugehörigen natürlichen $t \leqq T$ erstreckte Summe der $\beta(\mathfrak{S}, t)$ im Falle $m = 2$ asymptotisch gleich $2Q^{-1}T$ und im Falle $m > 2$ asymptotisch gleich $Q^{-1}T$ ist.

Für gerades $m = 2h$ setze man $(-1)^h S = s$. Nach Hilfssatz 16 ist dann

$$\beta(\mathfrak{S}, t) = \prod_{(p,Q)=1} \left(1 - \left(\frac{s}{p}\right) p^{-h}\right) \sum_{\substack{d|t \\ (d,Q)=1}} \left(\frac{s}{d}\right) d^{1-h}, \tag{65}$$

wo $t \equiv \tau \pmod{Q}$ ist und d die zu Q teilerfremden Teiler von t durchläuft. Setzt man noch

$$\sum_{\substack{d|t \\ (d,Q)=1}} \left(\frac{s}{d}\right) d^{1-h} = f(t), \tag{66}$$

so handelt es sich um die Abschätzung des Mittelwertes der $f(t)$. Bei gegebenem zu Q teilerfremden d erfüllen diejenigen Vielfachen t von d, die $\equiv \tau$ (mod Q) sind, genau eine Restclasse modulo Qd. Betrachtet man bei festem d von diesen t nur die unterhalb T liegenden, so unterscheidet sich ihre Anzahl von T/dQ höchstens um 1. Folglich ist

$$\left| \sum_{\substack{t=1 \\ t\equiv\tau \pmod{Q}}}^{T} f(t) - \frac{T}{Q} \sum_{\substack{d=1 \\ (d,Q)=1}}^{T} \left(\frac{s}{d}\right) d^{-h} \right| \leqq \sum_{d=1}^{T} d^{1-h}. \tag{67}$$

Aus der Theorie der L-Reihen folgt die Productzerlegung

$$\sum_{\substack{d=1 \\ (d,Q)=1}}^{\infty} \left(\frac{s}{d}\right) d^{-h} = \prod_{(p,Q)=1} \left(1 - \left(\frac{s}{p}\right) p^{-h}\right)^{-1}, \tag{68}$$

und zwar auch für $h = 1$, da dann s keine Quadratzahl ist. Für $h \geqq 2$ hat ferner die rechte Seite von (67) höchstens die Grössenordnung $\log T$. Es gilt zufolge (65), (66), (67) und (68) also die behauptete Beziehung

$$\lim_{T\to\infty} T^{-1} \sum_{\substack{t=1\\ t\equiv\tau \pmod Q}}^{T} \beta(\mathfrak{S}, t) = Q^{-1}$$

für $m = 2h$ und $h \geqq 2$. Um auch den Fall $h = 1$ zu erledigen, benutze man den bekannten Kunstgriff, welchen zuerst Dirichlet für das Teilerproblem nutzbar gemacht hat. Die Anzahl der Vielfachen $dc\tau = t \equiv \tau \pmod Q$ von d mit $d \leqq c$ und $t \leqq T$ unterscheidet sich für $d^2 \leqq T\tau^{-1}$ höchstens um 1 von der Zahl $\frac{T}{dQ} - \frac{\tau d}{Q}$, und dasselbe gilt, wenn die Bedingung $d \leqq c$ durch $d < c$ ersetzt wird. Für $h = 1$ ist daher

$$\left| \sum_{\substack{t=1\\ t\equiv\tau \pmod Q}}^{T} f(t) - \frac{T}{Q} \sum_{\substack{d\leqq\sqrt{T\tau^{-1}}\\ (d,Q)=1}} \left(\frac{s}{d}\right) d^{-1} - \frac{T}{Q} \sum_{\substack{c<\sqrt{T\tau^{-1}}\\ (c,Q)=1}} \left(\frac{s}{c}\right) c^{-1} \right|$$
$$\tag{69} \leqq \frac{2\tau}{Q} \left| \sum_{\substack{d\leqq\sqrt{T\tau^{-1}}\\ (d,Q)=1}} \left(\frac{s}{d}\right) d \right| + 2\sqrt{T} + 1,$$

wobei berücksichtigt wurde, dass auf grund des quadratischen Reciprocitätsgesetzes $\left(\frac{s}{dc}\right) = \left(\frac{s}{t\tau^{-1}}\right) = 1$ ist. Nach dem Reciprocitätsgesetz ist ferner $\sum_{d=1}^{sQ^2} \left(\frac{sQ^2}{d}\right) = 0$, und daraus folgt vermöge partieller Summation, dass die rechte Seite von (69) nur die Grössenordnung $T^{1/2}$ hat. Nach (65), (66), (68) und (69) gilt dann aber

$$\lim_{T\to\infty} T^{-1} \sum_{\substack{t=1\\ t\equiv\tau \pmod Q}}^{T} \beta(\mathfrak{S}, t) = 2Q^{-1}$$

für $m = 2$, wie oben behauptet worden war.

Für ungerades $m = 2h + 1$ setze man $(-1)^h S = s$. Ist p eine nicht in $2S$ aufgehende Primzahl und p^l die höchste in $t = p^l t_1$ aufgehende Potenz von p, so gelten mit $r = p^{2-m}$ nach Hilfssatz 16 die Gleichungen

$$\alpha_p(\mathfrak{S}, t) = (1 - p^{1-m})\left(1 + r + r^2 + \cdots + r^{\frac{l-1}{2}}\right) \qquad (l \text{ ungerade}),$$
$$\tag{70} = (1 - p^{1-m})\left(1 + r + r^2 + \cdots + r^{\frac{l}{2}-1} + \frac{r^{\frac{l}{2}}}{1 - \left(\frac{st_1}{p}\right) p^{\frac{1-m}{2}}}\right) \qquad (l \text{ gerade}).$$

Will man das oben bei geradem m verwendete Verfahren der Mittelwertbestimmung benutzen, so stösst man auf erhebliche Schwierigkeiten, weil das Legendresche Symbol $\left(\frac{st_1}{p}\right)$ von t abhängt. Man kommt leichter zum Ziel, wenn man eine von Minkowski an dieser Stelle eingeführte Idee verwendet. Ist zunächst $m > 3$, so folgt aus (70) die in bezug auf t gleichmässige Convergenz des Productes aller $\alpha_p(\mathfrak{S}, t)$. Nimmt man nun in Q genügend viele Primfactoren auf, so unterscheidet sich nach (64) die Zahl $\beta(\mathfrak{S}, t)$ für alle $t \equiv \tau \pmod{Q}$ um beliebig wenig von 1. Dies gilt dann auch für die Folge der Mittelwerte der $\beta(\mathfrak{S}, t)$ und den Grenzwert dieser Folge. Da der Grenzwert aber andererseits $\frac{1}{\rho(\mathfrak{S})}$ ist, so wird $\rho(\mathfrak{S}) = 1$. Im Falle $m = 3$ lässt sich diese Schlussweise auch durchführen, erfordert aber wegen der ungleichmässigen Convergenz des Productes der $\alpha_p(\mathfrak{S}, t)$ mühsame Abschätzungen. In diesem Falle schliesst man nach Minkowski einfacher in der folgenden Weise. Aus der Definition (61) von $\rho(\mathfrak{S})$ folgt leicht für jedes natürliche c die Formel $\rho(c\mathfrak{S}) = \rho(\mathfrak{S})$. Dies verwende man speciell für $c = S$. Da $|S\mathfrak{S}| = S^{m+1} = S^4$ ist, so lehrt (70), dass $\beta(S\mathfrak{S}, t)$ nicht von S abhängt und folglich $\rho(\mathfrak{S})$ nur von der Restclasse von τ modulo Q. Wie aus Hilfssatz 23 folgt, lässt sich durch jede indefinite quadratische Form von mindestens 5 Variabeln die Zahl 0 nicht-trivial darstellen. Hieraus entnimmt man, dass es zu zwei beliebigen ternären definiten $\mathfrak{S}_1$ und $\mathfrak{S}_2$ stets ein durch beide darstellbares τ gibt. Also ist $\rho(\mathfrak{S}^{(3)}) = \rho(\mathfrak{E}^{(3)})$. Wegen $A(\mathfrak{E}^{(3)}, 1) = 6$ und $A_\infty(\mathfrak{E}^{(3)}, 1) = 2\pi$ folgt, da die Classenanzahl der positiven ternären quadratischen Formen von der Determinante 1 gleich 1 ist, dass $\alpha(\mathfrak{E}^{(3)}, 1) = 3/\pi$ ist. Ferner ist $A_8(\mathfrak{E}^{(3)}, 1) = 96$, also $\alpha_2(\mathfrak{E}^{(3)}, 1) = 3/2$, und nach (70) wird

$$\prod_{p \neq 2} \alpha_p(\mathfrak{E}^{(3)}, 1) = \prod_{p \neq 2} \frac{1 - p^{-2}}{1 - \left(\frac{-1}{p}\right) p^{-1}} = \frac{\frac{\pi}{4}}{\frac{3}{4} \cdot \frac{\pi^2}{6}} = \frac{2}{\pi},$$

so dass (62) die Gleichung $\rho(\mathfrak{E}^{(3)}) = 1$ liefert.

Damit ist der Hauptsatz vollständig bewiesen. Es ist bemerkenswert, dass die Fälle $m = 2$ und $m = 3$ die meiste Schwierigkeit machten. Dies ist ein Gegenstück zu der bekannten Tatsache, dass der Kern des wichtigen Hilfssatzes 22 in dem Legendreschen Satz über die Lösbarkeit von $ax^2 + by^2 + cz^2 = 0$ enthalten ist. Man kann den Fall $m = 3$ auch noch auf eine andere Art behandeln, bei der die Reductionstheorie der quadratischen Formen nicht explicit benötigt wird. Dies ist für die Verallgemeinerung der Theorie auf algebraische Zahlkörper von Wichtigkeit und wird im dritten Teile der vorliegenden Abhandlung durchgeführt werden.

§10. Beispiele

1) Wendet man den Hauptsatz auf den speciellen Fall $\mathfrak{S} = \mathfrak{T}$ an, so erhält man eine Formel für das Mass $M(\mathfrak{S})$ des Geschlechtes von $\mathfrak{S}$, nämlich

$$\frac{1}{M(\mathfrak{S})} = \frac{1}{2} A_\infty(\mathfrak{S}, \mathfrak{S}) \prod_p \alpha_p(\mathfrak{S}, \mathfrak{S}) \qquad (m > 1).$$

Nach Hilfssatz 26 ist

$$A_\infty(\mathfrak{S}, \mathfrak{T}) = \gamma_{mn} S^{-\frac{n}{2}} T^{\frac{m-n-1}{2}}.$$

Ferner wurde in §9 für $\gamma_m = \gamma_{mm}$ die Recursionsformel $\gamma_m = \gamma_{m-n}\gamma_{mn}$ bewiesen. Nach Definition von γ_{m1} hat aber des Volumen von $x_1^2 + \cdots + x_m^2 \leqq t$ den Wert

$$\frac{\pi^{\frac{m}{2}}}{\Gamma\left(\frac{m}{2}+1\right)} t^{\frac{m}{2}} = \gamma_{m1} \int_0^t u^{\frac{m}{2}-1}\, du,$$

woraus

$$\gamma_{m1} = \frac{\pi^{\frac{m}{2}}}{\Gamma\left(\frac{m}{2}\right)}$$

$$\gamma_m = \frac{\pi^{\frac{m(m+1)}{4}}}{\Gamma\left(\frac{1}{2}\right)\Gamma\left(\frac{2}{2}\right)\cdots\Gamma\left(\frac{m}{2}\right)}$$

(71) $$\gamma_{mn} = \frac{\pi^{\frac{n(2m-n+1)}{4}}}{\Gamma\left(\frac{m-n+1}{2}\right)\Gamma\left(\frac{m-n+2}{2}\right)\cdots\Gamma\left(\frac{m}{2}\right)}$$

folgt. Dies liefert

(72) $$M(\mathfrak{S}) = \frac{2\Gamma\left(\frac{1}{2}\right)\Gamma\left(\frac{2}{2}\right)\cdots\Gamma\left(\frac{m}{2}\right)S^{\frac{m+1}{2}}}{\pi^{\frac{m(m+1)}{4}}\prod_p \alpha_p(\mathfrak{S}, \mathfrak{S})} \qquad (m > 1).$$

Die von Minkowski gefundene Formel für $M(\mathfrak{S})$ unterscheidet sich von (72) durch eine im allgemeinen unrichtige Potenz von 2 auf der rechten Seite.

Es sei insbesondere $m = 5$, $\mathfrak{S} = \mathfrak{E}^{(5)}$ Nach Hilfssatz 18 ist dann

$$\alpha_p(\mathfrak{S}, \mathfrak{S}) = (1 - p^{-2})(1 - p^{-4}) \qquad (p \neq 2),$$

und eine elementare Rechnung nach dem Vorbild des Beweises von Hilfssatz 12 ergibt noch $\alpha_2(\mathfrak{S}, \mathfrak{S}) = 15/8$. Ferner ist

$$\prod_{p \neq 2} (1 - p^{-2})(1 - p^{-4}) = \frac{\frac{4}{3} \cdot \frac{16}{15}}{\zeta(2)\,\zeta(4)} = 768\,\pi^{-6}$$

$$\Gamma\left(\frac{1}{2}\right)\Gamma\left(\frac{2}{2}\right)\cdots\Gamma\left(\frac{5}{2}\right)\pi^{-\frac{15}{2}} = \frac{3}{8}\,\pi^{-6}.$$

Folglich erhält man aus (72) für das Mass $M(\mathfrak{E}^{(5)})$ den Wert 1/3840. Da nun $M(\mathfrak{S})$ als die über alle Classenrepräsentanten des Geschlechts erstreckte Summe $\frac{1}{E(\mathfrak{S})} + \cdots$ definiert ist, und die Anzahl $E(\mathfrak{E}^{(5)})$ der ganzzahligen Transformationen von $x_1^2 + \cdots + x_5^2$ in sich selbst offenbar $5!2^5 = 3840$ ist, so enthält das Geschlecht von $\mathfrak{E}^{(5)}$ nur eine Classe.

2) Es sei $m = 5, \mathfrak{S} = \mathfrak{E}^{(5)}, n = 1, \mathfrak{T} = (t)$. Es ist dann

$$A_\infty(\mathfrak{S}, \mathfrak{T}) = \frac{\pi^{\frac{5}{2}}}{\Gamma\left(\frac{5}{2}\right)} t^{\frac{3}{2}}$$

$$A_0(\mathfrak{S}, \mathfrak{T}) = A(\mathfrak{E}^{(5)}, t).$$

Für quadratfreies t liefert (70) die Formel

$$\alpha_p(\mathfrak{S}, t) = \frac{1 - p^{-4}}{1 - \left(\frac{t}{p}\right) p^{-2}} \qquad (p \neq 2),$$

und für ungerades t erhält man durch eine einfache Rechnung, dass $\alpha_2(\mathfrak{S}, t)$ gleich 5/8, 7/8 oder 5/4 ist, je nachdem $t \equiv 1 \pmod 8$, $t \equiv 5 \pmod 8$ oder $t \equiv 3 \pmod 4$ ist. Der Hauptsatz ergibt

$$A(\mathfrak{E}^{(5)}, t) = \frac{4}{3}\pi^2 t^{\frac{3}{2}} \alpha_2(\mathfrak{E}^{(5)}, t) \prod_{p \neq 2} \frac{1 - p^{-4}}{1 - \left(\frac{t}{p}\right) p^{-2}},$$

also ist die Anzahl der Zerlegungen von t in 5 Quadrate

$$A(\mathfrak{E}^{(5)}, t) = 80\pi^{-2} t^{\frac{3}{2}} \sum \left(\frac{t}{u}\right) u^{-2}$$

für quadratfreies $t \equiv 1 \pmod 8$, wobei u alle ungeraden natürlichen Zahlen durchläuft. Für $t \equiv 5 \pmod 8$ oder $t \equiv 3 \pmod 4$ ist in dieser Formel der Factor 80 durch 112 oder 160 zu ersetzen.

3) Es sei $m = 5, \mathfrak{S} = \mathfrak{E}^{(5)}, n = 2, \mathfrak{T} = \begin{pmatrix} 1 & 0 \\ 0 & t \end{pmatrix}$ mit ungeradem t. Es wird

$$A_\infty(\mathfrak{S}, \mathfrak{T}) = \frac{\pi^{\frac{9}{2}}}{\Gamma\left(\frac{4}{2}\right)\Gamma\left(\frac{5}{2}\right)} t$$

$$A_0(\mathfrak{S}, \mathfrak{T}) = A(\mathfrak{E}^{(5)}, \mathfrak{T}).$$

Ist p^l die höchste in t aufgehende Potenz von p, so erhält man

$$\alpha_p(\mathfrak{S}, \mathfrak{T}) = (1 - p^{-4})(1 + p^{-1} + \cdots + p^{-l}) \qquad (p \neq 2),$$

und ferner wird $\alpha_2(\mathfrak{S}, \mathfrak{T}) = 5/8$. Der Hauptsatz ergibt

$$A(\mathfrak{E}^{(5)}, \mathfrak{T}) = \frac{4}{3}\pi^4 t \cdot \frac{5}{8}\frac{16}{15\zeta(4)}\sum_{d|t} d^{-1} = 80 \sum_{d|t} d\,.$$

Für ungerades t ist also die Anzahl der Darstellungen von $y_1^2 + ty_2^2$ durch $x_1^2 + \cdots + x_5^2$ das Achtzigfache der Teilersumme von t.

4) Es sei $m = 8$, $\mathfrak{S} = \mathfrak{E}^{(8)}$. Wie im ersten Beispiel kann man feststellen, dass im Geschlecht von $\mathfrak{E}^{(8)}$ nur eine Classe liegt. Für $n = 1$, $\mathfrak{T} = (t)$ wird dann

$$A_\infty(\mathfrak{S}, \mathfrak{T}) = \frac{\pi^4}{\Gamma(4)}\, t^3$$

$$A_0(\mathfrak{S}, \mathfrak{T}) = A(\mathfrak{E}^{(8)}, t)\,.$$

Bedeutet wieder p^l die höchste in t aufgehende Potenz von p, so gilt

$$\alpha_p(\mathfrak{S}, \mathfrak{T}) = (1 - p^{-4})(1 + p^{-3} + p^{-6} + \cdots + p^{-3l}) \qquad (p \neq 2)$$

$$= |\, 1 + 2^{-3} + 2^{-6} + \cdots + 2^{-3l} - 2 \cdot 2^{-3l}\, | \qquad (p = 2),$$

also nach dem Hauptsatze

$$A(\mathfrak{E}^{(8)}, t) = \frac{\pi^4}{6}\, t^3 \frac{16}{15\zeta(4)} \left| \sum_{d|t} d^{-3} - 2 \sum_{v|t} v^{-3} \right|,$$

wobei d alle Teiler von t durchläuft und v nur die Teiler mit ungeradem t/v. Die Anzahl der Zerlegungen von t in 8 Quadrate ist demnach sechzehnmal so gross wie der Unterschied zwischen der Summe der Teilercuben von t und dem Doppelten der Summe der ungeraden Teilercuben.

5) Es sei $m = 9$, $\mathfrak{S} = \mathfrak{E}^{(9)}$, $n = 1$, $\mathfrak{T} = (1)$. Man erhält

$$A_\infty(\mathfrak{S}, \mathfrak{T}) = \frac{\pi^{\frac{9}{2}}}{\Gamma\left(\frac{9}{2}\right)}$$

$$\alpha_p(\mathfrak{S}, \mathfrak{T}) = 1 + p^{-4} \qquad (p \neq 2)$$

$$= \frac{137}{128} \qquad (p = 2),$$

also nach dem Hauptsatze

$$A_0(\mathfrak{S}, \mathfrak{T}) = \frac{16}{105}\pi^4 \cdot \frac{137}{128}\frac{16\zeta(4)}{17\zeta(8)} = \frac{274}{17}\,.$$

Andererseits ist die Anzahl der Zerlegungen von 1 in 9 Quadrate gleich $18 \neq 274/17$. Folglich ist die Classenzahl des Geschlechtes von $\mathfrak{E}^{(9)}$ grösser als 1.

Drittes Capitel: Quadratische Formen und Modulfunctionen

§11. Eisensteinsche Reihen

Es sei $\mathfrak{S}$ ganz. Für jeden reducierten Bruch r mit dem Nenner $b > 0$ werde die verallgemeinerte Gausssche Summe $G(\mathfrak{S}, r)$ durch die Gleichung

$$G(\mathfrak{S}, r) = \sum_{\mathfrak{x} \,(\mathrm{mod}\, b)} e^{2\pi i r \mathfrak{x}' \mathfrak{S} \mathfrak{x}}$$

definiert; dabei durchlaufen alle Elemente der Spalte $\mathfrak{x}$ ein vollständiges Restsystem nach dem Modul b.

Hilfssatz 27: *Es sei* $\mathfrak{S} = \mathfrak{S}^{(m)}$ *und* $|\mathfrak{S}| = S > 0$. *Dann ist der absolute Betrag*

$$|G(\mathfrak{S}, r)| \leqq (2b)^{\frac{m}{2}} S^{\frac{1}{2}}.$$

Beweis: Es ist

$$(73) \qquad \begin{aligned} |G(\mathfrak{S}, r)|^2 = G(\mathfrak{S}, r) G(\mathfrak{S}, -r) &= \sum_{\mathfrak{x}, \mathfrak{y} \,(\mathrm{mod}\, b)} e^{2\pi i r (\mathfrak{x}' \mathfrak{S} \mathfrak{x} - \mathfrak{y}' \mathfrak{S} \mathfrak{y})} \\ &= \sum_{\mathfrak{y}, \mathfrak{z} \,(\mathrm{mod}\, b)} e^{2\pi i r (\mathfrak{z}' \mathfrak{S} \mathfrak{z} + 2 \mathfrak{z}' \mathfrak{S} \mathfrak{y})}. \end{aligned}$$

Der Ausdruck

$$\sum_{\mathfrak{y} \,(\mathrm{mod}\, b)} e^{4\pi i r \mathfrak{z}' \mathfrak{S} \mathfrak{y}}$$

ist nur dann von 0 verschieden und zwar gleich b^m, wenn $2b^{-1}\mathfrak{S}\mathfrak{z}$ ganz ist. Nach Hilfssatz 2 gibt es höchstens $2^m S$ solcher $\mathfrak{z}$ modulo b. Aus (73) folgt

$$|G(\mathfrak{S}, r)|^2 \leqq 2^m S b^m$$

und damit die Behauptung.

Vermöge der $G(\mathfrak{S}, r)$ lässt sich nun das im Hauptsatz auftretende unendliche Product $\prod_p \alpha_p(\mathfrak{S}, \mathfrak{T})$ im Falle $n = 1$ durch eine unendliche Reihe ausdrücken. Es gilt nämlich

Hilfssatz 28: *Es sei* $m \geqq 5$ *und es durchlaufe* r *in irgend einer Reihenfolge ein volles System modulo* 1 *incongruenter rationaler Zahlen, also etwa alle echten Brüche. Dann ist*

$$(74) \qquad \prod_p \alpha_p(\mathfrak{S}, t) = \sum_{r \,(\mathrm{mod}\, 1)} \frac{G(\mathfrak{S}, r)}{b^m} e^{-2\pi i r t},$$

wo b *den Nenner von* r *bedeutet.*

Beweis: Durchläuft q die Folge $2!, 3!, \cdots$, so ist

$$\prod_p \alpha_p(\mathfrak{S}, t) = \lim_{q \to \infty} q^{1-m} A_q(\mathfrak{S}, t).$$

Andererseits gilt

$$qA_q(\mathfrak{S}, t) = \sum_{h=1}^{q} \sum_{\mathfrak{x} (\mathrm{mod}\ q)} e^{2\pi i \frac{h}{q}(\mathfrak{x}'\mathfrak{S}\mathfrak{x} - t)}$$

$$= \sum_{r (\mathrm{mod}\ 1)}{}' \left(\frac{q}{b}\right)^m e^{-2\pi i r t} \sum_{\mathfrak{x} (\mathrm{mod}\ b)} e^{2\pi i r \mathfrak{x}'\mathfrak{S}\mathfrak{x}},$$

worin r alle modulo 1 verschiedenen Brüche durchläuft, deren wahrer Nenner b in q aufgeht. Daraus folgt

(75) $$\prod_p \alpha_p(\mathfrak{S}, t) = \lim_{q \to \infty} \sum_{q^{-1} | r (\mathrm{mod}\ 1)} b^{-m} G(\mathfrak{S}, r)\, e^{-2\pi i r t}.$$

Da die Anzahl der r mit festem Nenner b höchstens b ist, so ist nach Hilfssatz 27 die Summe auf der rechten Seite von (74) für $m > 4$ absolut convergent, und aus (75) folgt jetzt (74).

Um die functionentheoretische Bedeutung des Hauptsatzes zu erkennen, benötigt man noch den auf Lipschitz zurückgehenden

Hilfssatz 29: *Für* $\rho > 1$, $\Re(x) > 0$ *ist*

(76) $$\sum_{k=1}^{\infty} k^{\rho-1} e^{-kx} = \Gamma(\rho) \sum_{l=-\infty}^{+\infty} (x + 2\pi i l)^{-\rho}.$$

Beweis: Formale Anwendung der Poissonschen Summenformel auf die linke Seite von (76) liefert dafür die Reihe $\sum_{l=-\infty}^{+\infty} a_l$ mit

$$a_l = \int_0^1 \sum_{k=0}^{\infty} (k + y)^{\rho-1} e^{-(k+y)x} e^{-2\pi i l y}\, dy$$

$$= \int_0^{\infty} y^{\rho-1} e^{-(x+2\pi i l)y}\, dy = \Gamma(\rho)(x + 2\pi i l)^{-\rho},$$

also die rechte Seite von (76). Da diese offenbar absolut convergiert, so stellt sie nach einem allgemeinen Satze über Fouriersche Reihen die linke Seite von (76) dar.

Es sollen nun die erzeugenden Functionen der $A(\mathfrak{S}, t)$ und $A_0(\mathfrak{S}, t)$ definiert werden. Bedeutet τ eine complexe Variable mit positivem imaginären Teil, so sei

(77) $$f(\tau) = f(\mathfrak{S}, \tau) = \sum_{\mathfrak{x}} e^{\pi i \tau \mathfrak{x}'\mathfrak{S}\mathfrak{x}},$$

wo die Elemente der Spalte $\mathfrak{x}$ alle ganzen Zahlen durchlaufen. Es ist wohlbekannt, dass für jedes positive $\mathfrak{S}$ der Thetanullwert $f(\mathfrak{S}, \tau)$ in der oberen Halbebene $\mathfrak{J}(\tau) > 0$ regulär ist. Offenbar gilt

$$f(\mathfrak{S}, \tau) = 1 + \sum_{t=1}^{\infty} A(\mathfrak{S}, t)\, e^{\pi i \tau t}.$$

Setzt man noch

$$(78) \qquad F(\tau) = F(\mathfrak{S}, \tau) = \frac{1}{M(\mathfrak{S})} \sum_{(\mathfrak{S}_k) \vee (\mathfrak{S})} \frac{f(\mathfrak{S}_k, \tau)}{E(\mathfrak{S}_k)},$$

wo $(\mathfrak{S}_k)$ die Repräsentanten aller Classen des Geschlechtes von $\mathfrak{S}$ durchläuft, so wird

$$F(\mathfrak{S}, \tau) = 1 + \sum_{t=1}^{\infty} A_0(\mathfrak{S}, t)\, e^{\pi i t \tau}$$

die erzeugende Function der mittleren Darstellungsanzahlen $A_0(\mathfrak{S}, t)$.

Nach dem Hauptsatze ist

$$(79) \qquad A_0(\mathfrak{S}, t) = \frac{\pi^{\frac{m}{2}} S^{-\frac{1}{2}}}{\Gamma\left(\frac{m}{2}\right)} t^{\frac{m}{2}-1} \prod_p \alpha_p(\mathfrak{S}, t) \qquad (m > 2).$$

Nach Hilfssatz 28 wird daher

$$F(\tau) = 1 + \frac{\pi^{\frac{m}{2}} S^{-\frac{1}{2}}}{\Gamma\left(\frac{m}{2}\right)} \sum_{r \,(\mathrm{mod}\ 1)} b^{-m} G(\mathfrak{S}, r) \sum_{t=1}^{\infty} t^{\frac{m}{2}-1} e^{\pi i t(\tau - 2r)} \qquad (m > 4).$$

Hilfssatz 29 mit $\rho = \frac{m}{2}$, $x = \pi i(2r - \tau)$ liefert

$$F(\tau) = 1 + i^{\frac{m}{2}} S^{-\frac{1}{2}} \sum_{r \,(\mathrm{mod}\ 1)} b^{-m} G(\mathfrak{S}, r) \sum_{l=-\infty}^{+\infty} (\tau - 2r - 2l)^{-\frac{m}{2}},$$

wo $i^{\frac{m}{2}}$ die Zahl $e^{\frac{\pi i m}{4}}$ bedeutet. Da nun aber $r + l$ genau alle rationalen Zahlen durchläuft, so erhält man

$$(80) \qquad F(\tau) = 1 + i^{\frac{m}{2}} S^{-\frac{1}{2}} \sum_{a/b} \frac{G\left(\mathfrak{S}, \frac{a}{b}\right)}{b^{\frac{m}{2}}} (b\tau - 2a)^{-\frac{m}{2}};$$

dabei durchläuft a/b alle rationalen Zahlen mit $(a, b) = 1$, $b > 0$. Diese wichtige Relation lässt sich noch etwas einfacher formulieren, wenn man die Bezeichnung ein wenig verändert. Ist nämlich von den teilerfremden Zahlen a, b die zweite gerade, so setze man $b = 2\beta$ und erhält

$$G\left(\mathfrak{S}, \frac{a}{b}\right) = \sum_{\mathfrak{x} \,(\mathrm{mod}\ 2\beta)} e^{\pi i \frac{a}{\beta} \mathfrak{x}' \mathfrak{S} \mathfrak{x}} = \sum_{\mathfrak{x} \,(\mathrm{mod}\ \beta)} e^{\pi i \frac{a}{\beta} \mathfrak{x}' \mathfrak{S} \mathfrak{x}} \sum_{\mathfrak{z} \,(\mathrm{mod}\ 2)} e^{\pi i a \beta \mathfrak{z}' \mathfrak{S} \mathfrak{z}},$$

also

$$(81) \qquad G\left(\mathfrak{S}, \frac{a}{b}\right) = 2^m \sum_{\mathfrak{x} \,(\mathrm{mod}\ \beta)} e^{\pi i \frac{a}{\beta} \mathfrak{x}' \mathfrak{S} \mathfrak{x}},$$

falls $\beta\mathfrak{z}'\mathfrak{S}\mathfrak{z}$ für alle ganzen $\mathfrak{z}$ gerade ist, dagegen $G\left(\mathfrak{S}, \frac{a}{b}\right) = 0$, falls es ein ungerades $\beta\mathfrak{z}'\mathfrak{S}\mathfrak{z}$ gibt. Der letzte Fall liegt genau dann vor, wenn β ungerade ist und $\mathfrak{x}'\mathfrak{S}\mathfrak{x}$ ungerade Zahlen darstellt, also die Diagonalelemente von $\mathfrak{S}$ nicht sämtlich gerade sind; derartige $\mathfrak{S}$ mögen kurz ungerade heissen, die übrigen gerade. Man definiere nun

$$H\left(\mathfrak{S}, \frac{a}{b}\right) = \left(\frac{i}{b}\right)^{\frac{m}{2}} S^{-\frac{1}{2}} \sum_{\mathfrak{x}(\mathrm{m}\; b)} e^{\pi i \frac{a}{b}\mathfrak{x}'\mathfrak{S}\mathfrak{x}} \tag{82}$$

mit $(a, b) = 1$, $b > 0$ und geradem ab im Falle eines ungeraden $\mathfrak{S}$. Aus (80) und (81) folgt

Satz 3: *Durchlaufen bei geradem $\mathfrak{S}$ die Zahlen a, b alle teilerfremden Paare mit $b > 0$, bei ungeradem $\mathfrak{S}$ alle teilerfremden Paare mit geradem ab und $b > 0$, so ist*

$$F(\mathfrak{S}, \tau) = 1 + \sum_{a,b} H\left(\mathfrak{S}, \frac{a}{b}\right)(b\tau - a)^{-\frac{m}{2}} \qquad (m > 4). \tag{83}$$

Aus dieser analytischen Identität folgt auf grund der Hilfssätze 28 und 29 auch wieder umgekehrt der Hauptsatz. Man kann die zu Satz 3 führende Umformung auch benutzen, um den in §9 gegebenen transcendenten Teil des Beweises des Hauptsatzes zu modificieren, nämlich den Nachweis von $\rho(\mathfrak{S}) = 1$. Zu diesem Zwecke verwendet man an stelle von (79) die Formel (62) und erhält statt (83) die Beziehung

$$F(\tau) = 1 + \rho(\mathfrak{S}) \sum_{a,b} H\left(\mathfrak{S}, \frac{a}{b}\right)(b\tau - a)^{-\frac{m}{2}} \qquad (m > 4). \tag{84}$$

Setzt man dann $\tau = ix$ und lässt x durch positive Werte gegen 0 convergieren, so folgt aus der Transformationstheorie der Thetafunctionen die asymptotische Gleichung $f(\mathfrak{S}, \tau) \sim S^{-\frac{1}{2}} x^{-\frac{m}{2}}$ und daher nach (78) auch

$$F(\tau) \sim S^{-\frac{1}{2}} x^{-\frac{m}{2}}. \tag{85}$$

Andererseits erkennt man unter Verwendung von Hilfssatz 27, dass für $x \to 0$ das Glied mit $a = 0$, $b = 1$ auf der rechten Seite von (84) stärker ∞ wird als alle anderen Glieder zusammen, und jenes Glied hat nach (82) gerade den Wert $\rho(\mathfrak{S}) S^{-\frac{1}{2}} x^{-\frac{m}{2}}$. In Verbindung mit (85) erhält man dann $\rho(\mathfrak{S}) = 1$. Leider versagt dieser einleuchtende Beweis für die niedrigsten Werte von m wegen der Convergenzschwierigkeiten. Im Falle $m = 4$ kann man noch durch geeignete Anordnung der Reihenglieder diese Schwierigkeiten beheben; in den Fällen $m = 2$ und $m = 3$ lässt sich dagegen die mühsame Einzeluntersuchung, wie sie in §9 ausgeführt wurde, wohl kaum vermeiden.

Die Function $f(\mathfrak{S}, \tau)$ ändert sich nicht, wenn $\mathfrak{x}'\mathfrak{S}\mathfrak{x}$ durch eine äquivalente quadratische Form ersetzt wird, sie ist also eine Classeninvariante. Die Function $F(\mathfrak{S}, \tau)$ ist daher eine Geschlechtsinvariante. Andererseits sind die Gaussschen Summen $G(\mathfrak{S}, r)$ und damit auch die Ausdrücke $H\left(\mathfrak{S}, \frac{a}{b}\right)$ ebenfalls Geschlechtsinvarianten; sie sind sogar, wie aus den Untersuchungen Minkowskis hervorgeht, ein vollständiges System solcher Invarianten. Satz 3 zeigt nun, in welch einfachem Zusammenhang diese arithmetischen Invarianten mit der analytischen Geschlechtsinvariante $F(\mathfrak{S}, \tau)$ stehen.

Um den eigentlichen analytischen Inhalt des Satzes 3 klarzulegen, ist zunächst das Verhalten der Classeninvariante $f(\mathfrak{S}, \tau)$ bei Ausübung einer Modulsubstitution auf τ zu untersuchen. Es gilt

Hilfssatz 30: *Es sei h eine natürliche Zahl, für welche $h\mathfrak{S}^{-1}$ ganz und gerade ist, also z.B. die Zahl $h = 2S$. Es sei $\frac{a\tau + b}{c\tau + d}$ eine Modulsubstitution der Congruenzuntergruppe h-ter Stufe, also a, b, c, d ganz, $ad - bc = 1$ und*

$$\begin{pmatrix} a & b \\ c & d \end{pmatrix} \equiv \begin{pmatrix} 1 & 0 \\ 0 & 1 \end{pmatrix} \pmod{h}.$$

Dann gilt für $c \neq 0$ die Formel

$$f\left(\frac{a\tau + b}{c\tau + d}\right) = i^{-m} H\left(\mathfrak{S}, \frac{a}{c}\right) |c|^{\frac{m}{2}} \left(\tau + \frac{d}{c}\right)^{\frac{m}{2}} f(\tau), \tag{86}$$

und für $c = 0$ ist $f\left(\frac{a\tau + b}{c\tau + d}\right) = f(\tau)$.

Beweis: Man wende das von Hermite in der Transformationstheorie der Thetafunctionen benutzte Verfahren an. Setzt man $\tau_1 = \tau_2 + \frac{a}{c}$, $\tau_2 = -\frac{1}{c^2\tau_3}$, $\tau_3 = \tau + \frac{d}{c}$, so ist $\tau_1 = \frac{a\tau + b}{c\tau + d}$, und es wird

$$f(\tau_1) = \sum_{\mathfrak{x}} e^{\pi i \tau_2 \mathfrak{x}'\mathfrak{S}\mathfrak{x} + \pi i \frac{a}{c}\mathfrak{x}'\mathfrak{S}\mathfrak{x}} = \sum_{\mathfrak{x}_1 \,(\mathrm{mod}\, c)} e^{\pi i \frac{a}{c}\mathfrak{x}_1'\mathfrak{S}\mathfrak{x}_1} \sum_{\mathfrak{x}} e^{\pi i \tau_2 (\mathfrak{x}_1 + c\mathfrak{x})'\mathfrak{S}(\mathfrak{x}_1 + c\mathfrak{x})}.$$

Nun ist aber

$$\sum_{\mathfrak{x}} e^{\pi i \tau_2 (\mathfrak{x}_1 + c\mathfrak{x})'\mathfrak{S}(\mathfrak{x}_1 + c\mathfrak{x})} = \left(\frac{\tau_3}{i}\right)^{\frac{m}{2}} S^{-\frac{1}{2}} \sum_{\mathfrak{x}} e^{\pi i \tau_3 \mathfrak{x}'\mathfrak{S}^{-1}\mathfrak{x} + \frac{2\pi i}{c}\mathfrak{x}_1'\mathfrak{x}}$$

und demnach

$$f(\tau_1) = \left(\frac{\tau_3}{i}\right)^{\frac{m}{2}} S^{-\frac{1}{2}} \sum_{\mathfrak{x}} e^{\pi i \tau \mathfrak{x}'\mathfrak{S}^{-1}\mathfrak{x}} \sum_{\mathfrak{x}_1 \,(\mathrm{mod}\, c)} e^{\pi i \frac{d}{c}\mathfrak{x}'\mathfrak{S}^{-1}\mathfrak{x} + \frac{2\pi i}{c}\mathfrak{x}_1'\mathfrak{x} + \pi i \frac{a}{c}\mathfrak{x}_1'\mathfrak{S}\mathfrak{x}_1}. \tag{87}$$

Da $b\mathfrak{S}^{-1}$ und $c\mathfrak{S}^{-1}$ ganz und gerade sind, so gilt

$$\text{(88)}\qquad \frac{d}{2c}\,\mathfrak{x}'\mathfrak{S}^{-1}\mathfrak{x} + \frac{1}{c}\,\mathfrak{x}_1'\mathfrak{x} + \frac{a}{2c}\,\mathfrak{x}_1'\mathfrak{S}\mathfrak{x}_1 \equiv \frac{a}{2c}\,(\mathfrak{x}_1 + d\mathfrak{S}^{-1}\mathfrak{x})'\mathfrak{S}(\mathfrak{x}_1 + d\mathfrak{S}^{-1}\mathfrak{x}) \pmod 1$$

und, wenn $\mathfrak{x}_1$ durch $\mathfrak{x}_1 + c\mathfrak{S}^{-1}\mathfrak{y}$ ersetzt wird,

$$\text{(89)}\qquad \begin{aligned} &\sum_{\mathfrak{x}_1 (\mathrm{mod}\ c)} e^{\pi i \frac{a}{c}(\mathfrak{x}_1 + d\mathfrak{S}^{-1}\mathfrak{x})'\mathfrak{S}(\mathfrak{x}_1 + d\mathfrak{S}^{-1}\mathfrak{x})} \\ &\qquad = \sum_{\mathfrak{x}_1 (\mathrm{mod}\ c)} e^{\pi i \frac{a}{c}(\mathfrak{x}_1 + d\mathfrak{S}^{-1}\mathfrak{x})'\mathfrak{S}(\mathfrak{x}_1 + d\mathfrak{S}^{-1}\mathfrak{x}) + 2\pi i a d \mathfrak{y}'\mathfrak{S}^{-1}\mathfrak{x}}. \end{aligned}$$

Die Summe auf der linken Seite von (89) ist also stets 0, wenn nicht $ad\mathfrak{y}'\mathfrak{S}^{-1}\mathfrak{x}$ für alle ganzen $\mathfrak{y}$ ganz ist. Wegen $ad \equiv 1 \pmod h$ ist $ad\mathfrak{y}'\mathfrak{S}^{-1}\mathfrak{x}$ nur dann für alle ganzen $\mathfrak{y}$ ganz, wenn $\mathfrak{S}^{-1}\mathfrak{x}$ selbst ganz ist, also $\mathfrak{x} = \mathfrak{S}\mathfrak{z}$ mit ganzem $\mathfrak{z}$; in diesem Falle wird die linke Seite von (89) der von $\mathfrak{x}$ unabhängige Wert

$$\sum_{\mathfrak{x}_1 (\mathrm{mod}\ c)} e^{\pi i \frac{a}{c}\mathfrak{x}_1'\mathfrak{S}\mathfrak{x}_1} = \left(\frac{|c|}{i}\right)^{\frac{m}{2}} S^{\frac{1}{2}} H\left(\mathfrak{S}, \frac{a}{c}\right).$$

Aus (87), (88) und (89) folgt jetzt die Behauptung.

Hilfssatz 31: *Die vierte Potenz der Classeninvariante $f(\mathfrak{S}, \tau)$ ist eine zur Congruenzuntergruppe h-ter Stufe gehörige Modulform der Ordnung 2 m.*

Beweis: Ist $\tau_1 = \dfrac{a\tau + b}{c\tau + d}$ eine beliebige Modulsubstitution, so erhält man analog zu (87) die Gleichung

$$\text{(90)}\qquad \begin{aligned} &f(\tau_1) = \\ &\left(\frac{\tau + \frac{d}{c}}{4i}\right)^{\frac{m}{2}} S^{-\frac{1}{2}} \sum e^{\pi i \frac{\tau}{4}\mathfrak{x}'\mathfrak{S}^{-1}\mathfrak{x}} \sum_{\mathfrak{x}_1 (\mathrm{mod}\ 2c)} e^{\pi i \frac{d}{4c}\mathfrak{x}'\mathfrak{S}^{-1}\mathfrak{x} + \frac{\pi i}{c}\mathfrak{x}_1'\mathfrak{x} + \pi i \frac{a}{c}\mathfrak{x}_1'\mathfrak{S}\mathfrak{x}_1}, \end{aligned}$$

woraus zunächst hervorgeht, dass $f\left(\dfrac{a\tau + b}{c\tau + d}\right)$ im unendlich fernen Punkte des Fundamentalbereichs der Modulgruppe das für Modulformen notwendige analytische Verhalten zeigt.

Es sei c eine durch h teilbare natürliche Zahl. Man wende Hilfssatz 30 an mit $a = 1$, $b = 0$, $d = 1$, ersetze τ durch $-1/\tau$ und benutze (90). Lässt man dann τ im Fundamentalbereich ∞ werden, so folgt

$$\text{(91)}\qquad H\left(\mathfrak{S}, \frac{1}{c}\right) = i^m.$$

Da nun die Zahlen

$$\sum_{\mathfrak{x} (\mathrm{mod}\ c)} e^{\pi i \frac{l}{c}\mathfrak{x}'\mathfrak{S}\mathfrak{x}} = \beta_l,$$

die für verschiedene l eines modulo $2c$ reducierten Restsystems entstehen, conjugierte Zahlen des Körpers der $(2c)$-ten Einheitswurzeln sind, und andererseits nach (82) und (91) die Zahl β_1 den Wert $(ci)^{\frac{m}{2}} S^{\frac{1}{2}}$ besitzt, so ist $\beta_l^4 = \beta_1^4$ und nach (82) auch

$$H^4\left(\mathfrak{S}, \frac{a}{c}\right) = 1.$$

Nach Hilfssatz 30 ist daher für jede Substitution $\tau_1 = \dfrac{a\tau + b}{c\tau + d}$ der Congruenzuntergruppe h-ter Stufe

$$f^4(\tau_1) = (c\tau + d)^{2m} f^4(\tau),$$

womit alles bewiesen ist.

Aufgrund von Hilfssatz 31 ist $f(\mathfrak{S}, \tau)$ eine algebraische Function von $g_2 = 60 \sum\limits_{a,b}' (a\tau + b)^{-4}$ und $g_3 = 140 \sum\limits_{a,b}' (a\tau + b)^{-6}$, wo a, b alle von $0, 0$ verschiedenen Paare ganzer Zahlen durchlaufen. Für jedes einzelne $\mathfrak{S}$ kann man die zwischen $f(\mathfrak{S}, \tau)$, g_2, g_3 bestehende algebraische Gleichung nach den üblichen Methoden aus der Theorie der Modulfunctionen unter Benutzung von (90) explicit bestimmen. Es dürfte aber wohl im allgemeinen der Zusammenhang zwischen den 3 Funktionen von complicierter Natur sein. Das Verhalten von $f(\mathfrak{S}, \tau)$ in den parabolischen Ecken des Fundamentalbereichs der Congruenzuntergruppe h-ter Stufe ergibt sich aus (90); für $\tau \to \infty$ gilt nämlich

$$f\left(\frac{a\tau + b}{c\tau + d}\right) - \left(\frac{\tau + \frac{d}{c}}{4i}\right)^{\frac{m}{2}} S^{-\frac{1}{2}} \sum_{\mathfrak{x}_1 \pmod{2c}} e^{\pi i \frac{a}{c} \mathfrak{x}_1' \mathfrak{S} \mathfrak{x}_1} \to 0. \tag{92}$$

Da die in (92) auftretende Summe sich nicht ändert, wenn $\mathfrak{x}'\mathfrak{S}\mathfrak{x}$ durch eine verwandte quadratische Form ersetzt wird, so verschwindet also die Differenz $f(\mathfrak{S}_1, \tau) - f(\mathfrak{S}_2, \tau)$ in allen parabolischen Ecken des Fundamentalbereichs, falls $\mathfrak{S}_1$ und $\mathfrak{S}_2$ demselben Geschlecht angehören. Aus diesem Grunde erscheint es schwierig, zwei zu verschiedenen Classen desselben Geschlechts gehörige Classeninvarianten $f(\mathfrak{S}_1, \tau)$ und $f(\mathfrak{S}_2, \tau)$ durch functionentheoretische Eigenschaften voneinander zu trennen; dies scheint aber unerlässlich zu sein, wenn man den algebraischen Zusammenhang zwischen f, g_2, g_3 allgemein auffinden will. Nimmt man jedoch anstelle der Classeninvariante $f(\mathfrak{S}, \tau)$ die Geschlechtsinvariante $F(\mathfrak{S}, \tau)$, so kann man mittels Satz 3 die Function $F(\tau)$ durch bekannte Modulformen ausdrücken; und darin besteht die analytische Bedeutung von Satz 3. Dass auch $F^4(\tau)$ eine zur Congruenzuntergruppe h-ter Stufe gehörige Modulform ist, ergibt sich aus der Definition von $F(\tau)$, wenn noch berücksichtigt wird, dass die in Hilfssatz 30 auftretende Grösse $H\left(\mathfrak{S}, \frac{a}{c}\right)$ nur vom Geschlecht von $\mathfrak{S}$ abhängt. Um nun $F(\tau)$ mit g_2 und g_3 in Zusammenhang zu bringen, hat man die Coefficienten $H\left(\mathfrak{S}, \frac{a}{b}\right)$ der durch Satz 3 gelieferten Partialbruchzerlegung von $F(\tau)$ näher zu untersuchen. Es gilt dafür die von H. Weber gegebene Verallgemeinerung einer bekannten Reciprocitätsformel von Kronecker, nämlich

Hilfssatz 32: *Es seien a und b ganz, ab $\neq$ 0, und im Falle eines ungeraden $\mathfrak{S}$ sei ab gerade. Dann ist*

$$|b|^{-\frac{m}{2}} \sum_{\mathfrak{x} (\mathrm{mod}\, b)} e^{\pi i \frac{a}{b} \mathfrak{x}'\mathfrak{S}\mathfrak{x}} = e^{\pi i \frac{m}{4} \operatorname{sgn} \frac{a}{b}} S^{-\frac{1}{2}} |a|^{-\frac{m}{2}} \sum_{\mathfrak{S}^{-1} \mathfrak{x} (\mathrm{mod}\, a)} e^{-\pi i \frac{b}{a} \mathfrak{x}'\mathfrak{S}^{-1}\mathfrak{x}},$$

wo rechts $\mathfrak{x}$ ein volles System mit modulo a incongruenten Werten $\mathfrak{S}^{-1}\mathfrak{x}$ durchläuft.

Beweis: Setzt man

$$\lambda\mathfrak{E} - i\frac{a}{b}\mathfrak{S} = \mathfrak{B}$$

mit $\lambda > 0$ und

$$\varphi(\lambda) = \sum_{\mathfrak{x}} e^{-\pi \mathfrak{x}'\mathfrak{B}\mathfrak{x}},$$

wo $\mathfrak{x}$ alle ganzen Spalten durchläuft, so ist

$$\varphi(\lambda) \sim (b^2\lambda)^{-\frac{m}{2}} \sum_{\mathfrak{x} (\mathrm{mod}\, b)} e^{\pi i \frac{a}{b} \mathfrak{x}'\mathfrak{S}\mathfrak{x}} \qquad (\lambda \to 0). \tag{93}$$

Andererseits ist

$$\varphi(\lambda) = |\mathfrak{B}|^{-\frac{1}{2}} \sum_{\mathfrak{x}} e^{-\pi \mathfrak{x}'\mathfrak{B}^{-1}\mathfrak{x}}$$

mit

$$\mathfrak{B}^{-1} = i\frac{b}{a}\mathfrak{S}^{-1} + \frac{b^2}{a^2}\lambda\mathfrak{S}^{-2}(\mathfrak{E} - \lambda\mathfrak{B}^{-1}),$$

also

$\varphi(\lambda) =$

$$|\mathfrak{B}|^{-\frac{1}{2}} \sum_{\mathfrak{S}^{-1}\mathfrak{x}_1 (\mathrm{mod}\, a)} e^{-\pi i \frac{b}{a} \mathfrak{x}_1'\mathfrak{S}^{-1}\mathfrak{x}_1} \sum_{\mathfrak{x}} e^{-\pi b^2 \lambda (a^{-1}\mathfrak{S}^{-1}\mathfrak{x}_1 + \mathfrak{x})'(\mathfrak{E} - \lambda\mathfrak{B}^{-1})(a^{-1}\mathfrak{S}^{-1}\mathfrak{x}_1 + \mathfrak{x})}$$

$$\varphi(\lambda) \sim |\mathfrak{B}|^{-\frac{1}{2}} (b^2\lambda)^{-\frac{m}{2}} \sum_{\mathfrak{S}^{-1} \mathfrak{x} (\mathrm{mod}\, a)} e^{-\pi i \frac{b}{a} \mathfrak{x}'\mathfrak{S}^{-1}\mathfrak{x}} \qquad (\lambda \to 0). \tag{94}$$

Da nun $\mathfrak{S}$ positiv ist, so hat $|\mathfrak{B}|^{-\frac{1}{2}}$ für $\lambda \to 0$ den Grenzwert

$$e^{\pi i \frac{m}{4} \operatorname{sgn} \frac{a}{b}} \left|\frac{b}{a}\right|^{\frac{m}{2}} S^{-\frac{1}{2}}.$$

Aus (93) und (94) folgt die Behauptung.

Hilfssatz 33: *Es sei* $(a, b) = 1$, $b > 0$, $(\alpha, \beta) = 1$, $\beta > 0$, $a \equiv \alpha \pmod{4S}$, $b \equiv \beta \pmod{4S}$. *Bei geradem m gilt dann*

$$H\left(\mathfrak{S}, \frac{a}{b}\right) = H\left(\mathfrak{S}, \frac{\alpha}{\beta}\right).$$

Beweis: Ist $b = b_1 b_2$ mit $(b_1, b_2) = 1$, so hat man

$$(95)\qquad \begin{aligned} \sum_{\mathfrak{x} \pmod{b}} e^{\pi i \frac{a}{b} \mathfrak{x}'\mathfrak{S}\mathfrak{x}} &= \sum_{\substack{\mathfrak{x}_1 \pmod{b_1} \\ \mathfrak{x}_2 \pmod{b_2}}} e^{\pi i \frac{a}{b}(b_2\mathfrak{x}_1 + b_1\mathfrak{x}_2)'\mathfrak{S}(b_2\mathfrak{x}_1 + b_1\mathfrak{x}_2)} \\ &= \sum_{\mathfrak{x}_1 \pmod{b_1}} e^{\pi i \frac{ab_2}{b_1}\mathfrak{x}_1'\mathfrak{S}\mathfrak{x}_1} \sum_{\mathfrak{x}_2 \pmod{b_2}} e^{\pi i \frac{ab_1}{b_2}\mathfrak{x}_2'\mathfrak{S}\mathfrak{x}_2}, \end{aligned}$$

wo im Falle eines ungeraden $\mathfrak{S}$ gerades ab vorausgesetzt wird. Es sei $(b, 2S) = b_1$. Man kann ein ganzes x so wählen, dass $\dfrac{b + 2Sax}{b_1} = b_2$ eine positive zu $2S$ teilerfremde Zahl ist. Wegen $a \equiv \alpha$, $b \equiv \beta \pmod{4S}$ ist auch $(\beta, 2S) = b_1$, und man kann ein ganzes ξ finden, so dass $0 < \dfrac{\beta + 2S\alpha\xi}{b_1} = \beta_2 \equiv b_2 \pmod{4S}$ ist. Dann ist

$$(96)\qquad \sum_{\mathfrak{x} \pmod{b_1}} e^{\pi i \frac{ab_2}{b_1}\mathfrak{x}'\mathfrak{S}\mathfrak{x}} = \sum_{\mathfrak{x} \pmod{b_1}} e^{\pi i \frac{\alpha\beta_2}{b_1}\mathfrak{x}'\mathfrak{S}\mathfrak{x}}.$$

Man setze nun $\nu = 2$ oder $\nu = 1$, je nachdem ab_1 gerade oder ungerade ist. Es ist

$$|ab_1\mathfrak{S}| = \left(\frac{ab_1}{\nu}\right)^m |\nu\mathfrak{S}|$$

und bei geradem m die Zahl $\left(\dfrac{ab_1}{\nu}\right)^m$ ein Quadrat, also $ab_1\mathfrak{S}$ mit $\nu\mathfrak{S}$ modulo b_2 äquivalent. Da $ab_1 \equiv \nu \pmod{2}$ ist, so sind $ab_1\mathfrak{S}$ und $\nu\mathfrak{S}$ sogar modulo $2b_2$ äquivalent. Also gilt

$$(97)\qquad \sum_{\mathfrak{x} \pmod{b_2}} e^{\pi i \frac{ab_1}{b_2}\mathfrak{x}'\mathfrak{S}\mathfrak{x}} = \sum_{\mathfrak{x} \pmod{b_2}} e^{\pi i \frac{\nu}{b_2}\mathfrak{x}'\mathfrak{S}\mathfrak{x}}.$$

Nach Hilfssatz 32 bleibt nun aber der Ausdruck

$$b_2^{-\frac{m}{2}} \sum_{\mathfrak{x} \pmod{b_2}} e^{\pi i \frac{\nu}{b_2}\mathfrak{x}'\mathfrak{S}\mathfrak{x}}$$

ungeändert, wenn b_2 durch irgend eine andere positive Zahl derselben Restclasse modulo $2\nu S$ ersetzt wird, also z.B. durch β_2. Aus (95), (96) und (97) folgt dann die Behauptung.

Man beachte nun, dass für $b + b_0 \equiv 0$, $a + a_0 \equiv 0 \pmod{4S}$, $b > 0$, $b_0 > 0$, $(a, b) = 1$, $(a_0, b_0) = 1$ nach Hilfssatz 32 und 33 die Formel

$$H\left(\frac{a_0}{b_0}\right) = H\left(\frac{-a}{b_0}\right) = H\left(\frac{a}{-b_0}\right) = (-1)^{\frac{m}{2}} H\left(\frac{a}{b}\right)$$

gilt und dass andererseits der Ausdruck $(b\tau - a)^{-\frac{m}{2}}$ auch den Factor $(-1)^{\frac{m}{2}}$ bekommt, wenn a und b durch $-a$ und $-b$ ersetzt werden. Ferner erhält man noch aus Hilfssatz 32 die Beziehung $H\left(\mathfrak{S}, \frac{-1}{2S}\right) = 1$. Mit Rücksicht auf Hilfssatz 33 geht dann die Formel des Satzes 3 im Falle eines geraden m über in

$$F(\mathfrak{S}, \tau) = \frac{1}{2} \sum_{\substack{\alpha \pmod{4S} \\ 0 < \beta \pmod{4S}}} H\left(\mathfrak{S}, \frac{\alpha}{\beta}\right) \sum_{\substack{a \equiv \alpha \pmod{4S} \\ b \equiv \beta \pmod{4S} \\ (a,b)=1}} (b\tau - a)^{-\frac{m}{2}}, \tag{98}$$

wobei also in der inneren Summe a, b alle Paare teilerfremder Zahlen der Restclassen α, $\beta \pmod{4S}$ durchlaufen und aussen α, β etwa die Zahlen $1, \cdots, 4S$; im Falle eines ungeraden $\mathfrak{S}$ muss auch noch $\alpha\beta$ gerade sein. Um die innere Summe mit der $\wp$-Function in Verbindung zu bringen, hat man sich der durch die Bedingung $(a, b) = 1$ eingeführten Summationsbeschränkung zu entledigen. Hierzu dient

Hilfssatz 34: *Es sei $\chi(k)$ einer der $\varphi(q)$ Restclassencharaktere modulo q und*

$$L(s, \chi) = \sum_{k=1}^{\infty} \chi(k) k^{-s}$$

die zugehörige L-Reihe. Mit natürlichem $g > 2$ setze man

$$\sum_{\substack{a \equiv \alpha r \pmod{q} \\ b \equiv \beta r \pmod{q}}} (b\tau - a)^{-g} = h_r,$$

wo das etwa vorkommende Paar $a = 0$, $b = 0$ von der Summation auszuschliessen ist. Dann ist

$$\sum_{\substack{a \equiv \alpha \pmod{q} \\ b \equiv \beta \pmod{q} \\ (a,b)=1}} (b\tau - a)^{-g} = \frac{1}{\varphi(q)} \sum_{r=1}^{q} h_r \sum_{\chi} \frac{\chi(r)}{L(g, \chi)}. \tag{99}$$

Beweis: Es sei

$$\sum_{\substack{a \equiv \alpha r \pmod{q} \\ b \equiv \beta r \pmod{q} \\ (a,b)=1}} (b\tau - a)^{-g} = l_r,$$

dann ist wegen der Multiplicationseigenschaft der Charaktere

$$L(g, \chi) \sum_{r=1}^{q} \chi(r) l_r = \sum_{k=1}^{\infty} \sum_{r=1}^{q} \chi(kr) \sum_{\substack{a \equiv \alpha r \pmod{q} \\ b \equiv \beta r \pmod{q} \\ (a,b)=1}} (kb\tau - ka)^{-g} = \sum_{r=1}^{q} \chi(r) h_r. \tag{100}$$

Nun ist $\sum_\chi \chi(r) = 0$ oder $\varphi(q)$, je nachdem $r \not\equiv 1$ oder $\equiv 1 \pmod q$ ist. Dividiert man (100) durch die von 0 verschiedene Zahl $L(g, \chi)$ und summiert über alle Charaktere χ, so folgt die Behauptung.

Aus (98) und Hilfssatz 34 erhält man

Satz 4: *Für gerades $m > 4$ lässt sich $F(\mathfrak{S}, \tau)$ homogen linear mit constanten Coefficienten zusammensetzen aus den $(4S)$-ten Teilwerten der $\left(\frac{m}{2} - 2\right)$-ten Ableitung der mit den Perioden 1, τ gebildeten elliptischen $\wp$-Function.*

Die Coefficienten lassen sich mittels (98) und (99) explicit in ihrer Abhängigkeit von $\mathfrak{S}$ angeben Ferner sei noch bemerkt, dass Satz 4 auch für $m = 4$ richtig ist; der Beweis muss allerdings ein wenig abgeändert werden, da die in Satz 3 auftretende Reihe im Falle $m = 4$ nur bedingt convergiert. Mit Hilfe der Teilungstheorie der elliptischen Functionen beherrscht man dann auf grund von Satz 4 den algebraischen Zusammenhang zwischen F, g_2, g_3, falls m gerade und $\geqq 4$ ist. Der von den vorhergehenden Untersuchungen nicht erfasste Fall $m = 2$ wurde von H. Weber behandelt. Für ungerades m ist dagegen die algebraische Beziehung zwischen F, g_2, g_3 von complicierterer Natur, da dann $H\left(\mathfrak{S}, \frac{a}{b}\right)$ nicht mehr die in Hilfssatz 33 ausgesprochene einfache Periodicitätseigenschaft besitzt.

Satz 4 enthält die Verallgemeinerung einer Beziehung aus der Theorie der elliptischen Functionen, mit deren Hilfe Jacobi die Anzahl der Zerlegungen einer natürlichen Zahl in 4 Quadrate bestimmte. Während Jacobi diesen arithmetischen Satz aus der Analysis erhielt, wurde hier umgekehrt der functionentheoretische Satz 4 aus dem arithmetischen Satz 1 über die Darstellungsdichte gewonnen. Ein allgemeiner functionentheoretischer Beweis von Satz 4 scheint sehr grossen Schwierigkeiten zu begegnen. Dies liegt daran, dass es für einen solchen Beweis notwendig erscheint, die einzelnen Classeninvarianten $f(\mathfrak{S}, \tau)$ durch innere Eigenschaften voneinander zu trennen, und dieses Problem dürfte, wie bereits früher bemerkt wurde, nicht leicht zugänglich sein.

Satz 3 wurde in den Fällen $\mathfrak{S} = \mathfrak{E}$ und $m = 5, 6, 7, 8$ von Hardy gefunden, und zwar unter Benutzung der analytischen Methode, mit welcher er und Littlewood wichtige Fragen der additiven Zahlentheorie gelöst haben. Hardy ging aus von der Formel

$$A(\mathfrak{S}, t) = \frac{1}{2} \int_{\tau_0}^{\tau_0+2} f(\mathfrak{S}, \tau) e^{-\pi i t \tau} \, d\tau$$

für die Anzahl der Lösungen von $\mathfrak{x}'\mathfrak{S}\mathfrak{x} = t$ und zeigte mit Hilfe des durch (92) beschriebenen Verhaltens von $f(\mathfrak{S}, \tau)$ bei Annäherung von τ an einen rationalen Wert, dass $A(\mathfrak{S}, t)$ für $t \to \infty$ asymptotisch gleich dem Ausdruck ist, den das Integral bei Ersetzung von $f(\mathfrak{S}, \tau)$ durch die rechte Seite von (83) liefert. Nachdem er dann festgestellt hatte, dass der gefundene Ausdruck für $\mathfrak{S} = \mathfrak{E}$ und $m = 5, 6, 7, 8$ sogar den genauen Wert von $A(\mathfrak{S}, t)$ liefert, der ja durch die Untersuchungen von Eisenstein, Smith, Minkowski bekannt war, bewies er mit

Hilfe der Theorie der Modulfunctionen, dass $f(\mathfrak{S}, \tau)$ in jenen Fällen gleich der rechten Seite von (83) ist. Diese Formel von Hardy ist in Übereinstimmung mit Satz 3, da für $m \leqq 8$ das Geschlecht von $x_1^2 + \cdots + x_m^2$ nur eine einzige Classe enthält, also $F(\mathfrak{E}, \tau) = f(\mathfrak{E}, \tau)$ ist. Ferner bemerkte Hardy, dass sein asymptotischer Ausdruck für $A(\mathfrak{S}, t)$ im Falle $\mathfrak{S} = \mathfrak{E}^{(9)}$ nicht mehr den genauen Wert liefert. Der Grund dafür ist nun, dass im Geschlechte von $\mathfrak{E}^{(9)}$ mehr als eine Classe liegt und dass Hardys asymptotischer Ausdruck, wie der Hauptsatz lehrt, genau gleich der mittleren Darstellungsanzahl $A_0(\mathfrak{S}, t) = M(\mathfrak{S}, t)/M(\mathfrak{S})$ von t durch das Geschlecht von $\mathfrak{S}$ ist, die eben im allgemeinen mit $A(\mathfrak{S}, t)$ nur asymptotisch gleich ist. Durch den Hauptsatz erkennt man die genaue arithmetische Bedeutung der von Hardy und Littlewood als singuläre Reihe bezeichneten Grösse, die durch die rechte Seite von (74) definiert wird. Da sie eine Geschlechtsinvariante ist, so war auch von vornherein zu erwarten, dass sie sich nicht etwa durch eine einzige Classeninvariante $A(\mathfrak{S}, t)$ ausdrücken liesse, sondern nur durch die Gesamtheit dieser $A(\mathfrak{S}, t)$ für die einzelnen Classen des Geschlechts.

Wie Hardy und Littlewood gezeigt haben, besitzt bei andern Problemen der additiven Zahlentheorie, wie z.B. beim Waringschen Problem, die singuläre Reihe gleichfalls eine wichtige Bedeutung für die Bestimmung des asymptotischen Wertes gewisser Lösungsanzahlen. Es wäre von Interesse festzustellen, bei welchen dieser Probleme dem Wert der singulären Reihe eine analoge einfache Bedeutung für exacte Lösungsanzahlen zukommt, wie dies vermöge des Hauptsatzes für die quadratischen Probleme eintritt.

Die Untersuchungen dieses Paragraphen entsprangen aus der functionentheoretischen Deutung des Hauptsatzes im Falle $n = 1$ und lieferten durch die Sätze 3 und 4 eine Beziehung zwischen gewissen Thetanullwerten und Eisensteinschen Reihen. Der Fall $n > 1$ gestattet eine ähnliche Behandlung und führt in Verallgemeinerung der Eisensteinschen Partialbruchreihen zu neuartigen Entwicklungen, die für die allgemeine Theorie der algebraischen Functionen von Bedeutung sind.

§12. Analytische Formulierung des Hauptsatzes im allgemeinen Fall

Eine quadratische Form $\mathfrak{x}'\mathfrak{S}\mathfrak{x}$ heisse ganzzahlig, wenn alle ihre Coefficienten es sind, also die m Zahlen $s_{kk}(k = 1, \cdots, m)$ und die $\dfrac{m(m-1)}{2}$ Zahlen $2s_{kl}(1 \leqq k < l \leqq m)$. Es ist zu beachten, dass sich dieser Begriff nicht mit dem früher eingeführten der Ganzzahligkeit von $\mathfrak{S}$ deckt, so ist z.B. die Form $x^2 + xy + y^2$ ganz und die zugehörige Matrix $\begin{pmatrix} 1 & \frac{1}{2} \\ \frac{1}{2} & 1 \end{pmatrix}$ gebrochen. Zwei Formen $\mathfrak{x}'\mathfrak{S}_1\mathfrak{x}$ und $\mathfrak{x}'\mathfrak{S}_2\mathfrak{x}$ heissen congruent modulo q, wenn $q^{-1}\mathfrak{x}'(\mathfrak{S}_1 - \mathfrak{S}_2)\mathfrak{x}$ ganzzahlig ist. Unter dem Nenner einer Form werde der Hauptnenner ihrer Coefficienten verstanden, also die kleinste natürliche Zahl d mit ganzzahligem $d\mathfrak{x}'\mathfrak{S}\mathfrak{x}$.

Unter der Spur $\sigma(\mathfrak{A})$ einer Matrix $\mathfrak{A}$ versteht man die Summe ihrer Diagonalelemente. Offenbar ist stets $\sigma(\mathfrak{A}) = \sigma(\mathfrak{A}')$ und $\sigma(\mathfrak{A}\mathfrak{B}) = \sigma(\mathfrak{B}\mathfrak{A})$. Es sei

$\mathfrak{S} = \mathfrak{S}^{(m)}$ eine ganze symmetrische Matrix und $\mathfrak{W} = \mathfrak{W}^{(n)}$ Matrix einer quadratischen Form vom Nenner d. Man lasse nun $\mathfrak{C} = \mathfrak{C}^{(m,n)}$ ein volles System von d^{mn} modulo d incongruenten ganzen Matrizen durchlaufen und setze

$$\sum_{\mathfrak{C}(\mathrm{mod}\, d)} e^{2\pi i\sigma(\mathfrak{C}'\mathfrak{S}\mathfrak{C}\mathfrak{W})} = G(\mathfrak{S}, \mathfrak{W}). \tag{101}$$

Dies ist die weiterhin benötigte Verallgemeinerung der mehrfachen Gaussschen Summen; auch sie haben bemerkenswerte Eigenschaften. Man hat noch zu zeigen, dass der Ausdruck unter dem Summenzeichen wirklich nur von der Restclasse von $\mathfrak{C}$ modulo d abhängt. Für ganzes $\mathfrak{B} = \mathfrak{B}^{(m,n)}$ gilt nun aber

$$\begin{aligned}\sigma((\mathfrak{C} + d\mathfrak{B})'\mathfrak{S}(\mathfrak{C} + d\mathfrak{B})\mathfrak{W}) - \sigma(\mathfrak{C}'\mathfrak{S}\mathfrak{C}\mathfrak{W})& \\ = d^2\sigma(\mathfrak{B}'\mathfrak{S}\mathfrak{B}\mathfrak{W}) &+ 2d\sigma(\mathfrak{B}'\mathfrak{S}\mathfrak{C}\mathfrak{W})\end{aligned} \tag{102}$$

mit ganzen $\mathfrak{B}'\mathfrak{S}\mathfrak{B} = (t_{kl})$ und $\mathfrak{B}'\mathfrak{S}\mathfrak{C}$. Da die Coefficienten w_{kk} und $2w_{kl}$ von $\mathfrak{x}'\mathfrak{W}\mathfrak{x}$ den Hauptnenner d haben, so ist $2d\mathfrak{W}$ und

$$d\sigma(\mathfrak{B}'\mathfrak{S}\mathfrak{B}\mathfrak{W}) = d\sum_{k=1}^{n} t_{kk}w_{kk} + 2d\sum_{k<l} t_{kl}w_{kl}$$

ganz, also auch die linke Seite von (102).

In Verallgemeinerung von Hilfssatz 27 gilt

Hilfssatz 35: *Es sei* $|\mathfrak{S}| = S > 0$. *Dann ist der absolute Betrag*

$$|G(\mathfrak{S}, \mathfrak{W})| \leq 2^{\frac{m}{2}} S^{\frac{n}{2}} d^{mn-\frac{m}{2}}.$$

Beweis: Es ist

$$\begin{aligned}|G(\mathfrak{S}, \mathfrak{W})|^2 &= \sum_{\mathfrak{C}_1, \mathfrak{C}_2 (\mathrm{mod}\, d)} e^{2\pi i\sigma((\mathfrak{C}_1'\mathfrak{S}\mathfrak{C}_1 - \mathfrak{C}_2'\mathfrak{S}\mathfrak{C}_2)\mathfrak{W})} \\ &= \sum_{\mathfrak{C}_2, \mathfrak{C}_3 (\mathrm{mod}\, d)} e^{2\pi i\sigma((\mathfrak{C}_3'\mathfrak{S}\mathfrak{C}_2 + \mathfrak{C}_2'\mathfrak{S}\mathfrak{C}_3 + \mathfrak{C}_3'\mathfrak{S}\mathfrak{C}_3)\mathfrak{W})} \\ &= \sum_{\mathfrak{C}_3 (\mathrm{mod}\, d)} e^{2\pi i\sigma(\mathfrak{C}_3'\mathfrak{S}\mathfrak{C}_3\mathfrak{W})} \sum_{\mathfrak{C}_2 (\mathrm{mod}\, d)} e^{2\pi i\sigma(2\mathfrak{C}_2'\mathfrak{S}\mathfrak{C}_3\mathfrak{W})}.\end{aligned} \tag{103}$$

Nun ist aber $\sigma(2\mathfrak{C}_2'\mathfrak{S}\mathfrak{C}_3\mathfrak{W})$ eine homogene lineare Function der Elemente von $\mathfrak{C}_2$, deren Coefficienten d als gemeinsamen Nenner haben, und da $\mathfrak{C}_2$ ein volles Restsystem modulo d durchläuft, so ist die innere Summe in (103) gleich d^{mn} oder 0, je nachdem alle Coefficienten jener linearen Form ganz sind oder nicht. Es sei L die Anzahl der $\mathfrak{C}_3$ modulo d, für welche $2\mathfrak{S}\mathfrak{C}_3\mathfrak{W}$ ganz ist. Dann ist nach (103) die Abschätzung

$$|G(\mathfrak{S}, \mathfrak{W})|^2 \leq Ld^{mn} \tag{104}$$

giltig. Zur Bestimmung von L kann man $\mathfrak{S}$ und $\mathfrak{W}$ nach Hilfssatz 1 als Diagonalmatrizen voraussetzen, deren Diagonalelemente $s_1, \cdots, s_m$ und $w_1, \cdots, w_n$ seien, und zwar ist dann offenbar L gleich der Anzahl der ganzen x_{kl} modulo d

mit ganzen $2s_k x_{kl} w_l (k = 1, \cdots, m; l = 1, \cdots, n)$. Für x_{kl} gibt es genau $(d, 2ds_k w_l)$ Möglichkeiten; also ist

$$L = \prod_{k=1}^{m} \prod_{l=1}^{n} (d, 2ds_k w_l).$$

Nun ist aber $(2dw_1, \cdots, 2dw_n, d)$ gleich 1 oder 2 und $s_1 \cdots s_m = S$, woraus leicht

$$L \leqq 2^m S^n d^{mn-m} \tag{105}$$

folgt. Die Behauptung ergibt sich jetzt aus (104) und (105).

Das im Hauptsatz auftretende unendliche Product $\prod \alpha_p(\mathfrak{S}, \mathfrak{T})$ lässt sich mit Hilfe der $G(\mathfrak{S}, \mathfrak{W})$ in eine unendliche Reihe verwandeln; analog zu Hilfssatz 28 gilt nämlich

Hilfssatz 36: *Es durchlaufe $\mathfrak{x}'\mathfrak{W}\mathfrak{x}$ in irgend einer Reihenfolge ein volles System* modulo 1 *incongruenter rationalzahliger quadratischer Formen, also etwa alle quadratischen Formen mit echt gebrochenen Coefficienten, und es bedeute d den Nenner von $\mathfrak{x}'\mathfrak{W}\mathfrak{x}$. Für $m > n^2 + n + 2$ ist dann*

$$\prod_p \alpha_p(\mathfrak{S}, \mathfrak{T}) = \sum_{\mathfrak{W}} d^{-mn} G(\mathfrak{S}, \mathfrak{W}) e^{-2\pi i \sigma(\mathfrak{W}\mathfrak{T})}. \tag{106}$$

Beweis: Durchläuft q die Folge $2!, 3!, \cdots$, so ist

$$\prod_p \alpha_p(\mathfrak{S}, \mathfrak{T}) = \lim_{q \to \infty} q^{\frac{n(n+1)}{2} - mn} A_q(\mathfrak{S}, \mathfrak{T}). \tag{107}$$

Lässt man nun $\mathfrak{x}'\mathfrak{W}\mathfrak{x}$ ein volles System modulo 1 incongruenter Formen mit ganzem $q\mathfrak{x}'\mathfrak{W}\mathfrak{x}$ durchlaufen, so ist

$$q^{\frac{n(n+1)}{2}} A_q(\mathfrak{S}, \mathfrak{T}) = \sum_{\mathfrak{W}} \sum_{\mathfrak{C} (\mathrm{mod}\ q)} e^{2\pi i \sigma((\mathfrak{C}'\mathfrak{S}\mathfrak{C} - \mathfrak{T})\mathfrak{W})}.$$

Bedeutet d den Nenner von $\mathfrak{x}'\mathfrak{W}\mathfrak{x}$, so gilt ferner

$$\sum_{\mathfrak{C} (\mathrm{mod}\ q)} e^{2\pi i \sigma(\mathfrak{C}'\mathfrak{S}\mathfrak{C}\mathfrak{W})} = \left(\frac{q}{d}\right)^{mn} G(\mathfrak{S}, \mathfrak{W})$$

und daher

$$q^{\frac{n(n+1)}{2} - mn} A_q(\mathfrak{S}, \mathfrak{T}) = \sum d^{-mn} G(\mathfrak{S}, \mathfrak{W}) e^{-2\pi i \sigma(\mathfrak{T}\mathfrak{W})}, \tag{108}$$

wo d die Teiler von q durchläuft und $\mathfrak{W}$ bei festem d ein volles System mit modulo 1 incongruenten $\mathfrak{x}'\mathfrak{W}\mathfrak{x}$ vom Nenner d. Die Anzahl dieser $\mathfrak{W}$ ist $\leqq d^{\frac{n(n+1)}{2}}$ und nach Hilfssatz 35 folglich die Reihe

$$\sum_{d=1}^{\infty} \frac{2^{\frac{m}{2}} S^{\frac{n}{2}} d^{mn - \frac{m}{2}}}{d^{mn}} d^{\frac{n(n+1)}{2}} = 2^{\frac{m}{2}} S^{\frac{n}{2}} \sum_{d=1}^{\infty} d^{\frac{n(n+1)}{2} - \frac{m}{2}}$$

eine Majorante für die rechte Seite von (106). Für $m > n^2 + n + 2$ ist daher die rechte Seite von (106) absolut convergent. Aus (107) und (108) ergibt sich für $q \to \infty$ die Behauptung.

Es sei bemerkt, dass man durch feinere Abschätzungen bei Verwendung der Elementarteilertheorie die Schranke $n^2 + n + 2$ für die m mit absoluter Convergenz der Reihe in (106) noch herabdrücken kann.

Um Hilfssatz 29 auf beliebiges n übertragen zu können, bedarf man zunächst einer Verallgemeinerung der Formel

$$(109) \qquad \int_0^\infty x^{\rho-1} e^{-xy}\, dx = y^{-\rho}\Gamma(\rho) \qquad (\rho > 0, y > 0).$$

Mit dv bezeichne man das $\frac{n(n+1)}{2}$-dimensionale Volumenelement im Coefficientenraum der symmetrischen Matrizen $\mathfrak{X} = \mathfrak{X}^{(n)} = (x_{kl})$, also $dv = \prod_{k \leqq l} dx_{kl}$. Ferner sei D_n der Raum der positiven $\mathfrak{X}$. Die Verallgemeinerung von (109) lautet dann

Hilfssatz 37: *Ist $\mathfrak{Y} = \mathfrak{Y}^{(n)}$ symmetrisch mit positivem Realteil und $\rho \geqq \frac{n+1}{2}$, so gilt*

$$(110) \quad \int_{D_n} |\mathfrak{X}|^{\rho - \frac{n+1}{2}} e^{-\sigma(\mathfrak{X}\mathfrak{Y})}\, dv = \pi^{\frac{n(n-1)}{4}} \Gamma(\rho)\Gamma\left(\rho - \frac{1}{2}\right) \cdots \Gamma\left(\rho - \frac{n-1}{2}\right) |\mathfrak{Y}|^{-\rho}.$$

Beweis: Da beide Seiten im Gebiete der $\mathfrak{Y}$ mit positivem Realteil regulär analytisch sind, so darf man für den Beweis $\mathfrak{Y}$ reell wählen. Dann ist $\mathfrak{Y} = \mathfrak{Z}'\mathfrak{Z}$ mit reellem $\mathfrak{Z} = \mathfrak{Z}^{(n)}$. Ersetzt man die Integrationsvariable $\mathfrak{X}$ durch $\mathfrak{Z}^{-1}\mathfrak{X}\mathfrak{Z}'^{-1}$, so ist die Functionaldeterminante $|\mathfrak{Z}|^{-n-1}$ und daher

$$\int_{D_n} |\mathfrak{X}|^{\rho - \frac{n+1}{2}} e^{-\sigma(\mathfrak{X}\mathfrak{Y})}\, dv = |\mathfrak{Y}|^{-\rho} \int_{D_n} |\mathfrak{X}|^{\rho - \frac{n+1}{2}} e^{-\sigma(\mathfrak{X})}\, dv,$$

so dass man also (110) nur noch für $\mathfrak{Y} = \mathfrak{E}$ zu beweisen braucht. In diesem Falle führe man $|\mathfrak{X}|$ statt x_{11} als neue Integrationsvariable ein. Bezeichnet man mit $\mathfrak{X}_1$ die aus $\mathfrak{X}$ durch Streichen der ersten Zeile und ersten Spalte entstehende Matrix und mit $\mathfrak{x}$ die aus der ersten Spalte von $\mathfrak{X}$ durch Streichen von x_{11} entstehende Spalte, so ist

$$|\mathfrak{X}_1|^{-1} |\mathfrak{X}| = x_{11} - \mathfrak{x}'\mathfrak{X}_1^{-1}\mathfrak{x}.$$

Es bedeute nun dv_1 das $n(n-1)/2$-dimensionale Volumenelement des $\mathfrak{X}_1$-Raumes. Dann wird

$$\int_{D_n} |\mathfrak{X}|^{\rho - \frac{n+1}{2}} e^{-\sigma(\mathfrak{X})}\, dv =$$

$$\int_{D_{n-1}} |\mathfrak{X}_1|^{-1} e^{-\sigma(\mathfrak{X}_1)} \left(\int_0^\infty x^{\rho - \frac{n+1}{2}} e^{-|\mathfrak{X}_1|^{-1} x}\, dx \int_{-\infty}^{+\infty} \cdots \int_{-\infty}^{+\infty} e^{-\mathfrak{x}'\mathfrak{X}_1^{-1}\mathfrak{x}}\, dx_{12} \cdots dx_{1n} \right) dv_1 .$$

Hierin ist

$$\int_0^\infty x^{\rho-\frac{n+1}{2}} e^{-|\mathfrak{X}_1|^{-1}x}\,dx = \Gamma\left(\rho-\frac{n-1}{2}\right)|\mathfrak{X}_1|^{\rho-\frac{n-1}{2}}$$

und

$$\int_{-\infty}^{\infty}\cdots\int_{-\infty}^{\infty} e^{-\mathfrak{x}'\mathfrak{X}_1^{-1}\mathfrak{x}}\,dx_{12}\cdots dx_{1n} = \pi^{\frac{n-1}{2}}|\mathfrak{X}_1|^{\frac{1}{2}}.$$

Folglich gilt die Recursionsformel

$$\int_{D_n}|\mathfrak{X}|^{\rho-\frac{n+1}{2}}e^{-\sigma(\mathfrak{X})}\,dv = \pi^{\frac{n-1}{2}}\Gamma\left(\rho-\frac{n-1}{2}\right)\int_{D_{n-1}}|\mathfrak{X}_1|^{\rho-\frac{n}{2}}e^{-\sigma(\mathfrak{X}_1)}\,dv_1,$$

und zwar auch noch für $n = 1$, wenn dann das Integral rechts fortgelassen wird. Die Behauptung folgt jetzt durch vollständige Induction.

Für des Eulersche Betaintegral existiert ebenfalls eine Verallgemeinerung, analog zum Übergang von (109) zu (110); es ist nämlich

$$\int_{D_n}|\mathfrak{X}|^{\rho-\frac{n+1}{2}}|\mathfrak{X}+\mathfrak{Y}|^{-\tau}\,dv = \pi^{\frac{n(n-1)}{4}}|\mathfrak{Y}|^{\rho-\tau}\prod_{k=0}^{n-1}\frac{\Gamma\left(\rho-\frac{k}{2}\right)\Gamma\left(\tau-\rho-\frac{k}{2}\right)}{\Gamma\left(\tau-\frac{k}{2}\right)}$$

für $\rho \geqq \dfrac{n+1}{2}$, $\tau-\rho \geqq \dfrac{n+1}{2}$ und alle $\mathfrak{Y}$ mit positivem reellen Teil. Da diese Formel weiterhin nicht benutzt wird, so werde nur noch erwähnt, dass sie auf demselben Wege abgeleitet werden kann, auf dem Euler den Zusammenhang zwischen B- und Γ-Function gefunden hat.

In derselben Weise, wie man Hilfssatz 29 mit Hilfe von (109) gewinnt, folgt aus Hilfssatz 37 der wichtige

Hilfssatz 38: *Es sei* $\mathfrak{Y} = \mathfrak{Y}^{(n)}$ *symmetrisch mit positivem Realteil und* $\rho > n(n+1)/2$. *Durchläuft dann* $\mathfrak{T} = \mathfrak{T}^{(n)}$ *alle ganzen positiven symmetrischen Matrizen und* $\mathfrak{x}'\mathfrak{F}\mathfrak{x}$ *alle ganzzahligen quadratischen Formen von n Variabeln, so ist*

$$\sum_{\mathfrak{T}}|\mathfrak{T}|^{\rho-\frac{n+1}{2}}e^{-\sigma(\mathfrak{T}\mathfrak{Y})}$$

(111)

$$= \pi^{\frac{n(n-1)}{4}}\Gamma(\rho)\Gamma\left(\rho-\frac{1}{2}\right)\cdots\Gamma\left(\rho-\frac{n-1}{2}\right)\sum_{\mathfrak{F}}|\mathfrak{Y}+2\pi i\mathfrak{F}|^{-\rho}.$$

Beweis: Formale Anwendung der Poissonschen Summenformel auf die Function $|\mathfrak{X}|^{\rho-\frac{n+1}{2}}e^{-\sigma(\mathfrak{X}\mathfrak{Y})}$, die für nicht positives $\mathfrak{X}$ durch 0 zu ersetzen ist, liefert als Entwicklung der linken Seite von (111) die Reihe $\sum_{\mathfrak{F}} a(\mathfrak{F})$, wo $\mathfrak{x}'\mathfrak{F}\mathfrak{x}$ alle ganzzahligen quadratischen Formen von n Variabeln durchläuft und

$$a(\mathfrak{F}) = \int_{D_n}|\mathfrak{X}|^{\rho-\frac{n+1}{2}}e^{-\sigma(\mathfrak{X}\mathfrak{Y})-2\pi i\sigma(\mathfrak{F}\mathfrak{X})}\,dv$$

gesetzt ist. Nach Hilfssatz 37 ist aber

$$a(\mathfrak{F}) = \pi^{\frac{n(n-1)}{4}} \Gamma(\rho)\Gamma\left(\rho - \frac{1}{2}\right) \cdots \Gamma\left(\rho - \frac{n-1}{2}\right) | \mathfrak{Y} + 2\pi i \mathfrak{F} |^{-\rho},$$

so dass es auf grund des Fejérschen Satzes zum Nachweis der Behauptung genügt, die absolute Convergenz der rechten Seite von (111) festzustellen.

Um die Convergenz zu untersuchen, setze man $\mathfrak{Y} = \mathfrak{Y}_1 + i\mathfrak{Y}_2$, wo nach Voraussetzung $\mathfrak{Y}_1$ positiv ist. Zu jedem $\mathfrak{F}$ gibt es eine reelle Matrix $\mathfrak{C}^{(n)}$ und eine reelle Diagonalmatrix $\mathfrak{D}^{(n)}$, so dass $\mathfrak{Y}_1 = \mathfrak{C}'\mathfrak{C}$ und zugleich $\mathfrak{Y}_2 + 2\pi\mathfrak{F} = \mathfrak{C}'\mathfrak{D}\mathfrak{C}$ ist. Aus der ersten dieser Gleichungen folgt, dass bei festem $\mathfrak{Y}_1$ die Elemente von $\mathfrak{C}$ zwischen endlichen von $\mathfrak{F}$ unabhängigen Schranken liegen. Sind $d_1, \cdots, d_n$ die Diagonalelemente von $\mathfrak{D}$ und bedeutet d das Maximum ihrer absoluten Beträge, so folgt aus der zweiten Gleichung, dass bei festem $\mathfrak{Y}_2$ die Anzahl derjenigen $\mathfrak{F}$ mit ganzzahligem $\mathfrak{x}'\mathfrak{F}\mathfrak{x}$, für welche $d \leqq t$ ist, bei unendlich werdendem t nur die Grössenordnung $t^{n(n+1)/2}$ besitzt. Andererseits ist

$$| \mathfrak{Y} + 2\pi i \mathfrak{F} | = | \mathfrak{C}'(\mathfrak{E} + i\mathfrak{D})\mathfrak{C} | = | \mathfrak{Y}_1 | \prod_{k=1}^{n} (1 + i d_k),$$

also der absolute Betrag von $| \mathfrak{Y} + 2\pi i \mathfrak{F} |$ mindestens $d \, | \mathfrak{Y}_1 |$. Durch partielle Summation folgt daraus die absolute Convergenz der rechten Seite von (111) für $\rho > n(n+1)/2$. Mittels feinerer Abschätzungen lässt sich übrigens diese untere Schranke für ρ noch herabdrücken.

Für die Verallgemeinerung von Satz 3 auf den Fall $n > 1$ bedarf es noch eines Hilfssatzes über Matrizen. Zwei Matrizen $\mathfrak{A}$ und $\mathfrak{B}$ mögen rechts associiert heissen, wenn $\mathfrak{B} = \mathfrak{A}\mathfrak{U}$ mit unimodularem $\mathfrak{U}$ aus dem Körper der rationalen Zahlen ist.

Hilfssatz 39: *Es sei $1 \leqq r \leqq n \leqq m$. Durchläuft $\mathfrak{B} = \mathfrak{B}^{(r,m)}$ alle ganzen Matrizen von r Zeilen, m Spalten und dem Range r und $\mathfrak{Q} = \mathfrak{Q}^{(n,r)}$ ein volles System rechts nicht associierter primitiver Matrizen, so stellt $\mathfrak{Q}\mathfrak{B}$ jede ganze Matrix von n Zeilen, m Spalten und dem Range r genau einmal dar.*

Beweis: Dass jedes ganze $\mathfrak{C} = \mathfrak{C}^{(n,m)}$ vom Range r die Form $\mathfrak{Q}\mathfrak{B}$ hat, folgt aus Hilfssatz 1. Ferner hat jedes $\mathfrak{Q}\mathfrak{B}$ wirklich den Rang r. Wäre nun $\mathfrak{Q}_1\mathfrak{B}_1 = \mathfrak{Q}_2\mathfrak{B}_2$, so sei $(\mathfrak{Q}_1\mathfrak{H}) = \mathfrak{U}$ unimodular, $\mathfrak{U}^{-1}\mathfrak{Q}_2 = \begin{pmatrix} \mathfrak{A}^{(r)} \\ \mathfrak{G} \end{pmatrix}$. Dann wird $\mathfrak{B}_1 = \mathfrak{A}\mathfrak{B}_2$, $\mathfrak{N} = \mathfrak{G}\mathfrak{B}_2$ und folglich, weil $\mathfrak{B}_2$ den Rang r hat, $\mathfrak{G} = \mathfrak{N}$ und damit $\mathfrak{A}$ unimodular, $\mathfrak{Q}_2 = \mathfrak{Q}_1\mathfrak{A}$, $\mathfrak{Q}_1$ und $\mathfrak{Q}_2$ rechts associiert, $\mathfrak{A} = \mathfrak{E}$, $\mathfrak{Q}_1 = \mathfrak{Q}_2$, $\mathfrak{B}_1 = \mathfrak{B}_2$. Daher sind die $\mathfrak{Q}\mathfrak{B}$ des Hilfssatzes 39 alle voneinander verschieden.

Die Verallgemeinerung der Classeninvariante $f(\mathfrak{S}, \tau)$ und der Geschlechtsinvariante $F(\mathfrak{S}, \tau)$ auf den Fall $n > 1$ geschieht nun in der folgenden Weise. Es sei $\mathfrak{X} = \mathfrak{X}^{(n)}$ eine symmetrische Matrix mit positivem imaginären Teil. Durchläuft dann $\mathfrak{C} = \mathfrak{C}^{(m,n)}$ alle ganzen Matrizen, so werde definiert

(112) $$f(\mathfrak{S}, \mathfrak{X}) = \sum_{\mathfrak{C}} e^{\pi i \sigma(\mathfrak{C}'\mathfrak{S}\mathfrak{C}\mathfrak{X})}$$

und analog zu (78) ferner

$$F(\mathfrak{S}, \mathfrak{X}) = \frac{1}{M(\mathfrak{S})} \sum_{(\mathfrak{S}_k)\,\vee\,(\mathfrak{S})} \frac{f(\mathfrak{S}_k, \mathfrak{X})}{E(\mathfrak{S}_k)}. \tag{113}$$

Nach Hilfssatz 39 erhält man nun alle in (112) auftretenden $\mathfrak{C}$ durch den Ansatz $\mathfrak{C}' = \mathfrak{Q}\mathfrak{B}'$, indem man $\mathfrak{B} = \mathfrak{B}^{(m,r)}$ alle ganzen Matrizen vom Range r, $\mathfrak{Q} = \mathfrak{Q}^{(n,r)}$ ein volles System rechts nichtassociierter primitiver Matrizen und r die Werte $0, \cdots, n$ durchlaufen lässt. Setzt man also noch $g(\mathfrak{S}, \mathfrak{X}) = \sum_{\mathfrak{C}}' e^{\pi i \sigma(\mathfrak{C}'\mathfrak{S}\mathfrak{C}\mathfrak{X})}$, wo $\mathfrak{C} = \mathfrak{C}^{(m,n)}$ nur die ganzen Matrizen vom Range n durchläuft, so wird

$$f(\mathfrak{S}, \mathfrak{X}) = \sum_{\mathfrak{Q},\mathfrak{B}} e^{\pi i \sigma(\mathfrak{Q}\mathfrak{B}'\mathfrak{S}\mathfrak{B}\mathfrak{Q}'\mathfrak{X})} = \sum_{\mathfrak{Q}} g(\mathfrak{S}, \mathfrak{Q}'\mathfrak{X}\mathfrak{Q}). \tag{114}$$

Andererseits ist

$$g(\mathfrak{S}, \mathfrak{X}) = \sum_{\mathfrak{T}} A(\mathfrak{S}, \mathfrak{T})\, e^{\pi i \sigma(\mathfrak{T}\mathfrak{X})},$$

wo $\mathfrak{T} = \mathfrak{T}^{(n)}$ alle ganzen positiven symmetrischen Matrizen durchläuft. Mit Hilfe von (113) und (114) folgt also

$$F(\mathfrak{S}, \mathfrak{X}) = 1 + \sum_{r=1}^{n} \sum_{\mathfrak{T}^{(r)},\mathfrak{Q}^{(n,r)}} A_0(\mathfrak{S}, \mathfrak{T})\, e^{\pi i \sigma(\mathfrak{T}\mathfrak{Q}'\mathfrak{X}\mathfrak{Q})}. \tag{115}$$

Nunmehr werde der Hauptsatz angewendet. Für $\mathfrak{T} = \mathfrak{T}^{(r)}$ und $m > r + 2$ ist

$$A_0(\mathfrak{S}, \mathfrak{T}) = A_\infty(\mathfrak{S}, \mathfrak{T}) \prod_p \alpha_p(\mathfrak{S}, \mathfrak{T}),$$

und nach (71) gilt dabei

$$A_\infty(\mathfrak{S}, \mathfrak{T}) = \frac{\pi^{\frac{r(2m-r+1)}{4}}}{\Gamma\left(\frac{m-r+1}{2}\right)\Gamma\left(\frac{m-r+2}{2}\right)\cdots\Gamma\left(\frac{m}{2}\right)} S^{-\frac{r}{2}} T^{\frac{m-r-1}{2}}.$$

Nach Hilfssatz 36 ergibt sich, falls $m > r^2 + r + 2$ ist,

$$\sum_{\mathfrak{T}^{(r)}} A_0(\mathfrak{S}, \mathfrak{T}) e^{\pi i \sigma(\mathfrak{T}\mathfrak{Q}'\mathfrak{X}\mathfrak{Q})} = \frac{\pi^{\frac{r(2m-r+1)}{4}}}{\Gamma\left(\frac{m-r+1}{2}\right)\Gamma\left(\frac{m-r+2}{2}\right)\cdots\Gamma\left(\frac{m}{2}\right)} S^{-\frac{r}{2}} \times \tag{116}$$
$$\times \sum_{\mathfrak{W}} \frac{G(\mathfrak{S}, \mathfrak{W})}{d^{mr}} \sum_{\mathfrak{T}^{(r)}} |\mathfrak{T}|^{\frac{m-r-1}{2}} e^{\pi i \sigma(\mathfrak{T}(\mathfrak{Q}'\mathfrak{X}\mathfrak{Q}-2\mathfrak{W}))}$$

wo $\mathfrak{x}'\mathfrak{W}^{(r)}\mathfrak{x}$ alle quadratischen Formen mit echt gebrochenen Coefficienten durchläuft und d den Nenner dieser Form bedeutet. Wendet man Hilfssatz 38 mit $\rho = \frac{m}{2}$ und $\mathfrak{Y} = \pi i(2\mathfrak{W} - \mathfrak{Q}'\mathfrak{X}\mathfrak{Q})$ an, so folgt

$$\sum_{\mathfrak{T}^{(r)}} |\mathfrak{T}|^{\frac{m-r-1}{2}} e^{\pi i \sigma(\mathfrak{T}(\mathfrak{Q}'\mathfrak{X}\mathfrak{Q}-2\mathfrak{W}))} = \pi^{\frac{r(r-1)}{4}} \Gamma\left(\frac{m}{2}\right)\Gamma\left(\frac{m-1}{2}\right)\cdots\Gamma\left(\frac{m-r+1}{2}\right)\times \tag{117}$$

$$\times\left(\frac{i}{\pi}\right)^{\frac{m}{2}r} \sum_{\mathfrak{F}^{(r)}} |\mathfrak{Q}'\mathfrak{X}\mathfrak{Q} - 2\mathfrak{W} - 2\mathfrak{F}|^{-\frac{m}{2}},$$

wo $\mathfrak{x}'\mathfrak{F}\mathfrak{x}$ alle ganzzahligen quadratischen Formen durchläuft. Aus (115), (116) und (117) erhält man nun

Satz 5: *Durchläuft $\mathfrak{W}^{(r)}$ alle rationalen symmetrischen Matrizen und $\mathfrak{Q}^{(n,r)}$ ein volles System rechts nicht associierter primitiver Matrizen, so ist*

$$F(\mathfrak{S},\mathfrak{X}) = 1 + \sum_{r=1}^{n} i^{\frac{mr}{2}} S^{-\frac{r}{2}} \sum_{\mathfrak{W},\mathfrak{Q}} \frac{G(\mathfrak{S},\mathfrak{W})}{d^{mr}} |\mathfrak{Q}'\mathfrak{X}\mathfrak{Q} - 2\mathfrak{W}|^{-\frac{m}{2}} \tag{118}$$

$$(m > 2n^2 + n + 1);$$

dabei bedeutet d den Nenner von $\mathfrak{x}'\mathfrak{W}\mathfrak{x}$.

Es bleibt noch zu zeigen, dass die Umordnung der durch Einsetzen von (117) in (116) entstandenen Doppelreihe erlaubt war. Dies folgt aus

Hilfssatz 40: *Die Reihe*

$$\sum_{\mathfrak{W}^{(r)},\mathfrak{Q}^{(r)}} G(\mathfrak{S},\mathfrak{W})\, d^{-mr}\, |\mathfrak{Q}'\mathfrak{X}\mathfrak{Q} - 2\mathfrak{W}|^{-\frac{m}{2}}$$

convergiert absolut für $m > 2n^2 + n + 1$.

Beweis: Es sei $\mathfrak{X} = \mathfrak{X}_1 + i\mathfrak{X}_2$, wo $\mathfrak{X}_2$ nach Voraussetzung positiv ist. Ähnlich wie beim Beweis von Hilfssatz 38 setze man $\mathfrak{Q}'\mathfrak{X}_2\mathfrak{Q} = \mathfrak{C}'\mathfrak{C}$, $\mathfrak{Q}'\mathfrak{X}_1\mathfrak{Q} - 2\mathfrak{W} = \mathfrak{C}'\mathfrak{D}\mathfrak{C}$ mit reellem $\mathfrak{C} = \mathfrak{C}^{(r)}$ und reeller Diagonalmatrix $\mathfrak{D} = \mathfrak{D}^{(r)}$. Ist nun h das Maximum der absoluten Werte der Diagonalelemente $d_1, \cdots, d_r$ von $\mathfrak{D}$ und q das Maximum der absoluten Werte der Elemente von $\mathfrak{Q}$, so haben die Elemente von $\mathfrak{C}'\mathfrak{D}\mathfrak{C}$ höchstens die Grössenordnung von hq^2. Die Anzahl der $\mathfrak{W}$, für welche $\mathfrak{x}'\mathfrak{W}\mathfrak{x}$ den Nenner d hat und $h \leqq t$ ist, hat also für jedes $\mathfrak{Q}$ höchstens die Grössenordnung $(dtq^2)^{\frac{r(r+1)}{2}}$. Nun ist

$$|\mathfrak{Q}'\mathfrak{X}\mathfrak{Q} - 2\,\mathfrak{W}| = |\mathfrak{Q}'\mathfrak{X}_2\mathfrak{Q}|\,|\mathfrak{D} + i\mathfrak{E}|$$

und nach Hilfssatz 35 ferner der absolute Betrag von $G(\mathfrak{S},\mathfrak{W})d^{-mr}$ höchstens gleich $(2/d)^{m/2}S^{r/2}$. Es genügt daher, die Convergenz der Reihe

$$\sum_{d=1}^{\infty}\sum_{t=1}^{\infty}\sum_{\mathfrak{Q}} (dtq^2)^{\frac{r(r+1)}{2}} (dt)^{-\frac{m}{2}} |\mathfrak{Q}'\mathfrak{X}\mathfrak{Q}|^{-\frac{m}{2}}$$

zu beweisen, also die Convergenz von

$$\sum_{\mathfrak{Q}} q^{r(r+1)} |\mathfrak{Q}'\mathfrak{X}_2\mathfrak{Q}|^{-\frac{m}{2}}, \tag{119}$$

wo $\mathfrak{Q}^{(n,r)}$ ein volles System rechts nicht associierter primitiver Matrizen durchläuft und q das Maximum der absoluten Beträge der Elemente von $\mathfrak{Q}$ bedeutet. Ersetzt man $\mathfrak{Q}$ durch eine associierte Matrix, so geht $\mathfrak{Q}'\mathfrak{X}_2\mathfrak{Q}$ in einen andern Classenrepräsentanten über. Daher kann man voraussetzen, dass für alle in (119) auftretenden $\mathfrak{Q}$ die definite quadratische Form $\mathfrak{Q}'\mathfrak{X}_2\mathfrak{Q}$ im Sinne der Hermiteschen Theorie reduciert ist. Dann folgt aber aus den Hermiteschen Reductionsbedingungen, dass der Quotient aus dem Product der Diagonalelemente von $\mathfrak{Q}'\mathfrak{X}_2\mathfrak{Q}$ und der Determinante $|\mathfrak{Q}'\mathfrak{X}_2\mathfrak{Q}|$ unter einer von $\mathfrak{Q}$ freien Schranke liegt. Nach (39) ist nun auch $q^2/|\mathfrak{Q}'\mathfrak{X}_2\mathfrak{Q}|$ beschränkt, also die Anzahl der $\mathfrak{Q}$ in (119) mit $|\mathfrak{Q}'\mathfrak{X}_2\mathfrak{Q}| \leqq t$ für $t \to \infty$ höchstens von der Grössenordnung $t^{\frac{nr}{2}}$. Für $\frac{m}{2} - \frac{r(r+1)}{2} > \frac{nr}{2}$ convergiert also die Reihe (119).

Für die Weiterführung der Theorie ist eine Umformung der Summe in (118) nötig, und hierzu bedarf es einiger Hilfsmittel aus der Matrizentheorie. Zwei Matrizen $\mathfrak{A}$ und $\mathfrak{B}$ sollen ein symmetrisches Matrizenpaar heissen, wenn $\mathfrak{A}\mathfrak{B}' = \mathfrak{B}\mathfrak{A}'$ ist. Sie heissen ausserdem teilerfremd, wenn die unimodularen Matrizen die einzigen ganzen Matrizen $\mathfrak{G}$ sind, für welche $\mathfrak{G}^{-1}\mathfrak{A}$ und $\mathfrak{G}^{-1}\mathfrak{B}$ beide ganz sind. Ist $\mathfrak{A}_1 = \mathfrak{U}\mathfrak{A}$, $\mathfrak{B}_1 = \mathfrak{U}\mathfrak{B}$ mit unimodularem $\mathfrak{U}$, so heissen die beiden Paare $\mathfrak{A}, \mathfrak{B}$ und $\mathfrak{A}_1, \mathfrak{B}_1$ associiert. Alle mit $\mathfrak{A}, \mathfrak{B}$ associierten Paare mögen die Classe $(\mathfrak{A}, \mathfrak{B})$ bilden. Ferner soll unter der Classe $(\mathfrak{Q})$ die Gesamtheit der mit $\mathfrak{Q}$ rechts associierten Matrizen verstanden werden, also der Matrizen $\mathfrak{Q}\mathfrak{U}$. Bei Benutzung dieser Bezeichnungen besagt

Hilfssatz 41: *Es sei $(\mathfrak{A}^{(n)}, \mathfrak{B}^{(n)})$ eine Classe teilerfremder symmetrischer Matrizenpaare und der Rang von $\mathfrak{A}$ sei $r > 0$. Es gibt eine eindeutig bestimmte Classe primitiver Matrizen $(\mathfrak{Q}^{(n,r)})$ und nach Wahl eines Repräsentanten $\mathfrak{Q}$ dieser Classe eine eindeutig bestimmte Classe $(\mathfrak{A}_1^{(r)}, \mathfrak{B}_1^{(r)})$ teilerfremder symmetrischer Matrizenpaare, so dass für ein beliebiges Complement $\mathfrak{C}$ von $\mathfrak{Q}$ mit $\mathfrak{U} = (\mathfrak{Q}\mathfrak{C})$ das Matrizenpaar*

$$(120)\qquad \begin{pmatrix} \mathfrak{A}_1 & \mathfrak{N}^{(r,n-r)} \\ \mathfrak{N}^{(n-r,r)} & \mathfrak{N}^{(n-r)} \end{pmatrix} \mathfrak{U}', \begin{pmatrix} \mathfrak{B}_1 & \mathfrak{N}^{(r,n-r)} \\ \mathfrak{N}^{(n-r,r)} & \mathfrak{E}^{(n-r)} \end{pmatrix} \mathfrak{U}^{-1}$$

der Classe $(\mathfrak{A}, \mathfrak{B})$ angehört und $|\mathfrak{A}_1| \neq 0$ ist.

Beweis: Nach Hilfssatz 1 gibt es zwei unimodulare Matrizen $\mathfrak{U}_1$ und $\mathfrak{U}$, so dass

$$\mathfrak{U}_1\mathfrak{A}\mathfrak{U}'^{-1} = \begin{pmatrix} \mathfrak{A}_1^{(r)} & \mathfrak{N}^{(r,n-r)} \\ \mathfrak{N}^{(n-r,r)} & \mathfrak{N}^{(n-r)} \end{pmatrix}$$

und $|\mathfrak{A}_1| \neq 0$ ist. Setzt man

$$\mathfrak{U}_1\mathfrak{B}\mathfrak{U} = \begin{pmatrix} \mathfrak{B}_1^{(r)} & \mathfrak{B}_2 \\ \mathfrak{B}_3 & \mathfrak{B}_4^{(n-r)} \end{pmatrix},$$

so folgen aus $\mathfrak{A}\mathfrak{B}' = \mathfrak{B}\mathfrak{A}'$ die Gleichungen

$$\mathfrak{A}_1\mathfrak{B}_1' = \mathfrak{B}_1\mathfrak{A}_1', \qquad\qquad \mathfrak{A}_1\mathfrak{B}_3' = \mathfrak{N};$$

also ist das Matrizenpaar $\mathfrak{A}_1, \mathfrak{B}_1$ symmetrisch und $\mathfrak{B}_3 = \mathfrak{N}$. Da die Matrix

$$\mathfrak{U}_1^{-1}\begin{pmatrix}\mathfrak{E}^{(r)} & \mathfrak{N}\\ \mathfrak{N} & \mathfrak{B}_4\end{pmatrix}$$

gemeinsamer linksseitiger Teiler von $\mathfrak{A}$ und $\mathfrak{B}$ ist, so ist $\mathfrak{B}_4$ unimodular, also auch die Matrix

$$\begin{pmatrix}\mathfrak{E}^{(r)} & -\mathfrak{B}_2\mathfrak{B}_4^{-1}\\ \mathfrak{N} & \mathfrak{B}_4^{-1}\end{pmatrix}\mathfrak{U}_1 = \mathfrak{U}_2\,,$$

und folglich gehört das Matrizenpaar

$$(121)\qquad \mathfrak{U}_2\mathfrak{A} = \begin{pmatrix}\mathfrak{A}_1 & \mathfrak{N}\\ \mathfrak{N} & \mathfrak{N}^{(n-r)}\end{pmatrix}\mathfrak{U}_4'\,,\qquad \mathfrak{U}_2\mathfrak{B} = \begin{pmatrix}\mathfrak{B}_1 & \mathfrak{N}\\ \mathfrak{N} & \mathfrak{E}^{(n-r)}\end{pmatrix}\mathfrak{U}^{-1}$$

der Classe $(\mathfrak{A}, \mathfrak{B})$ an. Ist $\mathfrak{G}$ gemeinsamer linksseitiger Teiler von $\mathfrak{A}_1$ und $\mathfrak{B}_1$, so ist

$$\mathfrak{U}_2^{-1}\begin{pmatrix}\mathfrak{G} & \mathfrak{N}\\ \mathfrak{N} & \mathfrak{E}^{(n-r)}\end{pmatrix}$$

gemeinsamer linksseitiger Teiler von $\mathfrak{A}$ und $\mathfrak{B}$, also $\mathfrak{G}$ unimodular. Daher ist das Matrizenpaar $\mathfrak{A}_1, \mathfrak{B}_1$ auch teilerfremd.

Gilt nun ferner auch

$$(122)\qquad \mathfrak{U}_3\mathfrak{A} = \begin{pmatrix}\mathfrak{A}_2 & \mathfrak{N}\\ \mathfrak{N} & \mathfrak{N}^{(n-r)}\end{pmatrix}\mathfrak{U}'\,,\qquad \mathfrak{U}_3\mathfrak{B} = \begin{pmatrix}\mathfrak{B}_2 & \mathfrak{N}\\ \mathfrak{N} & \mathfrak{E}^{(n-r)}\end{pmatrix}\mathfrak{U}_4^{-1}\,,$$

so setze man $\mathfrak{U}_4 = \mathfrak{U}\mathfrak{U}_0$ und erhält aus der Gleichung

$$\mathfrak{U}_3\mathfrak{U}_2^{-1}\begin{pmatrix}\mathfrak{A}_1 & \mathfrak{N}\\ \mathfrak{N} & \mathfrak{N}^{(n-r)}\end{pmatrix} = \begin{pmatrix}\mathfrak{A}_2 & \mathfrak{N}\\ \mathfrak{N} & \mathfrak{N}^{(n-r)}\end{pmatrix}\mathfrak{U}_0'\,,$$

dass $\mathfrak{U}_0$ die Gestalt

$$\mathfrak{U}_0 = \begin{pmatrix}\mathfrak{U}_5^{(r)} & \mathfrak{F}\\ \mathfrak{N} & \mathfrak{U}_6^{(n-r)}\end{pmatrix}$$

besitzt. Ist dann $\mathfrak{U} = (\mathfrak{Q}\mathfrak{C})$ mit $\mathfrak{Q} = \mathfrak{Q}^{(n,r)}$, so bilden die ersten r Spalten von $\mathfrak{U}_4$ die Matrix $\mathfrak{Q}\mathfrak{U}_5$, welche der Classe $(\mathfrak{Q})$ angehört. Also hängt diese Classe nun von $(\mathfrak{A}, \mathfrak{B})$ ab. Gelten (121) und (122) mit demselben Classenrepräsentanten $\mathfrak{Q}$, so ist $\mathfrak{Q}\mathfrak{U}_5 = \mathfrak{Q}$, also $\mathfrak{U}_5 = \mathfrak{E}^{(r)}$. Setzt man endlich noch

$$\mathfrak{U}_7 = \begin{pmatrix}\mathfrak{E}^{(r)} & \mathfrak{B}_2\mathfrak{F}\\ \mathfrak{N} & \mathfrak{U}_6\end{pmatrix},\qquad \mathfrak{U}_7\mathfrak{U}_3\mathfrak{U}_2^{-1} = \mathfrak{U}_8\,,$$

so wird

$$\mathfrak{U}_7\mathfrak{U}_3\mathfrak{A} = \begin{pmatrix}\mathfrak{A}_2 & \mathfrak{N}\\ \mathfrak{N} & \mathfrak{N}^{(n-r)}\end{pmatrix}\mathfrak{U}'\,,\qquad \mathfrak{U}_7\mathfrak{U}_3\mathfrak{B} = \begin{pmatrix}\mathfrak{B}_2 & \mathfrak{N}\\ \mathfrak{N} & \mathfrak{E}^{(n-r)}\end{pmatrix}\mathfrak{U}^{-1}$$

$$\mathfrak{U}_8\begin{pmatrix}\mathfrak{A}_1 & \mathfrak{N}\\ \mathfrak{N} & \mathfrak{N}^{(n-r)}\end{pmatrix} = \begin{pmatrix}\mathfrak{A}_2 & \mathfrak{N}\\ \mathfrak{N} & \mathfrak{N}^{(n-r)}\end{pmatrix},\qquad \mathfrak{U}_8\begin{pmatrix}\mathfrak{B}_1 & \mathfrak{N}\\ \mathfrak{N} & \mathfrak{E}^{(n-r)}\end{pmatrix} = \begin{pmatrix}\mathfrak{B}_2 & \mathfrak{N}\\ \mathfrak{N} & \mathfrak{E}^{(n-r)}\end{pmatrix},$$

woraus

$$\mathfrak{U}_8 = \begin{pmatrix} \mathfrak{U}_9^{(r)} & \mathfrak{N} \\ \mathfrak{N} & \mathfrak{E} \end{pmatrix}$$

und $\mathfrak{A}_2 = \mathfrak{U}_9\mathfrak{A}_1$, $\mathfrak{B}_2 = \mathfrak{U}_9\mathfrak{B}_1$ folgt. Also liegt das Paar $\mathfrak{A}_2$, $\mathfrak{B}_2$ in der Classe $(\mathfrak{A}_1, \mathfrak{B}_1)$. Umgekehrt zeigt diese Rechnung, dass in (120) mit $\mathfrak{U}$ auch

$$\mathfrak{U}\mathfrak{U}_0 = \mathfrak{U}\begin{pmatrix} \mathfrak{E}^{(r)} & \mathfrak{F} \\ \mathfrak{N} & \mathfrak{U}_6 \end{pmatrix}$$

zulässig ist. Da nach Hilfssatz 4 jedes Complement von $\mathfrak{Q}$ die Form $\mathfrak{Q}\mathfrak{F} + \mathfrak{C}\mathfrak{U}_6$ besitzt, so ist die Behauptung vollständig bewiesen.

Hilfssatz 42: *Ist $\mathfrak{A}^{(n)}$, $\mathfrak{B}^{(n)}$ ein teilerfremdes symmetrisches Matrizenpaar, so ist die Gleichung*

$$\mathfrak{A}\mathfrak{Y}' - \mathfrak{B}\mathfrak{X}' = \mathfrak{E} \tag{123}$$

durch ein teilerfremdes symmetrisches Matrizenpaar $\mathfrak{X} = \mathfrak{X}_0$, $\mathfrak{Y} = \mathfrak{Y}_0$ lösbar. Die allgemeine solche Lösung lautet

$$\mathfrak{X} = \mathfrak{X}_0 + \mathfrak{S}\mathfrak{A}, \qquad \mathfrak{Y} = \mathfrak{Y}_0 + \mathfrak{S}\mathfrak{B}$$

mit beliebigem ganzen symmetrischen $\mathfrak{S}^{(n)}$.

Beweis: Da das Paar $\mathfrak{A}$, $\mathfrak{B}$ teilerfremd ist, so ist die Matrix $(\mathfrak{A}\mathfrak{B})'$ primitiv. Ergänzt man sie durch ein Complement zu einer unimodularen Matrix $\mathfrak{U}^{(2n)}$ und setzt

$$\mathfrak{U}^{-1} = \begin{pmatrix} \mathfrak{Y}_1^{(n)} & -\mathfrak{X}_1^{(n)} \\ \mathfrak{A}_1^{(n)} & \mathfrak{B}_1^{(n)} \end{pmatrix},$$

so wird $\mathfrak{A}\mathfrak{Y}_1' - \mathfrak{B}\mathfrak{X}_1' = \mathfrak{E}^{(n)}$. Wegen $\mathfrak{A}\mathfrak{B}' = \mathfrak{B}\mathfrak{A}'$ ist dann auch

$$\mathfrak{X}_0 = \mathfrak{X}_1 - \mathfrak{X}_1\mathfrak{Y}_1'\mathfrak{A}, \qquad \mathfrak{Y}_0 = \mathfrak{Y}_1 - \mathfrak{X}_1\mathfrak{Y}_1'\mathfrak{B}$$

eine Lösung von (123), und zwar ist

$$\mathfrak{X}_0\mathfrak{Y}_0' - \mathfrak{Y}_0\mathfrak{X}_0' = \mathfrak{X}_1\mathfrak{Y}_1' - \mathfrak{Y}_1\mathfrak{X}_1' - \mathfrak{X}_1\mathfrak{Y}_1'(\mathfrak{A}\mathfrak{Y}_1' - \mathfrak{B}\mathfrak{X}_1')$$
$$+ (\mathfrak{Y}_1\mathfrak{A}' - \mathfrak{X}_1\mathfrak{B}')\mathfrak{Y}_1\mathfrak{X}_1' + \mathfrak{X}_1\mathfrak{Y}_1'(\mathfrak{A}\mathfrak{B}' - \mathfrak{B}\mathfrak{A}')\mathfrak{Y}_1\mathfrak{X}_1' = \mathfrak{N},$$

also das Paar $\mathfrak{X}_0$, $\mathfrak{Y}_0$ symmetrisch. Da es ganz ist, so ist es als Lösung von (123) offenbar auch teilerfremd.

Es sei $\mathfrak{X}$, $\mathfrak{Y}$ eine beliebige ganze Lösung von (123) und $\mathfrak{X} = \mathfrak{X}_0 + \mathfrak{X}_2$, $\mathfrak{Y} = \mathfrak{Y}_0 + \mathfrak{Y}_2$, also $\mathfrak{A}\mathfrak{Y}_2' = \mathfrak{B}\mathfrak{X}_2'$. Nach Hilfssatz 41 ist

$$\mathfrak{A} = \mathfrak{U}_1\begin{pmatrix} \mathfrak{A}_1 & \mathfrak{N} \\ \mathfrak{N} & \mathfrak{N}^{(n-r)} \end{pmatrix}\mathfrak{U}_2', \qquad \mathfrak{B} = \mathfrak{U}_1\begin{pmatrix} \mathfrak{B}_1 & \mathfrak{N} \\ \mathfrak{N} & \mathfrak{E}^{(n-r)} \end{pmatrix}\mathfrak{U}_2^{-1} \tag{124}$$

mit $|\mathfrak{A}_1| \neq 0$. Setzt man

$$\mathfrak{U}_2'\mathfrak{Y}_2' = \begin{pmatrix} \mathfrak{Y}_3^{(r)} & \mathfrak{Y}_4 \\ \mathfrak{Y}_5 & \mathfrak{Y}_6^{(n-r)} \end{pmatrix}, \qquad \mathfrak{U}_2^{-1}\mathfrak{X}_2' = \begin{pmatrix} \mathfrak{X}_3^{(r)} & \mathfrak{X}_4 \\ \mathfrak{X}_5 & \mathfrak{X}_6^{(n-r)} \end{pmatrix}, \tag{125}$$

so hat man noch die Gleichung

$$\begin{pmatrix}\mathfrak{A}_1 & \mathfrak{N}\\ \mathfrak{N} & \mathfrak{N}^{(n-r)}\end{pmatrix}\begin{pmatrix}\mathfrak{Y}_3 & \mathfrak{Y}_4\\ \mathfrak{Y}_5 & \mathfrak{Y}_6\end{pmatrix} = \begin{pmatrix}\mathfrak{B}_1 & \mathfrak{N}\\ \mathfrak{N} & \mathfrak{E}^{(n-r)}\end{pmatrix}\begin{pmatrix}\mathfrak{X}_3 & \mathfrak{X}_4\\ \mathfrak{X}_5 & \mathfrak{X}_6\end{pmatrix}$$

ganzzahlig zu lösen, also die 4 Gleichungen

$$\mathfrak{A}_1\mathfrak{Y}_3 = \mathfrak{B}_1\mathfrak{X}_3, \qquad \mathfrak{A}_1\mathfrak{Y}_4 = \mathfrak{B}_1\mathfrak{X}_4, \qquad \mathfrak{X}_5 = \mathfrak{N}, \qquad \mathfrak{X}_6 = \mathfrak{N}.$$

Wegen $\mathfrak{A}_1\mathfrak{B}_1' = \mathfrak{B}_1\mathfrak{A}_1'$ wird $\mathfrak{Y}_3' = \mathfrak{X}_3'\mathfrak{A}_1^{-1}\mathfrak{B}_1$. Da das Paar $\mathfrak{A}_1$, $\mathfrak{B}_1$ auch teilerfremd ist, so gilt nach dem bereits bewiesenen Teil von Hilfssatz 42 die Gleichung $\mathfrak{A}_1\mathfrak{Y}_7' - \mathfrak{B}_1\mathfrak{X}_7' = \mathfrak{E}^{(r)}$ mit ganzen $\mathfrak{X}_7$, $\mathfrak{Y}_7$. Folglich ist

$$\mathfrak{X}_3'\mathfrak{A}_1^{-1} = \mathfrak{X}_3'\mathfrak{Y}_7' - \mathfrak{Y}_3'\mathfrak{X}_7'$$

ganz, also $\mathfrak{X}_3' = \mathfrak{Z}_1\mathfrak{A}_1$ mit ganzem $\mathfrak{Z}_1^{(r)}$ und ebenso $\mathfrak{X}_4' = \mathfrak{Z}_2\mathfrak{A}_1$, mit ganzem $\mathfrak{Z}_2^{(n-r,r)}$, $\mathfrak{Y}_3' = \mathfrak{Z}_1\mathfrak{B}_1$, $\mathfrak{Y}_4' = \mathfrak{Z}_2\mathfrak{B}_1$. Mit

$$\begin{pmatrix}\mathfrak{Z}_1 & \mathfrak{Y}_5'\\ \mathfrak{Z}_2 & \mathfrak{Y}_6'\end{pmatrix}\mathfrak{U}_1^{-1} = \mathfrak{Z}$$

folgen dann aus (124) und (125) die Gleichungen $\mathfrak{X}_2 = \mathfrak{Z}\mathfrak{A}$, $\mathfrak{Y}_2 = \mathfrak{Z}\mathfrak{B}$. Für beliebiges ganzes $\mathfrak{Z}$ ist endlich

$$\begin{aligned}\mathfrak{X}\mathfrak{Y}' - \mathfrak{Y}\mathfrak{X}' = \mathfrak{X}_0\mathfrak{Y}_0' - \mathfrak{Y}_0\mathfrak{X}_0' + \mathfrak{Z}(\mathfrak{A}\mathfrak{Y}_0' - \mathfrak{B}\mathfrak{X}_0') - (\mathfrak{Y}_0\mathfrak{A}' - \mathfrak{X}_0\mathfrak{B}')\mathfrak{Z}'\\ + \mathfrak{Z}(\mathfrak{A}\mathfrak{B}' - \mathfrak{B}\mathfrak{A}')\mathfrak{Z}' = \mathfrak{Z} - \mathfrak{Z}',\end{aligned}$$

also das teilerfremde Paar $\mathfrak{X}$, $\mathfrak{Y}$ dann und nur dann symmetrisch, wenn $\mathfrak{Z}$ es ist.

Aus Hilfssatz 42 folgt leicht, dass mit $\mathfrak{A}_1^{(r)}$, $\mathfrak{B}_1^{(r)}$ auch stets das Paar

$$(126) \qquad \begin{pmatrix}\mathfrak{A}_1 & \mathfrak{N}\\ \mathfrak{N} & \mathfrak{N}^{(n-r)}\end{pmatrix}, \qquad \begin{pmatrix}\mathfrak{B}_1 & \mathfrak{N}\\ \mathfrak{N} & \mathfrak{E}^{(n-r)}\end{pmatrix}$$

teilerfremd symmetrisch ist. Bestimmt man nämlich das ganze Paar $\mathfrak{X}_1$, $\mathfrak{Y}_1$ derart, dass $\mathfrak{A}_1\mathfrak{Y}_1' - \mathfrak{B}_1\mathfrak{X}_1' = \mathfrak{E}^{(r)}$ ist, so wird

$$\begin{pmatrix}\mathfrak{A}_1 & \mathfrak{N}\\ \mathfrak{N} & \mathfrak{N}^{(n-r)}\end{pmatrix}\begin{pmatrix}\mathfrak{Y}_1' & \mathfrak{N}\\ \mathfrak{N} & \mathfrak{N}^{(n-r)}\end{pmatrix} - \begin{pmatrix}\mathfrak{B}_1 & \mathfrak{N}\\ \mathfrak{N} & \mathfrak{E}^{(n-r)}\end{pmatrix}\begin{pmatrix}\mathfrak{X}_1' & \mathfrak{N}\\ \mathfrak{N} & \mathfrak{E}^{(n-r)}\end{pmatrix} = \mathfrak{E}^{(n)}$$

und damit die Behauptung evident. In Verbindung mit Hilfssatz 41 ergibt sich also, dass man sämtliche Classen $(\mathfrak{A}^{(n)}, \mathfrak{B}^{(n)})$ von teilerfremden symmetrischen Matrizenpaaren genau einmal erhält, indem man in (120) für $r = 0, \cdots, n$ des Paar $\mathfrak{A}_1^{(r)}, \mathfrak{B}_1^{(r)}$ sämtliche Classenrepräsentanten teilerfremder symmetrischer Matrizenpaare mit $|\mathfrak{A}_1| \neq 0$ durchlaufen lässt, für $\mathfrak{Q}$ ein volles System rechts nicht associierter primitiver Matrizen $\mathfrak{Q}^{(n,r)}$ setzt und jedes solche $\mathfrak{Q}$ durch ein Complement $\mathfrak{C}$ zu der unimodularen Matrix $\mathfrak{U} = (\mathfrak{Q}\mathfrak{C})$ ergänzt.

Zwei Matrizenpaare $\mathfrak{A}_1$, $\mathfrak{B}_1$ und $\mathfrak{A}_2$, $\mathfrak{B}_2$ sollen eigentlich associiert heissen, wenn $\mathfrak{A}_2 = \mathfrak{B}\mathfrak{A}_1$, $\mathfrak{B}_2 = \mathfrak{B}\mathfrak{B}_1$ mit eigentlich unimodularem $\mathfrak{B}$ ist. Ein teilerfremdes symmetrisches Paar $\mathfrak{A}$, $\mathfrak{B}$ heisse positiv, wenn es eigentlich associiert ist mit einem Paar der Form (120) und dabei $|\mathfrak{A}_1| > 0$ und $|\mathfrak{U}| = +1$ ist. In jeder Classe teilerfremder symmetrischer Matrizenpaare gibt es positive Paare, und die durch (120) gelieferten Classenrepräsentanten können stets positiv gewählt werden.

Es sei $\mathfrak{A}^{(n)}, \mathfrak{B}^{(n)}$ ein positives teilerfremdes symmetrisches Paar und

$$\mathfrak{A} = \mathfrak{U}_1 \begin{pmatrix} \mathfrak{A}_1 & \mathfrak{N} \\ \mathfrak{N} & \mathfrak{N}^{(n-r)} \end{pmatrix} \mathfrak{U}', \qquad \mathfrak{B} = \mathfrak{U}_1 \begin{pmatrix} \mathfrak{B}_1 & \mathfrak{N} \\ \mathfrak{N} & \mathfrak{E}^{(n-r)} \end{pmatrix} \mathfrak{U}^{-1}$$

mit $\mathfrak{U} = (\mathfrak{Q}\mathfrak{C})$, $|\mathfrak{U}| = 1$, $|\mathfrak{U}_1| = 1$, $|\mathfrak{A}_1| > 0$. Dann wird

$$\mathfrak{U}_1^{-1}(\mathfrak{A}\mathfrak{X} + \mathfrak{B})\mathfrak{U} = \begin{pmatrix} \mathfrak{A}_1 & \mathfrak{N} \\ \mathfrak{N} & \mathfrak{N}^{(n-r)} \end{pmatrix} \mathfrak{U}'\mathfrak{X}\mathfrak{U} + \begin{pmatrix} \mathfrak{B}_1 & \mathfrak{N} \\ \mathfrak{N} & \mathfrak{E}^{(n-r)} \end{pmatrix}$$
$$= \begin{pmatrix} \mathfrak{A}_1\mathfrak{Q}'\mathfrak{X}\mathfrak{Q} + \mathfrak{B}_1 & \mathfrak{A}_1\mathfrak{Q}'\mathfrak{X}\mathfrak{C} \\ \mathfrak{N} & \mathfrak{E}^{(n-r)} \end{pmatrix}$$

$$|\mathfrak{A}\mathfrak{X} + \mathfrak{B}| = |\mathfrak{A}_1|\,|\mathfrak{Q}'\mathfrak{X}\mathfrak{Q} + \mathfrak{A}_1^{-1}\mathfrak{B}_1|. \tag{127}$$

Wegen $\mathfrak{A}_1\mathfrak{B}_1' = \mathfrak{B}_1\mathfrak{A}_1'$ ist hierin $\mathfrak{A}_1^{-1}\mathfrak{B}_1 = \mathfrak{P}^{(r)}$ eine symmetrische Matrix mit rationalen Elementen. Ist andererseits $\mathfrak{P}^{(r)}$ irgend eine rationale symmetrische Matrix, so gibt es nach Hilfssatz 1 zwei unimodulare Matrizen $\mathfrak{U}_2, \mathfrak{U}_3$, so dass $\mathfrak{U}_2\mathfrak{P}\mathfrak{U}_3 = \mathfrak{D}$ eine Diagonalmatrix ist, deren Diagonalelemente die Brüche a_k/b_k $(k = 1, \cdots, r)$ mit $(a_k, b_k) = 1$, $b_k > 0$ seien. Bedeutet dann $\mathfrak{D}_1^{(r)}$ die Diagonalmatrix mit den Diagonalelementen $a_1, \cdots, a_r$ und $\mathfrak{D}_2^{(r)}$ die Diagonalmatrix mit den Diagonalelementen $b_1, \cdots, b_r$, so ist offenbar $\mathfrak{D}_1\mathfrak{X}_1 + \mathfrak{D}_2\mathfrak{X}_2 = \mathfrak{E}^{(r)}$ ganzzahlig lösbar, also $\mathfrak{A}_1 = \mathfrak{D}_2\mathfrak{U}_2$, $\mathfrak{B}_1 = \mathfrak{D}_1\mathfrak{U}_3^{-1}$ ein teilerfremdes Matrizenpaar, $\mathfrak{A}_1^{-1}\mathfrak{B}_1 = \mathfrak{P}$ und daher das Paar $\mathfrak{A}_1, \mathfrak{B}_1$ auch symmetrisch. Gilt für ein anderes teilerfremdes symmetrisches Matrizenpaar $\mathfrak{A}_2^{(r)}, \mathfrak{B}_2^{(r)}$ ebenfalls $\mathfrak{A}_2^{-1}\mathfrak{B}_2 = \mathfrak{P}$, so folgt aus Hilfssatz 42, dass $\mathfrak{A}_1\mathfrak{A}_2^{-1}$ und $\mathfrak{A}_2\mathfrak{A}_1^{-1}$ beide ganz sind, also die Paare $\mathfrak{A}_1, \mathfrak{B}_1$ und $\mathfrak{A}_2, \mathfrak{B}_2$ associiert. Daher entsprechen sich die Classen teilerfremder symmetrischer Matrizenpaare $(\mathfrak{A}_1^{(r)}, \mathfrak{B}_1^{(r)})$ mit $|\mathfrak{A}_1| \neq 0$ und die rationalen symmetrischen Matrizen $\mathfrak{P}^{(r)}$ umkehrbar eindeutig.

Der Ausdruck $\sigma(\mathfrak{C}'\mathfrak{S}\mathfrak{C}\mathfrak{P})$ ändert sich, wenn $\mathfrak{C}$ durch $\mathfrak{C} + \mathfrak{G}\mathfrak{A}_1$ mit ganzem $\mathfrak{G}$ ersetzt wird, um den Wert

$$\sigma(\mathfrak{A}_1'\mathfrak{G}'\mathfrak{S}\mathfrak{C}\mathfrak{P} + \mathfrak{C}'\mathfrak{S}\mathfrak{G}\mathfrak{A}_1\mathfrak{P} + \mathfrak{A}_1'\mathfrak{G}'\mathfrak{S}\mathfrak{G}\mathfrak{A}_1\mathfrak{P}) = 2\sigma(\mathfrak{C}'\mathfrak{S}\mathfrak{G}\mathfrak{B}_1) + \sigma(\mathfrak{G}'\mathfrak{S}\mathfrak{G}\mathfrak{B}_1\mathfrak{A}_1').$$

Gibt es nun ein ganzes $\mathfrak{G}$ mit ungeradem $\sigma(\mathfrak{G}'\mathfrak{S}\mathfrak{G}\mathfrak{B}_1\mathfrak{A}_1')$, so ist dieser Ausdruck für ebensoviele modulo 2 verschiedene $\mathfrak{G}$ gerade wie ungerade; dann gilt aber

$$\sum_{\mathfrak{C}(\mathrm{mod}\ 2\mathfrak{A}_1)} e^{\pi i \sigma(\mathfrak{C}'\mathfrak{S}\mathfrak{C}\mathfrak{P})} = 0, \tag{128}$$

wo $\mathfrak{C}$ ein volles rechtsseitiges Restsystem modulo $2\mathfrak{A}_1$ durchläuft, d.h. ein vollständiges System solcher Matrizen, dass nicht die Differenz irgend zweier rechtsseitig durch $2\mathfrak{A}_1$ teilbar ist. Ist dagegen $\sigma(\mathfrak{G}'\mathfrak{S}\mathfrak{G}\mathfrak{B}_1\mathfrak{A}_1')$ stets gerade, so gilt

$$\sum_{\mathfrak{C}(\mathrm{mod}\ 2\mathfrak{A}_1)} e^{\pi i \sigma(\mathfrak{C}'\mathfrak{S}\mathfrak{C}\mathfrak{P})} = 2^{mr} \sum_{\mathfrak{C}(\mathrm{mod}\ \mathfrak{A}_1)} e^{\pi i \sigma(\mathfrak{C}'\mathfrak{S}\mathfrak{C}\mathfrak{P})},$$

und mit Rücksicht auf Hilfssatz 2 wird, wenn d den Nenner von $\frac{1}{2}\mathfrak{x}'\mathfrak{P}\mathfrak{x}$ bedeutet,

$$d^{-mr}\,G(\mathfrak{S}, \tfrac{1}{2}\mathfrak{P}) = |\,\mathfrak{A}_1\,|^{-m} \sum_{\mathfrak{C}(\mathrm{mod}\ \mathfrak{A}_1)} e^{\pi i \sigma(\mathfrak{C}'\mathfrak{S}\mathfrak{C}\mathfrak{P})}. \tag{129}$$

Im Falle der Existenz eines ungeraden $\sigma(\mathfrak{G}'\mathfrak{S}\mathfrak{G}\mathfrak{B}_1\mathfrak{A}_1')$ verschwindet nach (128) die Gausssche Summe $G(\mathfrak{S}, \frac{1}{2}\mathfrak{P})$.

Definiert man nun für jeden positiven Classenrepräsentanten $\mathfrak{A}^{(n)}$, $\mathfrak{B}^{(n)}$ den Ausdruck $H(\mathfrak{S}, \mathfrak{A}, \mathfrak{B})$ durch

$$H(\mathfrak{S}, \mathfrak{A}, \mathfrak{B}) = i^{\frac{mr}{2}}\, S^{-\frac{r}{2}}\, |\,\mathfrak{A}_1\,|^{-\frac{m}{2}} \sum_{\mathfrak{C}(\mathrm{mod}\ \mathfrak{A}_1)} e^{\pi i \sigma(\mathfrak{C}'\mathfrak{S}\mathfrak{C}\mathfrak{A}_1^{-1}\mathfrak{B}_1)},$$

falls $\sigma(\mathfrak{G}'\mathfrak{S}\mathfrak{G}\mathfrak{B}_1\mathfrak{A}_1')$ stets gerade ist, $H(\mathfrak{S}, \mathfrak{A}, \mathfrak{B}) = 0$ für die übrigen $\mathfrak{A}$, $\mathfrak{B}$, so geht Satz 5 vermöge (127) und (129) über in

Satz 6: *Durchläuft $\mathfrak{A}$, $\mathfrak{B}$ ein volles System nicht associierter positiver teilerfremder symmetrischer Matrizenpaare, so ist*

$$F(\mathfrak{S}, \mathfrak{X}) = \sum_{(\mathfrak{A}, \mathfrak{B})} H(\mathfrak{S}, \mathfrak{A}, \mathfrak{B})\, |\,\mathfrak{A}\mathfrak{X} - \mathfrak{B}\,|^{-\frac{m}{2}} \qquad (m > 2n^2 + n + 1). \tag{130}$$

Diese Partialbruchzerlegung von $F(\mathfrak{S}, \mathfrak{X})$ ist nun auch in ihrer Gestalt die genaue Verallgemeinerung der Formel (83) des Satzes 3. Wie früher dargelegt wurde, liefert Satz 3 den Zusammenhang zwischen der Modulform $F(\mathfrak{S}, \tau)$ und bekannten Modulformen, nämlich den Teilwerten der $\wp$-Function, falls m gerade ist. Will man eine analoge functionentheoretische Deutung von Satz 6 finden, so hat man zunächst die einfachsten Eisensteinschen Reihen, also z.B. die Reihen für g_2 und g_3, unter Beachtung der Analogie zwischen (83) und (130) zu verallgemeinern und die Transformationseigenschaften solcher Reihen zu untersuchen. Dies führt zu Functionen, welche für algebraische Functionenkörper des Geschlechtes n dieselbe Bedeutung haben wie die Modulfunctionen für die elliptischen Functionenkörper, also zu den algebraischen Moduln der algebraischen Functionenkörper beliebigen Geschlechts. Der Ansatz zur Construction dieser allgemeinen Modulfunctionen wird nun gerade durch Satz 6 nahegelegt. Es ist bemerkenswert, dass auf diese Weise die Arithmetik die Hilfsmittel zu Behandlung eines wichtigen Problemes der algebraischen Functionentheorie liefert.

§13. Modulfunctionen n^{ten} Grades

Es sei eine Riemannsche Fläche gegeben. Unter einem Schnitt werde ein System von endlich vielen einfach geschlossenen Curven auf der Fläche verstanden, von denen jede mit einem Umlaufssinn versehen ist. Zwei Schnitte heissen homolog, wenn sie sich stetig ineinander auf der Fläche mit Berücksichtigung des Umlaufssinnes der Teilcurven deformieren lassen. Homologe Schnitte bilden eine Schnittclasse. Definiert man als Summe zweier Schnitte die Vereinigungsmenge der beiden einzelnen Schnitte, so bilden die Schnittclassen eine additive Abelsche Gruppe. Da die Fläche zweiseitig ist, so hat nach einmaliger

Fixierung eines Umlaufssinnes jede gerichtete Curve eine bestimmte rechte Seite. Hat man zwei Schnitte, die sich in endlich vielen Punkten durchsetzen, so ordne man jedem dieser gemeinsamen Punkte die Zahl $+1$ oder -1 zu, je nachdem dort der erste Schnitt den zweiten von links nach rechts oder von rechts nach links durchsetzt, und nenne die Summe aller dieser Werte ± 1 den Index des ersten Schnitts in bezug auf den zweiten. Da der Index nur von den Classen der beiden Schnitte abhängt, so kann man von dem Index (α, β) einer Schnittclasse α in bezug auf eine Schnittclasse β sprechen. Offenbar ist $(\beta, \alpha) = -(\alpha, \beta)$ und $(\alpha, \beta + \gamma) = (\alpha, \beta) + (\alpha, \gamma)$.

Ist die Riemannsche Fläche von endlichem Geschlechte n, so gibt es ein canonisches Schnittsystem von $2n$ Schnitten, nämlich $2n$ Schnittclassen

$$\alpha_k, \beta_k \qquad (k = 1, \cdots, n),$$

so dass

(131) $$(\alpha_k, \alpha_l) = 0, \qquad (\beta_k, \beta_l) = 0, \qquad (\alpha_k, \beta_l) = le_{kl} \qquad (k = 1, \cdots, n;\ l = 1, \cdots, n)$$

ist; und diese Schnittclassen bilden eine Basis der Gruppe. Es seien

$$\gamma = p_1\alpha_1 + \cdots + p_n\alpha_n + p_{n+1}\beta_1 + \cdots + p_{2n}\beta_n$$
$$\delta = q_1\alpha_1 + \cdots + q_n\alpha_n + q_{n+1}\beta_1 + \cdots + q_{2n}\beta_n$$

zwei Schnittclassen und $\mathfrak{p}$, $\mathfrak{q}$ die aus den Zahlen $p_1, \cdots, p_{2n}$ und $q_1, \cdots, q_{2n}$ gebildeten beiden Spalten. Setzt man dann

$$\begin{pmatrix} \mathfrak{N}^{(n)} & \mathfrak{E}^{(n)} \\ -\mathfrak{E}^{(n)} & \mathfrak{N}^{(n)} \end{pmatrix} = \mathfrak{I},$$

so folgt aus (131) die Beziehung

(132) $$(\gamma, \delta) = \mathfrak{p}'\mathfrak{I}\mathfrak{q}.$$

Sind nun $2n$ Schnitte aus den Schnittclassen $\gamma_k, \delta_k (k = 1, \cdots, n)$ gegeben und $\mathfrak{p}_k$, $\mathfrak{q}_k$ die zugehörigen Werte von $\mathfrak{p}$, $\mathfrak{q}$, so bilden jene Schnitte nach (131) und (132) dann und nur dann ein canonisches Schnittsystem, wenn für die aus den Spalten $\mathfrak{p}_1, \cdots, \mathfrak{p}_n, \mathfrak{q}_1, \cdots, \mathfrak{q}_n$ zusammengesetzte Matrix $\mathfrak{M}$ die Gleichung

(133) $$\mathfrak{M}'\mathfrak{I}\mathfrak{M} = \mathfrak{I}$$

gilt. Jede dieser Gleichung genügende Matrix möge canonisch heissen. Wegen $\mathfrak{I}^{-1} = -\mathfrak{I}$ sind mit $\mathfrak{M}$ auch $\mathfrak{M}^{-1}$ und $\mathfrak{M}'$ canonisch; ferner bilden die canonischen Matrizen bei Multiplication eine Gruppe. Setzt man

(134) $$\mathfrak{M} = \begin{pmatrix} \mathfrak{A}^{(n)} & \mathfrak{B}^{(n)} \\ \mathfrak{C}^{(n)} & \mathfrak{D}^{(n)} \end{pmatrix},$$

wobei aber $\mathfrak{D}^{(n)}$ nicht stets eine Diagonalmatrix zu sein braucht, so geht die mit (133) gleichbedeutende Bedingung $\mathfrak{M}\mathfrak{J}\mathfrak{M}' = \mathfrak{J}$ über in

$$-\mathfrak{B}\mathfrak{A}' + \mathfrak{A}\mathfrak{B}' = \mathfrak{N}, \qquad -\mathfrak{B}\mathfrak{C}' + \mathfrak{A}\mathfrak{D}' = \mathfrak{E}, \qquad -\mathfrak{D}\mathfrak{A}' + \mathfrak{C}\mathfrak{B}' = -\mathfrak{E},$$
$$-\mathfrak{D}\mathfrak{C}' + \mathfrak{C}\mathfrak{D}' = \mathfrak{N}.$$

Damit (134) eine canonische Matrix liefert, ist also notwendig und hinreichend, dass $\mathfrak{A}$, $\mathfrak{B}$ und $\mathfrak{C}$, $\mathfrak{D}$ zwei symmetrische Matrizenpaare sind, die der Gleichung $\mathfrak{A}\mathfrak{D}' - \mathfrak{B}\mathfrak{C}' = \mathfrak{E}$ genügen. Auf grund von Hilfssatz 42 bekommt man daher alle canonischen Matrizen, indem man $\mathfrak{A}$, $\mathfrak{B}$ alle teilerfremden symmetrischen Matrizenpaare durchlaufen lässt, zu jedem solchen Paar eine ganze symmetrische Lösung $\mathfrak{X} = \mathfrak{X}_0$, $\mathfrak{Y} = \mathfrak{Y}_0$ von $\mathfrak{A}\mathfrak{Y}' - \mathfrak{B}\mathfrak{X}' = \mathfrak{E}$ bestimmt und $\mathfrak{C} = \mathfrak{X}_0 + \mathfrak{S}\mathfrak{A}$, $\mathfrak{D} = \mathfrak{Y}_0 + \mathfrak{S}\mathfrak{B}$ mit beliebigem ganzen symmetrischen $\mathfrak{S}$ setzt.

Hilfssatz 43: *Es seien $\mathfrak{P}^{(n)}$, $\mathfrak{Q}^{(n)}$ zwei complexe Matrizen, $|\mathfrak{Q}| \neq 0$, $\mathfrak{P}\mathfrak{Q}^{-1} = \mathfrak{X} = \mathfrak{Y} + i\mathfrak{Z}$ symmetrisch mit positivem Imaginärteil $\mathfrak{Z}$. Setzt man dann*

$$\mathfrak{M}\begin{pmatrix}\mathfrak{P}\\ \mathfrak{Q}\end{pmatrix} = \begin{pmatrix}\mathfrak{P}_1\\ \mathfrak{Q}_1\end{pmatrix}$$

mit canonischem $\mathfrak{M}$, so ist $|\mathfrak{Q}_1| \neq 0$ und $\mathfrak{P}_1\mathfrak{Q}_1^{-1} = \mathfrak{X}_1 = \mathfrak{Y}_1 + i\mathfrak{Z}_1$ symmetrisch mit positivem Imaginärteil $\mathfrak{Z}_1$.

Beweis: Mit Hilfe von (133) folgt

$$-\mathfrak{Q}'\mathfrak{P} + \mathfrak{P}'\mathfrak{Q} = -\mathfrak{Q}_1'\mathfrak{P}_1 + \mathfrak{P}_1'\mathfrak{Q}_1 \tag{135}$$

$$-\overline{\mathfrak{Q}}'\mathfrak{P} + \overline{\mathfrak{P}}'\mathfrak{Q} = -\overline{\mathfrak{Q}}_1'\mathfrak{P}_1 + \overline{\mathfrak{P}}_1'\mathfrak{Q}_1\,. \tag{136}$$

Ist nun $\mathfrak{Q}_1\mathfrak{x} = \mathfrak{n}$, so auch $\bar{\mathfrak{x}}'\overline{\mathfrak{Q}}_1' = \mathfrak{n}'$, und (136) liefert durch linksseitige Multiplication mit $\bar{\mathfrak{x}}'$ und rechtsseitige Multiplication mit $\mathfrak{x}$ die Gleichung

$$(\overline{\mathfrak{Q}\mathfrak{x}})'\mathfrak{Z}\mathfrak{Q}\mathfrak{x} = 0\,,$$

also $\mathfrak{Q}\mathfrak{x} = \mathfrak{n}$, $\mathfrak{x} = \mathfrak{n}$, $|\mathfrak{Q}_1| \neq 0$. Wegen der Symmetrie von $\mathfrak{P}\mathfrak{Q}^{-1}$ ist nach (135) auch $\mathfrak{P}_1\mathfrak{Q}_1^{-1}$ symmetrisch. Nach (136) ist endlich

$$\overline{\mathfrak{Q}}'\mathfrak{Z}\mathfrak{Q} = \overline{\mathfrak{Q}}_1'\mathfrak{Z}_1\mathfrak{Q}_1\,, \tag{137}$$

also $\mathfrak{Z}_1$ positiv.

Ist $\mathfrak{X}$ symmetrisch mit positivem Imaginärteil, so hat nach Hilfssatz 43 auch

$$\mathfrak{X}_1 = (\mathfrak{A}\mathfrak{X} + \mathfrak{B})(\mathfrak{C}\mathfrak{X} + \mathfrak{D})^{-1} \tag{138}$$

dieselbe Eigenschaft, falls $\begin{pmatrix}\mathfrak{A} & \mathfrak{B}\\ \mathfrak{C} & \mathfrak{D}\end{pmatrix} = \mathfrak{M}$ irgend eine canonische Matrix bedeutet. Die vermöge (138) jeder canonischen Matrix zugeordnete linear gebrochene Matrixsubstitution werde Modulsubstitution n^{ten} Grades genannt. Bedeutet H das Gebiet aller symmetrischen $\mathfrak{X}$ mit positivem Imaginärteil, so bleibt also

H bei allen Modulsubstitutionen invariant. Liefert nun eine zweite canonische Matrix $\begin{pmatrix}\mathfrak{A}_1 & \mathfrak{B}_1\\ \mathfrak{C}_1 & \mathfrak{D}_1\end{pmatrix} = \mathfrak{M}$ dieselbe Modulsubstitution

$$\mathfrak{X}_1 = (\mathfrak{A}_1\mathfrak{X} + \mathfrak{B}_1)(\mathfrak{C}_1\mathfrak{X} + \mathfrak{D}_1)^{-1}$$

wie (138), so folgte aus der identisch in $\mathfrak{X}$ geltenden Gleichung

$$(\mathfrak{X}\mathfrak{C}_1' + \mathfrak{D}_1')^{-1}(\mathfrak{X}\mathfrak{A}_1' + \mathfrak{B}_1') = (\mathfrak{A}\mathfrak{X} + \mathfrak{B})(\mathfrak{C}\mathfrak{X} + \mathfrak{D})^{-1}$$

zunächst, dass

$$\mathfrak{X}\mathfrak{A}_1'\mathfrak{C}\mathfrak{X} = \mathfrak{X}\mathfrak{C}_1'\mathfrak{A}\mathfrak{X}, \quad \mathfrak{X}(\mathfrak{A}_1'\mathfrak{D} - \mathfrak{C}_1'\mathfrak{B}) = (\mathfrak{D}_1'\mathfrak{A} - \mathfrak{B}_1'\mathfrak{C})\mathfrak{X}, \quad \mathfrak{B}_1'\mathfrak{D} = \mathfrak{D}_1'\mathfrak{B}$$

gilt, und hieraus

$$\mathfrak{A}_1'\mathfrak{C} = \mathfrak{C}_1'\mathfrak{A}, \quad \mathfrak{A}_1'\mathfrak{D} - \mathfrak{C}_1'\mathfrak{B} = \rho\mathfrak{E}, \quad \mathfrak{D}_1'\mathfrak{A} - \mathfrak{B}_1'\mathfrak{C} = \rho\mathfrak{E}, \quad \mathfrak{B}_1'\mathfrak{D} = \mathfrak{D}_1'\mathfrak{B},$$

wo ρ eine Zahl bedeutet. Dann wäre aber

$$\begin{pmatrix}\mathfrak{A}_1 & \mathfrak{B}_1\\ \mathfrak{C}_1 & \mathfrak{D}_1\end{pmatrix}' \mathfrak{J} \begin{pmatrix}\mathfrak{A} & \mathfrak{B}\\ \mathfrak{C} & \mathfrak{D}\end{pmatrix} = \rho\mathfrak{J},$$

und (133) ergäbe $\mathfrak{M}_1 = \rho\mathfrak{M}$, $\rho^2 = 1$, $\rho = \pm 1$. Umgekehrt liefern offenbar $-\mathfrak{M}$ und $+\mathfrak{M}$ dieselbe Modulsubstitution. Die Modulgruppe n^{ten} Grades entsteht also als Factorgruppe der Gruppe aller canonischen Matrizen, indem man $+\mathfrak{M}$ und $-\mathfrak{M}$ zu einem Gruppenelement zusammenfasst.

Es handelt sich nun um eine zweckmässige Definition des Fundamentalbereiches der Modulgruppe im Gebiete H. Setzt man wieder $\mathfrak{X} = \mathfrak{Y} + i\mathfrak{Z}$, $\mathfrak{X}_1 = \mathfrak{Y}_1 + i\mathfrak{Z}_1$, so gilt zufolge (137) die Beziehung

$$\mathfrak{Z} = \overline{(\mathfrak{C}\mathfrak{X} + \mathfrak{D})}'\mathfrak{Z}_1(\mathfrak{C}\mathfrak{X} + \mathfrak{D}), \tag{139}$$

und daher ist dann und nur dann $|\mathfrak{Z}_1| \geqq |\mathfrak{Z}|$, falls der absolute Wert von $|\mathfrak{C}\mathfrak{X} + \mathfrak{D}|$ nicht grösser als 1 ist. Durch die Untersuchungen des vorigen Paragraphen ist aber gefunden worden, dass die über ein volles System nicht associierter teilerfremder symmetrischer Matrizenpaare $\mathfrak{C}, \mathfrak{D}$ erstreckte Summe $\sum |\mathfrak{C}\mathfrak{X} + \mathfrak{D}|^{-\frac{m}{2}}$ für alle hinreichend grossen natürlichen m absolut convergiert, wenn $\mathfrak{X}$ in H liegt. Also gibt es zu jedem $\mathfrak{X}$ in H nur endlich viele nicht associierte teilerfremde symmetrische $\mathfrak{C}, \mathfrak{D}$, für welche der absolute Betrag von $|\mathfrak{C}\mathfrak{X} + \mathfrak{D}|$ nicht grösser als 1 ist. Ferner ändert sich dieser absolute Betrag nicht, wenn $\mathfrak{C}, \mathfrak{D}$ durch ein associiertes Paar ersetzt wird. Nennt man zwei durch eine Modulsubstitution verbundene Matrizen $\mathfrak{X}$ und $\mathfrak{X}_1$ äquivalent, so existiert also zu jedem $\mathfrak{X}$ in H ein äquivalentes $\mathfrak{X}_1$ mit maximalem Wert der Determinante $|\mathfrak{Z}_1|$.

Es habe nun $|\mathfrak{Z}|$ jenen maximalen Wert $|\mathfrak{Z}_1|$. Für alle Modulsubstitutionen ist dann der absolute Wert von $|\mathfrak{C}\mathfrak{X} + \mathfrak{D}|$ mindestens gleich 1; genau gleich 1 ist er sicherlich für die Modulsubstitutionen mit $\mathfrak{C} = \mathfrak{N}$. Diese haben die Form

$$\mathfrak{X}_1 = \mathfrak{U}'\mathfrak{X}\mathfrak{U} + \mathfrak{S}$$

mit unimodularem $\mathfrak{U}$ und ganzem symmetrischen $\mathfrak{S}$; sie bilden offenbar eine Untergruppe der Modulgruppe. Man bestimme nun $\mathfrak{U}$ derart, dass die positive Matrix $\mathfrak{Z}_1 = \mathfrak{U}'\mathfrak{Z}\mathfrak{U}$ reduciert ist, etwa unter Zugrundelegung der Minkowskischen Reductionsbedingungen der definiten quadratischen Formen, und dann wähle man $\mathfrak{S}$, sodass alle Elemente der Matrix $\mathfrak{Y}_1 = \mathfrak{U}'\mathfrak{Y}\mathfrak{U} + \mathfrak{S}$ dem Intervall $-\frac{1}{2} \leqq y \leqq +\frac{1}{2}$ angehören.

Nennt man eine symmetrische Matrix $\mathfrak{X} = \mathfrak{Y} + i\mathfrak{Z}$ mit positivem Imaginärteil $\mathfrak{Z}$ reduciert, falls erstens für alle mit $\mathfrak{X}$ äquivalenten $\mathfrak{X}_1 = \mathfrak{Y}_1 + i\mathfrak{Z}_1$ die Determinante $|\mathfrak{Z}_1| \leqq |\mathfrak{Z}|$ ist, zweitens die positive Matrix $\mathfrak{Z}$ den Minkowskischen Reductionsbedingungen genügt und drittens alle Elemente von $\mathfrak{Y}$ dem Intervall $-\frac{1}{2} \leqq y \leqq +\frac{1}{2}$ angehören, so gibt es also zu jedem $\mathfrak{X}$ in H eine äquivalente reducierte Matrix $\mathfrak{X}_1$. Die reducierten Matrizen $\mathfrak{X}$ erfüllen eine gewisse Teilmenge F des Gebietes H in dem $n(n+1)$-dimensionalen Raum, dessen Coordinaten die reellen und imaginären Teile der unabhängigen Elemente von $\mathfrak{X}$ sind.

Hilfssatz 44: *Die Punktmenge F ist ein von endlich vielen analytischen Flächen begrenztes Gebiet, auf welchem $|\mathfrak{Z}|$ eine positive untere Schranke besitzt. Geht man auf F ins Unendliche, so wird dabei $|\mathfrak{Z}|$ selbst unendlich. Ein innerer Punkt von F ist mit keinem weiteren Punkte von F äquivalent, ein Randpunkt nur mit endlich vielen.*

Beweis: Von den Diagonalelementen der Matrix $\mathfrak{Z} = (z_{kl})$ sei z_{kk} das kleinste. Ersetzt man in der Einheitsmatrix $\mathfrak{E}^{(n)}$ das k^{te} Diagonalelement durch 0 und ganzzahliges d, in der Nullmatrix $\mathfrak{N}^{(n)}$ das k^{te} Diagonalelement durch -1 und $+1$, so erhält man 4 Matrizen $\mathfrak{A}, \mathfrak{D}, \mathfrak{B}, \mathfrak{C}$, die offenbar eine Modulsubstitution n^{ten} Grades bilden. Es wird dann

$$|\mathfrak{C}\mathfrak{X} + \mathfrak{D}| = x_{kk} + d,$$

und für reduciertes $\mathfrak{X}$ ist daher

$$(y_{kk} + d)^2 + z_{kk}^2 \geqq 1 .$$

Wegen $-\frac{1}{2} \leqq y_{kk} \leqq +\frac{1}{2}$ folgt für $d = 0$ die Ungleichung $z_{kk} \geqq \sqrt{3}/2$. Also sind alle Diagonalelemente von $\mathfrak{Z}$ mindestens gleich $\sqrt{3}/2$. Für reducierte positive $\mathfrak{Z}$ liegt aber das Verhältnis des Productes aller Diagonalelemente zur Determinante unter einer nur von n abhängigen Schranke. Folglich existiert für $|\mathfrak{Z}|$ eine positive untere Schranke, und ferner liegen alle Elemente von $\mathfrak{Z}$ absolut genommen unter einer nur von $|\mathfrak{Z}|$ abhängigen Schranke. Da für reduciertes $\mathfrak{X}$ die Elemente von $\mathfrak{Y}$ beschränkt sind, so wird also $|\mathfrak{Z}|$ unendlich. falls $\mathfrak{X}$ auf F ins Unendliche geht.

Ist $\mathfrak{X}$ ein Randpunkt von F, so gibt es in beliebiger Nähe von $\mathfrak{X}$ reducierte und nicht reducierte Punkte. Hieraus folgt leicht, dass es entweder ein teilerfremdes symmetrisches Matrizenpaar $\mathfrak{C}, \mathfrak{D}$ mit $\mathfrak{C} \neq \mathfrak{N}$ und

$$|\overline{\mathfrak{C}\mathfrak{X} + \mathfrak{D}}|\,|\mathfrak{C}\mathfrak{X} + \mathfrak{D}| = 1 \tag{140}$$

gibt, oder dass $\mathfrak{Z}$ auf dem Rande des Minkowskischen Fundamentalbereiches Z der positiven Matrizen liegt, oder dass ein Element von $\mathfrak{Y}$ den Wert $+\ 1/2$ oder $-\ 1/2$ besitzt. Aus der eben bewiesenen Existenz einer positiven unteren Schranke für die Diagonalelemente von $\mathfrak{Z}$ ergibt sich in Verbindung mit Hilfssatz 41 durch die Beweismethode von Hilfssatz 40, dass überhaupt nur für endlich viele nicht associierte teilerfremde symmetrische Paare $\mathfrak{C}$, $\mathfrak{D}$ die Gleichung (140) eine Lösung $\mathfrak{X}$ in F haben kann. Da associerte Paare $\mathfrak{C}, \mathfrak{D}$ dieselbe algebraische Fläche (140) liefern, so gehören zu den Randstücken von F jedenfalls nur endlich viele dieser Flächen. Ferner hat Minkowski gezeigt, dass sein Fundamentalbereich Z von endlich vielen Ebenen begrenzt wird. Endlich erhält man ein Ebenenpaar, wenn man alle $\mathfrak{Y}$ betrachtet, bei denen ein festes Element den Wert $\pm\ 1/2$ hat.

Ist $\mathfrak{X}$ ein innerer Punkt von F und $\mathfrak{X}_1$ ein mit $\mathfrak{X}$ äquivalenter Punkt von F, so folgt aus (138) und (139) das Bestehen von (140), also $\mathfrak{C} = \mathfrak{N}$. Da ferner $\mathfrak{Z}$ im Innern von Z und $\mathfrak{Z}_1$ in Z liegt, so folgt aus (139) die Gleichung $\mathfrak{D} = \pm\ \mathfrak{E}$. Die Elemente von $\mathfrak{Y}$ und $\mathfrak{Y}_1$ liegen zwischen $-1/2$ und $+1/2$ und zwar bei $\mathfrak{Y}$ mit Ausschluss der Grenzen; aus (138) ergibt sich daher $\mathfrak{B} = \mathfrak{N}$, $\mathfrak{X}_1 = \mathfrak{X}$.

Sind endlich $\mathfrak{X}_1$ und $\mathfrak{X}$ zwei äquivalente Randpunkte von F, so gilt wieder (140). Ist auch der Randpunkt $\mathfrak{X}_2$ mit $\mathfrak{X}$ äquivalent, also

$$\mathfrak{X}_2 = (\mathfrak{A}_1\mathfrak{X} + \mathfrak{B}_1)(\mathfrak{C}_1\mathfrak{X} + \mathfrak{D}_1)^{-1},$$

und dabei das Paar $\mathfrak{C}_1, \mathfrak{D}_1$ mit $\mathfrak{C}, \mathfrak{D}$ associiert, so ist nach Hilfssatz 42

$$\begin{pmatrix} \mathfrak{A}_1 & \mathfrak{B}_1 \\ \mathfrak{C}_1 & \mathfrak{D}_1 \end{pmatrix} = \begin{pmatrix} \mathfrak{U}' & \mathfrak{S}\mathfrak{U}^{-1} \\ \mathfrak{N} & \mathfrak{U}^{-1} \end{pmatrix} \begin{pmatrix} \mathfrak{A} & \mathfrak{B} \\ \mathfrak{C} & \mathfrak{D} \end{pmatrix}$$

mit unimodularem $\mathfrak{U}$ und ganzem symmetrischen $\mathfrak{S}$ und demnach

$$\mathfrak{X}_2 = \mathfrak{U}'\mathfrak{X}_1\mathfrak{U} + \mathfrak{S}.$$

Da $\mathfrak{Z}_1$ und $\mathfrak{Z}_2 = \mathfrak{U}'\mathfrak{Z}_1\mathfrak{U}$ in Z liegen, so hat man nach Minkowski nur endlich viele Möglichkeiten für $\mathfrak{U}$. Da die Elemente von $\mathfrak{Y}_2$ beschränkt sind, so gibt es ausserdem bei jedem $\mathfrak{U}$ nur endlich viele ganze $\mathfrak{S} = \mathfrak{Y}_2 - \mathfrak{U}'\mathfrak{Y}_1\mathfrak{U}$. Es gibt ferner nur endlich viele nicht associierte Paare $\mathfrak{C}, \mathfrak{D}$, so dass auf (140) ein Randpunkt von F liegt. Hiermit sind alle Behauptungen von Hilfssatz 44 bewiesen.

Die Punktmenge F heisse Fundamentalbereich der Modulgruppe n^{ten} Grades. Er hat auf grund von Hilfssatz 44 gerade die Eigenschaften, welche für eine Verallgemeinerung der classischen Theorie der Modulfunctionen wesentlich sind. Unter einer Modulfunction n^{ten} Grades wird man eine in H meromorphe Function $f(\mathfrak{X})$ verstehen, die bei allen Modulsubstitutionen n^{ten} Grades invariant ist und im Unendlichen ein jetzt noch zu definierendes Verhalten zeigt.

Falls $f(\mathfrak{X})$ beschränkt bleibt, wenn $\mathfrak{X}$ im Fundamentalbereich ins Unendliche geht, so ist $f(\mathfrak{X})$ nach Hilfssatz 44 für alle hinreichend grossen $|\ \mathfrak{Z}\ |$ regulär, und da sich $f(\mathfrak{X})$ nicht ändert, wenn $\mathfrak{X}$ durch $\mathfrak{X} + \mathfrak{S}$ mit beliebigem ganzen symmetrischen $\mathfrak{S}$ ersetzt wird, so existiert dort eine Fouriersche Entwicklung

(141) $$f(\mathfrak{X}) = \sum_{\mathfrak{T}} a(\mathfrak{T})\, e^{2\pi i \sigma(\mathfrak{T}\mathfrak{X})},$$

wo $\mathfrak{T}$ alle symmetrischen $\mathfrak{T}^{(n)}$ mit ganzzahligem $\mathfrak{x}'\mathfrak{T}\mathfrak{x}$ durchläuft. Bedeutet dv das $n(n+1)/2$-dimensionale Volumenelement und E den Einheitswürfel im $\mathfrak{Y}$-Raum, so ist

$$a(\mathfrak{T}) = e^{2\pi\sigma(\mathfrak{T}\mathfrak{Z})} \int_E f(\mathfrak{X})\, e^{-2\pi i\sigma(\mathfrak{T}\mathfrak{Y})}\, dv\,.$$

Indem man $|\,\mathfrak{Z}\,|$ in geeigneter Weise ∞ werden lässt, erkennt man unter Benutzung der Beschränktheit von $f(\mathfrak{X})$, dass $a(\mathfrak{T})$ für alle diejenigen $\mathfrak{T}$ verschwindet, für welche $\mathfrak{x}'\mathfrak{T}\mathfrak{x}$ bei reellem $\mathfrak{x}$ auch negative Werte annehmen kann. In (141) braucht man also $\mathfrak{T}$ nur die nicht-negativen Matrizen durchlaufen zu lassen.

Für unimodulares $\mathfrak{U}$ ist ferner $f(\mathfrak{U}'\mathfrak{X}\mathfrak{U}) = f(\mathfrak{X})$, also wegen der Eindeutigkeit der Fourierschen Entwicklung $a(\mathfrak{U}\mathfrak{T}\mathfrak{U}') = a(\mathfrak{T})$, so dass $a(\mathfrak{T})$ nur von der Classe von $\mathfrak{T}$ abhängt. Setzt man noch

$$g(\mathfrak{T}, \mathfrak{X}) = e^{2\pi i\sigma(\mathfrak{T}_1\mathfrak{X})} + e^{2\pi i\sigma(\mathfrak{T}_2\mathfrak{X})} + \cdots,$$

wo $\mathfrak{T}_1, \mathfrak{T}_2, \cdots$ alle mit $\mathfrak{T}$ äquivalenten symmetrischen Matrizen durchlaufen, so gilt bei Summation über alle nicht-negativen Classenrepräsentanten $(\mathfrak{T})$ mit ganzem $\mathfrak{x}'\mathfrak{T}\mathfrak{x}$ die Entwicklung

$$f(\mathfrak{X}) = \sum_{(\mathfrak{T})\geqq 0} a(\mathfrak{T})\, g(\mathfrak{T}, \mathfrak{X})\,, \tag{142}$$

welche für alle hinreichend grossen $|\,\mathfrak{Z}\,|$ absolut und gleichmässig convergiert.

Bleibt aber $f(\mathfrak{X})$ nicht beschränkt, wenn $\mathfrak{X}$ im Fundamentalbereich ins Unendliche geht, so besteht dort keine Entwicklung der Form (142). Es soll nun $f(\mathfrak{X})$ im unendlich fernen Teile von F meromorph heissen, wenn es für alle hinreichend grossen $|\,\mathfrak{Z}\,|$ in F als Quotient zweier Reihen der Form (142) darstellbar ist. Ist die Function $f(\mathfrak{X})$ bei der Modulgruppe n^{ten} Grades invariant und in F mit Einschluss des unendlich fernen Teiles meromorph, so möge sie Modulfunction n^{ten} Grades genannt werden.

Ein constructiver Existenzbeweis von Modulfunctionen n^{ten} Grades wird durch die verallgemeinerten Eisensteinschen Reihen des Satzes 6 nahegelegt. Es sei eine natürliche Zahl $r > \dfrac{n(n+1)}{2}$ und

$$\varphi_r(\mathfrak{X}) = \sum |\,\mathfrak{A}\mathfrak{X} + \mathfrak{B}\,|^{-2r}, \tag{143}$$

wo $\mathfrak{A}, \mathfrak{B}$ ein volles System nicht associierter teilerfremder symmetrischer Matrizenpaare durchläuft. Diese Function ist in H regulär. Sie gestattet ferner, wie aus Hilfssatz 38 durch Umkehrung des im vorigen Capitel benutzten Gedankenganges folgt, eine Entwicklung der Form (142). Ist

$$\mathfrak{X}_1 = (\mathfrak{A}\mathfrak{X} + \mathfrak{B})(\mathfrak{C}\mathfrak{X} + \mathfrak{D})^{-1}$$

eine Modulsubstitution, so durchläuft das Paar $\mathfrak{A}_1\mathfrak{A} + \mathfrak{B}_1\mathfrak{C}$, $\mathfrak{A}_1\mathfrak{B} + \mathfrak{B}_1\mathfrak{D}$ mit dem Paare $\mathfrak{A}_1, \mathfrak{B}_1$ zugleich ein volles System nicht associierter teilerfremder symmetrischer Matrizenpaare, und folglich ist

$$\varphi_r(\mathfrak{X}_1) = |\,\mathfrak{C}\mathfrak{X} + \mathfrak{D}\,|^{2r}\, \varphi_r(\mathfrak{X})\,.$$

Offenbar wird dann die Function $f_{rs}(\mathfrak{X}) = \varphi_r^s \varphi_s^{-r}$ eine Modulfunction. Man kann beweisen, dass sich aus diesen Functionen $n(n+1)/2$ unabhängige durch geeignete Wahl von r und s herausgreifen lassen. Dieser Nachweis ist etwas mühsam; er lässt sich z.B. führen, indem man für unendlich werdendes r die Function $\varphi_r(\mathfrak{X})$ in der Nähe der Randpunkte des Fundamentalbereiches untersucht.

Es seien nun $n(n+1)/2 = h$ unabhängige Modulfunctionen n^{ten} Grades $f_1, \cdots, f_h$ gegeben. Es gilt der grundlegende Satz, dass jede weitere Modulfunction n^{ten} Grades algebraisch von $f_1, \cdots, f_h$ abhängt und dass genauer die Modulfunctionen n^{ten} Grades einen algebraischen Körper über $f_1, \cdots, f_h$ bilden. Der Beweis für diesen Satz lässt sich ganz ähnlich so führen, wie es für den entsprechenden Satz in der Theorie der $2p$-fach periodischen Functionen von Poincaré und Picard und in der Theorie der Hilbertschen Modulfunctionen von Blumenthal geschehen ist. Man hat dabei wesentlich zu benutzen, dass die Modulfunctionen n^{ten} Grades im unendlich fernen Teile des Fundamentalbereiches als Quotient von Reihen der Form (142) darstellbar sind.

Jetzt soll der Zusammenhang mit der Theorie der algebraischen Curven dargelegt werden. Es sei $dw_1, \cdots, dw_n$ ein System unabhängiger Differentiale erster Gattung auf einer algebraischen Curve vom Geschlecht n. Die Schnitte eines canonischen Schnittsystems der zugehörigen Riemannschen Fläche mögen zu den Classen $\alpha_k, \beta_k (k = 1, \cdots, n)$ gehören. Es seien

$$\int_{(\alpha_k)} dw_l = p_{kl}, \qquad \int_{(\beta_k)} dw_l = q_{kl} \qquad (l = 1, \cdots, n)$$

die zugehörigen Perioden der Integrale erster Gattung und $(p_{kl}) = \mathfrak{P}$, $(q_{kl}) = \mathfrak{Q}$. Wie Riemann gezeigt hat, ist dann $|\mathfrak{Q}| \neq 0$ und $\mathfrak{P}\mathfrak{Q}^{-1} = \mathfrak{X} = \mathfrak{Y} + i\mathfrak{Z}$ symmetrisch mit positivem Imaginärteil $\mathfrak{Z}$. Ist $\mathfrak{M}$ die eine zweite canonische Zerschneidung liefernde canonische Matrix, so steht die neue Periodenmatrix $\begin{pmatrix}\mathfrak{P}_1\\ \mathfrak{Q}_1\end{pmatrix}$ mit der alten $\begin{pmatrix}\mathfrak{P}\\ \mathfrak{Q}\end{pmatrix}$ in der Beziehung

$$\begin{pmatrix}\mathfrak{P}_1\\ \mathfrak{Q}_1\end{pmatrix} = \mathfrak{M}\begin{pmatrix}\mathfrak{P}\\ \mathfrak{Q}\end{pmatrix}$$

und folglich geht $\mathfrak{P}_1\mathfrak{Q}_1^{-1} = \mathfrak{X}_1$ aus $\mathfrak{X}$ durch eine Modulsubstitution n^{ten} Grades hervor. Setzt man $\mathfrak{X}$ als Argument einer Modulfunction n^{ten} Grades $f(\mathfrak{X})$, so hängt also der Wert $f(\mathfrak{X})$ nicht von der Art der canonischen Zerschneidung ab, sondern nur von der algebraischen Curve und zwar genauer von den bei birationaler Transformation invarianten Bestimmungsstücken der Curve, nämlich ihren Moduln. Nach Riemann besitzt eine algebraische Curve des Geschlechtes $n > 1$ gerade $3n - 3$ unabhängige complexe Moduln. Wie Severi gezeigt hat, können diese Moduln als gewisse von den Coefficienten der Curvengleichung algebraisch abhängige Grössen gewählt werden, die eine irreducible $(3n - 3)$-dimensionale algebraische Mannigfaltigkeit M bilden. Jedem algebraischen

Functionenkörper vom Geschlecht n entspricht dabei genau ein Punkt der Mannigfaltigkeit M und umgekehrt jedem Punkte der Mannigfaltigkeit M mit Ausnahme einer Mannigfaltigkeit M_0 von niedrigerer Dimension genau ein algebraischer Functionenkörper des Geschlechtes n, während den Punkten von M_0 Functionenkörper niedrigeren Geschlechtes entsprechen. Die auf M eindeutigen meromorphen Functionen bilden den Körper der Moduln.

Nun ist $\mathfrak{X}$ regulär in allen nicht auf M_0 liegenden Punkten P von M; jede Modulfunction n^{ten} Grades $f(\mathfrak{X})$ ist also dort meromorph. Rückt jetzt P auf M gegen einen Punkt P_0 von M_0, so muss dabei die mit $\mathfrak{X}$ äquivalente reducierte Matrix $\mathfrak{X}_1$ auf F ins Unendliche gehen; existierte nämlich in F ein endlicher Häufungswert $\mathfrak{X}_0$ dieser $\mathfrak{X}_1$, so lieferte die Riemannsche Lösung des Umkehrproblemes zu diesem $\mathfrak{X}_0$ einen algebraischen Functionenkörper vom Geschlecht n und P_0 könnte nicht auf M_0 liegen. Durch eine eingehendere Betrachtung lässt sich zeigen, dass genau $n - p$ Diagonalelemente von $\mathfrak{X}_1$, etwa die Elemente x_{kk} für $k = p + 1, \cdots, n$, unendlich werden, falls zu P_0 ein Functionenkörper vom Geschlechte p gehört, während die Elemente der aus den p ersten Zeilen und Spalten von $\mathfrak{X}_1$ gebildeten Teilmatrix $\mathfrak{T}$ endliche Grenzwerte haben. Bei diesem Grenzübergang geht aber die Reihe (143) für $\varphi_r(\mathfrak{X})$, wie man unter Benutzung der Fourierschen Entwicklung im Unendlichen erkennt, genau in die entsprechende Reihe mit p statt n und $\mathfrak{T}$ statt $\mathfrak{X}$ über, und jede Modulfunction n^{ten} Grades artet in eine Modulfunction p^{ten} Grades aus. Daher ist $f(\mathfrak{X})$ auf der vollen Mannigfaltigkeit M meromorph, also dem Körper der Moduln angehörig.

Die $n(n + 1)/2$ unabhängigen Modulfunctionen $f_1, \cdots, f_h$ nehmen im Fundamentalbereich F jedes Wertsystem gleich oft an. Es mögen $f_1, \cdots, f_h$ an zwei Stellen $\mathfrak{X}_1$ und $\mathfrak{X}_2 \neq \mathfrak{X}_1$ von F gleiche Wertsysteme annehmen. Durch Untersuchung der Reihen $\varphi_r(\mathfrak{X})$ für unendlich werdendes r lässt sich ohne grössere Schwierigkeit zeigen, dass für geeignetes $\mathfrak{X}_1$ nicht alle $f_{rs}(\mathfrak{X})$ in $\mathfrak{X}_1$ denselben Wert haben wie in $\mathfrak{X}_2$. Man kann daher eine weitere Modulfunction f_0 so angeben, dass die $\dfrac{n(n+1)}{2} + 1$ Functionen $f_0, \cdots, f_h$ an nicht äquivalenten Stellen keine gleichen Wertsysteme annehmen. Dann ist jede Modulfunction n^{ten} Grades rational durch $f_0, \cdots, f_h$ ausdrückbar und durch die Werte $f_0, \cdots, f_h$ die Matrix $\mathfrak{X}$ bis auf eine Modulsubstitution eindeutig festgelegt. Zwischen $f_0, \cdots, f_h$ besteht identisch in $\mathfrak{X}$ eine algebraische Gleichung $A(f_0, \cdots, f_h) = 0$. Gibt es zu gegebenen Werten von $f_0, \cdots, f_h$ überhaupt einen algebraischen Functionenkörper, so zeigt die Lösung des Umkehrproblemes, dass es genau einen gibt, also einen Punkt P auf M. Damit nun zu gegebenen $f_0, \cdots, f_h$, welche die Gleichung $A = 0$ erfüllen, ein Functionenkörper existiert, müssen zwischen den $n(n + 1)/2$ unabhängigen Elementen von $\mathfrak{X}$ gewisse $(n - 2)(n - 3)/2$ analytische Gleichungen erfüllt sein, und diese $\mathfrak{X}$ bilden auf F eine $(3n - 3)$-dimensionale analytische Teilmannigfaltigkeit F_0. Da nun die $n(n + 1)/2$ Functionen $f_1, \cdots, f_h$ unabhängig sind, so gibt es unter ihnen $3n - 3$ auf F_0 unabhängige, und es bestehen $(n - 2)(n - 3)/2$ unabhängige analytische Gleichungen zwischen $f_1, \cdots, f_h$ auf F_0. In Verbindung mit dem vorigen Absatze folgt also, dass jede

Function des Körpers der Moduln als Function von $\mathfrak{X}$ auf F_0 rational durch $f_0, \cdots, f_h$ ausgedrückt werden kann. Die auf F_0 bestehenden $(n-2)(n-3)/2$ analytischen Gleichungen erhält man, indem man $f_1, \cdots, f_h$ auf M algebraisch durch $3n-3$ unabhängige Functionen des Modulnkörpers ausdrückt und dann diese Functionen eliminiert. Damit ist folgendes Resultat gewonnen:

Der Körper der Modulfunctionen n^{ten} Grades ist identisch mit einem durch eine algebraische Gleichung $A(f_0, \cdots, f_h) = 0$ definierten algebraischen Functionenkörper von $n(n+1)/2$ Variabeln. Damit zu $\mathfrak{X}$ eine algebraische Curve vom Geschlecht n gehört, ist notwendig und hinreichend, dass zwischen

$$f_0(\mathfrak{X}), \cdots, f_h(\mathfrak{X})$$

weitere $(n-2)(n-3)/2$ algebraische Gleichungen $A_1(f_0, \cdots, f_h) = 0, \cdots$ erfüllt sind. Dann lassen sich die Moduln der algebraischen Curve rational durch $f_0, \cdots, f_h$ ausdrücken und umgekehrt; der Körper der Modulfunctionen geht also in den Körper der Moduln über.

Im Falle $n = 2$ ist bekanntlich die algebraische Curve birational in $y^2 = P_6(x)$ transformierbar, wo P_6 ein Polynom sechsten Grades mit einfachen Nullstellen bedeutet; der Körper der Moduln ist der Körper der rationalen absoluten projectiven Invarianten der binären Form sechsten Grades $P_6\left(\frac{x}{z}\right)z^6 = P_6(x, z)$. Im Falle $n = 3$ ist ferner die Curve birational in eine Curve vierter Ordnung ohne Doppelpunkt transformierbar, deren homogene Gleichung $P_4(x, y, z) = 0$ sei; der Körper der Moduln ist der Körper der rationalen absoluten projectiven Invarianten der ternären Form vierten Grades $P_4(x, y, z)$. Da in beiden Fällen $(n-2)(n-3)/2 = 0$ ist, so stimmt der Körper der Modulfunctionen zweiten Grades mit dem Invariantenkörper der binären Form sechsten Grades überein und der Körper der Modulfunctionen dritten Grades mit dem Invariantenkörper der ternären Form vierten Grades. Die Invarianten von $P_6(x, z)$ bezw. $P_4(x, y, z)$ lassen sich also rational ausdrücken durch die Eisensteinschen Reihen

$$\sum |\mathfrak{A}\mathfrak{P} + \mathfrak{B}\mathfrak{Q}|^{-2r},$$

wobei $\binom{\mathfrak{P}}{\mathfrak{Q}}$ die Periodenmatrix der zu den Curven $y^2 = P_6(x)$ bezw. $P_4(x, y, z) = 0$ gehörigen Integrale erster Gattung bedeutet und $\mathfrak{A}$, $\mathfrak{B}$ ein volles System nicht associierter teilerfremder symmetrischer Matrizenpaare durchläuft. Die Analogie mit bekannten Sätzen über Modulfunctionen ersten Grades ist evident. Es wäre von Interesse, jene rationalen Beziehungen wirklich explicit anzugeben. Um dies ohne allzu viel Rechnung durchführen zu können, hätte man die Form des Fundamentalbereiches F für $n = 2$ und $n = 3$ näher zu untersuchen und ausserdem die kleinsten Werte von r zu ermitteln, für welche die Eisensteinschen Reihen noch convergieren.

Im Falle $n \geqq 4$ wird der Zusammenhang zwischen dem Körper der Modulfunctionen n^{ten} Grades und dem Körper der Moduln der algebraischen Curven vom Geschlecht n durch die $(n-2)(n-3)/2$ algebraischen Gleichungen

$A_1(f_0, \cdots, f_h) = 0, \cdots$ hergestellt. Für $n = 4$ hat Schottky die notwendige und hinreichende Bedingung dafür gegeben, dass zu $\mathfrak{X}$ eine algebraische Curve existiert, und zwar ist dies das Bestehen einer bestimmten algebraischen Gleichung zwischen den Nullwerten gewisser mit der Matrix $\mathfrak{X}$ gebildeten Thetafunctionen. Mit Hilfe der Transformationstheorie der Thetafunctionen lässt sich die Schottkysche Gleichung in die gesuchte Bedingungsgleichung

$$A_1(f_0, \cdots, f_{10}) = 0$$

des Falles $n = 4$ überführen; doch scheint die wirkliche Ausführung der Rechnung recht umständlich zu sein. Es ist fraglich, ob für beliebiges n eine einfache Normalform jener $(n - 2)(n - 3)/2$ algebraischen Gleichungen besteht.

Da im Falle $n \geqq 4$ der Körper der Modulfunctionen n^{ten} Grades umfassender ist als der Körper der Moduln der algebraischen Curven vom Geschlecht n, so kann man vermuten, dass jenem Körper für beliebiges n noch eine besondere algebraische Bedeutung zukommt. Wahrscheinlich spielt er für diejenigen n-dimensionalen algebraischen Flächen, welche eine transitive Gruppe von birationalen Transformationen in sich besitzen, dieselbe Rolle wie die Modulfunctionen im Falle $n = 1$; dabei heisst eine Gruppe von Abbildungen der Fläche auf sich selbst transitiv, wenn zwei beliebig vorgeschriebene Punkte ineinander übergeführt werden können. Im Falle $n = 2$ haben nämlich Picard und Painlevé bewiesen, dass jede solche algebraische Fläche durch vierfach periodische meromorphe Functionen von 2 Variabeln uniformisiert werden kann. Andererseits bilden nach den Untersuchungen von Poincaré und Picard alle zum gleichen Periodensystem gehörigen $(2n)$-fach periodischen meromorphen Functionen von n Variabeln einen algebraischen Functionenkörper von n Variabeln mit einer transitiven Gruppe birationaler Transformationen in sich und sind algebraisch durch Thetafunctionen ausdrückbar, die zu einer gewissen symmetrischen Matrix $\mathfrak{X}$ gehören. Da die Verallgemeinerung des Picard-Painlevéschen Satzes auf beliebiges n ohne wesentliche Schwierigkeit möglich zu sein scheint, so dürfte also zwischen den verschiedenen algebraischen Functionenkörpern von n Variabeln mit transitiver Gruppe von birationalen Transformationen in sich und den Werten der $\dfrac{n(n+1)}{2} + 1$ Modulfunctionen $f_0, \cdots, f_h$ eine endlich vieldeutige Beziehung bestehen. Für eine genauere Untersuchung dieser Zusammenhänge wäre eine Übertragung des oben benutzten Satzes von Severi auf den vorliegenden Fall nötig, also eine algebraische Aussage über die $n(n+1)/2$ invarianten Bestimmungsstücke jener algebraischen Functionenkörper von n Variabeln.

Nachdem im Vorhergehenden die einfachsten Eigenschaften der Modulfunctionen n^{ten} Grades dargelegt worden sind, soll zum Schluss die Bedeutung von Satz 6 für die Theorie dieser Functionen erläutert werden. In Verfolgung des Gedankenganges von §11 kann man zunächst beweisen, dass die vierte Potenz der Classeninvariante

$$f(\mathfrak{S}, \mathfrak{X}) = \sum_{\mathfrak{C}} e^{\pi i \sigma(\mathfrak{C}'\mathfrak{S}\mathfrak{C}\mathfrak{X})}$$

eine zur Congruenzuntergruppe $(2S)^{\text{ter}}$ Stufe der Modulgruppe n^{ten} Grades gehörige Modulform n^{ten} Grades von der Ordnung $2m$ ist und dass das gleiche für die Geschlechtsinvariante $F(\mathfrak{S}, \mathfrak{X})$ gilt. Hieraus folgt dann, dass $f(\mathfrak{S}, \mathfrak{X})$ und $F(\mathfrak{S}, \mathfrak{X})$ algebraisch von den Modulformen φ_r abhängen. Durch Satz 6 wird nun ermöglicht, im Falle eines geraden m diese Abhängigkeit näher zu bestimmen. Analog zu Hilfssatz 33 kann man nämlich zeigen, dass die Grösse $H(\mathfrak{S}, \mathfrak{A}, \mathfrak{B})$ bei festem $\mathfrak{S}$ nur von den Restclassen von $\mathfrak{A}$ und $\mathfrak{B}$ modulo $(4S)$ abhängt. Dann lässt sich vermöge Satz 6 die Function $F(\mathfrak{S}, \mathfrak{X})$ homogen linear aus den Reihen $\sum | \mathfrak{A}\mathfrak{X} + \mathfrak{B} |^{-\frac{m}{2}}$ zusammensetzen, welche aus den bisher betrachteten Eisensteinschen Reihen dadurch entstehen, dass man die Paare $\mathfrak{A}, \mathfrak{B}$ auf eine vorgeschriebene Restclasse modulo $4S$ beschränkt. Diese Reihen liefern nun aber die einfachsten zur Congruenzuntergruppe $(4S)^{\text{ter}}$ Stufe gehörigen Modulformen n^{ten} Grades und lassen sich mittels der Transformationstheorie der Modulfunctionen algebraisch durch $\frac{n(n+1)}{2} + 1$ feste Modulformen φ_r ausdrücken. Wegen der bekannten Schwierigkeiten der Functionentheorie mehrerer Variabeln ist es von Interesse, durch Satz 6 eine Identität zwischen Functionen verschiedener Herkunft zu besitzen, nämlich zwischen gewissen Thetareihen und anderen durch Eisensteinsche Reihen definierten Modulformen; und jede einfache nicht-triviale Identität bedeutet ja für eine complicierte Theorie bereits eine Entschuldigung.

PRINCETON, NEW JERSEY.

21.

Über die Classenzahl quadratischer Zahlkörper

Acta Arithmetica 1 (1935), 83—86

Durch eine scharfsinnige Combination zweier Ansätze von Hecke und Deuring ist es Heilbronn gelungen, den lange vermuteten Satz zu beweisen, dass die Classenzahl $h(d)$ des imaginären quadratischen Zahlkörpers der Discriminante d mit $|d|$ unendlich wird. Es ist naheliegend, nach einer genaueren unteren Abschätzung von $h(d)$ zu fragen. Im folgenden soll die asymptotische Formel

$$\log h(d) \sim \log \sqrt{|d|} \tag{1}$$

bewiesen werden. Da nach Dirichlet

$$\pi |d|^{-\frac{1}{2}} h(d) = L_d(1) \qquad (d < -4)$$

gilt, wo

$$L_d(s) = \sum_{n=1}^{\infty} \left(\frac{d}{n}\right) n^{-s}$$

gesetzt ist, so ist (1) mit der Aussage

$$\log L_d(1) = o(\log |d|) \tag{2}$$

gleichbedeutend. Man wird vermuten, dass (2) auch für positive Discriminanten d richtig ist; und dies wird ebenfalls bewiesen werden. Bedeutet ε_d die Grundeinheit, so ist nach Dirichlet

$$2 d^{-\frac{1}{2}} h(d) \log \varepsilon_d = L_d(1) \qquad (d > 0)$$

und folglich die Beziehung

$$\log(h(d) \log \varepsilon_d) \sim \log \sqrt{d}$$

das Analogon zu (1) für reelle quadratische Körper.

Man wird weiter fragen, ob (2) eine Verallgemeinerung auf beliebige algebraische Zahlkörper gestattet. Da $L_d(1)$ gleich dem Residuum der Zetafunction des quadratischen Zahlkörpers der Discriminante d ist, so wird man auf grund der Dedekindschen Classenzahlformel für beliebige algebraische Zahlkörper festen Grades mit der Discriminante d, der Classenzahl h und dem Regulator R das Bestehen von

$$\log (h R) \sim \log \sqrt{|d|} \tag{3}$$

vermuten. Bei Benutzung der Classenkörpertheorie reicht die weiterhin dargelegte Methode aus, um (3) für die Menge aller in bezug auf einen beliebigen festen algebraischen Zahlkörper auflösbaren Körper zu beweisen. Der allgemeine Fall dürfte wohl solange unzugänglich sein, als die Zerlegungsgesetze nicht auflösbarer Körper noch unbekannt sind.

Zum Beweis von (2) erscheint es zweckmässig, die Heilbronnsche Idee so zu modificieren, dass die von Deuring herrührende asymptotische Entwicklung der Reihe $\sum\limits_{n=-\infty}^{\infty} (a n^2 + b n + c)^{-s}$ für $4ac - b^2 \longrightarrow \infty$ nicht mehr benötigt wird und statt dessen die Heksche Abschätzung auf die Zetafunction eines aus zwei quadratischen Zahlkörpern zusammengesetzten biquadratischen Körpers übertragen wird.

Es sei $\mathfrak{K}$ ein algebraischer Zahlkörper n-ten Grades mit der Grundzahl d; von seinen Conjugierten seien r_1 reell und r_2 Paare conjugiert complex. Zur Abkürzung sei $r_1 + r_2 = q$. Sind $x_1, \ldots, x_q$ positive Variable und $x_{r_2+l} = x_l \, (l = r_1 + 1, \ldots, r_1 + r_2)$, so setze man $\prod\limits_{k=1}^{n} x_k = N x$, $\sum\limits_{k=1}^{n} x_k = \sigma(x)$. Es sei $\zeta(s, \mathfrak{K})$ die Zetafunction von $\mathfrak{K}$ und $\varkappa$ ihr Residuum bei $s = 1$, ferner

$$(2\pi)^{-r_2} |d|^{\frac{1}{2}} \varkappa = \lambda. \tag{4}$$

Hilfssatz 1:

In der ganzen s-Ebene gilt

$$2^{-r_2 s} \pi^{-\frac{n}{2} s} |d|^{\frac{s}{2}} \Gamma^{r_1}\left(\frac{s}{2}\right) \Gamma^{r_2}(s) \zeta(s, \mathfrak{K}) = \frac{\lambda}{s(s-1)} + \tag{5}$$

$$+ \sum_{\mathfrak{a}} \int \cdots \int_{Nx \geq 1} \left(N x^{\frac{s}{2}} + N x^{\frac{1-s}{2}}\right) e^{-\pi N \mathfrak{a}^{\frac{2}{n}} |d|^{-\frac{1}{n}} \sigma(x)} \frac{d x_1}{x_1} \cdots \frac{d x_q}{x_q},$$

wobei $\mathfrak{a}$ alle ganzen Ideale aus $\mathfrak{K}$ durchläuft.

Der Beweis ergibt sich unmittelbar aus der Integraldarstellung von $\zeta(s, \mathfrak{K})$, mit deren Hilfe Hecke die Functionalgleichung bewiesen hat.

Hilfssatz 2:

Es sei $0 < s < 1$ *und* $\zeta(s, \mathfrak{K}) \leq 0$. *Dann ist*

$$\varkappa > s(1-s)\, 2^{-n} e^{-2n\pi} |d|^{\frac{s-1}{2}}. \tag{6}$$

Beweis:

Für reelles s sind alle Glieder der unendlichen Reihe auf der rechten Seite von (5) positiv. Das Glied mit $\mathfrak{a} = \mathfrak{o}$ wird verkleinert, wenn das q-fache Integral nur über den Würfel $|d|^{\frac{1}{n}} \leq x_l \leq 2|d|^{\frac{1}{n}}$ $(l = 1, \ldots, q)$ erstreckt wird; in diesem ist aber der Integrand mindestens $|d|^{\frac{s}{2}} e^{-2n\pi}\, 2^{-q} |d|^{-\frac{q}{n}}$. Folglich ist die unendliche Reihe mindestens $|d|^{\frac{s}{2}} e^{-2n\pi}\, 2^{-n}$. Ist nun $0 < s < 1$ und $\zeta(s, \mathfrak{K}) \leq 0$, so ist nach Hilfssatz 1

$$\frac{\lambda}{s(s-1)} + |d|^{\frac{s}{2}} e^{-2n\pi}\, 2^{-n} < 0,$$

also wegen (4) die Behauptung (6) bewiesen.

Es sei d die Discriminante eines quadratischen Zahlkörpers $\mathfrak{K}_1$. Ist D die Discriminante eines von $\mathfrak{K}_1$ verschiedenen quadratischen Zahlkörpers und t die Discriminante des durch $\sqrt{dD}$ erzeugten Körpers, so ist $t^{-1} dD$ ganz, also

$$|t| \leqq |dD|. \tag{7}$$

Es bedeute noch $\mathfrak{K}_2$ den durch $\sqrt{d}$ und $\sqrt{D}$ erzeugten biquadratischen Zahlkörper. Als Spezialfall bekannter Sätze der Classenkörpertheorie gilt

Hilfssatz 3:

Es ist dDt *die Discriminante von* $\mathfrak{K}_2$ *und*

$$\zeta(s, \mathfrak{K}_1) = \zeta(s) L_d(s),$$

$$\zeta(s, \mathfrak{K}_2) = \zeta(s) L_d(s) L_D(s) L_t(s).$$

Ferner erhält man durch partielle Summation leicht

Hilfssatz 4:

Es ist

$$L_d(1) < 3 \log |d|.$$

Unter Benutzung der drei letzten Hilfssätze lässt sich nun der Beweis von (2) folgendermassen führen. Wäre (2) falsch, so gäbe es ein positives $\varepsilon < 1$ und beliebig grosse $|d|$, so dass entweder $L_d(1) > |d|^{\varepsilon}$ oder $L_d(1) < |d|^{-\varepsilon}$ ist. Es sei

(8) $$3 \log |d| < |d|^{\varepsilon}.$$

Dann muss nach Hilfssatz 4 der Fall

(9) $$L_d(1) < |d|^{-\varepsilon}$$

vorliegen. Ist auch noch

(10) $$|d|^{\frac{\varepsilon}{2}} > \frac{4 e^{4\pi}}{\varepsilon(1-\varepsilon)},$$

so liefert (9) die Ungleichung

$$L_d(1) < (1-\varepsilon)\, \varepsilon\, 2^{-2} e^{-4\pi} |d|^{-\frac{\varepsilon}{2}}.$$

Nach den Hilfssätzen 2 und 3 ist dann also $\zeta(1-\varepsilon, \mathfrak{K}_1) > 0$. Weiterhin sei ein festes d gewählt, das den Ungleichungen (8) und (10) genügt.

Die Function $\zeta(s, \mathfrak{K}_1)$ wird negativ unendlich, wenn s wachsend gegen 1 strebt. Sie hat also eine Nullstelle σ im Intervall $1-\varepsilon < \sigma < 1$. Nach Hilfssatz 3 ist auch $\zeta(\sigma, \mathfrak{K}_2) = 0$. Wendet man Hilfssatz 2 mit $\mathfrak{K} = \mathfrak{K}_2$ an und benutzt Hilfssatz 3, so erhält man die Ungleichung

$$L_d(1)\, L_D(1)\, L_t(1) > \sigma(1-\sigma)\, 2^{-4} e^{-8\pi} |d\,D\,t|^{\frac{\sigma-1}{2}}.$$

Nach (7) und Hilfssatz 4 ist daher

$$L_D(1) > \frac{\sigma(1-\sigma)}{3^2 \cdot 2^4 \cdot e^{8\pi} \log |d| \log |d\,D|} |d\,D|^{\sigma-1}$$

und folglich wegen $\sigma - 1 > -\varepsilon$ für alle hinreichend grossen $|D|$ die Abschätzung

$$L_D(1) > |D|^{-\varepsilon}$$

gültig. Also kann (9) nur für endlich viele d gelten, in Widerspruch zur Annahme, dass (2) falsch sei.

(Eingegangen am 4. Dezember 1934.)

22.

Über die analytische Theorie der quadratischen Formen II

Annals of Mathematics 37 (1936), 230—263

Der im ersten Teile dieser Abhandlung bewiesene Hauptsatz lieferte einen Zusammenhang zwischen der Anzahl der ganzzahligen Darstellungen $\mathfrak{C}'\mathfrak{S}\mathfrak{C} = \mathfrak{T}$ einer definiten quadratischen Form $\mathfrak{y}'\mathfrak{T}\mathfrak{y}$ durch eine andere definite quadratische Form $\mathfrak{x}'\mathfrak{S}\mathfrak{x}$ und der Anzahl der Lösungen der entsprechenden Congruenz $\mathfrak{C}'\mathfrak{S}\mathfrak{C} \equiv \mathfrak{T} \pmod{q}$. Im vorliegenden zweiten Teil soll die Übertragung des Hauptsatzes auf indefinite quadratische Formen im rationalen Zahlkörper behandelt werden.

Zunächst sei an die Begriffe von Äquivalenz und Verwandtschaft erinnert. Zwei symmetrische Matrizen $\mathfrak{S}_1$ und $\mathfrak{S}_2$ mit rationalen Elementen heissen äquivalent, wenn die Gleichungen $\mathfrak{X}'\mathfrak{S}_1\mathfrak{X} = \mathfrak{S}_2$ und $\mathfrak{Y}'\mathfrak{S}_2\mathfrak{Y} = \mathfrak{S}_1$ ganzzahlig lösbar sind; sie heissen äquivalent mod. q, wenn die entsprechenden Congruenzen modulo q ganzzahlig lösbar sind; sie heissen reell äquivalent, wenn jene Gleichungen reell lösbar sind. Die beiden Matrizen $\mathfrak{S}_1$ und $\mathfrak{S}_2$ sind verwandt, wenn sie zugleich reell äquivalent und nach jedem Modul äquivalent sind. Alle miteinander äquivalenten Matrizen bilden eine Classe, alle verwandten ein Geschlecht. Jedes Geschlecht setzt sich aus vollen Classen zusammen und zwar, wie sich zeigen lässt, aus endlich vielen Classen.

Ist $\mathfrak{S}^{(m)}$ positiv, d.h. $\mathfrak{x}'\mathfrak{S}\mathfrak{x} > 0$ für jedes reelle $\mathfrak{x} \neq \mathfrak{n}$, so ist für jedes $\mathfrak{T}^{(n)}$ die Anzahl der ganzzahligen Lösungen von $\mathfrak{C}'\mathfrak{S}\mathfrak{C} = \mathfrak{T}$ endlich. Sie sei $A(\mathfrak{S}, \mathfrak{T})$, und man setze noch $A(\mathfrak{S}, \mathfrak{S}) = E(\mathfrak{S})$. Es seien $\mathfrak{S}_1, \cdots, \mathfrak{S}_h$ Repräsentanten der verschiedenen Classen des Geschlechtes von $\mathfrak{S}$. Der Hauptsatz bringt nun den Quotienten

$$\frac{A(\mathfrak{S}_1, \mathfrak{T})}{E(\mathfrak{S}_1)} + \cdots + \frac{A(\mathfrak{S}_h, \mathfrak{T})}{E(\mathfrak{S}_h)} : \frac{1}{E(\mathfrak{S}_1)} + \cdots + \frac{1}{E(\mathfrak{S}_h)} = A_0(\mathfrak{S}, \mathfrak{T})$$

in Zusammenhang mit der Lösungsanzahl $A_q(\mathfrak{S}, \mathfrak{T})$ der Congruenz $\mathfrak{C}'\mathfrak{S}\mathfrak{C} \equiv \mathfrak{T}$ (mod q). Man definiere noch $A_\infty(\mathfrak{S}, \mathfrak{T})$ als den Grenzwert des Ausdruckes $v(B') : v(B)$, wo $v(B)$ das Volumen eines $\mathfrak{T}$ enthaltenden Gebietes B im Raume der positiven n-reihigen symmetrischen Matrizen und $v(B')$ das Volumen des B vermöge der Gleichung $\mathfrak{X}'\mathfrak{S}\mathfrak{X} = \mathfrak{T}$ entsprechenden Gebietes B' im Raume der reellen Matrizen $\mathfrak{X}$ von m Zeilen und n Spalten bedeutet, falls B auf den Punkt $\mathfrak{T}$ zusammenschrumpft. Man setze $\eta = \frac{1}{2}$ für $m = n > 1$ und für $m = n + 1$, $\eta = 1$ in jedem andern Fall. Durchläuft dann q die Folge $2!, 3!, \cdots$, so ist

$$\frac{A_0(\mathfrak{S}, \mathfrak{T})}{A_\infty(\mathfrak{S}, \mathfrak{T})} = \eta \lim_{q \to \infty} \frac{A_q(\mathfrak{S}, \mathfrak{T})}{q^{mn - \frac{n(n+1)}{2}}}; \tag{1}$$

dabei ist für den Fall $m = n$ im Nenner auf der rechten Seite noch der Factor $2^{\omega(q)}$ hinzuzufügen, wo $\omega(q)$ die Anzahl der verschiedenen Primteiler von q bedeutet.

Im ersten Teil wurde nun gezeigt, dass der Grenzwert auf der rechten Seite von (1) für beliebige rationale $\mathfrak{S}^{(m)}$, $\mathfrak{T}^{(n)}$ mit $S = |\mathfrak{S}| \neq 0$, $T = |\mathfrak{T}| \neq 0$, $m \geqq n$ existiert, wenn nur nicht entweder $m = 2$ und $-S$ ein Quadrat oder $m - n = 2$ und $-ST$ ein Quadrat ist. Mit Ausnahme dieser beiden Fälle hat also die rechte Seite von (1) für beliebiges indefinites $\mathfrak{S}$ ebenfalls einen Sinn. Die linke Seite von (1) wird dagegen sinnlos für indefinites $\mathfrak{S}$, da das zur Definition von $A_\infty(\mathfrak{S}, \mathfrak{T})$ dienende Gebiet B' kein endliches Volumen besitzt und da ferner auch $E(\mathfrak{S})$ unendlich ist, falls nicht $m = 2$ und $-S$ ein Quadrat ist. Man kann nun aber den Ausdruck auf der linken Seite von (1) für positives $\mathfrak{S}$ so umformen, dass der abgeänderte Ausdruck auch für indefinites $\mathfrak{S}$ einen Sinn hat.

Man betrachte ein $\mathfrak{S}$ enthaltendes Gebiet B im Raum der symmetrischen m-reihigen Matrizen, so dass alle $\mathfrak{S}_0$ aus B mit $\mathfrak{S}$ reell äquivalent sind und $|\mathfrak{S}_0| \neq 0$ ist. Vermöge der Gleichung $\mathfrak{X}'\mathfrak{S}\mathfrak{X} = \mathfrak{S}_0$ entspricht dem $\mathfrak{S}_0$-Gebiete B ein Gebiet B_1 im m^2-dimensionalen $\mathfrak{X}$-Raume. Ist $\mathfrak{A}$ eine Einheit von $\mathfrak{S}$, also $\mathfrak{A}'\mathfrak{S}\mathfrak{A} = \mathfrak{S}$ und $\mathfrak{A}$ ganz, so gehört mit $\mathfrak{X}$ auch $\mathfrak{A}\mathfrak{X}$ zu B_1. Es gibt nun in B_1 einen Fundamentalbereich $\bar{B}$ gegenüber der Einheitengruppe, also einen Bereich von der Art, dass für jedes $\mathfrak{X}$ aus B_1 genau eine Einheit $\mathfrak{A}$ von $\mathfrak{S}$ mit $\mathfrak{A}\mathfrak{X}$ in $\bar{B}$ existiert. Man kann beweisen, dass bei geeigneter Festlegung von $\bar{B}$ dieser Bereich ein Volumen $v(\bar{B})$ besitzt, wenn B ein Volumen $v(B)$ hat; und zwar ist das Volumen $v(\bar{B})$ endlich, wenn nicht $m = 2$ und $-S$ ein Quadrat ist. Lässt man B auf den Punkt $\mathfrak{S}$ zusammenschrumpfen, so existiert ferner

$$\lim_{B \to \mathfrak{S}} \frac{v(\bar{B})}{v(B)} = \rho(\mathfrak{S})\,.$$

Man setze

$$\rho(\mathfrak{S}_1) + \cdots + \rho(\mathfrak{S}_h) = \mu(\mathfrak{S})\,.$$

Nun sei $n < m$ und $\mathfrak{C}'\mathfrak{S}\mathfrak{C} = \mathfrak{T}$ eine Darstellung von $\mathfrak{T}$ durch $\mathfrak{S}$. Es sei $\mathfrak{Q}$ eine reelle Matrix von n Zeilen und $m - n$ Spalten, $\mathfrak{R}$ eine reelle symmetrische Matrix von $m - n$ Reihen. Es mögen $\mathfrak{Q}$, $\mathfrak{R}$ in einem Gebiete G von $\frac{1}{2}(m - n) \cdot (m + n + 1)$ Dimensionen variieren, so dass die Matrix $\begin{pmatrix} \mathfrak{T} & \mathfrak{Q} \\ \mathfrak{Q}' & \mathfrak{R} \end{pmatrix} = \mathfrak{Z}$ mit $\mathfrak{S}$ reell äquivalent ist und eine von 0 verschiedene Determinante hat; ferner sei $|\mathfrak{Z}| = S$ für einen speciellen Punkt $\mathfrak{Q} = \mathfrak{Q}_0$, $\mathfrak{R} = \mathfrak{R}_0$ von G. Vermöge der Gleichung $(\mathfrak{C}\mathfrak{Y})'\,\mathfrak{S}\,(\mathfrak{C}\mathfrak{Y}) = \mathfrak{Z}$, also $\mathfrak{C}'\mathfrak{S}\mathfrak{Y} = \mathfrak{Q}$ und $\mathfrak{Y}'\mathfrak{S}\mathfrak{Y} = \mathfrak{R}$, entspricht dem Gebiete G ein $m(m - n)$-dimensionales $\mathfrak{Y}$-Gebiet G_1. Ist dann $\mathfrak{A}$ eine $\mathfrak{C}$ invariant lassende Einheit von $\mathfrak{S}$, also $\mathfrak{A}'\mathfrak{S}\mathfrak{A} = \mathfrak{S}$ und $\mathfrak{A}\mathfrak{C} = \mathfrak{C}$, so gehört mit $\mathfrak{Y}$ auch $\mathfrak{A}\mathfrak{Y}$ zu G_1. Es gibt in G_1 wieder einen Fundamentalbereich $\bar{G}$ gegenüber der $\mathfrak{C}$ invariant lassenden Einheitenuntergruppe, und zwar lässt sich zeigen, dass bei geeigneter Definition der Berandung von $\bar{G}$ mit dem Volumen $v(G)$ von G stets auch zugleich das Volumen $v(\bar{G})$ von $\bar{G}$ vorhanden ist; die Zahl $v(\bar{G})$ ist endlich, wenn nicht $m - n = 2$ und $-ST$ ein Quadrat ist. Lässt man G auf den Punkt $\mathfrak{Q}_0$, $\mathfrak{R}_0$ zusammenschrumpfen, so existiert

$$\lim_{G \to \mathfrak{Q}_0, \mathfrak{R}_0} \frac{v(\bar{G})}{v(G)} = \rho(\mathfrak{S}, \mathfrak{C}).$$

Für $n = m$ definiere man noch $\rho(\mathfrak{S}, \mathfrak{C}) = 1$.

Man lasse nun $\mathfrak{C}$ ein volles System solcher ganzzahligen Lösungen von $\mathfrak{C}' \mathfrak{S} \mathfrak{C} = \mathfrak{T}$ durchlaufen, dass keine zwei von ihnen durch linksseitige Multiplication mit einer Einheit auseinander hervorgehen, und setze

$$\alpha(\mathfrak{S}, \mathfrak{T}) = \sum_{\mathfrak{C}} \rho(\mathfrak{S}, \mathfrak{C}).$$

Endlich sei noch

$$\alpha(\mathfrak{S}_1, \mathfrak{T}) + \cdots + \alpha(\mathfrak{S}_h, \mathfrak{T}) = \mu(\mathfrak{S}, \mathfrak{T}).$$

Durch eine einfache Rechnung lässt sich nun zeigen, dass für positive $\mathfrak{S}$ die Formel

$$\frac{\mu(\mathfrak{S}, \mathfrak{T})}{\mu(\mathfrak{S})} = \frac{A_0(\mathfrak{S}, \mathfrak{T})}{A_\infty(\mathfrak{S}, \mathfrak{T})}$$

gilt. Also lässt sich der Hauptsatz des ersten Teils in der Gestalt

$$\frac{\mu(\mathfrak{S}, \mathfrak{T})}{\mu(\mathfrak{S})} = \eta \lim_{q \to \infty} \frac{A_q(\mathfrak{S}, \mathfrak{T})}{q^{mn - \frac{n(n+1)}{2}}} \tag{2}$$

schreiben, wo im Falle $m = n$ im Nenner der rechten Seite noch der Factor $2^{\omega(q)}$ hinzuzufügen ist und $\eta = \frac{1}{2}$ für $m = n > 1$ oder $m = n + 1$, $\eta = 1$ in jedem andern Fall zu setzen ist. Da nun die linke Seite von (2) auch für indefinite $\mathfrak{S}$ einen Sinn hat, falls nicht $m = 2$ und $-S$ ein Quadrat oder $m - n = 2$ und $-ST$ ein Quadrat ist, so wird man vermuten, dass die Formel (2) auch für indefinite $\mathfrak{S}$ richtig ist. Der Beweis dieser Vermutung wird im Folgenden geführt werden. Er erfolgt nach den Methoden des ersten Teils, erfordert aber eine sorgfältige Vorbereitung, da die Existenz der Volumina $v(\bar{B})$ und $v(\bar{G})$ sowie der Grenzwerte $\rho(\mathfrak{S})$ und $\rho(\mathfrak{S}, \mathfrak{C})$ für indefinite $\mathfrak{S}$ keineswegs so evident ist wie bei positivem $\mathfrak{S}$.

Im Falle $\mathfrak{S} = \mathfrak{T}$ ist $\mu(\mathfrak{S}, \mathfrak{T}) = 1$ und die Formel (2) liefert

$$\mu(\mathfrak{S}) = 2 \lim_{q \to \infty} \frac{2^{\omega(q)} q^{\frac{m(m-1)}{2}}}{E_q(\mathfrak{S})} \qquad (m > 1). \tag{3}$$

Für positives $\mathfrak{S}$ ist dies im wesentlichen Minkowskis Formel für das Mass des Geschlechtes von $\mathfrak{S}$, also die Verallgemeinerung der Dirichletschen Classenzahlformel bei definiten binären quadratischen Formen. Minkowski hatte eine Übertragung seiner Formel auf den indefiniten Fall in Aussicht gestellt, aber offenbar niemals ausgeführt. Für $m = 3$ ist dies durch die letzten Untersuchungen von G. Humbert geschehen, der sein Ergebnis allerdings nicht in der transcendenten Form (3) schreibt, sondern nach Analogie der im definiten Fall $m = 3$ von Eisenstein angegebenen und von Smith bewiesenen Ausdrücke.

Der Hauptsatz gestattet auch im indefiniten Fall eine functionentheoretische Formulierung, analog zu den Entwicklungen des ersten Teiles. Es ist beachtenswert, dass auch die indefiniten ganzzahligen quadratischen Formen in Zusammenhang mit der Theorie der Modulfunctionen und der Thetanullwerte stehen. Dies ist für specielle Formen schon von Hecke bemerkt worden.

Erstes Capitel: Hilfssätze aus der Theorie der indefiniten quadratischen Formen

1. Reductionstheorie

Im Folgenden wird unter einer ganzen Matrix stets eine Matrix mit ganzen rationalen Elementen verstanden. Eine ganze quadratische Matrix, deren Determinante ± 1 ist, heisst unimodular. Zwei quadratische Matrizen $\mathfrak{A}$ und $\mathfrak{B}$ derselben Reihenzahl heissen rechtsseitig associiert, wenn $\mathfrak{A}^{-1}\mathfrak{B}$ unimodular ist.

Hilfssatz 1: *Es seien d und m natürliche Zahlen. Es gibt eine endliche Anzahl von m-reihigen quadratischen Matrizen, so dass jede ganze m-reihige quadratische Matrix der Determinante $\pm d$ mit einer von ihnen rechtsseitig associiert ist.*

Beweis: Die ganzen Matrizen $\mathfrak{A}^{(m)}$ zerfallen in d^{m^2} Restclassen modulo d. Ist nun $\mathfrak{A}_1$ ganz, $\mathfrak{A}_2$ ganz, $|\mathfrak{A}_1| = \pm d$, $|\mathfrak{A}_2| = \pm d$, $\mathfrak{A}_1 \equiv \mathfrak{A}_2 \pmod{d}$, so ist $d\mathfrak{A}_1^{-1}$ ganz, $d\mathfrak{A}_1^{-1}\mathfrak{A}_2$ ganz, $d\mathfrak{A}_1^{-1}\mathfrak{A}_2 \equiv d\mathfrak{E} \pmod{d}$, also $\mathfrak{A}_1^{-1}\mathfrak{A}_2$ ganz und ebenfalls $\mathfrak{A}_2^{-1}\mathfrak{A}_1$. Daher sind $\mathfrak{A}_1$ und $\mathfrak{A}_2$ rechtsseitig associiert. Folglich existieren höchstens d^{m^2} ganze m-reihige quadratische Matrizen der Determinante $\pm d$, von denen keine zwei rechtsseitig associiert sind.

Über die Reductionstheorie der definiten quadratischen Formen gilt der auf Hermite zurückgehende

Hilfssatz 2: *Zu jeder reellen, symmetrischen, positiv-definiten Matrix $\mathfrak{S}^{(m)}$ gibt es eine unimodulare Matrix $\mathfrak{U}$, eine Diagonalmatrix $\mathfrak{D}$, deren Diagonalelemente $\tau_1, \cdots, \tau_m$ positiv sind und den Ungleichungen*

$$\tau_k \leqq \tfrac{4}{3}\,\tau_{k+1} \qquad (k = 1, \cdots, m-1) \tag{4}$$

genügen, und eine Dreiecksmatrix $\mathfrak{C}^{(m)} = (c_{kl})$ mit $c_{kl} = 0$ $(k > l)$, $c_{kk} = 1$, $-\frac{1}{2} \leqq c_{kl} < \frac{1}{2}$ $(k < l)$, so dass

$$\mathfrak{U}'\mathfrak{S}\mathfrak{U} = \mathfrak{C}'\mathfrak{D}\mathfrak{C}$$

ist.

Beweis: Das Minimum der quadratischen Form $\mathfrak{x}'\mathfrak{S}\mathfrak{x}$ in den vom Nullpunkt verschiedenen Gitterpunkten werde für $\mathfrak{x} = \mathfrak{x}_0$ angenommen. Da die Elemente von $\mathfrak{x}_0$ teilerfremd sind, so existiert eine unimodulare Matrix $\mathfrak{U}_1$, deren erste

Spalte $\mathfrak{x}_0$ ist. Es sei $\mathfrak{x}_0'\mathfrak{S}\mathfrak{x}_0 = \tau_1$ und $\tau_1 a_l$ $(l = 2, \cdots, m)$ das l^{te} Element der ersten Zeile von $\mathfrak{U}_1'\mathfrak{S}\mathfrak{U}_1$. Dann ist

$$\mathfrak{x}'\mathfrak{U}_1'\mathfrak{S}\mathfrak{U}_1\mathfrak{x} - \tau_1(x_1 + a_2x_2 + \cdots + a_mx_m)^2$$

eine positiv-definite quadratische Form der $m - 1$ Variabeln $x_2, \cdots, x_m$. Für diese habe τ_2 dieselbe Bedeutung wie τ_1 für $\mathfrak{x}'\mathfrak{S}\mathfrak{x}$. Wird τ_2 für

$$x_k = \xi_k \qquad (k = 2, \cdots, m)$$

angenommen, so bestimme man eine ganze Zahl $x_1 = \xi_1$ derart dass $-\frac{1}{2} \leqq \xi_1 + a_2\xi_2 + \cdots + a_m\xi_m < \frac{1}{2}$ und erhält als Wert von $\mathfrak{x}'\mathfrak{U}_1'\mathfrak{S}\mathfrak{U}_1\mathfrak{x}$ eine Zahl $\leqq \tau_2 + \frac{1}{4}\tau_1$, die nicht kleiner als das Minimum τ_1 sein kann. Also ist $\tau_1 \leqq \frac{4}{3}\tau_2$. Hieraus folgt durch vollständige Induction die Existenz einer unimodularen Matrix $\mathfrak{U}_2$, einer Diagonalmatrix $\mathfrak{D}$ mit positiven Diagonalelementen $\tau_1, \cdots, \tau_m$, welche den Ungleichungen (4) genügen, und einer Dreiecksmatrix $\mathfrak{B}^{(m)} = (b_{kl})$ mit $b_{kl} = 0$ $(k > l)$, $b_{kk} = 1$, so dass

$$\mathfrak{U}_2'\mathfrak{S}\mathfrak{U}_2 = \mathfrak{B}'\mathfrak{D}\mathfrak{B} \tag{5}$$

ist. Man kann eine unimodulare Dreiecksmatrix $\mathfrak{U}_3 = (u_{kl})$ mit

$$u_{kl} = 0 \ (k > l), \qquad u_{kk} = 1$$

eindeutig so bestimmen, dass die Elemente

$$c_{kl} = u_{kl} + \sum_{r=k+1}^{l} b_{kr}u_{rl} \qquad (k < l)$$

der Dreiecksmatrix $\mathfrak{B}\mathfrak{U}_3 = \mathfrak{C}$ den Ungleichungen $-\frac{1}{2} \leqq c_{kl} < \frac{1}{2}$ $(k < l)$ genügen. Setzt man noch $\mathfrak{U}_2\mathfrak{U}_3 = \mathfrak{U}$, so lehrt (5), dass $\mathfrak{U}$ und $\mathfrak{C}$ das Verlangte leisten.

Die Reductionstheorie der indefiniten quadratischen Formen ist bisher nur im binären und ternären Fall in befriedigender Weise behandelt worden. Für die weiterhin zu machende Anwendung der Reductionstheorie im allgemeinen Fall genügt ein Teilresultat, das gewisse von Stouff bewiesene Ungleichungen enthält, nämlich

Hilfssatz 3: *Es sei $\mathfrak{S}^{(m)}$ symmetrisch und ganz, $|\mathfrak{S}| = S \neq 0$, $\mathfrak{X}^{(m)}$ reell, $|\mathfrak{X}| \neq 0$ und H eine obere Schranke der absoluten Beträge der Elemente von $\mathfrak{X}'\mathfrak{S}\mathfrak{X}$ und $(\mathfrak{X}'\mathfrak{S}\mathfrak{X})^{-1}$. Es gibt eine ganze Matrix $\mathfrak{Q}^{(m)}$, eine ganze Zahl g des Intervalles $0 \leqq g \leqq \frac{m}{2}$, ferner (im Falle $g > 0$) g Zahlen $\sigma_1, \cdots, \sigma_g$ und (im Falle $g < \frac{m}{2}$) eine ganze symmetrische Matrix $\mathfrak{H}^{(m-2g)}$, ausserdem eine nur vom m, S, H abhängige Zahl M, mit folgenden Eigenschaften:*

1) *Bedeutet das Zeichen $\mathfrak{N}$ eine Nullmatrix und $\mathfrak{E}$ die g-reihige Einheitsmatrix, so ist*

$$4\,\mathfrak{S} = \mathfrak{Q}'\begin{pmatrix}\mathfrak{N} & \mathfrak{E} & \mathfrak{N}\\ \mathfrak{E} & \mathfrak{N} & \mathfrak{N}\\ \mathfrak{N} & \mathfrak{N} & \mathfrak{H}\end{pmatrix}\mathfrak{Q}\,; \tag{6}$$

2) *es ist* $\sigma_1 \geqq \sigma_2 \geqq \cdots \geqq \sigma_g > 1$;

3) *alle Elemente von* $\mathfrak{H}$ *sind absolut kleiner als* M;

4) *setzt man noch* $\sigma_{g+k} = \sigma_k^{-1}$ $(k = 1, \cdots, g)$, $\sigma_{2g+k} = 1$ $(k = 1, \cdots, m - 2g)$, *so ist jedes Element der* k^{ten} *Zeile von* $\mathfrak{Q}\mathfrak{X}$ *absolut kleiner als* $M\sigma_k$ $(k = 1, \cdots, m)$.

Beweis: Man setze $\mathfrak{X}'\mathfrak{S}\mathfrak{X} = \mathfrak{T}$, $\mathfrak{X}^{-1} = \mathfrak{Y}$, also $\mathfrak{Y}'\mathfrak{T}\mathfrak{Y} = \mathfrak{S}$. Die Wurzeln $\lambda_1, \cdots, \lambda_m$ der Gleichung $|\lambda\mathfrak{E} - \mathfrak{T}| = 0$ liegen zwischen zwei nur von m und H abhängigen Schranken. Man wähle λ gleich dem Doppelten des Maximums der absoluten Beträge von $\lambda_1, \cdots, \lambda_m$; dann gilt

$$|\lambda_k| \leqq \lambda - \lambda_k, \qquad \frac{\lambda}{2} \leqq \lambda - \lambda_k \qquad (k = 1, \cdots, m), \tag{7}$$

ferner ist $\lambda\mathfrak{E} - \mathfrak{T}$ positiv-definit, also auch $\mathfrak{Y}'(\lambda\mathfrak{E} - \mathfrak{T})\mathfrak{Y} = \lambda\mathfrak{Y}'\mathfrak{Y} - \mathfrak{S}$. Nach Hilfssatz 2 gibt es eine Diagonalmatrix $\mathfrak{D}^{(m)}$ mit den positiven Diagonalelementen $\tau_1, \cdots, \tau_m$, die den Ungleichungen (4) genügen, eine Drieck8matrix $\mathfrak{C}^{(m)} = (c_{kl})$ mit $c_{kl} = 0$ $(k > l)$, $c_{kk} = 1$, $-\frac{1}{2} \leqq c_{kl} < \frac{1}{2}$ $(k < l)$ und eine unimodulare Matrix $\mathfrak{U}$, so dass

$$\mathfrak{U}'(\lambda\mathfrak{Y}'\mathfrak{Y} - \mathfrak{S})\mathfrak{U} = \mathfrak{C}'\mathfrak{D}\mathfrak{C}$$

wird. Setzt man noch

$$\mathfrak{U}'\mathfrak{S}\mathfrak{U} = \mathfrak{R} = (r_{kl}), \qquad \mathfrak{Y}\mathfrak{U} = \mathfrak{Z} = (z_{kl}), \tag{8}$$

so folgen aus (7) und der Schwarzschen Ungleichung die Formeln

$$\begin{aligned} &(\mathfrak{x}'\mathfrak{R}\mathfrak{y})^2 \leqq (\mathfrak{C}\mathfrak{x})'\mathfrak{D}\mathfrak{C}\mathfrak{x}(\mathfrak{C}\mathfrak{y})'\mathfrak{D}\mathfrak{C}\mathfrak{y}, \\ &\frac{\lambda}{2}(\mathfrak{Z}\mathfrak{x})'(\mathfrak{Z}\mathfrak{x}) \leqq (\mathfrak{C}\mathfrak{x})'\mathfrak{D}(\mathfrak{C}\mathfrak{x}). \end{aligned} \tag{9}$$

Zur Abkürzung sei

$$\left(\tfrac{4}{3}\right)^{k-1}\tau_k = \rho_k^2, \qquad \rho_k > 0 \qquad (k = 1, \cdots, m), \tag{10}$$

so dass nach (4) die Ungleichung

$$0 < \rho_1 \leqq \rho_2 \leqq \cdots \leqq \rho_m \tag{11}$$

richtig ist. Da das l^{te} Diagonalelement von $\mathfrak{C}'\mathfrak{D}\mathfrak{C}$ den Wert

$$\sum_{k=1}^{l} \tau_k c_{kl}^2 \leqq \tfrac{1}{4}\tau_l\{(\tfrac{4}{3})^{l-1} + \cdots + \tfrac{4}{3}\} + \tau_l = (\tfrac{4}{3})^{l-1}\tau_l = \rho_l^2$$

hat, so liefern (9) und (10) die Abschätzungen

$$r_{kl}^2 \leqq \rho_k^2\rho_l^2 \qquad (k = 1, \cdots, m;\ l = 1, \cdots, m) \tag{12}$$

$$\frac{\lambda}{2}(z_{1l}^2 + \cdots + z_{ml}^2) \leqq \rho_l^2 \qquad (l = 1, \cdots, m). \tag{13}$$

Es ist nun

$$(14)\qquad \tau_1 \cdots \tau_m = |\mathfrak{C}'\mathfrak{D}\mathfrak{C}| = |\mathfrak{U}'\mathfrak{Y}'(\lambda\mathfrak{E} - \mathfrak{T})\mathfrak{Y}\mathfrak{U}| = |\mathfrak{S}\mathfrak{T}^{-1}|(\lambda - \lambda_1)\cdots(\lambda - \lambda_m) < c_1,$$

wo c_1, wie auch weiterhin $c_2, \cdots, c_g$, natürliche Zahlen bedeuten, die nur von m, S, H abhängen. Aus (10) und (14) folgt

$$(15)\qquad \rho_1 \cdots \rho_m < c_2.$$

Da $\mathfrak{R}$ ganz und $|\mathfrak{R}| = S \neq 0$ ist, so gibt es unter den $m!$ Gliedern der entwickelten Determinante $|\mathfrak{R}|$ mindestens eins, das von 0 verschieden ist. Daher existiert wegen (12) eine Permutation $l_1, \cdots, l_m$ der Zahlen $1, \cdots, m$, so dass

$$(16)\qquad \rho_k \rho_{l_k} \geqq 1 \qquad (k = 1, \cdots, m)$$

ist. Bedeutet a eine Zahl der Reihe $1, \cdots, m$, so ist unter den a Zahlen $l_1, \cdots, l_a$ mindestens eine $\leqq m - a + 1$; ist l_k diese Zahl, so gilt zufolge (11) die Ungleichung

$$\rho_{l_k} \leqq \rho_{m-a+1}$$

und auch

$$\rho_k \leqq \rho_a,$$

also nach (16) erst recht

$$(17)\qquad \rho_a \rho_{m-a+1} \geqq 1 \qquad (a = 1, \cdots, m).$$

Hieraus folgt andererseits mit Hilfe von (15)

$$(18)\qquad \rho_a \rho_{m-a+1} < c_2,$$

also erst recht

$$(19)\qquad \rho_a \rho_b < c_2 \qquad (a + b \leqq m + 1).$$

Sind alle $m - 1$ Quotienten $\rho_{k+1} : \rho_k < c_2$ $(k = 1, \cdots, m - 1)$, so ist nach (15)

$$\rho_m^m < c_2^{1+\frac{m(m-1)}{2}},$$

also ρ_m beschränkt. In diesem Falle folgt aus (8), (11), (12), (13) die Behauptung von Hilfssatz 3 mit $g = 0$ und $\mathfrak{Q} = 2\mathfrak{U}^{-1}$, $\mathfrak{H} = \mathfrak{R}$.

Fortan liege nicht dieser Fall vor. Es sei $k = g$ der grösste Index $\leqq \dfrac{m}{2}$ mit $\rho_{k+1} : \rho_k \geqq c_2$, also $\rho_{g+1} : \rho_g \geqq c_2$ und $\rho_{k+1} : \rho_k < c_2$ für $g < k \leqq \dfrac{m}{2}$. Nach (17) und (18) ist dann

$$\rho_{k+1} : \rho_k = \frac{\rho_{k+1}\rho_{m-k}}{\rho_k \rho_{m-k+1}} \cdot \frac{\rho_{m-k+1}}{\rho_{m-k}} < c_2^2 \qquad \left(g < m - k \leqq \frac{m}{2}\right),$$

also

$$(20)\qquad \rho_{k+1} : \rho_k < c_2^2 \qquad (g < k < m - g).$$

Ist nun $k \leqq g$, $b \leqq m - g$, so ist nach (11) und (19)

(21) $$\rho_k \rho_b \leqq \rho_g \rho_b \leqq c_2^{-1} \rho_{g+1} \rho_b < 1 \qquad (k \leqq g; b \leqq m - g).$$

Ist andererseits $g < k \leqq m - g$, $g < b \leqq m - g$, so ist nach (11), (19) und (20)

$$\rho_k \rho_b \leqq c_2^{2(k-g-1)} \rho_{g+1} \rho_b < c_2^{2k-2g-1} \qquad (g < k \leqq m - g; g < b \leqq m - g),$$

also ρ_k beschränkt für $g < k \leqq m - g$ und nach (12) auch r_{kl} beschränkt für $g < k \leqq m - g$, $g < l \leqq m - g$. Ferner liefern (12) und (21) das Verschwinden von r_{kl} für $k \leqq g$, $l \leqq m - g$. Daher ist

(22) $$\mathfrak{R} = \begin{pmatrix} \mathfrak{N} & \mathfrak{N} & \mathfrak{W}' \\ \mathfrak{N} & \mathfrak{H} & \mathfrak{A}' \\ \mathfrak{W} & \mathfrak{A} & \mathfrak{B} \end{pmatrix}$$

mit $\mathfrak{H} = \mathfrak{H}^{(m-2g)}$, $\mathfrak{W} = \mathfrak{W}^{(g)}$, $\mathfrak{A} = \mathfrak{A}^{(g, m-2g)}$, $\mathfrak{B} = \mathfrak{B}^{(g)}$, wo alle Elemente von $\mathfrak{H}$ absolut kleiner als c_3 sind. Im Falle $g = \dfrac{m}{2}$ fallen $\mathfrak{A}$ und $\mathfrak{H}$ fort.

Es sei $\mathfrak{J}$ die Matrix, die aus $\mathfrak{E}^{(g)}$ durch Umkehrung der Reihenfolge der Zeilen entsteht. Setzt man

$$\mathfrak{K} = \begin{pmatrix} \mathfrak{J}\mathfrak{W} & \mathfrak{J}\mathfrak{A} & \frac{1}{2}\mathfrak{J}\mathfrak{B} \\ \mathfrak{N} & \mathfrak{N} & \mathfrak{J} \\ \mathfrak{N} & \mathfrak{E} & \mathfrak{N} \end{pmatrix},$$

also

$$\mathfrak{K}^{-1} = \begin{pmatrix} \mathfrak{W}^{-1}\mathfrak{J} & -\frac{1}{2}\mathfrak{W}^{-1}\mathfrak{B}\mathfrak{J} & -\mathfrak{W}^{-1}\mathfrak{A} \\ \mathfrak{N} & \mathfrak{N} & \mathfrak{E} \\ \mathfrak{N} & \mathfrak{J} & \mathfrak{N} \end{pmatrix},$$

so wird nach (22)

(23) $$\mathfrak{R} = \mathfrak{K}' \begin{pmatrix} \mathfrak{N} & \mathfrak{E} & \mathfrak{N} \\ \mathfrak{E} & \mathfrak{N} & \mathfrak{N} \\ \mathfrak{N} & \mathfrak{N} & \mathfrak{H} \end{pmatrix} \mathfrak{K}.$$

Es sei $\mathfrak{Z} = (\mathfrak{Z}_1 \mathfrak{Z}_2 \mathfrak{Z}_3)$ mit $\mathfrak{Z}_1 = \mathfrak{Z}_1^{(m,g)}$, $\mathfrak{Z}_2 = \mathfrak{Z}_2^{(m,m-2g)}$, $\mathfrak{Z}_3 = \mathfrak{Z}_3^{(m,g)}$; dann ist

(24) $$\mathfrak{Z}\mathfrak{K}^{-1} = (\mathfrak{Z}_1 \mathfrak{W}^{-1}\mathfrak{J}, -\tfrac{1}{2}\mathfrak{Z}_1 \mathfrak{W}^{-1}\mathfrak{B}\mathfrak{J} + \mathfrak{Z}_3\mathfrak{J}, -\mathfrak{Z}_1\mathfrak{W}^{-1}\mathfrak{A} + \mathfrak{Z}_2).$$

Da $\mathfrak{J}\mathfrak{W}$ die Matrix $(r_{m+1-k,l})$ $(k, l = 1, \cdots, g)$ ist, so wird nach (12) und (18) der absolute Betrag des l^{ten} Elements der k^{ten} Zeile von $\mathfrak{W}^{-1}\mathfrak{J}$

$$\leqq (g-1)! \frac{\rho_1 \cdots \rho_g \cdot \rho_{m-g+1} \cdots \rho_m}{\rho_{m+1-l}\, \rho_k} < \frac{c_4}{\rho_k\, \rho_{m+1-l}}.$$

Andererseits ist nach (13)

$$\frac{\lambda}{2} z_{kl}^2 \leqq \rho_l^2 \qquad (k, l = 1, \cdots, m), \tag{25}$$

und folglich nach (17) jedes Element der l^{ten} Spalte von $\mathfrak{Z}_1\mathfrak{W}^{-1}\mathfrak{J}$ absolut

$$< \sqrt{\frac{2}{\lambda}} \sum_{h=1}^{m} \rho_h \frac{c_4}{\rho_h \rho_{m+1-l}} < c_5 \rho_l \qquad (l = 1, \cdots, g).$$

Ferner ist $\mathfrak{J}\mathfrak{B}\mathfrak{J} = (r_{m+1-k,\, m+1-l})$ $(k, l = 1, \cdots, g)$, also nach (12) und (18) jedes Element der l^{ten} Spalte von $\mathfrak{Z}_1\mathfrak{W}^{-1}\mathfrak{B}\mathfrak{J}$ absolut

$$< c_5 \sum_{h=1}^{g} \rho_k \rho_{m+1-h} \rho_{m+1-l} < c_6 \rho_{m+1-l} \qquad (l = 1, \cdots, g),$$

und jedes Element der l^{ten} Spalte von $\mathfrak{Z}_3\mathfrak{J}$ nach (25) absolut $< c_7 \rho_{m+1-l}$. Endlich ist $\mathfrak{J}\mathfrak{A} = (r_{m+1-k,\, g+l})$ $(k = 1, \cdots, g;\ l = 1, \cdots, m - 2g)$, also jedes Element der l^{ten} Spalte von $\mathfrak{Z}_1\mathfrak{W}^{-1}\mathfrak{A}$ absolut

$$< c_5 \sum_{h=1}^{g} \rho_h \rho_{m+1-h} \rho_{g+h} < c_8 \rho_{g+l} \qquad (l = 1, \cdots, m - 2g),$$

und jedes Element der l^{ten} Spalte von $\mathfrak{Z}_2$ absolut $< c_9 \rho_{g+l}$.

Nun sei $\rho_k^{-1} = \sigma_k$ $(k = 1, \cdots, g)$. Dann ist zunächst nach (11) und (21) die Behauptung 2) richtig. Setzt man $2\,\mathfrak{R}\mathfrak{U}^{-1} = \mathfrak{Q}$, so ist nach (8)

$$\mathfrak{Q}\mathfrak{X} = 2(\mathfrak{Z}\mathfrak{R}^{-1})^{-1},$$

und aus dem Ergebnis des vorigen Absatzes folgt mit Rücksicht auf (17), (21) und (24) die Richtigkeit der Behauptung 4). Aus (8), (23) und dem früher über $\mathfrak{H}$ Bewiesenen ergeben sich schliesslich die Aussagen 1) und 3).

Hilfssatz 4: *Die Classenanzahl der symmetrischen ganzen m-reihigen Matrizen mit fester von* 0 *verschiedener Determinante ist endlich.*

Beweis: Es sei $\mathfrak{S}^{(m)}$ eine symmetrische ganze Matrix mit der Determinante $S \neq 0$. Es gibt eine reelle Matrix $\mathfrak{X}^{(m)}$, so dass $\mathfrak{X}'\mathfrak{S}\mathfrak{X}$ eine Diagonalmatrix ist, deren Diagonalelemente sämtlich ± 1 sind. Wendet man Hilfssatz 3 mit $H = 1$ an, so folgt die Existenz zweier ganzen Matrizen $\mathfrak{Q}$ und $\mathfrak{H}$, welche (6) erfüllen, und zwar gibt es dabei für $\mathfrak{H}$ nur eine endliche von m und S abhängige Anzahl von Möglichkeiten. Ferner ist

$$|4\mathfrak{S}| = \pm |\mathfrak{Q}|^2 |\mathfrak{H}|,$$

also $|\mathfrak{Q}|$ ein Factor von $2^m S$. Nach Hilfssatz 1 ist demnach $\mathfrak{Q} = \mathfrak{Q}_1\mathfrak{U}$ mit unimodularem $\mathfrak{U}$, wobei die Anzahl der Möglichkeiten für $\mathfrak{Q}_1$ wieder durch m und S beschränkt ist. Aus (6) folgt jetzt die Behauptung.

Es sei wieder $\mathfrak{S}^{(m)}$ ganz, $|\mathfrak{S}| \neq 0$. Eine ganze Matrix $\mathfrak{A}$ heisst eine Einheit von $\mathfrak{S}$, wenn $\mathfrak{A}'\mathfrak{S}\mathfrak{A} = \mathfrak{S}$ ist. Zwei Matrizen $\mathfrak{X}^{(mn)}$ und $\mathfrak{Y}^{(mn)}$ mögen associiert in bezug auf $\mathfrak{S}$ heissen, wenn $\mathfrak{Y} = \mathfrak{A}\mathfrak{X}$ ist mit einer geeigneten Einheit $\mathfrak{A}$ von $\mathfrak{S}$; diese Bezeichnung möge auch für die Punkte im mn-dimensionalen Raum verwendet werden, deren Coordinaten die Elemente von $\mathfrak{X}$ sind.

Man wähle nun eine Matrix $\mathfrak{Z}_0^{(m)}$ mit $|\mathfrak{Z}_0| \neq 0$, für welche die Gleichung $\mathfrak{X}'\mathfrak{S}\mathfrak{X} = \mathfrak{Z}_0$ eine reelle Lösung $\mathfrak{X}$ hat, und betrachte ein zusammenhängendes endliches Gebiet G im $\frac{m(m+1)}{2}$-dimensionalen $\mathfrak{Z}$-Raum, in dem $\mathfrak{Z}_0$ enthalten und $|\mathfrak{Z}| \neq 0$ ist. Vermöge der Gleichung $\mathfrak{X}'\mathfrak{S}\,\mathfrak{X} = \mathfrak{Z}$ wird das Gebiet G auf ein Gebiet G' im m^2-dimensionalen $\mathfrak{X}$-Raum abgebildet. Offenbar gehört mit $\mathfrak{X}$ auch jeder in bezug auf $\mathfrak{S}$ associierte Punkt zu G'. Wählt man aus allen mit $\mathfrak{X}$ associierten Punkten einen aus, so erhält man in G' eine Punktmenge $\bar{G}$, die reduciert genannt werden soll. Für das Folgende ist es wesentlich, dass $\bar{G}$ nicht zu compliciert ist; es ist also eine zweckmässige Auswahl der reducierten Punkte festzulegen.

Zunächst nehme man die endlich vielen orthogonalen Einheiten von $\mathfrak{S}$. Diese bilden eine Untergruppe Γ der Gruppe aller $2^m m!$ congruenten Abbildungen des m-dimensionalen Würfels auf sich. Es seien $x_1, \cdots, x_m$ die Elemente der ersten Spalte von $\mathfrak{X}$. Es heisse $\mathfrak{X}$ in bezug auf Γ reduciert, wenn der Ausdruck $x_1 + 2x_2 + \cdots + mx_m$ sich nicht verkleinert, falls $\mathfrak{X}$ durch $\mathfrak{O}\mathfrak{X}$ ersetzt wird, wo $\mathfrak{O}$ der Gruppe Γ angehört. Die reducierten Punkte erfüllen eine oder mehrere von Ebenen begrenzte Ecken, deren Spitze im Nullpunkt des $\mathfrak{X}$-Raumes liegt, und zwar gibt es zu jedem Punkt genau einen reducierten, falls er nicht auf gewissen endlich vielen Ebenen des $\mathfrak{X}$-Raumes liegt. Es sei F das von jenen Ecken erfüllte Gebiet.

Nun sei $\mathfrak{X}$ ein innerer Punkt von F, der nicht auf der Fläche $|\mathfrak{X}| = 0$ liegt. Man betrachte die Spur $\sigma(\mathfrak{X}'\mathfrak{A}'\mathfrak{A}\mathfrak{X})$ der Matrix $\mathfrak{X}'\mathfrak{A}'\mathfrak{A}\mathfrak{X}$ für alle Einheiten $\mathfrak{A}$ von $\mathfrak{S}$; ist sie beschränkt, so auch alle Elemente von $\mathfrak{A}\mathfrak{X}$ und daher von $\mathfrak{A}$. Folglich gibt es eine Einheit $\mathfrak{A}$, so dass jene Spur möglichst klein ist. Ferner ändert sich die Spur nicht, wenn $\mathfrak{A}$ durch $\mathfrak{O}\mathfrak{A}$ ersetzt wird, wo $\mathfrak{O}$ zu Γ gehört. Nennt man $\mathfrak{X}$ reduciert (in bezug auf die Einheitengruppe von $\mathfrak{S}$), wenn

(26) $$\sigma(\mathfrak{X}'\mathfrak{X}) \leqq \sigma(\mathfrak{X}'\mathfrak{A}'\mathfrak{A}\mathfrak{X})$$

für alle Einheiten von $\mathfrak{S}$ gilt und $\mathfrak{X}$ in F liegt, so gibt es also zu jedem Punkt $\mathfrak{Y}$ mit $|\mathfrak{Y}| \neq 0$ mindestens einen reducierten associierten Punkt $\mathfrak{X}$. Gäbe es zu $\mathfrak{Y}$ zwei reducierte associierte Punkte $\mathfrak{X}_1$ und $\mathfrak{X}_2$, so wäre nach (26)

(27) $$\sigma(\mathfrak{X}_1'\mathfrak{X}_1) = \sigma(\mathfrak{X}_2'\mathfrak{X}_2) = \sigma(\mathfrak{X}_1'\mathfrak{B}'\mathfrak{B}\mathfrak{X}_1)$$

mit einer gewissen von $\mathfrak{E}$ verschiedenen Einheit $\mathfrak{B}$ von $\mathfrak{S}$. Gehörte nun $\mathfrak{B}$ zu Γ, so läge $\mathfrak{X}_1$ auf dem Rande von F; gehörte aber $\mathfrak{B}$ nicht zu Γ, so würde $\mathfrak{X}_1$ auf der durch (27) definierten Fläche zweiter Ordnung liegen.

Man betrachte jetzt die Menge $\bar{F}$ der reducierten Punkte. Es sei $\mathfrak{X}_0$ ein Randpunkt von $\bar{F}$, der weder auf dem Rande von F noch auf $|\mathfrak{X}| = 0$ liegt. In beliebiger Nähe von $\mathfrak{X}_0$ gibt es dann nicht zu $\bar{F}$ gehörige Punkte, also ein $\mathfrak{X}$

im Innern von F mit $|\mathfrak{X}| \neq 0$ und dazu eine Einheit $\mathfrak{B}$ von $\mathfrak{S}$, so dass auch $\mathfrak{B}\mathfrak{X}$ in F liegt und

$$\sigma(\mathfrak{X}'\mathfrak{B}'\mathfrak{B}\mathfrak{X}) < \sigma(\mathfrak{X}'\mathfrak{X}) \tag{28}$$

ist. Für $\mathfrak{X} \to \mathfrak{X}_0$ folgt aus (28) die Beschränktheit der zugehörigen $\mathfrak{B}$, also gilt auch

$$\sigma(\mathfrak{X}_0'\mathfrak{B}'\mathfrak{B}\mathfrak{X}_0) \leqq \sigma(\mathfrak{X}_0'\mathfrak{X}_0) \tag{29}$$

für eine geeignete nicht-orthogonale Einheit von $\mathfrak{S}$. Andererseits gibt es in beliebiger Nähe von $\mathfrak{X}_0$ zu $\bar{F}$ gehörige Punkte, also ein $\mathfrak{X}$ in F mit $|\mathfrak{X}| \neq 0$, so dass (26) für alle Einheiten $\mathfrak{A}$ gilt. Für $\mathfrak{X} \to \mathfrak{X}_0$ folgt dann

$$\sigma(\mathfrak{X}_0'\mathfrak{B}'\mathfrak{B}\mathfrak{X}_0) \geqq \sigma(\mathfrak{X}_0'\mathfrak{X}_0)\,. \tag{30}$$

Daher liegt $\mathfrak{X}_0$ auf der Fläche zweiter Ordnung $\sigma(\mathfrak{X}'\mathfrak{B}'\mathfrak{B}\mathfrak{X}) = \sigma(\mathfrak{X}'\mathfrak{X})$.

Ist K eine beliebig grosse positive Zahl, so gehen durch das durch die Ungleichungen $\sigma(\mathfrak{X}'\mathfrak{X}) \leqq K$, $-K \leqq |\mathfrak{X}|^{-1} \leqq +K$ definierte Raumstück nur endlich viele jener Flächen zweiter Ordnung. Der in diesem Raumstück gelegene Teil von $\bar{F}$ wird also nur von endlich vielen Flächen zweiter Ordnung begrenzt.

Wird jetzt wie früher das endliche $\mathfrak{Z}$-Gebiet G vermöge $\mathfrak{X}'\mathfrak{S}\mathfrak{X} = \mathfrak{Z}$ auf das $\mathfrak{X}$-Gebiet G' abgebildet, so definiere man als das zugehörige reducierte Gebiet $\bar{G}$ den Durchschnitt von G' und $\bar{F}$.

2. Integralsätze

Hilfssatz 5: *Hat G einen Inhalt, so hat auch $\bar{G}$ einen (endlichen) Inhalt, falls nicht $m = 2$ und zugleich $-|\mathfrak{S}|$ eine Quadratzahl ist.*

Beweis: Es sei $K > 0$ und $\bar{G}_K$ der durch die Ungleichung $\sigma(\mathfrak{X}'\mathfrak{X}) \leqq K$ definierte Teil von $\bar{G}$. Es ist $|\mathfrak{X}|^2|\mathfrak{S}| = |\mathfrak{Z}|$, also $|\mathfrak{X}|^{-1}$ in G beschränkt. Der Rand von $\bar{G}_K$ besteht aus Teilen von endlich vielen Flächen zweiter Ordnung und aus einem Teil der Punktmenge, welche dem Rande von G vermöge $\mathfrak{X}'\mathfrak{S}\mathfrak{X} = \mathfrak{Z}$ im $\mathfrak{X}$-Raume entspricht. Folglich hat $\bar{G}_K$ einen Inhalt v_K, der offenbar eine monoton wachsende Funktion von K ist. Da $\bar{G}_K$ mit unendlich werdendem K gegen $\bar{G}$ convergiert, so hat man zum Beweise der Behauptung nur zu zeigen, dass v_K unter einer von K freien Schranke liegt.

Man wende Hilfssatz 3 an, für ein beliebiges $\mathfrak{X}$ aus $\bar{G}$. Da $|\mathfrak{Z}|$ und $|\mathfrak{Z}|^{-1}$ in G beschränkt sind, so kann die Zahl M des Hilfssatzes 3 constant auf $\bar{G}$ gewählt werden. Wie beim Beweise von Hilfssatz 4 folgt, dass $\mathfrak{Q} = \mathfrak{Q}_0\mathfrak{U}$ mit unimodularem $\mathfrak{U}$ ist, wo für $\mathfrak{Q}_0$ nur endlich viele Möglichkeiten in Betracht kommen. Daher ist $\mathfrak{U}'^{-1}\mathfrak{S}\mathfrak{U}^{-1}$ nach (6) eine von endlich vielen Matrizen $\mathfrak{S}_0$; und für jede von diesen gibt es eine feste unimodulare Matrix $\mathfrak{U}_0$, so dass $\mathfrak{S} = \mathfrak{U}_0'\mathfrak{S}_0\mathfrak{U}_0$ ist. Dann ist aber $\mathfrak{U}_0^{-1}\mathfrak{U} = \mathfrak{W}$ eine Einheit von $\mathfrak{S}$ und $\mathfrak{Q} = \mathfrak{Q}_0\mathfrak{U} = \mathfrak{Q}_0\mathfrak{U}_0\mathfrak{W} = \mathfrak{P}_0\mathfrak{W}$ mit endlich vielen $\mathfrak{P}_0$.

Der Wert der Zahl g des Hilfssatzes 3 kann von $\mathfrak{X}$ abhängen. Zunächst sei

$0 < g < \frac{m}{2}$, also $\mathfrak{H}$ vorhanden. Sind $\mathfrak{y}, \mathfrak{z}, \mathfrak{t}$ Spalten von $g, g, m - 2g$ Elementen, so geht die quadratische Form $2\mathfrak{y}'\mathfrak{z} + \mathfrak{t}'\mathfrak{H}\mathfrak{t}$ durch die Substitution

$$\mathfrak{y} = \mathfrak{y}_1 - 2\mathfrak{A}'\mathfrak{H}\mathfrak{A}\mathfrak{z}_1 - 2\mathfrak{A}'\mathfrak{H}\mathfrak{t}_1, \qquad \mathfrak{z} = \mathfrak{z}_1, \qquad \mathfrak{t} = \mathfrak{t}_1 + 2\mathfrak{A}\mathfrak{z}_1$$

in sich über, bei beliebigem $\mathfrak{A} = \mathfrak{A}^{(m-2g, g)}$. Setzt man

$$(31) \qquad \mathfrak{F} = \begin{pmatrix} \mathfrak{E} & -2\mathfrak{A}'\mathfrak{H}\mathfrak{A} & -2\mathfrak{A}'\mathfrak{H} \\ \mathfrak{N} & \mathfrak{E} & \mathfrak{N} \\ \mathfrak{N} & 2\mathfrak{A} & \mathfrak{E} \end{pmatrix},$$

so ist die Matrix $\mathfrak{Q}^{-1}\mathfrak{F}\mathfrak{Q}$ nach (6) eine Einheit von $\mathfrak{S}$, falls sie ganz ist. Dies ist sicher der Fall, wenn $\mathfrak{A}$ ganz und $\equiv \mathfrak{N} \pmod{S}$ gewählt wird. Dann gilt

$$(32) \qquad \mathfrak{F}\mathfrak{Q}\mathfrak{X} = \mathfrak{P}_0\mathfrak{Y},$$

wo $\mathfrak{Y}$ mit $\mathfrak{X}$ in bezug auf $\mathfrak{S}$ associiert ist. In $\mathfrak{Q}\mathfrak{X} = (b_{kl})$ sei $b_{g+1,h}$ das absolut grösste der Elemente der $(g+1)^{ten}$ Zeile. In $\mathfrak{A}$ wähle man alle Elemente gleich 0 bis auf das erste Element der ersten Zeile, dieses sei aS. Man kann ein ganzzahliges a so bestimmen, dass

$$(33) \qquad |2aS\, b_{g+1,h} + b_{2g+1,h}| \leqq |S\, b_{g+1,h}|$$

ist. Da nun $|\mathfrak{Q}\mathfrak{X}|^{-1}$ beschränkt ist, so folgt nach Aussage 4) von Hilfssatz 3 mit Rücksicht auf die Definition der σ_k, dass $\sigma_{g+1} : b_{g+1,h}$ beschränkt ist. Nach (33) ist daher $a : \sigma_1$ beschränkt. Aus (31) folgt dann, dass die Aussage 4) von Hilfssatz 3 auch für $\mathfrak{F}\mathfrak{Q}\mathfrak{X}$ statt $\mathfrak{Q}\mathfrak{X}$ gilt. Darüber hinaus besagt (33), dass das h^{te} Element der $(2g+1)^{ten}$ Zeile von $\mathfrak{F}\mathfrak{Q}\mathfrak{X}$ nicht nur beschränkt ist, sondern sogar absolut kleiner als $|S|M\sigma_1^{-1}$ ist.

Man setze $\mathfrak{P}_0\mathfrak{Y} = (z_{kl})$ und bezeichne mit μ_k das Maximum der absoluten Beträge der Zahlen $z_{k1}, \cdots, z_{km}$ $(k = 1, \cdots, m)$; ferner sei ν das Minimum der absoluten Beträge der Elemente der $(2g+1)^{ten}$ Zeile von $\mathfrak{P}_0\mathfrak{Y}$. Ist dann M irgend eine positive Zahl, so wird durch die Ungleichungen

$$(34) \qquad \mu_k\mu_{g+k} \leqq M \quad (k = 1, \cdots, g), \qquad \mu_k \leqq M \quad (k = 2g+1, \cdots, m),$$

$$(35) \qquad M^{-1} \leqq \mu_{k+1} \leqq M\mu_k \quad (k = 1, \cdots, g-1), \qquad \mu_1 \leqq M\nu^{-1}$$

bei variablem $\mathfrak{Y}$ ein Gebiet im $\mathfrak{Y}$-Raum definiert, und zwar hat dieses, wie eine leichte Rechnung zeigt, einen endlichen Inhalt. Andererseits ist die Anzahl der $\mathfrak{P}_0$ endlich und das durch (32) definierte $\mathfrak{Y}$ mit $\mathfrak{X}$ associiert. Betrachtet man nur denjenigen Teil von $\bar{G}_K$, für welchen die $\mathfrak{X}$ zugeordnete Zahl g dem Intervall $0 < g < \dfrac{m}{2}$ angehört, so ist also sein Inhalt beschränkt. Es ist noch zu zeigen, dass dies auch für $g = 0$ und $g = \dfrac{m}{2}$ gilt.

Im Fall $g = 0$ ist das trivial, da nach Hilfssatz 3 dann die Matrix $\mathfrak{Q}\mathfrak{X} = \mathfrak{P}_0\mathfrak{W}\mathfrak{X}$ beschränkt ist.

Im Fall $g = \frac{m}{2}$ ist $m > 2$; denn für $m = 2$ folgte aus (6), dass dann $-S$ eine Quadratzahl wäre, gegen die Voraussetzung. Es sei $\mathfrak{A} = \mathfrak{A}^{(g)}$ eine beliebige alternierende Matrix, also $\mathfrak{A}' = -\mathfrak{A}$. Setzt man dann

$$\mathfrak{F} = \begin{pmatrix} \mathfrak{E} & \mathfrak{A} \\ \mathfrak{N} & \mathfrak{E} \end{pmatrix},$$

so ist die Matrix $\mathfrak{Q}^{-1}\mathfrak{F}\mathfrak{Q}$ nach (6) eine Einheit von $\mathfrak{S}$, falls sie ganz ist. Dies ist sicher der Fall, wenn $\mathfrak{A}$ ganz und $\equiv \mathfrak{N} \pmod{S}$ gewählt wird. In $\mathfrak{A} = (a_{kl})$ seien nun alle Elemente 0 bis auf $a_{g1} = aS$ und $a_{1g} = -aS$. Es sei wieder $b_{g+1,h}$ das absolut grösste der Elemente der $(g + 1)^{ten}$ Zeile von $\mathfrak{Q}\mathfrak{X} = (b_{kl})$. Da das h^{te} Element der g^{ten} Zeile von $\mathfrak{F}\mathfrak{Q}\mathfrak{X}$ den Wert $b_{gh} + aS\, b_{g+1,h}$ besitzt, so kann es durch geeignete ganzzahlige Wahl von a absolut kleiner als $|\, S\, b_{g+1,h} \,|$ gemacht werden. Nach Aussage 4) von Hilfssatz 3 ist dabei $a : \sigma_1\sigma_g$ beschränkt. Hieraus folgt leicht, dass jene Aussage auch für $\mathfrak{F}\mathfrak{Q}\mathfrak{X}$ statt $\mathfrak{Q}\mathfrak{X}$ gilt.

Nun sei ν das Minimum der absoluten Beträge der Elemente der g^{ten} Zeile von $\mathfrak{P}_0\mathfrak{Y}$, während μ_k die frühere Bedeutung habe. Durch die Ungleichungen

$$\begin{aligned} &\mu_k\mu_{g+k} \leqq M \quad (k = 1, \cdots, g), \qquad M^{-1} \leqq \mu_{k+1} \leqq M\mu_k \quad (k = 1, \cdots, g-1), \\ &\mu_1 \leqq M\nu^{-1} \end{aligned} \tag{36}$$

wird wieder ein endliches Volumen im $\mathfrak{Y}$-Raum definiert. Dies zeigt vermöge (32), dass auch der zu $g = \frac{m}{2}$ gehörige Teil von $\bar{G}_K$ beschränkten Inhalt besitzt. Damit ist Hilfssatz 5 vollständig bewiesen.

Fortan sei der Ausnahmefall $m = 2$, $-\,|\,\mathfrak{S}\,|$ gleich einer Quadratzahl ausgeschlossen.

Läge das reducierte Gebiet $\bar{G}$ ganz im Endlichen, so folgt aus der Definition des Inhalts, dass das Volumen von $\bar{G}$ gleich $\lim t^{-m^2} a_t$ für $t \to \infty$ wäre, wo a_t die Anzahl der in $\bar{G}$ gelegenen Gitterpunkte eines Würfelgitters der Breite t^{-1} bedeutet. Hat aber die Gleichung $\mathfrak{x}'\mathfrak{S}\mathfrak{x} = 0$ eine nicht-triviale ganzzahlige Lösung $\mathfrak{x}$, so reicht $\bar{G}$ ins Unendliche, wie sich durch eine genauere Untersuchung zeigen lässt; und zwar tritt dies im Falle $m \geqq 5$ für jedes indefinite $\mathfrak{S}$ ein. Obwohl sich jene arithmetische Approximation des Inhalts bei beliebigen unendlichen Gebieten nicht stets übertragen lässt, so gilt doch

Hilfssatz 6: *Es habe G einen Inhalt. Es sei $a(t)$ die Anzahl der ganzen $\mathfrak{X}$, für welche die Matrix $t^{-1}\mathfrak{X}$ im reducierten Gebiet $\bar{G}$ liegt. Dann strebt $t^{-m^2}a(t)$ für unendlich werdendes t gegen den Inhalt von $\bar{G}$.*

Beweis: Es sei $a_K(t)$ die Anzahl der ganzen $\mathfrak{X}$, für welche $t^{-1}\mathfrak{X}$ in $\bar{G}_K$ liegt. Da $\bar{G}_K$ ein endliches Gebiet ist, so ist $\lim t^{-m^2}a_K(t)$ für jedes feste K gleich dem Inhalt von $\bar{G}_K$. Zum Beweise der Behauptung genügt es daher, zu zeigen, dass der Ausdruck $t^{-m^2}(a(t) - a_K(t))$ für $K \to \infty$ gleichmässig in t den Grenzwert 0 hat.

Man wende nun dieselbe Überlegung an wie beim Beweise von Hilfssatz 5, mit $t^{-1}\mathfrak{X}$ statt $\mathfrak{X}$. Es gibt endlich viele Matrizen $\mathfrak{P}_0$ und zu jedem $\mathfrak{X}$ ein associiertes $\mathfrak{Y}$, so dass für $t^{-1}\mathfrak{P}_0\mathfrak{Y}$ im Falle $0 < g < \frac{m}{2}$ die Ungleichungen (34), (35), im Falle $g = \frac{m}{2}$ die Ungleichungen (36) gelten, während $t^{-1}\mathfrak{P}_0\mathfrak{Y}$ im Falle $g = 0$ beschränkt ist. Liegt nun $t^{-1}\mathfrak{X}$ in $\bar{G}$, aber nicht in $\bar{G}_K$, so ist $\sigma(\mathfrak{X}'\mathfrak{X}) > Kt^2$, also für das associierte $\mathfrak{Y}$ erst recht $\sigma(\mathfrak{Y}'\mathfrak{Y}) > Kt^2$; und daher ist mindestens ein Element von $t^{-1}\mathfrak{P}_0\mathfrak{Y}$ absolut grösser als $M^{-1}K^{\frac{1}{2}}$, bei geeignetem constanten $M > 0$. Der Fall $g = 0$ kann also bei hinreichend grossem K nicht vorkommen.

Es sei $0 < g < \frac{m}{2}$. Es bedeute μ_k das Maximum der absoluten Werte der Elemente in der k^{ten} Zeile von $t^{-1}\mathfrak{P}_0\mathfrak{Y}$ und ν das Minimum der absoluten Werte für die $(2g+1)^{\text{te}}$ Zeile. Es genügt, die Anzahl der ganzen $\mathfrak{Y}$ mit $|\mathfrak{Y}| \neq 0$ abzuschätzen, für welche die Ungleichungen

$$\mu_k \mu_{g+k} \leqq M \quad (k = 1, \cdots, g), \qquad \mu_k \leqq M \quad (k = 2g+1, \cdots, m),$$

$$M^{-1} \leqq \mu_{k+1} \leqq M\mu_k \quad (k = 1, \cdots, g-1), \qquad M^{-1}K^{\frac{1}{2}} \leqq \mu_1 \leqq M\nu^{-1}$$

sämtlich erfüllt sind. Durch eine einfache Abzählung folgt, dass jene Anzahl kleiner als $ct^{m^2}K^{-\frac{1}{2}}\log^{g-1}K$ ist, wo c von K und t frei ist.

Im Falle $g = \frac{m}{2}$ definiere man analog wie früher ν als das Minimum der absoluten Beträge der Elemente der g^{ten} Zeile von $t^{-1}\mathfrak{P}_0\mathfrak{Y}$ und findet für die Anzahl der ganzen $\mathfrak{Y}$ mit $|\mathfrak{Y}| \neq 0$ und

$$\mu_k \mu_{g+k} \leqq M \quad (k = 1, \cdots, g), \qquad M^{-1} \leqq \mu_{k+1} \leqq M\mu_k \quad (k = 1, \cdots, g-1),$$

$$M^{-1}K^{\frac{1}{2}} \leqq \mu_1 \leqq M\nu^{-1}$$

ebenfalls die im vorigen Absatz angegebene Schranke.

Folglich ist

$$a(t) - a_K(t) < ct^{m^2}K^{-\frac{1}{2}}\log^{g-1}K$$

und damit die Behauptung bewiesen.

Ebenso beweist man den allgemeineren

Hilfssatz 7: *Es sei $f(\mathfrak{Z})$ eine Function der Elemente der Matrix $\mathfrak{Z}$, die im $\mathfrak{Z}$-Gebiet G integrierbar ist. Es sei $\mathfrak{C}_1^{(m)}$ eine ganze Matrix und q eine natürliche Zahl. Durchläuft dann $\mathfrak{C}$ alle ganzen Matrizen $\equiv \mathfrak{C}_1 \pmod{q}$, für welche die Matrix $t^{-1}\mathfrak{C}$ im reducierten Gebiet $\bar{G}$ liegt, so gilt*

$$\int_{\bar{G}} f(\mathfrak{X}'\mathfrak{S}\mathfrak{X})\, d\mathfrak{X} = \lim_{t\to\infty} \left(\frac{q}{t}\right)^{m^2} \sum_{\substack{\mathfrak{C} \equiv \mathfrak{C}_1 \pmod{q} \\ t^{-1}\mathfrak{C} \text{ in } \bar{G}}} f(t^{-2}\,\mathfrak{C}'\mathfrak{S}\mathfrak{C}). \tag{37}$$

Das Integral in (37) lässt sich in ein Integral über G transformieren. Um dies zu zeigen, benötigt man

Hilfssatz 8: *Die Gleichung $\mathfrak{X}'\mathfrak{S}\mathfrak{X} = \mathfrak{Z}$ hat für hinreichend nahe bei $\mathfrak{S}$ gelegene $\mathfrak{Z}$ eine in $\mathfrak{Z}$ regulär analytische Lösung $\mathfrak{X}$, die für $\mathfrak{Z} \to \mathfrak{S}$ den Grenzwert $\mathfrak{E}$ hat.*

Beweis: Es genügt, eine Lösung $\mathfrak{X}$ mit symmetrischem $\mathfrak{S}\mathfrak{X}$ zu finden. Ist nun $\mathfrak{X}'\mathfrak{S} = \mathfrak{S}\mathfrak{X}$, so geht die Gleichung $\mathfrak{X}'\mathfrak{S}\mathfrak{X} = \mathfrak{Z}$ über in

$$\mathfrak{X}^2 = \mathfrak{S}^{-1}\mathfrak{Z}. \tag{38}$$

Setzt man $\mathfrak{S}^{-1}\mathfrak{Z} = \mathfrak{E} - 4\mathfrak{H}$, so ist

$$\mathfrak{X} = (\mathfrak{E} - 4\mathfrak{H})^{\frac{1}{2}} = \sum_{k=0}^{\infty} \binom{\frac{1}{2}}{k} (-4)^k \mathfrak{H}^k = \mathfrak{E} - 2 \sum_{k=1}^{\infty} \frac{(2k-2)!}{(k-1)!\,k!} \mathfrak{H}^k \tag{39}$$

eine Lösung von (38), falls die Reihe absolut convergiert. Dies ist sicher der Fall, wenn alle Elemente von $\mathfrak{H}$ hinreichend dicht bei 0 liegen, und zwar genügt es, wie man leicht erkennt, dass alle Wurzeln der Gleichung $|\lambda\mathfrak{S} - \mathfrak{Z}| = 0$ dem Intervall $0 < \lambda < 2$ angehören. Nun ist aber $\mathfrak{S}\mathfrak{H}^k$ symmetrisch, also nach (39) auch $\mathfrak{S}\mathfrak{X}$, so dass die durch (39) definierte Matrix $\mathfrak{X}$ auch der Gleichung $\mathfrak{X}'\mathfrak{S}\mathfrak{X} = \mathfrak{Z}$ genügt. Wegen $\mathfrak{H} = 1/4\,(\mathfrak{E} - \mathfrak{S}^{-1}\mathfrak{Z})$ ist die gefundene Lösung in $\mathfrak{Z}$ analytisch, und es gilt $\mathfrak{X} \to \mathfrak{E}$ für $\mathfrak{Z} \to \mathfrak{S}$.

Hilfssatz 9: *Es sei $v(G)$ der Inhalt des Gebietes G im $\mathfrak{Z}$-Raum und $v(\bar{G})$ der Inhalt des vermöge $\mathfrak{X}'\mathfrak{S}\mathfrak{X} = \mathfrak{Z}$ zugehörigen reducierten Gebietes $\bar{G}$ im $\mathfrak{X}$-Raum. Lässt man G auf einen Punkt $\mathfrak{Z}$ zusammenschrumpfen, so existiert gleichmässig in $\mathfrak{Z}$ der Grenzwert*

$$\lim_{G \to \mathfrak{Z}} \frac{v(\bar{G})}{v(G)} = \rho(\mathfrak{S})\,|\mathfrak{S}\mathfrak{Z}^{-1}|^{\frac{1}{2}}, \tag{40}$$

und zwar hängt $\rho(\mathfrak{S})$ nur von der Classe von $\mathfrak{S}$ ab.

Beweis: Die Gleichung $\mathfrak{X}'\mathfrak{S}\mathfrak{X} = \mathfrak{Z}$ geht durch die Substitution $\mathfrak{X} = \mathfrak{X}_1\mathfrak{C}^{(m)}$, $\mathfrak{Z} = \mathfrak{C}'\mathfrak{Z}_1\mathfrak{C}$ in $\mathfrak{X}_1'\mathfrak{S}\mathfrak{X}_1 = \mathfrak{Z}_1$ über. Den Gebieten G und $\bar{G}$ entsprechen zwei Gebiete G_1 und G_1' in den Räumen von $\mathfrak{Z}_1$ und $\mathfrak{X}_1$, und es ist

$$v(\bar{G}) = |\mathfrak{C}|^m\, v(G_1'), \qquad v(G) = |\mathfrak{C}|^{m+1}\, v(G_1), \qquad |\mathfrak{Z}| = |\mathfrak{C}|^2\,|\mathfrak{Z}_1|. \tag{41}$$

Nun braucht G_1' nicht das zu G_1 gehörige reducierte Gebiet $\bar{G}_1$ zu sein. Es enthält aber, wenn von Randpunkten abgesehen wird, zu jeder Lösung $\mathfrak{X}_1$ von $\mathfrak{X}_1'\mathfrak{S}\mathfrak{X}_1 = \mathfrak{Z}_1$ genau einen associierten Punkt. Daraus folgt leicht, dass $v(G_1') = v(\bar{G}_1)$ ist. Also gilt

$$|\mathfrak{Z}_1|^{\frac{1}{2}} \frac{v(\bar{G}_1)}{v(G_1)} = |\mathfrak{Z}|^{\frac{1}{2}} \frac{v(\bar{G})}{v(G)}. \tag{42}$$

Setzt man ferner $\mathfrak{X} = \mathfrak{U}\mathfrak{X}_0$ mit unimodularem $\mathfrak{U}$ und $\mathfrak{U}'\mathfrak{S}\mathfrak{U} = \mathfrak{S}_0$, so geht $\mathfrak{X}'\mathfrak{S}\mathfrak{X} = \mathfrak{Z}$ in $\mathfrak{X}_0'\mathfrak{S}_0\mathfrak{X}_0 = \mathfrak{Z}$ über. Dabei entsprechen in bezug auf $\mathfrak{S}$ associierten Punkten im $\mathfrak{X}$-Raum stets in bezug auf $\mathfrak{S}_0$ associierte Punkte im $\mathfrak{X}_0$-Raum. Folglich hängt $v(\bar{G})$ bei festem G nur von der Classe von $\mathfrak{S}$ ab. Mit Rücksicht auf (42) hat man zum Beweise der Behauptung nur noch zu zeigen, dass der Grenzwert in (40) existiert.

Es sei $\epsilon > 0$. Man betrachte eine so kleine Umgebung G_ϵ von $\mathfrak{Z}_0$, so dass für alle $\mathfrak{Z}_1$ aus G_ϵ bei der nach Hilfssatz 8 existierenden Lösung $\mathfrak{X}$ von $\mathfrak{X}'\mathfrak{Z}_0\mathfrak{X} = \mathfrak{Z}_1$ alle Elemente der Matrix $\mathfrak{X} - \mathfrak{E}$ absolut kleiner als ϵ sind. Es sei W_0 ein Würfel in G_ϵ mit der Kantenlänge w_0 und dem Mittelpunkt $\mathfrak{Z}_0$ und W_1 ein dazu parallel orientierter Würfel in G_ϵ mit der Kantenlänge w_1 und dem Mittelpunkt $\mathfrak{Z}_1$. Durchläuft $\mathfrak{Z}$ den Würfel W_0, so beschreibt $\mathfrak{X}'\mathfrak{Z}\mathfrak{X}$ bei festem $\mathfrak{X}$ ein Parallelepiped G. Es ist nun

$$\mathfrak{X}'\mathfrak{Z}\mathfrak{X} - \mathfrak{Z}_1 = \mathfrak{X}'(\mathfrak{Z} - \mathfrak{Z}_0)\mathfrak{X} = \mathfrak{Z} - \mathfrak{Z}_0 + (\mathfrak{X}' - \mathfrak{E})(\mathfrak{Z} - \mathfrak{Z}_0)$$
$$+ (\mathfrak{Z} - \mathfrak{Z}_0)(\mathfrak{X} - \mathfrak{E}) + (\mathfrak{X}' - \mathfrak{E})(\mathfrak{Z} - \mathfrak{Z}_0)(\mathfrak{X} - \mathfrak{E}),$$

und folglich unterscheiden sich entsprechende Elemente von $\mathfrak{X}'\mathfrak{Z}\mathfrak{X} - \mathfrak{Z}_1$ und $\mathfrak{Z} - \mathfrak{Z}_0$ höchstens um die Zahl $(m\epsilon + \frac{1}{2}m^2\epsilon^2)\,w_0$. Bedeutet ϵ_1, wie auch weiterhin $\epsilon_2, \cdots, \epsilon_5$, eine mit ϵ gegen 0 strebende Grösse, so liegt daher für

$$w_0 = w_1(1 + \epsilon_1) \tag{43}$$

der Würfel W_1 ganz in G. Es seien $\overline{W}_0, \overline{W}_1, \bar{G}$ die zu W_0, W_1, G gehörigen reducierten Gebiete. Nach (41) ist

$$v(\overline{W}_1) < v(\bar{G}) = |\mathfrak{X}|^m\, v(\overline{W}_0), \qquad v(W_1) = \left(\frac{w_1}{w_0}\right)^{\frac{m(m+1)}{2}} v(W_0)$$

und demnach

$$\frac{v(\overline{W}_1)}{v(W_1)} < (1 + \epsilon_2)\,\frac{v(\overline{W}_0)}{v(W_0)}. \tag{44}$$

Zerteilt man jetzt W_0 und W_1 in je $t^{\frac{m(m+1)}{2}}$ parallel orientierte Teilwürfel der Kanten $\frac{w_0}{t}$ und $\frac{w_1}{t}$, so folgt aus (43) und (44) für zwei beliebige dieser Teilwürfel W_0' und W_1' die Ungleichung

$$\frac{v(\overline{W}_1')}{v(W_1')} < (1 + \epsilon_2)\,\frac{v(\overline{W}_0')}{v(W_0')}. \tag{45}$$

Es seien W_1 und W_2 die aus W_0 durch Verkürzung in den Verhältnissen $1:1 + \epsilon_1$ und $1:(1 + \epsilon_1)^2$ hervorgehenden Würfel mit dem Mittelpunkt $\mathfrak{Z}_0$. Dann ist auch

$$\frac{v(\overline{W}_2)}{v(W_2)} < (1 + \epsilon_2)\,\frac{v(\overline{W}_1)}{v(W_1)}.$$

Für hinreichend grosses t kann man mit den Würfeln W_0' den Würfel W_2 überdecken, ohne dabei aus W_1 herauszukommen. Daher ist zufolge (45)

$$\frac{v(\overline{W}_1')}{v(W_1')} < (1 + \epsilon_2)\,\frac{v(\overline{W}_1)}{v(W_2)} = (1 + \epsilon_3)\,\frac{v(\overline{W}_1)}{v(W_1)}. \tag{46}$$

Zerlegt man auch W_2 in $t^{\frac{m(m+1)}{2}}$ gleiche Teilwürfel W_2', so kann man für hinreichend grosses t mit den W_2' den Würfel W_1 überdecken, ohne dabei W_0 zu verlassen. Folglich ist auch

$$(1 - \epsilon_4)\frac{v(\overline{W}_1)}{v(W_1)} < \frac{v(\overline{W}_1)}{v(W_0)} < (1 + \epsilon_2)\frac{v(\overline{W}_1')}{v(W_1')}\,. \tag{47}$$

Aus (46) und (47) ergibt sich, dass für alle W_1' die Beziehung

$$\frac{v(\overline{W}_1')}{v(W_1')} = (1 + \eta)\frac{v(\overline{W}_1)}{v(W_1)}$$

mit $|\eta| \leqq \epsilon_5$ gilt. Ist also G irgend ein Gebiet in G_ϵ, das einen Inhalt $v(G)$ besitzt, so ist auch

$$\frac{v(\bar{G})}{v(G)} = (1 + \eta)\frac{v(\overline{W}_1)}{v(W_1)}\,.$$

Hieraus folgt die Existenz des Grenzwertes in (40).

Eine unmittelbare Folge vom Hilfssatz 9 ist

Hilfssatz 10: *Es sei $f(\mathfrak{Z})$ in G integrierbar. Dann ist*

$$\int_{\bar{G}} f(\mathfrak{X}'\mathfrak{S}\mathfrak{X})\,d\mathfrak{X} = \rho(\mathfrak{S})\int_G f(\mathfrak{Z})\,|\mathfrak{S}\mathfrak{Z}^{-1}|^{\frac{1}{2}}\,d\mathfrak{Z}\,.$$

Weiterhin bedeute $\mathfrak{T} = \mathfrak{T}^{(n)}$ eine ganze symmetrische Matrix, die durch $\mathfrak{S}^{(m)}$ ganzzahlig darstellbar ist; es sei $|\mathfrak{T}| \neq 0$ und $n < m$. Zu jeder Darstellung $\mathfrak{C}'\mathfrak{S}\mathfrak{C} = \mathfrak{T}$ gehört eine gewisse endliche oder unendliche Gruppe, nämlich die Gruppe derjenigen Einheiten $\mathfrak{A}$ von $\mathfrak{S}$, welche $\mathfrak{C}$ invariant lassen, also den Gleichungen $\mathfrak{A}'\mathfrak{S}\mathfrak{A} = \mathfrak{S}$ und $\mathfrak{A}\mathfrak{C} = \mathfrak{C}$ genügen.

Es sei $\mathfrak{X}_0^{(m,\,m-n)}$ eine reelle Matrix, so dass die aus $\mathfrak{C}$ und $\mathfrak{X}_0$ zusammengesetzte Matrix $(\mathfrak{C}\mathfrak{X}_0)$ eine von 0 verschiedene Determinante besitzt. Man setze

$$(\mathfrak{C}\mathfrak{X}_0)'\mathfrak{S}(\mathfrak{C}\mathfrak{X}_0) = \begin{pmatrix}\mathfrak{T} & \mathfrak{Q}_0\\ \mathfrak{Q}_0' & \mathfrak{R}_0\end{pmatrix},$$

also $\mathfrak{C}'\mathfrak{S}\mathfrak{X}_0 = \mathfrak{Q}_0$, $\mathfrak{X}_0'\mathfrak{S}\mathfrak{X}_0 = \mathfrak{R}_0$. Es soll nun gezeigt werden, dass die Gleichung

$$(\mathfrak{C}\mathfrak{X})'\mathfrak{S}(\mathfrak{C}\mathfrak{X}) = \begin{pmatrix}\mathfrak{T} & \mathfrak{Q}\\ \mathfrak{Q}' & \mathfrak{R}\end{pmatrix} \tag{48}$$

eine reelle Lösung $\mathfrak{X}$ besitzt, falls $\mathfrak{Q}$ und $\mathfrak{R} = \mathfrak{R}'$ genügend nahe bei $\mathfrak{Q}_0$ und $\mathfrak{R}_0$ liegen. Um nämlich die Gleichungen $\mathfrak{C}'\mathfrak{S}\mathfrak{X} = \mathfrak{Q}$, $\mathfrak{X}'\mathfrak{S}\mathfrak{X} = \mathfrak{R}$ zu lösen, setze man $\mathfrak{X} = \mathfrak{C}\mathfrak{F} + \mathfrak{X}_0\mathfrak{W}$ mit unbekannten $\mathfrak{F}^{(n,m-n)}$ und $\mathfrak{W}^{(m-n)}$. Führt man noch die Abkürzungen $\mathfrak{R}_0 - \mathfrak{Q}_0'\mathfrak{T}^{-1}\mathfrak{Q}_0 = \mathfrak{H}_0$ und $\mathfrak{R} - \mathfrak{Q}'\mathfrak{T}^{-1}\mathfrak{Q} = \mathfrak{H}$ ein, so ist

$$\begin{pmatrix}\mathfrak{T} & \mathfrak{Q}_0\\ \mathfrak{Q}_0' & \mathfrak{R}_0\end{pmatrix} = \begin{pmatrix}\mathfrak{T} & \mathfrak{N}\\ \mathfrak{Q}_0' & \mathfrak{E}\end{pmatrix}\begin{pmatrix}\mathfrak{T}^{-1} & \mathfrak{N}\\ \mathfrak{N} & \mathfrak{H}_0\end{pmatrix}\begin{pmatrix}\mathfrak{T} & \mathfrak{Q}_0\\ \mathfrak{N} & \mathfrak{E}\end{pmatrix},$$

also $|\mathfrak{H}_0| \neq 0$, und die Gleichungen gehen über in $\mathfrak{T}\mathfrak{F} + \mathfrak{Q}_0\mathfrak{W} = \mathfrak{Q}$, $\mathfrak{W}'\mathfrak{H}_0\mathfrak{W} = \mathfrak{H}$. Von diesen ist die zweite auf grund von Hilfssatz 8 lösbar, falls $\mathfrak{H}$ genügend dicht bei $\mathfrak{H}_0$ liegt, und aus der ersten bestimmt sich dann $\mathfrak{F}$. Man wähle im $(m-n)\,(m+n+1)/2$-dimensionalen Raum der Paare $\mathfrak{Q}$, $\mathfrak{R}$ ein Gebiet B, in welchem überall (48) lösbar ist. Vermöge (48) wird dann B auf ein Gebiet B' in $m(m-n)$-dimensionalen $\mathfrak{X}$-Raum abgebildet. Nennt man zwei Punkte $\mathfrak{X}_1$, $\mathfrak{X}_2$ des $\mathfrak{X}$-Raumes associiert in bezug auf $\mathfrak{S}$, $\mathfrak{C}$, wenn für eine geeignete $\mathfrak{C}$ invariant lassende Einheit $\mathfrak{A}$ von $\mathfrak{S}$ die Gleichung $\mathfrak{X}_2 = \mathfrak{A}\mathfrak{X}_1$ gilt, so hat man wieder in B' einen reducierten Bereich $\bar{B}$ derart zu definieren, dass abgesehen von Randpunkten jeder Punkt von B' genau einen ihm associierten in $\bar{B}$ besitzt. Man kann den reducierten Bereich ganz analog wie früher so festlegen, dass der Ausdruck $\sigma(\mathfrak{A}(\mathfrak{C}\mathfrak{X})\,(\mathfrak{C}\mathfrak{X})'\mathfrak{A}')$ für $\mathfrak{A} = \mathfrak{E}$ sein Minimum hat, falls $\mathfrak{A}$ alle $\mathfrak{C}$ invariant lassenden Einheiten von $\mathfrak{S}$ durchläuft. Für den Nachweis der Existenz der Inhaltes von $\bar{B}$ braucht man den auch weiterhin wichtigen

Hilfssatz 11: *Es sei $\mathfrak{C}'\mathfrak{S}\mathfrak{C} = \mathfrak{T}$ eine primitive Darstellung und $\mathfrak{Y}_0$ ein Complement von $\mathfrak{C}$, also $(\mathfrak{C}\mathfrak{Y}_0) = \mathfrak{U}$ unimodular. Man setze*

$$\mathfrak{C}'\mathfrak{S}\mathfrak{Y}_0 = \mathfrak{Q}_0, \qquad \mathfrak{Y}_0'\mathfrak{S}\mathfrak{Y}_0 - \mathfrak{Q}_0'\mathfrak{T}^{-1}\mathfrak{Q}_0 = \mathfrak{H}_0.$$

Ist dann $\mathfrak{A}$ eine $\mathfrak{C}$ invariant lassende Einheit von $\mathfrak{S}$, so wird durch

$$\mathfrak{U}^{-1}\mathfrak{A}\mathfrak{U} = \begin{pmatrix} \mathfrak{E} & \mathfrak{F}_0 \\ \mathfrak{N} & \mathfrak{W}_0 \end{pmatrix} \tag{49}$$

eine Einheit $\mathfrak{W}_0$ von $\mathfrak{H}_0$ definiert, für welche

$$\mathfrak{F}_0 = \mathfrak{T}^{-1}\mathfrak{Q}_0\,(\mathfrak{E} - \mathfrak{W}_0) \tag{50}$$

ganz ist. Ist umgekehrt $\mathfrak{W}_0$ eine derartige Einheit von $\mathfrak{H}_0$, dass die durch (50) *definierte Matrix $\mathfrak{F}_0$ ganz ist, so liefert* (49) *eine $\mathfrak{C}$ invariant lassende Einheit $\mathfrak{A}$ von $\mathfrak{S}$.*

Beweis: Ist $\mathfrak{A}\mathfrak{C} = \mathfrak{C}$, so ist $\mathfrak{U}^{-1}\mathfrak{A}\mathfrak{U}$ von der Form (49) mit ganzen $\mathfrak{F}_0$, $\mathfrak{W}_0$. Setzt man noch

$$\mathfrak{T}\mathfrak{F}_0 + \mathfrak{Q}_0\mathfrak{W}_0 = \mathfrak{Q}, \qquad \mathfrak{W}_0'\mathfrak{H}_0\mathfrak{W}_0 = \mathfrak{H}, \tag{51}$$

so ist

$$\begin{pmatrix} \mathfrak{T} & \mathfrak{Q}_0 \\ \mathfrak{N} & \mathfrak{E} \end{pmatrix}\begin{pmatrix} \mathfrak{E} & \mathfrak{F}_0 \\ \mathfrak{N} & \mathfrak{W}_0 \end{pmatrix} = \begin{pmatrix} \mathfrak{E} & \mathfrak{N} \\ \mathfrak{N} & \mathfrak{W}_0 \end{pmatrix}\begin{pmatrix} \mathfrak{T} & \mathfrak{Q} \\ \mathfrak{N} & \mathfrak{E} \end{pmatrix}. \tag{52}$$

Da nun $\mathfrak{U}^{-1}\mathfrak{A}\mathfrak{U}$ ein Einheit von

$$\mathfrak{U}'\mathfrak{S}\mathfrak{U} = \begin{pmatrix} \mathfrak{T} & \mathfrak{Q}_0 \\ \mathfrak{N} & \mathfrak{E} \end{pmatrix}'\begin{pmatrix} \mathfrak{T}^{-1} & \mathfrak{N} \\ \mathfrak{N} & \mathfrak{H}_0 \end{pmatrix}\begin{pmatrix} \mathfrak{T} & \mathfrak{Q}_0 \\ \mathfrak{N} & \mathfrak{E} \end{pmatrix} = \begin{pmatrix} \mathfrak{T} & \mathfrak{Q}_0 \\ \mathfrak{Q}_0' & \mathfrak{H}_0 + \mathfrak{Q}_0'\mathfrak{T}^{-1}\mathfrak{Q}_0 \end{pmatrix} \tag{53}$$

ist, so liefern (49) und (52)

$$\begin{pmatrix} \mathfrak{T} & \mathfrak{Q}_0 \\ \mathfrak{Q}_0' & \mathfrak{H}_0 + \mathfrak{Q}_0'\mathfrak{T}^{-1}\mathfrak{Q}_0 \end{pmatrix} = \begin{pmatrix} \mathfrak{T} & \mathfrak{Q} \\ \mathfrak{Q}' & \mathfrak{H} + \mathfrak{Q}'\mathfrak{T}^{-1}\mathfrak{Q} \end{pmatrix},$$

also $\mathfrak{Q} = \mathfrak{Q}_0$, $\mathfrak{H} = \mathfrak{H}_0$, so dass $\mathfrak{W}_0$ auf grund von (51) eine (50) genügende Einheit von $\mathfrak{H}_0$ ist.

Ist umgekehrt $\mathfrak{W}_0$ eine Einheit von $\mathfrak{H}_0$, für welche die durch (50) festgelegte Matrix $\mathfrak{F}_0$ ganz ist, so gilt (52) mit $\mathfrak{Q} = \mathfrak{Q}_0$, und (53) zeigt, dass die Matrix $\begin{pmatrix} \mathfrak{E} & \mathfrak{F}_0 \\ \mathfrak{N} & \mathfrak{W}_0 \end{pmatrix}$ eine Einheit von $\mathfrak{U}'\mathfrak{S}\mathfrak{U}$ ist. Dann ist aber die durch (49) definierte Matrix $\mathfrak{A}$ eine Einheit von $\mathfrak{S}$, die offenbar $\mathfrak{C}$ invariant lässt.

Jetzt lassen sich die Hilfssätze 5, 9, 10 übertragen.

Hilfssatz 12: *Es sei nicht zugleich $m - n = 2$ und $-|\mathfrak{S}||\mathfrak{T}|$ eine Quadratzahl.*

Hat das Gebiet B im Raume der Paare $\mathfrak{Q}$, $\mathfrak{R}$ einen Inhalt, so hat auch das durch die Gleichung $(\mathfrak{C}\mathfrak{Y})'\mathfrak{S}(\mathfrak{C}\mathfrak{Y}) = \begin{pmatrix} \mathfrak{T} & \mathfrak{Q} \\ \mathfrak{Q}' & \mathfrak{R} \end{pmatrix}$ bestimmte $\mathfrak{Y}$-Gebiet $\bar{B}$, das in bezug auf die Gruppe der $\mathfrak{C}$ invariant lassenden Einheiten von $\mathfrak{S}$ reduciert ist, einen endlichen Inhalt.

Beweis: Es gibt eine primitive Matrix $\mathfrak{C}_1^{(m,n)}$ und eine ganze Matrix $\mathfrak{B}^{(n)}$, so dass $\mathfrak{C} = \mathfrak{C}_1\mathfrak{B}$ ist. Durch die Substitutionen $\mathfrak{T} = \mathfrak{B}'\mathfrak{T}_1\mathfrak{B}$, $\mathfrak{Q} = \mathfrak{B}'\mathfrak{Q}_1$ geht dann die gegebene Gleichung in $(\mathfrak{C}_1\mathfrak{Y})'\mathfrak{S}(\mathfrak{C}_1\mathfrak{Y}) = \begin{pmatrix} \mathfrak{T}_1 & \mathfrak{Q}_1 \\ \mathfrak{Q}_1' & \mathfrak{R} \end{pmatrix}$ über, mit primitivem $\mathfrak{C}_1$. Also genügt zum Beweise der Behauptung die Untersuchung des Falles eines primitiven $\mathfrak{C}$. Es sei $\mathfrak{Y}_0$ ein Complement von $\mathfrak{C}$ und $(\mathfrak{C}\mathfrak{Y}_0) = \mathfrak{U}$. Man setze wieder $\mathfrak{U}'\mathfrak{S}\mathfrak{U} = \begin{pmatrix} \mathfrak{T} & \mathfrak{Q}_0 \\ \mathfrak{Q}_0' & \mathfrak{R}_0 \end{pmatrix}$, $\mathfrak{H}_0 = \mathfrak{R}_0 - \mathfrak{Q}_0'\mathfrak{T}^{-1}\mathfrak{Q}_0$. Durch die Substitution

$$(\mathfrak{C}\mathfrak{Y}) = \mathfrak{U}\begin{pmatrix} \mathfrak{E} & \mathfrak{F} \\ \mathfrak{N} & \mathfrak{W} \end{pmatrix}, \tag{54}$$

d.h. $\mathfrak{Y} = \mathfrak{C}\mathfrak{F} + \mathfrak{Y}_0\mathfrak{W}$, ist der $\mathfrak{Y}$-Raum auf den $\mathfrak{F}$, $\mathfrak{W}$-Raum abgebildet, und dieser geht wegen (52) und (53) durch die Substitutionen

$$\mathfrak{T}\mathfrak{F} + \mathfrak{Q}_0\mathfrak{W} = \mathfrak{Q}, \qquad \mathfrak{W}'\mathfrak{H}_0\mathfrak{W} = \mathfrak{H}, \qquad \mathfrak{H} + \mathfrak{Q}'\mathfrak{T}^{-1}\mathfrak{Q} = \mathfrak{R} \tag{55}$$

in den $\mathfrak{Q}$, $\mathfrak{R}$-Raum über. Sind nun $\mathfrak{Y}_1$, $\mathfrak{Y}_2$ zwei associierte Punkte des $\mathfrak{Y}$-Raumes, also $\mathfrak{Y}_2 = \mathfrak{A}\mathfrak{Y}_1$, wo $\mathfrak{A}$ eine $\mathfrak{C}$ invariant lassende Einheit von $\mathfrak{S}$ bedeutet, so gilt für die zugehörigen Wertepaare $\mathfrak{F}_1$, $\mathfrak{W}_1$ und $\mathfrak{F}_2$, $\mathfrak{W}_2$ von $\mathfrak{F}$, $\mathfrak{W}$ nach (54) die Formel

$$\mathfrak{A}\mathfrak{U}\begin{pmatrix} \mathfrak{E} & \mathfrak{F}_1 \\ \mathfrak{N} & \mathfrak{W}_1 \end{pmatrix} = \mathfrak{U}\begin{pmatrix} \mathfrak{E} & \mathfrak{F}_2 \\ \mathfrak{N} & \mathfrak{W}_2 \end{pmatrix},$$

aus der vermöge (49) die Beziehungen

$$\mathfrak{F}_2 = \mathfrak{F}_1 + \mathfrak{F}_0\mathfrak{W}_1, \qquad \mathfrak{W}_2 = \mathfrak{W}_0\mathfrak{W}_1$$

folgen; dabei ist $\mathfrak{W}_0$ nach Hilfssatz 11 eine Einheit von $\mathfrak{H}_0$ und

$$\mathfrak{T}^{-1}\mathfrak{Q}_0(\mathfrak{E} - \mathfrak{W}_0) = \mathfrak{F}_0$$

ganz. Nun bilden die $\mathfrak{W}_0$ mit ganzem $\mathfrak{F}_0$ eine Untergruppe von endlichem Index in bezug auf die volle Einheitengruppe von $\mathfrak{H}_0$. Ferner ist $|\mathfrak{S}| = |\mathfrak{H}_0|\,|\mathfrak{T}|$ nach (53), also nicht zugleich $m - n = 2$ und $-|\mathfrak{H}_0|$ ein Quadrat. Durchläuft $\mathfrak{H}$ ein quadrierbares Gebiet, so ist auf grund von Hilfssatz 5 das durch $\mathfrak{W}'\mathfrak{H}_0\mathfrak{W} = \mathfrak{H}$ bestimmte bezüglich jener Untergruppe reducierte $\mathfrak{W}$-Gebiet quadrierbar. Endlich ist nach (55) das $\mathfrak{Q}$, $\mathfrak{H}$-Gebiet zugleich mit dem $\mathfrak{Q}$, $\mathfrak{R}$-Gebiet quadrierbar, und das $\mathfrak{F}$, $\mathfrak{W}$-Gebiet zugleich mit dem $\mathfrak{Q}$, $\mathfrak{W}$-Gebiet. Hieraus folgt die Behauptung.

Fortan sei der Fall ausgeschlossen, dass $m - n = 2$ und $-|\mathfrak{S}|\,|\mathfrak{T}|$ ein Quadrat ist.

HILFSSATZ 13: *Es sei $v(B)$ der Inhalt des Gebietes B im $\mathfrak{Q}$, $\mathfrak{R}$-Raum und $v(\bar{B})$ der Inhalt des vermöge $(\mathfrak{C}\mathfrak{Y})'\mathfrak{S}(\mathfrak{C}\mathfrak{Y}) = \begin{pmatrix} \mathfrak{T} & \mathfrak{Q} \\ \mathfrak{Q}' & \mathfrak{R} \end{pmatrix}$ zugehörigen reducierten Gebietes $\bar{B}$ im $\mathfrak{Y}$-Raum. Lässt man dann B auf einen Punkt $\mathfrak{Q}$, $\mathfrak{R}$ zusammenschrumpfen, so existiert gleichmässig in $\mathfrak{Q}$, $\mathfrak{R}$ der Grenzwert*

$$\lim_{B\to\mathfrak{Q},\,\mathfrak{R}} \frac{v(\bar{B})}{v(B)} = \rho(\mathfrak{S}, \mathfrak{C}) \left| \mathfrak{S} \begin{pmatrix} \mathfrak{T} & \mathfrak{Q} \\ \mathfrak{Q}' & \mathfrak{R} \end{pmatrix}^{-1} \right|^{\frac{1}{2}}, \tag{56}$$

wo $\rho(\mathfrak{S}, \mathfrak{C})$ nur von $\mathfrak{S}$ und $\mathfrak{C}$ abhängt.

BEWEIS: Man setze $(\mathfrak{C}\mathfrak{Y}_1)'\mathfrak{S}(\mathfrak{C}\mathfrak{Y}_1) = \begin{pmatrix} \mathfrak{T} & \mathfrak{Q}_1 \\ \mathfrak{Q}_1' & \mathfrak{R}_1 \end{pmatrix}$, $(\mathfrak{C}\mathfrak{Y}) = (\mathfrak{C}\mathfrak{Y}_1)\begin{pmatrix} \mathfrak{E} & \mathfrak{F} \\ \mathfrak{N} & \mathfrak{W} \end{pmatrix}$, also $\mathfrak{Y} = \mathfrak{C}\mathfrak{F} + \mathfrak{Y}_1\mathfrak{W}$, $\mathfrak{Q} = \mathfrak{T}\mathfrak{F} + \mathfrak{Q}_1\mathfrak{W}$, $\mathfrak{R} = \mathfrak{W}'\mathfrak{R}_1\mathfrak{W} + \mathfrak{F}'\mathfrak{Q}_1\mathfrak{W} + \mathfrak{W}'\mathfrak{Q}_1'\mathfrak{F} + \mathfrak{F}'\mathfrak{T}\mathfrak{F}$. Es bedeute B_1 das B entsprechende $\mathfrak{Q}_1$, $\mathfrak{R}_1$-Gebiet. Da die Functionaldeterminanten von $\mathfrak{Y}$ nach $\mathfrak{Y}_1$, $\mathfrak{Q}$ nach $\mathfrak{Q}_1$, $\mathfrak{R}$ nach $\mathfrak{R}_1$ die Werte $|\mathfrak{W}|^m$, $|\mathfrak{W}|^n$, $|\mathfrak{W}|^{m-n+1}$ haben, so ist

$$v(\bar{B}) = |\mathfrak{W}|^m\, v(\bar{B}_1), \qquad v(B) = |\mathfrak{W}|^{m+1}\, v(B_1).$$

Ferner ist

$$|(\mathfrak{C}\mathfrak{Y})| = |(\mathfrak{C}\mathfrak{Y}_1)|\,|\mathfrak{W}|$$

$$|(\mathfrak{C}\mathfrak{Y})|^2\,|\mathfrak{S}| = \begin{vmatrix} \mathfrak{T} & \mathfrak{Q} \\ \mathfrak{Q}' & \mathfrak{R} \end{vmatrix}$$

und folglich

$$\left| \mathfrak{S}^{-1} \begin{pmatrix} \mathfrak{T} & \mathfrak{Q} \\ \mathfrak{Q}' & \mathfrak{R} \end{pmatrix} \right|^{\frac{1}{2}} \frac{v(\bar{B})}{v(B)} = \left| \mathfrak{S}^{-1} \begin{pmatrix} \mathfrak{T} & \mathfrak{Q}_1 \\ \mathfrak{Q}_1' & \mathfrak{R}_1 \end{pmatrix} \right|^{\frac{1}{2}} \frac{v(\bar{B}_1)}{v(B_1)}.$$

Die Behauptung ist also bewiesen, wenn man die Existenz des Grenzwertes in (56) gezeigt hat. Hierzu kann man entweder die Gedanken des Beweises von

Hilfssatz 9 wiederholen oder die beim Beweise von Hilfssatz 12 benutzte Transformation anwenden.

Aus Hilfssatz 13 folgt

Hilfssatz 14: *Es sei $f(\mathfrak{Q}, \mathfrak{R})$ in B integrierbar. Dann ist*

$$\int_{\bar{B}} f(\mathfrak{C}'\mathfrak{S}\mathfrak{Y}, \mathfrak{Y}'\mathfrak{S}\mathfrak{Y})\, d\mathfrak{Y} = \rho(\mathfrak{S}, \mathfrak{C}) \int_B f(\mathfrak{Q}, \mathfrak{R}) \left| \mathfrak{S} \begin{pmatrix} \mathfrak{C}'\mathfrak{S}\mathfrak{C} & \mathfrak{Q} \\ \mathfrak{Q}' & \mathfrak{R} \end{pmatrix}^{-1} \right|^{\frac{1}{2}} d\mathfrak{Q} d\mathfrak{R}\,.$$

Ist für ein reelles $\mathfrak{C}$ die Matrix $\mathfrak{C}'\mathfrak{S}\mathfrak{C} = \mathfrak{D}$ eine Diagonalmatrix, so hängt die Anzahl μ der positiven Diagonalelemente nur von $\mathfrak{S}$ und nicht von $\mathfrak{C}$ *ab*, ebenso die Anzahl ν der negativen Diagonalelemente. Es heisse $\mu - \nu$ die Signatur von $\mathfrak{S}$.

Hilfssatz 15: *Es sei G ein Gebiet im Raume der Matrizen*

$$\mathfrak{Z}^{(m)} = \begin{pmatrix} \mathfrak{T}^{(n)} & \mathfrak{Q} \\ \mathfrak{Q}' & \mathfrak{R} \end{pmatrix},$$

in welchem die Gleichung $\mathfrak{X}'\mathfrak{S}\mathfrak{X} = \mathfrak{Z}$ eine reelle Lösung $\mathfrak{X}$ mit $|\mathfrak{X}| \neq 0$ hat, und es sei dort die Differenz der Signaturen von $\mathfrak{S}$ und $\mathfrak{T}$ constant gleich $m - n$ oder $n - m$. Es sei $\bar{G}$ das in bezug auf die Einheitengruppe von $\mathfrak{S}$ reducierte $\mathfrak{X}$-Gebiet. Bedeutet $\mathfrak{C}_0^{(m,n)}$ eine ganze Matrix und q eine natürliche Zahl, so gilt

$$\int_{\bar{G}} f(\mathfrak{X}'\mathfrak{S}\mathfrak{X})\, d\mathfrak{X} = \lim_{t\to\infty} \left(\frac{q}{t}\right)^{mn} \sum_{\substack{\mathfrak{C} \equiv \mathfrak{C}_0 \,(\mathrm{mod}\, q) \\ (t^{-1}\mathfrak{C},\, \mathfrak{Y}) \text{ in } G}} \int f((t^{-1}\,\mathfrak{C}, \mathfrak{Y})'\,\mathfrak{S}\,(t^{-1}\mathfrak{C}, \mathfrak{Y}))\, d\mathfrak{Y}\,.$$

Beweis: Bei jedem festen $\mathfrak{T}$ wird aus G ein $\mathfrak{Q}$, $\mathfrak{R}$-Gebiet B ausgeschnitten. Ist $t^{-2}\,\mathfrak{C}'\mathfrak{S}\mathfrak{C} = \mathfrak{T}$ bei ganzem $\mathfrak{C}$, so sei $\bar{B}$ das in bezug auf die Gruppe der $\mathfrak{C}$ invariant lassenden Einheiten von $\mathfrak{S}$ reducierte $\mathfrak{Y}$-Gebiet, welches durch $t^{-1}\,\mathfrak{C}'\mathfrak{S}\mathfrak{Y} = \mathfrak{Q}$, $\mathfrak{Y}'\mathfrak{S}\mathfrak{Y} = \mathfrak{R}$ festgelegt wird. Auf grund von Hilfssatz 7 hat man zum Beweise von Hilfssatz 15 nur zu zeigen, dass

$$\lim_{u\to\infty} \left(\frac{q}{u}\right)^{m(m-n)} \sum_{\substack{\mathfrak{Y} \equiv \mathfrak{Y}_0 \left(\mathrm{mod}\, \frac{q}{u}\right) \\ \mathfrak{Y} \text{ in } \bar{B}}} f((t^{-1}\,\mathfrak{C}, \mathfrak{Y})'\,\mathfrak{S}\,(t^{-1}\,\mathfrak{C}, \mathfrak{Y})) \tag{57}$$

$$= \int_{\bar{B}} f((t^{-1}\,\mathfrak{C}, \mathfrak{Y})'\,\mathfrak{S}\,(t^{-1}\,\mathfrak{C}, \mathfrak{Y}))\, d\mathfrak{Y}$$

ist, und zwar gleichmässig in $\mathfrak{C}$.

Sind nun σ und τ die Signaturen von $\mathfrak{S}$ und $\mathfrak{T}$, so hat nach (53) die in Hilfssatz 11 mit $\mathfrak{H}_0$ bezeichnete Matrix die Signatur $\sigma - \tau$, ist also definit unter der Voraussetzung von Hilfssatz 15. Wie Minkowski bewiesen hat, ist nun aber die Ordnung der Einheitengruppe einer definiten quadratischen Form mit fester Variabelnzahl beschränkt. Aus dem Beweise von Hilfssatz 12 folgt jetzt ohne Mühe, dass (57) gleichmässig in $\mathfrak{C}$ richtig ist.

Hilfssatz 16: *Es sei H ein Gebiet im $\mathfrak{T}$-Raum, in dem die Differenz der Signaturen von $\mathfrak{S}$ und $\mathfrak{T}$ constant gleich $m - n$ oder $n - m$ ist. Für jede in H integrierbare Function $f(\mathfrak{T})$ gilt dann*

$$(58)\quad \rho(\mathfrak{S})\int_H f(\mathfrak{T})\,d\mathfrak{T} = \lim_{t\to\infty} q^{mn} t^{-\frac{n(n+1)}{2}} \sum_{\substack{\mathfrak{C}\equiv\mathfrak{C}_0 \pmod q \\ t^{-1}\mathfrak{C}'\mathfrak{S}\mathfrak{C} \text{ in } H}} \rho(\mathfrak{S},\mathfrak{C})\, f(t^{-1}\mathfrak{C}'\mathfrak{S}\mathfrak{C}),$$

wobei $\mathfrak{C}$ ein volles System nicht-associierter Matrizen $\equiv \mathfrak{C}_0$ (mod q) durchläuft, für welche $t^{-1}\,\mathfrak{C}'\mathfrak{S}\mathfrak{C}$ in H liegt.

Beweis: Schreibt man für $\mathfrak{Q}$ und $\mathfrak{R}$ geeignete von $\mathfrak{T}$ unabhängige Bereiche vor, so wird H in ein Gebiet G des Raumes der Matrizen $\mathfrak{Z} = \begin{pmatrix}\mathfrak{T} & \mathfrak{Q}\\ \mathfrak{Q}' & \mathfrak{R}\end{pmatrix}$ eingebettet. Die Behauptung folgt jetzt aus den Hilfssätzen 10, 14, 15, indem man unter $f(\mathfrak{Z})$ die specielle Function $f(\mathfrak{T})\mid \mathfrak{S}^{-1}\mathfrak{Z}\mid^{\frac{1}{2}}$ versteht.

Hilfssatz 17: *Es sei $\mathfrak{C}^{(m,n)}$ primitiv, $\mathfrak{B}$ ein Complement zu $\mathfrak{C}$, $\mathfrak{C}'\mathfrak{S}\mathfrak{C} = \mathfrak{T}$, $\mathfrak{C}'\mathfrak{S}\mathfrak{B} = \mathfrak{Q}$, $\mathfrak{B}'\mathfrak{S}\mathfrak{B} - \mathfrak{Q}'\mathfrak{T}^{-1}\mathfrak{Q} = \mathfrak{H}$ und λ die Anzahl der modulo 1 incongruenten Matrizen $\mathfrak{T}^{-1}\mathfrak{Q}\mathfrak{W}$, falls $\mathfrak{W}$ alle Einheiten von $\mathfrak{H}$ durchläuft. Bedeutet T den absoluten Betrag der Determinante von $\mathfrak{T}$, so ist*

$$\rho(\mathfrak{S},\mathfrak{C}) = \lambda T^{n-m}\rho(\mathfrak{H}).$$

Beweis: Die Zahl λ ist zugleich der Index der Untergruppe derjenigen Einheiten $\mathfrak{W}$, für welche $\mathfrak{T}^{-1}\mathfrak{Q}(\mathfrak{E}-\mathfrak{W})$ ganz ist. Setzt man nun analog wie beim Beweise von Hilfssatz 12

$$\mathfrak{X} = (\mathfrak{C}\mathfrak{Y}) = (\mathfrak{C}\mathfrak{B})\begin{pmatrix}\mathfrak{E} & \mathfrak{F}\\ \mathfrak{N} & \mathfrak{W}_1\end{pmatrix},\quad \mathfrak{X}'\mathfrak{S}\mathfrak{X} = \begin{pmatrix}\mathfrak{T} & \mathfrak{Q}_1\\ \mathfrak{Q}_1' & \mathfrak{R}_1\end{pmatrix},\quad \mathfrak{H}_1 = \mathfrak{R}_1 - \mathfrak{Q}_1'\mathfrak{T}^{-1}\mathfrak{Q}_1,$$

also $\mathfrak{Y} = \mathfrak{C}\mathfrak{F} + \mathfrak{B}\mathfrak{W}_1$, $\mathfrak{Q}_1 = \mathfrak{T}\mathfrak{F} + \mathfrak{Q}\mathfrak{W}_1$, $\mathfrak{H}_1 = \mathfrak{W}_1'\mathfrak{H}\mathfrak{W}_1$, so haben die Functionaldeterminanten von $\mathfrak{H}_1$ nach $\mathfrak{R}_1$, $\mathfrak{F}$ nach $\mathfrak{Q}_1$, $\mathfrak{Y}$ nach $\mathfrak{F}$, $\mathfrak{W}_1$ die Werte 1, $\mid\mathfrak{T}\mid^{n-m}$, $\mid(\mathfrak{C}\mathfrak{B})\mid^{m-n} = 1$. Ist B ein $\mathfrak{Q}_1$, $\mathfrak{R}_1$-Gebiet, $\bar{B}$ das zugehörige reducierte $\mathfrak{Y}$-Gebiet und B_1 das durch $\bar{B}$ eindeutig fixierte $\mathfrak{Q}_1$, $\mathfrak{W}_1$-Gebiet, so ist B_1 reduciert in bezug auf die Untergruppe der Einheiten $\mathfrak{W}$ von $\mathfrak{H}$ mit ganzem $\mathfrak{T}^{-1}\mathfrak{Q}(\mathfrak{E}-\mathfrak{W})$. Folglich ist nach Hilfssatz 9

$$(59)\qquad \lim_{B\to\mathfrak{Q},\mathfrak{R}} \frac{v(B_1)}{v(B)} = \lambda\rho(\mathfrak{H}),$$

wo $\mathfrak{R} = \mathfrak{B}'\mathfrak{S}\mathfrak{B}$ gesetzt ist. Ferner gilt

$$(60)\qquad \frac{v(\bar{B})}{v(B_1)} = T^{n-m}$$

und nach Hilfssatz 13

$$(61)\qquad \lim_{B\to\mathfrak{Q},\mathfrak{R}} \frac{v(\bar{B})}{v(B)} = \rho(\mathfrak{S},\mathfrak{C}).$$

Aus (59), (60), (61) folgt die Behauptung.

Hilfssatz 18: *Es sei $\mathfrak{A}^{(n)}$ grösster rechtsseitiger Teiler von $\mathfrak{C}^{(m,n)}$, also $\mathfrak{A}$ ganz, $\mathfrak{C}\mathfrak{A}^{-1} = \mathfrak{C}_1$ primitiv. Es bedeute A den absoluten Betrag von $\mid\mathfrak{A}\mid$. Dann ist*

$$\rho(\mathfrak{S},\mathfrak{C}) = A^{n-m+1}\rho(\mathfrak{S},\mathfrak{C}_1).$$

BEWEIS: Setzt man $\mathfrak{Q} = \mathfrak{A}'\mathfrak{Q}_1$, $\mathfrak{T} = \mathfrak{A}'\mathfrak{T}_1\mathfrak{A}$, $(\mathfrak{C}\mathfrak{Y})'\mathfrak{S}(\mathfrak{C}\mathfrak{Y}) = \begin{pmatrix} \mathfrak{T} & \mathfrak{Q} \\ \mathfrak{Q}' & \mathfrak{R} \end{pmatrix}$, so ist $(\mathfrak{C}_1\mathfrak{Y})'\mathfrak{S}(\mathfrak{C}_1\mathfrak{Y}) = \begin{pmatrix} \mathfrak{T}_1 & \mathfrak{Q}_1 \\ \mathfrak{Q}_1' & \mathfrak{R} \end{pmatrix}$. Die Functionaldeterminante von $\mathfrak{Q}$ nach $\mathfrak{Q}_1$ ist $|\mathfrak{A}|^{m-n}$. Entspricht dem $\mathfrak{Q}$, $\mathfrak{R}$-Gebiete B das $\mathfrak{Q}_1$, $\mathfrak{R}$-Gebiet B_1, so ist

$$\frac{v(B)}{v(B_1)} = A^{m-n}.$$

Andererseits gilt nach Hilfssatz 13

$$\lim_{B\to\mathfrak{Q},\mathfrak{R}} \frac{v(\bar{B})}{v(B)} = \rho(\mathfrak{S}, \mathfrak{C}) \left| \mathfrak{S} \begin{pmatrix} \mathfrak{T} & \mathfrak{Q} \\ \mathfrak{Q}' & \mathfrak{R} \end{pmatrix}^{-1} \right|^{\frac{1}{2}}$$

$$\lim_{B\to\mathfrak{Q}_1,\mathfrak{R}} \frac{v(\bar{B})}{v(B_1)} = \rho(\mathfrak{S}, \mathfrak{C}_1) \left| \mathfrak{S} \begin{pmatrix} \mathfrak{T}_1 & \mathfrak{Q}_1 \\ \mathfrak{Q}_1' & \mathfrak{R} \end{pmatrix}^{-1} \right|^{\frac{1}{2}}.$$

Die Behauptung ergibt sich mit Hilfe von

$$\begin{vmatrix} \mathfrak{T} & \mathfrak{Q} \\ \mathfrak{Q}' & \mathfrak{R} \end{vmatrix} = A^2 \begin{vmatrix} \mathfrak{T}_1 & \mathfrak{Q}_1 \\ \mathfrak{Q}_1' & \mathfrak{R} \end{vmatrix}.$$

ZWEITES CAPITEL: BEWEIS DES HAUPTSATZES

Der Beweis erfolgt nach dem Vorbild des im ersten Teil untersuchten Falles positiv-definiter $\mathfrak{S}$. Zunächst überzeuge man sich durch eine triviale Überlegung, dass der Hauptsatz richtig ist im Specialfalle $m = 1$, $\mathfrak{S} = \mathfrak{T}$. Ferner zeigt man leicht durch dieselbe Betrachtung wie im ersten Teile, dass aus der Richtigkeit im Falle $m = n$, $\mathfrak{S} = \mathfrak{T}$ die Richtigkeit für $m = n$ und beliebiges $\mathfrak{T}$ folgt. Ausführlicher müssen nur die beiden andern Schritte des Beweises verfolgt werden: Erstens wird arithmetisch bewiesen, dass aus der Richtigkeit für $m = n < m_0$, $\mathfrak{S} = \mathfrak{T}$ die Richtigkeit für $m = m_0 > n$ und für $m = n = m_0$, $\mathfrak{S} = \mathfrak{T}$ folgt, bis auf einen nur von $\mathfrak{S}$ und nicht von $\mathfrak{T}$ abhängigen Factor $\gamma(\mathfrak{S})$ auf der rechten Seite der Formel des Hauptsatzes; zweitens wird analytisch gezeigt, dass $\gamma(\mathfrak{S}) = 1$ ist.

3. Arithmetischer Teil des Beweises

Es sei $\mathfrak{C}$ eine primitive Lösung von $\mathfrak{C}'\mathfrak{S}\mathfrak{C} = \mathfrak{T}$ und $\mathfrak{B}$ ein Complement von $\mathfrak{C}$. Setzt man $\mathfrak{C}'\mathfrak{S}\mathfrak{B} = \mathfrak{Q}$, $\mathfrak{B}'\mathfrak{S}\mathfrak{B} - \mathfrak{Q}'\mathfrak{T}^{-1}\mathfrak{Q} = \mathfrak{H}$, so ist nach Hilfssatz 17

$$\rho(\mathfrak{S}, \mathfrak{C}) = \lambda T^{n-m} \rho(\mathfrak{H}), \tag{62}$$

wo T den absoluten Betrag der Determinante von $\mathfrak{T}$ und λ die Anzahl der modulo 1 incongruenten Matrizen $\mathfrak{T}^{-1}\mathfrak{Q}\mathfrak{W}$ bedeutet, falls $\mathfrak{W}$ alle Einheiten von $\mathfrak{H}$ durchläuft. Da das allgemeine Complement von $\mathfrak{C}$ die Form $\mathfrak{C}\mathfrak{F} + \mathfrak{B}\mathfrak{W}$ mit ganzem $\mathfrak{F}$ und unimodularem $\mathfrak{W}$ hat, so sind $\mathfrak{T}\mathfrak{F} + \mathfrak{Q}\mathfrak{W}$ und $\mathfrak{W}'\mathfrak{H}\mathfrak{W}$ die zugehörigen

Werte von $\mathfrak{Q}$ und $\mathfrak{H}$. Folglich ist die Classe von $\mathfrak{H}$ durch $\mathfrak{C}$ eindeutig festgelegt. Wählt man für $\mathfrak{H}$ einen festen Classenrepräsentanten, so liefern die zu $\mathfrak{C}$ gehörigen $\mathfrak{Q}$ genau λ Restclassen von $\mathfrak{T}^{-1}\mathfrak{Q}$ modulo 1.

Gehören ferner zu zwei primitiven Lösungen $\mathfrak{C}_1$ und $\mathfrak{C}_2$ dieselben Paare $\mathfrak{Q}$, $\mathfrak{H}$, so folgt aus

$$(\mathfrak{C}\mathfrak{B})'\mathfrak{S}(\mathfrak{C}\mathfrak{B}) = \begin{pmatrix} \mathfrak{T} & \mathfrak{Q} \\ \mathfrak{Q}' & \mathfrak{H} + \mathfrak{Q}'\mathfrak{T}^{-1}\mathfrak{Q} \end{pmatrix}, \tag{63}$$

dass $(\mathfrak{C}_2\mathfrak{B}_2)(\mathfrak{C}_1\mathfrak{B}_1)^{-1}$ eine Einheit von $\mathfrak{S}$ ist; es sind also $\mathfrak{C}_1$ und $\mathfrak{C}_2$ associiert.

Man betrachte nun die Repräsentanten $\mathfrak{S}_1, \mathfrak{S}_2, \cdots$ der verschiedenen Classen des Geschlechtes von $\mathfrak{S}$. Nach Hilfssatz 4 sind es endlich viele. Für jedes $\mathfrak{S}_k$ summiere man (62) über ein volles System nicht-associierter primitiver $\mathfrak{C}$, die zu demselben $\mathfrak{H}$ gehören, und dann summiere man noch über die einzelnen $\mathfrak{S}_k$. Nach dem in den vorigen beiden Absätzen Bewiesenen ist dann

$$\sum_{\mathfrak{S}_k,\,\mathfrak{C}} \rho(\mathfrak{S}, \mathfrak{C}) = T^{n-m} F(\mathfrak{H}, \mathfrak{S})\,\rho(\mathfrak{H}), \tag{64}$$

wo $F(\mathfrak{H}, \mathfrak{S})$ die Anzahl derjenigen $\mathfrak{Q}$ bedeutet, für welche die Werte $\mathfrak{T}^{-1}\mathfrak{Q}$ modulo 1 incongruent sind und die rechte Seite von (63) dem Geschlechte von $\mathfrak{S}$ angehört. Genau wie im ersten Teile folgt, dass $F(\mathfrak{H}, \mathfrak{S})$ nur von dem Geschlechte von $\mathfrak{H}$ abhängt.

Man setze nun

$$\beta(\mathfrak{S}, \mathfrak{T}) = \sum_{\mathfrak{C}'\mathfrak{S}\mathfrak{C} = \mathfrak{T}} \rho(\mathfrak{S}, \mathfrak{C}),$$

wo $\mathfrak{C}$ alle primitiven nicht-associierten Lösungen durchläuft, und

$$\nu(\mathfrak{S}, \mathfrak{T}) = \beta(\mathfrak{S}_1, \mathfrak{T}) + \beta(\mathfrak{S}_2, \mathfrak{T}) + \cdots$$

$$\mu(\mathfrak{S}) = \rho(\mathfrak{S}_1) + \rho(\mathfrak{S}_2) + \cdots.$$

Aus (64) ergibt sich dann

$$\nu(\mathfrak{S}, \mathfrak{T}) = T^{n-m} \sum_{\{\mathfrak{H}\}} F(\mathfrak{H}, \mathfrak{S})\,\mu(\mathfrak{H}), \tag{65}$$

wo $\mathfrak{H}^{(m-n)}$ alle Geschlechtsrepräsentanten durchläuft.

Andererseits sei $B_q(\mathfrak{S}, \mathfrak{T})$ die Anzahl der modulo q incongruenten primitiven Lösungen $\mathfrak{C}$ von $\mathfrak{C}'\mathfrak{S}\mathfrak{C} \equiv \mathfrak{T} \pmod{q}$ und $E_q(\mathfrak{S})$ die Anzahl der Lösungen von $\mathfrak{X}'\mathfrak{S}\mathfrak{X} \equiv \mathfrak{S} \pmod{q}$. Ist dann $(2ST^m)^4$ ein Teiler von q, so folgt genau wie im ersten Teile die Gleichung

$$\frac{B_q(\mathfrak{S}, \mathfrak{T})}{E_q(\mathfrak{S})} = T^{\frac{1}{2}(m-n)(m-n-1)} \sum_{\{\mathfrak{H}\}} \frac{F(\mathfrak{H}, \mathfrak{S})}{E_q(T\mathfrak{H})}. \tag{66}$$

Nach Hilfssatz 9 ist ferner

$$\mu(\mathfrak{H}) = T^{\frac{1}{2}(m-n)(m-n+1)}\,\mu(T\mathfrak{H}). \tag{67}$$

Der Hauptsatz sei nun richtig für $m = n < m_0$, $\mathfrak{S} = \mathfrak{T}$. Es sei $m = m_0 > n$, also $m - n < m_0$. Es sei nicht zugleich $m - n = 2$ und $-|\mathfrak{S}||\mathfrak{T}|$ eine Quadratzahl; dann ist auch nicht zugleich $m - n = 2$ und $-|T\mathfrak{H}|$ eine Quadratzahl. Wendet man den Hauptsatz an auf $T\mathfrak{H}$, $T\mathfrak{H}$ statt $\mathfrak{S}$, $\mathfrak{T}$, so folgt

$$\mu(T\mathfrak{H}) = \eta_{m-n}^{-1} \lim_{q\to\infty} \frac{2^{\omega(q)}\, q^{\frac{1}{2}(m-n)(m-n-1)}}{E_q(T\mathfrak{H})} \tag{68}$$

mit $\eta_k = \frac{1}{2}$ für $k > 1$ und $\eta_k = 1$ für $k = 1$.

Nach (65), (66), (67), (68) wird

$$\nu(\mathfrak{S}, \mathfrak{T}) = \eta_{m-n}^{-1} \lim_{q\to\infty} \frac{B_q(\mathfrak{S}, \mathfrak{T})}{E_q(\mathfrak{S})}\, 2^{\omega(q)}\, q^{\frac{1}{2}(m-n)(m-n-1)}. \tag{69}$$

Bedeutet $A_q(\mathfrak{S}, \mathfrak{T}, \mathfrak{A})$ die Anzahl der Lösungen von $\mathfrak{C}'\mathfrak{S}\mathfrak{C} \equiv \mathfrak{T} \pmod{q}$ mit primitivem $\mathfrak{C}\mathfrak{A}^{-1}$, so gilt nach Hilfssatz 17 des ersten Teils die Beziehung

$$A_q(\mathfrak{S}, \mathfrak{T}, \mathfrak{A}) = A^{n-m+1}\, B_q(\mathfrak{S}, \mathfrak{T}_1), \tag{70}$$

falls $(2T)^3$ in q aufgeht, $\mathfrak{T} = \mathfrak{A}'\mathfrak{T}_1\mathfrak{A}$ ist und A den absoluten Betrag von $|\mathfrak{A}|$ bedeutet. Ist nun

$$\alpha(\mathfrak{S}, \mathfrak{T}) = \sum_{\mathfrak{C}'\mathfrak{S}\mathfrak{C}=\mathfrak{T}} \rho(\mathfrak{S}, \mathfrak{C}),$$

wo jetzt $\mathfrak{C}$ alle nicht-associierten Lösungen von $\mathfrak{C}'\mathfrak{S}\,\mathfrak{C} = \mathfrak{T}$ durchläuft, also nicht nur die primitiven, und

$$\mu(\mathfrak{S}, \mathfrak{T}) = \alpha(\mathfrak{S}_1, \mathfrak{T}) + \alpha(\mathfrak{S}_2, \mathfrak{T}) + \cdots,$$

so folgt aus (69), (70) in Verbindung mit Hilfssatz 18 die Gleichung

$$\mu(\mathfrak{S}, \mathfrak{T}) = \eta_{m-n}^{-1} \lim_{q\to\infty} \frac{A_q(\mathfrak{S}, \mathfrak{T})}{E_q(\mathfrak{S})}\, 2^{\omega(q)}\, q^{\frac{1}{2}(m-n)(m-n-1)}. \tag{71}$$

Falls nicht zugleich $m = 2$ und $-|\mathfrak{S}|$ ein Quadrat ist, so ist nach Hilfssatz 25 des ersten Teiles der Grenzwert $\lim\limits_{q\to\infty} E_q(\mathfrak{S}) 2^{-\omega(q)}\, q^{-\frac{1}{2}m(m-1)}$ vorhanden und von 0 verschieden. Setzt man

$$\lim_{q\to\infty} \frac{2^{\omega(q)}\, q^{\frac{1}{2}m(m-1)}}{E_q(\mathfrak{S})} = \eta_m\, \gamma(\mathfrak{S})\, \mu(\mathfrak{S}), \tag{72}$$

so geht (71) über in

$$\frac{\mu(\mathfrak{S}, \mathfrak{T})}{\mu(\mathfrak{S})} = \frac{\eta_m}{\eta_{m-n}}\, \gamma(\mathfrak{S}) \lim_{q\to\infty} \frac{A_q(\mathfrak{S}, \mathfrak{T})}{q^{mn-\frac{1}{2}n(n+1)}}. \tag{73}$$

Da der Quotient $\eta_m : \eta_{m-n} = \frac{1}{2}$ für $m - n = 1$ und $= 1$ für $m - n > 1$ ist, so ist für den Beweis des Hauptsatzes im Falle $m = m_0 > n$ nur noch der Beweis der Gleichung $\gamma(\mathfrak{S}) = 1$ notwendig; ist dies erledigt, so zeigt (72) die Richtigkeit des Hauptsatzes für $m = n = m_0$, $\mathfrak{S} = \mathfrak{T}$.

4. Analytischer Teil des Beweises

Es sei $\mathfrak{T}_0^{(n)}$ durch $\mathfrak{S}$ ganzzahlig darstellbar und Q eine durch $8\,|\,\mathfrak{T}_0\,|^3\,|\,\mathfrak{S}\,|$ teilbare natürliche Zahl. Definiert man

$$\delta_p(\mathfrak{S}, \mathfrak{T}) = \lim_{a\to\infty} \frac{A_q(\mathfrak{S}, \mathfrak{T})}{q^{mn-\frac{n(n+1)}{2}}} \qquad (q = p^a),$$

so gilt nach Hilfssatz 13 des ersten Teils für alle Primfactoren p von Q im Falle $\mathfrak{T} \equiv \mathfrak{T}_0 \pmod{Q}$ die Gleichung $\delta_p(\mathfrak{S}, \mathfrak{T}) = \delta_p(\mathfrak{S}, \mathfrak{T}_0)$ und

$$(74) \qquad \prod_{p\,|\,Q} \delta_p(\mathfrak{S}, \mathfrak{T}) = \frac{A_Q(\mathfrak{S}, \mathfrak{T}_0)}{Q^{mn-\frac{n(n+1)}{2}}} \neq 0.$$

Man erhält sämtliche Lösungen von $\mathfrak{C}'\mathfrak{S}\mathfrak{C} = \mathfrak{T}$, indem man zunächst alle Darstellungen mit der Nebenbedingung $\mathfrak{C} \equiv \mathfrak{C}_0 \pmod{Q}$ bestimmt und dann $\mathfrak{C}_0$ über die $A_Q(\mathfrak{S}, \mathfrak{T}_0)$ Lösungen von $\mathfrak{C}_0'\mathfrak{S}\mathfrak{C}_0 \equiv \mathfrak{T}_0 \pmod{Q}$ laufen lässt. Es bedeute H ein Gebiet im $\mathfrak{T}$-Raum, in dem die Signaturen von $\mathfrak{S}$ und $\mathfrak{T}$ die constante Differenz $m - n$ oder $n - m$ haben, und es sei $f(\mathfrak{T})$ eine in H integrierbare Function von $\mathfrak{T}$. Summiert man die Gleichung (58) von Hilfssatz 16 über die $A_Q(\mathfrak{S}, \mathfrak{T}_0)$ Werte von $\mathfrak{C}_0$ und alle Classenrepräsentanten des Geschlechts von $\mathfrak{S}$, so folgt

$$(75) \qquad \frac{A_Q(\mathfrak{S}, \mathfrak{T}_0)}{Q^{mn-\frac{n(n+1)}{2}}}\,\mu(\mathfrak{S}) \int_H f(\mathfrak{T})\,d\mathfrak{T} = \lim_{t\to\infty} \left(\frac{Q}{t}\right)^{\frac{n(n+1)}{2}} \sum_{\substack{\mathfrak{T}\equiv\mathfrak{T}_0 \pmod{Q} \\ t^{-1}\mathfrak{T} \text{ in } H}} \mu(\mathfrak{S}, \mathfrak{T})\, f(t^{-1}\mathfrak{T}).$$

Man setze noch

$$\prod_{(p,\,Q)=1} \delta_p(\mathfrak{S}, \mathfrak{T}) = \begin{cases} \Theta_Q(\mathfrak{S}, \mathfrak{T}) & (m - n > 1) \\ 2\Theta_Q(\mathfrak{S}, \mathfrak{T}) & (m - n = 1); \end{cases}$$

dann liefern (73), (74), (75) die Formel

$$(76) \qquad \int_H f(\mathfrak{T})\,d\mathfrak{T} = \gamma(\mathfrak{S}) \lim_{t\to\infty} \left(\frac{Q}{t}\right)^{\frac{n(n+1)}{2}} \sum_{\substack{\mathfrak{T}\equiv\mathfrak{T}_0 \pmod{Q} \\ t^{-1}\mathfrak{T} \text{ in } H}} \Theta_Q(\mathfrak{S}, \mathfrak{T})\, f(t^{-1}\mathfrak{T}).$$

Nun ist $\mathfrak{S}$ nach jedem zu $2\,|\,\mathfrak{S}\,|$ teilerfremden Modul äquivalent mit der Diagonalmatrix, deren Diagonalelemente die Werte $|\,\mathfrak{S}\,|, 1, \cdots, 1$ sind. Für $|\,\mathfrak{S}_1^{(m)}\,| = |\,\mathfrak{S}\,|$ ist daher $\Theta_Q(\mathfrak{S}_1, \mathfrak{T}) = \Theta_Q(\mathfrak{S}, \mathfrak{T})$.

Gibt es nun ein durch $\mathfrak{S}_1$ und durch $\mathfrak{S}$ ganzzahlig darstellbares $\mathfrak{T}_0$ von der Art, dass die Differenz der Signaturen von $\mathfrak{S}_1$ und $\mathfrak{T}_0$ und ebenfalls die Differenz der Signaturen von $\mathfrak{S}$ und $\mathfrak{T}_0$ den Wert $\pm\,(m - n)$ hat, so ist $\gamma(\mathfrak{S}_1) = \gamma(\mathfrak{S})$ auf grund von (76). Es gibt für jedes $n \leqq \frac{m}{2}$ eine rationale Matrix $\mathfrak{P}^{(m)}$ mit der

Determinante 1, so dass

$$\mathfrak{P}'\mathfrak{S}\mathfrak{P} = \begin{pmatrix} \mathfrak{D}_1^{(n)} & \mathfrak{N} \\ \mathfrak{N} & \mathfrak{D}_2 \end{pmatrix} \tag{77}$$

eine Diagonalmatrix ist, bei der die Diagonalelemente von $\mathfrak{D}_2^{(m-n)}$ alle das gleiche Vorzeichen haben. Es sei g der Hauptnenner der Elemente von $\mathfrak{P}$. Setzt man

$$g^2 \begin{pmatrix} \mathfrak{D}_1 & \mathfrak{N} \\ \mathfrak{N} & -\mathfrak{D}_2 \end{pmatrix} = \mathfrak{S}_1 ,$$

so stellen $g^2\mathfrak{S}$ und $\mathfrak{S}_1$ beide $g^2\mathfrak{D}_1$ dar und die Bedingung über die Differenz der Signaturen ist auch erfüllt. Ferner ist $| g^2\mathfrak{S} | = (-1)^{m-n} | \mathfrak{S}_1 |$. Da nun nach (72) die Beziehung $\gamma(g^2\mathfrak{S}) = \gamma(\mathfrak{S})$ gilt, so ist $\gamma(\mathfrak{S}) = \gamma(\mathfrak{S}_1)$ im Falle eines geraden $m - n$.

Nach dem Hauptsatze des ersten Teiles ist $\gamma(\mathfrak{S}) = 1$ für definites $\mathfrak{S}$. Also sei jetzt $\mathfrak{S}$ indefinit, und es seien μ und ν die Anzahlen der positiven und negativen Diagonalelemente in (77). Ist ν gerade, so wähle man $m - n = \nu$ und die Elemente von $\mathfrak{D}_2$ negativ, also die von $\mathfrak{D}_1$ positiv. Da dann $\mathfrak{S}_1$ positiv definit ist, so folgt $\gamma(\mathfrak{S}) = 1$. Ebenso erledigt man den Fall eines geraden μ. Nun seien μ und ν beide ungerade, also $\mu + \nu = m$ gerade.

Zunächst sei $\nu = 1$. Dann ist es zulässig, in (76) für n den Wert 1 zu nehmen und H als Intervall negativer Zahlen. Indem man sich der expliciten Werte der $\Theta_Q(\mathfrak{S}, \mathfrak{T})$ bedient, folgt genau wie im ersten Teil, dass $\gamma(\mathfrak{S}) = 1$ ist. Nun sei das ungerade $\nu > 1$. Dann wähle man $m - n = \nu - 1$ in (77) und die Elemente von $\mathfrak{D}_2$ negativ, also $n - 1$ Elemente von $\mathfrak{D}_1$ positiv und eines negativ. Die zu $\mathfrak{S}_1$ gehörige Zahl ν ist dann 1, also ist nach dem soeben Bewiesenen $\gamma(\mathfrak{S}_1) = 1$. Da aber $m - n$ gerade ist, so folgt auch $\gamma(\mathfrak{S}) = 1$.

Drittes Capitel: Anwendungen

5. Nichteuklidische Volumina

Es sei $\mathfrak{S}^{(m)}$ von der Signatur $2 - m$, also die quadratische Form $\mathfrak{x}'\mathfrak{S}\mathfrak{x}$ reell in $-(y_1^2 + \cdots + y_{m-1}^2) + y_m^2$ transformierbar. Deutet man die Elemente von $\mathfrak{x}$ als projective Coordinaten im $(m - 1)$-dimensionalen Raum und bezeichnet als Bewegungen diejenigen Collineationen $\mathfrak{x} = \mathfrak{C}\mathfrak{x}_1$, bei denen das Gebilde $\mathfrak{x}'\mathfrak{S}\mathfrak{x} = 0$ in sich übergeht, so erhält man das Cayley-Kleinsche Modell der nichteuklidischen Geometrie. Hierin definieren nun die Einheiten $\mathfrak{C}$ von $\mathfrak{S}$ eine im Gebiete $\mathfrak{x}'\mathfrak{S}\mathfrak{x} > 0$ discontinuierliche Bewegungsgruppe; dabei ist aber zu beachten, dass den beiden Einheiten $\pm\,\mathfrak{C}$ dieselbe Bewegung entspricht. Das einzige invariante Bestimmungsstück des Fundamentalbereiches der Bewegungsgruppe ist sein nichteuklidisches Volumen. Setzt man $x_k : x_m = z_k$ $(k = 1, \cdots, m)$ und bezeichnet mit F einen Fundamentalbereich im Gebiete der $z_1, \cdots, z_{m-1}$, so ist

$$v(\mathfrak{S}) = S^{\frac{1}{2}} \int_F (\mathfrak{z}'\mathfrak{S}\mathfrak{z})^{-\frac{m}{2}}\, dz_1 \cdots dz_{m-1} \tag{78}$$

das nichteuklidische Volumen von F. Es soll nun der Zusammenhang zwischen $v(\mathfrak{S})$ und der Grösse $\rho(\mathfrak{S})$ von Hilfssatz 9 hergeleitet werden.

Zunächst sei $\mathfrak{S}^{(m)}$ beliebig, also nicht notwendigerweise von der Signatur $2-m$. Es liege $\mathfrak{T}^{(n)}$ in einem Gebiet B, für welches die Signaturen von $\mathfrak{S}$ und $\mathfrak{T}$ constante Differenz $\pm(m-n)$ haben. Ist $\mathfrak{C}$ eine Einheit von $\mathfrak{S}$, so ist mit $\mathfrak{X}$ auch $\mathfrak{C}\mathfrak{X}$ eine Lösung von $\mathfrak{X}'\mathfrak{S}\mathfrak{X}=\mathfrak{T}$. Im $\mathfrak{X}$-Gebiet ist die Einheitengruppe wieder discontinuierlich. Es sei $\bar{B}$ ein B entsprechender Fundamentalbereich im $\mathfrak{X}$-Raum. Indem man die Rechnung von Hilfssatz 17 wiederholt, erhält man nach Hilfssatz 10

$$\rho(\mathfrak{S})S^{\frac{m-n+1}{2}}\int_B T^{\frac{m-n-1}{2}}\,d\mathfrak{T}=\lambda_{m-n}\int_{\bar{B}}d\mathfrak{X}, \tag{79}$$

wo S und T die absoluten Beträge der Determinanten von $\mathfrak{S}$ und $\mathfrak{T}$ bedeuten und

$$\lambda_{m-n}=\prod_{k=1}^{m-n}\frac{\pi^{\frac{k}{2}}}{\Gamma\left(\frac{k}{2}\right)}$$

gesetzt ist.

Im Falle $n=1$ setze man nun $\mathfrak{X}=\mathfrak{x}=x_m\mathfrak{z}$, also $T=\mathfrak{x}'\mathfrak{S}\mathfrak{x}=x_m^2\,\mathfrak{z}'\mathfrak{S}\mathfrak{z}$. Die Functionaldeterminante von $\mathfrak{x}$ nach $z_1,\cdots,z_{m-1},T$ ist $\frac{1}{2}T^{\frac{m}{2}-1}(\mathfrak{z}'\mathfrak{S}\mathfrak{z})^{-\frac{m}{2}}$, und folglich gilt

$$\int_{\bar{B}}d\mathfrak{X}=\tfrac{1}{2}\int_F(\mathfrak{z}'\mathfrak{S}\mathfrak{z})^{-\frac{m}{2}}\,dz_1\ldots dz_{m-1}\int_B T^{\frac{m}{2}-1}\,dT. \tag{80}$$

Aus (78), (79), (80) erhält man die gesuchte Beziehung

$$v(\mathfrak{S})=2\prod_{k=1}^{m-1}\pi^{-\frac{k}{2}}\Gamma\left(\frac{k}{2}\right)S^{\frac{m+1}{2}}\rho(\mathfrak{S}). \tag{81}$$

Ist nun $m>2$, $\mathfrak{S}$ indefinit und S quadratfrei, so besteht nach einem wichtigen Satz von A. Meyer das Geschlecht von $\mathfrak{S}$ aus einer einzigen Classe. Dann ist aber $\rho(\mathfrak{S})=\mu(\mathfrak{S})$, und der Hauptsatz liefert für diesen Fall

$$\rho(\mathfrak{S})=2\lim_{q\to\infty}\frac{2^{\omega(q)}q^{\frac{m(m-1)}{2}}}{E_q(\mathfrak{S})}$$

und

$$v(\mathfrak{S})=4\prod_{k=1}^{m-1}\pi^{-\frac{k}{2}}\Gamma\left(\frac{k}{2}\right)S^{\frac{m+1}{2}}\lim_{q\to\infty}\frac{2^{\omega(q)}q^{\frac{m(m-1)}{2}}}{E_q(\mathfrak{S})}. \tag{82}$$

Ist S nicht quadratfrei, so kann das Geschlecht von $\mathfrak{S}$ mehr als eine Classe enthalten. Sind in diesem Falle $\mathfrak{S}_1,\cdots,\mathfrak{S}_h$ die einzelnen Classenrepräsentanten des Geschlechts von $\mathfrak{S}$, so bleibt (82) auch für gerades S richtig, wenn die linke Seite durch $v(\mathfrak{S}_1)+\cdots+v(\mathfrak{S}_h)$ ersetzt wird.

Unter Benutzung von Hilfssatz 12 des erstes Teiles lässt sich der Grenzwert auf der rechten Seite von (82) durch elementare arithmetische Functionen von $\mathfrak{S}$ ausdrücken, was aber im Einzelnen mühsame Fallunterscheidungen nötig macht. Für $m = 3$ wurde eine mit (82) gleichwertige Formel bereits von G. Humbert gefunden. Für beliebiges ungerades m folgt aus (82), dass die Zahl $v(\mathfrak{S})\pi^{-\frac{m-1}{2}}$ rational ist. Dies ist in Uebereinstimmung mit dem von Dehn und Poincaré bewiesenen Satze, welcher den nichteuklidischen Inhalt eines Polyeders bei gerader Dimensionenzahl mit der Summe der räumlichen Winkel in Zusammenhang bringt; der Fundamentalbereich kann nämlich als ein von Ebenen begrenztes Polyeder gewählt werden.

6. Beispiele

1) Sei $\mathfrak{x}'\mathfrak{S}\mathfrak{x} = x_2^2 - Sx_1^2$ und S keine Quadratzahl. Ist t, u die Lösung von $t^2 - Su^2 = 1$ mit kleinstem $t + u\sqrt{S} > 1$, so ist der Sector $0 \leqq x_1 < \frac{u}{t} x_2$ ein Fundamentalbereich gegenüber den Einheiten der Determinante $+1$, also das Doppelte eines Fundamentalbereiches gegenüber der vollen Einheitengruppe. Nach (78) ist daher

$$v(\mathfrak{S}) = \frac{S^{\frac{1}{2}}}{2} \int_0^{\frac{u}{t}} \frac{dz}{1 - Sz^2} = \frac{1}{2} \log (t + u\sqrt{S}),$$

und nach (81)

$$\rho(\mathfrak{S}) = \tfrac{1}{4} S^{-\frac{1}{2}} \log (t + u\sqrt{S}).$$

Nimmt man speciell $S = 5$, so ist die Classenzahl 1 und $\rho(\mathfrak{S}) = \mu(\mathfrak{S})$. Nach dem Hauptsatz wird dann andererseits

$$\rho(\mathfrak{S}) = 2 \cdot \frac{1}{2} \cdot \frac{1}{10} \prod_{p \neq 2,5} \left(1 - \left(\frac{5}{p}\right)\frac{1}{p}\right)^{-1} = \frac{3}{20} \sum_{k=1}^{\infty} \left(\frac{5}{k}\right) k^{-1} = \frac{3}{10\sqrt{5}} \log \frac{1 + \sqrt{5}}{2}.$$

In der Tat liefert

$$\left(\frac{1 + \sqrt{5}}{2}\right)^6 = t + u\sqrt{5}$$

die Fundamentallösung $t = 9$, $u = 4$ der Pellschen Gleichung $t^2 - 5u^2 = 1$.

2) $\mathfrak{x}'\mathfrak{S}\mathfrak{x} = 2(x_1x_3 - x_2^2)$. Die Einheiten sind die Substitutionen

$$\begin{pmatrix} y_1 & y_2 \\ y_2 & y_3 \end{pmatrix} = \pm \begin{pmatrix} a & b \\ c & d \end{pmatrix}' \begin{pmatrix} x_1 & x_2 \\ x_2 & x_3 \end{pmatrix} \begin{pmatrix} a & b \\ c & d \end{pmatrix} \tag{83}$$

mit unimodularem $\begin{pmatrix} a & b \\ c & d \end{pmatrix}$. Der Fundamentalbereich ist also der Raum der reducierten positiv-definiten binären quadratischen Formen, nämlich $0 \leqq 2x_2 \leqq x_1 \leqq x_3$. Folglich wird

$$v(\mathfrak{S}) = \sqrt{2} \int_0^{\frac{1}{2}} \left\{ \int_{2z_2}^{1} (2z_1 - 2z_2^2)^{-\frac{3}{2}}\, dz_1 \right\} dz_2 = \frac{\pi}{6}$$

$$\rho(\mathfrak{S}) = \frac{\pi^2}{48}.$$

Die Classenzahl ist wieder 1, und der Hauptsatz ergibt ebenfalls

$$\rho(\mathfrak{S}) = 2 \cdot \frac{1}{12} \prod_{p>2} \left(1 - \frac{1}{p^2}\right)^{-1} = \frac{\pi^2}{48}.$$

Hierdurch ist bewiesen, dass erstens (83) sämtliche Einheiten liefert und dass zweitens nicht schon ein Teil von $0 \leqq 2\, x_2 \leqq x_1 \leqq x_3$ sämtliche reducierten positiv-definiten binären quadratischen Formen enthält.

3) $\mathfrak{x}'\mathfrak{S}\mathfrak{x} = 2(x_1x_4 - x_2x_3)$. Die Einheitengruppe besteht aus den Substitutionen

$$\begin{pmatrix} y_1 & y_2 \\ y_3 & y_4 \end{pmatrix} = \begin{pmatrix} a & b \\ c & d \end{pmatrix}' \begin{pmatrix} x_1 & x_2 \\ x_3 & x_4 \end{pmatrix} \begin{pmatrix} p & q \\ r & s \end{pmatrix} \tag{84}$$

und

$$\begin{pmatrix} y_1 & y_2 \\ y_3 & y_4 \end{pmatrix} = \begin{pmatrix} a & b \\ c & d \end{pmatrix}' \begin{pmatrix} x_1 & x_3 \\ x_2 & x_4 \end{pmatrix} \begin{pmatrix} p & q \\ r & s \end{pmatrix}, \tag{85}$$

wo $\begin{pmatrix} a & b \\ c & d \end{pmatrix}$ und $\begin{pmatrix} p & q \\ r & s \end{pmatrix}$ unimodulare Matrizen gleicher Determinante sind. Die Paare $\begin{pmatrix} a & b \\ c & d \end{pmatrix}, \begin{pmatrix} p & q \\ r & s \end{pmatrix}$ und $-\begin{pmatrix} a & b \\ c & d \end{pmatrix}, -\begin{pmatrix} p & q \\ r & s \end{pmatrix}$ liefern dieselben Substitutionen. Die Gruppe ist nicht discontinuierlich im Raume der $x_1, \cdots, x_4$. Man erhält aber einen achtdimensionalen Fundamentalbereich, indem man noch vier Variable $v_1, \cdots, v_4$ einführt, die cogredient zu $x_1, \cdots, x_4$ transformiert werden. Man setze $2(x_1x_4 - x_2x_3) = t_1$, $2(v_1v_4 - v_2v_3) = t_3$, $x_1v_4 + v_1x_4 - x_2v_3 - v_2x_3 = t_2$ und definiere noch zwei complexe Variable $\xi = \kappa + i\lambda$, $\eta = \mu - i\nu$ durch die Gleichungen

$$x_1\xi\eta + x_2\xi + x_3\eta + x_4 = 0, \qquad v_1\xi\eta + v_2\xi + v_3\eta + v_4 = 0.$$

Die Substitutionen (84) und (85) sind dann gleichwertig mit

$$\xi = \frac{a\,\xi_1 + b}{c\,\xi_1 + d}, \qquad \eta = \frac{p\,\eta_1 + q}{r\,\eta_1 + s} \tag{86}$$

und

$$\xi = \frac{a\,\eta_1 + b}{c\,\eta_1 + d}, \qquad \eta = \frac{p\,\xi_1 + q}{r\,\xi_1 + s}. \tag{87}$$

Ist $t_1 > 0$ und $t_1 t_3 - t_2^2 > 0$, so ist auch $\lambda\nu > 0$. Es sei B ein Gebiet im Raume der t_1, t_2, t_3 und $\bar{B}$ ein zugehöriger Fundamentalbereich im Raume der $x_1, \cdots, v_4$. Die Functionaldeterminante von $x_1, \cdots, v_4$ als Functionen von $x_1, t_1, t_2, t_3, \kappa, \lambda, \mu, \nu$ hat den Wert

$$\frac{\sqrt{t_1 t_3 - t_2^2}}{16\,(\lambda\nu)^2 \sqrt{\dfrac{t_1}{2\lambda\nu} - x_1^2}},$$

und es entspricht je 4 Systemen $x_1, \cdots, v_4$ ein System $x_1, t_1, \cdots, \nu$. Ferner ist das Gebiet $|\xi| \geqq 1$, $0 \leqq \kappa \leqq \frac{1}{2}$ ein Fundamentalbereich für $\xi = \dfrac{a\,\xi_1 + b}{c\,\xi_1 + d}$ gegenüber unimodularen Substitutionen und $|\eta| \geqq 1$, $-\frac{1}{2} \leqq \mu \leqq +\frac{1}{2}$ ein Fundamentalbereich für $\eta = \dfrac{p\,\eta_1 + q}{r\,\eta_1 + s}$ gegenüber Modulsubstitutionen. Das hierdurch definierte vierdimensionale Gebiet der $\kappa, \lambda, \mu, \nu$ ist nun ein doppelter Fundamentalbereich für die durch (86) und (87) definierte Gruppe, da nämlich in dieser durch die Substitutionen (86) eine Untergruppe vom Index 2 gebildet wird. Daher erhält man

$$\int_{\bar{B}} d\mathfrak{X} = 4 \cdot \tfrac{1}{2} \cdot \tfrac{1}{16} \int_B d\mathfrak{T} \sqrt{t_1 t_3 - t_2^2} \int_0^{\frac{1}{2}} d\kappa \int_{\sqrt{1-\kappa^2}}^{\infty} \frac{d\lambda}{\lambda^2} \int_{-\frac{1}{2}}^{\frac{1}{2}} d\mu$$
$$\int_{\sqrt{1-\mu^2}}^{\infty} \frac{d\nu}{\nu^2} \int_0^{\sqrt{\frac{t_1}{2\lambda\nu}}} \frac{dx_1}{\sqrt{\dfrac{t_1}{2\lambda\nu} - x_1^2}}$$

mit $\mathfrak{T} = \begin{pmatrix} t_1 & t_2 \\ t_2 & t_3 \end{pmatrix}$, also mit Rücksicht auf (79)

$$\rho(\mathfrak{S}) = \frac{\pi^4}{288}. \tag{88}$$

Andererseits ist die Classenzahl 1, und der Hauptsatz ergibt ebenfalls

$$\rho(\mathfrak{S}) = 2 \cdot \tfrac{1}{9} \prod_{p>2} \left(1 - \frac{1}{p^2}\right)^{-2} = \frac{\pi^4}{288}.$$

4) Es sei $l > 0$. Jede Lösung von $2(x_1 x_4 - x_2 x_3) = 2l$ ist vermöge (84) associiert mit einer Lösung, bei der $0 < x_1 \mid x_4$, $x_2 = x_3 = 0$ ist. Bedeutet $\mathfrak{C} = (h\ 0\ 0\ hk)'$ eine solche Lösung, so ist $\mathfrak{C}$ nur bei solchen Einheiten von $\mathfrak{S}$ invariant, bei denen in der Darstellung durch (84) oder (85) die Zahl c durch k teilbar ist. Unter Benutzung von Hilfssatz 14 folgt dann, dass $\dfrac{24\,l}{\pi^2}\,\rho(\mathfrak{S}, \mathfrak{C})$ gleich dem Index der Untergruppe der Modulsubstitutionen $\dfrac{a\,\xi + b}{c\,\xi + d}$ mit $k \mid c$

ist. Dieser Index hat aber den Wert $k \prod_{p|k} (1 + p^{-1})$. Da nun k alle Lösungen von $h^2 k = l$ durchläuft, so wird

$$\mu(\mathfrak{S}, 2l) = \frac{\pi^2}{24l} \sum_{t|l} t, \tag{89}$$

wo t alle positiven Teiler von l durchläuft. Andererseits ist

$$q^{-3} A_q(\mathfrak{S}, 2l) = (1 - p^{-2}) \sum_{t|(l,q)} t^{-1},$$

falls q eine genügend hohe Potenz der ungeraden Primzahl p ist, und

$$q^{-3} A_q(\mathfrak{S}, 2l) = 2(1 - 2^{-2}) \sum_{t|(l,q)} t^{-1},$$

falls q eine genügend hohe Potenz von 2 ist. Der Hauptsatz ergibt daher

$$\mu(\mathfrak{S}, 2l) = \mu(\mathfrak{S})\, 2 \prod_{p} (1 - p^{-2}) \sum_{t|l} t^{-1}, \tag{90}$$

und diese Formel geht vermöge (88) in (89) über.

7. Modulfunctionen

Im ersten Teil wurde gezeigt, wie sich für den definiten Fall der Hauptsatz in eine der Theorie der Modulformen angehörige Identität überführen lässt. Es ist bemerkenswert, dass dies für indefinite $\mathfrak{S}$ ein Analogon besitzt.

Ist $\mathfrak{S}$ positiv-definit, so hat die Einheitengruppe von $\mathfrak{S}$ eine endliche Ordnung $E(\mathfrak{S})$. Setzt man $|\mathfrak{S}| = S$ und

$$\lambda_m = \prod_{k=1}^{m} \frac{\pi^{\frac{k}{2}}}{\Gamma\left(\frac{k}{2}\right)},$$

so folgt aus der Definition von $\rho(\mathfrak{S})$ die Beziehung

$$\rho(\mathfrak{S}) = \frac{\lambda_m}{E(\mathfrak{S})} S^{-\frac{m+1}{2}}. \tag{91}$$

Ist ferner $\mathfrak{C}'\mathfrak{S}\mathfrak{C} = \mathfrak{T}^{(n)}$, $|\mathfrak{T}| = T > 0$ und $E(\mathfrak{S}, \mathfrak{C})$ die Anzahl der mit $\mathfrak{C}$ in bezug auf die Einheitengruppe von $\mathfrak{S}$ linksseitig Associierten, so gilt

$$E(\mathfrak{S}, \mathfrak{C}) = \frac{\lambda_m}{\lambda_{m-n}} S^{-\frac{n}{2}} T^{\frac{m-n-1}{2}} \frac{\rho(\mathfrak{S}, \mathfrak{C})}{\rho(\mathfrak{S})}. \tag{92}$$

Es sei der imaginäre Teil der symmetrischen Matrix $\mathfrak{X}^{(n)}$ positiv definit. Ordnet man in der analytischen Classeninvariante

$$\sum_{\mathfrak{C}} e^{\pi i \sigma(\mathfrak{C}'\mathfrak{S}\mathfrak{C}\mathfrak{X})} = f(\mathfrak{S}, \mathfrak{X}), \tag{93}$$

wo $\mathfrak{C}^{(mn)}$ alle ganzen Matrizen durchläuft, die $\mathfrak{C}$ nach ihrem Range, so erhält man

(94) $$f(\mathfrak{S}, \mathfrak{X}) = 1 + \sum_{r=1}^{n} f_r(\mathfrak{X})$$

mit

$$f_r(\mathfrak{X}) = \sum_{\mathfrak{B}, \mathfrak{Q}} e^{\pi i \sigma(\mathfrak{B}'\mathfrak{S}\mathfrak{B}\mathfrak{Q}\mathfrak{X}\mathfrak{Q}')},$$

wo $\mathfrak{B}^{(mr)}$ alle ganzen Matrizen vom Range r und $\mathfrak{Q}^{(rn)}$ ein volles System primitiver in bezug auf die Gruppe der unimodularen Matrizen linksseitig nicht associierter Matrizen durchlaufen. Mit Rücksicht auf (92) ist dann

(95) $$\rho(\mathfrak{S}) f_r(\mathfrak{X}) = \frac{\lambda_m}{\lambda_{m-r}} S^{-\frac{r}{2}} \sum_{\mathfrak{B}, \mathfrak{Q}} |\mathfrak{B}'\mathfrak{S}\mathfrak{B}|^{\frac{m-r-1}{2}} \rho(\mathfrak{S}, \mathfrak{B})\, e^{\pi i \sigma(\mathfrak{B}'\mathfrak{S}\mathfrak{B}\mathfrak{Q}\mathfrak{X}\mathfrak{Q}')},$$

wo $\mathfrak{B}^{(mr)}$ nur ein volles System in bezug auf die Einheitengruppe von $\mathfrak{S}$ linksseitig nicht associierter Matrizen durchläuft.

Bedeuten $\mathfrak{S}_1, \cdots, \mathfrak{S}_h$ Classenrepräsentanten des Geschlechtes von $\mathfrak{S}$, so war die analytische Geschlechtsinvariante definiert durch den Ausdruck

$$\left(\frac{f(\mathfrak{S}_1, \mathfrak{X})}{E(\mathfrak{S}_1)} + \cdots + \frac{f(\mathfrak{S}_h, \mathfrak{X})}{E(\mathfrak{S}_h)}\right) : \left(\frac{1}{E(\mathfrak{S}_1)} + \cdots + \frac{1}{E(\mathfrak{S}_h)}\right) = F(\mathfrak{S}, \mathfrak{X}).$$

Nach (91) ist dann auch

(96) $$F(\mathfrak{S}, \mathfrak{X}) = \frac{\rho(\mathfrak{S}_1) f(\mathfrak{S}_1, \mathfrak{X}) + \cdots + \rho(\mathfrak{S}_h) f(\mathfrak{S}_h, \mathfrak{X})}{\rho(\mathfrak{S}_1) + \cdots + \rho(\mathfrak{S}_h)},$$

und nach (94) und (95)

(97) $$F(\mathfrak{S}, \mathfrak{X}) = 1 + \sum_{r=1}^{n} F_r(\mathfrak{X})$$

mit

(98) $$F_r(\mathfrak{X}) = \frac{\lambda_m}{\lambda_{m-r}} S^{-\frac{r}{2}} \sum_{\mathfrak{T}, \mathfrak{Q}} \frac{\mu(\mathfrak{S}, \mathfrak{T})}{\mu(\mathfrak{S})} |\mathfrak{T}|^{\frac{m-r-1}{2}} e^{\pi i \sigma(\mathfrak{T}\mathfrak{Q}\mathfrak{X}\mathfrak{Q}')};$$

dabei durchläuft $\mathfrak{Q}$ dieselben Matrizen wie oben und $\mathfrak{T}^{(r)}$ alle ganzen positiven symmetrischen Matrizen.

Die durch (94), (95) und (96) gegebene Definition von $f(\mathfrak{S}, \mathfrak{X})$ und $F(\mathfrak{S}, \mathfrak{X})$ lässt sich auf den Fall eines indefiniten $\mathfrak{S}$ übertragen. Man hat nur in (95) die Summation auf die $\mathfrak{B}$ mit positivem $\mathfrak{B}'\mathfrak{S}\mathfrak{B}$ zu beschränken. Die Definition von $f(\mathfrak{S}, \mathfrak{X})$ lässt sich dann auch folgendermassen fassen. Man setze $E(\mathfrak{S}, \mathfrak{C}) = 0$, falls nicht zugleich $\mathfrak{C}'\mathfrak{S}\mathfrak{C}$ definit oder semidefinit und von demselben Range wie $\mathfrak{C}$ ist. Ist $\mathfrak{C}$ vom Range r und $\mathfrak{C} = \mathfrak{B}\mathfrak{Q}$ mit ganzem $\mathfrak{B}^{(mr)}$ und primitivem $\mathfrak{Q}^{(rn)}$, so definiere man für semidefinites $\mathfrak{C}'\mathfrak{S}\mathfrak{C}$ vom Range r in Anlehnung an (92)

$$E(\mathfrak{S}, \mathfrak{C}) = i^{\nu r} \frac{\lambda_m}{\lambda_{m-r}} S^{-\frac{r}{2}} |\mathfrak{B}'\mathfrak{S}\mathfrak{B}|^{\frac{m-r-1}{2}} \frac{\rho(\mathfrak{S}, \mathfrak{B})}{\rho(\mathfrak{S})}$$

und $E(\mathfrak{S}, \mathfrak{N}) = 1$. Dann ist

$$f(\mathfrak{S}, \mathfrak{X}) = \sum_{\mathfrak{C}} E(\mathfrak{S}, \mathfrak{C}) e^{\pi i \sigma(\mathfrak{C}'\mathfrak{S}\mathfrak{C}\mathfrak{X})}, \tag{99}$$

wo $\mathfrak{C}^{(mn)}$ ein volles System in bezug auf die Einheitengruppe von $\mathfrak{S}$ nicht associierter ganzer Matrizen durchläuft.

Wendet man auf den in (98) vorkommenden Ausdruck $\frac{\mu(\mathfrak{S}, \mathfrak{T})}{\mu(\mathfrak{S})}$ den Hauptsatz an, so ergibt sich genau wie im ersten Teil für die Geschlechtsinvariante $F(\mathfrak{S}, \mathfrak{X})$ eine Partialbruchzerlegung der Gestalt

$$F(\mathfrak{S}, \mathfrak{X}) = \sum_{\mathfrak{A}, \mathfrak{B}} H(\mathfrak{S}, \mathfrak{A}, \mathfrak{B}) |\mathfrak{A}\mathfrak{X} + \mathfrak{B}|^{-\frac{m}{2}} \quad (m > n^2 + n + 2). \tag{100}$$

Dabei durchlaufen $\mathfrak{A}, \mathfrak{B}$ alle nicht-associierten primitiven symmetrischen Matrizenpaare, während $H(\mathfrak{S}, \mathfrak{A}, \mathfrak{B})$ nicht von $\mathfrak{X}$ abhängt und durch verallgemeinerte Gausssche Summen ausgedrückt werden kann. Hierdurch wird die Stellung von $F(\mathfrak{S}, \mathfrak{X})$ in der Theorie der Modulfunctionen n^{ten} Grades klargelegt. In einigen speciellen Fällen hat bereits Hecke indefinite quadratische Formen zur Construction von Modulformen herangezogen. Aus (96), (99) und (100) folgt, dass man mit jedem indefiniten ganzen $\mathfrak{S}$ Thetareihen bilden kann, die zur Theorie der Modulfunctionen in enger Beziehung stehen. Es wäre von Interesse, das Verhalten der durch (99) definierten Function $f(\mathfrak{S}, \mathfrak{X})$ bei den Modulsubstitutionen zu untersuchen; im Falle eines definiten $\mathfrak{S}$ folgt vermöge (93) die Transformationstheorie von $f(\mathfrak{S}, \mathfrak{X})$ aus den Eigenschaften der Thetafunctionen, und so ist zu vermuten, dass auch für indefinites $\mathfrak{S}$ die Classeninvariante $f(\mathfrak{S}, \mathfrak{X})$ einfache Transformationseigenschaften besitzt.

Es sei als Beispiel noch die zur quaternären Form $2(y_1y_4 - y_2y_3)$ gehörige Function $F(\mathfrak{S}, x)$ angegeben. Nach (90) ist in diesem Fall

$$\frac{\mu(\mathfrak{S}, 2l)}{\mu(\mathfrak{S})} = \frac{12}{\pi^2} \sum_{t \mid l} t^{-1},$$

also nach (97) und (98), wenn dort noch der Faktor $i^{\nu r}$ eingefügt wird,

$$F(\mathfrak{S}, x) = 1 - 24 \sum_{a, b=1}^{\infty} a e^{2\pi i a b x}.$$

Da die Dedekindsche η-Function durch die Formel

$$\eta(x) = e^{\frac{\pi i x}{12}} \prod_{a=1}^{\infty} (1 - e^{2\pi i a x})$$

definiert wird, so ist

$$F(\mathfrak{S}, x) = \frac{12}{\pi i} \frac{\eta'(x)}{\eta(x)}.$$

Princeton, N. J.

23.

Über die algebraischen Integrale des restringierten Dreikörperproblems*†

Transactions of the American Mathematical Society 39 (1936), 225—233

Unter den wenigen allgemeinen Erkenntnissen, die man bei der Untersuchung des Dreikörperproblems in den letzten Jahrzehnten gewonnen hat, ist der Satz von Bruns trotz seines negativen Charakters von Interesse. Er besagt, dass durch die bekannten 10 Integrale, nämlich die 6 Schwerpunktsintegrale, die 3 Flächenintegrale und das Energieintegral, sämtliche algebraischen Integrale des Problems erschöpft sind, oder in anderer Ausdrucksweise, dass der Körper derjenigen algebraischen Funktionen der Zeit und der 9 rechtwinkligen Coordinaten der drei Massenpunkte und der 9 Ableitungen dieser Coordinaten nach der Zeit, welche auf jeder Bahncurve constant sind, von genau 10 Variabeln abhängig ist.

Im folgenden soll ein analoger Satz für das restringierte Dreikörperproblem bewiesen werden, also für den Grenzfall des allgemeinen Dreikörperproblems, bei dem die Bewegung in einer Ebene stattfindet, zwei Körper eine Kreisbahn um ihren gemeinsamen Schwerpunkt beschreiben und der dritte Körper die Masse 0 besitzt. Wählt man in der Ebene der drei Körper ein rechtwinkliges cartesisches Coordinatensystem, dessen Mittelpunkt der Schwerpunkt ist, und das sich so um diesen Schwerpunkt dreht, dass die beiden ersten Körper in bezug auf das Coordinatensystem in Ruhe sind, so lauten die Differentialgleichungen für die Bewegung des dritten Körpers

$$(1)\quad \ddot{x} = 2\dot{y} + V_x, \quad \ddot{y} = -2\dot{x} + V_y;$$

dabei ist

$$V = \mu_1(\tfrac{1}{2}r^2 + r^{-1}) + \mu(\tfrac{1}{2}r_1^2 + r_1^{-1}),$$

$$r^2 = (x-\mu)^2 + y^2, \quad r_1^2 = (x+\mu_1)^2 + y^2, \quad \mu + \mu_1 = 1, \quad 0 < \mu < 1.$$

Die Schwerpunktsintegrale und die Flächenintegrale des allgemeinen Dreikörperproblems fallen im restringierten Problem fort. An die Stelle des Energieintegrals tritt das Jacobische Integral

$$(2)\qquad \dot{x}^2 + \dot{y}^2 - 2V = \text{constans}.$$

* Presented to the Society, October 26, 1935; received by the editors March 19, 1935.

† Paul Epstein gewidmet.

Ein algebraisches Integral von (1) ist nun eine solche algebraische Funktion $f(x, y, \dot{x}, \dot{y}, t)$ der Ortscoordinaten x, y, der Geschwindigkeitscoordinaten $\dot{x}, \dot{y}$, und der Zeit t, welche auf grund von (1) constant ist; d.h. es muss der Ausdruck

$$\dot{x}f_x + \dot{y}f_y + (2\dot{y} + V_x)f_{\dot{x}} + (-2\dot{x} + V_y)f_{\dot{y}} + f_t$$

identisch in seinen 5 Argumenten verschwinden. Bedeutet $\phi(z)$ eine algebraische Funktion einer Variabeln z, so ist $\phi(\dot{x}^2+\dot{y}^2-2V)$ nach (2) ein algebraisches Integral von (1). Es soll bewiesen werden, dass jedes algebraische Integral von (1) diese Form hat.

Dieser Satz ist nicht im Resultat von Bruns als specieller Fall enthalten, denn durch die Beschränkung der Freiheitsgrade könnte ja gerade das Auftreten neuer algebraischer Integrale ermöglicht werden. Die Specialisierung bringt es vielmehr mit sich, dass der Brunssche Beweis nicht ohne weiteres übertragen werden kann; insbesondere sind auch einige Schwierigkeiten zu überwinden, die von der Bewegung des Coordinatensystems herrühren.

1. Es sei Ω der Körper aller complexen Zahlen und $\Omega(\dot{x}, \dot{y}, x, y, r, r_1, t)$ der durch Adjunction von $\dot{x}, \dot{y}, x, y, r, r_1, t$ zu Ω entstehende Körper. Bedeutet f ein algebraisches Integral des restringierten Dreikörperproblems, so sei

$$f^n + a_1 f^{n-1} + \cdots + a_n = 0 \tag{3}$$

die in $\Omega(\dot{x}, \dot{y}, x, y, r, r_1, t)$ irreducible Gleichung für f, in der also $a_1, \cdots, a_n$ rationale Funktionen von $\dot{x}, \dot{y}, x, y, r, r_1, t$ sind. Durch totale Differentiation nach t folgt, dass die Gleichung

$$\dot{a}_1 f^{n-1} + \cdots + \dot{a}_n = 0 \tag{4}$$

identisch in $\dot{x}, \dot{y}, x, y, t$ gilt, wenn in $\dot{a}_k$ $(k=1, \cdots, n)$ die zweiten Ableitungen $\ddot{x}, \ddot{y}$ vermöge (1) eliminiert werden. Da aber dann a_k wieder dem Körper $\Omega(\dot{x}, \dot{y}, x, y, r, r_1, t)$ angehört, so lieferte (4) eine algebraische Gleichung $(n-1)$ten Grades für f in diesem Körper, wenn nicht alle Coefficienten 0 sind. Da (3) die Gleichung niedrigsten Grades für f ist, so verschwinden also alle $\dot{a}_k$ identisch in $\dot{x}, \dot{y}, x, y, t$. Folglich ist jedes a_k selbst ein algebraisches Integral. Zum Beweise des behaupteten Satzes hat man daher nur zu zeigen, dass jedes dem Körper $\Omega(\dot{x}, \dot{y}, x, y, r, r_1, t)$ angehörige Integral eine rationale Funktion der einzigen Variabeln $\dot{x}^2+\dot{y}^2-2V$ ist.

2. Das Integral f sei eine rationale Funktion von $\dot{x}, \dot{y}, x, y, r, r_1, t$. Man setze

$$f = c\,\frac{g(t)}{h(t)},$$

wo c nicht von t abhängt und $g(t) = t^m + \cdots$, $h(t) = t^n + \cdots$ zwei in bezug auf die Variable t teilerfremde Polynome bedeuten, deren Coefficienten rationale Funktionen von $\dot{x}$, $\dot{y}$, x, y, r, r_1 sind. Die Gleichung

$$(5) \qquad \frac{\dot{c}}{c} + \frac{\dot{g}}{g} - \frac{\dot{h}}{h} = 0$$

gilt identisch in $\dot{x}$, $\dot{y}$, x, y, t, wenn $\ddot{x}$, $\ddot{y}$ nach (1) eliminiert werden. Da t in (1) nicht explicit auftritt, so ist $\dot{c}:c$ von t frei und $\dot{g}:g$, $\dot{h}:h$ sind echt gebrochene Funktionen von t mit teilerfremden Nennern. Also verschwindet in (5) jeder einzelne der 3 Brüche, und c, g, h sind einzeln Integrale. Man hat demnach nur die in bezug auf t ganzen Integrale zu bestimmen.

3. Das Integral f habe die Form

$$(6) \qquad f = b_0 t^m + \cdots + b_m \qquad (m \geqq 0),$$

wo $b_0, \cdots, b_m$ rationale Funktionen von $\dot{x}$, $\dot{y}$, x, y, r, r_1 sind, von denen b_0 nicht identisch verschwindet. Es soll bewiesen werden, dass $m=0$ ist und folglich t in f nicht explicit auftritt. Dies ergibt sich am einfachsten aus dem Wiederkehrsatz von Poincaré.

Man wähle nämlich für die Constante des Jacobischen Integrales (2) einen solchen Wert γ, dass die Hillsche Curve

$$2V + \gamma = 0$$

in der x, y-Ebene aus 3 Ovalen besteht, von denen 2 je einen der Punkte μ, 0 und $-\mu_1$, 0 enthalten, während das dritte die beiden andern umschliesst. Ferner sei γ noch so bestimmt, dass nicht in allen Punkten des Gebildes

$$(7) \qquad \dot{x}^2 + \dot{y}^2 - 2V = \gamma$$

eine der Funktionen $b_0, b_1^{-1}, \cdots, b_m^{-1}$ verschwindet. Man kann dann einen Punkt $x=x_0$, $y=y_0$ in einem der beiden ersten Ovale und dazu ein die Gleichung (7) erfüllendes Paar $\dot{x}=\dot{x}_0$, $\dot{y}=\dot{y}_0$ so finden, dass die Funktionen $b_0, b_1^{-1}, \cdots, b_m^{-1}$ für x_0, y_0, $\dot{x}_0$, $\dot{y}_0$ sämtlich von 0 verschieden sind. Andererseits gibt es nach dem Wiederkehrsatz zu jeder beliebig kleinen Umgebung von x_0, y_0, $\dot{x}_0$, $\dot{y}_0$ Bahncurven, die mindestens zweimal in diese Umgebung eintreten, und zwar zu Zeitpunkten, deren Differenz oberhalb einer beliebig grossen Schranke gewählt werden kann. Aus (6) würde aber folgen, dass jene Differenz beschränkt wäre, falls $m>0$ ist.

Es ist vielleicht methodisch unbefriedigend, den analytisch-arithmetischen Wiederkehrsatz heranzuziehen zum Beweise der rein algebraischen Tatsache, dass f von t unabhängig ist. Man kann dies auch algebraisch zeigen, aber, wie es scheint, nur durch compliciertere Schlüsse.

4. Auf grund des Ergebnisses des letzten Paragraphen hat man sich nur noch mit der Aufsuchung derjenigen Integrale zu beschäftigen, welche rationale Funktionen von $\dot{x}$, $\dot{y}$, x, y, r, r_1 allein sind. Es sei $f=g:h$, wo g und h zwei teilerfremde Polynome der beiden Variabeln $\dot{x}$, $\dot{y}$ sind, deren Coefficienten in $\Omega(x, y, r, r_1)$ liegen. Die Gleichung

$$g\dot{h} = h\dot{g} \tag{8}$$

gilt identisch in $\dot{x}$, $\dot{y}$, x, y, wenn daraus $\ddot{x}$, $\ddot{y}$ vermöge (1) entfernt werden. Nun ist

$$\dot{g} = \dot{x}g_x + \dot{y}g_y + (2\dot{y} + V_x)g_{\dot{x}} + (-2\dot{x} + V_y)g_{\dot{y}} \tag{9}$$

ein Polynom in $\dot{x}$, $\dot{y}$, dessen Grad in diesen Variabeln höchstens um 1 grösser ist als der von g, und dessen Coefficienten zu $\Omega(x, y, r, r_1)$ gehören. Andererseits ist g nach (8) ein Teiler von $\dot{g}$. Daraus folgt identisch in $\dot{x}$, $\dot{y}$, x, y die Gleichung

$$\dot{g} = g(u\dot{x} + v\dot{y} + w), \tag{10}$$

wobei u, v, w in $\Omega(x, y, r, r_1)$ liegen.

Es sei, nach fallenden Potenzen von $\dot{x}$ geordnet,

$$G = a\dot{x}^k\dot{y}^{m-k} + \cdots + b\dot{x}^l\dot{y}^{m-l}$$

das Aggregat der Glieder von g, welche in $\dot{x}$, $\dot{y}$ höchste Dimension haben; und es sei ab nicht identisch 0. Aus (9) und (10) folgt dann

$$u = \frac{a_x}{a}, \qquad v = \frac{b_y}{b}, \tag{11}$$

$$\dot{x}G_x + \dot{y}G_y = \left(\frac{a_x}{a}\dot{x} + \frac{b_y}{b}\dot{y}\right)G. \tag{12}$$

Die ganzen Grössen von $\Omega(x, y, r, r_1)$ haben die Form $c_1+c_2r+c_3r_1+c_4rr_1$, wo c_1, c_2, c_3, c_4 Polynome in x, y bedeuten. Da das Paar g, h nur bis auf einen gemeinsamen Faktor aus $\Omega(x, y, r, r_1)$ bestimmt ist, so kann man voraussetzen, dass a eine der 4 Formen $c_1, c_2r, c_3r_1, c_4rr_1$ besitzt, dass ferner die Coefficienten $a, \cdots, b$ von G sämtlich ganz sind und weder r noch r_1 noch ein Polynom in x, y als gemeinsamen Teiler haben. Aus (12) folgt nun aber, dass jedes in $\Omega(x, y)$ irreducible Polynom von x und y, das in a aufgeht, zugleich in allen Coefficienten von G aufgeht, und dasselbe gilt für die Teilbarkeit durch r oder r_1. Also ist a eine Constante. Indem man die Bedeutung von x und y vertauscht, erkennt man, dass auch b constant ist.

Nach (8), (10) und (11) hat man nur noch diejenigen Polynome g der beiden Variabeln $\dot{x}$, $\dot{y}$ mit Coefficienten aus $\Omega(x, y, r, r_1)$ zu ermitteln, welche der Differentialgleichung

$$\dot{g} = wg \tag{13}$$

genügen, wobei w in $\Omega(x, y, r, r_1)$ liegt.

5. Es soll nun gezeigt werden, dass die Funktion w in (13) eine Constante ist. Es sei

$$g = g^{(m)} + g^{(m-1)} + \cdots + g^{(0)}, \tag{14}$$

wo $g^{(k)}$ für $k=0, \cdots, m$ ein homogenes Polynom $k$ter Dimension in $\dot{x}$, $\dot{y}$ bedeutet, dessen Coefficienten in $\Omega(x, y, r, r_1)$ liegen; und zwar sei $g^{(m)}$ nicht identisch 0. Aus (9), (13), (14) folgen die Gleichungen

$$\dot{x}g_x^{(m)} + \dot{y}g_y^{(m)} = 0, \tag{15}$$

$$\dot{x}g_x^{(m-1)} + \dot{y}g_y^{(m-1)} + 2\dot{y}g_{\dot{x}}^{(m)} - 2\dot{x}g_{\dot{y}}^{(m)} = wg^{(m)}, \tag{16}$$

$$\dot{x}g_x^{(k-1)} + \dot{y}g_y^{(k-1)} + 2\dot{y}g_{\dot{x}}^{(k)} - 2\dot{x}g_{\dot{y}}^{(k)} + V_x g_{\dot{x}}^{(k+1)} + V_y g_{\dot{y}}^{(k+1)} = wg^{(k)} \quad (k = 1, \cdots, m-1), \tag{17}$$

$$V_x g_{\dot{x}}^{(1)} + V_y g_{\dot{y}}^{(1)} = wg^{(0)}. \tag{18}$$

Von diesen besagt (15), dass $g^{(m)}$ eine Funktion der drei Variabeln $\dot{x}$, $\dot{y}$, $x\dot{y}-y\dot{x}$ allein ist. Da aber andererseits $g^{(m)}$ ein Polynom der Variabeln $\dot{x}$, $\dot{y}$ mit Coefficienten aus $\Omega(x, y, r, r_1)$ ist, so ist $g^{(m)}$ ein Polynom in $\dot{x}$, $\dot{y}$, $x\dot{y}-y\dot{x}$.

Es sei $x=\xi$ ein endlicher Pol der Ordnung $h \geqq 1$ von w als Funktion von x. Zunächst sei ξ verschieden von $\mu \pm yi$ und $-\mu_1 \pm yi$. Da $g^{(m)}$ ein primitives Polynom in x, y ist, so wird auch $wg^{(m)}$ bei $x=\xi$ von genau $h$ter Ordnung unendlich. Ist $g^{(m-1)}=c(x-\xi)^s+\cdots$ die Entwicklung von $g^{(m-1)}$ nach steigenden Potenzen von $x-\xi$, so ist

$$\dot{x}g_x^{(m-1)} + \dot{y}g_y^{(m-1)} = cs(\dot{x} - \xi_y\dot{y})(x-\xi)^{s-1} + \cdots,$$

und nach (16) erhält man $s-1=-h$, $s\neq 0$. Folglich ist $h>1$, und $g^{(m-1)}$ hat bei $x=\xi$ einen Pol der Ordnung $h-1$. Ist bereits bewiesen, dass $g^{(m-l)}$ bei $x=\xi$ einen Pol der Ordnung $l(h-1)$ hat, so folgt auf dieselbe Weise aus (17), dass $g^{(m-l-1)}$ bei $x=\xi$ einen Pol der Ordnung $(l+1)(h-1)$ hat. Dann würde aber in (18) die rechte Seite bei $x=\xi$ von der Ordnung $m(h-1)$ unendlich werden und die linke Seite höchstens von der Ordnung $(m-1)(h-1)$. Also hat w als Funktion von x keinen von ∞, $\mu \pm yi$, $-\mu_1 \pm yi$ verschiedenen Pol.

Hätte w bei $x=\infty$ einen Pol $h$ter Ordnung und ist $g^{(m)}$ in bezug auf x vom $p$ten Grade, so erhielte man ganz analog, dass $g^{(m-l)}$ bei $x=\infty$ einen Pol der Ordnung $l(h+1)+p$ hätte, in Widerspruch zu (18).

Würde ferner w bei $x=\mu\pm yi$ unendlich wie r^{-h}, so folgte im Falle $h>1$, da V_x und V_y nur wie r^{-3} unendlich werden, dass $g^{(m-l)}$ bei $x=\mu\pm yi$ wie $r^{-l(h-2)}$ unendlich wird und dass $h>2$ ist; wieder gegen (18). Ebenso folgt, dass w bei $x=-\mu_1\pm yi$ nicht stärker als r_1^{-1} unendlich werden kann.

Dieselbe Untersuchung kann man für w als Funktion von y durchführen. Es muss daher w die Form

$$w=\frac{c_1}{rr_1}+\frac{c_2}{r}+\frac{c_3}{r_1}+c_4$$

haben, wo c_1 höchstens quadratisch in x, y, ferner c_2, c_3 höchstens linear, c_4 constant ist. Nach (16) ist dann $g^{(m-1)}$ eine ganze Funktion in $\Omega(x,y,r,r_1)$, also

$$g^{(m-1)}=b_1rr_1+b_2r+b_3r_1+b_4,$$

mit Polynomen b_1, b_2, b_3, b_4 in x, y, und ferner

(19) $$\dot{x}(b_1rr_1)_x+\dot{y}(b_1rr_1)_y=\frac{c_1}{rr_1}g^{(m)},$$

(20) $$\dot{x}(b_2r)_x+\dot{y}(b_2r)_y=\frac{c_2}{r}g^{(m)},$$

(21) $$\dot{x}(b_3r_1)_x+\dot{y}(b_3r_1)_y=\frac{c_3}{r_1}g^{(m)}.$$

Führt man statt x, y die Variabeln

$$\alpha=x\dot{y}-y\dot{x},\qquad \beta=x\dot{x}+y\dot{y}$$

ein, so hängt $g^{(m)}$ nicht von β ab, und vermöge (19) ist

(22) $$(b_1rr_1)_\beta=\frac{c_1}{rr_1}\cdot\frac{g^{(m)}}{\dot{x}^2+\dot{y}^2}.$$

Wäre nun b_1 nicht identisch 0, so wird b_1rr_1 als Funktion von β mindestens wie β^2 unendlich, also $(b_1rr_1)_\beta$ mindestens wie β, während die rechte Seite von (22) beschränkt bleibt. Also ist $b_1=0$, $c_1=0$. Ebenso folgt aus (20) und (21) zunächst, dass b_2 und b_3 constant sind, und dann

$$b_2(\beta-\mu\dot{x})=c_2g^{(m)},\qquad b_3(\beta+\mu_1\dot{x})=c_3g^{(m)},$$

also, da $g^{(m)}$ von β frei ist, $c_2=0$, $c_3=0$. Damit ist bewiesen, dass w eine Constante ist.

6. Mit Hilfe des Wiederkehrsatzes lässt sich nun leicht zeigen, dass die Constante $w=0$ ist. Aus (13) folgt nämlich durch Integration

(23) $$g=ce^{wt},$$

wobei die Constante c von der Bahncurve abhängt. Betrachtet man die Umgebung eines Systemes $x=x_0$, $y=y_0$, $\dot{x}=\dot{x}_0$, $\dot{y}=\dot{y}_0$, in dem g einen endlichen von 0 verschiedenen Wert hat, so gibt es Bahncurven, die nach einem beliebig grossen Zeitintervall nochmals in diese Umgebung eintreten. Wäre nun $w\neq 0$, so würde die rechte Seite von (23) für $t\to\infty$ den Grenzwert 0 oder ∞ haben. Folglich ist $w=0$.

7. Zum Beweise des eingangs ausgesprochenen Satzes hat man nur noch zu zeigen, dass jedes Integral, welches ein Polynom in $\dot{x}$, $\dot{y}$ mit Coefficienten aus $\Omega(x, y, r, r_1)$ ist, sich auf ein Polynom der einzigen Variabeln $\dot{x}^2+\dot{y}^2-2V$ reduciert.

Ist $g=g^{(m)}+\cdots+g^{(0)}$ die Zerlegung des Integrals g in homogene Bestandteile der Dimensionen $m, \cdots, 0$ in $\dot{x}$, $\dot{y}$, so gelten die Gleichungen (15), (16), (17), (18) mit $w=0$, also

$$\dot{x}g_x^{(m)} + \dot{y}g_y^{(m)} = 0, \tag{24}$$

$$\dot{x}g_x^{(m-1)} + \dot{y}g_y^{(m-1)} + 2\dot{y}g_{\dot{x}}^{(m)} - 2\dot{x}g_{\dot{y}}^{(m)} = 0, \tag{25}$$

$$\dot{x}g_x^{(k-1)} + \dot{y}g_y^{(k-1)} + 2\dot{y}g_{\dot{x}}^{(k)} - 2\dot{x}g_{\dot{y}}^{(k)} + V_x g_{\dot{x}}^{(k+1)} + V_y g_{\dot{y}}^{(k+1)} = 0 \qquad (k = 1, \cdots, m-1), \tag{26}$$

$$V_x g_{\dot{x}}^{(1)} + V_y g_{\dot{y}}^{(1)} = 0. \tag{27}$$

Man führe wieder statt x, y die Variabeln

$$\alpha = x\dot{y} - y\dot{x}, \qquad \beta = x\dot{x} + y\dot{y}$$

ein. Dann besagt (24), dass

$$g^{(m)} = P(\dot{x}, \dot{y}, \alpha)$$

ein Polynom der 3 Variabeln $\dot{x}$, $\dot{y}$, α allein ist. An die Stelle von (25) tritt

$$(\dot{x}^2 + \dot{y}^2)g_\beta^{(m-1)} = 2(\dot{x}P_{\dot{y}} - \dot{y}P_{\dot{x}} + \beta P_\alpha),$$

und folglich ist

$$g^{(m-1)} = 2\,\frac{\dot{x}P_{\dot{y}} - \dot{y}P_{\dot{x}}}{\dot{x}^2 + \dot{y}^2}\,\beta + \frac{P_\alpha}{\dot{x}^2 + \dot{y}^2}\,\beta^2 + g_1(\dot{x}, \dot{y}, \alpha), \tag{28}$$

wo g_1 nicht von β abhängt. Als Funktion von $\dot{x}$, $\dot{y}$, α, β betrachtet ist daher $g^{(m-1)}$ ein quadratisches Polynom in β.

Nach (26) wird

$$\begin{aligned}(\dot{x}^2 + \dot{y}^2)g^{(k-1)} = \int \Big\{ & 2(\dot{x}g_{\dot{y}}^{(k)} - \dot{y}g_{\dot{x}}^{(k)} + \beta g_\alpha^{(k)} - \alpha g_\beta^{(k)}) \\ & - V_x(g_{\dot{x}}^{(k+1)} + x g_\beta^{(k+1)} - y g_\alpha^{(k+1)}) \\ & - V_y(g_{\dot{y}}^{(k+1)} + x g_\alpha^{(k+1)} + y g_\beta^{(k+1)}) \Big\} d\beta,\end{aligned} \tag{29}$$

für $k=1, \cdots, m-1$. Nach (27) gilt dies auch für $k=0$, wenn $g^{(-1)}=0$ definiert wird; und mit $g^{(-2)}=0$ ist die Gleichung trivialerweise noch für $k=-1$ richtig. Für das Folgende genügt es, (29) für $k=m-1$ und $k=m-2$ zu untersuchen. Beachtet man, dass

$$\begin{aligned}(\dot{x}^2+\dot{y}^2)r^2 &= (\alpha-\mu\dot{y})^2+(\beta-\mu\dot{x})^2,\\ (\dot{x}^2+\dot{y}^2)r_1^2 &= (\alpha+\mu_1\dot{y})^2+(\beta+\mu_1\dot{x})^2\end{aligned}$$

ist, so ergibt sich aus (29) für $k=m-1$ durch partielle Integration die Gleichung

$$\begin{aligned}g^{(m-2)} &= \frac{yP_{\dot{x}}-(x-\mu)(P_{\dot{y}}+\mu P_\alpha)}{\alpha-\mu\dot{y}}\,\frac{\mu_1}{r}\\ &\quad+\frac{yP_{\dot{x}}-(x+\mu_1)(P_{\dot{y}}-\mu_1 P_\alpha)}{\alpha+\mu_1\dot{y}}\,\frac{\mu}{r_1}+g_2,\end{aligned}\tag{30}$$

wo g_2 als Funktion von $\dot{x}, \dot{y}, \alpha, \beta$ ein biquadratisches Polynom in β ist. Endlich liefert (29) für $k=m-2$ bei Benutzung von (28) und (30) durch eine längere, aber ganz elementare Rechnung für $g^{(m-3)}$ die Beziehung

$$\begin{aligned}(\dot{x}^2+\dot{y}^2)g^{(m-3)} &= (\dot{y}P_{\dot{x}}-\dot{x}P_{\dot{y}}-\mu\dot{x}P_\alpha)\int\frac{\mu_1}{r}\,d\beta\\ &\quad+(\dot{y}P_{\dot{x}}-\dot{x}P_{\dot{y}}+\mu_1\dot{x}P_\alpha)\int\frac{\mu}{r_1}\,d\beta+g_3,\end{aligned}\tag{31}$$

wo g_3 in $\Omega(\dot{x}, \dot{y}, x, y, r, r_1)$ gelegen ist.

8. Setzt man

$$\mu_1(\dot{y}P_{\dot{x}}-\dot{x}P_{\dot{y}}-\mu\dot{x}P_\alpha)=A,\qquad \mu(\dot{y}P_{\dot{x}}-\dot{x}P_{\dot{y}}+\mu_1\dot{x}P_\alpha)=B,\tag{32}$$

so liegt zufolge (31) die Funktion

$$A\int\frac{d\beta}{r}+B\int\frac{d\beta}{r_1}\tag{33}$$

in $\Omega(\dot{x}, \dot{y}, x, y, r, r_1)$. Indem man β einen Umlauf um den Punkt

$$\beta_0=\mu\dot{x}+i(\alpha-\mu\dot{y})\neq-\mu_1\dot{x}\pm i(\alpha+\mu_1 y)$$

machen lässt, wobei r sein Vorzeichen ändert, erkennt man, dass auch

$$-A\int\frac{d\beta}{r}+B\int\frac{d\beta}{r_1}\tag{34}$$

zu $\Omega(\dot{x}, \dot{y}, x, y, r, r_1)$ gehört. Andererseits nehmen bei einem Umlauf um den unendlich fernen Punkt die beiden Integrale je um $2\pi i$ zu, während die Funktionen (33) und (34) dabei ungeändert bleiben müssen. Also ist

$$\begin{aligned} A + B &= 0, & -A + B &= 0, \\ A &= 0, & B &= 0. \end{aligned} \tag{35}$$

9. Aus (32) und (35) folgen die beiden Differentialgleichungen

$$\dot{y}P_{\dot{x}} - \dot{x}P_{\dot{y}} = 0, \qquad P_\alpha = 0.$$

Nach der zweiten hängt das Polynom $P(\dot{x}, \dot{y}, \alpha)$ nur von $\dot{x}$ und $\dot{y}$ ab, nach der ersten sogar nur von $\dot{x}^2+\dot{y}^2$. Als homogenes Polynom in $\dot{x}$, $\dot{y}$ ist daher

$$P = a(\dot{x}^2 + \dot{y}^2)^k$$

mit constantem a und natürlichem k. Da nun $a(\dot{x}^2+\dot{y}^2-2V)^k$ ebenfalls ein Integral ist, so ist die Funktion

$$g - a(\dot{x}^2 + \dot{y}^2 - 2V)^k$$

ein Integral, das wieder ein Polynom in $\dot{x}$, $\dot{y}$ mit Coefficienten aus $\Omega(x, y, r, r_1)$ ist, und zwar von kleinerer Dimension in $\dot{x}$, $\dot{y}$ als g selbst.

Durch vollständige Induktion ergibt sich daher, dass g ein Polynom der einzigen Variabeln $\dot{x}^2+\dot{y}^2-2V$ ist. Damit ist der Beweis des zu Anfang ausgesprochenen Satzes beendet.

Institute for Advanced Study
Princeton, N. J.

24.

Mittelwerte arithmetischer Funktionen in Zahlkörpern

Transactions of the American Mathematical Society 39 (1936), 219—224

Es sei $f(\xi)$ eine Funktion, die für alle ganzen Zahlen eines total reellen algebraischen Zahlkörpers K vom $n$ten Grade definiert ist. Man ordne ξ den Punkt im n-dimensionalen Raume zu, dessen Coordinaten die n Conjugierten von ξ sind. Für irgend ein Gebiet G jenes Raumes bilde man die Summe

$$F = \sum_{\xi \text{ in } G} f(\xi), \tag{1}$$

in der ξ alle ganzen Zahlen von K durchlaufe, für welche der zugeordnete Punkt ξ in G liegt. Bei einigen Untersuchungen in der Zahlentheorie ist es nötig, eine asymptotische Annäherung von F zu finden, wenn G in gewisser Weise unendlich wird. Hierbei kann die im folgenden hergeleitete Formel von Nutzen sein, die eine Art Verallgemeinerung der bekannten Formel für die Summe der Coefficienten einer Dirichletschen Reihe ist. Ihre Anwendung wird dann an dem Beispiel des Teilerproblems erläutert.

Zwecks einfacherer Darstellung soll nur der Specialfall des reellen quadratischen Körpers behandelt werden. Die Übertragung auf den Fall eines total reellen Körpers beliebigen Grades bietet keine gedanklichen Schwierigkeiten.

1. Die Summenformel

Weiterhin sollen nur solche arithmetischen Funktionen $f(\xi)$ betrachtet werden, welche die folgenden beiden Eigenschaften besitzen: Es soll in K eine Einheit $\epsilon \neq \pm 1$ geben, so dass $f(\epsilon\xi) = f(\xi)$ ist; ferner soll, wenn ξ' die Conjugierte von ξ bedeutet, für eine geeignete positive Constante c und $\xi \neq 0$ die Funktion $f(\xi)\,|\,\xi\xi'\,|^{-c}$ beschränkt sein. Offenbar darf man $\epsilon > 1$, $\epsilon' > 0$ voraussetzen. Zwei Zahlen ξ, η aus K mögen associiert heissen, wenn $\xi\eta^{-1}$ eine Potenz von ϵ ist. Man lasse nun ξ ein volles System nicht-associierter ganzer total positiver Zahlen durchlaufen und bilde die Dirichletschen Reihen

$$\phi_k(s) = \sum{}' f(\xi)(\xi\xi')^{-s}(\xi/\xi')^{\pi i k/\log \epsilon} \qquad (k = 0, \pm 1, \pm 2, \cdots). \tag{2}$$

Sie sind in der Halbebene $\sigma > c+1$ absolut convergent.

Zunächst werde für das Gebiet G das Rechteck $0 < \xi x < 1$, $0 < \xi' x' < 1$

genommen, wo x und x' positive Zahlen sind, und für irgend ein $r>1$ die Summe (1) mit $f(\xi)(1-\xi x)^{r-1}(1-\xi' x')^{r-1}$ statt $f(\xi)$ betrachtet. Für die Summe

$$g(x, x') = \sum_{\substack{0<\xi x<1 \\ 0<\xi' x'<1}} f(\xi)(1-\xi x)^{r-1}(1-\xi' x')^{r-1}$$

gilt dann

Satz 1. *Es ist*

$$(3)\qquad \begin{aligned} g(x, x') = \frac{1}{2\pi i \log \epsilon} \sum_{k=-\infty}^{\infty} \int_{\sigma-\infty i}^{\sigma+\infty i} (xx')^{-s} \left(\frac{x}{x'}\right)^{\pi i k/\log \epsilon} \\ \cdot B\left(r, s-\frac{\pi i k}{\log \epsilon}\right) B\left(r, s+\frac{\pi i k}{\log \epsilon}\right) \phi_k(s) ds, \end{aligned}$$

falls $\sigma>c+1$ ist und das Zeichen B die Eulersche Betafunktion bedeutet.

Aus den bekannten Eigenschaften der Betafunktion folgt, dass das Integral in (3) als Funktion von k die Grössenordnung von $|k|^{-r}$ hat. Die unendliche Reihe in (3) ist daher absolut convergent. Setzt man

$$x = u\epsilon^{v}, \qquad x' = u\epsilon^{-v},$$

so wird die rechte Seite von (3) eine trigonometrische Reihe in bezug auf die Variable v mit der Periode 1. Daher hat man nur noch nachzurechnen, dass der Fouriersche Coefficient

$$a_k(u) = \int_0^1 g(u\epsilon^{v}, u\epsilon^{-v}) e^{-2\pi i k v} dv$$

mit dem Coefficienten vom $e^{2\pi i k v}$ auf der rechten Seite von (3) übereinstimmt.

Bedeutet der Strich am Summenzeichen, dass nur über nicht associierte ξ summiert wird, so ist

$$a_k(u) = \int_{-\infty}^{\infty} \left(\frac{x'}{x}\right)^{\pi i k/\log \epsilon} \sum_{\substack{0<\xi x<1 \\ 0<\xi' x'<1}}{}' f(\xi)(1-\xi x)^{r-1}(1-\xi' x')^{r-1} dv.$$

Für $\sigma>c+1$ gilt demnach

$$\int_0^\infty u^{2s-1} a_k(u) du$$

$$= \frac{1}{2 \log \epsilon} \int_0^\infty \int_0^\infty (xx')^{s-1} \left(\frac{x'}{x}\right)^{\pi i k/\log \epsilon} \sum_{\substack{0<\xi x<1 \\ 0<\xi' x'<1}}{}' f(\xi)(1-\xi x)^{r-1}(1-\xi' x')^{r-1} dx dx'$$

$$= \frac{1}{2\log\epsilon}\sum{}' f(\xi)\int_0^{\xi^{-1}} x^{s-\pi ik/\log\epsilon-1}(1-\xi x)^{r-1}dx\int_0^{\xi'^{-1}} x'^{s+\pi ik/\log\epsilon-1}(1-\xi' x')^{r-1}dx'$$

$$= \frac{1}{2\log\epsilon}B\left(r, s-\frac{\pi ik}{\log\epsilon}\right)B\left(r, s+\frac{\pi ik}{\log\epsilon}\right)\phi_k(s).$$

Hieraus folgt vermöge der Mellinschen Umkehrformel die Beziehung

$$a_k(u) = \frac{1}{2\pi i\log\epsilon}\int_{\sigma-\infty i}^{\sigma+\infty i} u^{-2s}B\left(r, s-\frac{\pi ik}{\log\epsilon}\right)B\left(r, s+\frac{\pi ik}{\log\epsilon}\right)\phi_k(s)ds$$

und damit die Behauptung.

Für den speciellen Fall $r=2$ wird

$$xx'g(x^{-1}, x'^{-1}) = \int_0^x\int_0^{x'}\sum_{\substack{0<\xi<v\\0<\xi'<v'}} f(\xi)dvdv'.$$

Setzt man zur Abkürzung

$$\text{(4)}\qquad \sum_{\substack{0<\xi<v\\0<\xi'<v'}} f(\xi) = F(v, v'),\qquad s-\frac{\pi ik}{\log\epsilon} = s_k,\qquad s+\frac{\pi ik}{\log\epsilon} = s_k'$$

$$(k = 0, \pm 1, \pm 2, \cdots),$$

so gilt für positive y, y'

SATZ 2.

$$\text{(5)}\qquad \begin{aligned}&\int_0^v\int_0^{v'} F(x+v, x'+v')dvdv'\\ &= \frac{1}{2\pi i\log\epsilon}\sum_{k=-\infty}^{\infty}\int_{\sigma-\infty i}^{\sigma+\infty i}\frac{(x+y)^{s_k+1}-x^{s_k+1}}{s_k(s_k+1)}\,\frac{(x'+y')^{s_k'+1}-x'^{s_k'+1}}{s_k'(s_k'+1)}\phi_k(s)ds.\end{aligned}$$

In Analogie zur Formel für die Coefficientensumme einer Dirichletschen Reihe ist (5) dann nützlich, wenn die Funktionen $\phi_k(s)$ über die Halbebene absoluter Convergenz der Reihen (2) hinaus fortsetzbar sind. Dann liefert nämlich vielfach der Residuensatz einen asymptotischen Ausdruck für die rechte Seite von (5).

Von (5) ausgehend kann man in verschiedener Weise zu einem Näherungswert für die in (1) definierte Summe F gelangen. Ist insbesondere $f(\xi)$ nichtnegativ, so ist nach (4)

$$F(x, x') \leqq F(x+v, x'+v') \leqq F(x+y, x'+y')$$

für $0\leqq v\leqq y$, $0\leqq v'\leqq y'$, und daher

$$\text{(6)}\qquad F(x, x') \leqq \frac{1}{yy'}\int_0^y\int_0^{y'} F(x+v, x'+v')dvdv' \leqq F(x+y, x'+y').$$

Eine asymptotische Abschätzung des mittleren Gliedes dieser Ungleichung führt also auch zu einer Annäherung von $F(x, x')$. Nun ist $F(x, x')$ der Specialfall der allgemeineren Summe F, in welchem das Gebiet G das Rechteck $0<\xi<x$, $0<\xi'<x'$ bedeutet. Um zu einer Aussage über F selbst zu kommen, hat man noch G durch Addition und Subtraction jener speciellen Rechtecke anzunähern.

Man kann übrigens auch eine explicite Formel für F angeben. Es gilt nämlich

$$F = \frac{1}{2\pi i \log \epsilon} \sum_{k=-\infty}^{\infty} \int_{\sigma-\infty i}^{\sigma+\infty i} \phi_k(s) \left(\iint_G x^{s_k-1} x'^{s'_k-1} dx dx' \right) ds, \tag{7}$$

falls G von einer differentiierbaren Curve im ersten Quadranten begrenzt wird, die durch kein ganzzahliges ξ geht. Da aber für die Anwendungen Satz 2 viel praktischer ist, so sei auf den etwas mühsamen Beweis von (7) verzichtet.

2. Das Teilerproblem

Einige Beispiele von arithmetischen Funktionen, deren Mittelwerte unter Benutzung von Satz 2 berechnet werden können, sind (1) Anzahl der nicht associierten total positiven Teiler von ξ; (2) Anzahl der Idealteiler von ξ; (3) Anzahl der Zerlegungen von ξ in zwei ganze Quadratzahlen aus K; (4) Restclassencharakter; (5) $e^{2\pi i S(\gamma\xi)}$, wo S die Spur bedeutet und γ irgend eine gebrochene Zahl aus K ist; (6) 1 oder 0, je nachdem ξ Primzahl ist oder nicht.

Es soll hier nur das erste Beispiel behandelt werden. Es sei ϵ die Fundamentaleinheit der total positiven Einheiten von K, und d die Discriminante von K. Setzt man

$$\sum{}' (\xi\xi')^{-s} (\xi/\xi')^{\pi i k/\log \epsilon} = \zeta_k(s) \qquad (k = 0, \pm 1, \pm 2, \cdots), \tag{8}$$

wo ξ alle nicht-associierten ganzen total positiven Zahlen durchlaufe, so geht (2) über in die Gleichung

$$\phi_k(s) = \zeta_k^2(s).$$

Wie Hecke gezeigt hat, ist $\zeta_k(s)$ für $k \neq 0$ eine ganze Funktion von s. Ferner ist auch die Funktion $\zeta_0(s) - (\log \epsilon / d^{1/2})(s-1)^{-1}$ ganz; bei $s=1$ habe sie den Wert γ, der übrigens nach Hecke und Herglotz unter Benutzung der Kroneckerschen Grenzformel berechnet werden kann. Da die Reihe (8) für $\sigma > 1$ absolut convergiert, so kann σ in (5) für den vorliegenden Fall irgend eine Zahl >1 bedeuten. Aus dem von Hecke näher untersuchten Verhalten von $\zeta_k(s)$ in kritischen Streifen $0<\sigma<1$ geht hervor, dass die Integration über s in (5) auch auf einer beliebigen Geraden des kritischen Streifens erfolgen kann, wenn noch das Residuum der Funktion

$$\frac{(x+y)^{s+1}-x^{s+1}}{s(s+1)}\,\frac{(x'+y')^{s+1}-x'^{(s+1)}}{s(s+1)}\,\zeta_0^2(s)$$

bei $s=1$ berücksichtigt wird. Wegen

$$\frac{(x+y)^{s+1}-x^{s+1}}{s(s+1)}\,\frac{(x'+y')^{s+1}-x'^{(s+1)}}{s(s+1)}$$
$$=\int_0^y\int_0^{y'}\left(\int_0^{x+v}\int_0^{x'+v'}(uu')^{s-1}du\,du'\right)dv\,dv'$$

hat das Residuum den Wert

$$\int_0^y\int_0^{y'}\left(\int_0^{x+v}\int_0^{x'+v'}\left(\frac{\log^2\epsilon}{d}\log(uu')+\frac{2\log\epsilon}{d^{1/2}}\gamma\right)du\,du'\right)dv\,dv'.$$

Da nun ferner die Funktion

$$\zeta_k(s)\left(1+\left|t+\frac{\pi k}{\log\epsilon}\right|\right)^{(\sigma-1)/2}\left(1+\left|t-\frac{\pi k}{\log\epsilon}\right|\right)^{(\sigma-1)/2}$$

für $s=\sigma+ti$ gleichmässig in k beschränkt ist, so kann man die Integrale auf der rechten Seite von (5) abschätzen und erhält

$$\int_0^y\int_0^{y'}F(x+v,x'+v')\,dv\,dv'$$

(9)
$$=\int_0^y\int_0^{y'}\left(\int_0^{x+v}\int_0^{x'+v'}\left(\frac{\log\epsilon}{d}\log(uu')+\frac{2\gamma}{d^{1/2}}\right)du\,du'\right)dv\,dv'$$
$$+O((x+y)^{\sigma+1}(x'+y')^{\sigma+1})$$

für jedes $\sigma>0$. Die günstigste Wahl von y, y' ist

$$\frac{y}{x}=\frac{y'}{x'}=(xx')^{-1/3};$$

aus (6) und (9) folgt dann

$$F(x,x')=\int_0^x\int_0^{x'}\left(\frac{\log\epsilon}{d}\log(uu')+\frac{2\gamma}{d^{1/2}}\right)du\,du'+O((xx')^{2/3+\delta})\tag{10}$$

für jedes $\delta>0$.

Nun sei R irgend ein Rechteck $a\leqq x\leqq b$, $a'\leqq y\leqq b'$ im ersten Quadranten und $\tau(\xi)$ die Anzahl der nicht associierten total positiven Teiler von ξ. Nach (4) und (10) gilt dann

$$(11) \qquad \sum_{\xi \text{ in } R} \tau(\xi) = \iint_R \left(\frac{\log \epsilon}{d} \log (uu') + \frac{2\gamma}{d^{1/2}} \right) du du' + O((bb')^{2/3+\delta}).$$

Diese Formel lässt sich leicht auf allgemeinere Bereiche übertragen. Es liege G ganz im ersten Quadranten und habe den Inhalt J. Enthält dann G den Punkt $\xi = 1$ und ist der Umfang von G höchstens von der Grössenordnung J^{α}, wo α eine feste positive Zahl $<3/5$ bedeutet, so ist nach (11)

$$\sum_{\xi \text{ in } G} \tau(\xi) = \iint_G \left(\frac{\log \epsilon}{d} \log (uu') + \frac{2\gamma}{d^{1/2}} \right) du du' + o(J).$$

Institute for Advanced Study,
Princeton, N. J.

25.

The volume of the fundamental domain for some infinite groups*

Transactions of the American Mathematical Society 39 (1936), 209—218

Let Q be any region in m-dimensional euclidean space which is invariant under a group Γ of real homogeneous linear transformations of the coordinates. The group Γ has a fundamental domain F on Q if F is mapped by the different transformations of Γ into a set of domains which completely fill out Q without overlapping one another. It is obvious that then Γ is countable. If all the substitutions of the group have the determinant ± 1, the volume v of F is uniquely determined by Q and Γ. The reciprocal value of v is a certain measure for the order of Γ; in fact, if Γ_1 is a subgroup of Γ with the index g, the volume of the fundamental domain of Γ_1 is exactly gv.

It is known from the analytic theory of quadratic forms how to find v if Γ is the group of automorphisms of a quadratic form with integer coefficients. Minkowski, in his last investigations on the theory of numbers, determined the value of v in another case, which also has interesting applications to the problem of the closest packing of n-dimensional spheres. Let $\sum_{k,l=1}^{n} s_{kl}x_k x_l$ be any positive definite quadratic form of n variables and Q that part of the space of the $n(n+1)/2$ coefficients s_{kl} $(1 \leqq k \leqq l \leqq n)$ where the determinant $|s_{kl}|$ is not greater than a fixed positive number q. By applying any substitution $x_k = \sum_{l=1}^{n} c_{kl} y_l$ with integer coefficients whose determinant is ± 1, a linear transformation of the s_{kl} is induced which leaves Q invariant. The group Γ of these transformations of the quadratic form is obviously isomorphic to the factor-group of the group of all unimodular substitutions of n variables with respect to the subgroup of order 2 generated by $x_k = -y_k$ $(k=1, \cdots, n)$. A fundamental domain of Γ on Q is the region F of the reduced positive definite quadratic forms of n variables whose determinant is not greater than q. Minkowski proved that F is bounded by a finite number of planes and the surface $|s_{kl}| = q$. Moreover, he calculated explicitly the volume of F as a function of n and q, namely,

$$(1) \qquad v = \frac{2}{n+1} q^{(n+1)/2} \pi^{-n(n+1)/4} \Gamma\left(\frac{1}{2}\right) \Gamma\left(\frac{2}{2}\right) \cdots \Gamma\left(\frac{n}{2}\right) \zeta(2) \cdots \zeta(n),$$

where $\zeta(s)$ denotes the zeta function of Riemann.

---

* Presented to the Society, October 26, 1935; received by the editors April 1, 1935.

The purpose of the present paper is to prove Minkowski's formula (1) by a simple analytic method and to generalize it to the case of any algebraic number field. A special application gives the non-euclidean volume of the fundamental domain for the modular group in every totally real algebraic field. Blumenthal and Hecke have shown the importance of the corresponding modular functions for algebraic and arithmetic investigations. Since the knowledge of a set of generators of the modular group is necessary for the construction of any example in the theory of modular functions, the determination of the volume of the fundamental domain can be useful for further researches.

1. Let Q_0 be the space of all positive definite symmetric matrices $\mathfrak{X}$ of n rows, and F_0 its fundamental domain for the group of all transformations $\mathfrak{C}'\mathfrak{X}\mathfrak{C}$ where $\mathfrak{C}$ is any unimodular matrix of n rows and $\mathfrak{C}'$ its transposed. The trace of $\mathfrak{X}$ is denoted by $\sigma(\mathfrak{X})$, the determinant of $\mathfrak{X}$ by $|\mathfrak{X}|$, and $d\mathfrak{X}$ is the $\frac{1}{2}n(n+1)$-dimensional volume element in Q_0. The formula

$$\prod_{k=0}^{n-1} \pi^{-(s+k)/2}\Gamma\left(\frac{s+k}{2}\right) = \int_{Q_0} |\mathfrak{X}|^{s/2-1} e^{-\pi\sigma(\mathfrak{X})} d\mathfrak{X} \tag{2}$$

holds for every s with positive real part and can be proved by complete induction, starting with Euler's definition of the gamma function. Let $\mathfrak{A}$ be any real matrix of n rows and columns, whose determinant is not zero. Then $\mathfrak{A}'\mathfrak{X}\mathfrak{A}$ can be substituted for $\mathfrak{X}$ in (2). Hence

$$\phi(s)\,|\mathfrak{A}'\mathfrak{A}|^{-(s+n-1)/2} = \int_{Q_0} |\mathfrak{X}|^{s/2-1} e^{-\pi\sigma(\mathfrak{A}'\mathfrak{X}\mathfrak{A})} d\mathfrak{X}, \tag{3}$$

where $\phi(s)$ is an abbreviation for the left side of (2).

If $\mathfrak{X}$ runs over the fundamental domain F_0 and $\mathfrak{C}$ over all unimodular matrices of n rows, the matrices $\mathfrak{C}'\mathfrak{X}\mathfrak{C} = (-\mathfrak{C})'\mathfrak{X}(-\mathfrak{C})$ completely fill out twice the space Q_0. Therefore (3) can be transformed into the equation

$$2\phi(s)\,|\mathfrak{A}'\mathfrak{A}|^{-(s+n-1)/2} = \int_{F_0} |\mathfrak{X}|^{s/2-1} \sum_{\mathfrak{C}} e^{-\pi\sigma(\mathfrak{A}'\mathfrak{C}'\mathfrak{X}\mathfrak{C}\mathfrak{A})} d\mathfrak{X}. \tag{4}$$

A matrix $\mathfrak{B}$ is called associated to $\mathfrak{A}$, if $\mathfrak{B} = \mathfrak{C}\mathfrak{A}$ with unimodular $\mathfrak{C}$. In (4), the matrix $\mathfrak{C}\mathfrak{A}$ runs over all associates to $\mathfrak{A}$. It is clear that the determinants of all associates have the same absolute value. There exist only a finite number of non-associate integer matrices $\mathfrak{A}$ whose determinants have a fixed absolute value $a \neq 0$. In fact, Eisenstein has proved that their number is

$$\psi(a) = \sum a_1^{n-1} a_2^{n-2} \cdots a_{n-1}^{1} a_n^{0}, \tag{5}$$

where $a_1, \cdots, a_n$ run over all systems of solutions of $a_1 \cdots a_n = a$ in positive integers.

Let the real part of s be greater than 1 and sum (4) over a complete system of non-associated integer matrices $\mathfrak{A}$ whose determinants are different from zero. Since

$$\sum_{a=1}^{\infty} \psi(a) a^{-s-n+1} = \zeta(s)\zeta(s+1) \cdots \zeta(s+n-1),$$

the result is

$$(6) \qquad 2\phi(s)\zeta(s)\zeta(s+1) \cdots \zeta(s+n-1) = \int_{F_0} |\mathfrak{X}|^{s/2-1} \sum_{|\mathfrak{A}| \neq 0} e^{-\pi\sigma(\mathfrak{A}'\mathfrak{X}\mathfrak{A})} d\mathfrak{X},$$

where $\mathfrak{A}$ runs over all integer matrices with $|\mathfrak{A}| \neq 0$.

The left side of (6) is a meromorphic function of s which has a pole of first order at $s=1$. The residue at this pole is

$$(7) \qquad \rho = 2\pi^{-n(n+1)/4} \Gamma\left(\frac{1}{2}\right) \Gamma\left(\frac{2}{2}\right) \cdots \Gamma\left(\frac{n}{2}\right) \zeta(2) \cdots \zeta(n).$$

To study the behavior of the right side of (6) near $s=1$, the well known method from the theory of the zeta functions can be used. Divide F_0 into two parts F_1 and F_2, corresponding to $|\mathfrak{X}| \leq 1$ and $|\mathfrak{X}| > 1$. The integral in (6) then splits up into the sum of the two integrals over F_1 and F_2. The second integral is an integral function of s.[1]) Furthermore the function

$$\int_{F_1} |\mathfrak{X}|^{s/2-1} \sum_{|\mathfrak{A}|=0} e^{-\pi\sigma(\mathfrak{A}'\mathfrak{X}\mathfrak{A})} d\mathfrak{X},$$

where $\mathfrak{A}$ runs over all integer matrices with $|\mathfrak{A}| = 0$, is regular near $s=1$. Hence ρ is also the residue of

$$\int_{F_1} |\mathfrak{X}|^{s/2-1} \sum_{\mathfrak{A}} e^{-\pi\sigma(\mathfrak{A}'\mathfrak{X}\mathfrak{A})} d\mathfrak{X},$$

where $\mathfrak{A}$ runs over all integer matrices, at the point $s=1$. Now, from the theory of theta functions, the formula

$$\sum_{\mathfrak{A}} e^{-\pi\sigma(\mathfrak{A}'\mathfrak{X}\mathfrak{A})} = |\mathfrak{X}|^{-n/2} \sum_{\mathfrak{A}} e^{-\pi\sigma(\mathfrak{A}'\mathfrak{X}^{-1}\mathfrak{A})}$$

is known. Hence ρ is the residue of

$$(8) \qquad \int_{F_1} |\mathfrak{X}|^{(s-n)/2-1} d\mathfrak{X} + \int_{F_1} |\mathfrak{X}|^{(s-n)/2-1} \sum_{\mathfrak{A}}{}' e^{-\pi\sigma(\mathfrak{A}'\mathfrak{X}^{-1}\mathfrak{A})} d\mathfrak{X},$$

[1]) Die weiteren Überlegungen dieses Absatzes sind nicht korrekt; sie wurden 1959 vom Verfasser in der Arbeit „Zur Bestimmung des Volumens des Fundamentalbereichs der unimodularen Gruppe" berichtigt.

where $\mathfrak{A}$ runs over all integer matrices except the zero matrix. The second integral in (8) is again regular at $s=1$, and ρ is the residue of the first integral in (8).

If v_1 is the volume of F_1, the fundamental domain F, which is the part $|\mathfrak{X}| \leqq q$ of F_0, has the volume $v_1 q^{(n+1)/2}$. Hence

$$\int_{F_1} |\mathfrak{X}|^{(s-n)/2-1} d\mathfrak{X} = \frac{n+1}{2} v_1 \int_0^1 q^{(s-n)/2-1} \cdot q^{(n-1)/2} dq = \frac{n+1}{s-1} v_1,$$

$$\rho = (n+1) v_1, \tag{9}$$

and (1) follows from (7) and (9).

2. The group of the matrices $\mathfrak{C}$ with integer rational elements and the determinant ± 1 has a generalization in any algebraic number field. It consists of all matrices $\mathfrak{C}$ of n rows, for which the elements of $\mathfrak{C}$ and $\mathfrak{C}^{-1}$ are integers of the field K. These matrices will be called unimodular in K. Their determinants are units of the field K. The definition of the associates of a matrix can be at once extended to the case of any K: the matrix $\mathfrak{B}$ is associated to $\mathfrak{A}$, if $\mathfrak{B}=\mathfrak{C}\mathfrak{A}$ with a unimodular $\mathfrak{C}$ in K. Since the determinant of an associate of $\mathfrak{A}$ can only differ from the determinant $|\mathfrak{A}| = \alpha$ by a factor which is a unit of K, the determinants of all associates to an integer matrix of K define the same principal ideal (α). Eisenstein's result (5) has been generalized by Hurwitz. He proved that the number of non-associate integer matrices $\mathfrak{A}$ of K with n rows, whose determinants $\alpha \neq 0$ define the same principal ideal (α), is

$$\psi(\alpha) = \sum N(\mathfrak{a}_1^{n-1} \mathfrak{a}_2^{n-2} \cdots \mathfrak{a}_{n-1}^1 \mathfrak{a}_n^0), \tag{10}$$

where the symbol N denotes the norm and $\mathfrak{a}_1, \cdots, \mathfrak{a}_n$ run over all systems of solutions of $\mathfrak{a}_1 \cdots \mathfrak{a}_n = (\alpha)$ in integer ideals $\mathfrak{a}_1, \cdots, \mathfrak{a}_n$.

In this section only the simpler case of a totally real field K will be investigated. If l is the degree of K, the l conjugates of any matrix $\mathfrak{A}$ with elements of K will be denoted by $\mathfrak{A}_1, \cdots, \mathfrak{A}_l$. Let $\mathfrak{X}_1, \cdots, \mathfrak{X}_l$ be any l positive definite symmetric matrices of n rows, Q_0 the space of their $\frac{1}{2}n(n+1)l$ coefficients, and Q the part of Q_0 defined by the inequality $|\mathfrak{X}_1 \cdots \mathfrak{X}_l| \leqq q$. If $\mathfrak{C}$ is unimodular, the transformation $\mathfrak{C}_1' \mathfrak{X}_1 \mathfrak{C}_1, \cdots, \mathfrak{C}_l' \mathfrak{X}_l \mathfrak{C}_l$ leaves Q invariant. The problem is to prove the existence of a fundamental domain F on Q with respect to these transformations, which is bounded by a finite number of planes and the surface $|\mathfrak{X}_1 \cdots \mathfrak{X}_l| = q$ and to calculate the volume of F. The first part of the problem requires the theory of reduction of positive definite quadratic forms in K and can be solved without serious difficulty by generalizing Minkowski's ideas. Here only the solution of the second part, the determination of the volume v of F by analytic methods, will be explained in detail.

From (3) there follows for every integer matrix $\mathfrak{A}$ of K with n rows, whose determinant does not vanish, the equation

$$\phi^l(s)N(\mathfrak{A}'\mathfrak{A})^{-(s+n-1)/2} = \int_{Q_0} N(\mathfrak{X})^{s/2-1}e^{-\pi S(\mathfrak{A}'\mathfrak{X}\mathfrak{A})}d\mathfrak{X}_1 \cdots d\mathfrak{X}_l; \tag{11}$$

here $N(\mathfrak{X})$ denotes the product of the determinants of $\mathfrak{X}_1, \cdots, \mathfrak{X}_l$ and $S(\mathfrak{A}'\mathfrak{X}\mathfrak{A})$ the sum of the traces of $\mathfrak{A}_1'\mathfrak{X}_1\mathfrak{A}_1, \cdots, \mathfrak{A}_l'\mathfrak{X}_l\mathfrak{A}_l$. If F_0 is a fundamental domain on Q_0, the right side of (11) can be transformed in analogy to (4). By summing (11) over a complete system of non-associated integer matrices $\mathfrak{A}$ of K with $|\mathfrak{A}| \neq 0$, the equation

$$2\phi^l(s)\sum_{(\alpha)}\psi(\alpha)N(\alpha)^{-s-n+1} = \int_{F_0} N(\mathfrak{X})^{s/2-1}\sum_{|\mathfrak{A}|\neq 0} e^{-\pi S(\mathfrak{A}'\mathfrak{X}\mathfrak{A})}d\mathfrak{X}_1 \cdots d\mathfrak{X}_l \tag{12}$$

arises, when (α) runs over all integer principal ideals and $\mathfrak{A}$ over all integer matrices with $|\mathfrak{A}| \neq 0$; the real part of s must be greater than 1.

If h is the class-number of K, there exist exactly h different characters $\chi(\mathfrak{a})$ of the class-group. The sum $\sum_\chi \chi(\mathfrak{a})$ is h, if $\mathfrak{a}$ is a principal ideal, and 0 otherwise. Let

$$\zeta_\chi(s) = \sum_{\mathfrak{a}} \chi(\mathfrak{a})N\mathfrak{a}^{-s}$$

denote Dedekind's zeta function with class-characters. Then, by (10),

$$\sum_{(\alpha)}\psi(\alpha)N(\alpha)^{-s-n+1} = h^{-1}\sum_\chi \zeta_\chi(s)\zeta_\chi(s+1)\cdots\zeta_\chi(s+n-1). \tag{13}$$

Now it is known that $\zeta_\chi(s)$ is an integral function if χ is not the principal character. For the principal character, $\zeta_\chi(s)$ is the function

$$\zeta_\kappa(s) = \sum_{\mathfrak{a}} N\mathfrak{a}^{-s},$$

which is regular for $s \neq 1$ and has at $s = 1$ a pole of first order with the residue $2^{l-1}D^{-1/2}R\,h$, where R and D are regulator and discriminant of K. Hence the residue of the left side of (12) at $s = 1$ is

$$\rho = 2^l D^{-1/2} R \prod_{k=1}^{n} \pi^{-kl/2}\Gamma^l\left(\frac{k}{2}\right)\cdot\zeta_\kappa(2)\zeta_\kappa(3)\cdots\zeta_\kappa(n). \tag{14}$$

The calculation of the residue of the right side of (12) is quite analogous to the rational case. The domain F_0 is divided into the two parts $N(\mathfrak{X}) \leq 1$ and $N(\mathfrak{X}) > 1$ and for the first part of F_0 the theta formula

$$\sum_{\mathfrak{A}} e^{-\pi S(\mathfrak{A}'\mathfrak{X}\mathfrak{A})} = D^{-n^2/2}N(\mathfrak{X})^{-n/2}\sum_{\mathfrak{d}^{-1}|\mathfrak{B}} e^{-\pi S(\mathfrak{B}'\mathfrak{X}^{-1}\mathfrak{B})}$$

is used; here $\mathfrak{d}$ denotes the fundamental ideal of K, the matrix $\mathfrak{A}$ runs over all integer matrices of K and $\mathfrak{B}$ over all matrices whose elements belong to the ideal $\mathfrak{d}^{-1}$. In this manner it can be seen that

$$\rho = (n+1)D^{-n^2/2}v_1, \tag{15}$$

where $v_1 q^{(n+1)/2}$ is the volume of F.

Hence, by (14) and (15), the volume of the fundamental domain F is

$$v = \frac{2^l}{n+1} q^{(n+1)/2} D^{(n^2-1)/2} R\pi^{-n(n+1)l/4} \Gamma^l\left(\frac{1}{2}\right) \cdots \Gamma^l\left(\frac{n}{2}\right) \zeta_\kappa(2) \cdots \zeta_\kappa(n), \tag{16}$$

and this is the generalization of Minkowski's formula (1) to the case of any totally real algebraic number field.

3. If some of the conjugates of K are imaginary, let $2r_2$ be their number and r_1 the number of the real conjugates. Then $r_1+2r_2=l$. For any matrix $\mathfrak{A}$ with elements of K, the conjugates in the real fields will be denoted by $\mathfrak{A}_1, \cdots, \mathfrak{A}_{r_1}$ and the conjugates in the imaginary fields by $\mathfrak{A}_{r_1+1}, \cdots, \mathfrak{A}_l$; moreover $\mathfrak{A}_k$ and $\mathfrak{A}_{k+r_1}$ $(k=r_1+1, \cdots, r_1+r_2)$ shall be conjugate complex. Put $r_1+r_2=p$. Instead of the l positive definite symmetric matrices $\mathfrak{X}_1, \cdots, \mathfrak{X}_l$ of the totally real case, r_1 positive definite symmetric matrices $\mathfrak{X}_1, \cdots, \mathfrak{X}_{r_1}$ and r_2 positive definite Hermitian matrices $\mathfrak{X}_{r_1+1}, \cdots, \mathfrak{X}_p$ must be considered. The elements of $\mathfrak{X}_1, \cdots, \mathfrak{X}_p$ define a space of $n(n+1)r_1/2+n^2r_2$ real dimensions. Let Q be the part of Q_0, where $|\mathfrak{X}_1 \cdots \mathfrak{X}_{r_1}\mathfrak{X}^2_{r_1+1} \cdots \mathfrak{X}_p^2| \leq q$. If $\bar{\mathfrak{C}}$ denotes the conjugate complex to $\mathfrak{C}$, the transformation $\bar{\mathfrak{C}}_k' \mathfrak{X}_k \mathfrak{C}_k$ $(k=1, \cdots, p)$ leaves Q invariant for any unimodular matrix $\mathfrak{C}$ of the field K. The existence of a fundamental domain F on Q for the group of these transformations, which is bounded by a finite number of analytic surfaces, is known for the case of an imaginary quadratic field K by the investigations of Picard and Bianchi. The proof can be extended to the case of any K.

For the calculation of the volume v of F, an analogue of (2) for the space H of the positive definite Hermitian matrices $\mathfrak{X}$ must be considered. If $y_{\kappa\lambda}$ and $z_{\kappa\lambda}$ denote real and imaginary parts of the element $x_{\kappa\lambda}$ of $\mathfrak{X}$, the volume element $d\mathfrak{X}$ of H will be defined by

$$d\mathfrak{X} = \prod_{\kappa,\lambda=1}^{n} dx_{\kappa\lambda} = 2^{n(n-1)/2} \prod_{1\leq\kappa\leq\lambda\leq n} dy_{\kappa\lambda} \prod_{1\leq\kappa<\lambda\leq n} dz_{\kappa\lambda}.$$

Then the analogue of (2) is the formula

$$\prod_{k=0}^{n-1} (2\pi)^{-s-k}\Gamma(s+k) = \int_H |\mathfrak{X}|^{s-1} e^{-2\pi\sigma(\mathfrak{X})} d\mathfrak{X}.$$

If $\mathfrak{X}_k$ $(k=p+1, \cdots, l)$ denotes the conjugate complex $\bar{\mathfrak{X}}_{k-r_2}$ to $\mathfrak{X}_{k-r_2}$, the generalization of (11) is

$$\left\{\prod_{k=0}^{n-1} \pi^{-(s+k)/2}\Gamma\left(\frac{s+k}{2}\right)\right\}^{r_1}\left\{\prod_{k=0}^{n-1}(2\pi)^{-s-k}\Gamma(s+k)\right\}^{r_2} N(\bar{\mathfrak{A}}'\mathfrak{A})^{-(s+n-1)/2}$$
$$= \int_{Q_0} N(\mathfrak{X})^{s/2} e^{-\pi S(\bar{\mathfrak{A}}'\mathfrak{X}\mathfrak{A})} \frac{d\mathfrak{X}_1}{|\mathfrak{X}_1|} \cdots \frac{d\mathfrak{X}_p}{|\mathfrak{X}_p|}.$$

Since the equations $\bar{\mathfrak{C}}_k' \mathfrak{X}_k \mathfrak{C}_k = \mathfrak{X}_k$ $(k=1, \cdots, p)$ only hold identically in $\mathfrak{X}_k$ for a unimodular $\mathfrak{C}$ of K, if $\mathfrak{C}=\omega\mathfrak{E}$, where $\mathfrak{E}$ is the unit-matrix and ω a root of unity, the matrices $\bar{\mathfrak{C}}_k' \mathfrak{X}_k \mathfrak{C}_k$ $(k=1, \cdots, p)$ completely fill out Q_0 exactly w times, if $\mathfrak{X}_1, \cdots, \mathfrak{X}_p$ run over the fundamental domain F_0 and $\mathfrak{C}$ over all unimodular matrices; here w denotes the number of roots of unity in K. Hence corresponding to (12) and (13)

$$\frac{w}{h}\prod_{k=0}^{n-1}\left\{2^{-r_2(s+k)}\pi^{-l(s+k)/2}\Gamma^{r_1}\left(\frac{s+k}{2}\right)\Gamma^{r_2}(s+k)\right\}$$
$$\cdot \sum_{\chi} \zeta_\chi(s)\zeta_\chi(s+1)\cdots\zeta_\chi(s+n-1)$$
$$= \int_{F_0} N(\mathfrak{X})^{s/2} \sum_{|\mathfrak{A}|\neq 0} e^{-\pi S(\bar{\mathfrak{A}}'\mathfrak{X}\mathfrak{A})} \frac{d\mathfrak{X}_1}{|\mathfrak{X}_1|} \cdots \frac{d\mathfrak{X}_p}{|\mathfrak{X}_p|},$$

and by calculating the residues at $s=1$ on both sides,

$$\frac{2^{r_1+r_2}}{n+1} q^{(n+1)/2} D^{(n^2-1)/2} R \pi^{r_2 - n(n+1)l/4} 2^{-n(n+1)r_2/2} \prod_{k=1}^{n} \Gamma^{r_1}\left(\frac{k}{2}\right)\Gamma^{r_2}(k)$$
$$(17) \qquad \cdot \zeta_\kappa(2)\cdots\zeta_\kappa(n) = \int_F |\mathfrak{X}_{r_1+1}\cdots\mathfrak{X}_p|\, d\mathfrak{X}_1\cdots d\mathfrak{X}_p,$$

where D is the absolute value of the discriminant of K and R the regulator. Therefore (17) gives the volume of the fundamental domain if the volume element is defined by $|\mathfrak{X}_{r_1+1}\cdots\mathfrak{X}_p|\, d\mathfrak{X}_1\cdots d\mathfrak{X}_p$ which is invariant under unimodular transformation.

4. The special case $n=2$ is closely connected with the theory of the modular group in any totally real algebraic field K. Let $\tau_1, \cdots, \tau_l$ be a set of variables in the upper half-plane. The modular group in K consists of all the substitutions

$$\tau_k' = \frac{\alpha_k\tau_k+\beta_k}{\gamma_k\tau_k+\delta_k} \qquad (k=1, \cdots, l),$$

for which $\alpha, \beta, \gamma, \delta$ are integers of K and $\alpha\delta-\beta\gamma$ is a totally positive unit. If ϵ

is any unit of K, then $\epsilon\alpha$, $\epsilon\beta$, $\epsilon\gamma$, $\epsilon\delta$ define of course the same modular substitution as α, β, γ, δ.

Blumenthal has proved the existence of a fundamental domain G_0 of the modular group in the space of the upper half-planes of the l complex variables $\tau_k = t_k + iu_k$ $(k=1, \cdots, l)$. The domain G_0 is bounded by a finite number of algebraic surfaces. Since the special modular substitutions with $\alpha\delta - \beta\gamma = 1$ form a subgroup of finite index m, they possess also a fundamental domain G. The non-euclidean volume

$$V = \int_G \frac{dt_1 du_1}{u_1^2} \cdots \frac{dt_l du_l}{u_l^2}$$

of G, and hence also the corresponding volume $m^{-1}V$ of G_0, can be found in the following manner.

Formula (16) gives the volume

$$v = \int_F d\mathfrak{X}_1 \cdots d\mathfrak{X}_l \tag{18}$$

for the space of the reduced systems of positive definite symmetric matrices $\mathfrak{X}_1, \cdots, \mathfrak{X}_l$ of n rows with $|\mathfrak{X}_1 \cdots \mathfrak{X}_l| \leqq q$. Let n have the value 2 and consider instead of the group of all unimodular matrices $\binom{\alpha\beta}{\gamma\delta}$ only the subgroup for which $\alpha\delta - \beta\gamma = \epsilon^2$ is a square of a unit of K. Since the index is 2^l, the corresponding volume in the space of $\mathfrak{X}_1, \cdots, \mathfrak{X}_l$ is $2^l v$. By the substitutions

$$\mathfrak{X}_k = \begin{pmatrix} x_k & y_k \\ y_k & z_k \end{pmatrix}, \qquad \tau_k = \frac{y_k + (y_k^2 - x_k z_k)^{1/2}}{z_k}, \qquad \xi_k = x_k z_k - y_k^2$$

$$(k = 1, \cdots, l)$$

the equation (18) is transformed into

$$2^l v = \int \cdots \int (\xi_1 \cdots \xi_l)^{1/2} d\xi_1 \cdots d\xi_l \frac{dt_1 du_1}{u_1^2} \cdots \frac{dt_l du_l}{u_l^2},$$

where the variables $t_1, \cdots, u_l$ run over G and $\xi_1, \cdots, \xi_l$ over a fundamental region in $\xi_1 \cdots \xi_l \leqq q$ with respect to the group $\xi' = \epsilon^4 \xi$ formed by the fourth powers of all units of K. Hence

$$2^l v = \tfrac{1}{3} 2^{2l-1} R q^{3/2} V,$$

and by (16)

$$V = 2\pi^{-l} D^{3/2} \zeta_\kappa(2). \tag{19}$$

Since it can be shown that $\pi^{-2l} D^{1/2} \zeta_\kappa(2)$ is rational for totally real K, the number $\pi^{-l}V$ is rational also, corresponding to a theorem of Dehn and Poincaré on the volume of a non-euclidean polyhedron in an even number of dimensions.

5. The very simple result (19) can also be proved by another method, which does not use the properties of the units and of the zeta functions of K. Let $\eta_1, \cdots, \eta_l$ be any positive numbers, μ and ν two numbers of K, not both 0, and the ideal $(\mu, \nu) = \mathfrak{a}$. Consider the integral

$$(20) \qquad I(\mathfrak{a}) = \sum_{(\mu,\nu)=\mathfrak{a}} \int_G \frac{\eta_1 dt_1 du_1}{(\eta_1 |\mu_1\tau_1 + \nu_1|^2 + u_1)^2} \cdots \frac{\eta_l dt_l du_l}{(\eta_l |\mu_l\tau_l + \nu_l|^2 + u_l)^2}$$

where μ, ν run over all pairs with the greatest common divisor $\mathfrak{a}$. If $\alpha, \beta, \gamma, \delta$ run over all integers with $\alpha\delta - \beta\gamma = 1$, then $\mu\alpha + \nu\gamma$, $\mu\beta + \nu\delta$ run over all pairs which have the same greatest common divisor as the fixed numbers μ, ν. Moreover, if in particular $\mu\alpha + \nu\gamma = \mu$, $\mu\beta + \nu\delta = \nu$, then the integrand in (20) is invariant under the modular substitution $(\alpha\tau + \beta)/(\gamma\tau + \delta)$. Hence $I(\mathfrak{a})$ is exactly twice the value of the integral with the same integrand and fixed μ, ν extended over a fundamental region for the subgroup Γ of the modular substitutions with $\mu\alpha + \nu\gamma = \mu$, $\mu\beta + \nu\delta = \nu$. Choose now two numbers κ, λ of the ideal $\mathfrak{a}^{-1}$, such that $\kappa\nu - \lambda\mu = 1$, and make the substitution

$$\tau' = \frac{\kappa\tau + \lambda}{\mu\tau + \nu}.$$

A simple calculation shows that, for all elements $\binom{\alpha\beta}{\gamma\delta}$ of Γ, the equation

$$\begin{pmatrix} \kappa & \lambda \\ \mu & \nu \end{pmatrix} \begin{pmatrix} \alpha & \beta \\ \gamma & \delta \end{pmatrix} \begin{pmatrix} \kappa & \lambda \\ \mu & \nu \end{pmatrix}^{-1} = \begin{pmatrix} 1 & \zeta \\ 0 & 1 \end{pmatrix}$$

holds, where ζ belongs to $\mathfrak{a}^{-2}$; on the other hand, if ζ belongs to $\mathfrak{a}^{-2}$, then $\binom{\alpha\beta}{\gamma\delta}$ is an element of Γ. Let $\omega_1, \cdots, \omega_l$ be a basis of $\mathfrak{a}^{-2}$ and $t = \omega_1 x_1 + \cdots + \omega_l x_l$. Then a fundamental region of Γ is defined by the inequalities

$$0 \leqq x_k < 1, \; u_k > 0 \qquad (k = 1, \cdots, l).$$

Hence

$$I(\mathfrak{a}) = 2N\mathfrak{a}^{-2}D^{1/2} \prod_{k=1}^{l} \int_0^1 \int_0^\infty \frac{\eta_k dx_k du_k}{(\eta_k + u_k)^2} = 2N\mathfrak{a}^{-2}D^{1/2},$$

and, summing (20) over all integer ideals $\mathfrak{a}$,

$$(21) \; 2D^{1/2}\zeta_\kappa(2) = \sum_{\mu,\nu \neq 0,0} \int_G \frac{\eta_1 dt_1 du_1}{(\eta_1 |\mu_1\tau_1 + \nu_1|^2 + u_1)^2} \cdots \frac{\eta_l dt_l du_l}{(\eta_l |\mu_l\tau_l + \nu_l|^2 + u_l)^2},$$

where μ, ν run over all pairs of integers different from 0, 0. If $\eta_1, \cdots, \eta_l$ tend to zero, the right side of (21) becomes

$$D^{-1}\int_G \prod_{k=1}^{l}\left(\int_{-\infty}^{+\infty}\int_{-\infty}^{+\infty}\frac{d\mu_k d\nu_k}{(|\mu_k\tau_k+\nu_k|^2+u_k)^2}\,dt_k du_k\right), \tag{22}$$

where μ_k, ν_k are variables of integration. Now, by the substitutions

$$\mu|\tau|+\nu\frac{t}{|\tau|}=r^{1/2}\cos\phi, \qquad \nu\frac{u}{|\tau|}=r^{1/2}\sin\phi,$$

$$\int_{-\infty}^{+\infty}\int_{-\infty}^{+\infty}\frac{d\mu d\nu}{(|\mu\tau+\nu|^2+u)^2}=\int_0^{\infty}\int_0^{2\pi}\frac{\frac{1}{2}drd\phi}{u(r+u)^2}=\pi u^{-2},$$

and therefore the expression (22) has the value

$$D^{-1}\pi^l\int_G\prod_{k=1}^{l}\frac{dt_k du_k}{u_k^2}=D^{-1}\pi^l V.$$

Together with (21), this completes the second proof of (19).

INSTITUTE FOR ADVANCED STUDY,
PRINCETON, N. J.

26.

Über die analytische Theorie der quadratischen Formen III

Annals of Mathematics 38 (1937), 212—291

In diesem letzten Teile der Abhandlung wird nachgewiesen, dass der in den beiden vorhergehenden Teilen aufgestellte Hauptsatz bei sinngemässer Verallgemeinerung auch für die Darstellungen quadratischer Formen in beliebigen algebraischen Zahlkörpern gilt. Da sich auch im allgemeinsten Falle das Resultat in der gleichen einfachen Gestalt ausdrücken lässt, die ausserdem für die Beweismethode zweckmässig ist, so ist wohl die Vermutung nicht abzuweisen, dass der in den vorliegenden Aufsätzen eingeschlagene transcendente Weg der inneren Natur der quadratischen Formen entspricht.

Es sei K ein algebraischer Zahlkörper vom Grade h über dem Körper R der rationalen Zahlen. Seine Conjugierten werden mit $K_{(1)}, \cdots, K_{(h)}$ bezeichnet, und zwar seien $K_{(1)}, \cdots, K_{(h_1)}$ reell, während die Paare $K_{(l)}, K_{(l+h_2)}$ $(l = h_1 + 1, \cdots, h_1 + h_2;\ h_1 + 2h_2 = h)$ conjugiert complex sind. Eine Matrix $\mathfrak{M}$, deren sämtliche Elemente Zahlen aus K sind, heisse kurz eine Matrix aus K. Ersetzt man die Elemente von $\mathfrak{M}$ durch entsprechende Conjugierte, so erhält man die h conjugierten Matrizen $\mathfrak{M}_{(1)}, \cdots, \mathfrak{M}_{(h)}$. Die Matrix $\mathfrak{M}$ heisst *ganz*, wenn alle ihre Elemente es sind. Zwei ganze symmetrische Matrizen $\mathfrak{S}$ und $\mathfrak{T}$ aus K nennt man *äquivalent* in K, wenn die Gleichungen $\mathfrak{A}'\mathfrak{S}\mathfrak{A} = \mathfrak{T}$ und $\mathfrak{B}'\mathfrak{T}\mathfrak{B} = \mathfrak{S}$ in ganzen Matrizen $\mathfrak{A}$ und $\mathfrak{B}$ aus K lösbar sind. Dann gilt erst recht $\mathfrak{A}'\mathfrak{S}\mathfrak{A} \equiv \mathfrak{T} \pmod{\kappa}$, $\mathfrak{B}'\mathfrak{T}\mathfrak{B} \equiv \mathfrak{S} \pmod{\kappa}$ für jeden Idealmodul κ aus K; es sind also $\mathfrak{S}$ und $\mathfrak{T}$ *modulo* κ *äquivalent*. Da ferner jene Gleichungen in allen conjugierten Körpern bestehen, so sind insbesondere die Gleichungen

$$\mathfrak{X}'_{(l)}\mathfrak{S}_{(l)}\mathfrak{X}_{(l)} = \mathfrak{T}_{(l)}, \qquad \mathfrak{Y}'_{(l)}\mathfrak{T}_{(l)}\mathfrak{Y}_{(l)} = \mathfrak{S}_{(l)}$$

reell lösbar für $l = 1, \cdots, h_1$ und complex lösbar für $l = h_1 + 1, \cdots, h_1 + h_2$; es sind also, wie gesagt werden soll, $\mathfrak{S}$ und $\mathfrak{T}$ *total-reell äquivalent.*

Die beiden symmetrischen Matrizen $\mathfrak{S}$ und $\mathfrak{T}$ heissen *verwandt* in K, wenn sie nach jedem Modul κ und ausserdem total-reell äquivalent sind. Alle miteinander in K äquivalenten symmetrischen Matrizen bilden eine *Classe*, alle miteinander verwandten ein *Geschlecht*. Es ist klar, dass jedes Geschlecht aus vollen Classen besteht, und es lässt sich zeigen, dass die Classenanzahl für jedes Geschlecht endlich ist.

Während für den Körper der rationalen Zahlen in jeder Classe eine Matrix mit nicht verschwindender Determinante vorhanden ist, gilt dies nicht mehr für jeden algebraischen Zahlkörper; ein einfaches Beispiel liefert die quadratische Form $(x\sqrt{2} + y\sqrt{-3})^2$ in $R(\sqrt{-6})$. Auch für die Entwicklung der Theorie der quadratischen Formen mit nicht-verschwindender Determinante erweist es sich aber dann als unerlässlich, Formen mit der Determinante 0 zu untersuchen; und die hierzu nötige Verallgemeinerung der im ersten Teil entwickelten Methoden führt zu ziemlich umfangreichen Hilfsbetrachtungen. In dieser Einleitung soll hauptsächlich von dem formal etwas einfacheren Fall der nicht-verschwindenden Determinante gesprochen werden.

Unter einer *Darstellung von* $\mathfrak{T}$ *durch* $\mathfrak{S}$ in K werde eine Lösung von $\mathfrak{C}'\mathfrak{S}\mathfrak{C} = \mathfrak{T}$ durch ein ganzes $\mathfrak{C}$ aus K verstanden. Eine *Darstellung modulo* κ wird durch eine Lösung der entsprechenden Congruenz geliefert. Die Reihenanzahlen von $\mathfrak{S}$ und $\mathfrak{T}$ seien m und n. Unter der *Darstellungsdichte* $D_\kappa(\mathfrak{S}, \mathfrak{T})$ von $\mathfrak{T}$ durch $\mathfrak{S}$ modulo κ werde im Falle $n < m$ der Quotient $A_\kappa(\mathfrak{S}, \mathfrak{T}) : N\kappa^{mn-\frac{1}{2}n(n+1)}$ aus der wahren Anzahl der Lösungen der Congruenz und der mittleren Anzahl verstanden; dabei bedeutet $N\kappa$ die Norm des Ideals κ. Für $n = m$ werde die Darstellungsdichte durch den $2^{p(\kappa)}$-ten Teil jenes Quotienten definiert, wobei $p(\kappa)$ als die Anzahl der verschiedenen Primidealteiler von κ erklärt ist. Genau wie im Falle des rationalen Zahlkörpers gilt nun, dass $\lim D_\kappa(\mathfrak{S}, \mathfrak{T})$ existiert, wenn κ gewisse Folgen durchläuft, z.B. die Folge der Hauptideale $1!, 2!, 3!, \cdots$, und nicht $m = 2$ und $-|\mathfrak{S}|$ eine Quadratzahl in K oder $m - n = 2$ und $-|\mathfrak{S}||\mathfrak{T}|$ eine Quadratzahl in K ist. Ferner lässt sich wieder dieser Grenzwert als Product von Dichtigkeiten schreiben, die den einzelnen Primidealen von K zugeordnet sind. Für ein beliebiges Primideal ρ setze man

$$d_\rho(\mathfrak{S}, \mathfrak{T}) = \lim_{a\to\infty} D_{\rho^a}(\mathfrak{S}, \mathfrak{T}),$$

wenn a die Folge der natürlichen Zahlen durchläuft. Multipliciert man nun über alle Primideale nach wachsender Grösse der Normen, so gilt

$$\lim D_\kappa(\mathfrak{S}, \mathfrak{T}) = \prod_\rho d_\rho(\mathfrak{S}, \mathfrak{T}). \tag{1}$$

Der Hauptsatz liefert den Zusammenhang zwischen dem Grenzwert in (1) und der Darstellungsanzahl von $\mathfrak{T}$ durch $\mathfrak{S}$ in K. Am einfachsten ist die Formulierung für den Fall, dass K total-reell, also $h_2 = 0$, und $\mathfrak{S}$ total-positiv ist, d.h. sämtliche Conjugierten von $\mathfrak{S}$ die Matrizen positiv-definiter quadratischer Formen sind. Damit $\mathfrak{T}$ darstellbar ist, muss auch $\mathfrak{T}$ total-positiv sein. Die Anzahl $A(\mathfrak{S}, \mathfrak{T})$ der Darstellungen von $\mathfrak{T}$ durch $\mathfrak{S}$ in K ist in jenem Falle endlich, und speciell gilt dies von der Anzahl $E(\mathfrak{S})$ der Darstellungen von $\mathfrak{S}$ durch sich selbst. Man wähle aus jeder der g Classen des Geschlechts von $\mathfrak{S}$ einen Repräsentanten, etwa $\mathfrak{S}_1, \cdots, \mathfrak{S}_g$, und bilde den Ausdruck

$$\frac{A(\mathfrak{S}_1, \mathfrak{T})}{E(\mathfrak{S}_1)} + \cdots + \frac{A(\mathfrak{S}_g, \mathfrak{T})}{E(\mathfrak{S}_g)}.$$

Man hat nun noch den mittleren Wert dieses Ausdrucks zu definieren. Es sei $b_1, \cdots, b_h$ eine Basis von K und $\mathfrak{T} = b_1\mathfrak{T}_1 + \cdots + b_h\mathfrak{T}_h$, wobei die Elemente von $\mathfrak{T}_1, \cdots, \mathfrak{T}_h$ sämtlich ganze rationale Zahlen sind. Man betrachte h symmetrische n-reihige Matrizen $\mathfrak{Y}_1, \cdots, \mathfrak{Y}_h$ mit reellen Elementen und setze

$\mathfrak{Y}_{(l)} = b_{1(l)}\mathfrak{Y}_1 + \cdots + b_{h(l)}\mathfrak{Y}_h$ $(l = 1, \cdots, h)$, oder kurz $\mathfrak{Y} = b_1\mathfrak{Y}_1 + \cdots + b_h\mathfrak{Y}_h$. Analog bilde man mit h beliebigen reellen Matrizen $\mathfrak{X}_1, \cdots, \mathfrak{X}_h$ von m Zeilen und n Spalten den Ausdruck $\mathfrak{X} = b_1\mathfrak{X}_1 + \cdots + b_h\mathfrak{X}_h$. Hat dann die Gleichung $\mathfrak{X}'\mathfrak{S}\mathfrak{X} = \mathfrak{Y}$, d.h. das System der h Gleichungen $\mathfrak{X}'_{(l)}\mathfrak{S}_{(l)}\mathfrak{X}_{(l)} = \mathfrak{Y}_{(l)}$, $(l = 1, \cdots, h)$, eine Lösung $\mathfrak{X}$ mit reellen Componenten $\mathfrak{X}_1, \cdots, \mathfrak{X}_h$, so heisst $\mathfrak{Y}$ *durch* $\mathfrak{S}$ *total-reell darstellbar*. Es ist trivial, dass $\mathfrak{T}$ durch $\mathfrak{S}$ total-reell darstellbar ist, falls $\mathfrak{T}$ durch $\mathfrak{S}$ in K darstellbar ist; folglich ist auch jedes $\mathfrak{Y}$ aus jeder hinreichend kleinen Umgebung von $\mathfrak{T}$ durch $\mathfrak{S}$ total-reell darstellbar. Es sei v das Volumen einer $\frac{1}{2}hn(n + 1)$-dimensionalen Umgebung von $\mathfrak{T}_1, \cdots, \mathfrak{T}_h$ im $\mathfrak{Y}_1 \cdots \mathfrak{Y}_h$-Raum und v' das Volumen des vermöge der Gleichung $\mathfrak{X}'\mathfrak{S}\mathfrak{X} = \mathfrak{Y}$ ihr entsprechenden hmn-dimensionalen Gebietes im $\mathfrak{X}_1 \cdots \mathfrak{X}_h$-Raum. Lässt man das $\mathfrak{Y}_1 \cdots \mathfrak{Y}_h$-Gebiet auf den Punkt $\mathfrak{T}_1, \cdots, \mathfrak{T}_h$ zusammenschrumpfen, so existiert dabei $\lim (v'/v) = A_\infty(\mathfrak{S}, \mathfrak{T})$ und kann als der *mittlere Wert von* $A(\mathfrak{S}, \mathfrak{T})$ bezeichnet werden. Der Hauptsatz besteht nun in der Formel

$$\frac{A(\mathfrak{S}_1, \mathfrak{T})}{E(\mathfrak{S}_1)} + \cdots + \frac{A(\mathfrak{S}_g, \mathfrak{T})}{E(\mathfrak{S}_g)} : \frac{A_\infty(\mathfrak{S}_1, \mathfrak{T})}{E(\mathfrak{S}_1)} + \cdots + \frac{A_\infty(\mathfrak{S}_g, \mathfrak{T})}{E(\mathfrak{S}_g)} = f \prod_p d_p(\mathfrak{S}, \mathfrak{T}) \tag{2}$$

mit $f = 1$ für $m > n + 1$, $f = \frac{1}{2}$ für $m = n + 1$, $f = 2^{1-h}$ für $m = n = 1$, $f = 2^{-h}$ für $m = n > 1$. Dabei wird vorausgesetzt. dass die Determinanten von $\mathfrak{S}$ und $\mathfrak{T}$ beide von 0 verschieden sind.

Man lasse nun die Annahme fallen, dass $\mathfrak{S}$ total-positiv und K total-reell seien, doch sei immer noch $|\mathfrak{S}|\,|\mathfrak{T}| \neq 0$. Die rechte Seite von (2) behält dabei einen Sinn, wenn nicht $m = 2$ und $-|\mathfrak{S}|$ eine Quadratzahl in K oder $m - n = 2$ und $-|\mathfrak{S}|\,|\mathfrak{T}|$ eine Quadratzahl in K ist. Die linke Seite von (2) lässt sich derart umformen, dass sie ebenfalls für beliebige $\mathfrak{S}$ und K sinnvoll bleibt, abgesehen von jenen beiden Ausnahmefällen. Zu diesem Zwecke betrachte man die Einheitengruppe von $\mathfrak{S}$ in K, also die Gruppe der Darstellungen von $\mathfrak{S}$ durch sich selbst. Zwei Systeme $\mathfrak{X}_1, \cdots, \mathfrak{X}_h$ und $\mathfrak{Z}_1, \cdots, \mathfrak{Z}_h$ von reellen Matrizen heissen *associiert*, wenn $\mathfrak{X}_{(l)} = b_{1(l)}\mathfrak{X}_1 + \cdots + b_{h(l)}\mathfrak{X}_h$ und $\mathfrak{Z}_{(l)} = b_{1(l)}\mathfrak{Z}_1 + \cdots + b_{h(l)}\mathfrak{Z}_h$ für $l = 1, \cdots, h$ durch die Gleichung $\mathfrak{Z}_{(l)} = \mathfrak{A}_{(l)}\mathfrak{X}_{(l)}$ verknüpft sind, wobei $\mathfrak{A}$ eine Einheit von $\mathfrak{S}$ in K bedeutet, also eine ganzzahlige Lösung von $\mathfrak{A}'\mathfrak{S}\mathfrak{A} = \mathfrak{S}$; ferner ist $b_1, \cdots, b_h$ wieder eine Basis von K. Mit reellen symmetrischen m-reihigen Matrizen $\mathfrak{Y}_1, \cdots, \mathfrak{Y}_h$ setze man noch $\mathfrak{Y}_{(l)} = b_{1(l)}\mathfrak{Y}_1 + \cdots + b_{h(l)}\mathfrak{Y}_h$ $(l = 1, \cdots, h)$ und lasse $\mathfrak{Y}_{(l)}$ in der Umgebung von $\mathfrak{S}_{(l)}$ variieren; das zugehörige $h\frac{1}{2}m(m + 1)$-dimensionale Gebiet im $\mathfrak{Y}_1 \cdots \mathfrak{Y}_h$-Raum sei B. Durch die Gleichung $\mathfrak{Y} = \mathfrak{X}'\mathfrak{S}\mathfrak{X}$ wird B auf ein Gebiet B_1 im hm^2-dimensionalen $\mathfrak{X}_1 \cdots \mathfrak{X}_h$-Raum abgebildet, und zwar enthält B_1 mit jedem Punkt auch alle associierten. Man kann durch geeignete Reductionsbedingungen aus jedem System associierter Punkte einen derart auswählen, dass der dadurch abgesonderte Teil B' von B_1 zugleich mit B einen endlichen Inhalt besitzt. Es seien $v(B)$ und $v(B')$ die Volumina von B und B'. Lässt man den $\mathfrak{Y}$-Bereich auf den Punkt $\mathfrak{S}$ einschrumpfen, so existiert

$$\text{(3)} \qquad \lim \frac{v(B')}{v(B)} = w(\mathfrak{S}).$$

Für $n < m$ sei $\mathfrak{C}'\mathfrak{S}\mathfrak{C} = \mathfrak{T}$ eine Darstellung von $\mathfrak{T}$ durch $\mathfrak{S}$ in K. Bedeuten dann $\mathfrak{Q}_1, \cdots, \mathfrak{Q}_h$ reelle Matrizen mit n Zeilen und $m - n$ Spalten, $\mathfrak{R}_1, \cdots, \mathfrak{R}_h$ reelle symmetrische Matrizen mit $m - n$ Reihen, so setze man

$$\mathfrak{Q}_{(l)} = b_{1(l)}\mathfrak{Q}_1 + \cdots + b_{h(l)}\mathfrak{Q}_h, \qquad \mathfrak{R}_{(l)} = b_{1(l)}\mathfrak{R}_1 + \cdots + b_{h(l)}\mathfrak{R}_h$$

und $\mathfrak{Y} = \begin{pmatrix} \mathfrak{T} & \mathfrak{Q} \\ \mathfrak{Q}' & \mathfrak{R} \end{pmatrix}$. Man wähle für $\mathfrak{Q}_1, \cdots, \mathfrak{Q}_h, \mathfrak{R}_1, \cdots, \mathfrak{R}_h$ ein Gebiet G von $\frac{1}{2}h\,(m - n)(m + n + 1)$ Dimensionen, so dass in allen Punkten $\mathfrak{Y}$ mit $\mathfrak{S}$ total-reell äquivalent ist; ausserdem gebe es in G einen Punkt, so dass für die zugehörige Matrix $\mathfrak{Y} = \mathfrak{K}$ die h Gleichungen $|\mathfrak{K}_{(l)}| = |\mathfrak{S}_{(l)}|$ gelten. Vermöge der Gleichungen $\mathfrak{C}'\mathfrak{S}\mathfrak{X} = \mathfrak{Q}$, $\mathfrak{X}'\mathfrak{S}\mathfrak{X} = \mathfrak{R}$, die sich zu $(\mathfrak{C}\mathfrak{X})'\mathfrak{S}(\mathfrak{C}\mathfrak{X}) = \mathfrak{Y}$ zusammenfassen lassen, und $\mathfrak{X}_{(l)} = b_{1(l)}\mathfrak{X}_1 + \cdots + b_{h(l)}\mathfrak{X}_h$ entspricht dem Gebiete G ein $hm(m - n)$-dimensionales Gebiet G_1 im $\mathfrak{X}_1 \cdots \mathfrak{X}_h$-Raum. Ist dann $\mathfrak{A}$ eine $\mathfrak{C}$ invariant lassende Einheit von $\mathfrak{S}$, also $\mathfrak{A}'\mathfrak{S}\mathfrak{A} = \mathfrak{S}$ und $\mathfrak{A}\mathfrak{C} = \mathfrak{C}$, so liefert mit $\mathfrak{X}$ auch $\mathfrak{A}\mathfrak{X}$ einen Punkt von G_1. Es ist möglich, in G_1 wieder einen Fundamentalbereich G' gegenüber der $\mathfrak{C}$ invariant lassenden Einheitenuntergruppe von $\mathfrak{S}$ zu definieren, der einen endlichen Inhalt $v(G')$ besitzt, falls der Inhalt $v(G)$ vorhanden ist. Lässt man den $\mathfrak{Y}$-Bereich auf den Punkt $\mathfrak{K}$ zusammenschrumpfen, so existiert

$$\text{(4)} \qquad \lim \frac{v(G')}{v(G)} = w(\mathfrak{S}, \mathfrak{C}).$$

Im Falle $n = m$ setze man noch $w(\mathfrak{S}, \mathfrak{C}) = 1$.

Durchläuft $\mathfrak{C}$ ein volles System nicht-associierter Lösungen von $\mathfrak{C}'\mathfrak{S}\mathfrak{C} = \mathfrak{T}$, so sei

$$\sum_{\mathfrak{C}} w(\mathfrak{S}, \mathfrak{C}) = a(\mathfrak{S}, \mathfrak{T}).$$

Im allgemeinen Fall besagt dann der Hauptsatz

$$\text{(5)} \qquad \frac{a(\mathfrak{S}_1, \mathfrak{T}) + \cdots + a(\mathfrak{S}_g, \mathfrak{T})}{w(\mathfrak{S}_1) + \cdots + w(\mathfrak{S}_g)} = f \prod_{\mathfrak{p}} d_{\mathfrak{p}}(\mathfrak{S}, \mathfrak{T})$$

mit $f = 1$ für $m > n + 1$, $f = \frac{1}{2}$ für $m = n + 1$, $f = 2^{1-h_1-h_2}$ für $m = n = 1$, $f = 2^{-h_1-h_2}$ für $m = n > 1$. Für total-positives $\mathfrak{S}$ in total-reellem K gehen die linken Seiten von (2) und (5) durch eine einfache Rechnung ineinander über.

Endlich werde noch die Voraussetzung weggelassen, dass $|\mathfrak{S}|\,|\mathfrak{T}| \neq 0$ ist. Der Rang von $\mathfrak{S}$ sei q, der von $\mathfrak{T}$ sei $r \leqq q$. Man betrachtet dann nur solche Lösungen $\mathfrak{C}$ von $\mathfrak{C}'\mathfrak{S}\mathfrak{C} = \mathfrak{T}$, die denselben Rang r haben wie $\mathfrak{T}$ und zählt zwei Lösungen $\mathfrak{C}_1$ und $\mathfrak{C}_2$, für welche $\mathfrak{S}\mathfrak{C}_1 = \mathfrak{S}\mathfrak{C}_2$ ist, nicht als verschieden. In analoger Weise definiert man die Einheitengruppe von $\mathfrak{S}$. Bei der Erklärung von $A_\infty(\mathfrak{S}, \mathfrak{T})$ in (2) für den total-reellen total-positiven Fall, von $w(\mathfrak{S})$ und $w(\mathfrak{S}, \mathfrak{C})$ in (3) und (4) für den allgemeinen Fall hat man entsprechend die Dimensionen der betreffenden Gebiete einzuschränken; so z.B. variiert $\mathfrak{Y}$ bei der Definition von $A_\infty(\mathfrak{S}, \mathfrak{T})$ in einer $h\frac{1}{2}r(r+1)$-dimensionalen Umgebung von $\mathfrak{T}$ derart, dass $\mathfrak{Y}$ mit $\mathfrak{T}$ total-reell äquivalent bleibt, ferner $\mathfrak{X}$ in einem Gebiete von hqr Dimensionen, so dass $\mathfrak{X}'\mathfrak{S}\mathfrak{X} = \mathfrak{Y}$ ist, $\mathfrak{X}$ den Rang r besitzt und alle $\mathfrak{S}\mathfrak{X}$ verschieden sind. Bei Verwendung dieser abgeänderten Definitionen bleiben die Aussagen (2) und (5) des Hauptsatzes richtig.

In den beiden vorangehenden Teilen waren die Zusammenhänge zwischen dem Hauptsatz und der Theorie der Modulfunctionen n^{ten} Grades dargestellt worden. Für den Fall eines beliebigen total-reellen algebraischen Zahlkörpers K anstelle des Körpers der rationalen Zahlen bestehen analoge Beziehungen. Man bilde die Matrizen $\begin{pmatrix}\mathfrak{A} & \mathfrak{B}\\ \mathfrak{C} & \mathfrak{D}\end{pmatrix}$, deren Elemente $\mathfrak{A}$, $\mathfrak{B}$, $\mathfrak{C}$, $\mathfrak{D}$ n-reihige quadratische ganze Matrizen aus K sind und den Bedingungen $\mathfrak{A}\mathfrak{B}' = \mathfrak{B}\mathfrak{A}'$, $\mathfrak{C}\mathfrak{D}' = \mathfrak{D}\mathfrak{C}'$, $\mathfrak{A}\mathfrak{D}' - \mathfrak{B}\mathfrak{C}' = \mathfrak{E}$ genügen. Sind dann $\mathfrak{X}_{(1)}, \cdots, \mathfrak{X}_{(h)}$ irgend h complexe symmetrische Matrizen mit positivem Imaginärteil, so liefern die h simultanen Substitutionen

$$\mathfrak{Y}_{(l)} = (\mathfrak{A}_{(l)}\mathfrak{X}_{(l)} + \mathfrak{B}_{(l)})(\mathfrak{C}_{(l)}\mathfrak{X}_{(l)} + \mathfrak{D}_{(l)})^{-1} \qquad (l = 1, \cdots, h)$$

die Modulgruppe n^{ten} Grades in K, und die zugehörigen Modulfunctionen sind unter geeigneten Meromorphievoraussetzungen die bei allen Modulsubstitutionen invarianten Functionen von $\mathfrak{X}_{(1)}, \cdots, \mathfrak{X}_{(h)}$. Für den Fall $n = 1$ kommt man zu den von Hilbert, Blumenthal und Hecke untersuchten Modulfunctionen von h Variabeln. Die Modulfunctionen n^{ten} Grades in K lassen sich wieder aus gewissen verallgemeinerten Eisensteinschen Reihen aufbauen, deren Invarianzeigenschaften in ihrem Bildungsgesetz zum Ausdruck kommen. Und nun liefert der Hauptsatz einen Zusammenhang zwischen solchen Partialbruchreihen und Thetanullwerten:

Es sei $|\mathfrak{S}| \neq 0$ und $\mathfrak{S}$ total-positiv. Man definiert die analytische Classeninvariante durch

$$f(\mathfrak{S}, \mathfrak{X}) = \sum_{\mathfrak{C}} e^{\pi i \sigma(\mathfrak{C}'\mathfrak{S}\mathfrak{C}\mathfrak{X})},$$

wo $\mathfrak{C}^{(mn)}$ alle ganzen Matrizen aus K durchläuft und das Zeichen $\sigma(\mathfrak{C}'\mathfrak{S}\mathfrak{C}\mathfrak{X})$ die Summe der Spuren der h Matrizen $\mathfrak{C}'_{(l)}\mathfrak{S}_{(l)}\mathfrak{C}_{(l)}\mathfrak{X}_{(l)}$ bedeutet. Für die analytische Geschlechtsinvariante

$$F(\mathfrak{S}, \mathfrak{X}) = \frac{f(\mathfrak{S}_1, \mathfrak{X})}{E(\mathfrak{S}_1)} + \cdots + \frac{f(\mathfrak{S}_g, \mathfrak{X})}{E(\mathfrak{S}_g)} : \frac{1}{E(\mathfrak{S}_1)} + \cdots + \frac{1}{E(\mathfrak{S}_g)}$$

gilt dann auf grund des Hauptsatzes die Partialbruchzerlegung

$$(6) \qquad F(\mathfrak{S}, \mathfrak{X}) = \sum_{\mathfrak{A}, \mathfrak{B}} H(\mathfrak{S}, \mathfrak{A}, \mathfrak{B})\, N(\mathfrak{A}\mathfrak{X} + \mathfrak{B})^{-\frac{1}{2}m} \qquad (m > 2n^2 + n + 1).$$

Dabei bedeutet $N(\mathfrak{A}\mathfrak{X} + \mathfrak{B})$ die Norm $\prod_{l=1}^{h} |\mathfrak{A}_{(l)}\mathfrak{X}_{(l)} + \mathfrak{B}_{(l)}|$, ferner durchlaufen die n-reihigen Matrizen $\mathfrak{A}$, $\mathfrak{B}$ aus K ein volles System mit folgenden drei Eigenschaften: Es ist $\mathfrak{A}\mathfrak{B}' = \mathfrak{B}\mathfrak{A}'$; der Rang der Matrix $(\mathfrak{A}\mathfrak{B})$ ist n; für keine zwei Paare $\mathfrak{A}_1$, $\mathfrak{B}_1$ und $\mathfrak{A}_2$, $\mathfrak{B}_2$ des Systems gilt $\mathfrak{A}_1\mathfrak{B}_2' = \mathfrak{B}_2\mathfrak{A}_1'$. Der Coefficient $H(\mathfrak{S}, \mathfrak{A}, \mathfrak{B})$ in (6) ist nicht von $\mathfrak{X}$ abhängig und lässt sich durch verallgemeinerte Gausssche Summen ausdrücken. Eine analoge Formel gilt auch, wenn der Rang des totalpositiven $\mathfrak{S}$ kleiner als m ist.

Für den Specialfall $K = R(\sqrt{5})$, $\mathfrak{S} = \mathfrak{E}^{(4)}$, $n = 1$ wurde ein mit (6) gleichwertiges Resultat von F. Götzky gefunden, und zwar unter Benutzung der Theorie der Modulfunctionen ersten Grades in K. Es wäre von erheblichem Interesse, allgemein einen directen functionentheoretischen Beweis für die Existenz einer Partialbruchzerlegung von $F(\mathfrak{S}, \mathfrak{X})$ zu führen, weil man damit zugleich einen bequemeren Zugang zum Hauptsatz finden würde; doch scheint dieser Weg für beliebige K, $\mathfrak{S}$, n vorläufig noch nicht gangbar zu sein.

Der Beweis des Hauptsatzes wird im Folgenden für den Fall eines totalpositiven $\mathfrak{S}$ bei total-reellem K vollständig dargestellt. Für beliebige $\mathfrak{S}$ und K sind dem Gedankengang des Beweises ähnliche Ergänzungen hinzuzufügen, wie sie im zweiten Teil der Abhandlung für den indefiniten Fall in R angegeben worden sind. Ein wichtiges Hilfsmittel beim Beweis bildet die von Hasse abgeleitete notwendige und hinreichende Bedingung für rationale Darstellbarkeit von $\mathfrak{T}$ durch $\mathfrak{S}$ in K. Im übrigen verlaufen die folgenden Überlegungen auch sonst vielfach auf den im ersten Teil vorgezeichneten Bahnen, doch machen insbesondere die bekannten Schwierigkeiten der Elementarteilertheorie in algebraischen Zahlkörpern oft längere Umwege notwendig.

Erstes Capitel: Quadratische Formen in algebraischen Zahlkörpern

1. Matrizen

Matrizen werden mit deutschen Buchstaben bezeichnet, und zwar mit kleinen deutschen Buchstaben nur Spalten. Eine Matrix heisst *umkehrbar*, wenn ihre Determinante von 0 verschieden ist. Kleine lateinische Buchstaben bedeuten Zahlen. Alle weiterhin auftretenden Zahlen und Matrizen gehören zu dem festen algebraischen Zahlkörper K, wenn nicht ausdrücklich etwas anderes gesagt wird. Die Ideale von K werden mit kleinen griechischen Buchstaben bezeichnet. In üblicher Weise ist $(a_1, \cdots, a_n)$ der grösste gemeinsame Idealteiler der Zahlen $a_1, \cdots, a_n$; dieses Symbol darf nicht verwechselt werden mit $(a_1 \cdots a_n)$, der aus den Elementen $a_1, \cdots, a_n$ gebildeten Zeile. Ferner bedeutet das Zeichen $\alpha \mid \beta$, dass das Ideal $\alpha^{-1}\beta$ ganz ist.

Hilfssatz 1: *Sind $\alpha = (a_1, \cdots, a_n)$ und β zwei Ideale, deren Product $\alpha\beta$ in c aufgeht, so ist die lineare Gleichung $a_1x_1 + \cdots + a_nx_n = c$ unter der Nebenbedingung $\beta \mid (x_1, \cdots, x_n)$ lösbar.*

Beweis: Es sei $\beta = (b_1, \cdots, b_m)$, also $\alpha\beta = (\cdots, a_kb_l, \cdots)$, wo k die Werte $1, \cdots, n$ und l die Werte $1, \cdots, m$ durchlaufen. Da c im Ideale $\alpha\beta$ enthalten ist, so gilt $\sum_{k,l} a_kb_lx_{kl} = c$, mit gewissen ganzen x_{kl}. Dann leisten aber die Zahlen $x_k = \sum_{l=1}^{m} b_lx_{kl}$ das Verlangte.

HILFSSATZ 2: *Es sei γ ganz und $(a, \alpha) = \beta$. Es gibt eine Zahl $b \equiv a \pmod{\alpha}$ mit $(b\beta^{-1}, \gamma) = 1$.*

BEWEIS: Man setze voraus, dass es ein $b_o \equiv a (\mathrm{mod}\ \alpha)$ mit $(b_o\beta^{-1}, \gamma) = 1$ gibt. Es soll gezeigt werden, dass es für jedes Primideal κ ein $b \equiv a \pmod{\alpha}$ mit $(b\beta^{-1}, \gamma\kappa) = 1$ gibt. Ist dies nicht bereits für $b = b_o$ richtig, so ist

$$(b_o\beta^{-1}, \gamma\kappa) = \kappa,$$

und wegen $(b_o, \alpha) = \beta$ gilt $(\gamma\alpha\beta^{-1}, \kappa) = 1$. Es gibt ein c mit $(c\alpha^{-1}\gamma^{-1}, \kappa) = 1$, z.B. hat mindestens eine der Zahlen einer Basis von $\alpha\gamma$ diese Eigenschaft. Setzt man dann $b = b_o + c$, so ist $b \equiv b_o \equiv a \pmod{\alpha}$ und $(b\beta^{-1}, \gamma\kappa) = (b\beta^{-1}, \gamma)$ $(b\beta^{-1}, \kappa) = (b_o\beta^{-1}, \gamma)(c\beta^{-1}, \kappa) = 1$. Indem man das hiermit Bewiesene auf die Primidealfactoren von γ anwendet, folgt die Behauptung durch vollständige Induction.

Eine Matrix heisst *ganz*, wenn ihre sämtlichen Elemente ganze Zahlen sind. Eine ganze Matrix $\mathfrak{M}$ mit $|\mathfrak{M}| \neq 0$ heisst *unimodular*, wenn auch $\mathfrak{M}^{-1}$ ganz ist. Die Determinante $|\mathfrak{M}|$ ist dann eine ganze Zahl, deren Reciproke gleichfalls ganz ist, also eine algebraische Einheit. Mit dem Buchstaben $\mathfrak{U}$ sollen nur unimodulare Matrizen bezeichnet werden.

HILFSSATZ 3: *Es sei $\mathfrak{a}$ die Spalte aus den Elementen $a_1, \cdots, a_n$ und $\mathfrak{b}$ die Spalte aus den Elementen $b_1, \cdots, b_n$. Die Gleichung $\mathfrak{U}\mathfrak{a} = \mathfrak{b}$ hat dann und nur dann eine unimodulare Lösung $\mathfrak{U}$, wenn $(a_1, \cdots, a_n) = (b_1, \cdots, b_n)$ ist.*

BEWEIS: Man setze $(a_1, \cdots, a_n) = \alpha$, $(b_1, \cdots, b_n) = \beta$. Gibt es ein unimodulares $\mathfrak{U}$ mit $\mathfrak{U}\,\mathfrak{a} = \mathfrak{b}$, so ist $\alpha \mid \beta$ und wegen $\mathfrak{a} = \mathfrak{U}^{-1}\mathfrak{b}$ auch $\beta \mid \alpha$, also $\alpha = \beta$. Demnach hat man nur noch nachzuweisen, dass die Bedingung $\alpha = \beta$ auch hinreichend für Lösbarkeit ist. Im Falle $n = 1$ ist das trivial; es sei also $n \geqq 2$.

Man wende Hilfssatz 2 an, indem man dort a, α, β, γ durch $a_1, (a_2, \cdots, a_n)$, $\alpha, a_2\alpha^{-1}$ ersetzt, und erkennt die Existenz einer Zahl $a_o = a_1 + g_2a_2 + \cdots + g_na_n$ mit ganzen $g_2, \cdots, g_n$ und $(a_o, a_2) = \alpha$. Offenbar gehen $a_o, a_2, \cdots, a_n$ aus $a_1, a_2, \cdots, a_n$ durch unimodulare Substitution hervor. Da ferner die Gleichungen $a_k = a_oc_k + a_2d_k$ für $k = 3, \cdots, n$ in ganzen c_k, d_k lösbar sind, so kann man die Zahlen $a_o, a_2, \cdots, a_n$ ihrerseits wieder unimodular in $a_o, a_2, 0, \cdots, 0$ transformieren. Daher genügt es, die Behauptung für den Fall $n = 2$ zu beweisen.

Nach Hilfssatz 2 wähle man ein ganzes g, so dass $(a_2 + ga_1, b_2) = \alpha$ ist, und dann zwei ganze Zahlen f_1, f_2 mit $f_1(a_2 + ga_1) + f_2b_2 = b_1 - a_1$. In den beiden Spalten

$$\begin{pmatrix} 1 + f_1 g & f_1 \\ g & 1 \end{pmatrix}\begin{pmatrix} a_1 \\ a_2 \end{pmatrix}, \quad \begin{pmatrix} 1 & -f_2 \\ 0 & 1 \end{pmatrix}\begin{pmatrix} b_1 \\ b_2 \end{pmatrix},$$

die aus $\mathfrak{a}$ und $\mathfrak{b}$ durch unimodulare Transformation hervorgehen, haben die ersten Elemente denselben Wert $b_1 - f_2b_2$. Man darf also zum Beweise weiterhin annehmen, dass $a_1 = b_1$ ist. Wegen $(a_1, b_2) = (a_1, a_2) = \alpha$ ist dann auch $(a_1, a_2b_2\alpha^{-1}) = \alpha$. Ist nun $b_2\alpha^{-1} = (c_1, \cdots, c_m)$, also

$$(a_1, a_2b_2\alpha^{-1}) = (a_1, a_2c_1, \cdots, a_2c_m),$$

so ist die Gleichung

$$a_1x + a_2c_1x_1 + \cdots + a_2c_mx_m = b_2 - a_2$$

ganzzahlig lösbar. Setzt man noch $c_1x_1 + \cdots + c_mx_m = t$, so ist

$$a_1\,x + (1 + t)\,a_2 = b_2$$

$$\begin{pmatrix} 1 - t\dfrac{a_2}{b_2} & t\dfrac{a_1}{b_2} \\ x & 1 + t \end{pmatrix}\begin{pmatrix} a_1 \\ a_2 \end{pmatrix} = \begin{pmatrix} a_1 \\ b_2 \end{pmatrix}$$

$$\left(1 - t\,\frac{a_2}{b_2}\right)(1 + t) - xt\,\frac{a_1}{b_2} = 1$$

und damit alles bewiesen.

Hat eine Matrix $\mathfrak{A}$ den Rang r, so wird der grösste gemeinsame Idealteiler ihrer sämtlichen Unterdeterminanten r^{ten} Grades ihre *Discriminante* genannt und mit $\delta(\mathfrak{A})$ bezeichnet. Eine ganze Matrix heisst *primitiv*, wenn $\delta(\mathfrak{A}) = 1$ ist. Die unimodularen Matrizen sind also ein specieller Fall der primitiven.

Hilfssatz 4: *Sind $\mathfrak{B}^{(m)}$ und $\mathfrak{C}^{(n)}$ unimodular, so haben $\mathfrak{A}^{(mn)}$ und $\mathfrak{B}\mathfrak{A}\mathfrak{C}$ gleichen Rang und gleiche Discriminante.*

Beweis: Man setze

$$\mathfrak{B}\mathfrak{A}\mathfrak{C} = \mathfrak{F}, \tag{7}$$

also

$$\mathfrak{B}^{-1}\mathfrak{F}\mathfrak{C}^{-1} = \mathfrak{A}. \tag{8}$$

Dann sind nach (7) die k-reihigen Unterdeterminanten von $\mathfrak{F}$ homogene lineare Functionen der k-reihigen Unterdeterminanten von $\mathfrak{A}$ mit ganzzahligen Coefficienten. Folglich ist der Rang r von $\mathfrak{F}$ nicht grösser als der von $\mathfrak{A}$ und der grösste gemeinsame Teiler der r-reihigen Unterdeterminanten von $\mathfrak{F}$ durch den grössten gemeinsamen Teiler der r-reihigen Unterdeterminanten von $\mathfrak{A}$ teilbar. Aus (8) ergibt sich die durch Vertauschung von $\mathfrak{A}$ und $\mathfrak{F}$ entstehende Aussage. Daher hat auch $\mathfrak{A}$ den Rang r und es ist $\delta(\mathfrak{A}) = \delta(\mathfrak{F})$.

Eine quadratische Matrix, bei der die Elemente ausserhalb der Diagonale sämtlich 0 sind, heisst *Diagonalmatrix*; für sie werde der Buchstabe $\mathfrak{D}$ reserviert. Bei einer *Nullmatrix* $\mathfrak{N}$ haben alle Elemente den Wert 0; und $\mathfrak{n}$ ist eine Nullspalte.

Hilfssatz 5: *Es sei $\mathfrak{A}$ eine ganze Matrix vom Range r und κ ein ganzes Ideal. Es gibt zwei unimodulare Matrizen $\mathfrak{B}$, $\mathfrak{C}$ und eine ganze Diagonalmatrix $\mathfrak{D}^{(r)}$, so dass*

$$\mathfrak{B}\mathfrak{A}\mathfrak{C} \equiv \begin{pmatrix} \mathfrak{D} & \mathfrak{N} \\ \mathfrak{N} & \mathfrak{N} \end{pmatrix} \pmod{\kappa}$$

ist. Setzt man $\delta(\mathfrak{A}) = \delta$, $|\,\mathfrak{D}\,| = d$, so gilt $(\delta, \kappa) = (d, \kappa)$.

BEWEIS: Man lasse $\mathfrak{U}_1$, $\mathfrak{U}_2$ alle unimodularen Matrizen durchlaufen und betrachte dabei das Element a in der ersten Zeile und Spalte von $\mathfrak{U}_1\mathfrak{A}\mathfrak{U}_2 = \mathfrak{A}_1$. Nun wähle man $\mathfrak{U}_1$ und $\mathfrak{U}_2$ derart, dass die Norm des Ideals $(a, \kappa\delta) = \delta_1$ ein Minimum wird. Es soll zunächst gezeigt werden, dass alle Elemente der ersten Zeile von $\mathfrak{A}_1$ durch δ_1 teilbar sind. Wäre nämlich das k^{te} Element b der ersten Zeile von $\mathfrak{A}_1$ nicht durch δ_1 teilbar, also $(a, b, \kappa\delta) = \delta_2$ ein echter Teiler von δ_1, so wähle man nach Hilfssatz 2 eine ganze Zahl c, so dass $(a + bc, \kappa\delta) = \delta_2$ ist. Durch Addition des c-fachen der k^{ten} Spalte von $\mathfrak{A}_1$ zur ersten Spalte entsteht aber wieder eine Matrix der Form $\mathfrak{U}_1\mathfrak{A}\mathfrak{U}_2$ und in dieser verstösst das Element $a + bc$ der ersten Zeile und Spalte gegen die Extremalforderung für a in $\mathfrak{A}_1$. Ebenso weist man nach, dass alle Elemente der ersten Spalte von $\mathfrak{A}_1$ durch δ_1 teilbar sind. Jetzt kann man noch erreichen, dass in $\mathfrak{A}_1$ alle Elemente der ersten Zeile und Spalte mit Ausnahme des ersten durch $\kappa\delta$ teilbar sind. Sind nämlich $a, a_2, \cdots, a_n$ die Elemente der ersten Zeile, so bestimme man $n - 1$ ganze Zahlen $g_2, \cdots, g_n$ mit

$$ag_k + a_k \equiv 0 \pmod{\kappa\delta} \qquad (k = 2, \cdots, n);$$

dies ist möglich, da a_k durch $(a, \kappa\delta) = \delta_1$ teilbar ist. Addiert man dann für $k = 2, \cdots, n$ das g_k-fache der ersten Spalte von $\mathfrak{A}_1$ zur k^{ten} Spalte, so werden $a_2, \cdots, a_n$ durch Elemente ersetzt, die alle durch $\kappa\delta$ teilbar sind. Entsprechend verfahre man mit den Elementen der ersten Spalte. Folglich gilt eine Congruenz der Gestalt

$$\mathfrak{U}_1\mathfrak{A}\mathfrak{U}_2 \equiv \begin{pmatrix} a & \mathfrak{n}' \\ \mathfrak{n} & \mathfrak{A}_2 \end{pmatrix} \pmod{\kappa\delta}. \tag{9}$$

Wäre in der Matrix $\mathfrak{A}_2$ ein Element nicht durch δ_1 teilbar, etwa das Element in der k^{ten} Zeile und l^{ten} Spalte, so addiere man die l^{te} Spalte zur ersten und erhält in der ersten Spalte an k^{ter} Stelle ein nicht durch δ_1 teilbares Element, während das erste Element $\equiv a \pmod{\kappa\delta}$ bleibt, im Widerspruch mit dem oben Bewiesenen.

Durch r-malige Anwendung von (9) ergibt sich

$$\mathfrak{U}_3\mathfrak{A}\mathfrak{U}_4 \equiv \begin{pmatrix} \mathfrak{D} & \mathfrak{N} \\ \mathfrak{N} & \mathfrak{G} \end{pmatrix} \pmod{\kappa\delta}.$$

Hat die Diagonalmatrix $\mathfrak{D}$ die Diagonalelemente $d_1, \cdots, d_r$, so gilt für $(d_k, \kappa\delta) = \alpha_k$ die Beziehung $\alpha_1 \mid \alpha_2 \mid \cdots \mid \alpha_r$. Ist ferner g irgend ein Element von $\mathfrak{G}$, so ist $\alpha_r \mid g$, und aus Hilfssatz 4 folgt

$$d_1 \cdots d_r g \equiv 0 \pmod{\kappa\delta}$$

$$\delta = (d_1 \cdots d_r, \kappa\delta),$$

also ist $\mathfrak{G} \equiv \mathfrak{N} \pmod{\kappa}$ und $(d_1 \cdots d_r, \kappa) = (\delta, \kappa)$.

HILFSSATZ 6: *Es sei $\mathfrak{A}$ eine ganze Matrix vom Range r und der Discriminante δ. Bedeutet κ ein durch δ teilbares Ideal, so stellt $\mathfrak{A}\mathfrak{x}$ für variables ganzes $\mathfrak{x}$ genau $N(\kappa^r\delta^{-1})$ modulo κ incongruente Spalten dar, wobei unter N die Norm zu verstehen ist.*

Beweis: Nach Hilfssatz 5 ist

$$\mathfrak{B}\mathfrak{A}\mathfrak{C} \equiv \begin{pmatrix} \mathfrak{D} & \mathfrak{N} \\ \mathfrak{N} & \mathfrak{N} \end{pmatrix} \pmod{\kappa} \tag{10}$$

mit unimodularen $\mathfrak{B}$, $\mathfrak{C}$ und einer Diagonalmatrix $\mathfrak{D} = \mathfrak{D}^{(r)}$, deren Diagonalelemente $d_1, \cdots, d_r$ seien. Mit Rücksicht auf Hilfssatz 4 folgt

$$\delta = (d_1, \kappa) \cdots (d_r, \kappa). \tag{11}$$

Da ay für variables ganzes y genau $N\{\kappa/(a, \kappa)\}$ modulo κ incongruente Zahlen darstellt, so liefert $\mathfrak{D}\mathfrak{y}$ nach (11) für ganzes $\mathfrak{y}$ genau $N(\kappa^r\delta^{-1})$ modulo κ incongruente Spalten. Aus (10) ergibt sich jetzt die Behauptung.

Hilfssatz 7: *Es sei* $\mathfrak{A}^{(m)}$ *ganz, a eine algebraische Einheit,* $|\mathfrak{A}| \equiv a \pmod{\kappa}$. *Es gibt ein unimodulares* $\mathfrak{U} \equiv \mathfrak{A} \pmod{\kappa}$.

Beweis: Für $m = 1$ ist die Behauptung trivial. Sie sei bereits bewiesen für $m - 1 \geqq 1$ statt m. Bedeuten $a_1, \cdots, a_m$ die Elemente der ersten Spalte von $\mathfrak{A}$, so ist wegen $(a, \kappa) = 1$ auch $(a_1, \cdots, a_m, \kappa) = 1$. Wegen Hilfssatz 2 kann man voraussetzen, dass sogar $(a_1, \cdots, a_m) = 1$ ist. Nach Hilfssatz 3 existiert ein unimodulares $\mathfrak{U}_1$ mit

$$\mathfrak{U}_1\mathfrak{A} = \begin{pmatrix} 1 & \mathfrak{a}' \\ \mathfrak{n} & \mathfrak{A}_1 \end{pmatrix}.$$

Die Spalte $\mathfrak{a}$ und die Matrix $\mathfrak{A}_1^{(m-1)}$ sind ganz, ferner gilt

$$|\mathfrak{A}_1| = |\mathfrak{U}_1|\,|\mathfrak{A}| \equiv a\,|\mathfrak{U}_1| \pmod{\kappa},$$

so dass also $|\mathfrak{A}_1|$ nach dem Modul κ einer algebraischen Einheit congruent ist. Daher gibt es ein unimodulares $\mathfrak{U}_2 \equiv \mathfrak{A}_1 \pmod{\kappa}$, und

$$\mathfrak{U} = \mathfrak{U}_1^{-1} \begin{pmatrix} 1 & \mathfrak{a}' \\ \mathfrak{n} & \mathfrak{U}_2 \end{pmatrix}$$

leistet das Verlangte.

Hilfssatz 8: *Zu jeder Matrix* $\mathfrak{A}^{(mn)}$ *vom Range* $r > 0$ *gibt es eine umkehrbare Matrix* $\mathfrak{B}^{(m)}$, *eine unimodulare Matrix* $\mathfrak{U}^{(n)}$ *und eine ganze Matrix* $\mathfrak{C}^{(m-r+1,n-r+1)}$ *vom Range* 1 *mit*

$$\mathfrak{B}\mathfrak{A}\mathfrak{U} = \begin{pmatrix} \mathfrak{E}^{(r-1)} & \mathfrak{N} \\ \mathfrak{N} & \mathfrak{C} \end{pmatrix}. \tag{12}$$

Beweis: Ohne Beschränkung der Allgemeinheit kann man für den Beweis annehmen, dass $r = m$ ist. Für $r = 1$ ist die Behauptung trivial, ebenso für $m = n$. Man kann also $1 < r = m < n$ voraussetzen.

Es sei jetzt zunächst $m = 2$, $n > 2$ und die Behauptung für $m = 2$ und $n - 1$ statt n richtig. Ist dann $\mathfrak{A}_1^{(2,n-1)}$ die aus $\mathfrak{A}$ durch Streichung der letzten Spalte entstehende Matrix, so gilt also

$$\mathfrak{B}_1\mathfrak{A}_1\mathfrak{U}_1 = \begin{pmatrix} 1 & \mathfrak{n}' \\ 0 & \mathfrak{c}' \end{pmatrix}$$

mit $|\mathfrak{B}_1| \neq 0$, unimodularem $\mathfrak{U}_1$ und einer ganzen Spalte $\mathfrak{c}$ vom Range 1. Setzt man noch

$$\begin{pmatrix} \mathfrak{U}_1 & \mathfrak{n} \\ \mathfrak{n}' & 1 \end{pmatrix} = \mathfrak{U}_2,$$

so gilt mit gewissen a, b die Gleichung

$$\mathfrak{B}_1 \mathfrak{A} \mathfrak{U}_2 = \begin{pmatrix} 1 & \mathfrak{n}' & a \\ 0 & \mathfrak{c}' & b \end{pmatrix}. \tag{13}$$

Indem man $\mathfrak{B}_1$ durch $\begin{pmatrix} 1 & 0 \\ 0 & c \end{pmatrix} \mathfrak{B}_1$ mit geeignetem $c \neq 0$ ersetzt, kann man noch erreichen, dass die zweite Zeile auf der rechten Seite von (13) ganz wird. Offenbar braucht man nur noch den Fall $a \neq 0$ weiter zu behandeln. Es bedeute γ den grössten gemeinsamen Teiler der Elemente von $\mathfrak{c}$. Ist nun $b = 0$, so sei $a = \alpha\beta^{-1}$, $(\alpha, \beta) = 1$. Nach Hilfssatz 2 existiert eine Zahl d des Ideals β mit $(d\beta^{-1}, \gamma) = 1$, also $(d, ad, \gamma) = 1$. Setzt man $\mathfrak{B}_2 = \begin{pmatrix} d & 1 \\ 0 & 1 \end{pmatrix}$, so besteht demnach in $\mathfrak{B}_2 \mathfrak{B}_1 \mathfrak{A} \mathfrak{U}_2$ die erste Zeile aus teilerfremden Zahlen. Nach Hilfssatz 3 wird dann aber

$$\mathfrak{B}_2 \mathfrak{B}_1 \mathfrak{A} \mathfrak{U}_2 \mathfrak{U}_3 = \begin{pmatrix} 1 & \mathfrak{n}' \\ p & \mathfrak{c}_1' \end{pmatrix}$$

mit ganzen p, $\mathfrak{c}_1$, und für $\mathfrak{B}_3 = \begin{pmatrix} 1 & 0 \\ -p & 1 \end{pmatrix}$, $\mathfrak{B} = \mathfrak{B}_3 \mathfrak{B}_2 \mathfrak{B}_1$, $\mathfrak{U} = \mathfrak{U}_2 \mathfrak{U}_3$ ist (12) erfüllt.

Nunmehr ist der schwierigere Fall $b \neq 0$ zu behandeln. Angenommen, es gäbe zwei Zahlen c und d, so dass der grösste gemeinsame Teiler von $a^{-1}c$, $b^{-1}d\gamma$, $c - d$ gleich 1 wird, so wähle man die Elemente $a^{-1}c$, $-b^{-1}d$ als erste Zeile einer Matrix $\mathfrak{B}_4$ und erhält in $\mathfrak{B}_4 \mathfrak{B}_1 \mathfrak{A} \mathfrak{U}_2$ wieder eine Matrix, deren erste Zeile aus teilerfremden Elementen besteht. Weil man damit auf einen bereits behandelten Fall zurückkommt, hat man nur noch die Existenz jener c, d nachzuweisen. Man setze $(a, b\gamma^{-1}) = \rho\sigma^{-1}$ mit $(\rho, \sigma) = 1$, ferner $a = \rho\sigma^{-1}\alpha$, $b\gamma^{-1} = \rho\sigma^{-1}\beta$, $(\alpha, \sigma) = \mu$, $(\beta, \sigma) = \nu$; offenbar ist $(\alpha, \beta) = 1$, $(\alpha\beta, \sigma) = \mu\nu$. Es sei s eine Zahl des Ideals σ und $s\sigma^{-1} = \tau$. Nach Hilfssatz 2 wählt man eine Zahl c_1 des Ideals $\rho\alpha\nu\tau$, so dass $c_1(\rho\alpha\nu\tau)^{-1} = \kappa$ zu σ teilerfremd wird, und setze noch $c_1 s^{-1} = c$. Dann ist $(a^{-1}c) = \kappa\nu$ ganz und

$$(c_1, s) = (\kappa\rho\alpha\nu\tau, \sigma\tau) = \mu\nu\tau = (\rho\beta\mu\tau, s). \tag{14}$$

Die beiden Congruenzen

$$d_1 \equiv 0 \pmod{\rho\beta\mu\tau}, \qquad d_1 \equiv c_1 \pmod{s} \tag{15}$$

sind wegen (14) miteinander verträglich. Es sei d_0 eine specielle Lösung. Da das kleinste gemeinschaftliche Vielfache der beiden Moduln nach (14) den Wert $\rho\beta\sigma\tau\nu^{-1}$ hat, so bestimmt sich die allgemeine Lösung aus $d_1 \equiv d_0 \pmod{\rho\beta\sigma\tau\nu^{-1}}$. Wegen $(d_0, \rho\beta\sigma\tau\nu^{-1}) = \rho\beta\mu\tau$ ergibt Hilfssatz 2 die Existenz eines d_1, so dass $d_1(\rho\beta\mu\tau)^{-1}$ zu $\kappa\nu$ teilerfremd ist. Dann ist auch $d_1(\rho\beta\tau)^{-1}$ zu $\kappa\nu$ teilerfremd. Setzt man schliesslich $d_1 s^{-1} = d$, so ist $c - d = (c_1 - d_1)s^{-1}$ nach (15) ganz und $(a^{-1}c, b^{-1}d\gamma) = (\kappa\nu, d_1/\rho\beta\tau) = 1$, also erst recht $(a^{-1}c, b^{-1}d\gamma, c - d) = 1$.

Es bleibt noch die Behauptung im Falle $m > 2$ zu bewiesen. Dies geschieht durch vollständige Induction. Ist $\mathfrak{A}_1^{(m-1,n)}$ die aus $\mathfrak{A}$ durch Streichung der letzten Zeile entstehende Matrix, so gilt

$$\mathfrak{B}_5 \mathfrak{A}_1 \mathfrak{U}_4 = \begin{pmatrix} \mathfrak{E}^{(m-2)} & \mathfrak{N} \\ \mathfrak{N} & \mathfrak{C}_1 \end{pmatrix}$$

mit umkehrbarem $\mathfrak{B}_5$, unimodularem $\mathfrak{U}_4$ und ganzem $\mathfrak{C}_1^{(1,n-m+2)}$ vom Range 1. Indem man $(\mathfrak{B}_5\ \mathfrak{n})$ durch Hinzufügen einer geeigneten m^{ten} Zeile zu $\mathfrak{B}_6$ ergänzt, erhält man

$$\mathfrak{B}_6 \mathfrak{A} \mathfrak{U}_4 = \begin{pmatrix} \mathfrak{E}^{(m-2)} & \mathfrak{N} \\ \mathfrak{N} & \mathfrak{A}_2 \end{pmatrix},$$

wo $\mathfrak{A}_2^{(2,n-m+2)}$ ganz und vom Range 2 ist. Wendet man nun auf $\mathfrak{A}_2$ den für $m = 2$ bereits bewiesenen Satz an, so folgt seine Richtigkeit auch für $\mathfrak{A}$.

Hilfssatz 9: *Zu jeder Matrix $\mathfrak{A}^{(mn)}$ vom Range r gibt es eine ganze Matrix $\mathfrak{G}^{(n)}$ vom Range r mit $\mathfrak{A}\mathfrak{G} = \mathfrak{A}$.*

Beweis: Nach Hilfssatz 8 ist

$$\mathfrak{B}\mathfrak{A}\mathfrak{U} = \begin{pmatrix} \mathfrak{E}^{(r-1)} & \mathfrak{N} \\ \mathfrak{N} & \mathfrak{C} \end{pmatrix} \tag{16}$$

mit $|\mathfrak{B}| \neq 0$, unimodularem $\mathfrak{U}$ und $\mathfrak{C} = \mathfrak{C}^{(m-r+1,n-r+1)}$ vom Range 1. Um die Gleichung $\mathfrak{A}\mathfrak{G} = \mathfrak{A}$ durch ein ganzes $\mathfrak{G}$ vom Range r zu lösen, setze man

$$\mathfrak{U}^{-1}\mathfrak{G}\mathfrak{U} = \begin{pmatrix} \mathfrak{E}^{(r-1)} & \mathfrak{N} \\ \mathfrak{N} & \mathfrak{P} \end{pmatrix} \tag{17}$$

mit ganzem $\mathfrak{P}^{(n-r+1)}$ vom Range 1. Vermöge (16) und (17) geht dann die gegebene Gleichung in $\mathfrak{C}\mathfrak{P} = \mathfrak{C}$ über. Da $\mathfrak{C}$ den Rang 1 hat, so kann man die Elemente c_{kl} von $\mathfrak{C}$ in der Form $c_{kl} = a_k b_l$ aus gewissen Zahlen $a_1, \cdots, a_{m-r+1}$ und $b_1, \cdots, b_{n-r+1}$ multiplicativ zusammensetzen. Ebenso ist $\mathfrak{P} = (x_k y_l)$ mit unbekannten $x_1, \cdots, x_{n-r+1}, y_1, \cdots, y_{n-r+1}$. Setzt man noch

$$\sum_{t=1}^{n-r+1} b_t x_t = c, \tag{18}$$

so geht die Gleichung $\mathfrak{C}\mathfrak{P} = \mathfrak{C}$ über in

$$a_k c y_l = a_k b_l \qquad (k = 1, \cdots, m - r + 1;\ l = 1, \cdots, n - r + 1), \tag{19}$$

und folglich ist $c \neq 0$. Schreibt man für $c^{-1}x_k$, cy_l wieder x_k, y_l, so bleibt das Product $x_k y_l$ ungeändert, während (18) und (19) in die Gleichungen

$$\sum_{t=1}^{n-r+1} b_t x_t = 1 \tag{20}$$

und $y_l = b_l$ $(l = 1, \cdots, n - r + 1)$ übergehen. Bedeutet nun α das Ideal $(b_1, \cdots, b_{n-r+1})$, so kann man nach Hilfssatz 1 die Gleichung (20) durch Zahlen

$x_1, \cdots, x_{n-r+1}$ aus dem Ideal α^{-1} befriedigen, und dann sind alle Producte $x_k b_l = x_k y_l$ ganz. Aus (17) findet man dann das gesuchte $\mathfrak{G}$.

2. Rechtseinheiten und Linkseinheiten

Nach Hilfssatz 9 gibt es zu jeder Matrix $\mathfrak{A}^{(mn)}$ vom Range r eine ganze Matrix $\mathfrak{G}^{(n)}$ vom Range r, welche der Gleichung $\mathfrak{A}\mathfrak{G} = \mathfrak{A}$ genügt. Jede solche Matrix $\mathfrak{G}$ soll *Rechtseinheit* von $\mathfrak{A}$ heissen und mit $\mathfrak{E}_\mathfrak{A}$ bezeichnet werden. Im Falle $r = n$ ist $\mathfrak{E}_\mathfrak{A}$ gleich der n-reihigen Einheitsmatrix $\mathfrak{E}$; im Falle $r < n$ folgt dagegen aus dem Beweise von Hilfssatz 9 leicht die Existenz unendlich vieler Rechtseinheiten von $\mathfrak{A}$. Durch Anwendung von Hilfssatz 9 auf die transponierte Matrix $\mathfrak{A}'$ folgt entsprechend die Existenz einer *Linkseinheit* $\mathfrak{E}^*_\mathfrak{A}$ von $\mathfrak{A}$, welche also ganz ist, den Rang r besitzt und die Gleichung $\mathfrak{E}^*_\mathfrak{A}\,\mathfrak{A} = \mathfrak{A}$ erfüllt.

HILFSSATZ 10: *Ist $\mathfrak{A}^{(mn)}$ vom Range r, so hat $\mathfrak{E} - \mathfrak{E}_\mathfrak{A}$ den Rang $n - r$.*

BEWEIS: Es gibt zwei umkehrbare Matrizen $\mathfrak{B}_1$ und $\mathfrak{B}_2$ mit

$$\mathfrak{B}_1\mathfrak{A}\mathfrak{B}_2 = \begin{pmatrix} \mathfrak{E}^{(r)} & \mathfrak{N} \\ \mathfrak{N} & \mathfrak{N} \end{pmatrix}. \tag{21}$$

Wegen $\mathfrak{A}\mathfrak{E}_\mathfrak{A} = \mathfrak{A}$ gilt dann für

$$\mathfrak{B}_2^{-1}\mathfrak{E}_\mathfrak{A}\mathfrak{B}_2 = \begin{pmatrix} \mathfrak{P}_1 & \mathfrak{P}_2 \\ \mathfrak{P}_3 & \mathfrak{P}_4 \end{pmatrix}$$

die Gleichung

$$\begin{pmatrix} \mathfrak{E} & \mathfrak{N} \\ \mathfrak{N} & \mathfrak{N} \end{pmatrix}\begin{pmatrix} \mathfrak{P}_1 & \mathfrak{P}_2 \\ \mathfrak{P}_3 & \mathfrak{P}_4 \end{pmatrix} = \begin{pmatrix} \mathfrak{E} & \mathfrak{N} \\ \mathfrak{N} & \mathfrak{N} \end{pmatrix},$$

aus welcher $\mathfrak{P}_1 = \mathfrak{E}$, $\mathfrak{P}_2 = \mathfrak{N}$ folgt. Da $\mathfrak{E}_\mathfrak{A}$ den Rang r besitzt, so ist auch $\mathfrak{P}_4 = \mathfrak{N}$, also

$$\mathfrak{B}_2^{-1}\mathfrak{E}_\mathfrak{A}\mathfrak{B}_2 = \begin{pmatrix} \mathfrak{E} & \mathfrak{N} \\ \mathfrak{P}_3 & \mathfrak{N} \end{pmatrix} \tag{22}$$

und

$$\mathfrak{E} - \mathfrak{E}_\mathfrak{A} = \mathfrak{B}_2\begin{pmatrix} \mathfrak{N} & \mathfrak{N} \\ -\mathfrak{P}_3 & \mathfrak{E}^{(n-r)} \end{pmatrix}\mathfrak{B}_2^{-1}.$$

HILFSSATZ 11: *Für zwei beliebige Rechtseinheiten $\mathfrak{E}_1$ und $\mathfrak{E}_2$ von $\mathfrak{A}$ gilt*

$$\mathfrak{E}_1\mathfrak{E}_2 = \mathfrak{E}_1. \tag{23}$$

BEWEIS: Hat $\mathfrak{B}_2$ dieselbe Bedeutung wie beim Beweise von Hilfssatz 10, so gelten zufolge (22) die Beziehungen

$$\mathfrak{B}_2^{-1}\mathfrak{E}_1\mathfrak{B}_2 = \begin{pmatrix} \mathfrak{E} & \mathfrak{N} \\ \mathfrak{Q}_1 & \mathfrak{N} \end{pmatrix}, \qquad \mathfrak{B}_2^{-1}\mathfrak{E}_2\mathfrak{B}_2 = \begin{pmatrix} \mathfrak{E} & \mathfrak{N} \\ \mathfrak{Q}_2 & \mathfrak{N} \end{pmatrix};$$

also ist

$$\mathfrak{B}_2^{-1}\mathfrak{E}_1\mathfrak{E}_2\mathfrak{B}_2 = \begin{pmatrix} \mathfrak{E} & \mathfrak{N} \\ \mathfrak{Q}_1 & \mathfrak{N} \end{pmatrix}\begin{pmatrix} \mathfrak{E} & \mathfrak{N} \\ \mathfrak{Q}_2 & \mathfrak{N} \end{pmatrix} = \begin{pmatrix} \mathfrak{E} & \mathfrak{N} \\ \mathfrak{Q}_1 & \mathfrak{N} \end{pmatrix} = \mathfrak{B}_2^{-1}\mathfrak{E}_1\mathfrak{B}_2,$$

was (23) liefert.

Hilfssatz 12: *Es seien eine Rechtseinheit $\mathfrak{E}_{\mathfrak{A}}$ und eine Linkseinheit $\mathfrak{E}_{\mathfrak{A}}^*$ von $\mathfrak{A}$ fest gewählt. Dann gibt es genau eine Lösung $\mathfrak{X}$ der beiden Gleichungen*

$$\mathfrak{A}\mathfrak{X} = \mathfrak{E}_{\mathfrak{A}}^*, \qquad \mathfrak{E}_{\mathfrak{A}}\mathfrak{X} = \mathfrak{X}. \tag{24}$$

Bedeutet $\mathfrak{E}_0$ eine beliebige Rechtseinheit und $\mathfrak{E}_0^*$ eine beliebige Linkseinheit von $\mathfrak{A}$, so ist $\mathfrak{Y} = \mathfrak{E}_0\mathfrak{X}\mathfrak{E}_0^*$ die Lösung von $\mathfrak{A}\mathfrak{Y} = \mathfrak{E}_0^*$, $\mathfrak{E}_0\mathfrak{Y} = \mathfrak{Y}$.

Beweis: Es mögen $\mathfrak{B}_1$ und $\mathfrak{B}_2$ dieselbe Bedeutung haben wie beim Beweise von Hilfssatz 10. Analog zu (22) gilt dann auch

$$\mathfrak{B}_1\mathfrak{E}_{\mathfrak{A}}^*\mathfrak{B}_1^{-1} = \begin{pmatrix} \mathfrak{E} & \mathfrak{Q} \\ \mathfrak{N} & \mathfrak{N} \end{pmatrix}.$$

Setzt man nun

$$\mathfrak{B}_2^{-1}\mathfrak{X}\mathfrak{B}_1^{-1} = \begin{pmatrix} \mathfrak{X}_1 & \mathfrak{X}_2 \\ \mathfrak{X}_3 & \mathfrak{X}_4 \end{pmatrix},$$

so gehen die Bedingungen (24) nach (21) und (22) über in

$$\begin{pmatrix} \mathfrak{E} & \mathfrak{N} \\ \mathfrak{N} & \mathfrak{N} \end{pmatrix}\begin{pmatrix} \mathfrak{X}_1 & \mathfrak{X}_2 \\ \mathfrak{X}_3 & \mathfrak{X}_4 \end{pmatrix} = \begin{pmatrix} \mathfrak{E} & \mathfrak{Q} \\ \mathfrak{N} & \mathfrak{N} \end{pmatrix}, \qquad \begin{pmatrix} \mathfrak{E} & \mathfrak{N} \\ \mathfrak{P}_3 & \mathfrak{N} \end{pmatrix}\begin{pmatrix} \mathfrak{X}_1 & \mathfrak{X}_2 \\ \mathfrak{X}_3 & \mathfrak{X}_4 \end{pmatrix} = \begin{pmatrix} \mathfrak{X}_1 & \mathfrak{X}_2 \\ \mathfrak{X}_3 & \mathfrak{X}_4 \end{pmatrix}.$$

Demnach wird

$$\mathfrak{X}_1 = \mathfrak{E},\ \mathfrak{X}_2 = \mathfrak{Q},\ \mathfrak{X}_3 = \mathfrak{P}_3\mathfrak{X}_1 = \mathfrak{P}_3,\ \mathfrak{X}_4 = \mathfrak{P}_3\mathfrak{X}_2 = \mathfrak{P}_3\mathfrak{Q},$$

und

$$\mathfrak{X} = \mathfrak{B}_2\begin{pmatrix} \mathfrak{E} \\ \mathfrak{P}_3 \end{pmatrix}(\mathfrak{E}\ \ \mathfrak{Q})\,\mathfrak{B}_1 = \mathfrak{E}_{\mathfrak{A}}\mathfrak{B}_2\mathfrak{B}_1\mathfrak{E}_{\mathfrak{A}}^* \tag{25}$$

ist eindeutig festgelegt.

Für die Matrix $\mathfrak{Y} = \mathfrak{E}_0\mathfrak{X}\mathfrak{E}_0^*$ gilt ferner vermöge (25) und Hilfssatz 11 die Formel

$$\mathfrak{Y} = \mathfrak{E}_0\mathfrak{E}_{\mathfrak{A}}\mathfrak{B}_2\mathfrak{B}_1\mathfrak{E}_{\mathfrak{A}}^*\mathfrak{E}_0^* = \mathfrak{E}_0\mathfrak{B}_2\mathfrak{B}_1\mathfrak{E}_0^*,$$

und dies ist nach dem oben Bewiesenen die Lösung von $\mathfrak{A}\mathfrak{Y} = \mathfrak{E}_0^*$, $\mathfrak{E}_0\mathfrak{Y} = \mathfrak{Y}$.

Im Folgenden wird die nach Wahl von $\mathfrak{E}_{\mathfrak{A}}$ und $\mathfrak{E}_{\mathfrak{A}}^*$ eindeutig bestimmte Matrix $\mathfrak{X}$ mit den Eigenschaften $\mathfrak{A}\mathfrak{X} = \mathfrak{E}_{\mathfrak{A}}^*$, $\mathfrak{E}_{\mathfrak{A}}\mathfrak{X} = \mathfrak{X}$ durch das Symbol $\mathfrak{A}^{-1}$ bezeichnet. Für $|\mathfrak{A}| \neq 0$ stimmt dies mit der üblichen Definition der Reciproken von $\mathfrak{A}$ überein. Für $|\mathfrak{A}| = 0$ ist $\mathfrak{A}^{-1}$ durch $\mathfrak{A}$ allein noch nicht eindeutig fixiert. Ist dann $\mathfrak{A}^{-1}$ irgend eine Reciproke von $\mathfrak{A}$, so erhält man nach Hilfssatz 12 sämtliche Reciproken in der Form $\mathfrak{E}_0\mathfrak{A}^{-1}\mathfrak{E}_0^*$, wenn $\mathfrak{E}_0$ alle Rechtseinheiten und $\mathfrak{E}_0^*$ alle Linkseinheiten von $\mathfrak{A}$ durchlaufen.

Hilfssatz 13: *Jede Reciproke einer Matrix $\mathfrak{A}^{(mn)}$ des Ranges r hat n Zeilen, m Spalten und ebenfalls den Rang r.*

Beweis: Aus der ersten der Definitionsgleichungen

$$\mathfrak{A}\mathfrak{A}^{-1} = \mathfrak{E}_{\mathfrak{A}}^*, \qquad \mathfrak{E}_{\mathfrak{A}}\mathfrak{A}^{-1} = \mathfrak{A}^{-1} \tag{26}$$

folgt, da $\mathfrak{E}_{\mathfrak{A}}^*$ die Reihenanzahl m und den Rang r hat, dass $\mathfrak{A}^{-1}$ mindestens den Rang r und genau n Zeilen, m Spalten besitzt. Aus der zweiten Gleichung ergibt sich andererseits, dass der Rang von $\mathfrak{A}^{-1}$ nicht grösser als r sein kann.

Hilfssatz 14: *Mit* $\mathfrak{A}\mathfrak{A}^{-1} = \mathfrak{E}_{\mathfrak{A}}^*$, $\mathfrak{E}_{\mathfrak{A}}\mathfrak{A}^{-1} = \mathfrak{A}^{-1}$ *gilt zugleich*

$$\mathfrak{A}^{-1}\mathfrak{A} = \mathfrak{E}_{\mathfrak{A}}, \qquad \mathfrak{A}^{-1}\mathfrak{E}_{\mathfrak{A}}^* = \mathfrak{A}^{-1}.$$

Beweis: Wendet man Hilfssatz 12 auf die transponierte Matrix $\mathfrak{A}'$ an, so erhält man die eindeutige Lösbarkeit von $\mathfrak{Z}\mathfrak{A} = \mathfrak{E}_{\mathfrak{A}}$, $\mathfrak{Z}\mathfrak{E}_{\mathfrak{A}}^* = \mathfrak{Z}$. Mit Rücksicht auf (26) folgt dann

$$\mathfrak{Z} = \mathfrak{Z}\mathfrak{E}_{\mathfrak{A}}^* = \mathfrak{Z}\mathfrak{A}\mathfrak{A}^{-1} = \mathfrak{E}_{\mathfrak{A}}\mathfrak{A}^{-1} = \mathfrak{A}^{-1},$$

also die Behauptung.

Die durch $\mathfrak{E}_{\mathfrak{A}}$ und $\mathfrak{E}_{\mathfrak{A}}^*$ eindeutig festgelegte Reciproke $\mathfrak{A}^{-1}$ hat nach Definition und Hilfssatz 13 die Linkseinheit $\mathfrak{E}_{\mathfrak{A}}$. Aus Hilfssatz 14 ergibt sich, dass $\mathfrak{A}^{-1}$ auch $\mathfrak{E}_{\mathfrak{A}}^*$ als Rechtseinheit besitzt und ferner $\mathfrak{A}$ wiederum die durch die Linkseinheit $\mathfrak{E}_{\mathfrak{A}}$ und die Rechtseinheit $\mathfrak{E}_{\mathfrak{A}}^*$ von $\mathfrak{A}^{-1}$ bestimmte Reciproke von $\mathfrak{A}^{-1}$ ist.

Hilfssatz 15: *Es seien $\mathfrak{A}$ und $\mathfrak{B}$ zwei Matrizen mit gleicher Zeilenanzahl. Für die Lösbarkeit von $\mathfrak{A}\mathfrak{X} = \mathfrak{B}$ ist die Bedingung $\mathfrak{E}_{\mathfrak{A}}^*\mathfrak{B} = \mathfrak{B}$ notwendig und hinreichend. Ist diese Bedingung erfüllt, so wird durch die Nebenbedingung $\mathfrak{E}_{\mathfrak{A}}\mathfrak{X} = \mathfrak{X}$ genau eine Lösung festgelegt, und zwar ist $\mathfrak{X} = \mathfrak{A}^{-1}\mathfrak{B}$, wo $\mathfrak{A}^{-1}$ die zu $\mathfrak{E}_{\mathfrak{A}}$ und $\mathfrak{E}_{\mathfrak{A}}^*$ gehörige Reciproke von $\mathfrak{A}$ bedeutet.*

Beweis: Aus $\mathfrak{A}\mathfrak{X} = \mathfrak{B}$ und $\mathfrak{E}_{\mathfrak{A}}^*\mathfrak{A} = \mathfrak{A}$ folgt $\mathfrak{E}_{\mathfrak{A}}^*\mathfrak{B} = \mathfrak{E}_{\mathfrak{A}}^*\mathfrak{A}\mathfrak{X} = \mathfrak{A}\mathfrak{X} = \mathfrak{B}$; also ist die Bedingung $\mathfrak{E}_{\mathfrak{A}}^*\mathfrak{B} = \mathfrak{B}$ notwendig für Lösbarkeit von $\mathfrak{A}\mathfrak{X} = \mathfrak{B}$. Nun sei diese Bedingung erfüllt. Aus $\mathfrak{A}\mathfrak{X} = \mathfrak{B}$ ergibt sich nach Hilfssatz 14 weiter $\mathfrak{A}^{-1}\mathfrak{B} = \mathfrak{A}^{-1}\mathfrak{A}\mathfrak{X} = \mathfrak{E}_{\mathfrak{A}}\mathfrak{X}$. Ist dann noch $\mathfrak{E}_{\mathfrak{A}}\mathfrak{X} = \mathfrak{X}$, so kann die Lösung nur $\mathfrak{X} = \mathfrak{A}^{-1}\mathfrak{B}$ sein. In der Tat ist jetzt aber auch $\mathfrak{A}\mathfrak{X} = \mathfrak{A}\mathfrak{A}^{-1}\mathfrak{B} = \mathfrak{E}_{\mathfrak{A}}^*\mathfrak{B} = \mathfrak{B}$.

Hilfssatz 16: *Es gebe eine Rechtseinheit von $\mathfrak{A}$, die zugleich Linkseinheit von $\mathfrak{B}$ ist. Dann hat $\mathfrak{A}\mathfrak{B}$ denselben Rang wie $\mathfrak{A}$ und $\mathfrak{B}$, und es gilt*

$$\delta(\mathfrak{A}\mathfrak{B}) = \delta(\mathfrak{A})\delta(\mathfrak{B}).$$

Beweis: Nach Voraussetzung ist $\mathfrak{E}_{\mathfrak{A}} = \mathfrak{E}_{\mathfrak{B}}^*$, also haben $\mathfrak{A}$ und $\mathfrak{B}$ den gleichen Rang r. Für $c \neq 0$ ist ferner $\delta(c\mathfrak{A}) = c^r\delta(\mathfrak{A})$; also kann man zum Beweise $\mathfrak{A}$ und $\mathfrak{B}$ als ganze Matrizen voraussetzen. Es sei $\delta(\mathfrak{A}) = \alpha$, $\delta(\mathfrak{B}) = \beta$ und β ein echter Teiler eines Ideals κ. Nach Hilfssatz 5 gibt es zwei unimodulare Matrizen $\mathfrak{U}_1$, $\mathfrak{U}_2$ und eine ganze Diagonalmatrix $\mathfrak{D}^{(r)}$ mit

$$\mathfrak{U}_1\mathfrak{A}\mathfrak{U}_2 \equiv \begin{pmatrix} \mathfrak{D} & \mathfrak{N} \\ \mathfrak{N} & \mathfrak{N} \end{pmatrix} \pmod{\kappa\alpha};$$

für $|\mathfrak{D}| = d$ gilt ferner $\alpha = (\alpha, \kappa\alpha) = (d, \kappa\alpha)$, also $(d\alpha^{-1}, \kappa) = 1$. Man setze

$$\mathfrak{U}_2^{-1}\mathfrak{E}_{\mathfrak{A}}\mathfrak{U}_2 = \mathfrak{B} = \begin{pmatrix} \mathfrak{B}_1 & \mathfrak{B}_2 \\ \mathfrak{B}_3 & \mathfrak{B}_4 \end{pmatrix}. \tag{27}$$

Wegen $\mathfrak{A}\mathfrak{E}_{\mathfrak{A}} = \mathfrak{A}$ folgt dann

$$\begin{pmatrix} \mathfrak{D} & \mathfrak{N} \\ \mathfrak{N} & \mathfrak{N} \end{pmatrix} \begin{pmatrix} \mathfrak{B}_1 & \mathfrak{B}_2 \\ \mathfrak{B}_3 & \mathfrak{B}_4 \end{pmatrix} \equiv \begin{pmatrix} \mathfrak{D} & \mathfrak{N} \\ \mathfrak{N} & \mathfrak{N} \end{pmatrix} \pmod{\kappa\alpha},$$

also $\mathfrak{D}\mathfrak{B}_1 \equiv \mathfrak{D}$, $\mathfrak{D}\mathfrak{B}_2 \equiv \mathfrak{N} \pmod{\kappa\alpha}$. Da $d\mathfrak{D}^{-1}$ ganz ist, so wird demnach $\mathfrak{B}_1 \equiv \mathfrak{E}$, $\mathfrak{B}_2 \equiv \mathfrak{N} \pmod{\kappa}$. Ferner hat $\mathfrak{B}$ den Rang r; nach (27) wird also auch $\mathfrak{B}_4 \equiv \mathfrak{N} \pmod{\kappa}$. Setzt man noch

$$\mathfrak{U}_2^{-1}\mathfrak{B} = \begin{pmatrix} \mathfrak{B}_1 \\ \mathfrak{B}_2 \end{pmatrix},$$

so folgt aus $\mathfrak{E}_{\mathfrak{A}}\mathfrak{B} = \mathfrak{B}$ die Congruenz

$$\begin{pmatrix} \mathfrak{E} & \mathfrak{N} \\ \mathfrak{B}_3 & \mathfrak{N} \end{pmatrix} \begin{pmatrix} \mathfrak{B}_1 \\ \mathfrak{B}_2 \end{pmatrix} \equiv \begin{pmatrix} \mathfrak{B}_1 \\ \mathfrak{B}_2 \end{pmatrix} \pmod{\kappa},$$

also $\mathfrak{B}_2 \equiv \mathfrak{B}_3\mathfrak{B}_1 \pmod{\kappa}$ und

$$\begin{pmatrix} \mathfrak{E} & \mathfrak{N} \\ -\mathfrak{B}_3 & \mathfrak{E} \end{pmatrix} \mathfrak{U}_2^{-1}\mathfrak{B} \equiv \begin{pmatrix} \mathfrak{B}_1 \\ \mathfrak{N} \end{pmatrix} \pmod{\kappa}. \tag{28}$$

Da die linke Seite von (28) den Rang r und die Discriminante β hat, welche ein echter Teiler von κ ist, so hat auch $\mathfrak{B}_1$ den Rang r und für $\delta(\mathfrak{B}_1) = \beta_1$ gilt $\beta = (\beta_1, \kappa)$. Andererseits ist

$$\mathfrak{U}_1\mathfrak{A}\mathfrak{B} \equiv \begin{pmatrix} \mathfrak{D} & \mathfrak{N} \\ \mathfrak{N} & \mathfrak{N} \end{pmatrix} \begin{pmatrix} \mathfrak{B}_1 \\ \mathfrak{B}_2 \end{pmatrix} \equiv \begin{pmatrix} \mathfrak{D}\mathfrak{B}_1 \\ \mathfrak{N} \end{pmatrix} \pmod{\kappa\alpha} \tag{29}$$

und $\delta(\mathfrak{D}\mathfrak{B}_1) = d\beta_1$, $(d\beta_1, \kappa\alpha) = \alpha(d\alpha^{-1}\beta_1, \kappa) = \alpha\beta$, also $\mathfrak{A}\mathfrak{B}$ mindestens vom Range r. Da $\mathfrak{A}$ den Rang r hat, so hat folglich $\mathfrak{A}\mathfrak{B}$ genau den Rang r. Nach (29) ist ausserdem

$$(\delta(\mathfrak{A}\mathfrak{B}), \kappa\alpha) = (\delta(\mathfrak{D}\mathfrak{B}_1), \kappa\alpha) = \alpha\beta,$$

und da dies für jedes κ gilt, also $\delta(\mathfrak{A}\mathfrak{B}) = \alpha\beta = \delta(\mathfrak{A})\delta(\mathfrak{B})$.

Hilfssatz 17: *Für jede Rechtseinheit oder Linkseinheit $\mathfrak{E}_1$ gilt $\delta(\mathfrak{E}_1) = 1$.*

Beweis: Nach Hilfssatz 11 ist $\mathfrak{E}_1\mathfrak{E}_1 = \mathfrak{E}_1$, also erfüllen $\mathfrak{A} = \mathfrak{E}_1$, $\mathfrak{B} = \mathfrak{E}_1$ die Voraussetzungen von Hilfssatz 16. Dieser ergibt die Gleichung

$$\delta(\mathfrak{E}_1)\delta(\mathfrak{E}_1) = \delta(\mathfrak{E}_1)$$

und somit die Behauptung.

Hilfssatz 18: *Für jede Reciproke $\mathfrak{A}^{-1}$ von $\mathfrak{A}$ ist $\delta(\mathfrak{A})\delta(\mathfrak{A}^{-1}) = 1$.*

Beweis: Ist $\mathfrak{A}\mathfrak{A}^{-1} = \mathfrak{E}_{\mathfrak{A}}^*$, $\mathfrak{E}_{\mathfrak{A}}\mathfrak{A}^{-1} = \mathfrak{A}^{-1}$, so hat $\mathfrak{A}^{-1}$ die Rechtseinheit $\mathfrak{E}_{\mathfrak{A}}$ von $\mathfrak{A}$ als Linkseinheit. Demnach liefert Hilfssatz 16

$$\delta(\mathfrak{A})\delta(\mathfrak{A}^{-1}) = \delta(\mathfrak{A}\mathfrak{A}^{-1}) = \delta(\mathfrak{E}_{\mathfrak{A}}^*),$$

und hierin hat die rechte Seite nach Hilfssatz 17 den Wert 1.

Gehören alle Elemente einer Matrix $\mathfrak{M}$ einem Ideale α an, so soll dafür auch kurz gesagt werden, dass $\alpha^{-1}\mathfrak{M}$ *ganz* ist.

Hilfssatz 19: *Für ganzes $\mathfrak{A}$ ist auch $\delta(\mathfrak{A})\mathfrak{A}^{-1}$ ganz.*

Beweis: Man wähle ein $c \neq 0$, so dass $c\mathfrak{A}^{-1}$ ganz ist, und setze $\delta(\mathfrak{A}) = \delta$. Nach Hilfssatz 5 gibt es zwei unimodulare Matrizen $\mathfrak{U}_1$, $\mathfrak{U}_2$ und eine ganze Diagonalmatrix $\mathfrak{D}$ desselben Ranges wie $\mathfrak{A}$, welche die Congruenz

$$\mathfrak{U}_1\mathfrak{A}\mathfrak{U}_2 \equiv \begin{pmatrix} \mathfrak{D} & \mathfrak{N} \\ \mathfrak{N} & \mathfrak{N} \end{pmatrix} \pmod{c\delta^2}$$

erfüllen. Für die Determinante $|\mathfrak{D}| = d$ gilt dann $\delta = (d, c\delta^2)$, also $(d\delta^{-1}, c\delta) = 1$.

Es sei $\mathfrak{A}\mathfrak{A}^{-1} = \mathfrak{E}^*_{\mathfrak{A}}$, $\mathfrak{E}_{\mathfrak{A}}\mathfrak{A}^{-1} = \mathfrak{A}^{-1}$, also nach Hilfssatz 14 auch $\mathfrak{A}^{-1}\mathfrak{A} = \mathfrak{E}_{\mathfrak{A}}$, $\mathfrak{A}^{-1}\mathfrak{E}^*_{\mathfrak{A}} = \mathfrak{A}^{-1}$. Wie beim Beweise von Hilfssatz 16 erhält man

$$\mathfrak{U}_2^{-1}\mathfrak{E}_{\mathfrak{A}}\mathfrak{U}_2 \equiv \begin{pmatrix} \mathfrak{E} & \mathfrak{N} \\ \mathfrak{B} & \mathfrak{N} \end{pmatrix}, \qquad \mathfrak{U}_1\mathfrak{E}^*_{\mathfrak{A}}\mathfrak{U}_1^{-1} \equiv \begin{pmatrix} \mathfrak{E} & \mathfrak{W} \\ \mathfrak{N} & \mathfrak{N} \end{pmatrix} \pmod{c\delta}.$$

Für

(30)
$$\mathfrak{U}_2^{-1}\mathfrak{A}^{-1}\mathfrak{U}_1^{-1} = \begin{pmatrix} \mathfrak{A}_1 & \mathfrak{A}_2 \\ \mathfrak{A}_3 & \mathfrak{A}_4 \end{pmatrix}$$

folgen dann die drei Congruenzen

$$\begin{pmatrix} \mathfrak{A}_1 & \mathfrak{A}_2 \\ \mathfrak{A}_3 & \mathfrak{A}_4 \end{pmatrix}\begin{pmatrix} \mathfrak{E} & \mathfrak{W} \\ \mathfrak{N} & \mathfrak{N} \end{pmatrix} \equiv \begin{pmatrix} \mathfrak{A}_1 & \mathfrak{A}_2 \\ \mathfrak{A}_3 & \mathfrak{A}_4 \end{pmatrix} \pmod{\delta}$$

$$\begin{pmatrix} \mathfrak{E} & \mathfrak{N} \\ \mathfrak{B} & \mathfrak{N} \end{pmatrix}\begin{pmatrix} \mathfrak{A}_1 & \mathfrak{A}_2 \\ \mathfrak{A}_3 & \mathfrak{A}_4 \end{pmatrix} \equiv \begin{pmatrix} \mathfrak{A}_1 & \mathfrak{A}_2 \\ \mathfrak{A}_3 & \mathfrak{A}_4 \end{pmatrix} \pmod{\delta}$$

$$\begin{pmatrix} \mathfrak{D} & \mathfrak{N} \\ \mathfrak{N} & \mathfrak{N} \end{pmatrix}\begin{pmatrix} \mathfrak{A}_1 & \mathfrak{A}_2 \\ \mathfrak{A}_3 & \mathfrak{A}_4 \end{pmatrix} \equiv \begin{pmatrix} \mathfrak{E} & \mathfrak{W} \\ \mathfrak{N} & \mathfrak{N} \end{pmatrix} \pmod{\delta},$$

woraus sich

(31)
$$\mathfrak{A}_2 \equiv \mathfrak{A}_1\mathfrak{W}, \ \mathfrak{A}_3 \equiv \mathfrak{B}\mathfrak{A}_1, \ \mathfrak{A}_4 \equiv \mathfrak{A}_3\mathfrak{W} \pmod{\delta}$$

und

(32)
$$\mathfrak{D}\mathfrak{A}_1 \equiv \mathfrak{E} \pmod{\delta}$$

ergibt. Bedeuten $d_1, \cdots, d_r$ die Diagonalelemente von $\mathfrak{D}$, so ist $d_1 \cdots d_r = d$, und für $\delta_k = (d_k, \delta)$ gilt $\delta_1 \cdots \delta_r = \delta$, $(d_k\delta_k^{-1}, c\delta) = 1$. Daher kann man eine Diagonalmatrix $\mathfrak{D}_1$ mit ganzem $\delta\mathfrak{D}_1$ derart finden, dass

(33)
$$\mathfrak{D}_1\mathfrak{D} \equiv \mathfrak{E} \pmod{c\delta}$$

wird. Zufolge (32) und (33) ist dann

$$\mathfrak{D}_1\mathfrak{D}\mathfrak{A}_1 \equiv \mathfrak{A}_1 \equiv \mathfrak{D}_1 \pmod{1},$$

also $\delta\mathfrak{A}_1$ ganz und nach (31) auch $\delta\mathfrak{A}_2$, $\delta\mathfrak{A}_3$, $\delta\mathfrak{A}_4$ ganz. Die Behauptung folgt jetzt aus (30).

Hilfssatz 20: *Für ganzes $\mathfrak{A}$ ist $\mathfrak{A}^{-1}$ dann und nur dann ganz, wenn $\mathfrak{A}$ primitiv, d.h. $\delta(\mathfrak{A}) = 1$ ist, und dann ist auch $\mathfrak{A}^{-1}$ primitiv.*

Beweis: Nach Hilfssatz 19 ist $\mathfrak{A}^{-1}$ ganz, falls $\mathfrak{A}$ ganz und $\delta(\mathfrak{A}) = 1$ ist.

Man hat noch zu zeigen, dass die Bedingung $\delta(\mathfrak{A}) = 1$ auch umgekehrt notwendig ist. Ist nun aber $\mathfrak{A}^{-1}$ ganz, so auch das Ideal $\delta(\mathfrak{A}^{-1})$, und aus Hilfssatz 18 folgt $\delta(\mathfrak{A}) = 1, \delta(\mathfrak{A}^{-1}) = 1$. Es sind also $\mathfrak{A}$ und $\mathfrak{A}^{-1}$ beide primitiv.

3. Strahlen

Zwei Matrizen $\mathfrak{A}$ und $\mathfrak{B}$ mögen *linksseitig äquivalent* heissen, wenn die Gleichungen $\mathfrak{B} = \mathfrak{X}\mathfrak{A}$ und $\mathfrak{A} = \mathfrak{Y}\mathfrak{B}$ in ganzen $\mathfrak{X}$, $\mathfrak{Y}$ lösbar sind. Diese Beziehung zwischen zwei Matrizen ist offenbar transitiv. Die Menge aller Matrizen zerfällt in Systeme paarweise äquivalenter Matrizen; jedes solche System soll *Strahl* genannt werden.

Hilfssatz 21: *Zwei Matrizen $\mathfrak{A}$ und $\mathfrak{B}$ sind dann und nur dann linksseitig äquivalent, wenn sie eine gemeinsame Rechtseinheit besitzen und die Matrix $\mathfrak{A}\mathfrak{B}^{-1} = \mathfrak{Q}$ primitiv ist, und zwar ist dann $\mathfrak{A} = \mathfrak{Q}\mathfrak{B}$, $\mathfrak{B} = \mathfrak{Q}^{-1}\mathfrak{A}$.*

Beweis: Es seien $\mathfrak{A}$ und $\mathfrak{B}$ linksseitig äquivalent, also $\mathfrak{B} = \mathfrak{X}\mathfrak{A}$, $\mathfrak{A} = \mathfrak{Y}\mathfrak{B}$ mit ganzen $\mathfrak{X}$, $\mathfrak{Y}$. Hieraus folgt zunächst, dass $\mathfrak{A}$ und $\mathfrak{B}$ gleichen Rang r besitzen. Für $\mathfrak{P} = \mathfrak{E}^*_{\mathfrak{B}}\mathfrak{X}\mathfrak{E}^*_{\mathfrak{A}}$, $\mathfrak{Q} = \mathfrak{E}^*_{\mathfrak{A}}\mathfrak{Y}\mathfrak{E}^*_{\mathfrak{B}}$ gilt ebenfalls $\mathfrak{B} = \mathfrak{P}\mathfrak{A}$, $\mathfrak{A} = \mathfrak{Q}\mathfrak{B}$, und $\mathfrak{P}$, $\mathfrak{Q}$ haben beide auch den Rang r. Da $\mathfrak{E}^*_{\mathfrak{A}}$ vermöge Hilfssatz 11 zugleich Rechtseinheit von $\mathfrak{P}$ und Linkseinheit von $\mathfrak{A}$ ist, so liefert Hilfssatz 16 die Gleichung $\delta(\mathfrak{B}) = \delta(\mathfrak{P}\mathfrak{A}) = \delta(\mathfrak{P})\delta(\mathfrak{A})$. Ferner ist $\mathfrak{E}^*_{\mathfrak{B}}$ Rechtseinheit von $\mathfrak{Q}$ und Linkseinheit von $\mathfrak{B}$, also $\delta(\mathfrak{A}) = \delta(\mathfrak{Q}\mathfrak{B}) = \delta(\mathfrak{Q})\delta(\mathfrak{B})$. Ausserdem sind $\mathfrak{P}$ und $\mathfrak{Q}$ beide ganz. Folglich ist $\delta(\mathfrak{Q}) = 1$ und $\mathfrak{Q}$ primitiv. Andererseits liefert Hilfssatz 15 die Gleichungen $\mathfrak{B} = \mathfrak{Q}^{-1}\mathfrak{A}$, $\mathfrak{A}\mathfrak{E}_{\mathfrak{B}} = \mathfrak{A}$, $\mathfrak{Q} = \mathfrak{A}\mathfrak{B}^{-1}$.

Haben umgekehrt $\mathfrak{A}$ und $\mathfrak{B}$ dieselbe Rechtseinheit $\mathfrak{E}_{\mathfrak{B}}$, so gibt es zufolge Hilfssatz 15 eine Lösung von $\mathfrak{Y}\mathfrak{B} = \mathfrak{A}$. Setzt man $\mathfrak{Y}\mathfrak{E}^*_{\mathfrak{B}} = \mathfrak{Q}$, so ist $\mathfrak{A}\mathfrak{B}^{-1} = \mathfrak{Y}\mathfrak{B}\mathfrak{B}^{-1} = \mathfrak{Y}\mathfrak{E}^*_{\mathfrak{B}} = \mathfrak{Q}$ und nach Hilfssatz 14 auch $\mathfrak{Q}\mathfrak{B} = \mathfrak{A}\mathfrak{B}^{-1}\mathfrak{B} = \mathfrak{A}\mathfrak{E}_{\mathfrak{B}} = \mathfrak{A}$. Wegen $\mathfrak{E}^*_{\mathfrak{A}}\mathfrak{Q} = \mathfrak{E}^*_{\mathfrak{A}}\mathfrak{A}\mathfrak{B}^{-1} = \mathfrak{A}\mathfrak{B}^{-1} = \mathfrak{Q}$ ist $\mathfrak{E}^*_{\mathfrak{A}}$ eine Linkseinheit von $\mathfrak{Q}$. Bedeutet $\mathfrak{Q}^{-1}$ die zur Rechtseinheit $\mathfrak{E}^*_{\mathfrak{B}}$ und der Linkseinheit $\mathfrak{E}^*_{\mathfrak{A}}$ von $\mathfrak{Q}$ gehörige Reciproke, so erhält man aus Hilfssatz 14 schliesslich $\mathfrak{Q}^{-1}\mathfrak{A} = \mathfrak{Q}^{-1}\mathfrak{Q}\mathfrak{B} = \mathfrak{E}^*_{\mathfrak{B}}\mathfrak{B} = \mathfrak{B}$. Demnach sind für primitives $\mathfrak{Q}$ die Matrizen $\mathfrak{A}$ und $\mathfrak{B}$ nach Hilfssatz 20 linksseitig äquivalent.

Aus Hilfssatz 21 ergibt sich, dass alle Matrizen eines Strahles gleichen Rang, gleiche Rechtseinheit und gleiche Discriminante haben; man kann also von dem *Rang*, der *Rechtseinheit* und der *Discriminante eines Strahles* sprechen. Ist ferner eine Matrix eines Strahles ganz, so sind es alle Matrizen dieses Strahles; ein solcher Strahl soll *ganz* genannt werden.

Hilfssatz 22: *In jedem Strahl vom Range r gibt es eine Matrix $\mathfrak{A}^{(mn)}$ mit $m = r + 1$.*

Beweis: Es sei $\mathfrak{F}^{(qn)}$ eine Matrix des Strahles. Wegen Hilfssatz 8 gibt es eine unimodulare Matrix $\mathfrak{U}$, eine Matrix $\mathfrak{B}$ mit $|\mathfrak{B}| \neq 0$ und eine Matrix $\mathfrak{C}$ vom Range 1 mit

$$\mathfrak{U}\mathfrak{F}\mathfrak{B} = \begin{pmatrix} \mathfrak{E}^{(r-1)} & \mathfrak{N} \\ \mathfrak{N} & \mathfrak{C} \end{pmatrix}.$$

Man setze $\mathfrak{C} = (c_k d_l)(k = 1, \cdots, q - r + 1; l = 1, \cdots, n - r + 1)$ und wähle zwei Zahlen a, b mit $(a, b) = (c_1, \cdots, c_{q-r+1})$. Mit ganzen $\mathfrak{P}, \mathfrak{Q}$ gilt dann

$$(ab)' = \mathfrak{P}(c_1 \cdots c_{q-r+1})', \qquad (c_1 \cdots c_{q-r+1})' = \mathfrak{Q}\,(ab)'.$$

Setzt man noch $(ab)'(d_1 \cdots d_{n-r+1}) = \mathfrak{C}_1$, so wird

$$\begin{pmatrix} \mathfrak{E} & \mathfrak{N} \\ \mathfrak{N} & \mathfrak{P} \end{pmatrix} \mathfrak{U}\mathfrak{F} = \begin{pmatrix} \mathfrak{E} & \mathfrak{N} \\ \mathfrak{N} & \mathfrak{C}_1 \end{pmatrix} \mathfrak{B}^{-1} = \mathfrak{A}$$

mit $\mathfrak{A} = \mathfrak{A}^{(r+1,\, n)}$ und

$$\mathfrak{U}^{-1} \begin{pmatrix} \mathfrak{E} & \mathfrak{N} \\ \mathfrak{N} & \mathfrak{Q} \end{pmatrix} \mathfrak{A} = \mathfrak{F}.$$

Daher sind $\mathfrak{F}$ und $\mathfrak{A}$ linksseitig äquivalent, und $\mathfrak{A}$ leistet das Verlangte.

Hilfssatz 23: *Es seien $\mathfrak{A}$ und $\mathfrak{B}$ zwei ganze Matrizen mit gleicher Rechtseinheit und $\delta(\mathfrak{A}) = \alpha$, $\delta(\mathfrak{B}) = \beta$ ihre Discriminanten. Ist dann $\alpha\beta \mid \kappa$ und $\mathfrak{A} \equiv \mathfrak{B}$ (mod κ), so sind $\mathfrak{A}$ und $\mathfrak{B}$ linksseitig äquivalent.*

Beweis: Nach Hilfssatz 19 gilt $\mathfrak{B}\mathfrak{A}^{-1} \equiv \mathfrak{A}\mathfrak{A}^{-1}$ (mod $\kappa\alpha^{-1}$), also ist $\mathfrak{B}\mathfrak{A}^{-1} = \mathfrak{P}$ ganz. Nach Hilfssatz 14 ist ferner $\mathfrak{P}\mathfrak{A} = \mathfrak{B}\mathfrak{A}^{-1}\mathfrak{A} = \mathfrak{B}\mathfrak{E}_{\mathfrak{A}} = \mathfrak{B}$. Ebenso wird $\mathfrak{A} = \mathfrak{Q}\mathfrak{B}$ mit ganzem $\mathfrak{Q}$. Folglich sind $\mathfrak{A}$ und $\mathfrak{B}$ linksseitig äquivalent.

Hilfssatz 24: *Die Anzahl der ganzen Strahlen mit fester Rechtseinheit und fester Discriminante ist endlich.*

Beweis: Da die Rechtseinheit gegeben ist, so ist die Spaltenanzahl n und der Rang r der Matrizen sämtlicher Strahlen fest. Nach Hilfssatz 22 gibt es dann in jedem Strahl eine Matrix $\mathfrak{A}$ mit nur $r + 1$ Zeilen. Es bedeute δ die gegebene Discriminante. Sind dann zwei der Matrizen $\mathfrak{A}$ modulo δ congruent, so gehören sie nach Hilfssatz 23 demselben Strahl an. Andererseits gibt es überhaupt nur endlich viele modulo δ incongruente ganze Matrizen von $r + 1$ Zeilen und n Spalten. Folglich ist erst recht die Anzahl der verschiedenen Strahlen endlich.

Aus den Hilfssätzen 15 und 21 folgt

Hilfssatz 25: *Man erhält sämtliche mit $\mathfrak{A}$ linksseitig äquivalente Matrizen, und zwar jede genau einmal, indem man in $\mathfrak{X}\mathfrak{A}$ für $\mathfrak{X}$ alle primitiven Matrizen mit $\mathfrak{X}\mathfrak{E}_{\mathfrak{A}}^{*} = \mathfrak{X}$ einträgt.*

Zwei ganze Matrizen $\mathfrak{A}$ und $\mathfrak{B}$ mit derselben Rechtseinheit mögen *linksseitig äquivalent modulo* κ heissen, wenn die Congruenzen $\mathfrak{B} \equiv \mathfrak{X}\mathfrak{A}$ und $\mathfrak{A} \equiv \mathfrak{Y}\mathfrak{B}$ (mod κ) in ganzen $\mathfrak{X}$, $\mathfrak{Y}$ lösbar sind. Alle miteinander modulo κ äquivalenten Matrizen bilden einen *Strahl modulo* κ.

Hilfssatz 26: *Es sei $\mathfrak{A}$ eine ganze Matrix, $\delta(\mathfrak{A}) = \delta$, $(\delta, \kappa) = \alpha$ und $\alpha^2 \mid \kappa$. Es gibt eine mit $\mathfrak{A}$ linksseitig modulo κ äquivalente Matrix $\mathfrak{B}$, für welche $\delta(\mathfrak{B}) = \alpha$ gilt.*

Beweis: Man wähle im Ideal κ eine Zahl b mit $(b\kappa^{-1}, \delta) = 1$ und setze

$$\mathfrak{B} = \begin{pmatrix} \mathfrak{A} \\ b\mathfrak{E}_{\mathfrak{A}} \end{pmatrix}. \tag{34}$$

Dann ist $\mathfrak{B}\mathfrak{E}_{\mathfrak{A}} = \mathfrak{B}$, so dass $\mathfrak{B}$ und $\mathfrak{A}$ dieselbe Rechtseinheit besitzen. Wegen

$$(\mathfrak{E}\mathfrak{N})\,\mathfrak{B} = \mathfrak{A}, \qquad \begin{pmatrix}\mathfrak{E}\\ \mathfrak{N}\end{pmatrix}\mathfrak{A} \equiv \mathfrak{B} \pmod{\kappa}$$

sind $\mathfrak{A}$ und $\mathfrak{B}$ linksseitig äquivalent modulo κ. Aus (34) folgt nun, wenn $\mathfrak{A}$ den Rang r besitzt, mit Hilfe von $\delta(b\mathfrak{E}_{\mathfrak{A}}) = b^r$ die Beziehung

$$\alpha = (\delta, b) \mid \delta(\mathfrak{B}) \mid (\delta, b^r) = (\delta, \kappa^r) = \alpha,$$

also $\delta(\mathfrak{B}) = \alpha$.

Eine ganze Matrix möge *primitiv modulo* κ heissen, wenn ihre Discriminante zu κ teilerfremd ist.

Hilfssatz 27: *Es sei $\mathfrak{A}$ eine ganze Matrix, $\delta(\mathfrak{A}) = \delta$, $(\delta, \kappa) = \alpha$ und α^2 ein echter Teiler von κ. Ferner sei $\mathfrak{B}$ eine der nach Hilfssatz 26 existierenden Matrizen, die mit $\mathfrak{A}$ modulo κ linksseitig äquivalent sind und die Discriminante α besitzen. Man erhält alle mit $\mathfrak{A}$ modulo κ linksseitig äquivalenten Matrizen, und zwar jede genau einmal, indem man in $\mathfrak{X}\mathfrak{B}$ für $\mathfrak{X}$ alle modulo κ primitiven Matrizen mit $\mathfrak{X}\mathfrak{E}^*_{\mathfrak{B}} = \mathfrak{X}$ einträgt.*

Beweis: Es sei $\mathfrak{C}$ mit $\mathfrak{A}$, also auch mit $\mathfrak{B}$, modulo κ linksseitig äquivalent. Ist dann $\mathfrak{C} \equiv \mathfrak{Y}\mathfrak{B}$, $\mathfrak{B} \equiv \mathfrak{Z}\,\mathfrak{C} \pmod{\kappa}$ mit ganzen $\mathfrak{Y}$, $\mathfrak{Z}$, so kann man voraussetzen, dass $\mathfrak{Y}\mathfrak{E}^*_{\mathfrak{B}} = \mathfrak{Y}$ und $\mathfrak{Z}\mathfrak{E}^*_{\mathfrak{C}} = \mathfrak{Z}$ gilt. Wäre nun der Rang von $\mathfrak{Z}$ kleiner als der Rang r von $\mathfrak{B}$ und $\mathfrak{C}$, so würde aus $\kappa \mid \alpha$ ein Widerspruch folgen. Also hat $\mathfrak{Z}$ den Rang r. Nach Hilfssatz 16 gilt dann $\alpha = (\alpha, \kappa) = (\delta(\mathfrak{Z}\,\mathfrak{C}), \kappa) = (\delta(\mathfrak{Z})\delta(\mathfrak{C}), \kappa)$, und folglich ist $\delta(\mathfrak{C})$ nicht durch κ teilbar. Daher hat auch $\mathfrak{Y}$ den Rang r, und es ist

$$(\delta(\mathfrak{C}), \kappa) = (\delta(\mathfrak{Y}\mathfrak{B}), \kappa) = (\delta(\mathfrak{Y})\delta(\mathfrak{B}), \kappa) = \alpha(\delta(\mathfrak{Y}), \kappa\alpha^{-1}).$$

Dies liefert $(\delta(\mathfrak{C}), \kappa) = \alpha$ und $1 = (\delta(\mathfrak{Y}), \kappa\alpha^{-1}) = (\delta(\mathfrak{Y}), \kappa)$. Daher ist $\mathfrak{Y}$ modulo κ primitiv. Setzt man $\mathfrak{C}\mathfrak{B}^{-1} = \mathfrak{X}$, so ergibt Hilfssatz 19 die Congruenz $\mathfrak{X} \equiv \mathfrak{Y} \pmod{\kappa\alpha^{-1}}$, so dass auch $\mathfrak{X}$ modulo κ primitiv ist. Ferner ist $\mathfrak{X}\mathfrak{E}^*_{\mathfrak{B}} = \mathfrak{X}$ und $\mathfrak{C} = \mathfrak{X}\mathfrak{B}$.

Ist jetzt umgekehrt $\mathfrak{X}$ modulo κ primitiv, $\mathfrak{X}\mathfrak{E}^*_{\mathfrak{B}} = \mathfrak{X}$, $\mathfrak{C} = \mathfrak{X}\mathfrak{B}$, so setze man $\delta(\mathfrak{X}) = \lambda$. Wegen Hilfssatz 19 und $\lambda^{-1} = (\kappa\lambda^{-1}, 1)$ kann man $\mathfrak{X}^{-1} = \mathfrak{Z} + \mathfrak{R}$ setzen, mit ganzem $\mathfrak{Z}$ und $\mathfrak{R} \equiv \mathfrak{N} \pmod{\kappa\lambda^{-1}}$. Es wird $\mathfrak{B} = \mathfrak{X}^{-1}\mathfrak{C} = \mathfrak{Z}\mathfrak{C} + \mathfrak{R}\mathfrak{C}$, also ist $\mathfrak{R}\,\mathfrak{C}$ ganz und folglich sogar $\equiv \mathfrak{N} \pmod{\kappa}$. Dies liefert $\mathfrak{B} \equiv \mathfrak{Z}\,\mathfrak{C} \pmod{\kappa}$ und damit die linksseitige Äquivalenz von $\mathfrak{B}$ und $\mathfrak{C}$ modulo κ.

4. Symmetrische Matrizen

Es seien $\mathfrak{S}^{(m)}$ und $\mathfrak{T}^{(n)}$ zwei symmetrische Matrizen. Existiert eine ganze Lösung $\mathfrak{X} = \mathfrak{C}$ von $\mathfrak{X}'\mathfrak{S}\mathfrak{X} = \mathfrak{T}$, so heisst $\mathfrak{T}$ *darstellbar durch* $\mathfrak{S}$, und $\mathfrak{C}'\mathfrak{S}\mathfrak{C} = \mathfrak{T}$ ist eine *Darstellung von* $\mathfrak{T}$ *durch* $\mathfrak{S}$. Die Matrizen $\mathfrak{S}$ und $\mathfrak{T}$ heissen *äquivalent*, wenn $\mathfrak{T}$ durch $\mathfrak{S}$ und $\mathfrak{S}$ durch $\mathfrak{T}$ darstellbar ist. Die Äquivalenz wird mit dem Symbol $\mathfrak{S} \sim \mathfrak{T}$ bezeichnet und ist nicht mit der im vorhergehenden Paragraphen definierten linksseitigen Äquivalenz zu verwechseln. Der Äquivalenzbegriff ist transitiv. Alle miteinander äquivalenten symmetrischen Matrizen bilden eine *Classe*.

HILFSSATZ 28: *Alle symmetrischen Matrizen einer Classe haben gleichen Rang und gleiche Discriminante.*

BEWEIS: Es sei $\mathfrak{S} \sim \mathfrak{T}$, also $\mathfrak{T} = \mathfrak{X}'\mathfrak{S}\mathfrak{X}$, $\mathfrak{S} = \mathfrak{Y}'\mathfrak{T}\mathfrak{Y}$ mit ganzen $\mathfrak{X}$, $\mathfrak{Y}$. Bedeuten $\mathfrak{E}_{\mathfrak{S}}$ und $\mathfrak{E}_{\mathfrak{T}}$ Rechtseinheiten von $\mathfrak{S}$ und $\mathfrak{T}$, so setze man $\mathfrak{E}_{\mathfrak{S}}\mathfrak{X}\mathfrak{E}_{\mathfrak{T}} = \mathfrak{P}$, $\mathfrak{E}_{\mathfrak{T}}\mathfrak{Y}\mathfrak{E}_{\mathfrak{S}} = \mathfrak{Q}$. Dann sind auch $\mathfrak{P}$, $\mathfrak{Q}$ ganz und $\mathfrak{P}'\mathfrak{S}\mathfrak{P} = \mathfrak{T}$, $\mathfrak{Q}'\mathfrak{T}\mathfrak{Q} = \mathfrak{S}$, $\mathfrak{E}_{\mathfrak{S}}\mathfrak{P} = \mathfrak{P}\mathfrak{E}_{\mathfrak{T}} = \mathfrak{P}$, $\mathfrak{E}_{\mathfrak{T}}\mathfrak{Q} = \mathfrak{Q}\mathfrak{E}_{\mathfrak{S}} = \mathfrak{Q}$. Folglich haben $\mathfrak{P}$, $\mathfrak{Q}$, $\mathfrak{S}$, $\mathfrak{T}$ den gleichen Rang. Nach Hilfssatz 16 wird

$$\delta(\mathfrak{P}')\delta(\mathfrak{S})\delta(\mathfrak{P}) = \delta(\mathfrak{P}'\mathfrak{S}\mathfrak{P}) = \delta(\mathfrak{T}),\ \delta(\mathfrak{Q}')\delta(\mathfrak{T})\delta(\mathfrak{Q}) = \delta(\mathfrak{Q}'\mathfrak{T}\mathfrak{Q}) = \delta(\mathfrak{S}),$$

also $\delta(\mathfrak{S}) \mid \delta(\mathfrak{T}) \mid \delta(\mathfrak{S})$, $\delta(\mathfrak{S}) = \delta(\mathfrak{T})$.

HILFSSATZ 29: *Zu jeder symmetrischen Matrix $\mathfrak{S}$ vom Range q gibt es eine umkehrbare Matrix $\mathfrak{A}$ und eine symmetrische Matrix $\mathfrak{T}$ mit q Reihen, so dass*

$$\mathfrak{S} = \mathfrak{A}'\begin{pmatrix}\mathfrak{T} & \mathfrak{N}\\ \mathfrak{N} & \mathfrak{N}\end{pmatrix}\mathfrak{A} \tag{35}$$

ist. Bedeutet $\mathfrak{B}$ die aus den ersten q Zeilen von $\mathfrak{A}$ gebildete Matrix, so ist

$$\mathfrak{S} = \mathfrak{B}'\mathfrak{T}\mathfrak{B} \tag{36}$$

und

$$\delta(\mathfrak{S}) = |\mathfrak{T}|\,\delta^2(\mathfrak{B}). \tag{37}$$

BEWEIS: Es sei $\mathfrak{S} = \mathfrak{S}^{(m)}$. Es gibt eine Matrix $\mathfrak{C}^{(m,\, m-q)}$ vom Range $m - q$, so dass $\mathfrak{S}\mathfrak{C} = \mathfrak{N}$ ist. Man ergänze $\mathfrak{C}$ durch linksseitiges Hinzufügen von q geeigneten Spalten zu einer umkehrbaren Matrix $\mathfrak{A}_1 = (\mathfrak{F}\,\mathfrak{C})$. Dann wird

$$\mathfrak{A}_1'\mathfrak{S}\mathfrak{A}_1 = \begin{pmatrix}\mathfrak{F}'\mathfrak{S}\mathfrak{F} & \mathfrak{N}\\ \mathfrak{N} & \mathfrak{N}\end{pmatrix},$$

und (35) ist mit $\mathfrak{A} = \mathfrak{A}_1^{-1}$ und $\mathfrak{T} = \mathfrak{F}'\mathfrak{S}\mathfrak{F}$ erfüllt. Für die aus den q ersten Zeilen von $\mathfrak{A}$ gebildete Matrix $\mathfrak{B}$ folgt daraus (36). Bedeuten ferner $b_1, \cdots, b_t$ sämtliche q-reihigen Unterdeterminanten von $\mathfrak{B}$, so liefern die Ausdrücke $|\mathfrak{T}|\, b_k b_l$ $(k = 1, \cdots, t;\ l = 1, \cdots, t)$ alle q-reihigen Unterdeterminanten von $\mathfrak{S}$. Folglich ist

$$\delta(\mathfrak{S}) = |\mathfrak{T}|\,(\cdots, b_k b_l, \cdots) = |\mathfrak{T}|\,(b_1, \cdots, b_t)^2 = |\mathfrak{T}|\,\delta^2(\mathfrak{B}).$$

HILFSSATZ 30: *Es sei $\mathfrak{E}_{\mathfrak{S}}$ eine Rechtseinheit von $\mathfrak{S}$. Die Matrix $\mathfrak{A}$ des Hilfssatzes 29 kann derart gewählt werden, dass*

$$\mathfrak{A}\mathfrak{E}_{\mathfrak{S}}\mathfrak{A}^{-1} = \begin{pmatrix}\mathfrak{E}^{(q)} & \mathfrak{N}\\ \mathfrak{N} & \mathfrak{N}\end{pmatrix} \tag{38}$$

ist.

BEWEIS: Für die Matrix $\mathfrak{A}$ des Hilfssatzes 29 gilt jedenfalls die Gleichung (35). Mit diesem $\mathfrak{A}$ sei

$$\mathfrak{A}\mathfrak{E}_{\mathfrak{S}}\mathfrak{A}^{-1} = \begin{pmatrix}\mathfrak{A}_1 & \mathfrak{A}_2\\ \mathfrak{A}_3 & \mathfrak{A}_4\end{pmatrix}.$$

Dann ist wegen $\mathfrak{S}\mathfrak{E}_{\mathfrak{S}} = \mathfrak{S}$ auch

$$\begin{pmatrix}\mathfrak{T} & \mathfrak{N}\\ \mathfrak{N} & \mathfrak{N}\end{pmatrix}\begin{pmatrix}\mathfrak{A}_1 & \mathfrak{A}_2\\ \mathfrak{A}_3 & \mathfrak{A}_4\end{pmatrix} = \begin{pmatrix}\mathfrak{T} & \mathfrak{N}\\ \mathfrak{N} & \mathfrak{N}\end{pmatrix},$$

also $\mathfrak{A}_1 = \mathfrak{E}$, $\mathfrak{A}_2 = \mathfrak{N}$. Da ferner $\mathfrak{E}_{\mathfrak{S}}$ den Rang q hat, so wird auch $\mathfrak{A}_4 = \mathfrak{N}$. Für

$$\mathfrak{K} = \begin{pmatrix}\mathfrak{E} & \mathfrak{N}\\ -\mathfrak{A}_3 & \mathfrak{E}\end{pmatrix}$$

ist dann

$$\mathfrak{K}\begin{pmatrix}\mathfrak{A}_1 & \mathfrak{A}_2\\ \mathfrak{A}_3 & \mathfrak{A}_4\end{pmatrix}\mathfrak{K}^{-1} = \begin{pmatrix}\mathfrak{E} & \mathfrak{N}\\ -\mathfrak{A}_3 & \mathfrak{E}\end{pmatrix}\begin{pmatrix}\mathfrak{E} & \mathfrak{N}\\ \mathfrak{A}_3 & \mathfrak{N}\end{pmatrix}\begin{pmatrix}\mathfrak{E} & \mathfrak{N}\\ \mathfrak{A}_3 & \mathfrak{E}\end{pmatrix} = \begin{pmatrix}\mathfrak{E} & \mathfrak{N}\\ \mathfrak{N} & \mathfrak{N}\end{pmatrix}.$$

Ersetzt man noch $\mathfrak{K}\mathfrak{A}$ durch $\mathfrak{A}$, so sind (35) und (38) erfüllt.

Hilfssatz 31: *Es mögen auch $\mathfrak{B}_0$ und $\mathfrak{T}_0$ die in Hilfssatz 29 für $\mathfrak{B}$ und $\mathfrak{T}$ geforderten Eigenschaften haben. Dann ist $\delta(\mathfrak{B}_0) : \delta(\mathfrak{B})$ ein Hauptideal und $|\mathfrak{T}_0| : |\mathfrak{T}|$ eine Quadratzahl.*

Beweis: Es sei $\mathfrak{B}_0$ die aus den ersten q Zeilen von $\mathfrak{A}_0$ gebildete Matrix und

$$\mathfrak{S} = \mathfrak{A}'\begin{pmatrix}\mathfrak{T} & \mathfrak{N}\\ \mathfrak{N} & \mathfrak{N}\end{pmatrix}\mathfrak{A} = \mathfrak{A}_0'\begin{pmatrix}\mathfrak{T}_0 & \mathfrak{N}\\ \mathfrak{N} & \mathfrak{N}\end{pmatrix}\mathfrak{A}_0.$$

Setzt man

$$\mathfrak{A}_0\,\mathfrak{A}^{-1} = \begin{pmatrix}\mathfrak{A}_1 & \mathfrak{A}_2\\ \mathfrak{A}_3 & \mathfrak{A}_4\end{pmatrix}, \tag{39}$$

so wird

$$\mathfrak{T} = \mathfrak{A}_1'\mathfrak{T}_0\mathfrak{A}_1, \qquad \mathfrak{N} = \mathfrak{A}_1'\mathfrak{T}_0\mathfrak{A}_2, \qquad \mathfrak{N} = \mathfrak{A}_2'\mathfrak{T}_0\mathfrak{A}_2,$$

also $|\mathfrak{A}_1| \neq 0$, $\mathfrak{A}_2 = \mathfrak{N}$. Aus (39) folgt dann $\mathfrak{B}_0 = \mathfrak{A}_1\mathfrak{B}$. Daher gilt

$$\delta(\mathfrak{B}_0) = |\mathfrak{A}_1|\,\delta(\mathfrak{B}), \qquad |\mathfrak{T}| = |\mathfrak{A}_1|^2\,|\mathfrak{T}_0|,$$

was zu beweisen war.

Aus den Hilfssätzen 29 und 31 folgt, dass die Idealclasse von $\delta(\mathfrak{B})$ durch $\mathfrak{S}$ eindeutig bestimmt ist; sie heisse die *zu $\mathfrak{S}$ gehörige Idealclasse.* Eindeutig festgelegt ist ausserdem die Gesamtheit der Zahlen, die sich von $|\mathfrak{T}| = s$ nur um einen quadratischen Factor unterscheiden; diese werde der *Kern* von $\mathfrak{S}$ genannt und mit $\{s\}$ bezeichnet.

Hilfssatz 32: *Äquivalente symmetrische Matrizen haben gleiche zugehörige Idealclasse und gleichen Kern.*

Beweis: Es sei $\mathfrak{S} \sim \mathfrak{S}_1$, also $\mathfrak{S}_1 = \mathfrak{P}'\mathfrak{S}\mathfrak{P}$. Nach Hilfssatz 29 ist $\mathfrak{S} = \mathfrak{B}'\mathfrak{T}\mathfrak{B}$, also $\mathfrak{S}_1 = \mathfrak{C}'\mathfrak{T}\mathfrak{C}$ mit $\mathfrak{C} = \mathfrak{B}\mathfrak{P}$. Da $\mathfrak{S}$ und $\mathfrak{S}_1$ nach Hilfssatz 28 gleichen Rang q haben, so hat auch die q-zeilige Matrix $\mathfrak{C}$ den Rang q und kann somit durch

Hinzufügen von Zeilen zu einer umkehrbaren Matrix $\mathfrak{A}_1$ vervollständigt werden. Dann ist aber

$$\mathfrak{S}_1 = \mathfrak{A}_1' \begin{pmatrix} \mathfrak{T} & \mathfrak{N} \\ \mathfrak{N} & \mathfrak{N} \end{pmatrix} \mathfrak{A}_1.$$

Folglich haben $\mathfrak{S}$ und $\mathfrak{S}_1$ den gleichen Kern $\{\,|\mathfrak{T}|\,\}$. Nach Hilfssatz 28 und Formel (37) von Hilfssatz 29 ist

$$|\mathfrak{T}|\,\delta^2(\mathfrak{B}) = \delta(\mathfrak{S}) = \delta(\mathfrak{S}_1) = |\mathfrak{T}|\,\delta^2(\mathfrak{C}),$$

also $\delta(\mathfrak{B}) = \delta(\mathfrak{C})$, so dass auch die zu $\mathfrak{S}$ und $\mathfrak{S}_1$ gehörigen Idealclassen dieselben sind.

Hilfssatz 33: *Es sei $\mathfrak{S}$ eine ganze symmetrische Matrix vom Range q und α ein ganzes Ideal aus der zugehörigen Idealclasse. Es gibt eine ganze Matrix $\mathfrak{B}$ mit $\delta(\mathfrak{B}) = \alpha$ und eine symmetrische Matrix $\mathfrak{T}^{(q)}$, so dass $\mathfrak{S} = \mathfrak{B}'\mathfrak{T}\mathfrak{B}$ und $\alpha^2\mathfrak{T}$ ganz ist.*

Beweis: Es sei $\mathfrak{S} = \mathfrak{S}^{(m)}$. Für $q = m$ ist die Behauptung trivial; es sei also $q < m$. Nach Hilfssatz 29 ist $\mathfrak{S} = \mathfrak{B}_1'\mathfrak{T}_1^{(q)}\mathfrak{B}_1$, wobei $\delta(\mathfrak{B}_1)$ in der Idealclasse von α liegt. Nach Hilfssatz 8 ist ferner

$$\mathfrak{F}\mathfrak{B}_1\mathfrak{U} = \begin{pmatrix} \mathfrak{E}^{(q-1)} & \mathfrak{N} \\ \mathfrak{N} & \mathfrak{c}' \end{pmatrix} \tag{40}$$

mit $|\mathfrak{F}| \neq 0$ und unimodularem $\mathfrak{U}$. Sind nun $c_1, \cdots, c_{m-q+1}$ die Elemente der Spalte $\mathfrak{c}$, so ist zufolge (40) das Ideal $(c_1, \cdots, c_{m-q+1}) = \delta(\mathfrak{F}\mathfrak{B}_1) = |\mathfrak{F}|\,\delta(\mathfrak{B}_1)$, also gleich $c\alpha$, wo c eine von 0 verschiedene Zahl bedeutet. Indem man noch die Elemente der letzten Zeile von $\mathfrak{F}$ sämtlich mit c^{-1} multipliciert, kann man erreichen, dass das soeben Gesagte mit $c = 1$ richtig ist. Setzt man dann $(\mathfrak{F}^{-1})'\mathfrak{T}_1\mathfrak{F}^{-1} = \mathfrak{T}$, $\mathfrak{F}\mathfrak{B}_1 = \mathfrak{B}$, so ist $\mathfrak{S} = \mathfrak{B}'\mathfrak{T}\mathfrak{B}$, $\mathfrak{B}$ ganz und $\delta(\mathfrak{B}) = \alpha$.

Bedeuten $\mathfrak{A}_1, \cdots, \mathfrak{A}_t$ sämtliche q-reihigen Untermatrizen von $\mathfrak{B}$ und $a_1, \cdots, a_t$ ihre Determinanten, so ist $(a_1, \cdots, a_t) = \alpha$. Wegen $\mathfrak{S} = \mathfrak{B}'\mathfrak{T}\mathfrak{B}$ ist nun $\mathfrak{A}_k'\mathfrak{T}\mathfrak{A}_l$ $(k = 1, \cdots, t;\ l = 1, \cdots, t)$ ganz, also erst recht $a_k a_l \mathfrak{T}$ ganz. Wegen $(\cdots, a_k a_l, \cdots) = (a_1, \cdots, a_t)^2 = \alpha^2$ ergibt sich, dass auch $\alpha^2\mathfrak{T}$ ganz ist.

Hilfssatz 34: *Es sei $\mathfrak{S} = \begin{pmatrix} \mathfrak{S}_1 & \mathfrak{P} \\ \mathfrak{P}' & \mathfrak{S}_2 \end{pmatrix}$ symmetrisch und $|\mathfrak{S}_1| \neq 0$. Setzt man $\begin{pmatrix} \mathfrak{E} & \mathfrak{S}_1^{-1}\mathfrak{P} \\ \mathfrak{N} & \mathfrak{E} \end{pmatrix} = \mathfrak{Q}$ und $\mathfrak{S}_2 - \mathfrak{P}'\mathfrak{S}_1^{-1}\mathfrak{P} = \mathfrak{S}_3$, so ist*

$$\mathfrak{S} = \mathfrak{Q}' \begin{pmatrix} \mathfrak{S}_1 & \mathfrak{N} \\ \mathfrak{N} & \mathfrak{S}_3 \end{pmatrix} \mathfrak{Q}. \tag{41}$$

Beweis: Es wird

$$\mathfrak{Q}' \begin{pmatrix} \mathfrak{S}_1 & \mathfrak{N} \\ \mathfrak{N} & \mathfrak{S}_3 \end{pmatrix} \mathfrak{Q} = \begin{pmatrix} \mathfrak{E} & \mathfrak{N} \\ \mathfrak{P}'\mathfrak{S}_1^{-1} & \mathfrak{E} \end{pmatrix} \begin{pmatrix} \mathfrak{S}_1 & \mathfrak{P} \\ \mathfrak{N} & \mathfrak{S}_3 \end{pmatrix}$$

$$= \begin{pmatrix} \mathfrak{S}_1 & \mathfrak{P} \\ \mathfrak{P}' & \mathfrak{S}_3 + \mathfrak{P}'\mathfrak{S}_1^{-1}\mathfrak{P} \end{pmatrix} = \begin{pmatrix} \mathfrak{S}_1 & \mathfrak{P} \\ \mathfrak{P}' & \mathfrak{S}_2 \end{pmatrix} = \mathfrak{S}.$$

HILFSSATZ 35: *Es sei* $\mathfrak{S} = \begin{pmatrix} \mathfrak{S}_1 & \mathfrak{P} \\ \mathfrak{P}' & \mathfrak{S}_2 \end{pmatrix}$ *symmetrisch vom Range* q, $\mathfrak{S}_1 = \mathfrak{S}_1^{(q)}$, $|\mathfrak{S}_1| = s \neq 0$. *Dann ist* $\{s\}$ *der Kern von* $\mathfrak{S}$.

BEWEIS: Nach Hilfssatz 34 gilt (41). Da $\mathfrak{S}_1$ und $\mathfrak{S}$ beide den Rang q besitzen, so ist $\mathfrak{S}_3 = \mathfrak{N}$. Die Behauptung folgt jetzt aus der Definition des Kernes.

Die Theorie der symmetrischen Matrizen ist gegenüber dem Specialfall des Körpers der rationalen Zahlen besonders dadurch erschwert, dass nicht in jeder Classe eine Matrix mit nicht-verschwindender Determinante zu liegen braucht. Allgemein gelten nur die folgenden beiden Hilfssätze.

HILFSSATZ 36: *In jeder Classe vom Range* q *gibt es eine symmetrische Matrix mit* $q + 1$ *Reihen.*

BEWEIS: Es sei $\mathfrak{S} = \mathfrak{S}^{(m)}$ eine Matrix der gegebenen Classe. Nach Hilfssatz 29 ist $\mathfrak{S} \doteq \mathfrak{B}'\mathfrak{T}\mathfrak{B}$ mit $\mathfrak{B} = \mathfrak{B}^{(qm)}$; dabei muss $\mathfrak{B}$ den Rang q haben. Nach Hilfssatz 22 gibt es eine zu $\mathfrak{B}'$ linksseitig äquivalente Matrix $\mathfrak{B}_1'$ mit $q + 1$ Zeilen; also ist $\mathfrak{B}_1 = \mathfrak{B}_1^{(q,\, q+1)}$, $\mathfrak{B}_1 = \mathfrak{B}\mathfrak{P}$, $\mathfrak{B} = \mathfrak{B}_1\mathfrak{Q}$ mit ganzen $\mathfrak{P}$, $\mathfrak{Q}$. Setzt man dann $\mathfrak{P}'\mathfrak{S}\mathfrak{P} = \mathfrak{S}_1$, so ist $\mathfrak{Q}'\mathfrak{S}_1\mathfrak{Q} = \mathfrak{S}$, also $\mathfrak{S}_1 \sim \mathfrak{S}$, und $\mathfrak{S}_1 = \mathfrak{S}_1^{(q+1)}$.

HILFSSATZ 37: *In einer Classe gibt es dann und nur dann eine symmetrische Matrix mit nicht-verschwindender Determinante, wenn die zugehörige Idealclasse die Hauptclasse ist.*

BEWEIS: Dass die Voraussetzung von Hilfssatz 37 für seine Richtigkeit notwendig ist, folgt in trivialer Weise aus der Erklärung der zugeordneten Idealclasse. Man hat also nur noch zu zeigen, dass jene Voraussetzung auch hinreichend ist. Es sei $\mathfrak{S}^{(m)}$ eine Matrix der gegebenen Classe vom Range q. Nach Hilfssatz 33 ist dann wieder $\mathfrak{S} = \mathfrak{B}'\mathfrak{T}\mathfrak{B}$ mit $\mathfrak{B} = \mathfrak{B}^{(qm)}$; und zwar kann man fordern, dass $\mathfrak{B}$ ganz, $\delta(\mathfrak{B}) = 1$ und $\mathfrak{T}$ ganz ist. Da $\mathfrak{E}^{(q)}$ eine Linkseinheit von $\mathfrak{B}$ ist, so gilt $\mathfrak{B}\mathfrak{B}^{-1} = \mathfrak{E}^{(q)}$, also $\mathfrak{T} = (\mathfrak{B}^{-1})'\mathfrak{S}\mathfrak{B}^{-1}$. Nach Hilfssatz 20 ist auch $\mathfrak{B}^{-1}$ ganz. Daher ist $\mathfrak{S} \sim \mathfrak{T}$ und $|\mathfrak{T}| \neq 0$.

Es ist von Wichtigkeit, dass die Reciproke einer symmetrischen Matrix auch wieder als symmetrische Matrix gewählt werden kann. Dies ergibt sich aus

HILFSSATZ 38: *Es sei* $\mathfrak{E}_{\mathfrak{S}}$ *eine Rechtseinheit von* $\mathfrak{S}$, *also* $\mathfrak{E}_{\mathfrak{S}}'$ *eine Linkseinheit. Die eindeutig bestimmte Lösung* $\mathfrak{X}$ *von* $\mathfrak{S}\mathfrak{X} = \mathfrak{E}_{\mathfrak{S}}'$, $\mathfrak{E}_{\mathfrak{S}}\mathfrak{X} = \mathfrak{X}$ *ist symmetrisch, und es gilt zugleich* $\mathfrak{X}\mathfrak{S} = \mathfrak{E}_{\mathfrak{S}}$, $\mathfrak{X}\mathfrak{E}_{\mathfrak{S}}' = \mathfrak{X}$.

BEWEIS: Dass die beiden gegebenen Gleichungen die Unbekannte $\mathfrak{X}$ eindeutig festlegen, folgt aus Hilfssatz 15. Nach Hilfssatz 14 ist dann auch $\mathfrak{X}\mathfrak{S} = \mathfrak{E}_{\mathfrak{S}}$, $\mathfrak{X}\mathfrak{E}_{\mathfrak{S}}' = \mathfrak{X}$. Daher gilt $\mathfrak{S}\mathfrak{X}' = \mathfrak{E}_{\mathfrak{S}}'$, $\mathfrak{E}_{\mathfrak{S}}\mathfrak{X}' = \mathfrak{X}'$. Weil aber $\mathfrak{X}$ eindeutig bestimmt ist, so muss $\mathfrak{X}' = \mathfrak{X}$ sein, also $\mathfrak{X}$ symmetrisch.

Während bei der Definition der Reciproken $\mathfrak{A}^{-1}$ einer beliebigen Matrix $\mathfrak{A}$ von irgend einer Rechtseinheit $\mathfrak{E}_{\mathfrak{A}}$ und irgend einer Linkseinheit $\mathfrak{E}_{\mathfrak{A}}^*$ ausgegangen werden kann, soll bei der Erklärung von $\mathfrak{S}^{-1}$ für $\mathfrak{E}_{\mathfrak{S}}^*$ stets die Transponierte $\mathfrak{E}_{\mathfrak{S}}'$ von $\mathfrak{E}_{\mathfrak{S}}$ genommen werden. Dann ist auf grund von Hilfssatz 38 auch $\mathfrak{S}^{-1}$ symmetrisch. Nach Hilfssatz 12 bekommt man alle symmetrischen Reciproken von $\mathfrak{S}$ in der Form $\mathfrak{E}_0\mathfrak{S}^{-1}\mathfrak{E}_0'$, wo $\mathfrak{E}_0$ alle Rechtseinheiten von $\mathfrak{S}$ durchläuft. Ferner ist $(\mathfrak{S}^{-1})^{-1} = \mathfrak{S}, \mathfrak{S}\mathfrak{S}^{-1}\mathfrak{S} = \mathfrak{S}, \mathfrak{S}^{-1}\mathfrak{S}\mathfrak{S}^{-1} = \mathfrak{S}^{-1}$.

Hilfssatz 39: *Die Classe von $\mathfrak{S}^{-1}$ hängt nur von der Classe von $\mathfrak{S}$ ab. Die Kerne von $\mathfrak{S}$ und $\mathfrak{S}^{-1}$ sind gleich, die zugehörigen Idealclassen zueinander reciprok.*

Beweis: Es sei $\mathfrak{T} \sim \mathfrak{S}$, also $\mathfrak{T} = \mathfrak{P}'\mathfrak{S}\mathfrak{P}$, $\mathfrak{S} = \mathfrak{Q}'\mathfrak{T}\mathfrak{Q}$ mit ganzen $\mathfrak{P}$, $\mathfrak{Q}$. Dabei kann man annehmen, dass $\mathfrak{E}_{\mathfrak{S}}\mathfrak{P}\mathfrak{E}_{\mathfrak{T}} = \mathfrak{P}$ und $\mathfrak{E}_{\mathfrak{T}}\mathfrak{Q}\mathfrak{E}_{\mathfrak{S}} = \mathfrak{Q}$ gilt. Dann wird aber $\mathfrak{P}\mathfrak{T}^{-1}\mathfrak{P}' = \mathfrak{S}^{-1}$, $\mathfrak{Q}\mathfrak{S}^{-1}\mathfrak{Q}' = \mathfrak{T}^{-1}$. Also ist $\mathfrak{T}^{-1} \sim \mathfrak{S}^{-1}$. Nach Hilfssatz 29 ist $\mathfrak{S}^{-1} = \mathfrak{B}'\mathfrak{S}_1\mathfrak{B}$ mit $|\mathfrak{S}_1| = s \neq 0$, wobei $\mathfrak{S}^{-1}$ den Rang von $\mathfrak{S}_1$ hat. Wegen $\mathfrak{S}^{-1}\mathfrak{E}_{\mathfrak{S}}' = \mathfrak{S}^{-1}$ kann man $\mathfrak{B}\mathfrak{E}_{\mathfrak{S}}' = \mathfrak{B}$ voraussetzen. Nun ist $\mathfrak{S} = \mathfrak{S}\mathfrak{S}^{-1}\mathfrak{S} = (\mathfrak{B}\mathfrak{S})'\mathfrak{S}_1(\mathfrak{B}\mathfrak{S})$. Dies beweist, dass $\mathfrak{S}$ und $\mathfrak{S}^{-1}$ beide den Kern $\{s\}$ besitzen. Die $\mathfrak{S}^{-1}$ zugeordnete Idealclasse ist die von $\delta(\mathfrak{B}) = \beta$, und die $\mathfrak{S}$ zugeordnete Idealclasse ist die von $\delta(\mathfrak{B}\mathfrak{S}) = \alpha$. Nach Hilfssatz 18 ist aber

$$1 = \delta(\mathfrak{S})\delta(\mathfrak{S}^{-1}) = s\alpha^2 \cdot s\beta^2.$$

Aus $\alpha\beta = s^{-1}$ folgt der Rest der Behauptung.

Hilfssatz 40: *Die Anzahl der Classen ganzer symmetrischer Matrizen mit festem Range und fester Discriminante ist endlich.*

Beweis: Es sei q der gegebene Rang und δ die gegebene Discriminante. Im folgenden bedeuten $g_1, g_2, \cdots, g_8$ natürliche Zahlen, die nur vom Körper, von q und von δ abhängen. Da die Anzahl der Idealclassen endlich ist, so lehrt Hilfssatz 33 für jede ganze symmetrische Matrix $\mathfrak{S}$ vom Range q die Existenz einer ganzen Matrix $\mathfrak{A}$ und einer symmetrischen ganzen Matrix $\mathfrak{T}^{(q)}$ mit $\mathfrak{A}'\mathfrak{S}\mathfrak{A} = \mathfrak{T}$, $\mathfrak{E}_{\mathfrak{S}}\mathfrak{A} = \mathfrak{A}$, $\delta(\mathfrak{A}) \mid g_1$ und $\delta^2(\mathfrak{A})\delta(\mathfrak{S}) = |\mathfrak{T}| \neq 0$. Für $\delta(\mathfrak{S}) = \delta$ ist also $|\mathfrak{T}|$ ein Teiler von g_2. Wenn es nun gelingt, noch die Existenz einer ganzen Matrix $\mathfrak{B}^{(q)}$ zu beweisen, für welche $\mathfrak{B}'\mathfrak{T}\mathfrak{B}$ eine Diagonalmatrix $\mathfrak{D}^{(q)}$ und die Determinante $|\mathfrak{B}|$ ein Teiler von g_3 ist, so folgt daraus, wie zunächst gezeigt werden soll, die Behauptung. Es ist dann $\mathfrak{D}$ ganz und $|\mathfrak{D}|$ ein Factor von $g_2g_3^2$. Da die Anzahl der Idealteiler von $g_2g_3^2$ endlich ist, so gibt es für die durch die q Diagonalelemente von $\mathfrak{D}$ definierten Hauptideale nur endlich viele Möglichkeiten. Da nach Dirichlet die Quadrate der algebraischen Einheiten eines Körpers eine Untergruppe von endlichem Index in der Gruppe dieser Einheiten selbst bilden, so entstehen alle jene $\mathfrak{D}$ aus gewissen endlich vielen $\mathfrak{D}_1, \cdots, \mathfrak{D}_t$ in der Form $\mathfrak{D} = \mathfrak{D}_k\mathfrak{D}_0^2$ $(k = 1, \cdots, t)$, wo $\mathfrak{D}_0$ eine Diagonalmatrix ist, deren Diagonalelemente sämtlich algebraische Einheiten sind. Indem man noch $\mathfrak{B}\mathfrak{D}_0^{-1}$ durch $\mathfrak{B}$ ersetzt, erkennt man, dass man für $\mathfrak{D}$ nur die t Möglichkeiten $\mathfrak{D}_1, \cdots, \mathfrak{D}_t$ zu betrachten braucht. Es sei noch $\mathfrak{A}\mathfrak{B} = \mathfrak{C}$. Zu jedem ganzen $\mathfrak{S}$ vom Range q und der Discriminante δ gibt es also ein ganzes $\mathfrak{C}$ mit $\delta(\mathfrak{C}) \mid g_4$, $\mathfrak{E}_{\mathfrak{S}}\mathfrak{C} = \mathfrak{C}$, so dass $\mathfrak{C}'\mathfrak{S}\mathfrak{C}$ einen der Werte $\mathfrak{D}_1, \cdots, \mathfrak{D}_t$ besitzt. Nach Hilfssatz 24 gehören diese Matrizen $\mathfrak{C}$ endlich vielen verschiedenen Strahlen an. Ist aber sowohl $\mathfrak{C}_1'\mathfrak{S}_1\mathfrak{C}_1 = \mathfrak{C}_2'\mathfrak{S}_2\mathfrak{C}_2$ als auch $\mathfrak{C}_1$ mit $\mathfrak{C}_2$ linksseitig äquivalent, so sind nach Hilfssatz 21 die Matrizen $\mathfrak{C}_1\mathfrak{C}_2^{-1} = \mathfrak{P}$ und $\mathfrak{C}_2\mathfrak{C}_1^{-1} = \mathfrak{Q}$ ganz, und wegen $\mathfrak{S}_2 = \mathfrak{P}'\mathfrak{S}_1\mathfrak{P}$, $\mathfrak{S}_1 = \mathfrak{Q}'\mathfrak{S}_2\mathfrak{Q}$ ist dann in der Tat $\mathfrak{S}_1 \sim \mathfrak{S}_2$.

Wie oben behauptet wurde, hat man also nur noch zu beweisen, dass für jedes ganze symmetrische $\mathfrak{T}^{(q)}$ mit ganzem $|\mathfrak{T}|^{-1}g_2$ eine ganze Matrix $\mathfrak{B}$ existiert, für welche $|\mathfrak{B}|^{-1}g_3$ ganz und $\mathfrak{B}'\mathfrak{T}\mathfrak{B}$ eine Diagonalmatrix ist. Dies ist trivial für $q = 1$. Es sei also $q > 1$ und die Aussage für $q - 1$ statt q bewiesen. Die Richtigkeit für q folgt dann, wie jetzt gezeigt werden soll, wenn man nur eine ganze Spalte $\mathfrak{b}$ angeben kann, für welche die Zahl $\mathfrak{b}'\mathfrak{T}\mathfrak{b}$ von 0 verschieden und ein Teiler von g_5 ist. Dann ist auch der grösste gemeinsame Teiler der Elemente von $\mathfrak{b}$ ein Factor von g_5. Aus Hilfssatz 3 folgt nun leicht die Existenz einer ganzen Matrix $\mathfrak{B}_1$, deren erste Spalte $\mathfrak{b}$ und deren Determinante g_5 ist. Zum Beweise der Behauptung dieses Absatzes kann man $\mathfrak{B}_1'\mathfrak{T}\mathfrak{B}_1$ wieder durch $\mathfrak{T}$ ersetzen. Dann ist also das erste Element t_1 von $\mathfrak{T}$ ein Teiler von g_5. Setzt man nun

$$\mathfrak{T} = \begin{pmatrix} t_1 & \mathfrak{p}' \\ \mathfrak{p} & \mathfrak{T}_2 \end{pmatrix}, \qquad \mathfrak{P} = \begin{pmatrix} 1 & -\mathfrak{p}' \\ \mathfrak{n} & t_1\mathfrak{E} \end{pmatrix}, \qquad \mathfrak{T}_3 = t_1^2\mathfrak{T}_2 - t_1\mathfrak{p}\mathfrak{p}',$$

so liefert Hilfssatz 34 die Formel

$$\mathfrak{P}'\mathfrak{T}\mathfrak{P} = \begin{pmatrix} t_1 & \mathfrak{n}' \\ \mathfrak{n} & \mathfrak{T}_3 \end{pmatrix} \tag{42}$$

mit $|\mathfrak{T}_3| = t_1^{2q-3}|\mathfrak{T}|$ und $|\mathfrak{P}| = t_1^{q-1}$. Da auf grund des Inductionsschlusses die Behauptung für $\mathfrak{T}_3^{(q-1)}$ richtig ist, so ergibt (42) die Richtigkeit für q.

Es bleibt noch zu zeigen, dass dem Wertevorrat der quadratischen Form $\mathfrak{x}'\mathfrak{T}\mathfrak{x}$ für ganzes $\mathfrak{x}$ eine ganze von 0 verschiedene Zahl mit beschränkter Norm angehört, unter der Voraussetzung, dass die Norm von $|\mathfrak{T}|$ beschränkt ist.

Von den h zu K conjugierten Körpern seien $K_{(1)}, \cdots, K_{(h_1)}$ reell und die Paare $K_{(h_1+l)}, K_{(h_1+h_2+l)}$ $(l = 1, \cdots, h_2; h = h_1 + 2h_2)$ conjugiert complex. Die entsprechenden Conjugierten der ganzen Matrix $\mathfrak{T}$ seien $\mathfrak{T}_{(1)}, \cdots, \mathfrak{T}_{(h)}$. Ist l eine der Zahlen $1, \cdots, h_1$, so geht die quadratische Form $\mathfrak{x}'\mathfrak{T}_{(l)}\mathfrak{x}$ durch eine reelle lineare Transformation $\mathfrak{y} = \mathfrak{C}_{(l)}\mathfrak{x}$ in eine Summe der Gestalt

$$y_1^2 + \cdots + y_a^2 - (y_{a+1}^2 + \cdots + y_q^2)$$

über. Ist aber l eine der Zahlen $h_1 + 1, \cdots, h$, so geht $\mathfrak{x}'\mathfrak{T}_{(l)}\mathfrak{x}$ durch eine complexe lineare Transformation $\mathfrak{y} = \mathfrak{C}_{(l)}\mathfrak{x}$ in $y_1^2 + \cdots + y_q^2$ über; dabei kann man offenbar $\mathfrak{C}_{(l+h_2)} = \mathfrak{C}_{(l)}$ $(l = h_1 + 1, \cdots, h_1 + h_2)$ wählen. Es sei $b_1, \cdots, b_h$ eine Basis von K mit den Conjugierten $b_{1(l)}, \cdots, b_{h(l)}$ $(l = 1, \cdots, h)$. Mit h variabeln reellen Spalten $\mathfrak{x}_1, \cdots, \mathfrak{x}_h$ von je q Elementen setze man

$$\mathfrak{x}_{(l)} = b_{1(l)}\mathfrak{x}_1 + \cdots + b_{h(l)}\mathfrak{x}_h$$

und bilde die positive quadratische Form

$$H = \sum_{l=1}^{h} \bar{\mathfrak{x}}_{(l)}'\bar{\mathfrak{C}}_{(l)}'\mathfrak{C}_{(l)}\mathfrak{x}_{(l)},$$

die von hq Variabeln abhängt. Nun ist $|\mathfrak{C}_{(l)}|^2 = \pm|\mathfrak{T}_{(l)}|$. Bedeutet ferner d den absoluten Betrag der Körperdiscriminante von K, so hat die Determinante $|b_{k(l)}|$ den absoluten Betrag $d^{\frac{1}{2}}$. Ist daher b der absolute Betrag der Norm von $|\mathfrak{T}|$, so hat H die Determinante bd^h, und dies ist eine beschränkte Zahl.

Ist nun Q eine positive quadratische Form von p Variabeln mit reellen Coefficienten und der Determinante D, so kann man nach einem zuerst von Hermite bewiesenen Satze für die Variabeln solche ganzen rationalen Werte finden, dass mit diesen $0 < Q \leqq (4/3)^{\frac{1}{2}(p-1)} D^{1/p}$ ist; ein Beweis hierfür ergibt sich leicht aus dem Hilfssatz 2 des zweiten Teiles dieser Abhandlung. Daher existiert eine von der Nullspalte verschiedene ganze Spalte $\mathfrak{b}$ in K, so dass die mit den Conjugierten $\mathfrak{x}_{(l)}$ von $\mathfrak{x} = \mathfrak{b}$ gebildete Grösse H kleiner als g_6 ist. Nun ist aber der absolute Betrag

$$|\mathfrak{b}'_{(l)}\mathfrak{T}_{(l)}\mathfrak{b}_{(l)}| \leqq \bar{\mathfrak{b}}'_{(l)}\bar{\mathfrak{C}}'_{(l)}\mathfrak{C}_{(l)}\mathfrak{b}_{(l)},$$

und folglich ist sicherlich die Norm von $\mathfrak{b}'\mathfrak{T}\mathfrak{b}$ absolut kleiner als g_6^h. Im Falle $\mathfrak{b}'\mathfrak{T}\mathfrak{b} \neq 0$ ist damit der Beweis beendet.

Ist aber $\mathfrak{b}'\mathfrak{T}\mathfrak{b} = 0$, so wähle man wieder eine ganze Matrix $\mathfrak{B}$ mit ganzem $|\mathfrak{B}^{-1}|\, g_7$, deren erste Spalte $\mathfrak{b}$ ist, und bilde $\mathfrak{B}'\mathfrak{T}\mathfrak{B} = \mathfrak{T}_1$. Die Elemente der ersten Zeile von $\mathfrak{T}_1$ seien $t_1 = 0, t_2, \cdots, t_q$. Es ist $(t_2, \cdots, t_q)$ ein Teiler von $|\mathfrak{T}_1| = |\mathfrak{B}|^2\,|\mathfrak{T}|$. Daher existiert eine ganze Matrix $\mathfrak{C}$ mit der ersten Spalte $(t_2 \cdots t_q)'$, so dass $|\mathfrak{C}|^{-1} g_8$ ganz ist. Vermöge der Substitution

$$x_1 = y_1,\ \mathfrak{C}(x_2 \cdots x_q)' = g_8(y_2 \cdots y_q)'$$

wird dann

$$\mathfrak{x}_1'\mathfrak{T}_1\mathfrak{x} = y_2(2g_8y_1 + c_2y_2 + \cdots + c_qy_q) + R,$$

wo die quadratische Form R nur von $y_3, \cdots, y_q$ abhängt und $c_2, \cdots, c_q$ ganze Zahlen bedeuten. Die Determinante von R hat den Wert $-g_8^{2q-4}\,|\mathfrak{C}|^{-2}\,|\mathfrak{T}_1|$, ist also wieder von beschränkter Norm. Ist nun $q = 2$, so tritt R gar nicht auf. Man setze dann $y_2 = 1$ und wähle das ganze y_1 derart, dass die Zahl $2g_8y_1 + c_2$ von 0 verschieden und nebst ihren Conjugierten beschränkt ist. Ist aber $q > 2$, so setze man $y_2 = 0$ und wende vollständige Induction an. In beiden Fällen erkennt man die Existenz eines ganzen $\mathfrak{x}$, so dass $\mathfrak{x}'\mathfrak{T}_1\mathfrak{x} = (\mathfrak{B}\mathfrak{x})'\mathfrak{T}(\mathfrak{B}\mathfrak{x}) \neq 0$ und von beschränkter Norm ist. Hierdurch ist auch für den Fall $\mathfrak{b}'\mathfrak{T}\mathfrak{b} = 0$ der Beweis beendet.

Die für den Ring der ganzen Zahlen von K ausgesprochene Definition von Darstellbarkeit und Äquivalenz symmetrischer Matrizen lässt sich auf den Restclassenring nach einem Idealmodul übertragen. Sind $\mathfrak{S}$ und $\mathfrak{T}$ zwei ganze Matrizen, so heisst $\mathfrak{T}$ *durch* $\mathfrak{S}$ *modulo* κ darstellbar, wenn die Congruenz $\mathfrak{X}'\mathfrak{S}\mathfrak{X} \equiv \mathfrak{T} \pmod{\kappa}$ eine ganze Lösung $\mathfrak{X}$ hat. Ist auch $\mathfrak{S}$ durch $\mathfrak{T}$ modulo κ darstellbar, so heissen $\mathfrak{S}$ und $\mathfrak{T}$ *äquivalent modulo* κ. Alle mit $\mathfrak{S}$ modulo κ äquivalenten Matrizen gleichen Ranges bilden eine *Classe modulo* κ.

Hilfssatz 41: *In jeder Classe ganzer symmetrischer Matrizen vom Range q gibt es eine Matrix $\mathfrak{S}$ mit*

$$\mathfrak{S} \equiv \begin{pmatrix} \mathfrak{T}^{(q)} & \mathfrak{N} \\ \mathfrak{N} & \mathfrak{N} \end{pmatrix} \pmod{\kappa} \tag{43}$$

und

$$\mathfrak{E}_{\mathfrak{S}} \equiv \begin{pmatrix} \mathfrak{E}^{(q)} & \mathfrak{N} \\ \mathfrak{N} & \mathfrak{N} \end{pmatrix} \pmod{\kappa}. \tag{44}$$

Beweis: Es sei $\mathfrak{S}_1^{(m)}$ eine Matrix der gegebenen Classe und δ ihre Discriminante. Man wähle eine ganze Matrix $\mathfrak{C}^{(m,m-q)}$ vom Range $m-q$, so dass $\mathfrak{S}_1\mathfrak{C} = \mathfrak{N}$ ist, und setze $\delta(\mathfrak{C}) = \gamma$, $\kappa\gamma\delta = \kappa_1$. Nach Hilfssatz 5 gibt es eine Diagonalmatrix $\mathfrak{D}^{(m-q)}$ und zwei unimodulare Matrizen $\mathfrak{U}_1, \mathfrak{U}_2$ mit

$$\mathfrak{U}_1^{-1}\mathfrak{C}\mathfrak{U}_2 \equiv \begin{pmatrix} \mathfrak{N} \\ \mathfrak{D} \end{pmatrix} \pmod{\kappa_1}.$$

Für $|\mathfrak{D}| = d$ gilt dann $(d, \kappa_1) = (\gamma, \kappa_1) = \gamma$. Nun ist die Matrix

$$\mathfrak{S}_2 = \mathfrak{U}_1'\mathfrak{S}_1\mathfrak{U}_1 \sim \mathfrak{S}_1 \text{ und } \mathfrak{S}_2\mathfrak{U}_1^{-1}\mathfrak{C}\mathfrak{U}_2 = \mathfrak{N}.$$

Setzt man noch

$$\mathfrak{S}_2 = \begin{pmatrix} \mathfrak{T}^{(q)} & \mathfrak{P} \\ \mathfrak{P}' & \mathfrak{S}_3 \end{pmatrix},$$

so wird also

$$\begin{pmatrix} \mathfrak{T}^{(q)} & \mathfrak{P} \\ \mathfrak{P}' & \mathfrak{S}_3 \end{pmatrix}\begin{pmatrix} \mathfrak{N} \\ \mathfrak{D} \end{pmatrix} \equiv \mathfrak{N} \pmod{\kappa_1}$$

$$\mathfrak{P}\mathfrak{D} \equiv \mathfrak{N}, \qquad \mathfrak{S}_3\mathfrak{D} \equiv \mathfrak{N} \pmod{\kappa_1}$$

$$\mathfrak{P} \equiv \mathfrak{N}, \qquad \mathfrak{S}_3 \equiv \mathfrak{N} \pmod{\kappa\delta}$$

$$\mathfrak{S}_2 \equiv \begin{pmatrix} \mathfrak{T} & \mathfrak{N} \\ \mathfrak{N} & \mathfrak{N} \end{pmatrix} \pmod{\kappa\delta}.$$

Bedeutet nun

$$\mathfrak{E}_{\mathfrak{S}_2} = \begin{pmatrix} \mathfrak{A}_1 & \mathfrak{A}_2 \\ \mathfrak{A}_3 & \mathfrak{A}_4 \end{pmatrix}$$

eine Rechtseinheit von $\mathfrak{S}_2$, so gilt

$$\begin{pmatrix} \mathfrak{T} & \mathfrak{N} \\ \mathfrak{N} & \mathfrak{N} \end{pmatrix}\begin{pmatrix} \mathfrak{A}_1 & \mathfrak{A}_2 \\ \mathfrak{A}_3 & \mathfrak{A}_4 \end{pmatrix} \equiv \begin{pmatrix} \mathfrak{T} & \mathfrak{N} \\ \mathfrak{N} & \mathfrak{N} \end{pmatrix} \pmod{\kappa\delta},$$

$$\mathfrak{T}\mathfrak{A}_1 \equiv \mathfrak{T}, \qquad \mathfrak{T}\mathfrak{A}_2 \equiv \mathfrak{N} \pmod{\kappa\delta}. \tag{45}$$

Wegen $\delta(\mathfrak{S}_2) = \delta(\mathfrak{S}_1) = \delta$ besteht für $|\mathfrak{T}| = t$ die Beziehung $(t, \kappa\delta) = \delta$, und aus (45) folgt somit

$$\mathfrak{A}_1 \equiv \mathfrak{E}, \qquad \mathfrak{A}_2 \equiv \mathfrak{N} \pmod{\kappa}.$$

Da $\mathfrak{E}_{\mathfrak{S}_2}$ den Rang q hat, so ist dann auch $\mathfrak{A}_4 \equiv \mathfrak{N} \pmod{\kappa}$. Wird nun

$$\mathfrak{K} = \begin{pmatrix} \mathfrak{E} & \mathfrak{N} \\ \mathfrak{A}_3 & \mathfrak{E} \end{pmatrix}, \qquad \mathfrak{S} = \mathfrak{K}'\mathfrak{S}_2\mathfrak{K}$$

gesetzt, so ist

$$\mathfrak{S} \sim \mathfrak{S}_2 \sim \mathfrak{S}_1,$$

$$\mathfrak{S} \equiv \begin{pmatrix} \mathfrak{E} & \mathfrak{A}_3' \\ \mathfrak{N} & \mathfrak{E} \end{pmatrix} \begin{pmatrix} \mathfrak{T} & \mathfrak{N} \\ \mathfrak{N} & \mathfrak{N} \end{pmatrix} \begin{pmatrix} \mathfrak{E} & \mathfrak{N} \\ \mathfrak{A}_3 & \mathfrak{E} \end{pmatrix} \equiv \begin{pmatrix} \mathfrak{T} & \mathfrak{N} \\ \mathfrak{N} & \mathfrak{N} \end{pmatrix} \pmod{\kappa},$$

$$\mathfrak{E}_{\mathfrak{S}} = \mathfrak{K}^{-1}\mathfrak{E}_{\mathfrak{S}_2}\mathfrak{K} \equiv \begin{pmatrix} \mathfrak{E} & \mathfrak{N} \\ -\mathfrak{A}_3 & \mathfrak{E} \end{pmatrix} \begin{pmatrix} \mathfrak{E} & \mathfrak{N} \\ \mathfrak{A}_3 & \mathfrak{N} \end{pmatrix} \begin{pmatrix} \mathfrak{E} & \mathfrak{N} \\ \mathfrak{A}_3 & \mathfrak{E} \end{pmatrix} \equiv \begin{pmatrix} \mathfrak{E} & \mathfrak{N} \\ \mathfrak{N} & \mathfrak{N} \end{pmatrix} \pmod{\kappa},$$

also (43) und (44) erfüllt.

Aus Hilfssatz 41 folgt speciell, dass in jeder Classe modulo κ auch symmetrische Matrizen mit nicht-verschwindender Determinante liegen.

Hilfssatz 42: *Es sei $\mathfrak{S}$ ganz, $\delta(\mathfrak{S}) = \delta$, $(\delta, \kappa) = 1$. Dann kann der Kern von $\mathfrak{S}$ in der Form $\{s\}$ mit $(s, \kappa) = 1$ geschrieben werden.*

Beweis: Es sei q der Rang von $\mathfrak{S}$. Nach Hilfssatz 41 gibt es in der Classe von $\mathfrak{S}$ eine Matrix $\mathfrak{S}_1$ mit

$$\mathfrak{S}_1 \equiv \begin{pmatrix} \mathfrak{T}^{(q)} & \mathfrak{N} \\ \mathfrak{N} & \mathfrak{N} \end{pmatrix} \pmod{\kappa}.$$

Dabei kann $|\mathfrak{T}| = s \neq 0$ vorausgesetzt werden. Es ist $\delta(\mathfrak{S}_1) = \delta$ und folglich $(s, \kappa) = (\delta, \kappa) = 1$. Nach Hilfssatz 35 ist aber $\{s\}$ der Kern von $\mathfrak{S}_1$ und nach Hilfssatz 32 zugleich der Kern von $\mathfrak{S}$.

Hilfssatz 43: *Es sei κ eine zu 2 teilerfremde Primidealpotenz. In jeder Classe ganzer symmetrischer Matrizen vom Range q gibt es eine Matrix $\mathfrak{S}$ mit*

$$\mathfrak{S} \equiv \begin{pmatrix} \mathfrak{D}^{(q)} & \mathfrak{N} \\ \mathfrak{N} & \mathfrak{N} \end{pmatrix} \pmod{\kappa},$$

wo $\mathfrak{D}$ eine Diagonalmatrix bedeutet.

Beweis: Auf grund von Hilfssatz 41 genügt es zu beweisen, dass für die in (43) mit $\mathfrak{T}$ bezeichnete ganze Matrix bei geeignetem unimodularen $\mathfrak{U}$ die Congruenz $\mathfrak{U}'\mathfrak{T}\mathfrak{U} \equiv \mathfrak{D} \pmod{\kappa}$ gilt. Für $q = 1$ ist dies trivial. Es sei $q > 1$ und die Behauptung für $q - 1$ statt q bereits bewiesen. Es sei $\kappa = \rho^a$ $(a \geqq 1)$ Potenz des Primideals ρ und ρ^b $(b \geqq 0)$ die höchste in allen Elementen von $\mathfrak{T}$ aufgehende Potenz von ρ. Vertauscht man in $\mathfrak{T}$ zwei Zeilen miteinander und dann auch die entsprechenden Spalten, so erhält man eine mit $\mathfrak{T}$ äquivalente Matrix. Gibt es also überhaupt ein Diagonalelement von $\mathfrak{T}$, das ρ genau zur b^{ten} Potenz enthält, so gibt es eine mit $\mathfrak{T}$ äquivalente Matrix, deren erstes Diagonalelement jene Eigenschaft hat. Addiert man ferner die l^{te} Zeile zur k^{ten} $(l \neq k)$ und darauf die l^{te} Spalte zur k^{ten}, so erhält man ebenfalls eine zu $\mathfrak{T}$ äquivalente Matrix. Wären nun alle Diagonalelemente von $\mathfrak{T}$ durch ρ^{b+1} teilbar, so gibt es ausserhalb der Diagonale ein Element t_{kl}, das genau durch ρ^b teilbar ist. Durch die eben erwähnte Addition wird aber das neue k^{te} Diagonalelement $\equiv 2t_{kl} \pmod{\rho^{b+1}}$, also wegen $(\rho, 2) = 1$ genau durch ρ^b teilbar. Man kann daher weiterhin voraussetzen, dass das erste Diagonalelement von $\mathfrak{T}$ das Primideal ρ genau zur b^{ten} Potenz enthält.

Ist nun

$$\mathfrak{T} = \begin{pmatrix} t & \mathfrak{t}' \\ \mathfrak{t} & \mathfrak{T}_1 \end{pmatrix}$$

mit $(t, \rho^{b+1}) = \rho^b$ und $\mathfrak{t} \equiv \mathfrak{n} \pmod{\rho^b}$, so wähle man eine Zahl c des Ideals ρ^{-b} mit $tc \equiv 1 \pmod{\kappa}$ und setze $\mathfrak{a} = c\mathfrak{t}$,

$$\mathfrak{Q} = \begin{pmatrix} 1 & \mathfrak{a}' \\ \mathfrak{n} & \mathfrak{E} \end{pmatrix}.$$

Da $\mathfrak{a}$ ganz ist, so ist $\mathfrak{Q}$ unimodular. Setzt man noch $\mathfrak{T}_2 = \mathfrak{T}_1 - t\mathfrak{a}\mathfrak{a}'$, so liefert Hilfssatz 34 die Congruenz

$$\mathfrak{T} \equiv \mathfrak{Q}' \begin{pmatrix} t & \mathfrak{n}' \\ \mathfrak{n} & \mathfrak{T}_2 \end{pmatrix} \mathfrak{Q} \pmod{\kappa}.$$

Da für $\mathfrak{T}_2$ statt $\mathfrak{T}$ die Behauptung richtig ist, so ist alles bewiesen.

5. Einheiten

Es sei $\mathfrak{S}$ symmetrisch. Eine ganze Matrix $\mathfrak{A}$ heisst *Einheit von* $\mathfrak{S}$, wenn $\mathfrak{A}'\mathfrak{S}\mathfrak{A} = \mathfrak{S}$ ist. Damit im folgenden keine Verwechslung entsteht mit den Grössen, die sonst in der Zahlentheorie Einheiten genannt werden, nämlich mit den ganzen Zahlen, deren Reciproke ebenfalls ganz sind, so sollen diese *algebraische Einheiten* heissen. Specielle Einheiten von $\mathfrak{S}$ werden durch die Rechtseinheiten $\mathfrak{E}_{\mathfrak{S}}$ geliefert, die also bereits der Gleichung $\mathfrak{S}\mathfrak{E}_{\mathfrak{S}} = \mathfrak{S}$ genügen. Mit $\mathfrak{A}$ und $\mathfrak{B}$ ist auch $\mathfrak{A}\mathfrak{B}$ eine Einheit von $\mathfrak{S}$. Bedeutet $\mathfrak{E}_{\mathfrak{S}}$ eine feste Rechtseinheit von $\mathfrak{S}$, so soll eine beliebige Einheit $\mathfrak{A}$ von $\mathfrak{S}$ *reduciert* heissen, wenn $\mathfrak{E}_{\mathfrak{S}}\mathfrak{A}\mathfrak{E}_{\mathfrak{S}} = \mathfrak{A}$ ist. Diese Definition ist offenbar von der Wahl von $\mathfrak{E}_{\mathfrak{S}}$ abhängig. Nur im Falle $|\mathfrak{S}| \neq 0$ ist $\mathfrak{E}_{\mathfrak{S}} = \mathfrak{E}$, also jede Einheit reduciert.

Hilfssatz 44: *Die reducierten Einheiten von $\mathfrak{S}$ bilden eine Gruppe mit $\mathfrak{E}_{\mathfrak{S}}$ als Einheitselement. Bedeutet $\mathfrak{E}_0$ eine beliebige Rechtseinheit von $\mathfrak{S}$, so erhält man alle Elemente der zu $\mathfrak{E}_0$ gehörigen reducierten Einheitengruppe in der Form $\mathfrak{E}_0\mathfrak{A}\mathfrak{E}_0$, wobei $\mathfrak{A}$ alle Elemente der ersteren Gruppe durchläuft.*

Beweis: Es sei $\mathfrak{E}_{\mathfrak{S}}\mathfrak{A}\mathfrak{E}_{\mathfrak{S}} = \mathfrak{A}$, $\mathfrak{E}_{\mathfrak{S}}\mathfrak{B}\mathfrak{E}_{\mathfrak{S}} = \mathfrak{B}$, also $\mathfrak{E}_{\mathfrak{S}}\mathfrak{A} = \mathfrak{A}$, $\mathfrak{B}\mathfrak{E}_{\mathfrak{S}} = \mathfrak{B}$. Hieraus folgt $\mathfrak{E}_{\mathfrak{S}}\mathfrak{A}\mathfrak{B}\mathfrak{E}_{\mathfrak{S}} = \mathfrak{A}\mathfrak{B}$. Wegen $\mathfrak{A}'\mathfrak{S}\mathfrak{A} = \mathfrak{S}$ und $\mathfrak{E}_{\mathfrak{S}}\mathfrak{A} = \mathfrak{A}$ hat $\mathfrak{A}$ denselben Rang wie $\mathfrak{S}$ und $\mathfrak{E}_{\mathfrak{S}}$ ist eine Linkseinheit von $\mathfrak{A}$. Nach Hilfssatz 16 folgt $\delta(\mathfrak{S}) = \delta(\mathfrak{A}'\mathfrak{S}\mathfrak{A}) = \delta^2(\mathfrak{A})\delta(\mathfrak{S})$, $\delta(\mathfrak{A}) = 1$. Also ist $\mathfrak{A}$ primitiv. Ferner ist $\mathfrak{E}_{\mathfrak{S}}$ auch eine Rechtseinheit von $\mathfrak{A}$. Bedeutet nun $\mathfrak{A}^{-1}$ die Reciproke von $\mathfrak{A}$ mit $\mathfrak{A}\mathfrak{A}^{-1} = \mathfrak{E}_{\mathfrak{S}}$, $\mathfrak{E}_{\mathfrak{S}}\mathfrak{A}^{-1} = \mathfrak{A}^{-1}$, so ist $\mathfrak{A}^{-1}$ ganz nach Hilfssatz 20, und nach Hilfssatz 14 gilt zugleich $\mathfrak{A}^{-1}\mathfrak{A} = \mathfrak{E}_{\mathfrak{S}}$, $\mathfrak{A}^{-1}\mathfrak{E}_{\mathfrak{S}} = \mathfrak{A}^{-1}$. Aus $\mathfrak{A}'\mathfrak{S}\mathfrak{A} = \mathfrak{S}$ folgt nun $\mathfrak{S} = (\mathfrak{A}^{-1})'\mathfrak{S}\mathfrak{A}^{-1}$, so dass $\mathfrak{A}^{-1}$ ebenfalls eine reducierte Einheit ist. Für irgend zwei reducierte Einheiten $\mathfrak{A}$ und $\mathfrak{B}$ folgt mittels Hilfssatz 15, dass $\mathfrak{X} = \mathfrak{A}^{-1}\mathfrak{B}$ und $\mathfrak{Y} = \mathfrak{B}\mathfrak{A}^{-1}$ die eindeutig bestimmten Lösungen von $\mathfrak{A}\mathfrak{X} = \mathfrak{B}$ und $\mathfrak{Y}\mathfrak{A} = \mathfrak{B}$ durch reducierte Einheiten sind. Damit ist die Gruppeneigenschaft bewiesen. Ferner folgt aus der Gleichung $\mathfrak{E}_{\mathfrak{S}}\mathfrak{E}_{\mathfrak{S}} = \mathfrak{E}_{\mathfrak{S}}$, dass $\mathfrak{E}_{\mathfrak{S}}$ das Einheitselement der Gruppe ist.

Setzt man $\mathfrak{A}_1 = \mathfrak{E}_0\mathfrak{A}\mathfrak{E}_0$, $\mathfrak{B}_1 = \mathfrak{E}_0\mathfrak{B}\mathfrak{E}_0$, so sind $\mathfrak{A}_1$, $\mathfrak{B}_1$ reducierte Einheiten von $\mathfrak{S}$

in bezug auf die Rechtseinheit $\mathfrak{E}_0$. Nach Hilfssatz ·11 ist dann $\mathfrak{A}_1\mathfrak{B}_1 = \mathfrak{E}_0\mathfrak{A}\mathfrak{B}\mathfrak{E}_0$ und $\mathfrak{A} = \mathfrak{E}_\mathfrak{S}\mathfrak{A}_1\mathfrak{E}_\mathfrak{S}$. Hieraus folgt die Isomorphie der beiden zu $\mathfrak{E}_\mathfrak{S}$ und $\mathfrak{E}_0$ gehörigen Gruppen und der zweite Teil der Behauptung.

Unter der *Einheitengruppe* von $\mathfrak{S}$ soll fortan die von den reducierten Einheiten gebildete Gruppe verstanden werden.

Hilfssatz 45: *Die Einheitengruppen äquivalenter symmetrischer Matrizen sind isomorph.*

Beweis: Es sei $\mathfrak{S} \sim \mathfrak{T}$, also $\delta(\mathfrak{S}) = \delta(\mathfrak{T})$. Bedeutet $\mathfrak{X}$ eine ganze Lösung von $\mathfrak{X}'\mathfrak{S}\mathfrak{X} = \mathfrak{T}$, so setze man $\mathfrak{E}_\mathfrak{S}\mathfrak{X}\mathfrak{E}_\mathfrak{T} = \mathfrak{P}$. Dann ist auch $\mathfrak{P}'\mathfrak{S}\mathfrak{P} = \mathfrak{T}$; und nach Hilfssatz 16 folgt, dass $\mathfrak{P}$ primitiv ist. Nach Hilfssatz 20 ist $\mathfrak{P}^{-1}$ ganz. Ausserdem gilt $\mathfrak{P}\mathfrak{P}^{-1} = \mathfrak{E}_\mathfrak{S}$, $\mathfrak{P}^{-1}\mathfrak{P} = \mathfrak{E}_\mathfrak{T}$. Ist nun $\mathfrak{A}$ eine reducierte Einheit von $\mathfrak{S}$ mit $\mathfrak{E}_\mathfrak{S}\mathfrak{A}\mathfrak{E}_\mathfrak{S} = \mathfrak{A}$, so ist wegen $\mathfrak{S} = (\mathfrak{P}^{-1})'\mathfrak{T}\mathfrak{P}^{-1}$ auch $\mathfrak{B} = \mathfrak{P}^{-1}\mathfrak{A}\mathfrak{P}$ eine reducierte Einheit von $\mathfrak{T}$ mit $\mathfrak{E}_\mathfrak{T}\mathfrak{B}\mathfrak{E}_\mathfrak{T} = \mathfrak{B}$. Umgekehrt ist auch wieder $\mathfrak{A} = \mathfrak{P}\mathfrak{B}\mathfrak{P}^{-1}$.

Im Falle eines reellen Körpers K heisst $\mathfrak{S}$ *positiv*, wenn für alle reellen $\mathfrak{x}$ stets $\mathfrak{x}'\mathfrak{S}\mathfrak{x} \geqq 0$ ist. Ist der Körper total-reell, so heisst $\mathfrak{S}$ *total-positiv*, wenn alle Conjugierten von $\mathfrak{S}$ positiv sind.

Hilfssatz 46: *Für total-positives $\mathfrak{S}$ ist die Einheitengruppe endlich.*

Beweis: Zunächst wird gezeigt, dass das Minimum c von $\mathfrak{x}'\mathfrak{S}\mathfrak{x}$ für reelles $\mathfrak{x}$ unter den Nebenbedingungen $\mathfrak{x}'\mathfrak{x} = 1$ und $\mathfrak{E}_\mathfrak{S}\mathfrak{x} = \mathfrak{x}$ positiv ist. Es sei q der Rang von $\mathfrak{S}$. Nach den Hilfssätzen 29 und 30 gibt es eine umkehrbare Substitution $\mathfrak{x} = \mathfrak{C}\mathfrak{y}$ mit

$$\mathfrak{C}'\mathfrak{S}\mathfrak{C} = \begin{pmatrix} \mathfrak{T}^{(q)} & \mathfrak{N} \\ \mathfrak{N} & \mathfrak{N} \end{pmatrix}, \qquad \mathfrak{C}^{-1}\,\mathfrak{E}_\mathfrak{S}\mathfrak{C} = \begin{pmatrix} \mathfrak{E}^{(q)} & \mathfrak{N} \\ \mathfrak{N} & \mathfrak{N} \end{pmatrix}.$$

Die Bedingung $\mathfrak{E}_\mathfrak{S}\mathfrak{x} = \mathfrak{x}$ besagt, dass nur die ersten q Elemente von $\mathfrak{y}$ ungleich 0 sein können. Bilden diese die Spalte $\mathfrak{z}$, so folgte aus $c = 0$, dass auch $\mathfrak{z}'\mathfrak{T}\mathfrak{z} = 0$ ist. Da $\mathfrak{T}$ positiv und $|\,\mathfrak{T}\,| \neq 0$ ist, so wird $\mathfrak{z} = \mathfrak{n}$, im Widerspruch zu $\mathfrak{x}'\mathfrak{x} = 1$.

Aus der Definition von c folgt für beliebige reelle $\mathfrak{x}$ mit $\mathfrak{E}_\mathfrak{S}\mathfrak{x} = \mathfrak{x}$ die Ungleichung

$$\mathfrak{x}'\mathfrak{S}\mathfrak{x} \geqq c\mathfrak{x}'\mathfrak{x}. \tag{46}$$

Ist nun $\mathfrak{C}$ eine reducierte Einheit von $\mathfrak{S}$, also $\mathfrak{C}'\mathfrak{S}\mathfrak{C} = \mathfrak{S}$, $\mathfrak{E}_\mathfrak{S}\mathfrak{C} = \mathfrak{C}$, so liefert (46) für die Spuren $\sigma(\mathfrak{S})$ und $\sigma(\mathfrak{C}'\mathfrak{C})$ von $\mathfrak{S}$ und $\mathfrak{C}'\mathfrak{C}$ die Relation

$$\sigma(\mathfrak{S}) \geqq c\sigma(\mathfrak{C}'\mathfrak{C}).$$

Folglich sind alle Elemente von $\mathfrak{C}$ beschränkt. Da $\mathfrak{S}$ total-positiv ist, so gilt dies für alle Conjugierten von $\mathfrak{C}$. Da ausserdem $\mathfrak{C}$ ganz ist, so ergeben sich nur endlich viele Möglichkeiten für $\mathfrak{C}$.

Für total-positives $\mathfrak{S}$ werde die Ordnung der Einheitengruppe mit $E(\mathfrak{S})$ bezeichnet. Nach Hilfssatz 45 hängt diese Zahl nur von der Classe von $\mathfrak{S}$ ab.

Eine ganze Matrix $\mathfrak{A}$ heisst *Einheit von $\mathfrak{S}$ modulo κ*, wenn $\mathfrak{A}'\mathfrak{S}\mathfrak{A} \equiv \mathfrak{S} \pmod{\kappa}$ ist, und *reducierte Einheit modulo κ*, wenn ausserdem $\mathfrak{E}_\mathfrak{S}\mathfrak{A}\mathfrak{E}_\mathfrak{S} = \mathfrak{A}$ ist.

Hilfssatz 47: *Es sei $\delta(\mathfrak{S}) = \delta$ und δ^2 ein echter Teiler von κ. Die reducierten Einheiten von $\mathfrak{S}$ modulo κ bilden eine Gruppe.*

Beweis: Wegen $\mathfrak{E}_{\mathfrak{S}}\mathfrak{A} = \mathfrak{A}$ hat $\mathfrak{A}$ höchstens den Rang von $\mathfrak{S}$. Aus der Congruenz $\mathfrak{A}'\mathfrak{S}\mathfrak{A} \equiv \mathfrak{S} \pmod{\kappa}$ folgt dann, da δ ein echter Teiler von κ ist, dass $\mathfrak{A}$ genau den Rang von $\mathfrak{S}$ hat. Also ist $\mathfrak{E}_{\mathfrak{S}}$ Linkseinheit von $\mathfrak{A}$. Setzt man $\delta(\mathfrak{A}) = \alpha$, so ist $\delta(\mathfrak{A}'\mathfrak{S}\mathfrak{A}) = \alpha^2\delta$ und daher $(\alpha^2\delta, \kappa) = (\delta, \kappa) = \delta$, $(\alpha^2, \kappa\delta^{-1}) = 1$, $(\alpha, \kappa) = 1$. Ferner ist $\alpha\mathfrak{A}^{-1}$ nach Hilfssatz 19 ganz. Wegen $(1, \kappa\alpha^{-1}) = \alpha^{-1}$ gibt es dann eine ganze Matrix $\mathfrak{B} \equiv \mathfrak{A}^{-1} \pmod{\kappa\alpha^{-1}}$. Wegen $\mathfrak{E}_{\mathfrak{S}}\mathfrak{A}^{-1}\mathfrak{E}_{\mathfrak{S}} = \mathfrak{A}^{-1}$ kann man auch $\mathfrak{E}_{\mathfrak{S}}\mathfrak{B}\mathfrak{E}_{\mathfrak{S}} = \mathfrak{B}$ voraussetzen. Ferner ist $\mathfrak{B}'\mathfrak{S}\mathfrak{B} \equiv \mathfrak{S} \pmod{\kappa\alpha^{-2}}$, also auch $\mathfrak{B}'\mathfrak{S}\mathfrak{B} \equiv \mathfrak{S} \pmod{\kappa}$, $\mathfrak{E}_{\mathfrak{S}} = \mathfrak{A}\mathfrak{A}^{-1} \equiv \mathfrak{A}\mathfrak{B} \pmod{\kappa}$, $\mathfrak{E}_{\mathfrak{S}} = \mathfrak{A}^{-1}\mathfrak{A} \equiv \mathfrak{B}\mathfrak{A} \pmod{\kappa}$. Hieraus folgt die Behauptung.

Die von den reducierten Einheiten modulo κ gebildete Gruppe heisst *Einheitengruppe von $\mathfrak{S}$ modulo κ*. Ihre Ordnung wird mit $E_\kappa(\mathfrak{S})$ bezeichnet. Analog wie bei Hilfssatz 44 und 45 erkennt man, dass $E_\kappa(\mathfrak{S})$ nur von der Classe von $\mathfrak{S}$ modulo κ abhängt.

Hilfssatz 48: *Es seien $\kappa_1, \cdots, \kappa_t$ Potenzen verschiedener Primideale, $\kappa = \kappa_1 \cdots \kappa_t$ und $e_1, \cdots, e_t$ eine beliebige Folge von Zahlen ± 1. Zu jeder ganzen symmetrischen Matrix $\mathfrak{S}$ mit $|\mathfrak{S}| \neq 0$ gibt es eine Einheit $\mathfrak{A}$ modulo κ, so dass für $l = 1, \cdots, t$ die Congruenzen $|\mathfrak{A}| \equiv e_l \pmod{\kappa_l}$ gelten.*

Beweis: Da der Restclassenring modulo κ die directe Summe der Restclassenringe nach den einzelnen Moduln $\kappa_1, \cdots, \kappa_t$ ist, so genügt es, die Existenz einer Einheit $\mathfrak{A}$ von $\mathfrak{S}$ modulo κ mit $|\mathfrak{A}| \equiv -1 \pmod{\kappa}$ für den Fall zu beweisen, dass κ Primidealpotenz ist. Ist $\mathfrak{S}^{(m)}$ Diagonalmatrix, so ist die Behauptung trivial, da dann die Diagonalmatrix mit den Diagonalelementen

$$-1, +1, \cdots, +1$$

Einheit von $\mathfrak{S}$ ist. Die Behauptung ist also richtig für $m = 1$ und nach Hilfssatz 43 ferner für den Fall $(\kappa, 2) = 1$. Nun sei $m > 1$ und κ Potenz eines Primfactors λ von 2, der in 2 genau zur a^{ten} Potenz aufgeht, ferner λ^b die höchste in allen Elementen von $\mathfrak{S}$ aufgehende Potenz von λ. Gibt es in der Diagonale von $\mathfrak{S}$ ein Element, das λ in niedrigerer als $(a + b + 1)^{\text{ter}}$ Potenz enthält, so kann man wie beim Beweise von Hilfssatz 43 annehmen, dass dies das erste Diagonalelement ist. Sind aber alle Diagonalelemente von $\mathfrak{S}$ durch λ^{a+b+1} teilbar, so gibt es ausserhalb der Diagonale ein genau durch λ^b teilbares Element s_{kl}. Addiert man die l^{te} Spalte zur k^{ten} Spalte und dann die l^{te} Zeile zur k^{ten} Zeile, so erhält man eine mit $\mathfrak{S}$ äquivalente Matrix, deren k^{tes} Diagonalelement den Wert $s_{kk} + s_{ll} + 2s_{kl}$ hat, der genau durch λ^{a+b} teilbar ist. Folglich kann man für den Beweis annehmen, dass das erste Element s_{11} von $\mathfrak{S} = (s_{kl})$ nicht durch λ^{a+b+1} teilbar ist. Für die durch

$$s_{11}x_1 = -(s_{11}y_1 + 2s_{12}y_2 + \cdots + 2s_{1m}y_m)$$
$$x_l = y_l \qquad (l = 2, \cdots, m)$$

definierte Substitution $\mathfrak{x} = \mathfrak{A}_1\mathfrak{y}$ ist nun aber $\mathfrak{x}'\mathfrak{S}\mathfrak{x} = \mathfrak{y}'\mathfrak{S}\mathfrak{y}$, also $\mathfrak{A}_1'\mathfrak{S}\mathfrak{A}_1 = \mathfrak{S}$, und $|\mathfrak{A}_1| = -1$. Man wähle noch $m - 1$ ganze Zahlen g_l mit

$$2s_{1l} \equiv s_{11}g_l \pmod{\kappa\lambda^{a+b}} \qquad (l = 2, \cdots, m);$$

dies ist möglich wegen $(s_{11}, \kappa\lambda^{a+b}) = \lambda^{a+b} \mid 2s_{1l}$. Ersetzt man dann in der Definition von $\mathfrak{A}_1$ die Grössen $2s_{1l}$ durch $s_{11}g_l$, so entsteht eine ganze Matrix $\mathfrak{A} \equiv \mathfrak{A}_1 \pmod{\kappa\lambda^{a+b} s_{11}^{-1}}$ mit $\mathfrak{A}'\mathfrak{S}\mathfrak{A} \equiv \mathfrak{S} \pmod{\kappa}$ und $|\mathfrak{A}| \equiv -1 \pmod{\kappa}$.

6. Darstellungen

Es sei $\mathfrak{C}'\mathfrak{S}\mathfrak{C} = \mathfrak{T}$ eine Darstellung von $\mathfrak{T}^{(n)}$ durch $\mathfrak{S}^{(m)}$. Bedeutet $\mathfrak{E}_{\mathfrak{S}}$ eine Rechtseinheit von $\mathfrak{S}$ und $\mathfrak{E}_{\mathfrak{T}}$ eine Rechtseinheit von $\mathfrak{T}$, so soll die Darstellung *reduciert* heissen, wenn $\mathfrak{E}_{\mathfrak{S}}\mathfrak{C}\mathfrak{E}_{\mathfrak{T}} = \mathfrak{C}$ ist. Nach Hilfssatz 11 hängt diese Definition nicht von der Wahl von $\mathfrak{E}_{\mathfrak{T}}$ ab, dagegen kann sie von der Wahl von $\mathfrak{E}_{\mathfrak{S}}$ abhängig sein. Wird von mehreren reducierten Darstellungen von $\mathfrak{T}$ durch $\mathfrak{S}$ gesprochen, so soll dabei, wenn nicht ausdrücklich etwas anderes gesagt sind, stets $\mathfrak{E}_{\mathfrak{S}}$ festgehalten werden. Aus jeder beliebigen Darstellung $\mathfrak{C}_1'\mathfrak{S}\mathfrak{C}_1 = \mathfrak{T}$ kann man eine reducierte $\mathfrak{C}'\mathfrak{S}\mathfrak{C} = \mathfrak{T}$ ableiten, indem man $\mathfrak{C} = \mathfrak{E}_{\mathfrak{S}}\mathfrak{C}_1\mathfrak{E}_{\mathfrak{T}}$ setzt. Wenn aber die Determinanten von $\mathfrak{S}$ und $\mathfrak{T}$ nicht beide von 0 verschieden sind, so lässt sich zeigen, dass umgekehrt $\mathfrak{C}_1$ nicht eindeutig durch $\mathfrak{C}$ bestimmt ist.

Hilfssatz 49: *Es sei $\mathfrak{C}'\mathfrak{S}\mathfrak{C} = \mathfrak{T}$ eine reducierte Darstellung und r der Rang von $\mathfrak{T}$. Dann hat auch $\mathfrak{C}$ den Rang r.*

Beweis: Wegen $\mathfrak{C}'\mathfrak{S}\mathfrak{C} = \mathfrak{T}$ ist der Rang von $\mathfrak{C}$ nicht kleiner als r. Andererseits ist $\mathfrak{C}\mathfrak{E}_{\mathfrak{T}} = \mathfrak{C}$ und $\mathfrak{E}_{\mathfrak{T}}$ vom Range r, also der Rang von $\mathfrak{C}$ nicht grösser als r. Folglich hat $\mathfrak{C}$ den genauen Rang r.

Wenn die Darstellung $\mathfrak{C}'\mathfrak{S}\mathfrak{C} = \mathfrak{T}$ reduciert ist, so ist also $\mathfrak{C}$ vom Range r und $\mathfrak{E}_{\mathfrak{S}}\mathfrak{C} = \mathfrak{C}$. Aus diesen beiden Eigenschaften von $\mathfrak{C}$ folgt auch wieder rückwärts, dass die Darstellung reduciert ist. Bedeutet nämlich $\mathfrak{E}_{\mathfrak{C}}$ eine Rechtseinheit von $\mathfrak{C}$, so ist wegen $\mathfrak{C}'\mathfrak{S}\mathfrak{C} = \mathfrak{T}$ auch $\mathfrak{T}\mathfrak{E}_{\mathfrak{C}} = \mathfrak{T}$, und $\mathfrak{E}_{\mathfrak{C}}$ ist, da es den Rang r hat, zugleich eine Rechtseinheit von $\mathfrak{T}$.

Hilfssatz 50: *Es sei $\mathfrak{S}_1 \sim \mathfrak{S}$, $\mathfrak{T}_1 \sim \mathfrak{T}$, $\mathfrak{S}_1 = \mathfrak{P}'\mathfrak{S}\mathfrak{P}$ mit primitivem $\mathfrak{P} = \mathfrak{E}_{\mathfrak{S}}\mathfrak{P}\mathfrak{E}_{\mathfrak{S}_1}$, $\mathfrak{T}_1 = \mathfrak{Q}'\mathfrak{T}\mathfrak{Q}$ mit primitivem $\mathfrak{Q} = \mathfrak{E}_{\mathfrak{T}}\mathfrak{Q}\mathfrak{E}_{\mathfrak{T}_1}$. Aus den sämtlichen reducierten Darstellungen $\mathfrak{C}'\mathfrak{S}\mathfrak{C} = \mathfrak{T}$ mit $\mathfrak{E}_{\mathfrak{S}}\mathfrak{C}\mathfrak{E}_{\mathfrak{T}} = \mathfrak{C}$ erhält man eineindeutig alle reducierten Darstellungen $\mathfrak{C}_1'\mathfrak{S}_1\mathfrak{C}_1 = \mathfrak{T}_1$ mit $\mathfrak{E}_{\mathfrak{S}_1}\mathfrak{C}_1\mathfrak{E}_{\mathfrak{T}_1} = \mathfrak{C}_1$ durch $\mathfrak{C}_1 = \mathfrak{P}^{-1}\mathfrak{C}\mathfrak{Q}$.*

Beweis: Es ist $\mathfrak{S} = (\mathfrak{P}^{-1})'\mathfrak{S}_1\mathfrak{P}^{-1}$, $\mathfrak{T} = (\mathfrak{Q}^{-1})'\mathfrak{T}_1\mathfrak{Q}^{-1}$. Für $\mathfrak{C}_1 = \mathfrak{P}^{-1}\mathfrak{C}\mathfrak{Q}$ gilt also

$$\mathfrak{C}_1'\mathfrak{S}_1\mathfrak{C}_1 = \mathfrak{Q}'\mathfrak{C}'(\mathfrak{P}^{-1})'\mathfrak{S}_1\mathfrak{P}^{-1}\mathfrak{C}\mathfrak{Q} = \mathfrak{Q}'\mathfrak{C}'\mathfrak{S}\mathfrak{C}\mathfrak{Q} = \mathfrak{Q}'\mathfrak{T}\mathfrak{Q} = \mathfrak{T}_1.$$

Ausserdem ist dann $\mathfrak{E}_{\mathfrak{S}_1}\mathfrak{C}_1\mathfrak{E}_{\mathfrak{T}_1} = \mathfrak{C}_1$, so dass $\mathfrak{C}_1$ tatsächlich eine reducierte Darstellung von $\mathfrak{T}_1$ durch $\mathfrak{S}_1$ liefert. Gibt umgekehrt $\mathfrak{C}_1$ eine solche Darstellung, so erhält man durch den Ansatz $\mathfrak{C}_1 = \mathfrak{P}^{-1}\mathfrak{C}\mathfrak{Q}$ genau eine Lösung $\mathfrak{C} = \mathfrak{P}\mathfrak{C}_1\mathfrak{Q}^{-1}$ von $\mathfrak{C}'\mathfrak{S}\mathfrak{C} = \mathfrak{T}$ mit $\mathfrak{E}_{\mathfrak{S}}\mathfrak{C}\mathfrak{E}_{\mathfrak{T}} = \mathfrak{C}$.

Hilfssatz 50 zeigt, dass die reducierten Darstellungen wesentlich nur von den Classen von $\mathfrak{S}$ und $\mathfrak{T}$ abhängen. Speciell erkennt man, dass man die zu einer andern Rechtseinheit $\mathfrak{E}_0$ von $\mathfrak{S}$ gehörigen reducierten Darstellungen $\mathfrak{C}_0'\mathfrak{S}\mathfrak{C}_0 = \mathfrak{T}$ aus den zu $\mathfrak{E}_{\mathfrak{S}}$ gehörigen reducierten Darstellungen $\mathfrak{C}'\mathfrak{S}\mathfrak{C} = \mathfrak{T}$ erhält, indem man $\mathfrak{C}_0 = \mathfrak{E}_0\mathfrak{C}$ setzt. Wählt man $\mathfrak{S} = \mathfrak{T}$, so ergeben die reducierten Darstellungen gerade die im vorigen Paragraphen betrachteten reducierten Einheiten.

Genau wie Hilfssatz 46 beweist man

Hilfssatz 51: *Für total-positives* $\mathfrak{S}$ *ist die Anzahl der reducierten Darstellungen* $\mathfrak{C}'\mathfrak{S}\mathfrak{C} = \mathfrak{T}$ *endlich.*

Diese Anzahl soll mit $A(\mathfrak{S}, \mathfrak{T})$ bezeichnet werden. Nach Hilfssatz 50 hängt $A(\mathfrak{S}, \mathfrak{T})$ nur von den Classen von $\mathfrak{S}$ und $\mathfrak{T}$ ab.

Für primitives $\mathfrak{C}$ möge die Darstellung selbst *primitiv* heissen.

Hilfssatz 52: *Die reducierten Lösungen* $\mathfrak{C}$ *von* $\mathfrak{C}'\mathfrak{S}\mathfrak{C} = \mathfrak{T}$ *gehören nur endlich vielen verschiedenen Strahlen an. Sind* $\mathfrak{C}_1, \cdots, \mathfrak{C}_t$ *ein volles System von Lösungen aus verschiedenen Strahlen, so erhält man eineindeutig alle reducierten Lösungen in der Form* $\mathfrak{C} = \mathfrak{P}_l\mathfrak{C}_l (l = 1, \cdots, t)$, *indem man* $\mathfrak{P}_l$ *sämtliche primitiven reducierten Lösungen von* $\mathfrak{P}_l'\mathfrak{S}\mathfrak{P}_l = (\mathfrak{C}_l^{-1})'\mathfrak{T}\mathfrak{C}_l^{-1}$ *durchlaufen lässt.*

Beweis: Es genügt, den Beweis für den Fall eines ganzen $\mathfrak{S}$ zu führen. Der Rang von $\mathfrak{T}$ sei r. Bildet man in $\mathfrak{C}'\mathfrak{S}\mathfrak{C} = \mathfrak{T}$ die r-reihigen Unterdeterminanten, so folgt, dass $\delta^2(\mathfrak{C})$ in $\delta(\mathfrak{T})$ aufgeht. Aus Hilfssatz 24 erhält man den ersten Teil der Behauptung. Der zweite Teil ergibt sich aus Hilfssatz 25.

Hilfssatz 53: *Es sei* $\mathfrak{S}^{(m)}$ *vom Range* q, $\mathfrak{T}$ *vom Range* r, $\mathfrak{C}'\mathfrak{S}\mathfrak{C} = \mathfrak{T}$ *eine reducierte Darstellung mit* $\mathfrak{E}_{\mathfrak{S}}\mathfrak{C} = \mathfrak{C}$. *Dann hat die aus* $\mathfrak{E} - \mathfrak{E}_{\mathfrak{S}}$ *und* $\mathfrak{C}$ *zusammengesetzte Matrix* $(\mathfrak{E} - \mathfrak{E}_{\mathfrak{S}}, \mathfrak{C})$ *den Rang* $m - q + r$.

Beweis: Es ist $(\mathfrak{E} - \mathfrak{E}_{\mathfrak{S}})\mathfrak{C} = \mathfrak{N}$ und $(\mathfrak{E} - \mathfrak{E}_{\mathfrak{S}})^2 = \mathfrak{E} - \mathfrak{E}_{\mathfrak{S}}$. Für jede Lösung $\mathfrak{x}, \mathfrak{y}$ von $(\mathfrak{E} - \mathfrak{E}_{\mathfrak{S}})\mathfrak{x} + \mathfrak{C}\mathfrak{y} = \mathfrak{n}$ folgt

$$(\mathfrak{E} - \mathfrak{E}_{\mathfrak{S}})^2\mathfrak{x} + (\mathfrak{E} - \mathfrak{E}_{\mathfrak{S}})\mathfrak{C}\mathfrak{y} = \mathfrak{n},$$

also $(\mathfrak{E} - \mathfrak{E}_{\mathfrak{S}})\mathfrak{x} = \mathfrak{n}$ und $\mathfrak{C}\mathfrak{y} = \mathfrak{n}$. Daher ist der Rang von $(\mathfrak{E} - \mathfrak{E}_{\mathfrak{S}}, \mathfrak{C})$ gleich der Summe der Ränge von $\mathfrak{E} - \mathfrak{E}_{\mathfrak{S}}$ und $\mathfrak{C}$. Die Behauptung folgt jetzt aus den Hilfsätzen 10 und 49.

Nunmehr soll an stelle der Gleichung $\mathfrak{C}'\mathfrak{S}\mathfrak{C} = \mathfrak{T}$ die Congruenz $\mathfrak{C}'\mathfrak{S}\mathfrak{C} \equiv \mathfrak{T} \pmod{\kappa}$ betrachtet werden; $\mathfrak{S}$ und $\mathfrak{T}$ sind dabei ganz. Eine Darstellung modulo κ heisse wieder *reduciert*, wenn $\mathfrak{E}_{\mathfrak{S}}\mathfrak{C}\mathfrak{E}_{\mathfrak{T}} = \mathfrak{C}$ ist. Die Anzahl der modulo κ incongruenten reducierten Lösungen $\mathfrak{C}$ sei $A_\kappa(\mathfrak{S}, \mathfrak{T})$.

Hilfssatz 54: *Es seien* $\delta^2(\mathfrak{S})$ *und* $\delta^2(\mathfrak{T})$ *echte Teiler von* κ. *Dann hängt* $A_\kappa(\mathfrak{S}, \mathfrak{T})$ *nur von den Classen von* $\mathfrak{S}$ *und* $\mathfrak{T}$ *modulo* κ *ab.*

Beweis: Man setze $\delta(\mathfrak{S}) = \sigma$, $\delta(\mathfrak{T}) = \tau$. Es sei $\mathfrak{S}_1 \sim \mathfrak{S} \pmod{\kappa}$ und $\mathfrak{T}_1 \sim \mathfrak{T} \pmod{\kappa}$, also $\mathfrak{S}_1 \equiv \mathfrak{P}'\mathfrak{S}\mathfrak{P}$, $\mathfrak{S} \equiv \mathfrak{P}_1'\mathfrak{S}_1\mathfrak{P}_1$, $\mathfrak{T}_1 \equiv \mathfrak{Q}'\mathfrak{T}\mathfrak{Q}$, $\mathfrak{T} \equiv \mathfrak{Q}_1'\mathfrak{T}_1\mathfrak{Q}_1 \pmod{\kappa}$ mit ganzen $\mathfrak{P}$, $\mathfrak{P}_1$, $\mathfrak{Q}$, $\mathfrak{Q}_1$. Nach Definition der Classe modulo κ haben $\mathfrak{S}_1$ und $\mathfrak{S}$ den gleichen Rang. Es sei $\delta(\mathfrak{S}_1) = \sigma_1$. Man kann $\mathfrak{E}_{\mathfrak{S}}\mathfrak{P}\mathfrak{E}_{\mathfrak{S}_1} = \mathfrak{P}$ und $\mathfrak{E}_{\mathfrak{S}_1}\mathfrak{P}_1\mathfrak{E}_{\mathfrak{S}} = \mathfrak{P}_1$ voraussetzen. Dann folgt $(\sigma_1, \kappa) = \sigma$ und sodann, dass $\mathfrak{P}$ und $\mathfrak{P}_1$ primitiv modulo κ sind. Wie beim Beweise von Hilfssatz 47 erkennt man weiter, dass man $\mathfrak{P}\mathfrak{P}_1 \equiv \mathfrak{E}_{\mathfrak{S}}$ und $\mathfrak{P}_1\mathfrak{P} \equiv \mathfrak{E}_{\mathfrak{S}_1} \pmod{\kappa}$ annehmen darf, ferner analog $\mathfrak{E}_{\mathfrak{T}}\mathfrak{Q}\mathfrak{E}_{\mathfrak{T}_1} = \mathfrak{Q}$, $\mathfrak{E}_{\mathfrak{T}_1}\mathfrak{Q}_1\mathfrak{E}_{\mathfrak{T}} = \mathfrak{Q}_1$, $\mathfrak{Q}\mathfrak{Q}_1 \equiv \mathfrak{E}_{\mathfrak{T}}$, $\mathfrak{Q}_1\mathfrak{Q} \equiv \mathfrak{E}_{\mathfrak{T}_1} \pmod{\kappa}$. Durchläuft dann $\mathfrak{C}$ alle modulo κ incongruenten Lösungen von $\mathfrak{C}'\mathfrak{S}\mathfrak{C} \equiv \mathfrak{T} \pmod{\kappa}$, $\mathfrak{E}_{\mathfrak{S}}\mathfrak{C}\mathfrak{E}_{\mathfrak{T}} = \mathfrak{C}$, so erhält man durch $\mathfrak{C}_1 = \mathfrak{P}_1\mathfrak{C}\mathfrak{Q}$ Lösungen von $\mathfrak{C}_1'\mathfrak{S}_1\mathfrak{C}_1 \equiv \mathfrak{T}_1 \pmod{\kappa}$, $\mathfrak{E}_{\mathfrak{S}_1}\mathfrak{C}_1\mathfrak{E}_{\mathfrak{T}_1} = \mathfrak{C}_1$, die wegen $\mathfrak{P}\mathfrak{C}_1\mathfrak{Q}_1 \equiv \mathfrak{C} \pmod{\kappa}$ alle incongruent sind.

Hilfssatz 55: *Es sei* $\delta(\mathfrak{T}) = \tau$ *und* τ^2 *ein echter Teiler von* κ. *Bedeutet* $\mathfrak{C}_1, \cdots, \mathfrak{C}_t$ *ein volles System von Matrizen verschiedener Strahlen mit der Rechtseinheit* $\mathfrak{E}_{\mathfrak{T}}$, *für welche* $(\mathfrak{C}_l^{-1})'\mathfrak{T}\mathfrak{C}_l^{-1}$ $(l = 1, \cdots, t)$ *ganz ist, so erhält man genau einmal sämtliche reducierten Lösungen von* $\mathfrak{C}'\mathfrak{S}\mathfrak{C} \equiv \mathfrak{T}$ (mod κ) *in der Form* $\mathfrak{C} = \mathfrak{P}_l\mathfrak{C}_l$, *indem man* $\mathfrak{P}_l$ *alle modulo* κ *primitiven Matrizen mit* $\mathfrak{E}_{\mathfrak{S}}\mathfrak{P}_l\mathfrak{E}^*_{\mathfrak{C}_l} = \mathfrak{P}_l$ *durchlaufen lässt, für welche* $\mathfrak{C}_l'\mathfrak{P}_l'\mathfrak{S}\mathfrak{P}_l\mathfrak{C}_l \equiv \mathfrak{T}$ (mod κ) *ist.*

Beweis: Es sei $\mathfrak{C}'\mathfrak{S}\mathfrak{C} \equiv \mathfrak{T}$ (mod κ), $\mathfrak{E}_{\mathfrak{S}}\mathfrak{C}\mathfrak{E}_{\mathfrak{T}} = \mathfrak{C}$. Dann folgt zunächst, dass $\mathfrak{C}$ denselben Rang wie $\mathfrak{T}$ hat. Ferner ist $(\delta^2(\mathfrak{C}), \kappa)$ ein Teiler von τ. Setzt man also $(\delta(\mathfrak{C}), \kappa) = \alpha$, so ist $\alpha^2 \mid \kappa$. Nach Hilfssatz 26 existiert im Strahl von $\mathfrak{C}$ mod κ eine Matrix $\mathfrak{C}_0$ mit $\delta(\mathfrak{C}_0) = \alpha$. Nach Hilfssatz 27 ist dann $\mathfrak{C} = \mathfrak{P}_0\mathfrak{C}_0$ mit modulo κ primitivem $\mathfrak{P}_0$ und $\mathfrak{P}_0\mathfrak{E}^*_{\mathfrak{C}_0} = \mathfrak{P}_0$, und zwar ist dieses $\mathfrak{P}_0$ eindeutig bestimmt. Wegen $\mathfrak{E}_{\mathfrak{S}}\mathfrak{C} = \mathfrak{C}$ ist zugleich $\mathfrak{E}_{\mathfrak{S}}\mathfrak{P}_0 = \mathfrak{P}_0$. Ferner wird

$$\mathfrak{C}_0'\mathfrak{P}_0'\mathfrak{S}\mathfrak{P}_0\mathfrak{C}_0 \equiv \mathfrak{T} \pmod{\kappa},$$

und folglich ist $(\mathfrak{C}_0^{-1})'\mathfrak{T}\mathfrak{C}_0^{-1}$ ganz.

7. Congruenzlösungsanzahlen

In diesem Paragraphen sind $\mathfrak{S}^{(m)}$ und $\mathfrak{T}^{(n)}$ ganz, $\delta(\mathfrak{S}) = \sigma$, $\delta(\mathfrak{T}) = \tau$. Eine reducierte Darstellung $\mathfrak{C}'\mathfrak{S}\mathfrak{C} \equiv \mathfrak{T}$ (mod κ) heisst *primitiv modulo* κ, wenn $\delta(\mathfrak{C})$ zu κ teilerfremd ist. Die Anzahl dieser Darstellungen, soweit sie modulo κ verschieden sind, sei $B_\kappa(\mathfrak{S}, \mathfrak{T})$. Ist $(\sigma, \kappa) = 1$, so kann nach Hilfssatz 42 der Kern von $\mathfrak{S}$ in die Form $\{s\}$ mit $(s, \kappa) = 1$ gesetzt werden. Andererseits ist s bis auf einen quadratischen Factor durch $\mathfrak{S}$ bestimmt. Für jedes zu 2σ teilerfremde Primideal ρ ist daher der Wert des quadratischen Restsymbols $\left(\frac{s}{\rho}\right)$ eindeutig durch $\mathfrak{S}$ festgelegt; es soll dafür auch $\left(\frac{\mathfrak{S}}{\rho}\right)$ geschrieben werden. Nach Hilfssatz 32 hängt es nur von der Classe von $\mathfrak{S}$ ab. Der Rang von $\mathfrak{S}$ sei q, der von $\mathfrak{T}$ sei r.

Hilfssatz 56: *Es sei* ρ *ein Primideal, das nicht in* $2\,\sigma\tau$ *aufgeht. Dann sind alle reducierten Darstellungen von* $\mathfrak{T}$ *durch* $\mathfrak{S}$ *modulo* ρ *primitiv. Für gerades* q *setze man* $a = \left(\frac{-1}{\rho}\right)^{\frac{1}{2}q}\left(\frac{\mathfrak{S}}{\rho}\right)$, *und für gerades* $q - r$ *sei*

$$b = \left(\frac{-1}{\rho}\right)^{\frac{1}{2}(q-r)}\left(\frac{\mathfrak{S}}{\rho}\right)\left(\frac{\mathfrak{T}}{\rho}\right).$$

Dann gilt

$$N\rho^{\frac{1}{2}r(r+1)-qr}A_\rho(\mathfrak{S}, \mathfrak{T}) = (1 - aN\rho^{-\frac{1}{2}q})(1 + bN\rho^{\frac{1}{2}(r-q)})\prod_{l=1}^{\frac{1}{2}r-1}(1 - N\rho^{2l-q})$$

$$\text{(*q gerade, r gerade*)},$$

$$= (1 - aN\rho^{-\frac{1}{2}q})\prod_{l=1}^{\frac{1}{2}(r-1)}(1 - N\rho^{2l-q}) \quad \text{(*q gerade, r ungerade*)},$$

$$= (1 + bN\rho^{\frac{1}{2}(r-q)}) \prod_{l=1}^{\frac{1}{2}(r-1)} (1 - N\rho^{2l-q-1})$$

(*q ungerade, r ungerade*),

$$= \prod_{l=1}^{\frac{1}{2}r} (1 - N\rho^{2l-q-1}) \qquad (q \text{ ungerade}, r \text{ gerade}).$$

Beweis: Vermöge der Hilfssätze 41 und 43 kann man sich auf den Fall beschränken, dass $\mathfrak{S}$ eine q-reihige Diagonalmatrix und $\mathfrak{T}$ eine r-reihige Diagonalmatrix ist. Weiter verläuft dann der Beweis ganz entsprechend wie im ersten Teil bei Hilfssatz 12, nur hat man statt der dort benutzten Gaussschen Summen die von Hecke gegebene Verallgemeinerung zu benutzen. An die Stelle von

$$G(c) = \sum_{l \,(\mathrm{mod}\, p)} e^{2\pi i c l^2}$$

mit $(c, 1) = p^{-1}$ treten die Ausdrücke

$$G(c) = \sum_{l \,(\mathrm{mod}\, \rho)} e^{2\pi i \sigma(cl^2)}$$

mit $(c\delta, 1) = \rho^{-1}$; dabei bedeutet δ das Grundideal und $\sigma(cl^2)$ die im Körper gebildete Spur der Zahl cl^2.

Genau wie Hilfssatz 16 im ersten Teil beweist man auch

Hilfssatz 57: *Es sei ρ ein Primideal, das nicht in 2σ aufgeht, $\mathfrak{T} = (t)$ und ρ^l die höchste in der Zahl t aufgehende Potenz von ρ. Für gerades q setze man $a = \left(\frac{-1}{\rho}\right)^{\frac{1}{2}q}\left(\frac{\mathfrak{S}}{\rho}\right)$. Für ungerades q und gerades l sei c eine Zahl mit dem genauen Nenner $\rho^{\frac{1}{2}l}$, $t_1 = c^2 t$ und $b = \left(\frac{-1}{\rho}\right)^{\frac{1}{2}(q-1)}\left(\frac{\mathfrak{S}}{\rho}\right)\left(\frac{t_1}{\rho}\right)$. Ist dann $k > l$ und $\kappa = \rho^k$, so gilt*

$$N\kappa^{1-q}A_\kappa(\mathfrak{S}, t) = (1 - aN\rho^{-\frac{1}{2}q})(1 + aN\rho^{1-\frac{1}{2}q} + a^2N\rho^{2(1-\frac{1}{2}q)} + \cdots + a^lN\rho^{l(1-\frac{1}{2}q)})$$

(*q gerade*),

$$= (1 - N\rho^{1-q})(1 + N\rho^{2-q} + N\rho^{2(2-q)} + \cdots + N\rho^{\frac{1}{2}(l-1)(2-q)})$$

(*ql ungerade*),

$$= (1 - N\rho^{1-q})\left(1 + N\rho^{2-q} + N\rho^{2(2-q)} + \cdots + N\rho^{(\frac{1}{2}l-1)(2-q)} + \frac{N\rho^{\frac{1}{2}l(2-q)}}{1 - bN\rho^{\frac{1}{2}(1-q)}}\right)$$

(*q ungerade, l gerade*).

Vermöge der Hilfssätze 5, 6 und 41 lassen sich ferner leicht die Hilfssätze 13, 14, 15, 17 des ersten Teiles übertragen.

Hilfssatz 58: *Es sei ρ^l die höchste in 2τ aufgehende Potenz des Primideals ρ und $k > 2l$, $\kappa = \rho^k$. Dann sind die Zahlen $N\kappa^{\frac{1}{2}r(r+1)-qr}A_\kappa(\mathfrak{S}, \mathfrak{T})$ und $N\kappa^{\frac{1}{2}r(r+1)-qr}$ $B_\kappa(\mathfrak{S}, \mathfrak{T})$ von k unabhängig.*

Hilfssatz 59: *Es sei ρ^l die höchste in 2τ aufgehende Potenz von ρ und $k > 2l$. Zu jeder reducierten Darstellung $\mathfrak{C}_1'\mathfrak{S}\mathfrak{C}_1 \equiv \mathfrak{T} \pmod{\rho^k}$ existiert eine reducierte Darstellung $\mathfrak{C}_2'\mathfrak{S}\mathfrak{C}_2 \equiv \mathfrak{T} \pmod{\rho^{k+1}}$ mit $\mathfrak{C}_2 \equiv \mathfrak{C}_1 \pmod{\rho^{k-l}}$.*

Hilfssatz 60: *Ist $(\kappa, \lambda) = 1$, so gilt*

$$A_{\kappa\lambda}(\mathfrak{S}, \mathfrak{T}) = A_\kappa(\mathfrak{S}, \mathfrak{T})A_\lambda(\mathfrak{S}, \mathfrak{T}), \qquad B_{\kappa\lambda}(\mathfrak{S}, \mathfrak{T}) = B_\kappa(\mathfrak{S}, \mathfrak{T})B_\lambda(\mathfrak{S}, \mathfrak{T}).$$

Zu je zwei reducierten Darstellungen $\mathfrak{C}_1'\mathfrak{S}\mathfrak{C}_1 \equiv \mathfrak{T} \pmod{\kappa}$, $\mathfrak{C}_2'\mathfrak{S}\mathfrak{C}_2 \equiv \mathfrak{T} \pmod{\lambda}$ gibt es eine reducierte Darstellung $\mathfrak{C}'\mathfrak{S}\mathfrak{C} \equiv \mathfrak{T} \pmod{\kappa\lambda}$ mit $\mathfrak{C} \equiv \mathfrak{C}_1 \pmod{\kappa}$, $\mathfrak{C} \equiv \mathfrak{C}_2 \pmod{\lambda}$.

Hilfssatz 61: *Es sei $(2\tau)^3 \mid \kappa$ und $\mathfrak{C}_0'^{-1}\mathfrak{T}\mathfrak{C}_0^{-1} = \mathfrak{T}_1$ ganz, $\mathfrak{C}_0\mathfrak{E}_\mathfrak{T} = \mathfrak{C}_0$, $\delta(\mathfrak{C}_0) = \gamma$. Bedeutet $A_\kappa(\mathfrak{S}, \mathfrak{T}, \mathfrak{C}_0)$ die Anzahl derjenigen* mod κ *incongruenten reducierten Lösungen $\mathfrak{C}$ von $\mathfrak{C}'\mathfrak{S}\mathfrak{C} \equiv \mathfrak{T} \pmod{\kappa}$, welche zum Strahle von $\mathfrak{C}_0$ gehören, so ist*

$$A_\kappa(\mathfrak{S}, \mathfrak{T}, \mathfrak{C}_0) = N\gamma^{r-q+1}B_\kappa(\mathfrak{S}, \mathfrak{T}_1).$$

Aus den Hilfssätzen 23, 55, 61 ergibt sich schliesslich

Hilfssatz 62: *Es sei $(2\tau)^3 \mid \kappa$. Durchläuft $\mathfrak{B}$ ein volles System von Repräsentanten verschiedener Strahlen mit der Rechtseinheit $\mathfrak{E}_\mathfrak{T}$ und ganzem $\mathfrak{B}'^{-1}\mathfrak{T}\mathfrak{B}^{-1}$, so ist*

$$A_\kappa(\mathfrak{S}, \mathfrak{T}) = \sum_{\mathfrak{B}} N\delta^{r-q+1}(\mathfrak{B})B_\kappa(\mathfrak{S}, \mathfrak{B}'^{-1}\mathfrak{T}\mathfrak{B}^{-1}).$$

8. Verwandtschaft

Aus $\mathfrak{S} \sim \mathfrak{T}$ folgt $\mathfrak{S} \sim \mathfrak{T} \pmod{\kappa}$ für jedes κ. Ist ferner $b_1, \cdots, b_h$ eine Basis des Körpers, so gilt für alle Conjugierten einer beliebigen Matrix $\mathfrak{M}$ eine Zerlegung $\mathfrak{M}_{(l)} = b_{1(l)}\mathfrak{M}_1 + \cdots + b_{h(l)}\mathfrak{M}_h$ mit rationalen Matrizen $\mathfrak{M}_1, \cdots, \mathfrak{M}_h$, die nicht von l abhängen. Mit beliebigen reellen Matrizen $\mathfrak{X}_1, \cdots, \mathfrak{X}_h$ setze man nun $b_{1(l)}\mathfrak{X}_1 + \cdots + b_{h(l)}\mathfrak{X}_h = \mathfrak{X}_{(l)}$, wobei jetzt natürlich $\mathfrak{X}_{(l)}$ nicht dem Körper $K_{(l)}$ anzugehören braucht. Ebenso sei $b_{1(l)}\mathfrak{Y}_1 + \cdots + b_{h(l)}\mathfrak{Y}_h = \mathfrak{Y}_{(l)}$ $(l = 1, \cdots, h)$. Die beiden symmetrischen Matrizen $\mathfrak{S}$ und $\mathfrak{T}$ des Körpers K sollen *total-reell äquivalent* heissen, wenn die Gleichungen $\mathfrak{X}_{(l)}'\mathfrak{S}_{(l)}\mathfrak{X}_{(l)} = \mathfrak{T}_{(l)}$ und $\mathfrak{Y}_{(l)}'\mathfrak{T}_{(l)}\mathfrak{Y}_{(l)} = \mathfrak{S}_{(l)}$ für $l = 1, \cdots, h$ in reellen $\mathfrak{X}_1, \cdots, \mathfrak{X}_h, \mathfrak{Y}_1, \cdots, \mathfrak{Y}_h$ lösbar sind. Man sieht leicht ein, dass diese Forderung gleichbedeutend damit ist, zu verlangen, dass die Gleichungen für $l = 1, \cdots, h_1$ in reellen $\mathfrak{X}_{(l)}, \mathfrak{Y}_{(l)}$ und für $l = h_1 + 1, \cdots, h_1 + h_2$ in complexen $\mathfrak{X}_{(l)}, \mathfrak{Y}_{(l)}$ gelöst werden können. Es ist trivial, dass äquivalente $\mathfrak{S}$ und $\mathfrak{T}$ auch total-reell äquivalent sind.

Es heisst nun $\mathfrak{S}$ mit $\mathfrak{T}$ *verwandt*, in Zeichen $\mathfrak{S}\, v\, \mathfrak{T}$, wenn $\mathfrak{S}$ mit $\mathfrak{T}$ nach jedem Modul und ausserdem total-reell äquivalent ist. Alle miteinander verwandten symmetrischen Matrizen bilden ein *Geschlecht*. Aus $\mathfrak{S} \sim \mathfrak{T}$ folgt $\mathfrak{S}\, v\, \mathfrak{T}$; also setzt sich jedes Geschlecht aus vollen Classen zusammen.

Hilfssatz 63: *Verwandte Matrizen haben gleichen Rang, gleiche Discriminante, gleichen Kern und gleiche zugehörige Idealclasse.*

Beweis: Es sei $\mathfrak{S}\, v\, \mathfrak{T}$. Da $\mathfrak{S}$ und $\mathfrak{T}$ dann total-reell äquivalent sind, so haben sie gleichen Rang. Aus der Darstellung $\mathfrak{C}'\mathfrak{S}\mathfrak{C} \equiv \mathfrak{T} \pmod{\kappa}$ folgt, dass

$(\delta(\mathfrak{S}), \kappa)$ ein Teiler von $(\delta(\mathfrak{T}), \kappa)$ ist. Wählt man speciell $\kappa = \delta(\mathfrak{S})\ \delta(\mathfrak{T})$, so ergibt sich $\delta(\mathfrak{S}) \mid \delta(\mathfrak{T})$. Ebenso folgt $\delta(\mathfrak{T}) \mid \delta(\mathfrak{S})$; also sind die Discriminanten gleich.

Nun sei ρ ein Primideal, das nicht in $2\delta(\mathfrak{S})$ aufgeht. Um zu zeigen, dass $\mathfrak{S}$ und $\mathfrak{T}$ gleichen Kern haben, kann man nach Hilfssatz 41 voraussetzen, dass

$$\mathfrak{S} \equiv \begin{pmatrix} \mathfrak{S}_1^{(q)} & \mathfrak{N} \\ \mathfrak{N} & \mathfrak{N} \end{pmatrix}, \quad \mathfrak{E}_{\mathfrak{S}} \equiv \begin{pmatrix} \mathfrak{E}^{(q)} & \mathfrak{N} \\ \mathfrak{N} & \mathfrak{N} \end{pmatrix}, \quad \mathfrak{T} \equiv \begin{pmatrix} \mathfrak{T}_1^{(q)} & \mathfrak{N} \\ \mathfrak{N} & \mathfrak{N} \end{pmatrix}, \quad \mathfrak{E}_{\mathfrak{T}} \equiv \begin{pmatrix} \mathfrak{E}^{(q)} & \mathfrak{N} \\ \mathfrak{N} & \mathfrak{N} \end{pmatrix} \pmod{\rho}$$

ist. Ist dann $\mathfrak{C}'\mathfrak{S}\mathfrak{C} \equiv \mathfrak{T} \pmod{\rho}$ und $\mathfrak{E}_{\mathfrak{S}}\mathfrak{C}\mathfrak{E}_{\mathfrak{T}} = \mathfrak{C}$, so wird

$$\mathfrak{C} \equiv \begin{pmatrix} \mathfrak{C}_1^{(q)} & \mathfrak{N} \\ \mathfrak{N} & \mathfrak{N} \end{pmatrix} \pmod{\rho},$$

also $\mathfrak{C}_1'\mathfrak{S}_1\mathfrak{C}_1 \equiv \mathfrak{T}_1$ und $|\mathfrak{S}_1|\,|\mathfrak{C}_1|^2 \equiv |\mathfrak{T}_1| \pmod{\rho}$. Für die Kerne $\{s\}$ und $\{t\}$ von $\mathfrak{S}$ und $\mathfrak{T}$ gilt nach Hilfssatz 35 die Congruenz

$$s \equiv |\mathfrak{S}_1|, \qquad t \equiv |\mathfrak{T}_1| \pmod{\rho}.$$

Das quadratische Restsymbol $\left(\frac{st}{\rho}\right)$ hat demnach den Wert $+1$. Da s und t bis auf quadratische Factoren durch $\mathfrak{S}$ und $\mathfrak{T}$ eindeutig festgelegt sind, so gilt bei festen s, t für jedes zu $2st$ teilerfremde Primideal ρ die Formel $\left(\frac{st}{\rho}\right) = +1$. Auf grund der Eigenschaften des relativ-quadratischen Körpers muss dann aber st eine Quadratzahl sein, und es ist $\{s\} = \{t\}$. Folglich gilt

$$s\alpha^2 = \delta(\mathfrak{S}) = \delta(\mathfrak{T}) = s\beta^2,$$

wobei α, β in den zu $\mathfrak{S}$, $\mathfrak{T}$ gehörigen Idealclassen liegen. Dann ist aber $\alpha = \beta$, und die Idealclassen stimmen überein.

Gibt es in der Classe von $\mathfrak{S}$ eine Matrix mit nicht-verschwindender Determinante, so zeigen die Hilfssätze 37 und 63, dass dann alle Classen des Geschlechtes von $\mathfrak{S}$ dieselbe Eigenschaft haben.

Hilfssatz 64: *Für die Verwandtschaft von $\mathfrak{S}$ und $\mathfrak{T}$ ist notwendig und hinreichend, dass $\mathfrak{S}$ und $\mathfrak{T}$ gleichen Rang, gleiche Discriminante σ und gleichen Kern haben und dass ausserdem $\mathfrak{S}$ mit $\mathfrak{T}$ modulo $(2\sigma)^3$ und total-reell äquivalent ist.*

Beweis: Die Notwendigkeit der Bedingungen folgt aus der Definition der Verwandtschaft in Verbindung mit Hilfssatz 63. Es seien nun diese Bedingungen sämtlich erfüllt. Man hat zu beweisen, dass $\mathfrak{S}$ und $\mathfrak{T}$ nach jedem Modul κ äquivalent sind. Wegen Hilfssatz 60 kann man sich auf den Fall beschränken, dass $\kappa = \rho^k$ Potenz eines Primideals ρ ist. Für die Primfactoren ρ von 2σ folgt dies wegen $\mathfrak{S} \sim \mathfrak{T} \pmod{(2\sigma)^3}$ aus Hilfssatz 58. Ist aber $(\rho, 2\sigma) = 1$, so gilt wegen der Uebereinstimmung der Kerne von $\mathfrak{S}$ und $\mathfrak{T}$ auch $\left(\frac{\mathfrak{S}}{\rho}\right) = \left(\frac{\mathfrak{T}}{\rho}\right)$, und nach Hilfssatz 56 wird $A_\rho(\mathfrak{S}, \mathfrak{T}) > 0$, $A_\rho(\mathfrak{T}, \mathfrak{S}) > 0$, also $\mathfrak{S} \sim \mathfrak{T} \pmod{\rho}$. Aus Hilfssatz 58 ergibt sich nun $\mathfrak{S} \sim \mathfrak{T} \pmod{\rho^k}$.

Hilfssatz 65: *Es sei* $\mathfrak{S}_0 \, v \, \mathfrak{T}$. *Es gibt ein* $\mathfrak{S} \sim \mathfrak{S}_0$ *mit* $\mathfrak{S} \equiv \mathfrak{T} \pmod{\kappa}$ *und* $\mathfrak{E}_{\mathfrak{S}} = \mathfrak{E}_{\mathfrak{T}}$.

Beweis: Es sei q der Rang von $\mathfrak{S}_0$ und $\delta(\mathfrak{S}_0) = \sigma$. Man setze $\kappa_1 = 2\sigma^2\kappa$ und wähle in der zu $\mathfrak{S}_0$ gehörigen Idealclasse ein Ideal α, das zu κ_1 teilerfremd ist. Nach Hilfssatz 33 existiert eine ganze Matrix $\mathfrak{B}$ mit $\delta(\mathfrak{B}) = \alpha$ und eine symmetrische Matrix $\mathfrak{S}_1^{(q)}$, so dass $\mathfrak{S}_0 = \mathfrak{B}'\mathfrak{S}_1\mathfrak{B}$ und $\alpha^2\mathfrak{S}_1$ ganz ist. Nach Hilfssatz 63 gehört die Idealclasse von α auch zu $\mathfrak{T}$; also gilt ebenso $\mathfrak{T} = \mathfrak{C}'\mathfrak{T}_1\mathfrak{C}$ mit ganzen $\mathfrak{C}$, $\alpha^2\mathfrak{T}_1^{(q)}$ und $\delta(\mathfrak{C}) = \alpha$. Zufolge Hilfssatz 8 hat man ferner die Beziehungen

$$(47) \qquad \mathfrak{B} = \mathfrak{F}\begin{pmatrix} \mathfrak{E}^{(q-1)} & \mathfrak{N} \\ \mathfrak{n}' & \mathfrak{b}' \end{pmatrix}\mathfrak{U}, \qquad \mathfrak{C} = \mathfrak{Q}\begin{pmatrix} \mathfrak{E}^{(q-1)} & \mathfrak{N} \\ \mathfrak{n}' & \mathfrak{c}' \end{pmatrix}\mathfrak{V}$$

mit umkehrbaren $\mathfrak{F}$, $\mathfrak{Q}$, unimodularen $\mathfrak{U}$, $\mathfrak{V}$ und gewissen Zeilen $\mathfrak{b}' = (b_1 \cdots)$, $\mathfrak{c}' = (c_1 \cdots)$. Aus $\delta(\mathfrak{B}) = \delta(\mathfrak{C})$ folgt dann

$$|\mathfrak{F}|(b_1, \cdots) = |\mathfrak{Q}|(c_1, \cdots),$$

so dass die Ideale $(b_1, \cdots)$ und $(c_1, \cdots)$ äquivalent sind. Hilfssatz 3 liefert nun in Verbindung mit (47), dass $\mathfrak{B} = \mathfrak{H}\mathfrak{C}\mathfrak{W}$ mit umkehrbarem $\mathfrak{H}$ und primitiven $\mathfrak{W} = \mathfrak{E}_{\mathfrak{C}}\mathfrak{W}$ ist. Setzt man noch $\mathfrak{H}'\mathfrak{S}_1\mathfrak{H} = \mathfrak{S}_2$, $\mathfrak{W}'^{-1}\mathfrak{S}_0\mathfrak{W}^{-1} = \mathfrak{S}_3$, so ist $\mathfrak{S}_3 \sim \mathfrak{S}_0$, $\mathfrak{S}_3 = \mathfrak{C}'\mathfrak{S}_2\mathfrak{C}$, $\mathfrak{T} = \mathfrak{C}'\mathfrak{T}_1\mathfrak{C}$.

Wegen $\mathfrak{S}_3 \, v \, \mathfrak{T}$ gibt es ein ganzes $\mathfrak{L}$ mit $\mathfrak{L}'\mathfrak{S}_3\mathfrak{L} \equiv \mathfrak{T} \pmod{\kappa_1}$. Da $\mathfrak{E}_{\mathfrak{C}}$ gemeinsame Rechtseinheit von $\mathfrak{S}_3$ und $\mathfrak{T}$ ist, so kann $\mathfrak{E}_{\mathfrak{C}}\mathfrak{L}\mathfrak{E}_{\mathfrak{C}} = \mathfrak{L}$ vorausgesetzt werden. Wegen $\delta(\mathfrak{S}_3) = \delta(\mathfrak{T}) = \sigma$ ist $(\sigma\delta^2(\mathfrak{L}), \kappa_1) = (\sigma, \kappa_1) = \sigma$, also $\delta(\mathfrak{L})$ zu κ_1 teilerfremd. Es sei $\mathfrak{C}\mathfrak{L}\mathfrak{C}^{-1} = \mathfrak{M}$, also das Hauptideal $|\mathfrak{M}| = \delta(\mathfrak{C})\delta(\mathfrak{L})\delta(\mathfrak{C}^{-1}) = \delta(\mathfrak{L})$. Aus $\mathfrak{T}_1 = \mathfrak{C}'^{-1}\mathfrak{T}\mathfrak{C}^{-1}$ folgt dann die Congruenz

$$(48) \qquad \mathfrak{T}_1 \equiv \mathfrak{M}'\mathfrak{S}_2\mathfrak{M} \pmod{\kappa_1\alpha^{-2}}.$$

Andererseits ist $\delta(\mathfrak{S}_3) = |\mathfrak{S}_2|\,\alpha^2$, $\delta(\mathfrak{T}) = |\mathfrak{T}_1|\,\alpha^2$, also der Quotient $|\mathfrak{T}_1|:|\mathfrak{S}_2|$ eine algebraische Einheit, und zwar nach Hilfssatz 63 sogar das Quadrat a^2 einer solchen, da ja $|\mathfrak{S}_2|$ und $|\mathfrak{T}_1|$ die Kerne von $\mathfrak{S}_3$ und $\mathfrak{T}$ ergeben. Mit Hilfe von (48) folgt

$$(49) \qquad |\mathfrak{M}|^2 \equiv a^2 \pmod{\kappa_1\sigma^{-1}},$$

also erst recht nach dem Modul 2κ. Nun sei $\kappa = \kappa_1 \cdots \kappa_t$ die Zerlegung von κ in ein Product von Potenzen verschiedener Primideale. Nach (49) ist dann

$$|\mathfrak{M}| \equiv ae_l \pmod{\kappa_l} \qquad (l = 1, \cdots, t),$$

wo e_l den Wert $+1$ oder -1 besitzt.

Nach Hilfssatz 48 existiert eine Einheit $\mathfrak{A}$ von $\mathfrak{S}_2$ modulo κ mit $|\mathfrak{A}| \equiv e_l \pmod{\kappa_l}$ für $l = 1, \cdots, t$. Dann ist aber

$$|\mathfrak{A}\mathfrak{M}| \equiv a \pmod{\kappa}.$$

Nach Hilfssatz 5 ist ferner

$$\mathfrak{U}_1\mathfrak{C}^{-1}\mathfrak{U}_2 \equiv \begin{pmatrix} \mathfrak{D} \\ \mathfrak{N} \end{pmatrix} \pmod{1}.$$

Bedeuten nun $\alpha_1, \cdots, \alpha_q$ die genauen Nenner der Diagonalelemente der Diagonalmatrix $\mathfrak{D}$ und $\mathfrak{a}_1', \cdots, \mathfrak{a}_q'$ die Zeilen von $\mathfrak{U}_2^{-1}\mathfrak{C}\mathfrak{U}_1^{-1}$, so folgt aus

$$\mathfrak{U}_1\mathfrak{C}^{-1}\mathfrak{U}_2\mathfrak{U}_2^{-1}\mathfrak{C}\mathfrak{U}_1^{-1} = \mathfrak{U}_1\mathfrak{E}_{\mathfrak{C}}\mathfrak{U}_1^{-1},$$

dass $\alpha_l\mathfrak{a}_l$ $(l = 1, \cdots, q)$ ganz ist. Versteht man unter $\mathfrak{D}_1^{(q)}$ die Diagonalmatrix mit den Diagonalelementen $a, 1, \cdots, 1$ und setzt $\mathfrak{U}_2\mathfrak{D}_1\mathfrak{U}_2^{-1} = \mathfrak{U}_3$, so wird ersichtlich, dass auch die Matrix $\mathfrak{C}^{-1}\mathfrak{U}_3\mathfrak{C}$ ganz und $|\mathfrak{U}_3| = a$ ist. Wegen $(\kappa, \alpha) = 1$ gibt es eine ganze Matrix $\mathfrak{M}_1$ mit $\mathfrak{M}_1 \equiv \mathfrak{A}\mathfrak{M}$ (mod $\kappa\alpha^{-1}$) und $\mathfrak{M}_1 \equiv \mathfrak{U}_3$ (mod α), also $|\mathfrak{M}_1| \equiv a$ (mod $\kappa\alpha$). Nach Hilfssatz 7 gibt es nun endlich ein unimodulares $\mathfrak{U}_4 \equiv \mathfrak{M}_1$ (mod $\kappa\alpha$). Für dieses ist jetzt

$$\mathfrak{U}_4'\mathfrak{S}_2\mathfrak{U}_4 \equiv \mathfrak{M}'\mathfrak{A}'\mathfrak{S}_2\mathfrak{A}\mathfrak{M} \equiv \mathfrak{M}'\mathfrak{S}_2\mathfrak{M} \equiv \mathfrak{T}_1 \pmod{\kappa\alpha^{-2}}$$

$$\mathfrak{C}^{-1}\mathfrak{U}_4\mathfrak{C} \equiv \mathfrak{C}^{-1}\mathfrak{U}_3\mathfrak{C} \equiv \mathfrak{N} \pmod 1,$$

also $\mathfrak{C}^{-1}\mathfrak{U}_4\mathfrak{C} = \mathfrak{P}$ primitiv, und die Matrix $\mathfrak{C}'\mathfrak{U}_4'\mathfrak{S}_2\mathfrak{U}_4\mathfrak{C} = \mathfrak{S}$ leistet wegen $\mathfrak{S} \equiv \mathfrak{C}'\mathfrak{T}_1\mathfrak{C} \equiv \mathfrak{T}$ (mod $\kappa\alpha^{-2}$) und $\mathfrak{P}'\mathfrak{S}_3\mathfrak{P} = \mathfrak{S} \sim \mathfrak{S}_3 \sim \mathfrak{S}_0$ das Verlangte.

Aus Hilfssatz 65 ergibt sich die wichtige Folgerung, dass die Repräsentanten der verschiedenen Classen eines Geschlechtes stets so gewählt werden können, dass sie einander nach einem beliebig vorgeschriebenen Modul κ congruent sind und dieselbe Rechtseinheit besitzen.

9. Existenzsätze

Es seien wieder $b_{1(l)}, \cdots, b_{h(l)}$ $(l = 1, \cdots, h)$ die Conjugierten einer Körperbasis und $\mathfrak{X}_{(l)} = b_{1(l)}\mathfrak{X}_1 + \cdots + b_{h(l)}\mathfrak{X}_h$ mit reellen $\mathfrak{X}_1, \cdots, \mathfrak{X}_h$. Sind die h Gleichungen $\mathfrak{X}_{(l)}'\mathfrak{S}_{(l)}\mathfrak{X}_{(l)} = \mathfrak{T}_{(l)}$ simultan lösbar, so heisst $\mathfrak{T}$ *durch* $\mathfrak{S}$ *total-reell darstellbar*. Es ist klar, dass die Darstellbarkeit modulo κ und die total-reelle Darstellbarkeit notwendig sind, damit $\mathfrak{T}$ durch $\mathfrak{S}$ darstellbar ist. Diese Bedingung ist jedoch nicht stets hinreichend. Lässt man dagegen die Forderung der Ganzzahligkeit fallen, so gilt, wie Hasse bewiesen hat

Hilfssatz 66: *Es sei* $\mathfrak{T}$ *durch* $\mathfrak{S}$ *total-reell darstellbar und die Congruenz* $\mathfrak{X}'\mathfrak{S}\mathfrak{X} \equiv \mathfrak{T}$ (mod κ) *für jeden Modul lösbar. Dann gibt es eine ganze oder gebrochene Matrix* $\mathfrak{C}$ *mit* $\mathfrak{C}'\mathfrak{S}\mathfrak{C} = \mathfrak{T}$.

Diese Aussage muss nun in eine über ganzzahlige Darstellbarkeit umgeformt werden, in ähnlicher Weise, wie es in §6 des ersten Teiles geschehen ist.

Hilfssatz 67: *Es sei der Rang von* $\mathfrak{T}$ *kleiner als der Rang von* $\mathfrak{S}$, $\delta(\mathfrak{T}) = \tau$ *und* $(2\tau)^3\delta(\mathfrak{S})$ *ein Teiler von* κ. *Ist dann* $\mathfrak{T}$ *durch* $\mathfrak{S}$ *total-reell darstellbar und die Congruenz* $\mathfrak{C}_1'\mathfrak{S}\mathfrak{C}_1 \equiv \mathfrak{T}$ (mod κ) *mit reduciertem ganzen* $\mathfrak{C}_1$ *lösbar, so gibt es eine reducierte Matrix* $\mathfrak{C}$, *deren Elemente einen zu* κ *teilerfremden Hauptnenner* γ *haben, mit* $\mathfrak{C}'\mathfrak{S}\mathfrak{C} = \mathfrak{T}$ *und* $\mathfrak{C} \equiv \mathfrak{C}_1$ (mod $\kappa/2\gamma\tau$).

Beweis: Aus den Hilfssätzen 56, 59, 60 folgt die Darstellbarkeit von $\mathfrak{T}$ durch $\mathfrak{S}$ nach jedem beliebigen Modul κ_1, und zwar gibt es ein reduciertes ganzes $\mathfrak{C}_2 \equiv \mathfrak{C}_1$ (mod $\kappa/2\tau$) mit $\mathfrak{C}_2'\mathfrak{S}\mathfrak{C}_2 \equiv \mathfrak{T}$ (mod κ_1). Es seien q, r die Ränge von

$\mathfrak{S}$, $\mathfrak{T}$ und $\mathfrak{S} = \mathfrak{A}'\mathfrak{S}_0^{(q)}\mathfrak{A}$, $\mathfrak{T} = \mathfrak{B}'^{-1}\mathfrak{T}_0^{(r)}\mathfrak{B}^{-1}$ mit $\mathfrak{A}\mathfrak{E}_{\mathfrak{S}} = \mathfrak{A}$, $\mathfrak{B}^{-1}\mathfrak{E}_{\mathfrak{T}} = \mathfrak{B}^{-1}$ und ganzen $\mathfrak{A}$, $\mathfrak{B}$. Dann ist auch $\mathfrak{T}_0$ durch $\mathfrak{S}_0$ nach jedem Modul und ausserdem total-reell darstellbar. Nach Hilfssatz 66 gibt es also eine Matrix $\mathfrak{F}_0$ mit $\mathfrak{F}_0'\mathfrak{S}_0\mathfrak{F}_0 = \mathfrak{T}_0$. Andererseits ist für $\mathfrak{F}_1 = \mathfrak{A}\mathfrak{C}_2\mathfrak{B}$ die Congruenz $\mathfrak{F}_1'\mathfrak{S}_0\mathfrak{F}_1 \equiv \mathfrak{T}_0 \pmod{\kappa_1}$ erfüllt. Durch genau dieselbe Schlussweise, wie sie im ersten Teil zum Beweis des entsprechenden Hilfssatzes 23 verwendet wurde, folgt bei geeigneter Wahl von κ_1 die Existenz einer Matrix $\mathfrak{F}$ mit $\mathfrak{F}'\mathfrak{S}_0\mathfrak{F} = \mathfrak{T}_0$, so dass die Zähler aller Elemente von $\mathfrak{F} - \mathfrak{F}_1$ durch $\kappa\delta(\mathfrak{A})\delta(\mathfrak{B})$ teilbar sind. Man setze $\mathfrak{A}^{-1}\mathfrak{F}\mathfrak{B}^{-1} = \mathfrak{C}$. Der Hauptnenner γ der Elemente von $\mathfrak{C}$ ist dann zu κ teilerfremd, und es ist $\mathfrak{C} \equiv \mathfrak{C}_2 \pmod{\kappa/\gamma}$.

Hilfssatz 68: *Es sei der Rang von $\mathfrak{T}$ kleiner als der Rang von $\mathfrak{S}$, $\delta(\mathfrak{S}) = \sigma$, $\delta(\mathfrak{T}) = \tau$, $(2\sigma\tau)^3 \mid \kappa$. Ist dann $\mathfrak{T}$ durch $\mathfrak{S}$ total-reell darstellbar und ausserdem $\mathfrak{C}'\mathfrak{S}\mathfrak{C} \equiv \mathfrak{T} \pmod{\kappa}$ mit reduciertem ganzen $\mathfrak{C}$, so gibt es ein $\mathfrak{S}_1$ v $\mathfrak{S} \equiv \mathfrak{S}_1 \pmod{\kappa}$, ein $\mathfrak{T}_1$ v $\mathfrak{T} \equiv \mathfrak{T}_1 \pmod{\kappa}$ und eine reducierte Darstellung $\mathfrak{C}_1'\mathfrak{S}_1\mathfrak{C}_1 = \mathfrak{T}_1$ mit ganzem $\mathfrak{C}_1 \equiv \mathfrak{C} \pmod{\kappa/2\tau}$.*

Beweis: Es existiert ein $\mathfrak{S}_2$ v $\mathfrak{S} \equiv \mathfrak{S}_2 \pmod{\kappa}$, ein $\mathfrak{T}_2$ v $\mathfrak{T} \equiv \mathfrak{T}_2 \pmod{\kappa}$ und ein reduciertes $\mathfrak{C}_2$ mit $\mathfrak{C}_2'\mathfrak{S}_2\mathfrak{C}_2 = \mathfrak{T}_2$, ganzem $\gamma\mathfrak{C}_2$, $(\gamma, \kappa) = 1$ und $\mathfrak{C}_2 \equiv \mathfrak{C} \pmod{\kappa/2\gamma\tau}$; nach Hilfssatz 67 gilt dies nämlich sogar mit $\mathfrak{S} = \mathfrak{S}_2$, $\mathfrak{T} = \mathfrak{T}_2$. Für ganzes $\mathfrak{C}_2$ bleibt nichts mehr zu beweisen. Es sei also $\mathfrak{C}_2$ gebrochen. Man setze $\kappa_1 = \gamma^{2r}\kappa$, wo r den Rang von $\mathfrak{T}$ bedeutet. Ferner sei q der Rang von $\mathfrak{S}$. Nach Hilfssatz 41 gilt

$$(50)\qquad \begin{aligned} \mathfrak{P}'\mathfrak{S}_2\mathfrak{P} &= \mathfrak{S}_3 \equiv \begin{pmatrix} \mathfrak{S}_0^{(q)} & \mathfrak{N} \\ \mathfrak{N} & \mathfrak{N} \end{pmatrix} \pmod{\kappa_1} \\ \mathfrak{P}^{-1}\mathfrak{E}_{\mathfrak{S}_2}\mathfrak{P} &= \mathfrak{E}_{\mathfrak{S}_3} \equiv \begin{pmatrix} \mathfrak{E}^{(q)} & \mathfrak{N} \\ \mathfrak{N} & \mathfrak{N} \end{pmatrix} \pmod{\kappa_1} \\ \mathfrak{Q}'\mathfrak{T}_2\mathfrak{Q} &= \mathfrak{T}_3 \equiv \begin{pmatrix} \mathfrak{T}_0^{(r)} & \mathfrak{N} \\ \mathfrak{N} & \mathfrak{N} \end{pmatrix} \pmod{\kappa_1} \\ \mathfrak{Q}^{-1}\mathfrak{E}_{\mathfrak{T}_2}\mathfrak{Q} &= \mathfrak{E}_{\mathfrak{T}_3} \equiv \begin{pmatrix} \mathfrak{E}^{(r)} & \mathfrak{N} \\ \mathfrak{N} & \mathfrak{N} \end{pmatrix} \pmod{\kappa_1}, \end{aligned}$$

mit unimodularen $\mathfrak{P}$ und $\mathfrak{Q}$. Wegen $\mathfrak{C}_2'\mathfrak{S}_2\mathfrak{C}_2 = \mathfrak{T}_2$ und $\mathfrak{E}_{\mathfrak{S}_2}\mathfrak{C}_2\mathfrak{E}_{\mathfrak{T}_2} = \mathfrak{C}_2$ wird

$$\mathfrak{P}^{-1}\mathfrak{C}_2\mathfrak{Q} = \mathfrak{C}_3 \equiv \begin{pmatrix} \mathfrak{C}_0^{(q\,r)} & \mathfrak{N} \\ \mathfrak{N} & \mathfrak{N} \end{pmatrix} \pmod{\kappa_1\gamma^{-1}}$$

und $\mathfrak{C}_0'\mathfrak{S}_0\mathfrak{C}_0 \equiv \mathfrak{T}_0 \pmod{\kappa_1\gamma^{-1}}$. Nach Hilfssatz 5 kann man noch voraussetzen, dass

$$\mathfrak{C}_0 \equiv \begin{pmatrix} \mathfrak{D}^{(r)} \\ \mathfrak{N} \end{pmatrix} \pmod{\kappa_1}$$

ist, wo $\mathfrak{D}$ eine Diagonalmatrix ist, deren Diagonalelemente $d_1, \cdots, d_r$ seien. Da $\mathfrak{C}_2$ gebrochen ist, so sind die Zahlen $d_1, \cdots, d_r$ nicht sämtlich ganz. Man nehme jetzt an, dass $d_1, \cdots, d_{p-1}$ sämtlich ganz sind und mit κ_1 nur solche

Primidealteiler gemeinsam haben, die auch in τ aufgehen, dagegen sei für d_p nicht mehr beides richtig. Dabei ist also p eine gewisse Zahl der Reihe $1, \cdots, r$. Und nun wird bewiesen, dass es ein $\mathfrak{S}_4\ v\ \mathfrak{S} \equiv \mathfrak{S}_4 \pmod{\kappa}$, ein $\mathfrak{T}_4\ v\ \mathfrak{T} \equiv \mathfrak{T}_4 \pmod{\kappa}$ und ein reduciertes $\mathfrak{C}_4$ mit $\mathfrak{C}_4'\mathfrak{S}_4\mathfrak{C}_4 = \mathfrak{T}_4$, ganzem $\gamma_4\mathfrak{T}_4$, $(\gamma_4, \kappa) = 1$ und $\mathfrak{C}_4 \equiv \mathfrak{C} \pmod{\kappa/2\gamma_4\tau}$ gibt, für welche bei den analog zu $d_1, \cdots, d_r$ bestimmten Zahlen $d_1^*, \cdots, d_r^*$ jene Voraussetzung mit $p + 1$ statt p richtig ist. Hieraus dann folgt die Behauptung durch vollständige Induction.

Der Beweis wird in zwei Schritten geführt. Zuerst wird der Nenner von d_p fortgeschafft und sodann aus dem Zähler die in κ_1 und nicht in τ aufgehenden Factoren. Zunächst werde also angenommen, die Zahl d_p sei gebrochen, $d_p = \alpha\beta^{-1}$, $(\alpha, \beta) = 1$, $\beta \mid \gamma$, $(\beta, \kappa) = 1$. Setzt man $\mathfrak{S}_0 = (s_{kl})\ (k, l = 1, \cdots, q)$, $\mathfrak{T}_0 = (t_{kl})(k, l = 1, \cdots, r)$, so ist wegen $\mathfrak{C}_0'\mathfrak{S}_0\mathfrak{C}_0 \equiv \mathfrak{T}_0 \pmod{\kappa_1\gamma^{-1}}$ auch

$$s_{kp}d_kd_p \equiv t_{kp} \pmod{\kappa_1\gamma^{-1}} \qquad (k = 1, \cdots, p). \tag{51}$$

Wegen der Voraussetzung über $d_1, \cdots, d_{p-1}$ sind dann $s_{1p}, \cdots, s_{p-1,p}$ durch β teilbar und s_{pp} sogar durch β^2. Dabei ist $p \leqq r$, also $p < q$. Aus Hilfssatz 5 erkennt man die Existenz einer unimodularen Matrix $\mathfrak{U}^{(q-p)}$ mit $|\mathfrak{U}| = 1$ und einer ganzen Zahl s, so dass

$$(s_{p+1,p} \cdots s_{qp})\mathfrak{U} \equiv (s\ 0 \cdots 0) \qquad \pmod{\beta}$$

ist. Man wähle nun eine durch $\beta^2\kappa_1$ teilbare Zahl $b \neq 0$ und ein d mit $(b^2, d) = \beta$. Nach Hilfssatz 1 gibt es zwei Zahlen a, g des Ideals β^{-1} mit $ad - b^2g = 1$. Setzt man noch $bg = c$, so ist $ad - bc = 1$ und die Ideale $a\beta$, $d\beta^{-1}$, $b\beta^{-1}\kappa_1^{-1}$, $c\beta^{-1}\kappa_1^{-1}$ sind ganz. Ferner sei

$$\mathfrak{L} = \begin{pmatrix} a & b \\ c & d \end{pmatrix}, \qquad \mathfrak{F} = \begin{pmatrix} \mathfrak{E}^{(p)} & \mathfrak{N} \\ \mathfrak{N} & \mathfrak{U} \end{pmatrix} \begin{pmatrix} \mathfrak{E}^{(p-1)} & \mathfrak{N} & \mathfrak{N} \\ \mathfrak{N} & \mathfrak{L} & \mathfrak{N} \\ \mathfrak{N} & \mathfrak{N} & \mathfrak{E}^{(q-p-1)} \end{pmatrix}.$$

Eine einfache Rechnung zeigt nun, dass $\mathfrak{F}'\mathfrak{S}_0\mathfrak{F}$ ganz und

$$\mathfrak{F}^{-1}\mathfrak{C}_0 \equiv \begin{pmatrix} \mathfrak{D}_1^{(p)} & \mathfrak{N} \\ \mathfrak{N} & \mathfrak{K} \end{pmatrix} \pmod{\kappa_1\beta^{-1}}$$

ist, wo $\mathfrak{D}_1$ die Diagonalmatrix mit den ganzen Diagonalelementen

$$d_1, \cdots, d_{p-1}, dd_p$$

bedeutet und $\beta\gamma\mathfrak{K}$ ganz ist. Ausserdem ist $|\mathfrak{F}| = 1$ und $\beta\mathfrak{F}$ ganz, $\beta\mathfrak{F}^{-1}$ ganz. Die Matrix

$$\mathfrak{F}_1 = \mathfrak{E}_{\mathfrak{S}_3}\begin{pmatrix} \mathfrak{F} & \mathfrak{N} \\ \mathfrak{N} & \mathfrak{E} \end{pmatrix} \equiv \begin{pmatrix} \mathfrak{F} & \mathfrak{N} \\ \mathfrak{N} & \mathfrak{N} \end{pmatrix} \pmod{\kappa_1\beta^{-1}} \tag{52}$$

hat dann zufolge (50) die ganze Matrix

$$\begin{pmatrix} \mathfrak{F}^{-1} & \mathfrak{N} \\ \mathfrak{N} & \mathfrak{E} \end{pmatrix} \mathfrak{E}_{\mathfrak{S}_3} \begin{pmatrix} \mathfrak{F} & \mathfrak{N} \\ \mathfrak{N} & \mathfrak{E} \end{pmatrix}$$

als Rechtseinheit, es ist also

$$\mathfrak{F}_1^{-1} = \begin{pmatrix} \mathfrak{F}^{-1} & \mathfrak{N} \\ \mathfrak{N}' & \mathfrak{E} \end{pmatrix} \mathfrak{E}_{\mathfrak{S}_3}$$

eine Reciproke von $\mathfrak{F}_1$. Da auch $\beta\mathfrak{F}_1$ und $\beta\mathfrak{F}_1^{-1}$ ganz sind, so kann $\delta(\mathfrak{F}_1)$ in Zähler und Nenner keine anderen Primfactoren enthalten als die von β. Nach (52) ist aber

$$(\delta(\mathfrak{F}_1), \kappa_1\beta^{-1}) = (\delta(\mathfrak{F}), \kappa_1\beta^{-1}) = 1,$$

also nach Definition von κ_1 erst recht $(\delta(\mathfrak{F}_1), \beta) = 1$ und somit $\delta(\mathfrak{F}_1) = 1$. Nach Hilfssatz 7 gibt es ein unimodulare Matrix

$$\mathfrak{U}_1 \equiv \begin{pmatrix} \mathfrak{F} & \mathfrak{N} \\ \mathfrak{N} & \mathfrak{E} \end{pmatrix} \pmod{\kappa\beta^{-1}}.$$

Setzt man dann $(\mathfrak{F}_1\mathfrak{U}_1^{-1}\mathfrak{P}^{-1})'\mathfrak{S}_3(\mathfrak{F}_1\mathfrak{U}_1^{-1}\mathfrak{P}^{-1}) = \mathfrak{S}_4$, $\mathfrak{P}\mathfrak{U}_1\mathfrak{F}_1^{-1}\mathfrak{C}_3\mathfrak{Q}^{-1} = \mathfrak{C}_5$, so ist $\mathfrak{C}_5'\mathfrak{S}_4\mathfrak{C}_5 = \mathfrak{T}_2$. Ferner ist $\mathfrak{S}_4$ ganz, $\delta(\mathfrak{S}_4) = \delta(\mathfrak{F}_1'\mathfrak{S}_3\mathfrak{F}_1) = \delta(\mathfrak{S}_3) = \sigma$, $\mathfrak{S}_4 \equiv \mathfrak{P}'^{-1}\mathfrak{S}_3\mathfrak{P}^{-1} \equiv \mathfrak{S}_2 \equiv \mathfrak{S} \pmod{\kappa}$, und da ausserdem $\mathfrak{S}$ und $\mathfrak{S}_4$ den gleichen Kern $\{\,|\,\mathfrak{S}_3\,|\,\}$ haben und total-reell äquivalent sind, so ist $\mathfrak{S}_4\, v\, \mathfrak{S}$ auf grund von Hilfssatz 64. Weiter ist $\mathfrak{C}_5 \equiv \mathfrak{P}\mathfrak{C}_3\mathfrak{Q}^{-1} \equiv \mathfrak{C}_2 \pmod{\kappa/\beta\gamma}$, $\mathfrak{E}_{\mathfrak{T}_2}$ ist eine Rechtseinheit von $\mathfrak{C}_5$, und für die Rechtseinheit $\mathfrak{E}_{\mathfrak{S}_4} = \mathfrak{P}\mathfrak{U}_1\mathfrak{F}_1^{-1}\,\mathfrak{E}_{\mathfrak{S}_3}\mathfrak{F}_1\mathfrak{U}_1^{-1}\mathfrak{P}^{-1}$ von $\mathfrak{S}_4$ gilt $\mathfrak{E}_{\mathfrak{S}_4}\mathfrak{C}_5 = \mathfrak{C}_5$. Endlich ist

$$\mathfrak{U}_1^{-1}\mathfrak{P}^{-1}\mathfrak{C}_5\mathfrak{Q} = \mathfrak{F}_1^{-1}\mathfrak{C}_3 \equiv \begin{pmatrix} \mathfrak{C}_6^{(q\,r)} & \mathfrak{N} \\ \mathfrak{N} & \mathfrak{N} \end{pmatrix} \pmod{\kappa_1\beta^{-1}\gamma^{-1}}$$

mit

$$\mathfrak{C}_6 = \mathfrak{F}^{-1}\,\mathfrak{C}_0 \equiv \begin{pmatrix} \mathfrak{D}_1^{(p)} & \mathfrak{N} \\ \mathfrak{N} & \mathfrak{K} \end{pmatrix} \pmod{\kappa_1\beta^{-1}}.$$

Ersetzt man also $\mathfrak{S}_2$ durch $\mathfrak{S}_4$, $\mathfrak{C}_2$ durch $\mathfrak{C}_5$ und γ durch $\beta\gamma$, so hat die in Analogie zu $\mathfrak{D}$ gebildete Diagonalmatrix die p ersten Diagonalelemente $d_1, \cdots, d_{p-1}, dd_p$, welche sämtlich ganz sind.

Man kann daher jetzt voraussetzen, auch d_p sei ganz. Nach Voraussetzung ist (d_k, κ_1) ein Teiler von τ für $k = 1, \cdots, p-1$. Man setze $(d_p, \kappa_1) = \nu\delta$ mit $\nu \mid \tau$ und $(\delta, \tau) = 1$. Nach (51) ist nun δ ein Teiler von t_{kp} $(k = 1, \cdots, p)$. Da $\gamma\,\mathfrak{C}_2$ ganz und $\mathfrak{C}_2'\mathfrak{S}_2\mathfrak{C}_2 = \mathfrak{T}_2$ ist, so ist $\gamma^r\delta(\mathfrak{C}_2)$ ein Teiler von $\gamma^r\tau$. Andererseits ist

$$(\gamma^r\delta(\mathfrak{C}_2), \kappa_1) = (\gamma^r d_1 \cdots d_r, \kappa_1),$$

und folglich ist $\nu\delta$ ein Teiler von $\gamma^r\tau$, also sogar $\delta^2 \mid \kappa_1$, $\delta^2 \mid t_{pp}$. Wäre $p = r$, so ginge δ in der Determinante $|\,\mathfrak{T}_0\,|$ auf, also auch in τ; dann muss aber δ das Einheitsideal sein, und der Beweis ist beendet. Es sei also $p < r$. Man verfahre nun ganz entsprechend wie oben bei der Umformung von $\mathfrak{S}_0$. Zunächst wähle man eine unimodulare Matrix $\mathfrak{U}_0^{(r-p)}$ mit $|\,\mathfrak{U}_0\,| = 1$ und

$$(t_{p+1,\,p} \cdots t_{rp})\,\mathfrak{U}_0 \equiv (s_0\, 0 \cdots 0) \pmod{\delta},$$

sodann vier Zahlen a_0, b_0, c_0, d_0 mit $a_0 d_0 - b_0 c_0 = 1$ und ganzen $a_0\delta$, $d_0\delta^{-1}$, $b_0\delta^{-1}\kappa_1^{-1}$, $c_0\delta^{-1}\kappa_1^{-1}$. Setzt man dann

$$\mathfrak{L}_0 = \begin{pmatrix} a_0 & b_0 \\ c_0 & d_0 \end{pmatrix}, \qquad \mathfrak{F}_0 = \begin{pmatrix} \mathfrak{E}^{(p)} & \mathfrak{N} \\ \mathfrak{N} & \mathfrak{U}_0 \end{pmatrix} \begin{pmatrix} \mathfrak{E}^{(p-1)} & \mathfrak{N} & \mathfrak{N} \\ \mathfrak{N} & \mathfrak{L}_0 & \mathfrak{N} \\ \mathfrak{N} & \mathfrak{N} & \mathfrak{E}^{(r-p-1)} \end{pmatrix},$$

so wird $\mathfrak{F}_0'\mathfrak{T}_0\mathfrak{F}_0$ ganz und

$$\mathfrak{C}_0\mathfrak{F}_0 \equiv \begin{pmatrix} \mathfrak{D}_0^{(p)} & \mathfrak{N} \\ \mathfrak{N} & \mathfrak{K}_0 \end{pmatrix} \pmod{\kappa_1\delta^{-1}},$$

wo die ersten p Diagonalelemente der Diagonalmatrix $\mathfrak{D}_0$ die Werte

$$d_1, \cdots, d_{p-1}, a_0 d_p$$

haben und $(a_0 d_p, \kappa_1) = \nu$ ist. Ferner ist $\delta\gamma\mathfrak{K}_0$ ganz, $|\mathfrak{F}_0| = 1$, $\delta\mathfrak{F}_0$ ganz, $\delta\mathfrak{F}_0^{-1}$ ganz. Weiter verläuft die Rechnung genau wie früher. Man setze

$$\mathfrak{F}_2 = \mathfrak{E}_{\mathfrak{T}_3}\begin{pmatrix} \mathfrak{F}_0 & \mathfrak{N} \\ \mathfrak{N} & \mathfrak{E} \end{pmatrix}, \qquad \mathfrak{F}_2^{-1} = \begin{pmatrix} \mathfrak{F}_0^{-1} & \mathfrak{N} \\ \mathfrak{N} & \mathfrak{E} \end{pmatrix}\mathfrak{E}_{\mathfrak{T}_3}$$

und wähle ein unimodulares $\mathfrak{U}_2$ mit

$$\mathfrak{U}_2 \equiv \begin{pmatrix} \mathfrak{F}_0 & \mathfrak{N} \\ \mathfrak{N} & \mathfrak{E} \end{pmatrix} \pmod{\kappa\delta^{-1}}.$$

Für $\mathfrak{T}_4 = (\mathfrak{F}_2\mathfrak{U}_2^{-1}\mathfrak{Q}^{-1})'\mathfrak{T}_3(\mathfrak{F}_2\mathfrak{U}_2^{-1}\mathfrak{Q}^{-1})$, $\mathfrak{C}_4 = \mathfrak{P}\,\mathfrak{C}_3\mathfrak{F}_2\mathfrak{U}_2^{-1}\mathfrak{Q}^{-1}$ gilt dann $\mathfrak{T}_4\, v\, \mathfrak{T} \equiv \mathfrak{T}_4 \pmod{\kappa}$, $\mathfrak{C}_4 \equiv \mathfrak{C}_2 \pmod{\kappa/\delta\gamma}$, $\mathfrak{C}_4'\mathfrak{S}_2\mathfrak{C}_4 = \mathfrak{T}_4$, $\mathfrak{E}_{\mathfrak{S}_2}\mathfrak{C}_4\mathfrak{E}_{\mathfrak{T}_4} = \mathfrak{C}_4$. Ersetzt man $\mathfrak{T}_2$ durch $\mathfrak{T}_4$, $\mathfrak{C}_2$ durch $\mathfrak{C}_4$ und γ durch $\delta\gamma$, so sind in der zugehörigen nach Analogie von $\mathfrak{D}$ gebildeten r-reihigen Diagonalmatrix die p ersten Diagonalelemente ganz und haben mit κ_1 keinen Teiler gemeinsam, der nicht in τ aufgeht.

10. Darstellungsdichten

Es seien $\mathfrak{S}$ und $\mathfrak{T}$ zwei ganze symmetrische Matrizen von den Rängen q und r. Nach Hilfssatz 58 ist für jede hinreichend hohe Potenz $\kappa = \rho^k$ eines Primideals ρ die Grösse $N\kappa^{\frac{1}{2}r(r+1)-qr} A_\kappa(\mathfrak{S}, \mathfrak{T})$ von k unabhängig. Im Falle $r < q$ werde die nicht-negative rationale Zahl

$$(53) \qquad \lim_{k\to\infty} \frac{A_\kappa(\mathfrak{S}, \mathfrak{T})}{N\kappa^{qr-\frac{1}{2}r(r+1)}} = d_\rho(\mathfrak{S}, \mathfrak{T}) \qquad (r < q)$$

als *ρ-adische Darstellungsdichte* bezeichnet. Es ist nämlich $N\kappa^{\frac{1}{2}r(r+1)}$ die Anzahl der modulo κ incongruenten ganzen symmetrischen $\mathfrak{T}$ mit derselben Rechtseinheit $\mathfrak{E}_\mathfrak{T}$ und $N\kappa^{qr}$ die Anzahl der modulo κ incongruenten ganzen $\mathfrak{C}$ mit $\mathfrak{E}_\mathfrak{S}\mathfrak{C}\mathfrak{E}_\mathfrak{T} = \mathfrak{C}$, also $N\kappa^{qr-\frac{1}{2}r(r+1)}$ der Mittelwert der $A_\kappa(\mathfrak{S}, \mathfrak{T})$ für variables $\mathfrak{T}$. Im Falle $r = q$ ist es zweckmässig, in der Definition (53) links noch den Factor $\frac{1}{2}$ hinzuzufügen, also

$$\lim_{k\to\infty} \frac{A_\kappa(\mathfrak{S}, \mathfrak{T})}{2\, N\kappa^{\frac{1}{2}r(r-1)}} = d_\rho(\mathfrak{S}, \mathfrak{T}) \qquad (r = q) \tag{54}$$

zu setzen.

Für beliebiges ganzes κ sei $p(\kappa)$ die Anzahl der Primidealfactoren von κ. Man setze noch zur Abkürzung

$$\frac{A_\kappa(\mathfrak{S}, \mathfrak{T})}{N\kappa^{qr-\frac{1}{2}r(r+1)}} = D_\kappa(\mathfrak{S}, \mathfrak{T}) \quad (r < q), \quad \frac{A_\kappa(\mathfrak{S}, \mathfrak{T})}{2^{p(\kappa)}\, N\kappa^{\frac{1}{2}r(r-1)}} = D_\kappa(\mathfrak{S}, \mathfrak{T}) \quad (r = q). \tag{55}$$

HILFSSATZ 69: *Es sei $\kappa_1, \kappa_2, \cdots$ eine unendliche Folge ganzer Ideale von der Art, dass erstens für alle $l = 1, 2, \cdots$ das Ideal κ_l in κ_{l+1} aufgeht, dass zweitens jedes beliebige ganze Ideal κ in mindestens einem Ideal der Folge aufgeht und dass drittens jedes Ideal der Folge mit einem Primidealteiler ρ zugleich auch alle Primideale kleinerer Norm als Factoren enthält. Es seien $\{s\}$ und $\{t\}$ die Kerne von $\mathfrak{S}$ und $\mathfrak{T}$, und es sei weder $q = 2$ und $-s$ ein Quadrat noch $q = r + 2$ und $-st$ ein Quadrat. Durchläuft dann ρ die nach wachsenden Normen geordneten Primideale, so ist*

$$\lim_{l\to\infty} D_{\kappa_l}(\mathfrak{S}, \mathfrak{T}) = \prod_\rho d_\rho(\mathfrak{S}, \mathfrak{T}); \tag{56}$$

ferner verschwindet dieser Grenzwert nur dann, wenn mindestens ein Factor auf der rechten Seite den Wert 0 hat.

BEWEIS: Es sei $\delta(\mathfrak{T}) = \tau$. Man wähle l so gross, dass $8\tau^3$ in κ_l aufgeht. Sind dann $\rho_1, \cdots, \rho_k$ die verschiedenen Primidealteiler von κ_l, so folgt aus (53), (54), (55) in Verbindung mit den Hilfssätzen 58 und 60, dass

$$D_{\kappa_l}(\mathfrak{S}, \mathfrak{T}) = \prod_{c=1}^{k} d_{\rho_c}(\mathfrak{S}, \mathfrak{T}) \tag{57}$$

ist. Das unendliche Product in (56) enthält aber die rechte Seite von (57) als Partialproduct. Man hat also nur noch zu zeigen, dass das unendliche Product convergiert, und zwar gegen einen von 0 verschiedenen Wert, wenn alle Factoren $\neq 0$ sind.

Es sei ρ ein Primideal, das nicht in $2\tau\delta(\mathfrak{S})$ aufgeht. Für gerades q setze man $a = \left(\frac{-1}{\rho}\right)^{\frac{1}{2}q} \left(\frac{\mathfrak{S}}{\rho}\right)$, und für gerades $q - r$ sei $b = \left(\frac{-1}{\rho}\right)^{\frac{1}{2}(q-r)} \left(\frac{\mathfrak{S}}{\rho}\right) \left(\frac{\mathfrak{T}}{\rho}\right)$. Nach den Hilfssätzen 56 und 58 ist dann

$$\begin{aligned} d_\rho(\mathfrak{S}, \mathfrak{T}) &= (1 - aN\rho^{-\frac{1}{2}q})\,(1 + bN\rho^{\frac{1}{2}(r-q)}) \prod_{l=1}^{\frac{1}{2}r-1} (1 - N\rho^{2l-q}) && (q \text{ gerade}, r \text{ gerade}),\\ &= (1 - aN\rho^{-\frac{1}{2}q}) \prod_{l=1}^{\frac{1}{2}(r-1)} (1 - N\rho^{2l-q}) && (q \text{ gerade}, r \text{ ungerade}),\\ &= (1 + bN\rho^{\frac{1}{2}(r-q)}) \prod_{l=1}^{\frac{1}{2}(r-1)} (1 - N\rho^{2l-q-1}) && (q \text{ ungerade}, r \text{ ungerade}),\\ &= \prod_{l=1}^{\frac{1}{2}r} (1 - N\rho^{2l-q-1}) && (q \text{ ungerade}, r \text{ gerade}) \end{aligned}$$

für $r < q$. Im Falle $r = q$ hat man rechts noch den Factor $\frac{1}{2}$ hinzuzufügen. Da die Productdarstellung der Dedekindschen Zetafunction $\zeta_K(s)$ des Körpers K für $s > 1$ convergiert, so hat man nur noch die Convergenz der drei Producte

$$\prod_\rho{}' (1 - a_0 N\rho^{-1}), \qquad \prod_\rho{}' (1 + b_1 N\rho^{-1}), \qquad \prod_\rho{}' \tfrac{1}{2} (1 + b_0)$$

mit $a_0 = \left(\frac{-1}{\rho}\right)\left(\frac{\mathfrak{S}}{\rho}\right)$, $b_1 = \left(\frac{-1}{\rho}\right)\left(\frac{\mathfrak{S}}{\rho}\right)\left(\frac{\mathfrak{T}}{\rho}\right)$, $b_0 = \left(\frac{\mathfrak{S}}{\rho}\right)\left(\frac{\mathfrak{T}}{\rho}\right)$ zu untersuchen, wobei ρ die nach wachsender Norm geordneten zu $2\tau\delta(\mathfrak{S})$ teilerfremden Primideale durchläuft; im ersten Falle ist $q = 2$, im zweiten $q = r + 2$, im dritten $q = r$. Da die Factoren des dritten Productes nur den Wert 0 oder 1 haben können, so convergiert es selbst gegen 0 oder 1, und zwar gegen 1 nur dann, wenn st eine Quadratzahl ist. Da beim ersten Product $-s$ und beim zweiten Product $-st$ nach Voraussetzung keine Quadrate sind, so ergibt der Primidealsatz für arithmetische Reihen in Verbindung mit dem quadratischen Reciprocitätsgesetz die Convergenz der Summen

$$\sum_\rho \left(\frac{-s}{\rho}\right) N\rho^{-1} \text{ und } \sum_\rho \left(\frac{-st}{\rho}\right) N\rho^{-1},$$

also auch die Convergenz des ersten und des zweiten Productes.

Um analog zu den ρ-adischen Darstellungsdichten eine reelle Darstellungsdichte zu definieren, mache man die Voraussetzung, dass der Körper total-reell und $\mathfrak{S}$ total-positiv ist. Es seien $\mathfrak{S}_{(l)}, \mathfrak{T}_{(l)}$ $(l = 1, \cdots, h)$ die Conjugierten von $\mathfrak{S}$, $\mathfrak{T}$ und $\mathfrak{E}_{(1)}, \cdots, \mathfrak{E}_{(h)}$ die Conjugierten der Rechtseinheit $\mathfrak{E}_\mathfrak{T}$ von $\mathfrak{T}$. Man nehme an, dass $\mathfrak{T}$ durch $\mathfrak{S}$ total-reell darstellbar ist, dass also die h Gleichungen $\mathfrak{X}'_{(l)}\mathfrak{S}_{(l)}\mathfrak{X}_{(l)} = \mathfrak{T}_{(l)}$ in reellen Matrizen $\mathfrak{X}_{(1)}, \cdots, \mathfrak{X}_{(h)}$ lösbar sind. Dies ist dann und nur dann der Fall, wenn der Rang r von $\mathfrak{T}$ nicht grösser als der Rang q von $\mathfrak{S}$ und $\mathfrak{T}$ ebenfalls total-positiv ist. Man betrachte nun h reelle symmetrische Matrizen $\mathfrak{Z}_{(1)}, \cdots, \mathfrak{Z}_{(h)}$, die den h Bedingungen $\mathfrak{Z}_{(l)}\mathfrak{E}_{(l)} = \mathfrak{Z}_{(l)}$ $(l = 1, \cdots, h)$ genügen und einer so kleinen Umgebung der Matrizen

$$\mathfrak{T}_{(1)}, \cdots, \mathfrak{T}_{(h)}$$

angehören, dass auch noch die h Gleichungen $\mathfrak{X}'_{(l)}\mathfrak{S}_{(l)}\mathfrak{X}_{(l)} = \mathfrak{Z}_{(l)}$ reell lösbar sind. Nach Hilfssatz 29 ist $\mathfrak{T} = \mathfrak{B}'\mathfrak{B}^{(r)}\mathfrak{B}$ mit $\mathfrak{B}\mathfrak{E}_\mathfrak{T} = \mathfrak{B}$ und folglich $\mathfrak{Z}_{(l)} = \mathfrak{B}'_{(l)}\mathfrak{Y}_{(l)}\mathfrak{B}_{(l)}$, wo die symmetrischen reellen Matrizen $\mathfrak{Y}_{(1)}, \cdots, \mathfrak{Y}_{(h)}$ in einer beliebigen kleinen Umgebung von $\mathfrak{B}_{(1)}, \cdots, \mathfrak{B}_{(h)}$ variieren. Die dadurch definierte $\mathfrak{Z}$-Mannigfaltigkeit Z ist linear und hat $h\frac{1}{2}r(r + 1)$ Dimensionen. Bedeutet $b_1, \cdots, b_h$ eine Basis des Körpers, so setze man noch

$$\mathfrak{Y}_{(l)} = b_{1(l)}\mathfrak{Y}_1 + \cdots + b_{h(l)}\mathfrak{Y}_h \qquad (l = 1, \cdots, h).$$

Deutet man die $h\frac{1}{2}r(r + 1)$ unabhängigen Elemente der symmetrischen reellen Matrizen $\mathfrak{Y}_1, \cdots, \mathfrak{Y}_h$ als rechtwinklige cartesische Coordinaten eines Punktes, so wird Z auf ein Gebiet Y im $\mathfrak{Y}_1 \cdots \mathfrak{Y}_h$ -Raum abgebildet, das aber noch von der Wahl von $\mathfrak{B}$ und der Basis abhängt.

Hilfssatz 70: *Es sei $v(Y)$ das Volumen des Gebietes Y und $b = N\delta(\mathfrak{B})$ die Norm der Discriminante von $\mathfrak{B}$. Dann hängt die Grösse*

$$w(Z) = b^{r+1}v(Y)$$

nur von Z ab, also nicht von der Wahl von $\mathfrak{B}$ und der Basis $b_1, \cdots, b_h$.

Beweis: Die $h\frac{1}{2}r(r+1)$ unabhängigen Elemente der symmetrischen Matrizen $\mathfrak{Y}_{(1)}, \cdots, \mathfrak{Y}_{(h)}$ durchlaufen ein Gebiet Y_0. Bedeutet $d = |b_{k(l)}|^2$ die Körperdiscriminante, so ist die Functionaldeterminante der Variabeln von

$$\mathfrak{Y}_{(1)}, \cdots, \mathfrak{Y}_{(h)}$$

nach denen von $\mathfrak{Y}_1, \cdots, \mathfrak{Y}_h$ gleich $d^{\frac{1}{4}r(r+1)}$. Zwischen den Volumina von Y_0 und Y besteht also die Beziehung $v(Y_0) = d^{\frac{1}{4}r(r+1)}\, v(Y)$. Daher genügt es, zu zeigen, dass der Wert $b^{r+1}v(Y_0)$ nicht von $\mathfrak{B}$ abhängt. Alle zulässigen $\mathfrak{B}$ entstehen nun aus einem festen in der Form $\mathfrak{B}^* = \mathfrak{K}\mathfrak{B}$ mit $|\mathfrak{K}| \neq 0$, und für die zugehörigen Werte $\mathfrak{Y}^*_{(l)}$ von $\mathfrak{Y}_{(l)}$ gilt $\mathfrak{K}'_{(l)}\mathfrak{Y}^*_{(l)}\mathfrak{K}_{(l)} = \mathfrak{Y}_{(l)}$. Dann ist aber $\delta(\mathfrak{B}^*) = |\mathfrak{K}|\,\delta(\mathfrak{B})$ und andererseits die Functionaldeterminante von $\mathfrak{Y}_{(l)}$ nach $\mathfrak{Y}^*_{(l)}$ gleich $|\mathfrak{K}_{(l)}|^{r+1}$. Dies lehrt die Richtigkeit der Behauptung.

Es sei $\mathfrak{E}_{\mathfrak{S}}$ eine Rechtseinheit von $\mathfrak{S}$ mit den Conjugierten $\mathfrak{F}_{(1)}, \cdots, \mathfrak{F}_{(h)}$. Die reellen Lösungen $\mathfrak{X}_{(1)}, \cdots, \mathfrak{X}_{(h)}$ von $\mathfrak{X}'_{(l)}\mathfrak{S}_{(l)}\mathfrak{X}_{(l)} = \mathfrak{Z}_{(l)}$ $(l = 1, \cdots, h)$ werden noch den Bedingungen $\mathfrak{F}_{(l)}\mathfrak{X}_{(l)}\mathfrak{E}_{(l)} = \mathfrak{X}_{(l)}$ unterworfen. Dann bilden sie eine gewisse Z zugeordnete Mannigfaltigkeit X. Setzt man $\mathfrak{S} = \mathfrak{A}'\mathfrak{R}^{(q)}\mathfrak{A}$ mit $\mathfrak{A}\mathfrak{E}_{\mathfrak{S}} = \mathfrak{A}$, so erhält man $\mathfrak{X}_{(l)} = \mathfrak{A}^{-1}_{(l)}\mathfrak{W}_{(l)}\mathfrak{B}_{(l)}$, wo $\mathfrak{W}_{(l)}$ die reellen Lösungen von $\mathfrak{W}'_{(l)}\mathfrak{R}_{(l)}\mathfrak{W}_{(l)} = \mathfrak{Y}_{(l)}$ durchläuft. Durch die Zerlegung

$$\mathfrak{W}_{(l)} = b_{1(l)}\mathfrak{W}_1 + \cdots + b_{h(l)}\mathfrak{W}_h \qquad (l = 1, \cdots, h)$$

wird X eindeutig auf ein Gebiet W des $\mathfrak{W}_1 \cdots \mathfrak{W}_h$-Raumes von hqr Dimensionen abgebildet. Analog zu Hilfssatz 70 beweist man

Hilfssatz 71: *Es sei $v(W)$ des Volumen des Z zugeordneten Gebietes W und $a = N\delta(\mathfrak{A})$ die Norm der Discriminante von $\mathfrak{A}$. Dann hängt die Grösse*

$$w(X) = a^{-r}b^{q}v(W)$$

nur von Z ab.

Hilfssatz 72: *Es seien σ und τ die Discriminanten von $\mathfrak{S}$ und $\mathfrak{T}$, ferner d die Körperdiscriminante. Schrumpft das Gebiet Z auf den Punkt $\mathfrak{T}_{(1)}, \cdots, \mathfrak{T}_{(h)}$ zusammen, so ist*

$$\lim_{Z \to \mathfrak{T}} \frac{w(X)}{w(Z)} = c_{qr}\, d^{\frac{1}{4}r(r+1)-\frac{1}{2}qr}\, N\sigma^{-\frac{1}{2}r}\, N\tau^{\frac{1}{2}(q-r-1)} \tag{58}$$

mit

$$c_{qr} = \prod_{k=q-r+1}^{q} \pi^{\frac{1}{2}kh}\,\Gamma^{-h}(\tfrac{1}{2}k).$$

Beweis: Man setze wieder $\mathfrak{S} = \mathfrak{A}'\mathfrak{R}^{(q)}\mathfrak{A}$ und $\mathfrak{T} = \mathfrak{B}'\mathfrak{B}^{(r)}\mathfrak{B}$. Die Gleichung $\mathfrak{X}'_{(l)}\mathfrak{S}_{(l)}\mathfrak{X}_{(l)} = \mathfrak{Z}_{(l)}$ geht dann durch die Substitutionen $\mathfrak{X}_{(l)} = \mathfrak{A}^{-1}_{(l)}\mathfrak{W}_{(l)}\mathfrak{B}_{(l)}$ und

$\mathfrak{Z}_{(l)} = \mathfrak{B}'_{(l)}\mathfrak{Y}_{(l)}\mathfrak{B}_{(l)}$ über in $\mathfrak{W}'_{(l)}\mathfrak{R}_{(l)}\mathfrak{W}_{(l)} = \mathfrak{Y}_{(l)}$. Bedeutet $d\mathfrak{Y}$ das Volumenelement im $\mathfrak{Y}_{(1)} \cdots \mathfrak{Y}_{(h)}$ -Raum und $d\mathfrak{W}$ das Volumenelement im $\mathfrak{W}_{(1)} \cdots \mathfrak{W}_{(h)}$ -Raum, so ergeben sich aus den Hilfssätzen 70 und 71 die Gleichungen

$$w(Z) = b^{r+1}d^{-\frac{1}{2}r(r+1)} \int d\mathfrak{Y}, \tag{59}$$

$$w(X) = a^{-r}b^{q}d^{-\frac{1}{2}qr} \int d\mathfrak{W}. \tag{60}$$

Nun ist $d\mathfrak{Y}$ das Product der Volumenelemente $d\mathfrak{Y}_{(l)}$ der h einzelnen $\mathfrak{Y}_{(l)}$ -Räume und ebenso $d\mathfrak{W}$ das Product der $d\mathfrak{W}_{(l)}$. Mit Rücksicht auf Hilfssatz 26 des ersten Teiles gilt ferner

$$\lim_{\mathfrak{Y}_{(l)} \to \mathfrak{B}_{(l)}} \int d\mathfrak{W}_{(l)} : \int d\mathfrak{Y}_{(l)} = c_{qr}^{1/h} \,|\, \mathfrak{R}_{(l)} \,|^{-\frac{1}{2}r} \,|\, \mathfrak{B}_{(l)} \,|^{\frac{1}{2}(q-r-1)}. \tag{61}$$

Benutzt man noch die Formeln $\sigma = |\,\mathfrak{R}\,|\,\delta^2(\mathfrak{A})$, $\tau = |\,\mathfrak{B}\,|\,\delta^2(\mathfrak{B})$, so folgt (58) aus (59), (60), (61).

Die durch (58) definierte Grösse soll mit $A_\infty(\mathfrak{S}, \mathfrak{T})$ bezeichnet werden. Sie ändert sich nicht, wenn $\mathfrak{S}$ und $\mathfrak{T}$ durch verwandte Matrizen ersetzt werden. Der Quotient

$$d(\mathfrak{S}, \mathfrak{T}) = \frac{A(\mathfrak{S}, \mathfrak{T})}{A_\infty(\mathfrak{S}, \mathfrak{T})}$$

aus der Anzahl $A(\mathfrak{S}, \mathfrak{T})$ der reducierten Darstellungen von $\mathfrak{T}$ durch $\mathfrak{S}$ und $A_\infty(\mathfrak{S}, \mathfrak{T})$ möge die Dichte der Darstellung von $\mathfrak{T}$ durch $\mathfrak{S}$ heissen. Dass dies eine vernünftige Ausdrucksweise ist, zeigt

Hilfssatz 73: *Es sei* $f(\mathfrak{Z}_{(1)}, \cdots, \mathfrak{Z}_{(h)}) = f(\mathfrak{Z})$ *eine integrierbare Function im Raume* Z, κ *ein ganzes Ideal,* T *eine natürliche Zahl und* $\mathfrak{C}$ *eine ganze Matrix mit* $\mathfrak{E}_{\mathfrak{S}}\mathfrak{C}\mathfrak{E}_{\mathfrak{T}} = \mathfrak{C}$. *Es durchlaufe* $\mathfrak{X}$ *alle mit* $\mathfrak{C}$ *modulo* κ *congruenten Matrizen, für welche* $T^{-1}\mathfrak{X}'\mathfrak{S}\mathfrak{X}$ *in* Z *liegt und* $\mathfrak{E}_{\mathfrak{S}}\mathfrak{X}\mathfrak{E}_{\mathfrak{T}} = \mathfrak{X}$ *ist, ferner* $\mathfrak{Z}$ *alle ganzen Matrizen mit* $T^{-1}\mathfrak{Z}$ *in* Z. *Dann gilt für* $T \to \infty$ *die Beziehung*

$$\lim T^{-\frac{1}{2}hr(r+1)} \sum_{\mathfrak{X}} \frac{f(T^{-1}\mathfrak{X}'\mathfrak{S}\mathfrak{X})}{A_\infty(\mathfrak{S}, \mathfrak{X}'\mathfrak{S}\mathfrak{X})} = \lim T^{-\frac{1}{2}hr(r+1)} N\kappa^{-qr} \sum_{\mathfrak{Z}} f(T^{-1}\mathfrak{Z}). \tag{62}$$

Beweis: Die reducierten $\mathfrak{X} \equiv \mathfrak{C} \pmod{\kappa}$ bilden ein Gitter, dessen Fundamentalbereich aus $N\kappa^{qr}$ Exemplaren des Fundamentalbereiches des Gitters aller ganzen reducierten $\mathfrak{X}$ besteht. Ist andererseits $\mathfrak{S} = \mathfrak{A}'\mathfrak{R}^{(q)}\mathfrak{A}$, $\mathfrak{T} = \mathfrak{B}'\mathfrak{B}^{(r)}\mathfrak{B}$ mit ganzen $\mathfrak{A}^{-1}$, $\mathfrak{B}$ und $\mathfrak{A}\mathfrak{E}_{\mathfrak{S}} = \mathfrak{A}$, $\mathfrak{B}\mathfrak{E}_{\mathfrak{T}} = \mathfrak{B}$, also $\mathfrak{X} = \mathfrak{A}^{-1}\mathfrak{W}\mathfrak{B}$, so wird der Fundamentalbereich des Gitters der ganzen $\mathfrak{W}$ von $N\delta^{-r}(\mathfrak{A})N\delta^{q}(\mathfrak{B})$ Exemplaren des Fundamentalbereiches des Gitters der ganzen reducierten $\mathfrak{X}$ geliefert. Endlich wird durch die Zerlegung $\mathfrak{W}_{(l)} = b_{1(l)}\mathfrak{W}_1 + \cdots + b_{h(l)}\mathfrak{W}_h$ die Abbildung des Gitters der ganzen $\mathfrak{W}$ auf das Gitter der ganzen rationalen $\mathfrak{W}_1, \cdots, \mathfrak{W}_h$ hergestellt. Bedeutet dw das Volumenelement des $\mathfrak{W}_1 \cdots \mathfrak{W}_h$-Gebietes W, so gilt nach Definition des bestimmten Integrales die Formel

$$\lim_{T \to \infty} T^{-h\frac{1}{2}qr} \sum_{\mathfrak{X}} f(T^{-1}\mathfrak{X}'\mathfrak{S}\mathfrak{X}) = N\kappa^{-qr} a^{-r} b^{q} \int_W f(\mathfrak{B}'\mathfrak{W}'\mathfrak{R}\mathfrak{W}\mathfrak{B})\, dw, \tag{63}$$

wobei auf der linken Seite $\mathfrak{X}$ dieselben Matrizen durchläuft wie in (62) und $a = N\delta(\mathfrak{A})$, $b = N\delta(\mathfrak{B})$ gesetzt ist. Ebenso folgt

$$\lim_{T\to\infty} T^{-h\frac{1}{2}r(r+1)} \sum_{\mathfrak{Z}} f(T^{-1}\mathfrak{Z}) = b^{r+1} \int_Y f(\mathfrak{B}'\mathfrak{Y}\mathfrak{B})\, dy, \tag{64}$$

mit dem Volumenelement dy des Gebietes Y. Verwendet man nun (63) mit $f(\mathfrak{Z}):A_\infty(\mathfrak{S}, \mathfrak{Z})$ statt $f(\mathfrak{Z})$, so folgt aus den Hilfssätzen 70, 71, 72 durch Vergleich mit (64) die Behauptung.

Zweites Capitel: Der Hauptsatz

11. Formulierung des Hauptsatzes im total-positiven Fall

In diesem ganzen Capitel mit Ausnahme des letzten Paragraphen soll vorausgesetzt werden, dass der Körper total-reell und $\mathfrak{S}$ total-positiv ist. Es bedeuten $d(\mathfrak{S}, \mathfrak{T})$ und $d_\mathfrak{p}(\mathfrak{S}, \mathfrak{T})$ die in §10 erklärten Darstellungsdichten; ferner ist $E(\mathfrak{S})$ wie in §5 die Ordnung der Einheitengruppe von $\mathfrak{S}$. Die Ränge von $\mathfrak{S}$ und $\mathfrak{T}$ werden mit q und r bezeichnet. Die Zahlen $f(\mathfrak{S}, \mathfrak{T}) = f$ definiere man durch $f = 1$ für $q > r + 1$, $f = \frac{1}{2}$ für $q = r + 1$, $f = 2^{1-h}$ für $q = r = 1$, $f = 2^{-h}$ für $q = r > 1$.

Satz I: *Es seien $\mathfrak{S}_1, \cdots, \mathfrak{S}_g$ ein volles System von Repräsentanten der verschiedenen Classen des Geschlechtes von $\mathfrak{S}$. Durchläuft $\mathfrak{p}$ die sämtlichen nach wachsenden Normen geordneten Primideale, so ist*

$$\frac{d(\mathfrak{S}_1, \mathfrak{T})}{E(\mathfrak{S}_1)} + \cdots + \frac{d(\mathfrak{S}_g, \mathfrak{T})}{E(\mathfrak{S}_g)} : \frac{1}{E(\mathfrak{S}_1)} + \cdots + \frac{1}{E(\mathfrak{S}_g)} = f \prod_{\mathfrak{p}} d_\mathfrak{p}(\mathfrak{S}, \mathfrak{T}). \tag{65}$$

Es soll noch der Specialfall $\mathfrak{S} = \mathfrak{T}$ besonders formuliert werden. In diesem Falle ist $A(\mathfrak{S}_l, \mathfrak{T})$ gleich $E(\mathfrak{S})$ oder 0, je nachdem $\mathfrak{S}_l$ mit $\mathfrak{S}$ äquivalent ist oder nicht. Man erhält also eine Formel für das Mass

$$M(\mathfrak{S}) = \frac{1}{E(\mathfrak{S}_1)} + \cdots + \frac{1}{E(\mathfrak{S}_g)} \tag{66}$$

des Geschlechtes von $\mathfrak{S}$, nämlich

Satz II: *Es ist*

$$A_\infty(\mathfrak{S}, \mathfrak{S})M(\mathfrak{S}) = f^{-1} \prod_{\mathfrak{p}} d_\mathfrak{p}^{-1}(\mathfrak{S}, \mathfrak{S}).$$

Der Beweis besteht aus einem arithmetischen und einem analytischen Teil. Im arithmetischen Teil drückt man in Verallgemeinerung eines Ansatzes von Eisenstein die Summe $\frac{A(\mathfrak{S}_1, \mathfrak{T})}{E(\mathfrak{S}_1)} + \cdots + \frac{A(\mathfrak{S}_g, \mathfrak{T})}{E(\mathfrak{S}_g)}$ durch das Mass von symmetrischen Matrizen aus, welche kleineren Rang haben als $\mathfrak{S}$, und macht eine analoge Umformung für den Ausdruck $A_\kappa(\mathfrak{S}, \mathfrak{T}):E_\kappa(\mathfrak{S})$. Indem man vollständige Induction anwendet, kann man dann für jenes Mass Satz II benutzen und erhält die Aussage von Satz I bis auf einen von $\mathfrak{T}$ unabhängigen Factor auf der rechten Seite. Die Bestimmung dieses Factors selbst erfolgt im analytischen Teil nach der bekannten Methode von Dirichlet.

12. Ergänzungen

Ist $\mathfrak{C}'\mathfrak{S}\mathfrak{C} = \mathfrak{T}$ eine reducierte Darstellung von $\mathfrak{T}$ durch $\mathfrak{S}$, also $\mathfrak{E}_{\mathfrak{S}}\mathfrak{C}\mathfrak{E}_{\mathfrak{T}} = \mathfrak{C}$, und $\mathfrak{T}^{-1}$ die zu $\mathfrak{E}_{\mathfrak{T}}$ gehörige Reciproke von $\mathfrak{T}$, so soll die symmetrische Matrix

$$\mathfrak{H} = \mathfrak{S} - \mathfrak{S}\mathfrak{C}\mathfrak{T}^{-1}\mathfrak{C}'\mathfrak{S} \tag{67}$$

zur Darstellung *adjungiert* heissen.

Hilfssatz 74: *Sind q, r die Ränge von $\mathfrak{S}$, $\mathfrak{T}$, so hat die adjungierte Matrix $\mathfrak{H}$ den Rang $q - r$.*

Beweis: Es ist $\mathfrak{H}\mathfrak{E}_{\mathfrak{S}} = \mathfrak{H}$, $\mathfrak{H}\mathfrak{C} = \mathfrak{N}$, also $\mathfrak{H}(\mathfrak{E} - \mathfrak{E}_{\mathfrak{S}}, \mathfrak{C}) = \mathfrak{N}$. Da die Matrix $(\mathfrak{E} - \mathfrak{E}_{\mathfrak{S}}, \mathfrak{C})$ nach Hilfssatz 53 den Rang $m - q + r$ hat, wo m die Reihenanzahl von $\mathfrak{S}$ und $\mathfrak{H}$ bedeutet, so hat $\mathfrak{H}$ höchstens den Rang $q - r$. Andererseits ist $\mathfrak{H} + \mathfrak{S}\mathfrak{C}\mathfrak{T}^{-1}\mathfrak{C}'\mathfrak{S} = \mathfrak{S}$, und die Matrix $\mathfrak{S}\mathfrak{C}\mathfrak{T}^{-1}\mathfrak{C}'\mathfrak{S}$ hat höchstens den Rang r von $\mathfrak{T}^{-1}$. Da nun der Rang der Summe zweier Matrizen höchstens gleich der Summe der einzelnen Ränge ist und $\mathfrak{S}$ den Rang q hat, so ist der Rang von $\mathfrak{H}$ mindestens $q - r$. Hieraus folgt die Behauptung.

Weiterhin werden in diesem Paragraphen nur primitive Darstellungen betrachtet; es ist also $\delta(\mathfrak{C}) = 1$. Eine ganze Matrix $\mathfrak{B}$ heisse *Ergänzung* von $\mathfrak{C}$, wenn $\mathfrak{B}'\mathfrak{H}\mathfrak{B} = \mathfrak{H}_1 \sim \mathfrak{H}$ und $\mathfrak{E}_{\mathfrak{S}}\mathfrak{B}\mathfrak{E}_{\mathfrak{H}_1} = \mathfrak{B}$ ist. Aus dieser Definition folgt, dass speciell $\mathfrak{B} = \mathfrak{E}_{\mathfrak{S}}\mathfrak{E}_{\mathfrak{H}}$ eine Ergänzung von $\mathfrak{C}$ ist.

Hilfssatz 75: *Es sei $\mathfrak{H}$ adjungiert zur primitiven reducierten Darstellung $\mathfrak{C}'\mathfrak{S}\mathfrak{C} = \mathfrak{T}$ und $\mathfrak{B}$ eine Ergänzung von $\mathfrak{C}$. Setzt man*

$$(\mathfrak{C}\mathfrak{B}) = \mathfrak{A}, \qquad \mathfrak{C}'\mathfrak{S}\mathfrak{B} = \mathfrak{Q}, \qquad \mathfrak{B}'\mathfrak{H}\mathfrak{B} = \mathfrak{H}_1, \qquad \begin{pmatrix} \mathfrak{T} & \mathfrak{Q} \\ \mathfrak{N} & \mathfrak{E}_{\mathfrak{H}_1} \end{pmatrix} = \mathfrak{R},$$

so ist

$$\mathfrak{A}'\mathfrak{S}\mathfrak{A} = \mathfrak{R}' \begin{pmatrix} \mathfrak{T}^{-1} & \mathfrak{N} \\ \mathfrak{N} & \mathfrak{H}_1 \end{pmatrix} \mathfrak{R}.$$

Beweis: Es ist

$$\mathfrak{R}' \begin{pmatrix} \mathfrak{T}^{-1} & \mathfrak{N} \\ \mathfrak{N} & \mathfrak{H}_1 \end{pmatrix} \mathfrak{R} = \begin{pmatrix} \mathfrak{T} & \mathfrak{N} \\ \mathfrak{Q}' & \mathfrak{E}'_{\mathfrak{H}_1} \end{pmatrix} \begin{pmatrix} \mathfrak{E}_{\mathfrak{T}} & \mathfrak{T}^{-1}\mathfrak{Q} \\ \mathfrak{N} & \mathfrak{H}_1 \end{pmatrix} = \begin{pmatrix} \mathfrak{T} & \mathfrak{Q} \\ \mathfrak{Q}' & \mathfrak{H}_1 + \mathfrak{Q}'\mathfrak{T}^{-1}\mathfrak{Q} \end{pmatrix}$$

$$= \begin{pmatrix} \mathfrak{C}'\mathfrak{S}\mathfrak{C} & \mathfrak{C}'\mathfrak{S}\mathfrak{B} \\ \mathfrak{B}'\mathfrak{S}\mathfrak{C} & \mathfrak{B}'\mathfrak{S}\mathfrak{B} \end{pmatrix} = (\mathfrak{C}\mathfrak{B})'\mathfrak{S}(\mathfrak{C}\mathfrak{B}) = \mathfrak{A}'\mathfrak{S}\mathfrak{A}.$$

Hilfssatz 76: *Es ist $\delta(\mathfrak{S}) = \delta(\mathfrak{H})\delta(\mathfrak{T})$, und für ganzes $\mathfrak{S}$ ist $\delta(\mathfrak{T})\mathfrak{H}$ ganz.*

Beweis: Der zweite Teil der Behauptung folgt wegen (67) aus Hilfssatz 19. Man setze $\mathfrak{B} = \mathfrak{E}_{\mathfrak{S}}\mathfrak{E}_{\mathfrak{H}}$. Wegen $\mathfrak{H}\mathfrak{E}_{\mathfrak{S}} = \mathfrak{H}$ ist dann $\mathfrak{E}_{\mathfrak{H}}\mathfrak{E}_{\mathfrak{S}} = \mathfrak{E}_{\mathfrak{H}}$, also $\mathfrak{B}^2 = \mathfrak{B}$ und $\delta(\mathfrak{B}) = 1$. Setzt man noch $(\mathfrak{C}\mathfrak{B}) = \mathfrak{A}$, so gilt wegen $\mathfrak{H}\mathfrak{C} = \mathfrak{N}$, $\mathfrak{E}_{\mathfrak{H}}\mathfrak{C} = \mathfrak{N}$ die Beziehung

$$\mathfrak{A} = (\mathfrak{E}_{\mathfrak{S}} - \mathfrak{B}, \mathfrak{B}) \begin{pmatrix} \mathfrak{C} & \mathfrak{N} \\ \mathfrak{N} & \mathfrak{B} \end{pmatrix}. \tag{68}$$

Nach Hilfssatz 74 hat $\begin{pmatrix}\mathfrak{C} & \mathfrak{N}\\ \mathfrak{N} & \mathfrak{B}\end{pmatrix}$ den Rang q. Ferner hat die Matrix $(\mathfrak{E}_{\mathfrak{S}} - \mathfrak{B}, \mathfrak{B})$ wegen der Gleichungen $\mathfrak{E}_{\mathfrak{S}}(\mathfrak{E}_{\mathfrak{S}} - \mathfrak{B}, \mathfrak{B}) = (\mathfrak{E}_{\mathfrak{S}} - \mathfrak{B}, \mathfrak{B})$ und

$$(69) \qquad (\mathfrak{E}_{\mathfrak{S}} - \mathfrak{B}, \mathfrak{B})\begin{pmatrix}\mathfrak{E}_{\mathfrak{S}} - \mathfrak{B}\\ \mathfrak{B}\end{pmatrix} = \mathfrak{E}_{\mathfrak{S}}$$

ebenfalls den Rang q. Da $\begin{pmatrix}\mathfrak{E}_{\mathfrak{S}}-\mathfrak{B} & \mathfrak{N}\\ \mathfrak{N} & \mathfrak{B}\end{pmatrix}$ Linkseinheit von $\begin{pmatrix}\mathfrak{C} & \mathfrak{N}\\ \mathfrak{N} & \mathfrak{B}\end{pmatrix}$ und Rechtseinheit von $(\mathfrak{E}_{\mathfrak{S}} - \mathfrak{B}, \mathfrak{B})$ ist, so ergibt Hilfssatz 16 aus (68), dass $\mathfrak{A}$ den Rang q besitzt und $\delta(\mathfrak{A}) = \delta(\mathfrak{E}_{\mathfrak{S}} - \mathfrak{B}, \mathfrak{B})$ ist. Aus (69) folgt aber die Gleichung $\delta(\mathfrak{E}_{\mathfrak{S}} - \mathfrak{B}, \mathfrak{B}) = 1$, und somit ist $\mathfrak{A}$ primitiv.

Nach Hilfssatz 75 wird jetzt

$$(70) \qquad \mathfrak{A}'\mathfrak{S}\mathfrak{A} = \mathfrak{R}'\begin{pmatrix}\mathfrak{T}^{-1} & \mathfrak{N}\\ \mathfrak{N} & \mathfrak{H}\end{pmatrix}\mathfrak{R}$$

mit $\mathfrak{R} = \begin{pmatrix}\mathfrak{T} & \mathfrak{Q}\\ \mathfrak{N} & \mathfrak{E}_{\mathfrak{H}}\end{pmatrix}$, $\mathfrak{Q} = \mathfrak{C}'\mathfrak{S}\mathfrak{E}_{\mathfrak{H}}$. Da dann

$$\mathfrak{R} = \begin{pmatrix}\mathfrak{E} & \mathfrak{Q}\\ \mathfrak{N} & \mathfrak{E}\end{pmatrix}\begin{pmatrix}\mathfrak{T} & \mathfrak{N}\\ \mathfrak{N} & \mathfrak{E}_{\mathfrak{H}}\end{pmatrix}$$

und die Matrix $\begin{pmatrix}\mathfrak{E} & \mathfrak{Q}\\ \mathfrak{N} & \mathfrak{E}\end{pmatrix}$ unimodular ist, so besitzt $\mathfrak{R}$ denselben Rang q wie die Matrix $\begin{pmatrix}\mathfrak{T}^{-1} & \mathfrak{N}\\ \mathfrak{N} & \mathfrak{H}\end{pmatrix}$, und es ist $\delta(\mathfrak{R}) = \delta(\mathfrak{T})$. Ausserdem ist die Linkseinheit $\begin{pmatrix}\mathfrak{E}'_{\mathfrak{T}} & \mathfrak{N}\\ \mathfrak{N} & \mathfrak{E}_{\mathfrak{H}}\end{pmatrix}$ von $\mathfrak{R}$ zugleich Rechtseinheit von $\begin{pmatrix}\mathfrak{T}^{-1} & \mathfrak{N}\\ \mathfrak{N} & \mathfrak{H}\end{pmatrix}$. Da auch noch $\mathfrak{E}_{\mathfrak{S}}$ Linkseinheit von $\mathfrak{A}$ ist, so folgt aus (70) nach Hilfssatz 16 die Beziehung

$$\delta^2(\mathfrak{A})\delta(\mathfrak{S}) = \delta(\mathfrak{A}'\mathfrak{S}\mathfrak{A}) = \delta\left(\mathfrak{R}'\begin{pmatrix}\mathfrak{T}^{-1} & \mathfrak{N}\\ \mathfrak{N} & \mathfrak{H}\end{pmatrix}\mathfrak{R}\right) = \delta^2(\mathfrak{R})\delta(\mathfrak{T}^{-1})\delta(\mathfrak{H})$$

und hieraus nach Hilfssatz 18 die Behauptung.

Hilfssatz 77: *Eine ganze Matrix $\mathfrak{B}$ mit $\mathfrak{B}'\mathfrak{H}\mathfrak{B} = \mathfrak{H}_1$, $\mathfrak{E}_{\mathfrak{S}}\mathfrak{B}\mathfrak{E}_{\mathfrak{H}_1} = \mathfrak{B}$ ist dann und nur dann Ergänzung von $\mathfrak{C}$, wenn $(\mathfrak{C}\mathfrak{B})'\mathfrak{S}(\mathfrak{C}\mathfrak{B}) \sim \mathfrak{S}$ ist.*

Beweis: Man setze $(\mathfrak{C}\mathfrak{B}) = \mathfrak{A}$. Dann ist $\mathfrak{E}_{\mathfrak{S}}\mathfrak{A} = \mathfrak{A}$. Wenn $\mathfrak{B}$ Ergänzung von $\mathfrak{C}$ ist, so ergeben die Hilfssätze 16, 74, 75, da die Matrix $\begin{pmatrix}\mathfrak{E}'_{\mathfrak{T}} & \mathfrak{N}\\ \mathfrak{N} & \mathfrak{E}_{\mathfrak{H}_1}\end{pmatrix}$ vom Range q Linkseinheit von $\mathfrak{R} = \begin{pmatrix}\mathfrak{T} & \mathfrak{Q}\\ \mathfrak{N} & \mathfrak{E}_{\mathfrak{H}_1}\end{pmatrix} = \begin{pmatrix}\mathfrak{E} & \mathfrak{Q}\\ \mathfrak{N} & \mathfrak{E}\end{pmatrix}\begin{pmatrix}\mathfrak{T} & \mathfrak{N}\\ \mathfrak{N} & \mathfrak{E}_{\mathfrak{H}_1}\end{pmatrix}$ mit $\mathfrak{Q} = \mathfrak{C}'\mathfrak{S}\mathfrak{B}$ und zugleich Rechtseinheit von $\begin{pmatrix}\mathfrak{T}^{-1} & \mathfrak{N}\\ \mathfrak{N} & \mathfrak{H}_1\end{pmatrix}$ ist, dass $\mathfrak{A}'\mathfrak{S}\mathfrak{A}$ den Rang q besitzt und dass

$$\delta^2(\mathfrak{A})\delta(\mathfrak{S}) = \delta(\mathfrak{A}'\mathfrak{S}\mathfrak{A}) = \delta(\mathfrak{T})\delta(\mathfrak{H}_1)$$

gilt. Wegen $\mathfrak{H}_1 \sim \mathfrak{H}$ ergibt Hilfssatz 76 die Primitivität von $\mathfrak{A}$. Für $\mathfrak{A}'\mathfrak{S}\mathfrak{A} = \mathfrak{S}_1$ ist dann aber auch $\mathfrak{A}'^{-1}\mathfrak{S}_1\mathfrak{A}^{-1} = \mathfrak{S}$, also $\mathfrak{S}_1 \sim \mathfrak{S}$.

Jetzt werde umgekehrt $\mathfrak{S}_1 \sim \mathfrak{S}$ vorausgesetzt. Wegen $\delta(\mathfrak{S}) = \delta(\mathfrak{S}_1) = \delta^2(\mathfrak{A})\delta(\mathfrak{S})$ ist dann zunächst $\mathfrak{A}$ primitiv. Aus der Formel

$$\mathfrak{S}_1 = \mathfrak{R}' \begin{pmatrix} \mathfrak{T}^{-1} & \mathfrak{N} \\ \mathfrak{N} & \mathfrak{H}_1 \end{pmatrix} \mathfrak{R} \tag{71}$$

folgt weiter, dass der Rang von $\mathfrak{H}_1$ nicht kleiner als $q - r$ ist; nach Hilfssatz 74 ist er also genau $q - r$. In Verbindung mit Hilfssatz 76 liefert dann (71), dass $\delta(\mathfrak{H}_1) = \delta(\mathfrak{H})$ ist. Setzt man noch $\mathfrak{E}_{\mathfrak{H}}\mathfrak{B} = \mathfrak{B}_0$, so ist wegen $\delta(\mathfrak{H}_1) = \delta^2(\mathfrak{B}_0)\delta(\mathfrak{H})$ die Matrix $\mathfrak{B}_0$ primitiv und $\mathfrak{H} = \mathfrak{B}_0'^{-1}\mathfrak{H}_1\mathfrak{B}_0^{-1}$, also $\mathfrak{H}_1 \sim \mathfrak{H}$.

Hilfssatz 78: *Es sei $\mathfrak{B}_0$ eine feste Ergänzung von $\mathfrak{C}$ und $\mathfrak{H}_0 = \mathfrak{B}_0'\mathfrak{H}\mathfrak{B}_0$. Man erhält alle Ergänzungen genau einmal durch*

$$\mathfrak{B} = \mathfrak{C}\mathfrak{F} + \mathfrak{B}_0\mathfrak{W}, \tag{72}$$

wo $\mathfrak{W}$ alle ganzen Matrizen mit $\mathfrak{W}'\mathfrak{H}_0\mathfrak{W} = \mathfrak{H}_1 \sim \mathfrak{H}_0$, $\mathfrak{E}_{\mathfrak{H}_0}\mathfrak{W}\mathfrak{E}_{\mathfrak{H}_1} = \mathfrak{W}$ und $\mathfrak{F}$ alle ganzen Matrizen mit $\mathfrak{E}_{\mathfrak{T}}\mathfrak{F}\mathfrak{E}_{\mathfrak{H}_1} = \mathfrak{F}$ durchlaufen.

Beweis: Ist $\mathfrak{B}$ eine Ergänzung von $\mathfrak{C}$, so setze man $(\mathfrak{C}\mathfrak{B}_0) = \mathfrak{A}_0$, $(\mathfrak{C}\mathfrak{B}) = \mathfrak{A}$. Da $\mathfrak{A}_0$ und $\mathfrak{A}$ die gemeinsame Linkseinheit $\mathfrak{E}_{\mathfrak{S}}$ haben, so ist die Gleichung $\mathfrak{A}_0\mathfrak{X} = \mathfrak{A}$ nach Hilfssatz 15 lösbar, und zwar eindeutig unter der Nebenbedingung

$$\begin{pmatrix} \mathfrak{E}_{\mathfrak{T}} & \mathfrak{N} \\ \mathfrak{N} & \mathfrak{E}_{\mathfrak{H}_0} \end{pmatrix} \mathfrak{X} = \mathfrak{X}.$$

Da $\mathfrak{A}_0$ und $\mathfrak{A}$ primitiv sind, so ist auch $\mathfrak{X} = \mathfrak{A}_0^{-1}\mathfrak{A}$ primitiv. Setzt man $\mathfrak{X} = \begin{pmatrix} \mathfrak{X}_1 & \mathfrak{X}_2 \\ \mathfrak{X}_3 & \mathfrak{X}_4 \end{pmatrix}$, so erhält man zur Bestimmung von $\mathfrak{X}_1, \mathfrak{X}_2, \mathfrak{X}_3, \mathfrak{X}_4$ die 6 Gleichungen $\mathfrak{C}\mathfrak{X}_1 + \mathfrak{B}_0\mathfrak{X}_3 = \mathfrak{C}$, $\mathfrak{C}\mathfrak{X}_2 + \mathfrak{B}_0\mathfrak{X}_4 = \mathfrak{B}$, $\mathfrak{E}_{\mathfrak{T}}\mathfrak{X}_1 = \mathfrak{X}_1$, $\mathfrak{E}_{\mathfrak{T}}\mathfrak{X}_2 = \mathfrak{X}_2$, $\mathfrak{E}_{\mathfrak{H}_0}\mathfrak{X}_3 = \mathfrak{X}_3$, $\mathfrak{E}_{\mathfrak{H}_0}\mathfrak{X}_4 = \mathfrak{X}_4$. In diesen Gleichungen treten die beiden Paare $\mathfrak{X}_1, \mathfrak{X}_3$ und $\mathfrak{X}_2, \mathfrak{X}_4$ nur getrennt auf. Da nun die Gleichungen für $\mathfrak{X}_1, \mathfrak{X}_3$ die Lösung $\mathfrak{X}_1 = \mathfrak{E}_{\mathfrak{T}}$, $\mathfrak{X}_3 = \mathfrak{N}$ haben, so ist dies wegen der Eindeutigkeit die einzige Lösung. Setzt man noch $\mathfrak{X}_2 = \mathfrak{F}$, $\mathfrak{X}_4 = \mathfrak{W}$, so ist also $\mathfrak{B} = \mathfrak{C}\mathfrak{F} + \mathfrak{B}_0\mathfrak{W}$, $\mathfrak{E}_{\mathfrak{T}}\mathfrak{F} = \mathfrak{F}$, $\mathfrak{E}_{\mathfrak{H}_0}\mathfrak{W} = \mathfrak{W}$. Wegen $\mathfrak{H}\mathfrak{C} = \mathfrak{N}$ gilt für $\mathfrak{H}_1 = \mathfrak{B}'\mathfrak{H}\mathfrak{B}$ auch $\mathfrak{H}_1 = (\mathfrak{B}_0\mathfrak{W})'\mathfrak{H}(\mathfrak{B}_0\mathfrak{W}) = \mathfrak{W}'\mathfrak{H}_0\mathfrak{W}$. Endlich ist $\begin{pmatrix} \mathfrak{E}_{\mathfrak{T}} & \mathfrak{N} \\ \mathfrak{N} & \mathfrak{E}_{\mathfrak{H}_1} \end{pmatrix}$ eine Rechtseinheit von $\mathfrak{A}$, also auch von $\mathfrak{X} = \begin{pmatrix} \mathfrak{E}_{\mathfrak{T}} & \mathfrak{F} \\ \mathfrak{N} & \mathfrak{W} \end{pmatrix}$, woraus die Gleichungen $\mathfrak{F}\mathfrak{E}_{\mathfrak{H}_1} = \mathfrak{F}$, $\mathfrak{W}\mathfrak{E}_{\mathfrak{H}_1} = \mathfrak{W}$ folgen.

Jetzt ist umgekehrt zu zeigen, dass durch (72) auch nur Ergänzungen geliefert werden. Wegen $\mathfrak{W}'\mathfrak{H}_0\mathfrak{W} = \mathfrak{H}_1 \sim \mathfrak{H}_0$, $\mathfrak{E}_{\mathfrak{H}_0}\mathfrak{W}\mathfrak{E}_{\mathfrak{H}_1} = \mathfrak{W}$ ist dann $\mathfrak{W}$ primitiv, wegen $\mathfrak{E}_{\mathfrak{T}}\mathfrak{F}\mathfrak{E}_{\mathfrak{H}_1} = \mathfrak{F}$ ist auch

$$\mathfrak{X} = \begin{pmatrix} \mathfrak{E}_{\mathfrak{T}} & \mathfrak{F} \\ \mathfrak{N} & \mathfrak{W} \end{pmatrix} = \begin{pmatrix} \mathfrak{E}_{\mathfrak{T}} & \mathfrak{N} \\ \mathfrak{N} & \mathfrak{W} \end{pmatrix} \begin{pmatrix} \mathfrak{E}_{\mathfrak{T}} & \mathfrak{F} \\ \mathfrak{N} & \mathfrak{E}_{\mathfrak{H}_1} \end{pmatrix}$$

primitiv. Mit $(\mathfrak{C}\mathfrak{B}_0) = \mathfrak{A}_0$, $(\mathfrak{C}\mathfrak{B}) = \mathfrak{A}$ gilt ferner nach (72) die Gleichung $\mathfrak{A}_0\mathfrak{X} = \mathfrak{A}$. Da die Linkseinheit $\begin{pmatrix} \mathfrak{E}_{\mathfrak{T}} & \mathfrak{N} \\ \mathfrak{N} & \mathfrak{E}_{\mathfrak{H}_0} \end{pmatrix}$ von $\mathfrak{X}$ zugleich Rechtseinheit von $\mathfrak{A}_0$ ist, so ist auch $\mathfrak{A}$ primitiv. Hieraus folgt $\mathfrak{A}'\mathfrak{S}\mathfrak{A} \sim \mathfrak{S}$. Da auch $\mathfrak{B}'\mathfrak{H}\mathfrak{B} = \mathfrak{H}_1$ und $\mathfrak{E}_{\mathfrak{S}}\mathfrak{B}\mathfrak{E}_{\mathfrak{H}_1} = \mathfrak{B}$ gilt, so lehrt Hilfssatz 77, dass $\mathfrak{B}$ in der Tat eine Ergänzung von $\mathfrak{C}$ ist.

Aus der Gesamtheit aller Ergänzungen von $\mathfrak{C}$ sollen nun gewisse herausgegriffen werden, die dann normiert heissen. Man gehe aus von irgend einer Ergänzung $\mathfrak{B}_1$ und setze noch $\mathfrak{Q}_1 = \mathfrak{C}'\mathfrak{S}\mathfrak{B}_1$, $\mathfrak{H}_1 = \mathfrak{B}_1'\mathfrak{H}_0\mathfrak{B}_1$, wo $\mathfrak{H}_0 = \mathfrak{S} - \mathfrak{S}\mathfrak{C}\mathfrak{T}^{-1}\mathfrak{C}'\mathfrak{S}$ zur primitiven reducierten Darstellung $\mathfrak{C}'\mathfrak{S}\mathfrak{C} = \mathfrak{T}$ adjungiert ist. Nach Hilfssatz 78 ist dann $\mathfrak{B} = \mathfrak{C}\mathfrak{F} + \mathfrak{B}_1\mathfrak{W}$ die allgemeine Ergänzung, mit ganzen $\mathfrak{F}$, $\mathfrak{W}$, $\mathfrak{W}'\mathfrak{H}_1\mathfrak{W} = \mathfrak{H} \sim \mathfrak{H}_1$, $\mathfrak{E}_{\mathfrak{H}_1}\mathfrak{W}\mathfrak{E}_{\mathfrak{H}} = \mathfrak{W}$, $\mathfrak{E}_{\mathfrak{T}}\mathfrak{F}\mathfrak{E}_{\mathfrak{H}} = \mathfrak{F}$. Es wird $\mathfrak{Q} = \mathfrak{C}'\mathfrak{S}\mathfrak{B} = \mathfrak{T}\mathfrak{F} + \mathfrak{Q}_1\mathfrak{W}$. Zunächst kann man nun durch geeignete Wahl von $\mathfrak{W}$ erreichen, dass $\mathfrak{H} = \mathfrak{W}'\mathfrak{H}_1\mathfrak{W}$ ein vorgeschriebener Repräsentant der Classe von $\mathfrak{H}_1$ ist. Es sei bereits $\mathfrak{H}_1$ dieser Repräsentant. Ist dann auch $\mathfrak{H} = \mathfrak{H}_1$, so ist $\mathfrak{W}$ wegen $\mathfrak{E}_{\mathfrak{H}}\mathfrak{W}\mathfrak{E}_{\mathfrak{H}} = \mathfrak{W}$ eine reducierte Einheit von $\mathfrak{H}$ und umgekehrt.. Man denke sich jetzt für $\mathfrak{W}$ eine dieser $E(\mathfrak{H})$ reducierten Einheiten beliebig gewählt. Um nunmehr das noch willkürliche $\mathfrak{F}$ zu fixieren, stelle man folgende Betrachtung an. Zwei Matrizen $\mathfrak{M}_1$, $\mathfrak{M}_2$ aus der Menge aller ganzen Matrixen $\mathfrak{M}$ mit $\mathfrak{E}_{\mathfrak{T}}'\mathfrak{M}\mathfrak{E}_{\mathfrak{H}} = \mathfrak{M}$ heissen nach dem Linksmodul $\mathfrak{T}$ *congruent* oder *derselben Restclasse angehörig*, wenn $\mathfrak{T}^{-1}(\mathfrak{M}_1 - \mathfrak{M}_2)$ ganz ist. Nach Hilfssatz 15 ist dann $\mathfrak{M}_2 = \mathfrak{M}_1 + \mathfrak{T}\mathfrak{F}$ und $\mathfrak{E}_{\mathfrak{T}}\mathfrak{F}\mathfrak{E}_{\mathfrak{H}} = \mathfrak{F}$ mit eindeutig bestimmtem ganzen $\mathfrak{F}$. Aus jeder Restclasse modulo $\mathfrak{T}$ denke man sich einen Repräsentanten festgelegt. Jetzt kann man das oben noch beliebige $\mathfrak{F}$ durch die Forderung eindeutig bestimmen, dass $\mathfrak{Q} = \mathfrak{T}\mathfrak{F} + \mathfrak{Q}_1\mathfrak{W}$ bei festgehaltenem $\mathfrak{W}$ gerade der vorgeschriebene Repräsentant seiner Restclasse modulo $\mathfrak{T}$ sein soll. Jede der auf diese Weise gebildeten Ergänzungen $\mathfrak{B} = \mathfrak{C}\mathfrak{F} + \mathfrak{B}_1\mathfrak{W}$ soll *normiert* heissen.

Hilfssatz 79: *Die Anzahl der normierten Ergänzungen von $\mathfrak{C}$ ist gleich der Ordnung der Einheitengruppe der adjungierten Matrix $\mathfrak{S} - \mathfrak{S}\mathfrak{C}\mathfrak{T}^{-1}\mathfrak{C}'\mathfrak{S}$.*

Beweis: Die Anzahl der $\mathfrak{W}$, welche bei der Definition der normierten Ergänzungen $\mathfrak{B} = \mathfrak{C}\mathfrak{F} + \mathfrak{B}_1\mathfrak{W}$ zulässig sind, war die Ordnung der Einheitengruppe der adjungierten Matrix; und $\mathfrak{F}$ ist zu jedem $\mathfrak{W}$ eindeutig fixiert. Andererseits ist

$$(\mathfrak{C}\mathfrak{B}) = (\mathfrak{C}\mathfrak{B}_1)\begin{pmatrix} \mathfrak{E}_{\mathfrak{T}} & \mathfrak{F} \\ \mathfrak{N} & \mathfrak{W} \end{pmatrix},$$

also das Paar $\mathfrak{F}$, $\mathfrak{W}$ durch $\mathfrak{B}$ eindeutig festgelegt. Folglich liefern die $E(\mathfrak{H})$ Paare $\mathfrak{F}$, $\mathfrak{W}$ tatsächlich $E(\mathfrak{H})$ verschiedene normierte $\mathfrak{B}$.

Hilfssatz 80: *Die Anzahl der Restclassen, in welche die ganzen Matrizen $\mathfrak{M}$ mit $\mathfrak{E}_{\mathfrak{T}}'\mathfrak{M}\mathfrak{E}_{\mathfrak{H}} = \mathfrak{M}$ nach dem Linksmodul $\mathfrak{T}$ zerfallen, ist endlich.*

Beweis: Man setze $\delta(\mathfrak{T}) = \tau$. Nach Hilfssatz 19 ist dann $\tau\mathfrak{T}^{-1}$ ganz. Demnach ist die Matrix $\mathfrak{T}^{-1}(\mathfrak{M}_1 - \mathfrak{M}_2)$ sicherlich ganz, falls $\mathfrak{M}_1 \equiv \mathfrak{M}_2 \pmod{\tau}$ gilt. Es ist aber auch schon die Anzahl der Restclassen der $\mathfrak{M}$ nach dem Modul τ endlich.

13. Adjungierte Geschlechter

Man betrachte nun sämtliche primitiven reducierten Lösungen $\mathfrak{C}$ von $\mathfrak{C}'\mathfrak{S}\mathfrak{C} = \mathfrak{T}$, für welche die adjungierte Matrix $\mathfrak{H}_0 = \mathfrak{S} - \mathfrak{S}\mathfrak{C}\mathfrak{T}^{-1}\mathfrak{C}'\mathfrak{S}$ ein und derselben Classe angehört, also einem festen Classenrepräsentanten $\mathfrak{H}$ äquivalent ist. Die Anzahl dieser $\mathfrak{C}$ sei $C(\mathfrak{S}, \mathfrak{H})$; sie hängt natürlich auch noch von $\mathfrak{T}$ ab.

Zu jedem $\mathfrak{C}$ wähle man eine normierte Ergänzung $\mathfrak{B}$, was nach Hilfssatz 79 auf genau $E(\mathfrak{H})$ Arten geht, und setze $(\mathfrak{C}\mathfrak{B}) = \mathfrak{A}$, $\mathfrak{C}'\mathfrak{S}\mathfrak{B} = \mathfrak{Q}$. Dann ist also $\mathfrak{B}'\mathfrak{H}_0\mathfrak{B} = \mathfrak{H}$ und

$$\begin{pmatrix} \mathfrak{T} & \mathfrak{Q} \\ \mathfrak{Q}' & \mathfrak{H} + \mathfrak{Q}'\mathfrak{T}^{-1}\mathfrak{Q} \end{pmatrix} = \mathfrak{A}'\mathfrak{S}\mathfrak{A} \sim \mathfrak{S}. \tag{73}$$

Die dabei entstehenden $\mathfrak{Q}$ sind vorgeschriebene Repräsentanten ihrer Restclasse modulo $\mathfrak{T}$. Ihre Anzahl werde mit $D(\mathfrak{S}, \mathfrak{H})$ bezeichnet; auch sie hängt noch von $\mathfrak{T}$ ab.

Hilfssatz 81: *Zwischen den Anzahlen $C(\mathfrak{S}, \mathfrak{H})$ und $D(\mathfrak{S}, \mathfrak{H})$ besteht die Beziehung*

$$C(\mathfrak{S}, \mathfrak{H})\, E(\mathfrak{H}) = D(\mathfrak{S}, \mathfrak{H})\, E(\mathfrak{S}). \tag{74}$$

Beweis: Es ist $C(\mathfrak{S}, \mathfrak{H})\, E(\mathfrak{H})$ die Anzahl der $\mathfrak{A} = (\mathfrak{C}\mathfrak{B})$ mit primitivem reducierten $\mathfrak{C}$, $\mathfrak{C}'\mathfrak{S}\mathfrak{C} = \mathfrak{T}$, $\mathfrak{S} - \mathfrak{S}\mathfrak{C}\mathfrak{T}^{-1}\mathfrak{C}'\mathfrak{S} \sim \mathfrak{H}$ und normierter Ergänzung $\mathfrak{B}$. Sind $\mathfrak{A}_1$ und $\mathfrak{A}_2$ zwei Werte von $\mathfrak{A}$, die dasselbe $\mathfrak{Q}$ liefern und nicht nur dasselbe $\mathfrak{H}$, so gilt nach (73) die Gleichung $\mathfrak{A}_1'\mathfrak{S}\mathfrak{A}_1 = \mathfrak{A}_2'\mathfrak{S}\mathfrak{A}_2$, und folglich ist $\mathfrak{A}_2\mathfrak{A}_1^{-1} = \mathfrak{K}$ eine reducierte Einheit von $\mathfrak{S}$. Da $\mathfrak{A}_1$ und $\mathfrak{A}_2$ auch die gleiche Rechtseinheit $\begin{pmatrix} \mathfrak{E}_{\mathfrak{T}} & \mathfrak{N} \\ \mathfrak{N} & \mathfrak{E}_{\mathfrak{H}} \end{pmatrix}$ besitzen, so ist $\mathfrak{A}_2 = \mathfrak{K}\mathfrak{A}_1$. Setzt man umgekehrt $\mathfrak{A}_2 = \mathfrak{K}\mathfrak{A}_1$ mit einer beliebigen reducierten Einheit $\mathfrak{K}$ von $\mathfrak{S}$, so ist $\mathfrak{A}_2'\mathfrak{S}\mathfrak{A}_2 = \mathfrak{A}_1'\mathfrak{S}\mathfrak{A}_1$, und folglich gehört zu $\mathfrak{A}_1$ und $\mathfrak{A}_2$ dasselbe $\mathfrak{Q}$. Dieses zeigt, dass die Anzahl der $\mathfrak{A}$ genau $E(\mathfrak{S})$-mal so gross ist wie die Anzahl $D(\mathfrak{S}, \mathfrak{H})$ der $\mathfrak{Q}$, also die Richtigkeit von (74).

Bei festgehaltenen $\mathfrak{T}$ und $\mathfrak{H}$ bilde man nun ein volles System nach dem Linksmodul $\mathfrak{T}$ incongruenter $\mathfrak{Q}$ mit $\mathfrak{E}_{\mathfrak{T}}'\mathfrak{Q}\mathfrak{E}_{\mathfrak{H}} = \mathfrak{Q}$, für welche

$$\begin{pmatrix} \mathfrak{T} & \mathfrak{Q} \\ \mathfrak{Q}' & \mathfrak{H} + \mathfrak{Q}'\mathfrak{T}^{-1}\mathfrak{Q} \end{pmatrix} v\, \mathfrak{S} \tag{75}$$

ist, und bezeichne ihre Anzahl mit $F(\mathfrak{S}, \mathfrak{H})$.

Hilfssatz 82: *Sind $\mathfrak{S}_1, \cdots, \mathfrak{S}_g$ Repräsentanten der verschiedenen Classen des Geschlechtes von $\mathfrak{S}$, so gilt*

$$\frac{C(\mathfrak{S}_1, \mathfrak{H})}{E(\mathfrak{S}_1)} + \cdots + \frac{C(\mathfrak{S}_g, \mathfrak{H})}{E(\mathfrak{S}_g)} = \frac{F(\mathfrak{S}, \mathfrak{H})}{E(\mathfrak{H})}. \tag{76}$$

Beweis: Nach Hilfssatz 81 ist

$$\frac{C(\mathfrak{S}, \mathfrak{H})}{E(\mathfrak{S})} = \frac{D(\mathfrak{S}, \mathfrak{H})}{E(\mathfrak{H})}. \tag{77}$$

Nach Hilfssatz 77 ist $D(\mathfrak{S}, \mathfrak{H})$, wie (73) zeigt, zugleich die Anzahl der modulo $\mathfrak{T}$ incongruenten $\mathfrak{Q}$ mit $\mathfrak{E}_{\mathfrak{T}}'\mathfrak{Q}\mathfrak{E}_{\mathfrak{H}}' = \mathfrak{Q}$, für welche die linke Seite von (75) mit $\mathfrak{S}$ äquivalent ist. Daher gilt

$$D(\mathfrak{S}_1, \mathfrak{H}) + \cdots + D(\mathfrak{S}_g, \mathfrak{H}) = F(\mathfrak{S}, \mathfrak{H}),$$

und durch Summation von (77) über die Classen des Geschlechtes von $\mathfrak{S}$ folgt die Behauptung.

HILFSSATZ 83: *Für $\mathfrak{H}_1\, v\, \mathfrak{H}$ ist $F(\mathfrak{S}, \mathfrak{H}_1) = F(\mathfrak{S}, \mathfrak{H})$.*

BEWEIS: Es sei $\delta(\mathfrak{S}) = \sigma$ und $\kappa = (2\sigma)^3$. Nach Hilfssatz 65 gibt es ein $\mathfrak{H}_2 \sim \mathfrak{H}_1$ mit $\mathfrak{H}_2 \equiv \mathfrak{H} \pmod{\kappa}$ und $\mathfrak{E}_{\mathfrak{H}_2} = \mathfrak{E}_{\mathfrak{H}}$. Da die Grössen $D(\mathfrak{S}, \mathfrak{H})$ und infolgedessen auch $F(\mathfrak{S}, \mathfrak{H})$ sich ihrer Definition nach nicht ändern, wenn $\mathfrak{H}$ durch eine äquivalente Matrix ersetzt wird, so genügt es, die Behauptung für $\mathfrak{H}_2$ statt $\mathfrak{H}_1$ zu beweisen. Es sei $\mathfrak{Q}$ eine Lösung von (75), also

$$\mathfrak{B} = \begin{pmatrix} \mathfrak{T} & \mathfrak{Q} \\ \mathfrak{Q}' & \mathfrak{H} + \mathfrak{Q}'\mathfrak{T}^{-1}\mathfrak{Q} \end{pmatrix} v\, \mathfrak{S}. \tag{78}$$

Setzt man nun

$$\mathfrak{B}_2 = \begin{pmatrix} \mathfrak{T} & \mathfrak{Q} \\ \mathfrak{Q}' & \mathfrak{H}_2 + \mathfrak{Q}'\mathfrak{T}^{-1}\mathfrak{Q} \end{pmatrix},$$

so ist $\mathfrak{B}_2 \equiv \mathfrak{B} \pmod{\kappa}$. Mit $\mathfrak{R} = \begin{pmatrix} \mathfrak{T} & \mathfrak{Q} \\ \mathfrak{N} & \mathfrak{E}_{\mathfrak{H}} \end{pmatrix}$ gilt ferner

$$\mathfrak{B} = \mathfrak{R}' \begin{pmatrix} \mathfrak{T}^{-1} & \mathfrak{N} \\ \mathfrak{N} & \mathfrak{H} \end{pmatrix} \mathfrak{R}, \qquad \mathfrak{B}_2 = \mathfrak{R}' \begin{pmatrix} \mathfrak{T}^{-1} & \mathfrak{N} \\ \mathfrak{N} & \mathfrak{H}_2 \end{pmatrix} \mathfrak{R}; \tag{79}$$

dabei wurde benutzt, dass auch $\mathfrak{H}_2$ die Rechtseinheit $\mathfrak{E}_{\mathfrak{H}}$ besitzt. Wegen $\mathfrak{H}_2\, v\, \mathfrak{H}$ sind $\mathfrak{H}_2$ und $\mathfrak{H}$ total-reell äquivalent und haben denselben Rang, denselben Kern und dieselbe Discriminante. Aus (79) folgt nun das gleiche für $\mathfrak{B}_2$ und $\mathfrak{B}$. Mit Rücksicht auf (78) ergibt Hilfssatz 64 die Verwandtschaft von $\mathfrak{B}_2$ mit $\mathfrak{S}$. Die Lösungen $\mathfrak{Q}$ von (75) sind also dieselben für $\mathfrak{H}$ und $\mathfrak{H}_2$, und hieraus folgt die Behauptung.

Nach Hilfssatz 83 ist bei festen $\mathfrak{S}$ und $\mathfrak{T}$ die Lösbarkeit von (75) nur von dem Geschlechte von $\mathfrak{H}$ abhängig. Aus den Hilfssätzen 40, 74, 76 folgt, dass für das Geschlecht von $\mathfrak{H}$ nur endlich viele Möglichkeiten bestehen. Nach Hilfssatz 75 ist $\mathfrak{H}$ total-positiv, weil $\mathfrak{S}$ es ist. Jedes Geschlecht für $\mathfrak{H}$ von der Art, dass (75) lösbar ist, möge zu $\mathfrak{S}$ und $\mathfrak{T}$ *adjungiert* heissen. Wie in (66) werde mit $M(\mathfrak{H})$ das Mass von $\mathfrak{H}$ bezeichnet, also die Summe der reciproken Werte der Ordnungen für die Einheitengruppen der einzelnen Classen des Geschlechtes von $\mathfrak{H}$. Ferner bedeute $B(\mathfrak{S}, \mathfrak{T})$ die Anzahl der primitiven reducierten Darstellungen $\mathfrak{C}'\mathfrak{S}\mathfrak{C} = \mathfrak{T}$.

HILFSSATZ 84: *Durchläuft $\mathfrak{H}$ ein volles System von Repräsentanten der verschiedenen zu $\mathfrak{S}$ und $\mathfrak{T}$ adjungierten Geschlechter, so ist*

$$\frac{B(\mathfrak{S}_1, \mathfrak{T})}{E(\mathfrak{S}_1)} + \cdots + \frac{B(\mathfrak{S}_g, \mathfrak{T})}{E(\mathfrak{S}_g)} = \sum_{\mathfrak{H}} F(\mathfrak{S}, \mathfrak{H}) M(\mathfrak{H}). \tag{80}$$

BEWEIS: Man summiere die Formel (76) von Hilfssatz 82 zunächst über alle Classen des Geschlechtes von $\mathfrak{H}$. Mit Rücksicht auf Hilfssatz 83 und die Definition von $M(\mathfrak{H})$ erhält man auf der rechten Seite gerade den Ausdruck

$F(\mathfrak{S}, \mathfrak{H})M(\mathfrak{H})$. Summiert man dann weiter über die verschiedenen adjungierten Geschlechter, so entsteht rechts die rechte Seite von (80). Da andererseits $C(\mathfrak{S}, \mathfrak{H})$ die Anzahl derjenigen primitiven reducierten Darstellungen von $\mathfrak{T}$ durch $\mathfrak{S}$ bedeutet, für welche die adjungierte Matrix in der Classe von $\mathfrak{H}$ liegt, so ist die über alle Classen erstreckte Summe der $C(\mathfrak{S}, \mathfrak{H})$ genau gleich $B(\mathfrak{S}, \mathfrak{T})$. Demnach geht bei der ausgeführten Summation auch die linke Seite von (76) in die von (80) über.

14. Ergänzungen modulo κ

Es sei $\delta(\mathfrak{S}) = \sigma$, $\delta(\mathfrak{T}) = \tau$, $(2\sigma\tau)^3 \mid \kappa$ und $\mathfrak{T}$ durch $\mathfrak{S}$ total-reell darstellbar. Zu jeder modulo κ primitiven reducierten Darstellung $\mathfrak{C}'\mathfrak{S}\mathfrak{C} \equiv \mathfrak{T} \pmod{\kappa}$ gibt es nach Hilfssatz 68 ein $\mathfrak{S}_0\, v\, \mathfrak{S} \equiv \mathfrak{S}_0 \pmod{\kappa}$, ein $\mathfrak{T}_0\, v\, \mathfrak{T} \equiv \mathfrak{T}_0 \pmod{\kappa}$ und eine reducierte Darstellung $\mathfrak{C}_0'\mathfrak{S}_0\mathfrak{C}_0 = \mathfrak{T}_0$ mit ganzem $\mathfrak{C}_0 \equiv \mathfrak{C} \pmod{\kappa/2\tau}$. Wegen $\delta^2(\mathfrak{C}_0)/\delta(\mathfrak{T}_0) = \tau$ und $(\delta(\mathfrak{C}_0), \kappa/2\tau) = (\delta(\mathfrak{C}), \kappa/2\tau) = 1$ ist dann $\mathfrak{C}_0$ primitiv. Man bilde die adjungierte Matrix $\mathfrak{H}_0 = \mathfrak{S}_0 - \mathfrak{S}_0\mathfrak{C}_0\mathfrak{T}_0^{-1}\mathfrak{C}_0'\mathfrak{S}_0$ und setze noch $\mathfrak{H} = \mathfrak{S} - \mathfrak{S}\mathfrak{C}\mathfrak{T}^{-1}\mathfrak{C}'\mathfrak{S}$.

Hilfssatz 85: *Es sei q der Rang von $\mathfrak{S}$ und $(2\sigma\tau^q)^4 \mid \kappa$. Dann gibt es eine Darstellung* $\mathfrak{B}_0'\mathfrak{H}\mathfrak{B}_0 \equiv \mathfrak{H}_0 \pmod{\kappa}$ *mit* $\mathfrak{E}_{\mathfrak{S}}\mathfrak{B}_0\mathfrak{E}_{\mathfrak{H}_0} = \mathfrak{B}_0$.

Beweis: Es sind $\tau\mathfrak{T}^{-1}$ und $\tau\mathfrak{T}_0^{-1}$ ganz. Aus $\mathfrak{T} \equiv \mathfrak{T}_0 \pmod{\kappa}$ folgt also

$$\mathfrak{T}^{-1}\mathfrak{E}_{\mathfrak{T}_0}' \equiv \mathfrak{E}_{\mathfrak{T}}\mathfrak{T}_0^{-1} \pmod{\kappa/\tau^2}.$$

Wegen $\mathfrak{C} \equiv \mathfrak{C}_0 \pmod{\kappa/2\tau}$ wird dann

$$\mathfrak{C}\mathfrak{T}^{-1}\mathfrak{C}' \equiv \mathfrak{C}\mathfrak{T}^{-1}\mathfrak{C}_0' = \mathfrak{C}\mathfrak{T}^{-1}\mathfrak{E}_{\mathfrak{T}_0}'\mathfrak{C}_0' \equiv \mathfrak{C}\mathfrak{E}_{\mathfrak{T}}\mathfrak{T}_0^{-1}\mathfrak{C}_0' = \mathfrak{C}\mathfrak{T}_0^{-1}\mathfrak{C}_0' \equiv \mathfrak{C}_0\mathfrak{T}_0^{-1}\mathfrak{C}_0' \pmod{\kappa/2\tau^2},$$

(81) $$\mathfrak{H} \equiv \mathfrak{H}_0 \pmod{\kappa/2\tau^2}.$$

Nun ist $\tau\mathfrak{H}_0$ ganz und $\delta(\mathfrak{H}_0) = \sigma\tau^{-1}$. Aus (81) folgt bei Benutzung der Hilfssätze 59 und 60 die Lösbarkeit von $\mathfrak{X}'\mathfrak{H}\mathfrak{X} \equiv \mathfrak{H}_0 \pmod{\kappa}$. Die Matrix $\mathfrak{B}_0 = \mathfrak{E}_{\mathfrak{S}}\mathfrak{X}\mathfrak{E}_{\mathfrak{H}_0}$ leistet dann das Verlangte.

Eine ganze Matrix $\mathfrak{B}$ heisst *Ergänzung von $\mathfrak{C}$ modulo κ*, wenn es ein $\mathfrak{H}_1\, v\, \mathfrak{H}_0$ mit $\mathfrak{B}'\mathfrak{H}\mathfrak{B} \equiv \mathfrak{H}_1 \pmod{\kappa/\tau}$ und $\mathfrak{E}_{\mathfrak{S}}\mathfrak{B}\mathfrak{E}_{\mathfrak{H}_1} = \mathfrak{B}$ gibt. Die Existenz von Ergänzungen wird von Hilfssatz 85 gezeigt. Analog wie Hilfssatz 75 beweist man

Hilfssatz 86: *Es sei $\mathfrak{B}$ eine Ergänzung von $\mathfrak{C}$ modulo κ. Setzt man* $(\mathfrak{C}\mathfrak{B}) = \mathfrak{A}$, $\mathfrak{C}'\mathfrak{S}\mathfrak{B} = \mathfrak{Q}$, $\begin{pmatrix}\mathfrak{T} & \mathfrak{Q}\\ \mathfrak{N} & \mathfrak{E}_{\mathfrak{H}_1}\end{pmatrix} = \mathfrak{R}$, *so ist*

(82) $$\mathfrak{A}'\mathfrak{S}\mathfrak{A} \equiv \mathfrak{R}'\begin{pmatrix}\mathfrak{T}^{-1} & \mathfrak{N}\\ \mathfrak{N} & \mathfrak{H}_1\end{pmatrix}\mathfrak{R} \pmod{\kappa/\tau}.$$

Hilfssatz 87: *Die Matrix $\mathfrak{A} = (\mathfrak{C}\mathfrak{B})$ ist primitiv modulo κ.*

Beweis: Die rechte Seite von (82) hat den Rang q und die Discriminante σ, die ein echter Teiler von κ/τ ist. Also kann der Rang von $\mathfrak{A}$ nicht kleiner als q sein; wegen $\mathfrak{E}_{\mathfrak{S}}\mathfrak{A} = \mathfrak{A}$ ist er dann genau q. Nach (82) wird ferner

$$(\delta^2(\mathfrak{A})\sigma, \kappa/\tau) = (\delta(\mathfrak{A}'\mathfrak{S}\mathfrak{A}), \kappa/\tau) = (\sigma, \kappa/\tau) = \sigma,$$

also $(\delta(\mathfrak{A}), \kappa) = 1$.

Hilfssatz 88: *Es sei $\mathfrak{B}_1$ eine feste Ergänzung von $\mathfrak{C}$ modulo κ und $\mathfrak{B}_1'\mathfrak{H}\mathfrak{B}_1 \equiv \mathfrak{H}_1$ $(\mathrm{mod}\ \kappa/\tau)$, $\mathfrak{H}_1\, v\, \mathfrak{H}_0$, $\mathfrak{E}_{\mathfrak{S}}\mathfrak{B}_1\mathfrak{E}_{\mathfrak{H}_1} = \mathfrak{B}_1$. Man erhält eindeutig ein volles System incongruenter Ergänzungen von $\mathfrak{C}$ modulo κ in der Form*

$$\mathfrak{B} \equiv \mathfrak{C}\mathfrak{F} + \mathfrak{B}_1\mathfrak{W} \quad (\mathrm{mod}\ \kappa), \tag{83}$$

wo $\mathfrak{W}$ alle modulo κ incongruenten ganzen Matrizen mit $\mathfrak{W}'\mathfrak{H}_1\mathfrak{W} \equiv \mathfrak{H}_2$ $(\mathrm{mod}\ \kappa/\tau)$, $\mathfrak{H}_2\, v\, \mathfrak{H}_0$, $\mathfrak{E}_{\mathfrak{H}_1}\mathfrak{W}\mathfrak{E}_{\mathfrak{H}_2} = \mathfrak{W}$ durchläuft und $\mathfrak{F}$ alle modulo κ incongruenten ganzen Matrizen mit $\mathfrak{E}_{\mathfrak{T}}\mathfrak{F}\mathfrak{E}_{\mathfrak{H}_2} = \mathfrak{F}$.

Beweis: Es sei $\mathfrak{B}$ eine Ergänzung von $\mathfrak{C}$ modulo κ und $(\mathfrak{C}\mathfrak{B}) = \mathfrak{A}$, $(\mathfrak{C}\mathfrak{B}_1) = \mathfrak{A}_1$. Wie beim Beweise von Hilfssatz 78 folgt

$$\mathfrak{A}_1^{-1}\mathfrak{A} = \begin{pmatrix} \mathfrak{E}_{\mathfrak{T}} & \mathfrak{F}_1 \\ \mathfrak{N} & \mathfrak{W}_1 \end{pmatrix}$$

mit gewissen Matrizen $\mathfrak{F}_1$ und $\mathfrak{W}_1$, deren Nenner γ nach Hilfssatz 87 zu κ teilerfremd sind. Dann ist also $\mathfrak{B} = \mathfrak{C}\mathfrak{F}_1 + \mathfrak{B}_1\mathfrak{W}_1$, $\mathfrak{E}_{\mathfrak{T}}\mathfrak{F}_1 = \mathfrak{F}_1$, $\mathfrak{E}_{\mathfrak{H}_1}\mathfrak{W}_1 = \mathfrak{W}_1$. Ferner ist noch $\mathfrak{B}'\mathfrak{H}\mathfrak{B} \equiv \mathfrak{H}_2$ $(\mathrm{mod}\ \kappa/\tau)$ mit $\mathfrak{H}_2\, v\, \mathfrak{H}_0$, $\mathfrak{E}_{\mathfrak{S}}\mathfrak{B}\mathfrak{E}_{\mathfrak{H}_2} = \mathfrak{B}$, also auch $\mathfrak{F}_1\mathfrak{E}_{\mathfrak{H}_2} = \mathfrak{F}_1$, $\mathfrak{W}_1\mathfrak{E}_{\mathfrak{H}_2} = \mathfrak{W}_1$, und wegen $\mathfrak{H}\mathfrak{C} = \mathfrak{S}\mathfrak{C} - \mathfrak{S}\mathfrak{C}\mathfrak{T}^{-1}\mathfrak{C}'\mathfrak{S}\mathfrak{C} \equiv \mathfrak{N}$ $(\mathrm{mod}\ \kappa/\tau)$ wird

$$\mathfrak{H}_2 \equiv (\mathfrak{C}\mathfrak{F}_1 + \mathfrak{B}_1\mathfrak{W}_1)'\mathfrak{H}(\mathfrak{C}\mathfrak{F}_1 + \mathfrak{B}_1\mathfrak{W}_1) \equiv \mathfrak{W}_1'\mathfrak{H}_1\mathfrak{W} \ (\mathrm{mod}\ \kappa/\gamma^2\tau). \tag{84}$$

Bestimmt man nun zwei ganze Matrizen $\mathfrak{F}$, $\mathfrak{W}$ mit $\mathfrak{F} \equiv \mathfrak{F}_1$ $(\mathrm{mod}\ \kappa/\gamma)$, $\mathfrak{W} \equiv \mathfrak{W}_1$ $(\mathrm{mod}\ \kappa/\gamma)$, $\mathfrak{E}_{\mathfrak{H}_1}\mathfrak{W}\mathfrak{E}_{\mathfrak{H}_2} = \mathfrak{W}$, $\mathfrak{E}_{\mathfrak{T}}\mathfrak{F}\mathfrak{E}_{\mathfrak{H}_2} = \mathfrak{F}$, so ist in der Tat (83) erfüllt, und zugleich ist $\mathfrak{W}'\mathfrak{H}_1\mathfrak{W} \equiv \mathfrak{H}_2$ $(\mathrm{mod}\ \kappa/\tau)$ auf grund von (84). Aus der Congruenz

$$\mathfrak{A} \equiv \mathfrak{A}_1 \begin{pmatrix} \mathfrak{E}_{\mathfrak{T}} & \mathfrak{F} \\ \mathfrak{N} & \mathfrak{W} \end{pmatrix} \quad (\mathrm{mod}\ \kappa)$$

ergibt sich nach Hilfssatz 87, dass incongruente Paare $\mathfrak{F}$, $\mathfrak{W}$ auch incongruente $\mathfrak{B}$ liefern.

Ist umgekehrt $\mathfrak{W}'\mathfrak{H}_1\mathfrak{W} \equiv \mathfrak{H}_2$ $(\mathrm{mod}\ \kappa/\tau)$, $\mathfrak{H}_2\, v\, \mathfrak{H}_0$, $\mathfrak{E}_{\mathfrak{H}_1}\mathfrak{W}\mathfrak{E}_{\mathfrak{H}_2} = \mathfrak{W}$ und $\mathfrak{E}_{\mathfrak{T}}\mathfrak{F}\mathfrak{E}_{\mathfrak{H}_2} = \mathfrak{F}$ mit ganzen $\mathfrak{W}$, $\mathfrak{F}$, so gelten für die Matrix $\mathfrak{B} = \mathfrak{C}\mathfrak{F} + \mathfrak{B}_1\mathfrak{W}$ die Beziehungen $\mathfrak{E}_{\mathfrak{S}}\mathfrak{B}\mathfrak{E}_{\mathfrak{H}_2} = \mathfrak{B}$ und

$$\mathfrak{B}'\mathfrak{H}\mathfrak{B} \equiv (\mathfrak{B}_1\mathfrak{W})'\mathfrak{H}(\mathfrak{B}_1\mathfrak{W}) \equiv \mathfrak{W}'\mathfrak{H}_1\mathfrak{W} \equiv \mathfrak{H}_2 \ (\mathrm{mod}\ \kappa/\tau),$$

also ist $\mathfrak{B}$ Ergänzung von $\mathfrak{C}$ modulo κ.

Jetzt können die normierten Ergänzungen modulo κ definiert werden. Da Matrizen desselben Geschlechts nach jedem Modul äquivalent sind, so kann für das $\mathfrak{H}_1$ von Hilfssatz 88 eine beliebige Matrix des Geschlechtes von $\mathfrak{H}_0$ vorgeschrieben werden. Gehört dann zu $\mathfrak{B} \equiv \mathfrak{C}\mathfrak{F} + \mathfrak{B}_1\mathfrak{W}$ $(\mathrm{mod}\ \kappa)$ dasselbe $\mathfrak{H}_1$, so gilt $\mathfrak{W}'\mathfrak{H}_1\mathfrak{W} \equiv \mathfrak{H}_1$ $(\mathrm{mod}\ \kappa/\tau)$ mit $\mathfrak{E}_{\mathfrak{H}_1}\mathfrak{W}\mathfrak{E}_{\mathfrak{H}_1} = \mathfrak{W}$, also ist $\mathfrak{W}$ eine reducierte Einheit von $\mathfrak{H}_1$ modulo κ/τ. Das Umgekehrte ist auch wieder richtig. Nun sei eine solche Einheit $\mathfrak{W}$ modulo κ fest gewählt. Um auch $\mathfrak{F}$ modulo κ zu fixieren, betrachte man den Ausdruck $\mathfrak{Q} = \mathfrak{C}'\mathfrak{S}\mathfrak{B} \equiv \mathfrak{T}\mathfrak{F} + \mathfrak{Q}_1\mathfrak{W}$ $(\mathrm{mod}\ \kappa)$ mit $\mathfrak{Q}_1 = \mathfrak{C}'\mathfrak{S}\mathfrak{B}_1$. Man kann $\mathfrak{F}$ benutzen, um $\mathfrak{Q}$ in einen vorgeschriebenen Repräsentanten seiner Restclasse modulo $\mathfrak{T}$ überzuführen. Da aber die $\mathfrak{Q}$ nur modulo κ untersucht werden sollen, so ist $\mathfrak{F}$ durch die eben gestellte Forderung nicht eindeutig bestimmt. Es gibt unter ihnen soviel modulo κ incongruente Matrizen, als es Lösungen der Congruenz $\mathfrak{T}\mathfrak{X} \equiv \mathfrak{N} \pmod{\kappa}$ unter der Nebenbedingung $\mathfrak{E}_{\mathfrak{T}}\mathfrak{X}\mathfrak{E}_{\mathfrak{H}_1} = \mathfrak{X}$ gibt. Unter Benutzung der Hilfssätze 5 und 6 folgt für diese Anzahl der Wert $N\tau^{q-r}$, wo q, r die Ränge von $\mathfrak{S}$, $\mathfrak{T}$ bedeuten. Die zu den festgelegten $\mathfrak{F}$, $\mathfrak{W}$ gehörigen $\mathfrak{B}$ modulo κ sollen *normierte Ergänzungen* von $\mathfrak{C}$ heissen. Beachtet man, dass die Anzahl der mod κ incongruenten reducierten Einheiten von $\mathfrak{H}_1$ modulo κ/τ kurz mit $E_\kappa(\tau\mathfrak{H}_1)$ bezeichnet werden kann, so folgt

Hilfssatz 89: *Die Anzahl der incongruenten normierten Ergänzungen von* $\mathfrak{C}$ *modulo* κ *ist* $N\tau^{q-r}E_\kappa(\tau\mathfrak{H}_1)$.

15. Adjungierte Geschlechter modulo κ

Die im vorigen Paragraphen gemachte Voraussetzung $(2\sigma\tau^q)^4 \mid \kappa$ werde auch weiterhin beibehalten. Jeder modulo κ primitiven reducierten Darstellung $\mathfrak{C}'\mathfrak{S}\mathfrak{C} \equiv \mathfrak{T} \pmod{\kappa}$ wurde in der folgenden Weise ein Geschlecht zugeordnet. Man bestimme nach Hilfssatz 68 ein $\mathfrak{S}_0\, v\, \mathfrak{S} \equiv \mathfrak{S}_0 \pmod{\kappa}$, ein $\mathfrak{T}_0\, v\, \mathfrak{T} \equiv \mathfrak{T}_0 \pmod{\kappa}$ und eine reducierte Darstellung $\mathfrak{C}_0'\mathfrak{S}_0\mathfrak{C}_0 = \mathfrak{T}_0$ mit ganzem $\mathfrak{C}_0 \equiv \mathfrak{C} \pmod{\kappa/2\tau}$ und setze $\mathfrak{H}_0 = \mathfrak{S}_0 - \mathfrak{S}_0\mathfrak{C}_0\mathfrak{T}_0^{-1}\mathfrak{C}_0'\mathfrak{S}_0$, $\mathfrak{H} = \mathfrak{S} - \mathfrak{S}\mathfrak{C}\mathfrak{T}^{-1}\mathfrak{C}'\mathfrak{S}$. Eine ganze Matrix $\mathfrak{B}$ wurde dann *Ergänzung von* $\mathfrak{C}$ *modulo* κ genannt, wenn es ein mit $\mathfrak{H}_0$ verwandtes $\mathfrak{H}_1$ von der Art gibt, dass $\mathfrak{B}'\mathfrak{H}\mathfrak{B} \equiv \mathfrak{H}_1 \pmod{\kappa/\tau}$ und $\mathfrak{E}_{\mathfrak{S}}\mathfrak{B}\mathfrak{E}_{\mathfrak{H}_1} = \mathfrak{B}$ ist. Es soll jetzt gezeigt werden, dass das Geschlecht von $\mathfrak{H}_0$ eindeutig durch die Restclasse von $\mathfrak{C}$ modulo κ bestimmt ist.

Hilfssatz 90: *Es seien* $\mathfrak{S}_1\, v\, \mathfrak{S}_0 \equiv \mathfrak{S}_1 \pmod{\kappa}$, $\mathfrak{T}_1\, v\, \mathfrak{T}_0 \equiv \mathfrak{T}_1 \pmod{\kappa}$ *und* $\mathfrak{C}_0'\mathfrak{S}_0\mathfrak{C}_0 = \mathfrak{T}_0$, $\mathfrak{C}_1'\mathfrak{S}_1\mathfrak{C}_1 = \mathfrak{T}_1$ *zwei primitive reducierte Darstellungen mit* $\mathfrak{C}_0 \equiv \mathfrak{C}_1 \pmod{\kappa/2\tau}$. *Dann sind die adjungierten Matrizen* $\mathfrak{H}_0 = \mathfrak{S}_0 - \mathfrak{S}_0\mathfrak{C}_0\mathfrak{T}_0^{-1}\mathfrak{C}_0'\mathfrak{S}_0$ *und* $\mathfrak{H}_1 = \mathfrak{S}_1 - \mathfrak{S}_1\mathfrak{C}_1\mathfrak{T}_1^{-1}\mathfrak{C}_1'\mathfrak{S}_1$ *miteinander verwandt.*

Beweis: Analog zu (81) folgt zunächst die Congruenz

$$\mathfrak{H}_0 \equiv \mathfrak{H}_1 \pmod{\kappa/2\tau^2}. \tag{85}$$

Man wähle sodann zu $\mathfrak{C}_0$ und $\mathfrak{C}_1$ die speciellen Ergänzungen $\mathfrak{B}_0 = \mathfrak{E}_{\mathfrak{S}_0}\mathfrak{E}_{\mathfrak{H}_0}$ und $\mathfrak{B}_1 = \mathfrak{E}_{\mathfrak{S}_1}\mathfrak{E}_{\mathfrak{H}_1}$. Setzt man noch

$$(\mathfrak{C}_0\mathfrak{B}_0) = \mathfrak{A}_0, \qquad (\mathfrak{C}_1\mathfrak{B}_1) = \mathfrak{A}_1, \qquad \mathfrak{C}_0'\mathfrak{S}_0\mathfrak{B}_0 = \mathfrak{Q}_0,$$
$$\mathfrak{C}_1'\mathfrak{S}_1\mathfrak{B}_1 = \mathfrak{Q}_1, \qquad \begin{pmatrix} \mathfrak{T}_0 & \mathfrak{Q}_0 \\ \mathfrak{N} & \mathfrak{E}_{\mathfrak{H}_0} \end{pmatrix} = \mathfrak{R}_0, \qquad \begin{pmatrix} \mathfrak{T}_1 & \mathfrak{Q}_1 \\ \mathfrak{N} & \mathfrak{E}_{\mathfrak{H}_1} \end{pmatrix} = \mathfrak{R}_1,$$

so gelten nach Hilfssatz 75 die Gleichungen

$$\mathfrak{A}_0'\mathfrak{S}_0\mathfrak{A}_0 = \mathfrak{R}_0'\begin{pmatrix} \mathfrak{T}_0^{-1} & \mathfrak{N} \\ \mathfrak{N} & \mathfrak{H}_0 \end{pmatrix}\mathfrak{R}_0, \qquad \mathfrak{A}_1'\mathfrak{S}_1\mathfrak{A}_1 = \mathfrak{R}_1'\begin{pmatrix} \mathfrak{T}_1^{-1} & \mathfrak{N} \\ \mathfrak{N} & \mathfrak{H}_1 \end{pmatrix}\mathfrak{R}_1. \tag{86}$$

Wegen $\mathfrak{S}_0\, v\, \mathfrak{S}_1$ sind diese beiden Matrizen total-reell äquivalent und stimmen in Rang, Discriminante und Kern überein. Dasselbe gilt für $\mathfrak{T}_0$ und $\mathfrak{T}_1$, also wegen $\mathfrak{T}_0^{-1} = \mathfrak{T}_0^{-1}\mathfrak{T}_0\mathfrak{T}_0^{-1}$ und $\mathfrak{T}_1^{-1} = \mathfrak{T}_1^{-1}\mathfrak{T}_1\mathfrak{T}_1^{-1}$ auch für $\mathfrak{T}_0^{-1}$ und $\mathfrak{T}_1^{-1}$. Aus

(86) folgt jetzt, dass auch $\mathfrak{H}_0$ und $\mathfrak{H}_1$ gleichen Rang, gleichen Kern, gleiche Discriminante haben und total-reell äquivalent sind. Da die Discriminante $\sigma\tau^{-1}$ ist und $\tau\mathfrak{H}_0$, $\tau\mathfrak{H}_1$ beide ganz sind, so folgt aus (85) mit Benutzung von Hilfssatz 64, dass $\mathfrak{H}_0 \, v \, \mathfrak{H}_1$ ist.

Das durch die Restclasse von $\mathfrak{C}$ modulo κ eindeutig bestimmte Geschlecht von $\mathfrak{H}_0$ soll *adjungiertes Geschlecht modulo* κ heissen. Man wähle irgend einen Repräsentanten $\mathfrak{H}_1$ dieses Geschlechtes. Von allen $B_\kappa(\mathfrak{S}, \mathfrak{T})$ primitiven reducierten Darstellungen von $\mathfrak{T}$ durch $\mathfrak{S}$ modulo κ, die incongruent sind, greife man diejenigen heraus, für welche $\mathfrak{H}_1$ dem adjungierten Geschlecht angehört. Ihre Anzahl sei $C_\kappa(\mathfrak{S}, \mathfrak{H}_1)$. Bestimmt man für jede von ihnen die sämtlichen incongruenten normierten Ergänzungen, so erhält man nach Hilfssatz 89 genau $N\tau^{q-r}E_\kappa(\tau\mathfrak{H}_1)C_\kappa(\mathfrak{S}, \mathfrak{H}_1)$ modulo κ incongruente Matrizen $\mathfrak{A} = (\mathfrak{C}\mathfrak{B})$ mit folgenden drei Eigenschaften: Es ist $\mathfrak{C}'\mathfrak{S}\mathfrak{C} \equiv \mathfrak{T} \pmod{\kappa}$ eine primitive reducierte Darstellung; es ist $\mathfrak{B}'(\mathfrak{S} - \mathfrak{S}\mathfrak{C}\mathfrak{T}^{-1}\mathfrak{C}'\mathfrak{S})\mathfrak{B} \equiv \mathfrak{H}_1 \pmod{\kappa/\tau}$ mit $\mathfrak{E}_{\mathfrak{S}}\mathfrak{B}\mathfrak{E}_{\mathfrak{H}_1} = \mathfrak{B}$; es ist $\mathfrak{C}'\mathfrak{S}\mathfrak{B} \equiv \mathfrak{Q} \pmod{\kappa}$, wo $\mathfrak{Q} = \mathfrak{E}_{\mathfrak{T}}'\mathfrak{Q}\mathfrak{E}_{\mathfrak{H}_1}$ einen festen Repräsentanten seiner Restclasse nach dem Linksmodul $\mathfrak{T}$ bedeutet. Wie bei Hilfssatz 81 wird nun jene Anzahl noch auf eine zweite Art berechnet.

Analog zu (73) gilt jetzt

$$
(87) \qquad \begin{pmatrix} \mathfrak{T} & \mathfrak{Q} \\ \mathfrak{Q}' & \mathfrak{H} + \mathfrak{Q}'\mathfrak{T}^{-1}\mathfrak{Q} \end{pmatrix} \equiv \mathfrak{A}'\mathfrak{S}\mathfrak{A} \sim \mathfrak{S} \pmod{\kappa}
$$

mit $\mathfrak{H} = \mathfrak{B}'\mathfrak{S}\mathfrak{B} - \mathfrak{Q}'\mathfrak{T}^{-1}\mathfrak{Q}$, und dabei ist $\mathfrak{H} \equiv \mathfrak{H}_1 \pmod{\kappa/\tau}$, $\mathfrak{H}\mathfrak{E}_{\mathfrak{H}_1} = \mathfrak{H}$. Wie beim Beweise von Hilfssatz 81 folgt hieraus mit Rücksicht auf Hilfssatz 87, dass die Anzahl der $\mathfrak{A}$ genau $E_\kappa(\mathfrak{S})$-mal so gross ist wie die Anzahl der in (87) möglichen incongruenten Paare $\mathfrak{Q}$, $\mathfrak{H}$. Dabei ist für $\mathfrak{H} = \mathfrak{H}'$ vorgeschrieben, dass $\mathfrak{H} \equiv \mathfrak{H}_1 \pmod{\kappa/\tau}$ und $\mathfrak{H}\mathfrak{E}_{\mathfrak{H}_1} = \mathfrak{H}$ ist. Nun zeigen aber die Hilfssätze 59 und 60, dass für jedes diesen beiden Bedingungen genügende $\mathfrak{H}$ die Congruenz (87) bei festgehaltenem $\mathfrak{Q}$ deswegen lösbar ist, weil sie es für den Modul κ/τ statt κ ist. Aus Hilfssatz 41 folgt weiter, dass die Anzahl der modulo κ incongruenten unter jenen $\mathfrak{H}$ den Wert $N\tau^{\frac{1}{2}(q-r)(q-r+1)}$ besitzt.

Bei festgehaltenen $\mathfrak{T}$ und $\mathfrak{H}_1$ sei $F_\kappa(\mathfrak{S}, \mathfrak{H}_1)$ die Anzahl der nach dem Linksmodul $\mathfrak{T}$ incongruenten $\mathfrak{Q}$ mit $\mathfrak{E}_{\mathfrak{T}}'\mathfrak{Q}\mathfrak{E}_{\mathfrak{H}_1} = \mathfrak{Q}$, für welche

$$
(88) \qquad \begin{pmatrix} \mathfrak{T} & \mathfrak{Q} \\ \mathfrak{Q}' & \mathfrak{H}_1 + \mathfrak{Q}'\mathfrak{T}^{-1}\mathfrak{Q} \end{pmatrix} \sim \mathfrak{S} \pmod{\kappa}
$$

ist. Aus dem Vorhergehenden folgt dann

HILFSSATZ 91: *Es ist*

$$
\frac{C_\kappa(\mathfrak{S}, \mathfrak{H}_1)}{E_\kappa(\mathfrak{S})} = N\tau^{\frac{1}{2}(q-r)(q-r-1)} \frac{F_\kappa(\mathfrak{S}, \mathfrak{H}_1)}{E_\kappa(\tau\mathfrak{H}_1)}.
$$

HILFSSATZ 92: *Die zu* $\mathfrak{S}$ *und* $\mathfrak{T}$ *adjungierten Geschlechter fallen mit den adjungierten Geschlechtern modulo* κ *zusammen und es gilt*

$$
(89) \qquad F_\kappa(\mathfrak{S}, \mathfrak{H}) = F(\mathfrak{S}, \mathfrak{H}).
$$

Beweis: Es sei das Geschlecht von $\mathfrak{H}$ zu $\mathfrak{S}$, $\mathfrak{T}$ adjungiert. Dann gilt also (75). Nach Hilfssatz 65 existiert ein $\mathfrak{S}_0 \equiv \mathfrak{S} \pmod{\kappa}$ mit $\mathfrak{E}_{\mathfrak{S}_0} = \mathfrak{E}_{\mathfrak{S}}$ und ein primitives reduciertes $\mathfrak{A}$ mit

$$\begin{pmatrix} \mathfrak{T} & \mathfrak{Q} \\ \mathfrak{Q}' & \mathfrak{H} + \mathfrak{Q}'\mathfrak{T}^{-1}\mathfrak{Q} \end{pmatrix} = \mathfrak{A}'\mathfrak{S}_0\mathfrak{A}.$$

Setzt man $\mathfrak{A} = (\mathfrak{C}\mathfrak{B})$, so ist $\mathfrak{C}'\mathfrak{S}_0\mathfrak{C} = \mathfrak{T}$, also $\mathfrak{C}'\mathfrak{S}\mathfrak{C} \equiv \mathfrak{T} \pmod{\kappa}$, und

$$\mathfrak{H} = \mathfrak{B}'(\mathfrak{S}_0 - \mathfrak{S}_0\mathfrak{C}\mathfrak{T}^{-1}\mathfrak{C}'\mathfrak{S}_0)\mathfrak{B} \sim \mathfrak{S}_0 - \mathfrak{S}_0\mathfrak{C}\mathfrak{T}^{-1}\mathfrak{C}'\mathfrak{S}_0.$$

Daher ist $\mathfrak{H}$ im adjungierten Geschlecht modulo κ gelegen.

Es sei umgekehrt $\mathfrak{H}$ dem adjungierten Geschlecht modulo κ angehörig. Dann gilt (88) mit $\mathfrak{H}$ statt $\mathfrak{H}_1$, es ist also

$$(90) \qquad \begin{pmatrix} \mathfrak{T} & \mathfrak{Q} \\ \mathfrak{Q}' & \mathfrak{H} + \mathfrak{Q}'\mathfrak{T}^{-1}\mathfrak{Q} \end{pmatrix} \equiv (\mathfrak{C}\mathfrak{B})'\mathfrak{S}(\mathfrak{C}\mathfrak{B}) \pmod{\kappa}.$$

Bestimmt man dazu ein $\mathfrak{S}_0\, v\, \mathfrak{S} \equiv \mathfrak{S}_0 \pmod{\kappa}$, ein $\mathfrak{T}_0\, v\, \mathfrak{T} \equiv \mathfrak{T}_0 \pmod{\kappa}$ und eine reducierte Darstellung $\mathfrak{C}_0'\mathfrak{S}_0\mathfrak{C}_0 = \mathfrak{T}_0$ mit $\mathfrak{C}_0 \equiv \mathfrak{C} \pmod{\kappa/2\tau}$, so ist $\mathfrak{H}\, v$ $\mathfrak{S}_0 - \mathfrak{S}_0\mathfrak{C}_0\mathfrak{T}_0^{-1}\mathfrak{C}_0'\mathfrak{S}_0 = \mathfrak{H}_0$. Setzt man noch $\mathfrak{E}_{\mathfrak{S}_0}\mathfrak{E}_{\mathfrak{H}_0} = \mathfrak{B}_0$, $\mathfrak{C}_0'\mathfrak{S}_0\mathfrak{B}_0 = \mathfrak{Q}_0$, so ist

$$(91) \qquad (\mathfrak{C}_0\mathfrak{B}_0)'\mathfrak{S}_0(\mathfrak{C}_0\mathfrak{B}_0) = \begin{pmatrix} \mathfrak{T}_0 & \mathfrak{Q}_0 \\ \mathfrak{N} & \mathfrak{E}_{\mathfrak{H}_0} \end{pmatrix}' \begin{pmatrix} \mathfrak{T}_0^{-1} & \mathfrak{N} \\ \mathfrak{N} & \mathfrak{H}_0 \end{pmatrix} \begin{pmatrix} \mathfrak{T}_0 & \mathfrak{Q}_0 \\ \mathfrak{N} & \mathfrak{E}_{\mathfrak{H}_0} \end{pmatrix}.$$

Für die linke Seite von (90) gilt andererseits die Zerlegung

$$(92) \quad \mathfrak{S}_1 = \begin{pmatrix} \mathfrak{T} & \mathfrak{Q} \\ \mathfrak{Q}' & \mathfrak{H} + \mathfrak{Q}'\mathfrak{T}^{-1}\mathfrak{Q} \end{pmatrix} = \begin{pmatrix} \mathfrak{T} & \mathfrak{Q} \\ \mathfrak{N} & \mathfrak{E}_{\mathfrak{H}} \end{pmatrix}' \begin{pmatrix} \mathfrak{T}^{-1} & \mathfrak{N} \\ \mathfrak{N} & \mathfrak{H} \end{pmatrix} \begin{pmatrix} \mathfrak{T} & \mathfrak{Q} \\ \mathfrak{N} & \mathfrak{E}_{\mathfrak{H}} \end{pmatrix}.$$

Aus (91) und (92) folgt analog wie beim Beweise von Hilfssatz 90, dass $\mathfrak{S}_1$ und $\mathfrak{S}$ gleichen Rang, gleiche Discriminante, gleichen Kern haben und total-reell äquivalent sind. In Verbindung mit (90) zeigt dann Hilfssatz 64, dass $\mathfrak{S}_1$ dem Geschlechte von $\mathfrak{S}$ angehört. Folglich gilt (75), und das Geschlecht von $\mathfrak{H}$ ist zu $\mathfrak{S}$, $\mathfrak{T}$ adjungiert.

Da in den beiden vorhergehenden Absätzen $\mathfrak{Q}$ festgehalten wurde und modulo $\mathfrak{T}$ incongruente $\mathfrak{Q}$ erst recht modulo κ incongruent sind, so folgt auch die Richtigkeit von (89).

Indem man die Formel von Hilfssatz 91 über alle adjungierten Geschlechter summiert und Hilfssatz 92 anwendet, folgt

Hilfssatz 93: *Durchläuft $\mathfrak{H}$ ein volles System von Repräsentanten der verschiedenen zu $\mathfrak{S}$ und $\mathfrak{T}$ adjungierten Geschlechter, so ist*

$$\frac{B_\kappa(\mathfrak{S}, \mathfrak{T})}{E_\kappa(\mathfrak{S})} = N_\tau^{\frac{1}{2}(q-r)(q-r-1)} \sum_{\mathfrak{H}} \frac{F(\mathfrak{S}, \mathfrak{H})}{E_\kappa(\tau\mathfrak{H})}.$$

Die Hilfssätze 84 und 93 enthalten die wesentlichen arithmetischen Grundlagen für den Beweis des Hauptsatzes.

16. Zwei Specialfälle

In diesem Paragraphen soll der Beweis des Hauptsatzes im Falle $q = r$, $\mathfrak{S} \neq \mathfrak{T}$ auf den Fall $\mathfrak{S} = \mathfrak{T}$ zurückgeführt und im Falle $q = 1$ erledigt werden.

Es sei $(2\tau)^3 \mid \kappa$. Nach den Hilfssätzen 52 und 62 gelten die beiden Gleichungen

$$(93)\qquad A(\mathfrak{S}, \mathfrak{T}) = \sum_{\mathfrak{B}} B(\mathfrak{S}, \mathfrak{B}'^{-1}\mathfrak{T}\mathfrak{B}^{-1})$$

$$(94)\qquad A_\kappa(\mathfrak{S}, \mathfrak{T}) = \sum_{\mathfrak{B}} N\delta^{r-q+1}\,\mathfrak{B}B_\kappa(\mathfrak{S}, \mathfrak{B}'^{-1}\mathfrak{T}\mathfrak{B}^{-1}),$$

wo $\mathfrak{B}$ alle Strahlrepräsentanten mit der Rechtseinheit $\mathfrak{E}_{\mathfrak{T}}$ und ganzem $\mathfrak{B}'^{-1}\mathfrak{T}\mathfrak{B}^{-1}$ durchläuft. Im Falle $q = r$ ist nun $B(\mathfrak{S}, \mathfrak{B}'^{-1}\mathfrak{T}\mathfrak{B}^{-1}) = E(\mathfrak{S})$ oder 0, je nachdem $\mathfrak{S} \sim \mathfrak{B}'^{-1}\mathfrak{T}\mathfrak{B}^{-1}$ ist oder nicht. Ferner ist $B_\kappa(\mathfrak{S}, \mathfrak{B}'^{-1}\mathfrak{T}\mathfrak{B}^{-1})$ dann und nur dann für jedes κ von 0 verschieden, und zwar gleich $E_\kappa(\mathfrak{S})$, wenn $\mathfrak{S}$ und $\mathfrak{B}'^{-1}\mathfrak{T}\mathfrak{B}^{-1}$ für jeden Modul äquivalent sind; da $\mathfrak{S}$ und $\mathfrak{T}$ beide total-positiv sind, so ist dann $\mathfrak{S}\, v\, \mathfrak{B}'^{-1}\mathfrak{T}\mathfrak{B}^{-1}$ und $\delta^2(\mathfrak{B}) = \tau\sigma^{-1}$. Geschieht dies genau a-mal, so ist also

$$(95)\qquad A_\kappa(\mathfrak{S}, \mathfrak{T}) = aN\tau^{\frac{1}{2}}N\sigma^{-\frac{1}{2}}A_\kappa(\mathfrak{S}, \mathfrak{S}),$$

falls κ durch ein gewisses Ideal teilbar ist. Bedeuten $\mathfrak{S}_1, \cdots, \mathfrak{S}_g$ die Classenrepräsentanten des Geschlechtes von $\mathfrak{S}$, so ist andererseits

$$(96)\qquad \frac{A(\mathfrak{S}_1, \mathfrak{T})}{E(\mathfrak{S}_1)} + \cdots + \frac{A(\mathfrak{S}_g, \mathfrak{T})}{E(\mathfrak{S}_g)} = a.$$

Nach Hilfssatz 72 gilt ferner die Gleichung

$$(97)\qquad A_\infty(\mathfrak{S}, \mathfrak{T}) = N\sigma^{\frac{1}{2}}N\tau^{-\frac{1}{2}}A_\infty(\mathfrak{S}, \mathfrak{S}).$$

In Verbindung mit Hilfssatz 69 folgt aus (95), (96), (97), dass der Hauptsatz im Falle $q = r$ richtig ist, wenn er für den speciellen Fall $\mathfrak{S} = \mathfrak{T}$ gilt.

Nun sei $q = 1$, $\mathfrak{S} = \mathfrak{T}$. Durch eine einfache Betrachtung folgt dann $g = 1$, $E(\mathfrak{S}) = 2$. Nach Hilfssatz 72 ist $A_\infty(\mathfrak{S}, \mathfrak{S}) = N\sigma^{-1}$. Ferner zeigt eine leichte Rechnung bei Benutzung von Hilfssatz 41, dass die ρ-adische Dichte $d_\rho(\mathfrak{S}, \mathfrak{S})$ den Wert $N\rho^k$ besitzt, falls das Primideal ρ in σ genau zur k^{ten} Potenz aufgeht und zu 2 teilerfremd ist. Geht aber ρ in 2 genau zur l^{ten} Potenz auf, so ist $d_\rho(\mathfrak{S}, \mathfrak{S}) = N\rho^{k+l}$. Folglich ist

$$(98)\qquad \prod_\rho d_\rho(\mathfrak{S}, \mathfrak{S}) = N(2\sigma) = 2^h N\sigma.$$

Da nun die linke Seite der Formel (65) des Hauptsatzes im vorliegenden Fall den Wert $2N\sigma$ erhält und die dort mit f bezeichnete Grösse für $q = r = 1$ den Wert 2^{1-h} hat, so ist jetzt vermöge (98) der Hauptsatz für $q = 1$ bewiesen.

17. Vollständige Induction

In diesem Paragraphen sei $q > r$. Man setze $q - r = s$ und nehme an, der Hauptsatz sei richtig für s statt q und $\mathfrak{S} = \mathfrak{T}$. Zur Abkürzung sei

$$\frac{B(\mathfrak{S}_1, \mathfrak{T})}{E(\mathfrak{S}_1)} + \cdots + \frac{B(\mathfrak{S}_g, \mathfrak{T})}{E(\mathfrak{S}_g)} = b(\mathfrak{S}, \mathfrak{T}).$$

Nach Hilfssatz 84 ist dann

$$b(\mathfrak{S}, \mathfrak{T}) = \sum_{\mathfrak{H}} F(\mathfrak{S}, \mathfrak{H}) M(\mathfrak{H}), \tag{99}$$

wo $M(\mathfrak{H})$ das Mass bedeutet und $\mathfrak{H}$ die Repräsentanten der einzelnen zu $\mathfrak{S}$ und $\mathfrak{T}$ adjungierten Geschlechter durchläuft. Nach Hilfssatz 76 ist $\tau\mathfrak{H}$ ganz und $\delta(\mathfrak{H}) = \sigma\tau^{-1}$; ferner hat $\mathfrak{H}$ den Rang s. Daher lässt sich auf $\mathfrak{H}$ der Specialfall $\mathfrak{S} = \mathfrak{T}$ des Hauptsatzes anwenden, nämlich Satz II mit $\mathfrak{H}$ statt $\mathfrak{S}$. Man setze noch

$$f_1 = 2^{1-h}, \qquad f_k = 2^{-h} \quad (k > 1)$$

$$c_s = c_{ss} = \prod_{l=1}^{s} \pi^{\frac{1}{2}lh}\, \Gamma^{-h}(\tfrac{1}{2}\, l).$$

Für jede total-positive Zahl t ist $M(t\mathfrak{H}) = M(\mathfrak{H})$ und nach Hilfssatz 72 zugleich

$$A_\infty(t\mathfrak{H}, t\mathfrak{H}) = Nt^{-\frac{1}{2}s(s+1)}\, A_\infty(\mathfrak{H}, \mathfrak{H})$$

$$A_\infty(\mathfrak{H}, \mathfrak{H}) = c_s\, d^{-\frac{1}{4}s(s-1)}\, N(\tau\sigma^{-1})^{\frac{1}{2}(s+1)}.$$

Mit Rücksicht auf Hilfssatz 69 ergibt also Satz II für das Mass $M(\mathfrak{H})$ den Ausdruck

$$M(\mathfrak{H}) = f_s^{-1} c_s^{-1}\, d^{\frac{1}{4}s(s-1)}\, N\sigma^{\frac{1}{2}(s+1)}\, N\tau^{\frac{1}{2}(s+1)(s-1)} \lim \frac{2^{p(\kappa)}\, N\kappa^{\frac{1}{2}s(s-1)}}{E_\kappa(\tau\mathfrak{H})}\,; \tag{100}$$

dabei bedeutet $p(\kappa)$ die Anzahl der verschiedenen Primteiler des Ideals κ, und dieses selbst durchläuft eine Folge von der in Hilfssatz 69 festgelegten Art, also etwa die Folge $1!, 2!, 3!, \cdots$. Aus (99), (100) und Hilfssatz 93 folgt nun aber

$$b(\mathfrak{S}, \mathfrak{T}) = f_s^{-1} c_s^{-1}\, d^{\frac{1}{4}s(s-1)}\, N\sigma^{\frac{1}{2}(s+1)}\, N\tau^{\frac{1}{2}(s-1)} \lim \frac{2^{p(\kappa)}\, N\kappa^{\frac{1}{2}s(s-1)}\, B_\kappa(\mathfrak{S}, \mathfrak{T})}{E_\kappa(\mathfrak{S})}. \tag{101}$$

Nach Hilfssatz 69 existiert

$$\lim \frac{2^{p(\kappa)}\, N\kappa^{\frac{1}{2}q(q-1)}}{E_\kappa(\mathfrak{S})}$$

und hat einen von 0 verschiedenen Wert. Dieser wäre $f_q A_\infty(\mathfrak{S}, \mathfrak{S}) M(\mathfrak{S})$, falls Satz II auch für $\mathfrak{S}$ richtig ist. Deswegen setze man

$$\lim \frac{2^{p(\kappa)}\, N\kappa^{\frac{1}{2}q(q-1)}}{E_\kappa(\mathfrak{S})} = f_q A_\infty(\mathfrak{S}, \mathfrak{S}) M(\mathfrak{S}) g(\mathfrak{S}) \tag{102}$$

mit dem noch unbekannten Factor $g(\mathfrak{S})$, der auf grund der Bedeutung der übrigen Grössen in (102) nur vom Geschlechte von $\mathfrak{S}$ abhängen kann. Nach Hilfssatz 72 ist nun

$$A_\infty(\mathfrak{S}, \mathfrak{S}) = c_q d^{-\frac{1}{4}q(q-1)}\, N\sigma^{-\frac{1}{2}(q+1)}$$

$$A_\infty(\mathfrak{S}, \mathfrak{T}) = c_{qr} d^{\frac{1}{4}r(r+1)-\frac{1}{2}qr}\, N\sigma^{-\frac{1}{2}r}\, N\tau^{\frac{1}{2}(s-1)}.$$

Dies liefert in Verbindung mit (100) aus (101) die Gleichung

$$\frac{b(\mathfrak{S},\mathfrak{T})}{M(\mathfrak{S})} = \frac{f_q c_q}{f_s c_s c_{qr}}\, g(\mathfrak{S}) A_\infty(\mathfrak{S},\mathfrak{T}) \lim \frac{B_\kappa(\mathfrak{S},\mathfrak{T})}{N_\kappa^{qr-\frac{1}{2}r(r+1)}}.$$

Man ersetze schliesslich $\mathfrak{T}$ durch $\mathfrak{B}'^{-1}\mathfrak{T}\mathfrak{B}^{-1}$ und summiere über die in (93) und (94) auftretenden $\mathfrak{B}$. Berücksichtigt man noch, dass $c_q = c_s c_{qr}$ ist und der Quotient $f_q : f_s$ gleich 1 oder $\frac{1}{2}$ ist, je nachdem $s > 1$ oder $s = 1$ ist, so ergibt sich

$$\begin{aligned} \frac{A(\mathfrak{S}_1,\mathfrak{T})}{E(\mathfrak{S}_1)} + \cdots + \frac{A(\mathfrak{S}_g,\mathfrak{T})}{E(\mathfrak{S}_g)} &: \frac{A_\infty(\mathfrak{S}_1,\mathfrak{T})}{E(\mathfrak{S}_1)} + \cdots + \frac{A_\infty(\mathfrak{S}_g,\mathfrak{T})}{E(\mathfrak{S}_g)} \\ &= g(\mathfrak{S}) f \lim \frac{A_\kappa(\mathfrak{S},\mathfrak{T})}{N_\kappa^{qr-\frac{1}{2}r(r+1)}} \end{aligned} \tag{103}$$

mit $f = 1$ für $q > r + 1$ und $f = \frac{1}{2}$ für $q = r + 1$. Diese Gleichung geht in die Behauptung von Satz I für $q > r$ über, wenn noch bewiesen ist, dass der Factor $g(\mathfrak{S})$ den Wert 1 hat, und aus letzterem würde wegen (102) zugleich die Richtigkeit des Hauptsatzes für den Fall $q = r$ und $\mathfrak{S} = \mathfrak{T}$ folgen.

Mit Rücksicht auf das Ergebnis des vorigen Paragraphen bleibt also nur noch zu zeigen, dass für alle $q > 1$ die Grösse $g(\mathfrak{S}) = 1$ ist. Dies ist am einfachsten für $q > 4$, auch noch leicht für $q = 4$, mühsamer für $q = 2$ und am umständlichsten für $q = 3$. Hieraus erklärt sich die Anordnung der drei nächsten Paragraphen, in denen die Fälle $q > 4$, $q = 4$ oder 2, $q = 3$ nacheinander behandelt werden. In der logischen Schlusskette sind natürlich diese Fälle wegen der früher verwendeten Induction nach wachsenden Werten von q zu ordnen.

18. Der Fall $q > 4$

Es sei $\mathfrak{T}_0$ durch $\mathfrak{S}$ darstellbar, $\delta(\mathfrak{T}_0) = \tau_0$, $\delta(\mathfrak{S}) = \sigma$, $8\tau_0^3\sigma \mid \kappa$. Der Rang r von $\mathfrak{T}_0$ sei kleiner als der Rang q von $\mathfrak{S}$. Man setze

$$\prod_{p \mid \kappa} d_p(\mathfrak{S},\mathfrak{T}_0) = p.$$

Ist $\mathfrak{T} \equiv \mathfrak{T}_0 \pmod{\kappa}$ und $\mathfrak{E}_{\mathfrak{T}} = \mathfrak{E}_{\mathfrak{T}_0}$, so ergeben sich aus den Hilfssätzen 58 und 60 in Verbindung mit (53) die Gleichungen

$$A_\kappa(\mathfrak{S},\mathfrak{T}) = pN_\kappa^{qr-\frac{1}{2}r(r+1)} \tag{104}$$

$$\prod_{p \mid \kappa} d_p(\mathfrak{S},\mathfrak{T}) = p.$$

Setzt man noch

$$\prod_{(p,\kappa)=1} d_p(\mathfrak{S},\mathfrak{T}) = c(\mathfrak{S},\mathfrak{T}), \tag{105}$$

so gilt

$$\prod_{p} d_p(\mathfrak{S},\mathfrak{T}) = pc(\mathfrak{S},\mathfrak{T}). \tag{106}$$

Es bedeute Z eine Umgebung von $\mathfrak{T}_0$ und T eine natürliche Zahl, die nachher bei festgehaltenem Z unendlich werden soll. Man lasse $\mathfrak{T}$ die Matrizen mit $\mathfrak{T} \equiv \mathfrak{T}_0$

(mod κ) und $\mathfrak{C}_{\mathfrak{T}} = \mathfrak{C}_{\mathfrak{T}_0}$ durchlaufen, für welche $T^{-1}\mathfrak{T}$ in Z liegt. Indem man Hilfssatz 73 für alle $A_\kappa(\mathfrak{S}, \mathfrak{T})$ incongruenten reducierten Lösungen von $\mathfrak{C}'\mathfrak{S}\mathfrak{C} \equiv \mathfrak{T}$ (mod κ) verwendet, erhält man

$$N\kappa^{qr-\frac{1}{2}r(r+1)} \lim_{T\to\infty} T^{-\frac{1}{2}hr(r+1)} \sum_{\mathfrak{T}} \frac{A(\mathfrak{S}, \mathfrak{T})}{A_\infty(\mathfrak{S}, \mathfrak{T})} = \lim_{T\to\infty} T^{-\frac{1}{2}hr(r+1)} \sum_{\mathfrak{T}} A_\kappa(\mathfrak{S}, \mathfrak{T}),$$

und nach (103), (104), (106) ergibt sich hieraus

$$g(\mathfrak{S})f \lim_{T\to\infty} T^{-\frac{1}{2}hr(r+1)} \sum_{\mathfrak{T}} c(\mathfrak{S}, \mathfrak{T}) = \lim_{T\to\infty} T^{-\frac{1}{2}hr(r+1)} \sum_{\mathfrak{T}} 1, \tag{107}$$

mit $f = 1$ für $q > r + 1$ und $f = \frac{1}{2}$ für $q = r + 1$. Specialisiert man (107) auf den Fall $r = 1$ und einreihige $\mathfrak{T}$, so erhält man

Hilfssatz 94: *Es sei Z ein Gebiet im h-dimensionalen Raum, das nur Punkte mit lauter positiven Coordinaten enthält. Es bedeute t_0 eine durch $\mathfrak{S}$ darstellbare total-positive Zahl und κ ein durch $8\sigma t_0^3$ teilbares Ideal. Für natürliches T durchlaufe t alle mit t_0 modulo κ congruenten Zahlen, für welche der Punkt, dessen Coordinaten die Conjugierten von $T^{-1}t$ sind, zu Z gehört. Dann ist*

$$g(\mathfrak{S})f \lim_{T\to\infty} T^{-h} \sum_{t} c(\mathfrak{S}, t) = \lim_{T\to\infty} T^{-h} \sum_{t} 1. \tag{108}$$

Nunmehr lässt sich der Fall $q > 4$ mühelos erledigen. Aus Hilfssatz 57 erhält man leicht die Abschätzung

$$1 - N\rho^{-2} < d_\rho(\mathfrak{S}, t) < 1 + N\rho^{-2}$$

für alle zu 2σ teilerfremden Primideale ρ. Aus der Convergenz von $\prod_\rho (1 + N\rho^{-2})$ folgt dann, dass das Product $\prod_\rho d_\rho(\mathfrak{S}, t)$ gleichmässig in bezug auf die Menge aller t convergiert. Es sei nun w eine beliebig kleine positive Zahl. Wenn man κ so wählt, dass es durch genügend viele Primideale teilbar ist, so liegt nach (105) die Grösse $c(\mathfrak{S}, t)$ für alle t zwischen $1 - w$ und $1 + w$. Aus (108) ergibt sich aber für $w \to 0$, dass $g(\mathfrak{S}) = 1$ ist.

19. Die Fälle $q = 4$ und $q = 2$

Hilfssatz 95: *Zu jedem Ideal α gibt es eine Basis $a_1, \cdots, a_h$ derart, dass alle h Conjugierten der sämtlichen Zahlen $a_1, \cdots, a_h$ absolut kleiner sind als $g_1 N\alpha^{1/h}$, wo g_1 eine nur vom Körper abhängige Constante bedeutet.*

Beweis: Es sei d die Körperdiscriminante. Wie Minkowski bewiesen hat, gibt es eine durch α teilbare Zahl $a \neq 0$, bei der keine Conjugierte absolut genommen grösser als $N\alpha^{1/h}Nd^{1/2h}$ ist. Setzt man $\alpha = a\beta^{-1}$, so ist β ganz und $N\beta \leqq d^{\frac{1}{2}}$, also β einer endlichen nur vom Körper abhängigen Idealmenge zugehörig. Ist nun $b_1, \cdots, b_h$ eine Basis von β^{-1}, so ergeben die Zahlen $a_k = ab_k$ $(k = 1, \cdots, h)$ eine Basis von α mit der gewünschten Eigenschaft.

Es sei μ ein ganzes Ideal. In der Gruppe G derjenigen algebraischen Einheiten des Körpers, die total-positiv und $\equiv 1$ (mod μ) sind, gibt es nach Dirichlet eine Basis von $v = h - 1$ Fundamentaleinheiten $e_1, \cdots, e_v$. Zwei total-positive Zahlen a und b mögen *associiert* heissen, wenn ab^{-1} eine Einheit aus G ist. Zu jeder total-positiven Zahl a gibt es eindeutig $h - 1$ reelle Zahlen $x_1, \cdots, x_{h-1}$ und eine positive Zahl x_0, so dass die h Gleichungen

$$e_{1(l)}^{x_1} \cdots e_{v(l)}^{x_v} x_0 = a_{(l)} \qquad (l = 1, \cdots, h) \tag{109}$$

für die sämtlichen Conjugierten von $e_1, \cdots, e_v$, a gelten. Dabei ist $x_0^h = Na$. Die Zahl a heisst *reduciert*, wenn die $h - 1$ Ungleichungen $0 \leqq x_k < 1$ $(k = 1, \cdots, v)$ gelten. Offenbar existiert in jedem System associierter total-positiver Zahlen genau eine reducierte.

Hilfssatz 96: *Es sei* $(\lambda, \mu) = 1$ *und* Q, R *zwei reelle Zahlen mit* $0 < Q < R \leqq 2Q$. *Die Anzahl der reducierten Körperzahlen* $\equiv 1 \pmod{\mu}$, *deren Norm zwischen* Q *und* R *liegt, sei* H; *ferner bedeute* H_λ *die Anzahl derjenigen unter diesen Zahlen, die ausserdem noch durch* λ *teilbar sind. Dann gilt die Ungleichung*

$$| H_\lambda - N\lambda^{-1}H | < g_2 + g_3(QN\lambda^{-1})^{1-1/h}, \tag{110}$$

wo g_2 *und* g_3 *nur vom Körper abhängen.*

Beweis: Man setze $\lambda\mu = \alpha$ und wähle für α eine Basis $a_1, \cdots, a_h$ mit den in Hilfssatz 95 genannten Eigenschaften. Ferner sei $\lambda \mid a_0 \equiv 1 \pmod{\mu}$. Jede durch λ teilbare Zahl $\equiv 1 \pmod{\mu}$ hat dann die Form

$$a = a_0 + a_1y_1 + \cdots + a_hy_h$$

mit ganzen rationalen $y_1, \cdots, y_h$. Es sei nun a total-positiv, reduciert und $Q \leqq Na \leqq R$. Nach (109) gilt

$$0 < g_4 < a_{(l)}\, Q^{-1/h} < g_5 \qquad (l = 1, \cdots, h) \tag{111}$$

mit gewissen Körperconstanten g_4, g_5.

Im Falle

$$QN\alpha^{-1} \leqq (2hg_1/g_4)^h$$

ist die Behauptung (110) sicher richtig, da dann sogar beide Grössen H_λ und $N\lambda^{-1}H$ beschränkt sind. Es sei also

$$QN\alpha^{-1} > (2hg_1/g_4)^h. \tag{112}$$

Deutet man die Zahlen $a_{(l)} = a_{0(l)} + a_{1(l)}y_1 + \cdots + a_{h(l)}y_h$ $(l = 1, \cdots, h)$ als Coordinaten eines Punktes im h-dimensionalen Raum, so erhält man eine lückenlose einfache Bedeckung dieses Raumes mit Parallelepipeden, indem man $y_1, \cdots, y_h$ alle Intervalle zwischen zwei consecutiven ganzen rationalen Zahlen durchlaufen lässt. Es bedeute V_λ das Volumen jedes dieser Parallelepipede. Man betrachte erstens diejenigen Parallelepipede, bei denen jeder Punkt reduciert ist und der Bedingung $Q \leqq Na \leqq R$ genügt; das von ihnen bedeckte Volumen sei W_1. Zweitens betrachte man alle Parallelepipede, bei denen mindestens ein Punkt jenen Bedingungen genügt; es sei W_2 das zugehörige Gesamtvolumen. Dann ist offenbar

$$W_1 \leqq H_\lambda V_\lambda \leqq W_2. \tag{113}$$

Für irgend zwei Punkte eines Parallelepipeds sind die Coordinatendifferenzen $\Delta a_{(l)}$ sämtlich absolut kleiner als $hg_1 N\alpha^{1/h}$. Erfüllen die $a_{(l)}$ ausserdem die Bedingungen (111), so folgt in Verbindung mit (112), dass die Ausdrücke $\Delta a_{(l)}/a_{(l)}$ absolut kleiner als $\frac{1}{2}$ sind. Man benutze nun den Mittelwertsatz der Differentialrechnung und die Formeln

$$\log e_{1(l)}\, dx_1 + \cdots + \log e_{v(l)}\, dx_v + \frac{dx_0}{x_0} = \frac{da_{(l)}}{a_{(l)}} \quad (l = 1, \cdots, h).$$

Dann erkennt man die Existenz einer positiven Zahl c mit beschränktem $c(QN\alpha^{-1})^{1/h}$, so dass das Gebiet

$$c \leqq x_k \leqq 1 - c \; (k = 1, \cdots, v), \qquad Q(1 + c) \leqq Na \leqq R(1 - c)$$

ganz von W_1 bedeckt wird und dass andererseits W_2 von dem Gebiete

$$-c \leqq x_k \leqq 1 + c \; (k = 1, \cdots, v), \qquad Q(1 - c) \leqq Na \leqq R(1 + c)$$

bedeckt wird. Folglich unterscheiden sich W_1 und W_2 von dem durch

$$0 \leqq x_k \leqq 1 \; (k = 1, \cdots, v), Q \leqq Na \leqq R$$

definierten Volumen im $a_{(1)} \cdots a_{(h)}$-Raum nur durch Beträge von der Grössenordnung Qc. Verwendet man (113) ein zweites Mal für 1 statt λ und subtrahiert, so erhält man

$$| H_\lambda V_\lambda - HV_1 | < g_3\, Q(QN\alpha^{-1})^{-1/h},$$

und hieraus folgt (110) wegen $V_\lambda = N\lambda V_1 = d^{\frac{1}{2}} N\alpha$.

Jetzt können die Fälle $q = 4$ und $q = 2$ erledigt werden. In Hilfssatz 94 sei Z das durch (109) definierte Gebiet mit $0 \leqq x_k < 1$ $(k = 1, \cdots, v)$, $Nt_0 \leqq x_0^h \leqq 2Nt_0$. In Hilfssatz 96 sei $Q = T^h$, $\mu = t_0^{-1}\kappa$. Ferner sei $\{s\}$ der Kern von $\mathfrak{S}$, mit ganzem s und $8s \mid \mu$.

Im Falle $q = 4$ ergibt Hilfssatz 57 die Beziehung

$$c(\mathfrak{S}, t) = \prod_{(\rho, \kappa) = 1} \left(1 - \left(\frac{s}{\rho}\right) N\rho^{-2}\right) \sum_{\substack{\lambda \mid t \\ (\lambda, \kappa) = 1}} \left(\frac{s}{\lambda}\right) N\lambda^{-1},$$

wo λ alle zu κ teilerfremden Idealteiler von t durchläuft. Summiert man über alle $t \equiv t_0 \pmod{\kappa}$, für welche $T^{-1}t$ zu Z gehört, so wird

$$\sum_t c(\mathfrak{S}, t) = \prod_{(\rho, \kappa) = 1} \left(1 - \left(\frac{s}{\rho}\right) N\rho^{-2}\right) \sum_{(\lambda, \kappa) = 1} \left(\frac{s}{\lambda}\right) H_\lambda N\lambda^{-1},$$

wo λ alle zu κ teilerfremden Ideale durchläuft. Man verwende nun Hilfssatz 96 mit $R = 2Q$ und beachte, dass $H_\lambda = 0$ ist für $N\lambda > 2T^h$ sowie dass

$$\prod_{(\rho, \kappa) = 1} \left(1 - \left(\frac{s}{\rho}\right) N\rho^{-2}\right) \sum_{(\lambda, \kappa) = 1} \left(\frac{s}{\lambda}\right) N\lambda^{-2} = 1$$

gilt. So erhält man die Abschätzung

$$|H - \sum_t c(\mathfrak{S}, t)| < g_6 H \sum_{N\lambda > 2T^h} N\lambda^{-2} + g_7 T^{h-1} \sum_{N\lambda \leqq 2T^h} N\lambda^{\frac{1}{h}-2}$$

$$< g_8 T^{h-1} \log T \qquad (T \geqq 2);$$

und Hilfssatz 94 liefert $g(\mathfrak{S}) = 1$.

Im Falle $q = 2$ setze man zur Abkürzung

$$(114) \qquad \prod_{(\rho,\kappa)=1} \left(1 - \left(\frac{-s}{\rho}\right) N\rho^{-1}\right) = b$$

$$\sum_{\substack{\lambda | t \\ (\lambda,\kappa)=1}} \left(\frac{-s}{\lambda}\right) = m(t).$$

Nach Hilfssatz 57 wird

$$(115) \qquad \sum_t c(\mathfrak{S}, t) = b \sum_t m(t).$$

Für $t = t_0 a \equiv t_0 \pmod{\kappa}$ gilt $a \equiv 1 \pmod{\mu}$. Bedeutet λ einen Idealfactor von t mit $(\lambda, \kappa) = 1$, so ist auch $a\lambda^{-1} = \nu$ ein solcher Factor, und umgekehrt. Ist ausserdem a total-positiv, so gilt auf grund des quadratischen Reciprocitätsgesetzes wegen $a \equiv 1 \pmod{8s}$ die Beziehung $\left(\frac{-s}{\lambda}\right) = \left(\frac{-s}{\nu}\right)$. In der Summe (114) trenne man nun die λ mit $N\lambda < N\nu$ von den λ mit $N\lambda \geqq N\nu$. Es bedeute F_λ die Anzahl der durch λ teilbaren total-positiven reducierten $a \equiv 1 \pmod{\mu}$ mit $T^h \leqq Na \leqq 2T^h$ und $Na > N\lambda^2$, ferner G_λ die analog definierte Anzahl, wo nur die letzte Bedingung durch $Na \geqq N\lambda^2$ ersetzt ist. Dann wird

$$(116) \qquad \sum_t m(t) = \sum_{(\lambda,\kappa)=1} (F_\lambda + G_\lambda) \left(\frac{-s}{\lambda}\right),$$

wenn λ alle zu κ teilerfremden Ideale durchläuft. Für $N\lambda^2 > 2T^h$ ist $F_\lambda + G_\lambda = 0$. Man benutze Hilfssatz 96 mit $R = 2Q$ und im Falle $T^h < N\lambda^2 \leqq 2T^h$ ausserdem mit $R = N\lambda^2$ und erhält

$$(117) \qquad | F_\lambda + G_\lambda - 2N\lambda^{-1} H | < g_9 T^{h-1} N\lambda^{(1/h)-1} \qquad (N\lambda^2 \leqq T^h).$$

Für $T^h < N\lambda^2 \leqq 2T^h$ ist (117) zu ersetzen durch

$$(118) \qquad \left| F_\lambda + G_\lambda - 2N\lambda^{-1} H + g_{10} \frac{N\lambda^2 - T^h}{N\lambda} \right| < g_9 T^{h-1} N\lambda^{(1/h)-1},$$

wo g_{10} nur von μ und dem Körper abhängt, aber nicht von λ und T. Da

$$b \sum_{(\lambda,\kappa)=1} \left(\frac{-s}{\lambda}\right) N\lambda^{-1} = 1$$

ist, so liefern (115), (116), (117), (118) die Abschätzung

$$\left|2H - \sum_t c(\mathfrak{S}, t)\right| < g_{11} \left| \sum_{\substack{N\lambda^2 > 2T^h \\ (\lambda, \varkappa)=1}} \left(\frac{-s}{\lambda}\right) N\lambda^{-1} \right| H + g_{12} T^{h-1} \sum_{N\lambda^2 \leqq 2T^h} N\lambda^{(1/h)-1} \tag{119}$$
$$+ g_{13} \left| \sum_{\substack{T^h < N\lambda^2 \leqq 2T^h \\ (\lambda, \varkappa)=1}} \left(\frac{-s}{\lambda}\right) (N\lambda - N\lambda^{-1} T^h) \right|$$

Hieraus folgt nach Hilfssatz 94 wieder $g(\mathfrak{S}) = 1$, wenn man noch zeigen kann, dass die rechte Seite kleinere Grössenordnung hat als T^h. Nun ist

$$\sum_{N\lambda^2 \leqq 2T^h} N\lambda^{(1/h)-1} < g_{14} T^{\frac{1}{2}}.$$

Aus der Convergenz von $\sum_{(\lambda, \varkappa)=1} \left(\frac{-s}{\lambda}\right) N\lambda^{-1}$ folgt ferner, dass die Summen

$$\sum_{\substack{N\lambda^2 > 2T^h \\ (\lambda, \varkappa)=1}} \left(\frac{-s}{\lambda}\right) N\lambda^{-1}, \qquad \sum_{\substack{T^h < N\lambda^2 \leqq 2T^h \\ (\lambda, \varkappa)=1}} \left(\frac{-s}{\lambda}\right) N\lambda^{-1}$$

für $T \to \infty$ den Grenzwert 0 haben, und durch partielle Summation ergibt sich das gleiche für den Ausdruck

$$T^{-h} \sum_{\substack{T^h < N\lambda^2 \leqq 2T^h \\ (\lambda, \varkappa)=1}} \left(\frac{-s}{\lambda}\right) N\lambda.$$

Die rechte Seite von (119) wird also tatsächlich schwächer unendlich als T^h.

20. Der Fall $q = 3$

Aus der Definition (102) von $g(\mathfrak{S})$ folgt, dass für ganzes total-positives c stets $g(\mathfrak{S}) = g(c\mathfrak{S})$ ist. Hat $\mathfrak{S}$ den Rang q und den Kern $\{s\}$, so hat $c\mathfrak{S}$ den Kern $\{c^q s\}$, also für ungerades q den Kern $\{cs\}$. Indem man speciell $c = s$ wählt, erkennt man, dass man zur Bestimmung von $g(\mathfrak{S})$ im Falle $q = 3$ voraussetzen darf, dass $\mathfrak{S}$ den Kern $\{1\}$ besitzt. Aus Hilfssatz 66 ergibt sich die Existenz eines total-positiven t_0, das sowohl durch $\mathfrak{S}$ als auch durch $\mathfrak{E}^{(3)}$ darstellbar ist. Nach Hilfssatz 57 hängt die Grösse $d_\rho(\mathfrak{S}, t)$, wenn ρ nicht in 2σ aufgeht, bei veränderlichem $\mathfrak{S}$ von festem Range und festem t nur von dem Werte des Restsymbols $\left(\frac{\mathfrak{S}}{\rho}\right)$ ab. Da nun $\mathfrak{S}$ und $\mathfrak{E}$ nach Voraussetzung denselben Kern haben, so gilt nach (105) auch $c(\mathfrak{S}, t) = c(\mathfrak{E}, t)$ und Hilfssatz 94 ergibt $g(\mathfrak{S}) = g(\mathfrak{E})$. Man hat also nur noch zu zeigen, dass für die dreireihige Einheitsmatrix die Gleichung $g(\mathfrak{E}) = 1$ gilt. Für den Körper der rationalen Zahlen geschah dies im ersten Teile dieser Abhandlung auf sehr einfache Weise; man braucht in (103) speciell nur $\mathfrak{S} = \mathfrak{E}, \mathfrak{T} = 1$ zu setzen und zu berücksichtigen, dass im Geschlechte von $\mathfrak{E}^{(3)}$ nur eine Classe liegt, dass für ungerades ρ die Grössen $d_\rho(\mathfrak{E}, 1)$ durch Hilfssatz 57 bestimmt sind und dass man $d_2(\mathfrak{E}, 1) = \frac{3}{2}$ durch directe Rechnung finden kann. Für einen beliebigen Körper versagt dieser bequeme Beweis. Er lässt sich zwar ersetzen durch einen im Princip verwandten, welcher an stelle der definiten quadratischen Form $x^2 + y^2 + z^2$ die indefinite $xy - z^2$ benutzt; doch lässt sich diese Idee hier nicht verwenden, da nur der total-positive Fall ausführlich behandelt werden soll. Ein anderer Beweis für $g(\mathfrak{E}) = 1$ lässt sich unter Benutzung der Theorie der Modulfunctionen führen. Der im Folgenden dargestellte Beweis verwendet statt dessen gewisse Hilfsmittel aus der Reductionstheorie der total-positiven binären quadratischen Formen.

HILFSSATZ 97: *Es sei t ganz, $t^2 \mid \kappa$, $(\kappa, 2) = 1$. Durchläuft $\mathfrak{S}_0 = \begin{pmatrix} t_1 & t_2 \\ t_2 & t_3 \end{pmatrix}$ ein volles System modulo κ incongruenter und nicht-äquivalenter ganzer symmetrischer zweireihiger Matrizen mit der Determinante*

(120) $$t_1 t_3 - t_2^2 \equiv t \pmod{\kappa},$$

so gilt

$$\sum_{\mathfrak{S}_0} \frac{2^{p(\kappa)} N\kappa}{E_\kappa(\mathfrak{S}_0)} = Nt^{-1} \prod_{\rho \mid \kappa} (1 - N\rho^{-2})^{-1} \frac{A_\kappa(\mathfrak{E}, t)}{N\kappa^2}.$$

BEWEIS: Nach den Hilfssätzen 56, 58, 60 sind die beiden ternären Formen $x^2 + y^2 + z^2$ und $xy - z^2$ modulo κ äquivalent, da ihre Determinanten die Werte 1 und $\frac{1}{4}$ haben. Die Anzahl der Lösungen von (120) ist also genau $A_\kappa(\mathfrak{E}, t)$.

Man bilde andererseits alle modulo κ incongruenten ganzen $\mathfrak{A} = \begin{pmatrix} a_1 & a_2 \\ a_3 & a_4 \end{pmatrix}$ mit $|\mathfrak{A}|^2 \equiv 1 \pmod{\kappa t^{-1}}$. Indem man Hilfssatz 56 auf die quaternäre Form $xy - zw$ anwendet, erkennt man leicht, dass die Anzahl der $\mathfrak{A}$ den Wert $a = NtN^3\kappa 2^{p(\kappa)} \prod_{\rho \mid \kappa}(1 - N\rho^{-2})$ besitzt. Bei variablem $\mathfrak{A}$ ergibt nun der Ausdruck $\mathfrak{A}'\mathfrak{S}_0\mathfrak{A}$ sämtliche mit $\mathfrak{S}_0$ modulo κ äquivalenten incongruenten Matrizen, deren Determinante $\equiv t \pmod{\kappa}$ ist, und zwar jede genau $E_\kappa(\mathfrak{S}_0)$-mal. Folglich ist

$$A_\kappa(\mathfrak{E}, t) = a \sum_{\mathfrak{S}_0} \frac{1}{E_\kappa(\mathfrak{S}_0)}$$

und damit die Behauptung bewiesen.

Man setze zur Abkürzung

(121) $$\prod_{(\rho, 2)=1} (1 - N\rho^{-2})^{-1} = z_2$$

(122) $$\prod_{(\rho, 2)=1} d_\rho(\mathfrak{E}^{(3)}, t) = c(t).$$

HILFSSATZ 98: *Es sei t total-positiv, kein Idealquadrat und $\equiv 1 \pmod 8$. Durchläuft $\mathfrak{S} = \begin{pmatrix} s_1 & s_2 \\ s_2 & s_3 \end{pmatrix}$ ein volles Repräsentantensystem der Geschlechter mit $s_1 s_3 - s_2^2 = t$ und $\mathfrak{S} \equiv \mathfrak{E} \pmod 8$, so ist*

$$\sum_{\mathfrak{S}} M(\mathfrak{S}) = 2^{4h + p(2) - 1} \pi^{-h} d^{\frac{3}{2}} Nt^{\frac{1}{2}} E_8^{-1}(\mathfrak{E}^{(2)})\, z_2\, c(t).$$

Diese Formel bleibt auch für den Fall richtig, dass das Hauptideal t ein Idealquadrat ist, wenn dann rechts der Factor 2 hinzugefügt wird.

Beweis: Wie in Hilfssatz 97 nehme man für $\mathfrak{S}_0 = \begin{pmatrix} t_1 & t_2 \\ t_2 & t_3 \end{pmatrix}$ ein volles System modulo κ incongruenter nicht-äquivalenter Matrizen mit $t_1 t_3 - t_2^2 \equiv t \pmod{\kappa}$. Dabei sei $t^3 \mid \kappa$, $(\kappa, 2) = 1$. Ohne Beschränkung der Allgemeinheit kann man noch voraussetzen, dass $\mathfrak{S}_0 \equiv \mathfrak{E} \pmod 8$ und $(t_1, \kappa) = (t_1, t_2, t_3, \kappa) = \lambda$ ist. Ferner kann t_1 als total-positive Zahl gewählt werden. Hat $\mathfrak{S}_1 = \begin{pmatrix} u_1 & u_2 \\ u_2 & u_3 \end{pmatrix}$ dieselben Eigenschaften wie $\mathfrak{S}_0$ und ist $\mathfrak{S}_0 \sim \mathfrak{S}_1 \pmod{\kappa}$, so ist die Congruenz $t_1 x^2 + 2t_2 xy + t_3 y^2 \equiv u_1 \pmod{8\kappa}$ lösbar, also auch $(t_1 x + t_2 y)^2 + ty^2 \equiv u_1 t_1 \pmod{8\kappa}$, und $u_1 t_1$ ist quadratischer Rest modulo t. Nach dem Reciprocitätsgesetz folgt dann die Gleichung $\left(\frac{-t}{t_1\lambda^{-1}}\right) = \left(\frac{-t}{u_1\lambda^{-1}}\right)$; der Wert dieses Restsymbols hängt also nur von der Classe von $\mathfrak{S}_0$ modulo κ ab.

Zunächst sei $\left(\frac{-t}{t_1\lambda^{-1}}\right) = +1$. Nach dem Heckeschen Satz von den Primidealen in der arithmetischen Progression gibt es eine total positive Zahl $s_1 \equiv t_1 \pmod{8\kappa}$, für welche $s_1\lambda^{-1}$ ein Primideal ist. Nach dem quadratischen Reciprocitätsgesetz ist dann auch $\left(\frac{-t}{s_1\lambda^{-1}}\right) = 1$, also $-t$ quadratischer Rest modulo $s_1\lambda^{-1}$. Man wähle ein s_2 mit $s_2^2 \equiv -t \pmod{s_1\lambda^{-1}}$, $s_2 \equiv t_2 \pmod{8\kappa}$. Definiert man dann s_3 durch $s_1 s_3 - s_2^2 = t$, so ist $s_3 \equiv t_3 \pmod{8\kappa\lambda^{-1}}$. Für $\mathfrak{S} = \begin{pmatrix} s_1 & s_2 \\ s_2 & s_3 \end{pmatrix}$ gilt dann $\mathfrak{S} \equiv \mathfrak{E} \pmod 8$ und wegen $t^3 \mid \kappa$ nach Hilfssatz 58 auch $\mathfrak{S} \sim \mathfrak{S}_0 \pmod{\kappa}$.

Ist umgekehrt $\mathfrak{S} = \begin{pmatrix} s_1 & s_2 \\ s_2 & s_3 \end{pmatrix} \equiv \mathfrak{E} \pmod 8$, s_1 total-positiv, $s_1 s_3 - s_2^2 = t$, $(s_1, \kappa) = (s_1, s_2, s_3, \kappa) = \lambda$, so ist $-t$ quadratischer Rest modulo s_1, also erst recht $\left(\frac{-t}{s_1\lambda^{-1}}\right) = +1$. Nach dem im ersten Absatz Bemerkten gibt es folglich in der Classe von $\mathfrak{S}_0$ modulo κ kein total-positives $\mathfrak{S} \equiv \mathfrak{E} \pmod 8$ mit der Determinante t, wenn der Charakter $\left(\frac{-t}{t_1\lambda^{-1}}\right) = -1$ ist. Dieser Fall kann nicht eintreten, wenn t das Quadrat eines Ideales ist. Ist aber das Hauptideal t kein Idealquadrat, so gibt es ein total-positives $c \equiv 1 \pmod 8$ mit $\left(\frac{-t}{c}\right) = -1$, $(c, \kappa) = 1$. Es sei noch $bc \equiv 1 \pmod{8\kappa}$. Von den beiden Matrizen $\mathfrak{S}_0 = \begin{pmatrix} t_1 & t_2 \\ t_2 & t_3 \end{pmatrix}$, $\mathfrak{S}_1 = \begin{pmatrix} ct_1 & t_2 \\ t_2 & bt_3 \end{pmatrix}$ ist dann genau eine modulo κ äquivalent mit einem total-positiven $\mathfrak{S}$, das die Determinante t besitzt und $\equiv \mathfrak{E} \pmod 8$ ist. Mit Hilfe der Congruenz

$$c\begin{pmatrix} 1 & 0 \\ 0 & b \end{pmatrix}\begin{pmatrix} t_1 & t_2 \\ t_2 & t_3 \end{pmatrix}\begin{pmatrix} 1 & 0 \\ 0 & b \end{pmatrix} \equiv \begin{pmatrix} ct_1 & t_2 \\ t_2 & bt_3 \end{pmatrix} \pmod{8\kappa}$$

folgt, dass sich genau die Hälfte der in Hilfssatz 97 auftretenden Classen der $\mathfrak{S}_0$ modulo κ durch total-positive $\mathfrak{S} \equiv \mathfrak{E}$ (mod 8) mit der Determinante t realisieren lassen und dass $E_\kappa(\mathfrak{S}_0) = E_\kappa(\mathfrak{S}_1)$ ist. Auf grund des im Falle $q = 2$ bereits bewiesenen Satzes II ist

$$M(\mathfrak{S}) = 2^{4h+p(2)} \pi^{-h} d^{\frac{1}{2}} N t^{\frac{3}{2}} E_8^{-1}(\mathfrak{F}^{(2)}) \prod_{(\rho, 2)=1} d_\rho^{-1}(\mathfrak{S}, \mathfrak{S}).$$

Hieraus folgt nach Hilfssatz 97 in Verbindung mit dem Vorhergehenden

$$\sum_{\mathfrak{S}} M(\mathfrak{S}) = 2^{4h+p(2)-1} \pi^{-h} d^{\frac{1}{2}} N t^{\frac{3}{2}} E_8^{-1}(\mathfrak{F}^{(2)}) \prod_{(\rho, 2)=1} \{(1 - N\rho^{-2})^{-1} d_\rho(\mathfrak{F}^{(3)}, t)\},$$

wobei $\mathfrak{S}$ alle Geschlechter mit $|\mathfrak{S}| = t$ und total-positivem $\mathfrak{S} \equiv \mathfrak{E}$ (mod 8) durchläuft. Dies ist die Behauptung.

Es mögen für den Moment $\mathfrak{S}_1$ und $\mathfrak{S}_2$ *eng-äquivalent* heissen, wenn $\mathfrak{S}_2 = \mathfrak{U}'\mathfrak{S}_1\mathfrak{U}$ mit unimodularem $\mathfrak{U} \equiv \mathfrak{E}$ (mod 8) gilt. Unter einer *engen Classe* sei die Menge aller eng-äquivalenten Matrizen verstanden. Da eng-äquivalente Matrizen modulo 8 congruent sind, so kann man von dem Rest einer engen Classe modulo 8 sprechen.

Hilfssatz 99: *Es sei* $\mathfrak{S} \equiv \mathfrak{E}$ (mod 8). *Die Anzahl der engen Classen, die* $\equiv \mathfrak{E}$ (mod 8) *sind und der Classe von* $\mathfrak{S}$ *angehören, ist*

(123) $$2^{-p(2)-h+1} E_8(\mathfrak{E}) : E(\mathfrak{S}).$$

Beweis: Man betrachte alle mit $\mathfrak{S}$ äquivalenten Matrizen $\mathfrak{U}'\mathfrak{S}\mathfrak{U}$, die $\equiv \mathfrak{E}$ (mod 8) sind. Zwei von diesen, etwa $\mathfrak{U}_1'\mathfrak{S}\mathfrak{U}_1$ und $\mathfrak{U}_2'\mathfrak{S}\mathfrak{U}_2$, sind dann und nur dann eng-äquivalent, wenn $\mathfrak{U}_1 \equiv \mathfrak{B}\mathfrak{U}_2$ (mod 8) ist, wo $\mathfrak{B}$ eine Einheit von $\mathfrak{S}$ bedeutet. Folglich ist die gesuchte Anzahl gleich dem Quotienten aus der Anzahl a der Restclassen, in welche die unimodularen Matrizen $\mathfrak{U}$ nach dem Modul 8 zerfallen, und der Anzahl b der Restclassen der Einheiten $\mathfrak{B}$ nach dem Modul 8. Man findet nun leicht, dass

$$a = 2^{-p(2)-h+1} E_8(\mathfrak{E})$$

ist. Zum Beweise von (123) hat man also nur noch zu zeigen, dass aus der Congruenz $\mathfrak{B} \equiv \mathfrak{E}$ (mod 8) die Gleichung $\mathfrak{B} = \mathfrak{E}$ folgt. Da die Einheitengruppe endlich ist, so gilt $\mathfrak{B}^l = \mathfrak{E}$ mit einem natürlichen $l = 2^k u$, wo u ungerade und $k \geqq 0$ ist. Ist $\mathfrak{B} \neq \mathfrak{E}$, so kann man $\mathfrak{B} = \mathfrak{E} + 2^m\mathfrak{B}$ setzen, *wo* $m > 1$ ist und nicht alle Elemente der ganzen Matrix $\mathfrak{B}$ durch 2 teilbar sind. Indem man diese Gleichung mit u potenziert und dann k-mal quadriert, erkennt man, dass $\mathfrak{B}^l - \mathfrak{E}$ nicht durch 2^{m+k+1} teilbar ist, und dies ergibt einen Widerspruch gegen die Annahme $\mathfrak{B} \equiv \mathfrak{E}$ (mod 8), $\mathfrak{B} \neq \mathfrak{E}$.

Es seien $\mathfrak{X}_{(1)}, \cdots, \mathfrak{X}_{(h)}$ irgend h positive symmetrische zweireihige Matrizen mit reellen Elementen. Man repräsentiere sie durch einen Punkt im $3h$-dimensionalen Raum. Zwei solche Punkte mögen *äquivalent* heissen, wenn die zugehörigen Matrizensysteme $\mathfrak{X}_{(1)}, \cdots, \mathfrak{X}_{(h)}$ und $\mathfrak{Y}_{(1)}, \cdots, \mathfrak{Y}_{(h)}$ in der Beziehung $\mathfrak{Y}_{(l)} = \mathfrak{U}_{(l)}'\mathfrak{X}_{(l)}\mathfrak{U}_{(l)}$ $(l = 1, \cdots, h)$ zueinanderstehen, wo $\mathfrak{U}_{(1)}, \cdots, \mathfrak{U}_{(h)}$ die

Conjungierten einer unimodularen Matrix des Körpers bedeuten. Es lässt sich ein von endlich vielen Ebenen durch den Nullpunkt begrenzter reducierter Bereich definieren, der aus jeder Menge äquivalenter Punkte einen enthält, und zwar genau einen, wenn von Randpunkten abgesehen wird.

Wie an anderer Stelle bewiesen wurde, gilt

HILFSSATZ 100: *Das Volumen des durch* $|\mathfrak{X}_{(1)} \cdots \mathfrak{X}_{(h)}| \leqq Q$ *definierten Teiles des reducierten Bereiches hat den Wert*

$$\tfrac{1}{3}\, 2^{h} \pi^{-h}\, d^{\frac{3}{2}}\, R \prod_{\rho} (1 - N\rho^{-2})^{-1}\, Q^{\frac{3}{2}};$$

dabei bedeutet R *den Regulator des Körpers.*

Unter der *engen unimodularen Gruppe* sei die Gruppe der unimodularen $\mathfrak{U} \equiv \mathfrak{E} \pmod 8$ verstanden. Der Index in bezug auf die volle unimodulare Gruppe ist die Anzahl der Restclassen der unimodularen Matrizen nach dem Modul 8. Diese wiederum ist das Product aus der Anzahl A der Restclassen mit $|\mathfrak{U}| \equiv 1 \pmod 8$ und dem Index J der Gruppe der algebraischen Einheiten $\equiv 1 \pmod 8$ in bezug auf die volle Gruppe der algebraischen Einheiten. Bedeutet R_0 den Regulator der ersteren Gruppe, so ist $J = R_0 : R$. Für zweireihige Matrizen gilt ferner

$$A = 8^{3h} \prod_{\rho \mid 2} (1 - N\rho^{-2}).$$

Aus AJ zum reducierten Bereich äquivalenten Bereichen lässt sich nun ein Fundamentalbereich in bezug auf die enge unimodulare Gruppe bilden. Es sei F_Q der Teil dieses Bereiches mit $|\mathfrak{X}_{(1)} \cdots \mathfrak{X}_{(h)}| \leqq Q$ und V_Q sein Volumen. Benutzt man die Abkürzung aus (121), so liefert Hilfssatz 100 die Formel

$$V_Q = \tfrac{1}{3}\, 2^{10h}\, \pi^{-h}\, d^{\frac{3}{2}}\, R_0 z_2\, Q^{\frac{3}{2}}. \tag{124}$$

Nun sei $C(t)$ die Anzahl der engen Classen mit total-positivem $\mathfrak{S} \equiv \mathfrak{E} \pmod 8$ und $|\mathfrak{S}| = t$. Aus den Hilfssätzen 98 und 99 folgt dann

$$Nt^{-\frac{1}{2}}\, C(t) = 2^{3h}\, \pi^{-h}\, d^{\frac{1}{2}} z_2\, c(t), \tag{125}$$

falls t kein Idealquadrat ist. In dem ausgeschlossenen Falle hat man auf der rechten Seite von (125) noch den Factor 2 hinzuzufügen; die Definition (122) von $c(t)$ zeigt dann in Verbindung mit Hilfssatz 57, dass für die Idealquadrate t der Ausdruck $Nt^{-\frac{1}{2}}C(t)$ höchstens die Grössenordnung von $\log Nt$ hat. Es seien $e_1, \cdots, e_{h-1}$ eine Basis der algebraischen Einheiten $\equiv 1 \pmod 8$. Dann lassen sich die Conjugierten von t eindeutig in die Form

$$t = e_1^{x_1} \cdots e_{h-1}^{x_{h-1}}\, Nt^{1/h}$$

mit reellen $x_1, \cdots, x_{h-1}$ setzen. Man summiere (125) über alle total-positiven $t \equiv 1 \pmod 8$ mit $0 \leqq x_l < 2$ $(l = 1, \cdots, h-1)$ und $Nt \leqq T^h$, wo T eine natürliche Zahl bedeutet. Die Anzahl dieser t ist für unendlich werdendes T asymptotisch gleich $2^{-2h-1} d^{-\frac{1}{2}} R_0 T^h$. Aus Hilfssatz 94 ergibt sich also

$$g(\mathfrak{E}^{(3)}) \lim_{T \to \infty} T^{-h} \sum_{t} Nt^{-\frac{1}{2}} C(t) = 2^{h-1}\, \pi^{-h}\, z_2\, R_0. \tag{126}$$

Endlich ist aber

$$(127)\qquad \sum_t N t^{-\frac{1}{2}} C(t) = \sum_{\mathfrak{S}} N\,|\mathfrak{S}|^{-\frac{1}{2}},$$

wo über alle $\mathfrak{S} \equiv \mathfrak{C} \pmod 8$ aus F_Q mit $Q = T^h$ zu summieren ist. Bedeutet dv das Volumenelement von F_Q, so folgt aus der Definition des bestimmten Integrales die Gleichung

$$(128)\qquad \lim_{T\to\infty} T^{-h} \sum_{\mathfrak{S}} N\,|\mathfrak{S}|^{-\frac{1}{2}} = 2^{-9h} d^{-\frac{3}{2}} \int_{F_1} N\,|\mathfrak{X}|^{-\frac{1}{2}}\, dv.$$

Nach (124) ist

$$2^{-9h} d^{-\frac{3}{2}} \int_{F_1} N\,|\mathfrak{X}|^{-\frac{1}{2}}\, dv = 2^{h-1} \pi^{-h} R_0 z_2 \int_0^1 dx = 2^{h-1} \pi^{-h} R_0 z_2,$$

und hieraus folgt in Verbindung mit (126), (127), (128) die gesuchte Gleichung

$$g(\mathfrak{C}^{(3)}) = 1.$$

Damit ist der Beweis des Hauptsatzes beendet.

21. Der Hauptsatz im indefiniten Fall

Im Vorhergehenden ist der Hauptsatz nur für total-positive Matrizen $\mathfrak{S}$ in total-reellen Körpern K bewiesen worden. In der Einleitung wurde er für den allgemeinen Fall ausgesprochen, in welchem über die Signatur von $\mathfrak{S}$ und über die Realitätsverhältnisse von K keinerlei einschränkende Annahmen gemacht werden. Will man den für total-positive $\mathfrak{S}$ geführten Beweis auf den allgemeinen Fall übertragen, so bestehen keine grundsätzlichen Schwierigkeiten; man kann sich des im zweiten Teile dargelegten Gedankenganges bedienen. Hierzu sei noch folgendes bemerkt. Sind die Conjugierten $K_{(1)}, \cdots, K_{(h_1)}$ des Körpers K reell und die Paare $K_{(l)}, K_{(h_2+l)}$ $(l = h_1 + 1, \cdots, h_1 + h_2;\, h_1 + 2h_2 = h)$ conjugiert complex, so betrachte man h_1 positive reelle symmetrische Matrizen $\mathfrak{X}_{(1)}, \cdots, \mathfrak{X}_{(h_1)}$ und h_2 Paare conjugiert complexer positiver Hermitescher Matrizen $\mathfrak{X}_{(l)} = \overline{\mathfrak{X}}_{(h_2+l)}$ $(l = h_1 + 1, \cdots, h_1 + h_2)$. Bedeutet $\mathfrak{A}$ eine Einheit von $\mathfrak{S}$, so geht der Raum X der $\mathfrak{X}_{(l)}$ in sich über, wenn $\mathfrak{X}_{(l)}$ durch $\mathfrak{A}'_{(l)}\mathfrak{X}_{(l)}\mathfrak{A}_{(l)}$ ersetzt wird, wobei $\mathfrak{A}_{(1)}, \cdots, \mathfrak{A}_{(h)}$ die Conjugierten von $\mathfrak{A}$ sind. Man kann nun eine Reductionstheorie von X gegenüber der Gruppe der Einheiten $\mathfrak{A}$ entwickeln, in analoger Weise, wie es im zweiten Teile für den indefiniten Fall im Körper der rationalen Zahlen geschehen ist. Auf diese Art lässt sich dann zeigen, dass die in der Einleitung durch (3) und (4) definierten Grenzwerte existieren. Ferner kann man die Hilfssätze 73 und 84, von denen der Beweis des Hauptsatzes wesentlich abhängt, ebenfalls sinngemäss übertragen. Da die Ausführung dieses Programmes keinen principiellen Schwierigkeiten begegnet, so mag hier die blosse Andeutung genügen. Ein näheres Studium der unendlichen Einheitengruppen im indefiniten Fall dürfte noch bedeutsame Zusammenhänge ans Licht bringen.

22. Modulfunctionen

Der im ersten Teil eingehend besprochene Zusammenhang zwischen dem Hauptsatze und der Theorie der Modulfunctionen besteht auch noch für jeden total-reellen Zahlkörper. Da die Rechnung ganz analog ist wie im Falle des Körpers der rationalen Zahlen, so kann das Folgende kurz gefasst werden.

Es sei $\mathfrak{S}$ total-positiv und vom Range q. Zunächst werde der Fall $|\mathfrak{S}| \neq 0$ behandelt. Um den Hauptsatz für $r = 1$ in eine analytische Identität zu verwandeln, bilde man die erzeugende Function der $A(\mathfrak{S}, t)$, nämlich die Classeninvariante

$$f(\mathfrak{S}, x) = \sum_{\mathfrak{c}} e^{\pi i \sigma(\mathfrak{c}'\mathfrak{S}\mathfrak{c}x)};$$

dabei durchläuft $\mathfrak{c}$ alle ganzen Spalten von q Elementen, ferner sind $x_{(1)}, \cdots, x_{(h)}$ complexe Variable mit positiven Imaginärteilen und $\sigma(\mathfrak{c}'\mathfrak{S}\mathfrak{c}x)$ bedeutet die Spur $\sum_{l=1}^{h} \mathfrak{c}'_{(l)}\mathfrak{S}_{(l)}\mathfrak{c}_{(l)}x_{(l)}$. Mit Hilfe der Classeninvarianten definiert man die Geschlechtsinvariante durch

$$F(\mathfrak{S}, x) = \frac{f(\mathfrak{S}_1, x)}{E(\mathfrak{S}_1)} + \cdots + \frac{f(\mathfrak{S}_g, x)}{E(\mathfrak{S}_g)} : \frac{1}{E(\mathfrak{S}_1)} + \cdots + \frac{1}{E(\mathfrak{S}_g)},$$

wo $\mathfrak{S}_1, \cdots, \mathfrak{S}_g$ die Classen des Geschlechtes von $\mathfrak{S}$ repräsentieren. Bezeichnet man den Ausdruck $\frac{A(\mathfrak{S}_1, t)}{E(\mathfrak{S}_1)} + \cdots + \frac{A(\mathfrak{S}_g, t)}{E(\mathfrak{S}_g)} : \frac{1}{E(\mathfrak{S}_1)} + \cdots + \frac{1}{E(\mathfrak{S}_g)}$ mit $a(\mathfrak{S}, t)$, so ist also

$$F(\mathfrak{S}, x) = 1 + \sum_{t > 0} a(\mathfrak{S}, t)\, e^{\pi i \sigma(tx)}, \tag{129}$$

wo t alle total-positiven ganzen Zahlen durchläuft. Für $q > 2$ ist nach dem Hauptsatz

$$a(\mathfrak{S}, t) = A_\infty(\mathfrak{S}, t) \prod_{\mathfrak{p}} d_{\mathfrak{p}}(\mathfrak{S}, t). \tag{130}$$

Um dies zur Umformung der rechten Seite von (129) anwenden zu können, bedarf es eines expliciten Ausdruckes für $\prod_{\mathfrak{p}} d_{\mathfrak{p}}(\mathfrak{S}, t)$ als Function von t. Dieser wird geliefert durch

HILFSSATZ 101: *Es sei $\mathfrak{d}$ das Grundideal des Körpers. Für jede Zahl a werde die Gaussche Summe $G(\mathfrak{S}, a)$ definiert durch*

$$G(\mathfrak{S}, a) = \sum_{\mathfrak{c} (\mathrm{mod}\, \mathfrak{a})} e^{2\pi i \sigma(a\mathfrak{c}'\mathfrak{S}\mathfrak{c})},$$

wo das Ideal $\mathfrak{a}$ durch $(a\mathfrak{d}, 1) = \mathfrak{a}^{-1}$ erklärt ist. Durchläuft dann a ein volles System mod $\mathfrak{d}^{-1}$ incongruenter Zahlen, so gilt für $q > 4$ die Gleichung

$$\prod_{\mathfrak{p}} d_{\mathfrak{p}}(\mathfrak{S}, t) = \sum_{a (\mathrm{mod}\, \mathfrak{d}^{-1})} G(\mathfrak{S}, a) N\mathfrak{a}^{-q} e^{-2\pi i \sigma(at)}.$$

Der Beweis verläuft entsprechend wie der von Hilfssatz 28 im ersten Teil. Ferner gilt

Hilfssatz 102: *Durchläuft t alle total-positiven ganzen Zahlen und u alle Zahlen des Ideals δ^{-1}, so ist*

$$\sum_{t>0} N t^{\frac{1}{2}q-1} e^{-\sigma(ty)} = d^{-\frac{1}{2}} \Gamma^h(\tfrac{1}{2}q) \sum_{\delta^{-1}|u} N(y + 2\pi i u)^{-\frac{1}{2}q},$$

mit positiven $y_{(1)}, \cdots, y_{(h)}$ und $N(y + 2\pi i u) = \prod_{l=1}^{h} (y_{(l)} + 2\pi i u_{(l)})$.

Für den Beweis vergleiche man den von Hilfssatz 29 im ersten Teil.

Verwendet man nun (130) und die Hilfssätze 101, 102, so geht (129) über in die Gleichung

$$F(\mathfrak{S}, x) = 1 + i^{h\frac{1}{2}q} d^{-\frac{1}{2}q} N|\mathfrak{S}|^{-\frac{1}{2}} \sum_{a} \frac{G(\mathfrak{S}, a)}{N\alpha^q} N(x - 2a)^{-\frac{1}{2}q}; \tag{131}$$

dabei durchläuft a alle Zahlen des Körpers und es ist $(a\delta, 1) = \alpha^{-1}$. Um (131) in die einfachste Gestalt zu setzen, führe man statt der Gaussschen Summen $G(\mathfrak{S}, a)$ die Ausdrücke $H(\mathfrak{S}, a, b)$ ein, die folgendermassen definiert werden. Es seien a und b ganz und nicht beide 0; für $b \neq 0$ bedeute β den genauen Nenner von ab^{-1}, also $(ab^{-1}, 1) = \beta^{-1}$. Ist dann die Zahl $\sigma((a/b)\mathfrak{c}'\mathfrak{S}\mathfrak{c})$ gerade für alle $\mathfrak{c} \equiv \mathfrak{n} \pmod{\beta}$, so setze man

$$H(\mathfrak{S}, a, b) = i^{h\frac{1}{2}q} N|\mathfrak{S}|^{-\frac{1}{2}} (dNb)^{-\frac{1}{2}q} \sum_{\mathfrak{c} (\operatorname{mod} b)} e^{-\pi i \sigma((a/b)\mathfrak{c}'\mathfrak{S}\mathfrak{c})};$$

dagegen sei $H(\mathfrak{S}, a, b) = 0$, wenn es ein $\mathfrak{c} \equiv \mathfrak{n} \pmod{\beta}$ mit ungeradem Werte von $\sigma((a/b)\mathfrak{c}'\mathfrak{S}\mathfrak{c})$ gibt. Für $b = 0$ definiere man

$$H(\mathfrak{S}, a, 0) = Na^{\frac{1}{2}q}.$$

Zwei Paare a, b und a_1, b_1, bei denen weder a, b noch a_1, b_1 beide 0 sind, mögen *äquivalent* heissen, wenn $ab_1 = ba_1$ ist. Auf Grund von (131) gilt dann

Satz III: *Durchläuft a, b ein volles System nicht-äquivalenter Paare, so ist*

$$F(\mathfrak{S}, x) = \sum H(\mathfrak{S}, a, b)\, N(bx + a)^{-\frac{1}{2}q} \qquad (q > 4). \tag{132}$$

Bei geeigneter Ausführung der Summation ist diese Formel auch noch in den Fällen $q = 3$ und $q = 4$ richtig, doch convergiert die Reihe dann nicht mehr absolut.

Jetzt sei $|\mathfrak{S}|$ nicht mehr notwendigerweise $\neq 0$ und r beliebig. Man wähle h complexe symmetrische r-reihige Matrizen $\mathfrak{X}_{(1)}, \cdots, \mathfrak{X}_{(h)}$, deren Imaginärteile positiv sind und definiere die Classeninvariante durch

$$f(\mathfrak{S}, \mathfrak{X}) = \sum_{\mathfrak{E}_{\mathfrak{S}}\mathfrak{C} = \mathfrak{C}} e^{\pi i \sigma(\mathfrak{C}'\mathfrak{S}\mathfrak{C}\mathfrak{X})},$$

wo über alle r-spaltigen ganzen Matrizen $\mathfrak{C}$ mit $\mathfrak{E}_{\mathfrak{S}}\mathfrak{C} = \mathfrak{C}$ summiert wird und $\sigma(\mathfrak{C}'\mathfrak{S}\mathfrak{C}\mathfrak{X})$ die Summe der Spuren der einzelnen Matrizen $\mathfrak{C}'_{(l)}\mathfrak{S}_{(l)}\mathfrak{C}_{(l)}\mathfrak{X}_{(l)}$ $(l = 1, \cdots, h)$ bedeutet. Die Geschlechtsinvariante wird dann

$$F(\mathfrak{S}, \mathfrak{X}) = \frac{f(\mathfrak{S}_1, \mathfrak{X})}{E(\mathfrak{S}_1)} + \cdots + \frac{f(\mathfrak{S}_g, \mathfrak{X})}{E(\mathfrak{S}_g)} : \frac{1}{E(\mathfrak{S}_1)} + \cdots + \frac{1}{E(\mathfrak{S}_g)}.$$

Durch Benutzung des Hauptsatzes lässt sich für $F(\mathfrak{S}, \mathfrak{X})$ eine zu (132) analoge Partialbruchzerlegung gewinnen. Das wichtigste Hilfsmittel bei dieser Umformung bildet eine Verallgemeinerung von Hilfssatz 102, die entsprechend wie Hilfssatz 38 im ersten Teil bewiesen wird, nämlich

Hilfssatz 103: *Es durchlaufe $\mathfrak{T}$ alle total-positiven ganzen symmetrischen Matrizen mit r Reihen und $\mathfrak{L}$ alle r-reihigen symmetrischen Matrizen, für welche die Coefficienten der quadratischen Form $\mathfrak{x}'\mathfrak{L}\mathfrak{x}$ dem Ideal δ^{-1} angehören. Dann ist*

$$\sum_{\mathfrak{T}} N|\mathfrak{T}|^{\frac{1}{2}(q-r-1)} e^{-\sigma(\mathfrak{T}\mathfrak{Y})} =$$

$$\pi^{h\frac{1}{4}r(r-1)} \Gamma^h(\tfrac{1}{2}q)\Gamma^h(\tfrac{1}{2}(q-1)) \cdots \Gamma^h(\tfrac{1}{2}(q-r+1)) d^{-\frac{1}{2}r(r+1)} \sum_{\mathfrak{L}} N|\mathfrak{Y} + 2\pi i\mathfrak{L}|^{-\frac{1}{2}q},$$

falls die Realteile der symmetrischen Matrizen $\mathfrak{Y}_{(1)}, \cdots, \mathfrak{Y}_{(h)}$ positiv sind.

Anstelle der in Satz III auftretenden Zahlenpaare a, b werden Matrizenpaare $\mathfrak{A}$, $\mathfrak{B}$ betrachtet mit folgenden Eigenschaften: Es sollen $\mathfrak{A}$ und $\mathfrak{B}$ dem Körper angehören und quadratisch r-reihig sein; es soll die Symmetriebedingung $\mathfrak{A}\mathfrak{B}' = \mathfrak{B}\mathfrak{A}'$ erfüllt sein; es soll die zusammengesetzte Matrix $(\mathfrak{A}\mathfrak{B})$ den Rang r haben. Solche Matrizenpaare heissen *symmetrisch*. Zwei symmetrische Matrizenpaare $\mathfrak{A}$, $\mathfrak{B}$ und $\mathfrak{A}_1$, $\mathfrak{B}_1$ werden *äquivalent* genannt, wenn $\mathfrak{A}\mathfrak{B}_1' = \mathfrak{B}\mathfrak{A}_1'$ ist. Das Matrizenpaar $\mathfrak{A}$, $\mathfrak{B}$ heisse *positiv*, wenn die Determinante $|x\mathfrak{A} + \mathfrak{B}|$ für hinreichend grosses natürliches x total-positiv ist.

An die Stelle der $H(\mathfrak{S}, b, a)$ treten die Ausdrücke $H(\mathfrak{S}, \mathfrak{A}, \mathfrak{B})$ mit folgender Definition: Es sei $\mathfrak{A}$, $\mathfrak{B}$ ein ganzes positives symmetrisches Matrizenpaar. Gibt es ein ganzes $\mathfrak{C}$ mit ungeradem $\sigma(\mathfrak{C}'\mathfrak{S}\mathfrak{C}\mathfrak{A}\mathfrak{B}')$, so setze man $H(\mathfrak{S}, \mathfrak{A}, \mathfrak{B}) = 0$. Gibt es kein solches $\mathfrak{C}$, so verstehe man unter $K(\mathfrak{A}, \mathfrak{B})$ die Anzahl der modulo 1 incongruenten Matrizen $\mathfrak{C}$ mit ganzem $\mathfrak{C}\mathfrak{A}$ und $\mathfrak{E}_{\mathfrak{S}}\mathfrak{C} = \mathfrak{C}$, welche in der Form $\mathfrak{C} = \mathfrak{G}_1\mathfrak{A}^{-1} + \mathfrak{G}_2\mathfrak{B}^{-1}$ mit ganzen $\mathfrak{G}_1$, $\mathfrak{G}_2$ darstellbar sind, und bilde bei Summation über diese $\mathfrak{C}$ den Ausdruck

$$(133) \qquad H(\mathfrak{S}, \mathfrak{A}, \mathfrak{B}) = e^{hqr\frac{1}{4}\pi i} d^{-\frac{1}{2}qr} N\sigma^{-\frac{1}{2}r} K^{-\frac{1}{2}}(\mathfrak{A}, \mathfrak{B}) \sum_{\mathfrak{C}} e^{-\pi i\sigma(\mathfrak{C}'\mathfrak{S}\mathfrak{C}\mathfrak{A}\mathfrak{B}')}.$$

Unter Benutzung desselben Gedankenganges wie im ersten Teil ergibt sich dann

Satz IV: *Durchläuft $\mathfrak{A}$, $\mathfrak{B}$ ein volles System von nicht-äquivalenten ganzen positiven symmetrischen Matrizenpaaren, so ist*

$$(134) \qquad F(\mathfrak{S}, \mathfrak{X}) = \sum H(\mathfrak{S}, \mathfrak{A}, \mathfrak{B}) N|\mathfrak{A}\mathfrak{X} + \mathfrak{B}|^{-\frac{1}{2}q} \quad (q > 2r^2 + r + 1).$$

Weiss man nur, dass für $F(\mathfrak{S}, \mathfrak{X})$ eine Partialbruchzerlegung der Form (134) mit noch unbekannten Coefficienten $H(\mathfrak{S}, \mathfrak{A}, \mathfrak{B})$ besteht, so lässt sich mit Hilfe der Transformationstheorie der Thetafunctionen zeigen, dass $H(\mathfrak{S}, \mathfrak{A}, \mathfrak{B})$ den in (133) erklärten Wert besitzt. Da ferner aus (134) rückwärts auch wieder der Hauptsatz folgt, so ist dieser also gleichwertig mit der Aussage, dass $F(\mathfrak{S}, \mathfrak{X})$ eine Entwicklung in Partialbrüche von der in (134) auftretenden Gestalt besitzt.

Um die functionentheoretische Bedeutung von Satz IV zu verstehen, hat man die Theorie der zum Körper gehörigen Modulfunctionen r-ten Grades zu entwickeln. Da wieder eine weitgehende Analogie mit dem im ersten Teil behandelten Fall besteht, so mögen hier nur einige kurze Andeutungen gemacht werden. Unter einer *Modulsubstitution* r-ten Grades in K versteht man die h simultanen Transformationen

$$\mathfrak{Y}_{(l)} = (\mathfrak{A}_{(l)}\mathfrak{X}_{(l)} + \mathfrak{B}_{(l)})(\mathfrak{C}_{(l)}\mathfrak{X}_{(l)} + \mathfrak{D}_{(l)})^{-1} \qquad (l = 1, \cdots, h), \tag{135}$$

wobei $\mathfrak{A}$, $\mathfrak{B}$, $\mathfrak{C}$, $\mathfrak{D}$ ganze Matrizen aus K sind, die den drei Bedingungen $\mathfrak{A}\mathfrak{B}' = \mathfrak{B}\mathfrak{A}'$, $\mathfrak{C}\mathfrak{D}' = \mathfrak{D}\mathfrak{C}'$, $\mathfrak{A}\mathfrak{D}' - \mathfrak{B}\mathfrak{C}' = \mathfrak{E}$ genügen. Diese Substitutionen bilden die *Modulgruppe* r-ten Grades in K. Es existiert wieder ein Fundamentalbereich im Raume der $\mathfrak{X}$ mit positivem Imaginärteil, welcher von endlich vielen algebraischen Flächen begrenzt wird. Eine Function von $\mathfrak{X}_{(1)}, \cdots, \mathfrak{X}_{(h)}$ heisst *Modulfunction*, wenn sie bei allen Substitutionen (135) ungeändert bleibt und im Fundamentalbereich meromorph ist; dabei wird Meromorphie im unendlich fernen Teile des Fundamentalbereiches entsprechend wie im früher behandelten rationalen Falle definiert. Die Existenz nicht-constanter Modulfunctionen folgt durch Bildung von Quotienten aus Eisensteinschen Reihen des Typus (134). Die Modulfunctionen r-ten Grades in K bilden einen algebraischen Functionenkörper von $h\frac{1}{2}r(r + 1)$ unabhängigen Variabeln. Durch Satz IV wird dann eine Verbindung hergestellt zwischen den einfachsten Bausteinen jenes Functionenkörpers, nämlich den Eisensteinschen Reihen, und den durch Thetareihen definierten Geschlechtsinvarianten. Es sei noch bemerkt, dass man Satz IV auch auf den Fall übertragen kann, dass $\mathfrak{S}$ nicht total-positiv ist, wenn nur der Körper total-reell bleibt; man vergleiche hierzu die im zweiten Teile über Modulfunctionen gemachten Bemerkungen. Wird dagegen die Voraussetzung fallen gelassen, dass K total-reell ist, so scheint der Hauptsatz nicht mehr in eine einfache functionentheoretische Identität übersetzbar zu sein. Dem entspricht auch, dass die Definition der Modulfunctionen nur für den total-reellen Fall einen Sinn hat.

23. Die Werte der Dedekindschen Zetafunction

Da der Hauptsatz elementare arithmetische Functionen mit transcendent definierten Grössen verknüpft, so kann er zur Summation gewisser unendlicher Reihen benutzt werden. Es sei K total-reell, $\mathfrak{S}$ total-positiv, $\{s\}$ der Kern von $\mathfrak{S}$, $q = 2l$ gerade, $r = 1$ und $\mathfrak{T} = (t)$. Bedeutet ρ ein Primideal, das nicht in $2st$ aufgeht, so hat nach Hilfssatz 57 die Dichte $d_\rho(\mathfrak{S}, t)$ den Wert $1 - \left(\frac{(-1)^l s}{\rho}\right) N\rho^{-l}$. Für die Primfactoren ρ von $2st$ hat die Dichte jedenfalls einen rationalen Wert, und zwar einen positiven, wenn t durch $\mathfrak{S}$ darstellbar ist. Nach Hilfssatz 72 ist ferner der Ausdruck $A_\infty(\mathfrak{S}, t)\pi^{-lh}(dN\sigma)^{\frac{1}{2}}$ positiv rational. Auf grund des Hauptsatzes folgt nun, dass auch die Zahl

$$\pi^{lh}(dN\sigma)^{\frac{1}{2}} \prod_\rho \left(1 - \left(\frac{(-1)^l s}{\rho}\right) N\rho^{-l}\right)$$

rational ist. Man setze noch

$$L_a(x) = \sum_\nu \left(\frac{a}{\nu}\right) N\nu^{-x} \qquad (x > 1),$$

wo ν alle ganzen Ideale durchläuft. Bei total-positivem a sind dann die sämtlichen Zahlen $(dNa)^{\frac{1}{2}}\pi^{-hl}L_a(l)$ für $l = 2, 4, 6, \cdots$, rational, und gleichfalls sind die Zahlen $(dNa)^{\frac{1}{2}}\pi^{-hl}L_{-a}(l)$ für $l = 1, 3, 5, \cdots$ rational. In Verallgemeinerung eines bekannten Eulerschen Satzes gilt also speciell für die Dedekindsche Zetafunction $\zeta_K(x) = L_1(x) = \sum_\nu N\nu^{-x}$, dass der Wert $\zeta_K(l)$ für gerades natürliches l sich von $d^{\frac{1}{2}}\pi^{hl}$ nur durch einen rationalen Factor unterscheidet, und zwar lässt sich dieser Factor in bestimmter Weise durch Darstellungsanzahlen quadratischer Formen ausdrücken. Es gibt somit für jeden total-reellen Körper eine Art Bernoullischer Zahlen mit elementaren arithmetischen Eigenschaften; nur treten an die Stelle der einfachen Recursionsformeln des rationalen Falles gewisse Classenzahlrelationen.

Dass die Zahlen $d^{-\frac{1}{2}}\pi^{-hl}\zeta_K(l)$ für $l = 2, 4, 6, \cdots$ rational sind, ist bereits von Hecke bemerkt worden. Neu ist im Vorstehenden lediglich der Zusammenhang mit der Theorie der quadratischen Formen. Auch für ungerades l und einen beliebigen Körper K, der also nicht total-reell zu sein braucht, ergibt der Hauptsatz eine arithmetische Deutung jener Zahlen, nämlich eine Beziehung mit den Volumina der Fundamentalbereiche, die den Einheitengruppen indefiniter Formen zugeordnet sind.

24. Die quaternäre Einheitsform

Bezeichnet man wie in §22 den Ausdruck

$$\frac{A(\mathfrak{S}_1, t)}{E(\mathfrak{S}_1)} + \cdots + \frac{A(\mathfrak{S}_g, t)}{E(\mathfrak{S}_g)} : \frac{1}{E(\mathfrak{S}_1)} + \cdots + \frac{1}{E(\mathfrak{S}_g)}$$

mit $a(\mathfrak{S}, t)$ und wählt man für $\mathfrak{S}$ speciell die Matrix $\mathfrak{E}^{(4)}$ der quaternären Einheitsform $x_1^2 + x_2^2 + x_3^2 + x_4^2$, so ergibt der Hauptsatz die Beziehung

$$a(\mathfrak{E}, t) = \pi^{2h} d^{-\frac{1}{2}} Nt \prod_\rho d_\rho(\mathfrak{E}, t). \tag{136}$$

Für $(\rho, 2) = 1$ liefert Hilfssatz 57, dass

$$d_\rho(\mathfrak{E}, t) = (1 - N\rho^{-2}) \prod_{\rho^a \mid t} N\rho^{-a} \tag{137}$$

ist, wo ρ^a alle in t aufgehenden Potenzen von ρ durchläuft. Setzt man noch

$$\frac{\pi^{2h} d^{-\frac{1}{2}}}{\zeta_K(2)} \prod_{\rho \mid 2} \frac{d_\rho(\mathfrak{E}, t)}{1 - N\rho^{-2}} = b(t),$$

so erhält man aus (136) und (137) die Formel

$$a(\mathfrak{E}, t) = b(t) \sum_{\delta \mid t} N\delta, \tag{138}$$

falls t zu 2 teilerfremd ist. Dabei hängt $b(t)$ nur von dem Rest von t modulo 8 ab, und δ durchläuft alle Idealteiler von t.

Liegt nun im Geschlechte von $\mathfrak{E}^{(4)}$ nur eine Classe, so ist $a(\mathfrak{E}, t) = A(\mathfrak{E}, t)$, und (138) ergibt für die Anzahl der Darstellungen von t als Summe von vier Quadraten eine Aussage, die dem bekannten Jacobischen Satz für den rationalen Fall ganz analog ist. Es soll jetzt gezeigt werden, dass nur für endlich viele total-reelle Körper die Classenzahl des Geschlechtes von $\mathfrak{E}^{(4)}$ den Wert 1 besitzt. Zu diesem Zwecke verwende man (136) speciell für $t = 1$. Für die zu 2 teilerfremden Primideale ρ ergibt (137) die Ungleichung

$$d_\rho(\mathfrak{E}, 1) < 1. \tag{139}$$

Nun sei ρ ein Primteiler von 2, und ρ^c die höchste in 2 aufgehende Potenz von ρ. Indem man die Anzahl der Lösungen der Congruenz

$$x_1^2 + x_2^2 + x_3^2 + x_4^2 \equiv 1 \pmod{\rho^{2c+1}}$$

mit Hilfe der Gaussschen Summen ausdrückt, erhält man die Abschätzung

$$d_\rho(\mathfrak{E}, 1) < N\rho^{[\frac{1}{2}c]} + N\rho^{c-[\frac{1}{2}c]-1}$$

und hieraus

$$\prod_{\rho \mid 2} d_\rho(\mathfrak{E}, 1) < 2^h. \tag{140}$$

Unter Benutzung von (139) und (140) geht (136) über in

$$a(\mathfrak{E}, 1) < 2^h \pi^{2h} d^{-\frac{3}{2}}.$$

Andererseits ist die Anzahl der Lösungen von $x_1^2 + x_2^2 + x_3^2 + x_4^2 = 1$ in ganzen Körperzahlen genau 8. Enthält nun das Geschlecht von $\mathfrak{E}$ nur eine einzige Classe, nämlich die von $\mathfrak{E}$, so folgt

$$8 < 2^h \pi^{2h} d^{-\frac{3}{2}}. \tag{141}$$

Nach Minkowski gilt aber für die Discriminante total-reeller Körper die Ungleichung

$$d^{\frac{1}{2}} > \frac{h^h}{h!}. \tag{142}$$

Aus (141) und (142) erhält man mit Hilfe der Stirlingschen Formel

$$\left(\frac{e^3}{2\pi^2}\right)^h < \left(\frac{\pi h}{2}\right)^{\frac{3}{2}} e^{\frac{1}{4}(1/h)}. \tag{143}$$

Glücklicherweise ist $e^3 > 2\pi^2$, und folglich ergibt sich aus (143) eine obere Schranke für den Körpergrad h. Durch numerische Rechnung findet man

$$h \leqq 590,$$

und (141) liefert schliesslich die Abschätzung

$$8d^{\frac{3}{2}} < (2\pi^2)^{590}. \tag{144}$$

Da es nun nach Hermite und Minkowski zu fester Discriminante d nur endlich viele Körper gibt, so existieren zufolge (144) nur endlich viele total-reelle Körper, in denen das Geschlecht von $\mathfrak{E}^{(4)}$ die Classenzahl 1 besitzt. Bisher kennt man nur 3 derartige Körper, nämlich den Körper der rationalen Zahlen R und die beiden quadratischen Körper $R(\sqrt{2})$ und $R(\sqrt{5})$.

Für den Körper $R(\sqrt{5})$ hat bereits Götzky die Anzahl der Zerlegungen einer total-positiven Zahl in 4 ganze Quadratzahlen bestimmt, indem er Satz III für den speciellen Fall $\mathfrak{S} = \mathfrak{E}^{(4)}$ in $R(\sqrt{5})$ mit Hilfe der Theorie der Modulfunctionen zweier Variabeln auf directem Wege bewies. Dieser Specialfall von Satz III lässt sich folgendermassen formulieren: Es seien $x_{(1)}$ und $-x_{(2)}$ zwei complexe Veränderliche mit positiven Imaginärteilen. Durchläuft dann l alle ganzen Zahlen aus $R(\sqrt{5})$ und a, b ein volles System nicht-äquivalenter Paare mit ganzem $\frac{1}{2}\,ab$ und $(a, b) = 1$, so gilt

$$\Bigl(\sum_{l} e^{\pi i \sigma(l^2 x/\sqrt{5})}\Bigr)^4 = \sum_{a,\,b} N(ax+b)^{-2},$$

wenn die Summation rechts nach wachsenden Werten von $N(ab)^2$ ausgeführt wird.

Die Berechnung expliciter Beispiele zu Satz IV ist recht mühsam. Es sei zum Schluss noch ein Beispiel angeführt, das sich auf die quadratische Einheitsform von 8 Variabeln im Körper der rationalen Zahlen und den Fall $r = 2$ bezieht. Die symmetrische Matrix $\mathfrak{X} = \begin{pmatrix} x & y \\ y & z \end{pmatrix}$ habe positiven Imaginärteil. Da im rationalen Zahlkörper das Geschlecht von $\mathfrak{E}^{(8)}$ nur eine Classe enthält, so wird

$$F(\mathfrak{E}^{(8)}, \mathfrak{X}) = \Bigl(\sum_{a,b} e^{\pi i (xa^2 + 2yab + zb^2)}\Bigr)^8,$$

wo a, b alle ganzen rationalen Zahlen durchlaufen; es ist also $F(\mathfrak{E}, \mathfrak{X})$ die achte Potenz des Nullwertes der Riemannschen Thetafunction zweier Variabeln. Die in Satz IV auftretenden Coefficienten $H(\mathfrak{S}, \mathfrak{A}, \mathfrak{B})$ lassen sich für den Fall $\mathfrak{S} = \mathfrak{E}^{(8)}$ ohne grosse Anstrengung berechnen. Als Resultat findet man: Durchlaufen $\mathfrak{A}, \mathfrak{B}$ sämtliche nicht-äquivalenten symmetrischen Paare zweireihiger Matrizen mit primitivem $(\mathfrak{A}\mathfrak{B})$ und $\mathfrak{A}\mathfrak{B}' \equiv \mathfrak{N} \pmod 2$, so ist

$$\Bigl(\sum_{a,b} e^{\pi i (xa^2 + 2yab + zb^2)}\Bigr)^8 = \sum_{\mathfrak{A},\,\mathfrak{B}} |\,\mathfrak{A}\mathfrak{X} + \mathfrak{B}\,|^{-4}.$$

Das Bergwerk der Analysis scheint also doch noch nicht vollständig erschöpft zu sein.

Frankfurt a/ Main. (Germany)

Vollständige Liste aller Titel

Band I

Band II

Band III

Band IV

Titel aller Bücher und Vorlesungsausarbeitungen

In der folgenden Liste werden alle von SIEGEL publizierten Bücher, Monographien und vervielfältigten Ausarbeitungen SIEGELscher Vorlesungen erfaßt. Die Namen der Bearbeiter erscheinen in Klammern hinter dem Titel.

Bücher und Monographien

Transcendental Numbers, *Ann. of Math. Studies 16, Princeton 1949*

Transzendente Zahlen, *Bibliographisches Institut, Mannheim 1967 (aus dem Englischen übersetzt von B. FUCHSSTEINER und D. LAUGWITZ)*

Symplectic Geometry, *Academic Press Inc. 1964 (auch SIEGEL, Ges. Abh. Bd. II, S. 274–359)*

Vorlesungen über Himmelsmechanik, *Grundl. d. math. Wiss. Bd. 85, Springer-Verlag 1956*

Lectures on Celestial Mechanics, gemeinsam mit J. MOSER, *Grundl. d. math. Wiss. Bd. 187, Springer-Verlag 1971 (der Übersetzung, ausgeführt von C. J. KALME, lag eine erweiterte deutsche Fassung der Grundl. d. math. Wiss. Bd. 85 zugrunde)*

Zur Reduktionstheorie quadratischer Formen, *Publ. of the Math. Soc. of Japan, Nr. 5, 1959 (auch SIEGEL, Ges. Abh. Bd. III, S. 275–327)*

Topics in Complex Function Theory, *Intersc. Tracts in Pure and Appl. Math. Nr. 25, Wiley-Interscience*
Vol. I: Elliptic Functions and Uniformization Theory *1969 (aus dem Deutschen übersetzt von A. SHENITZER und D. SOLITAR)*
Vol. II: Automorphic Functions and Abelian Integrals *1971 (aus dem Deutschen übersetzt von A. SHENITZER und M. TRETKOFF)*
Vol. III: Abelian Functions and Modular Functions of Several Variables *1973 (aus dem Deutschen übersetzt von E. GOTTSCHLING und M. TRETKOFF)*

Vorlesungsausarbeitungen

1. Baltimore, Johns Hopkins University
Topics in Celestial Mechanics *1953, herausgegeben von E. K. HAVILAND und D. C. LEWIS, Jr.*

2. Bombay, Tata Institute of Fundamental Research
Lecture Notes in Mathematics
Nr. 7 On Quadratic Forms *1957 (K. G. RAMANATHAN)*
Nr. 23 On Advanced Analytic Number Theory *1. Ausgabe 1961, 2. Ausgabe 1965 (S. RAGHAVAN)*
Nr. 28 On Riemann Matrices 1963 (S. RAGHAVAN, S. S. RANGACHARI)
Nr. 42 On the Singularities of the Three-Body Problem *1967 (K. BALAGANGADHARAN, M. K. VENKATESHA MURTHY)*

3. *Göttingen, Mathematisches Institut*
Analytische Zahlentheorie 1951
Himmelsmechanik *1951/52 (W. Fischer, J. Moser, A. Stöhr)*
Ausgewählte Fragen der Funktionentheorie, *Teil I 1953/54, Teil II 1954 (E. Gottschling für beide Teile)*
Automorphe Funktionen in mehreren Variablen *1954/55 (E. Gottschling, H. Klingen)*
Quadratische Formen *1955 (H. Klingen)*
Analytische Zahlentheorie, *Teil I 1963 (K. F. Kürten), Teil II 1963/64 (K. F. Kürten, G. Köhler)*
Vorlesungen über ausgewählte Kapitel der Funktionentheorie, *Teil I 1964/65, Teil II 1965, Teil III 1965/66, alle Teile von Siegel selbst verfaßt*

4. *New York University*
Lectures on Analytic Number Theory *1945 (B. Friedman)*
Lectures on Geometry of Numbers *1945/46 (B. Friedman)*

5. *Princeton, The Institute for Advanced Study*
Analytic Functions of Several Complex Variables *1948/49 (P. T. Bateman)*
Lectures on the Analytic Theory of Quadratic Forms, *auch Princeton University, 1. Ausgabe 1935 (M. Ward), 2. verbesserte Ausgabe 1949, 3. verbesserte Ausgabe 1963 (U. Christian)*

Berichtigungen und Bemerkungen

(Die Ziffern am Zeilenanfang verweisen auf die Seiten)

Band I

1, Z. 2 v. u.: „Mathé-" statt „Mathe-"

167, In Fußnote [4]) ist der zweite Satz zu streichen. Hierzu bemerkt der Autor: „Dieser Satz enthält nämlich erstens eine Hochstapelei, indem ich dann, weder ohne Mühe noch mit Mühe, aus (5) nicht die tieferliegende Behauptung ableiten konnte, und zweitens ist der von B. LEVI 1911 gegebene Beweis auch nicht in Ordnung. Die Behauptung wurde 1942 höchst geistvoll durch HAJÓS bewiesen."

262, § 7, Absatz 2: Eine historische Korrektur gibt die Fußnote in Bd. IV, S. 144.

264, (146): „$|z'|^{1/3}$" statt „$|z|^{1/3}$"

265, Z. 19 v. o.: Hinsichtlich einer korrekten Wahl von n vgl. die Fußnote in Bd. IV, S. 150.

326, Nr. 20: „Gewidmet ERNST HELLINGER zum 50. Geburtstage"

367, Z. 5 v. o.: „das" statt „des"
Z. 3 v. u.: „4" statt „8"

453, Nr. 24: „PAUL EPSTEIN gewidmet"

Band II

8, Nr. 28: „Geschrieben in Dankbarkeit und Verehrung für EDMUND LANDAU zu seinem 60. Geburtstag am 14. Februar 1937"

127, Z. 13–14 und 28 v. o. und S. 129, Z. 5 v. o.: „kompakten" statt „abgeschlossenen"

128, Z. 4 v. u. bis S. 129, Z. 9 v. o.: Die hier angegebenen Überlegungen sind in Anlehnung an C. L. SIEGEL, Topics in Complex Function Theory III, p. 179–180 (Wiley-Interscience 1973) in folgender Weise zu verbessern und zu ergänzen:
„Es kann von vornherein angenommen werden, daß $a_{kl,\varkappa\lambda}$ in $\varkappa, \lambda$ symmetrisch ist. Die mit den quadratischen Formen

$$Q_{\varkappa\lambda} = \sum_{k,l} a_{kl,\varkappa\lambda}\, q_k q_l$$

gebildete Matrix hat zufolge

$$(\alpha) \qquad Q_{\varkappa\lambda} = c\, p_\varkappa p_\lambda$$

den Rang 1. Wir können voraussetzen, daß diese Rangaussage für alle 5^n durch $q_k = 0, \pm 1, \pm 2$ ($k = 1, 2, \ldots, n$) bestimmte Spalten $\mathfrak{q} = (q_k)$ gilt. Dann ist

$$(\beta) \qquad \operatorname{Rang}(Q_{\varkappa\lambda}) = 1$$

identisch in $\mathfrak{q}$ richtig, da die zweireihigen Unterdeterminanten der Matrix in jeder Variablen q_k Polynome vom Grad höchstens 4 sind.
Ist keine der Formen $Q_{\varkappa\varkappa}$ das Quadrat einer Linearform, so stimmen alle $Q_{\varkappa\lambda}$ zufolge

$$Q_{\varkappa\varkappa} Q_{\lambda\lambda} = Q_{\varkappa\lambda}^2$$

bis auf einen konstanten Faktor mit einer Form

$$Q = \sum_{k,l} a_{kl}^* q_k q_l$$

überein, so daß

$$a_{kl,\varkappa\lambda} = r_\varkappa r_\lambda a_{kl}^*$$

und nach Bd. II, S. 128 (82)

$$z_{kl} = a_{kl} + a_{kl}^* t \quad \text{mit} \quad t = \mathfrak{Z}_1[\mathfrak{r}]$$

wird. Dabei ist $\mathfrak{r}$ die von den Zahlen $r_1, r_2, \ldots, r_n$ gebildete Spalte. Wegen $n > 1$ liegt $\mathfrak{Z}$ also auf endlich vielen algebraischen Flächen, was wir ausschließen dürfen.
Es bleibt der Fall $Q_{\varkappa\varkappa} = L_\varkappa^2$ mit

$$L_\varkappa = \sum_k b_{\varkappa k} q_k \quad (\varkappa = 1, 2, \ldots, n)$$

zu untersuchen. Die Rangaussage (β) gestattet sofort

$$Q_{\varkappa\lambda} = L_\varkappa L_\lambda$$

zu schließen, indem eventuell auftretende Faktoren ± 1 in die Linearformen aufgenommen werden. Es ergibt sich

$$2 a_{kl,\varkappa\lambda} = b_{\varkappa k} b_{\lambda l} + b_{\varkappa l} b_{\lambda k}$$

oder auch

$$(\gamma) \qquad \mathfrak{Z} = \mathfrak{Z}_1[\mathfrak{B}] + \mathfrak{A}$$

mit gewissen Matrizen $\mathfrak{A} = (a_{kl})$ und $\mathfrak{B} = (b_{kl})$ aus einem endlichen Vorrat. Aus (α) folgt $L_\varkappa = \sqrt{c}\, p_k$ oder

$$\mathfrak{B}\mathfrak{q} = \mathfrak{p}\sqrt{c}$$

mit der ganzen Spalte $\mathfrak{p} = (p_\varkappa)$ und ganz rationalem c. Wählt man für $\mathfrak{q}$ der Reihe nach die Einheitsvektoren $\mathfrak{e}_1, \mathfrak{e}_2, \ldots, \mathfrak{e}_n$, so durchlaufe $\mathfrak{p}$ entsprechend das System der ganzen Spalten $\mathfrak{p}_1, \mathfrak{p}_2, \ldots, \mathfrak{p}_n$ und c das Zahlensystem $c_1, c_2, \ldots, c_n$. Wir fassen die sich ergebenden Relationen zusammen in

$$\mathfrak{B} = \mathfrak{G}\begin{pmatrix} \sqrt{c_1} & & 0 \\ & \sqrt{c_2} \ddots & \\ 0 & & \sqrt{c_n} \end{pmatrix} \quad \text{mit} \quad \mathfrak{G} = (\mathfrak{p}_1, \mathfrak{p}_2, \ldots, \mathfrak{p}_n)\,.$$

Da nach (γ) auch $\mathfrak{Z}_1$ in einem kompakten Teilbereich von F liegt, so gilt das für $\mathfrak{Z}$ Bewiesene analog für $\mathfrak{Z}_1$. Folglich ist

$$\mathfrak{B}^{-1} = \mathfrak{G}_1\begin{pmatrix} \sqrt{c_1'} & & 0 \\ & \sqrt{c_2'} \ddots & \\ 0 & & \sqrt{c_n'} \end{pmatrix}$$

mit ganzen $\mathfrak{G}_1, c_1', c_2', \ldots, c_n'$. Also ist $\mathfrak{G} = \mathfrak{U}$ unimodular und $c_\varkappa = \pm 1$ ($\varkappa = 1, 2, \ldots, n$). Mit $\mathfrak{Z}^* = \mathfrak{Z}_1[\mathfrak{U}]$ ergibt sich

$$\mathfrak{Z} = \mathfrak{Z}^*[(e_{kl}\sqrt{c_k})] + \mathfrak{A} \quad (e_{kl} = \text{Kroneckersymbol})\,,$$

und diese Matrix hat nur dann einen positiven Imaginärteil, wenn durchweg $c_k = 1$ ist, woraus

$$\mathfrak{Z} = \mathfrak{Z}_1[\mathfrak{U}] + \mathfrak{A}$$

erhellt."

169, Z. 5 v.u. und Z. 2 v.u.: „Civita" statt „Cività"

173, Z. 16 v.o.: „$\bar{F}$" statt des zweiten „F"

183, Z. 2 v.o.: „$\frac{1}{r_1^{*3}}$" statt „$\frac{1}{r_2^{*3}}$"

Z. 12 v.o.: „$\hat{r}_1^{-3}$" statt „$\hat{r}_2^{-3}$"
Z. 13 v.o.: „$\hat{r}_1$" statt „$\hat{r}_2$"
Z. 15 v.o.: „$\hat{r}_1 = \hat{r}_3$" und „$\hat{r}_2 = \hat{r}_1$" statt „$\hat{r}_2 = \hat{r}_3$" und „$\hat{r}_3 = \hat{r}_1$"

195, Z. 7 v.u. und Z. 6 v.u.: „R_1" *und* „R_2" vertauschen

196, Z. 7 v.o. bis Z. 10 v.o.: „ω" und „$1-\omega$" vertauschen

220, Z. 7 v.u.: „éd." statt „ed."

235, Z. 5 v.u. „cc'" statt „c"

239, Z. 12 v.o.: „$\mathfrak{B}_0$" statt „$\mathfrak{B}_0^*$"
Z. 5 v.u.: „$\mathfrak{B}^*$" statt „$\mathfrak{C}^*$"

347, Z. 7 v.o.: „$-w_4 w_5$" statt „$+w_4 w_5$", dann Übereinstimmung mit den folgenden Formeln

378, Z. 9 v.u.: „12, 13" statt „(12), (13)"

383, (61): „$(k > 4)$" statt „$(k < 4)$"

386, Z. 5 v.u.: „(mod 16)" statt „(mod 4)"

Band III

15, Z. 2 v.o.: „$\lambda \succ 1$" statt „$[\lambda \succ 1]$"

48, Z. 1 v.o.: Hinter „$4 m_3^{-1}$" einschalten „, χ a proper character"

58, Z. 5 v.u.: „We have" statt „It suffices"

59, Z. 8 v.o.: „a" statt „1"

82, Z. 12 v.u.: „$1 - s$" statt „1^{-s}"

83, Z. 8 v.o.: „B_k" statt „Bk"

97, Nr. 57: „ERHARD SCHMIDT zum 75. Geburtstag gewidmet"

228, Nr. 66: „ISSAI SCHUR zum Gedächtnis"

237, (36): „$(\varphi_1(i\eta, z) - \eta^{\frac{1}{2}z} - \frac{\omega(1-z)}{\omega(z)} \eta^{\frac{1}{2}(1-z)})$" statt „$\varphi_1(i\eta, z)$"

238, Z. 5 v.o.: „$(\vartheta_1(i\eta) - 1)$" statt „$\vartheta_1(i\eta)$"

306, Z. 1 v.u.: „ϱ" statt „$\dot{\varrho}$"

331, Z. 6 v.u.: „$n + 1$) mit $x_{n+1} = 1$ und $k_{n+2} = -1$." statt „n), $k_{n+1} = 0$."

332, Z. 4 v.o.: „j_q" statt „g_q"

Z. 8 v.o.: „$\sum_{t=q}^{n+1}$" statt „$\sum_{t=q}^{n}$" und „k_{t+1}" statt „k_{+1}"

Z. 9 v.o.: „$\log \frac{2}{x_n}$" statt „$\log x_n^{-1}$"

341, (12): „$\overline{G(\mathfrak{m}^*, \tau)}$“ statt „$G(\mathfrak{m}^*, \tau)$“

357, Z. 14 v.u.: „dem durch $Y = Y_0$ bestimmten“ statt „dem“

Z. 13 v.u. ist durch „ $\operatorname{abs} w_{kl} = \begin{cases} e^{-b} \, (k = l, \, b = c_2^{-1} \pi), \\ 1 \quad (k < l). \end{cases}$“ zu ersetzen.

Z. 6 v.u.: „$\frac{1}{2} n \, (n + 1)$“ statt „n“

358, Z. 14 v.u. bis 11 v.u. ersetze man durch „Nun sei $Y \geqq Y_0$ und X beliebig, also“
Z. 8 v.u.: „dem gegebenen Bereich, der den Fundamentalbereich $\mathfrak{F}$ zufolge Hilfssatz 1 und (24) im Innern enthält.“ statt „ganz $\mathfrak{F}$.“

360, Z. 7 v.o. und S. 362, Z. 9 v.u.: „$f(Z)$“ statt „$f(z)$“

366, Nr. 76: „KURT REIDEMEISTER zum 70. Geburtstag gewidmet“

373, Z. 3 v.o. und S. 484, Nr. 77: „1963“ statt „1960“

375, Z. 4 v.o.: „$t_1 t_2 \ldots t_n$“ statt „$t_1, t_2, \ldots, t_n$“

377, Z. 7 v.u.: „linearen“ statt „inearen“

407, Z. 8 v.o.: „d^3“ statt „d^2“

448, Z. 16 v.o.: Hinweis auf Bd. I, S. 411 und 412

455, Z. 10 v.o.: „(35)“ statt „(32)“
Z. 13 v.o.: Mit [4] wird auf Bd. II, S. 163–164 hingewiesen.
Z. 14 v.o.: Hinweis auf Bd. III, S. 314–316

462, Z. 4 v.o. und S. 484, Nr. 81: „1965, Heft 36“ statt „1964, Heft 36“

481, Nr. 15: „k“ statt „K“

Printed in the United States
By Bookmasters